中国陆相页岩油勘探开发关键技术与管理研讨会论文集

孟思炜　陶嘉平　主编

石油工業出版社

内容提要

本书收录的60篇论文是从2023年中国陆相页岩油勘探开发关键技术与管理研讨会征文中精选出来的，内容涵盖了陆相页岩油基础地质理论、地质勘探、钻完井、增产改造、采油工程与提高采收率等领域的关键技术，以及全生命周期管理等方面的新理论、新方法、新技术、新成果。

本书适用于陆相页岩油勘探开发人员阅读，也可供石油院校相关专业师生参考使用。

图书在版编目（CIP）数据

中国陆相页岩油勘探开发关键技术与管理研讨会论文集 / 孟思炜，陶嘉平主编 .—北京：石油工业出版社，2023.2

ISBN 978-7-5183-5898-4

Ⅰ.①中… Ⅱ.①孟… ②陶… Ⅲ.①陆相－油页岩－油气勘探－学术会议－文集 Ⅳ.① P618.130.8-53

中国国家版本馆 CIP 数据核字（2023）第 026251 号

出版发行：石油工业出版社
（北京安定门外安华里 2 区 1 号　100011）
网　址：www. petropub.com
编辑部：（010）64523604　　图书营销中心：（010）64523633
经　销：全国新华书店
印　刷：北京中石油彩色印刷有限责任公司

2023 年 2 月第 1 版　2023 年 2 月第 1 次印刷
787 × 1092 毫米　开本：1/16　印张：36
字数：860 千字

定价：100.00 元

前　言

我国陆相页岩油资源丰富，是现阶段我国油气增储上产的重要接替领域，实现页岩油规模化效益开发将对中国原油自给供应的长期安全形成重大支撑。近年来，通过持续的理论研究与技术攻关，在准噶尔盆地二叠系、鄂尔多斯盆地三叠系、渤海湾盆地古近系、松辽盆地白垩系、四川盆地侏罗系等页岩层系先后取得突破，证实了陆相页岩油巨大的资源潜力。然而，与北美海相页岩体系形成的页岩油相比，中国陆相页岩油地质条件复杂、非均质性强，不同盆地甚至同一盆地不同层位间的页岩油资源开发效果差异显著，陆相页岩油的勘探开发关键技术与管理制度急需攻关。

为了更好地总结各油田页岩油攻关试验成果，方便页岩油勘探开发科技工作者与管理人员相互之间交流、学习、总结经验，中国石油学会石油工程专业委员会联合中国石油长庆油田分公司、中国石油勘探开发研究院、低渗透油气田勘探开发国家工程实验室，组织召开中国陆相页岩油勘探开发关键技术与管理研讨会。在各油田和相关单位的精心组织下，技术人员和院所师生踊跃投稿。组委会从本次研讨会征集的论文中，筛选60篇文章并征得作者同意，形成本论文集。这些论文涵盖了陆相页岩油基础地质理论、地质勘探、钻完井、增产改造、采油工程与提高采收率等领域的关键技术，以及全生命周期管理等方面的新理论、新方法、新技术、新成果。我们相信，通过此次会议交流，必将促进相关领域的技术发展，为陆相页岩油规模效益开发提供更多的办法与措施，希望本论文集对广大相关领域科技工作者具有参考价值与借鉴意义。

中国石油学会石油工程专业委员会

2022年11月

目　录

地　质

开　发

工　程

地　　质

松辽盆地南部页岩油储层特征及分类评价

王立贤[1]，贺君玲，宋　雷[1]，温育森[1]，王志章[2]，张俊龙[2]

（1. 中国石油吉林油田分公司勘探部；2. 中国石油大学（北京）地球科学学院）

摘　要：松辽盆地是我国典型的湖相页岩油富集区，油气潜力巨大但开采开发难度较大，常规的储层评价难以支撑页岩油的生产需求。为深入松南页岩油储层的认识，通过岩心观察、实验室分析化验、测井解释等方法，开展了松南页岩油储层岩性、物性、电性、烃源岩特性等研究。结果表明松南页岩油以纹层型储层及页理型储层为主，储集物性相对较好，有机质含量丰富等特点；初步建立了松南页岩油储层的评价标准，将储层分为3类。研究结果为松南页岩油下一步研究提供可靠的地质依据。

关键词：松南页岩油；储层特征；评价标准

随着中国经济的快速发展，国内油气需求量大幅增加，石油和天然气对外依存度不断上升，石油和天然气对外依存度分别达到73%和43%。勘探开发实践表明，源内页岩油资源量远大于源外常规石油资源量，为稳住国内油气产量、保障国家能源安全，加快页岩油勘探开发已成为业内共识。松辽盆地是目前世界上已发现的油气资源最为丰富的陆相沉积盆地之一，是在天山—内蒙古—兴安古生代地槽褶皱系基础上发育起来的一个中—新生代内陆断坳叠合盆地，在凹陷沉积时期发生过两次湖侵，导致盆地中部出现较大面积的半深湖—深湖区，形成了青山口组和嫩江组两套大规模湖相沉积，成为盆地主要烃源岩，也是页岩油储层主要发育层位。青山口组沉积时期为湖泛期，湖盆范围广，淡水、温暖潮湿、还原、欠补偿、伴有火山喷发事件的沉积环境有利于有机质的形成和保存，在青山口组一段、二段沉积了大面积的黑色泥岩和页岩。青山口组大于0.7%的面积约5000km^2，主要分布在中央坳陷区的长岭凹陷、红岗阶地和扶新隆起带西部地区，石油资源量潜力十分巨大。松辽盆地南部青一段勘探工作始于20世纪50年代末，至今已经历70多年勘探，以区域勘探为主，松辽盆地青山口组与国内外海相或咸化湖盆沉积为主的页岩相比，在岩性组构、物性、含油性以及页岩油流动性方面都有很大不同，常规储层特征描述方法已不适应页岩储层。目前页岩油储层分类及评价，多采用有机碳含量、有机质成熟度、游离烃含量、页岩厚度、孔渗特征以及岩石可压性等指标，根据评价目的不同采用某一指标为主，其他指标作为辅助，来开展页岩油储层分类评价。为落实松辽盆地南部页岩油勘探开发潜力，通过大量的实验分析、测井解释等数据，深化松南页岩油储层特征研究，建立富集层综合分类评价标准，优选富集层段和目标靶层，指导先导试验井组井位部署。

1　地质概况

1.1　地层特征

松辽盆地南部地区整体地层较厚，总厚度可达到万米以上，地层的沉积盖层主要由中生代新生代的断陷层和凹陷层两层组成，其中断陷层主要发育时期涵盖中、上侏罗统，而凹陷层主要发育时期包含白垩系、古近系新近系和第四系。该区域所发育的地层一般进行研究可由钻井资料入手，中、上侏罗统时期的断陷层主要属于陆相含煤火山碎屑岩油页岩沉积形成，普遍分布于24个互相独立的断陷中，厚度最大处可达8000多米。白垩系时期的凹陷层主要是由陆相碎屑岩夹油页岩沉积形成，发育较为广泛，分布于整个区域，厚度最大处达5500多米。古近系新近系地层大多分布于盆地的西北部，由陆相的碎屑岩沉积而成。第四系时期的地层分布于整个区域，发育较好（图1）。

系、统	组	段	油气储集层	岩性	距今年龄/Ma 地震反射层	构造活动
第四系						
上第三系	太康				2.0	萎缩平衡阶段
	大安				6.0	
下第三系	依安				24.6	
白垩上 K3	明水（m）			灰绿、棕红、灰黑色泥岩夹砂岩	65.0 T_{02}	
	四方台（s）			棕红色、杂色泥页岩夹红色砂岩、砂砾岩	67.7	
白垩中 K2	嫩江（n）	五		下部灰黑色页岩夹油页岩，上部灰绿、灰黑、紫红色泥岩夹砂岩	73.0 T_{03}	沉陷阶段
		四	黑帝庙（H）		T_{04}	
		三				
		二			77.4 T_{06}	
		一	萨尔图（S）			
	姚家（y）	二三		灰绿、紫红、灰黑色泥岩与砂岩、粉砂互层	84.0 T_1	
		一	葡萄花（P）			
	青山口（qn）	二三	高台子（G）	底部灰黑色泥岩与砂岩、页岩夹油页岩、泥灰岩条带，中上部灰黑、灰绿色泥岩夹砂岩	88.5 T_1^1	
		一			100 T_2	
	泉头（q）	四	扶余（F）	紫红、灰绿色泥岩与中层砂岩不等厚互层		
		三	杨大城子（Y）		T_2^2	
		二		上部褐红色泥岩夹粉砂岩，下部中厚层砂岩，泥砾岩与紫红色泥岩互层，夹薄层凝灰岩		
		一			116 T_3	
白垩下 K1	登楼库（d）	四		上部过渡岩性段，下部块状砂岩段		
		三			T_3^1	
		二		上部为暗色泥岩段，底部砾岩、砂岩为主		
		一			125 T_4	
	营城子（ch）					裂陷阶段
	沙河子（sh）				144 T_4^2	
侏罗系	火石岭					初始张裂阶段
	白城子					

图1　松辽盆地南部地层层序特征

1.2　沉积特征

松辽盆地属于陆相大型湖盆沉积，中生代与新生代发育大量的沉积岩构成该区域的盖层，不同阶段的沉积作用决定不同的沉积特征，盆地在沉积过程中主要经历了三个不同的演化阶段，包含断陷阶段、坳陷阶段和萎缩阶段。研究区位于长岭凹陷北部，地层发育较为齐全，自中生代与新生代以来主要发育在沉积沉降轴线上，局部地区地层发生过火山喷发和岩浆侵入。区域研究表明，研究区青一段时期主要发育三角洲前缘沉积，局部发育浅湖沉积，受该区域湖泛控制，砂地比较低，泥岩较为发育，隔层泥岩发育比较稳定。沉积微相主要以河口砂坝与前缘席状砂发育为主，河口砂坝、前缘席状砂沉积的薄层砂体与泥岩呈交互状沉积。青一段上段是湖泛期最为发育的阶段，受到此次湖泛期的影响导致青一段上段发育大段稳定的黑色与深灰色泥岩，该区域是烃源岩发育的主要层系，物源主要来自通榆树、保康，砂体从南西往北东延伸，厚度逐渐变薄（图2）。

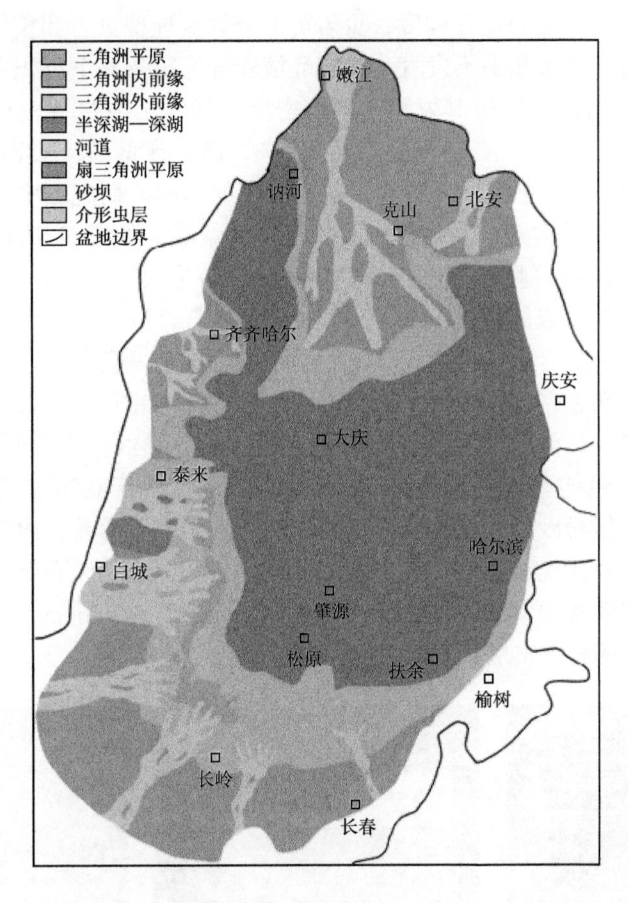

图2 松辽盆地南部青一段沉积相（付晓飞，2020）

2 储层特征

2.1 岩相划分

针对研究区多口取心井岩心观察以及岩心实验分析测试结果表明，研究区沉积环境由南至北水动力条件不断减弱，伴随着的是黏土矿物含量的升高以及TOC值的逐渐增大，因此综合有机质丰度、沉积构造特征、矿物组成等多方面因素可对松辽盆地南部青一段储层岩相进行进一步划分。第一，依据TOC值大小划分出高有机质含量岩相（TOC值大于2%）、中等有机质含量岩相（TOC值为1%~2%）、低有机质含量岩相（TOC值小于1%），第二，再依据块状、层状、纹层状沉积构造特征以及页理发育程度，并考虑到细粒沉积中的粉砂岩及少量灰岩夹层，把松辽盆地南部青一段划分出6类岩相：（1）低有机质薄层粉砂岩相、（2）低有机质层粉砂岩相、（3）中有机质纹层型页岩相、（4）高有机质长英质页理型页岩相、（5）高有机质黏土质页理型页岩相、（6）低有机质灰岩相。

2.2 岩心及镜下薄片特征

通过岩心库实地观测以及岩石薄片、岩心光片电镜观察结果表明：吉林油田松辽盆地南部主要岩性是页岩，其中研究区南部主要是纹层状页岩，北部是发育的页理纯页岩；其次为灰黑色的泥岩，以及少量薄夹层粉砂岩和极少量白云岩、介壳灰岩。

根据页岩中页理和纹层的发育程度，页岩可细分为页理型页岩和纹层状页岩。研究区北部岩性为页理型页岩，纹层几乎不发育，水体环境安静稳定条件下沉积形成，颗粒细小，有机质丰富，岩心自然断面页理极其发育，页理密度一般大于1000条/m，如图3a所示，页理型页岩有机质丰度较高，TOC含量一般大于2%，黏土含量高，X381井平均黏土含量为50%，黏土矿物以伊利石为主，大多占黏土矿物含量的70%。研究区中部及南部岩性主要为纹层状页岩，在岩心中线剖开可直接观测到纹层发育情况，如图3b所示，镜下可见到粒径小于3.9μm的石英、长石等脆性矿物组成的灰色的长英质纹层（石英和长石含量大于60%）以及伊利石等黏土矿物组成的暗色的黏土质纹层（伊利石含量接近40%），但纹层厚度很薄，一般小于1cm，纹层密度约为200条/m。通过岩心纹层分析实验得出：长英质纹层与黏土质纹层条数相当，但长英质纹层厚度大于黏土质纹层厚度，如图3e所示，长英质纹层与黏土质纹层的厚度比1.63，长英质纹层平均厚度1.94mm，黏土质纹层平均厚度1.19mm。研究区南部主要岩性为浅灰色的薄夹层粉砂岩，纵向上分布一般大于0.5m，无机孔隙较发育导致其物性较泥页岩好，但粉砂岩薄层自身有机质丰度低，生油能力差，内部的油气多为相邻近的烃源岩充注岩心薄片在镜下观察，视野内多为脆性矿物，成分以石英、长石为主。研究区内部还发育少量的层状灰岩，如图3c所示，在岩心库观测岩心的同时取回一部分岩心样品，镜下薄片有集中发育的介形虫层（图3f）。

(a)井D86，页理型页岩　(b)井H1，纹层型页岩　(c)井H1，灰岩

(d)井D86，页理　(e)长英质纹层与黏土质纹层　(f)介形虫层

图3　不同储层类型的岩心及薄片特征

2.3 成像测井特征

松辽盆地南部南北跨度大，存在一定的沉积差异，因此发育了不同的类型含油气储层，

由于其各类储层的岩性组合、物性、源岩特征均存在一定的差异。因此在成像测井上有较大的差别，岩性上石英长石含量越高，成像测井所表现的井壁图像越亮度越大，低有机质丰度薄层粉砂岩储层，如图 4a 所示，一般由厚度大于 0.5m 的粉砂岩或砂岩构成，砂岩较纯，成像测井井壁图像呈亮色条带分布基本没有泥质夹层，内部可见构造缝；低有机质丰度夹层粉砂岩储层，如图 4b 所示，多是泥质条带与粉砂岩交互沉积形成，成像测井的井壁图像呈黄色条带分布，并夹暗色泥质薄层，纵向分布一般小于 0.5m，厚度不大，部分层段可见层理构造；中有机质丰度纹层型页岩储层，如图 4c 所示，主要是由长石、石英含量高的长英质纹层与黏土矿物含量高的黏土质纹层叠置形成，厚度很薄，多为毫米级或微米级，成像测井井壁图像呈黑黄色层状分布，发育较多亮色长英质条带；高有机质丰度长英质页理型页岩储层，如图 4d 所示，由长英质的页岩构成，成像测井井壁图像显亮黄色层状或块状，长英质含量的多少决定了井壁图像的明暗程度，水平页理发育程度高，在井壁图像上清晰可见，部分井段可见裂缝发育；高有机质丰度黏土质页理型页岩储层，如图 4e 所示，黏土质页岩一般呈块状分布，页理发育程度高，页理都是水平发育，因此平行页理方向的渗透率远远大于垂直页理方向的渗透率，成像测井井壁图像一般黄色块状，成分稳定；低有机质丰度灰岩储层，如图 4f 所示，灰岩的成像测井井壁图像是亮黄色块状，成分稳定，均一无夹层。由于页岩本身的特殊性，在研究页岩时不能单纯地依靠常规测井数据，页岩储层对常规的 9 条测井曲线反应较不敏感，因此应该加强分辨率更高、更加形象的成像测井的研究。

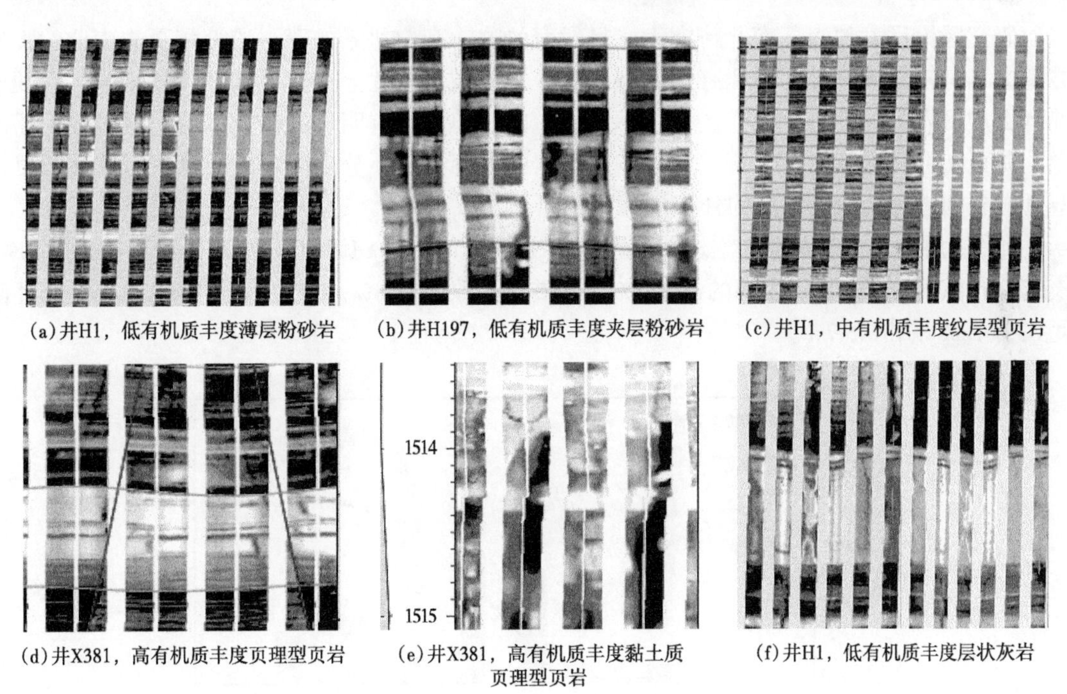

(a)井H1，低有机质丰度薄层粉砂岩　(b)井H197，低有机质丰度夹层粉砂岩　(c)井H1，中有机质丰度纹层型页岩

(d)井X381，高有机质丰度页理型页岩　(e)井X381，高有机质丰度黏土质页理型页岩　(f)井H1，低有机质丰度层状灰岩

图 4　不同储层类型成像测井特征

2.4　电性特征

根据电性特征分析，不同岩性在常规测井曲线、元素测井和成像测井显示上具有不同的响应特征。其中，页岩的自然伽马和声波时差测井值普遍较其他岩性高，高丰度黏土质页理型页岩的自然伽马和声波时差测井值最高，自然伽马测井值达 100 以上，声波时差测井值达

400 以上，高有机质丰度长英质页理型页岩的自然伽马和声波时差测井值次之，低有机质丰度薄层粉砂岩的自然伽马和声波时差测井值最低；粉砂岩、白云岩和介壳灰岩电阻率测井值普遍较页岩高，其中介壳灰岩钙元素含量、白云岩镁元素含量大，在一定程度上影响了电阻率测井值，页理型页岩电阻率略低于纹层状页岩。岩性典型测井响应特征见表 1，总体上，电性主要受岩夹层岩性电阻率相对页岩高。

表 1　不同类型储层测井响应特征

储层类型	自然伽马 / API	深侧向电阻率 / （Ω·m）	声波时差 / （μs/m）	密度 / （g/cm^3）
低有机质丰度薄层粉砂岩	70.7	48.5	202.7	2.58
低有机质丰度夹层粉砂岩	87.8	43	216	2.6
中有机质丰度纹层型页岩	91.3	23.5	242	2.59
高有机质丰度长英质页理型页岩	97	21.3	263	2.33
高有机质丰度黏土质页理型页岩	103.7	15.3	414	2.2
低有机质丰度层状灰岩	92.5	86.5	221	2.59

2.5　物性特征

研究区松辽盆地南部南北跨度大，且发育的这一套白垩系的青一段湖相页岩南北的页岩类型也具有较大的差异，因此有必要将研究区从区域和岩性上进行更加细致的划分，以便于进行更加可靠的物性分析研究。首先不同岩性的孔隙度具有明显的差异，研究区分成了粉砂岩、泥页和页岩进行对比分析，其次按照页岩的发育类型，分出南部纹层型页岩和北部页理型页岩分别进行统计孔隙度的分布规律。

如图 5 所示，页岩的核磁总孔隙度在 1%~15% 之间，平均为 10%，其中小于 4% 的占 0%，核磁总孔隙度在 4%~8% 之间的占 2.5%，核磁总孔隙度在 8%~12% 的占 48.8%，核磁总孔隙度大于 12% 的占 48.7%。

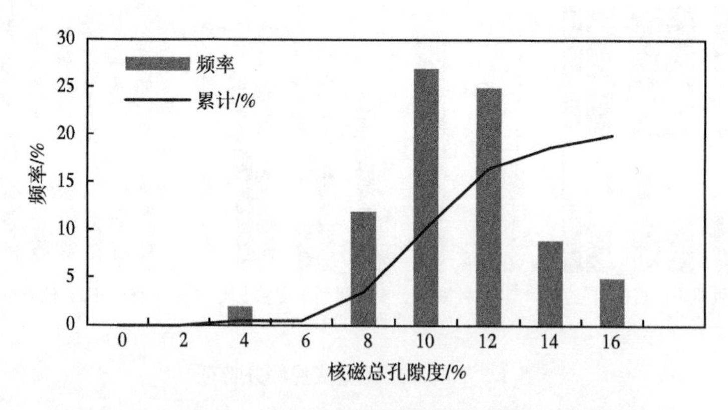

图 5　松南青一段页岩核磁总孔隙度频率分布直方图

如图 6 所示，研究区北部页岩的核磁总孔隙度在 5.65%~15.33% 之间，平均为 10.56%，其中小于 4% 的占 0%，核磁总孔隙度在 4%~8% 之间的占 4.6%，核磁总孔隙度在 8%~12% 之间的占 71.3%，核磁总孔隙度大于 12% 的占 24.1%。

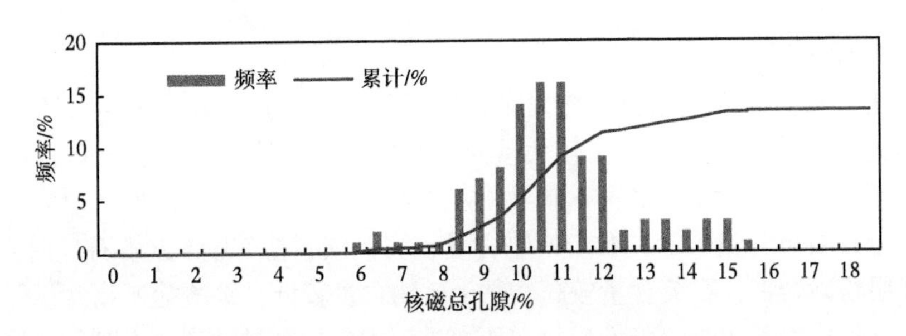

图 6　松南青一段北部页岩核磁总孔隙度频率分布直方图

如图 7 所示，南部页岩的核磁总孔隙度在 2.42%~9.89% 平均为 5.7%，其中小于 4% 的占 7.4%，核磁总孔隙度在 4%~8% 之间的占 79.5%，核磁总孔隙度大于 8% 的占 13.1%；研究区内全部页岩样品的核磁总孔隙度为平均为 10%。

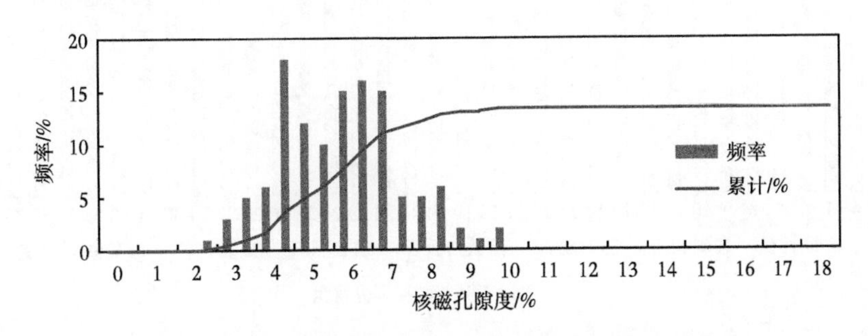

图 7　松南青一段南部页岩核磁总孔隙度频率分布直方图

总体上，北部页理型页岩的核磁总孔隙大于南部纹层型页岩的核磁总孔隙度，这与北部页岩的有机质丰度有关，北部页岩有机质含量高，生烃能力强，地层自身的压力会变大，因此会有更多的有机质孔被扩张，总孔隙度会大于南部生烃潜力弱的纹层型页岩，页岩的核磁总孔隙度大于粉砂岩的核磁总孔隙度。

2.6　烃源岩特征

成熟、优质且具有一定厚度的烃源岩是页岩油形成的物质基础，因此需要准确评价烃源岩的品质，确定烃源岩的总有机碳含量。由于薄层粉砂岩和夹层粉砂岩本身并不作为烃源岩存在，因此这两类的储层的总有机碳含量是最低的，一般小于 1%，发育在南部的纹层型页岩较北部的页理型页岩，长英质的含量更高，总有机碳的含量会低于页理型页岩，纹层型页岩总有机碳含量在 1%~2% 之间，北部页理型页岩的总有机碳含量大于 2%，黏土质的页岩含量最高（图 8）。

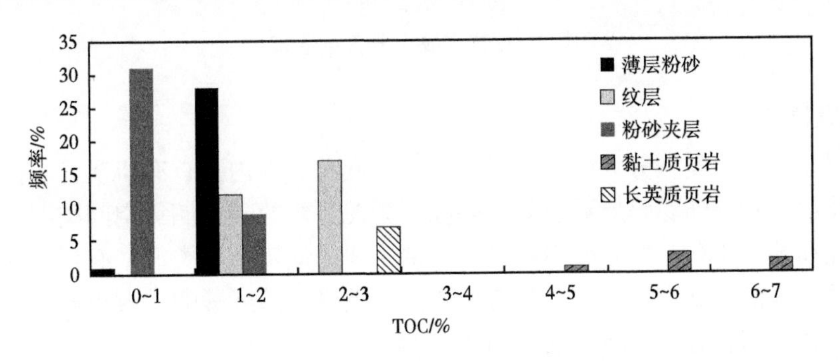

图 8　松南青一段不同储层类型总有机碳含量频率分布直方图

2.7 矿物组分特征

研究区内青一段页岩矿物组分大多复杂，以石英长石、黏土矿物为主，还含有少量的碳酸盐矿物，研究区南北矿物组分存在较大差异，北部纯页岩地区石英、长石含量较高，黏土矿物含量低于石英、长石含量，碳酸盐矿物（方解石、白云石）含量很少；中部纯页岩与薄夹层粉砂岩过渡带，石英含量中等，黏土矿物含量较高，碳酸盐矿物（方解石、白云石）含量较低；南部薄夹层粉砂岩带，石英含量较高，黏土矿物含量较低，碳酸盐矿物含量低（图 9）。页岩的脆性矿物含量均大于 40%，脆性矿物在压力过程中更加容易破裂，有利于页岩油的开采。

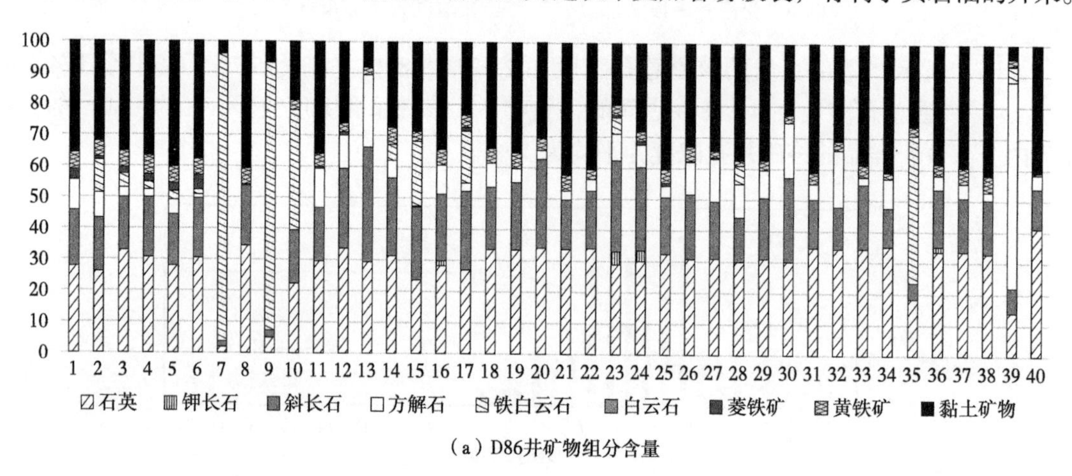

（a）D86井矿物组分含量

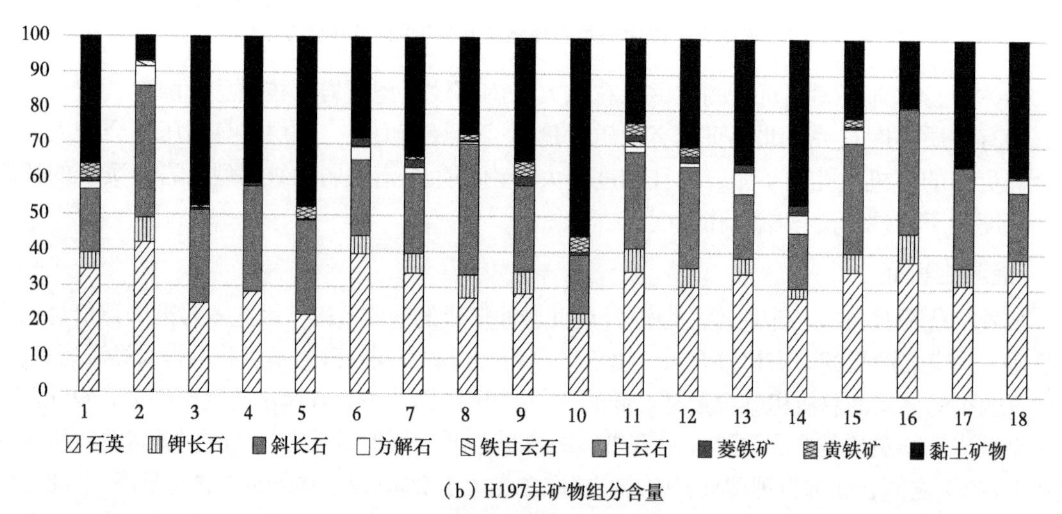

（b）H197井矿物组分含量

图 9　松南矿物组分含量分布

2.8 微观储集特征

页岩储层储集空间类型分为四种类型即粒间晶间孔、粒内孔、有机质孔、微裂缝，粒间孔主要为石英、长石等陆源碎屑颗粒间的孔隙，为泥页岩的主要储集空间类型；晶间孔为黏土矿物晶间孔和黄铁矿孔，发育较少不是页岩油主要的储集空间类型；有机质孔主要发育在与石英、黄铁矿等矿物紧密接触的粒间有机质内，但受成熟度影响，有机质孔总体发育程度较低，不是泥页岩储层的主要储集空间（图 10）。

粒内孔大小范围为 10nm~1μm。在浅埋藏泥岩中，黏土颗粒大致上与沉积方向平行，这些片状孔隙呈现与沉积方向平行的趋势。当片状孔隙存在于脆性颗粒周围时，这些孔隙会围绕脆性颗粒弯曲。一些粒内孔存在于在由疏松黏土片晶压实形成的黏土之中。在埋藏时间较长的泥岩中，大量早期形成的粒内孔因化学压实作用或胶结作用而消失。粒内孔隙大部分是次生孔隙，少数为原生孔隙。绝大部分粒内孔的数目随着埋藏时间增长而减少，因此在早期泥质沉积物和泥岩中可见大量粒内孔发育，在埋藏时间长的泥岩中相对少见（图 11）。

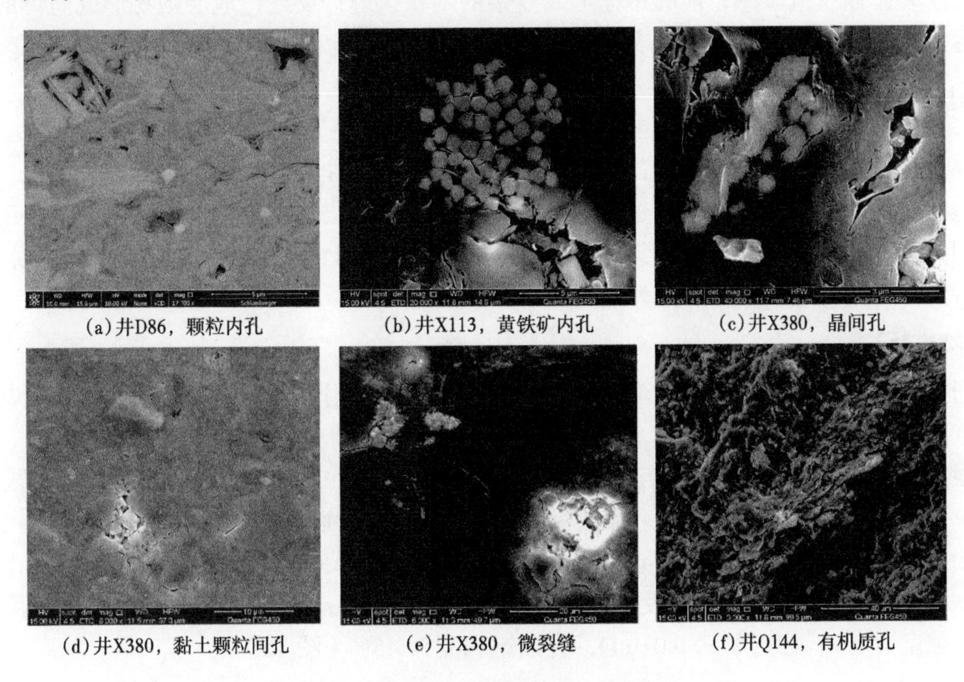

(a)井D86，颗粒内孔　(b)井X113，黄铁矿内孔　(c)井X380，晶间孔

(d)井X380，黏土颗粒间孔　(e)井X380，微裂缝　(f)井Q144，有机质孔

图 10　松南页岩油微观储集空间类型

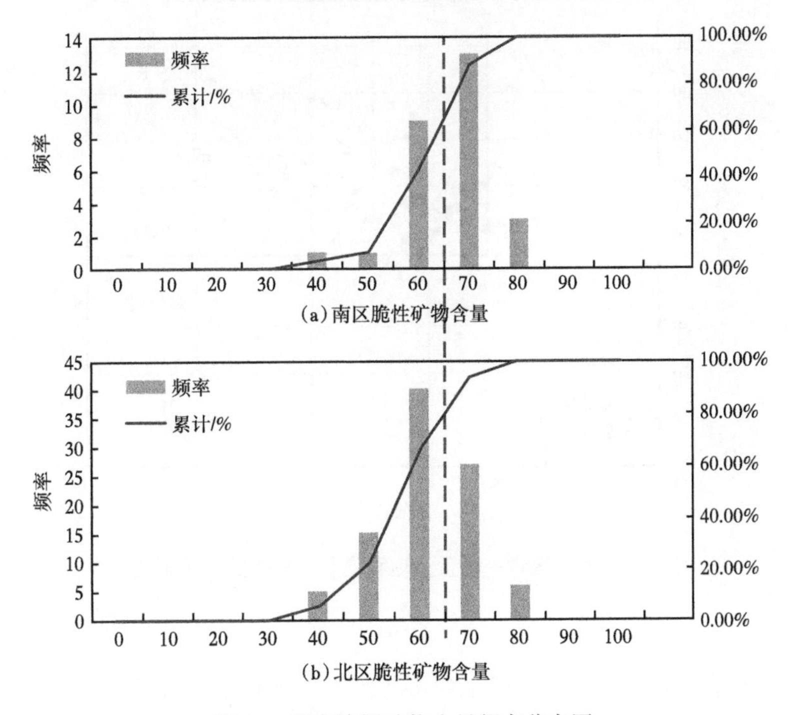

(a)南区脆性矿物含量

(b)北区脆性矿物含量

图 11　松南脆性矿物含量频率分布图

2.9 脆性特征

岩石脆性是指岩石受力破坏时所表现出的一种固有性质，表现为岩石在宏观破裂前发生很小的应变，破裂时全部以弹性能的形式释放出来。脆性指数表征岩石发生破裂前的瞬态变化快慢（难易）程度，反映的是储层压裂后形成裂缝的复杂程度。脆性指数高的地层性质硬脆，对压裂作业反应敏感，能够迅速形成复杂的网状裂缝；反之，地层则易形成简单的双翼型裂缝。因此，岩石脆性指数是表征储层可压裂性必不可少的参数。

3 储层分类评价标准

在页岩储层特征研究基础上，应用物性、含油性、脆性及矿物含量特征评价结果，综合考虑地质品质和工程品质，初步建立了松南青一段页岩储层综合分类评价标准，将松南页岩储层划分为3类。一类储层最富集，具有有机碳含量高、储层物性好、含油性好、脆性指数高等特点，二类储层次之，三类为最差储层。

3.1 物性标准

通过地化分析采样数据游离油与吸附油标准，建立吸附油、游离油的含油饱和度与孔隙度散点图。

根据页岩中页岩油的赋存状态，可以将储层划分为Ⅰ、Ⅱ类有效储层及无效储层三类。其中，Ⅰ类储层以游离油为主，含油饱和度一般在55%以上，页岩有效孔隙度在5%以上；Ⅱ类储层游离油与吸附油共同存在，含油饱和度一般大于45%，有效孔隙度主要分布在3%~5%之间；无效储层主要以吸附油为主。经过物性分析，最终确定有效页岩储层下限为：有效孔隙度≥3%，渗透率≥0.01mD，含油饱和度≥45%（图12）。

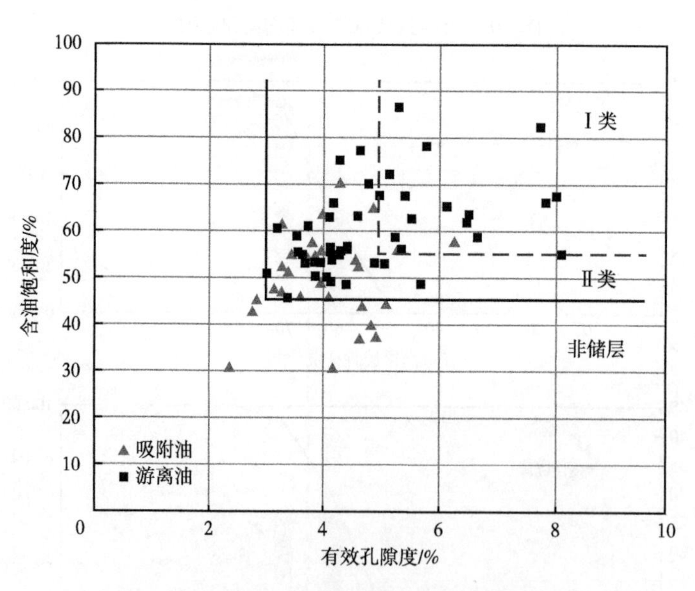

图12 松南地区青一段含油饱和度与有效孔隙度关系曲线

3.2 工程标准

页岩油工程评价主要考虑页岩层段工程可压裂性，而影响工程可压裂性的主要因素包含页岩层脆性、裂缝性等。

由于该地区缺乏阵列声波测井资料，脆性评价主要通过脆性矿物含量计算的脆性指数进行定量表征。通过页岩层段脆性指数与TOC关系可以看出，脆性指数升高，TOC下降。泥页岩有利于有机碳沉积与保存，页岩中TOC含量与泥质含量正相关，而松南地区青一段地层中脆性矿物含量与黏土矿物含量为负相关，因此脆性指数与TOC含量为负相关关系（图13）。

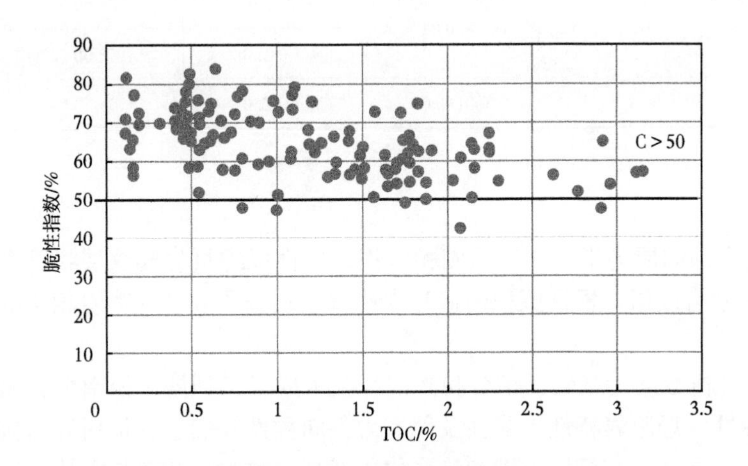

图13　松南地区青一段页岩脆性与TOC关系

通过与其他地区对比，松南地区青一段地层脆性指数高，页岩脆性好，有利于工程压裂。根据松南地区脆性指数统计以及与邻区盆地对比，最终确定脆性指数下限为50%。

裂缝发育程度通过裂缝发育指数F进行量化表征，结合裂缝发育指数与TOC关系（图14），Ⅰ类工程品质储层裂缝发育指数大于0.8，Ⅱ类工程品质储层裂缝发育指数为0.5~0.8，Ⅲ类工程品质储层裂缝发育指数小于0.5，Ⅲ类为无效储层。

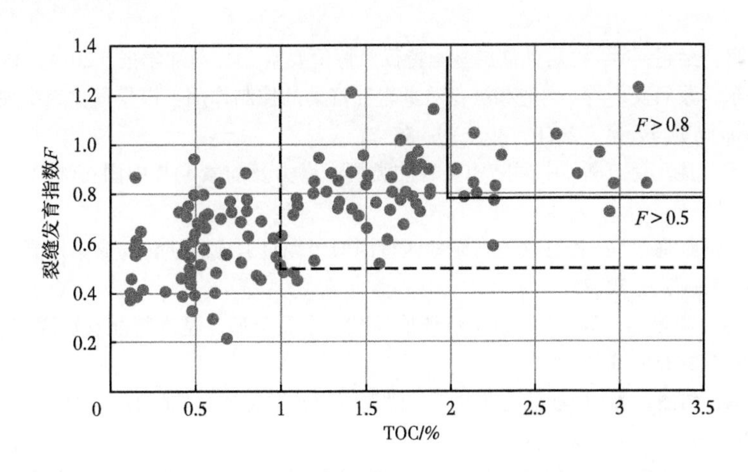

图14　裂缝发育指数 F 与TOC关系

3.3　综合评价标准

页岩综合评价应该从源岩品质、储层品质、工程品质三个方面进行综合评价，烃源岩品质控制生油能力，页岩物性控制油气储集能力，工程品质影响页岩油压裂难易程度及产能。

综合页岩储集物性指标、含油性指标、工程指标，制定了松南盆地青一段页岩油综合评价标准（表2）。

表 2　松南页岩油储层综合评价标准

页岩甜点类型	物性指标		源岩指标	工程指标	
	有效孔隙度 /%	渗透率 /mD	TOC/%	脆性指数 /%	裂缝发育指数
Ⅰ类	＞ 5	＞ 0.04	＞ 2.0	＞ 50	＞ 0.8
Ⅱ类			1.0~2.0	＞ 50	
Ⅲ类	＞ 3	0.01~0.04	1.0~2.0	＞ 50	0.5~0.8

4　结论

（1）松南页岩油储层为半深湖—深湖相沉积，岩性以纯页岩和纹层状页岩为主，夹厚度 0.05~0.15m 的粉砂岩纹层。根据沉积构造和岩性特征划分了 6 种优势岩相类型，以纹层型页岩相为主。

（2）以实验分析数据为基础，结合测井解释技术成果，开展了松南页岩油储层岩性、电性、物性、含油性、烃源岩特性、脆性及地应力各向异性等储层特征研究，松南页岩储层具有储集性好、含油丰富、有机质丰度和热演化程度高、脆性指数较高等特点，搞清了页岩储层不同参数分类特征。

（3）根据松南页岩储层不同特征参数，建立了储层综合分类评价标准，将松南页岩油储层划分为 3 类，结合单井综合评价结果选取一类层段，为之后的页岩油开发打下了基础。

参　考　文　献

[1] 邹才能，杨智，崔景伟，等．页岩油形成机制、地质特征及发展对策 [J]. 石油勘探与开发，2013，40（1）：14-26.

[2] 姜在兴，张文昭，梁超，等．页岩油储层基本特征及评价要素 [J]. 石油学报，2014，35（1）：184-196.

[3] 付晓飞，石海东，蒙启安，等．构造和沉积对页岩油富集的控制作用：以松辽盆地中央坳陷区青一段为例 [J]. 大庆石油地质与开发，2020，39（3）：56-71.

[4] 杜金虎，胡素云，庞正炼，等．中国陆相页岩油类型、潜力及前景 [J]. 中国石油勘探，2019，24（5）：560-568.

[5] 冯子辉，柳波，邵红梅，等．松辽盆地古龙地区青山口组泥页岩成岩演化与储集性能 [J]. 大庆石油地质与开发，2020，39（3）：72-85.

[6] 贾承造，邹才能，李建忠，等．中国致密油评价标准、主要类型、基本特征及资源前景 [J]. 石油学报，2012，33（3）：343-350.

[7] 霍秋立，曾花森，付丽，等．松辽盆地北部青一段泥页岩储层特征及孔隙演化 [J]. 大庆石油地质与开发，2019，38（1）：1-8.

[8] 李吉君，史颖琳，黄振凯，等．松辽盆地北部陆相泥页岩孔隙特征及其对页岩油赋存的影响 [J]. 中国石油大学学报（自然科学版），2015，39（4）：27-34.

[9] 朱建伟，刘招君，董清水，等．松辽盆地层序地层格架及油气聚集规律 [J]. 石油地球物理勘探，2001，36（3）：339-344.

[10] 郭巍，刘招君，董惠民，等．松辽盆地层序地层特征及油气聚集规律 [J]. 吉林大学学报（地球科学版），2004，34（2）：216-221.

[11] 柳波，吕延防，赵荣，等．三塘湖盆地马朗凹陷芦草沟组泥页岩系统地层超压与页岩油富集机理 [J]. 石油勘探与开发，2012，39（6）：699-705.

[12] 王玉华，梁江平，张金友，等．松辽盆地古龙页岩油资源潜力及勘探方向 [J]. 大庆石油地质与开发，2020，39（3）：20-34.
[13] 崔宝文，陈春瑞，林旭东，等．松辽盆地古龙页岩油甜点特征及分布 [J]. 大庆石油地质与开发，2020，39（3）：45-56.
[14] 张金川，林腊梅，李玉喜，等．页岩油分类与评价 [J]. 地学前缘，2012，19（5）：322-331.
[15] 柳波，石佳欣，付晓飞，等．陆相泥页岩层系岩相特征与页岩油富集条件：以松辽盆地古龙凹陷白垩系青山口组一段富有机质泥页岩为例 [J]. 石油勘探与开发，2018，45（5）：828-838.
[16] 吴河勇，林铁锋，白云风，等．松辽盆地北部泥（页）岩油勘探潜力分析 [J]. 大庆石油地质与开发，2019，38（5）：1-6.
[17] 朱德顺．陆相湖盆页岩油富集影响因素及综合评价方法：以东营凹陷和沾化凹陷为例 [J]. 新疆石油地质，2019，40（3）：269-275.
[18] 柳波，孙嘉慧，张永清，等．松辽盆地长岭凹陷白垩系青山口组一段页岩油储集空间类型与富集模式 [J]. 石油勘探与开发，2021，48（3）：521-535.
[19] 胡素云，赵文智，侯连华，等．中国陆相页岩油发展潜力与技术对策 [J]. 石油勘探与开发，2020，47（4）：819-828.
[20] 杨智，侯连华，陶士振，等．致密油与页岩油形成条件与“甜点区”评价 [J]. 石油勘探与开发，2015，42（5）：555-565.
[21] 王倩茹，陶士振，关平．中国陆相盆地页岩油研究及勘探开发进展 [J]. 天然气地球科学，2020，31(3)：417-427.
[22] 孙龙德，刘合，何文渊，等．大庆古龙页岩油重大科学问题与研究路径探析 [J]. 石油勘探与开发，2021，48（3）：453-463.

基于核磁测井分频处理对页岩油可动流体的定量评价方法

张金风，许长福，吴承美，陈依伟，刘娟丽

（中国石油新疆油田分公司吉庆油田作业区）

摘　要：吉木萨尔芦草沟组页岩油储层致密且岩性复杂多样，低孔隙度、特低渗、可动性差是其典型特征，不同流体赋存状态的精细表征是识别甜点的关键，为此，通过结合先进的孔吼表征实验测试手段及测井评价模型，采用核磁测井分频处理的方法，建立了适合本区的可动流体的核磁测井解释模型，并结合动态生产情况定量评价页岩油水平井压后稳定含水及产能，效果较好。

关键词：吉木萨尔凹陷；页岩油；核磁分频处理；可动流体；产能

吉木萨尔芦草沟组整体属于细粒沉积体系，形成一套源储一体、多组分来源的混积岩，由于干酪根的存在会影响骨架参数，导致用声波时差、补偿密度计算的孔隙度偏高。同时由于岩性复杂，矿物成分复杂多样，骨架参数难以精确确定。因此，常规测井评价有效孔隙度的方法在本区适用性较差，目前主要用核磁测井计算孔隙度。通过配套实验分析，确定了计算有效孔隙度的起算核磁时间为1.7ms，经岩心分析数据验证较为合理。由于岩性的孔隙结构的流体赋存状态存在较大区别，有效孔隙度仍不能精细的反映可动流体的状态。本文利用核磁共振手段和激光共聚焦技术对该区页岩油赋存特征进行了定量评价，揭示芦草沟组页岩油不同状态流体的赋存特征及核磁响应特征，采用核磁分频处理的方法，建立了适合本区的可动流体的核磁解释模型，并结合动态生产情况定量评价页岩油水平井压后产能，效果较好。

1　页岩油赋存特征评价

泥页岩孔喉以微—纳米尺度为主，泥页岩油在其中的赋存量、赋存状态、赋存孔径范围不仅是赋存机理的重要研究内容，也是泥页岩油是否可动、可动多少的重要影响因素。

该区页岩油赋存状态可分为游离态和吸附态两种形式，其中吸附态油基本不可动。前人通过微米CT、场发射扫描电镜等手段观察到游离态油呈现连续赋存形式，主要分布在孔隙和裂缝中，而吸附态油多呈薄膜型吸附在颗粒或有机质表面。本次利用核磁共振手段和激光共聚焦技术对该区页岩油赋存特征进行了定量评价，揭示吉木萨尔芦草沟组高黏度低流度型页岩油赋存特征。

1.1　核磁共振评价原油赋存状态

通过对饱和油样品进行不同转速离心实验，实现页岩油赋存状态的评价。在离心过程

基金项目：中国石油天然气股份有限公司重大科技专项“陆相中高成熟度页岩油勘探开发关键技术研究与应用”（2019E-26）。

作者简介：张金风，女，山东肥城人，2006年毕业于中国石油大学（华东），高级工程师，现主要从事页岩油储层评价工作。通讯地址：新疆吉木萨尔县锦绣路吉庆油田作业区，邮政编码：831700。E-mail：zhjf@petrochina.com.cn。

中，往往不知道离心设备所获得的 Δp 是否足以去除岩心中的所有游离油，随着离心力的增大，作用在孔隙内流体上的驱动压力增大，可以克服小孔隙中较大毛细管压力，赋存在较小孔隙中游离态油也可被排出。因此，孔隙流体逐渐由大孔隙可动为主向小孔隙过渡。理论上，只要驱动力足够大（超过最小孔隙中的最大毛细管压力），所有游离烃都将以可动油的形式从岩心中排出。离心压差下的可动油量可表示为朗格缪尔式方程：

$$\frac{1}{Q_{\mathrm{m}}}=\frac{\Delta p_{\mathrm{L}}}{Q_{\mathrm{f}}}\frac{1}{\Delta p}+\frac{1}{Q_{\mathrm{f}}} \tag{1}$$

式中：Q_{m} 为每克岩石的可动油量，mg/g；Q_{f} 为无穷大离心压差下最大可动油量（即游离量），mg/g；Δp 为离心压差，MPa；Δp_{L} 为中间值压差，流动量达到 Q_{f} 一半时的值，MPa。

表 1 不同类型储层游离态和吸附态烃的含量具有明显差异。Ⅰ类储层的游离比例在63.81%~74.75%，均值为 74.75，游离 / 束缚为 2.96；Ⅱ类储层的游离比例在 37.51%~67.29%，均值为 54.99%，游离 / 束缚为 1.22；Ⅲ类储层的游离比例在 34.75%~76.33%，均值为 51.05%，游离 / 束缚为 1.04；Ⅳ类储层的游离比例在 27.40%~76.29%，均值为 46.48%，游离 / 束缚为 0.87；无效储层的游离比例在28.11%~37.58%，均值为33.63%，游离 / 束缚为0.51。由此可见，随着储层品质变差，储层中游离油比例逐渐降低，而吸附态油比例逐渐增大到 66%。

表 1　不同类型储层游离量比例

储层类型	1000r/min 游离量比例 /%	2000r/min 游离量比例 /%	4000r/min 游离量比例 /%	6000r/min 游离量比例 /%	10000r/min 游离量比例 /%	拟合游离量比例 /%
Ⅰ类储层	3.75	11.95	23.91	42.54	54.76	74.75
Ⅱ类储层	3.58	10.78	16.11	25.69	40.29	54.99
Ⅲ类储层	3.09	9.38	14.02	21.96	33.85	51.05
Ⅳ类储层	4.23	11.53	17.72	24.99	32.50	46.48
无效储层	8.25	17.03	21.69	26.58	31.09	33.63

1.2　基于激光共聚焦技术评价

激光扫描共聚焦显微镜（Laser Scanning Confocal Microscope，LSCM）的扫描光源是激光，由此可以逐点、逐线、逐面的快速扫描成像。瞬时成像的物点是物镜的焦点，也是扫描激光的聚焦点，其扫描激光与荧光收集共用一个物镜。不同深度层次的图像可以通过改变调焦深度得到，并作为图像信息储存于计算机内，再通过计算机分析、模拟样品的立体结构并显示出来。与普通光学显微镜相比，激光扫描共聚焦显微镜具有分辨率高、可以观察样品内部结构、可以分层扫描并重建三维立体图像、可获得数字化信息等优点。并通过多层扫描和三维重建技术取得薄片厚度内的所有微孔隙的完整结构特征。与扫描电镜相比，可以检测样品内部信息，在观察样品形貌的同时，通过光谱解析可以分析孔隙中原油的密度。

轻质、重质组分解析的基本原理：传统的实验观察结果认为，液态烃的荧光颜色可反映有机质演化程度，即随着有机质从低成熟向高成熟演化，其荧光颜色由火红色⟶黄色⟶

橙色⟶蓝色⟶亮黄色（蓝移）；Goldstein 也认为随着油质由重变轻，油包裹体的荧光颜色由褐色⟶橘黄色⟶浅黄色⟶蓝色⟶亮黄色。随着小分子成分含量增加，成熟度增大，其荧光会发生明显“蓝移”，光谱主峰波长减小，反之，光谱主峰波长增大。应用激光共聚焦显微镜，采用 488nm 固定波长的激光激发样品，原油中轻质组分产生 490~600nm 波长范围的荧光信号，重质组分产生 600~800nm 波长范围的荧光信号。一般我们接收轻质组分信号时尽量选择靠近激发波长，接收重质组分信号时尽量选择远离激发波长（图 1）。

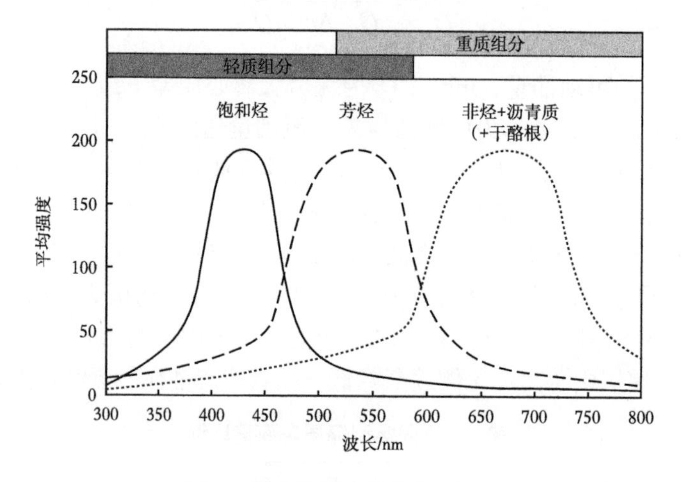

图 1　轻重组分光谱解析示意图

本次利用激光共聚焦技术对三块新鲜页岩油样品进行观测，分析原油赋存特征及不同密度原油的赋存特征。三块样品分别来自 J10016 井和 J10022 井，岩性包括长石岩屑砂岩（2-h）、灰质粉砂岩（15-h）和云质粉砂岩（30-h），含油级别为油浸。首先进行样品制备，通过切片⟶密胶⟶磨光切片⟶黏片⟶磨制薄片，含油岩石样品在钻样和切片时，需要在冷冻条件下进行。利用 LEICA SP8 型激光共聚焦对三块页岩油样品进行观测，并进行三维立体图像重建。得出如下认识：

（1）芦草沟组页岩油具有极高含油丰度，原油（黄色）多呈片状或连片状分布在孔隙中（图 2），不仅赋存在较大的粒间孔内，在较小的晶间孔也有原油赋存。三块样品对比可知，随物性变差（由），原油呈断续、零星分布，且非均质性变强。

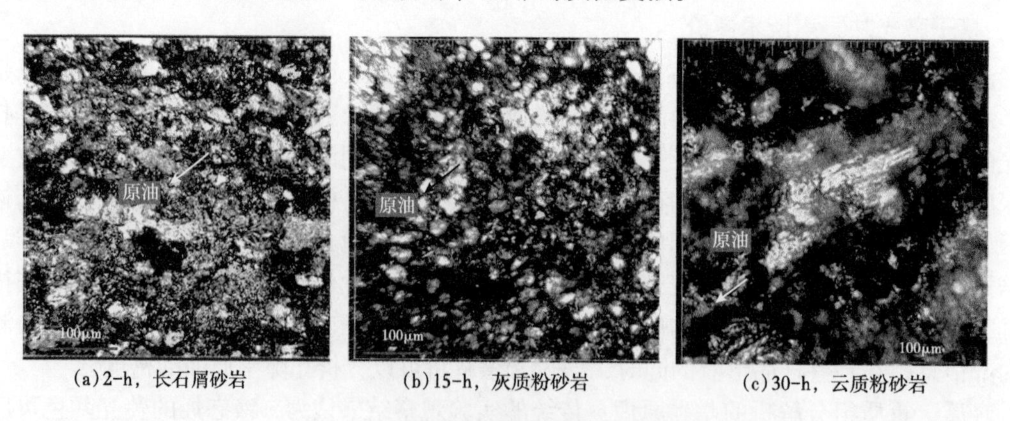

(a) 2-h，长石屑砂岩　(b) 15-h，灰质粉砂岩　(c) 30-h，云质粉砂岩

图 2　页岩油样品激光共聚焦扫描图像

（2）三维空间图像重构能清晰展示不同密度原油的空间展布，轻质油的密度、黏度均明显好于重质原油（图 3）。芦草沟组页岩油中轻质部分通常赋存在大孔内，而重质部分赋存在矿物表面或较小孔隙中。2-h 和 30-h 两个样品分别位于芦二段和芦一段，两个样品物性差异不大，但芦二段样品的轻质原油含量明显偏多。

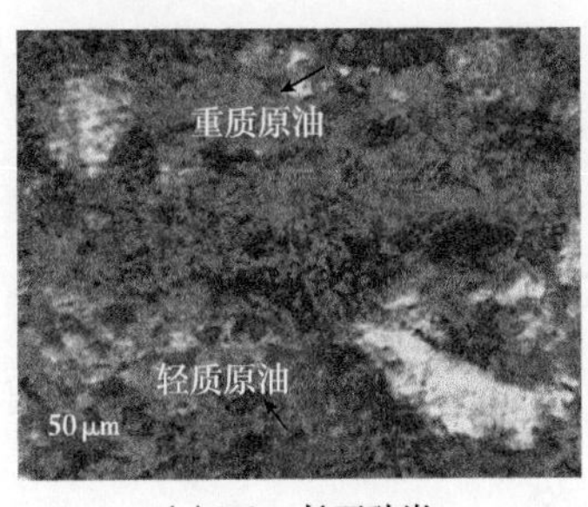

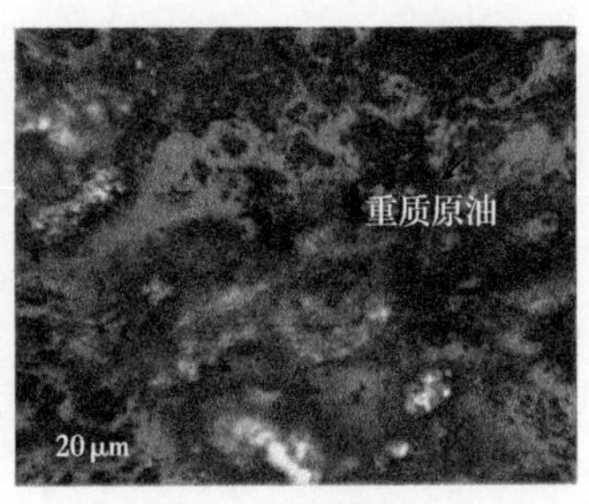

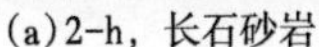
（a）2-h，长石砂岩　　（b）15-h，灰质粉砂岩　　（c）30-h，云质粉砂岩

图 3　页岩油样品激光共聚焦三维重构图像

2　基于核磁分频处理流体评价方法

通过实验室核磁共振手段和激光共聚焦技术对该区页岩油赋存特征进行了定量评价，根据核磁 T_2 谱信号的叠加原理，需要将不同流体的信号进行分解，通过对比分析认为，利用小波变换技术进行核磁分频处理能较好地分解 T_2 谱。

2.1　基本原理

核磁共振技术是一种间接测量技术，所采集到的原始数据是岩石孔隙种所含流体氢原子弛豫时间的叠加信号，单相流体可以看做符合正态分布的高斯信号（图 4），可以用下式表示：

$$\mathrm{f}(t)=\frac{1}{\sqrt{2\pi}\sigma}\mathrm{e}^{-\frac{(t-a)^2}{2\sigma^2}} \tag{2}$$

由于回波串的表征及 T_2 谱的反演过程均采用统计学原理，而统计学中的中心极限定理证明核磁 T_2 谱可以看作由多个正态分布（高斯分布）曲线的线性叠加。通过页岩油岩心核磁实验的流体信号分析，页岩油核磁 T_2 谱可以分为 2~4 种流体信号的叠加，不同流体在 T_2 谱上是有较大重叠部分。根据谱形态的不同，利用高斯函数对核磁 T_2 谱点数据进行函数逼近拟合，通过最小二乘法优化拟合过程，循环迭代，确定不同流体赋存状态的 T_2 谱信号形态（中心点及频宽范围）（图 5）。

2.2　应用实例

吉木萨尔页岩油普遍采用大规模细分密切割体积压裂生产，储层改造后经过一段时间焖井，开井衰竭式开采，随着压裂液返排含水率逐渐降低达到稳定值，日产油逐渐上升至最高峰，之后日产液量、日产油量快速下降，但含水变化较小。对比同等压裂规模和工艺的水平井投产情况可以看出，稳定含水与一年期百米产能呈明显负相关。利用核磁分频处理的小波变化技术对页岩油水平井测井解释，提取出游离油信号，并建立游离油孔隙度与稳定含水的交会图，可以看出，游离油饱和度与稳定含水呈明显负相关，根据此模型可以精确地对未投产水平井的稳定含水进行预测，进而预测水平井产能（图 6）。

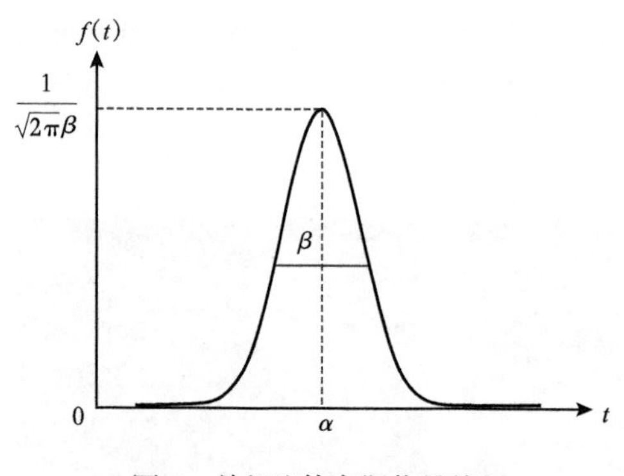

图 4　单相流体高斯信号特征

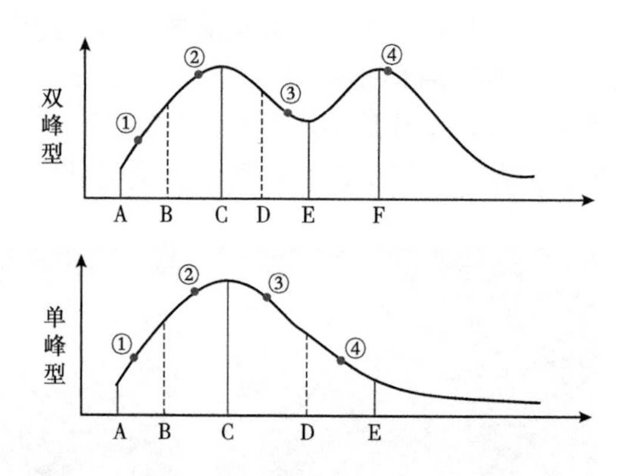

图 5　不同形态 T_2 谱分频中心点分布范围示意图

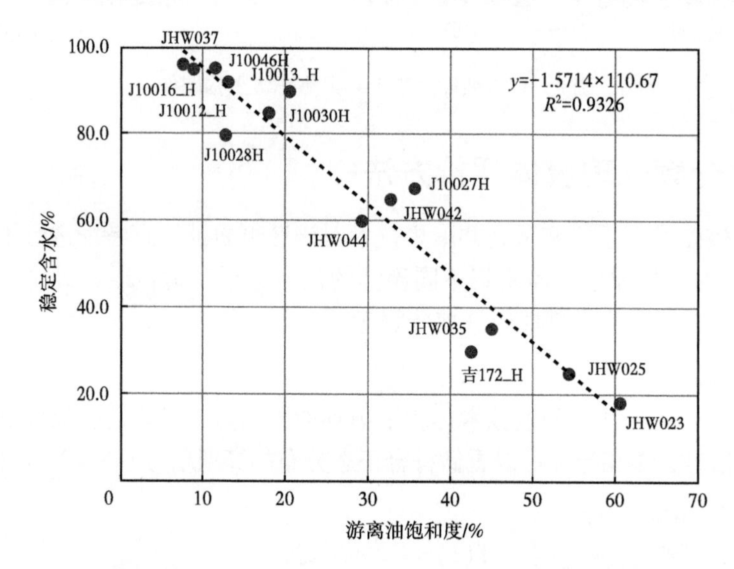

图 6　页岩油水平井稳定含水与游离油饱和度交会图

3　结论

（1）通过核磁共振和激光共聚焦等微观孔吼流体表征技术，发现页岩油的赋存状态可分为游离态和吸附态两种形式，其中吸附态油基本不可动，可动的游离态的油主要赋存于中、大孔。

（2）压裂投产后产能的贡献主要来源于游离态的可动油，稳定含水与可动油饱和度呈明显的负相关。

参 考 文 献

[1] 钟吉彬，阎荣辉，张海涛，等 . 核磁共振 T_2 谱分解法识别流体性质 [J]. 石油勘探与开发，2020，（4）：691-702.

[2] 王伟，赵延伟，毛锐，等 . 页岩油储层核磁有效孔隙度起算时间 [J]. 石油与天然气地质，2019，40（3）：550-557.

[3] 刘一杉，东晓虎，闫林，等 . 吉木萨尔凹陷芦草沟组孔隙结构定量表征 [J]. 新疆石油地质，2019，40

(3)：284-289.
[4] 丛云海，范宜仁，邓少贵，等．基于核磁共振 T_2 谱三组分分解的致密砂岩储层孔隙结构研究 [J]. 测井技术，2013，37：600-604.
[5] 王璟明，肖佃师，卢双舫，等．吉木萨尔凹陷芦草沟组页岩储层物性分级评价 [J]. 中国矿业大学学报，2020，49（1）：172-183.
[6] 高敏，安秀荣，祗淑华，等．用核磁共振测井资料评价储层的孔隙结构 [J]. 测井技术，2000，(3)：188-193，238.
[7] 周明顺，殷洁，潘景丽，等．基于核磁共振测井孔喉的低渗透率储层有效性评价方法 [J]. 测井技术，2014，38（4）：452-457.

三塘湖盆地凝灰岩致密油勘探开发案例与启示

陈　旋[1]，范谭广[1]，刘俊田[1]，刘建伟[2]，潘有军[1]

（1. 中国石油吐哈油田公司勘探开发研究院；2. 中国石油吐哈油田公司工程技术研究院）

摘　要：三塘湖盆地经过多年的勘探，丰度高且未被发现的正向背景的构造油气藏、岩性油气藏越来越少，而规模较大、丰度较低的非常规油气藏勘探潜力较大。基于致密油地质理论和勘探开发工艺等关键技术的指导下，发现了二叠系条湖组凝灰岩致密油藏。研究认为，凝灰岩致密油成藏受控于烃源岩的有效配置、稳定的构造背景和湖盆环境、凝灰岩后期的脱玻化和溶蚀作用，具有“自源润湿、它源成藏、断—缝输导、多点充注、有效凝灰岩储层大面积富集”的成藏特点；形成了凝灰岩致密油勘探评价技术、规范、标准；实施地质工程一体化，强化井筒技术，形成了致密油水平井低成本、高效、安全钻井技术、速钻桥塞 + 分簇射孔体积压裂技术、低伤害低成本复合压裂液技术；实施注水吞吐、井网加密等技术，实现了优质储量区块的效益动用。勘探成果表明，非常规油气将是三塘湖盆地增储上产的重点。该研究对下一步吐哈探区非常规油气及国内外凝灰岩油藏勘探开发具有重要的启示作用。

关键词：三塘湖盆地；致密油；凝灰岩；效益勘探；勘探案例；启示

三塘湖盆地以低压砂岩、火山岩油藏为主。经过二十多年的勘探，查明了盆地构造格局和基本石油地质条件，落实了马朗、条湖两个富油凹陷，发现了石炭—二叠系、二叠—侏罗系和三叠—侏罗系三套含油气系统，发现3个油气田，2个含油气构造，探明石油地质储量约 1.5×10^{8}t。随着勘探的不断深入，发现新层系及新类型油气藏，已成为制约油田发展的难题。在非常规油气地质理论的指导下，2012年，马朗凹陷芦1井在条湖组火山碎屑岩储集层中试油压裂获得10.98t/d的工业油流，发现了三塘湖盆地凝灰岩致密油藏[1]，同时二叠系芦草沟组页岩油勘探也相继获得突破[2]。勘探研究表明，三塘湖盆地条湖、马朗凹陷剩余油气资源丰富，主要集中在非常规领域。根据第四次资源评价结果，二叠系致密资源量为 4.63×10^{8}t。通过勘探思路创新、认识创新、技术创新以及管理创新，深入开展非常规油气勘探，实施地质工程一体化攻关，形成了凝灰岩成藏地质理论及多项工程技术[3]，实现了三塘湖盆地致密油勘探的突破，截至2022年，累计提交储量 1.33×10^{8}t，累计产油 123.8×10^{4}t（图1），建成了中国第一个凝灰岩致密油开发示范区。

三塘湖盆地致密油勘探凭借科学技术的进步而不断深入和发展，立足非常规理论，依托创新认识，注重技术，加强攻关，不断完善配套工程技术。对凝灰岩致密油勘探历程的解剖是实践—认识—再实践—再认识的过程，将对该区非常规油气的勘探及国内外火山岩油藏勘探及效益动用具有重要的启示作用。

作者简介：陈旋，男，教授级高级工程师，油气勘探。通讯地址：新疆哈密石油基地吐哈油田研究院。邮编：839009。E-mail：cx168@petrochina.com.cn。

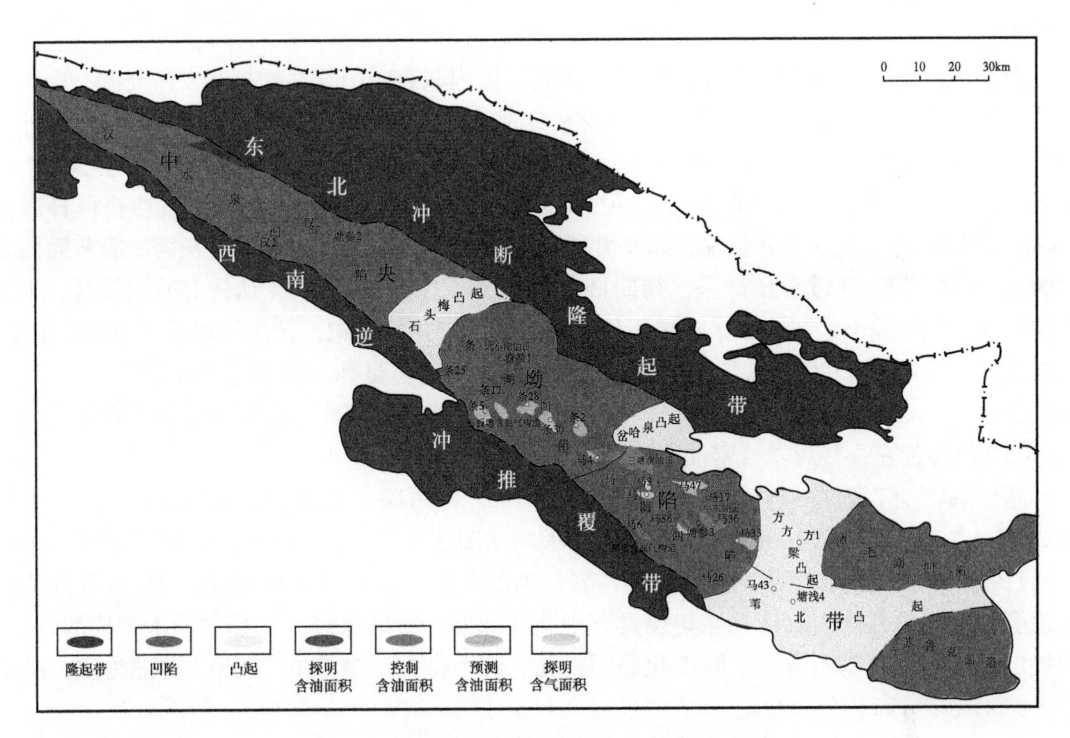

图 1　三塘湖盆地油气田及含油气构造分布图

1　勘探开发历程

二叠系凝灰岩致密油始于 2012 年，基于地质认识的局限性，致密油勘探所取得的每一个发现、突破和进展是曲折的，其突破得益于非常规油气地质理论的指导与工程技术的应用，纵观三塘湖盆地致密油勘探历程，是在立足非常规理论，不断创新认识的基础上，解放思想，逐步取得突破的，依据勘探对象、勘探方法、技术系列、勘探成果等因素，其油气勘探历程分为以下几个阶段。

（1）初探二叠系，芦草沟组发现优质烃源岩及裂缝型油藏（1996—2005 年）。

1996 年在马朗凹陷牛圈湖背斜和西峡沟断鼻上部署马 1 井。于侏罗系砂岩和古生界火山岩见到大量油气显示，中二叠统芦草沟组试油获得低产油流，中侏罗统西山窑组获得日产油 6.44m^3，油源对比油气来源于芦草沟组烃源岩，证实了马朗凹陷二叠系—侏罗系含油气系统。随后在马中断背斜构造钻探马 7 井，在条湖组凝灰岩、芦草沟组凝灰岩、泥晶灰岩中见到丰富的油气显示，芦草沟组二段获得日产 15.4m^3 的工业油流；南缘黑墩构造带钻探马 6 井，在芦草沟组凝灰岩、钙质泥岩中见到丰富的油气显示，获得日产 22.2 m^3 高产工业油流。马 1、马 6 及马 7 井在芦草沟组凝灰岩、泥晶灰岩储集层中获得工业油流，普遍认为，这类特殊岩性形成的油藏是由于裂缝发育有效地改善了储集层空间所致，这种特殊岩性能否形成油藏并有效开发未引起重视。

（2）再探二叠系，内引外联促进致密油勘探取得新进展（2010—2012 年）。

随着常规油气勘探开发难度的加大，非常规油气资源已成为世界各国争相勘探开发热点，国内也已在鄂尔多斯盆地三叠系、四川盆地侏罗系、准噶尔盆地二叠系取得非常规油气的突破[5-6]，三塘湖盆地芦草沟组具有优质烃源岩及源储一体的优越条件，再次成为油气勘探的重点。

芦草沟组致密油勘探实施“内引外联”方式，国内联合中国石油勘探开发研究院、中国石油大学等科研院所，国外联合赫世、壳牌两家石油公司。2012 年，赫世石油公司开展马朗凹陷致密油研究，先后钻探 ML1、ML2H 两口井，ML1 井于 3459.88~3672.80m 连续取芯 212.92m，储集层以凝灰质泥岩、白云质泥岩、蚀变凝灰岩等薄互层为主，常规压裂试油获得日产油 1.48m^3；ML2H 井实施水平井钻探，水平井段长 697.9m，储集层以白云质凝灰岩、凝灰质白云质为主，采用 7 段 21 簇分压试采，初期日产油 8.27m^3，递减速度快，认为有效储层薄、水平井体积压裂规模偏小是制约试采效果不佳的因素。两口井的实施，首次发现了这类高孔隙度、低渗透率、高含油饱和度储集层。明确了致密油勘探的关键要素：紧邻优质烃源岩、具有一定厚度的有效储集层、直井具有初产较高、递减速度快，水平井可能是解决效益动用的技术。

（3）静心苦究，凝灰岩致密油终获突破（2012—2022 年）。

基于致密油“源储一体、大面积连续稳定分布”的思路，北部斜坡区钻探芦 1 井，条湖组 2545.9~2561.9m 井段钻井过程中气测显示良好（图 2），孔隙度平均值 22.4%，渗透率平均值 0.119mD，含油饱和度平均值 75.7%，岩性为凝灰岩。随后钻探的马 55、马 56 等井均揭示该套储层。研究认为，该类储集层具有中高孔隙度、特低渗透率、高含油饱和度的特点，储集层储集空间以基质微孔、脱玻化晶间微孔、溶蚀微孔和微缝的“四微”孔隙为主，平面上大面积连续分布，分布稳定。

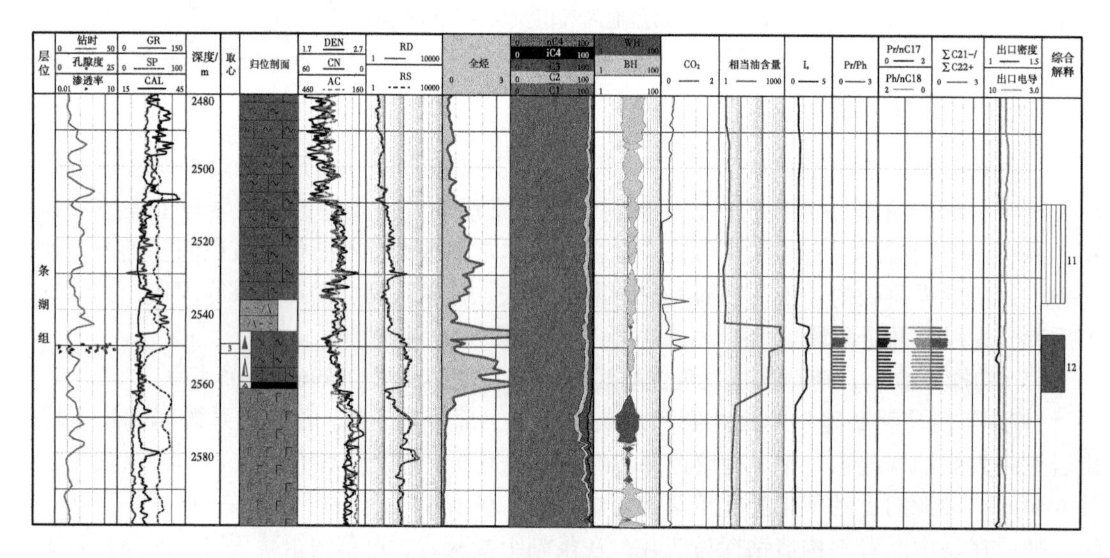

图 2　芦 1 井 2545.9~2561.9m 井段录井综合评价图

芦 1 井在 2546.0~2558.0m 经压裂试油获得低产油流，证实了条湖组含油气性，但产量低无法效益动用。马 55 井常规射孔不出，常规压裂效果不理想，采用体积压裂后见到一定效果，一次压裂产油 483m^3，二次压裂产油 412m^3，仍难以有效开发动用。其后，实施地质工程一体化，探索“水平井＋大型体积压裂＋控压排采”的效益动用技术[7]，钻探马 58H，水平段长 818m，采用“速钻桥塞 8 段 24 簇射孔”体积压裂求产，4mm 油嘴最高日产油 117.0m^3。表明，随着水平段长度、压裂规模的逐渐提高，单井原油日产呈现提高的特点。按照整体评价，快速建产思路，建成了中国第一个凝灰岩致密油藏水平井技术示范区和规模开发试验区。

基于马朗凹陷条湖组凝灰岩致密油勘探成功的启示，条湖凹陷、马朗凹陷芦草沟组页岩油勘探呈持续突破的态势。2017 年，条湖凹陷南缘冲断带钻探条 34 井，对芦草沟组 3346~3349m 井段采用一级压裂，产油 18.1t/d。研究认为，该区块芦草沟组油层纵向上分布在凝灰岩储层中，发育上下两套凝灰岩油层，平面上不受构造控制，具大面积分布特征，属于近源聚集的凝灰岩油藏，基于新的油藏认识，该区相继部署钻探条 3401H、条 3402H 等多口评价井，均在芦草沟组获得工业油流，预测石油地质储量 2206×10^4t。2020 年，借鉴条湖凹陷条 34 块芦草沟组勘探经验，针对马朗凹陷牛圈湖区块条湖组、芦草沟组凝灰岩储层研究，开展先导试验，条湖组部署水平井 15 口，探明石油地质储量 356.17×10^4t，累计产油 5.1×10^4t，其中马 T103-4H 井最高产油 18.81t/d；芦草沟组部署水平井 18 口，探明石油地质储量 205×10^4t，累计产油 7.6×10^4t，其中马 L103-5H 最高产油 18.09t/d，开发效果显著。

2 勘探开发成果

（1）创新地质认识，明确了致密油成藏机理和关键控藏要素，助推勘探取得突破。

有效凝灰岩储层形成于火山喷发旋回的末期，古沉积洼地、浅洼静水古环境控制凝灰岩储层的平面分布，优质储层主要分布在远火山口两侧；凝灰岩储层发育基质微孔、脱玻化晶间微孔、溶蚀微孔和微缝等“四微”孔隙类型（图 3），“中—酸性火山玻璃质的脱玻化、含有机质凝灰岩及微孔隙”是凝灰岩储层中高孔特低渗的形成机理；基于实验解决了凝灰岩致密油藏成藏机理，“凝灰岩自身生烃、偏亲油润湿性和孔喉比小”利于凝灰岩致密储层石油充注，自身有机质在演化过程中能够生烃，所生原油的极性组分优先吸附在孔隙表面形成油膜，促使地层的润湿性向油湿方向转化，油气充注阻力降低利于储层石油充注成藏；构建了“自源润湿、它源成藏、断—缝输导、多点充注、有效凝灰岩储层大面积富集”的凝灰岩致密油藏成藏模式（图 4）。

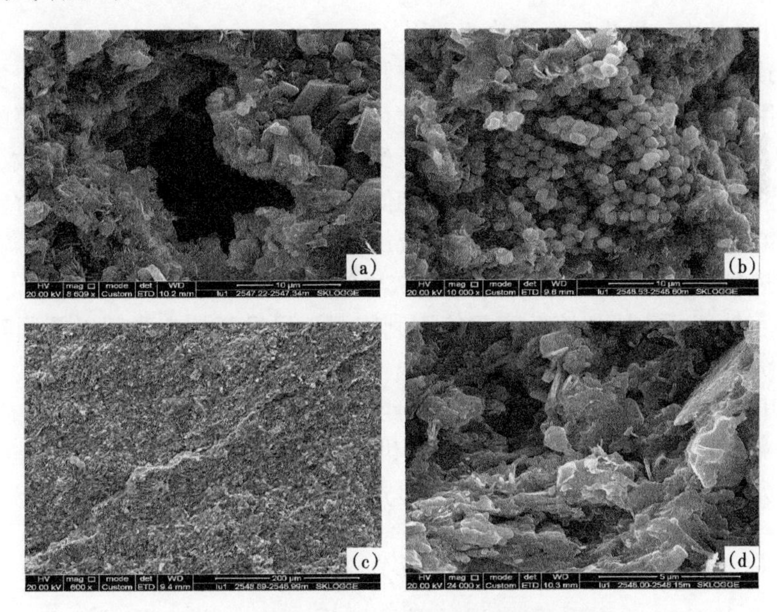

图 3 条湖组二段油层段储集空间镜下照片

（a）凝灰岩，溶蚀孔，场发射扫描电镜（8609×），芦 1 井，2547.22m；
（b）凝灰岩，霉球状黄铁矿，晶间微孔发育，场发射扫描电镜（10000×），芦 1，2548.53m；
（c）凝灰岩，微裂缝，场发射扫描电镜（600×），芦 1，2148.89m；
（d）凝灰岩，粒间微孔发育，场发射扫描电镜（24000×），芦 1，2548.15m

（2）重构勘探评价技术、规范、标准，支撑勘探部署。

形成了凝灰岩致密油七性关系评价技术、“模式控区带、参数控质量、融合控‘甜点’”致密油“甜点”预测技术，编写的凝灰岩致密油藏储量、储集层、测井评价、“甜点”预测评价规范[8]、分类标准及技术手册，有利的支撑了致密油的勘探开发。

系统评价储集层岩性、物性、电性、含油性、脆性等，基于钻井、测井及分析测试资料，形成了致密油“七性”关系评价技术；通过“模式控带（区带）、参数控质（质量）、融合控点（甜点）”的技术思路，形成了致密油“甜点”综合评价技术；编写了适合三塘湖盆地凝灰岩致密油储量计算标准、储集层分类评价标准、“甜点”预测技术规范、有效储集层识别与分类评价规范。

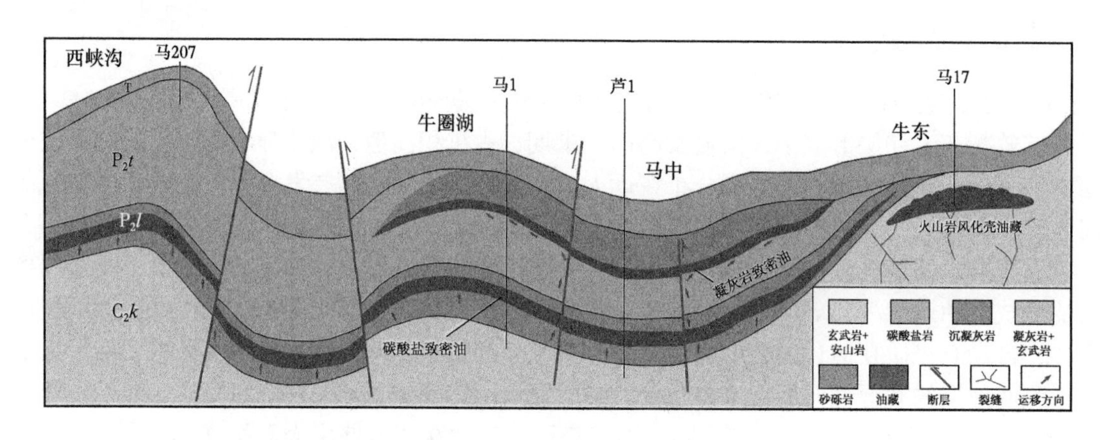

图4　三塘湖盆地条湖组油气藏成藏模式

（3）强化井筒技术，助推致密油效益动用。

受储集层致密影响，常规直井产量普遍较低，实施配套工程技术攻关[9]，实现了三塘湖致密油效益动用。优化井身结构、全井段个性化钻头序列、全井段钻具组合复配、长水平段工程地质导向、弱凝胶钻井液体系等，形成了致密油藏的水平井低成本、高效、安全钻井技术；针对致密油储集层非均质性强、自然产能低的特点，形成了以国产速钻桥塞＋分簇射孔工具工艺为核心的“分段多簇、大排量、大液量”水平井体积压裂改造技术，实现了由传统单缝改造到大规模体积改造的转变；针对凝灰岩储集层岩石致密，渗透率极低，孔喉细小，要求压裂液伤害性能低，压裂液低摩阻等不利因素，研发高效交联剂以及调整压裂液添加剂，形成了低伤害低成本复合压裂液技术。

（4）转变开发方式，实施井网加密，小井距实验等，形成了致密油藏增产技术。

①针对衰竭开采导致地层压力低、油井供液能力差、递减快的矛盾，转变开发方式，开展超破压注水吞吐试验，同时，注水吞吐与增能压裂技术组合实施（表1），快速恢复地层压力。

②实施水平井井网加密，实现井间储量有效动用。一次加密方案部署水平井29口，井距由400m缩小至200m，采取衰竭＋吞吐开采，增加可采储量60.8×10^4t，建产能12.2×10^4t；二次加密井距缩小至100m，部署水平井44口，采取衰竭＋吞吐＋水驱开采，采收率提高至10%以上。建产能19.8×10^4t，储量动用程度高（表2）。由此可见，随着井距缩小，配套集团式注水吞吐、补能压裂技术，实现了由单井渗吸向井组渗吸＋驱替的转变，

吞吐效果明显提高。

③开展小井距实验，实验单井压裂造成邻井动态效果，马56块区块部署的小井距实验井马56-101H井，位于四口开发井之间，井距由400m逐步缩小至100m，在井间形成驱替反应，单井平均日产油从13.5t增到15.2t（表3），实施效果明显，该实验为一次加密井实施奠定了基础。

表1　凝灰岩致密油转变开发方式技术措施

技术系列	措施前 注入采出比	基本思路	注入压力/ MPa	注入速度/ （m^3/d）	单轮次注水量/ 10^4m^3	焖井时间/ d
注水吞吐	＜1.5	利用撬装泵注水补充地层能量，渗吸置换增产	30~50	500~1500	1~1.5	6
增能压裂	1.5~2.0	前置注水增加地层能量，压裂产生新缝，提高裂缝与基质接触面积，扩大渗吸面积，提高渗吸效率	30~50	500~1500	0.8~1	10

表2　凝灰岩致密油井网加密前后效果对比

开发阶段	井距/ m	投产井数/ 口	单井日产油/ t	邻井见效率/ %	储量动用程度/ %
基础井网	400	43	13.5	11.6	42.1
一次加密	200	29	15.2	20.6	69.6
二次加密	100	44	17.9	80.0	85.2

表3　马56-101H压裂前后邻井增油效果

邻井	井距/ m	压裂前日产油/ t	压裂后日产油/ t	累计增油/ t	有效期/ d
马56-6H	145	1.3	7.1	450	155
马56-10H	60	3.2	5.9	280	90
马56-21H	160	4.9	20.9	210	45
马56	55	0.4	3.5	70	60

3　启示

三塘湖盆地凝灰岩致密油从长期的艰难探索到后期快速发现、高效勘探开发，是在借鉴国内外非常规油气勘探经验的基础上，充分把握三塘湖盆地基本石油地质特征，创新找油思路、优化勘探部署、地质工程一体化的体现。在勘探的整个的过程中可得到以下重要启示：

（1）持续坚持，勇于探索是勘探不断取得发现的基础。发现的每个阶段，研究人员对凝灰岩成藏的认识是曲折的，勘探初期，以构造、裂缝型油藏为主，凝灰岩储集层并没有引起高度注意，却发现了芦草沟组优质烃源岩；立体勘探阶段，明确了凝灰岩这类储集层的沉积模式，提出了斜坡区发育凝灰岩油藏这一勘探构思，并认为常规试采工艺可能不能满足该类油藏的有效动用；按照非常规油气勘探开发思路，发现了高孔、低渗、高含油饱和度凝灰岩储集层，并明确了致密油勘探的几项关键要素，通过实施地质工程一体化技术攻关，终于迎来了致密油勘探质的飞跃。

（2）正确的理论指导，创新的思维是实现勘探突破的前提。借鉴国内外致密油勘探的理论和经验，结合三塘湖盆地地质情况，创新思维，摒弃正向构造、常规岩性油藏、按照油气运移优势路径，顺油路找圈闭的思路，转为负向背景、低势区，树立非常规油藏（致密油藏）在非优势运移通道上的勘探理念，反复认识，建立合适的地质模式指导凝灰岩致密油勘探，最终取得凝灰岩致密油勘探的突破。

（3）地质工程一体化技术攻关，是实现勘探快速发现的保障。注重技术，加强攻关，针对凝灰岩致密油藏这一全新的勘探对象，形成了凝灰岩致密油地质评价技术，通过实施地质工程一体化，实现了储量效益动用。

（4）科学决策和股份公司大力支持是勘探快速突破的关键。突出实效，开展精细化管理，助推油气勘探快速发现的有力保障，通过不断探索和完善，实现了技术与管理的联合，实现了油田公司与钻探、录井等专业化队伍的全面联合，实现了地质与工程、钻井与试油、研究与现场、管理与实施一体化运作，有效推动了三塘湖盆地凝灰岩致密油勘探进程和勘探实效。

4 结论

（1）三塘湖盆地凝灰岩致密油勘探潜力广阔，持续10年的研究，明确了三塘湖盆地条湖组凝灰岩致密油成藏机理及富集因素，所形成的针对凝灰岩致密油藏的勘探评价技术，编写的凝灰岩致密油勘探评价技术、规范、标准，有力支撑三塘湖盆地凝灰岩致密油的勘探开发。

（2）实施的地质工程一体化攻关以及注水吞吐、井网加密等开发技术，实现了三塘湖盆地凝灰岩致密油效益动用，有力有序地推动了二叠系致密油勘探开发，为建成中国第一个凝灰岩致密油开发示范区做出了实质的贡献。

（3）凝灰岩致密油开发技术日趋成熟，曲折的勘探历程证明，实施地质工程一体化精细管理，科学决策，精心组织和实施，通过技术攻关及其创新等方面的研究，对降低致密油勘探开发风险及效益动用具有重要作用。

参 考 文 献

[1] 马剑，黄志龙，钟大康，等．三塘湖盆地马朗凹陷二叠系条湖组沉凝灰岩致密储集层形成与分布 [J]. 石油勘探与开发，2016，43（5）：714-722.

[2] 梁世君，黄志龙，柳波，等．马朗凹陷芦草沟组页岩油形成机理与富集条件 [J]. 石油学报，2012，33（4）：588-594.

[3] 向洪，王志平，谌勇，等．三塘湖盆地致密油加密井体积压裂技术研究与实践 [J]. 中国石油勘探，2019，24（2）：260-266.

[4] 刘俊田，朱有信，李在光，等．三塘湖盆地石炭系火山岩油藏特征及主控因素 [J]. 岩性油气藏，2009，21（3）：23-28.

[5] 杨智，付金华，郭秋麟，等．鄂尔多斯盆地三叠系延长组陆相致密油发现、特征及潜力 [J]. 中国石油勘探，2017，22（6）：9-15.

[6] 杨智，侯连华，林森虎，等．吉木萨尔凹陷芦草沟组致密油、页岩油地质特征与勘探潜力 [J]. 中国石油勘探，2018，23（4）：76-85.

[7] 王勇，马宁望，危建新，等.三塘湖凝灰岩储层分段压裂技术研究与应用[J]，石油地质与工程，2015，29（4）：123-124.
[8] 焦立新，刘俊田，李留中，等.三塘湖盆地沉凝灰岩致密油藏测井评价技术与应用[J].岩性油气藏，2015，27（2）：83-91.
[9] 曾翔宇，刘长地，肖红纱，等.三塘湖油田条湖组致密油水平井优化设计与应用[J].长江大学学报（自科版），2015，12（29）：47-51.

辽河外围开鲁地区陆东凹陷页岩油“甜点”评价研究

孙　岿[1]，徐大光[2]，张翔宇[1]

（1. 中国石油辽河油田公司开发事业部；2. 中国石油辽河油田公司勘探开发研究院）

摘　要：辽河外围开鲁地区陆东凹陷九佛堂组广泛分布厚层油页岩，整体呈现烃源岩品质较好、厚度大，有机质丰度高的特点，有望成为未来重要资源接替领域，但尚处于起步阶段有待开展综合研究。基于实钻井的取心资料及样品测试数据，应用页岩油地质评价方法，通过岩心观察、分析化验、测井评价，对白垩系九佛堂组上段Ⅰ—Ⅲ油组油页岩开展“甜点”综合评价研究，研究表明九上段页岩油发育区岩性组合以页岩、薄层云岩互层为主，局部夹薄层泥岩，其中页岩占地层厚度90%以上，相比泥岩，有机质丰度高，可动烃更为富集，为主力储层。初步建立“甜点”综合评价标准，明确纵向有利层段及平面分布特征，优选潜力目标区开展试验，区内2口探井试油均获得工业流油，3口评价井水平段有利储层钻遇率达85%以上，展现了陆东凹陷九上段Ⅰ-Ⅲ油组页岩油良好的勘探开发潜力。

关键词：页岩油；“甜点”评价；白垩系；九佛堂组；陆东凹陷

1　研究背景与地质概况

近年来，页岩油逐渐成为国内各大油田增储建产的热点方向和现实领域[1-9]。“十三五”油气资源评价表明，辽河探区页岩油资源量达7.9×10^8t，为实现油田资源有效接替和可持续发展，对页岩油开展技术攻关研究，积极应对油气田开发的“非常规时代”到来，加强技术进步及更新换代，使非常规资源向储量、产量、效益的有效转化，成为辽河油田“十四五”乃至更长时期内重要资源接替领域。

陆东凹陷是在海西期褶皱基底上发育起来的中生代凹陷。整体受北北东向区域性断裂控制，构造走向由近东西向转北东向，具有东南陡西北缓、单断式凹陷的构造背景，即早白垩世以断陷为主，而晚白垩世则为一地层平缓的广阔坳陷。区域内钻井揭露地层自下而上为中生界义县组、九佛堂组、沙海组、阜新组。其中九佛堂组上段沉积时期为半深湖—深湖沉积，湖泊面积较大，而九上段Ⅰ—Ⅲ油组页岩油勘探面积520km^2，根据前人资料，资源量超过6×10^8t[10-14]。目前已有两口井进行试油，均已获得工业流油，展现良好潜力，但仍存在“甜点”关键要素及评价标准不明确，纵向有利层段及平面有利区不落实等问题，亟待解决。研究人员从岩芯、分析化验、测井等基础资料出发，以烃源岩、岩性组合关系、储层特征、含油性、脆性、压力为关键要素开展辽河外围陆东凹陷页岩油甜点评价，在此基础上，建立“甜点”分类评价标准，明确有利区分布，可有效指导九上段页岩油下步攻关方向。

2　实验设计

由于区域内针对页岩油的前期系统性评价较少，地质认识有所欠缺，因此为进一步认识

作者简介：孙岿，男，高级工程师，主要从事油藏评价与油田开发研究。通讯地址：辽宁省盘锦市兴隆台区石油大街96号。联系电话：0427-7298798。E-mail：sunkui@petrochina.com.cn。

陆东凹陷九上段Ⅰ—Ⅲ油组页岩层系地质特征，为“甜点”指标测定提供可靠的技术参数，选取区域内的H21—H234导井针对目标层系系统取心130m，开展详细的岩心描述，并取样200块次，进行设计6个方面36项分析项目（表1），以测定生烃品质、储层品质、含油性和工程力学品质的参数，为页岩油“甜点”综合评价奠定基础。

表1　陆东凹陷就九上段Ⅰ—Ⅲ油组页岩岩心实验方案设计表

类别	序号	项目	取样要求
岩性及矿物成分分析（储层品质）	1	岩石薄片鉴定	2块/m，岩性变化要取
	2	阴极发光薄片鉴定	1块/2m看岩性
	3	扫描电镜、能谱分析	同薄片
	4	X-衍射全岩、黏土分析	同薄片
孔隙结构分析（储层品质）	5	氩离子扫描电镜分析	共计15块
	6	铸体薄片鉴定及图像分析	1块/m岩性变化
	7	高压压汞分析	3块/m
	8	氮气吸附法微孔径分析	3块/m
	9	纳米CT扫描	1块/2m看岩性变化
物性分析（储层品质）	10	孔渗分析	4块/m
	12	垂直渗透率分析	1块/2m
	13	岩石密度测定	4块/m
	14	覆压孔渗测定	1块/2m
	16	碳酸盐含量测定	4块/m
含油性分析	17	荧光薄片鉴定	1块/m岩性变化
	18	QGF荧光定量评价	1块/m岩性变化
	19	二维核磁共振	1块/m岩性变化
	20	逐级热释烃法	1块/m岩性变化
	21	激光共聚焦分析	共计5块
	22	干酪根生烃动力学	1块/m岩性变化
	23	原油裂解动力学	2块/m
有机地化分析（烃源岩品质）	24	岩石热解分析	1块/m岩性变化
	25	有机质碳含量（TOC）分析	1块/m岩性变化
	26	镜质体反射率（R_o）测试	共计5~10块
	27	氯仿沥青“A”分析	2块/m岩性变化
	28	族组分分析	2块/m岩性变化
	29	饱和烃色谱	2块/m岩性变化
	30	饱和烃色质分析	2块/m岩性变化
	31	TOC（洗油后）	2块/m岩性变化
	32	干酪根显微组分鉴定	2块/m岩性变化
	33	岩石热解分析（洗油后）	2块/m岩性变化
	34	全岩光片鉴定	2块/m岩性变化
脆性（工程力学品质）	35	岩心杨氏模量测定	共计10块
	36	岩心泊松比测定	共计10块

3 “甜点”指标测定及评价

3.1 生烃品质评价

根据已有的陆东资料分析，九上段Ⅰ—Ⅲ油组页岩油勘探面积 520km^2，有机碳含量平均 3.15%，氯仿沥青“A”丰度 0.45%，总烃含量 2874μg/g，生烃潜量 13.8 mg/g；干酪根多Ⅰ型、Ⅱ$_1$型，为优质成熟烃源岩。综合分析认为，陆东凹陷为中型陆相湖盆，有机质丰富，源岩已成熟，为页岩油提供了丰富的物质基础。

3.2 储层品质评价

本文对陆东凹陷系统取芯共 130m 岩芯进行系统观察，结果表明，九上段Ⅰ—Ⅲ油组主要发育页岩、泥岩、云岩 3 类岩性，岩性组合关系为大套油页岩夹少量薄层泥岩和云岩（图 1）。页岩主要发育在半深湖—深湖区，页岩纹层状页理较为发育，岩石易碎，云岩为灰白色，以块状构造为主，岩石坚硬。通过岩心精细描述，页岩广泛发育，厚度占比达 90% 以上。

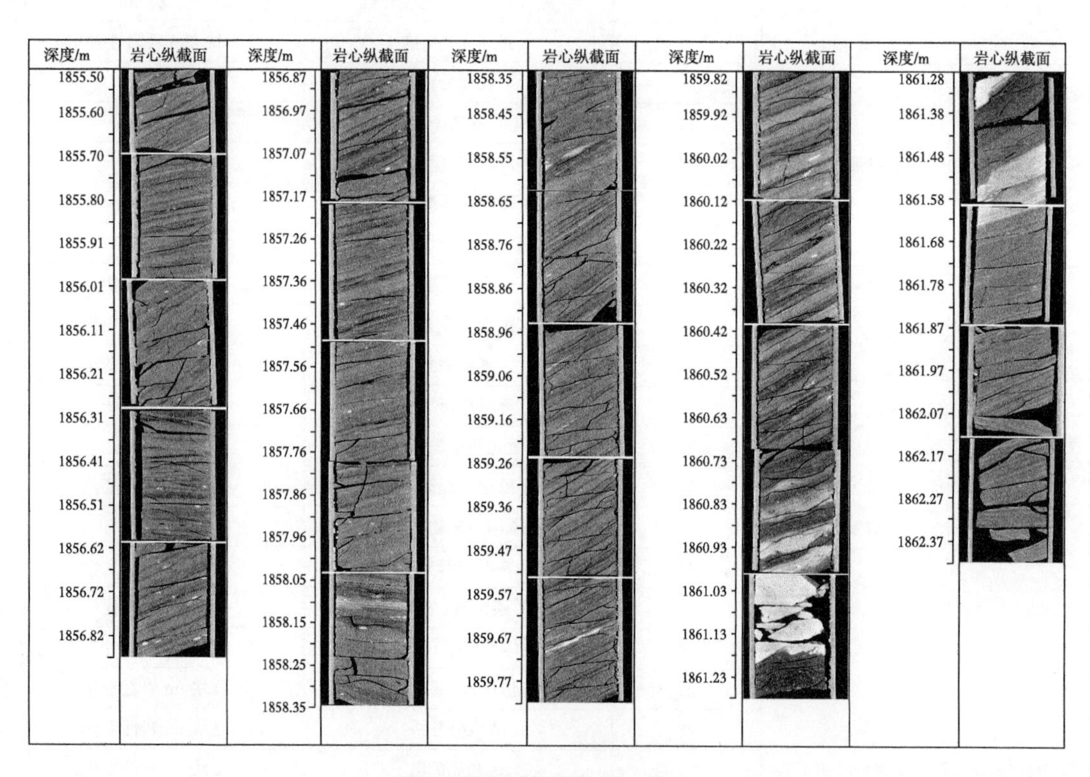

图 1　陆东凹陷岩性组合特征

通过岩心观察储层岩性以页岩和云岩为主，根据岩石薄片分析页岩主要为纹层状长英质、混合质页岩和层状长英质、混合质页岩，云岩为块状和纹层状云岩，其中以纹层状长英质页岩为主，次为纹层状混合质页岩（图 2）。黏土矿物总量平均 30.7%，黏土矿物以伊蒙混层为主、平均 70.4%，伊利石平均 27.4%，高岭石、绿泥石较少，混层比 23.4%，处于中成岩早期。页岩总孔隙度多集中在 6%~15% 之间，平均 9.3%。综合分析陆东凹陷九上段Ⅰ—Ⅲ油组页岩的优势岩性占比大，物性好，为油藏提供良好的储集空间。

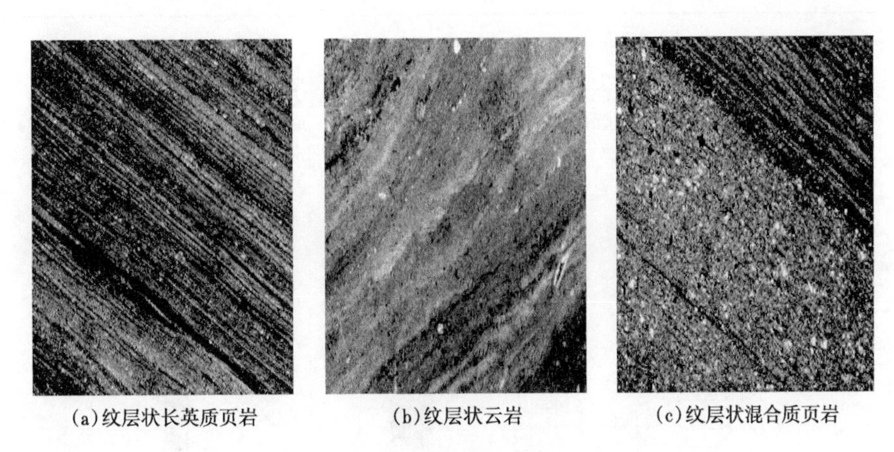
(a)纹层状长英质页岩　(b)纹层状云岩　(c)纹层状混合质页岩

图 2　陆东凹陷储层岩石薄片特征

3.3　含油性评价

通过 S_1、含油饱和度、可动油含量对本区页岩油含油性进行评价，采用取芯、地化录井等手段，保障了评价参数的准确性。从分析结果上看，游离烃含量平均 5.6mg/g，多集中在 4~9mg/g，核磁含油饱和度分析表明，含油饱和度多集中在 30%~60% 之间，展示了页岩储层具有良好的含油性（图 3）。依据油分析资料得到，九佛堂上段原油密度为 0.8850g/cm^3，50℃原油黏度 47.22mPa·s，凝固点 15℃，含蜡量 7.2%，沥青质 + 胶质含量 17.8%，原油性质为稀油。

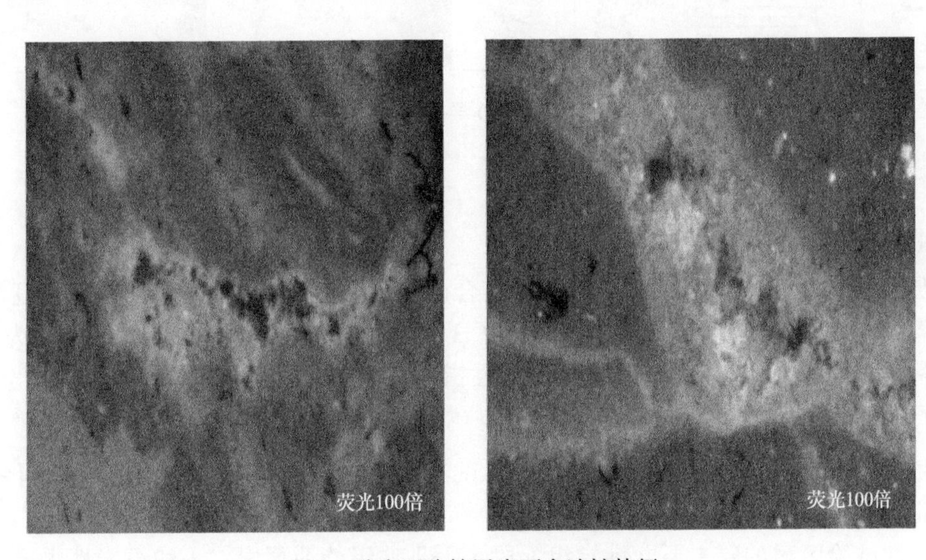

图 3　陆东凹陷储层岩石含油性特征

3.4　工程力学品质评价

通过岩性 X- 衍射分析，页岩脆性矿物含量高，其中石英含量为 33.3%，长石含量 15.3%，碳酸盐含量 18.6%。依据邻井交叉偶极子阵列声波测井（MAC）资料，分析储层的脆性指数，脆性指数 40%，水平主应力差 1~2MPa，水平最大主应力 25~30MPa，综合分析认为，陆东凹陷九上段 Ⅰ—Ⅲ 油组页岩脆性矿物含量较高，适合后期压裂改造（图 4）。

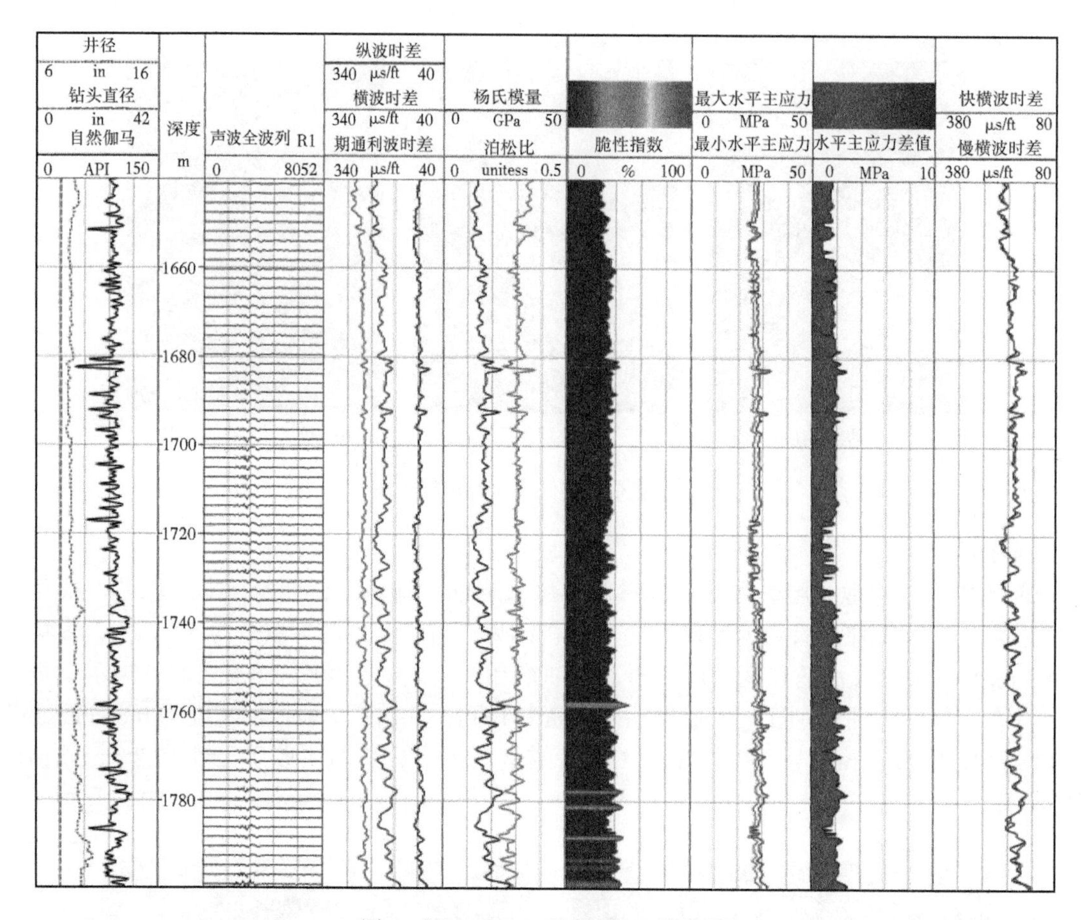

图 4 河 21-H230 导井 MAC 柱状图

4 “甜点”指标测定及评价

4.1 “甜点”综合评价划分标准

在明确各“甜点”要素特征的前提下，结合试油结果、测井特征，初步建立了辽河外围陆东凹陷页岩油甜点分类评价标准，共划分了 3 类页岩油储层，其中Ⅰ类储层标准为：有效孔隙度＞8%，TOC＞2%，S_1＞3mg/g，脆性指数＞40%。

4.2 潜力目标区优选

按照“甜点”分类评价标准，结合厚度、试油情况，初步划分陆东凹陷九上段Ⅰ—Ⅲ油组页岩油有利区，建立了页岩油试验区。

页岩油试验区目的层主要九佛堂组上段Ⅰ—Ⅲ油组的油页岩。Ⅰ油组岩性主要为油页岩夹薄层泥岩，Ⅱ油组岩性主要为大套油页岩，相对较纯；Ⅲ油组岩性主要为油页岩中夹薄层云岩。根据岩心、电性及地化参数，将油页岩分为Ⅰ、Ⅱ、Ⅲ三类，其中将Ⅰ、Ⅱ类作为有利储层。有利储层平面上在 H27 井附近最厚（215m），整体呈扇状北西向展布，沿 H8-1、H12 井方向逐渐减薄，在 G1 井附近最薄（18m），其中部署井有利储层厚度在 140m 左右。油层的发育主要受油页岩的发育情况及物性控制，油藏类型为岩性油藏，油藏埋深 1320~1940m。九上段Ⅰ—Ⅲ油组油层在平面上呈北西—南东向展布，纵向上发育集中。在页岩油试验区实施 3 口评价井，水平段长度 1400m，储层钻遇率 85% 以上。

5 结论

（1）陆东凹陷九上段Ⅰ—Ⅲ油组勘探面积广，页岩厚度大、有机质丰度高、已成熟、是页岩油发育的主力层系，为页岩油成藏提供了丰富的物质基础；

（2）陆东凹陷九上段Ⅰ—Ⅲ油组页岩油发育区岩性组合以页岩、泥岩互层为主，局部夹薄层云岩，具备纵向厚度大、分布面积广的特点，其中页岩占地层厚度90%以上；

（3）陆东凹陷九上段Ⅰ—Ⅲ油组页岩岩性以以纹层状长英质页岩为主，次为纹层状混合质页岩，脆性矿物含量高，适合后期压裂改造。

（4）初步建立陆东凹陷九上段Ⅰ—Ⅲ油组页岩油“甜点”评价标准，划分平面有利区，并依照沉积特点，建立页岩先导试验区，部署3口井评价，展现了陆东凹陷九上段页岩油良好的勘探潜力。

参考文献

[1] 韩文中，赵贤正，金凤鸣，等.渤海湾盆地沧东凹陷孔二段湖相页岩油甜点评价与勘探实践[J].石油勘探与开发，2021，48（4）：777-786.

[2] 曹茜，王兴志，戚明辉，等.页岩油地质评价实验测试技术研究进展[J].岩矿测试，2020，39（3）：337-349.

[3] 刘海涛，胡素云，李建忠，等.渤海湾断陷湖盆页岩油富集控制因素及勘探潜力[J].天然气地球科学，2019，30（8）：1190-1198.

[4] 赵贤正，周立宏，蒲秀刚，等.陆相湖盆页岩层系基本地质特征与页岩油勘探突破——以渤海湾盆地沧东凹陷古近系孔店组二段一亚段为例[J].石油勘探与开发，2018，45（3）：361-372.

[5] 蒲秀刚，时战楠，韩文中，等.陆相湖盆细粒沉积区页岩层系石油地质特征与油气发现——以黄骅坳陷沧东凹陷孔二段为例[J].油气地质与采收率，2019，26（1）：46-58.

[6] 周立宏，赵贤正，柴公权，等.陆相页岩油效益勘探开发关键技术与工程实践——以渤海湾盆地沧东凹陷古近系孔二段为例[J].石油勘探与开发，2020，47（5）：1059-1066.

[7] 秦建中，申宝剑，腾格尔，等.不同类型优质烃源岩生排油气模式[J].石油实验地质，2013，35（2）：179-186.

[8] 康玉柱.中国非常规泥页岩油气藏特征及勘探前景展望[J].天然气工业，2012，32（4）：1-5，117.

[9] 林森虎，邹才能，袁选俊，等.美国致密油开发现状及启示[J].岩性油气藏，2011，23（4）：25-30，64.

[10] 刘明洁，谢庆宾，刘震，等.内蒙古开鲁盆地陆东凹陷下白垩统九佛堂组—沙海组层序地层格架及沉积相预测[J].古地理学报，2012，14（6）：733-746.

[11] 裴家学，冉波，田涯，等.陆东凹陷后河地区储层特征及影响因素研究[J].石油地质与工程，2020，34（1）：6-9.

[12] 刘明洁，谢庆宾，谭欣雨，等.内蒙古开鲁盆地陆东凹陷九佛堂组层序地层格架与岩性圈闭[J].沉积与特提斯地质，2014，34（3）：31-37.

[13] 潘尚文.陆东凹陷前后河地区油藏特征及分布规律研究[J].石油天然气学报，2008，30（6）：171-175.

[14] 冯国忠，胡凯，张巨兴.内蒙古开鲁盆地陆东凹陷低熟石油地球化学特征[J].石油勘探与开发，2006（4）：454-460.

辽河大民屯凹陷中低成熟度页岩油成藏特征及勘探实践

陈永成，王高飞，徐建斌，韩　东，李金鹏

（中国石油辽河油田勘探开发研究院）

摘　要：中国是页岩油资源最为富集的国家之一，近些年国内在鄂尔多斯、准噶尔和松辽盆地形成了3个超亿吨级规模储量区。在渤海湾盆地辽河坳陷、冀中坳陷和黄骅坳陷等页岩油藏勘探有利区取得了重要进展。辽河坳陷古近纪沙四、沙三沉积时期，发育大面积优质烃源岩。大民屯凹陷沙四沉积时期发育咸水浅湖和半深湖相带，为富有机质页岩提供了良好沉积环境，其有机碳含量高，但成熟度相对较低，岩性以长英质页岩、混合质页岩或泥岩为主。夹层的岩性主要有砂岩、粉砂岩、碳酸盐岩、泥质碳酸盐岩等，呈现源储一体的结构特征，是页岩油勘探开发的重点领域。2012年以来大民屯页岩油历经资源评价、风险勘探、开发试验三个阶段，为“十四五”期间推进该区规模增储、效益建产进程做好了技术储备。

关键词：陆相页岩油；大民屯凹陷；中低成熟度；源储一体；勘探实践

辽河非常规油气中超稠油、致密油、致密气起步较早。其中致密油、致密气在2010年的西部凹陷雷家地区，以及清水凹陷沙三段均有发现，也取得了一定的效果，但受辽河断陷湖盆沉积体系控制以及早期工程技术水平制约，尚难以效益动用。随着页岩油理念的不断完善，以及2021年页岩油推进会上分类的提出，部分致密油资源逐渐向页岩油合并，近些年随着勘探思维的转变以及工程技术革新，辽河页岩油展现出新的勘探潜力。

1　大民屯凹陷页岩油概况

大民屯凹陷是辽河坳陷的三大凹陷之一，位于辽河坳陷东北部。主要受燕山和喜山两期造山运动影响，整体构造格局呈东西分带、南北分块的特点。在平面上呈不规则三角形，南宽北窄，四周为三条边界断层所围限，是在太古宇的变质岩和元古界碳酸盐岩、石英岩组成的双重基底之上发育的中、新生代陆相凹陷。古近系沉积分布面积约为800km^2，主要包括沙河街组和东营组两套地层，沉积岩最大厚度约6500m。沙河街组沙四段油页岩及沙四段、沙三段暗色泥岩是凹陷的主力烃源岩，其生成的油气在不同储层中富集，分成正常油和高蜡油两类油气生聚系统。根据基底结构特点，大民屯凹陷中部主要划分为西部斜坡带、中央构造带和东侧陡坡带3个二级构造单元（图1）。在西部斜坡带靠近边界断层的地区由于距离物源很近，主要发育水下扇沉积砂体，油页岩不发育；中央构造带及东部边台构造油页岩分布稳定，总覆盖面积约220km^2。

依据沉积旋回、岩性组合特征，大民屯沙四段可分为上亚段和下亚段，上亚段以灰色泥岩为主，下亚段发育富有机质页岩，下亚段自上而下又细分为三个油组（图2）。

（1）Ⅰ油组为厚层油页岩发育段，稳定分布，连续性好，油页岩厚度达20~80m，最大厚度达140m。电性特征表现为高电阻、高时差、低密度、低伽马。

（2）Ⅱ油组为灰色、灰绿色泥岩夹薄层粉、细砂岩或者泥质云岩和云质泥岩互层，厚度达20~80m，最大厚度达100m。电性特征表现为低电阻、低时差，高密度，高伽马。

图 1　大民屯凹陷基底构造立体显示图

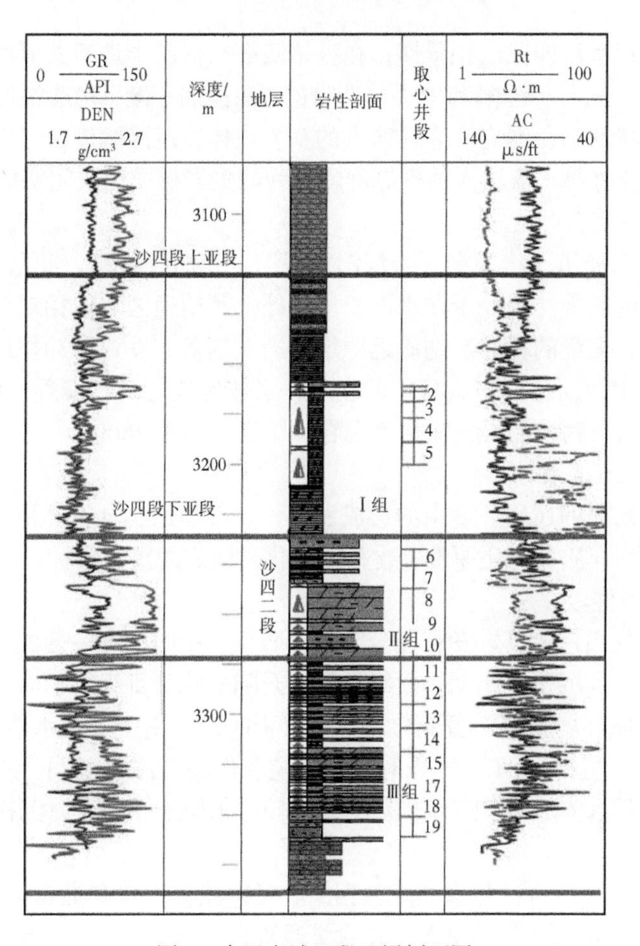

图 2　大民屯沙四段地层剖面图

（3）Ⅲ油组上部为油页岩夹薄层泥灰岩、白云岩，厚度达 20~40m，最大厚度达 80m，电性特征具有明显的中低电阻、高时差、低密度、低伽马。下部凹陷区为灰色泥岩，斜坡区为泥岩夹薄层砂岩。

根据第三次资评，大民屯凹陷沙四下段油页岩迄今为止共生油 26.2×10^8t，排油量 5.3×10^8t，还有剩余约 20.9×10^8t 的生油量储集在沙四段生油岩及其夹持的致密储层中，这说明大民屯凹陷沙四段页岩油勘探具有巨大的勘探潜力。其中 S224 井油页岩井段 2968~3010m（42m/1 层）试油，地层测试，折日产液 16.2t，累计回收油 6.084m^3，结论为油层。投产初期，日产油 3.9t，累计产油 3612t（截至 2021 年 12 月）。证实大民屯凹陷油页岩具备良好勘探前景。

2　大民屯页岩油成藏条件分析

2.1　油页岩成因与分布

中国陆相油页岩的形成主要受构造条件、沉积介质的物理条件、地化条件及气候等环境因素的控制，赋存油页岩的沉积盆地中生代以坳陷湖盆为主，新生代以断陷湖盆为主。对于陆相断陷盆地而言，构造活动、沉积环境和气候等因素对油页岩的形成和分布起到重要的控制作用。

2.1.1　构造因素

大民屯凹陷古近系沙四段沉积早期，在整体西高东低的半地堑式箕状构造背景下，形成了南北荣胜堡洼陷、三台子洼陷和中央构造带的“两洼加一隆”构造格局。洼陷区持续快速沉降，发育厚层块状的暗色泥岩。隆起区大的基岩块体，沉降幅度、速度缓慢，环绕高地分布的洼陷带构成阻止外界水流注入的良好屏障，为油页岩形成提供闭塞的环境。

2.1.2　沉积介质的物理条件

沙四段沉积时期经历了滨浅湖－半深湖－深湖沉积演化过程，湖盆发育早期除荣胜堡、三台子、安福屯及胜东等洼陷处于深水沉积环境外，其他地区水体相对较浅。西部山地是陆源碎屑主要供给区，大量的粗碎屑物质近源堆积进入湖盆，发育了冲积扇－扇三角洲相沉积体系，前进—安福屯西断层以东为稳定的台地，水体比较闭塞、安静，沉积环境相对稳定，发育了灰褐色油页岩、钙质泥岩夹深灰色泥岩，厚度达 100~280m。

2.1.3　沉积介质的地化条件

油页岩需要在缺氧的还原环境中的形成发育，岩石颜色、自生矿物分布、元素地化和有机地化标记物是判断介质氧化还原性、含盐度和化学组成的重要指标。

（1）氧化还原条件。

沙四段下亚段灰褐色油页岩发育段分为上下两套，中间夹有一套泥岩夹钙质砂岩，或云质泥岩，反映出沙四段沉积早期湖平面经历多次升降变化。Ⅲ组沉积时期，沉积水体比较动荡，弱氧化—弱还原环境频繁交替变化；Ⅱ组沉积时期，由于沉积水体变浅，氧化性增强，水体呈现出弱氧化环境特征；Ⅰ组沉积时期，气候条件转为温暖湿润，水系相对发育，水系注入强度增大，沉积水体加深，进入相对稳定的较深水弱还原—还原沉积环境（图 3）。

（2）古盐度。

沉积物中微量元素 B 含量与水体咸度相关。海相泥岩 B 含量通常大于 100μg/g，而陆相泥岩 B 含量常小于 65μg/g。厚层泥岩中 B 含量通常小于 40μg/g，指示典型淡水环境。而沙四段样品B含量相对较高，尤其是油页岩（最大可达80μg/g）。油页岩的Sr/Ba比值为0.36~1.14，平均0.77，指示咸水环境。泥岩的Sr/Ba比值为0.1~0.59，平均0.34，指示典型的淡水环境（表1）。

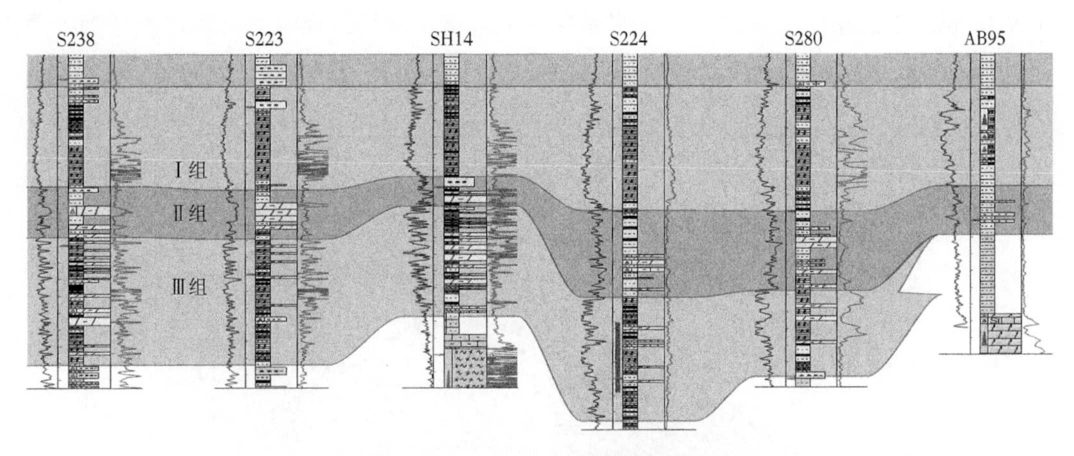

图3 大民屯富有机质页岩对比剖面

表1 大民屯凹陷源岩微量元素组成表

层位	深度 /m	岩性	Ba/ μg/g	Sr/ μg/g	Co/ μg/g	V/ μg/g	Ni/ μg/g	Ga/ μg/g	B/ μg/g	V/Ni	Sr/Ba
Es_3^4	2258	灰色泥岩	290	170	34	82	62	11	40	V/Ni	0.59
	2260.5	灰色泥岩	520	200	46	115	74	12	39	1.55	0.38
	2264.5	灰色泥岩	370	170	34	115	70	6	29	1.64	0.46
	2256.8	灰色泥岩	462	145						1.35	0.31
Es_4^2	3212	粉砂质泥岩	1750	170	31	115	78	40	68	1.47	0.1
	3216	灰色泥岩	770	170	36	145	88	35	72	1.65	0.22
	3002	油页岩	360	250	31	90	56	30	80	1.61	0.69
	3007	油页岩	360	350	18	76	35	13	31	2.17	0.97
	3007.5	油页岩	260	296	16					1.54	1.14
	2937.5	粉砂质泥岩	400	280	59	67	48	7	11	1.4	0.7
	2940.5	粉砂质泥岩	700	250	12	105	28	41	80	3.75	0.36

从有机地化特征分析来看，沙四下段油页岩具有低的伽马蜡烷、高的4—甲基甾烷和低的Pr/Ph比，表明湖水为微咸水还原环境，适于细菌和藻类等水下生物和低等浮游生物的生存。综上所述，大民屯沙四下油页岩具有浅湖—半深湖相沉积特征，与国外浅海相油页岩成

因相似。

2.2 源岩特征

沙四下亚段烃源岩整体披覆在大民屯凹陷中央构造带之上，沉积厚度达 100~220m，最大可达 300m。中部东胜堡潜山带具有明显的古地貌潜山特征，烃源岩沉积厚度较薄，厚度在 20~60m 之间（图 4）。

图 4　大民屯凹陷沙四段烃源岩厚度图

工区有机碳含量普遍大于 2.0%，最高可达 15%，干酪根类型以Ⅰ—$Ⅱ_1$ 型为主。对三个层组的有机质丰度进行统计。Ⅰ油组的烃源岩有机质丰度绝大部分都达到了好烃源岩标准，TOC ＞ 10% 的比例能达到近 30%，而Ⅱ油组和Ⅲ油组 TOC 在 10% 以上的很少。Ⅰ油组的生烃势绝大部分都大于 20mg/g；Ⅱ油组段主要分布在 2~10mg/g 之间，Ⅲ油组主要分布在 10~30mg/g 之间。Ⅰ油组氯仿沥青“A”主要分布在 0.2%~1% 之间，Ⅱ油组采集样品实验点较少，Ⅲ油组的氯仿沥青“A”主要分布在 0.05%~0.5% 之间，好烃源岩标准所占比例较高（图 5）。

通过对三个层组地层最对应的有机质类型进行精细评价，得到了各组的 T_{max}-HI，结果显示Ⅰ、Ⅱ、Ⅲ三组的源岩有机质类型均以Ⅰ型和 $Ⅱ_1$ 型为主。沙四段的源岩成熟度总体上介于 0.6%~0.9% 之间，处在中低成熟度阶段，源岩在 2400m 左右，最大热解温度（T_{max}）值为 435℃，R_o 值为 0.5%。在 3300m 左右，T_{max} 值为 445℃，达到生油高峰，R_o 为 0.75%。随着烃源岩埋深加大，虽然有机质成熟度不断增大，但页岩发育越来越少（图 6、图 7）。

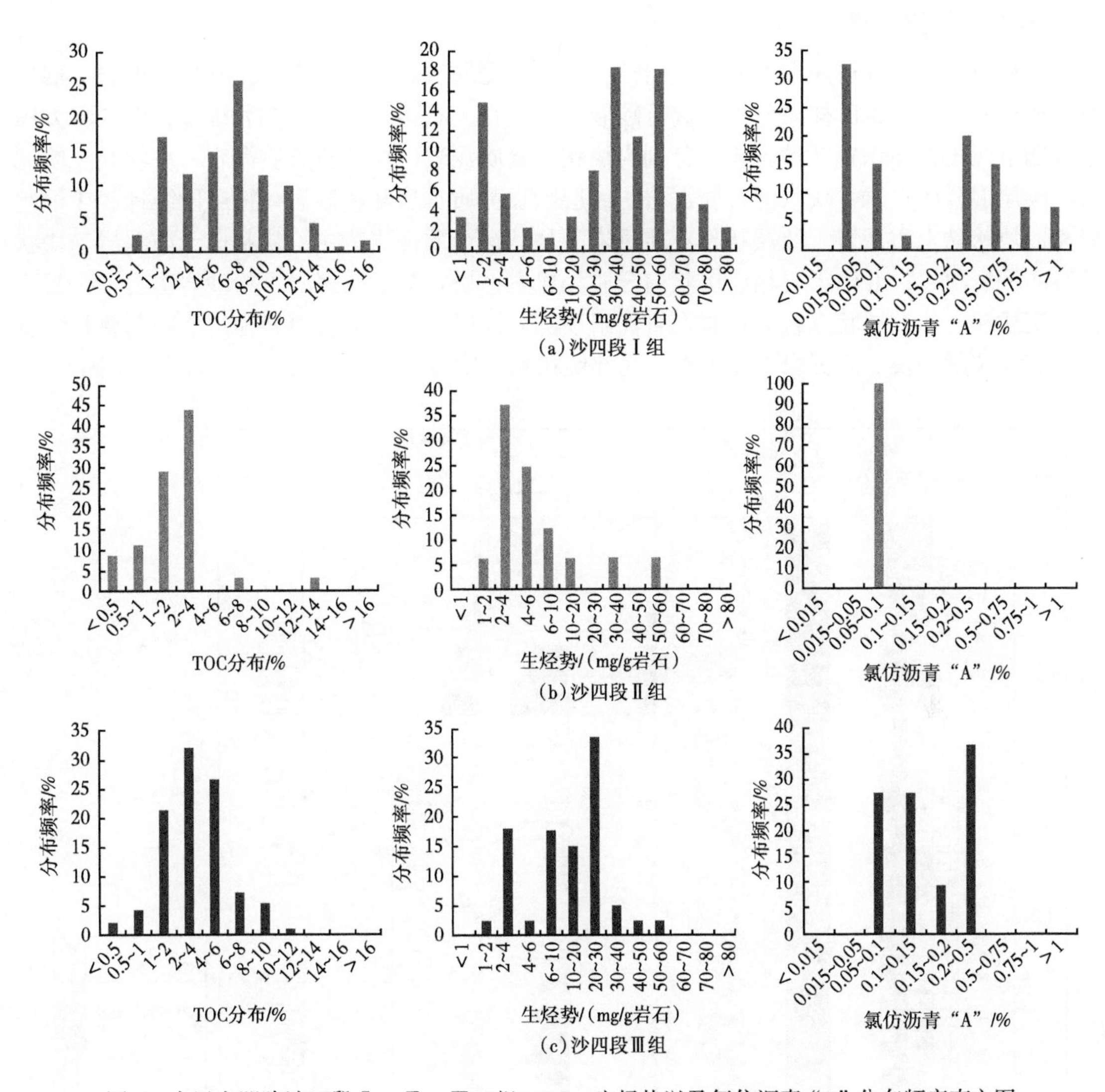

图5　大民屯凹陷沙四段Ⅰ、Ⅱ、Ⅲ三组TOC、生烃势以及氯仿沥青“A”分布频率直方图

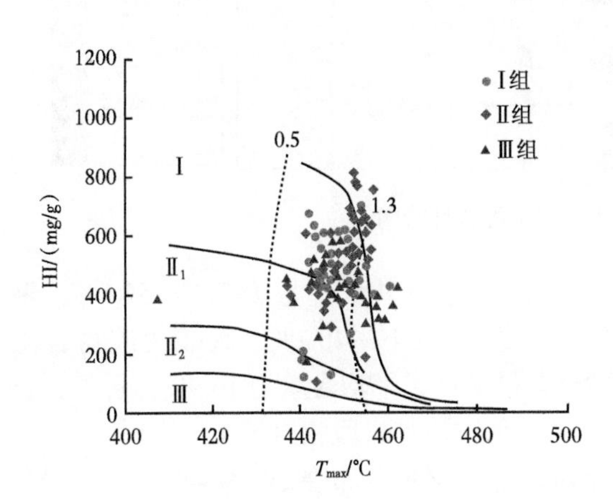

图6　大民屯凹陷沙四段HI-Tmax图

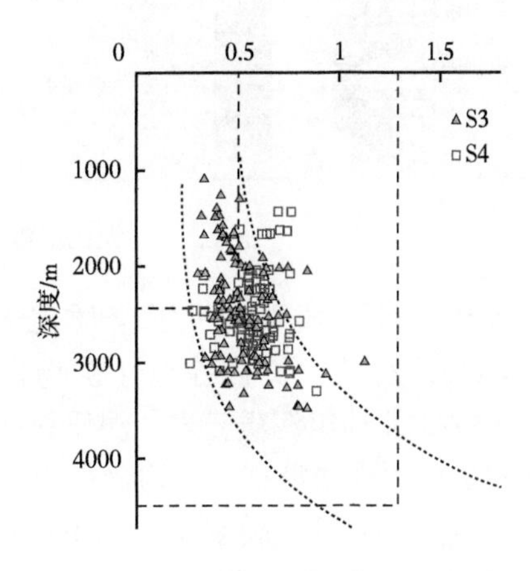

图7　大民屯烃源岩 R_o 随深度变化图

2.3 岩性及储集空间

大民屯沙四下亚段主要有 4 大类岩性，分别为泥质云岩、油页岩、粉砂岩、泥岩。通过系统取心井 S352 XRD 样品分析，进行碳酸岩—长石 + 石英—黏土三端元统计，图 8 将大民屯沙四下亚段整体识别 7 种岩相。分别为块状白云质泥岩、块状长英质泥岩、块状黏土质泥岩、纹层混合质页岩、块状混合质泥岩、纹层状长英质页岩和粉砂岩。按层段统计，Ⅰ油组岩相以块状黏土质泥岩 + 纹层状长英质页岩 + 块状混合质泥岩为主，块状白云质泥岩、块状长英质泥岩次之；Ⅱ油组岩相以块状白云质泥岩主，块状黏土质泥岩 + 粉砂岩次之、少量块状长英质泥岩、纹层状混合质页岩；Ⅲ油组顶部岩性以块状白云质泥岩为主，中部块状长英质泥岩、纹层状长英质页岩交互出现，底部块状黏土质泥岩和块状混合质泥岩为主（图 9）。

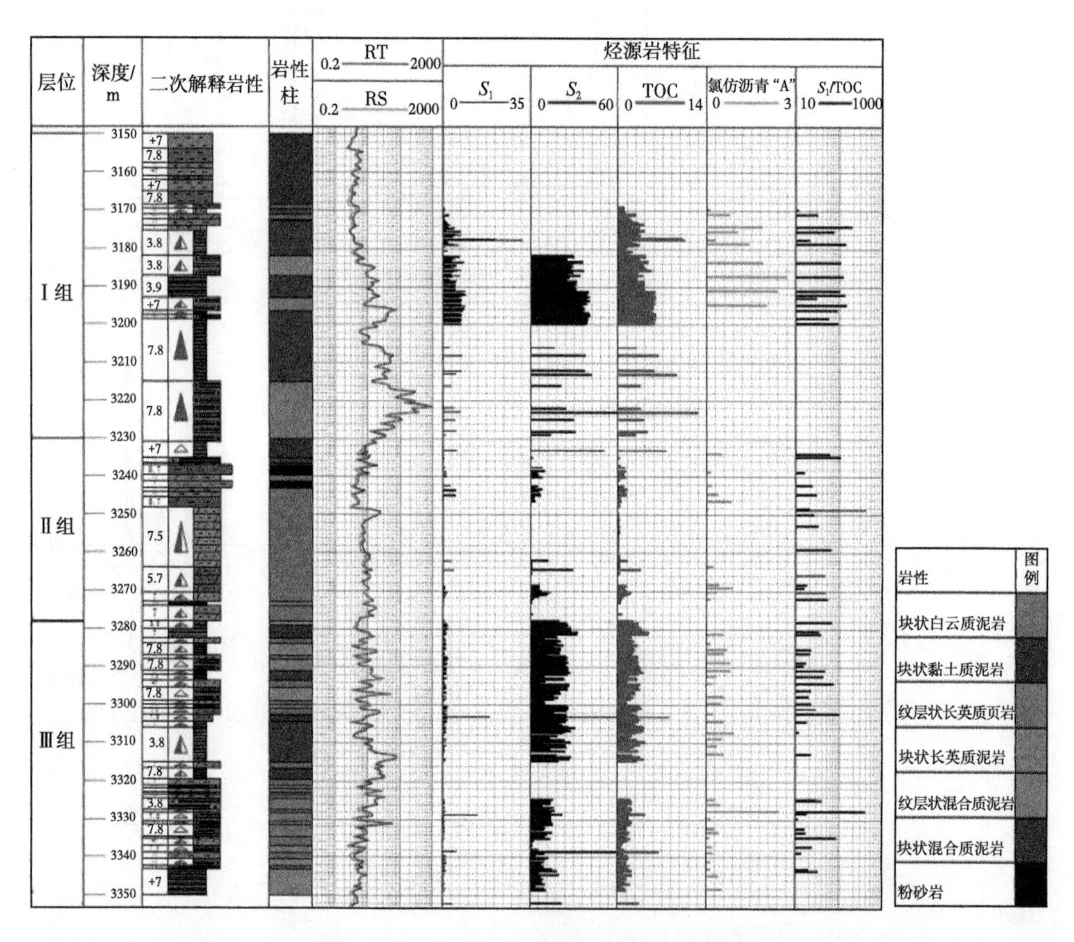

图 8　大民屯沙四段页岩油岩性综合柱状图

Ⅰ油组，长英质页岩 + 混合质泥岩，黏土矿物含量最高，含量为 7.9%~56.6%，整体高于 50%，石英、长石等脆性矿物含量最低，含量为 21.4%~40.2%，碳酸盐矿物含量 3.5%~40.5%；Ⅱ油组泥质云岩、泥质粉砂岩，黏土含量最低，平均含量为 16.9%，石英、长石及碳酸盐矿物含量最高，平均含量为 44% 和 39%；Ⅲ组油页岩段相对于Ⅰ组来说，不纯，存在钙质夹层，岩性比较复杂，黏土矿物含量相对较低，含量分布在 24.9%~42.4%，石英、长石和碳酸盐矿物等含量较高，石英、长石和黄铁矿含量分布在 32.7%~60.4%，平均值为

51.7%，碳酸盐矿物含量为10.5%~60.1%，通过以上统计分析来看，Ⅰ组脆性矿物含量最低，Ⅱ和Ⅲ组脆性矿物含量高（图10）。

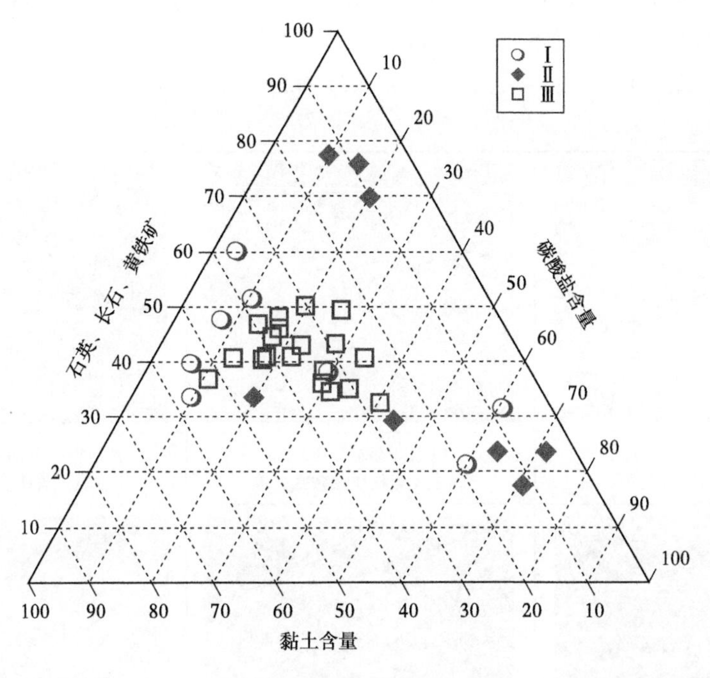

图9　油页岩储层矿物三角图

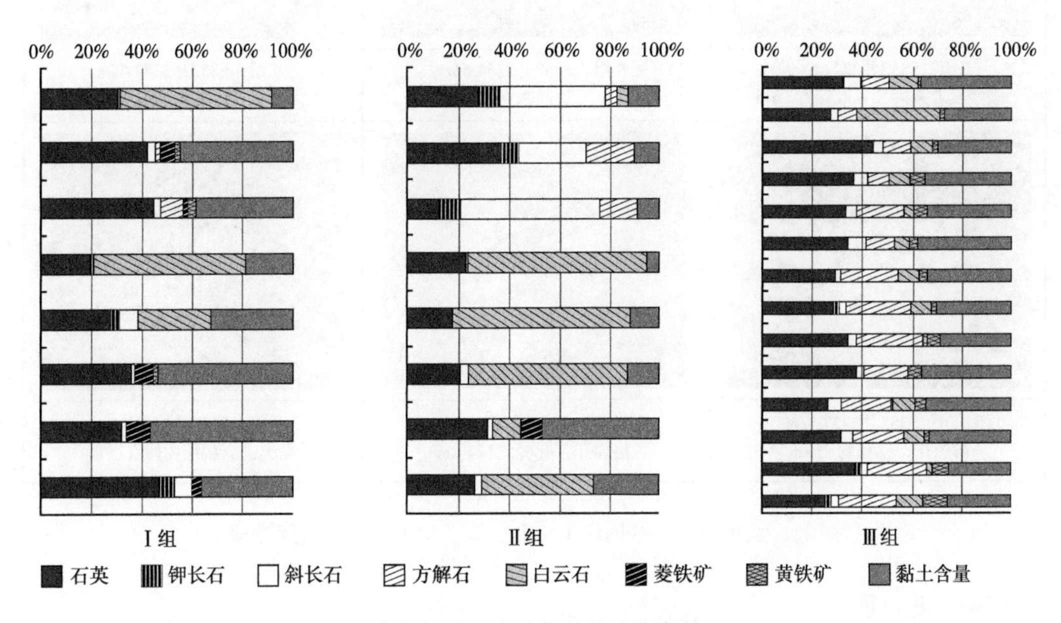

图10　油页岩矿物组成百分含量

利用CT扫描、场发射扫描电镜、激光共聚焦、低温氮气吸附、氩离子剖光、铸体薄片等多种实验相结合的方法对沙四段页岩油储集空间进行了评价，目的层发育基质孔、有机孔、溶蚀孔、溶蚀缝、微裂缝等储集空间。图11展示了三个组典型的储层空间类型，Ⅰ组储层储集空间以基质孔、微裂缝为主，局部发育碳酸盐岩等矿物的微溶孔；Ⅱ组也以基质孔、裂缝为主，见少量碳酸盐岩微溶孔；Ⅲ组储集空间以基质孔、裂缝、溶孔为主，局部发育有机孔、生物体腔孔等。含碳酸盐岩油页岩的比表面积较大，纳米级孔隙发育，孔径分布范围广，中值半径大、总孔隙体积大。沙四下亚段含碳酸盐岩油页岩储层物性整体较差，孔隙度主要分布于 1.2%~11.2%，渗透率分布于 0.01~8.5mD。

图 11　大民屯凹陷沙四段Ⅰ、Ⅱ、Ⅲ三组主要储集空间类型

2.4　储层含油特征

本区三组含油性差异较大。Ⅰ组蒸馏法含油饱和度平均超过 50%，核磁法含油饱和度 65% 以上。Ⅱ组蒸馏法含油饱和度 30%~40%，核磁法含油饱和度 40% 左右。Ⅲ组蒸馏法含油饱和度 30% 以上，核磁法含油饱和度 50% 左右。还开展了现场热解分析，Ⅰ组 S_1 平均在 5~6mg/g，Ⅱ组平均在 1~2mg/g，Ⅲ组平均在 2~4mg/g。从含油性来看Ⅰ组好于Ⅲ组好于Ⅱ组。

2.5 成藏特征

大民屯凹陷页岩油具有高有机质丰度，中低演化程度、高黏土、低汽油比等特征。这种特征主要是受烃源岩中低演化阶段所控制，导致页岩油流动性较弱。主要有两个原因，(1)沙四段黑色页岩有机质类型以Ⅰ型为主，当前热演化程度(R_o为0.65%左右)，部分(易于流动的组分)进入了上覆的粉砂岩—细砂岩、粉砂质泥岩、块状泥岩中。部分页岩段当前残留的烃类OSI偏低，也就是说目前残留的烃类量尚未满足泥页岩自身的容留和吸附，无法向外运移和排驱。(2)实测TOC可知黑色页岩有机质丰度普遍较高，从相似相溶的角度来看，高有机质丰度对滞留烃也具有一定的吸附作用，加之页岩中黏土矿物也会对滞留烃类产生吸附，因此导致其可动性变差。

集团公司页岩油推进会将页岩油划分为三种类型(页岩型、夹层型、混积型)，大民屯凹陷页岩油三种类型均具备，如图12所示，Ⅰ油组主要为长英质页岩，泥岩等，这些优质源岩生成的油气轻质部分进入邻近的砂岩、碳酸岩等致密储层，绝大多数烃类滞留在页岩页理缝或者泥岩构造缝，纳米孔等微小孔缝中，形成页岩型页岩油。Ⅱ油组主要为云质泥岩部分为泥质云岩，生烃能力较弱或不具备生烃能力，但在上下优质烃源岩的夹持下，其溶蚀孔，晶间孔，构造缝等储集空间容易捕获上下优质源岩层排出的烃类得以聚集成藏形成夹层型页岩油。Ⅲ油组岩性较为混杂既有优质烃源岩段(油页岩)，又有部分碳酸盐岩、砂岩等优质储集体，油气既运移又滞留，形成混积型页岩油。

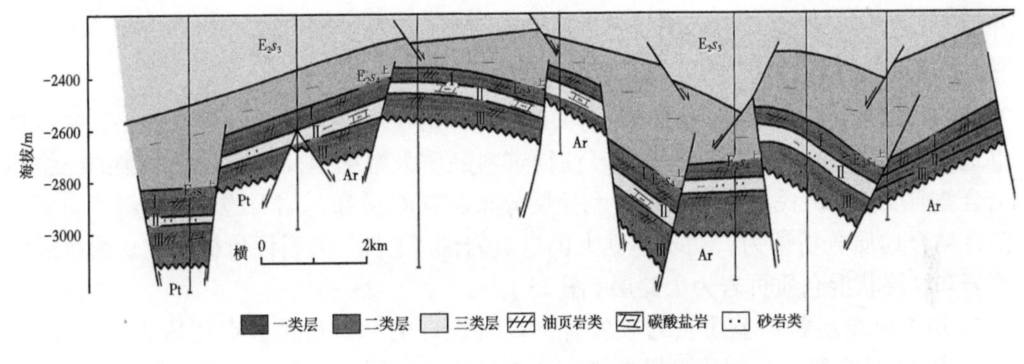

图12 大民屯凹陷沙四段页岩油成藏模式图

3 勘探实践

大民屯凹陷打到油页岩的探井总数137口，其中油气显示井51口，工业油流井4口。近年来，针对大民屯凹陷沙四段页岩油，以综合地质研究为核心，以页岩油优质储层成因及分布特征为研究重点，逐步深化认识，降低勘探风险，经历了三个阶段，取得了一定勘探进展。

3.1 资源评价、落实规模阶段(2012—2014年)

2012年针对大民屯页岩油首先开展老井试油工作，选取S223、S238等5口井进行老井试油，其中4口井均见到油气显示，经过论证后选择AN95井进行压裂，压后最高日产7.5t，累计产油217.5t，取得了初步的效果。

2013年通过以往沙四段取心资料，初步开展大民屯凹陷页岩油“七性”关系，三品质评价研究，在前期资料不足的基础上，部署S352系统取心井，该井在古近系沙四段3169~3348.97 m井段共完成密闭取心进尺145.92m，心长122.47 m，收获率为83.9%。共钻样510块，开展分析测试5253块次，取得了大民屯页岩油大量的一手资料完善了大民屯页岩油“七性”关系。并且针对Ⅱ、Ⅲ组，分别进行压后求产。

Ⅲ组压前地层测试：平均液面2427.5m，日产油0.59m^3，回收油0.604m^3。压后ϕ38泵抽，日产油1.06m^3，累计出油108.41m^3（压裂液2345m^3，加砂16m^3），该组为低产油层。

Ⅱ组压前地层测试：平均液面3152.2m，日产油0.05m^3，回收油0.029m^3。压后5mm油嘴放喷，日产油3.0m^3，累计产油6.76m^3（压裂液700m^3，加砂41m^3）。该组为低产油层

试采：投产初期日产液2.7t，日产油1.6t，日产气106m^3（截止2015.3.15停产前），累计产油116.8t，累计产气1600m^3。从原始地层测试来看，Ⅲ组试油情况好于Ⅱ组。

2014年勘探针对S352块Ⅱ、Ⅲ组部署2口短水平井，S-H1井和S-H2井期望打开页岩油勘探局面。

S-H1井完钻井深3240m，水平段620m，由于大民屯独特的高凝油性质，压裂放喷期并未考虑冷伤害的问题。放喷气温低高凝油堵塞，后下泵初期日产油7.6t，但不久套管搓断，整体累计产油160t（截至2016.4.24）。

S-H2井完钻井深4015m，水平段605m。3411.65~3983.0m井段试油，速钻桥塞10段压裂，压裂液10740m^3，盐酸液74m^3，加砂575m^3，排量5.6~10m^3/min，平均砂比13.7%；3mm油嘴放喷；日产油11.7m^3。累出压裂液1440.1m^3，累计出油104.32m^3，油压0.7MPa。2017.8.1投产，截至2020年底，累计产油1368t，累计产液3393m^3。

3.2 “甜点”刻画、风险勘探阶段（2015—2020年）

2015—2018年通过系统分析S352井取心资料，两口水平井钻探及生产效果，并开展了大民屯地区“两宽一高”三维地震采集，使得资料品质大幅度提高，通过新采集的三维地震资料结合叠前反演对大民屯页岩油的有利储层分布、TOC分布、岩石脆性、裂缝发育等进行了预测，结合地质分析认为，初步建立大民屯页岩油“七性”关系评价标准。认为纹层状长英质页岩和纹层状混合质页岩为Ⅰ储层（图13）。

S352块1组纹层状长英质页岩较发育，具有较好的勘探价值，有望成为新的突破点。2019年2月25日在股份公司风险勘探论证会上股份公司通过了风险探井沈页1井，探索页岩型页岩油。

SY1，完钻井深5085m，钻遇水平段长度1795m，综合解释一类层1094.2m/29层，二类层587.5m/27层，2020年5月24日沈页1井共分23段压裂，累计泵入压裂液50223m^3（滑溜水28173m^3，瓜尔胶22570m^3），累计加砂2008m^3，暂堵剂1428kg。压后4mm油嘴放喷，油压3.8MPa，日产压裂液54.8t，日产油12t，日产气1178m^3。2020年9月6日开始抽油机试采，ϕ32泵*2700m，最高日产油16.9t，目前日产液3.7t，日产油2.1t，含水42.5%，累计产油3453t，累计产压裂液8765m^3，返排率17.3%（截至2022年2月）。

3.3 提产攻关、开发试验阶段（2021年至今）

SY 1井取得的初步效果证实了该类型的资源能够实现出油关。为了加快储量发现探索效益动用方法，开发评价在邻近的S224块，部署先导试验区，规划水平井9口，排距300m、井距200m（图14）。

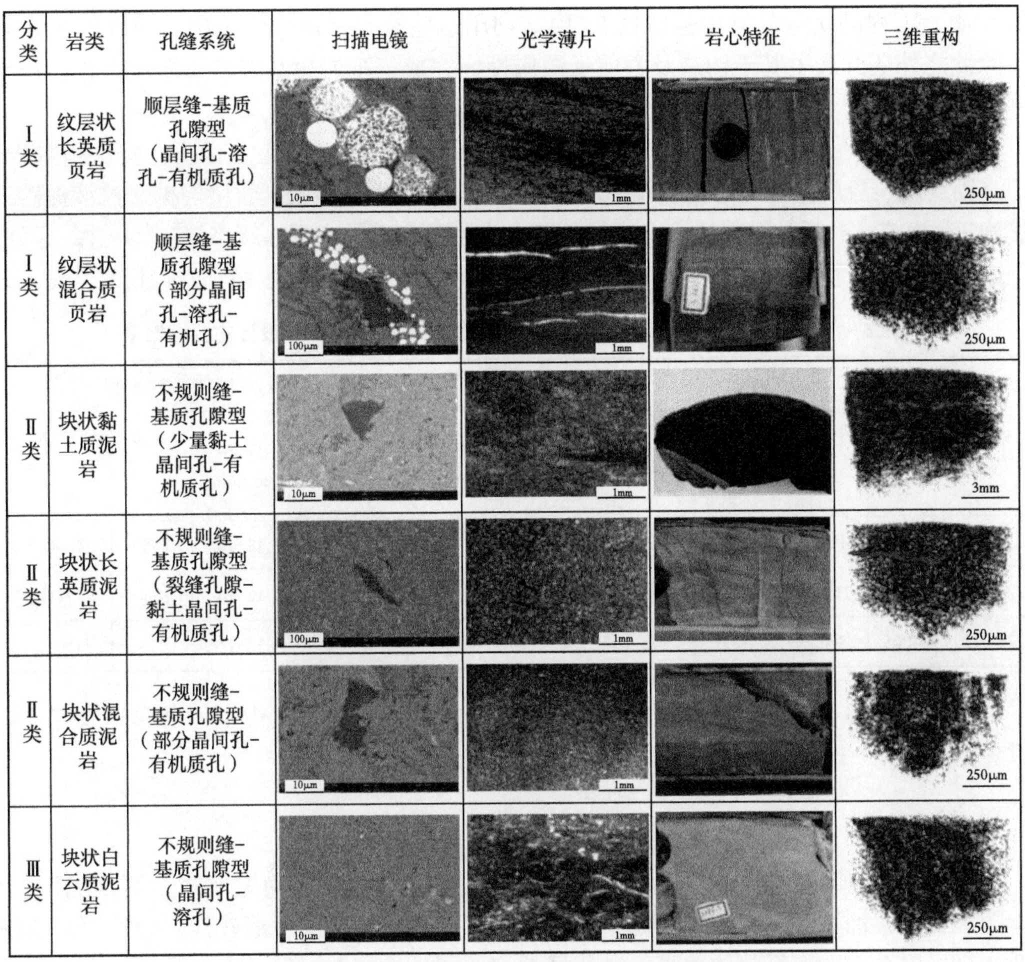

分类
岩类
孔缝系统
扫描电镜
光学薄片
岩心特征
三维重构
Ⅰ类
纹层状长英质页岩
顺层缝-基质孔隙型（晶间孔-溶孔-有机质孔）
10μm
1mm
250μm
Ⅰ类
纹层状混合质页岩
顺层缝-基质孔隙型（部分晶间孔-溶孔-有机孔）
100μm
1mm
250μm
Ⅱ类
块状黏土质泥岩
不规则缝-基质孔隙型（少量黏土晶间孔-有机质孔）
10μm
1mm
3mm
Ⅱ类
块状长英质泥岩
不规则缝-基质孔隙型（裂缝孔隙-黏土晶间孔-有机质孔）
100μm
1mm
250μm
Ⅱ类
块状混合质泥岩
不规则缝-基质孔隙型（部分晶间孔-有机质孔）
10μm
1mm
250μm
Ⅲ类
块状白云质泥岩
不规则缝-基质孔隙型（晶间孔-溶孔）
10μm
1mm
250μm

图 13　大民屯页岩油岩性分类评价图

0.4
0.3
0.2
0.1
0
年产量/10⁴t
1
3
5
7
9
11
13
15

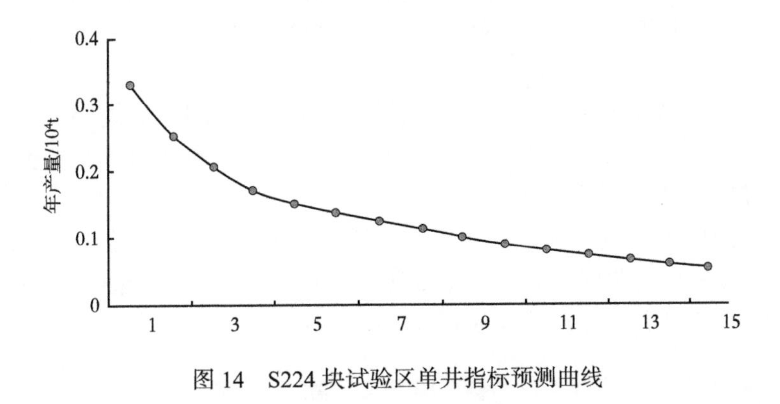

图 14　S224 块试验区单井指标预测曲线

预测首年日产油 10t，15 年单井 EUR2.01 × 10^4t。首批实施南侧试验井组（3 口），以形成地质工程一体化提产方法，认识油井生产规律，评价建井经济性，落实资源品质及规模。为保障水平段高质量钻进实施了沈 224-H301 导，在Ⅰ组高电阻页岩油段和Ⅲ组分别进行钻井取心，共取心5次，进尺28.5m，芯长26.35m，收获率92.5%。开展了含油性、储层品质、源岩品质、工程品质等分析化验项目53项。利用这些资料锁定箱体范围。设计好水平井轨迹。除此之外还开展了基于构造及叠前反演属性体完成三维岩相及测井属性建模，以指导水平井实施轨迹判别。

目前三口水平井均已完钻并取得了较好的钻探效果。针对黏土含量高，脆性指数较低，原油凝固点高、流度低等问题，开展个性化设计，实施“长段多簇、暂堵匀扩、控液提砂、大排量施工”模式，并设计多粒径组合支撑剂结合高强度加砂，实现多级裂缝立体支撑、降低支撑剂嵌入影响，前置CO_2有效抑制储层黏土矿物运移和膨胀，消除水敏和水锁伤害（表2）。

表2　沈224块页岩油试验区完钻水平井钻探成果及体积压裂设计主要参数表

井号	完钻井深/m	实钻平段长/m	钻探情况				压裂方案主要参数设计					
			Ⅰ类层/m	Ⅱ类层/m	Ⅲ类层/m	改造段长/m	储层钻遇率/%	压裂段	排量/(m^3/min)	支撑剂/m^3	变黏滑溜水/m^3	CO_2/m^3
沈224-H301	4245	1108.6	782	269	119	1035	90	11	12-14	1650	24290	2900
沈224-H302	4420	1180.04	323	673	188	1131	84	11	12-14	1640	25711	
沈224-H303	4005	860.21	133	573	154	607	82	6	12-14	975	15100	1705

S224-H302井已于4月底开展压裂施工，预计压裂整体于5月中下旬全部完成进入焖井阶段。

4　结论

（1）大民屯地区受断陷湖盆沉积控制，凹陷呈现狭长走向，南宽北窄，湖盆沉积较小，水体频繁震荡，油页岩发育分布不均，加之古近系时代较新地层埋藏较浅，导致页岩成熟度较低，页岩层系中游离烃整体偏少，滞留烃偏多，可动性较差。但是在局部地区富有机质大量堆积，也具备一定的勘探价值。

（2）综合含油气性、储层品质、源岩品质、工程品质综合评价认为纹层状长英质页岩和纹层状混合质页岩为Ⅰ储层，块状长英质泥岩、块状混合质泥岩、块状黏土质泥岩为Ⅱ类储层。

（3）通过十年间三个阶段的研究工作，大民屯页岩油从无到有，辽河逐步形成了从老井试油，“甜点”评价，水平井钻完井，体积压裂提产，先导试验井组开发实验，这一系列中低成熟度页岩油勘探开发一体化技术

（4）目前辽河中低成熟度页岩油勘探开发还处于起步阶段，虽然难度较大，但SY1井成功钻探出油，S224先导实验区的开辟，也证实辽河中低成熟度页岩油具备较大的勘探开发前景，是辽河“十四五”乃至今后重要的领域之一。

参　考　文　献

[1] 潘元林，孔凡仙，杨申镳，等.中国隐蔽油气藏[M]，北京：地质出版社，1998.
[2] 邹才能，陶士振，侯连华，等.非常规油气地区[M]，北京：地质出版社，2011.
[3] 王云飞.青海湖、岱海的湖泊碳酸盐化学沉积与气候环境变化[J].海洋与湖沼，1993，24（1）：31-36.

[4] 陈世悦，李聪，杨勇强，等.黄骅坳陷歧口凹陷沙一下亚段湖相白云岩形成环境 [J].地质学报，2012，86（10）：1679-1687.
[5] 王衡鉴，周书欣，滕玉洪，等.松辽盆地西部白垩系青山口组和嫩江组淡水碳酸盐岩的研究（Ⅱ）[J].石油勘探与开发，1983（6）：9-12.
[6] 闫伟鹏，杨涛，李欣，等.中国陆上湖相碳酸盐岩地质特征及勘探潜力 [J].中国石油勘探，2014，19（4）：11-17.
[7] 陈磊，丁靖，潘伟卿，等.准噶尔盆地玛湖凹陷西斜坡二叠系风城组云质岩优质储层特征及控制因素 [J].中国石油勘探，2012，17（3）：8-11.
[8] 邹才能，张国生，杨智，等.非常规油气概念、特征、潜力及技术—兼论非常规油气地质学 [J].石油勘探与开发，2013，40（4）：385-399.
[9] 曾德铭，赵敏，石新，等.黄骅坳陷古近系沙一段下部湖相碳酸盐岩储层特征及控制因素 [J].新疆地质，2010，28（2）：186-190.
[10] 邹才能，朱如凯，吴松涛，等.常规与非常规油气聚集类型、特征、机理及展望—以中国致密油和致密气为例 [J].石油学报，2012，33（2）：173-187.
[11] 马洪，李建忠，杨涛，等.中国陆相湖盆致密油成藏主控因素综述 [J].石油实验地质，2014，36（6）：668-677.
[12] 张君峰，毕海滨，许浩，等.国外致密油勘探开发新进展及借鉴意义 [J].石油学报，2015，36（2）：127-137.

鄂尔多斯盆地南部富县地区页岩油地质特征与勘探前景

王濡岳[1, 2, 3]，赵　刚[1]，齐　荣[4]，钱门辉[1]，姜龙燕[4]，王冠平[5]

（1. 中国石化石油勘探开发研究院；2. 页岩油气富集机理与有效开发国家重点实验室；
3. 中国石化页岩油气勘探开发重点实验室；4. 中国石化华北油气分公司；
5. 中国地质大学（北京）能源学院）

摘　要：通过对中国石化鄂尔多斯盆地富县区块沉积特征与页岩油类型、烃源特征、储集特征、含油性特征和构造保存条件等关键地质条件开展系统分析，明确富县区块长 7 段页岩油地质条件与勘探潜力。

关键词：长 7 段；延长组；页岩油；富县；勘探潜力；鄂尔多斯盆地

美国页岩油气革命的成功，打破了以中东和俄罗斯为主要产油地域的世界石油格局，2020 年，美国致密油（页岩油）产量达 $4.39\times10^8m^3$，占北美原油产量的 65.8%[1]。目前，我国原油对外依存度已高达 73.5%，页岩油作为我国油气领域战略性接替资源，对缓解油气对外依存度，保障国家能源安全具有重要意义[2]。我国页岩油勘探起步较晚，沉积年代较新、沉积构造背景较不稳定、沉积相变快、沉积厚度与有机质丰度变化大、成熟度与地层能量较低、黏土矿物含量高、非均质性强、烃类流体黏度和密度较大等特征，经济开发难度大[3-5]。

中国陆相页岩油勘探开发大致经历了常规石油兼探、非常规页岩油探索、新一轮基础研究与先导试验三个发展阶段。近年来，在国家油气稳产增产要求下，中国地质调查局和中国石油、中国石化、延长油矿等石油公司均加大了页岩油勘查开发力度。目前，我国页岩油勘探开发已在东、中、西部多点取得突破，在鄂尔多斯盆地三叠系延长组长 7 段发现了探明地质储量超 10 亿吨级页岩油大油田——庆城油田[3, 6]；在准噶尔盆地吉木萨尔凹陷，已经探明页岩油储量 2546×10^4t，启动了中国首个国家级陆相页岩油示范区建设[7-8]。截至 2020 年底，我国页岩油年产油 186×10^4t，累计产油 593.6×10^4t，正向规模化生产不断发展。鄂尔多斯盆地是国内页岩油勘探热点地区，中国石油长庆油田在 2020 和 2021 年连续获得百万吨产量，成为了中生界除了致密油外的新领域[3, 6]。中国石化在鄂尔多斯盆地页岩油勘探基础研究工作相对滞后，近年来开始加快推进相关工作。本文通过对中国石化鄂尔多斯盆地富县区块沉积特征与页岩油类型、烃源特征、储集特征、含油性特征和构造保存条件等关键地质条件开展系统分析，以期明确富县区块页岩油地质条件与勘探潜力，为页岩油勘探开发提供参考借鉴（图 1）。

作者简介：王濡岳，博士，高级工程师，非常规油气地质与勘探规划。E-mail：wry1990@vip.qq.com。通讯地址：北京市昌平区沙河镇百沙路 197 号中国石化石油勘探开发研究院，邮编 102206。

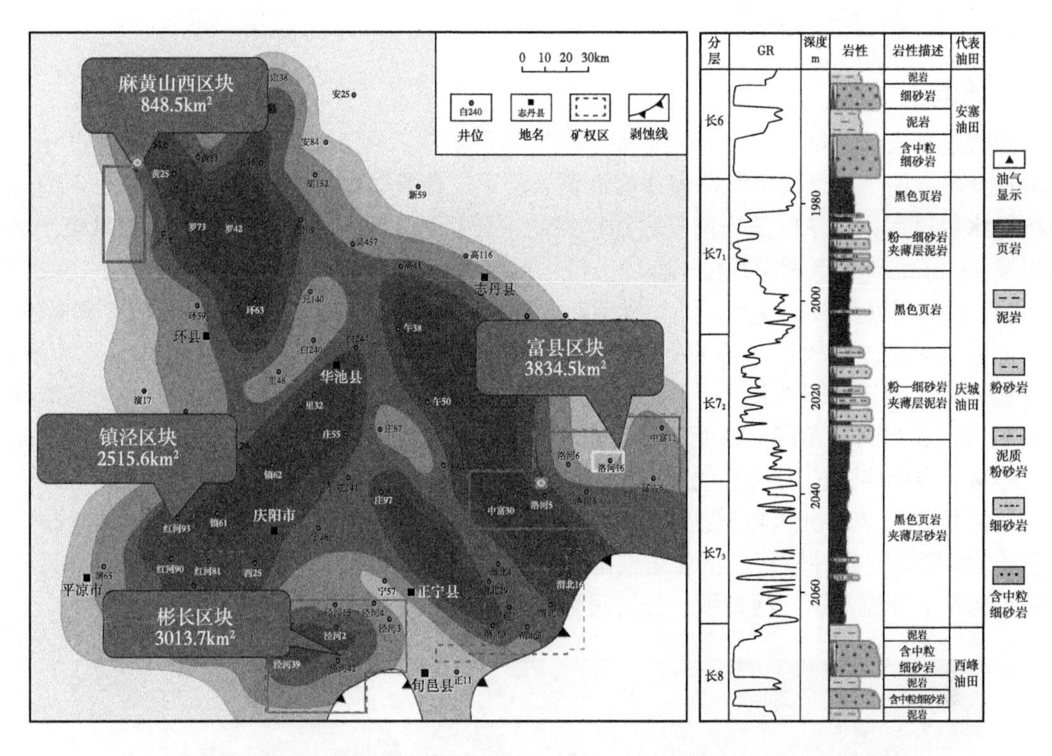

图 1　鄂尔多斯盆地延长组长 7 页岩厚度分布及地层发育特征（据文献［6］修改）

1　鄂尔多斯盆地页岩油勘探开发现状

鄂尔多斯盆地长 7 段页岩油是以吸附与游离状态赋存于生油层系内的砂岩和泥质砂岩中，未经过大规模长距离运移而形成的石油聚集，其特点主要表现在：源储共生（储集层被烃源岩层夹持）、大面积连续或准连续分布、无明显含油边界、无明显油水界面、不发育边底水，主要为受不同物性差异的岩性遮挡形成的岩性油藏[9-11]。鄂尔多斯盆地页岩油勘探始于 2011 年，2011 年至 2017 年以页岩油地质目标评价研究和提高单井产量技术攻关试验为重点，在甘肃庆城地区建成了 X233、Zh183、N89 三个试验区，25 口水平井初期平均单井日产油 12.5t，目前平均 5.4t，呈现良好稳产能力；2018 年以来，集成创新关键勘探开发技术，实现了规模勘探和效益建产；2019 年，长庆油田在鄂尔多斯盆地伊陕斜坡西南部的庆城地区长 7 段生油层系内 I 类页岩油新增石油探明地质储量 3.58×10^8t、预测地质储量 6.93×10^8t，发现了 10 亿吨级源内非常规庆城大油田，并进行了规模水平井开发试验，推进了庆城油田的效益开发[12-14]。

中国石化在盆地西部的麻黄山西、西南部的镇泾、南部的彬长以及中东部的富县区块同样为长 7 段半深湖－深湖沉积区，烃源岩厚度大，储集性能优越，具有源储一体及源储共生的良好配置，页岩油勘探潜力巨大，其中富县区块沉积－储层条件优越，有利页岩油发育的地化指标适中，保存条件好，是页岩油勘探的有利区块。在早期对长 7 段按照致密油勘探思路进行了部署，在富县区块中北部中富 18 井区长 7_2 亚段提交了预测储量 2856×10^4t，获得一定的产量。近年来，随着勘探思路的转变和水平井体积压裂等工程工艺技术的进步，富县区块页岩油勘探与开发工作再一次拉开了序幕。

2 富县区块页岩油地质特征

2.1 沉积特征

三叠系延长组为陆相河流－三角洲－湖泊沉积体系，自下而上分为长 10~长 1 共 10 段，其中长 9 段、长 7 段、长“4+5”段 3 套泥页岩层系，代表了湖盆沉积演化中在 3 个不同时期间歇性水侵过程，长 7 段是当前页岩油勘探的主要目标层段[15, 16]。在长 7_3 沉积时期，湖盆面积最大，东北部地区湖岸线位于横山一带，西南部地区冲积扇直接过渡为三角洲前缘沉积，半深湖－深湖相沉积面积最大。长 7_2 沉积期继承了长 7_3 期的格局，盆地湖水面积有减小趋势。三角洲分流河道砂体较长 7_3 发育，因而以此为供源的半深湖－深湖重力流砂体也更为发育，重力流砂体平行于湖岸线展布，砂体累计厚度 5~25m，砂地比 10%~60%。长 7_1 期基本继承了长 7_2 期的格局，三角洲前缘亚相带较长 7_2 向湖盆中心萎缩，与平原亚相带的界限明显向湖盆中心进一步迁移；长 7_1 明显的特征是重力流砂体和前缘相砂体较长 7_2、长 7_3 发育。

富县地区长 7 段沉积相包括半深湖－深湖亚相和三角洲相，长 7_2 沉积期砂体分布广泛（图 2），源储配置条件较好。从北东到南西方向，沉积水体逐渐变深，沉积相带表现为三角洲前缘的水下分流河道、河口坝、分流间湾过渡至半深湖—深湖相沉积（图 2）。

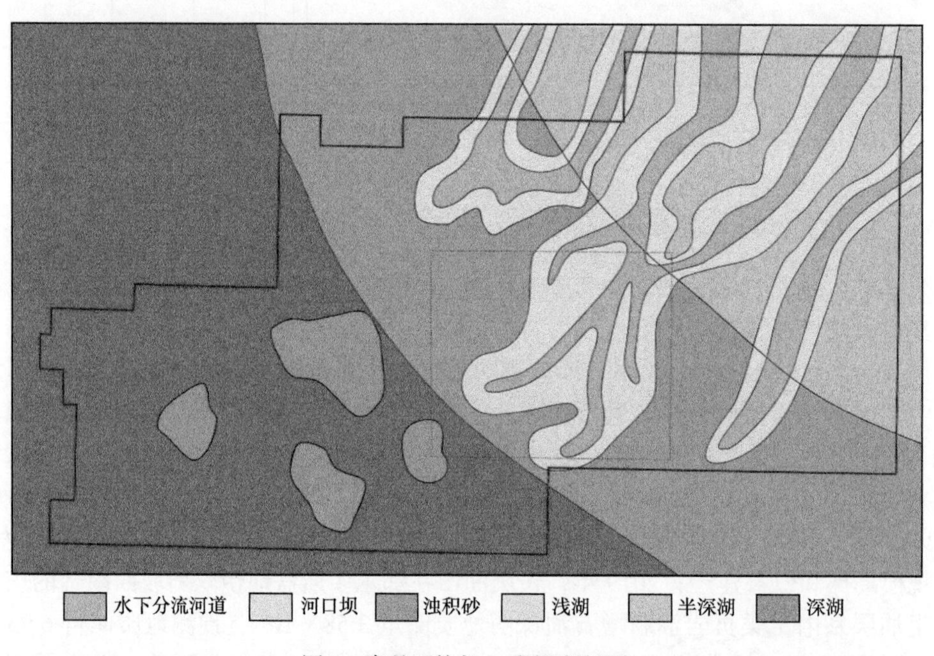

图 2　富县区块长 7_2 段沉积相图

富县地区岩性组合差异大，在东北部三角洲前缘水下分流河道砂体厚，多期砂体叠置，往西南方向进入半深湖—深湖相后，砂岩厚度变薄，泥质含量增加，因此，岩性组合按照页岩油亚类分类可分为多期砂体叠置型（Ⅰ型）、砂岩夹层型（Ⅱ型）、纯泥页岩型（Ⅲ型），其中Ⅱ类砂岩夹层型页岩油分布广泛，与泥页岩层系形成了良好的源储配置关系。

2.2 烃源特征

长 7 段泥页岩分布范围广、累计厚度较大，约 20~90m。三个亚段 TOC 含量主要分布于 1%~5%，有机质类型以Ⅰ和Ⅱ$_1$型为主。长 7_3 暗色泥页岩 TOC 含量明显高于长 7_2 和长 7_1，主要分布在中西部地区。区内优质页岩厚度差别较大，介于 6~25m，整体上东部厚度较薄，西南部厚度较大，主体位于半深湖－深湖相带。

富县区块烃源岩镜质体反射率 R_o 在 0.76%~1.0%，处于低熟—成熟阶段。整体上表现为东低西高，在区块中西部热演化程度高，最高值达 1.0%。R_o 值自东往西递增，以 $R_o > 0.8\%$ 为界，80% 的面积处于生烃有利区。

2.3 储集特征

Ⅰ类、Ⅱ类页岩油储层类型主要为细砂岩和粉砂岩，孔隙类型以粒间溶孔为主、其次为残余粒间孔，见少量粒内溶孔、晶间孔（图 3），孔隙度均值 8.4%，平均渗透率 0.27mD，大孔喉占比高，储层物性好。Ⅲ类页岩油页岩储层孔隙类型以粒间溶孔为主，少量晶间孔、有机质孔，储层孔隙度均值 3.66%，物性较差。长 7_2 亚段砂体累计厚度 10~24m，长 7_1 亚段砂体厚度相对较薄，大部分累计厚度小于 10m。因此，长 7_2 段细砂岩物性最优、厚度最大，为优质储层段。

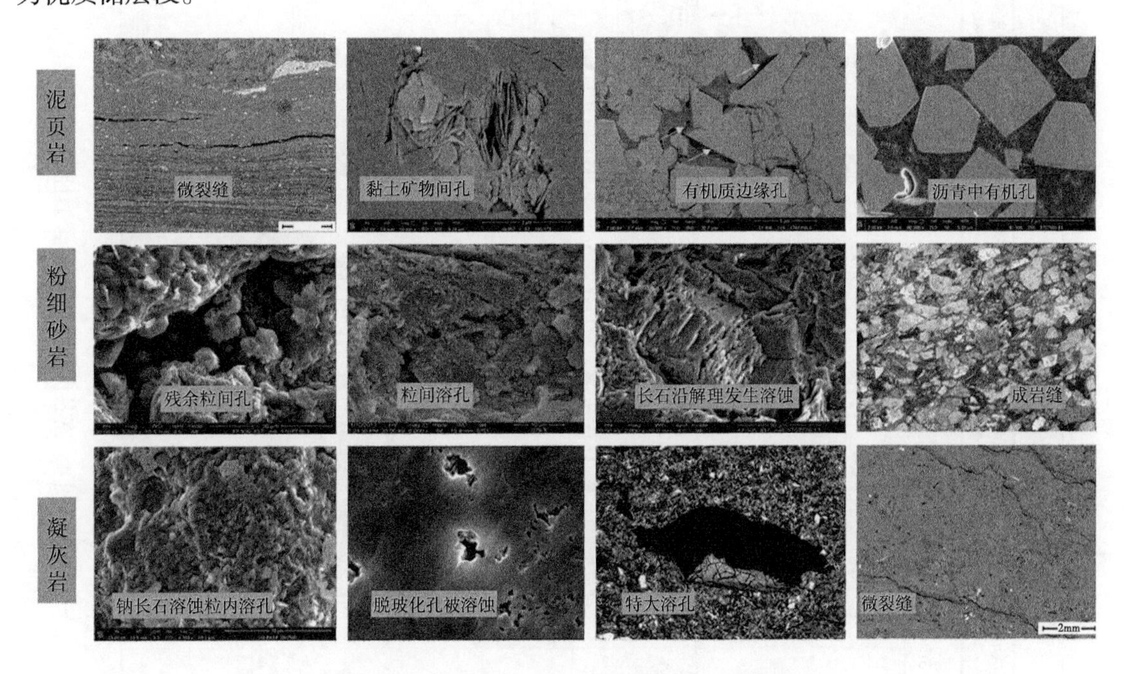

图 3　富县区块长 7 段页岩油储集空间类型特征

2.4 含油特征

2.4.1 游离烃含量

页岩油含油性与储层物性、烃源岩品质关系密切。烃源岩品质高、储层物性好，则含油性好，油气显示级别高。现场分析测试和室内测试分析表明，长 7 段游离油含量主要分布于 1~8mg/g，在长 7_2 亚段主要分布于中部的羊泉地区和东北部区域的牛武地区，游离烃含量较高的区域主要集中在砂体发育范围。

2.4.2 页岩油可动性

长 7_2 段夹层型砂岩段地面原油密度 0.8194~0.8258g/cm^3，平均 0.8226g/cm^3，黏度 3.14~3.55mPa·s，平均 3.34mPa·s，凝固点 19~22.5℃，初馏点 80℃~110℃，为轻质原油。7_2 段上部细砂岩段含油饱和度指数（OSI）普遍大于 100，可动性较好（图 4）。

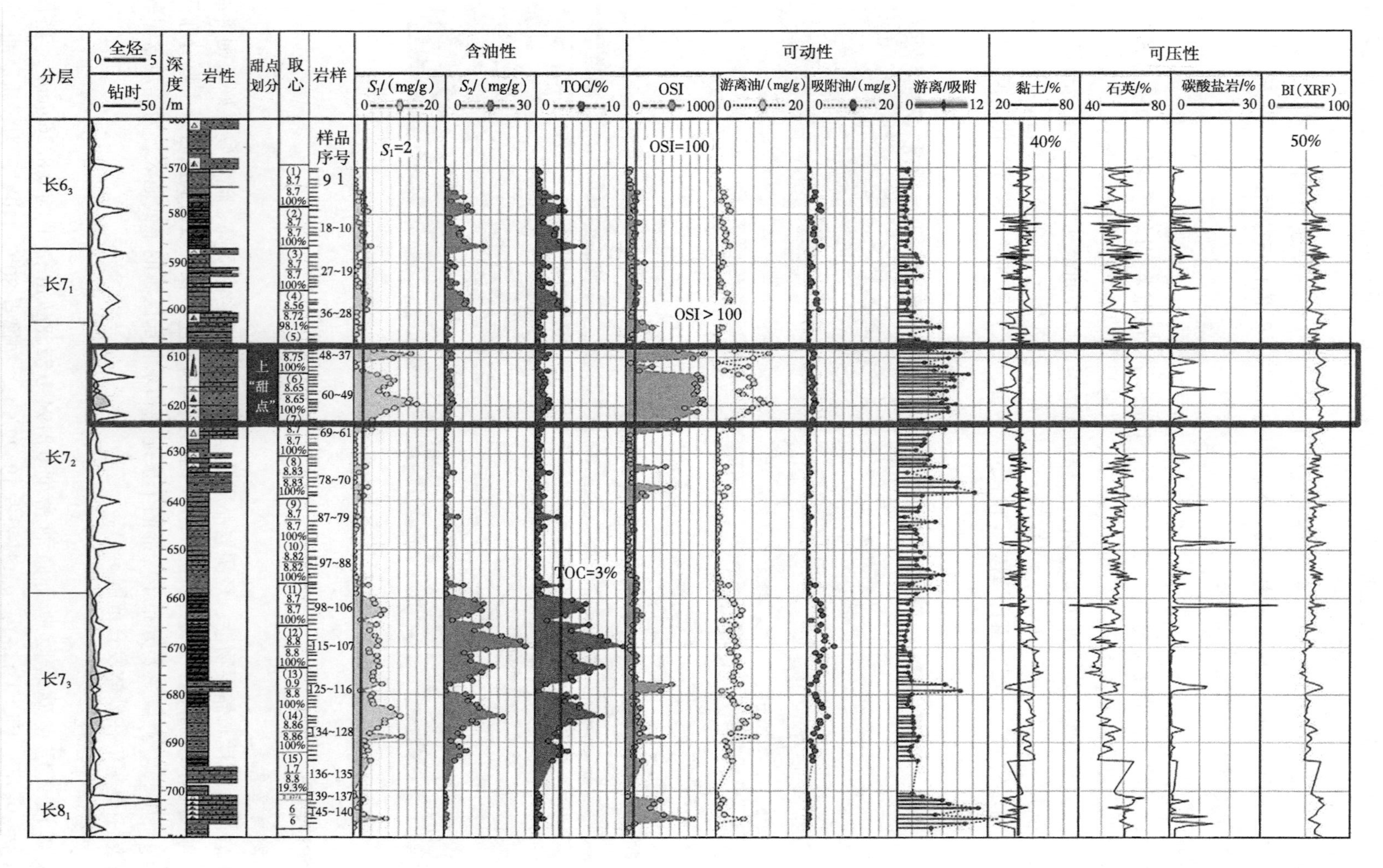

图4 富县区块X井页岩含油性综合柱状图

2.5 构造保存条件

长7段在沉积后经历了印支期、燕山期和喜马拉雅期多期次叠加构造运动[15-17]，前人鄂尔多斯盆地西南缘构造改造类型可分为6大类，即Ⅰ（构造变形与强烈剥蚀改造）、Ⅱ1（整体抬升剥蚀型）、Ⅱ2（抬升强烈剥蚀型）、Ⅲ（热力改造型）、Ⅳ（肢解残留型）、Ⅴ（叠合深埋型）和Ⅵ（构造变形型）。富县区块总体位于Ⅱ1和Ⅱ2类改造区，断裂发育程度较低，野外露头和岩心观察表明，大尺度裂缝相对不发育，利于页岩油保存。

3 富县区块页岩油勘探前景

3.1 资源潜力

富县区块长7段有机质丰度高、类型好、成熟度高，断裂发育程度低，保存条件相对较好，埋藏较浅。

与陕北地区页岩油地质条件相似[18]，富县区块同属于三角洲前缘型页岩油，水下分流河道为主要储集类型，物性特征相似。但也存在显著差异（表1）：（1）储层分布上，富县区块储层呈条带状分布，横向变化快，累计厚度偏小；（2）含油性上，烃源岩厚度与长庆接近，但优质页岩（高TOC）厚度薄，生烃强度偏低，含油饱和度偏低；（3）可动性上，气油比、可动性偏低；（4）可压性上，水平应力差略高，但埋深较浅，脆性强，可压性较好；（5）保存条件上，断裂与裂缝相对发育，埋深较浅，盖层封闭性略差，地层压力偏低。因此，在勘探评价、效益开发和工程工艺技术等方面仍有待进一步提升与完善。

表1 鄂尔多斯盆地长7页岩油主要地质工程参数统计对比表

<table>
<tr><td colspan="2">对比参数</td><td colspan="2">长庆油田</td><td>富县区块</td></tr>
<tr><td colspan="2">埋深/m</td><td colspan="2">1600~2200</td><td>600~900</td></tr>
<tr><td colspan="2">生烃强度/（10^4t/km^2）</td><td colspan="2">平均132.1</td><td>50~80</td></tr>
<tr><td colspan="2">砂体类型重力流型</td><td>重力流型（陇东地区）</td><td colspan="2">三角洲前缘型（陕北地区）</td></tr>
<tr><td rowspan="4">烃源岩</td><td>分布</td><td>湖盆中心
优质烃源岩厚度45m（黑色页岩20m+暗色泥岩25m）</td><td>湖盆周边
优质烃源岩厚度33m（黑色页岩16m+暗色泥岩17m）</td><td>湖盆周边，分布局限
暗色泥岩15~40m</td></tr>
<tr><td>成熟度</td><td colspan="2">0.7%~1.2%</td><td>0.7%~1.0%</td></tr>
<tr><td>TOC</td><td colspan="2">黑色页岩平均13.81%，暗色泥岩平均3.74%</td><td>1%~7%，平均4.8%</td></tr>
<tr><td>有机质类型</td><td colspan="2">黑色页岩Ⅰ、Ⅱ$_1$型；暗色泥岩Ⅱ$_1$、Ⅱ$_2$型</td><td>Ⅰ、Ⅱ$_1$、Ⅱ$_2$型</td></tr>
<tr><td rowspan="4">储层</td><td>分布范围</td><td>大面积连续，砂地比20%~30%；单砂体厚度一般小于5m，累计厚度长：7$_1$：5~15m，长7$_2$：10~20m</td><td>大面积连续，砂地比均值20.1%；单砂体厚度5~10m，累计厚度：长7$_1$：5~15m，长7$_2$：10~20m</td><td>条带状分布，横向变化快，累计厚度：长7$_1$：0~15m，长7$_2$：0~20m</td></tr>
<tr><td>物性</td><td>ϕ：6%~11%，平均8.2%
K：0.03~0.5mD，平均0.10mD</td><td>ϕ：5%~11%，平均7.9%
K：0.04~0.18mD，平均0.12mD</td><td>ϕ：平均8.4%
K：平均0.27mD</td></tr>
<tr><td>脆性矿物</td><td colspan="2">30%~78%</td><td>35%~75%</td></tr>
<tr><td>裂缝</td><td colspan="2">裂缝较发育</td><td>中-小尺度裂缝较发育</td></tr>
</table>

续表

对比参数		长庆油田		富县区块
油藏	压力系数	0.77~0.84		0.75~0.95
	气油比 /（m^3/t）	70~120	67~79	—
	黏度 /（mPa·s）	1.21~1.96，平均 1.35		3.14~3.55，平均 3.34
	密度 /（g/cm^3）	0.82~0.85		0.82~0.83，平均 0.82
	含油饱和度	70%~90%	70% 左右，平均 62.53%	小于 50%
储改	水平应力差 /MPa	4~6		7~10
	脆性指数 /%	35~45		75

3.2 有利目标

综合烃源条件、游离烃含量、热演化程度和砂体发育程度等因素，明确了长 7_2 页岩油有利目标区位于富县区块中部三角洲前缘及重力流发育区域，有利区面积 852km^2，页岩油地质资源量 1.54×10^8t，是近期重点勘探地区（图 5）。

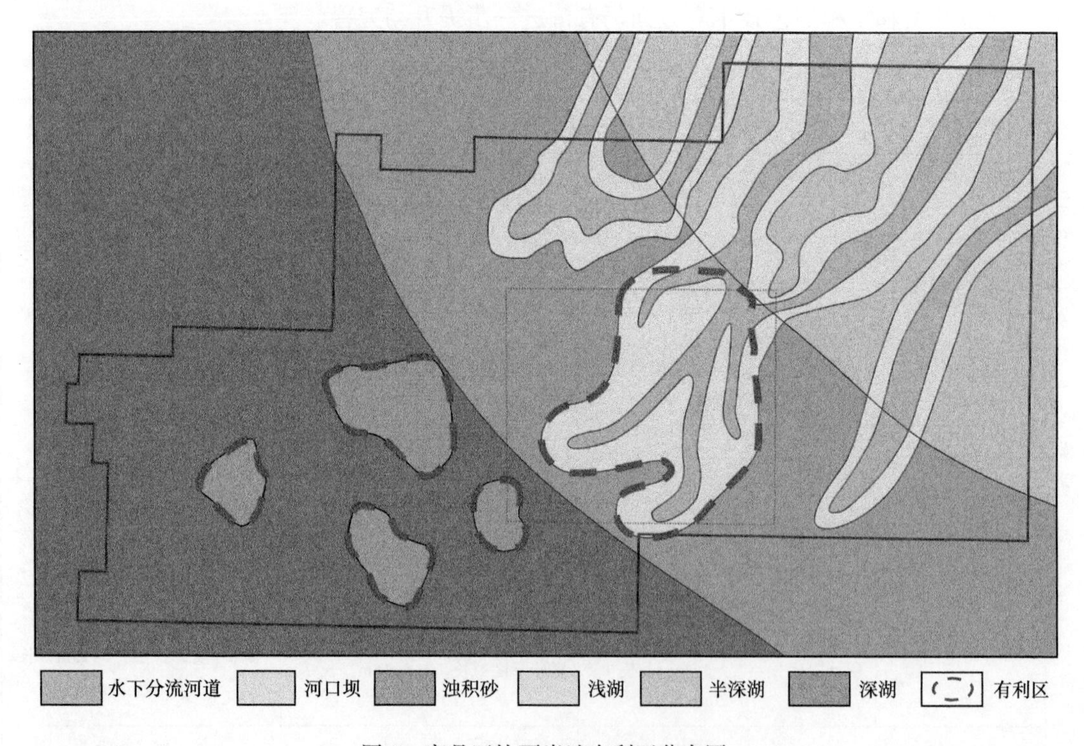

图 5　富县区块页岩油有利区分布图

4 结论

（1）富县区块长 7 段页岩有机质丰度高、类型以 Ⅰ—Ⅱ$_1$ 型为主，成熟度较高，中西部

R_o普遍大于0.8%，利于页岩油生成与富集。断裂发育程度低，构造保存条件相对较好。东北部主要发育三角洲前缘沉积，西部发育深湖－半深湖泥岩和重力流沉积，页岩油类型以Ⅱ、Ⅲ类为主。

（2）富县区块与陕北地区相比，储层呈条带状分布、横向变化快、累计厚度偏小；优质页岩厚度与成熟度偏低导致生烃强度、含油饱和可动性偏低；水平应力差略高，但埋深较浅，脆性强，可压性较好。在勘探评价、效益开发和工程工艺技术等方面仍有待进一步提升与完善。

（3）综合沉积特征与页岩油类型、烃源条件、含油性、可动性、可压性和保存条件等因素，明确了富县区块长7_2亚段Ⅱ类页岩油有利目标区位于区块中部三角洲前缘及重力流发育区域，有利区面积852km^2，页岩油地质资源量初步估算1.54×10^8t，是下一步重点勘探地区。

参 考 文 献

[1] EIA. Annual Energy Outlook 2021（with projections to 2050）[EB/OL]. https：//www.eia.gov/outlooks/aeo/pdf/AEO_Narrat iv e_2021.pdf.

[2] 金之钧，王冠平，刘光祥，等．中国陆相页岩油研究进展与关键科学问题[J]. 石油学报，2021，42（7）：821-835.

[3] 付锁堂，金之钧，付金华，等．鄂尔多斯盆地延长组7段从致密油到页岩油认识的转变及勘探开发意义[J]. 石油学报，2021，42（5）：561-569.

[4] 胡素云，赵文智，侯连华，等．中国陆相页岩油发展潜力与技术对策[J]. 石油勘探与开发，2020，47（4）：1-10.

[5] 金之钧，白振瑞，高波，等．中国迎来页岩油气革命了吗？[J]. 石油与天然气地质，2019，40（3）：451-458.

[6] 付金华，郭雯，李士祥，等．鄂尔多斯盆地长7段多类型页岩油特征及勘探潜力[J]. 天然气地球科学，2021，32（12）：1749-1761.

[7] 支东明，唐勇，杨智峰，等．准噶尔盆地吉木萨尔凹陷陆相页岩油地质特征与聚集机理[J]. 石油与天然气地质，2019，40（3）：524-534.

[8] 邱振，卢斌，施振生，等．准噶尔盆地吉木萨尔凹陷芦草沟组页岩油滞留聚集机理及资源潜力探讨[J]. 天然气地球科学，2016，27（10）：1817-1827.

[9] 付金华，牛小兵，淡卫东，等．鄂尔多斯盆地中生界延长组长7段页岩油地质特征及勘探开发进展[J]. 中国石油勘探，2019，24（5）：601-614.

[10] 邹才能，朱如凯，白斌，等．致密油与页岩油内涵、特征、潜力及挑战[J]. 矿物岩石地球化学通报，2015，34（1）：3-17.

[11] 付金华，李士祥，郭芪恒，等．鄂尔多斯盆地陆相页岩油富集条件及有利区优选[J]. 石油学报，2022：1-14.

[12] 付金华，李士祥，牛小兵，等．鄂尔多斯盆地三叠系长7段页岩油地质特征与勘探实践[J]. 石油勘探与开发，2020，47（5）：870-883.

[13] 张矿生，唐梅荣，杜现飞，等．鄂尔多斯盆地页岩油水平井体积压裂改造策略思考[J]. 天然气地球科学，2021，32（12）：1859-1866.

[14] 薛婷，黄天镜，成良丙，等．鄂尔多斯盆地庆城油田页岩油水平井产能主控因素及开发对策优化[J]. 天然气地球科学，2021，32（12）：1880-1888.

[15] 杨华，陈洪德，付金华．鄂尔多斯盆地晚三叠世沉积地质与油藏分布规律[M]. 北京：科学出版社，2012.

[16] 杨俊杰 . 鄂尔多斯盆地构造演化与油气分布规律 [M]. 北京：石油工业出版社，2002.
[17] 徐黎明，周立发，张义楷，等 . 鄂尔多斯盆地构造应力场特征及其构造背景 [J]. 大地构造与成矿学，2006，30（4）：455-462.
[18] 马文忠，王永宏，张三，等 . 鄂尔多斯盆地陕北地区长 7 段页岩油储层微观特征及控制因素 [J]. 天然气地球科学，2021，32（12）：1810-1821.

鄂尔多斯盆地富县地区页岩油与陇东、新安边地区页岩油地质特征对比研究

张　毅[1,2,3]，王保战[4]，武英利[1,2,3]，许艳争[4]，张　茹[4]，钱门辉[1,2,3]

（1. 中国石化石油勘探开发研究院无锡石油地质研究所；2. 中国石化油气成藏重点实验室；3. 页岩油气富集机理与有效开发国家重点实验室；4. 中国石化华北油气分公司）

摘　要：随着美国页岩油气革命成功，中国油气行业也加大了页岩油勘探开发的探索工作。2021年，长庆油田率先建成了中国第一个百万吨整装页岩油示范区。中石化华北探区页岩油资源总量可观，但整体仍处在普查探索阶段。富县地区长7段烃源岩TOC分布在2%~12%之间，平均为4.7%，有机质类型、成熟度以及生烃能力与陇东地区和新安边地区页岩相似，甚至略好于新安边地区页岩；砂岩储层矿物组分以石英、长石、黏土矿物为主，含少量黄铁矿、菱铁矿等矿物，脆性矿物中表现出高石英、低长石特点，长7_2亚段孔隙度和渗透率好于长7_1亚段，且整体好于陇东地区和新安边地区砂岩储层物性，达到工业可压标准；富县地区砂岩储层含油饱和度平均在28%左右，整体低于陇东地区和新安边地区，这可能是由于富县地区地层压力较低或样品处理不当导致，还需开展进一步研究。整体而言，富县地区页岩油与陇东地区和新安边地区页岩油地质条件相似，可作为优先突破区域。

关键词：延长组长7段；页岩油；地质特征；鄂尔多斯盆地

随着常规油气的不断减少，非常规油气在勘探领域的比重越来越大，目前已经成为全球油气勘探的重要目标。近些年，国外先后发现了多个大型非常规油田，包括Bakken组页岩油、Eagle Ford组页岩油、Cardium组页岩油等，许多学者对这些页岩油储层进行了详细的研究[1-4]。其中，以Elm Coulee油田Bakken/Three forks组为代表的混合型页岩油勘探开发的成功真正引领了美国页岩油革命。截至2018年底，混合型页岩油的累计产量为70.15×10^3bbl，占美国页岩油累计产量的53.3%。2012年，随着Eagle ford页岩油投入开发，基质型页岩油开始规模生产。截至2018年底，基质型页岩油累计产油44.24×10^3bbl，占美国页岩油累计产量的33.6%。至2019年基质型页岩油的年产量为10.45×10^8bbl，占美国当年页岩油产量的37.0%，比累计产量的占比高出3.4%。此外，基质型页岩油的待发现资源量高达732.25×10^8bbl，占美国页岩油待发现资源量的64.1%。这些数据表明混合型页岩油和基质型页岩油，正成为美国页岩油增储上产的主力页岩油类型[5-6]。

借鉴美国页岩革命的成功经验，中国油气行业于2010年前后陆续启动了页岩油勘探开发的探索工作，初步估算的全国页岩油资源量高达203×10^8t，勘探潜力巨大。经过近10年的探索，长庆油田以长7_1亚段、长7_2亚段泥页岩层系中的砂岩夹层为“甜点”，实现了页岩油勘探开发的重大突破，2020年庆城油田页岩油产油，量达到93.1×10^4t，2021年庆城油田页岩油产油量达到131.6×10^4t，率先建成了中国第一个百万吨整装页岩油示范区[7-11]。相比

作者简介：张毅，2017年获中国地质大学（武汉）博士学位，现为中国石化石油勘探开发研究院无锡石油地质研究所工程师，主要从事油气地球化学、石油实验地质研究工作。通讯地址：江苏省无锡市滨湖区蠡湖大道2060号。Email：zhangyi_2017.syky@sinopec.com。

于长庆油田，中石化华北探区页岩油资源总量可观，勘探也有部分发现，但整体仍处在普查探索阶段。中国石化页岩油“十四五”实施方案要求深化鄂尔多斯长7段页岩油研究，力争实现勘探突破。相较而言，富县地区页岩油地质条件优厚，可作为优先突破区域。因此，本文以鄂尔多斯盆地庆城油田（陇东地区）和新安边油田（新安边地区）页岩油地质特征数据，与中石化富县探区进行对比，为富县地区页岩油勘探突破提供理论依据。

1 地质概况

鄂尔多斯盆地是中国第二大沉积盆地。在晚三叠世长7早期，强烈的构造活动使得湖盆快速扩张，形成了大范围的深水沉积，水生生物和浮游生物繁盛，有机质丰富，发育了大规模湖相页岩层。富县地区位于长7沉积期的多级破折带上，靠近湖盆中心，主要发育三角洲前缘至半深湖—深湖相泥页岩，岩性以粉 - 细砂岩、泥岩、页岩以及沉凝灰岩为主，这套泥页岩层系为页岩油的生烃成藏奠定了物质基础[12-13]。富县地区构造上位于伊陕斜坡东南部，构造面貌与区域构造面貌一致，东高西低，在平缓的西倾单斜背景上，发育差异压实作用形成的近东西向低缓鼻褶，未见明显断裂发育。

2 富县地区页岩油形成的地质条件

2.1 烃源条件

长7段泥页岩一直以来被认为鄂尔多斯盆地页岩油主要贡献者。长7沉积期鄂尔多斯盆地整体处于温暖潮湿的气候，而且火山活动频繁，为湖盆提供丰富的营养元素，致使生物勃发，初级生产力高，加之较低的陆源碎屑补偿使湖水较安静，容易形成分层水体，导致长7段页岩沉积于弱氧化—缺氧的沉积环境，有利于有机质保存，形成高有机质丰度烃源岩[14]。

盆地南部陇东地区主要为半深湖—深湖相沉积，长7段泥岩有机质丰度较高，TOC主要分布在2%~26%之间，平均为8.6%，母质类型好，以Ⅰ型为主，少量为$Ⅱ_1$—$Ⅱ_2$型；生烃潜力高，S_1+S_2为17.77~100.99mg/g，平均为52.21mg/g。数据表明该地区页岩中残留油含量（一般用氯仿沥青“A”含量表示）高，介于0.2%~1.7%，平均为0.6%。热成熟度（R_o）往往可以反映烃源岩生油气窗演化阶段，陇东地区长7段油页岩R_o主要分布在0.68%~1.08%之间，处于成熟阶段和生烃高峰，表明该地区具备生成页岩油的必要环境基础。湖盆北部的新安边地区主要为滨浅湖沉积，长7段发育黑色页岩和暗色泥岩2种有效烃源岩，黑色页岩有机质TOC≥6%，平均为13.81%，平均厚度达16m，最厚可达60m；暗色泥岩有机质富集程度较低，TOC介于2%~6%，平均为3.74%，暗色泥岩平均厚度达17m[15-16]。

富县地区在长7期位于湖盆东南缘，靠近沉积中心，发育重力流—三角洲前缘沉积，烃源条件好于新安边地区，但比陇东地区稍差。长7页岩有机质类型以Ⅰ—$Ⅱ_1$型为主，还有部分$Ⅱ_2$型有机质，TOC一般为2%~12%，平均为4.7%，热解S_1主要分布在2~6mg/g之间，平均约4.17mg/g；氯仿沥青“A”含量主要在0.31%~1.20%之间，平均为0.72%，显示出与陇东地区相当的残留油含量。实测页岩有机质成熟度表明，研究区长7页岩镜质组反射率（R_o）为0.51%~1.39%，处于生油阶段。研究区内优质烃源岩分布范围广，整体有西南高，东北低的分布特点（图1）。综合分析可得，富县地区长7段有机质类型、丰度、成熟度均在页岩油有利区的下限要求之间。

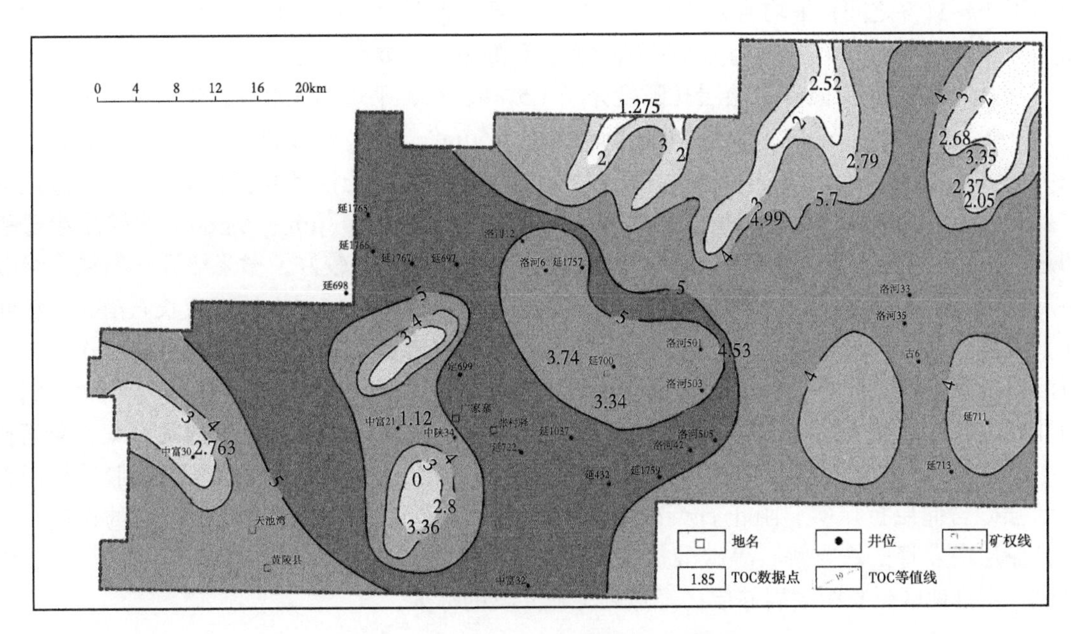

图 1　富县地区长 7_3 亚段 TOC 等值线图

2.2　储集条件

岩石矿物组成以及页岩中发育的有机质孔、溶蚀孔和微裂隙等多种类型储集空间是影响页岩油储集性的主要因素。根据样品 X 衍射全岩分析，鄂尔多斯盆地长 7 段页岩油储层矿物组分主要是石英、长石、碳酸盐、黄铁矿和黏土矿物，在不同沉积区各组分含量有所差别。陇东地区整体以半深湖—深湖相重力流沉积为主，主要发育砂质碎屑流、浊流砂体，储层石英含量介于 30%~45%，平均含量为 40.3%；长石含量介于 12%~25%，平均含量为 19.5%，呈现出高石英、低长石的特征。黏土矿物含量介于 10%~15%，以伊利石为主；砂岩中岩屑含量占比为 23.7%，以变质岩岩屑为主；填隙物以水云母、铁方解石、铁白云石为主，平均含量为 16.5%；新安边地区整体以三角洲前缘沉积为主，水下分流河道砂体成片发育，储层石英含量介于 25%~30%，平均含量为 25.2%；长石含量介于 40%~45%，平均含量为 39.4%，具有高长石、低石英的特征。黏土矿物含量为 13%~17%，平均含量为 9% 左右，以绿泥石为主；砂岩中岩屑平均含量为 20%，以变质岩岩屑为主；填隙物以铁方解石、绿泥石、高岭石为主，平均含量为 15.4%[17-18]。富县地区矿物组分以石英、长石、黏土矿物为主，含少量黄铁矿、菱铁矿等矿物，其中脆性矿物以长石和石英为主，石英含量一般在 30% 左右，长石含量一般为 12% 左右，表现出高石英、低长石的特点，砂岩储层中黏土含量在 30% 左右，长 7_2 亚段黏土矿物含量最低，平均 28.9%，整体上富县地区砂岩储层矿物组成与湖盆南缘相近，具备可压基础。

储层物性方面，陇东地区砂岩储层孔隙度主要分布在 6%~11% 之间，平均值为 3.2%；渗透率介于（0.03~0.5）$\times 10^{-3}\mu m^2$，平均值为 $0.10\times 10^{-3}\mu m^2$；孔隙半径主要在 2~8 μm 之间，喉道半径分布在 20~150nm 之间，孔隙结构以小孔—微喉型为主，CT 测试分析结果显示，小孔隙（2~10μm）所占孔隙体积最大，多尺度孔隙连续分布，数量众多，具有较大的储集空间，纳米级喉道连通孔隙形成复杂孔喉体系，决定了储层的渗流性能。新安边地区砂岩储层孔隙度主要分布于5%~11%之间，平均值为7.9%，渗透率主要分布在（0.04~0.18）$\times 10^{-3}\mu m^2$之间，平均值为$0.12\times 10^{-3}\mu m^2$，孔隙结构为小孔细喉型，孔隙半径主要分布在0~12μm之间[17-18]。

富县地区长7_1亚段砂岩储层孔隙度介于1.5%~7.8%，平均为5.46%，渗透率主要分布在（0.019~1.1）$\times 10^{-3}\mu m^2$之间，平均值为$0.34\times 10^{-3}\mu m^2$，长$7_2$亚段砂岩储层物性较长$7_1$亚段为好，孔隙度介于2.2%~16.1%，平均为8.1%，超过一半的样品孔隙度大于6%，渗透率主要分布在（0.014~6.69）$\times 10^{-3}\mu m^2$之间，平均值为$0.27\times 10^{-3}\mu m^2$，约60%的样品渗透率超过$0.1\times 10^{-3}\mu m^2$。进一步研究显示，富县地区砂岩储层分选较好，微米级孔隙与纳米级喉道形成了由多个独立连通孔喉体积构成的复杂孔喉网络。砂岩储层主要发育长石溶孔、粒间孔，另见少量岩屑溶孔与晶间孔等。溶蚀作用是该类砂岩储层最重要的建设性成岩作用，长石溶孔的发育有效改善了储层的储集性能和孔喉连通性，溶孔发育区喉道中值半径大，储层物性好；叶片状或颗粒包膜状绿泥石、书页状或蠕虫状高岭石等黏土矿物通常充填在粒间孔隙中，堵塞孔隙，降低储层的孔渗性能，另一方面，研究认为早期的绿泥石环边胶结作用具有增强砂岩储层抗压实、阻止石英次生加大的作用，起到一部分保护储层孔隙的作用；另外，储层中发育的铁方解石等碳酸盐胶结物也会较大程度地降低储层的储渗性能[17]。总体来说，富县地区延长组砂岩储层已经达到工业开发的标准。

2.3 含油气性

储层含油气性也是讨论页岩油是否富集的重要参数。陇东地区单砂体储层厚度一般小于5m，砂地比介于20%~30%，平均为17.8%，含油饱和度为70%~90%，地层原始气油介于70~120m^3/t，累计探明储量已经超过10×10^8t；新安边地区储层单砂体厚平均为3.8m，砂地比平均为20.1%，含油饱和度平均为62.53%，局部发育大于70%的高饱和富集区，预计规模储量4.4×10^8t[19]。

富县地区长7段储层厚度变化较大，单砂体厚度一般介于1.8~14m，砂地比较高，平均为38%，含油饱和度相对较低，长7_1亚段介于20%~36.6%，平均为28.7%，长7_2亚段介于4.3%~50.3%，平均为28.6%，长7_3亚段5.7%~39%，平均为26.9%。富县地区含油性较低的原因有两点：一是地层压力低于陇东和新安边地区；二是由于页岩油气挥发逸散快，现场采样时需要对样品进行冷冻处理，之前的含油性测试工作在取样和测试过程中并未采取相关措施，可能会导致数据偏低。初步估计中石化富县探区长7段页岩油资源量可达3.8×10^8t。

3 结论

鄂尔多斯盆地页岩油勘探开发潜力巨大，形成的地质认识和勘探开发关键技术对我国非常规石油资源的勘探开发具有重要的战略意义和引领示范作用。中石化探区页岩油勘探前景可观，富县探区初步分析资源量为3.80×10^8t，通过对比富县地区与陇东地区、新安边地区页岩油地质特征，得到以下几点认识：

（1）富县地区长7段页岩TOC分布在2%~12%之间，平均为4.7%，有机质类型、成熟度以及生烃能力与陇东地区和新安边地区页岩相似，甚至略好于新安边地区页岩，具有很大的生油潜力和开发价值。

（2）富县地区长7段砂岩储层矿物组分以石英、长石、黏土矿物为主，含少量黄铁矿、菱铁矿等矿物，脆性矿物中表现出高石英、低长石特点；砂岩储层中长7_2亚段孔隙度和渗透率好于长7_1亚段，整体好于陇东地区和新安边地区砂岩储层物性，达到工业可压标准。

（3）富县地区砂岩储层含油饱和度平均在28%左右，整体低于陇东地区和新安边地区，具体原因还需要开展进一步分析。

参 考 文 献

[1] SMITH M G，BUSTIN R M. Production and preservation of organic matter during deposition of the Bakken Formation（Late Devonian and Early Mississippian），Williston Basin[J]. Palaeogeography，Palaeoclimatology，Palaeoecology，1998，142（3/4）：185-200.

[2] SONNENBERG S A，PRAMUDITO A. Petroleum geology of the giant Elm Coulee field，Williston Basin[J]. AAPG Bulletin，2009，93（9）：1127-1153.

[3] KUHN P P，DI PRIMIO R，HILL R，et al. Three-dimensional modeling study of the low-permeability petroleum system of the Bakken Formation [J]. AAPG Bulletin，2012，96(10)：1867-1897.

[4] MARTIN R，BAIHLY J D，MALPANI R，et al. Understanding production from Eagle Ford- ustin chalk system[R]. SPE 145117，2011：1-28.

[5] BAI B J，ELGMATI M，ZHANG H，et al. Rock characterization of Fayetteville shale gas plays[J]. Fuel，2013，105：645-652.

[6] 张妮妮，刘洛夫，苏天喜，等.鄂尔多斯盆地延长组长7段与威利斯顿盆地Bakken组致密油形成条件的对比及其意义[J].现代地质，2013，27（5）：1120-1130.

[7] 邹才能，杨智，崔景伟，等.页岩油形成机制、地质特征及发展对策[J].石油勘探与开发，2013，40（1）：14-26.

[8] 杨华，李士祥，刘显阳.鄂尔多斯盆地致密油、页岩油特征及资源潜力[J].石油学报，2013，34（1）：1-11.

[9] 焦方正，邹才能，杨智.陆相源内石油聚集地质理论认识及勘探开发实践[J].石油勘探与开发，2020，47（6）：1067-1078.

[10] 黎茂稳，金之钧，董明哲，等.陆相页岩形成演化与页岩油富集机理研究进展[J].石油实验地质，2020，42（4）：489-505.

[11] 付金华，牛小兵，淡卫东，等.鄂尔多斯盆地中生界延长组长7段页岩油地质特征及勘探开发进展[J].中国石油勘探，2019，24（5）：601-614.

[12] 杨俊杰.鄂尔多斯盆地构造演化与油气分布规律[M].北京：石油工业出版社，2011.

[13] 孙建博，孙兵华，赵谦平，等.鄂尔多斯盆地富县地区延长组长7湖相页岩油地质特征及勘探潜力评价[J].中国石油勘探，2018，23（6）：29-37.

[14] 高岗，刘显阳，王银会，等.鄂尔多斯盆地陇东地区长7段页岩油特征与资源潜力[J].地学前缘(中国地质大学(北京)，2013，20（2）：140-146.

[15] 付金华，李世祥，牛小兵，等.鄂尔多斯盆地三叠系长7段页岩油地质特征与勘探实践[J].石油勘探与开发，2020，47（5）：870-883.

[16] 马艳丽，辛洪刚，马文忠，等.鄂尔多斯盆地陕北地区长7段页岩油富集主控因素及甜点区预测[J].天然气地球科学，2021，32（12）：1822-1829.

[17] 付锁堂，姚泾利，李士祥，等.鄂尔多斯盆地中生界延长组陆相页岩油富集特征与资源潜力[J].石油实验地质，2020，42（5）：698-710.

[18] 马文忠，王永宏，张三，等.鄂尔多斯盆地陕北地区长7段页岩油储层微观特征及控制因素[J].天然气地球科学，2021，32（12）：1810-1821.

[19] 李士祥，牛小兵，柳广弟，等.鄂尔多斯盆地延长组长7段页岩油形成富集机理[J].石油与天然气地质，2020，41（4）.

苏北盆地阜二段陆相页岩储层微观结构、岩石物理建模研究

唐 磊，廖文婷，夏连军，汪亚军，陈 栋，唐安琪

（中国石化江苏油田分公司物探研究院）

摘 要：阜二段陆相页岩是苏北盆地页岩油勘探的主要目的层，受沉积与成岩作用影响，岩石矿物组分、储层微观结构纵向差异较大，且针对页岩储层的岩石物理建模研究尚处起步阶段，开展阜二段岩石物理特征分析与地震弹性参数响应规律的研究有利于指导下步页岩储层“甜点”预测工作。本次研究在岩心观察的基础上，基于扫描电镜、压汞、核磁共振与岩石物理实验等手段开展阜二段页岩微观结构和岩石物理建模研究。分析并明确了阜二段页岩纵向上变化规律，依据各亚段页岩储层特征进行岩石物理正演并建立相应的岩石物理模版。正演结果和测井资料验证了本次岩石物理模型的准确性，研究结果可为阜二段页岩油储层的测井解释评价和“甜点”的地震表征提供依据。

关键词：陆相页岩；页岩微观结构；页岩物理建模

苏北盆地是白垩系沉积基底上形成的断陷湖盆，依次发育上白垩统泰州组、古近系阜宁组、戴南组、三垛组、新近系盐城组以及第四系东台组。阜宁组形成于相对构造稳定的盆地断陷期，自下而上分为阜一段（E_1f_1）至阜四段（E_1f_4）[1]，其中阜二段（E_1f_2）沉积厚度大、分布广泛，埋深适中，沉积上经历了咸化—半咸化—淡水湖的演化过程[2-3]，岩性以泥页岩为主，局部层段夹油页岩、碳酸盐岩纹层，页岩油形成条件最为有利，是苏北盆地页岩油地球物理研究与勘探实践的重点区带。

前人研究指出：高产页岩油层勘探应注重有机质丰度、有机质成熟度、页岩孔隙度、地层压力、压力系数和页岩脆性指数等方面研究，在明确高产油层的形成地质条件后，再通过地球物理方法进行页岩储层“甜点”具体表征[3]。而岩石物理模型正是连接页岩地质特征和“甜点”地球物理表征的关键桥梁。通过对页岩矿物组分、有机质赋存状态、孔隙—裂缝组合等储层特征与页岩弹性、力学等参数的关系开展研究，有助于从微观尺度深刻理解页岩储层的地球物理响应特征，进一步对页岩油的“甜点”地球物理表征研究提供依据[5-6]。

目前许多学者针对页岩复杂的微观物性特征进行了岩石物理研究。其中对于典型的陆相页岩沙河街组，王永诗（2013）、宁方兴（2015）和宋国奇（2016）研究表明：沙河街组页岩不仅发育矿物晶间孔，也发育溶蚀孔和裂缝，同时泥灰岩和灰质泥岩中的孔隙主要由有机质丰度和分布控制[7-9]。而对于古近系深湖－半深湖沉积的阜二段页岩，研究表明：阜二段页岩大量发育矿物晶间孔、粒间孔、溶蚀孔、有机质孔和和裂缝等[10]。异常高压、富有机质

作者简介：唐磊，硕士，从事非常规油气勘探工作。E-mail：tangl_1.jsyt@sinopec.com。

基金项目：中国石化科技部课题——苏北盆地陆相页岩油富集条件与勘探评价研究（P21113）。

纹层和裂缝是影响深层页岩油富集的主要因素。但几乎未见阜二段页岩微观结构以及杨氏模量、切变模量、体积模量、泊松比等弹性参数的相关研究。

明确页岩油的岩石物理特征对页岩油成功勘探和开发起着至关重要的作用，且由于不同储层岩石在沉积历史和构造环境（矿物成分、应力场变化）等多方面存在差异，针对特定研究区储层的岩石物理实验研究结果也具有区域性，不能随意外推广[11]。因此本文针对阜二段页岩的从微观结构入手、并建立与之相应的地震岩石物理模型。

1 阜二段页岩微观结构研究

1.1 阜二段页岩岩石学特征

如图 1 所示，苏北盆地阜二段页岩整体是一套富含有机质的暗色泥页岩。岩性自下而上依次为纹层状云质泥岩、泥灰岩、含灰或含云页岩、粉砂质页岩、块状泥岩等，总有机碳（TOC）含量逐渐减少，亦反映了咸化 - 半咸化 - 淡水湖的演化。

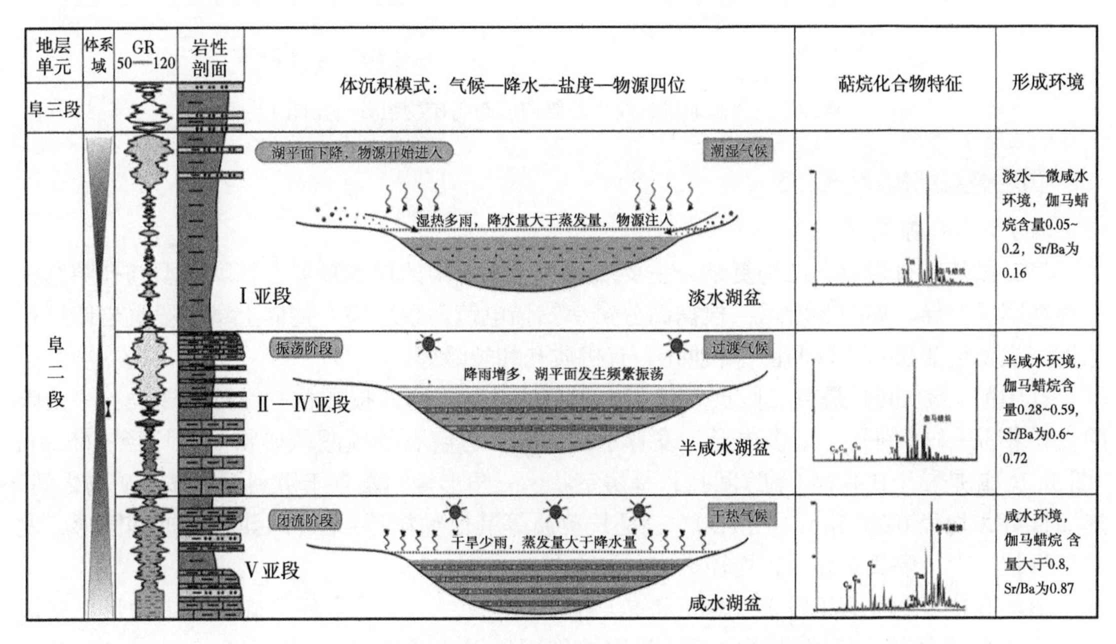

图 1　苏北盆地阜二段页岩层序 - 沉积发育模式图[2]

本次研究样品主要来自苏北盆地高邮凹陷阜二段部分页岩油井中。如图 2 所示，矿物组分 X 射线衍射结果表明：纵向上矿物组成变化大，自下而上表现为碳酸盐岩矿物由高⟶低、硅质矿物由高⟶低⟶高⟶低以及黏土矿物由低⟶高的变化趋势。岩性和矿物组分变化揭示了阜二段页岩储层纵向上非均质性强，以石英、长石、黄铁矿与碳酸盐类为主的脆性矿物含量 52.1%~83.5%，平均为 66.4%，黏土含量 16.4%~47.9%，平均为 33.6%，阜二段中下部脆性好于上部。

如图 2 所示，阜二段中下部主要为富碳酸盐质页岩，反映了典型的陆相咸化湖盆沉积环境，而上部碳酸盐岩含量相对偏少。但相对比与沙河街组，石英含量较高，脆性矿物以石英、方解石、白云石为主[12]，横向上与纵向上岩石力学差异性较大，因此需要分段对阜二段页岩岩石建立物理模型。

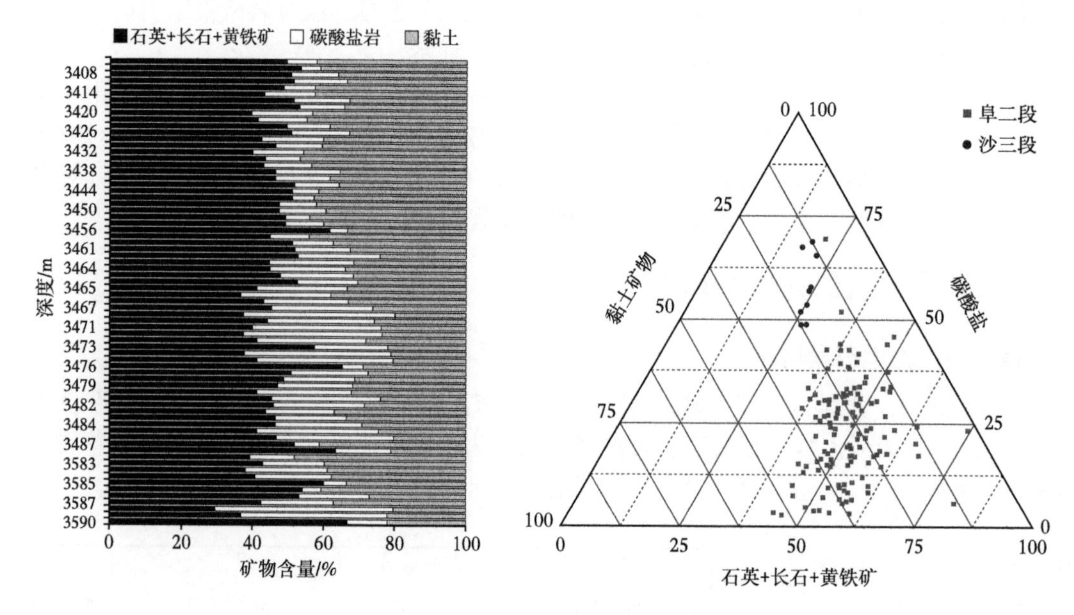

图 2　苏北盆地阜二段页岩纵向分布与矿物组分三角图

1.2　页岩微观结构特征研究

（1）页岩孔隙类型。

阜二段陆相页岩岩石结构复杂，主要表现在岩石骨架的构成颗粒、孔隙类型与孔隙结构上存在明显差异。如图 3 所示，根据高分辨率扫描电镜观察结果，整体上阜二段页岩储层孔隙类型主要包括晶（粒）间孔、溶蚀孔、有机质孔和裂缝等。

其中晶（粒）间孔是阜二段页岩储层中重要的孔隙类型。按颗粒种类可分 3 类：一是碳酸盐矿物晶（粒）间孔，呈多边形，发育于白云石、方解石等碳酸盐矿物间，均径 1.652μm（图 3a）。二是黏土矿物晶（粒）间孔，呈房室状、三角形等，发育于伊利石等黏土矿物之间，连通性好，均径 0.0836μm（图 3b）。三是长英质等其他颗粒晶（粒）间孔，呈近椭圆形，发育于颗粒周边，多孤立分布，均径 2.851μm（图 3c、图 3d）。

溶蚀孔主要包括晶（粒）间溶孔和晶（粒）内溶孔。主要呈半环、椭圆、多边形。平面上分布于矿物颗粒边缘或晶体内部，随溶蚀作用增强连通性增加，均径一般在为 2.453μm（图 3e）。晶（粒）内溶孔，多孤立分布，均径为 0.0217μm。其中散布于基质中的基质溶孔，少量为泥质和云母等充填，连通性较差，均径 7.08μm。

页岩中有机质主要沿纹层或成团块状聚集（图 3f），有机质孔主要为有机质内部微孔、边缘微孔与黄铁矿共生孔，平面形状为规则 - 不规则的气泡状、新月形、环形与多边形 - 椭圆形，呈蜂窝状聚集、平均孔径为 0.711μm（图 3g）。其数量与有机质含量与成熟度密切相关。

页岩中裂缝主要包括构造缝和层理缝，一般多为未充填缝和碳酸盐岩、石膏的充填、半充填裂缝，其中阜二段下部多发育有以碳酸盐岩为夹层的层理缝，延伸长度较长一般大于 100μm，缝宽一般 4~150μm 之间，平均值在 3.2μm（图 3h）。

（2）页岩孔隙结构。

在上述分析的基础上，针对阜二段页岩不同亚段的骨架和体积密度、孔隙度进行定量表征。通过核磁共振分析，阜二段不同亚段的孔隙度、岩石骨架体积、岩石密度具有明显的差异性（图 4、图 5、图 6）。

图 3　苏北盆地阜二段页岩孔隙类型

（a）Huay13587.94m;（b）Huay13482m;（c）Hua1013898.66m;（d）H1583143m;（e）Huay13659.57m;（f）Hua1013722.07m;（g）ShaX84 3159.36m;（h）Hua23388.68m.

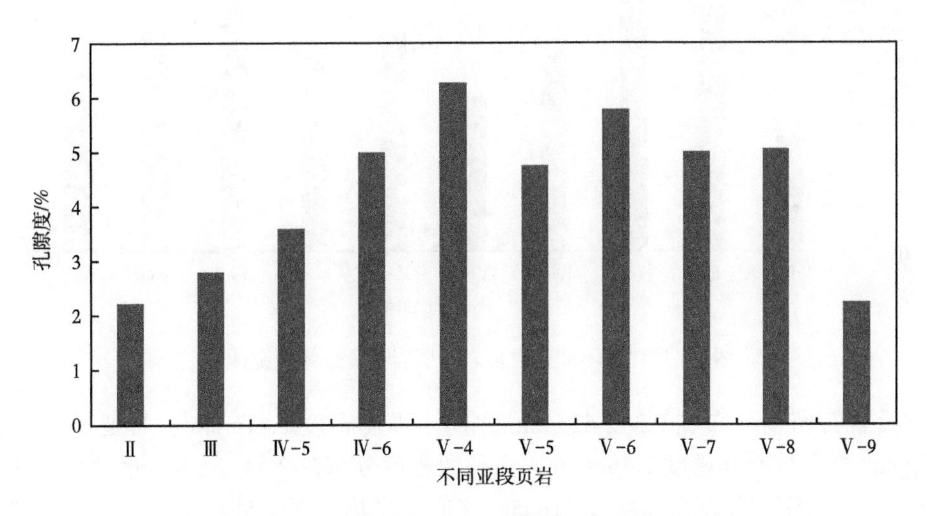

图 4　阜二段不同亚段页岩储层孔隙度统计图

其中Ⅱ亚段孔隙度分布在 0.67%~5.1% 之间，平均孔隙度 2.2%；Ⅲ亚段孔隙度分布在 1.32%~5.67% 之间，平均孔隙度 2.8%；Ⅳ亚段孔隙度分布在 1.33%~6.62% 之间，平均孔隙度 4.1%；Ⅴ亚段孔隙度分布在 2.2%~5.29% 之间，平均孔隙度 5.29%。Ⅱ、Ⅲ亚段孔隙度相比较于Ⅳ、Ⅴ亚段明显偏低，储层物性较差。

Ⅱ亚段岩石骨架体积分布在 4.38~6.28cm^3 之间，平均骨架体积 5.27cm^3；Ⅲ亚段骨架体积分布在 5.13~6.1cm^3 之间，平均骨架体积 5.58cm^3；Ⅳ亚段骨架体积分布在 4.94~6.42cm^3 之间，平均骨架体积 5.7cm^3；Ⅴ亚段骨架体积分布在 4.53~6.51cm^3 之间，平均骨架体积 5.5cm^3。Ⅳ亚段骨架体积明显偏高。

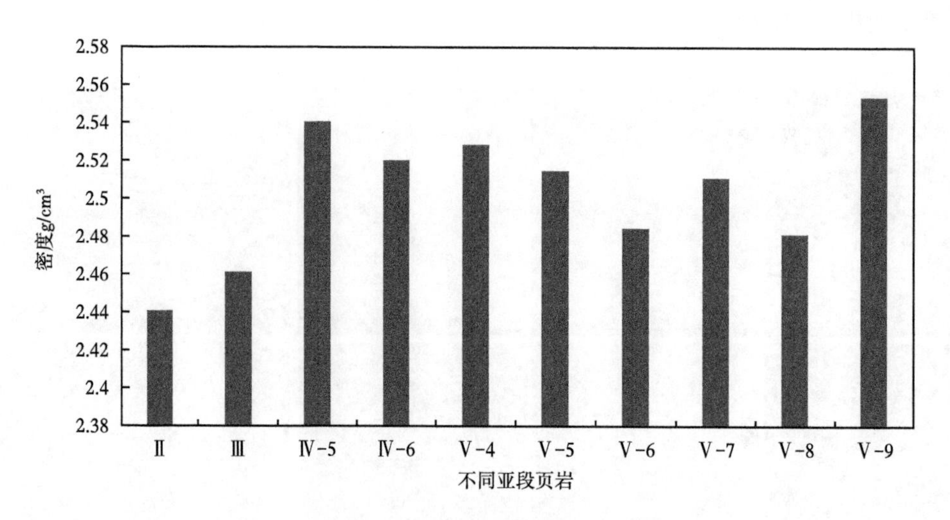

图 5　阜二段不同亚段页岩储层岩石密度统计图

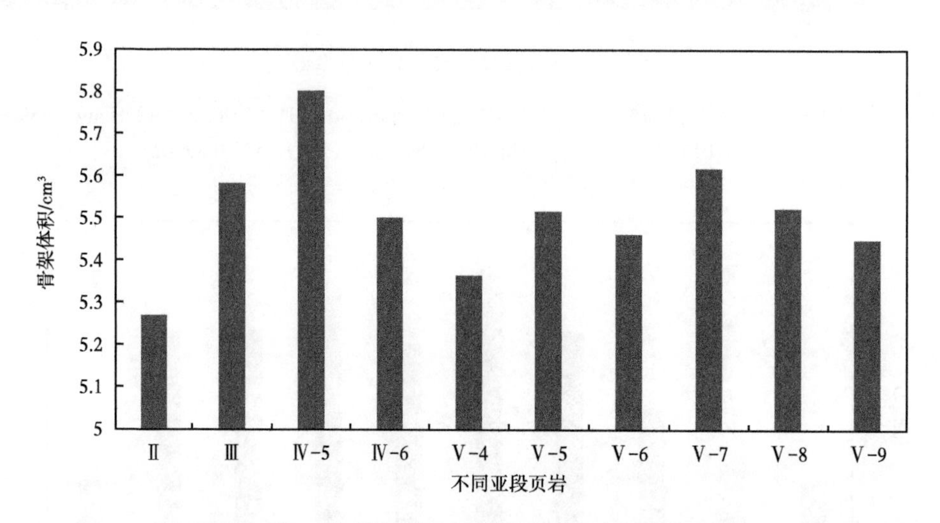

图 6　阜二段不同亚段页岩储层岩石骨架体积统计图

Ⅱ亚段岩石密度分布在 2.3~2.52g/cm^3 之间，平均密度 2.41g/cm^3；Ⅲ亚段密度分布在 2.43~2.5g/cm^3 之间，平均密度 2.46g/cm^3；Ⅳ亚段密度分布在 2.44~2.63g/cm^3 之间，平均密度 2.53g/cm^3；Ⅴ亚段密度分布在 2.44~2.61g/cm^3 之间，平均密度 2.51g/cm^3。Ⅳ、Ⅴ亚段由于富含碳酸盐纹层，黄铁矿含量偏高，导致储层密度较大。

同时在上述研究的基础上，通过压汞与氮气吸附法对阜二段不同亚段页岩孔径分布与纵向上的孔隙结构的差异性进行研究。

如图 7 所示，不同岩性中孔隙的分布差异性较大，其中以纹层状灰云岩中宏孔占比相对较高，孔隙连通性较好。同时如图 8 所示，阜二段页岩的氮气吸附压力曲线主要呈三种形态，分别为“墨水瓶型”、“宽平行板型”以及“狭缝型”。其中Ⅳ、Ⅴ小层由于碳酸盐纹层发育程度高，孔隙类型主要为“宽平板型”与“狭缝型”。孔隙连通性好，较有利于油气运移。Ⅱ、Ⅲ亚段岩性主要是层状或块状含灰含云泥岩，孔隙类型主要是“墨水瓶型”，孔隙相对独立，连通性差，不利于油气运移。

针对阜二段不同亚段页岩孔隙结构的差异性，本次研究通过孔隙（颗粒）及裂隙图像识别与分析系统（PCAS）对岩石薄片、扫描电镜照片进行孔隙表面积、孔喉形状系数、孔径分布范围、以及孔隙纵横比等方面的研究（图 9），并定量统计分析阜二段不同亚段页岩储层的孔隙结构特征，见表 1。

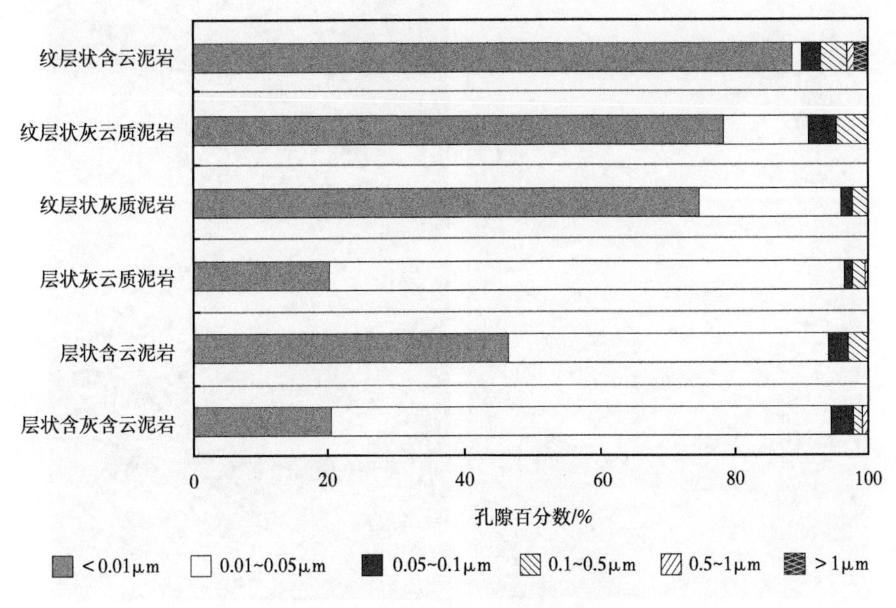

图 7　ShaX84 井阜二段不同岩相孔隙度大小占比图

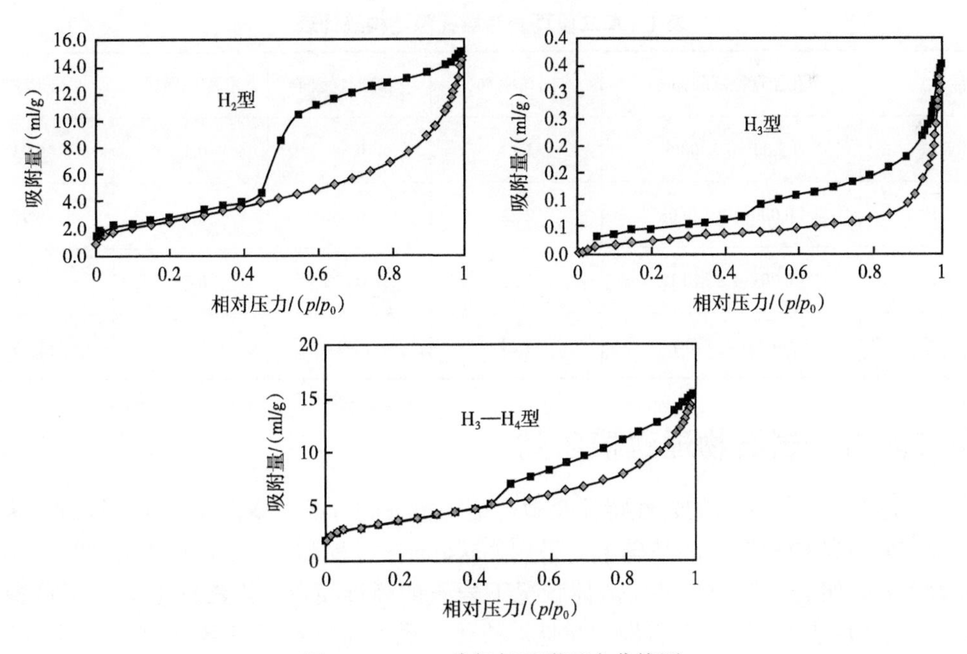

图 8　ShaX84 井氮气吸附压力曲线图

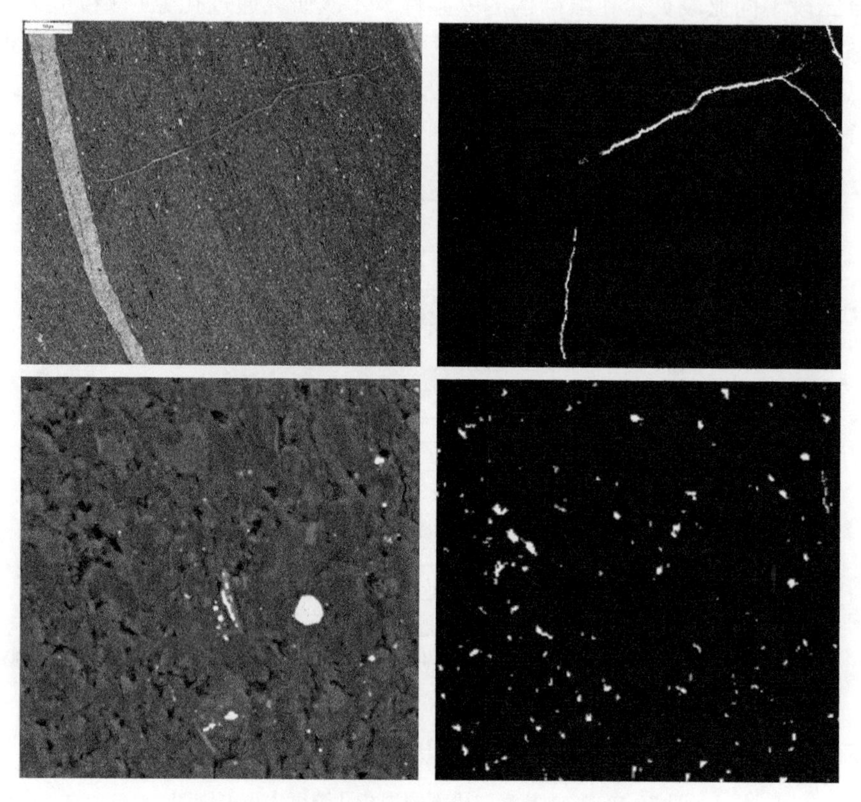

图 9　阜二段页岩孔隙结构定量表征原理示意图

表 1　阜二段页岩储层孔隙结构统计表

层段	孔径直径范围 /μm	面孔率 %	孔隙形状因子	孔隙纵横比	分形维数
Ⅱ亚段	（0.001~1）/0.06	1.17	0.58	0.41	0.93
Ⅲ亚段	（0.000~1.2）/0.08	2.22	0.65	0.44	0.97
Ⅳ亚段	（0.001~1.8）/0.12	2.25	0.87	0.53	1.16
Ⅴ亚段	（0.001~2）/0.1	4.29	0.9	0.58	1.15

2　阜二段页岩岩石物理建模研究

基于上述对阜二段页岩的岩性特征及微观结构特征的分析，本次研究在保证理论模型的物理机制和岩石结构相统一的基础上，采用 Gassmann 方程和 Xu-White 模型估算出不同温度、压力、岩矿组合、孔隙条件、流体状况下岩石的弹性模量、纵波速度 V_p、横波速度 V_s 和密度 ρ 等参数[13-14]，并建立岩性、物性、流体参数与地震弹性参数之间的关系，为阜二段页岩的地震储层预测研究提供岩石物理学基础。

不同于常规砂岩，泥页岩的矿物组分复杂，骨架模型不仅包含黏土矿物、石英、方解石、黄铁矿等碎屑矿物，还包括有机质含量。同时由于阜二段页岩不同亚段的岩石密度、体积、孔隙度、面孔率与孔隙纵横比等差异较大，因此在建模过程中引入纵横比刻画孔隙形状，再考虑纵向沉积环境差异性分段进行岩石物理建模研究（图 10）。

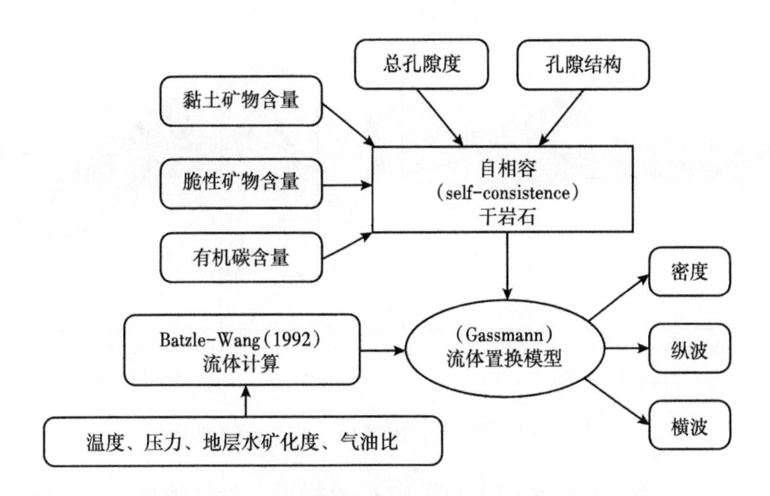

图 10　泥页岩岩石物理建模技术流程示意图

通过 Huay1 井阜二段岩石物理正演曲线与实测曲线的对比，可以看出各小层的正演纵横波速度与实测基本吻合（图 11）。同时也反映了埋深、矿物组成、纵向沉积环境以及孔隙发育程度直接影响了阜二段页岩的岩石物理特征。

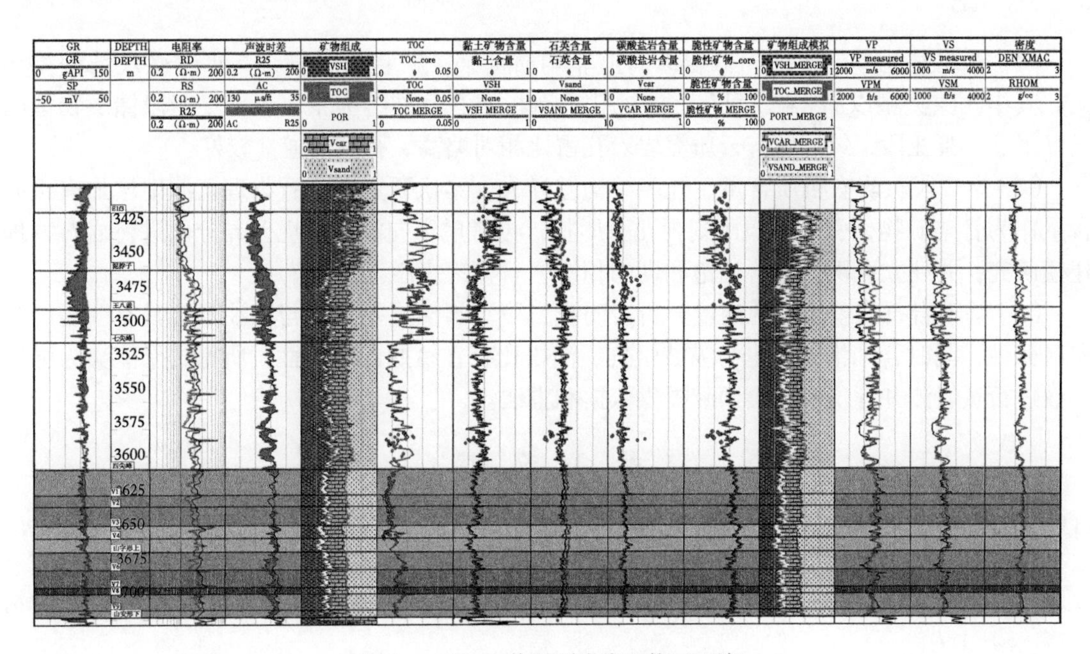

图 11　Huay1 井泥页岩岩石物理正演

基于上述构建的阜二段页岩岩石物理模型，综合分析研究区测井、岩心以及地化等数据，建立研究区孔隙度与含油饱和度的相应岩石物理模版。

将该井纵波阻抗和不同亚段实测孔隙度数据交会后可以看出，孔隙度在纵向上具有明显的区分性，Ⅳ、Ⅴ亚层孔隙度明显高于Ⅰ、Ⅱ、Ⅲ亚段（图 12）。

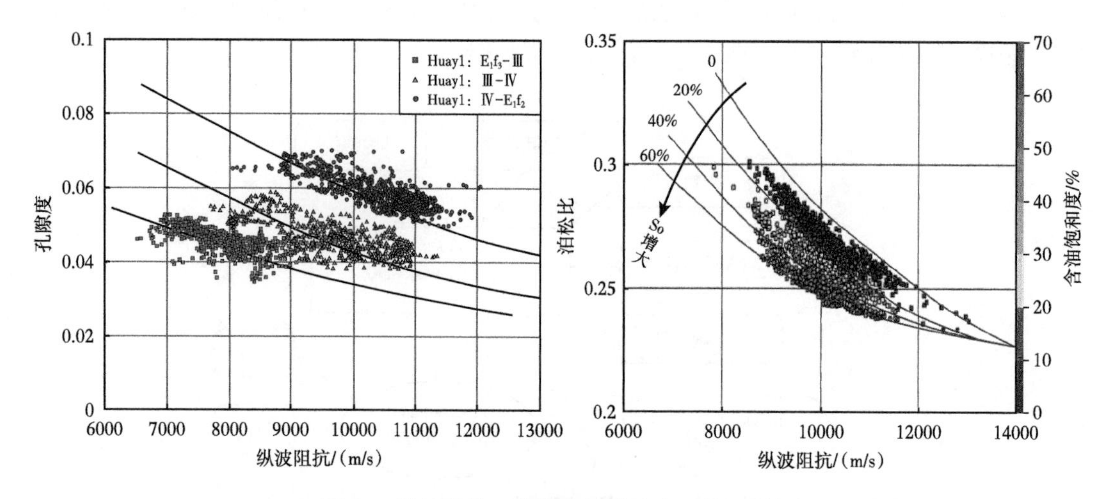

图 12 纵波阻抗—孔隙度相关性岩石物理模版

通过纵波阻抗与泊松比交汇可以看出，泊松比越小，脆性越高，含油饱和度越大（如图 12 所示），从而较好验证了本文中建立的岩石物理模型的合理性，通过建立岩石物理模版可以将储层岩石物理参数变化引起的储层测井参数及地球物理响应特征的变化联系起来，为下一步的页岩油甜点的地震表征提供理论依据。

3 结 论

（1）苏北盆地阜二段陆相页岩纵向上非均质性强，矿物组分复杂，页岩微观结构差异大。其中孔隙类型以晶（粒）间孔、溶蚀孔、有机质孔和裂缝为主。Ⅳ、Ⅴ亚段储层物性明显好于Ⅱ、Ⅲ亚段，纹层状灰云质泥岩宏孔占比相对略高，孔隙连通性较好。

（2）阜二段页岩有机质含量、孔隙结构差异大。本次研究在岩石物理正演中增加有机质含量作为骨架矿物，引入纵横比刻画孔隙形状，再考虑纵向沉积环境差异分段进行岩石物理建模研究，并建立孔隙度与含油饱和度的相应岩石物理模版。

（3）基于岩石物理模型的定量分析表明阜二段页岩储层孔隙度与纵波阻抗具有明显的纵向区分性，同时含油饱和度也与纵波阻抗、泊松比存在良好的相关性，所得结果能够为弹性参数进行页岩测井评价及地震预测提供依据和方法。

参 考 文 献

[1] 李维，朱筱敏，段宏亮，等．苏北盆地高邮——金湖凹陷古近系阜宁组细粒沉积岩纹层特征与成因 [J]．古地理学报，2020，22（3）：469-479.

[2] 昝灵，骆卫峰，马晓东．苏北盆地溱潼凹陷阜二段烃源岩生烃潜力及形成环境 [J]．非常规油气，2016，3（3）：1-7.

[3] 姚红生，昝灵，高玉巧，等．苏北盆地溱潼凹陷古近系阜宁组二段页岩油富集高产主控因素与勘探重大突破 [J]．石油实验地质，2021，43（5）：776-783.

[4] 邹才能，景伟．页岩油形成机制、地质特征及发展对策 [J]．石油勘探与开发，2013，40（1）：14-26.

[5] 陈美玲．古近系页岩油“甜点”地球物理响应特征研究 [M]．荆州：长江大学出版社，2015.

[6] 张琦斌，郭智奇，刘财，等．针对有机质微观特性的页岩储层岩石物理建模及应用 [J]．地球物理学进展，2018，3（5）：2083-2091.

[7] 王永诗，李政，巩建强，等．济阳坳陷页岩油气评价方法－以沾化凹陷罗家地区为例［J］. 石油学报，2013，34（1）：83-91.
[8] 宁方兴．济阳坳陷页岩油富集主控因素［J］. 石油学报，2015，36（3）：465-471.
[9] 宋国奇，徐兴友，李政，等．济阳坳陷古近系陆相页岩油产量的影响因素［J］. 石油与天然气地质，2015，36（3）：463-471.
[10] 段宏亮，刘世丽，付茜．苏北盆地古近系阜宁组二段富有机质页岩特征与沉积环境［J］.2020，42（4）：612-616.
[11] 陈美玲，潘仁芳，张超谟．济阳拗陷沙河街组页岩与美国 Bakken 页岩储层“甜点”特征对比［J］. 成都理工大学学报（自然科学版），2016，43（4）：438-446.
[12] 王永诗，王伟庆，郝运轻，等．济阳拗陷沾化凹陷罗家地区古近系沙河街组页岩储集特征分析［J］. 古地理学报，2013，15（5）：657-662.
[13] 贾承造，郑民，张永峰．中国非常规油气资源与勘探开发前景［J］. 勘探与开发，2012，39（2）：129-136.
[14] 马淑芳，韩大匡，甘利灯，等．地震岩石物理模型综述［J］. 地球物理学进展，2010，25（2）：460-471.

裂缝综合预测技术在高邮凹陷花瓦地区的应用

成　亚，董文艺，廖文婷，夏连军

（中国石化江苏油田分公司物探研究院）

摘　要：高邮凹陷花瓦地区是页岩油的有利发育区，阜宁组二段作为烃源岩的同时，也是页岩油的重要储集层，其中裂缝的发育对于油气的分布和渗流起到了关键性的作用，因此，裂缝预测及分布规律评价成为了页岩油勘探开发的重点。本文结合钻井资料和区域地质背景，以叠后和叠前地震资料为基础，开展裂缝预测，并进行花瓦地区裂缝评价，结果表明：叠后多地震属性分析方法更利于判断中、大尺度裂缝发育的整体情况，基于叠前地震数据的方位各向异性特征（AVAZ）裂缝预测，考虑了地震数据的范围各向异性，对于中、小尺度的裂缝具有较好的预测效果，通过属性融合将二者结合是一种综合的裂缝预测方法。该方法在花瓦地区的应用表明，hua2井区、huax28井区南部是高邮凹陷花瓦地区阜二段泥页岩的裂缝发育区，可以提交有利钻探目标。

关键词：裂缝预测；地震属性；方位各向异性

随着勘探开发技术的进步，页岩油的可采性成为现实，泥页岩油气等非常规能源在勘探领域变得越来越重要。页岩油属于典型的自生自储型油气藏，页岩既是烃源岩，又是储集层。页岩裂缝不仅是油气运移的通道，也为油气提供了储集空间，同时对于后续水平井设计、储层压裂改造具有重要意义，因此裂缝预测是评价非常规能源“甜点”预测的一个重要方面[1-2]。

高邮凹陷油气资源丰富，阜宁组二段泥页岩有机质含量高，厚度大，分布面积广，油气显示丰富，具有较大的页岩油勘探潜力。本文以高邮凹陷花瓦地区阜二段泥页岩为研究对象，利用叠前和叠后地震资料，进行裂缝综合预测，明确阜二段裂缝发育特征及展布规律，开展花瓦地区裂缝综合评价，形成一套有效的地震裂缝综合预测技术，为苏北盆地高邮凹陷非常规油气藏的勘探开发提供一定的借鉴。

1　地质背景

高邮凹陷位于苏北盆地东台坳陷中部，北接柘垛低凸起，南临通扬隆起，西至菱塘桥低凸起，东至吴堡低凸起，是一个南断北超的箕状断陷[3-4]。自北向南，高邮凹陷可以分为北斜坡、深凹带与南断阶三个构造单元。花瓦地区主要位于深凹带内的刘五舍次凹内，中新生代自下而上主要沉积有泰州组、阜宁组、戴南组、三垛组、盐城组和东台组等地层。其中阜宁组二段为深湖相、半深湖相沉积，为一套富含有机质的黑色、灰黑色泥页岩。根据岩性和电性特征，将阜二段自上而下分为Ⅰ亚段、Ⅱ亚段、Ⅲ亚段、Ⅳ亚段和Ⅴ亚段五个岩性段。其中，Ⅱ亚段岩性主要为层状、块状灰黑色含灰泥岩、灰质泥岩。Ⅲ亚段岩性主要为深灰色泥岩、含灰云泥岩与灰云质层状页岩。Ⅳ亚段岩性主要为灰黑色泥岩、深灰色含云或含灰泥

作者简介：成亚，女，硕士，从事非常规油气勘探工作。E-mail：chengy_2.jsyt@sinopec.com。

基金项目：中国石化科技部课题——苏北盆地陆相页岩油富集条件与勘探评价研究（编号：P21113）。

岩、含灰云泥岩。V亚段岩性主要为灰黑色泥岩、深灰色含灰含云泥岩、含云泥岩、云质泥岩、含云含砂泥岩。

2 裂缝综合预测技术

由于经历了不同地质历史时期的构造演化，裂缝发育与分布特征除受成岩作用等因素的影响外，还具有多阶段性和复杂性，因此裂缝预测技术仍在不断地完善发展与完善。目前，裂缝预测的技术主要分为叠前裂缝预测和叠后裂缝预测。叠后裂缝预测主要通过提取不连续性相关地震属性，来进行大、中尺度裂缝的预测[5-6]。叠前裂缝预测则主要基于叠前地震的各向异性，来针对中、小尺度裂缝进行预测[7]。为有效评价高邮凹陷花瓦地区的裂缝发育及展布规律，满足不同尺度的裂缝预测需求，开展裂缝综合预测技术应用与评价（图 1）。针对花瓦地区，利用叠后数据、层位解释数据和叠前 CMP 道集数据分别进行叠前、叠后裂缝综合预测。叠前 AVAZ 裂缝预测技术对于数据质量要求高，地震的方位角信息和覆盖次数会对后期预测结果产生影响，在资料预处理中，保证资料叠前去噪满足保幅保真后进行 OVT 域道集处理，选用各向异性特征更为明显的较远偏移距且覆盖次数满足要求的道集，将 CMP 道集数据分选到 OVT 域中。同时，选择合适的方位角分选方法，使覆盖次数相对均匀，减小裂缝属性的预测误差。然后进行 AVAZ 特征分析和叠前分方位角叠加，得到中、小尺度裂缝预测结果，结合成像测井进行验证。同时，使用地震属性分析方法对叠后数据进行大、中尺度裂缝预测，最后结合两者结果得到区域断裂—裂缝综合预测，划分最终的裂缝发育带和钻井漏失带。

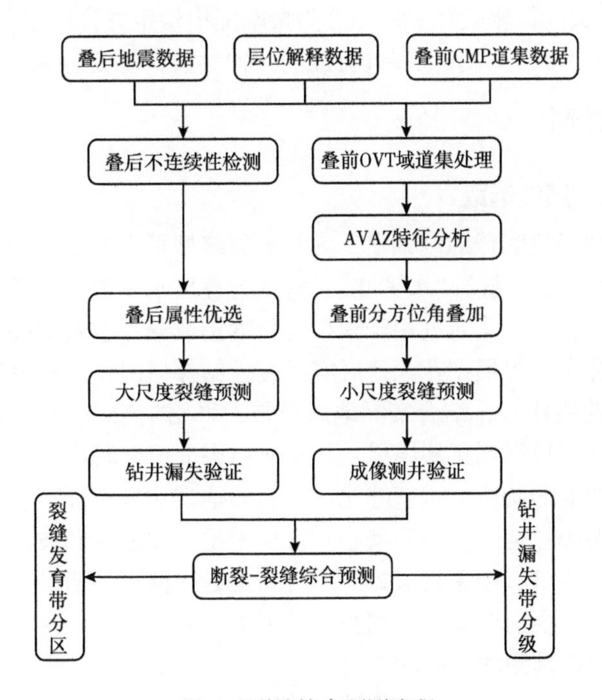

图 1　裂缝综合预测流程

2.1 基于地震属性技术的叠后裂缝预测

叠后多地震属性分析方法主要基于地震几何属性分析，是利用地震波在不同介质中的传播特性来进行裂缝预测的方法。裂缝的存在会使地震波的动力学特征发生改变，因此可以通过提取不连续性相关属性如蚂蚁体、曲率体、相干体等来进行裂缝表征[8]。在对已知裂缝发育情况的过井地震剖面进行地震响应特征分析的基础上，通过地震正演模拟对分析结果进行验证，明确裂缝发育与地震响应特征间的关系，从而进行叠后地震裂缝预测属性优选与分析[9]。

2.2 基于 AVAZ 技术的叠前裂缝预测

基于 AVAZ 技术的裂缝预测技术是以叠前资料为基础，通过检测振幅值随偏移距和方位角变化的关系的技术。由于裂缝的存在，使得介质的物理性质随方位的不同而发生变化，导致不同方位上的振幅值发生变化，同时纵波速度也会发生变化，当裂缝中含有流体时，这种差异还会被放大，AVAZ 就是利用该特点进行裂缝预测。

在小入射角，各向异性介质中 P 波的反射系数可以表征为[10]：

$$R(\delta,\ \varphi_o)=P+V(\varphi_o)\sin^2\delta = P+\left[V_i+V_a\cos^2(\varphi_o-\varphi_s)\right]\sin^2\delta \tag{1}$$

式中：P 为垂直入射时的反射波振幅值；$V(\varphi_o)$ 为方位角为 φ_o 时的振幅总变化率；V_i 为各向同性振幅随炮检距的变化率；V_a 为各向异性振幅随方位角的变化率；φ_o 为震源到检波点的方位角；φ_s 为裂缝走向方位角。

当入射角固定时，上式可化简为：

$$R(\delta,\ \varphi_o)=A+B(\varphi_o)\sin^2\delta \tag{2}$$

式中：A 为与炮检距有关的振幅变化；$B(\varphi_o)$ 为振幅随炮检距方位的变化[11]。

将上式中反演出的 B/A 作为表征裂缝特征的一种参数，得到裂缝的发育情况和方向。

3 泥页岩裂缝预测

3.1 叠后地震裂缝预测属性选取

在井震标定与精细层位解释的基础上，为明确裂缝型页岩的地震响应特征，进行页岩储层正演模拟，分别设计“垂直缝”“水平缝”“垂直缝叠加水平缝”等不同裂缝发育情况的多层水平层状模型（图 2），其中垂直缝用于模拟高角度构造缝，垂直缝叠加水平缝代表网状裂缝的发育，裂缝纵向分布位置根据花瓦地区实际裂缝钻探情况设计，速度模型根据实际钻井分层信息及声波时差曲线建立，结合实际地震资料，采用主频为 25Hz 零相位雷克子波，通过声波方程有限差分法模拟得到正演结果。从正演结果上可以看出，Ⅱ + Ⅲ亚段、Ⅳ亚段和Ⅴ亚段对裂缝发育有明显的响应，垂直缝比水平缝的地震响应特征更易识别，裂缝发育层段对应地震反射为中强振幅，地震波频率减小，表现为反射波能量和波形的变化，且随着裂缝发育密度越大，振幅、能量、频率衰减特征和时间延迟现象更加明显。因此推测花瓦地区裂缝的发育程度和分布特征会引起储层振幅类、频率类等属性异常的现象，这也说明了利用叠后裂缝预测技术进行裂缝预测的有效性。

根据正演结果进行裂缝预测发现，不同目的层段裂缝预测对应不同地震敏感属性和关键参数。针对阜二段Ⅱ + Ⅲ亚段，平均瞬时频率属性对于高角度构造缝、水平缝的预测结果较好（图 3a），主频峰值属性能够较好地反映水平缝的发育情况，能量半衰时间、最大谷值振幅、均方根振幅等属性能较好地对应于构造缝发育情况的地震响应特征（图 3b）。实际钻井情况揭示 wa18 井Ⅱ亚段见荧光 2 层 5m，sha4 井Ⅲ亚段含油 1 层 12.5m，huax28 井Ⅱ + Ⅲ亚段整段见油迹显示，hua2 井Ⅲ亚段见油迹 4 层 4.5m。将预测结果与实际钻井情况对比发现，所有预测结果均与钻井所揭示的地层情况相吻合，应首先优选上述属性。

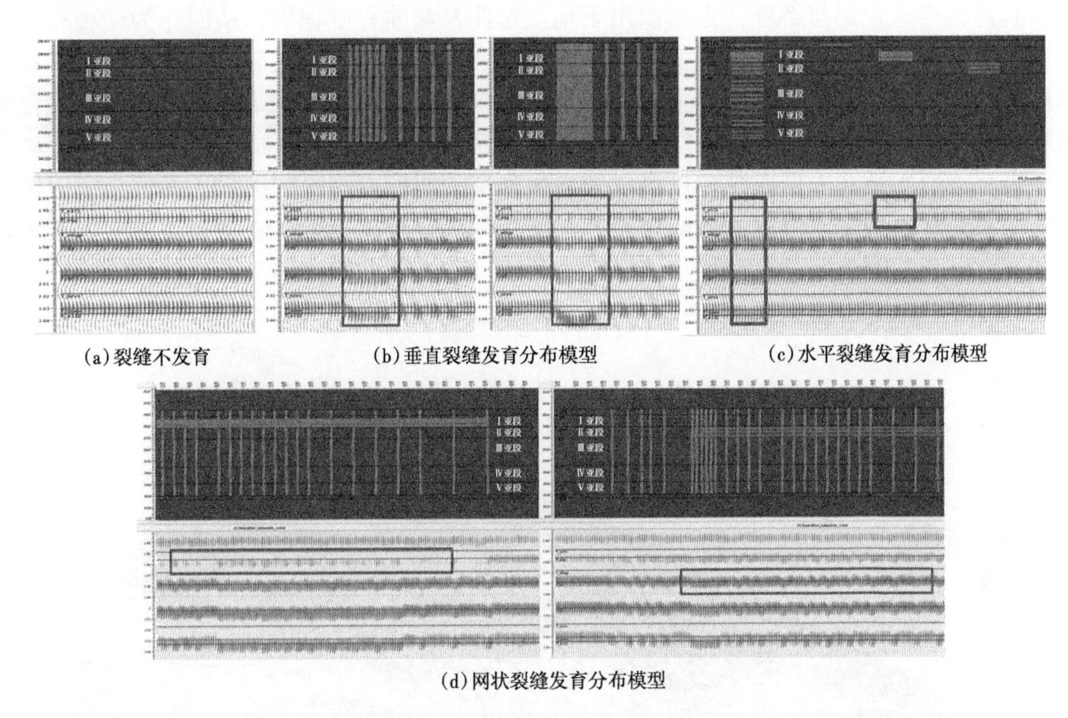

(a) 裂缝不发育　(b) 垂直裂缝发育分布模型　(c) 水平裂缝发育分布模型

(d) 网状裂缝发育分布模型

图 2　裂缝地震响应特征正演模拟

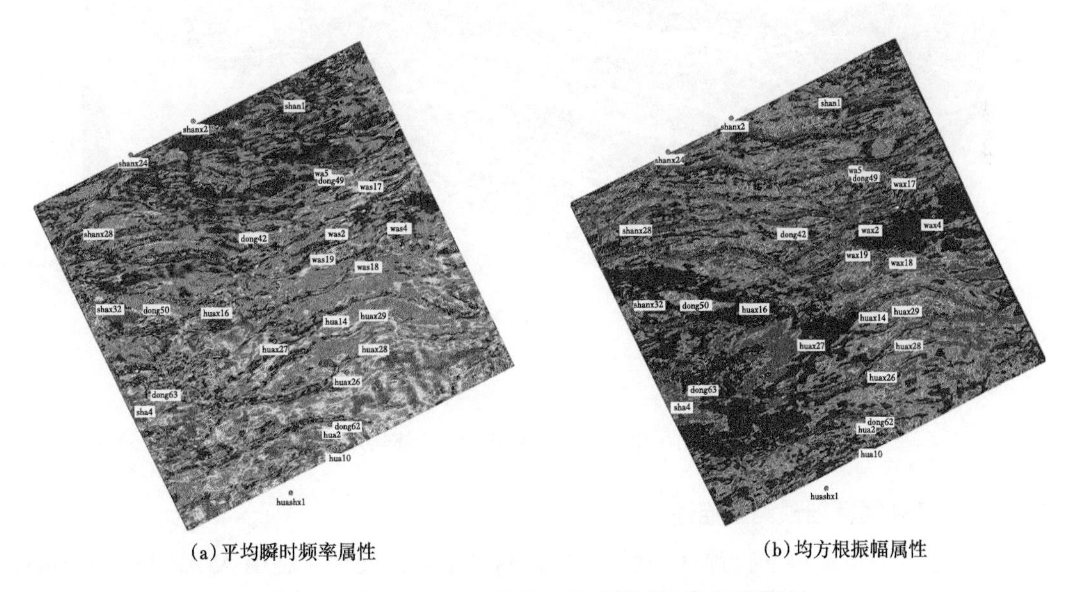

(a) 平均瞬时频率属性　(b) 均方根振幅属性

图 3　花瓦地区阜二段Ⅱ + Ⅲ亚段裂缝分布预测图

从其他预测结果来看，相干体、曲率、蚂蚁体等属性也可较好地表现出断层和裂缝发育的情况。相干技术是通过将时窗内的地震波在三维空间内进行对比，相似性低的地方，相干值就愈低，主要表现为空间断裂的展布位置，但是对于地震轴未发生错断的情况难以进行预测。从阜二段Ⅴ亚段相干体属性上可以看出，相干低值主要分布于该区断裂带附近，表明裂缝发育区基本上受到断层的控制（图4）。曲率作为地震几何属性，不仅能利用其进行构造识别与解释，也可以用于地层弯曲及弯曲程度识别，从而作为一种有效属性来进行裂缝的预测，曲率绝对值越大，变形越强烈，越容易产生裂缝。在阜二段Ⅲ亚段和Ⅳ亚段的最大曲率裂缝预测图上能够较好地反映出断层的分布和走向，对于裂缝发育区的划分有一定的效果（图5）。蚂蚁追踪技术对于断裂的精细刻画更加突出，能够清楚刻画断裂内幕。图6是Ⅱ＋Ⅲ亚段和Ⅳ亚段去除大断层的蚂蚁追踪预测结果，高值为裂缝较发育的区域，从图中可以看出，蚂蚁体裂缝预测结果更为精细，对于裂缝和裂隙的识别效果较好。

图4　花瓦地区阜二段Ⅴ亚段相干体切片图

3.2　叠前地震裂缝精细预测及描述

对花瓦地区地震资料进行预处理后，进行OVT域道集处理，利用AVAZ技术进行叠前各向异性裂缝预测。从裂缝发育密度与方向的预测结果来看，阜二段不同目的层段裂缝发育情况主要受到断层的控制，裂缝发育区基本集中在断层的附近，且裂缝走向与断层走向基本一致，但不同井点位置裂缝的密度和走向存在差异。将裂缝预测结果与成像测井结果进行对比发现（表1），hy1井实际裂缝走向为近东西向，在Ⅱ＋Ⅲ亚段上裂缝不发育，在Ⅴ亚段更为发育，与 hy1 井在Ⅳ亚段、Ⅴ亚段的裂缝预测结果相符（图 7）。hua2ce 井实际裂缝走向主要为北东东－南西西向，与预测结果一致（图 8）。hua101 井在Ⅱ＋Ⅲ、Ⅴ亚段预测的裂缝走向主要为北西西－南东东向，在Ⅴ亚段裂缝发育密度最大，与实际测井信息相符，但在Ⅳ亚段裂缝预测结果与实际有所出入（图 9）。总体而言，基于 AVAZ 的叠前裂缝预测技术考虑了方位地震属性，在花瓦地区裂缝精细预测，尤其是裂缝发育方位预测上效果较好，能够较全面地反映出裂缝在平面上的展布规律。

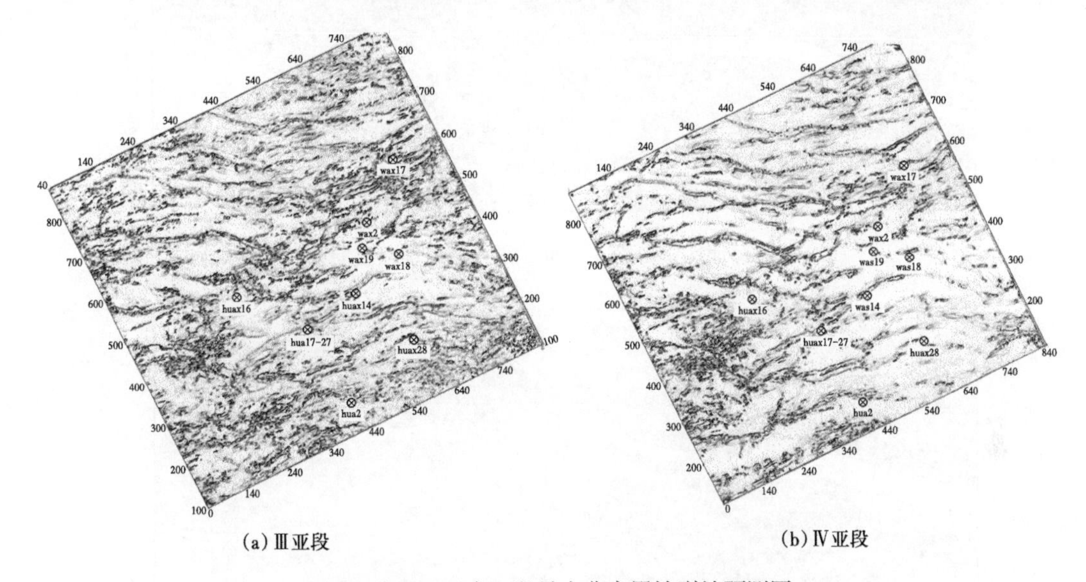

(a) Ⅲ亚段　　(b) Ⅳ亚段

图 5　花瓦地区阜二段最大曲率属性裂缝预测图

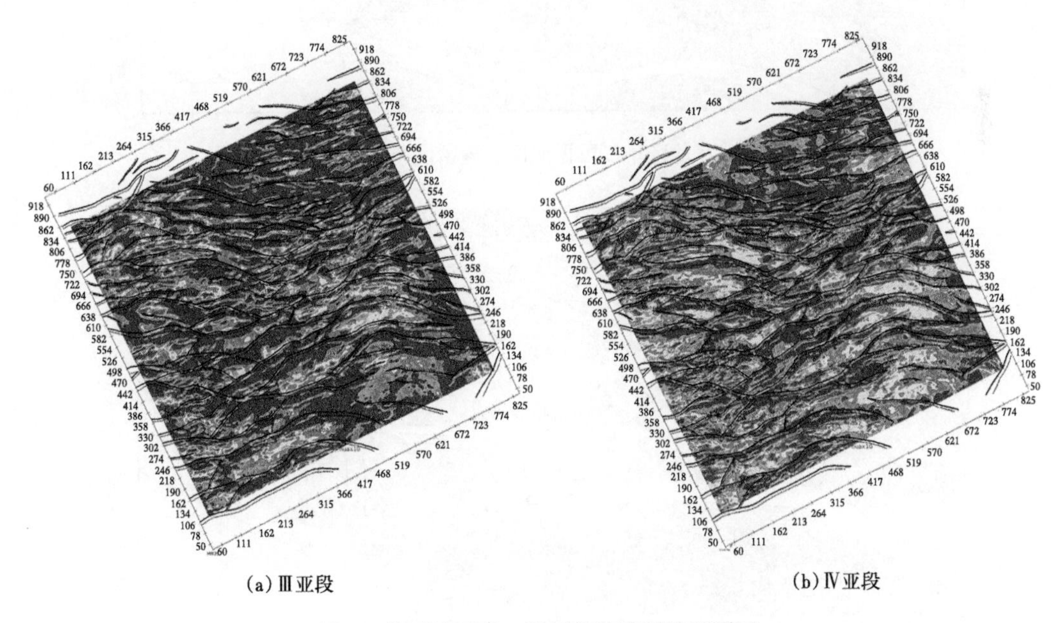

(a) Ⅲ亚段　　(b) Ⅳ亚段

图 6　花瓦地区阜二段蚂蚁追踪裂缝预测图

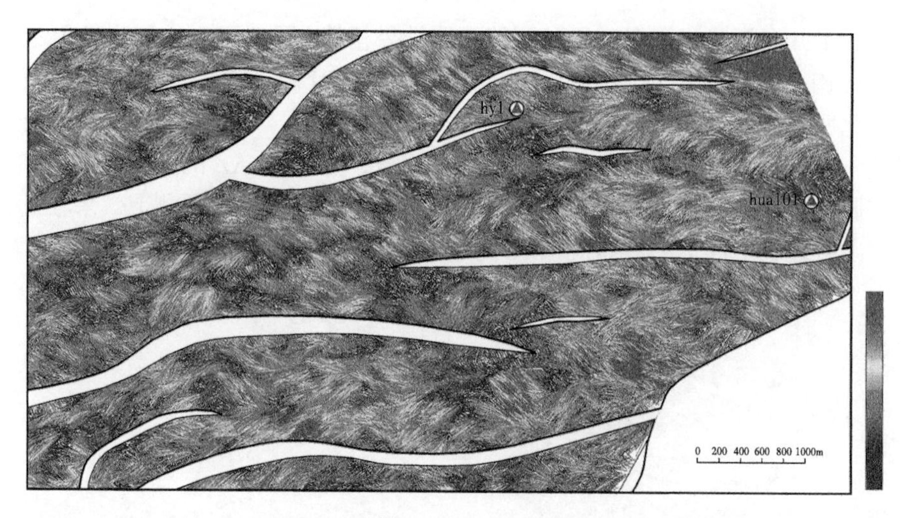

图 7　花瓦地区阜二段Ⅱ+Ⅲ亚段裂缝密度与方向预测图

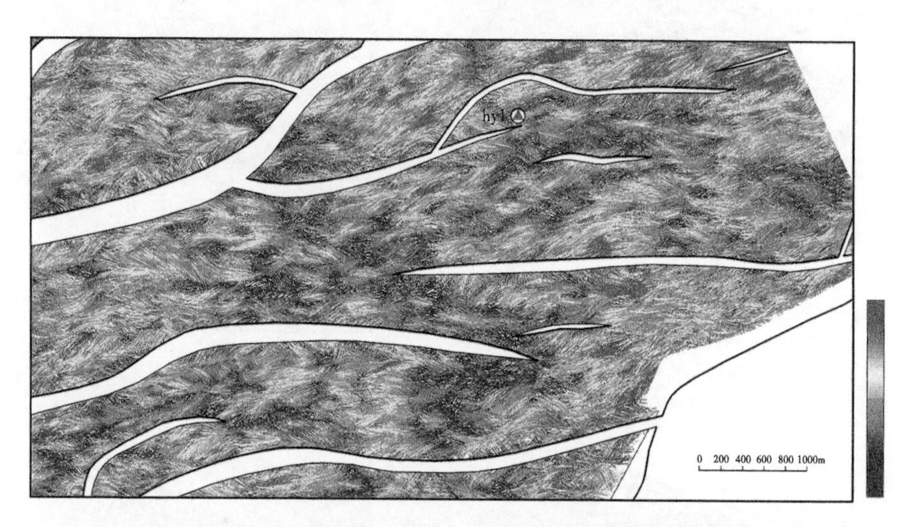

图 8　花瓦地区阜二段Ⅳ亚段裂缝密度与方向预测图

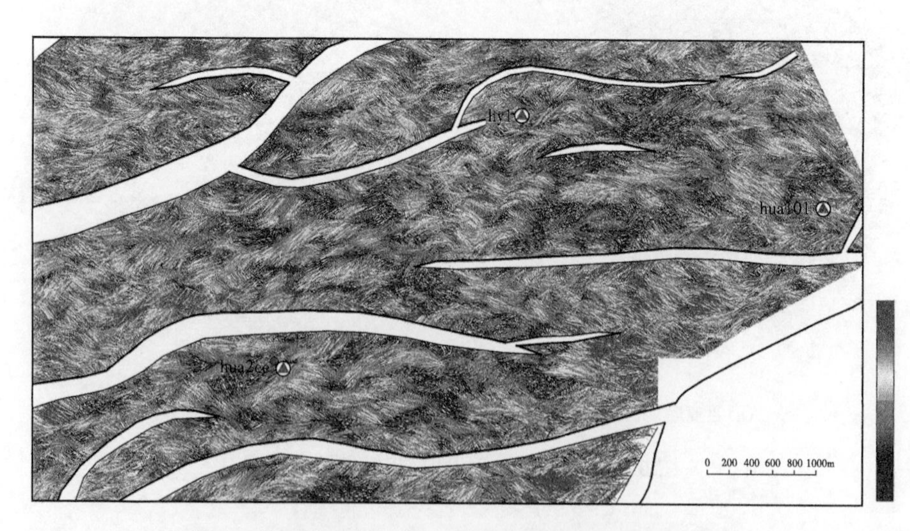

图 9　花瓦地区阜二段Ⅴ亚段裂缝密度与方向预测图

表 1　花瓦地区成像测井结果与裂缝统计表

<table>
<tr><th>井名字</th><th>层位</th><th>典型深度FMI测井解释图像</th><th>各亚段裂缝走向统计</th></tr>
<tr><td rowspan="2">hy1井</td><td>Ⅳ亚段
（3525~3545m）</td><td></td><td>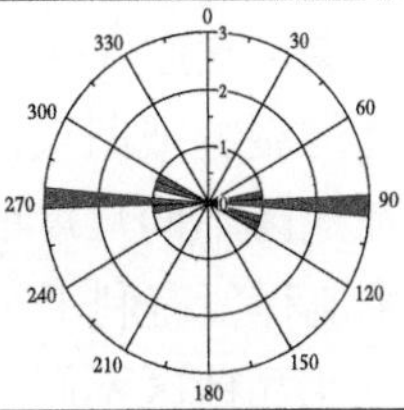
</td></tr>
<tr><td>Ⅴ亚段
（3655~3665m）</td><td></td><td>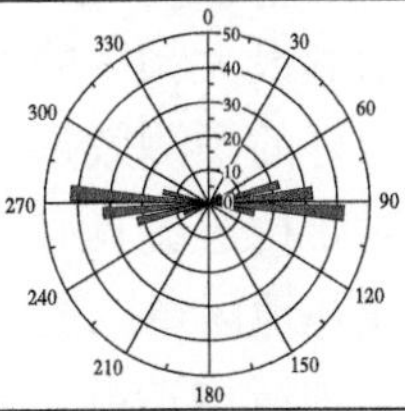
</td></tr>
<tr><td rowspan="2">hua2ce</td><td>Ⅳ亚段
（3425~3445m）</td><td></td><td>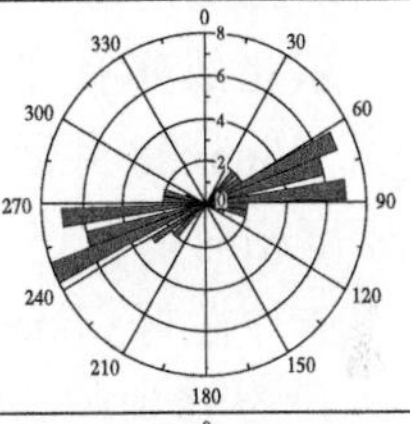
</td></tr>
<tr><td>Ⅴ亚段
（3515~3535m）</td><td>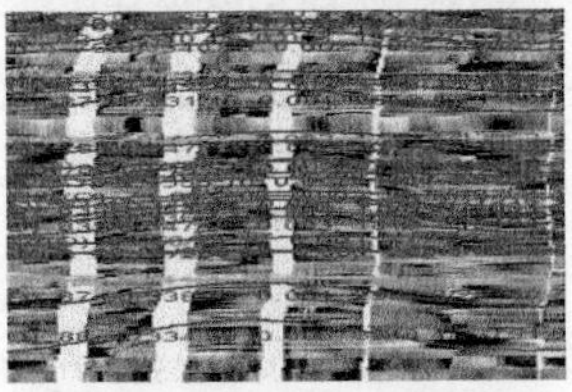</td><td>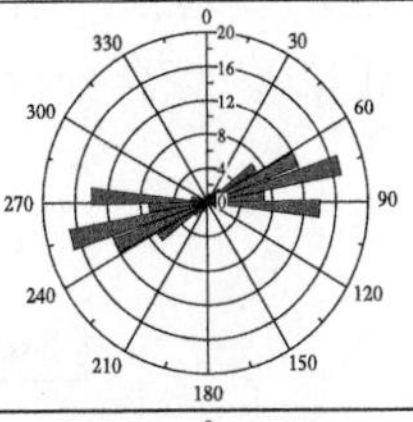
</td></tr>
<tr><td rowspan="3">hua101</td><td>Ⅱ+Ⅲ亚段
（3680~3700m）</td><td></td><td>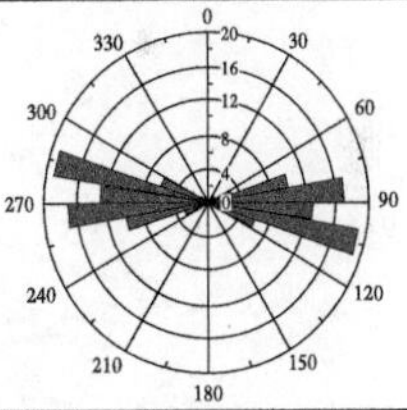
</td></tr>
<tr><td>Ⅳ亚段
（3820~3840m）</td><td>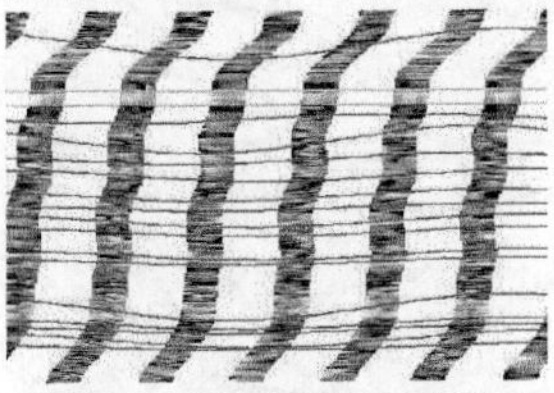</td><td>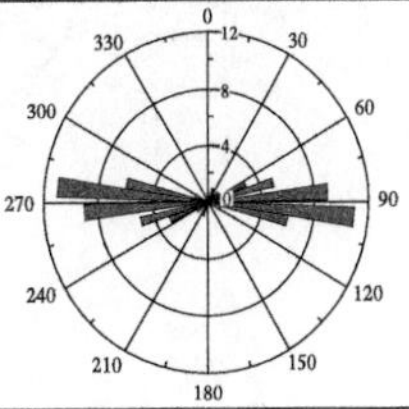
</td></tr>
<tr><td>Ⅴ亚段
（3900~3920m）</td><td>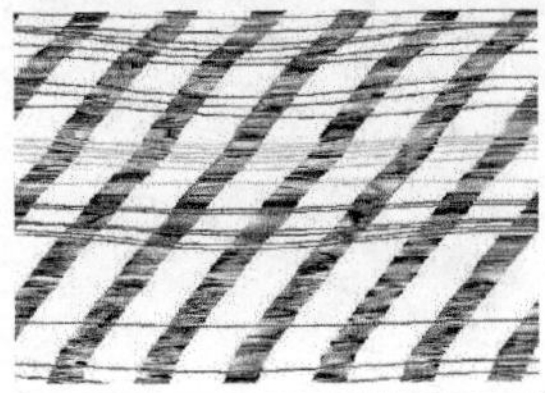</td><td>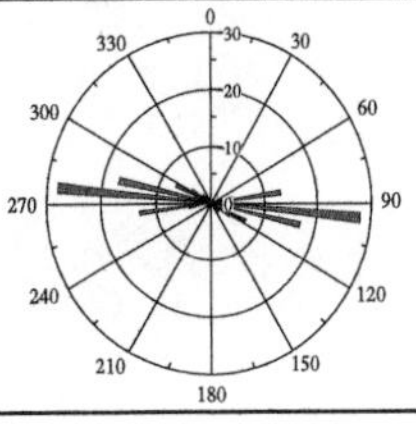
</td></tr>
</table>

4 裂缝综合评价

在页岩油勘探开发过程中，裂缝的预测及评价极为重要。裂缝的发育不仅可以提供优质的页岩储层，支撑水平井的部署设计，对于后期储层压裂改造，形成网状缝也具有重要意义。但大尺度的裂缝或断层由于会造成钻井施工上的困难，在设计水平井时要注意进行规避[12]。针对花瓦地区不同尺度的裂缝，开展叠前、叠后裂缝综合预测，形成一套地球物理方法裂缝预测技术流程，有利于实现裂缝分级预测和综合评价。

根据花瓦地区不同属性裂缝预测结果，选取裂缝敏感参数，叠后裂缝预测中主频峰值和主频峰值到最大频率的斜率两种属性对水平裂缝的预测效果较好，瞬时频率斜率对高角度构造缝有很好的预测效果，蚂蚁追踪技术对于构造缝有很好地识别效果，基于 AVAZ 的叠前裂缝预测对于构造缝具有很好的识别效果。将这五种属性进行融合实现了裂缝地精细刻画，最终得到花瓦地区阜二段的平面裂缝预测结果。

花瓦地区构造缝主要发育在断裂带附近，水平缝分布范围较广，主要集中于工区南部、西南部，东北部亦有部分发育，裂缝总体发育程度自西南向东北降低。阜二段Ⅱ＋Ⅲ亚段 hua2 井区、huax28 井区、shax28-su128 井区裂缝发育密度较高、连片性好；wax18 井区，裂缝发育密度相对低、连片性较好（图 10）。阜二段Ⅳ亚段 hua2 井区、wax18 井区裂缝发育密度较高、连片性好；huax28 井区裂缝平面分布较分散，南部裂缝发育密度较高（图 11）。阜二段Ⅴ亚段裂缝预测结果指示出 wax18 井区、huax28 井区南部裂缝发育密度较高，连片性较好（图 12）。综合分析认为网状裂缝系统最发育的地区为 hua2 井区、huax28 井区南部。

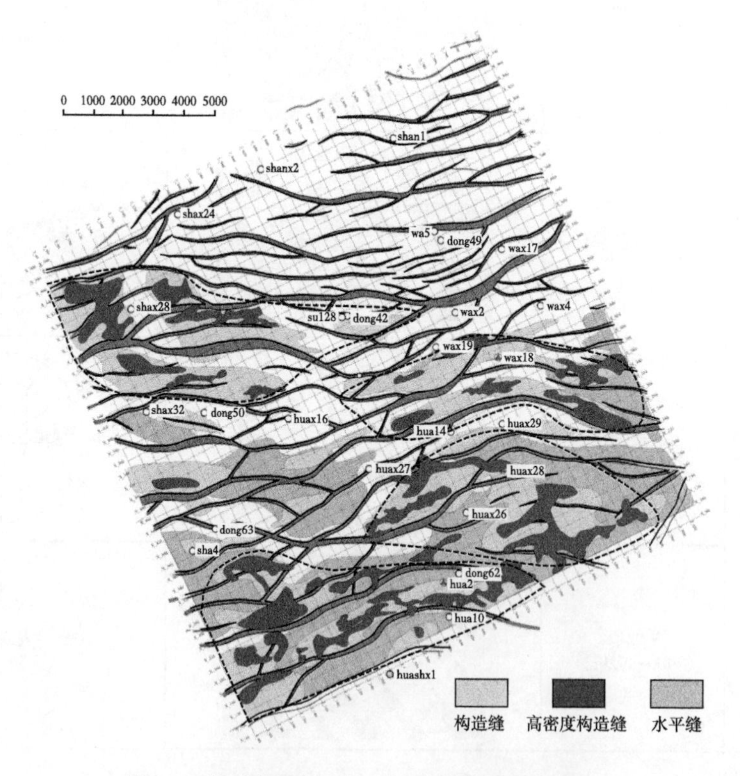

图 10 花瓦地区阜二段Ⅱ＋Ⅲ亚段裂缝分布图

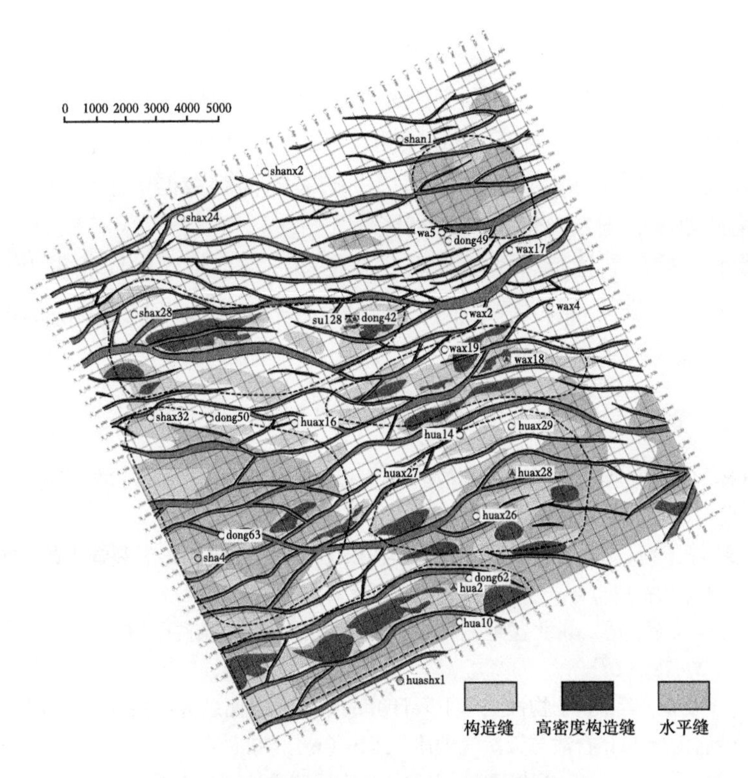

图 11　花瓦地区阜二段Ⅳ亚段裂缝分布图

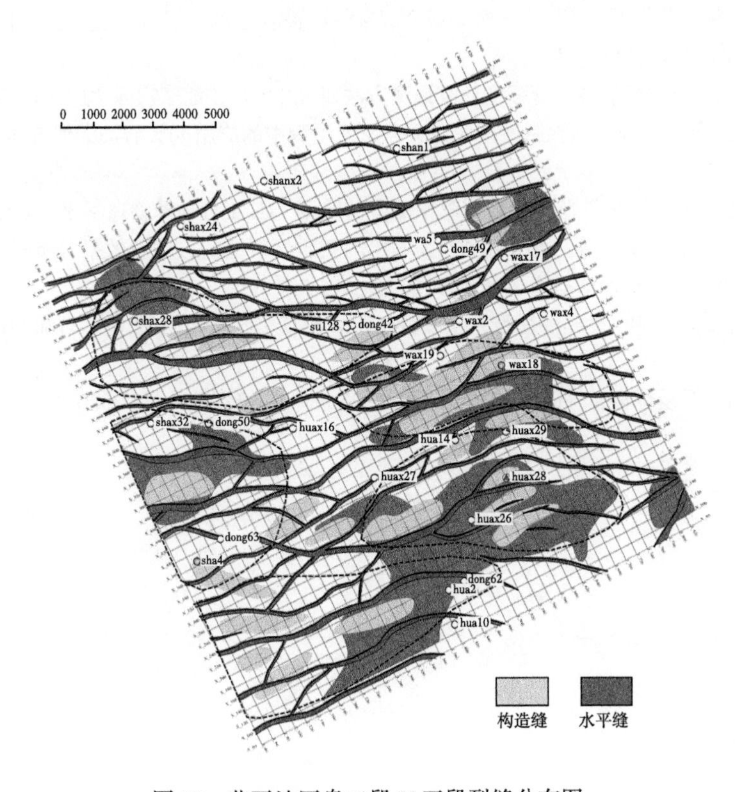

图 12　花瓦地区阜二段Ⅴ亚段裂缝分布图

5 结论

（1）叠后多地震属性分析方法更利于判断中、大尺度裂缝发育的整体情况，基于叠前地震数据的方位各向异性特征（AVAZ）裂缝预测，考虑了地震数据的范围各向异性，能够预测中、小尺度的裂缝。利用属性融合，将不同尺度的裂缝预测数据体融合成裂缝融合体，可以直观地表现出花瓦地区裂缝发育情况及有利区。

（2）通过叠前、叠后裂缝综合预测技术在高邮凹陷花瓦地区的应用得出，预测结果与实际钻井结果较为吻合，在平面上预测出阜二段 hua2 井区、huax28 井区南部两个裂缝发育有利区，是下步提交钻探的重点目标区域。

参 考 文 献

[1] 吴林强，刘成林，张涛，等．“二元法” 在构造裂缝定量预测中的应用——以松辽盆地青一段泥页岩为例 [J]. 地质力学学报，2018，24（5）：598-606.

[2] 张凤莲，曹国银，李玉清，等．地震属性分析技术在松辽北徐东地区火山岩裂缝中的应用 [J]. 大庆石油学院学报，2007，31（2）：12-14.

[3] 王玺，陈清华，朱文斌，等．苏北盆地高邮凹陷边界断裂带构造特征及成因 [J]. 大地构造与成矿学，2013，136（1）：20-28.

[4] 周磊，王永诗，于雯泉，等．基于物性上、下限计算的致密砂岩储层分级评价——以苏北盆地高邮凹陷阜宁组一段致密砂岩为例 [J]. 石油与天然气地质，2019（6）：10.

[5] 张军林，田世澄，郑多明，等．裂缝型储层地震属性预测方法研究与应用 [J]. 石油天然气学报，2013，35（3）：79-84.

[6] 郑马嘉，陈珂磷，蔡景顺，等．基于振幅梯度凌乱性检测算法的页岩气裂缝预测在长宁地区的应用 [J/OL]. 地球物理学进展（网络首发）.

[7] 刘宇巍．页岩油气储层微裂缝发育强度地震预测方法研究 [J/OL]. 地球物理学进展（网络首发）.

[8] 陆明华，骆璞，姜传芳，等．地震属性技术在页岩裂缝预测中的应用 [J]. 石油天然气学报，2013，35（8）：62-64，92.

[9] 王筱．地震敏感属性在 GY 凹陷泥页岩裂缝预测中的应用 [J]. 工程地球物理学报，2020，17（2）：6.

[10] 夏振宇，王子瑄，汪勇，等．利用 AVAZ 技术预测变质岩裂缝的方法及效果分析——以大民屯变质岩潜山裂缝为例 [J]. 工程地球物理学报，2015，12（5）：597-603.

[11] 刘喜武，董宁，刘宇巍．裂缝性孔隙介质频变 AVAZ 反演方法研究进展 [J]. 石油物探，2015，54（2）：210-217.

[12] 师敏强．丁山龙马溪组页岩气储层 “甜点” 预测研究 [D]. 西安石油大学，2020.

苏北盆地高邮凹陷阜二段页岩油有利岩相分析

付　茜，段宏亮，朱相羽，邱旭明，张殿伟，刘启东

（中国石油化工股份有限公司江苏油田分公司勘探开发研究院）

摘　要：高邮凹陷深凹—内坡带为苏北盆地页岩油勘探的有利区之一，为进一步明确高邮凹陷 E_1f_2 泥页岩的有利岩相类型和“甜点”层段，以有利区内系统取心井 SX84 井为依托，通过岩心观察，运用氩离子抛光扫描电镜、压汞、氮气吸附、X- 衍射、液氮冷冻多温阶热解等多种研究方法，分析了 SX84 井 E_1f_2 取心页岩段的岩相类型、源岩品质、储层品质、工程条件及可动性。

关键字：页岩油；岩相类型；阜宁组二段；高邮凹陷；苏北盆地

随着我国石油对外依存度的不断攀升，石油的安全供应尤为重要，我国陆相页岩油资源潜力巨大，页岩油会是今后相当长一个时期内获取稳定油气资源的重要领域。非常规页岩油将是常规油气的主要接替类型之一，更是中国东部成熟探区油气的现实接替阵地之一[1-7]。泥页岩特征是页岩油研究的基础，对于泥岩页的沉积特征、赋存规律和富集机理，国内学者开展了广泛研究[8-10]，针对苏北盆地页岩油一些学者开展了研究，对不同类型的页岩油的成藏条件研究较为深入[11-17]，但针对苏北盆地高邮凹陷页岩油不同岩相岩的生油性、含油性、储集性等方面研究较少，对页岩油勘探的有利岩相类型、“甜点”层段等尚不明确。本文通过对苏北盆地高邮凹陷深凹—内坡带 E_1f_2 页岩油系统取心井 SX84 井开展地质评价，研究泥页岩地质特征，明确页岩油勘探有利岩相类型和“甜点”层段，为下一步页岩油勘探提供参考。

1　地质概况

苏北盆地位于苏北 - 南黄海盆地陆上部分，其南北分别以苏南隆起和鲁苏古陆为界，西至郯庐断裂，东与南黄海盆地相接，面积 $3.8 \times 10^4 km^2$[18]。盆地内发育上白垩统泰州组二段（K_2t_2）、古近系阜宁组二段（E_1f_2）和四段（E_1f_4）等多套湖相泥页岩层。苏北盆地高邮凹陷 E_1f_2 为半深湖 - 深湖沉积，E_1f_2 泥页岩厚度大、有机质丰度高、生烃指标好、脆性矿物含量高、油气显示丰富，具备形成赋存页岩油气的基础地质条件。

2　地质条件评价

2.1　岩相特征分析

SX84井位于高邮凹陷深凹—内坡带西部的沙埝南地区，针对 $E_1f_2^{页2}$、$E_1f_2^{页3}$、$E_1f_2^{页5}$ 取心，

基金项目：中国石化科技部课题——苏北盆地陆相页岩油富集条件与勘探评价研究（P21113）、中国石化科技项目“苏北盆地致密油形成条件与勘探潜力评价”（P18060-4）资助。

作者简介：付茜，女，中石化江苏油田勘探开发研究院，从事非常规油气勘探生产科研工作。通讯地址：江苏省扬州市邗江区文汇路 1 号勘探研究院，邮编：225000。手机：13952795864。E-mail：fuq.jsyt@sinopec.com。

总心长 70.58m。通过岩心观察，$E_1f_2^{页2}$ 岩性以灰黑色、深灰色－灰色含灰泥岩、灰质泥岩、泥岩互层为主，纹层状构造发育，纹层占比 37.5%；$E_1f_2^{页3}$ 岩性以深灰色－灰色含灰含云泥岩、云灰质泥岩、泥岩互层为主，纹层－层状构造较发育，纹层占比 34.9%；$E_1f_2^{页5}$ 岩性以深灰色含云泥岩、云质泥岩、含粉砂质泥岩、泥岩互层，纹层－层状构造较发育，纹层占比 66.5%，取心段整体纹层占比 46.3%。高邮凹陷与 JYAX 岩心对比来看（图 1），纹层发育且发育程度相当，但纹层发育段连续厚度有差别，JYAX 页岩油井纹层连续厚度达 10m 以上，而 SX84 井纹层连续厚度 2~6m，纹层状和层状交替出现。

图 1　JYAX 与苏北盆地高邮凹陷阜宁组二段泥页岩岩心对比

（a）JYAX 页岩油井，岩心；（b）JYAX 页岩油井，岩心，3790.2m，富有机质纹层状泥质灰岩；（c）JYAX 页岩油井，岩心，3790.2m，富有机质层状－纹层状灰质泥岩；（d）高邮凹陷 SX84 井 E_1f_2，岩心；（e）高邮凹陷 SX84 井 E_1f_2 岩心照片，3357.03m，低碳纹层状灰质泥岩；（f）高邮凹陷 SX84 井 E_1f_2 岩心照片，3128.17m，低碳纹层状灰云质泥岩；（g）高邮凹陷 SX84 井，普通薄片，页 2，3135.63m，中碳纹层状灰云质泥岩；（h）高邮凹陷 SX84 井，普通薄片，页 3，3156.93m，低碳纹层状灰云质泥岩；（i）高邮凹陷 SX84 井，普通薄片，页 3，3151.41m，低碳层状灰云质泥岩；（j）高邮凹陷 SX84 井，普通薄片，页 5，3355.26m，低碳纹层状灰质泥岩

SX84 井矿物组成与 JYAX 更为相似，按照“岩石组分－沉积构造－有机质”的泥页岩岩相划分方案，划分 3 大类 7 种岩相类型（图 2）。基于 266 块 X 衍射全岩分析，以碳酸盐、黏土及长英质作为三个端元，优势矿物碳酸盐矿物含量 25%、50% 为分界，结合测井曲线特征（低伽马曲线、高电阻率曲线），将 E_1f_2 页岩细分为灰云岩、灰云质泥岩、含灰含云质泥岩三种类型。进一步结合，沉积构造（层间距大于 50cm 者为块状，10~50cm 者为层状，1~10cm 者为薄层状，1mm~1cm 者为纹层状，小于 1mm 者为页状）[19-20] 和有机质含量（有机碳含量小于 2% 为低碳，有机碳含量 2%~4% 为中碳，有机碳含量大于 4% 为高碳），划分为低碳层状含灰含云泥岩、低碳纹层状灰云质泥岩、中碳纹层状灰云质泥岩、低碳层状含云泥岩、低碳层状灰云质泥岩、低碳纹层状灰质泥岩、低碳纹层状含云泥岩 7 种岩相类型，中碳纹层状泥岩在 $E_1f_2^{页2}$ 更为发育。薄片观察也可以看到，碳酸盐矿物与黏土矿物呈层状、纹层状互层共生。

2.2 源岩品质分析

SX84 井各亚段的有机质丰度都相对较高，E_1f_2 有机碳（TOC）含量在 0.16%~2.83%（图 3），平均 TOC 含量 1.04%，其中 $E_1f_2^{页2}$ 平均 TOC 含量为 1.41%，$E_1f_2^{页3}$ 平均 TOC 含量为 0.9%，$E_1f_2^{页5}$ 平均 TOC 含量为 0.48%，$E_1f_2^{页2}$ 平均 TOC 含量最高，但低于 HX28 井 $E_1f_2^{页1}$ 的平均 TOC 含量 2.19% 和 H2 井平均 TOC 含量 $E_1f_2^{页2}$ 的 1.55%，反映高邮凹陷内坡带东部（花庄）地区页岩油形成的物质基础优于西部（S 埝南）地区。从不同岩相类型来看，低 - 中碳纹层状灰云质泥岩 TOC 含量相对较高，中碳纹层状灰云质泥岩平均 TOC 含量最高为 2%，这也说明，有机质大多数与黏土矿物共生，碳酸盐与黏土矿物互层有机质含量较高。

采用液氮冷冻法分析游离烃 S_1，岩石热解参数 S_1 可近似表征页岩中含油量的多少[21-22]。E_1f_2 游离烃 S_1 含量在 0.05%~5.8%，平均游离烃 S_1 含量 1.4%，其中 $E_1f_2^{页2}$ 平均游离烃 S_1 含量为 1.6%，$E_1f_2^{页3}$ 平均 S_1 含量为 1.3%，$E_1f_2^{页2}$ 平均 S_1 含量最高。与高邮凹陷深凹—内坡带常规样品相比，$E_1f_2^{页1}$ 至 $E_1f_2^{页5}$ 常规样品游离烃 S_1 平均含量在 0.08%~0.77%，同样的与本井 SX84 井放置后常规样品相比，其 $E_1f_2^{页2}$ 平均游离烃 S_1 含量为 0.88%，$E_1f_2^{页3}$ 平均 S_1 含量分别为 0.76%，从趋势上来看，采用液氮冷冻分析法，平均游离烃 S_1 含量较常规岩心样品增加了 1 倍左右。另外，从不同岩相类型来看，低—中碳纹层状灰云质泥岩平均游离烃 S_1 含量相对较高，中碳纹层状灰云质泥岩平均游离烃 S_1 含量最高为 2.24%。$E_1f_2^{页2}$ 中纹层状灰云质泥岩有机质丰度最高。

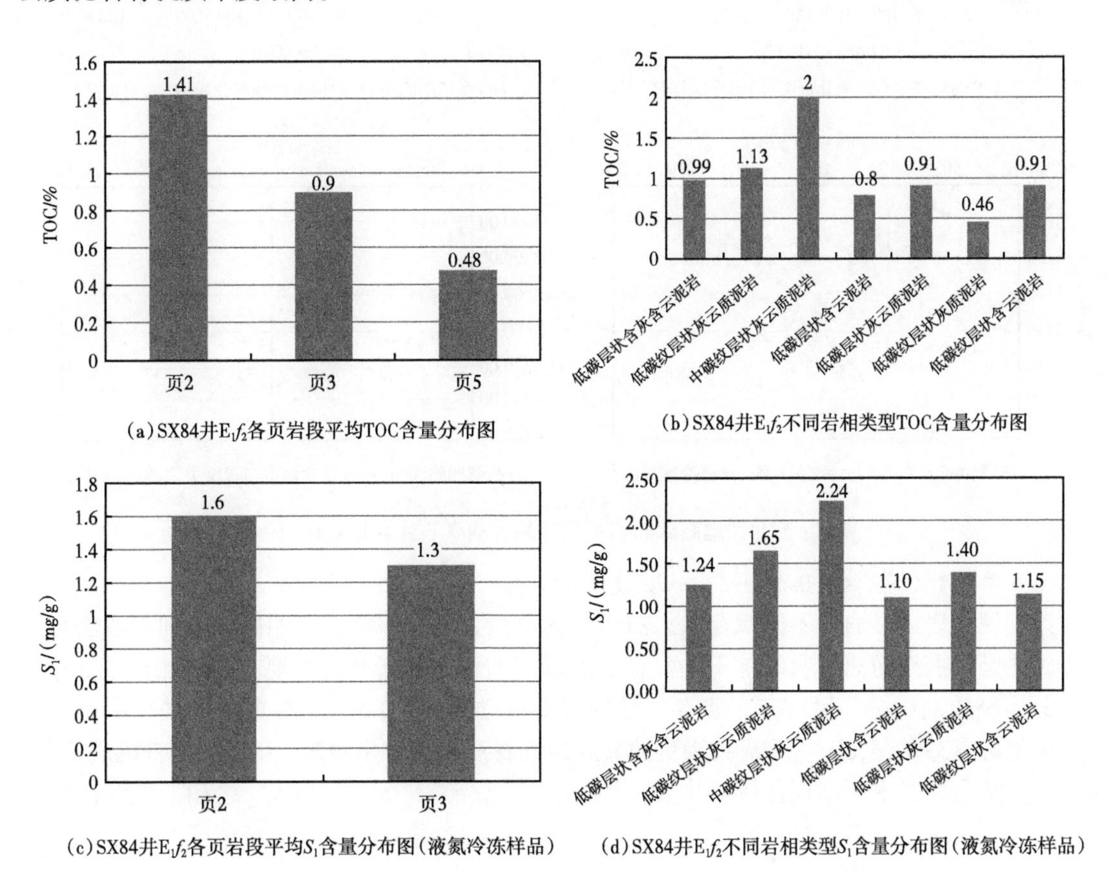

图 2 苏北盆地高邮凹陷阜宁组二段 SX84 井有机质含量柱状图

2.3 可动性分析

2.3.1 含油率参数 OSI[OSI=$S_1\times100$/w（TOC）] 评价

超越效应（Oil Crossover Effect）指的是，泥页岩中的烃类含量超过了黏土及有机质烃类吸附量（不可动部分），OSI 表示的是可动烃部分，OSI 越明显，可动烃含量越大。游离烃 S_1 含量越高，超越效应越明显。OSI［OSI=$S_1\times100$/w（TOC）］表征页岩油产能，OSI ＞ 75mg/g 时，页岩油开始可动，具有产出能力；OSI ＞ 100mg/g 时，页岩层产出页岩油的能力良好[23-25]。

SX84 井个页岩段大部分点 OSI 大于 75mg/g，与高邮深凹—内坡带常规样品相比，其 OSI 大部分小于 50，仅有个别点大于 100，对比下来采用液氮冷冻法分析后 SX84 井 OSI 值有大幅提升。OSI 值与深度并无明显相关性，OSI 大于 100mg/g 的点随机分布（图 3）。

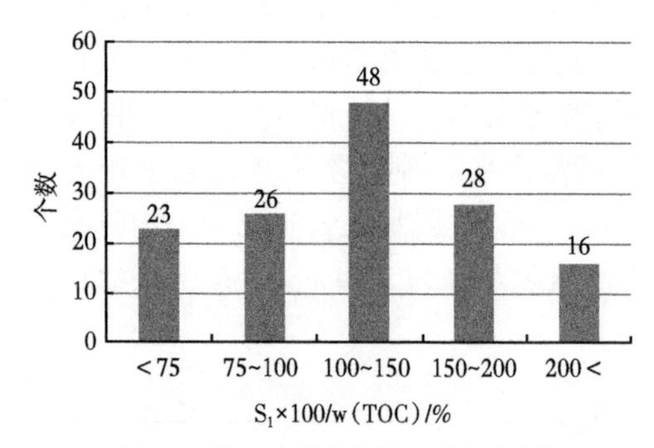

(a) SX84井E_1f_2含油率分析图（液氮冷冻样品）

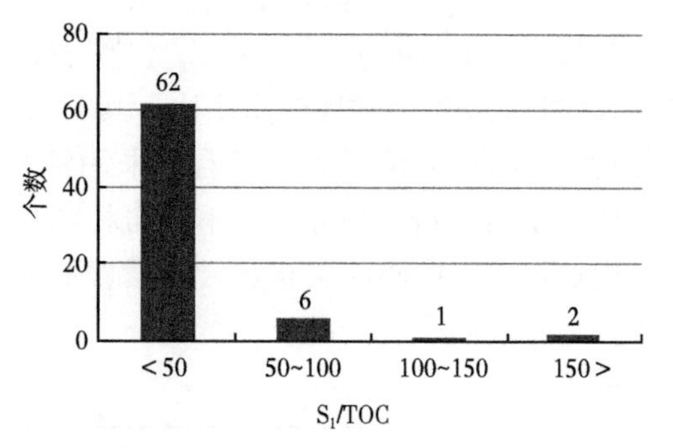

(b) 高邮凹陷深凹-内坡带含油率分析图（常规样品）

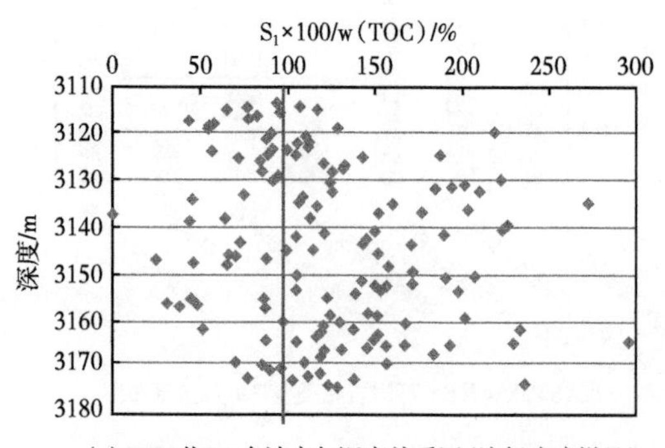

(c) SX84井E_1f_2含油率与深度关系图（液氮冷冻样品）

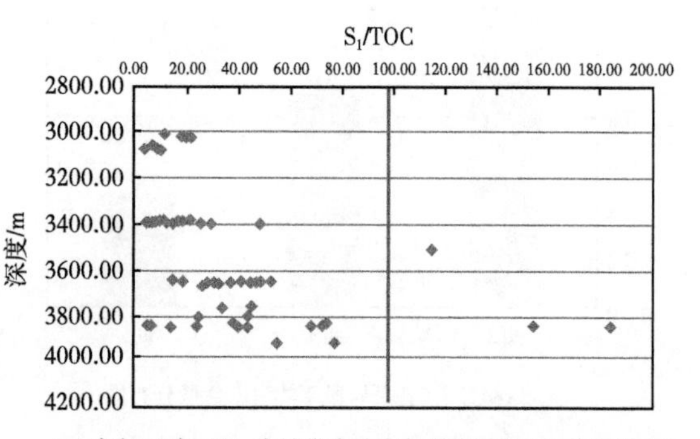

(d) 高邮凹陷深凹-内坡带含油率与深度关系图（常规样品）

图 3　苏北盆地高邮凹陷不同样品含油率 OSI 含量对比图

2.3.2 可动系数（$S_{1-1}\times100/S_{1-1}+S_{1-2}+S_{2-1}$）评价

计算泥页岩或砂岩内不同赋存状态滞留油的总量，即可评价其含油性。溶剂萃取法与加热释放法是目前对游离、吸附等不同赋存状态的滞留油定量研究的主要方法。热释烃 S_{1-1} 主要成分为轻质油组分，呈游离态赋存，是现实最可动用的油；S_{1-2} 主要成分为轻－中质油组分，也呈游离态赋存；S_{2-1} 主要成分为重油、胶质沥青质组分，呈吸附-互溶态与有机质共存；而 S_{2-2} 主要是页岩中干酪根热解再生烃。因此，游离烃总量为 S_{1-1} 与 S_{1-2} 之和，总滞留油量为游离烃与吸附－互溶态赋存油之和，是含油性表征的参数。多温阶热解表征的可动系数为 $S_{1-1}\times100/S_{1-1}+S_{1-2}+S_{2-1}$[26]。

采用液氮冷冻法分析可动系数，E_1f_2 可动系数在 4.62%~23.12%，平均可动系数 12.6%，

其中 $E_1f_2^{页2}$ 平均可动系数为 12.24%，$E_1f_2^{页3}$ 平均可动系数为 11.95%，$E_1f_2^{页2}$、$E_1f_2^{页3}$ 平均可动系数相差不大。与高邮凹陷深凹—内坡带常规样品相比，$E_1f_2^{页1}$~$E_1f_2^{页5}$ 常规样品可动系数在 1.06%~3.35%，采用液氮冷冻法后，可动系数有大幅度提升。

对 E_1f_2 不同岩相的可动性进行比较，可以看到，不同岩相类型的含油率均在 100mg/g 以上，页岩油具有较好的产出能力，各岩相类型的可动系数页相当，均在 11% 以上，E_1f_2 整体可动性较好（表 1）。

表 1　苏北盆地高邮凹陷 SX84 井阜宁组二段不同岩相类型可动性评价表

岩相类型	S_1	S_2	S_{1-1}	S_{1-2}	S_{2-1}	S_{2-2}	S_1/TOC	可动系数	生烃潜量	总游离烃	总滞留油	总游离烃 / 总滞留油	吸附 - 互溶 / 总滞留油
低碳层状含灰含云泥岩	1.2	2.4	0.43	1.5	1.7	0.34	125.25	12	3.66	1.94	3.59	53.42	41.38
低碳纹层状灰云质泥岩	1.7	3	0.48	1.9	1.8	0.64	141.31	11.6	4.67	2.35	4.13	55.24	43.67
中碳纹层状灰云质泥岩	2.2	3.8	0.64	2.2	2.2	0.81	122	12.7	6.06	2.87	5.07	55.48	42.8
低碳层状含云泥岩	1.1	2	0.34	1.5	1.2	0.46	120.82	12.2	3.08	1.8	3.03	54.56	42.36
低碳层状灰云质泥岩	1.4	2.3	0.43	1.7	1.4	0.57	145.27	13.3	3.72	2.13	3.51	60.75	47.47
低碳纹层状含云泥岩	1.2	2.2	0.35	1.3	1.4	0.49	137.59	11	3.33	1.68	3.04	53.52	42.5

2.4　储层品质分析

2.4.1　孔隙

运用岩心、薄片、氩离子抛光扫描电镜等分析[27-31]，孔隙类型以无机孔隙为主，其次有机孔，无机孔包括酸盐矿物、长英质矿物、黏土矿物粒间孔，黏土矿物、碳酸盐矿物、黄铁矿晶间孔、长石溶蚀孔等类型，有机质孔不发育，多呈蜂窝状或在有机质边缘局部发育孤立的有机质孔（图 4）。

SX84 井 E_1f_2 孔隙度在 2.17%~9.91%，平均孔隙度 7.25%，E_1f_2 渗透率在 0.0003 ~0.8146mD，平均渗透率 0.157mD，属于低孔 - 特低渗储层。其中，$E_1f_2^{页2}$ 平均孔隙度 6.85%，平均渗透率 0.1304mD，$E_1f_2^{页3}$ 平均孔隙度 7.5%，平均渗透率 0.1825mD，$E_1f_2^{页5}$ 平均孔隙度 5.57%，平均渗透率 0.0048mD。$E_1f_2^{页3}$ 孔隙度、渗透率最高，孔隙度和渗透率呈较好的正相关性。分析不同岩相类型孔隙度，纹层状泥页岩孔隙度 7.05%，层状泥页岩压汞孔隙度 7.87%，孔隙度大小相差不大（图 5）。

页岩孔隙主要分布在微孔 - 介孔 - 宏孔的范围，根据国际纯粹化学和应用化学联合会（IUAPC）对孔隙的分类，微孔直径小于 2nm，介孔直径 2~50 nm，宏孔直径大于 50nm。由高温压汞实验可见[32-33]（图 6），$E_1f_2^{页2}$、$E_1f_2^{页3}$ 宏孔占比不高，均小于 10%，$E_1f_2^{页2}$ 宏孔占比相对较高，从岩相类型看，纹层状泥岩宏孔占比较高。

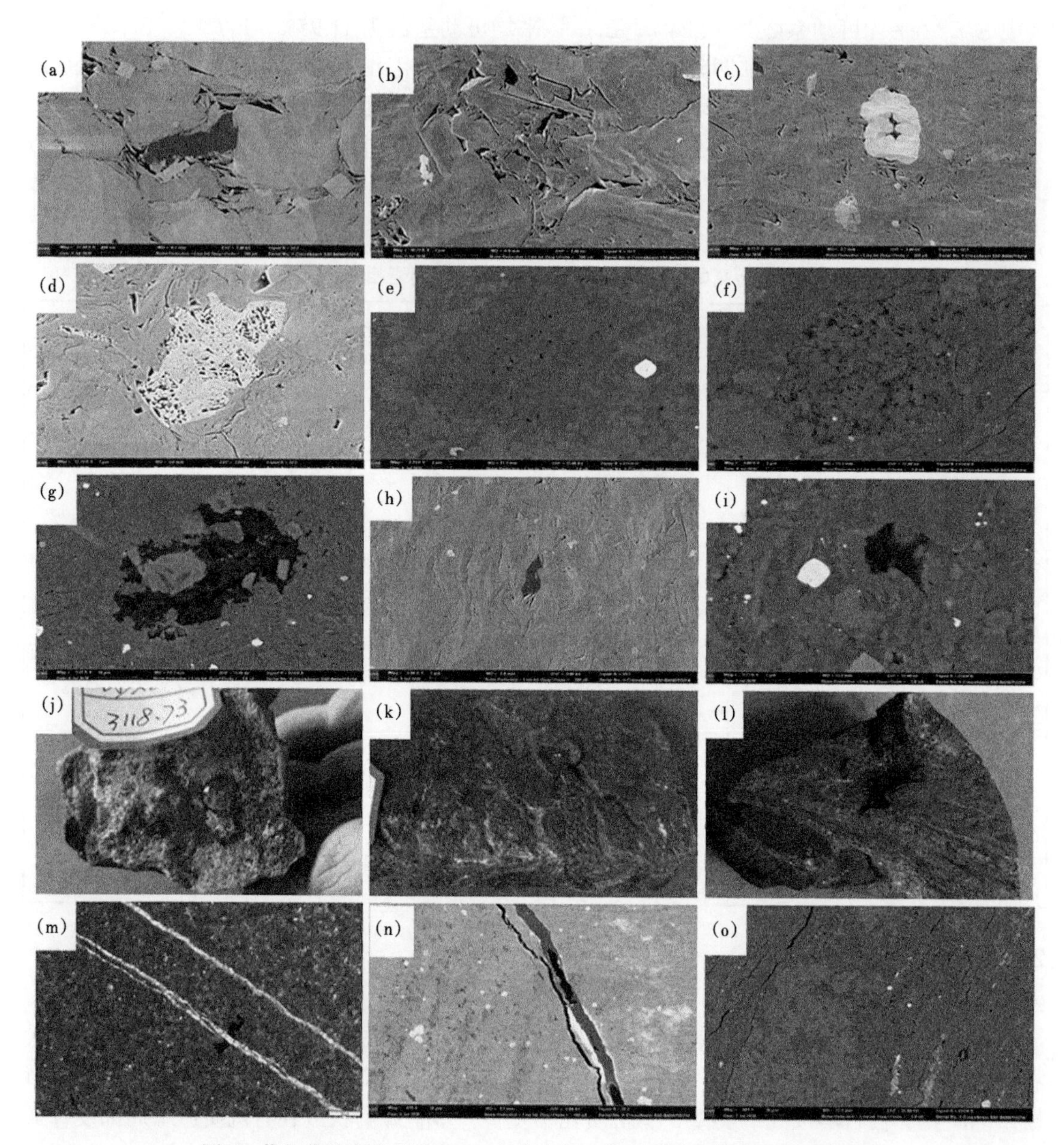

图 4　苏北盆地高邮凹陷 SX84 井阜宁组二段各页岩段储集空间及类型

(a)扫描电镜，页 2，3135.63m，长英质矿物、黏土矿物粒间孔发育，有机质孔局部发育;(b)扫描电镜，页 3，3162.41m，碳酸盐矿物、长英质矿物和黏土矿物粒间孔，黏土矿物晶间孔;(c)扫描电镜，页 3，3167.19m，黄铁矿晶间孔、黏土矿物晶间孔、碳酸盐矿物粒间孔;(d)扫描电镜，页 2，3116.45m，长石溶孔，黏土矿物晶间孔;(e)扫描电镜，页 5，3358.55m，长石粒内溶孔;(f)扫描电镜，H 页 2，116.45m，长石溶孔;(g)扫描电镜，页 2，3131.49m，蜂窝状有机质孔;(h)扫描电镜，页 5，3353.75m，无机孔占优，有机质孔不发育;(i)扫描电镜，页 3，3167.19m，有机质边缘局部发育孤立的有机质孔;(j)岩心，页 2，3118.73m，正向剪切缝含油;(k)岩心，页 3，3145.06m，裂缝含油;(l)岩心，页 5，3157.97m，裂缝含油 m;(m)普通薄片，页 2，3148.82m，裂缝充填;(n)扫描电镜，页 2，3118.29，有机质充填裂缝;(o)扫描电镜，W 页 2，3124.39m，纹层缝

由氮气吸附实验可见[34-36]，E_1f_2 主要发育墨水瓶型（H_2 型）、宽平行板型（H_3 型）和宽平行板 - 狭缝过渡型（(H_3-H_4 型）3 种孔隙类型，纹层状泥岩介孔多为宽平行板型和过渡型，孔隙连通性较好，有利于油气运移；层状泥岩介孔多为墨水瓶型，孔隙相对孤立，连通性较差，不利于油气运移。

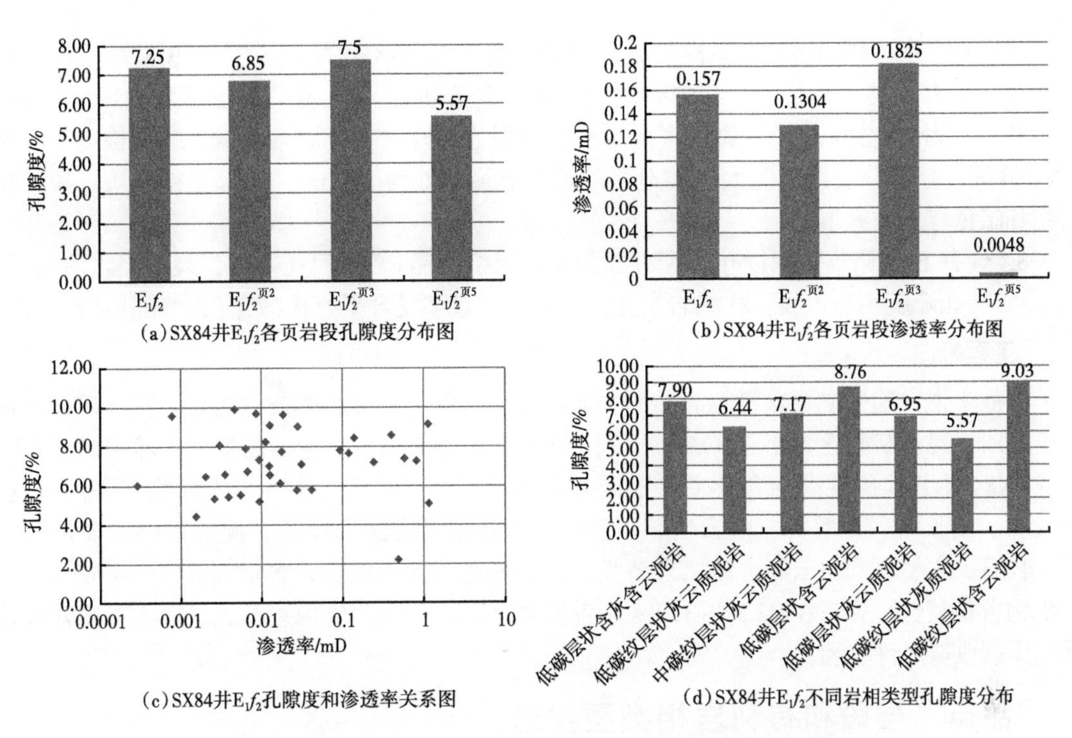

图 5 苏北盆地高邮凹陷 SX84 井阜宁组二段孔隙度和渗透率

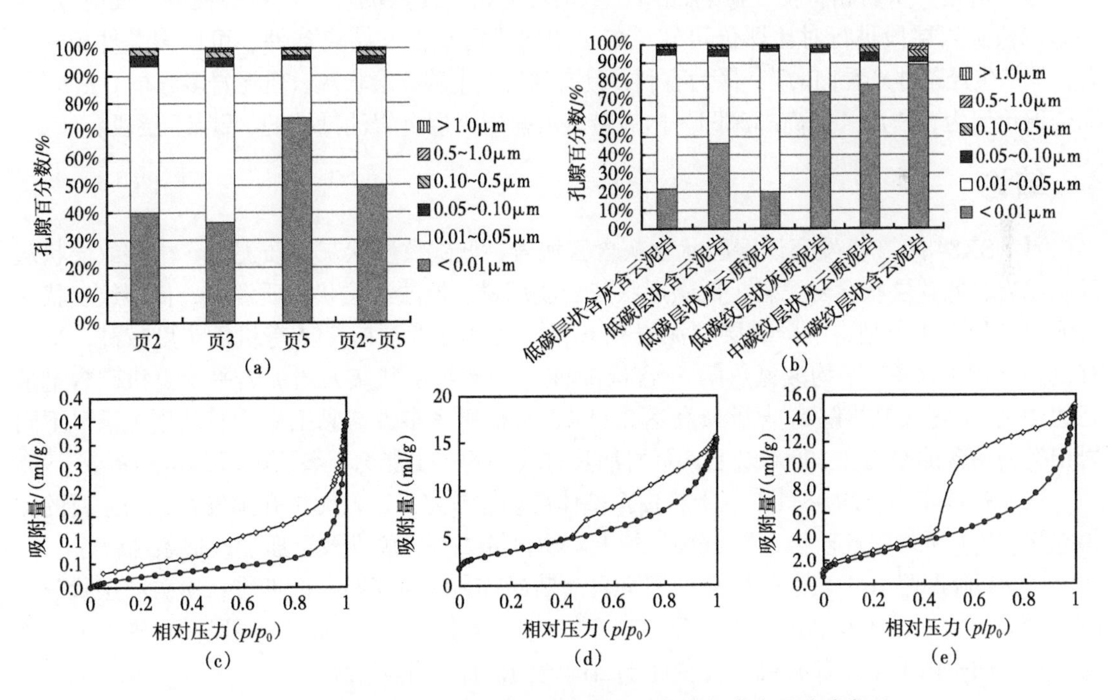

图 6 苏北盆地高邮凹陷 SX84 井阜宁组二段孔径大小及孔隙类型

(a) SX84 井 E_1f_2 不同页岩段孔隙大小占比图;(b) SX84 井 E_1f_2 不同岩相孔隙度大小占比图;(c) SX84 井，等温吸附－脱附曲线，页 2，3136.3m，中碳纹层状灰云质泥岩，H_3 型;(d) SX84 井，等温吸附－脱附曲线，页 3，3139.4m，低碳纹层状灰云质泥岩，H_3-H_4 型;(e) SX84 井，等温吸附－脱附曲线，页 3，3141.9m，低碳层状含灰含云泥岩，H_2 型

2.4.2 裂缝

从岩心观察、普通薄片及氩离子抛光扫描电镜可见，SX84 井 $E_1f_2^{页2}$ 至 $E_1f_2^{页5}$ 裂缝均较为发育，共有 4 类 5 期裂缝，其中有效裂缝为正向剪切缝 [37]，部分裂缝面含油明显；（微）裂缝开度多为 15~220μm，主要发育大量平行微裂缝、树根状等形态的微裂缝及构造—溶蚀（微）缝等，且部分裂缝极宽大，构造—溶蚀裂缝最宽处为 220μm，内部多被硅质、盐酸盐矿物和暗色有机质充填。

SX84 井 E_1f_2 储集空间以孔隙和裂缝为主，无机质晶（粒）间孔发育，裂缝面含油明显，$E_1f_2^{页2-页3}$ 孔隙度相当，纹层状泥岩宏孔占比较高，且多发育平行板型介孔，岩相类型有利。

2.5 工程条件

一般来说，脆性矿物含量越高、黏土矿物含量越低，其可压裂条件越好。脆性矿物含量大于 60%、黏土矿物含量小于 30%，更利于压裂形成裂缝系统，也容易发育天然裂缝 [38-39]。

SX84 井 E_1f_2 脆性矿物含量主要根据 X 衍射全岩分析得到，本井岩石矿物主要由石英、钾长石、斜长石、方解石、白云岩、黄铁矿、石膏以及方沸石组成，脆性矿物主要包括石英、长石、方解石和白云石。阜二段各页岩段脆性矿物含量较高，含量在 64.7%~66.9%；黏土矿物含量较低，含量在 22.3%~32.8%。各页岩段脆性矿物含量相差不大，黏土矿物含量较低，压裂改造条件有利。

3 “甜点”层段和有利岩相类型优选

综上所述，从岩相特征、源岩品质、可动性分析、储层品质、可压裂性等方面对 SX84 井阜二段页岩层段进行对比评价可知，各页岩层段可动性、储集条件、可压裂条件相差不大，但从生烃条件来看，$E_1f_2^{页2}$ 最为有利，且有利岩相中碳纹层状灰云质泥岩多分布于 $E_1f_2^{页2}$。综合评价认为，$E_1f_2^{页2}$ 是高邮深凹—内坡带碳酸盐岩夹层页岩油勘探的“甜点”层段。

4 结论

（1）SX84 井 E_1f_2 发育低碳层状含灰含云泥岩、低碳纹层状灰云质泥岩、中碳纹层状灰云质泥岩、低碳层状含云泥岩、低碳层状灰云质泥岩、低碳纹层状灰质泥岩、低碳纹层状含云泥岩 7 种岩相类型，中碳纹层状泥岩在 $E_1f_2^{页2}$ 更为发育。$E_1f_2^{页2}$ 有机质丰度较高，平均有机碳含量 1.14%，平均液氮热解 S_1 含量 1.4%，中碳纹层状灰云质泥岩平均有机碳含量最高达 2%，平均液氮热解 S_1 含量最高达 2.24%，有机质大多数与黏土矿物有共生关系。不同岩相类型的含油率均在 100% 以上，页岩油具有较好的产出能力，各页岩段的可动系数（$S_{1-1}/S_{1-1}+S_{1-2}+S_{2-1}$）相当，均在 11% 以上，$E_1f_2$ 整体可动性较好。E_1f_2 无机孔隙发育，为主要的储集空间。E_1f_2 平均脆性矿物含量 66%，黏土矿物含量 29%，脆性及可压裂改造条件较好。

（2）高邮凹陷 E_1f_2 碳酸盐岩夹层型页岩油勘探有利区为深凹—内坡带，中碳纹层状灰云质泥岩为页岩油勘探有利的岩相类型，$E_1f_2^{页2}$ 为页岩油勘探的“甜点”层段。在平面上，高邮凹陷深凹—内坡带东部有机碳含量优于西部，为勘探“甜点”区。

参 考 文 献

[1] 赵文智，胡素云，侯连华，等. 中国陆相页岩油类型、资源潜力及与致密油的边界 [J]. 石油勘探与开发，2020，47（1），1-10.

[2] 邹才能，杨智，崔景伟，等．页岩油形成机制、地质特征及发展对策［J］. 石油勘探与开发，2013，40（1）：14-26.
[3] 金之钧，白振瑞，高波，等．中国迎来页岩油气革命了吗？[J]. 石油与天然气地质，2019，40（3）：451-458.
[4] 匡立春，侯连华，杨智，等．陆相页岩油储层评价关键参数及方法［J］. 石油学报，2021，42（1）：1-14.
[5] 周庆凡，金之钧，杨国丰，等．美国页岩油勘探开发现状与前景展望［J］. 石油与天然气地质，2019，40（3）：469-477.
[6] 王倩茹，陶士振，关平．中国陆相盆地页岩油研究及勘探开发进展［J］. 天然气地球科学，2020，31（3）：417-427.
[7] EIA.Annual Energy Outlook 2017 with Projections to 2050［R］.WashingtonDC：U.S.Energy Information Administration，2017.
[8] 宋明水，刘惠民，王勇，等．济阳坳陷古近系页岩油富集规律认识与勘探实践［J］. 石油勘探与开发，2020，47（2）：225-235.
[9] 高辉，何梦卿，赵鹏云，等．鄂尔多斯盆地长 7 页岩油与北美地区典型页岩油地质特征对比［J］. 石油实验地质，2018，40（2）：133-140.
[10] 龙玉梅，陈曼霏，陈风玲，等．潜江凹陷潜江组盐间页岩油储层发育特征及影响因素［J］. 油气地质与采收率，2019，26（1）：59-64.
[11] 付茜，刘启东，刘世丽，等．苏北盆地高邮凹陷阜宁组二段页岩油成藏条件分析［J］. 石油试验地质，2020，42（4）：625-631.
[12] 付茜．中国页岩油勘探开发现状、挑战及前景［J］. 石油钻采工艺，2015，37（4）：58-62.
[13] 王红伟，段宏亮．盐城凹陷阜二段页岩油形成条件及富集规律研究［J］. 复杂油气藏，2016，9（3）：14-18.
[14] 付茜，刘启东，刘世丽，等．中国“夹层型”页岩油勘探开发现状及前景［J］. 石油钻采工艺，2019，41（1）：63-70.
[15] 刘世丽，段宏亮，章亚，等．苏北盆地阜二段陆相页岩油气勘探潜力分析［J］. 海洋石油，2014，34（3）：27-33.
[16] 程海生，刘世丽，段宏亮．苏北盆地阜宁组泥页岩储层特征［J］. 复杂油气藏，2015，8（3）：10-16.
[17] 段宏亮，何禹斌．高邮凹陷阜四段页岩可压裂性分析［J］. 复杂油气藏，2014，7（1）：1-3.
[18] 邱旭明，刘玉瑞，傅强．苏北盆地上白垩统—第三系层序地层与沉积演化［M］. 北京：地质出版社，2006.
[19] 董春梅，马存飞，林承焰，等．一种泥页岩层系岩相划分方法［J］. 中国石油大学学报（自然科学版），2015，39（3）：1-7.
[20] 杨万芹，蒋有录，王勇．东营凹陷沙三下—沙四上亚段泥页岩岩相沉积环境分析［J］. 中国石油大学学报（自然科学版），2015，39（4）：19-26.
[21] 李政．陆相盆地不同岩性页岩含油性及可动性比较——以渤海湾盆地东营凹陷古近系沙四上亚段为例［J］. 石油实验地质，2020，42（4）：545-595.
[22] 彭金宁，邱岐，王东燕，等．苏北盆地古近系阜宁组致密油赋存状态与可动用性［J］. 石油实验地质，2020，42（1）：53-59.
[23] 闫林，冉启全，高阳，等．新疆芦草沟组致密油赋存形式及可动用性评价［J］. 油气藏评价与开发，2017，7（6）：20-25.
[24] 熊生春，储莎莎，皮淑慧，等．致密油藏储层微观孔隙特征与可动用性评价［J］. 地球科学，2017，42（8）：1379-1385.
[25] 谌卓恒，黎茂稳，姜春庆，等．页岩油的资源潜力及流动性评价方法——以西加拿大盆地上泥盆统 Duvernay 页岩为例［J］. 石油与天然气地质，2019，40（3）：459-468.
[26] 蒋启贵，黎茂稳，钱门辉，等．不同赋存状态页岩油定量表征技术与应用研究［J］. 石油实验地质，2016，38（6）：842-849.

[27] 赵习，刘波，郭荣涛，等 . 储层表征技术及应用进展 [J]. 石油实验地质，2017，39（2）：287-294.
[28] 金旭，李国欣，孟思炜，等 . 陆相页岩油可动用性微观综合评价 [J]. 石油勘探与开发，2021，48（1）：222-232.
[29] 王秀宁，巨明霜，杨文胜，等 . 致密油藏动态渗吸排驱规律与机理 [J]. 油气地质与采收率，2019，26（3）：92-98.
[30] 黄振凯，陈建平，王义军，等 . 松辽盆地白垩系青山口组泥岩微观孔隙特征 [J]. 石油学报，2013，34（1）：30-36.
[31] 匡立春，侯连华，杨智，吴松涛 . 陆相页岩油储层评价关键参数及方法 [J]. 石油学报，2021，42（1）：1-14.
[32] 田华，张水昌，柳少波，等 . 压汞法和气体吸附法研究富有机质页岩孔隙特征 [J]. 石油学报，2012，33（3）：419-427.
[33] 曹涛涛，宋之光，刘光祥，等 . 氮气吸附法—压汞法分析页岩孔隙、分形特征及其影响因素 [J]. 油气地质与采收率，2016，23（2）：1-8.
[34] 梁洪彬，向祖平，肖前华，等 . 页岩气吸附模型对比分析与应用 [J]，大庆石油地质与开发，2017，36（6）：159-167.
[35] 庞河清，曾焱，刘成川，等 . 基于氮气吸附—核磁共振—氩离子抛光场发射扫描电镜研究川西须五段泥质岩储层孔隙结构 [J]. 岩矿测试，2017，36（1）：66-74.
[36] 杨峰，宁正福，张世栋，等 . 基于氮气吸附实验的页岩孔隙结构表征 [J]. 天然气工业，2013，33（4）：
[37] 刘平，陈书平，刘世丽，等 . 苏北盆地阜宁组泥页岩裂缝类型及形成期次 [J]. 西安石油大学学报（自然科学版），2014，29（6）：13-20.
[38] 唐颖，邢云，李乐忠，等 . 页岩储层可压裂性影响因素及评价方法 [J]. 地学前缘，2012，19（5）：356-363.
[39] 孟万斌，吕正祥，冯明石，等 . 致密砂岩自生伊利石的成因及其对相对优质储层发育的影响：以川 I 西地区须四段储层为例 [J]. 石油学报，2011，32（5）：783-790.

基于核磁共振的页岩孔渗特性表征方法研究

杜焕福[1]，孙　鑫[1,2]，侯瑞卿[3]

（1. 中石化经纬有限公司地质测控技术研究院；2. 中国石油大学（华东）石油工程学院；
3. 中石化经纬有限公司胜利地质录井公司）

摘　要：为实现页岩储层快速评价和孔渗特性表征，本文应用核磁共振技术，对不同页岩储层 T_2 谱类型进行了划分，分析了页岩储层 T_2 截止值与 T_2 谱主峰相关关系，建立了储层不同流体信号快速识别与评价方法，探究了不同信号区间面积与页岩渗透率相关关系，最终形成了基于核磁共振技术的页岩孔隙结构特征快速评价方法，并通过现场实验验证了该方法的准确性和可靠性。该研究可为基于核磁共振技术的页岩储层孔渗特性快速表征提供方法指导和理论支撑。

关键词：页岩；核磁共振；T_2 谱；孔隙结构；渗透率

石油与天然气资源是保障国家能源安全的重要战略物资，具有不可替代作用[1,2]。近年来，随着我国国民经济的迅速增长，对石油需求量不断提高，油气资源的紧缺已成为制约我国经济快速发展的主要瓶颈之一。页岩油气是重要的非常规油气资源，具有分布广、储量大的特点，目前已成为未来油气勘探突破和增储上产的重点领域[3]。近年来，我国在页岩油气勘探开发取得了许多突破，尤其在地质认识上取得了系列重要进展[4,5]。然而，由于页岩储层普遍存在“低孔低渗”的特点，微－纳孔喉及微裂缝发育，其储层孔隙结构表征及物性评价具有较大难度。

核磁共振技术是近年来应用于石油勘探开发领域的高新技术，具有快速、无损、多参数、多维测量的特点，是岩石孔隙结构及流体饱和度精确表征的重要手段[6,7]。目前，国内外研究人员针对核磁共振技术在页岩储层中的孔喉表征和储层评价开展了相关的研究和应用。白松涛等[8]应用正态分布模型和地质混合经验分布模型探究了核磁共振参数的岩石物理意义，从理论上验证了核磁共振定量表征储层微观孔隙结构的适用性和可靠性。苑洪瑞等[9]从理论上分析了核磁共振 T_2 谱与不同孔隙流体核磁共振衰减信号的关联性，建立了长庆油田页岩油藏 T_2 谱与孔喉半径的转换方法，为核磁共振油气层解释评价提供了依据。曹淑慧等[10]通过联合压汞法、气体吸附法及核磁共振 T_2 谱探索了页岩核磁孔隙分布于实验测得孔隙分布的关系，初步建立了牛蹄塘组页岩核磁共振 T_2 谱于孔隙半径对应关系。Li 等[11]根据氯仿对黏土、有机质和烃类组分的差异溶解特性，消除了有机质和黏土矿物等组分对核磁共振流体信号的贡献，完善了高 TOC 和黏土含量页岩孔隙度测量和计算方法。孟昆等[12]采用 0.069ms 的回波间隔开展了饱和盐水状态下的页岩岩心核磁共振实验，通过对 T_2 谱进行多重分形特征分析，探究了页岩气储层孔隙结构敏感参数。综上所述，现有研究方法和成果虽然验证了核磁共振技术对于页岩储层孔隙结构表征的适用性和可靠性，但这些研究都是基于理论分析和实验室岩心精细测量方法，难以满足现场核磁共振测录井快速储层评价和孔隙结构表征的要求，距离该技术的现场应用和大规模推广仍具有一定差距。

作者简介：杜焕福，高级工程师，现在中石化经纬有限公司地质测控技术研究院从事复杂储层定测录导一体化研究工作。通信地址：山东省青岛市南区台湾路 4 号。E-mail：duhf8.osjw@sinopec.com。

基于此，本文首先通过对页岩储层岩心 T_2 谱特征分析，对不同页岩储层 T_2 谱类型进行了划分，分析了不同 T_2 谱类型页岩储层 T_2 截止值与 T_2 谱主峰相关关系。然后通过对页岩岩心总信号、干酪根信号、流体信号及离心后信号的综合分析，建立了储层不同流体信号快速识别与评价方法。进一步地，建立了不同信号区间面积与页岩渗透率相关关系。最终形成了基于核磁共振技术的页岩孔渗特性快速评价方法，并通过现场实验验证了该方法的准确性和可靠性。该研究可为基于核磁共振技术的页岩储层孔渗特性快速表征提供方法指导和理论支撑，在页岩储层测录井快速评价、随钻测录井解释等领域具有广阔的应用空间。

1 基于孔隙分布的页岩类型划分

页岩储层存在低孔、低渗的特征，原油流动困难，因此，制约页岩油气勘探开发效果的关键往往不是页岩储层含油量，而是原油可动性。储层孔隙结构及类型是原油可动性的关键影响因素[13-14]。一般来说，在相对高渗储层中，孔隙半径较大且相互之间连通性较好，原油可动性较强，而大量发育微孔隙的页岩储层使其孔－渗关系复杂化，特别是与黏土相关的微孔隙由于受水化膨胀作用的影响，对原油流动贡献较小[15-17]。因此，不同类型可动孔隙的发育差异是导致孔隙联通性复杂进而影响储层宏观物性的重要因素，基于原油可动性的孔隙分类及精确刻画对页岩油气勘探开发具有重要意义。

用于评价页岩油气可动性的方法主要包括核磁共振法、溶胀法、加热释放法、溶剂分步萃取法、分子模拟法等。其中应用低场核磁共振技术对页岩核磁共振结合离心分析不仅可以定量表征储层赋存流体可动量，亦可通过离心前后 T_2 谱测试分析揭示不同尺度孔隙流体可流动性，进而通过流体可动性对孔隙类型进行划分。目前，核磁共振评价储层流体可动性主要采用 T_2 截止值法，即通过确定储层的固定 T_2 值将 T_2 分布曲线分为两部分，大于该 T_2 值的部分即为可动流体和可动孔隙，小于该值的部分则是不可动流体及孔隙。

首先针对东营凹陷泥页岩储层钻井取芯样品的 T_2 谱特征进行了分析，划分了不同页岩储层 T_2 谱类型。如图 1 所示，根据 T_2 谱峰个数，可将页岩划分为单峰型、双峰型和多峰型。其中单峰型页岩储层孔隙分布较为集中，双峰型次之，多峰型页岩孔隙分布最复杂，且可能包含裂缝等流体赋存空间。根据 T_2 谱峰特征，可将不同类型页岩进行进一步划分，如图 1a 与图 1b 所示，单峰型页岩可进一步分为单峰－丘型和单峰－尖峰型。其中单峰－丘型页岩孔隙分布相对较宽，T_2 值多分布于 0.03~6ms 之间，而单峰－尖峰型页岩孔隙分布相对集中，T_2 值多分布于 0.04~1ms 之间。从后期开发角度来看，单峰－丘型页岩平均孔隙半径相比单峰－尖峰型更大，有利于降低储层流体流动阻力，在相同流动压差下可获得更高的流速，但单峰－尖峰型页岩孔隙分布较为集中，说明该类型页岩相比单峰－丘型微观非均质性更弱，在相同开发方式下可获得更大波及体积。如图 1c 和图 1d 所示，双峰型页岩可根据两个谱峰的峰值大小进一步分为双峰－左高型和双峰－右高型。其中双峰－左高型页岩中小孔隙占比较高，而双峰－右高型页岩中大孔隙占比较高，从后期开发角度来看，在孔隙半径分布相近情况下，双峰右高型储层更有利于原油开采。如图 1e 和图 1f 所示，从 T_2 谱图来看，多峰型页岩谱峰峰值间并无明显规律，但根据谱峰对应 T_2 值的大小可将多峰型页岩进一步划分为多峰－基质型和多峰－裂缝型。其中多峰－基质型页岩最大孔隙对应的 T_2 值为 20ms，说明该类型页岩储层流体赋存空间以基质孔隙为主，不含微裂缝，而多峰－裂缝型页岩最大孔隙对应的 T_2 值为 400ms，且其在 T_2 值为 10~400ms 间有大量信号显示，说明该类型页岩储层流体赋存空间除基质外还有微裂缝。从后期开发角度来看，多峰-裂缝型储层流体流动阻力要显著低于多峰-基质型，更有利于原油开采。

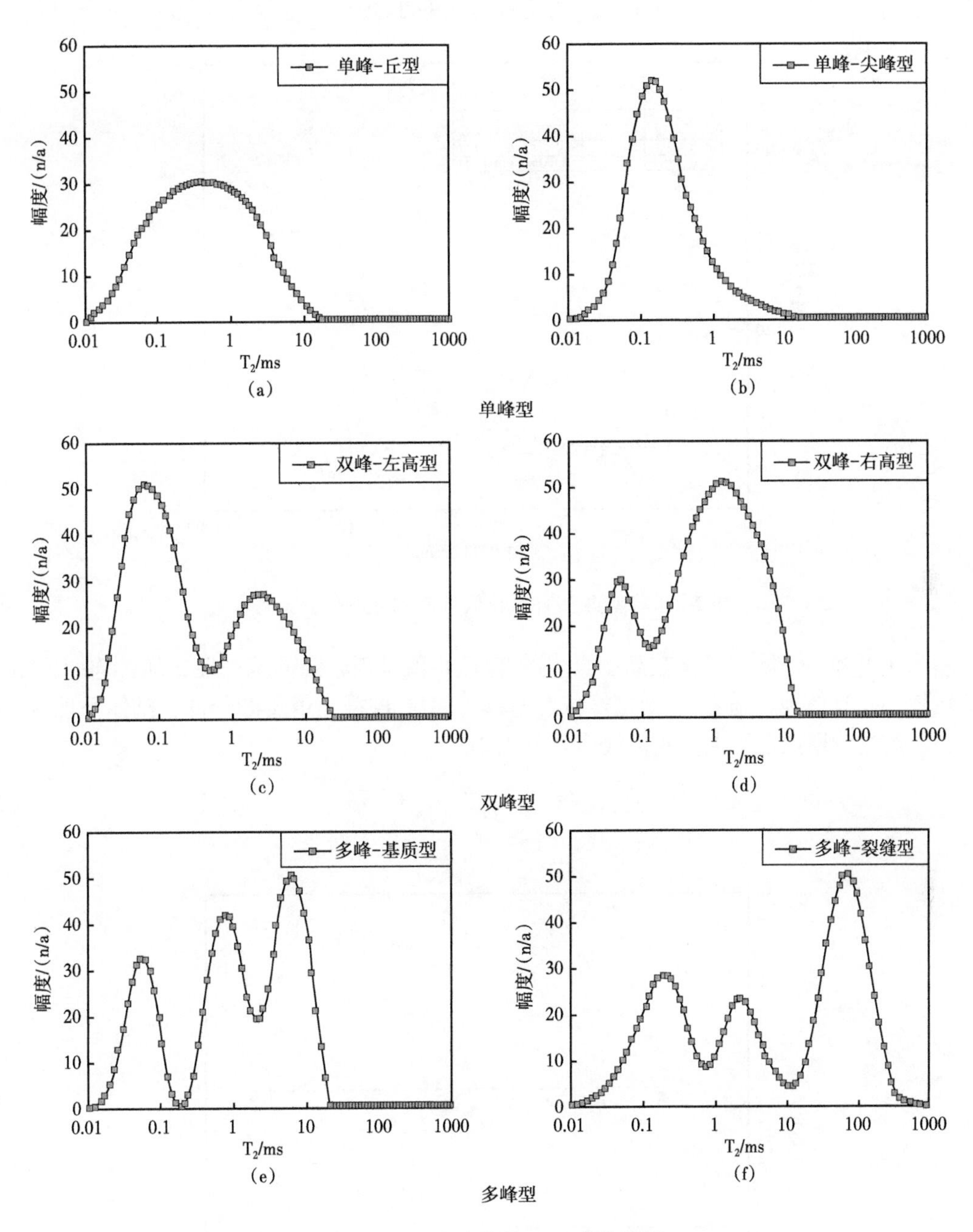

图1　油页岩多维核磁 T_2 谱分类图

为快速求取不同类型页岩储层的 T_2 截止值，分析了不同 T_2 谱类型页岩储层中 T_2 截止值与 T_2 谱主峰位置间的相关关系，为基于可动性的孔隙类型快速划分提供方法和数据支撑。由图2可知，单峰型页岩 T_2 截止值与 T_2 轴主峰位置关系存在较强相关性。具体地，随着 T_2 轴主峰位置右移，储层 T_2 截止值逐渐增加，且增加趋势随着 T_2 轴主峰的右移越来越明显。经过数据拟合发现，T_2 截止值与 T_2 轴主峰整体分布规律符合二项式分布，如公式1。

$$T_{2,cutoff} = -0.0004 * T_{2,peak}{}^{2} + 0.27 * T_{2,peak} + 6.76 \quad (1)$$

式中：$T_{2,\ cutoff}$ 为 T_2 截至值，ms；$T_{2,\ peak}$ 为主峰对应的 T_2 值。

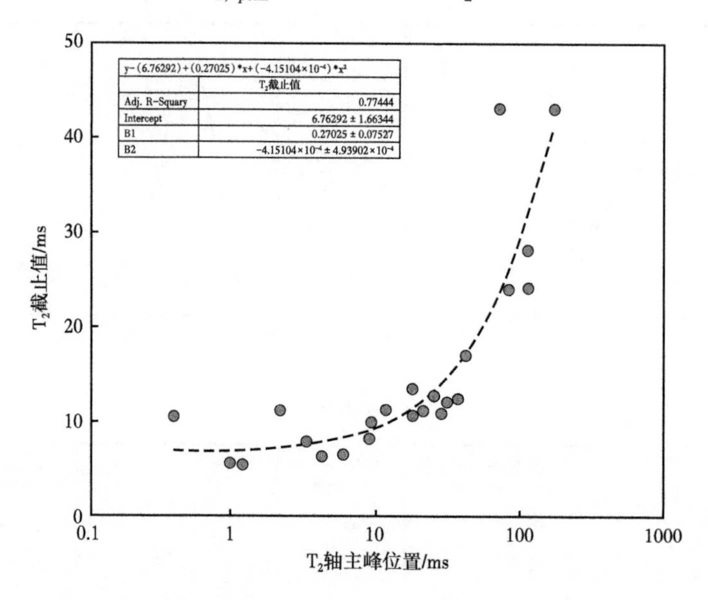

图 2　单峰型页岩 T_2 截止值与 T_2 轴主峰位置关系

由图 3 可知，不同双峰－左高型页岩的 T_2 截止值呈现较强的统一性，随 T_2 轴主峰位置的变化较小。具体地，随着 T_2 轴主峰位置右移，储层 T_2 截至值逐渐降低，整体呈现线性变化趋势。经过数据拟合发现，变化规律见公式 2。

$$T_{2,cutoff} = -0.51 * T_{2,peak} + 5.74 \quad (2)$$

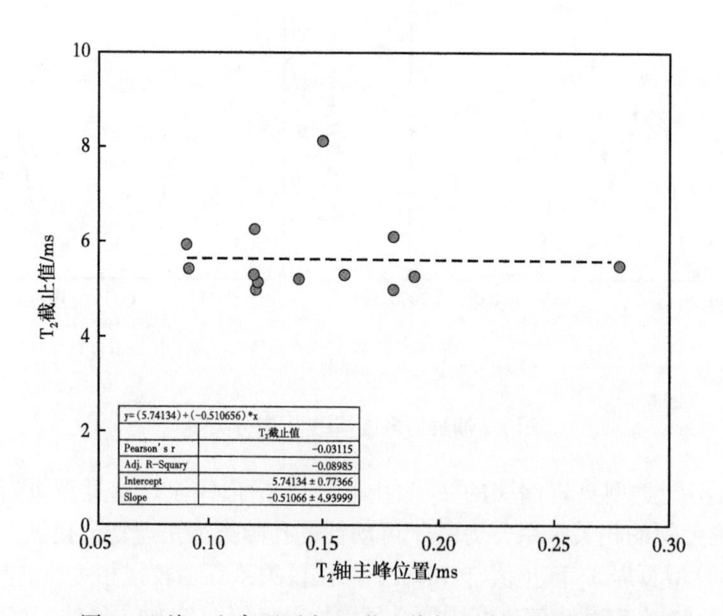

图 3　双峰－左高型页岩 T_2 截止值与 T_2 轴主峰位置关系

双峰－右高型页岩 T_2 截止值与 T_2 轴主峰位置关系如图 4 所示，随着 T_2 轴主峰位置右移，储层 T_2 截止值逐渐增加，且增加趋势随着 T_2 轴主峰的右移越来越明显。经过数据拟合发现，T_2 截止值与 T_2 轴主峰整体分布规律符合自然指数函数关系，见公式 3。

$$T_{2,cutoff} = 5.78 * e^{0.017*T_{2,peak}} \tag{3}$$

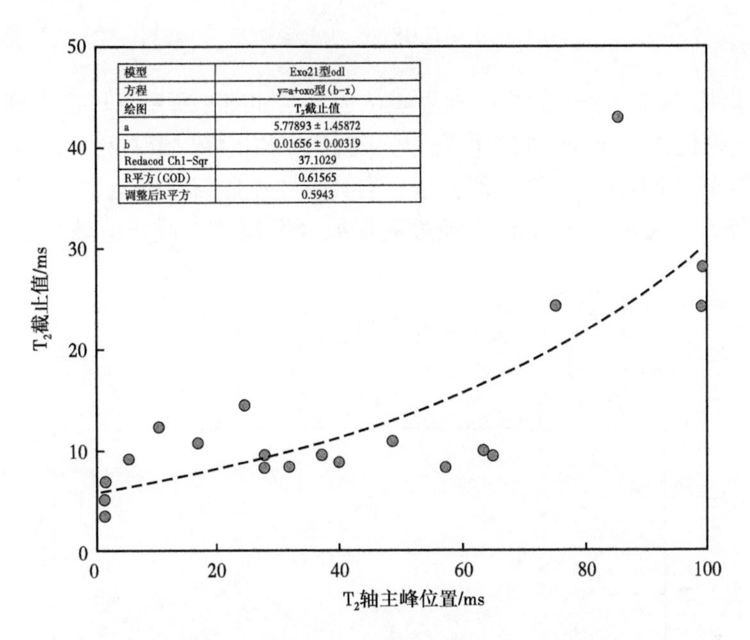

图 4　双峰－右高型页岩 T_2 截止值与 T_2 轴主峰位置关系

多峰－基质型页岩 T_2 截止值与 T_2 轴主峰位置关系如图 5 所示，可以看到该类型页岩 T_2 截止值与 T_2 轴主峰位置分布较为分散，整体规律性较弱。且由于该类型页岩流体赋存空

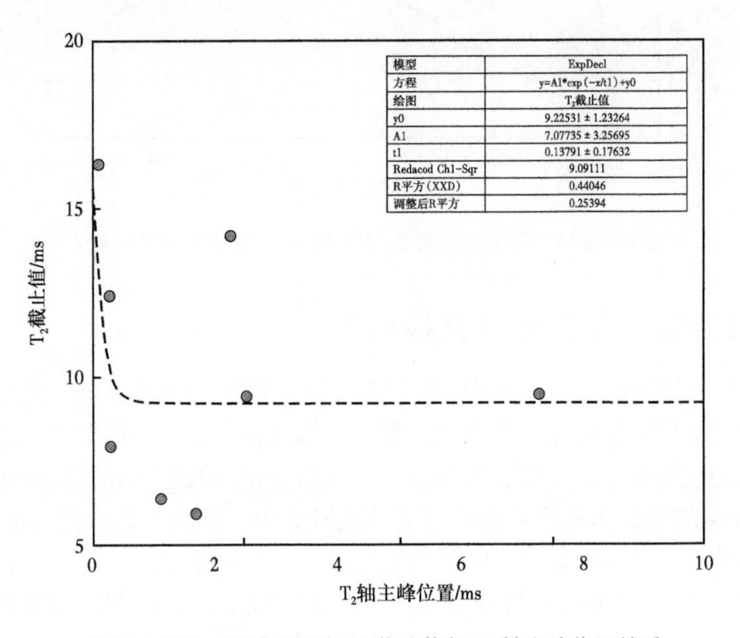

图 5　多峰－基质型页岩 T_2 截止值与 T_2 轴主峰位置关系

间主要以基质孔隙为主，主峰所对应 T_2 值相对较小，总体不超过 10 ms。总的来说，T_2 截止值与 T_2 轴主峰位置呈现负相关关系，即随着 T_2 轴主峰位置右移，储层 T_2 截止值呈现先降低后逐渐趋于平稳的趋势。经过数据拟合发现，该类型页岩 T_2 截止值与 T_2 轴主峰整体分布规律符合自然指数函数关系，见公式 4。

$$T_{2,cutoff} = 7.08 * e^{-\frac{T_{2,peak}}{0.14}} + 9.23 \tag{4}$$

多峰 - 裂缝型页岩 T_2 截止值与 T_2 轴主峰位置关系如图 6 所示，可以看到该类型页岩 T_2 截止值与 T_2 轴主峰位置呈现较强的线性规律，随着 T_2 轴主峰位置右移，T_2 截止值逐渐增加。且与多峰 - 基质型页岩不同，多峰 - 裂缝型页岩其主要流体赋存空间位于裂缝中，因此其主峰对用的 T_2 值较大，通常大于 40ms。经过数据拟合发现，T_2 截止值随 T_2 轴主峰位置变化规律见公式 5。

$$T_{2,cutoff} = 0.25 * T_{2,peak} + 2.52 \tag{5}$$

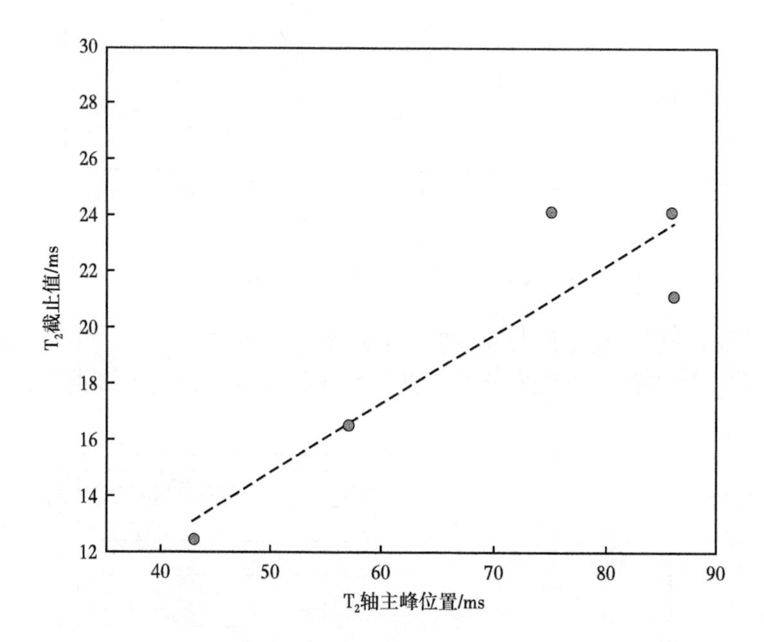

图 6　多峰 - 裂缝型页岩 T_2 截止值与 T_2 轴主峰位置关系

2　页岩储层核磁孔隙划分及孔径分布

选取 NX-55 井含油页岩岩心进行核磁共振实验，对其孔隙类型及成因进行划分。由于岩心从地层中取出后随着温度压力的变化，部分气体及轻质组分会挥发掉，造成岩心中总含氢量降低，核磁总信号减少，无法真实描述岩心孔隙分布，因此在进行核磁共振分析前，首先利用岩心抽真空加压饱和装置将地层水饱和至岩心中。然后对饱水岩心进行核磁共振 T_2 谱实验，记录为岩心总信号，如图 7 中黑色曲线所示。由图可知，NX-55 岩心呈现典型的裂缝 - 多峰型特性，其中 0.01~2ms 谱峰与 0.2~2ms 谱峰相连，为干酪根等固体有机物及页岩储层中小孔隙，右侧的 3~200 ms 谱峰与左侧谱峰不连续，为页岩储层大孔及裂缝。

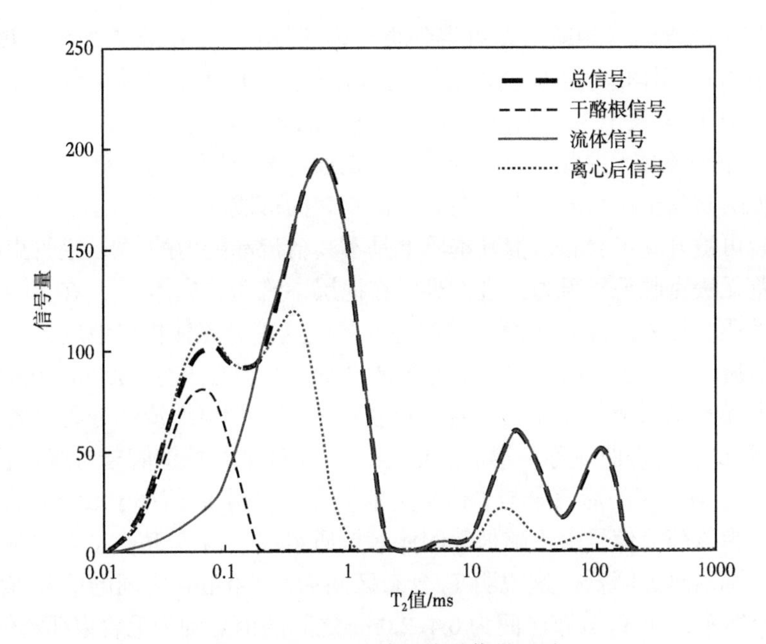

图 7　岩心处理前后核磁信号汇总

如上所述，岩心总信号由干酪根等固体有机物信号和储层孔隙中的流体信号组成，若使用总信号来表征储层孔隙分布，干酪根等固体有机沉积物所占的体积也计入到岩样孔隙体积当中，导致测量的孔隙体积远远大于实际值，严重影响了页岩油气评价的准确性。因此，需要有效排除干酪根等固体有机沉积物对核磁共振测量页岩储层岩样孔隙度的影响。干酪根屏蔽实验具体方法为首先取同一批次岩心研磨成粉末，然后将粉末放置在恒温烘箱中烘干水分，使用有机溶剂氯仿（三氯甲烷）对烘干粉末进行充分洗涤和浸泡，最后对剩余粉末进行核磁 T_2 谱测试。由于氯仿可溶解岩心中的原油，但无法溶解干酪根等固体有机物 [18]，因此经氯仿洗涤和浸泡后的粉末其 T_2 核磁信号即为干酪根等固体有机物的信号，如图 7 所示。可以看到，干酪根等固体有机物 T_2 分布区间为 0.01~0.2ms 之间，与总信号中最左侧 T_2 谱峰高度重合，且干酪根信号总面积也与总信号中最左侧谱峰面积相似，说明岩心总信号中的最左侧谱峰主要由干酪根等固体有机物信号组成，如图 8 所示。

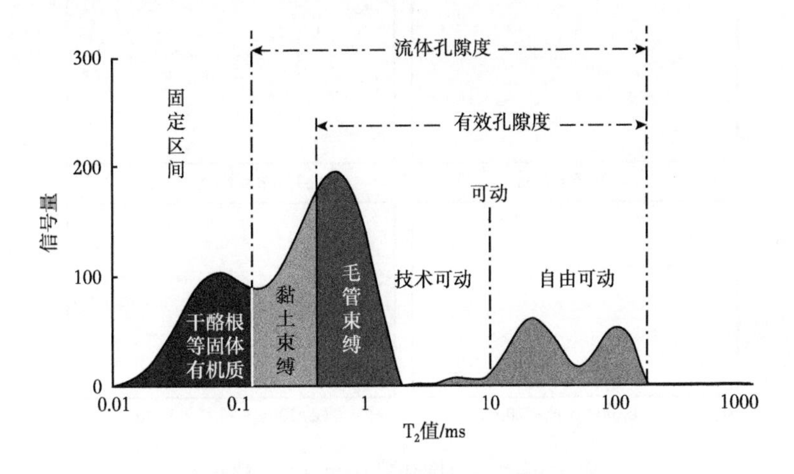

图 8　基于孔隙结构的孔隙度精细评价

将总信号与干酪根信号相减后即可得到页岩内流体信号，如图 7 所示。该流体信号中，既包含储层自由可动流体信号，也包含束缚流体信号。自由可动流体多分布于大孔隙及裂缝中，对应于图 7 中 T_2 值大于 3ms 的流体所在空间及图 8。束缚流体包括黏土束缚流体及毛管束缚流体，黏土束缚流体（主要指黏土束缚水）是通过分子间引力和静电力作用，使具有极性的水分子被吸附到黏土矿物表面上，在黏土矿物表面形成的一层水化膜[19]。虽然黏土束缚水在经过烘干后可被分离出岩心，但其本质上是不具备流动能力的[20]。毛管束缚流体是指在地层中驱替压差无法克服毛管阻力，进而难以在地层中流动的流体[21]。在实际油气开发过程中，可通过增大驱替压差、注入表面活性剂等方式使这部分流体排出地层，因此该部分流体也称为技术可动流体。为明确储层黏土束缚流体含量，对岩心进行 5000rad/min 的持续离心处理，通过离心力模拟储层驱替压差，将自由可动流体与毛管束缚流体分离出岩心，然后对岩心进行核磁 T_2 测试，所得曲线称为离心后信号，通过对比岩心总信号与离心后信号可发现，当 T_2 值小于 0.2ms 时，离心后信号与总信号基本重合，说明 T_2 值小于 0.2ms 的信号均为不可动信号，这是因为该部分信号由干酪根等固体有机质组成。当 T_2 值为 0.4ms 时，岩心离心后信号达到峰值，随后迅速降低，这说明 T_2 分布区间为 0.2~0.4ms 之间的信号多为黏土束缚流体信号，如图 8 所示，而 T_2 分布区间为 0.4~2.0ms 之间的信号则为毛管束缚流体信号。

为更直观分析不同类型孔隙所对应的孔径范围，需将岩心 T_2 值转化为孔隙直径。目前已有大量研究发现，岩心 T_2 值与孔隙直径呈现正相关的关系，即孔径越大，对应的 T_2 值越大。常规岩心通常使用压汞法与 T_2 图谱法进行对比，进而确定 T_2 值与孔径换算系数。由于页岩储层中多发育纳微米孔隙，液态汞难以进入，因此压汞法难以有效描述页岩储层孔径分布特征[22]。基于此，本实验使用岩矿扫描法（Qemscan）对页岩岩心进行分析，进而得到不同孔径范围内的孔隙占比[23]，然后对图 7 中流体信号曲线进行不同换算系数下的孔径面积分布计算，当 Qemscan 孔隙分布结果与核磁共振流体信号孔隙分布结果相同或相似时，则可得到储层 T_2- 孔径换算系数。不同孔径范围孔隙 Qemscan 扫描结果如图 9 所示，其中图 9a 为孔径小于 5μm 的孔隙，该孔径范围内孔隙形状及尺寸分布较为平均，以近圆形孔隙为主；图 9b 为孔径范围 5μm 到 10μm 的孔隙，该范围内孔隙以圆形和长方形为主，并伴有少量微裂缝存在；图 9c 为孔径范围 10μm 到 20μm 的孔隙，该范围内孔隙主要由长方形

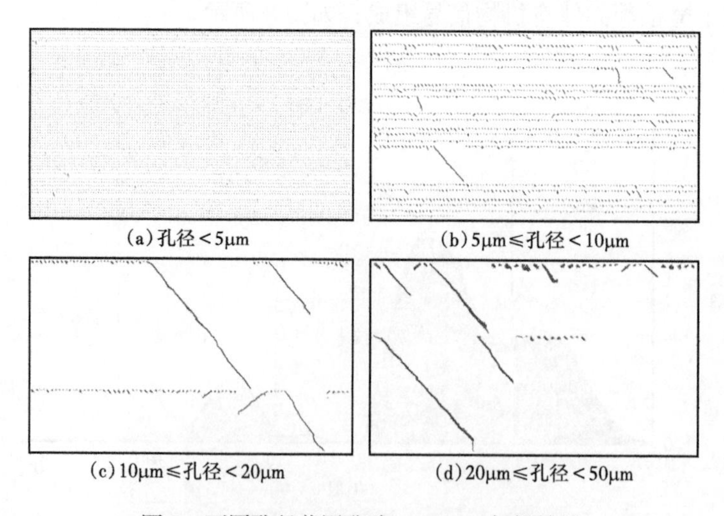

图 9　不同孔径范围孔隙 Qemscan 扫描结果

孔隙和微裂缝组成，且裂缝长度及宽度较图 9b 均有明显增加；图 9d 为孔径范围 20μm 到 50μm 的孔隙，该范围内孔隙主要由长方形孔隙和微裂缝组成，但孔隙尺寸及裂缝宽度较图 9c 明显增加。基于 Qemscan 的孔隙分布占比如图 10a 所示，孔径小于 5μm 孔隙占比最高，10~20μm 孔隙次之，其他三种尺寸范围孔隙分布占比相似。通过对不同 T_2- 孔径换算系数下的孔径面积分布计算可知，当换算系数为 5.3nm/ms 时，核磁共振流体信号孔隙分布结果与 Qemscan 孔隙分布结果相似，如图 10b 所示。

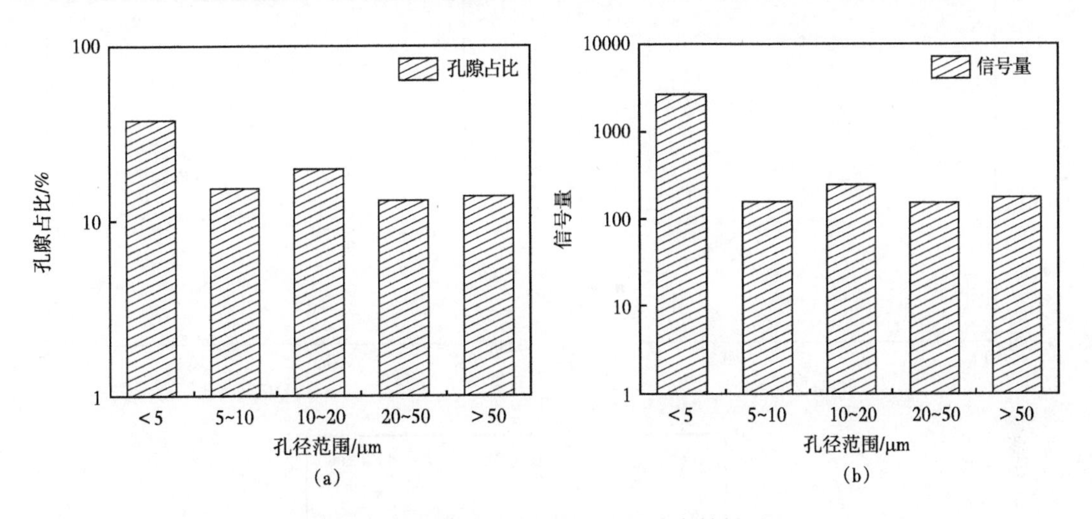

图 10　核磁共振与 Qemscan 孔隙分布结果对比

3　基于孔隙结构划分的页岩核磁渗透率评价

孔隙结构是反映岩石中孔隙发育及连通成都，表征储集层储集流体能力的重要参数，而渗透率则是判断岩石中流体通过能力的强弱，是储层渗透性能的直观反映[24]。通过核磁共振 T_2 谱对孔隙结构的划分快速评价页岩渗透率，对储层快速识别和评价具有重要意义。本部分选取东营凹陷 12 块页岩储层岩心，进行基于孔隙结构划分的页岩核磁渗透率评价实验。首先根据 3.2 部分研究成果，将岩心核磁 T_2 谱按照固定区间（P_1）、束缚区间（P_2）、自由可动区间（P_3）三个区间进行划分，并对各区间信号进行累积，如图 11 所示；然后对实验岩心进行覆压孔渗测量；最后建立各区间累积信号与渗透率相关性分析，如图 12 所示。

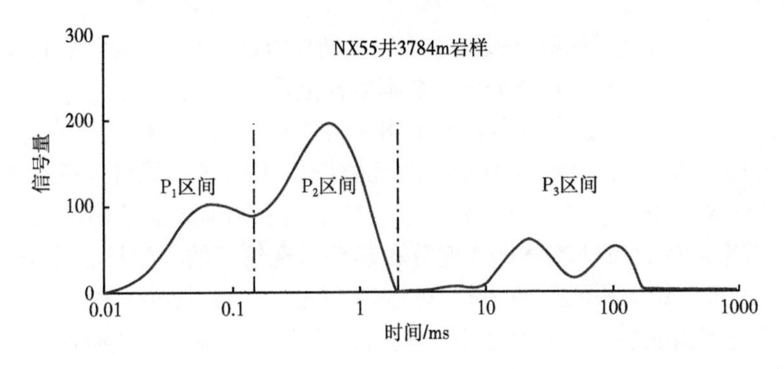

图 11　NX-55 井岩心 T_2 谱特征区间划分

由图 12 可知，三个区间累积信号与渗透率整体呈现一定的相关性。其中 P_1 区间呈现负相关关系，这是因为该区间主要由干酪根等固体有机物组成，孔隙渗流通道较少，随着该区间累积信号的增加，孔隙渗流能力整体下降。P_2 区间与 P_3 区间累积信号与渗透率呈现正相关关系，且 P_3 区间拟合直线斜率明显大于 P_2 区间，说明裂缝及大孔隙对储层渗透率的提高起主要作用，因此在开发过程中，应通过压裂等手段对储层进行改造，增加该区间累积信号面积。

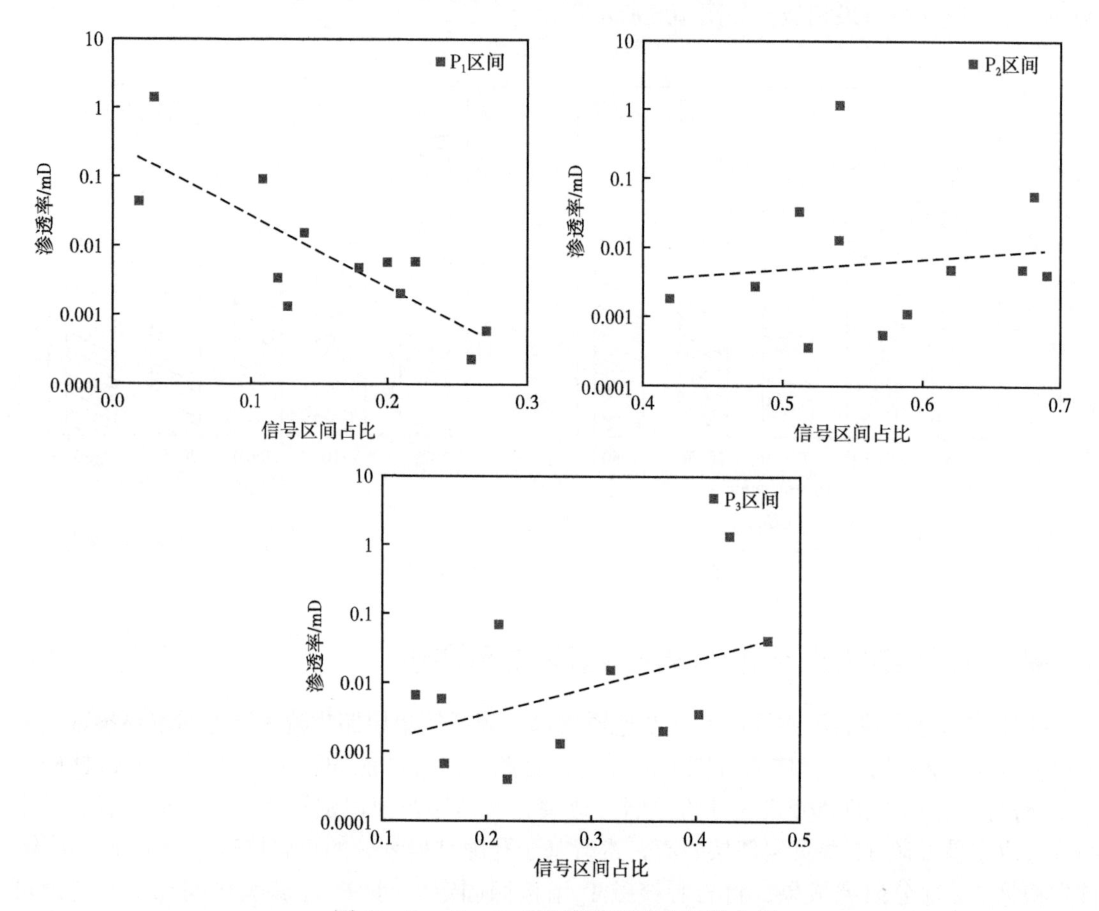

图 12　P_1、P_2、P_3 区间与渗透率相关性分析

4　现场应用情况分析

应用核磁共振参数与储层孔隙度及渗透率定量转换方法，对高邮凹陷 HY 区块阜二段系列岩心进行了实验室孔渗和核磁孔渗分析，数据对比如图 13 所示。

如图 13 所示，阜二段孔隙度分布较为平均，为 2.5%~8.1%，核磁孔隙度与实验室结果基本一致。两孔隙度交汇后如图 14 所示，两孔隙度呈现明显的线性关系，拟合直线斜率为 0.93，验证了低场核磁共振技术对页岩储层孔隙结构表征结果的准确性和可靠性。此外，图 13 中核磁渗透率与核磁可动流体饱和度分布趋势呈现较好的一致性，渗透率分布区间为 0.0001~0.02mD 之间，其中 3662~3665m，3675~3678m，3690~3700m 深度处岩心渗透性较好，且这些深度范围内储层可动流体饱和度较高，均大于 10%，有效验证了第 4 部分 P_3 区间信号面积与储层渗透率的相关关系。

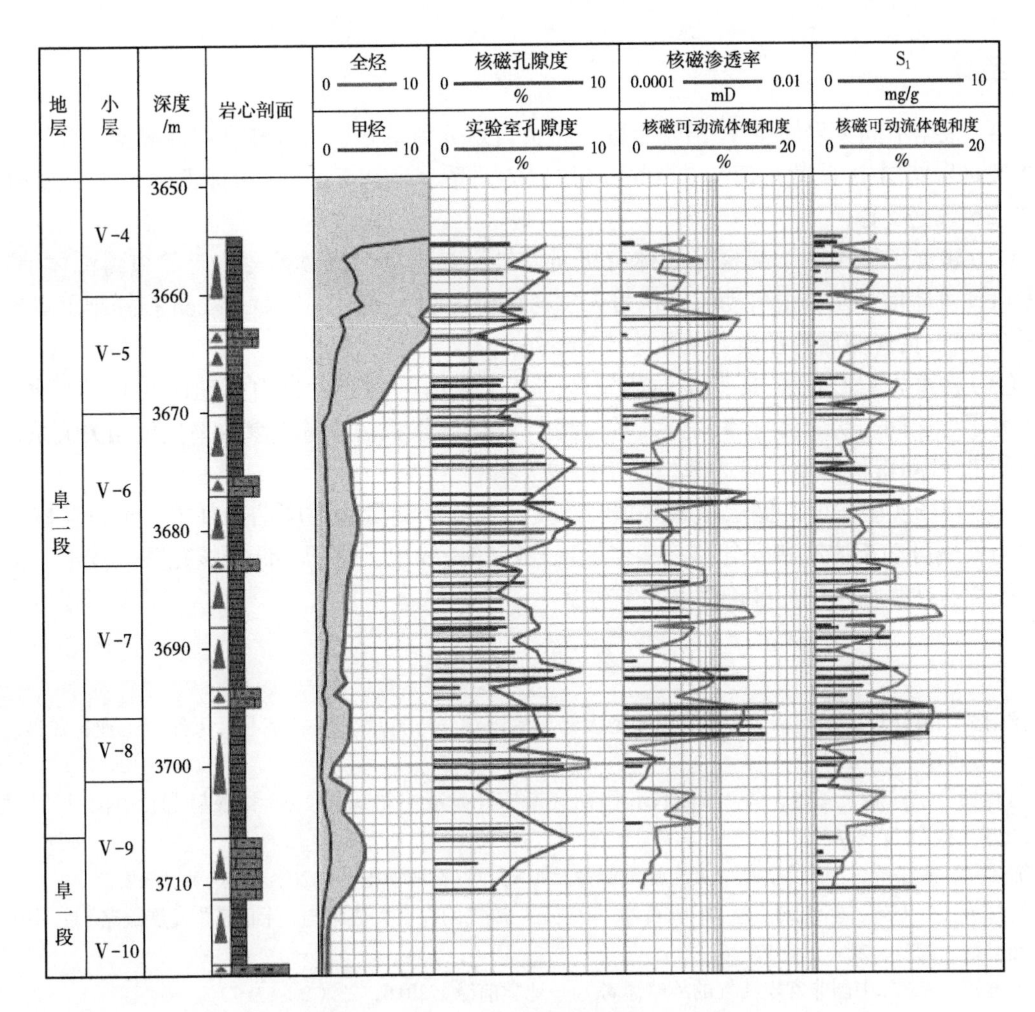

图 13　HY-1 井岩心核磁孔渗综合评价图

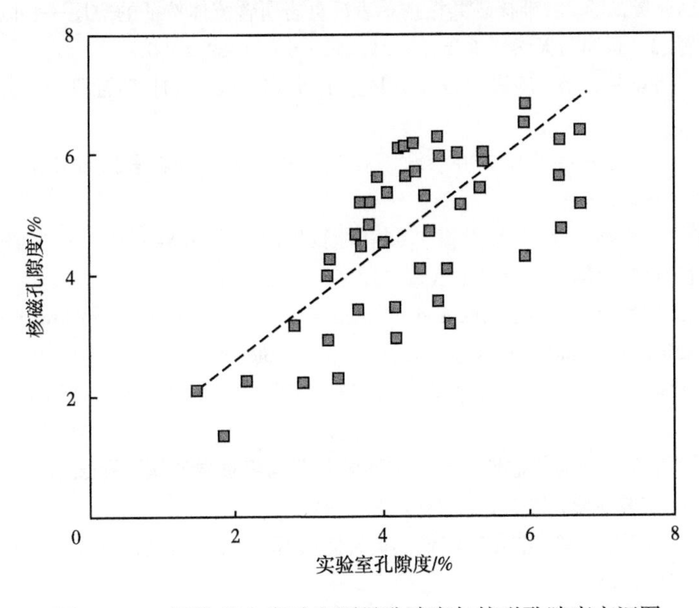

图 14　HY 区块岩心实验室测量孔隙度与核磁孔隙度交汇图

5 结论

（1）根据不同页岩储层 T_2 谱峰个数，将页岩划分为单峰型、双峰型和多峰型，分析了不同类型页岩储层中 T_2 截止值与 T_2 谱主峰位置的关系，为基于可动性的孔隙类型快速划分提供方法和数据支撑。

（2）建立了储层中干酪根等固体有机质信号、黏土束缚流体信号、毛管束缚流体信号、技术可动流体信号及自由可动流体信号识别与评价方法，并通过与 Qemscan 扫描结果对比明确了 T_2 值与页岩储层孔径换算系数为 5.3 nm/ms。

（3）将页岩岩心核磁 T_2 谱按照固定区间 P_1、束缚区间 P_2、自由可动区间 P_3 进行划分，并探究了各区间与页岩渗透率相关关系，其中 P_1 区间累积信号量与渗透率呈负相关关系，P_2 区间与 P_3 区间累积信号与渗透率呈现正相关关系。

（4）现场实验表明，储层核磁共振孔隙度与实验室测量孔隙度结果基本一致，且核磁渗透率与核磁可动流体饱和度分布趋势也呈现较好的一致性，验证了低场核磁共振技术对页岩储层孔渗特性表征结果的准确性和可靠性。

参 考 文 献

[1] 侯梅芳，潘松圻，刘翰林．世界能源转型大势与中国油气可持续发展战略 [J]. 天然气工业，2021，41（12）：9-16.

[2] 门相勇，王陆新，王越，等．新时代我国油气勘探开发战略格局与 2035 年展望 [J]. 中国石油勘探，2021，26（3）：1-8.

[3] 邹才能，潘松圻，荆振华，等．页岩油气革命及影响 [J]. 石油学报，2020，41（1）：1-12.

[4] 何海清，范土芝，郭绪杰，等．中国石油”十三五”油气勘探重大成果与”十四五”发展战略 [J]. 中国石油勘探，2021，26（1）：17-30.

[5] 康玉柱，周磊．中国非常规油气的战略思考 [J]. 地学前缘，2016，23（2）：1-7.

[6] 孙颖．核磁共振在页岩储层参数评价中的应用综述 [J]. 地球物理学进展，2022：1-18.

[7] 白龙辉，柳波，迟亚奥，等．二维核磁共振技术表征页岩所含流体特征的应用——以松辽盆地青山口组富有机质页岩为例 [J]. 石油与天然气地质，2021，42（6）：1389-1400.

[8] 白松涛，程道解，万金彬，等．砂岩岩石核磁共振 T_2 谱定量表征 [J]. 石油学报，2016，37（3）：382-391，414.

[9] 苑洪瑞，李洪山，杨森．核磁共振录井参数与孔隙结构关系及其在长庆油田的应用 [J]. 录井工程，2016，27（4）：31-36，92-93.

[10] 曹淑慧，汪益宁，黄小娟，等．核磁共振 T_2 谱构建页岩储层孔隙结构研究——以张家界柑子坪地区下寒武统牛蹄塘组的页岩为例 [J]. 复杂油气藏，2016，9（3）：19-24.

[11] LI J，LU S，CHEN G，et al. A new method for measuring shale porosity with low-field nuclear magnetic resonance considering non-fluid signals [J]. Marine and Petroleum Geology，2019，102：535-543.

[12] 孟昆，王胜建，薛宗安，等．利用核磁共振资料定量评价页岩孔隙结构 [J]. 波谱学杂志，2021，38(2)：215-226.

[13] 王剑，周路，靳军，等．准噶尔盆地吉木萨尔凹陷芦草沟组页岩油储层孔隙结构，烃类赋存及其与可动性关系 [J]. 石油实验地质，2021，43（6）：941-948.

[14] 姜振学，李廷微，宫厚健，等．沾化凹陷低熟页岩储层特征及其对页岩油可动性的影响 [J]. 石油学报，2020，41（12）：1587-1600.

[15] 李浩，陆建林，王保华，等．渤海湾盆地东濮凹陷陆相页岩油可动性影响因素与资源潜力 [J]. 石油实

验地质，2020，42（4）：632-638.

[16] 朱晓萌，朱文兵，曹剑，等. 页岩油可动性表征方法研究进展 [J]. 新疆石油地质，2019，40（6）：745-753.

[17] 苏玉亮，李东升，李蕾，等. 致密砂岩气藏地层水可动性及其影响因素研究 [J]. 特种油气藏，2020，27（4）：118-122.

[18] 赵青芳，王建强，陈建文，等. 下扬子区海相古生界高成熟烃源岩评价指标的优选 [J]. 地质通报，2021，40（2-3）：330-340.

[19] 向雪冰，司马立强，王亮，等. 页岩气储层孔隙流体划分及有效孔径计算——以四川盆地龙潭组为例 [J]. 岩性油气藏，2021，33（04）：137-146.

[20] 张冲，张超谟，张占松，等. 黏土束缚水对压汞毛管压力曲线的影响及校正 [J]. 科技导报，2014，32（2）：44-49.

[21] 张世懋. 致密气藏二维核磁共振测井模式设计与技术实践 [D]；西南石油大学，2018.

[22] 曹淑慧，汪益宁，黄小娟，等. 核磁共振 T_2 谱构建页岩储层孔隙结构研究——以张家界柑子坪地区下寒武统牛蹄塘组的页岩为例 [J]. 复杂油气藏，2016，（3）：19-24.

[23] 李立，庞江平，瞿子易. 钻探现场矿物自动化分析技术进展及应用前景 [J]. 天然气工业，2018，38（6）：46-52.

[24] 胡科先，王晓华. 各类储层孔隙度与渗透率关系研究 [J]. 石油化工应用，2014，33（11）：40-42.

东营凹陷页岩油“双甜点”录井解释评价方法研究

杜焕福，孙　鑫

（中石化经纬有限公司地质测控技术研究院）

摘　要：页岩油“双甜点”（地质甜点和工程甜点）评价是衡量页岩油是否具有开采价值的有效方法。基于录井的岩屑、岩心实物观察，气测、工程录井、岩石薄片、岩石热解、碳同位素、核磁共振、QemSCAN、显微荧光薄片、XRF、XRD 及试油资料，研究确定了东营凹陷沙三段下亚段、沙四段纯上亚段两套页油岩储层特性，储集空间主要为孔隙和微裂缝，含油气丰度高、地层压力系数高、流体可流动性好。从裂缝发育程度、脆性矿物的含量等方面评价了页岩油工程甜点（可压性）。优选了气测全烃、TOC、孔隙度、碳同位素分馏程度、地化 S_1、脆性矿物指数等录井特征参数，实现了录井地质甜点和工程甜点的定性及定量“四性”评价，建立了东营凹陷页岩油“双甜点”录井解释评价方法。该方法对东营凹陷页岩油“双甜点”录井解释评价具有一定的指导意义。

关键词：页岩油；地质“甜点”；工程“甜点”；录井特征参数；录井解释评价

我国页岩油资源丰富，是原油增储上产的重要接替领域[1-2]，主要分布于渤海湾盆地、四川盆地、松辽盆地、准噶尔盆地、鄂尔多斯盆地等，主要发育在古近系、白垩系、侏罗系、三叠系和二叠系等五套层系中。根据“十三五”资源评价结果，中石化页岩油地质资源量 90×10^8t，可采资源量 11×10^8t。其中，$R_o>0.7\%$（埋深＜4500m）页岩油资源量 65×10^8t；其中埋深小于 3500m 资源量 31×10^8t，是近期原油实现稳产上产最现实的资源。近年来，在东营凹陷的牛庄、博兴等洼陷“多点多类型”页岩油相继取得重大战略突破，创造了单井产能最高、成熟度最低、油最稠、埋藏最深的国内记录，展现了良好的勘探开发前景。FYP1 井在沙四上纯上亚段压后获最高日产油 171t，累计产油 10244t；NX55 井沙四段纯上亚段压后获最高日产油 69.6t，累产油当量 3653t；NY1-1HF 井沙四段上亚段钻井过程中钻遇裂缝，涌漏频发，油气显示活跃，自喷投产日油峰值 108t。

中外勘探实践表明，页岩油藏具有埋藏深度变化大、沉积相带变化快、岩相类型多、非均质性强、超低孔渗、成熟度变化大、原油性质变化大、黏土矿物含量高、地层压力系统复杂、自生自储、连续成藏等特点，页岩油成藏的关键要素是“甜点”的发育程度，甜点越发育，含油气性越好[3]。由于页岩油富集方式或储集空间发育演化不同，导致不同类型页岩油甜点的演化阶段是不一样；即使同一类甜点内部也存在较明显差异性，优选真正有利的“甜点”具有重要意义[4]。因此，建立录井“双甜点”定量评价模型对页岩地层高效钻井和压裂开发至关重要。

录井既是一项油气勘探技术，也是一项石油工程技术，是地质工程一体化的纽带，具有“多”（测量参数多）、“快”（分析速度快）、“好”（低风险）、“省”（低成本）的技术优势[5]。根据页岩油的地质特点及工程需求，结合国标（GB/T 38 718—2020）规定和东营凹陷页岩

作者简介：杜焕福，高级工程师，1971 年生，现在中石化经纬有限公司地质测控技术研究院从事复杂储层定测录导一体化研究工作。通信地址：山东省青岛市南区台湾路 4 号。E-mail：duhf8.osjw@sinopec.com

油勘探开发的需求，本文拟针对页岩油“双甜点”的含油性、储集性、可动性和可压性录井解释评价中精度低的问题展开探讨，为胜利油田在东营凹陷的页岩油高效勘探开发提供指导。

1 地质甜点录井解释评价方法研究

1.1 储集性评价

页岩油储集空间类型、大小和排布不仅影响页岩的物性，还影响页岩油气的原地赋存与聚集[6]。泥页岩中裂缝的存在有利于页岩油的储集和开采，因此裂缝是页岩油“双甜点”评价的重要指标[7]。系统岩心观察是识别裂缝和储集性评价最直接和有效的方法，同时通过薄片鉴定、铸体薄片、多维核磁共振、扫描电镜分析和岩矿扫描（RoqSCAN、QemSCAN矿物分析），可以有效获得不同岩相中不同孔径形态及大小分布和物性参数，建立不同尺度下微观孔隙类型。

NX55井富有机质纹层状灰质泥岩不同尺度下微观孔隙结构如图1所示。NX55井岩心多维核磁共振实测2.5%~15.8%，平均孔隙度8.7%，储集空间主要为孔隙，含有微裂缝，孔隙类型主要为矿物颗粒之间的晶间孔和碳酸盐溶蚀孔。从不同岩相对应的多维核磁图谱特征分析，纹层状岩相晶间孔较层状岩相发育程度低，但微裂缝较层状岩相相对发育。纹层状岩相微裂缝作为储集空间类型较发育，其中包括低角度、规模较小的纹层缝以及高角度、规模较大的构造缝，纹层缝为泥质、灰质纹层之间的夹缝，为主要的微裂缝类型。层状、块状岩相储集空间多为孔隙，主要是矿物晶间孔和碳酸盐溶蚀孔，铸体薄片和扫描电镜表明层状岩相中矿物颗粒（主要为方解石和石英）呈层状有规则的定向排列，块状岩相的矿物颗粒则分布零散，没有规律。

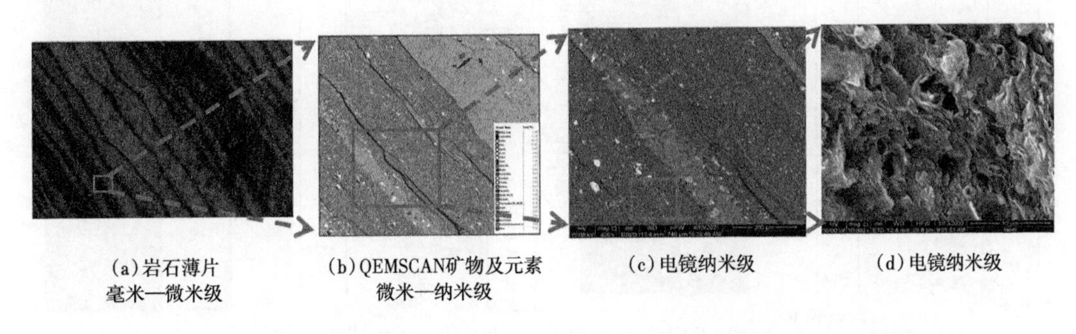

（a）岩石薄片 毫米—微米级　（b）QEMSCAN矿物及元素 微米—纳米级　（c）电镜纳米级　（d）电镜纳米级

图1 NX55井井深3784.00 m富有机质纹层状灰质泥岩不同尺度下微观孔隙类型

1.2 含油性评价

录井利用气测、显微荧光薄片、岩石热解地化、定量荧光、核磁共振、碳同位素、伽马能谱等技术组合，对含油气性进行综合评价。

（1）气测录井。

气测录井是于井口连续检测地层含油气量的技术，测量的是钻井液携带的油气，而钻井液中油气来源于被钻头破碎岩石孔隙赋存的油气和井壁地层渗入钻井液的油气。气测录井是识别油气层最直观的依据，也是油气层综合解释评价的基础。气测录井检测全烃值定性评价泥页岩中的游离油气含量，全烃值越高，游离油气含量越高。东营凹陷钻遇沙三段下亚段—沙四上亚段烃源岩气测资料上会有明显的异常显示，其显示幅度与页岩油的含油气性呈正相关，气测全烃异常显示多在 10% 以上，最高可达 100%，表明存在大量游离油气。如 NX55、N52、GX26、NY1 等井气测全烃显示为 20%~100%，具有游离油气丰度高的特征。

（2）碳同位素录井。

碳同位素录井是一种在油气勘探开发现场的快速、连续、准确、经济获取同位素信息的新型录井技术，对地质条件下油气藏的发现和检测提供了实时和连续的地球化学表征，为录井工作提供了全新的数据来源和数据解释 [8]。应用碳同位素录井技术，根据不同时间序列下碳同位素的变重程度（表征压力高）、碳同位素计算的含油气丰度判断页岩油甜点段。基于碳同位素储层含油气丰度计算模型，可以得到相对含气量、相对含油量和基质渗透系数用于含油气丰度评价。YYP1 井和 C113-X2 井碳同位素储层含油气丰度计算模型评价如图 2 所示，从 YYP1 井与 C113-X2 井碳同位素储层含油气丰度计算模型评价图上可以看出，YYP1 井含油气丰度高于 C113-X2 井，YYP1 井压后日产油峰值 93.1t，C113-X2 井压后日产油 5.0t。

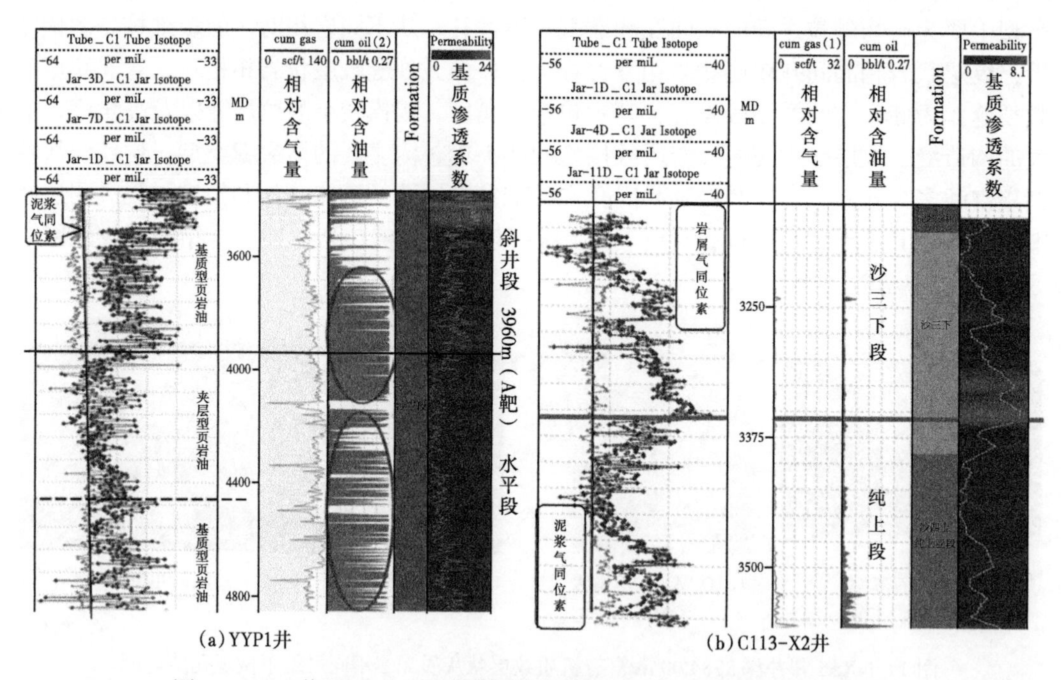

(a) YYP1井　　(b) C113-X2井

图 2　YYP1 井和 C113-X2 井碳同位素储层含油气丰度计算模型评价图

（3）显微荧光薄片录井。

显微荧光薄片可定性直观分析页岩油赋存状态，如图 3 所示，YYP1 井赋存于方解石晶体间充填油为粒间含油型；NX55 井赋存灰岩纹层和颗粒间，顺层理布型；C113-X2 井大面积浸染型，少量微裂缝含油。评价页岩油产出能力 YYP1 井＞ N55 井＞ C113-X2，三口井的试油证实了此结论。

（4）核磁共振录井。

页岩油核磁共振的测量对象是钻井液和岩样（岩心、岩屑），地层的含油量由钻井液的含油量与岩屑（岩心）的含油量组成。钻井液含油性核磁共振录井仪实现了“油中油”的准确判识，建立了油基钻井液中地层含油量的一维、二维核磁共振评价模型与原油密度评价模型[9-11]。T_1-T_2二维核磁共振无需对样品进行处理，通过一次测量就能实现页岩油储层多组分的识别与饱和度的评价，并能评价储层的物性[6]。通过二维核磁共振可以定量评价页岩油的含油量，柳波等实验测得的页岩含油饱和度可达80%，平均含油饱和度为54%，含油量可达5μL/g[12]。

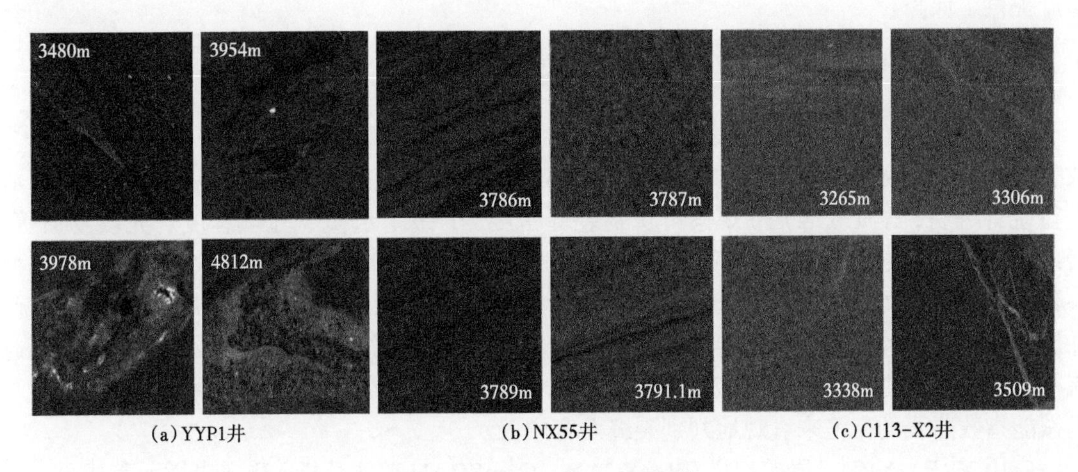

图3　显微荧光薄片对比图像

（5）岩石热解地化录井。

胜利油田通过大量泥页岩样品游离油含量实验测试分析，结合生产实践数据统计，认为利用岩石热解地化S_1和由S_2计算得到有机碳含量（C_{t0}）能够较好的评价页岩油游离油含量。新型的基于现场低温密闭破碎技术的页岩含油量检测仪可准确检测易逸散的S_g和S_0含量，提高了岩石热解地化可动油定量分析精度。

1.3　可动性评价

页岩油的可动性评价还没有规范的方法和标准，通过对济阳坳陷页岩油岩心样品的实验分析及研究，利用页岩油分子组成与页岩含油性及页岩油赋存空间的耦合关系，建立了表征页岩油可动性的分子地球化学评价参数模型，页岩油流动孔喉下限半径在20nm左右[13]。铸体薄片、多维核磁共振、扫描电镜分析和岩矿扫描（RoqSCAN、QemSCAN矿物分析）等录井技术是评价页岩油储层微观特征的主要技术手段。

胜利油田页岩油原油密度多分布在0.745~0.93g/cm^3，原油黏度在0.74~208mPa·s之间，具有密度高、黏度大的物性特征，其可动性如何决定了页岩油富集程度和地质甜点的好坏，通常烃类可动部分用岩石热解地化S_1表示，主要的参考指标是S_1/TOC大于10%或S_1大于1mg/g，表明页岩油富集具有动态运移的特征[7]。NX55井沙三段下亚段TOC多在4%~10%，平均6%，沙三段下亚段S_1多在4~11 mg/g，平均7mg/g，S_1/TOC为12%；沙四段纯上亚段TOC多在2%~5%，平均3%；沙四段纯上亚段S_1多在3~6mg/g，平均5mg/g，S_1/TOC为16%，表明井区页岩油可动性较好。

夹层是页岩油稳定渗流的有利条件，优质烃源岩夹层不仅是储集页岩油的场所，更是页岩油输导通道，可以反映页岩油的可动程度的高低[14]。录井的页油岩类型及岩相判识可以较准确识别页岩油夹层，辅助评价页岩油可动性。

地层压力系数高、流体可流动性好。东营凹陷沙四段上亚段—沙三段下亚段泥页岩正处于生油高峰期，受生烃增压的控制，其内发育的泥页岩绝大部分存在异常高压，异常压力为页岩油运移提供了动力。东营凹陷沙四段上亚段—沙三段下亚段页岩油地层压力系数在1.2~2.0之间。如牛庄洼陷沙三段下亚段、沙四段整体为异常高压，压力系数一般在1.5以上，局部区域压力系数大于1.8，NX55井试油段压力系数在1.65以上，异常高压为页岩油富集高产提供了保障。

2 工程甜点录井解释评价方法研究

地层的可压性可以用裂缝发育程度、脆性（脆性指数或脆性矿物含量）和应力差3个参数表征。对于裂缝发育程度，录井最直接最有效的方法是观察岩心（岩屑）或通过扫描岩心进行统计分析，岩心（岩屑）观察可识别裂缝密度、产状、缝宽、充填程度、充填物质等；岩矿鉴定、扫描电镜可镜下观察识别微裂缝、纹层形态及发育情况等；其次是可以通过钻井参数间接判断，如气测曲线形态多呈尖峰状，工程异常判别法出现井漏、井涌等异常情况，井漏时的钻井液流量曲线形态等；也可以根据钻时、机械能指数判断裂缝发育程度，岩石越疏松，缝洞越发育，钻井的机械效率越高，机械能指数高；综合利用钻时曲线、全烃曲线与机械能指数曲线的交汇来直观地判别裂缝发育层段。

应用XRF、XRD、岩矿扫描（RoqSCAN、QemSCAN矿物分析）测定岩样元素成分、矿物含量计算脆性矿物的含量，如利用元素录井检测样品中的Ca、Mg、Si等元素含量，计算脆性指数对页岩油层的脆性进行纵向评价；应用岩屑声波技术，根据杨氏模量和泊松比等岩石力学等参数，评价页岩油工程甜点。

如牛庄洼陷页岩油碳酸盐含量高，平均为55%，集中在40%~75%，黏土矿物含量平均为20%，长英质含量平均为25%；伊利石含量平均49%，伊蒙混层含量平均50%。沙三段下亚段杨氏模量较低，破裂压力高，脆性指数27，可改造性中等；沙四段纯上亚段脆性指数44，可改造性相对较好。

3 页岩油“双甜点”关系与综合评价方法的建立

通过页岩油含油性、储集性、可动性与可压性“四性”评价，认为含油性、储集性是页岩油的物质基础，利用气测全烃及组分含量、地化TOC、含油饱和度等评价有没有页岩油；岩相、孔隙度、裂缝、地层压力等评价有多少页岩油。可动性是页岩油高产的关键，利用碳同位素分馏程度、R_o、S_1、裂缝等评价有多少可流动的页岩油。可压性是页岩油改造的必要条件，通过BI指数、脆性矿物含量、裂缝、破裂压力等评价有多少技术可动用页岩油。发挥录井技术及时、快速、全面、适应性强的优势，初步建立了东营凹陷页岩油“双甜点”录井解释评价方法。

FYP1井页岩油“双甜点”录井解释评价如图4所示，“双甜点”录井解释评价了Ⅰ类层195m/8层，Ⅱ类层722m/27层，Ⅲ类层1183m/37层。该井压裂了30段，共加入CO_2为5708t、加砂量为3763m^3、压裂液量为83443m^3。示踪剂监测显示，产量最高的是第11段，产量贡献率为7.3%；最低的是第1段，产量贡献率为0.97%；整体上，“双甜点”井段加砂量和产量相对更高，“单甜点”或“非甜点”段难压裂或产量相对较低，优选“双甜点”是页岩油富集高产的主控因素之一（表1）。

表 1　东营凹陷页岩油“双甜点”录井解释评价表

分类	岩性组合	含油性				储集性		可动性			可压性		
		TOC/%	气测全烃	岩屑气组分含量	含油饱和度 /%	孔隙度 /%	裂缝发育情况	碳同位素分馏程度	R_o/%	S_1/（$mg \cdot g^{-1}$）	BI 指数	脆性矿物 /%	矿物脆性指数
Ⅰ类	富含有机质纹层状泥质灰岩、层状泥质灰岩夹砂岩、泥质砂岩、云灰岩、泥灰岩等	≥ 4	气测全烃大于 70%、上升幅度 3 倍以上，槽面显示活跃	高	＞ 65	≥ 10	井涌井漏严重，微裂缝发育	高	＞ 0.7	＞ 3	＞ 60	＞ 70	0.5~0.8
Ⅱ类	富含有机质纹层状灰质泥岩夹砂岩、泥质砂岩、云灰岩、泥灰岩等	2~4	气测全烃大于 50%，上升幅度 1~2 倍	中	50~65	8~10	偶发井涌井漏，微裂缝较发育	中	＞ 0.5	2~3	40 ＜ BI ＜ 60	55~70	0.3~0.5
Ⅲ类	含有机质的层状、块状灰质泥岩夹泥质砂岩、泥灰岩、云质泥岩、灰质泥岩等	1~2	录井一般无明显显示	低	40~50	5~8	无	低	＞ 0.5	1~2	＜ 40	40~55	0.1~0.3

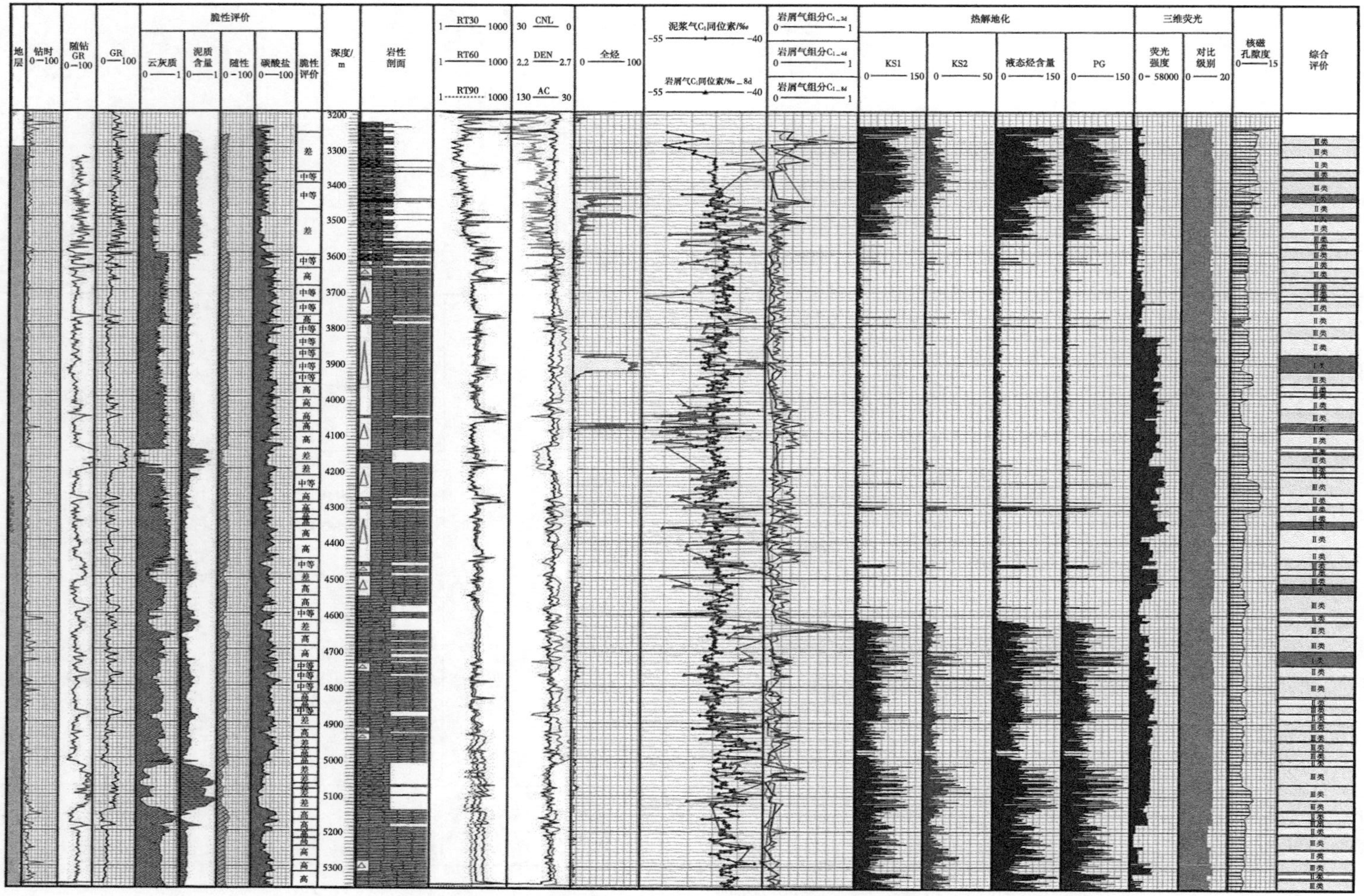

图 4　FYP1 井页岩油“双甜点”录井解释评价图

4 结论

（1）提出了东营凹陷页岩油地质甜点录井解释评价方法，研究表明沙三段下亚段、沙四段上纯亚段两套页油岩储集空间主要为孔隙和微裂缝，含油气丰度高、地层压力系数高、流体可流动性好，并从裂缝发育程度、脆性矿物的含量等方面确定了页岩油工程甜点评价方法。

（2）通过各项录井技术的综合应用，优选了气测全烃、TOC、孔隙度、碳同位素分馏程度、地化 S_1、脆性矿物指数等录井特征参数，实现了录井地质甜点和工程甜点的定性及定量“四性”评价，建立了东营凹陷页岩油“双甜点”录井解释评价方法。

（3）NX55、FYP1、NY1-1HF 等井现场应用证明，该方法能够及时解释评价页岩油“双甜点”，有效地指导页岩油井压裂方案设计。

参 考 文 献

[1] 孙焕泉，蔡勋育，周德华，等.中国石化页岩油勘探实践与展望 [J]. 中国石油勘探，2019，24（5）：569–575.

[2] 杨雷，金之钧.全球页岩油发展及展望 [J]. 中国石油勘探，2019，24（5）：553–559.

[3] 张顺.济阳坳陷页岩油富集要素及地质甜点类型划分 [J]. 科学技术与工程，2021，21（2）：504-511.

[4] 张顺，刘惠民，刘雅利，等.渤海湾盆地济阳坳陷页岩油地质甜点类型划分 [J]. 地质论评，2021，67（1）：237-238.

[5] 王志战，杜焕福，李香美，等.陆相页岩油录井重点发展领域与技术体系构建 [J]. 石油钻探技术，2021，49（4）：1-8.

[6] 王红伟，段宏亮.盐城凹陷阜二段页岩油形成条件及富集规律研究 [J]. 复杂油气藏，2016，9（3）：14-18.

[7] 宁方兴，王学军，郝雪峰姜，等.济阳坳陷页岩油甜点评价方法研究 [J]. 科学技术与工程，2015，35：11-16.

[8] 牛强，瞿煜扬，慈兴华，等.碳同位素录井技术发展现状及展望 [J].2019，30（3）：8-15.

[9] LI Sanguo，XIAO Lizhi，LI Xin，et al. A novel NMR instrument forreal time drilling fluid analysis[J]. Microporous and MesoporousMaterials，2018，269：138–141.

[10] WANG Zhizhan，QIN Liming，LU Huangsheng，et al. Determiningthe fluorescent components in drilling fluid by using NMRmethod[J]. Chinese Journal of Geochemistry，2015，34（3）：410-415.

[11] 王志战，魏杨旭，秦黎明，等.油基钻井液条件下油层的 NMR 判识方法 [J]. 波谱学杂志，2015，32（3）：481-488.

[12] 柳波，孙嘉慧，张永清，等.松辽盆地长岭凹陷白垩系青山口组一段页岩油储集空间类型与富集模式 [J]. 石油勘探与开发，2021，48（3）：521-535.

[13] 蒋启贵，黎茂稳，马媛媛，等.页岩油可动性分子地球化学评价方法—以济阳坳陷页岩油为例 [J]. 石油实验地质，2018，40（6）：0849-0854.

[14] 单程程.渤南洼陷沙三下亚段页岩油综合评价 [J]. 中国石油大学胜利学院学报，2021，35（1）：16–21.

川北阆中地区下侏罗统储层特征及页岩油潜力分析

王　同，欧阳嘉穗

（中石化股份有限公司西南油气分公司）

摘　要：通过岩心观察、薄片鉴定、扫描电镜分析、物性测试、岩石热解等技术手段，以川北阆中地区下侏罗统自流井组细粒沉积岩为研究对象，开展了下侏罗统不同层段储层物性特征、储集空间类型、孔隙结构等方面的研究，明确了下侏罗统大安寨段孔隙度主要分布在0.92%~9.3%，平均5.6%，并且通过对比分析明确了大安寨段物性要好于千二段和东岳庙段。自流井组细粒沉积物孔隙空间类型在不同层段相差不大，以有机孔、粒间孔、粒内孔，局部溶孔和微裂缝为主。随着埋深增大，细粒沉积物孔隙空间具有向微孔、介孔转化的趋势。通过地球化学分析，明确了自流井组发育中等—好品质烃源岩。川北阆中地区下侏罗统千二段、大安寨段、东岳庙段、珍珠冲段岩心实测TOC主要分布在0.25%~4.25%。千二段页岩TOC值主要分布在0.1%~4.0%，平均2.12%。东岳庙段泥页岩TOC值主要分布在0.25%~4.0%，分布范围较大，平均值在1.5%左右。自流井组大安寨段储层特征、页岩油潜力要好于千二段、东岳庙、珍珠冲段，总体上以Ⅱ$_2$-Ⅲ有机质为主，R_o为0.9%~1.1%，处于生油阶段，页岩油潜力较大。

关键词：细粒沉积物；大安寨段；储层特征；自流井组；阆中地区

页岩油是指赋存在页岩层系内泥页岩与致密砂岩或碳酸盐岩的石油资源。根据美国能源信息署（EIA）预测，该类非常规资源勘探潜力巨大，已成为全球油气勘探开发的热点[1-3]。随着水平井和体积压裂技术的进步，我国的页岩油开发得到了快速发展[3-7]。

国内外对于页岩油主要从源—储关系、烃源岩厚度（＞30m）、有机质丰度（＞2%），类型（Ⅰ-Ⅱ$_1$）型，成熟度（＞0.8%），储层厚度、储层类型（裂缝型，孔隙型等），以及储层物性条件等方面来开展地质评价与研究[8-10]，并且取得了一定的进展。在勘探实践中发现，我国陆相页岩油与美国海相页岩油有着明显的区别，我国的陆相页岩具有埋深较大、沉积较厚、分布较广等特点[11-13]。在页岩油烃源岩母质、演化、页岩油品质和单井产能方面，我国陆相页岩油主要是中质 - 重质油，单井累计产能总体较低，其烃源岩母质热演化程度总体较低，类型为Ⅰ型和Ⅱ$_1$-Ⅲ型，如四川盆地自流井组大安寨段页岩油，具有挥发性油藏特征，含蜡量较高，黏度较大，总体上页岩油开采难度较大。

在我国不同的页岩油勘探层系中，湖相页岩油层系沉积往往在岩性、矿物成分、源储关系、原油物性变化等方面表现出更为复杂的特点，普遍具有混合沉积特征，源储紧邻，储层致密，原油密度与黏度在空间上有较大变化[14-18]。因此本次研究选取四川盆地阆中地区自流井组不同层段泥页岩储层进行对比研究，分析不同层段泥页岩储层在物性特征、储集空间类型、孔隙结构、有机地化特征等方面的差异性，最终明确自流井组各层段页岩油潜力的差异性，为勘探开发目标选择提供依据。

1　区域地质概况

四川盆地位于扬子地台西部，是一个在上扬子克拉通基础上发展起来的叠合盆地。由川西坳陷、川中隆起、川东高陡和川南低陡4个一级构造单元组成，以西部龙门山，北部米仓上和大巴山，东部齐耀山，南部娄山为界[20-22]（图1）。四川盆地早侏罗世，龙门山逆冲推覆作用减弱，米仓山—大巴山逆冲推覆运动活跃，导致四川盆地沉积中心由龙门山前缘向米仓山—大巴山转换。

实钻证明，研究区侏罗系地层发育完全，未见明显缺失。川西地区地表出露地层为下白垩统剑门关组第四系，阆中—南部地区地表出露上侏罗统蓬莱镇组，局部区域被第四系覆盖。研究区侏罗系包括上侏罗统蓬莱镇组，中侏罗统遂宁组、上沙溪庙组、下沙溪庙组、千佛崖组，下侏罗统自流井组（图1）。

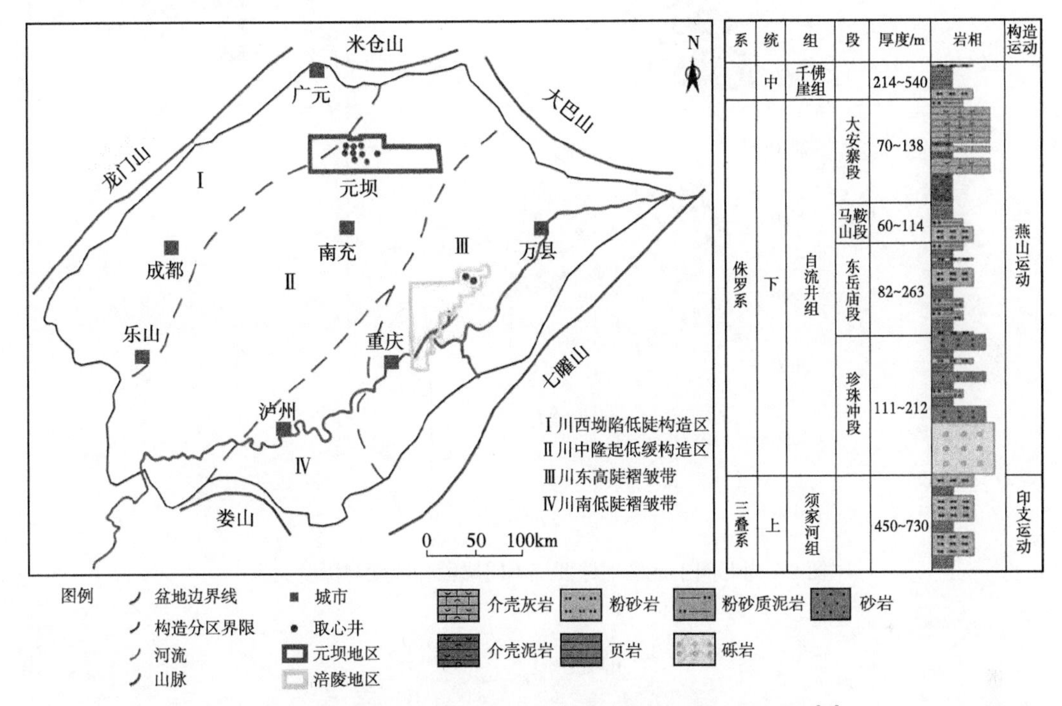

图1 四川盆地构造单元划分与自流井组地层综合柱状图[19]

依据前人在沉积相方面的研究成果，下侏罗统自流井组地层是在印支晚幕运动后形成的湖相泥页岩与粉砂、灰岩互层的半深湖—浅湖沉积，其物源多数来自北部米仓山构造带。中上侏罗统，盆地湖平面逐渐变浅，盆地内部主要发育河流—三角洲沉积环境。研究区为四川盆地为阆中地区下侏罗统自流井组，地层自下而上可以分为珍珠冲段、东岳庙段、马鞍山段和大安寨段。

2 储层特征

2.1 物性特征

依据实验数据分析，纵向上大安寨二亚段物性最优，泥页岩物性明显优于石灰岩，川西、川北地区整体相当；东岳庙段泥页岩孔隙度略低于大二亚段；川北阆中地区千二段物性较差。

川北阆中地区下侏罗统千二段、大安寨段、东岳庙段主要以黑色、灰色泥页岩，黑灰色泥页岩夹介壳灰岩为主，大安寨段孔隙度主要分布在0.92%~9.3%，平均5.6%（图2），大安寨段渗透率主要分布在0.0017~0.3mD，平均0.12mD（图3）；为了更加明确物性纵向分布特征，将大二亚段分为五个小层，通过对比发现大二亚段⑤小层孔隙度主要分布在 6.0%~8.0% 之间，大二亚段④小层次之，④、⑤小层孔隙度明显高于其他小层（图 4）。千二段泥页岩孔隙度主要分布在 0.5%~5%，其中主要分布在 1.0%~2.0%，东岳庙段主要分布在 1.0%~6.5%，孔隙分布范围较大，在 4% 附近比较集中。

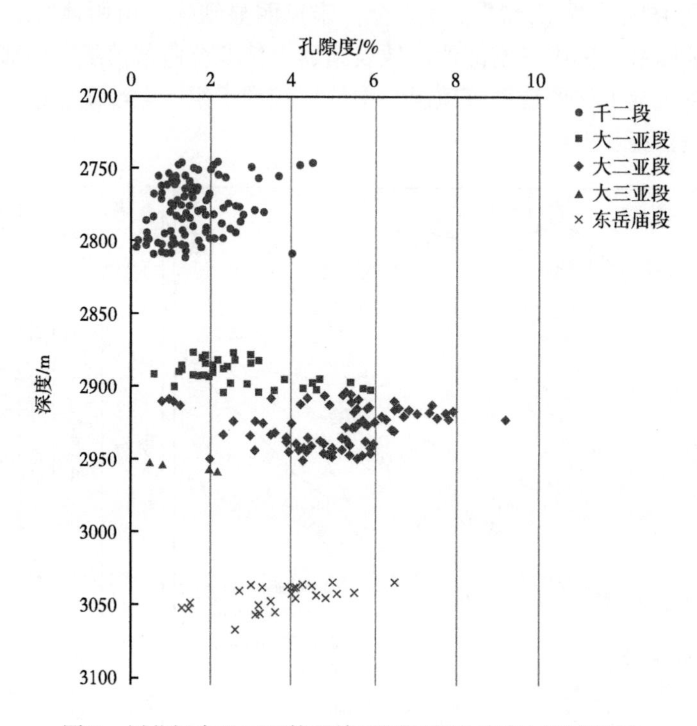

图 2　川北阆中地区下侏罗统不同层段孔隙度与深度关系

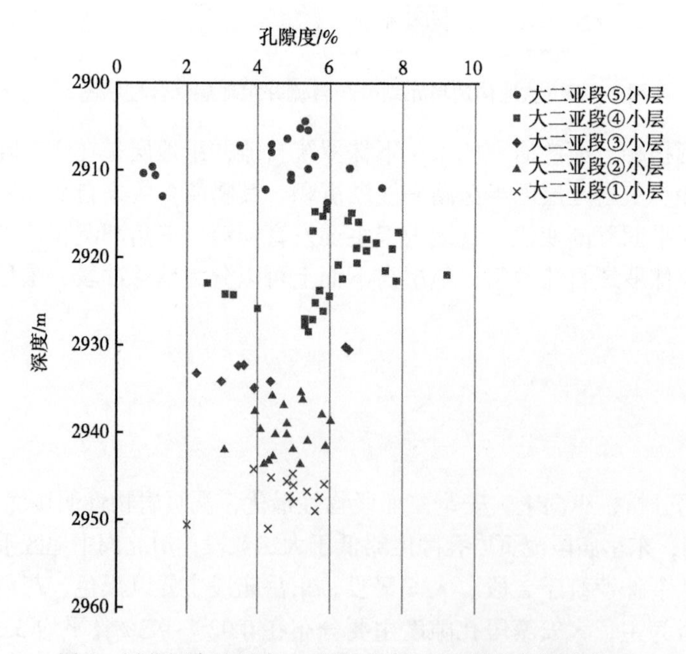

图 3　川北阆中地区大二亚段不同小层孔隙度与深度关系

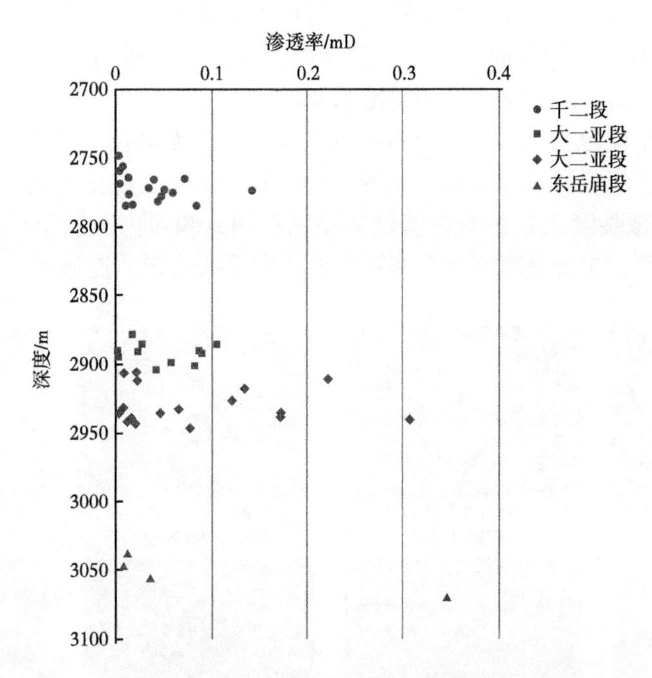

图 4　川北阆中地区下侏罗统不同层段渗透率与深度关系

依据川北阆中地区下侏罗统千二段、大安寨段、东岳庙段物性分析结果，大二段储层物性明显高于其他层段，其中的④、⑤小层物性要优于其他小层，可作为勘探开发的重点层段。

2.2　储集空间类型

（1）大安寨段。

灰岩较为致密，原生孔隙发育程度低，储集空间主要为次生溶孔、溶蚀孔洞及多种尺度裂缝（图 5）。晶间溶孔直径 0.06~0.19mm，分布稀疏、发育不均；粒内溶孔主要分布在生物

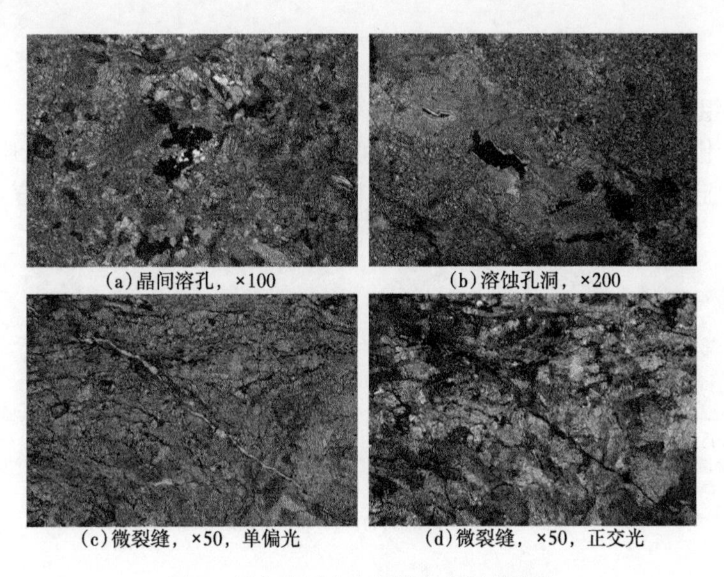

（a）晶间溶孔，×100　（b）溶蚀孔洞，×200

（c）微裂缝，×50，单偏光　（d）微裂缝，×50，正交光

图 5　川北地区大安寨段灰岩显微照片

碎屑颗粒内，孔径 0.01~0.03mm，由瓣鳃类和腕足类溶蚀而成，连通性差，部分粒内溶孔沿孔隙内充填有富含有机质的泥质。溶蚀孔洞是由溶蚀作用形成的，孔径 0.02~0.2mm，在少数介壳灰岩中发育，由亮晶方解石胶结物溶蚀而成。

泥页岩内储集空间包括无机孔、有机孔及微裂缝，以无机孔及微裂缝为主，孔隙形态多呈不规则状（图 6）。无机孔类型多样，见脆性矿物粒内溶孔、黏土矿物孔、生屑溶孔等，以黏土矿物孔为主。微裂缝主要发育在脆性矿物颗粒间、颗粒内、黏土矿物颗粒和有机质内部。有机孔少量发育，主要呈孤立状分布在有机质内部或边缘，连通性较差。

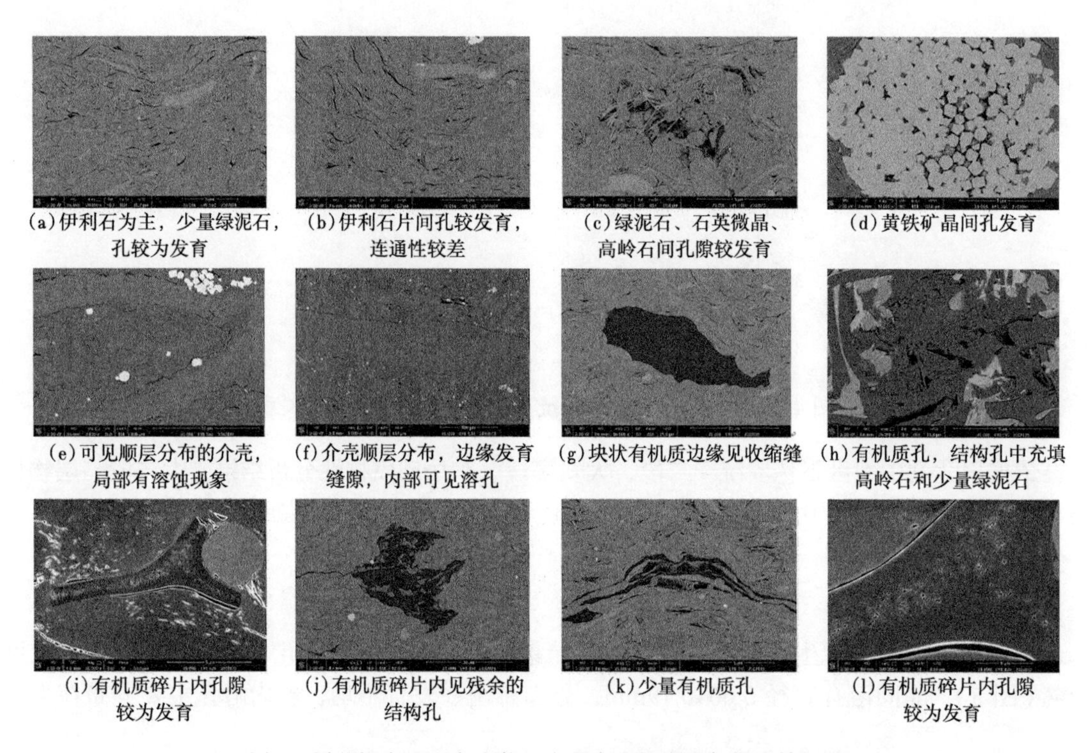

(a)伊利石为主，少量绿泥石，孔较为发育　(b)伊利石片间孔较发育，连通性较差　(c)绿泥石、石英微晶、高岭石间孔隙较发育　(d)黄铁矿晶间孔发育

(e)可见顺层分布的介壳，局部有溶蚀现象　(f)介壳顺层分布，边缘发育缝隙，内部可见溶孔　(g)块状有机质边缘见收缩缝　(h)有机质孔，结构孔中充填高岭石和少量绿泥石

(i)有机质碎片内孔隙较为发育　(j)有机质碎片内见残余的结构孔　(k)少量有机质孔　(l)有机质碎片内孔隙较为发育

图 6　川北阆中地区自流井组大安寨段泥页岩扫描电镜照片

（2）千佛崖组二段。

阆中地区千佛崖组二段泥页岩内储集空间包括无机孔及微裂缝，有机质孔隙发育较少，其中无机孔以黏土矿物层间孔为主，局部可见微裂缝填隙状有机质部分发育（图 7）。

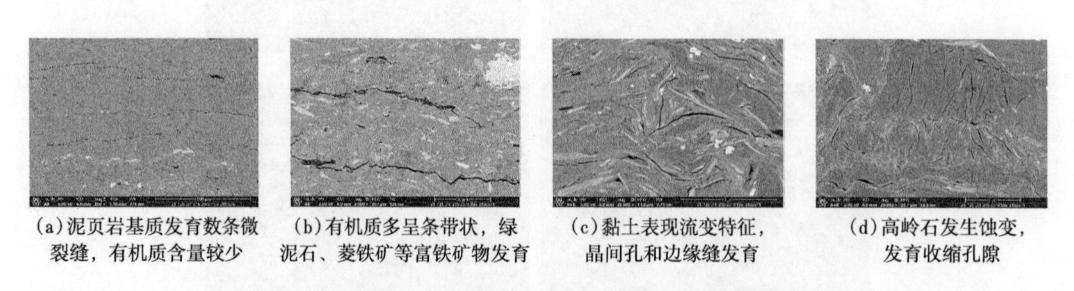

(a)泥页岩基质发育数条微裂缝，有机质含量较少　(b)有机质多呈条带状，绿泥石、菱铁矿等富铁矿物发育　(c)黏土表现流变特征，晶间孔和边缘缝发育　(d)高岭石发生蚀变，发育收缩孔隙

图 7　川北阆中地区自流井组千二段泥页岩扫描电镜照片

（3）东岳庙段。

东岳庙段泥页岩孔隙主要发育黏土矿物层间孔隙、沥青孔隙、粒内孔、粒缘缝及少量裂

缝，泥页岩基质黏土矿物主要以层间孔隙为主，受到应力作用发生变形，其中部分黏土矿物晶间孔被沥青质充填；有机孔隙主要发育在沥青块体中，主要为迁移有机质，有机孔隙发育较少；粒内孔隙主要为方解石、石英颗粒中发育的溶蚀孔隙，孔隙较小一般为65~300nm，孔隙形状较为规则，主要为近圆状或椭圆形；粒缘缝主要有边缘收缩缝和较为平直的构造缝（图8）。

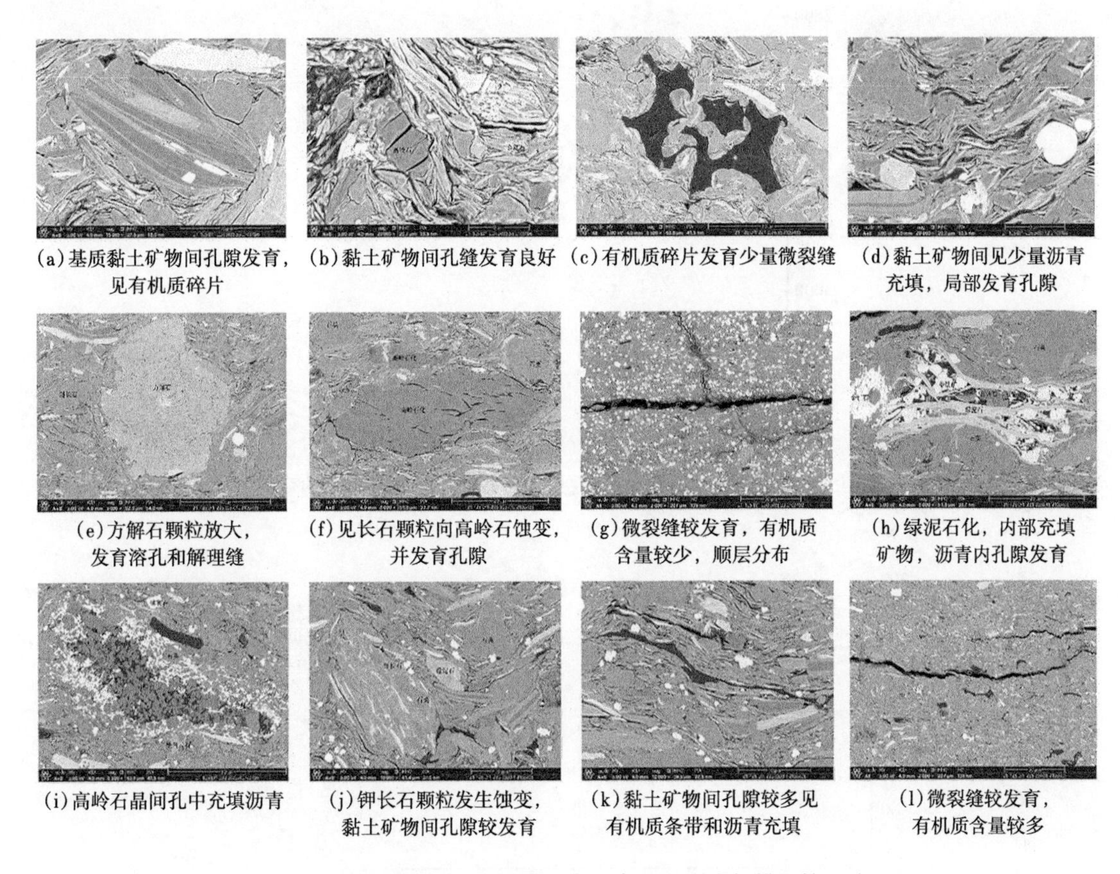

(a)基质黏土矿物间孔隙发育，见有机质碎片　(b)黏土矿物间孔缝发育良好　(c)有机质碎片发育少量微裂缝　(d)黏土矿物间见少量沥青充填，局部发育孔隙

(e)方解石颗粒放大，发育溶孔和解理缝　(f)见长石颗粒向高岭石蚀变，并发育孔隙　(g)微裂缝较发育，有机质含量较少，顺层分布　(h)绿泥石化，内部充填矿物，沥青内孔隙发育

(i)高岭石晶间孔中充填沥青　(j)钾长石颗粒发生蚀变，黏土矿物间孔隙较发育　(k)黏土矿物间孔隙较多见有机质条带和沥青充填　(l)微裂缝较发育，有机质含量较多

图8　川北阆中地区自流井组东岳庙段泥页岩扫描电镜照片

2.3　孔隙结构特征

根据阆中地区下侏罗统样品高压压汞数据，筛选出相关压汞参数对页岩孔隙结构进行表征。排驱压力反映非润湿相进入岩样时的压力，排驱压力较小，对应最大孔隙喉道半径相对较大。总体上在不同页岩层段中，随着埋深的增加，阆中地区不同层段排驱压力呈现增大的趋势，反映成岩压实作用对孔隙的破坏作用，岩石最大孔隙喉道相应变小。

千二段排驱压力相对集中，主要分布在15~30MPa。大安寨段排驱压力分布范围较为广泛，主要分布在10~45MPa，反映大安寨段孔隙结构非均质性较强。在大一亚段页岩排驱压力主要分布在21.2~35.9MPa，总体排驱压力较大（图9）。黑色页岩排驱压力表现出明显的差异性，可能是由于孔隙结构的差异性引起。

通过对千二段、大安寨段、东岳庙段不同岩性结构特征开展分析，总体上中值压力随着排驱压力的增加而呈现增加的趋势，黑色页岩和黑色页岩夹灰质条带排驱压力与中值压力之间的正相关性表现较为明显（图10）。

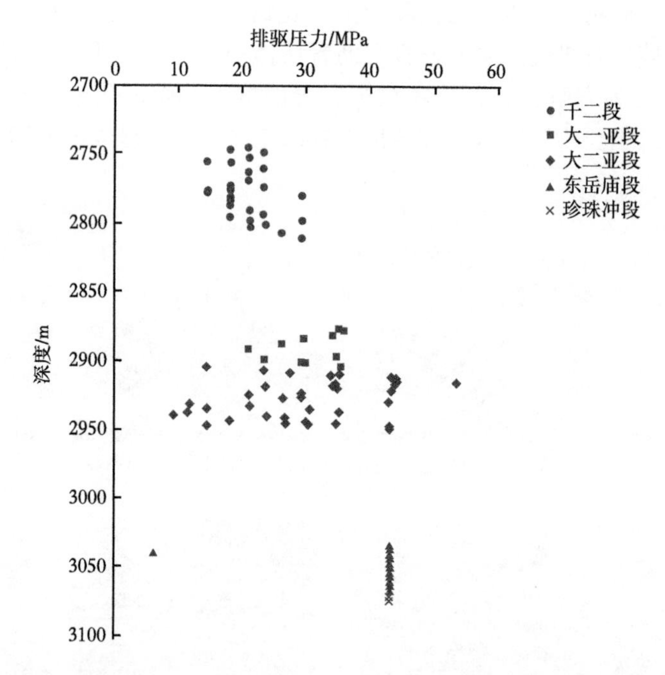

图 9　川北阆中地区下侏罗统不同层段压汞排驱压力随深度的变化关系

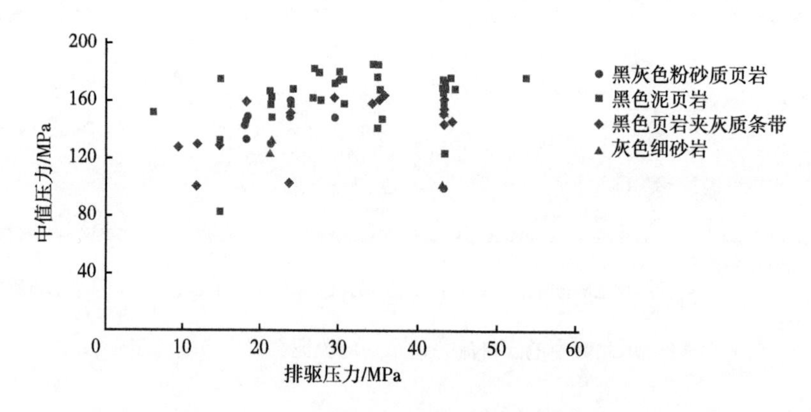

图 10　川北阆中地区大安寨段压汞排驱压力与中值压力的变化关系

根据阆中地区共计 143 个样品的氮气吸附－脱附测试数据，采取 BET 模型和 BJH 模型分别计算测试样品的比表面积和孔体积，结果表明，所有下侏罗统页岩测试样品比表面积为 0.1396~8.5204m^2/g，其中千二段和东岳庙段页岩储层比表面积要高于大安寨段。千二段微孔体积主要分布在 0.03×10^{-3}~$2.6\times10^{-3}cm^3/g$，介孔体积主要分布在 0.53×10^{-3}~$7.91\times10^{-3}cm^3/g$，大孔体积主要分布在 0.46×10^{-3}~$2.93\times10^{-3}cm^3/g$；大安寨段孔体积分布较为广泛，总体上介孔孔体积最大，一般为 1.26×10^{-3}~$8.63\times10^{-3}cm^3/g$，微孔孔体积主要分布在 1.82×10^{-3}~$7.23\times10^{-3}cm^3/g$，大孔孔体积主要分布在 0.62×10^{-3}~$7.23\times10^{-3}cm^3/g$。对大安寨段进行细分层，可以看到大二亚段微孔体积、介孔体积、大孔体积均高于下侏罗统其他层段。对于不同孔径的孔隙，微孔体积：大安寨段＞东岳庙段＞千二段；介孔体积：大安寨段＞千二段＞东岳庙段；大孔体积：大安寨段＞千二段＞东岳庙段（图 11）。

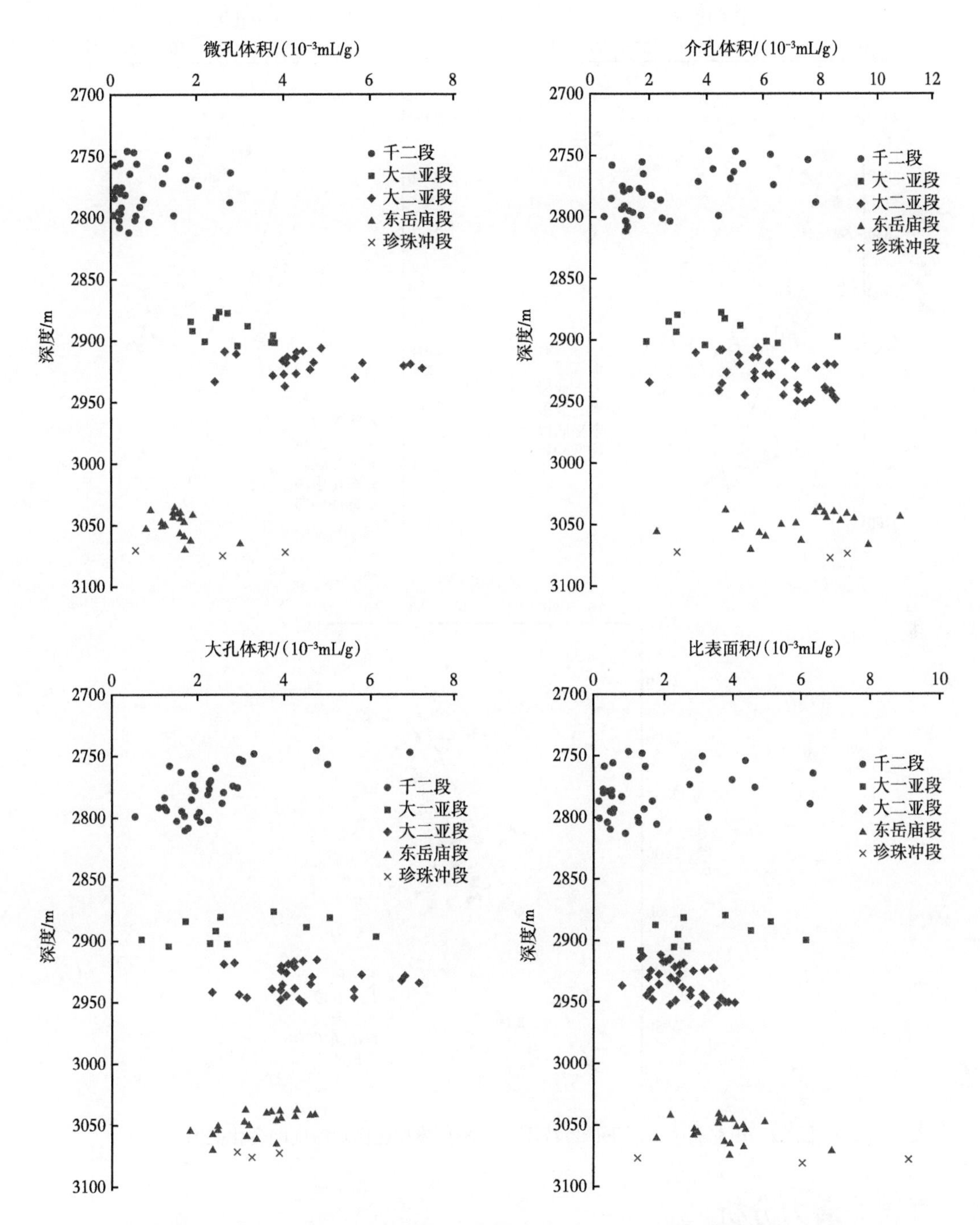

图 11　川北阆中地区下侏罗统不同层段孔体积、比表面积随深度变化关系

川北阆中地区下侏罗统不同层段中页岩介孔比例最高，一般在 30%~60%；大二亚段介孔、大孔比例之和高于千二段、东岳庙段；埋深加大，页岩介孔、微孔比例均呈现增加的趋势，而大孔比例降低；反映压实作用对大孔的破坏作用，大孔有向微孔和介孔转化的趋势（图 12）。

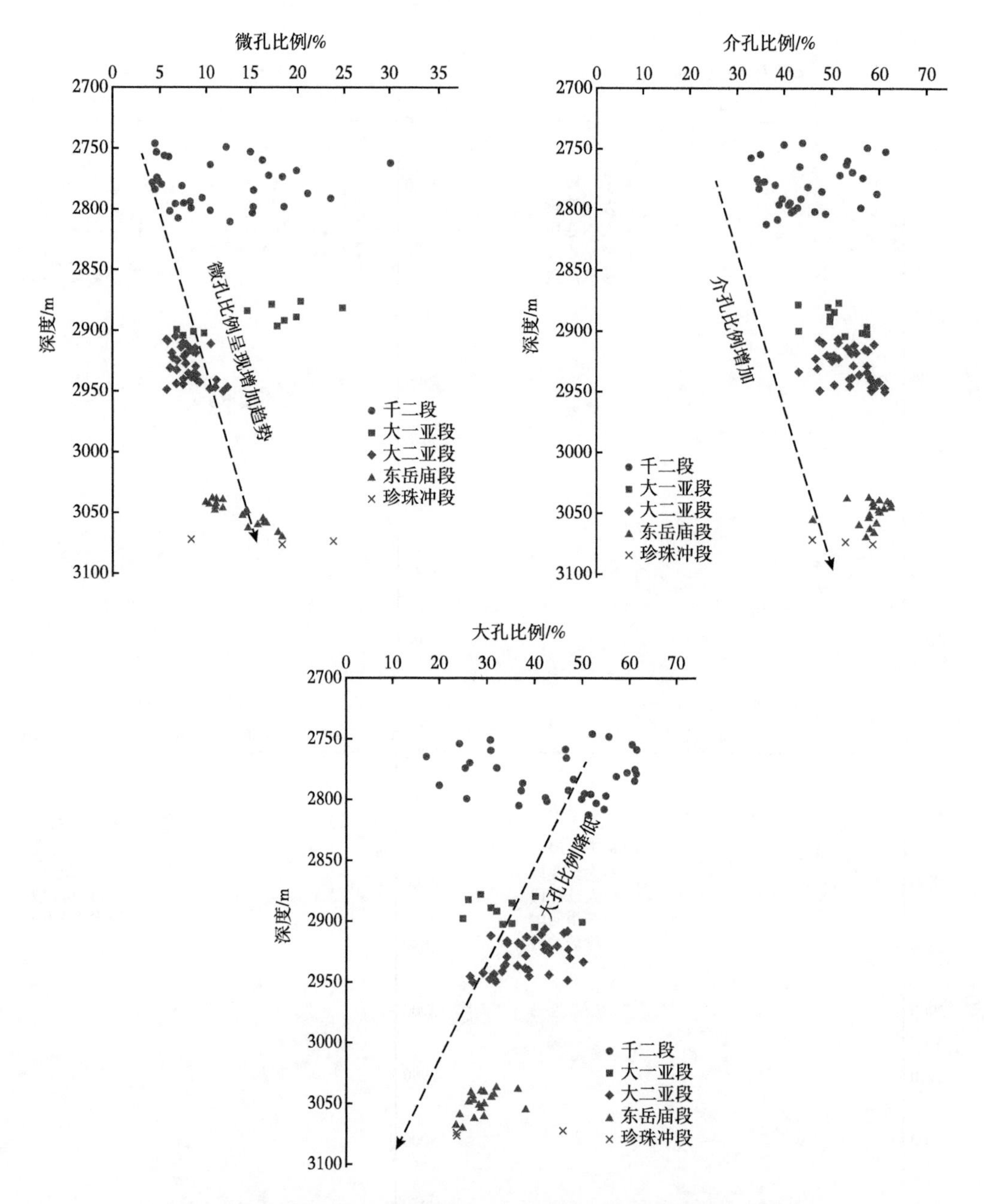

图 12　川北阆中地区下侏罗统不同层段孔体积比例随深度的变化关系

3　页岩油潜力分析

3.1　有机地化特征

暗色泥岩分布是烃源岩发育的有利条件，但有机地化特征是关键。有机地化中的有机质丰度、有机质类型均是泥页岩成烃的物质基础，有机质成熟度是成烃的重要条件。

3.1.1　有机质丰度

有机质丰度是评价页岩生油气能力的重要参数之一，其有机质丰度是指单位质量页岩中有机质的百分含量。对于陆相沉积盆地，水生生物及陆源有机质都十分发育，有机碳含量高，生烃潜力大的特点。

川西地区自流井组发育中等－好品质烃源岩。通过对比分析发现，川北阆中地区下侏罗统千二段、大安寨段、东岳庙段、珍珠冲段岩心实测 TOC 主要分布在 0.25%~4.25%（图 13）。

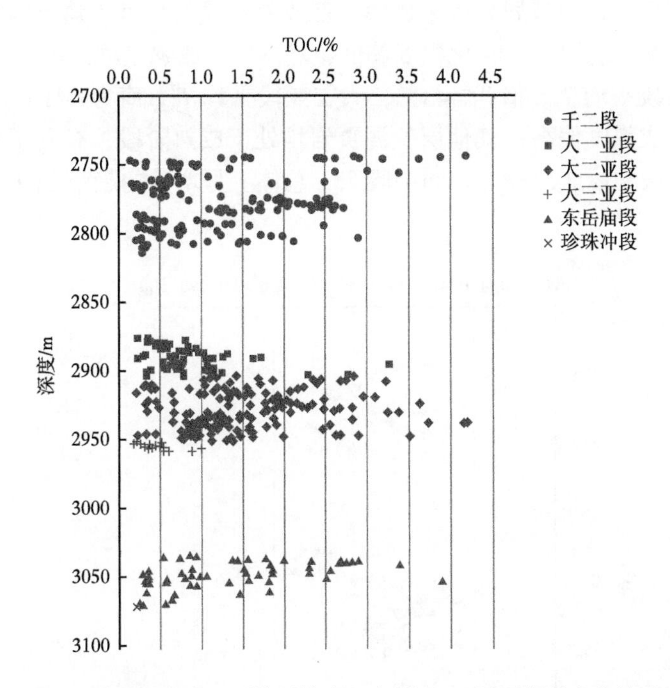

图 13　川北阆中地区下侏罗统岩心实测 TOC 随埋深的变化关系

通过对比分析发现，千二段页岩 TOC 值主要分布在 0.1%~4.0%，平均 2.12%，在千二段顶部出现 TOC 的高值段，这主要是由于该段岩心裂缝较为发育，裂缝被原油充填，实验中测定的 TOC 高值可能是运移烃的影响。东岳庙段岩心 TOC 值主要分布在 0.25%~4.0%，分布范围较大，平均值在 1.5% 左右。大安寨段 TOC 值主要分布在 0.56%~4.25%，大部分数据点均分布在 2.0% 以上，有机质丰度高于千二段、东岳庙、珍珠冲段。

3.1.2　有机质类型

依据干酪根粗分离镜检结果，下侏罗统大安寨段干酪根类型以 $Ⅱ_2$ 型为主、部分Ⅲ型，东岳庙段干酪根类型为 $Ⅱ_2$ 型（图 14），主要显微组分为腐殖无定形体，一般为 59%~82%，其次为镜质体，占比为 13%~17%，还含有少量丝质体，一般＜ 10%。

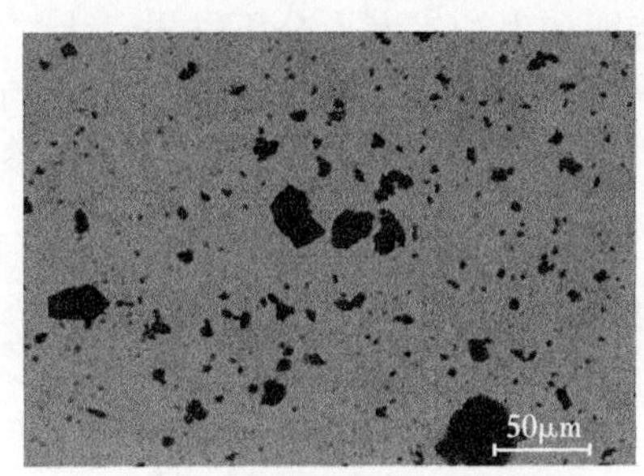

(a) 大安寨段腐殖无定形体和镜质体，呈暗褐色

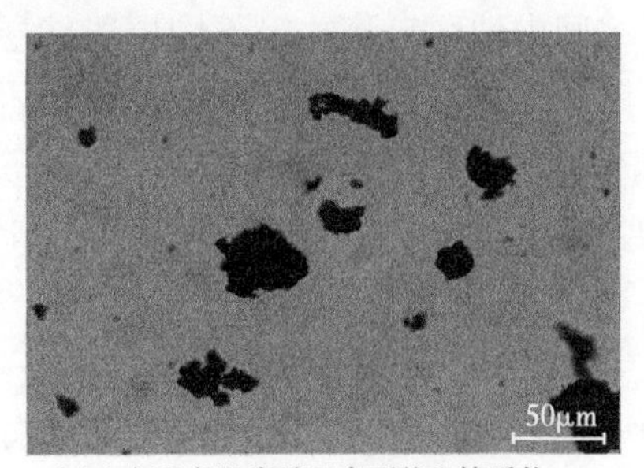

(b) 东岳庙段腐殖无定形体和镜质体，呈暗褐色

图 14　四川盆地阆中地区大安寨段泥页岩有机质组分

3.1.3 有机质成熟度

泥页岩有机质成熟度是衡量泥页岩实际生烃能力的重要指标之一，其中镜质组反射率（R_o）、热解峰顶温度（T_{max}）是常用的成熟度指标。应用镜质组反射率和热解峰顶温度基本上可以将有机质热演化过程的基划分为未成熟、低成熟、成熟和过成熟等四个大的阶段。总体上，四川盆地中下侏罗统泥页岩演化程度偏低，基本处于成熟生油阶段。

总体上，千二段平均 T_{max} 值为 443℃，大二亚段平均 T_{max} 值为 441℃，东岳庙段 450℃，除大一亚段有机质成熟度偏高，其他层位泥页岩均处于成熟阶段，有利于页岩油生成。随着埋深增加，从千二段到珍珠冲段，不同层段 T_{max} 总体上呈增大的趋势（图 15）。

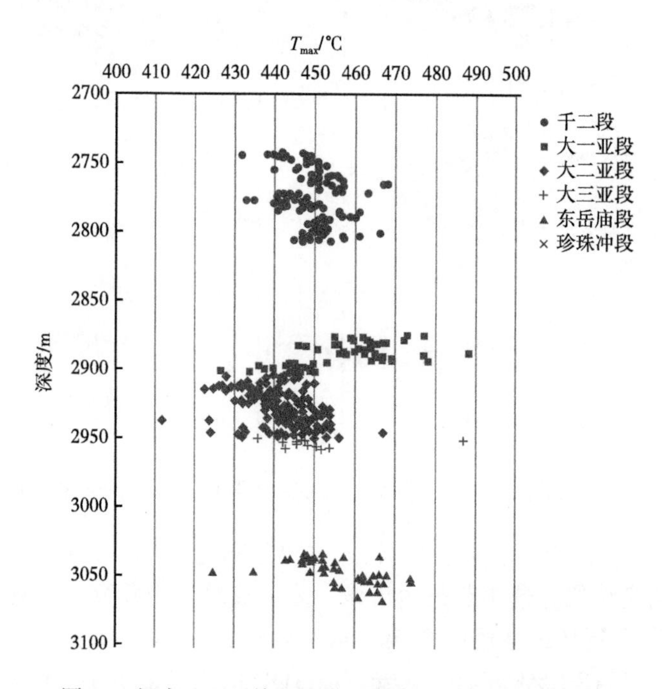

图 15　阆中地区下侏罗统岩心热解 T_{max} 与埋深关系图

总体上四川盆地中下侏罗统泥页岩演化程度偏低，川西东坡地区稍高，处于高成熟湿气阶段。川北地区千二段演化程度低，处于低成熟阶段，以生成正常原油为主；自流井组演化程度较千佛崖组略高，处于成熟—高成熟阶段，以生成轻质原油—湿气为主。

3.2 页岩油潜力分析

根据川北阆中地区自流井组不同层段储层特征和生油气潜力分析结果，大二亚段为半深湖相沉积，黑色页岩发育，以发育优质泥页岩储层为主，厚 42m，TOC 含量平均 1.72%、孔隙度平均 5.78%、含气量平均 3.06 m³/t（图 16）。依据矿物组分分析，硅质矿物含量 30.17%、碳酸盐矿物含量 12.8%、黏土矿物含量 48.6%。与半深湖相含介壳页岩与介壳灰岩薄互层型储层相比，TOC 含量较高、孔隙度较高、含气量较高，但脆性矿物含量偏低、黏土矿物含量偏高。

川北阆中地区大二亚段页岩储层明显发育，录井数据表明油气显示较好，黏土含量范围为 40.7%~50.5%，脆性矿物含量范围为 44.3%~54.6%，孔隙度范围为 5.0%~6.3%，总有机碳含量范围为 1.5%~1.8%；热解游离烃范围为 1.6~2.2mg/g，试油气结果基本与储层特征、有机地化特征评价结果相一致。综合储层特征和有机地化特征表明，川北阆中地区泥页岩物性较好，储集空间以有机孔、无机孔、微裂缝为主，泥页岩 TOC 较高，一般为 0.25%~4.25%，主要以Ⅱ$_2$-Ⅲ有机质为主；R_o 在 0.9%~1.1%，演化程度适中；同时该套泥页岩储层横向分布较为稳定，厚度在 40m 左右，页岩油潜力较大。

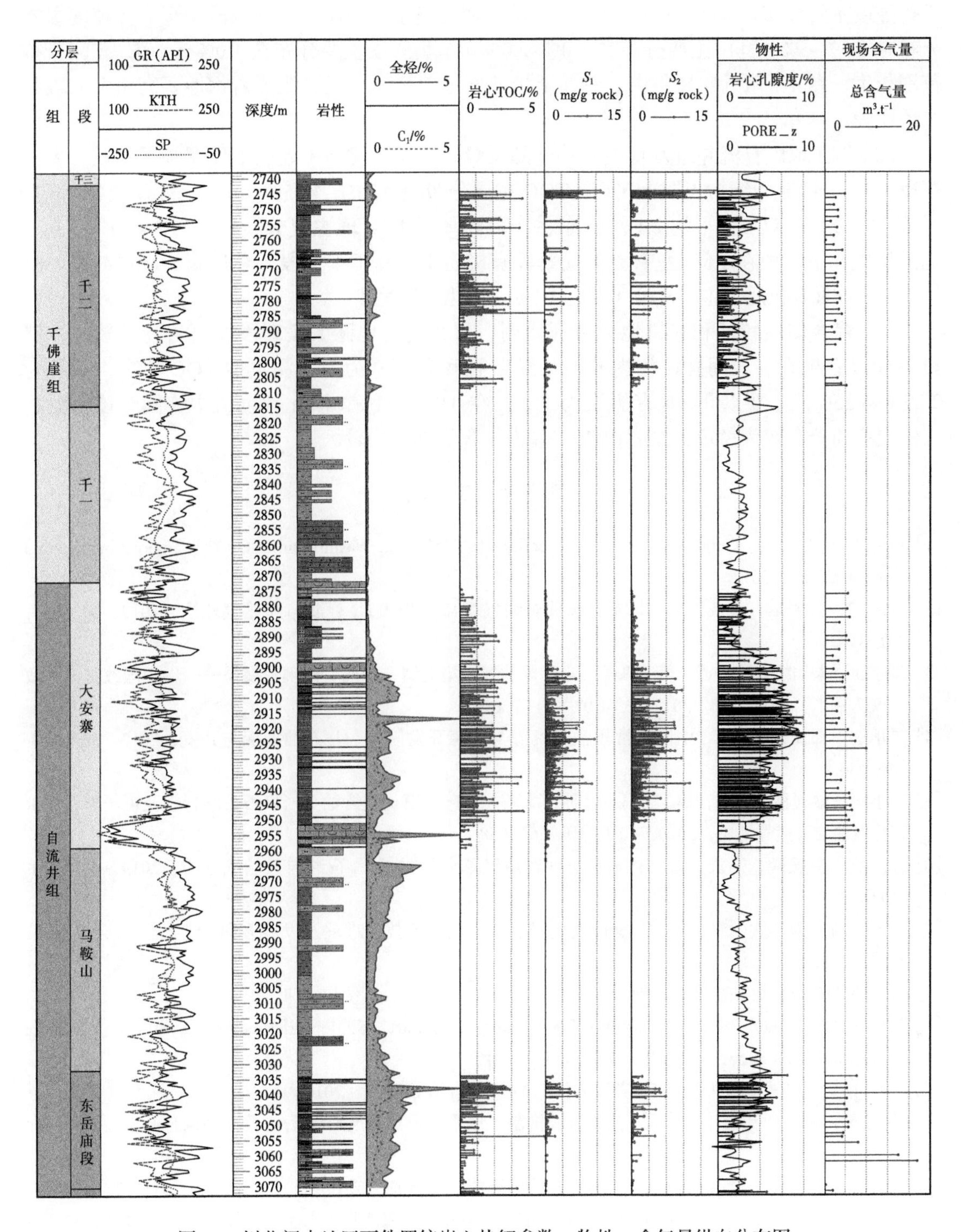

图 16 川北阆中地区下侏罗统岩心热解参数、物性、含气量纵向分布图

4 结论

（1）依据川北阆中地区岩心实测数据分析结果，大安寨段孔隙度主要分布在0.92%~9.3%，平均5.6%，大安寨段渗透率主要分布在0.0017~0.3mD，平均0.12mD；通过对比发现大二亚段孔隙度主要分布在6.0%~8.0%之间，孔隙度明显高于其他层段。千二段泥页岩孔隙度主要分布在0.5%~5%，其中主要分布在1.0%~2.0%，东岳庙段主要分布在1.0%~6.5%，孔隙分布范围较大，在4%附近比较集中。总体上川北阆中地区大二亚段泥页岩物性要高于千二段和东岳庙段。

（2）川西地区自流井组发育中等—好品质烃源岩。川北阆中地区下侏罗统千二段、大安寨段、东岳庙段、珍珠冲段岩心实测TOC主要分布在0.25%~4.25%。千二段页岩TOC值主要分布在0.1%~4.0%，平均2.12%。东岳庙段泥页岩TOC值主要分布在0.25%~4.0%，分布范围较大，平均值在1.5%左右。大安寨段有机质丰度高于千二段、东岳庙、珍珠冲段。总体上以Ⅱ$_2$-Ⅲ有机质为主，R_o在0.9%~1.1%，演化程度适中。

（3）综合储层特征和有机地化特征表明，川北阆中地区大安寨段泥页岩物性较好，储集空间以有机孔、粒间孔、粒内孔，局部溶孔和微裂缝为主，泥页岩TOC较高，一般为0.25%~4.25%，主要以Ⅱ$_2$-Ⅲ有机质为主；R_o在0.9%~1.1%，演化程度适中；同时该套泥页岩储层横向分布较为稳定，厚度在40m左右，页岩油潜力较大。

参 考 文 献

[1] EIA. Annual Energy Outlook 2017 with Projections to 2050 [R]. Washington D C：U.S. Energy Information Administration，2017.

[2] 金之钧，白振瑞，高波，等. 中国迎来页岩油气革命了吗？[J]. 石油与天然气地质，2019，40（03）：451-458.

[3] 邹才能，朱如凯，吴松涛，等. 常规与非常规油气聚集类型、特征、机理及展望——以中国致密油和致密气为例 [J]. 石油学报，2012，33（02）：173-187.

[4] 贾承造，郑民，张永峰. 中国非常规油气资源与勘探开发前景 [J]. 石油勘探与开发，2012，39（02）：129-136.

[5] 王小军，梁利喜，赵龙，等. 准噶尔盆地吉木萨尔凹陷芦草沟组含油页岩岩石力学特性及可压裂性评价 [J]. 石油与天然气地质，2019，40（03）：661-668.

[6] 金之钧，白振瑞，高波，等. 中国迎来页岩油气革命了吗？[J]. 石油与天然气地质，2019，40（03）：451-458.

[7] 雷群，翁定为，熊生春，等. 中国石油页岩油储集层改造技术进展及发展方向 [J]. 石油勘探与开发，2021，1-8.

[8] 邹才能. 非常规油气地质 [M]. 地质出版社，2011.

[9] Jarvie D M. Shale Resource Systems for Oil and Gas：Part2-Shale-Oil Resource Systems [J]. Shale Reservoirs-Giant Resources for the 21st century，2012.

[10] 柳广弟，刘成林，郭秋麟. 油气资源评价 [M]. 石油工业出版社，2018.

[11] 邹才能，杨智，崔景伟，等. 页岩油形成机制、地质特征及发展对策 [J]. 石油勘探与开发，2013，40（1）：14-26.

[12] 杨智，邹才能. “进源找油”：源岩油气内涵与前景 [J]. 石油勘探与开发，2019，46（01）：176-187.

[13] 王倩茹，陶士振，关平. 中国陆相盆地页岩油研究及勘探开发进展 [J]. 天然气地球科学，2020，31(3)：

417-427.
[14] 柳波，迟亚奥，黄志龙，等.三塘湖盆地马朗凹陷二叠系油气运移机制与页岩油富集规律[J].石油与天然气地质，2013，34（06）：725-730.
[15] 陈中红，查明.陆相断陷咸化湖盆地层水化学场响应及与油气聚集关系——以渤海湾盆地东营凹陷为例[J].地质科学，2010，45（02）：476-489.
[16] 高岗，刘显阳，王银会，等.鄂尔多斯盆地陇东地区长7段页岩油特征与资源潜力[J].地学前缘，2013，20（02）：140-146.
[17] 解习农，叶茂松，徐长贵，等.渤海湾盆地渤中凹陷混积岩优质储层特征及成因机理[J].地球科学，2018，43（10）：3526-3539.
[18] 宋章强，杜晓峰，徐伟，等.渤海古近系混合沉积发育特征与沉积模式[J].地球科学，2020，45（10）：3663-3676.
[20] 朱彤，王烽，俞凌杰，等.四川盆地页岩气富集控制因素及类型[J].石油与天然气地质，2016，37(3)：399-407.
[21] 朱彤，包书景，王烽.四川盆地陆相页岩气形成条件及勘探开发前景[J].天然气工业，2012，32（9）：23-28.
[22] 李英强，何登发.四川盆地及邻区早侏罗世构造—沉积环境与原型盆地演化[J].石油学报，2014，35（2）：219-232.

基于多尺度深度核学习的页岩 CT 图像岩性识别

王　梅，王伟东，范思萌，霍凤财

（东北石油大学）

摘　要：页岩图像识别和矿物类型判断对油气藏勘探和评价具有重要作用。传统的对页岩 CT 图像进行岩性识别主要依靠人工鉴别，由于掺杂检测人员主观因素影响，识别准确度并不高。对此本文设计并提出了一种多尺度多层多核学习方法（MS-DKL），该方法能够融合页岩 CT 图像的深层表示和浅层表示，使特征数据"更丰富"，更易于后续进行区分。实验结果表明，MS-DKL 算法在页岩矿物分割中有更高的准确率及泛化能力。

关键词：深度核学习；多尺度；岩性识别；页岩 CT 图像

在石油地质领域，通过对页岩图像的识别有效地获取矿物的结构特征并判断矿物类型是矿物研究的基础，提高页岩图像识别准确率，能够更好地了解岩层以及预测油藏分布 [1]。因此，页岩图像岩性识别在油气储集层勘探以及评估的方面具有重要的应用价值。传统的鉴别方法 [2] 主要依赖于专业人员的知识背景和工作经验，耗时耗力，且受主观因素影响，识别准确率并不高。CT 扫描技术 [3] 可以对岩心薄片进行无损伤成像，并且成像的分辨率高以及操作简单，成为矿物成分分析以及开采的基础。为减少主观性对岩性识别的影响提高识别效率，研发页岩 CT 图像的岩性自动化检测方法是当下急需解决的问题。

在地质方面许多学者应用机器学习算法和智能计算对岩石图像的识别与分类做了大量研究。Dong 等 [4] 提出了一种利用布林克曼力格玻尔兹曼法测定灰度层体素孔隙度和渗透率以及评价体素渗透率的新方法。郭超等 [5] 利用岩石彩色图像结合其形态学变换，统计不同色彩特征通过神经网络建立映射关系。刘烨等 [6] 对采集的铸体薄片图像进行颜色空间与形态学梯度中提取特征参数，利用支持向量机建立映射关系。学者们在对岩石图像进行分类与识别都取得了良好的效果。

为了更好地识别页岩图像，本文提出一种基于多尺度深度核学习方法，同时融合图像的深层特征和浅层特征，完成对页岩 CT 图像的岩石识别。

1　相关工作

1.1　核学习

核函数可以通过非线性映射将低维空间的数据映射到高维特征空间，使数据在高维特征空间中线性可分 [7, 8]。

设 $\mathscr{H}$ 为特征空间，如果存在一个映射：

$$X \longrightarrow \mathscr{H}$$

使得对所有 x，$z \in X$，函数 $K(x, z)$ 满足条件：

$$K(x,z)=\phi(x)\cdot\phi(z) \tag{1}$$

式中：$K(x, z)$为核函数；$\varphi(x)$为映射函数；$\varphi(x) \cdot \varphi(z)$为$\varphi(x)$和$\varphi(z)$的内积。

由于支持向量机引入核函数，使得高维特征空间中数据点的内积计算被核函数在低维空间进行计算的形式所取代，进而简化计算的同时也避免了“维数灾难”。

1.2 多核学习

多核函数（MKL）的本质思想是将一组已经定义的基础核方法进行线性组合，以学习最优内核[9]。多核函数的表达形式为

$$K\left(x_i, x_j\right) = \sum_{t=1}^{N} \beta_t K_t\left(x_i, x_j\right) \tag{2}$$

式中：$\sum_t \beta_t = 1, t = 1, 2, \cdots, N$ 是基核函数的编号（$\beta_t \geqslant 0$）。

1.3 基于多核学习的深度核学习

深度核学习是一种多层多核体系结构，每一层含有一组内核，其中内核函数的输入是上一层内核函数的输出进行加权之后的结果[10]。如图 1 所示是一个多层的深度核框架，在该框架中前层的所有基核函数结合在一起，作为后一层的核函数的输入。通过深度核模型中的几层核函数映射原始输入数据，然后使用最后一层核函数融合得到的核函数来学习 SVM 的决策函数。

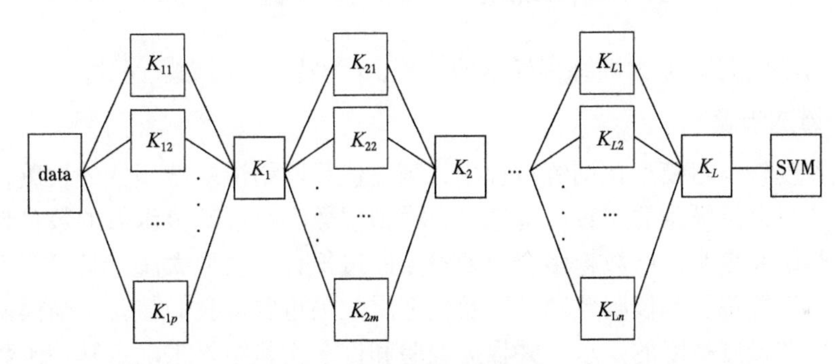

图 1 DMLMKL 架构图

k_{Ln} 为第 L 层的第 n 个核函数；K_L 为第 L 层核函数加权得到的最终的 L 层的输出

2 MS-DKL 算法

MS-DKL 算法是在深度核学习基础上加以改进，区别于原始的深度核学习每一层的输入只有前一层核函数的输出，在提出的 MS-DKL 算法中，除第一层外，每一层基核函数的输入是前面所有层的输出以及原始输入的融合。这样在 MS-DKL 模型每层网络层中基核函数的输入就具有多尺度的性质，输入数据中包含多层映射后的数据、浅层映射的数据以及原始输入数据，以此来，增添了输入数据的丰富性，能够更全面地反映数据的内部结构。MS-DKL 架构如图 2 所示。

在图中 K_{Lp} 表示 L 层的第 p 基核函数，K_L 表示 L 层加权融合后得到的核函数。给定一组样本集：

$$T = \left\{\left(x_i, y_i\right) \mid i = 1, 2, \cdots, n\right\} \tag{3}$$

式中：$x_i \in X \subseteq R^d$ 为特征空间；d 为特征维数；y_i 为标签。

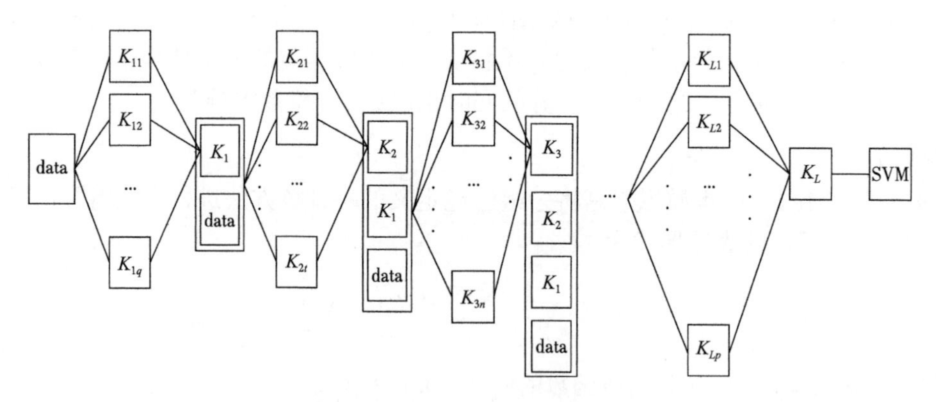

图 2　多尺度深度核方法架构图

在 MS-DKL 结构中数据融合方法采用的是 Concatenate 方法，即向量拼接法，该方法是对两个相同或是不同维度的两个特征向量进行拼接。假设有特征向量 $v_1 \in R^c$，$v_2 \in R^t$，融合 v_1，v_2 两个特征向量，也就是对向量进行拼接，即 $v=[v_1, v_2] \in R^{c+t}$。

在 MS-DKL 结构中，第 L+1（$L \geqslant 2$）网络层中核函数输入为

$$x^{(L+1)} = \left[data, K^{(1)}, K^{(2)}, \cdots, K^{(L)} \right] \in R^{L \times d+n} \tag{4}$$

式中：$K^{(L)}$ 为 L 层中输出；n 为训练集样本的个数；d 为特征的维数。

2.1　MS-DKL 算法步骤

在多尺度深度核学习模型在训练过程中，需要优化网络层基核函数的权重，并且选取每层基核函数的数目以及模型的层数。理论上，模型层数和每层基核函数的数目越多，模型性能越好，但一些研究表明，层数越多会导致模型的过拟合，模型太浅，又可能不会满足预期的结果。因此，设置每层基核函数数目以及模型层数很重要。我们需要平衡模型的学习能力与训练的复杂性和预测精度的要求，并根据经验和许多实验结果来确定基核函数参数的最优值和模型层数。

基于上述问题本文提出的多尺度深度多核学习模型大致可分为以下 5 步骤：

（1）初始化 MS-DKL 模型。初始化基核函数的类型、基核函数的参数、模型的层数。

（2）将输入数据输入到第一层中的基核函数进行训练，通过 Simple MKL 优化网络层中基核函数的权重，根据权重将该层基核函数进行融合，得到该层的合成核。

（3）当模型层数 $layer \geqslant 2$ 时，将该层之前的所有层的输出和输入数据采用向量拼接的方式进行融合，并作为该层的输入。通过 Simple MKL[11] 优化网络层中基核函数的权重，根据权重将该层基核函数进行融合，得到该层的合成核。

（4）迭代步骤 3，直到网络层数达到步骤 1 初始化的模型层数。

（5）将最终得到的核函数映射数据输入 SVM 进行分类，并通过网格搜索的方法得到最优的模型超参数 C。

3　页岩矿物分割

3.1　样本数据

本文页岩图像数据集是通过页岩取样的 CT 扫描图像获取得到，样本图像如图 3 所示。

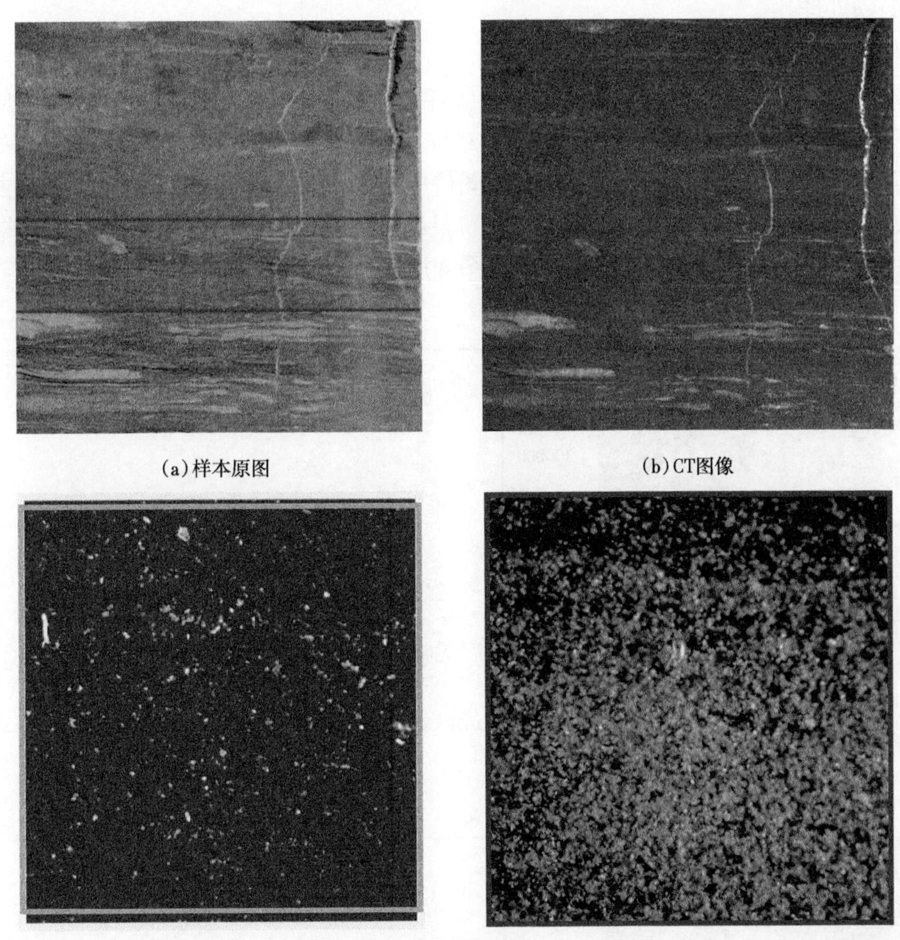

(a)样本原图　(b)CT图像

(c) 低分辨率图像

图 3　数据样本

图 3a 是真实页岩图像，其中第一部分为泥岩，页理和纹层不发育，含有少量顺层细方解石脉，第二部分是页理和纹层不明显，连续性极差，有三种极薄的纹层的页岩，第三部分是含有大量灰色尼质钙质粉砂纹层，粉砂纹层连续性较差的页岩。图 3b 是真实页岩图像的 CT 扫描图像。图 3c 是低分辨率的 CT 扫描图像。数据集中训练集与测试集分类及数量见表 1。

表 1　图像样本分类及数量

岩石种类	图像数量	训练集数量	测试集数量
泥岩	131	105	26
页岩	102	82	20

表 1 中采用 4∶1 的比例对样本进行抽样，在 131 张泥岩图像中选取 105 张训练集和 26 张测试集，在 102 张页岩图像中选取 82 张训练集和 20 张测试集。

3.2 图像预处理

3.2.1 图像去噪

图像在采集或传输的过程中难免会产生各种噪声，不仅增加了图像的处理信息量，而且降低了分割结果的准确率。为了减少噪声对分割结果的干扰，需对图像采取去噪处理[12]。针对页岩CT图像的特点，本文采用滤波对图像中的噪声进行去除，对比四种滤波去噪方法均值滤波、高斯滤波、中值滤波和双边滤波。最终选用去噪效果最好的中值滤波。样本原图和中值滤波去噪后的图像及对应的直方图如图4所示。

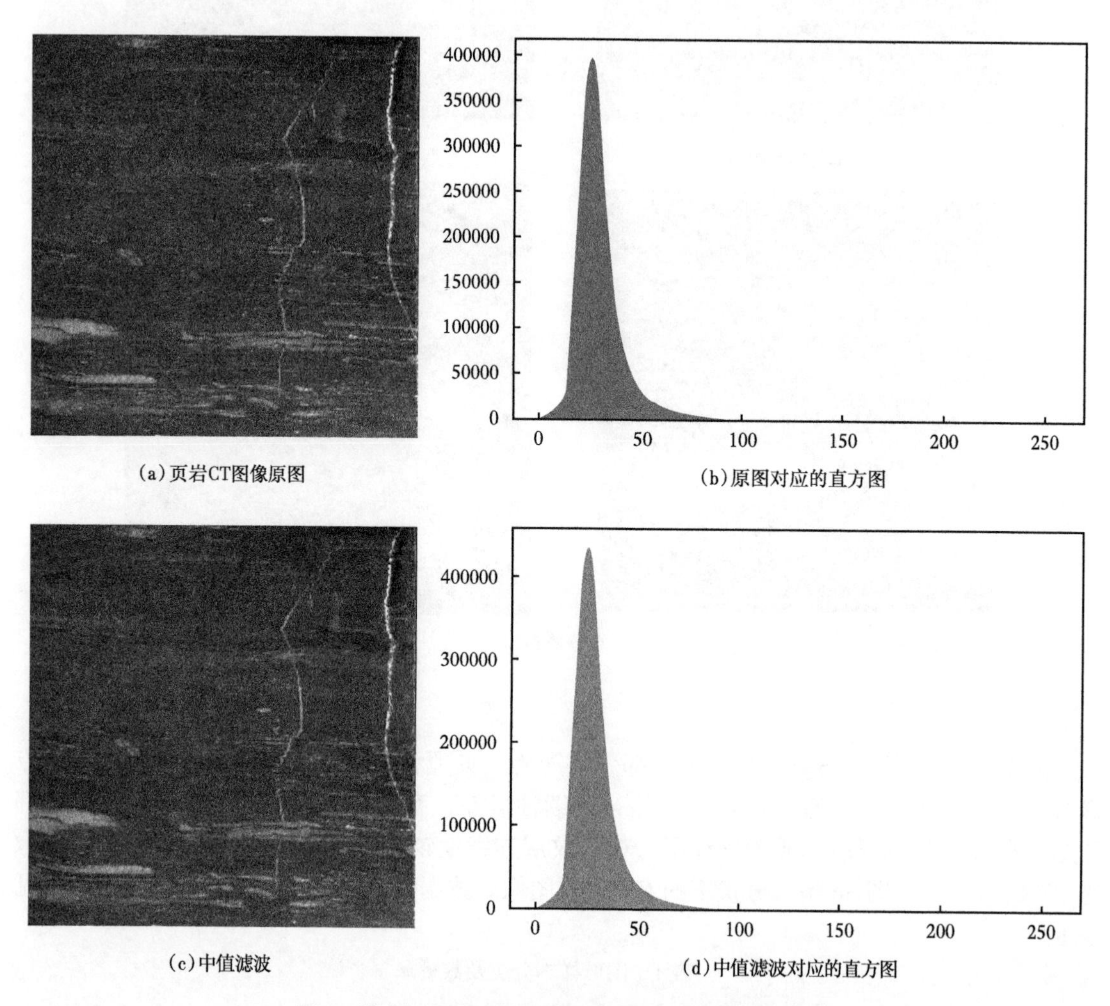

(a)页岩CT图像原图 (b)原图对应的直方图

(c)中值滤波 (d)中值滤波对应的直方图

图4 样本原图和滤波去噪后的效果图及对应直方图

图像中噪声主要集中在直方图整体区间的第一个区间，采用去噪算法是为了将这个区间的像素点个数减少，以此达到降噪的目的。

3.2.2 图像增强

图像增强是各种计算机视觉应用预处理步骤之一，这是一个在不损失任何信息的情况下提高图像质量的过程[13]。其既可以改善图像的视觉效果，又可以提高图像的清晰度。本文对四种图像增强算法线性灰度变换增强、直方图正规化、直方图均衡化以及伽马校正增强进行对比，最终选用增强效果最好直方图正规化算法。增强后的效果图及对应直方图如图 5 所示。

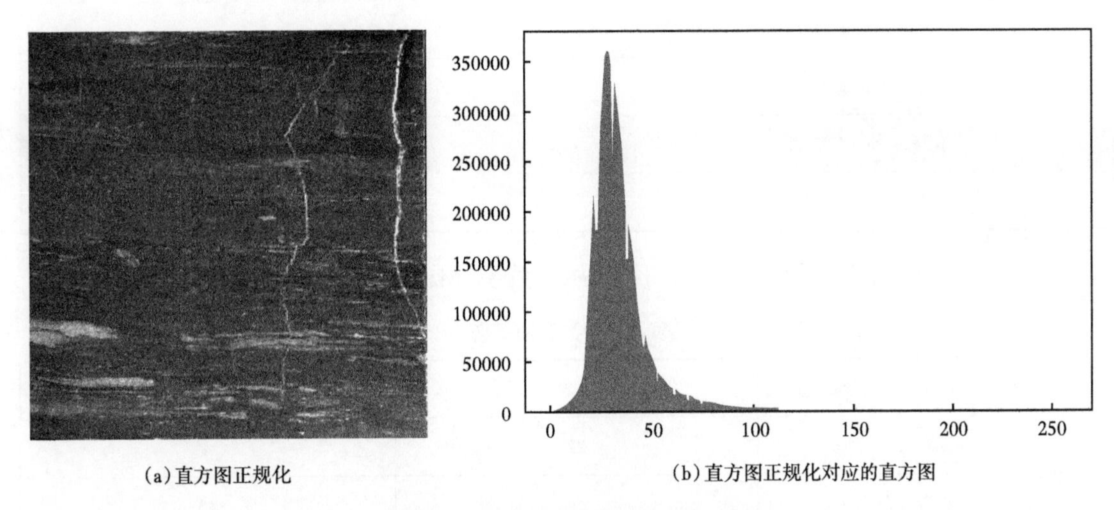

(a)直方图正规化　　(b)直方图正规化对应的直方图

图 5　增强后的效果图及对应直方图

3.2.3　特征提取

根据页岩 CT 图像特点，最终选择五种特征算法对矿物图像进行表征灰度直方图、灰度共生矩阵、LBP 算法、不变矩算法、Canny 算法，最终形成一个 119 维的特征向量。表 2 给出所选择的特征及相应维度。

表 2　特征信息

特征	维数
灰度直方图	32
灰度共生矩阵	4
LBP 算法	72
不变矩算法	4
Canny 算法	7

4　实验结果与分析

文本选择了 MKL、DMLMKL、MS-DKL 三种算法对页岩 CT 图像进行岩性识别，对比三种算法的岩性识别准确率，证明本文所提出的算法的有效性。

本文中的硬件实验环境为 10 核 Intel Xeon Silver 4210 的服务器，Quadro M6000 显卡，主频 2.20GHz，内存 1TB。实验中 MS-DKL 模型的基核函数选择及参数设置见表 3。实验中使用网络搜索的方法对参数进行优化选取，参数 C 设置的范围位［1，1000］，选优步长设置位 5，DMLMKL 和 MS-DKL 的层数 L 设置为 3。

表 3　MS-DKL 基核函数初始化信息表

基核函数	参数
Linear（L）	—
Poly（P1）	d=2，多项式次数
Poly（P2）	d=3，多项式次数
RBF（R）	γ=2，高斯核带宽

本文采用统计混淆矩阵的方法来评价算法的性能，MS-DKL 分类结果见表 4。

表 4　分类混淆矩阵

类别	泥岩	页岩
泥岩	22	4
页岩	5	15

其中每一行代表了数据的真实标签，每一行的数据总数表示该类别的数据实例的数目，每一列中的数值表示真实数据被预测为该类的数目。表 4 中，46 张图片有 37 张分类正确，9 张分类错误，MS-DKL 算法准确率为 80.43%。

接下来文本将 MKL、DMLMKL 和 MS-DKL 在本文所提出的数据集中进行比较。利用三种算法的混淆矩阵计算不同算法下岩性识别准确率。三种算法的识别准确率见表 5。

表 5　三种算法识别准确率

算法	泥岩		页岩		总准确率
	准确率	正确样本	准确率	正确样本	
MKL	0.62	16	0.55	11	0.59
DMLMKL	0.73	19	0.60	12	0.67
MS-DKL	0.82	22	0.67	15	0.80

表 5 中给出了三种算法对泥岩和页岩图像的识别准确率。MS-DKL 算法在对泥岩和页岩的识别上均有较大的提升，分类效果最好，也证明了本文所提出的 MS-DKL 算法的有效性。

5　总结

本文针对矿物图像识别的问题，提出了一种基于多尺度的深度核学习识别方法。根据矿物图像中不同矿物的差异，采用适当的特征提取算法进行特征提取，并采用 MS-DKL 算法建立识别模型。该模型不仅考虑了使用多层模型来实现更抽象的数据表达，而且还考虑了深度表达和浅层表达的结合来获得“更丰富”的数据表达。并提高了识别模型的整体性能。研究结果表明，与 MKL 模型和 DMLMKL 模型相比，MS-DKL 模型具有更强的数据表达能力，能够更准确地识别矿物，并具有较强的鲁棒性和抗干扰能力。

参 考 文 献

[1] 李政宏，刘永福，张立强，等 . 数据挖掘方法在测井岩性识别中的应用 [J]. 断块油气田，2019，26(6)：713-718.

[2] 张中亚 . 砂岩薄片图像分割与识别 [D]. 合肥：中国科学技术大学，2020.

[3] Dong Hun Kang，Eomzi Yang，Tae Sup Yun. Stokes-Brinkman Flow Simulation Based on 3-D μ-CT Images of Porous Rock Using Grayscale Pore Voxel Permeability[J]. Water Resources Research，2019，55 (5).

[4] 郭超，刘烨 . 多色彩空间下的岩石图像识别研究 [J]. 科学技术与工程，2014，14 (18)：247-251，255.

[5] 刘烨，程国建，马微，等 . 基于铸体薄片图像颜色空间与形态学梯度的岩石分类 [J]. 中南大学学报(自然科学版)，2016，47 (7)：2375-2382.

[6] 吴静 . 基于支持向量机的核学习研究 [D]. 华东师范大学，2020.

[7] 王梅，薛成龙，张强 . 基于秩空间差异的多核组合方法 [J]. 山东大学学报(工学版)，2021，51 (1)：108-113.

[8] J.Zhuang，I.W. Tsang，S.C.H.Hoi.Two-Layer Multiple Kernel Learning[J]. Journal of Machine Learning Research，2011，15：909-917.

[9] Rakotomamonjy A，Bach F R，Canu S，et al. SimpleMKL[J]. Journal of Machine Learning Research，2008，9 (3)：2491-2521.

[10] 纪宇慧 . 机器视觉在苹果疤痕识别和颜色分级中的应用 [D]. 济南大学，2019.

[11] 杨溪 . 基于深度学习的图像增强技术研究 [D]. 大连海事大学，2020.

陆相页岩油岩石物理机理研究

金子奇，王维红，高海丰，李紫东，王若腾

（东北石油大学）

摘　要：我国东北地区陆相页岩油具有广阔的勘探开发前景，但其目前尚无成熟的岩石物理理论，而且页岩总有机碳含量（TOC）、孔隙度等储层参数与弹性参数的岩石物理关系不清。本文基于地层岩心样品、测井数据、地震数据等多类型数据，提出正确、合理的岩石物理模型以表征岩石响应特征，揭示页岩岩石物理响应机理，通过岩石物理分析发现高孔隙度、高TOC、超压、页理缝发育的页岩油富集区域具有明显的低纵波阻抗、中低纵横波速度比特征，基于孔隙度和波阻抗之间的敏感关系，结合反演得到纵波阻抗体，实现富集层地震预测。

关键词：陆相页岩油；岩石物理建模；富集层预测；扰动性分析；敏感性分析。

1　陆相页岩油研究现状

近年来美国页岩油的勘探开发快速发展，2018年美国页岩油产量3.29×10^8t，占其石油总产量的49%，依靠页岩油气高效开发实现了“能源独立”。2020年我国石油对外依存度高达72%，远远超过国际公认50%的警戒线。中国页岩油资源较为丰富，主要分布在准噶尔盆地芦草沟组、鄂尔多斯盆地延长组7段及渤海湾盆地古近系。近年，我国东北地区陆相页岩油勘探获得重大战略突破，落实石油预测地质储量12.68×10^8t，具有广阔的勘探开发前景。

页岩油和页岩气均是以页岩为储集体的油气资源，二者均形成于Ⅰ－Ⅱ型有机质的母岩中，区别在于页岩气的热演化程度更高。一般页岩油、页岩气为共生关系，当R_o大于1.1%时，以形成页岩气为主，当R_o小于1.1%时，以形成页岩油为主[1-2]。国内外对页岩的岩石物理实验测量，增加了人们对页岩油气藏的岩石物理性质的认识。页岩中黏土矿物的定向排列或裂隙发育[3-4]以及有机质的存在[5-7]引起了页岩储层较强的速度各向异性。同时，页岩储层也存在明显的频散和衰减作用，并且衰减作用通常与页岩的各向异性相关，即衰减各向异性受到页岩不同方向渗透率差异[8]以及流体饱和度、裂缝发育方向的影响[9-10]。

针对页岩储层在孔隙、各向异性和有机质成熟度等方面的复杂性，国内外许多学者开发了不同的岩石物理模型，对页岩的岩石物理参数和弹性参数之间的关系进行了定量表征。Hornby[11]等（1994）提出的各向异性自适应模型（SCA）与各向异性微分等效介质模型

作者简介：金子奇，中共党员，博士（后）/讲师，主要从事低频岩石物理实验、岩石物理建模、叠前弹性参数反演等相关研究工作，2018-2019年美国得克萨斯大学奥斯丁分校访问学者。E-mail：jinseismic@outlook.com。

通信作者：王维红，中共党员，博士，教授，博士生导师。主要从事地震资料处理、储层预测和微地震监测的科研工作，在地震资料保幅处理、表面多次波压制、叠前弹性参数反演、储层预测和压裂效果的微地震监测等方面形成优势特色。东北石油大学科研创新团队负责人，国家自然科学基金评审专家，国际SCI期刊审稿人。E-mail：wangweihong@nepu.edu.cn。

（DEM），在此基础之上，学者们提出了考虑微裂缝[12-14]、矿物颗粒形状及其排列方式[15-17]影响的各向异性模型。根据干酪根对岩石骨架及孔隙填充物的弹性性质的影响，以及不同干酪根的成熟度的差异，研究者建立了富有机质的岩石物理模型[18-22]。

在研究者的不懈努力下，我国东北地区页岩油勘探取得重大突破，展现了巨大的资源规模和勘探潜力。但由于其储层特殊性，我国东北地区页岩的弹性性质、富集层预测方法也异于其他页岩地层，目前尚无成熟的岩石物理理论，而且页岩总有机碳含量（TOC）、孔隙度等储层参数与弹性参数的岩石物理关系不清。本文基于地层岩心样品、测井数据、地震数据等多类型数据，提出正确、合理的岩石物理模型以表征岩石响应特征，揭示页岩岩石物理响应机理，对提高页岩油“甜点”预测精度和推动规模效益开发具有特殊的重要意义。

2 岩石物理建模

2.1 岩石物理建模

2.1.1 Kuster-Toksöz 模型

KT 模型是基于长波首至散射理论提出一个双相介质有效模型。根据这一模型，多孔岩石用整体各向同性固体骨架以及随机分布的孔隙和孔隙流体来表征，并假设孔隙形状为椭圆形，通过孔隙的纵横比来描述孔隙形状的变化。孔隙纵横比 α 定义为椭圆短轴与长轴之比，α 在 0~1 之间，越接近于 0 表示孔隙越扁，接近于 1 表示孔隙越圆。

KT 模型的表达式如下：

$$\frac{K_m - K}{3K + 4\mu} = \frac{K_m - K_f}{9K_m + 12\mu_m} \sum_{l=1}^{L} C(a_l) T_{iijj}(a_l) \tag{1}$$

$$\frac{\mu_m - \mu}{6\mu(K_m + 2\mu_m) + \mu_m(9K_m + 8\mu_m)} = \frac{\mu_m}{25\mu_m(3K_S + 4\mu_m)} \sum_{l=1}^{L} C(a_l)\left[T_{ijij}(a_l) - \frac{1}{3}T_{iijj}(a_l)\right] \tag{2}$$

式中：α 为孔隙纵横比，$C(\alpha)$ 为 α 的集合；T_{iijj} 与 T_{ijij} 为 K_m、K_f、μ、α 的纯量函数；L 为孔隙类型数目。

2.1.2 各向异性微分等效介质模型

各向异性微分等效介质模型综合了弹性 DEM 和 SCA 的各向异性形式。其做法是在某一孔隙度上先用 SCA 法产生一个有效介质，近似产生一个双连通固体（即 ϕ=50%），忽略无穷小的母岩亚分量，用相应的第 n 阶分量的亚分量代替。在分量 n 的每个增量处，母体基岩被看作前一步计算的有效介质。注意第 n 阶分量的浓度 v_n 的实际变化是 $\Delta v_n/(1-v_n)$，其公式可以写为：

$$\tilde{S}^*(v+\Delta v) = S^*(v) - \frac{\Delta v}{(1-v)}\left(\tilde{S}^*(v)\tilde{C}^i - \tilde{I}\right)\tilde{K}^i(v+\Delta v) \tag{3}$$

式中：$\tilde{S}(v)$ 为母体物质的柔度张量；v 为包容物质的体积含量；$\tilde{S}^*(v+\Delta v)$ 为两种矿物成分的有效弹性柔度张量。

计算了等效矿物弹性刚度 $C^*(v+\Delta v)$ 的包容物质 C_i 的 K_i。当 $\Delta vG\to 0$ 时，在各向异性混合成分的 DEM 近似基础上，得到对应 $C^*(v)$ 的表达式为：

$$\frac{\mathrm{d}}{\mathrm{d}v}\left[\tilde{C}^{\mathrm{DEM}}(v)\right] = \frac{1}{(1-v)}\left[\tilde{C}^i - \tilde{C}^{\mathrm{DEN}}(v)\right]\tilde{K}^i(v)\tilde{C}^{\mathrm{DEN}}(v) \tag{4}$$

将张量 K 的表达式代入上式可得各向异性 SCA 与 DEM 相结合的表达式：

$$\frac{\mathrm{d}}{\mathrm{d}v}\left[\tilde{C}^{\mathrm{DEM}}(v)\right]=\frac{1}{(1-v)}\left[\tilde{C}^{i}-\tilde{C}^{\mathrm{DEM}}(v)\right]\left[\tilde{I}+\hat{\tilde{C}}\left(\tilde{C}^{n}-\tilde{C}^{\mathrm{DEM}}\right)\right]^{-1}$$

其计算流程为：

首先，使用 SCA 模型计算孔隙度约为 50% 的岩石的弹性模量在此过程假设其骨架为干酪根，包含物为黏土矿物，首先求出在每个单元骨架内填充黏土矿。然后利用各单元随方位的分布函数（由 SEM 扫描结果确定）来将若干单元组合起来，该步骤的关键是确定单元体的方位分布函数。

从背景相（骨架）中逐步替代包含物。在此计算过程中，在每次增加分量 n 时，其前一步的岩石骨架都被视为是有效介质。这样，通过不断运用 DEM 方法逐步调整孔隙度，一直调整到岩石的真实孔隙度。

2.1.3 软孔隙度模型

软孔隙度理论是将页岩孔隙划分为：纵横比较小的软（裂纹状）孔隙，和纵横比较大的硬（球形）孔隙，通过调整软孔隙与刚性孔隙的比率，直到计算出的速度与测量的速度相匹配。模型表达式如下：

$$c^{\mathrm{SCA}}=\sum_{n=1}^{N}v_{n}c_{n}\left[I+\hat{G}\left(c^{n}-c^{\mathrm{SCA}}\right)\right]^{-1}\times\left\{\sum_{p=1}^{N}v_{p}\left[I+\hat{G}\left(c^{p}-c^{\mathrm{SCA}}\right)\right]^{-1}\right\}^{-1} \tag{5}$$

$$\hat{G}_{ijkl}=\frac{1}{8\pi}\left(\bar{G}_{ikjl}+\bar{G}_{jkil}\right) \tag{6}$$

$$c^{\mathrm{SAR}}=c^{0}-\phi_{\mathrm{crack}}\,c^{1} \tag{7}$$

式中：$\bar{G}$ 为 Eshelby 张量；I 为单位张量；v_n 为第 n 种成分的体积分数；c^n 为第 n 相物质的刚度矩阵；c^0 为各向同性刚度系数；c^1 为有机质孔隙刚度系数；ϕ_{crack} 为裂缝孔隙度。

裂缝孔隙度通过匹配 c^{SCA} 与 c^{SAR} 来获得。基于所计算的刚度系数可换算得到纵横波速度及各向异性参数。

2.2 页岩各向异性岩石物理建模

针对某工区页岩油特有的微观结构特征，综合利用 Kuster-Toksöz 模型、自相容模型、软孔隙模型、Gassmann 理论，建立了一种适用复杂孔隙结构各向异性页岩的地震岩石物理模型。构建流程主要分为岩石基质等效弹性模量的计算、“干”孔隙岩石骨架弹性模量的求取以及饱和岩石弹性参数的计算三部分，其流程图如图 1 所示。

岩石物理模型构建的主要步骤如下：

（1）岩石基质等效弹性模量计算。基于某工区页岩储层的矿物组分特征，利用 V-R-H 平均混合石英、长石、方解石和白云石，得到混合矿物 1；将有机质作为球型包含物，采用 Kuster-Toksöz 模型添加到泥质背景中，得到混合矿物 2；使用自洽模型将这两种等效介质进行混合，得到岩石基质的等效弹性模量。

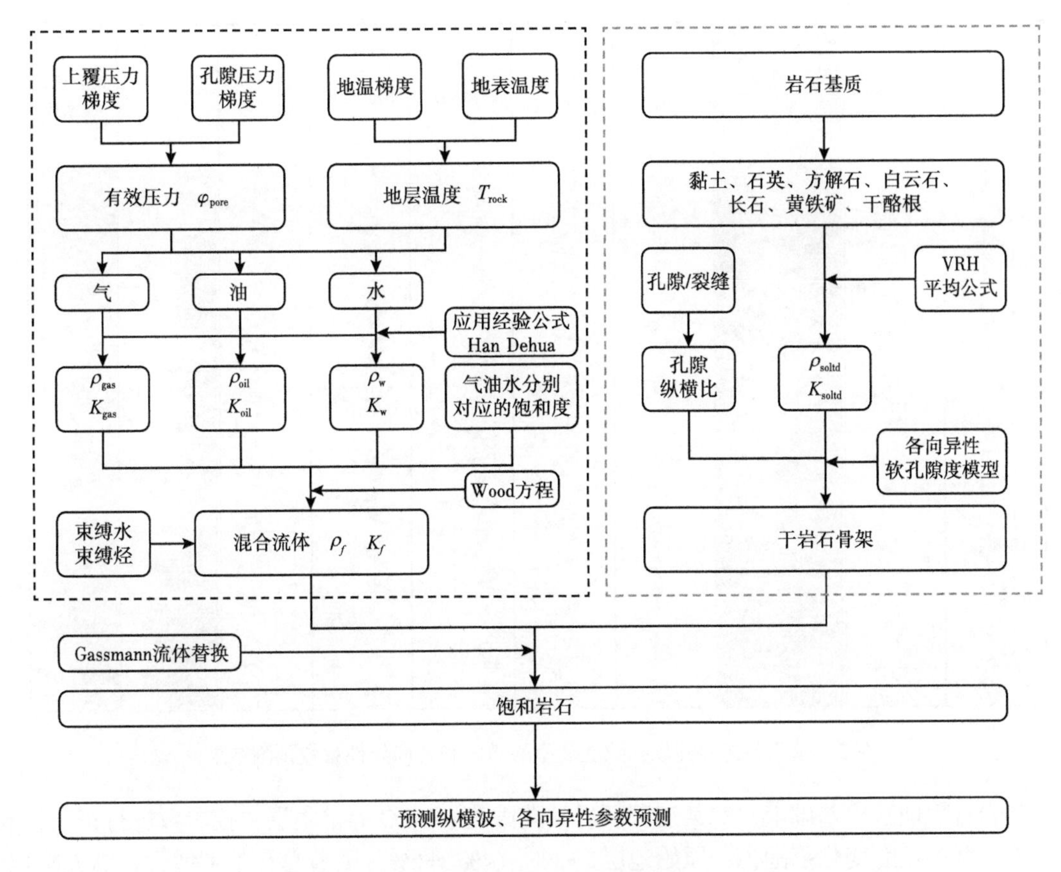

图 1　页岩油岩石物理建模流程

（2）“干”孔隙岩石骨架弹性模量计算。利用软孔隙模型将孔隙和页理缝加入到岩石基质中，得到“干”孔隙岩石的弹性模量。

（3）饱和岩石弹性参数计算。工区页岩油镜质体反射率在 0.9%~1.7% 之间，处于成熟－高成熟阶段，利用 Wood 公式[30]对孔隙流体进行混合，得到混合流体的体积模量；采用各向异性Gassmann方程[31]对模型进行孔隙流体充填，得到饱和流体的岩石物理模型弹性系数表达式，通过纵横波相速度与弹性系数之间的关系式求得最终的饱和流体岩石的相速度。

利用建立的页岩油各向异性地震岩石物理模型对我国东北地区某口页岩井进行纵横波速度预测和各向异性参数计算，分析该模型在实际储层中的预测效果。井中各种矿物组分体积含量、有机质含量、基质孔隙度、裂缝孔隙度和饱和度信息通过测井解释并经岩心测试校正得到。并根据“双标准法则”即采用岩心各向异性测量数据和测井横波数据标定并优选模型参数，进行建模效果评价。图 2 是预测的纵横波速度及计算的各向异性参数与实际测井曲线测量结果及岩心测量结果对比图，图中蓝色为实测的纵横波速度，红色为预测的纵横波速度，黑色为预测的纵波各向异性参数，红色离散数据点为实测的纵波各向异性参数，可以看出，预测的纵横波速度与实测的纵横波速度变化趋势基本一致，吻合度较好，相对误差在 5% 以内，计算的各向异性参数与岩心测量的各向异性参数总体变化趋势一致，预测的裂缝密度与实测的裂缝密度变化趋势匹配较好。从而保证了本文提出的泥页岩岩石物理模型的可靠性和适用性。

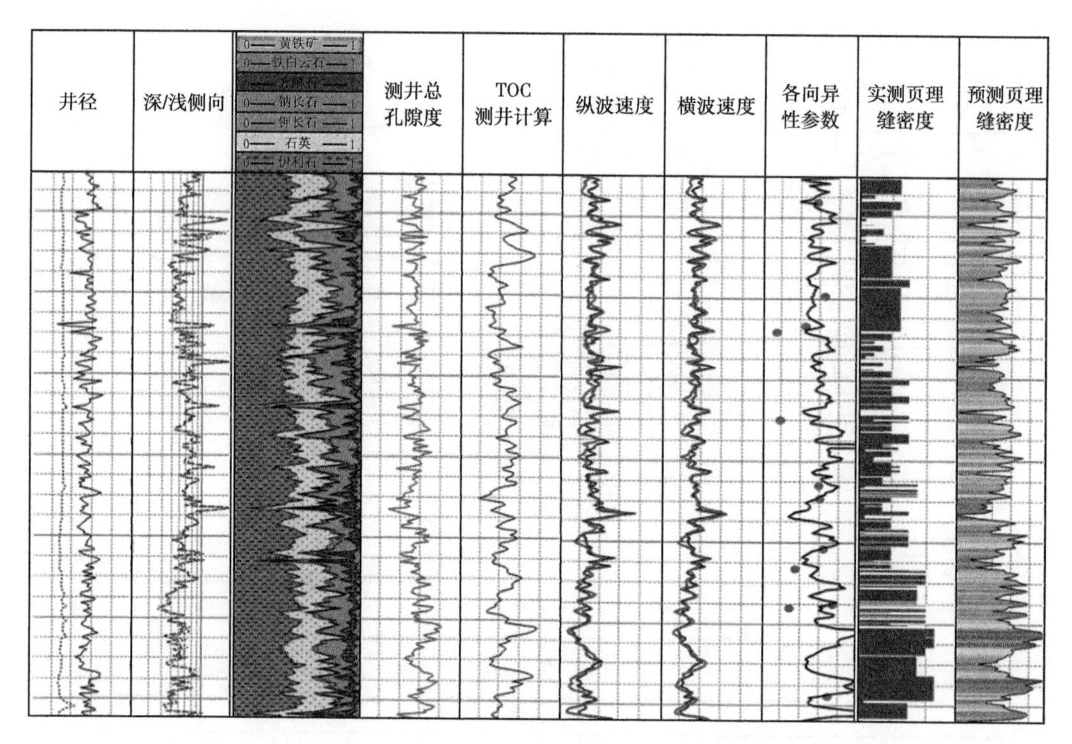

图 2　基于各向异性软孔隙度模型的横波和各向异性参数预测结果

在岩石物理建模基础上，对某工区页岩油孔隙度、TOC 等富集层主控参数进行正演扰动性分析。总孔隙度变化范围为：原始地层、+2%、+4%、+6%，随着总孔隙度增大，纵波阻抗、密度、速度、泊松比、纵横波速度比等弹性参数均降低（图 3），敏感弹性为纵波阻抗。

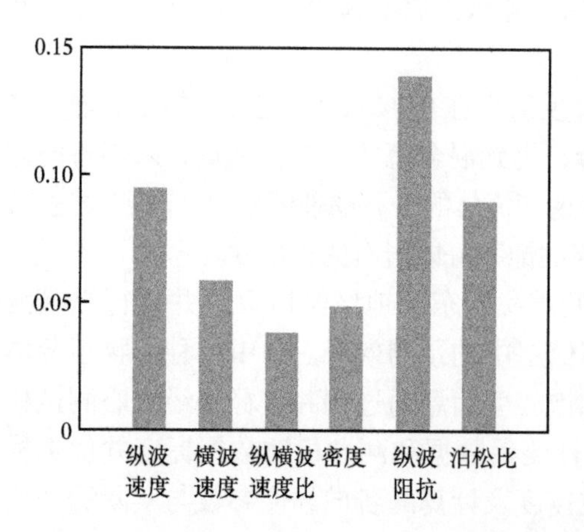

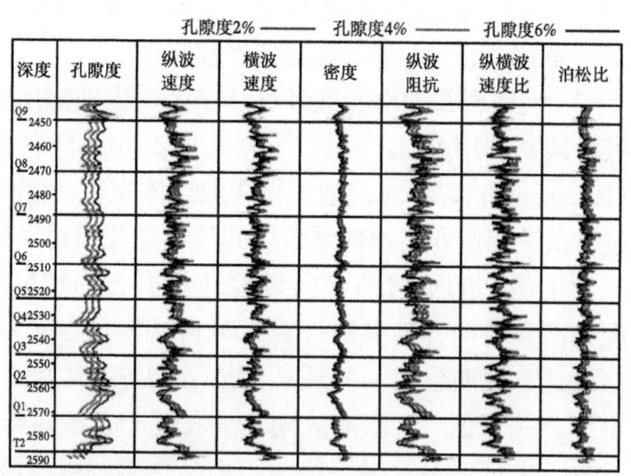

图 3　正演孔隙度扰动性分析

3　模型预测结果及富集层预测

3.1　各向异性 DEM 模型预测结果

单独以横波预测结果吻合度衡量模型的可行性不够可靠，这是由于模型参数较多且可调节范围较大，另外一些模型中以横波结果作为约束计算，因此用以横波预测结果和各向异性参数预测结果结合来共同判断模型的好坏。

图 4 是各向异性 DEM 纵横波预测结果和各向异性参数预测结果模型预测结果，图中红色是纵、横波预测结果，蓝色是实际测井纵、横波，黑色是各向异性预测结果，绿色的点是岩心测量各向异性，可以看出纵、横波匹配度较高，各向异性的岩心测量结果和各向异性预测结果匹配较好。

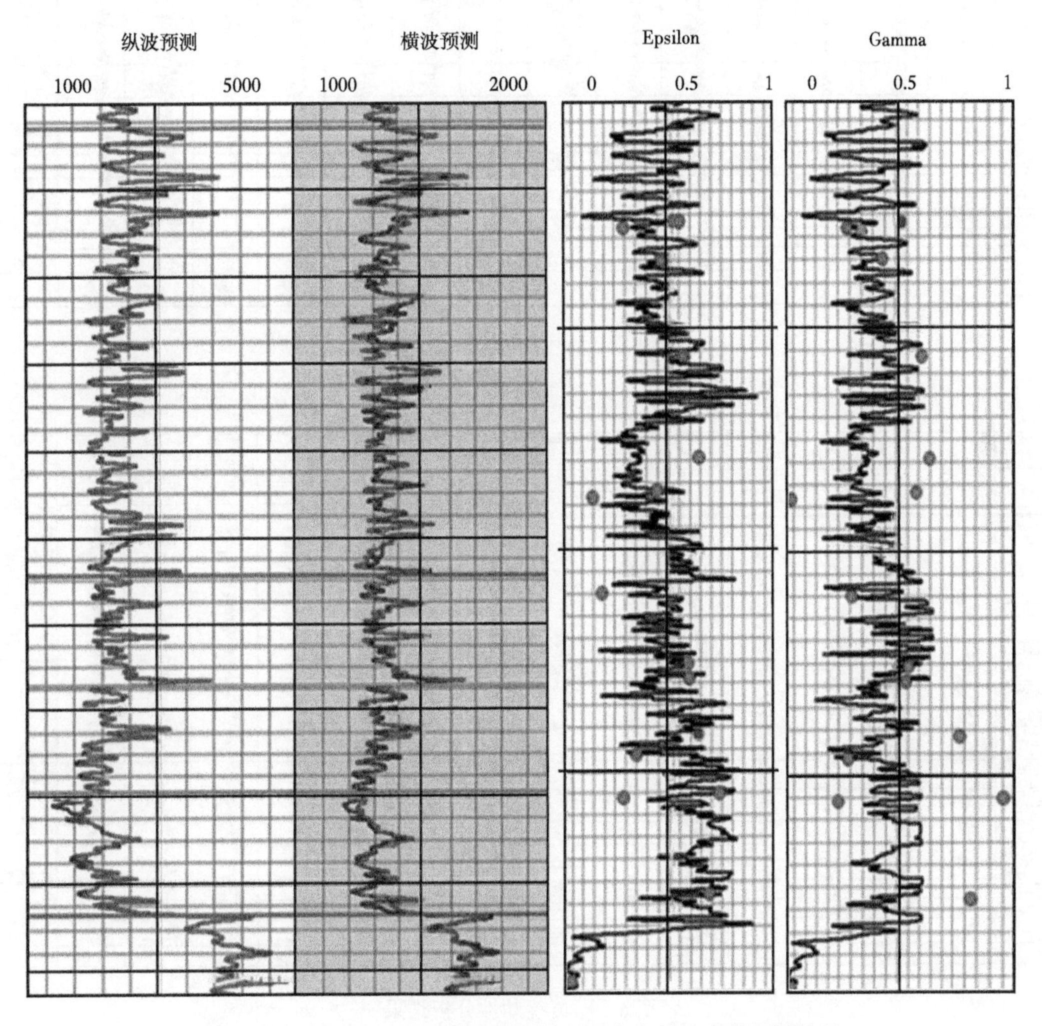

图 4　各向异性 DEM 纵横波预测结果和各向异性参数预测结果

3.2　扰动性分析

基于建立的岩石物理模型，考虑到 TOC 和含气量的关系，以及石英和地层脆性的直接关系，选取 TOC 和石英做重点分析，以了解当这两种矿物变化时，弹性参数的变化情况，从而寻找对含气量和脆性比较敏感的参数（图 5 和图 6）。如图 5 所示，当 TOC 含量变化 6% 时，杨氏模量受 TOC 变化影响最大，纵波阻抗、密度、纵波速度、横波速度、纵横波速度比变化率依次降低。如图 6 所示，当石英含量变化 6% 时，杨氏模量受石英含量变化影响最大，纵波阻抗、纵波速度、横波速度、密度、纵横波速度比变化率依次降低。

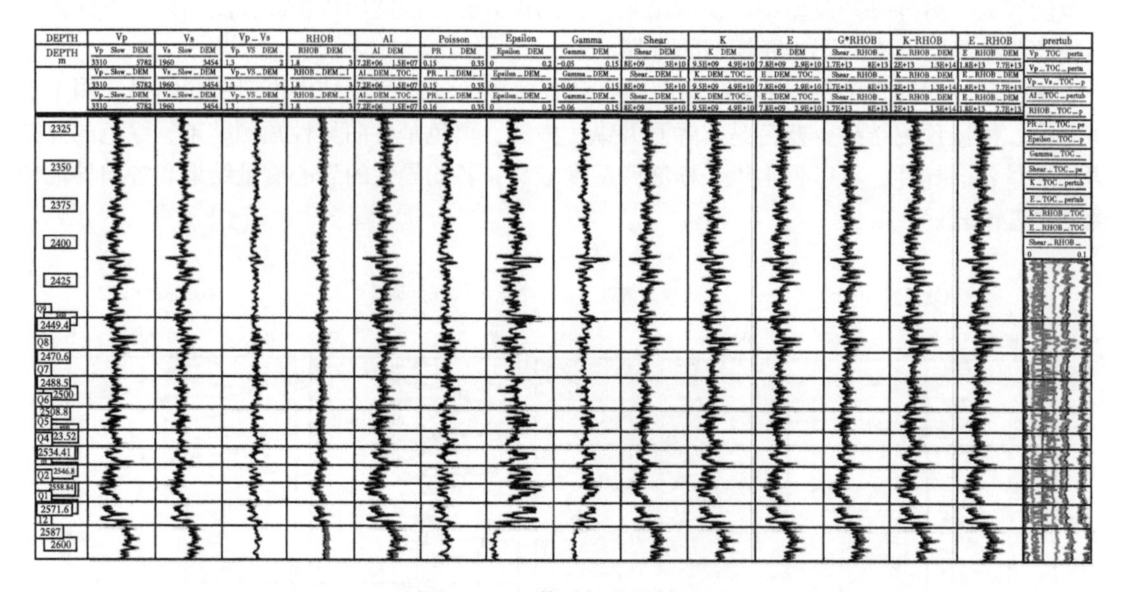

图 5　TOC 扰动性分析结果

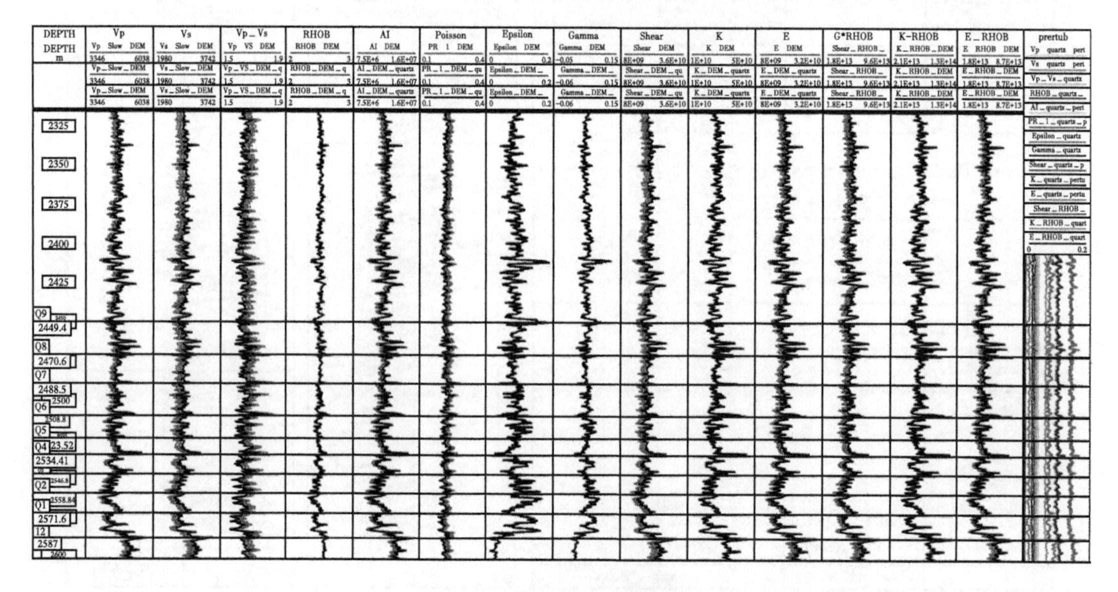

图 6　石英扰动性分析结果

3.3　敏感性分析

交会分析主要是利用储层的弹性参数特征和矿物组分，特别是脆性（如石英）和 TOC 含量之间的关系，寻找含气有利储层的弹性特征参数，从而达到利用弹性参数识别最有利含气储层的目的。如图 7 和图 8 所示为某工区页岩敏感参数交会图。寻找变化率较大的参数绘制交会图，由交会图中可以看出，当 TOC 含量变化时，杨氏模量和泊松比交会图以及纵波阻抗和纵横波速都比交会图效果较好。当石英含量变化时，同样是杨氏模量和泊松比交会图以及纵波阻抗和纵横波速都比交会图效果较好。

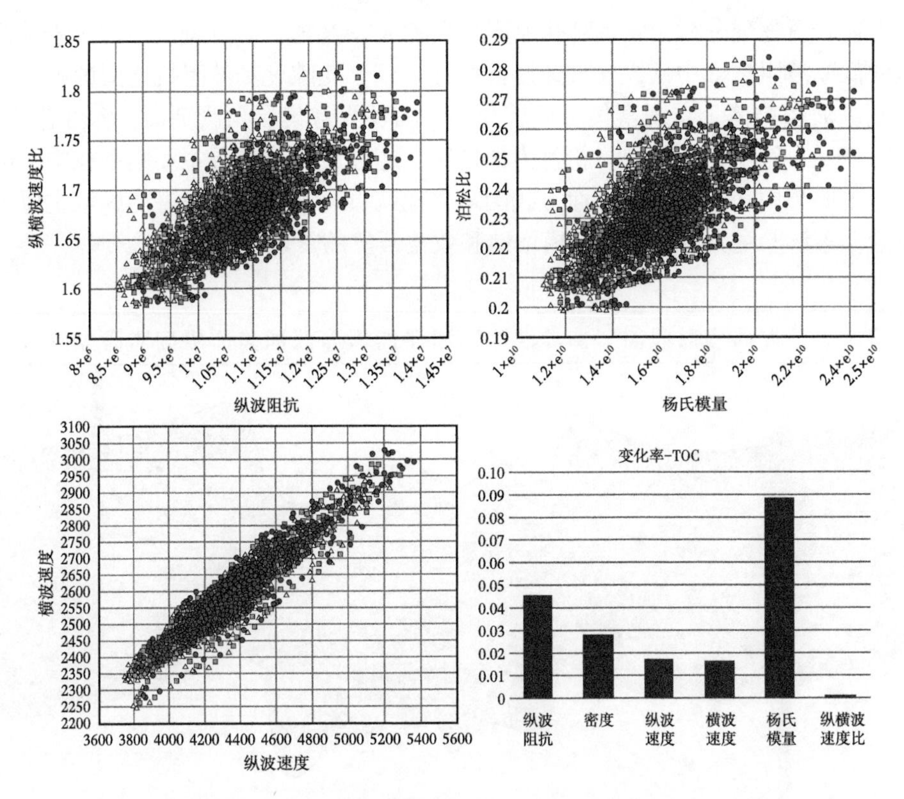

图 7　敏感参数交汇图和 TOC 变化率

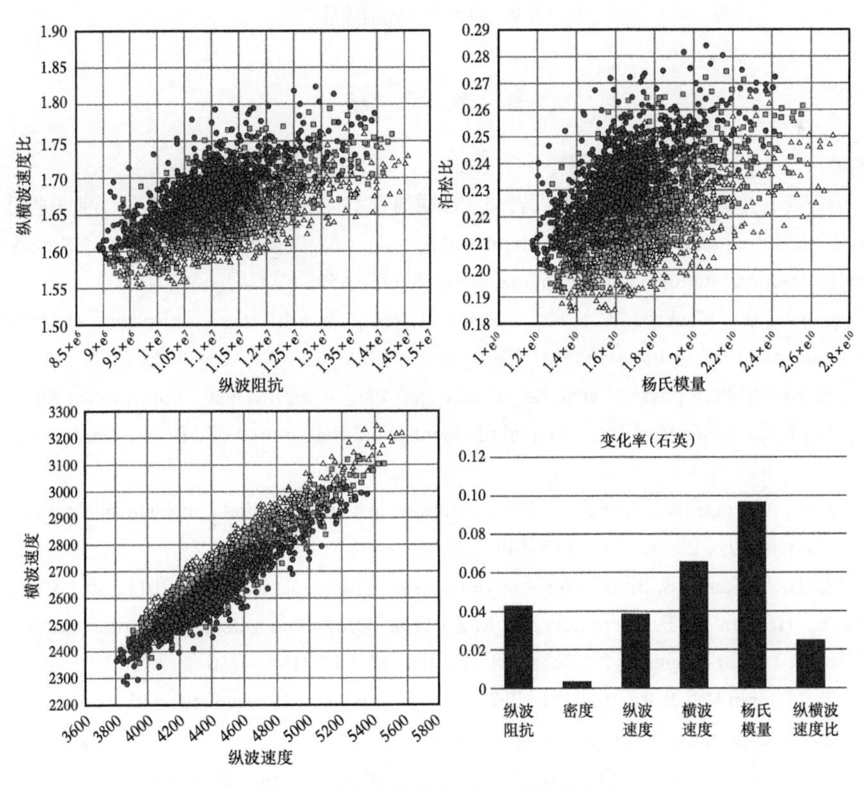

图 8　敏感参数交汇图和石英变化率

通过上述岩石物理分析，发现高孔隙度、高TOC、超压、页理缝发育的页岩油富集区域具有明显的低纵波阻抗、中低纵横波速度比特征，基于孔隙度和波阻抗之间的敏感关系，结合反演得到纵波阻抗体，实现富集层地震预测。图9为富集层预测剖面，深红色为超富层、暗红色为特富层、红色为高富层、粉色为中富层，超富层和特富层主要集中在中下部，高富层和中富层主要集中在中上部，平面上我国东北地区页岩油含油性最好的区域主要集中在某凹陷主体区，累计厚度大，是目前规模增储和效益开发的首选目标区。

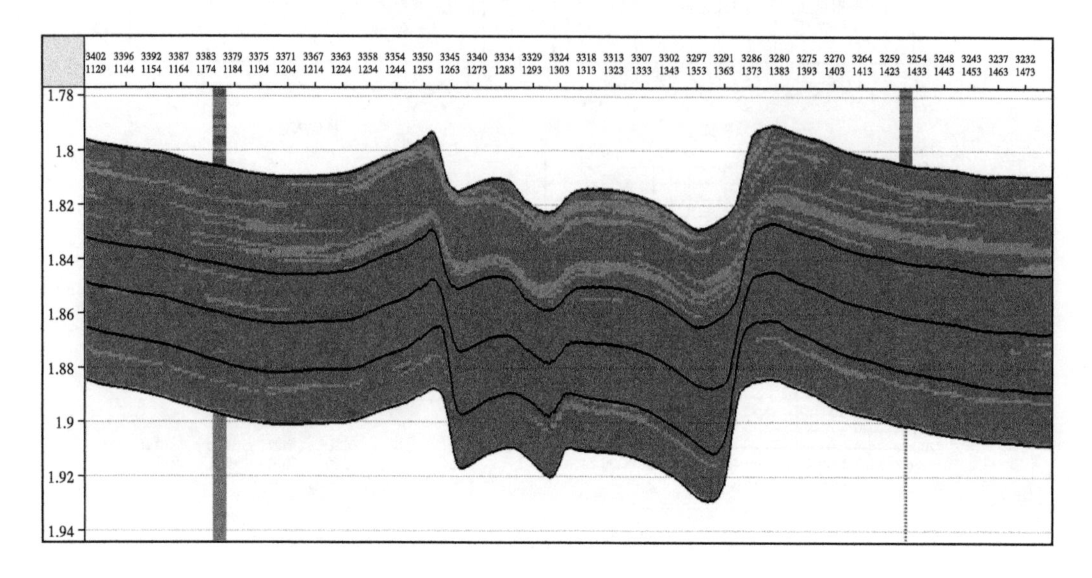

图9 富集层预测剖面

参 考 文 献

[1] 陈祥，王敏，严永新 . 陆相页岩油勘探［M］. 北京：石油工业出版社，2015.

[2] 张林晔，李钜源，李政，等 . 陆相盆地页岩油气地质研究与实践［M］. 北京：石油工业出版社 .2017.

[3] Kaarsberg E. A. Introductory Studies of Natural and Artificial Argillaceous Aggregates by Sound-Propagation and X-ray Diffraction Methods［J］. The Journal of Geology，1959，67（4）：447–472.

[4] Lo T.，Coyner K. B.，&Toksoz M. N.Experimental determination of elastic anisotropy of Berea sandstone，Chicopee shale，and Chelmsford granite［J］. Geophysics，1986，51（1）：164–171.

[5] Vernik L.，& Nur A. Petrophysical analysis of the Cajon Pass scientific well：implications for fluid flow and seismic studies in the continental crust. Journal of Geophysical Research：Solid Earth，1992，97（B4）：5121-5134.

[6] Dewhurst D. N.，& SigginsA. F.Impact of fabric，microcracks andstress field on shale anisotropy：Geophysical Journal International［J］，2006，165：135–148

[7] Sondergeld C. H.，& Rai C. S. Elastic anisotropy of shales［J］. The leading edge，2011，30（3）：324-331.

[8] Zhubayev A.，Houben M. E.，Smeulders D. M.J.，et al. Ultrasonic velocity and attenuation anisotropy of shales，Whitby，United Kingdom［J］. Geophysics，2016，81（1）：D45–D56.

[9] Chichinina T.，Sabinin V.，& Ronquillo-Jarillo G. QVOA analysis：P-wave attenuation anisotropy for fracture characterization.Geophysics，2006，71（3）：C37–C48.

[10] Carcione J. M.，SantosJ. E.，& PicottiS. Fracture-induced anisotropic attenuation［J］. Rock Mechanics and

Rock Engineering, 2012, 45: 929–942.

[11] Hornby B. E., Schwartz L. M., & Hudson, J. A. Anisotropic effect Ⅳ e–medium modeling of the elastic properties of shales[J]. Geophysics, 1994, 59 (10): 1570-1583.

[12] Gurevich, B. Elastic properties of saturated porous rocks with alignedfractures[J]. Journal ofApplied Geophysics, 2003, 54: 203–218.

[13] 陈怀震，印兴曜，高建虎，等.基于等效各向异性和流体替换的地下裂缝地震预测方法 [J]. 中国科学：地球科学.2015，45（05）：589-600.

[14] Anderson, I., Ma, J., Wu, X., et al. Determining reservoir intervals in the bowland shale using petrophysics and rock physics models[J]. Geophysical Journal International, 2021, 228 (1): 39-65.

[15] Johansen T. A., Ruud B. O., & Jakobsen M. Effect of grain scale alignment on seismic anisotropy and reflecttiity of shales[J]. Geophysical Prospecting, 2004, 52: 133–149.

[16] Sayers C. M. Seismic anisotropy of shales[J]. Geophysical Prospecting, 2005, 53 (5): 667–676.

[17] 原宏壮.各向异性介质岩石物理模型及应用研究 [D]. 青岛：中国石油大学（华东）.2007.

[18] 胡起，陈小宏，李景叶.基于单孔隙纵横比模型的有机页岩横波速度预测方法 [J]. 地球物理学进展，2014，29（5）：2388–2394.

[19] 董宁，霍志周，孙赞东，等.泥页岩岩石物理建模研究 [J]. 地球物理学报，2014，57（6）：1990-1998.

[20] Guo Z., Li X., Liu C., et al. A shale rock physics model for analysis of brittleness index, mineralogy and porosity in the Barnett shale[J]. Journal of geophysics and engineering, 2013, 10 (2): 1742-2132.

[21] Zhao L., Qin X., Han D. H., et al. Rock–physics modeling for the elastic properties of organic shale at different maturity stages[J]. Geophysics, 2016, 81 (5): D527-D541.

[22] Zhao L., Qin X., Zhang L., et al. An effective reservoir parameter for seismic characterization of organic shale reservoir[J]. Surveys in Geophysics, 2018, 39 (3): 509-541.

破碎性地层取心难点及技术对策

孙越冬

（中石化江苏油田分公司石油工程技术研究院）

摘　要：江苏油田在苏北盆地页岩油探索中分别对花页1井、花101井、铜页1井进行取心作业，由于泥页岩地层破碎、高角度裂缝较为发育等因素影响，常发生堵心、磨心，导致单趟平均取心进尺较少，取心效率低。针对FLG1655取心钻头＋苏Ⅲ型取心筒、Xw56x取心钻头＋苏Ⅲ型取心筒、R408取心钻头＋苏Ⅲ型取心筒、SCS306-101取心钻头＋胜利Y-8100型取心筒四种取心工具的效果开展评价，提出推荐的取心具组合和钻进参数，为今后苏北盆地页岩油取心提供可靠的参考和技术支持。

关键词：取心；钻具组合；取心钻头；工艺参数

苏北盆地阜二段泥页岩沉积由于受到气候、水体、陆源物质等影响，其发育具有典型的非均质性，脆性矿物含量高，裂缝层理发育，取心难度大。江苏油田页岩油已钻导眼井7口井的取心施工中，出现取心钻头适应性差、取心钻时差异大，取心钻速偏低，堵心频繁出现，影响取心工作效率。开展各种取心工具在江苏油田页岩油取心中的应用效果研究，对东部地区页岩油储层取心作业，提高取心的效率和收获率有重要意义。[1][2]

1　地层特性分析

（1）阜二段地层岩性非均质性、脆性矿物含量高。

通过对阜二段取心进尺较低段岩心进行X射线衍射定量分析测试，如图1所示，黏土矿物含量占11.3%~34.0%，如表1所示脆性矿物含量占50.7%~71.8%。地层易破碎，岩心在入筒后易产生应力释放，呈不规则分布，易堵心。

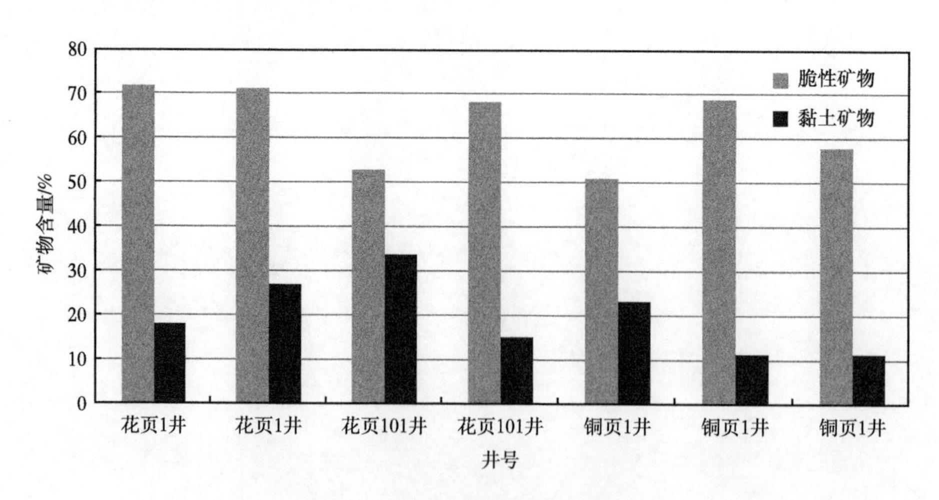

图1　阜二段脆性矿物含量图

（2）高角度缝、层理缝、层间剪切缝较为发育。

如图 2 所示，高角度缝、层理缝、层间剪切缝较为发育，方解石含量占 11.0%~26.2%，如图 3 所示。岩心入筒阻力大，影响取心进尺。

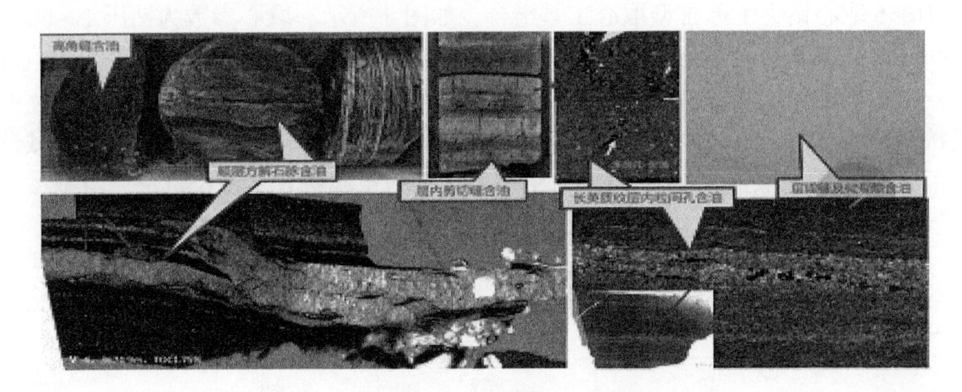

图 2　岩心高角度缝、层理缝、层间剪切缝图

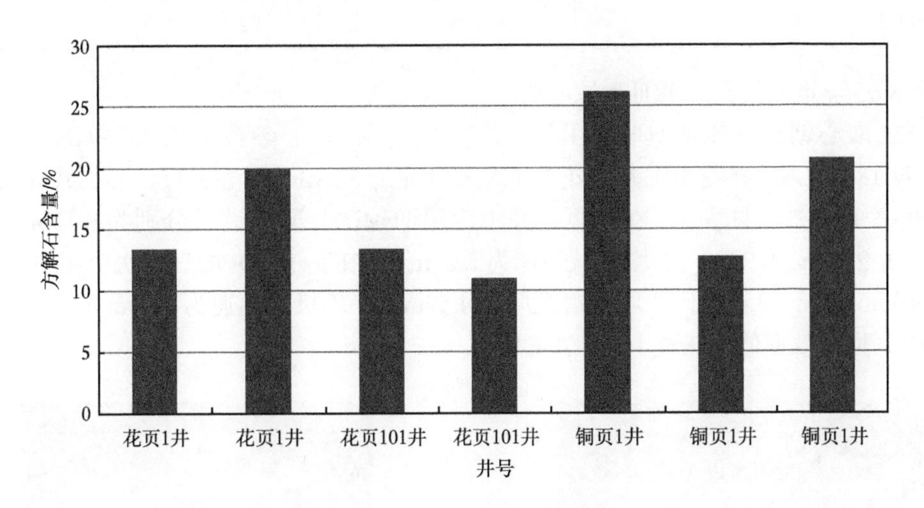

图 3　阜二段方解石含量图

（3）阜二段地层岩性非均质性较强。

阜二段页岩以混积页岩和长英质页岩为主，局部发育灰云质页岩，见表 1，不同井深之间的矿物组分含量差异大，非均质性强，取心过程中层间差异大，影响取心钻速。

表 1　铜页 1 井不同井深矿物组分图

井深 /m	全岩成分 /%								
	黏土矿物	石英	钾长石	斜长石	方解石	白云石	铁白云石	黄铁矿	脆性矿物
3601~3605	23.2	17.5	0.6	5	26.2	24.6		3	50.7
3627~3634	11.3	12.1	4.3	14.3	12.8	36.5		1.6	68.8
3649~3655	11.3	14.3	2.5	11.7	20.7	26.9		2.7	58.1

2 取心作业概况

（1）FLG1655 取心钻头 + 苏Ⅲ型取心筒。

FLG1655 取心钻头 + 苏Ⅲ型取心工具组合，如图 4 所示。取心参数为钻压 10~60kN，转速 40~60r/min，排量 18~23L/s。花页 1、花 101、铜页 1 井中累计完成 177.54m 取心进尺，收获岩心 176.73m，平均收获率 99.54%。其中在花页 1 井取心过程中平均单趟进尺为 9.29m，平均机械钻速为 2.68m/h；在花 101 井使用过程中平均单趟进尺为 4.13m，平均机械钻速为 1.05m/h；在铜页 1 井取心过程中共使用 9 趟次，平均单趟进尺为 6.65m，平均机械钻速为 1.26m/h（表 2）。

表 2 FLG1655 取心钻头 + 苏Ⅲ型取心筒的应用效果

井号	取心趟数	平均单趟进尺 /m	平均机械钻速 /（m/h）	平均收获率 /%
花页 1	10	9.29	2.68	99.92
花 101	6	4.13	1.05	99.23
铜页 1	9	6.65	1.26	99.08

（2）Xw56x 取心钻头 + 苏Ⅲ型取心筒。

Xw56x 取心钻头 + 苏Ⅲ型取心工具，如图 5 所示。取心参数钻压 20~60kN，转速 50r/min，排量 18~23L/s。在花 101 井、花页 1 井累计完成 32.92m 取心进尺，心长共计 32.85m，平均收获率 99.79%。见表 3，在花页 1 井中应用两趟次，取心进尺分别为 9.15m、9.99m，心长分别为 9.15m、9.99m，平均机械钻速为 2.21m/h；在花 101 井的三趟次应用中取心进尺分别为 9.35m、1m、3.43m，平均单趟进尺仅 4.59m，平均机械钻速为 1.06m/h，平均收获率为 99.49%，取心效率低于花页 1 井（表 3）。

图 4 FLG1655 取心钻头

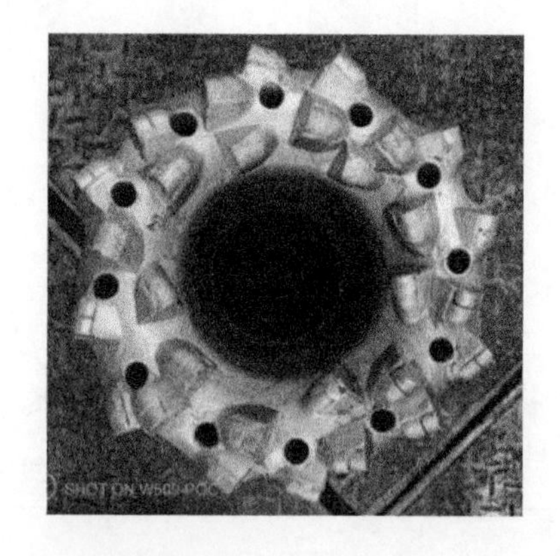

图 5 Xw56x 取心钻头

表 3 Xw56x 取心钻头 + 苏Ⅲ型取心筒的应用效果

井号	取心趟数	平均单趟进尺 /m	平均机械钻速 /（m/h）	平均收获率 /%
花页 1	2	9.57	2.21	100
花 101	3	4.59	1.06	99.49

（3）R408 取心钻头 + 苏Ⅲ型取心筒。

R408 取心钻头 + 苏Ⅲ型取心工具组合，如图 6 所示。取心参数为钻压 20~40kN，转速 50r/min，排量 23~25L/s。在花 101 井、铜页 1 井取心作业中应用 12 趟次，取心总进尺达 95.74m，岩心总长 94.78m，平均收获率 99.04%。见表 4，在花 101 井取心的 9 趟中，平均单趟进尺为 8.18m，平均机械钻速为 1.49m/h；在铜页 1 井应用 3 趟次，平均单趟进尺 7.39，平均机械钻速仅 0.89m/h。

（4）SCS306-101 取心钻头 + 胜利 Y-8100 型取心筒。

SCS306-101 取心钻头 + 胜利 Y-8100 型取心工具，如图 7 所示。 取心参数为钻压在 40~80kN，转速 50~60r/min，排量 22~23L/s。在铜页 1 井取心过程中共应用 7 趟次，取心总进尺 48.62m，岩心 48.21m，平均收获率 99.16%，取心数据见表 5。

表 4 “R408 取心钻头 + 苏Ⅲ型取心筒”应用效果

井号	取心趟数	平均单趟进尺 /m	平均机械钻速 /（m/h）	平均收获率 /%
花 101	9	8.18	1.49	98.87
铜页 1	3	7.39	0.89	100

图 6　R408 取心钻头

图 7　SCS306-101 取心钻头

表 5 SCS306-101 取心钻头 + 胜利 Y-8100 型取心筒的应用效果

井号	取心趟数	平均单趟进尺 /m	平均机械钻速 /（m/h）	平均收获率 /%
铜页 1	7	6.95	1.35	99.16

3　取心工具应用效果分析

3.1　取心钻头应用效果对比

FLG1655、Xw56x 与 R408 型取心钻头均配合苏Ⅲ取心筒使用，经比较其应用效果差异较大，取相邻较近两口井花页 1、花 101 井对比三种钻头使用情况发现：FLG1655 取心钻头在两口井取心钻进过程中平均单趟进尺 7.36m，平均机械钻速 2.02m/h；Xw56x “满天星”取心钻头在两口井使用过程中平均单趟进尺为 6.58m，平均机械钻速为 1.52m/h；R408

取心钻头平均单趟进尺为8.18m，平均机械钻速为1.49m/h。R408取心钻头平均单趟进尺较FLG1655取心钻头高11.14%，平均机械钻速低26.24%。在破碎性泥页岩地层取心中，取心进尺高低的重要性更强。因此，刀翼宽度6cm、齿径8mm的R408取心钻头应用效果更好[3]。

3.2 苏Ⅲ型取心筒与胜利Y-8100型取心筒应用效果对比

苏Ⅲ取心筒外筒尺寸大，稳定性强，内筒底部设有通用底轴承，该轴承由内圈、外圈、盖圈、挡圈及钢球组成，能够提高内筒集中度，减少晃动，具有扶正内筒的作用，针对破碎性泥页岩地层取心适应性较好[4]。胜利Y-8100型取心工具采用高强度厚壁无缝钢管作外筒并加差值短节，强度高、稳定性好，有利于提高岩心收获率、单筒进尺和延长取心钻头使用寿命，结构简单、转动灵活、寿命长，但卡箍岩心爪适用于岩心完整、成柱性较好的地层。

3.3 取心筒材料使用效果对比

钢制内筒强度高，但岩心阻力大。铝合金内筒内壁光滑，岩心入筒摩擦阻力较小，出心容易，有效降低了堵心的发生，适用于对破碎性地层[5]。表6花页1井使用铝制取心筒取心进尺最短为4.01m，而使用钢制取心筒最短仅为0.84m。

表6　花页1井钢制取心筒和铝制取心筒使用效果对比

取心次数	取心进尺/m	井段	地层	取心筒
1	8.9	3460.00~3468.90	王八盖	钢制
2	18	3468.90~3486.90	王八盖	钢制
3	10.93	3582.10~3593.03	四尖峰	钢制
4	0.85	3655.10~3655.95	山字	钢制
5	4.26	3655.95~3660.21	山字形	钢制
6	0.84	3660.21~3661.05	山字形	钢制
7	9.15	3661.05~3670.20	山字形	铝制
8	18	3670.20~3688.20	山字形	铝制
9	9.99	3688.20~3698.19	山字形	铝制
10	4.01	3698.19~3702.20	山字形	铝制
11	9.1	3702.20~3711.30	山字形	铝制
12	18	3711.30~3729.30	山字形—阜一段	铝制

3.4 取心工具的优选

表7综合对比发现，R408+苏Ⅲ型取心工具组合平均单趟进尺最高，FLG1655+苏Ⅲ型取心工具组合平均机械钻速最高，平均收获率均大于99%。

表7　四类取心工具组合对比

工具组合类型	取心趟数	平均单趟进尺/m	平均机械钻速/(m/h)	平均收获率/%
FLG1655+苏Ⅲ型取心筒	25	7.10	1.68	99.53
Xw56x+苏Ⅲ型取心筒	5	6.58	1.52	99.79
R408+苏Ⅲ型取心筒	12	7.98	1.29	99.04
SCS306-101+Y-8100型取心筒	7	6.95	1.35	99.16

4 结论与认识

（1）针对硬、脆、碎性泥页岩地层，推荐 R408 取心钻头 + 苏Ⅲ型取心工具组合，该组合稳定性强，实钻中平均每趟取心均能收获近 8m 进尺，收获率在 99% 以上。钻井参数为钻压 5~10kN、转速 40~50r/min，至少树心 0.5m，利于引导岩心入筒。

（2）通过对比分析，页岩取心钻进中采取大钻压、高转速不仅无法有效提高机械钻速，反而会导致取心钻头磨损严重而提前终止取心作业，影响作业时效；另外，地层应力较大，也会导致岩心更易破碎，进一步导致卡心、堵心的发生；小钻压、低转速钻进能获得较好的机械钻速和取心收获率。

参 考 文 献

[1] 曹华庆，龙志平 . 苏北盆地戴南组和阜宁组地层取心关键技术 [J]. 石油钻探技术，2019，47（2）：6.
[2] 罗军 . 页岩气钻井取心技术研究 [C]//2014 年度“非常规油气钻井基础理论研究与前沿技术开发新进展”学术研讨会 . 中国石油学会，2014.
[3] 成景民，冯会斌，王治中，等 . 深井灰岩破碎地层取心技术及应用 [J]. 钻采工艺，2006，29（3）：2.
[4] 曹华庆，冯云春，杨以春，等 . 松辽盆地南部油气田钻井取心关键技术 [J]. 钻探工程，2021，48（11）：7.
[5] 佚名 . 新型高效耐冲击复合片取心钻头助力页岩油勘探高效取心 [J]. 地质装备，2020，21（1）：1.
[6] 黄召，肖乔刚，叶俊放，等 .H1 井页岩地层密闭取心技术实践 [J]. 海洋石油，2017，37（3）：5.

开　　发

准噶尔盆地吉木萨尔页岩油效益开发探索与实践

崔新疆，李文波，汤　涛，朱靖生，伍晓虎，褚艳杰

（中国石油新疆油田公司吉庆油田作业区）

摘　要：准噶尔盆地吉木萨尔页岩油藏是典型的陆上页岩油非常规油藏，储层岩性复杂、横向埋深差异大、纵向夹层多、非均质性强，油层薄，原油黏度高，开发难度大。经过勘探发现、先导性试验、动用突破、规模建产4个阶段的探索，取得了重要进展，但产能建设达产率不高，单井投入产出矛盾逐步凸显，开发效益成为制约吉木萨尔页岩油开发的主要问题。2021年以来，中国石油新疆油田公司从管理与技术两方面着手，进行了效益开发探索。针对优质“甜点”分布、优质储层钻遇率、储层改造强度等单井产量的主控因素，采用储层精细再认识、核磁共振测井可动性评价、提高钻井井眼轨迹调控精度、提高储层改造强度等技术措施，配合市场化自主经营，形成了成熟的管理和技术体系，在实践中得到检验，单井投入下降53.4%，单井累产油量（EUR）提升50%左右，实现45美元/bbl下算盈，推动了吉木萨尔页岩油效益开发。

关键词：页岩油；优质储层钻遇率；高强度压裂；投资管控；效益开发

准噶尔盆地吉木萨尔凹陷二叠系芦草沟组页岩油藏是国内典型的页岩油藏，储层埋藏深度大、物性差、非均质性强，原油黏度高，水平井大规模体积压裂技术是实现效益开发的关键[1-2]。2020年3月，国家能源局和自然资源部联合批复设立国家级页岩油示范区。推进吉木萨尔页岩油开发，建设国家级页岩油示范区，打造页岩油开发的样板工程，对推动我国陆相页岩油开发具有重要意义。页岩油开发面临的主要问题是单井投入与产出矛盾逐步凸显，开发效益不达标。2021年以来，新疆油田公司着眼于效益开发，在管理和技术两大领域开展创新性探索，推进市场化自主经营，形成多项重要的认识和关键技术，建立了适合于吉木萨尔页岩油的管理和技术体系，取得了良好开发效果，实现了效益开发。

1　勘探概况

吉木萨尔凹陷位于盆地东部隆起的南部，面积约1278km^2，其中，芦草沟组为大面积分布的页岩油藏，井控储量达到11×10^8t，是我国陆相咸化湖盆页岩油的一个典型实例[3]，目前正在建设我国首个国家级陆相页岩油示范区，吉木萨尔凹陷二叠系芦草沟组埋深800~4500m、平均3570m，厚度25~300m、平均200m。

纵向上，芦草沟组自下而上分为上、下2个“甜点”体。上“甜点”位于芦草沟组二段二砂组（$P_2l_2^2$），可细划分为4个小层，优势岩性为纹层状砂屑云岩、纹层状岩屑长石粉-细砂岩、纹层状云屑砂岩；下“甜点”位于芦一段二砂组（$P_2l_1^2$），可细划分为7个小层，优势岩性为纹层状云质粉砂岩[4]。截至2020年，累计动用储量3339×10^4t，年生产原油31.6×10^4t，累计生产原油59.5×10^4t。

2　开发探索历程

自2011年开始，在非常规油气勘探开发思想指导下，吉木萨尔页岩油从勘探发现到开发试验，取得了重要进展，但也出现了单井投入与产出矛盾凸显、开发效益不达标的难题。

2.1 开发阶段分析

吉木萨尔页岩油开发可以划分为 4 个阶段：勘探发现阶段、先导性试验阶段、动用突破阶段、规模见产阶段。

（1）勘探发现阶段（2011.10—2013.04）。

2011 年吉 25 井在芦二段获日产 18.25t 工业油流，2012 年按照“新老井结合，直井控面、水平井提产”原则，部署探井、评价井 10 口，其中水平井 4 口。吉 172-H 井采用水平井 + 体积压裂开发方式，初期最高日产油 $78m^3$，“满凹含油”认识初步形成，按照油层厚度、埋深将油藏划分为上、下“甜点”和 3 类储层，证明水平井体积压裂是页岩油开发的技术方向。

（2）先导性试验阶段（2013.04—2017.04）。

为进一步落实储量，探索投资控减途径，开展了压裂工艺试验，共实施 10 口“水平井 + 体积压裂”开发先导试验井组，水平段长 1300~1800m。2017 年提交探明储量 2546×10^4t，但初期日产油 21.0t，一年期累计产油 2110t，生产效果未达预期。该阶段出现的主要问题是一类油层钻遇率低，平均为 33.9%；储层改造加砂强度较低，平均为 $0.9m^3/m$。

（3）动用突破阶段（2017.04—2018.10）。

为探索大幅度提高单井产量技术，部署实施了 JHW023、JHW025 两口水平井，强化“甜点”选区、优化水平井轨迹设计、精细控制钻井轨迹，提高优质甜点钻遇率，优质储层钻遇率达 85%，通过密切割、大排量、大砂量提高储层压裂改造强度，加砂强度达到 $2.0m^3/m$ 以上。一年期累计产油突破万吨，产量大幅提升，从而确立了多段多簇、密切割、高强度的“水平井 + 体积压裂”主体工艺，地质认识上也进一步深化。

（4）规模见产阶段（2018.10—2020.10）。

在两口水平井取得产量突破后，开始规模见产试验。采用上下“甜点”控面和上“甜点”东南部整体开发相结合，精准轨迹控制、细分切割压裂。遇到的主要问题是单井投入高，产能差异大，统计累计产油天数大于 300 天的 27 口井，初期日产油 1.4~63.8t，平均为 37.3t，一年期累计产油平均为 4588t，距离设计产能仍存在一定差距。

2.2 开发效益

吉木萨尔页岩油开发成本主要由钻井成本、压裂成本、地面建设成本和操作成本构成。

2017 年到 2019 年，单井投资增加 1045 万元，其中，钻井成本增加 2108 万元，井深增加 1425m，水平段长增加 538m。压裂成本降低 1650 万元，压裂液体系由瓜尔胶优化为聚合物 + 瓜尔胶，压裂规模逐年优化。地面工程建设成本增加 587 万元，建设联合站、110kv 变电站、油外输管线等骨架工程。2021 年预计完全成本 67.79 美元 /bbl，高于油田公司平均水平，其中，折旧折耗 51.2 美元 /bbl，占完全成本 76%；单位操作成本为 11.97 美元 /bbl，低于油田公司平均水平。先导性试验阶段以来，吉木萨尔页岩油部署井在 45 美元 /bbl、55 美元 /bbl、65 美元 /bbl 油价下分别亏损 45 亿元、41 亿元、38 亿元，距离内部收益率 6% 有差距，推进市场化自主经营成为吉木萨尔页岩油效益开发的现实需求。

2.3 开发难点

总结油藏、储层、产能与效益开发主控因素的认识，吉木萨尔页岩油效益开发主要存在以下 3 个难点：

（1）储层非均质性强，优质甜点预测难度大。

储层岩性复杂，油层薄，“甜点”非均质性强。储层纵向上呈厘米级互层，“甜点”最小厚度为0.05m，最大厚度为4.52m，平均厚度为0.25m，纵向上各“甜点”间含油饱和度、含油性差异大，“甜点”品质平面变化快，常规三维地震资料难以精细刻画微构造和预测页岩油地质“甜点”与工程“甜点”。上“甜点”$P_2l_2^{2-2}$可动油储量丰度平面上分布为$0\sim45\times10^4t/km^2$，油浸及富含油岩心占比低。2019年底，下“甜点”钻遇率仅为64%，严重影响水平井产量。

（2）钻井和储层改造技术挑战强，成本高。

储层埋深跨度大（2320~4200m），横向埋深差异大；纵向地层夹层多、岩性变化快，泥岩塑性强、厚度大、可钻性差，钻井提速困难，水平井钻井工期和成本始终未实现整体突破。储层天然裂缝欠发育、脆性指数中等，薄互层水力裂缝缝网形成难度大，埋藏深，改造成本高。

（3）产量达标率低，效益亟待提高。

已投产的90口水平井第一年平均单井日产量为21.9t，达产率为79.9%，下“甜点”达产率为88.8%，上“甜点”达产率为71.0%。钻井成本、压裂成本居高不下，亟待大幅度降低开发成本，实现效益开发。

3 页岩油效益开发关键技术探索

开发探索与试验表明，逐步明确了吉木萨尔页岩油提高单井产量的主攻方向和关键技术，主要包括大平台立体开发、精细储层认识与优质“甜点”预测、优化井眼轨迹提高优质储层钻遇率、提高储层改造强度几方面。

3.1 大平台立体开发

吉木萨尔页岩油开发在4套层系（$P_2l_2^{2-2}$、$P_2l_2^{2-3}$、$P_2l_1^{2-2}$、$P_2l_1^{2-3}$）进行部署，推进上“甜点”一、二类油藏及下“甜点”一、二、三类油藏整体部署，统筹组合大平台，井距为200m，纵向立体交错，水平段平均长度为1998m，设计产能为23.5t/d，平均单井累计产油量为3.56×10^4t。部署水平井446口，新建产能345×10^4t。

3.2 精细储层认识与优质甜点预测

3.2.1 页岩油特征

吉木萨尔页岩油主力油层分布在$P_2l_2^2$（上“甜点”）和$P_2l_1^2$（下“甜点”）两个砂层组内，厚度平均为38m、44m；属咸化湖泊相夹三角洲相沉积，岩矿组分复杂、岩石类型多样。

上“甜点”（$P_2l_2^2$）岩性以长石岩屑砂岩、云质砂岩、砂质云岩为主，非均质性强，平面上连片性较差；纵向有3个主力小层，隔夹层发育。下“甜点”（$P_2l_1^2$）岩性单一，以云质砂岩为主，平面上连片性好；纵向有3个主力小层，隔夹层更发育且呈现与云质砂岩高频互层特征[5]。

油层覆压下，上“甜点”平均孔隙度为13.8%、下“甜点”平均孔隙度为11.2%，上“甜点”渗透率为0.061mD、下“甜点”渗透率为0.025mD，孔隙半径为100~150μm，喉道半径为0.1~0.3μm；储层弱水敏，润湿性为中性—弱亲油。

气油比为$10.0m^3/m^3$，地层压力系数为1.3~1.5，地面原油密度为$0.88\sim0.91t/m^3$，50℃条件下，上“甜点”地面原油黏度平均为53mPa·s、下“甜点”地面原油黏度平均为166mPa·s；与国内外页岩油藏相比，吉木萨尔页岩油具有高密度、高黏度、低流度、低气油比的特点[6-7]。

3.2.2 核磁共振测井储层评价

应用核磁共振测井方法评价页岩油储层，建立了基于核磁分频处理的储层精细识别及产能评价模型，精细吉木萨尔页岩油储层认识，细化完善分类分区标准。核磁共振测井的主要特点是分辨率高、评价孔隙流体更为精细。

前期开发实践中，由于岩性复杂，常规测井解释的岩性精度不够，有效孔隙度误差较大，且无法评价可动孔隙度，用有效孔隙作为甜点品质的主要参数进行分类评价，与产能一致性较差。核磁共振测井具有更高的精确度且受岩性影响小，采用可动孔隙度评价甜点品质更加精确。通过开展各项表征孔喉结构的岩心实验分析，确定不同流体赋存状态的孔喉直径下限及核磁 T_2 谱对应的弛豫时间截止界限[8-9]。

结合取心井含油性显示、直井试油产量、水平井产能等情况，建立了产能与可动孔隙度（$\phi_{可动}$）、稳定含水率、可动油饱和度（S_0 可动）之间的耦合关系。同时页岩油孔喉特征复杂多样，核磁 T_2 谱形态不仅能精细刻画可动流体孔隙的大小，而且能反映出孔喉非均质性的差异，非均质性越强，核磁 T_2 谱展布位置越宽，这类“甜点”渗透性较差，出油量低。通过总结产能与核磁 T_2 谱形态之间的规律，采用定量与定性结合的方式建立了一套稳定含水率评价标准。

可动油弛豫时间截止界限为 35ms，弛豫时间在 35ms 以下均为不可动油。弛豫时间在 35ms 以上时，若在 35ms 以上信号强且单峰集中靠右，横向峰域窄，则为一类“甜点”；孔喉相对简单，以大孔喉为主，非均质性弱，稳定含水率低于 40%；若 35ms 之后信号强且单峰集中靠左，横向峰域窄，部分单峰在 20~30ms 之间，则为二类“甜点”；孔喉相对简单，以中孔喉为主，非均质性弱，稳定含水率在 40%~50%；若 35ms 之后峰分散，横向峰域宽，部分单峰继续前移，则为三类甜点；孔喉相对复杂，稳定含水率在 50%~70%；若 35ms 之后信号弱，且单峰前移到 15ms 以下，则为四类甜点；以小孔喉为主，稳定含水率在 70%~90%。整体来看，核磁 T_2 谱信号在 35ms 之后单峰占比越高，可动油饱和度越大，稳定含水率越低，且二者具有较好的回归线性关系，经投产水平井产液剖面测试及水平井产能验证，理论结果与实际吻合度较高，证明核磁共振测井作为稳定含水率新技术较为可靠[10-11]。

3.2.3 优质甜点区圈定

吉木萨尔凹陷梧桐沟组（P_3wt）、芦草沟组（P_2l）、井井子沟组（P_2jj）3 套储层整体认识清晰，有利区面积明确，常规油藏与页岩油油藏可整体开发，叠合有利区面积 109.9km^2。

依据可动孔隙度、可动油饱和度、可动厚度、可动流体丰度等可动参数总体评价，平面上可将吉木萨尔凹陷芦草沟组“甜点”区整体分为 4 类。明确了二叠系芦草沟组纵向上发育 7 套含油层系，落实了各小层平面分区范围及储量规模，各小层在纵向上叠置，纵向上对多套含油层系进行统筹考虑，确定了大平台部署的物质基础[12]。

3.3 水平井井眼轨迹跟踪技术

控制水平井井眼轨迹，确保轨迹在目标储层内有效延伸，提高优质储层钻遇率，是压裂后高产的首要条件。综合应用三维地震体、地质模型、随钻录井测井曲线、岩矿分析数据及探边工具反演资料等进行随钻地质导向钻进，多靶点精细控制水平井井眼轨迹，适时进行轨迹调整，2021 年已完钻 16 口井，优质储层钻遇率均达到 90% 以上，最高达到 100%。

3.4 储层改造技术

水平井大规模体积压裂是页岩油储层改造的一项核心技术。加拿大都沃内项目采用可降解桥塞+分簇射孔压裂工艺[13]，段间距不断缩小，自2012年的89m降至2018年的49m，缩短了45%，产量随段间距缩小不断增加。在缩小段间距的同时，持续增加单段压裂簇数，由开始的3~4簇增加到7簇，簇间距由开始的15m逐渐减少至7m 。基于“砂就是油，砂量就是油量”的理念，采用滑溜水+新型高黏聚合物压裂液[14]，加砂强度自2012年的1.69t/m增加到2018年的3.90t/m。单井凝析油峰值产量从2012年的70.93t/d增长到2018 年的196.36t/d，单井EUR从2012年的2.6×10^4t增长到2018年的6.9×10^4t。

吉木萨尔页岩油压裂技术的突破不断推动开发工作取得新进展。2012年，吉172_H井首创国内“万方液、千方砂”的工厂化压裂，刷新新疆油田公司最大压裂级数、最大入井液量纪录，并成功获得日产78m^{3}的工业油流。2017年，JHW023井、JHW025井的体积压裂，创下见油最早和日产最高双纪录，单井注入压裂液3×10^4m^3，压裂砂超2000m^3。JHW025井单井日产液192.83m^3（169.70t），日产油106t，单井日产量突破100t。

前期页岩油开发试验表明，施工规模和加砂强度是影响改造效果的关键因素。对吉木萨尔页岩油55口投产井生产规律进行统计分析发现，压裂规模增大，产液量增大。3年累计产液量与压裂液用量持平，最终产液量与压裂液量的比值为1.2~1.6，平均值为1.5。压裂规模的扩大有利于推动储层改造更加彻底，推动单井EUR取得突破。

在“密切割+水平井体积压裂”主体改造技术基础上，进一步提高改造强度，不断缩小簇间距，增大加砂强度，扩大储层改造体积，提高缝网复杂性和裂缝导流能力，并不断提高作业效率[15-16]。

吉木萨尔页岩油58号平台水平井实施“密切割+强化体积压裂”大规模储层改造，50天完成全部312级施工。总施工用液量为55.1×10^4m^3，加砂5.74×10^4m^3，达到设计指标，平均单级压裂用时2.2~2.4h。单个工作面正常工作时效为5级/d，最高为8级/d。平台单日最大注入液量为2.77×10^4m^3，注入砂量为2850m^3。

4 页岩油效益开发管理举措

聚焦质量效益同步推进目标，落实效益指标管控关键举措，推进吉木萨尔页岩油效益开发[17-18]。

4.1 降低单井投入

通过对标长庆油田、吉林油田、吐哈油田等国内页岩油开发单位钻井、压裂等关键环节费用，查摆成本投入居高不下的主要矛盾凸显点，充分利用市场化自主经营、自主招标权限，在集团范围内优选有资质且实力强的队伍参与选商，逐步建立多个市场主体共同参与、平等竞争的市场机制，对钻井、压裂成本进行专项管控[19]。

钻井成本进行总体控制，吸纳具备相关资质和中国石油准入的承包商、服务商、供应商参加投标竞争，扩大选商范围，改变“一对一”市场格局，与5家钻井公司开展多轮次选商谈判，由钻井公司测算标准井费用后进行报价，选定中国石油渤海钻探工程公司、中国石油集团西部钻探工程有限公司、中国石油长城钻探工程公司等3家公司承担页岩油产能建设钻井工程施工，单井钻井工程总费用较2019年下降56.7%。压裂成本进行分段管控。将压裂施工划分为压裂施工及准备、压裂液技术服务、支撑剂、射孔及桥塞服务等四大类，与7

家单位开展选商谈判，将压裂投资在相同规模下平均每立方米压裂液压裂价格较以往降低42%。同步推进集约化经营，无杆泵举升等新设备工艺，多措并举，单井投资较2019年井下降53.4%。

4.2 提高单井产出

通过压裂液用量与分类井预测产油量之间的关系预测，增大压裂规模，一类井累计产量将由18t/m提高到28t/m，有效提升单井产出[20]。58号平台8口井预计EUR由3.3×10^4t提产到5×10^4t。依据已投产密切割、加砂强度为$4.0m^3/m$的水平井生产特征预测，1800m水平段的井，一年期平均日产油38t，第一年累计产油1.25×10^4t，第二年平均日产油23t，第三年平均日产油15t，3年累计产油量为2.5×10^4t；单井最终累计产油量可达到5.0×10^4t，提高50%以上。

4.3 提高投入产出比

2021年单井投资指标有明显下降，预计百万吨投资43.20亿元。实际控制单井EUR可以达到5×10^4t，按照单井投资4600万元计算，可以将百万吨投资控制到41.1亿元，较预计节省2亿元。按此指标测算，可实现一、二、三类储层有效动用，具备立体部署井网条件。纵向上多套油层叠置，采用7套开发层系，横向上向南延伸到吉7井区，构建超大平台，降低钻井、压裂施工搬家费用，减少压裂干扰，节约地面成本，提高钻井、压裂效率，进一步实现降本增效目的，从而推进吉木萨尔页岩油有效开发。

5 结论

（1）吉木萨尔页岩油经历勘探发现、先导性试验、动用突破、规模建产等4个开发阶段，目前已基本攻克单井EUR低与成本高的主要矛盾，掌握了管理和技术两把钥匙，可以实现吉木萨尔页岩油效益开发。

（2）形成了水平井轨迹跟踪控制技术，优质甜点钻遇率提升到90%左右，为吉木萨尔页岩油的效益开发提供了物质基础。

（3）提高储层改造强度是提高单井产量的关键。新一代“密切割+强化压裂工艺”储层改造主体技术，加砂量$7\times10^3m^3$，段间距45m，单段平均8簇，簇间距5.8m，实现了密切割、加砂规模的最大化，基本可以实现水平井储量缝控目标，大幅度提高单井产能。

（4）通过发挥自主经营优势，吉木萨尔页岩油成本管控举措逐渐成熟，单井总费用较2019年下降53.4%。

参考文献

[1] 霍进，何吉祥，高阳，等．吉木萨尔凹陷芦草沟组页岩油开发难点及对策[J]. 新疆石油地质，2019，40（4）：379-388.

[2] 程垒明．吉木萨尔凹陷页岩油水平井地质工程一体化三维压裂设计探索[J]. 石油地质与工程，2021，35（2）：88-92.

[3] 霍进，支东明，郑孟林，等．准噶尔盆地吉木萨尔凹陷芦草沟组页岩油藏特征与形成主控因素[J]. 石油实验地质，2020，42（04）：506-512.

[4] 葸克来，操应长，朱如凯，等．吉木萨尔凹陷二叠系芦草沟组致密油储层岩石类型及特征[J]. 石油学报，2015，36（12）：1495-1507.

[5] 曲长胜 . 吉木萨尔凹陷二叠系芦草沟组富有机质混积岩特征及其形成环境 [D]. 青岛：中国石油大学（华东），2017.
[6] 曹元婷，潘晓慧，李菁，等 . 关于吉木萨尔凹陷页岩油的思考 [J]. 新疆石油地质，2020，41（5）：622-630.
[7] 彭寿昌，查小军，雷祥辉，等 . 吉木萨尔凹陷芦草沟组上甜点段页岩油储层演化特征及差异性评价 [J/OL]. 特种油气藏：1-10[2021-08-19].
[8] 王屿涛，杨作明，马万云，等 . 吉木萨尔凹陷芦草沟组致密油地球化学特征及成因 [J]. 新疆石油地质，2017，38（4）：379-384.
[9] 张亚奇，马世忠，高阳，等 . 吉木萨尔凹陷芦草沟组致密油储层沉积相分析 [J]. 沉积学报，2017，35(2)：358-370.
[10] 刘雅慧，王才志，刘忠华，等 . 一种评价页岩油含油性的测井方法——以准噶尔盆地吉木萨尔凹陷为例 [J]. 天然气地球科学，2021，32（7）：1084-1091.
[11] 陈海宇，王新东，林晶，等 . 新疆吉木萨尔页岩油水平井超长水平段钻井关键技术 [J/OL]. 石油钻探技术：1-11[2021-08-19].
[12] 陈超峰，王波，王佳，等 . 吉木萨尔页岩油下甜点二类区水平井压裂技术 [J/OL]. 石油钻探技术，2021，49（4）：112-117.
[13] 李国欣，罗凯，石德勤 . 页岩油气成功开发的关键技术、先进理念与重要启示——以加拿大都沃内项目为例 [J]. 石油勘探与开发，2020，47（04）：739-749.
[14] 高阳，郭海平，程乐利，等 . 元素录井在页岩油水平井开发中的应用以吉木萨尔凹陷二叠系芦草沟组为例 [J]. 成都理工大学学报（自然科学版），2021，48（01）：101-110.
[15] 刘哲，杨立峰，蒙传幼，等 . 吉木萨尔页岩油压裂用石英砂的适应性评价 [C]. // 西安石油大学、成都理工大学、陕西省石油学会 .2020 油气田勘探与开发国际会议论文集 . 西安石油大学、成都理工大学、陕西省石油学会：西安石油大学，2020：1767-1774.
[16] 吴宝成，李建民，邬元月，等 . 准噶尔盆地吉木萨尔凹陷芦草沟组页岩油上甜点地质工程一体化开发实践 [J]. 中国石油勘探，2019，24（05）：679-690.
[17] 郭旭光，何文军，杨森，等 . 准噶尔盆地页岩油“甜点区”评价与关键技术应用——以吉木萨尔凹陷二叠系芦草沟组为例 [J]. 天然气地球科学，2019，30（08）：1168-1179.
[18] 曲海旭，曲德斌，张爱东 . 推进石油公司油气效益开发和精益生产的对策和建议 [J]. 科技导报，2019，37（03）：40-45.
[19] 高玉鑫 . 深化认识优化方向促进油田效益开发 [J]. 化工管理，2018（10）：183.
[20] 章敬 . 非常规油藏地质工程一体化效益开发实践——以准噶尔盆地吉木萨尔凹陷芦草沟组页岩油为例 [J]. 断块油气田，2021，28（02）：151-155.

构建市场化机制法律风险防范体系的探索与实践

朱靖生，黄　爽，伍晓虎，李江梅，陈　丽，李大维

（中国石油新疆油田分公司吉庆油田作业区）

摘　要：吉庆油田作业区（吉木萨尔页岩油项目经理部），建立并运行了市场化机制法律风险防范体系，形成了法律风险防范三维立体框架，构建了一种管理目标、管理机构、管理流程、管理文化的“四管齐下”体系管控机制，开发了一个信息平台。经过一段时间的运行，已在实践应用中初步显现效果。一是，完善法律风险防控，促进企业科学健康发展。落实法律风险防控的考核机制。二是，健全合规管理制度，构筑合规治企长效机制。将法律真正融入经营管理，突出法律对经营管理的支撑作用。严格程序，全程参与规章制度制定。积极参与涉法事项决策、涉法问题处理，做到出具的法律意见和处理的事项零失误。三是，不断创新宣传教育培训形式，牢固树立企业法治文化的长期基础地位，因地制宜组织开展形式多样、内容丰富的法治学习，形成“知法懂法守法”的良好内外环境。

关键词：市场化；法律风险；防范体系

吉庆油田作业区（吉木萨尔页岩油项目部）[下称：作业区（页岩油项目部）] 成立于2019年12月16日，是属地储量及矿权、油气生产、综合管理、成本控制的责任主体，负责生产区块的油气开发、生产经营和权限内的改扩建工程管理等工作，肩负着全面建成吉木萨尔页岩油示范区和集团公司新型油田作业区示范标杆双重历史使命。

作业区（页岩油项目部）构建高度扁平化管理层级，按照“四办＋四中心”模式运行，即党政综合办公室、经营办公室、党群维稳办公室、安全生产管理办公室和研究中心、中控中心、监督中心、运行维护中心，现有在册员工352人，实际在岗人员345人，其中管理人员81人，专业技术人员81人，操作人员190人，其中少数民族81人，平均年龄42岁。作业区（页岩油项目部）现有油水井1002口，累计生产原油 259.9×10^4t，建成 55×10^4t/a 处理能力吉祥联合站1座、100×10^4t/a 处理能力页岩油联合站1座。

2021年，在油田公司党委部署下，按照《新疆油田公司吉木萨尔页岩油市场化试点工作方案》中“内部扩权放权＋市场化运行”新机制，挂牌成立吉木萨尔页岩油页岩油项目部，实施市场化经营。构建以经济效益为中心、以市场化为导向的投资、预算、资金管理等机制，逐步实现45美元/bbl油价下的页岩油规模效益开发。

1　构建市场化机制法律风险防范体系的背景

随着市场化经营的深入和面临的内外部环境的变化，油田公司对作业区（页岩油项目部）法律风险防范提出了更高的要求，结合生产经营实际，就是要解决在油气生产过程中会资源的开发利用、安全生产环境保护、合同签订履行和招投标等方面存在的法律风险问题。因此作业区（页岩油项目部）积极探索构建市场化机制法律风险防范体系，目的就是要突出法律风险防范体系管理等思想，运行先进的技术、方法和工具，兼收并蓄、取长补短、注重实效，构建了法律风险防范三维立体框架，形成了一种管理目标、管理机构、管理流程、管

理文化的“四管齐下”体系管控机制，开发了一个信息平台，保障作业区（页岩油项目部）高效、合规、可持续发展。

1.1　有利于了解企业长期存在的法律风险状况

通过作业区（页岩油项目部）在生产经营过程中，对各部门、岗位系统进行深入的调查和分析，可以发现存在的大量的、不同种类的法律风险。油田项目中法律风险的发生，务必会影响作业区（页岩油项目部）整体发展的状况。构建法律风险管理体系，是针对企业的法律环境、企业生产的运营状况进行全方位，全过程的调查和分析，深入企业运营的真实情况和法律风险状况，全面有效地降低法律风险发生的可能性。

1.2　有利于降低法律风险的影响力

由于项目类型的不同带来的利益损失也不相同。根据作业区（页岩油项目部）发生法律风险的状况看，有的法律风险涉及成本，比如，在质量安全环保法律风险中，企业要根据生产需求，对质量安全生产的环节指标进行评估和预测。油田生产要以安全为准则，那么它必然对油田开发、生产等各个环节有要求，这就要考虑过程中的成本因素。有的法律风险不涉及成本，例如合同文本中的某些条款，对于不适合油田生产实际的条款，只要通过完善和修补就可以避免某些漏洞，以降低甚至排除法律风险的不利后果。对于一时无法解决的法律风险，也可以采取一定的控制措施，以便将其不利后果控制在可以承受的范围之内。大大降低法律风险的不利影响程度，为企业提供安全的经营环境。

1.3　有利于企业风险管理水平的完善

作业区（页岩油项目部）已经认识到风险管理体系对自身发展的重要性，并且在一些项目的实施中也逐渐地开展了法律风险体系的建设工作。

作业区（页岩油项目部）建立了法律顾问、法务人员全程参与企业长期发展规划、制度流程和重大决策的机制。包括了生产经营中可能遇到的法律风险问题，及油田法律风险应对的方案和措施。

从长期的发展趋势来看，法律风险管理将与企业管理融为一体，成为未来法律事务岗位职责的主要内容。围绕市场化自主经营模式建设国家级页岩油示范区的中心工作的同时，充分把握法律风险体系建设的关键问题，对法律风险管理的成功实施是具有深远意义和影响。

2　建立市场化机制法律风险防范体系的内涵

通过前期调查、探讨和实践的方法探求构建法律风险管理的基本原则，使得法律风险管理的体系能够真正地支持作业区（页岩油项目部）的重大决策和经营管理活动，因此，构建法律风险管理体系应遵循以下 4 个原则。

2.1　紧贴主线、全方位管理原则

法律风险管理以保障超额完成产量任务，依法经营、合规管理、高质量发展为目标，因此法律风险防范机制要实现全方位的、全过程的监控和管理。建立党委决策层为主导，总法律顾问牵头以及各部门负责人和全体员工参与，综合考虑各部门的特点，全面地考虑法律风险与（页岩油项目部）的整体发展状况，根据不同类型的法律风险，采取多种法律风险控制手段，有针对性地制定切实可行的防范控制措施。

2.2 形式与实效相结合原则

法律风险管理体系是作业区（页岩油项目部）生产经营管理的核心组成部分。构建法律风险管理体系的最终目的是降低法律风险的发生。因此在构建的过程中，应密切结合经营管理活动，从实际需要出发，鉴别法律风险的类型及其特点，采取相应的防控措施，进而保证体系建设成果的操作性和实用性。

2.3 坚持合理性、合法性原则

作业区（页岩油项目部）在建立法律风险管理体系时，应当全面按照国家有关法律法规和油田公司企业规划制度的相关规定和相关流程。作业区（页岩油项目部）油田生产开发工作点多线长面广，基层员工承担着大量基础工作，也是法律风险防控管理的主要参与者，这就需要健全管理制度和流程，将风险管控与油田生产经营紧密结合、共同推进。

2.4 动态调控、持续改进原则

与油田生产经营相关法律法规、政策性文件的出台、修订、废止等都必然影响到作业区（页岩油项目部）的日常生产经营行为，其重大法律风险的表现形式和发生领域也将随之进行调整和变化。鉴于此，构建法律风险管理体系是一个动态的系统工程，不仅需要各层面的各部门协同配合、各岗位相互制衡完成，而且还要不断动态更新。定期评估、调整更新，确保法律风险体系的针对性，维持体系活力和生命力。

3 建立市场化机制法律风险防范体系的主要思路与做法

3.1 建立市场化机制法律风险防范体系的主要思路

按照中央企业全面风险管理的要求，运用内控和风险管理技术，借鉴其他行业法律风险管理框架建设的经验，并结合作业区（页岩油项目部）生产经营目标，以法律风险管理组织流程和架构为依托，以法律风险管理的内容为充实，既要确保风险防控目标与业务发展目标的一致性，又要考虑风险控制措施与生产经营活动效果的平衡性，构建符合生产经营实际、突出作业区（页岩油项目部）市场化经营特点的法律风险管理框架，真正实现法律风险防范的长效机制。

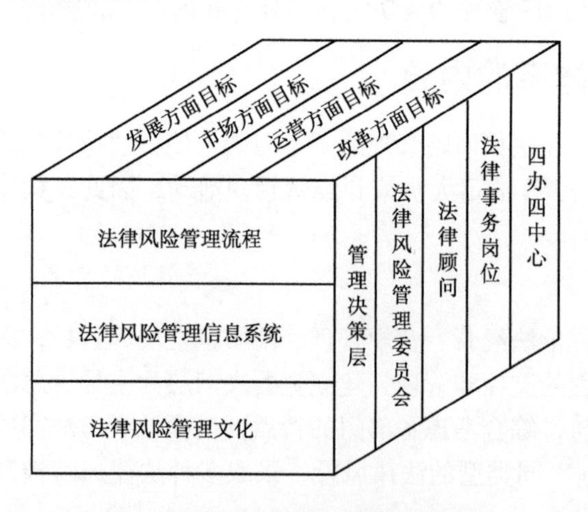

图1 法律风险管理的三维立体框架

3.2 建立市场化机制法律风险防范体系的做法

结合作业区（页岩油项目部）实际，设计出法律风险管理的三维立体框架（图1）。该框架以制度、流程、表单、文本为具体表现形式，在此基础之上理顺法律风险防控节点和管理流程，融合风险管理与信息平台建设，倡导先进的法律风险管理文化，实现法律事务岗位工作从事务型向管理型转变、从事后救济型向事前防范型和事中控制型的转变。

框架中，上层维度为法律风险管理目标。作业区（页岩油项目部）法律风险管理目标设定为发展、市场、运营、改革四个方面，以促进作业区（页岩油项目部）战略目标实现为根本目标，通过法律风险防控的规范化、体系化、流程化，减少出现法律不利后果的可能性，确保企业合法权益最大化，风险损失最小化。

正面维度为法律风险管理运行要素。结合作业区（页岩油项目部）法律风险管理的实际情况和需求，法律风险流程梳理、信息平台搭建、风险管理文化打造三个方面为主要内容和构建路径，综合开展作业区（页岩油项目部）法律风险管理工作。

侧面维度为法律风险管理组织层级。作业区（页岩油项目部）法律风险管理层级的划分有利于对油田各个层面的法律风险源进行有效决策、管理和有对应性的分级防控和实施，组织内的各个层级都对作业区（页岩油项目部）的法律风险管理负有责任。

在法律风险管理框架基础上，紧密围绕作业区（页岩油项目部）发展战略规划设计，以法律风险管理组织建设为保障，以法律风险管理流程管理为抓手，以法律政策、制度建设为手段，以法律风险信息化建设为平台，以法律风险管理文化建设为突破，逐步建立法律风险管理体系（图 2）。

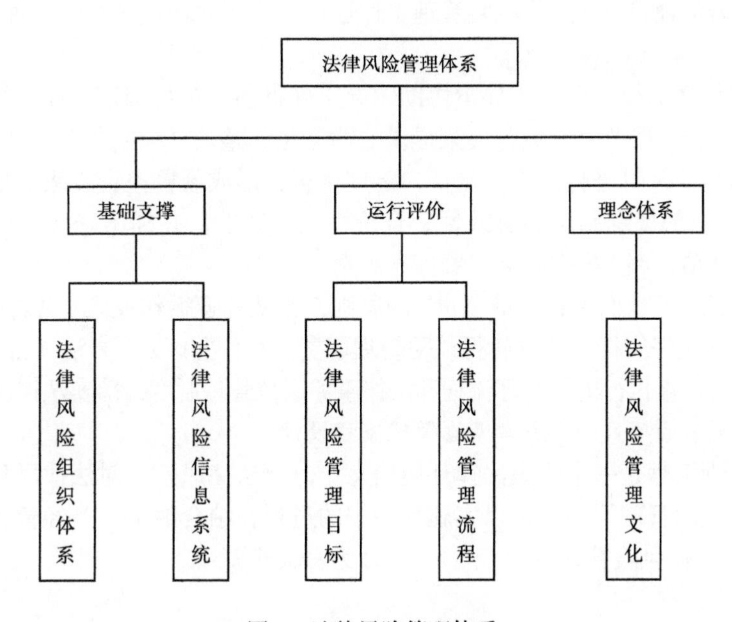

图 2　法律风险管理体系

3.2.1　作业区（页岩油项目部）法律风险管理目标

发展方面的管理目标就是积极发挥法律风险防控的保障和促进作用，对标行业一流，改革创新油田建设开发的体制机制，率先以“一全六化”理念突破页岩油开发效益难关、常规认知与规模限制，在效益开发、技术掌控和行业标准上引领页岩油开发，成为国内页岩油效益开发的领跑者。

市场方面的管理目标就是确保作业区（页岩油项目部）的重要合同和重大经营决策的法律审核率达到 100%，对侵害企业利益的行为能够及时、有效应对，实现企业合法权益最大化，交易风险损失最小化；运营方面的管理目标就是确保作业区（页岩油项目部）各项经营管理活动符合国家法律法规和政策要求，切实做到依法合规经营、源头上严格控制企业重大法律风险纠纷发生，积极探索建立法律风险防控长效机制，实现法律风险防控规范化、体系化、流程化；

改革方面的管理目标就是确保将有关法律风险控制在目标范围内，深入探索和践行“油公司”先进模式，在“四办四中心”极度精简的组织机构下，开展高质量的组织管理工作和经营管理工作，最终建成少人高效的智慧和谐绿色油田，同时为石油公司开展“油公司”模式改革提供可复制可推广的改革样板，成为油公司先进模式的示范者。

3.2.2　作业区（页岩油项目部）法律风险管理组织体系

法律风险管理委员会由作业区（页岩油项目部）主要领导、相关部门负责人组成，统筹作业区（页岩油项目部）法律风险管理工作，向作业区（页岩油项目部）决策层负责。制定、定期审核并监督执行作业区（页岩油项目部）法律风险管理的政策和程序，及时了解法律风险管理水平及管理现状；确保具备足够的人力、物力、财力，建立合理的组织结构和管理信息平台来有效地管理风险。

法律顾问作为作业区（页岩油项目部）法律事务岗位工作的总负责人和法律风险的总监控人、法律风险管理委员会的召集人，直接参与作业区（页岩油项目部）的重大决策，全面负责作业区（页岩油项目部）法律风险管理工作运行，直接向作业区（页岩油项目部）决策层负责。

法律事务岗位在法律顾问的指导下协助领导正确贯彻、执行国家各项法律法规，对作业区（页岩油箱项目部）重大生产经营决策提供法律意见，整理、编制年度法律风险管理报告；对发现的法律风险要及时进行分析、确认，定期排查，形成预警报告逐级上报；审核作业区（页岩油项目部）内部规章制度的有效性、合法性、适宜性，并提出修改完善意见；负责编制作业区（页岩油项目部）法律风险预警信息。

其他职能部门按照“谁主管、谁负责”的原则，服从和遵循作业区（页岩油项目部）法律风险管理委员会的统一安排，认真履行风险管理职责。在作业区（页岩油项目部）法律事务岗位的监督指导下，严格执行内控管理流程和法律事务岗位管理制度，落实法律风险防控措施。

3.2.3　作业区（页岩油项目部）法律风险管理流程设计

法律风险管理流程是一个收集法律环境信息、分析法律风险、对法律风险进行定性、定量评估后，确定风险管理策略并予以实施和防控的过程，结合油田生产经营实际，将作业区（页岩油项目部）法律风险管理流程（图 3）设计为六大步骤：

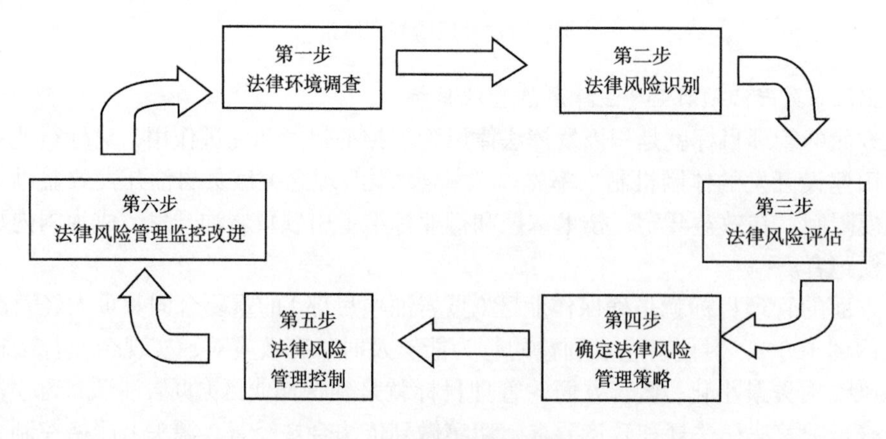

图 3　法律风险管理流程

（1）法律环境调查。

通过对作业区（页岩油项目部）生产经营面临的内部和外部政策法律环境进行分析，为进一步寻找和发现油田内部外发展面临的法律风险打好理论基础。

主要是面临的国内法律环境变化情况，既包括我国新近出台或修订的政策法规、财政税收政策、劳动用工制度规范、知识产权等变化情况，也包括合同相对方的资信及履约能力等因素，并对重要信息进行跟踪监测。

（2）法律风险识别。

在原有 HSE 体系、内控体系风险识别评价基础上，结合公司已建立的“危害因素清单”“风险控制文档”等对作业区（页岩油项目部）生产经营领域的具体业务流程进行跟踪梳理和分析，全面梳理风险辨识依据，依据《中央企业全面风险管理指引》中的战略、市场、财务、法律、运营 5 大风险进行一级分类，并细化为二级 55 类风险，并对业务流程的每一个风险源控制点进行具体的描述和定位。明确各个风险源所对应的业务内容和风险事件，反向逆推出该业务流程中可能出现的法律风险，并有针对性的对法律风险源点加以防范。

通过对作业区（页岩油项目部）经营管理业务流程和控制环节、相关法律法规及以往发生的纠纷案例进行识别、分析和整理，梳理和归纳出可能存在的法律风险源及风险行为，最终形成由法律风险源、法律风险行为、可能出现的法律后果、法律风险类别和相关法律法规链接组成的法律风险清单。法律风险清单列表设置清晰、一目了然且便于查找和翻阅，在日常管理工作中具有较高的实用性和较好的防范效果。

（3）建立法律风险实施效果评估机制。

从法律风险发生的可能性和法律风险的损失度两个方面来对作业区（页岩油项目部）法律风险的进评估行（图 4）。在法律风险发生的可能性方面，一般来说主要考虑工作频次、风

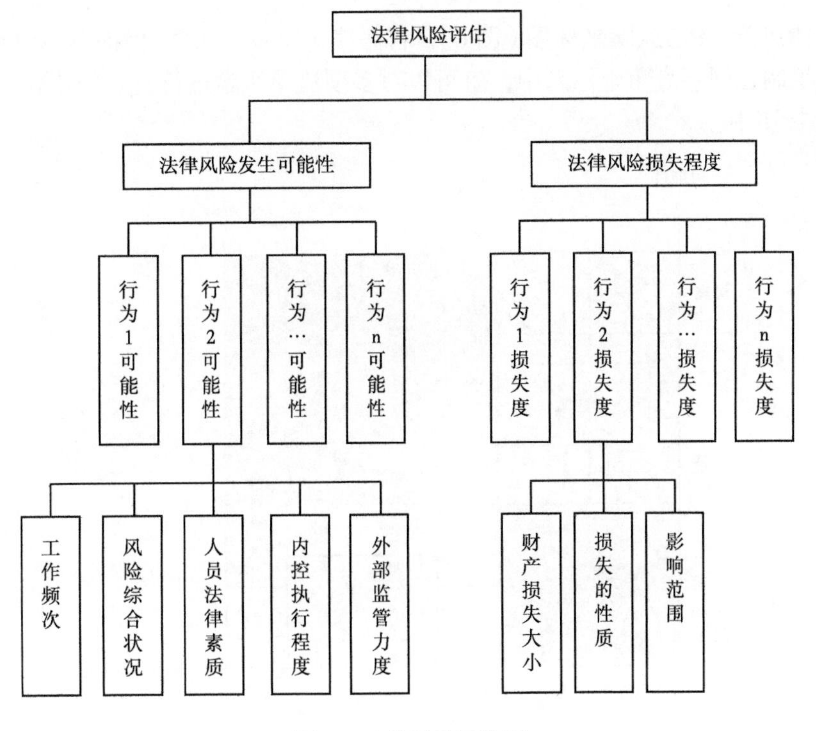

图 4　法律风险评估图

险综合状况、法律人员素质、内部控制完善与执行、外部监管执行力度等；而对于法律风险发生的损失度，主要从损失的性质、财产损失的大小、影响范围等角度予以评估。

可以将识别出的法律风险，运用风险管理技术方法（图 5），把具有不同法律性质，分散在不同领域、不同部门的法律风险，统一用可能性、损失度和风险期望值等标准进行定性分析。

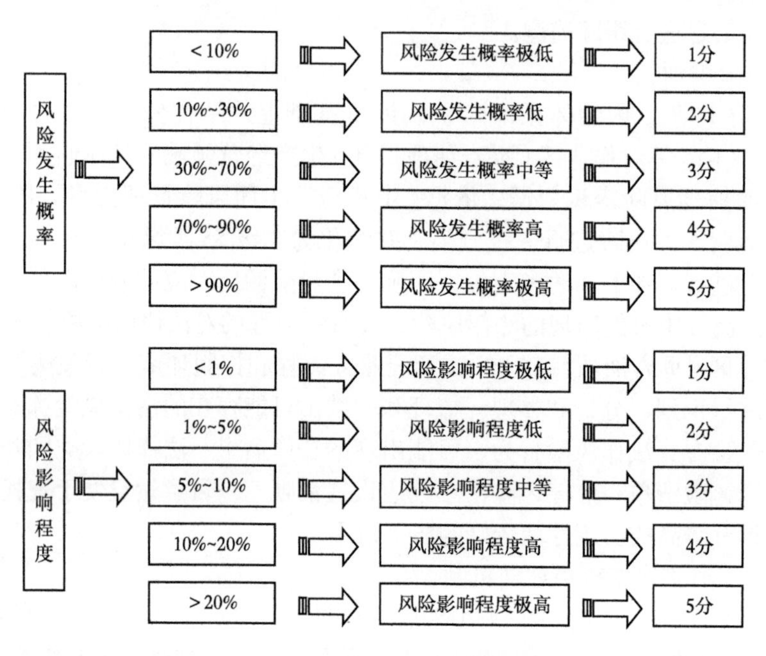

图 5　风险管理技术方法

根据法律风险 ABC 风险坐标图（图 6），将法律风险发生可能性和影响程度的赋分值作为两个维度绘制在同一直角坐标系中，就可以对多项法律风险进行直观的比较。在法律风险 ABC 风险坐标图中：

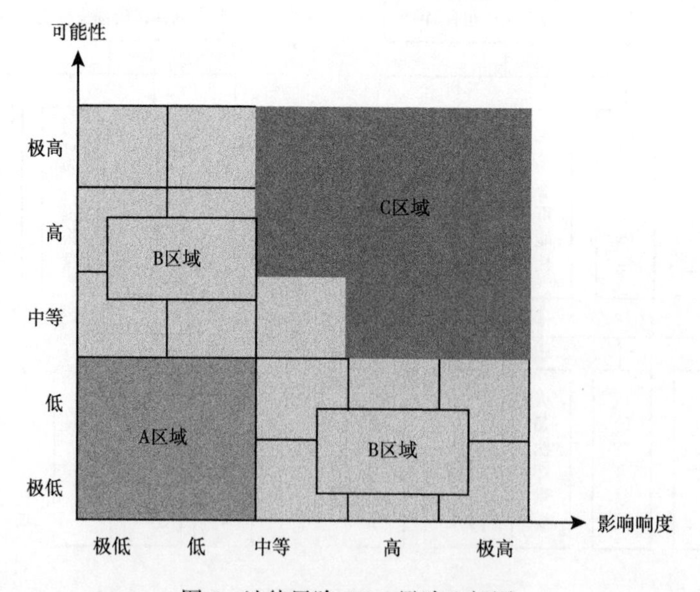

图 6　法律风险 ABC 风险坐标图

A 区域表示发生的可能性与影响程度比较低，为一般法律风险；B 区域表示发生的可能性与影响程度中等，为重要法律风险；C 区域表示发生的可能性与影响程度较高，列为重大法律风险。风险管理决策者就可以根据对不通过法律风险的评估结果进行决策从而实现管理目标。

通过对前期识别的法律风险进行排序，从管理的角度区分出轻重缓急，为作业区（页岩油项目部）法律事务岗位工作明确从事后救济到事前防范的切入点和法律风险管理策略选择的着眼点，帮助作业区（页岩油项目部）制订科学、合理的法律风险预防措施和方案，法律风险评估对企业更加有效、直接地防范法律风险提供给了一种可靠的依据。

（4）法律风险管理策略。

法律风险管理策略（图 7）对不同法律风险可以采取规避、降低、转移、保留四种处理手段。

对于 A 区域的法律风险，由于出现的可能性比较低，对作业区（页岩油项目部）整个生产经营的影响程度也比较低，基本上是处于可以接受或者是能承受的范围之内，对于这类风险，综合考量，权衡利弊，可以采取保留风险或降低风险的措施；

分布于 B 区域的风险属于作业区（页岩油项目部）需严格控制、重点防范的风险，对油田的生产经营可能产生较为显著的影响，不容忽视。从制度规范、流程控制、日常管理等方面多管齐下，采取行之有效的措施减少该类法律风险；

对于 C 区域的法律风险，由于出现的可能性比较高，对作业区（页岩油项目部）影响程度也比较大，是作业区（页岩油项目部）不能承受或者不可接受的风险，作业区（页岩油项目目部）必须予以重视，果断采取必要的措施规避风险或转移风险。

法律风险区域	法律风险类别	法律风险管理策略
A区域	一般法律风险	保留、降低
B区域	重要法律风险	减少
C区域	重大法律风险	规避、转移

图 7　法律风险管理策略

（5）法律风险管理控制。

在确定法律风险管理策略后，以法制工作五年规划和年度目标计划为基础，将法律风险防控工作与经营管理业务和内控管理相结合，通过抓好内控岗位授权制度、内控报告制度等为基础。以风险评估为手段，通过全面分解和细化法律风险管控措施，促进企业经营计划体系、绩效考核体系等对法律风险管理体系的衔接，不断提升风险管理水平和管理能力，进一步确定各类风险预警机制。

一方面对法律风险防控的重点环节进行改造和优化，并将防控措施全面融入内部规章制度予以固化，制定《合规管理办法》《文件管理办法》《风险管理办法》，同时对于不合时宜的内部规章制度，则要根据作业区（页岩油项目部）的发展和法律环境、市场竞争环境的变化，适时做出相应的修改，保证内部规章制度合理合法并适应市场竞争的需要。运用“加法”，针对现有制度缺失、业务变化等情况，补充新增管理制度 12 项，根据实际运行中发现的问题，对 115 项程序文件内容进行修订，优化管理模式、细化职责权限、改进管理要求。运用“减法”，合并交叉重复的制度 8 项，删减已取消或不适用的制度 5 项，实现公司、作业区制度一体化，随之取消制度 3 项，确保制度内容更加集约。

另一方面还要对涉及上下级、各部门之间的法律风险防范职责、信息沟通渠道进行明确。将国家法律法规、行业政策、标准、制度等分解为作业区（页岩油项目部）及其员工自觉遵守的行为，制定《各业务法律清单》涉及相关法律法规 79 项，组织全体员工学习《通用法律禁止性、强制性规范指引（2020 版）》8 场，全员网上学习集团公司《诚信合规手册》，在线签订合规承诺 329 份，签订率 100%，在线合规培训参与率 100%，使作业区（页岩油项目部）生产经营活动能够有法可依、有章可循。

（6）法律风险监控改进。

定期对法律风险防控机制所运用的方法、过程和结果进行整体的监督、评价，查找存在的问题和不足，分析原因，研究改进方案，对法律风险分析评估和控制管理进行改进、调整和更新。

法律顾问每季度定期组织召开法律风险排查分析会议，对法律风险的排查、评估、处置情况进行综合分析，加强督促检查；法律事务岗位结合各部门在生产经营实际遇到的法律问题，在总结、分析的基础上提供法律决策依据；各部门根据法律事务岗位的改进要求，将风险防控措施落实到位，以实现提高法律风险管理水平、改善经营决策水平。

目前作业区（页岩油项目部）各项风险均管控有效，未发生影响程度为“低”或以上级别的法律风险事件，进一步提升法律风险管控能力。同时，针对可能评估出的重大风险，按照“管业务，管合规”的原则，一方面由业务归口管理部门组织开展专业检查，另一方面由经营办公室牵头组织综合性检查，对检查结果统一组织整改，对落实不到位或进度滞后的随时督促，确保法律风险解决方案落实到位。

3.2.4 作业区（页岩油项目部）法律风险管理信息平台

法律风险管理信息平台是进行法律风险管理的专业化平台和工具。法律风险管理信息平台通常情况下包括法律风险管理源、法律风险行为及后果、业务管理流程、风险预警系统等内容，覆盖不同业务层面和业务领域、业务环节，将风险管理与内部控制有机结合到一起。

目前开发了第一期文件管理功能模块。借助信息平台这个重要平台解决了体系建设和运行管理的诸多问题，如：解决了以前文件审核、修订、校对等环节的不便，确保文件制修订的统一性和唯一性；实现了文件与文件、文件与表单、表单与流程、流程与风险、风险与管控措施等彼此之间的互相关联和链接，提高了工作效率。

（1）体系文件管理功能模块。以文件库、风险库、流程库、表单库、问题缺陷库为基础，具有文件查询、个性化管理、制修废订、意见反馈、体系评审管理等主要功能。

（2）多维度查询功能。信息平台提供了多维度的查阅方式：归口部门、业务流程、文件类型、业务领域、风险文档、记录表单、用户可以根据查询习惯和所查内容，选择适宜的查询方法。

（3）全文检索模糊查询功能。实现体系文件的模糊查询，输入关键字，即可搜索与关键字相关的体系文件及其相关要素、具有方便、快捷、全面的特点。

（4）制修订与废止功能。将体系文件制修订、废止程序固化到信息平台，通过信息平台实现体系文件规范管理，提高了体系文件管控效果。

（5）统计分析功能。该功能可准确统计体系文件制修订和废止、平台登录、文件查阅、文件数量等信息。

3.2.5 作业区（页岩油项目部）法律风险管理文化

法律风险管理体系是否有效，关键在于法律风险管理文化。建立具有风险意识的企业文化，促进企业风险管理水平、员工风险管理素质的提升，保障企业风险管理目标的实现。

一是风险管理意识的加强。将法律风险管理文化建设融入企业文化建设全过程。大力培育和塑造良好的风险管理文化，树立正确的风险管理理念，增强员工风险管理意识，将风险管理意识转化为员工的共同认识和自觉行动，促进企业建立系统、规范、高效的风险管理机制。

二是普及法律风险知识，提高企业全员法律风险管理素质。大力加强员工法律素质教育，形成合法合规经营的风险管理文化。在领导层，高度重视风险管理文化的培育，由主要领导负责培育风险管理文化的日常工作；对重要管理及业务流程和风险控制点的管理人员和业务操作人员，培育成为风险管理文化的骨干；对油田基层业务操作人员及广大员工，通过多种形式，努力传播企业风险管理文化，牢固树立风险无处不在、风险无时不在、岗位风险管理责任重大等意识和理念。

三是建立和保持持续的法律风险沟通和法律风险监控机制。加强与员工真实快速的法律风险信息沟通，建立重要管理及业务流程、风险控制点的管理人员和业务操作人员岗前风险管理培训制度。采取多种途经和形式，加强对风险管理理念、知识、流程、管控核心内容的培训，培养风险管理人才，培育风险管理文化。

4 实施市场化机制法律风险防范体系的效果

4.1 完善法律风险防控机制，促进企业科学健康发展

落实法律风险防控的考核机制。将新增发生负面影响较大的法律事件、自身过错导致的纠纷诉讼案件等作为考核内容纳入季度内审考核，与业绩工资挂钩确保防控工作落实到位。增强与公司法律部门的交流联系。通过多渠道与法律部门保持沟通，充分利用社会律师资源，共同防控岗位风险，降低法律风险造成的损失，实现法律风险防控工作的新发展、新突破。针对与红旗农场发生的水资源税费争议问题，双方积极沟通协调的同时咨询律师给出专业法律建议，为问题的最终解决提供了专业支持。

4.2 健全合规管理制度，构筑合规治企长效机制

为保障企业稳健发展，积极在合规管理制度方面优化完善。首先建立合规管理承诺报告机制。协助各部门设置专兼职合规管理人员，负责合规管理信息平台的应用、维护与实施，组织诚信合规手册的下发、承诺书签订及上传工作，同时完成领导干部和关键岗位人员的登记报告事宜。2021 年作业区（页岩油项目部）集团公司合规培训参与率 100%，线上承诺书签订率 100% 均位列公司前列。 其次定期开展合规风险分析识别排查工作。跟踪国家、地方立法动态，坚持每季度开展合规风险评估。再次落实合规风险预警机制。通过内部网站随时发布风险预警，明确风险类别、危害大小及责任部门。

4.3 法律融入经营管理，充分发挥支持把关作用

通过全方位、多角度参与，将法律真正融入经营管理，突出法律对经营管理的支撑作

用。首先严格程序，全程参与规章制度制定。涉及员工绩效收入 、劳动纪律 、奖惩的规章制度，关系员工切身利益，若制定得不合理，不仅无法调动员工的积极性，还易引起纠纷案件。为保证涉及员工切身利益的规章制度合法，从征求意见、起草、讨论到职代会表决通过全程参与，确保实体和程序的合法性。

规避风险，规范招投标合规管理。全年签订合同 292 份，合同金额 23.4 亿元，其中产能建设类合同 83 份，金额 17.4 亿元。非招标项目通过线下谈判与“云谈判”结合方式，实现 100% 谈判，有效保障合规管理。修订《吉庆油田作业区（吉木萨尔页岩油项目经理部）合同管理办法》，使合同承办和审查审批行为更加规范。开展合同专项检查，突出合同签订不规范、事后合同、履约监督不到位、合同运行效率不高等重点问题，起到查摆问题、整改提升的效果。

法律事务岗位在做好日常法律业务的基础上，拓展法律业务新领域，积极参与涉法事项决策、涉法问题处理，做到出具的法律意见和处理的事项零失误。

4.4 提升全员法治素养，营造依法治企文化氛围

紧密围绕“依法治企”工作理念，不断创新宣传教育培训形式，牢固树立企业法治文化的长期基础地位。

一是抓实重点人员的法律培训工作。 定期更新法律书籍，定期发送自学法律信息，采用“一周一课”互相交流学习心得，紧跟国家法律变化的最新动态。举办法律、合规、合同、招标、安全、环保等专业讲座 20 余场次，利用党委中心组扩大学习等形式开展法律专题研讨，提升领导干部和关键岗位人员的依法合规履职能力。

二是抓细全员普法的法治宣传工作。作业区（项目经理部）主页开设法治信息交流板块，主要介绍国家新颁布的法律法规及规章制度，为员工提供方便快捷的法制宣传教育平台。举办第十一期北庭大讲堂民法典主题专场，因地制宜组织开展形式多样、内容丰富的法治学习 8 场，参与 300 余人次；组织 25 名结亲干部向结对亲戚宣讲法律法规，全面推动法规宣传常态化、整体化。丰富载体创新形式，以“全国法制宣传日”为契机，播放法制宣传视频，悬挂普法宣传标语 4 幅，制作法制专题宣传展板 3 块，发放《民法典》《法律常识一本全》100 套。征集到民法典书法、漫画、摄影作品等文化作品 20 余份，其中 1 人获油田公司二等奖，1 人获油田公司民法典宣讲比赛三等奖，形成“知法懂法守法”的良好内外环境。

参 考 文 献

[1] 陈关亭 . 基于企业风险管理框架的内部控制评价模型及应用 [J]. 审计研究，2019.
[2] 财政部等五部委 .2020. 企业内部控制规范 [M]. 北京：中国财政出版社 .
[3] 杜慧梅 . 石油企业环境法律风险防控 [J/OL]. 现代经济信息，2013.
[4] 郑勇 . 基于企业法律风险管理现状的分析及对策探究 [J]. 法制与社会，2015（15）.
[5] 欧阳萍 . 企业法律风险防范 [D]. 合肥：合肥工业大学，2007.

北美页岩油气藏高效开发关键技术及启示
——以加拿大都沃内项目为例

黄文松，汪　萍，孔祥文

（中国石油勘探开发研究院）

摘　要：Duvernay 页岩是西加拿大沉积盆地最重要的一套页岩油气富集与生产层系。该页岩是一套最大海侵期形成的富含沥青质暗色页岩，与国内页岩气藏相比，Duvernay 页岩的突出特点是富含凝析油，且凝析油含量平面差异大，流体分布复杂。在对西加拿大沉积盆地中石油 Simonette 区块上泥盆统 Duvernay 页岩地质背景分析的基础上，从地质评价到工程技术，系统阐述了富含凝析油页岩油气藏高效开发关键技术，包括四项技术：（1）富含液烃页岩气藏“甜点区”预测技术；（2）分段压裂水平井井距井网优化技术；（3）超长水平井优快钻井技术；（4）短段距 / 密分簇 / 高砂比分段压裂技术。该研究有助于为国内页岩油气勘探开发提供参考。

关键词：富含凝析油；Duvernay 页岩；页岩油气；高效开发；都沃内项目

北美是全球页岩油气发现时间最早、开发利用最成功的地区。据 EIA 资料，2020 年美国页岩气产量约 $7378\times10^8m^3$，约占全球页岩气产量的 95% 以上，主要来自 Marcellus、Permian、Utica、Haynesville 和 Eagle Ford 等地区[1]。美国借助水平井体积压裂、微地震监测、多井工厂化开采等核心技术，实现了页岩气突破与工业化生产，在全球范围内掀起了一场能源领域的“页岩气革命”，深刻改变了全球油气供给格局，影响了全球能源发展态势与油气价格走势[2]。美国继页岩气开发取得巨大成就后，在持续开发页岩气的同时，又将开发重点转向页岩油[3]。推动美国页岩油开发的主要原因是页岩气的快速发展推动天然气价格大幅下降，拉大了油气价差，促使美国将开发重点从天然气转向石油。因此，富含液态烃页岩油气藏的开发受到越来越多的关注，油公司加大了页岩油的勘探开发力度。2017 年初以来，以美国二叠盆地（Permian）页岩油增产为主导的页岩油产量呈现快速增长。2020 年美国全年页岩油产量约 3.8×10^8t，占美国原油总年产量的 44%。

美国已经投入大规模商业开发的页岩油区带与页岩气区带具有相似的构造和沉积背景，但烃源岩热演化程度较低，目前处于大量生油至轻质油 - 凝析油气阶段，其中 Permian、Eagle Ford 和 Bakken 是美国目前三大主力产区。加拿大目前已获得商业突破的页岩油气区带主要分布在西加拿大沉积盆地（简称“西加盆地”），其形成的构造和沉积背景与美国西部落基山脉以东的古生代克拉通盆地和中生代前陆盆地相似，主要页岩油气区带包括上泥盆统 Duvernay 组页岩、侏罗系 Nordeg 组页岩等。北美页岩油气勘探开发实践表明，稳定宽缓的构造背景、大面积分布的优质烃源岩、大面积分布的致密顶底板、合适的热演化程度、地质和工程“甜点”控制页岩油气的规模富集。

Duvernay 页岩是西加盆地上泥盆统的主要烃源岩，为一套最大海侵期形成的富含沥青质暗色页岩。Duvernay 页岩总面积约 $2.43\times10^4km^2$，天然气、液烃和原油资源量分别为 $23.22\times10^{12}m^3$，115.54×10^8t，250.60×10^8t[4]。Duvernay 页岩资源量大，是全球页岩油气勘探开发成熟的一套页岩，在北美地区具有重要代表性[5]。受特殊地质条件的控制，Duvernay 页岩表现出由北东向南西“油—凝析油—湿气—干气”的变化特征，目前主要开发盆地中部富含液烃的条带。本文以中石油都沃内项目 Simonette 区块 Duvernay 页岩为研究对象，从地质评价到工程技术，系统阐述了富含凝析油页岩油气藏高效开发关键技术。该研究有助于为国内页岩油气勘探开发提供参考，以期促进优先动用国内优质页岩油气资源，进而加快勘探开发开发节奏。

1 研究区 Duvernay 页岩地质背景

1.1 构造和地层特征

研究区位于西加盆地中部阿尔伯达次盆的西部，主要目的层是泥盆系 Duvernay 页岩。西加盆地位于落基山脉与加拿大地盾之间，属于典型的前陆盆地。地理上，该盆地横跨加拿大西北地区、不列颠哥伦比亚、阿尔伯达、萨斯喀彻温和马尼托巴省，部分向南延伸至美国的蒙大拿、北达科他和南达科他州，盆地面积达 $140 \times 10^4 km^2$[6]。

从前寒武纪至今，西加盆地先后经历了三个构造演化阶段，包括前寒武纪－中侏罗世的稳定克拉通阶段、中侏罗世－始新世的弧后前陆阶段以及始新世－现今的内克拉通阶段[7, 8]。

西加盆地在泥盆纪沉积期靠近赤道，温暖湿热的气候和远离物源的清洁水体促使细粒沉积物和营养物质通过洋流等地质营力的作用下进入盆地内，使得泥盆系礁体和台地碳酸盐岩发育，礁体间及盆地内发育富有机质页岩。晚泥盆世，西加盆地构造较为稳定，生物礁主要分布在盆地西缘和 Rimbey-Meadowbrook 地区[9]。北东－南西向发育的 Rimbey-Meadowbrook 生物礁带将 Duvernay 页岩沉积区分隔为东、西页岩盆地（图 1a）。

Duvernay 组形成于晚泥盆世 Frasnian 早期正常海相、富含有机质沉积环境，与盆地内 Leduc 礁滩体的生长演化同步，Leduc 组礁滩体降低了水体循环能力，缺氧水体有利于 Duvernay 组有机质保存。从泥盆纪早期开始持续海侵，到晚泥盆世，随着海侵幅度的增加，水体逐渐加深，生物礁的发育范围逐渐缩小，在 Woodbend 群 Leduc 生物礁范围最小，使得该时期 Duvernay 页岩沉积范围最大。Duvernay 组沉积期古水深大于 100m，靠近礁滩体的水深小于 40~80m，空间上，自 Rimbey-Meadowbrook 礁带向西水体加深[10]。

Duvernay 页岩分布面积 $2.43 \times 10^4 km^2$，总体为一西南倾单斜，页岩埋深 500~5500m（图 1b）。Duvernay 页岩岩性以富含沥青质泥页岩为主，上覆 Ireton 组泥灰岩，在西页岩盆地下伏 Majeau Lake 泥灰岩；在东页岩盆地下伏 Cooking Lake 组灰岩（图 1c）。富含沥青质暗色 Duvernay 页岩主要分布在西页岩盆地的 Rimbey-Meadowbrook 生物礁与和平河隆起之间。靠近礁体的页岩沉积厚度大，可达 100m，而西页岩盆地北部靠近和平河隆起、远离礁体的区域，页岩沉积厚度小，仅 10~20m。

Duvernay 页岩可细分为上页岩段、中部碳酸盐岩段和下页岩段（图 2）。区域上，不同地区页岩发育特征存在差异，尤其是中部碳酸盐岩段发育厚度及其与上、下页岩段的关系对于 Duvernay 页岩的水平井开发具有关键作用。总体上，中部碳酸盐岩段厚度受控于礁体发育情况，礁体提供的砾质碎屑是其重要物源，靠近礁前的碳酸盐岩厚度大，可达 20m，远离礁体厚度减薄。在 Simonette 地区上页岩段发育厚度大，厚度 40~50m；下页岩段厚度较薄，仅 5~10m；中部碳酸盐岩段主要发育一层，厚 5~10m，部分地区不发育；该区页岩组合有利于水平井压裂作业。南部 Willesden Green 地区上下页岩段厚度相差不大，中部发育多层碳酸盐岩，部分地区碳酸盐岩厚度可达 10m，容易形成压裂屏障，只能在上页岩段或下页岩段部署水平井并实施压裂，致使单井产量较低。中部的 Pinto 地区为生物礁所围限，Duvernay 页岩厚度大，但靠近礁体时碳酸盐矿物含量增高。因此，从地层分布特征上来看，Simonette 区块距离礁体距离适中，地层厚度较大，上页岩段厚度大且隔夹层不发育，有利于水平井钻井和压裂改造，生产实践表明，该区上页岩段下部的碳酸盐岩厚度 5~10m，压裂时不能有效压穿该层，因此，Simonette 区块的勘探开发目的层主要集中在上页岩段。

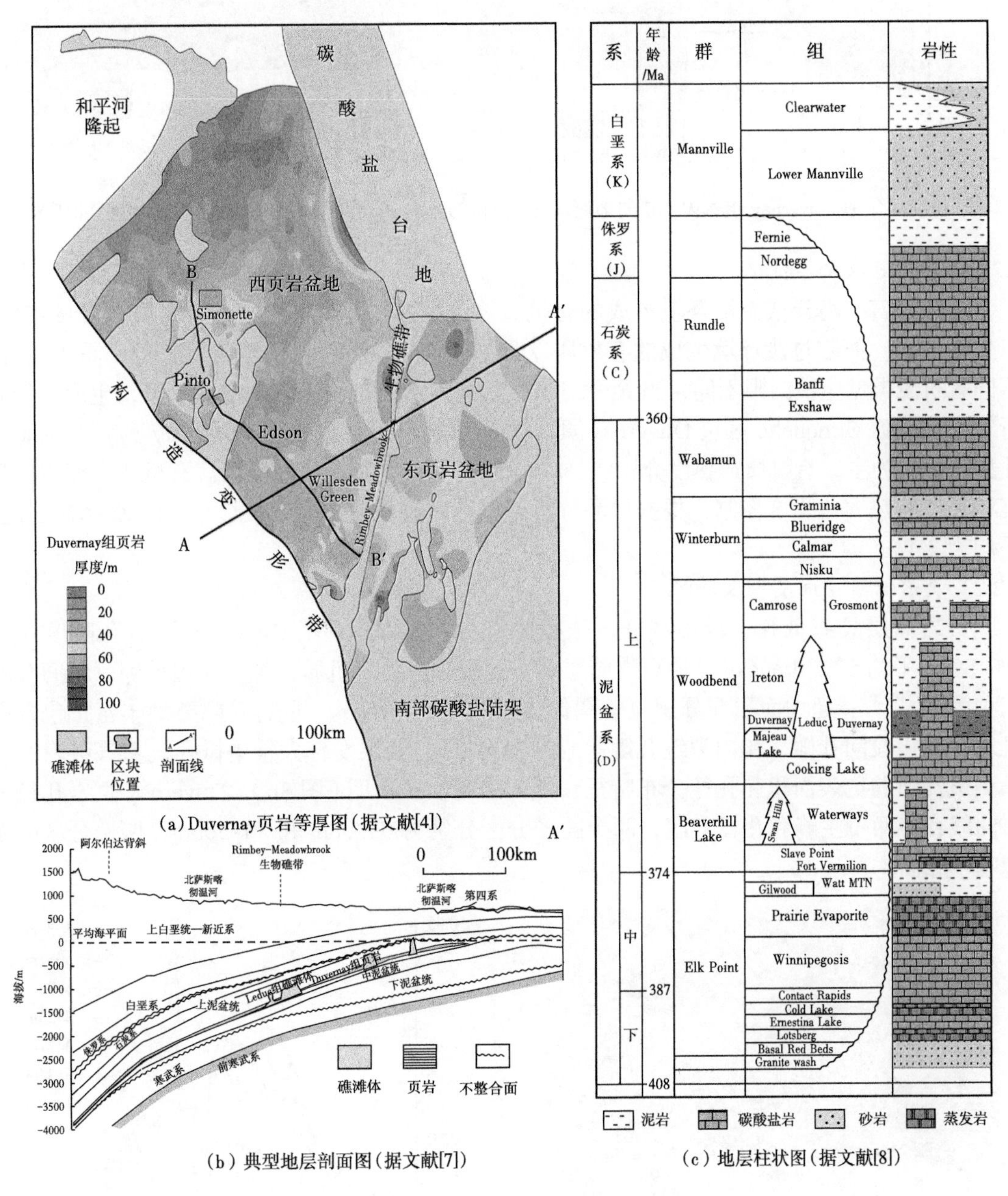

(a) Duvernay页岩等厚图(据文献[4])

(b) 典型地层剖面图(据文献[7])

(c) 地层柱状图(据文献[8])

图 1　西加盆地地质简图

1.2　页岩品质及含油气性

页岩的地球化学特征、储集空间类型及物性、油气类型及赋存状态是评价页岩生烃潜力以及可开采性的重要指标，也是页岩油气优质储层评价标准的重要指标[11-18]。

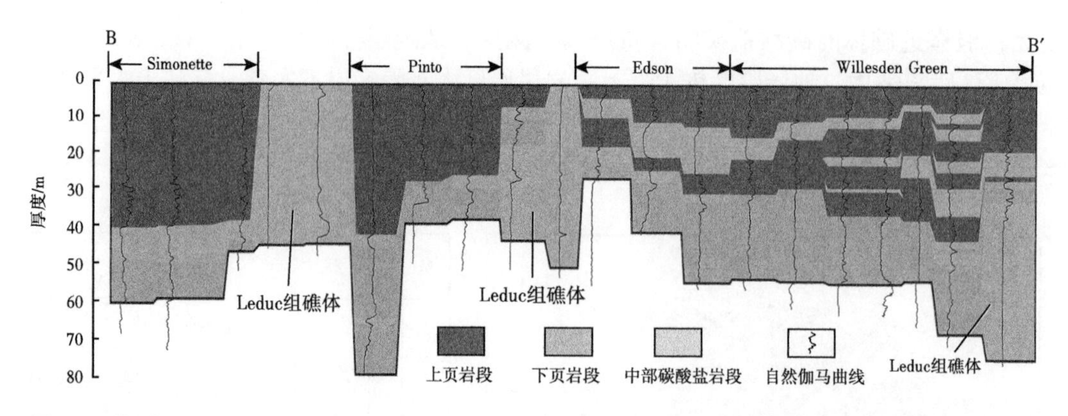

图 2 西加盆地 Duvernay 组 NW-SE 向地层对比剖面（Duvernay 组顶面拉平，剖面位置如图 1a 所示）

1.2.1 页岩地球化学特征

一般而言，海洋或湖泊环境形成的有机质以Ⅰ型、Ⅱ型为主，这种有机质氢含量较高，以生油为主，海陆过渡环境生成的有机质以Ⅲ型为主，这种有机质氢含量较低，易于生气。不同有机质类型生油门限不同，当 R_o 大于 1% 时，Ⅱ型有机质进入高成熟阶段，生成大量凝析气，研究区 Simonette 区块 Duvernay 页岩岩石热解分析数据表明 Duvernay 页岩有机质以Ⅱ型干酪根为主；有机质成熟度介于 1.1%~1.6% 之间，处于高成熟阶段。有机质丰度主要受沉积环境和热演化程度控制，根据样品分析，研究区有机质含量（TOC）处于 2%~6% 之间，平均为 3.4%。

1.2.2 页岩储集空间类型及物性

页岩储层具有低孔、低渗特征，依据岩心分析测试表明，Duvernay 页岩孔隙度介于 1%~8%，平均 5%。Loucks 等将页岩储层基质孔隙划分为有机质孔隙、粒内孔隙、粒间孔隙三种类型[19-20]。超大面积高分辨电镜图像分析表明，Duvernay 页岩孔隙类型丰富，包含有机质孔隙、粒间孔隙，粒内裂缝孔隙等（图 3a）。页岩储层发育大量中微孔，氮气吸附法可以测试孔隙的比表面积和孔径分布特征，氮气吸附实验表明（图 3b），Duvernay 页岩孔径分布曲线存在两个主峰和孔径分区，两个孔径分区分别为 6~20nm 和 30~50nm，两个分区的面积基本相同。

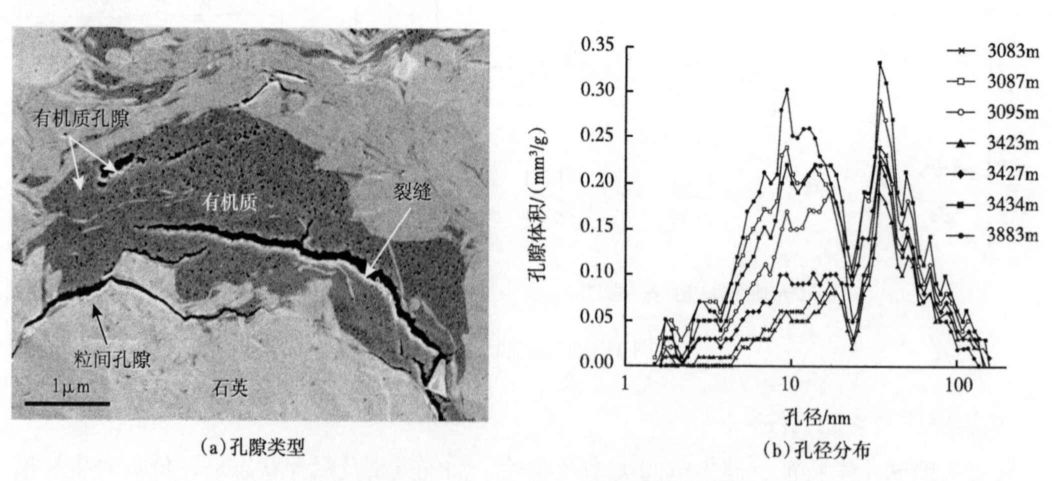

图 3 Duvernay 页岩孔隙类型及孔径分布

1.2.3 油气类型及赋存状态

页岩储层中的油气类型及其赋存状态影响着页岩气的储量和经济效益。Duvernay 页岩油气类型较为复杂，由北东向南西方向，随着气油比逐渐增大，油气类型由原油区带、富含液态烃区带逐渐过渡到干气区带。当前 Duvernay 页岩的开发区主要以 Simonette 区块富含液态烃区带为主。富含液态烃区带甲烷含量占 54.03%~71.14%，重烃组分占比达 27.32%~45.19%，该区带页岩处于高成熟阶段，生成的原油大量裂解成凝析油气。吸附气含量方面，Duvernay 页岩吸附气含量介于 0.17~5.95m^3/t，以 0.57~2.55m^3/t 为主。

3 高效开发关键技术

3.1 富含液烃页岩气藏“甜点区”预测技术

3.1.1 基于氢指数预测页岩气藏凝析油含量

都沃内项目的一个突出特点就是页岩气藏凝析油含量高（平均 682g/m^3），远远超出国内国家标准（中国“天然气藏分类”国家标准 GB/T 26979—2011：当凝析油含量大于 600g/m^3 时，为特高含凝析油），属于“国内没有，国外罕有”，且凝析油含量平面分布复杂，因此预测页岩气藏凝析油含量分布对于项目的高效开发意义重大。

常规油气烃源岩的研究中常常利用 S_2 和 TOC 的比值氢指数（HI）来进行烃源岩有机质类型的划分。页岩油气的自生自储特性决定了有机质的热演化程度越高，页岩油气中的气油比越大，因此氢指数值越低。氢指数能够反映有机质所经历的热演化程度的特性，与单井页岩油气测试情况相结合，发现了一条重要规律，即氢指数与凝析油气比（CGR）具有很好的相关性，相关系数 R^2 可达到 85%（图 4），因此，针对 Duvernay 页岩可以利用氢指数来计算凝析油含量。

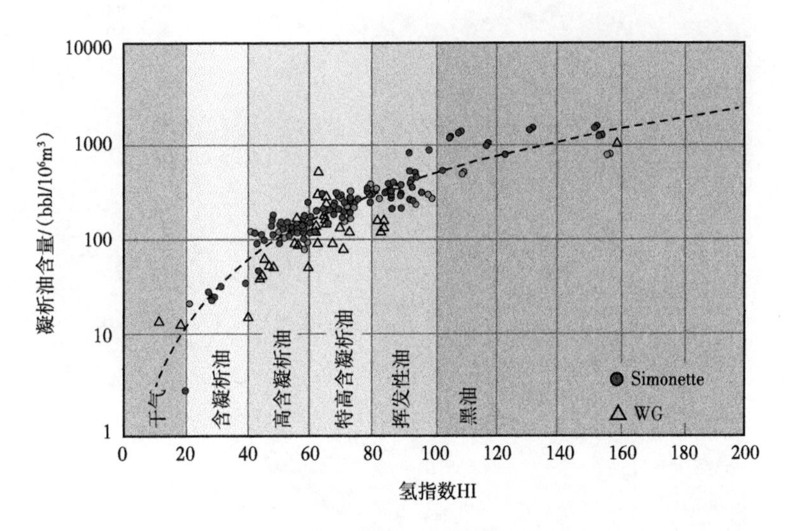

图 4　氢指数与凝析油含量相关关系

乙烷 C^{13} 同位素、丙烷 C^{13} 同位素和丁烷异构体比 iC_4/nC_4 与氢指数具有良好的相关性，氢指数可由来源于地化数据的乙烷 C^{13} 同位素、丙烷 C^{13} 同位素和丁烷异构体比来进行定量计算。综合氢指数与乙烷 C^{13} 同位素、丙烷 C^{13} 同位素和丁烷异构体比 iC_4/nC_4 的关系，利用研究区探井、评价井的岩心、岩屑地化数据和气体样品分析数据，得到井点上的氢指数，再利用氢指数与凝析油气比 CGR 的关系，得到凝析油含量分布。

结合现场实践，根据氢指数和凝析油含量分布区间，参考 2011 年发布的国家标准《天然气藏分类》（GB/T 26979—2011），划分为 6 个区带，分别是：黑油区带、挥发性油区带、特高含凝析油区带、高含凝析油区带、含凝析油区带和干气区带（表 1，图 4 和图 5）。

表 1　Simonette 区块凝析油含量区带划分标准

区带	氢指数	凝析油含量 /（g/m³）
干气（DG）	＜20	0~50
含凝析油（GC）	20~40	50~250
高含凝析油（RGC）	40~60	250~600
特高含凝析油（VRGC）	60~80	600~1318
挥发性油（VO）	80~100	1318~2000
黑油（BO）	＞100	＞2000

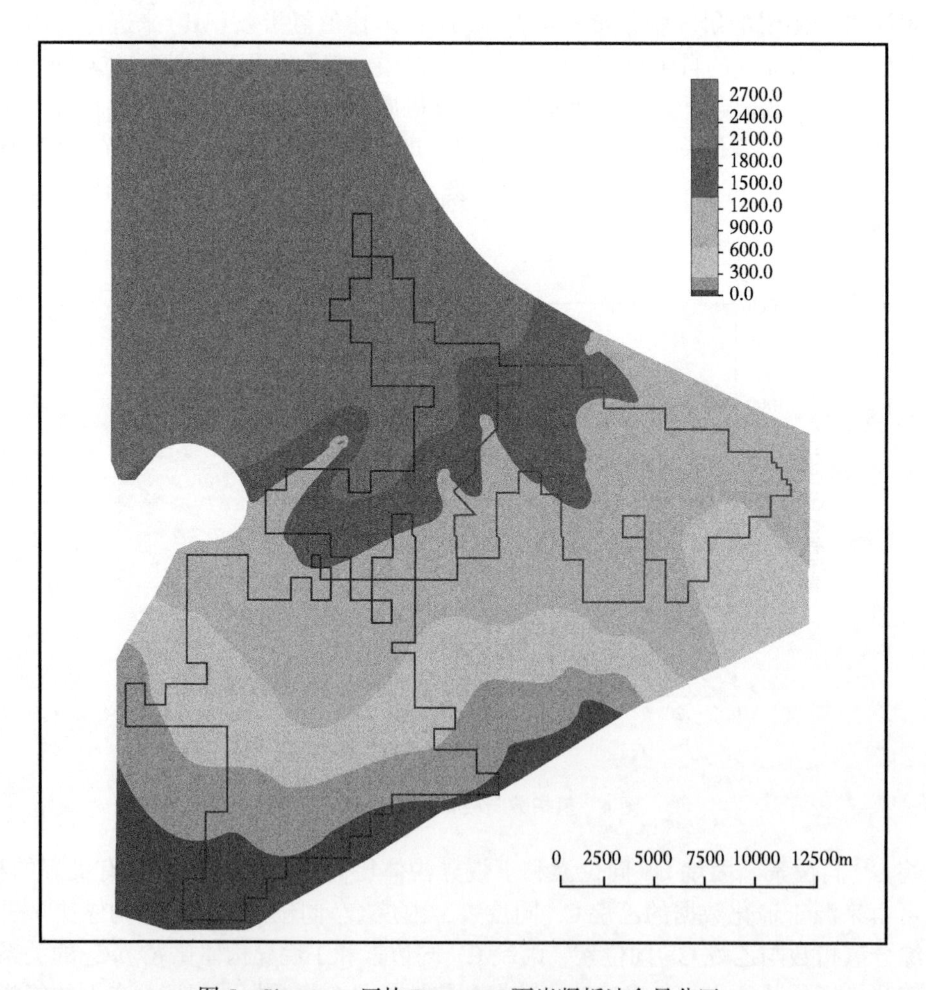

图 5　Simonette 区块 Duvernay 页岩凝析油含量分区

3.1.2 富含凝析油页岩气藏“甜点区”标准

国土资源部2014年发布实施的《页岩气资源/储量计算与评价技术规范》(DZ/T 0254—2014)中，页岩气储层评价参数包括有效厚度、含气量、TOC、R_o、脆性矿物含量五个指标，以三种不同条件下厚度的区别，将含气页岩下限定为：TOC ≥ 1%、R_o ≥ 0.7%、脆性≥ 30%。

与国内页岩气藏相比，Duvernay页岩的突出特点是富含凝析油，凝析油含量为252~2028g/m^3，平均682g/m^3，按照《天然气藏分类》(GB/T 26979—2011)国家标准，Simonette区块Duvernay页岩为特高含凝析油页岩气藏，因此，将凝析油含量作为页岩储层评价指标之一。

结合研究区114口分段压裂水平井实际生产情况，在对分段压裂水平井进行水平段长度归一化的基础上，分析了首年累计产油气当量的平面分布特征，剖析了影响分段压裂水平井产量的凝析油含量、TOC、有效厚度、含烃孔隙度、脆性指数等关键地质参数(图6)，明确了Simonette区块Duvernay页岩储层划分的依据和标准。

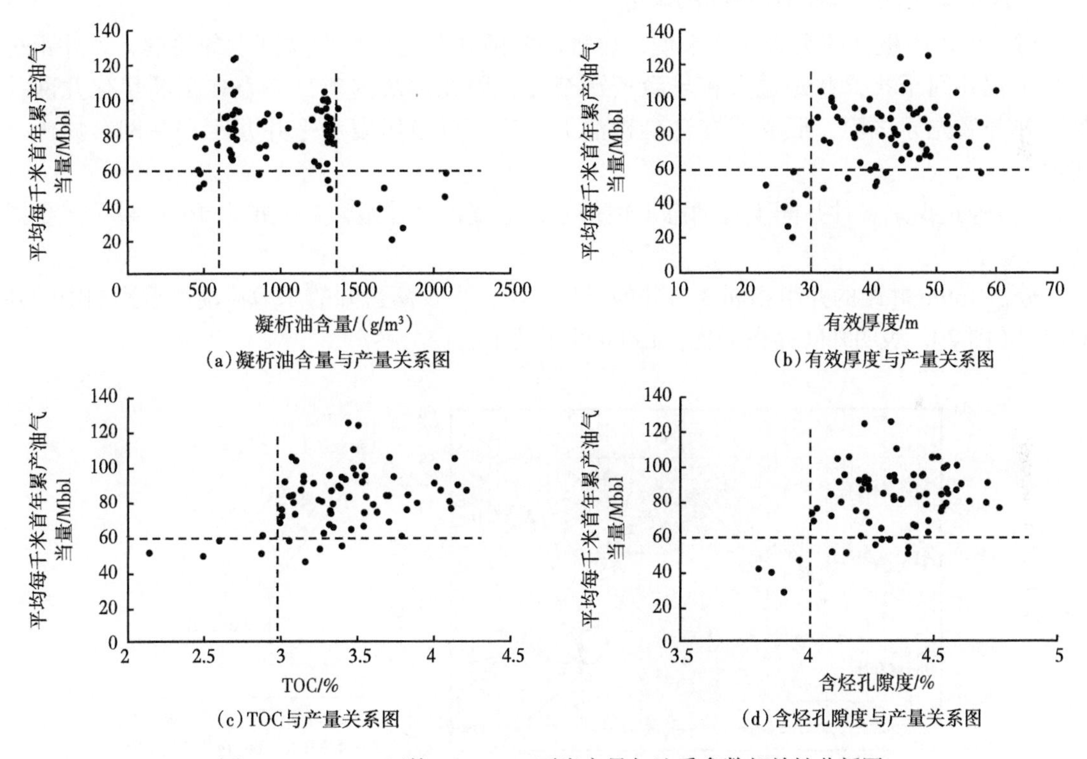

图6 Simonette区块Duvernay页岩产量与地质参数相关性分析图

基于上述分析，综合国内海相页岩气田和北美富含液烃页岩气田对于储层分类标准的判定，确定西加盆地Simonette区块Duvernay组海相页岩储层判定标准，将储层分为Ⅰ类、Ⅱ类和Ⅲ类(表2)，选取的地质指标参数有凝析油含量、TOC、含烃孔隙度及脆性指数4个。根据此标准，Ⅰ类储层必须满足凝析油含量600~1318 g/m^3，TOC ≥ 3%，含烃孔隙度≥ 4%，脆性指数≥ 50%；Ⅰ+Ⅱ类储层必须满足凝析油含量250~1800 g/m^3，TOC ≥ 2%，含烃孔隙度≥ 3%，脆性指数≥ 40%。优选储层有效厚度不小于30m的Ⅰ类和Ⅱ类储层作为优先开发的“甜点区”。

表 2　Simonette 区块 Duvernay 页岩“甜点区”优选标准

参数	页岩储层		
	Ⅰ类区	Ⅱ类区	Ⅲ类区
凝析油含量 /（g/m^3）	600~1318	250~600 或 1318~1800	>1800 或< 250
TOC/%	≥ 3	2~3	1~2
含烃孔隙度 /%	≥ 4	3~4	2~3
脆性指数 /%	≥ 50	40~50	30~40
有效厚度 /m	≥ 30		20~30

3.2　分段压裂水平井井距井网优化技术

对于渗透率极低的页岩气藏来说，合理的井网井距是项目效益开发的关键，若井距过小会出现井间干扰，井距过大将导致资源浪费，因此都沃内项目一直在不断优化井网井距，并开展先导试验，形成了富含凝析油页岩气藏分段压裂水平井井距和井网布局优化技术。

（1）通过识别多种井间干扰动态反馈信号，适度扩大井距，井距扩大 100m 单井产量提高 40%。

分析 150m 井距的井组相邻 3 口井的干扰情况，发现两边井的压力波动严重影响中间井的产量（图 7），表明井间存在干扰，150m 井距偏小。

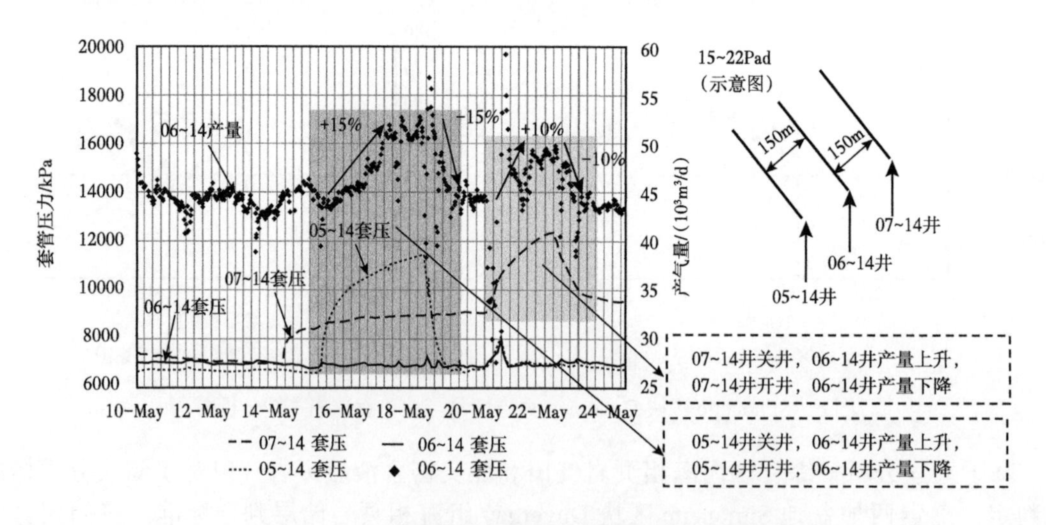

图 7　150m 井距的井组井间产量和压力的干扰反馈

同时，通过分析压裂工艺基本相当的 150m、200m 和 400m 井距的生产数据，发现边界反馈时间随井距增加大幅延迟，且凝析油气比随井距增加下降速度减缓，进一步表明 150m 和 200m 井距存在井间干扰（图 8）。兼顾储量控制，提出适度扩大井距到 300m。

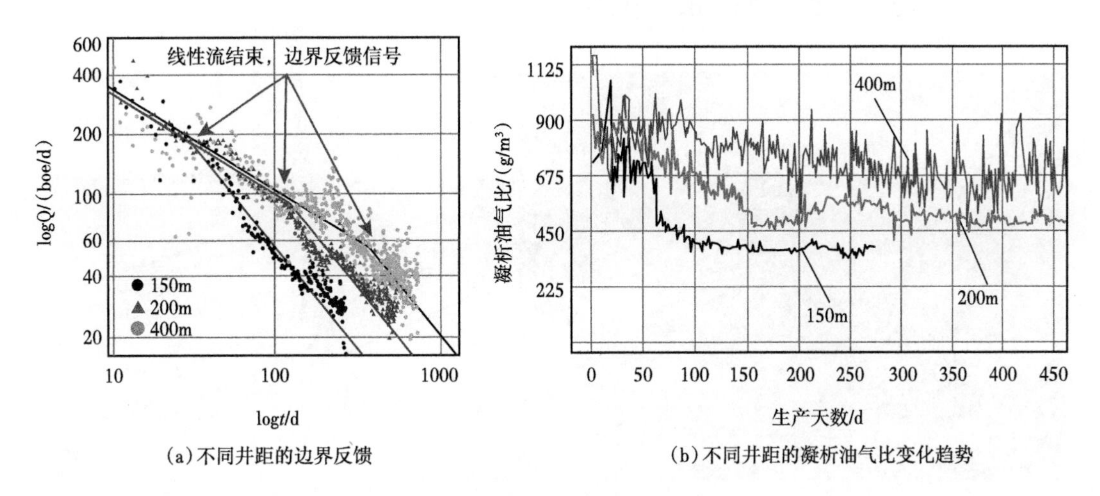

(a)不同井距的边界反馈　　(b)不同井距的凝析油气比变化趋势

图 8　不同井距与产量的相关关系

在 2017~2018 年开展 300m 井距的先导实验，发现 300m 与 400m 井距产量相近（图 9），表明在目前技术条件下，300m 井距较为合理，400m 井距可能会过大而控制不住储量。300m 井距比原 200m 井距单井首年累计产量提高 40%，方案部署少钻 243 口井，从而实现"少井高效"。

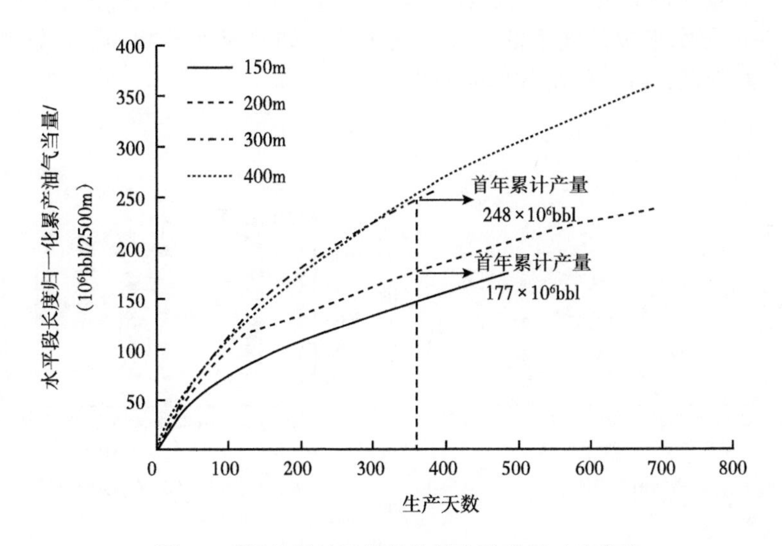

图 9　不同井距的平均单井累产油当量对比曲线

（2）优化平台布井模式，提出立体布井策略，大幅降低勘探开发成本。

平面上，优化平台为双排反向勺型布井模式，地面井口优化为双排布局，单平台井数由 4~8 口增至最多可布 16 口井，节省平台数；地下水平井实施先反向、后正向造斜，呈勺型，减少双排间"死气区"，提高储量控制程度（图 10a）。

纵向上，提出多层系勘探开发一体化立体布井策略，强化地质研究，确定不同层系甜点叠置区，优选在产平台，兼顾钻浅层 Montney 组和 Nordegg 评价井（图 10b），共享地面设施，大幅降低勘探成本，且评价井实时转入试采，实现快速评价并回收投资；已钻 Montney 组评价井获高产，高峰产气 $20\times10^4m^3/d$、凝析油 48t/d。

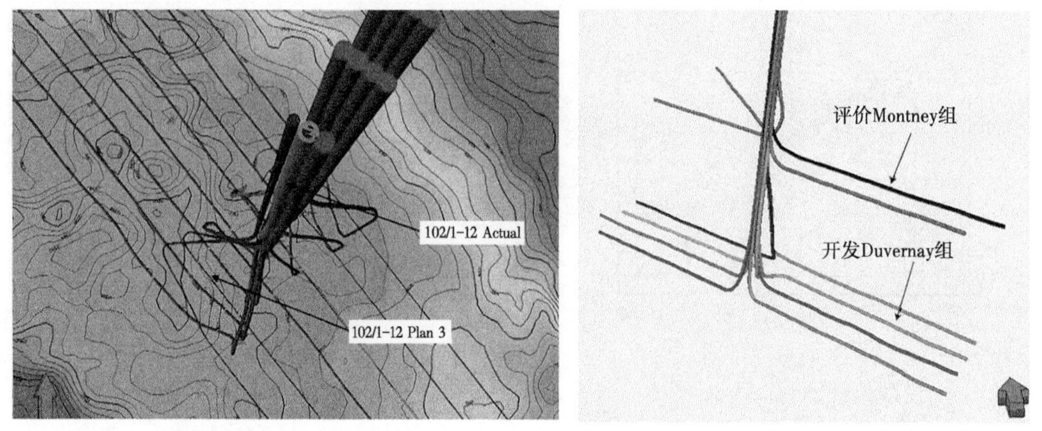

(a)双排反向勺型布井示意图　　(b)平台多层系立体布井图

图 10　平台优化布井示意图

3.3　持续优化超长水平井优快钻井技术，缩短钻井周期、降低钻井成本

都沃内项目生产井均为水平井，在总结已钻井经验的基础上，通过技术优化创新和强化管理，推广应用当前国际钻井新工艺、新设备和提速工具，持续优化超长水平井钻井技术，近年来在完钻井深和水平段长度不断增加的情况下，钻井速度不断提高，钻井周期逐年减少，钻井成本不断降低，综合经济效率明显提高（图 11）。

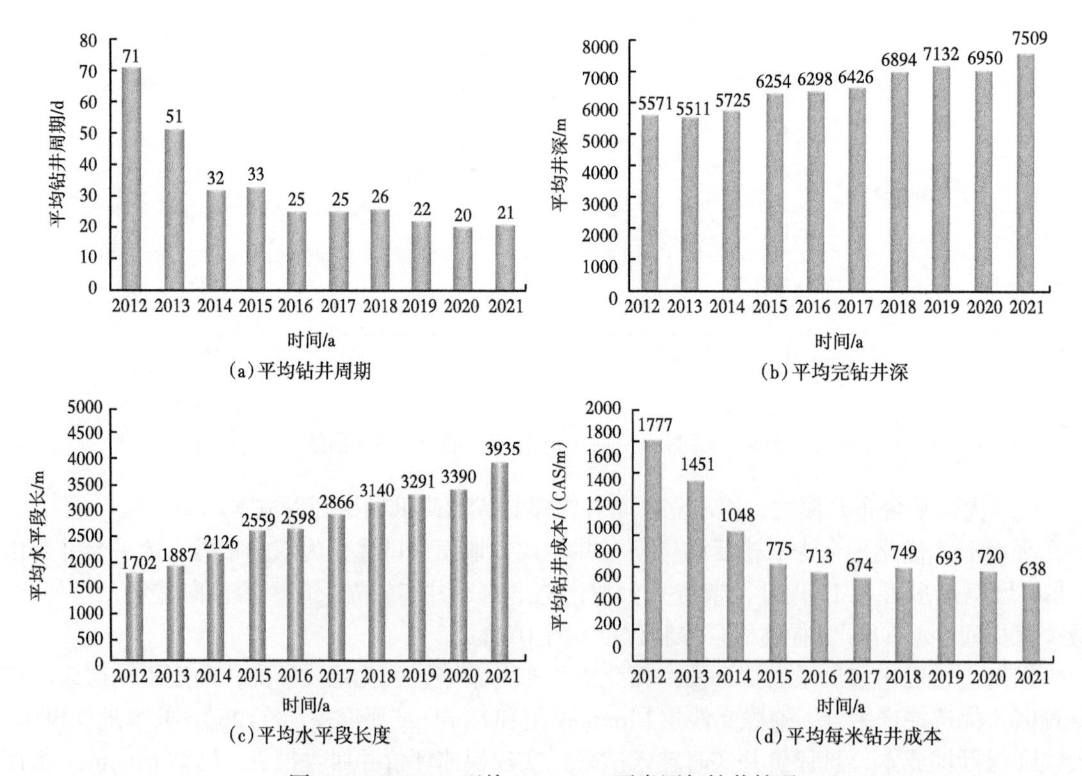

(a)平均钻井周期　　(b)平均完钻井深

(c)平均水平段长度　　(d)平均每米钻井成本

图 11　Simonette 区块 Duvernay 页岩历年钻井情况

（1）采用自动化程度高的钻井设备，搬家时间由 4 天缩短至平均 2 天，起下钻速度由 4.6 分 / 柱降至 2.7 分 / 柱，下套管速度由 5.1 分 / 根降至 1.9 分 / 根。

（2）优化钻井参数，优选钻头与提速工具，水平段机械钻速由 15m/h 提高至 49m/h，平均钻井周期从 2012 年的 71 天缩短至 2021 年的 21 天，缩短 70%。

（3）完钻井深和水平段长逐年增加，平均完钻井深从 2012 年的 5191m 加深至 2021 年的 7509m，增加 1938m，提高 45%。

（4）平均水平段长从 2012 年的 1590m 延长至 3140m，增加了 1550m，提升 97.5%，增加了单井开采泄油面积，提高了产量。

（5）平均单井钻井成本由 2012 年的 922 万加元减少到 2018 年的 530 万加元，每米钻井成本由 1777 加元降低到 638 加元，降低 64%。

3.4 发展短段距 / 密分簇 / 高砂比分段压裂技术，提高单井产量

都沃内项目自第一口井实施压裂完井以来至 2021 年底，累计实施水平井压裂完井 200 余口，随着工具和作业技术能力的提升，逐步形成短段距 / 密分簇 / 高砂比分段压裂特色技术，提高了单井产量，该技术体系主要体现在以下 7 个方面。

（1）采用可降解桥塞 + 分簇射孔压裂工艺，段间距自 89m 降低至 49m，缩短 45%。

（2）单段压裂簇数由 3~4 簇增加到 7 簇，簇间距自 15m 减少到 7m。

（3）采用滑溜水 + 新型高黏聚合物压裂液，加砂强度自 1.69t/m 增加到 3.9t/m，携砂段最高支撑剂浓度达 600kg/m^3。

（4）全部采用 100 目 +40/70 目石英砂代替陶粒支撑剂，提高了压裂导流能力，满足 60~75MPa 闭合压力条件下的压裂改造需求。

（5）优化滑溜水前置液比例，采用复合加砂工艺，单位加砂用液量由 11.2m^3/t 降低到 5.1m^3/t，用液量由 509m^3/ 簇降低到 139m^3/ 簇，降低 70% 以上。

（6）由单机组改为双机组 24 小时连续协同作业，通过提排量自 5 到 11m^3/min、升泵压自 58 到 72MPa、降液量自 1361 到 970m^3/ 段和保物料水、油、料等 4 项措施，平均单机组压裂效率由 3~4 段 /d 提高到 8~10 段 /d。

（7）构建学习曲线，以单井 EUR 和钻完井费用为目标函数，通过不同工艺、参数的先导性试验和优化，持续优化水平井钻井和压裂完井设计，不断降低钻完井成本，提高压裂效果。同时，基于学习曲线，提前制定计划年度工程进度，实施三级监督动态管理，作业进展及时反馈甲方，协调解决存在问题，保证工程质量与进度。

4 对国内页岩油气勘探开发的启示

4.1 分步实施页岩油气发展战略

借鉴北美页岩油气成功的经验，国内陆相页岩油气发展的战略选择可分三步走：（1）聚焦陆上沉积盆地，开展页岩油气选区评价、赋存和流动机理研究，明确页岩油气资源潜力与分布的基础问题；（2）强化核心区评价，通过老井复查、参数井钻探，建立合理的评价标准和方法，明确国内陆相页岩油气技术可采资源量和有利分布区；（3）加大试验区建设，针对陆相页岩油气的特殊性，先易后难，开展关键技术攻关与试验，积极探索页岩油气大规模经济有效开发的模式。在中 – 高成熟高压区，优选富有机质纹层和异常高压叠合带，兼探低幅度正向构造、薄砂条夹层，加强钻完井、储层改造等工程实施中的储层保护工作；在中 – 高

成熟低压区，重点研究提高驱动能量方法，发展储层增能技术；关注中－低成熟页岩油气层系，重点研究改善页岩油气流动性方法，发展化学、加热、注气等技术，提高流动性能。

4.2 持续开展技术攻关研究

水平井多段压裂技术是北美实现页岩油气资源"少井高产"和油气资源有效动用的重要技术手段。中国在借鉴北美水平井压裂先进技术的同时，经过多年的发展，形成了基本满足页岩油气储集层水平井多段改造的技术系列，有效支撑了四川、鄂尔多斯、准噶尔、松辽盆地多个整装大型页岩油气田、致密油气田的勘探开发。展望未来，随着中国油气勘探开发的进一步深入，页岩油气等非常规油气资源的地质条件更为复杂，油气资源品质的劣质化程度将进一步加剧，仍需针对水平井多段压裂技术，在地质工程一体化、增产机理与优化设计、大功率电驱压裂装备、长井段水平井压裂工具及修井配套装备、智能化压裂储备技术等方面持续开展攻关研究，为实现中国原油长期稳产 2×10^8t/a、天然气稳产 3000×10^8m^3/a 目标提供重要的技术支撑。

参 考 文 献

[1] U.S. Energy Information Administration. Annual Energy Outlook 2020[M/OL].（2020-01-29）[2021-09-10] https：//www.eia.gov/aeo.

[2] 邹才能，潘松圻，荆振华，等.页岩油气革命及影响 [J]. 石油学报，2020，41（01）：1-12.

[3] 杨雷，金之钧.全球页岩油发展及展望 [J]. 中国石油勘探，2019，24（05）：553-559.

[4] Lyster，S.，Corlett，H.J.，and Berhane，H. Hydrocarbon Resource Potential of the Duvernay Formation in Alberta – Update[R]. Edmonton：Alberta Energy Regulator，2017：31-43.

[5] 李国欣，罗凯，石德勤.页岩油气成功开发的关键技术、先进理念与重要启示：以加拿大都沃内项目为例[J]. 石油勘探与开发，2020，47（4）：1-11.

[6] 穆龙新，张铭，夏朝辉，等.加拿大白桦地致密气储层定量表征技术 [J]. 石油学报，2017，38（4）：363-374.

[7] Parsons W.H. Alberta[A]. In：McCrissan R.G. The future petroleum provinces of Canada[M]. Calgary：Canadian Society of Petroleum Geologists，1973：73-120.

[8] Anfort S.J.，Stefan B. and Bentley L.R. Regional-scale hydrogeology of the Upper Devonian-Lower Cretaceous sedimentary succession，south-central Alberta basin，Canada[J]. AAPG，2001，85（4）：637-660.

[9] Darryl G.G. and Eric W.M. Fault and conduit controlled burial dolomitization of the Devonian west-central Alberta Deep Basin[J]. Bulletin of Canadian Petroleum Geology，2005，53（2）：101-129.

[10] Mallamo M.P. Paleoceanography of the Upper Devonian Fairholme Carbonate Complex，Kananaskis-Banff Area，Alberta[D]. Montreal：McGill University，1995：433.

[11] Tissot B.，Durand B. and Combaz A. Influence of nature and diagenesis of organic matter in formation of petroleum.[J]. AAPG，1974，58（3）：499-506.

[12] Reinson G. E.，Lee P. J.，Warters W.，Osadetz K. G.，et al. Devonian gas resources of the Western Canada sedimentary basin：Part I— Geological play analysis and resource assessment[J]. Geological Survey of Canada Bulletin，1992，452：1- 128.

[12] Chow N.，Wendte J. and Stasiuk L.D. Productivity versus preservation controls on two organic-rich carbonate facies in the Devonian of Alberta：Sedimentological and organic petrological evidence[J]. Bulletin of Canadian Petroleum Geology，1995，43：433–460.

[13] Beaton A.P.，Pawlowicz J.G.，Anderson S.D.A.，et al. Rock Eval，total organic carbon and adsorption isotherms of the Duvernay and Muskwa formations in Alberta：shale gas data release[R]. Energy Resources

Conservation Board, ERCB/AGS Open File Report 2010-04, 2010, 1-33

[14] Zhu H., Kong X., Zhao W., Long H. (2019) Organic-Rich Duvernay Shale Lithofacies Classification and Distribution Analysis in the West Canadian Sedimentary Basin. In: Qu Z., Lin J. (eds) Proceedings of the International Field Exploration and Development Conference 2017. Springer Series in Geomechanics and Geoengineering. Springer, Singapore. 2019: 1621-1638.

[15] C.R. Clarkson, B. Haghshenas, A. Ghanizadeh, et al. Nanopores to megafractures: Current challenges and methods for shale gas reservoir and hydraulic fracture characterization[J]. Journal of Natural Gas Science and Engineering, 2016, 31: 612-657.

[16] Loucks R G, Reed R M, Ruppel S C, et al.Morphology, genesis, and distribution of nanometer-scale pores in siliceous mudstones of the Mississippian Barnett Shale[J].Journal of Sedimentary Research, 2009, 79: 848-861.

[17] 于炳松 . 页岩气储层孔隙分类与表征 [J]. 地学前缘，2013，20（04）: 211-220.

页岩油长水平井冲砂除垢作业技术研究与应用

梁万银[1,2]，巨亚锋[1,2]，王尚卫[1,2]，罗有刚[1,2]

（1. 长庆油田分公司油气工艺研究院；2. 低渗透油气田勘探开发国家工程实验室）

摘　要：近年来，页岩油水平井已成为长庆油田主要开发方向，随着开压裂改造规模加大、水平段长不断增加，部分井在放喷和生产过程中出砂结垢严重，造成井筒堵塞，严重影响油井正常生产。通过对水平井出砂、结垢及堵塞进行分析，初步明确了造成油井出液不畅的主要原因。结合前期井筒冲砂清垢工艺存在冲砂效率低、遇阻严重、处理难度大周期长，且效果不佳等问题，采取遇阻酸浸解阻措施，试验开展了“冲砂＋酸浸”一体化处理工艺，并配套了冲磨一体化工具，有效减少了冲砂遇阻频繁更换钻具的问题，同时依据冲砂情况判断井筒及近井地带堵塞状况，开展“冲砂＋酸化解堵”联作，显著发挥了油井潜能。同时，为了进一步提升页岩油长水平井作业能力，开展了组合管柱和连续油管增加下深作业试验，具备了2500m以内水平段长作业能力。

关键词：页岩油；长水平井作业；出砂结垢；水平井冲砂；分段酸化

水平井大规模体积压裂改造技术是实现页岩油有效开发的主要技术手段，随着水平井应用规模的不断增加和储层改造规模的不断加大，水平段不断延长，水平井出砂问题日益凸显，加之水平井特殊的井深结构特殊，尤其是低压储层漏失等因素的影响，给水平井水平段冲砂、井筒内胶结物处理、桥塞钻磨等带来了很多困难。针对水平井冲砂存在的问题，国内各大油田和研究机构都曾开展过相关研究，先后研究开展过油管连续循环冲砂技术，连续油管冲砂及酸化解堵技术试验，设计配套了射流旋流类冲砂工具，配套了低浓度冲砂液体，在一定程度解决掉了水平井冲砂难度大的问题。但对于长水平井井筒砂垢胶结问题高效处理还缺乏较好的解决办法，长庆油田为此进行了长水平井组合管柱及连续油管下入能力研究，开展了“冲砂＋酸浸”一体化处理工艺，同时为进一步发挥油井潜力，还开展试验了长水平井分大段酸化解堵工艺，取得了较好的效果。

1　出砂结垢情况分析

按照长庆页岩油水平井压后作业工序，井筒出砂总体可以划分为压后放喷出砂、排液阶段出砂与生产过程出砂三个阶段（图1）。其中压后放喷出砂主要受水力压裂后主裂缝内能量高，裂缝闭合不彻底或临界闭合状态，特别当支撑剂集中于井筒附近时，裂缝持砂能力较弱。排液阶段出砂主要是由于井筒清洁完成后，通常井口仍有0.5~3MPa余压，由于排液速度过大或频繁开关井，裂缝内压降过大或压力波动过快。生产阶段出砂主要是投产后初期连抽带喷，随着生产时间的延长，吐砂量呈现出逐步减小趋势。

页岩油水平井出砂伴随着结垢现象，历年开发水平井均存在砂垢胶结现象，垢以砂为载体“相生相伴”，大小不一（图2）。随着投产时间增加，胶结砂块尺寸增大（1~10cm）、致密性强，结垢产物含量明显增多。对结垢产物XRD分析发现，生产初期以$FeCO_3$为主，后期以$CaCO_3$为主，结垢产物主要为$FeCO_3$、$CaCO_3$等。

压后关井
井口压力由15MPa下降至5MPa

清洁井筒
井口压力0~3MPa波动

下泵生产
初期连抽带喷，逐渐稳定，后期递减

时间

压后放喷
井口压力由5MPa下降至0

放喷排液生产
井口压力由3MPa下降至0

图 1　页岩油水平井压后主体作业及生产工序

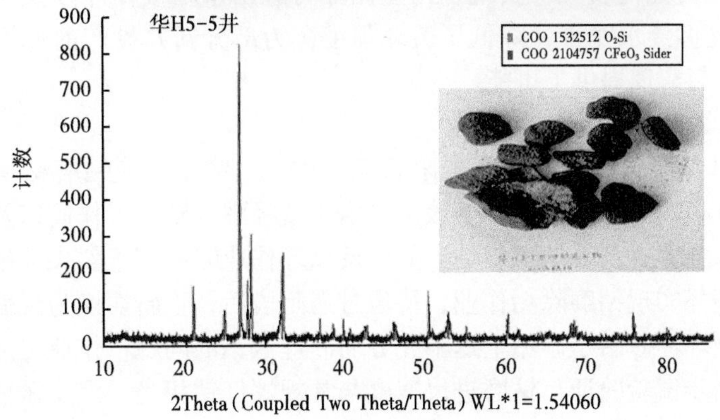

图 2　XRD 衍射分析砂垢胶结

统计 2021 年 62 口冲砂井，平均出砂 6.1m^3，部分井超过 9m^3，其中存在砂粒板结现象的井占比 51%（图 3）。

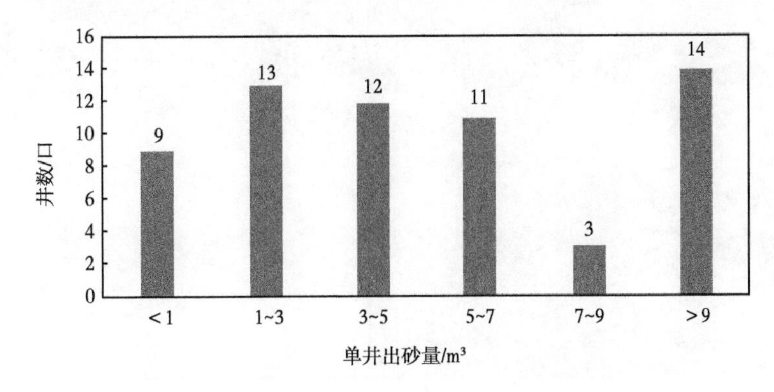

图 3　2021 年冲砂措施不同出砂量区间井数统计柱状图

2 水平井冲砂清垢技术

水平井由于其井身结构的特殊性，地层出砂更容易进入井筒，且相对直井在冲砂洗井作业过程中砂粒上返出井更为困难。而长庆页岩油水平井出砂量相对较大，且部分井伴随着循环漏失和砂垢胶结现象，单纯采用传统的工具油管反循环斜尖冲砂处理遇阻频繁，处理难度较大，为此，长庆油田先后开展了油管连续循环冲砂、冲磨一体化工具应用、“冲砂＋酸浸”提速措施，在一定程度上提高了井筒处理效率。同时结合冲砂遇阻及井筒结垢状况，配套酸化解堵措施，分别开展了笼统酸化、双封拖动分段酸化和不动管柱分段酸化等提效措施，有效恢复了油井产能。

2.1 水平井冲砂解阻提速作业技术

2.1.1 油管连续循环冲砂技术

油管连续循环冲砂是通过配套连续换向井口和换向短节，实现冲砂作业过程接单根不停泵连续循环作业，相对传统“停泵接单根”冲砂循环方式，该工艺实现了不停泵冲砂作业，避免了砂垢由于接单根停泵二次沉降问题，有助于砂粒持续上返，携砂和作业效率更高，一定程度上还可以降低漏失。该技术长庆油田先后已开展用用了 50 余口井，应用效果良好。同时通过对该装置的优化攻关，实现了作业循环时进出口均接在冲砂换向井口上，避免了接单根过程中反复拆接水龙带，降低了劳动强度，为部分新井投产前油管作业带低压作业（≤ 7MPa）实现井筒清理提供了可能。

2.1.2 冲砂解阻工艺技术

针对部分井砂垢胶结严重，冲砂遇阻后无法进尺，频繁更换钻磨钻具，施工周期较长的问题，研究设计了冲磨一体化工具，该工具由小直径螺杆钻、工作筒以及反冲洗换向阀组成，管柱组合及入井方式与普通螺杆钻类似，反循环作业时相当于斜尖冲砂，冲砂遇阻后则可转换流程为正循环实现钻磨除垢作业，待通过遇阻段后，重新切换为反循环。很好地解决了漏失严重井正循环冲砂由于砂垢上返不充分而砂埋卡钻的问题，作业更加安全可靠。该工具已在现场进行初步试验验证，钻磨进尺速度与常规螺杆钻相当，但反循环通道较小，还需要进一步优化改进。

图 4 华 H41-4 井砂及垢块现场垢样酸浸测试照片

为了快速高效解除作业过程中砂垢遇阻问题，设计了一种“冲砂＋酸浸”解阻工艺，即斜尖遇阻后根据返出砂垢情况确定结垢类型和程度，确定酸液配方及酸量，直接利用原冲砂管柱注入适量酸液反应1~2h，溶解破除砂垢板结，然后活动管柱解除遇阻，减少换钻磨工具，该工艺虽然简单，但非常实用。2021年至今已应用10余口井，解阻成功率达到90%以上（图4）。

2.1.3 酸化解堵提效作业技术

前期页岩油长水平井酸化解堵主要采用笼统酸化，但由于改造段数多，长水平段布酸不均匀，最需要改造的中低渗和高污染层段酸蚀程度低，酸化解堵效果不佳。为此，开展了页岩油长水平段复杂井眼分段酸化作业技术研究，通过酸化配套工具调研及优选，设计了以下两类长水平井酸化解堵措施的配套管柱及作业施工工艺。

双封拖动分段酸化管柱：为实现机动、灵活双封拖动酸化工艺，借鉴双封单卡重复压裂管柱，去掉安全接头、水力锚等配套工具，如图5所示，形成的管柱组合主体为：K344封隔器＋节流喷射器+K344封隔器，配套封隔器最大外径为112m，具有很好的通过性，可多次重复坐封解封，降低了拖动卡阻风险，同时管柱整体费用较低。

不动管柱分段酸化管柱：针对水平段长、酸化段数多的水平井，为提高措施效率，配套研发了多级滑套连续酸化管柱。管柱组合为：底阀（带滑套座）+K344封隔器+1号节流喷砂器（带滑套）＋工具油管+2号滑套座+K344封隔器+2号节流喷砂器+…+工具油管+K344封隔器。该管柱可实现任意分段酸化，段数可根据需要进行调节，但为了管柱安全一般控制在5段以内。

为了确保酸化解堵管柱在长水平段作业的安全可靠，主要采取了以下几方面的措施。一是采用小外径K344-112封隔器，重复坐封可靠，通过性较好；二是节流喷嘴安装于下封隔器上端，便于充分反洗，封隔器解封彻底；三是酸化完成后配套彻底反洗井措施，实现管柱整体安全拖动；四是措施作业前实现井筒彻底清理，确保井筒畅通无阻。通过以上几方面措施的实施，确保了酸化解堵作业安全。

2.2 现场应用

XH01井水平井分段酸化生产曲线如图5所示。

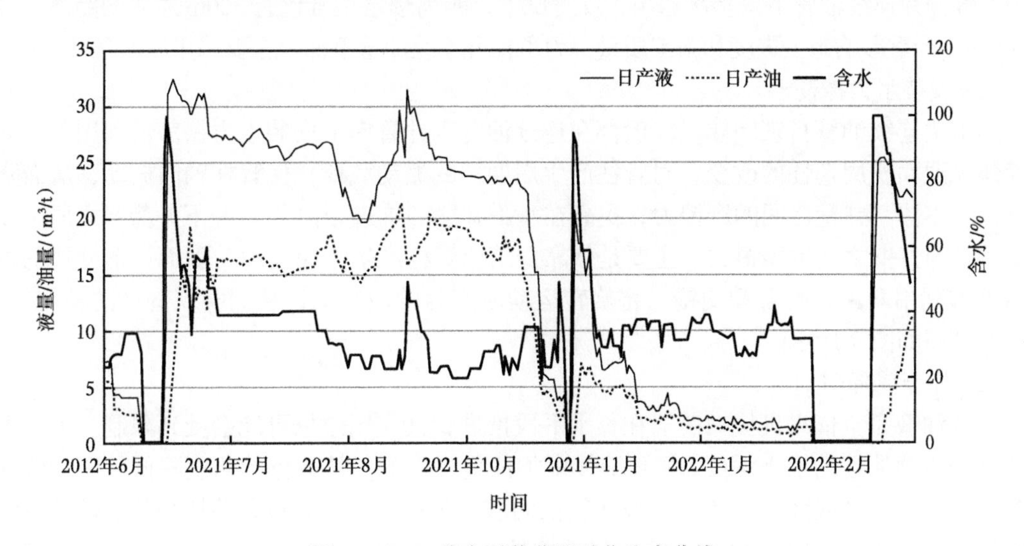

图5 XH01井水平井分段酸化生产曲线

3 长水平井作业管柱下入能力提升

随着页岩油水平井的不断开发，三维井眼轨迹、负位移、上翘井眼、长水平段（≥1500m）水平井逐步增多，最长水平段甚至达到了5000m以上。为了进一步提高修井作业管柱下入能力，结合长水平井作特点，有针对性的开展了长水平段下入及作业能力的分析研究与试验（图6），长庆油田目前在用的作业装备主要有连续油管和常规油管作业两种。

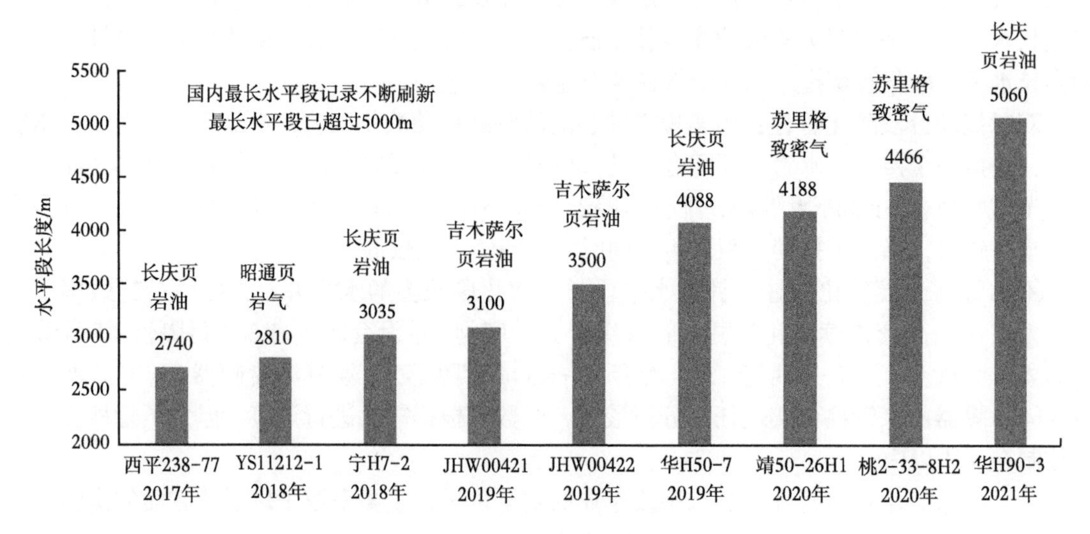

图6 国内最长水平段统计图

3.1 长水平段连续油管作业技术

利用连续油管在长水平井段进行冲砂洗井、钻磨等施工时，由于管柱本体弯曲螺旋变形，使得其与井壁的摩擦力增加，施加在管柱上的钻压被摩擦力抵消，导致连续油管无法在水平段推进，形成自锁现象。如Hxx平台的20口水平井，平均水平段长2000m以上，在井筒清理过程中，部分井连续油管下入多次遇阻，反复试下，距离预定位置仍有300m左右的距离，最长达500m，严重影响施工进度和施工质量。为了提升连续油管下深，主要采用以下几种方法。

（1）安装水力振荡器。

为解决连续油管自锁问题，一般都在连续油管入井管串上安装水力振荡器利用工具内泵注液体流通面积周期性的改变，对管柱产生周期性的振动载荷，使管柱轴向振动，从而降低连续油管本体与井壁之间的摩擦力，提高在水平井段的推进距离[4]。井下振荡器之所以能够降低管柱与井壁之间的摩擦力，主要是依靠振荡使管柱产生轴向运动[5]。而齿形交错的机械结构能够利用两齿的啮合和交错，将旋转运动改变为轴向运动，从而实现管柱的轴向振动，工作原理图如图7所示。

（2）加金属降阻剂。

连续油管完全依靠机械振荡器在长水平段推进，其应用效果可能会受到限制。为了尽量多的延长连续油管的推进深度，循环液体中加注金属降剂，从流体的角度降低井壁对管柱的摩擦力（图8）。金属降阻剂体系一般在较低的浓度下就能实现良好的降阻效果，稀释后的最佳浓度控制在1.0%~1.5%之间，能够降低摩擦系数在40%以上。现场应用中一般注完金属降阻剂后，停泵静置30min以上，有利于金属减阻剂更好的吸附在管壁上，然后活动管柱，继续下放连续油管，可以起到较好的降阻效果（图9）。

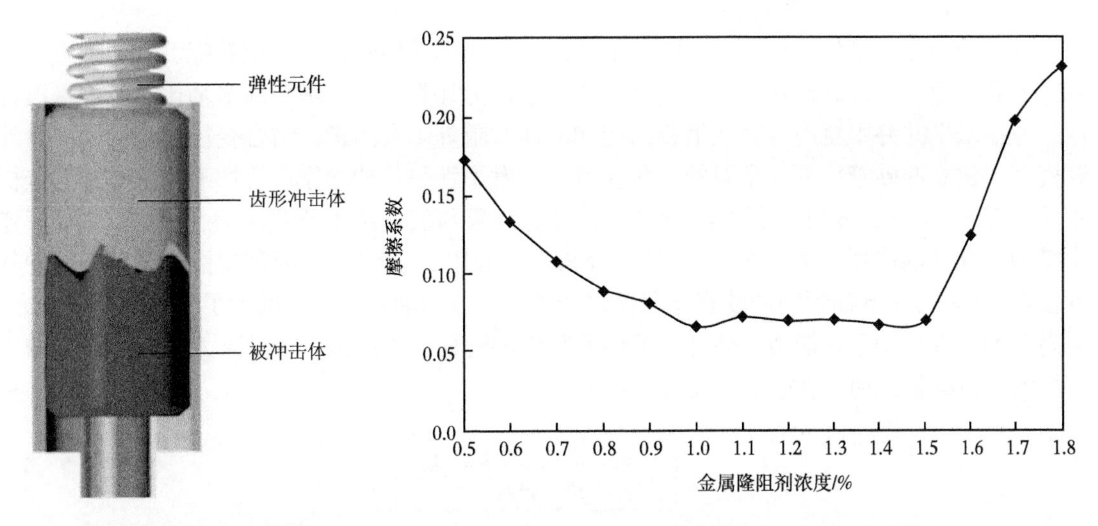

图7　机械振荡器的工作原理示意图　　　　图8　机械振荡器的工作原理示意图

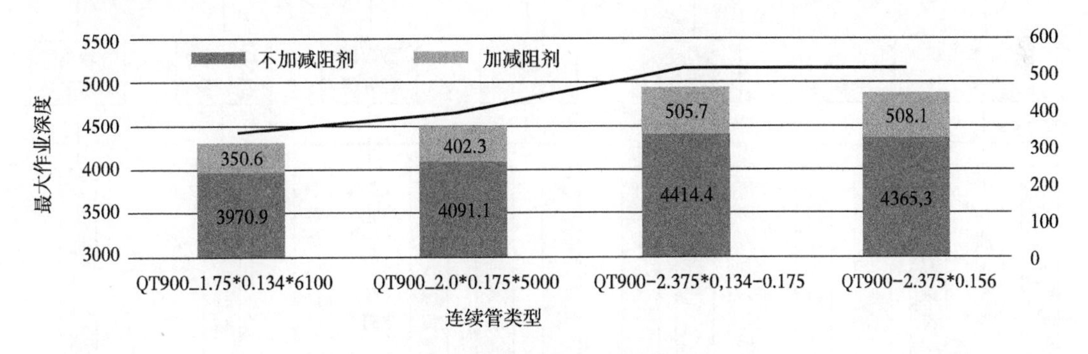

图9　减阻剂对下入深度的影响

（3）其他方法。

除了现有连续油管装备配套振荡器和加金属降阻剂以外，升级连续油管装备也是一个很重要的方向。目前长庆在$5^1/_2$in井眼完井的水平井中，由于作业环境和道路运输的影响，主要采用的还是2in连续油管进行压后井筒清理工作，水平段作业长度一般限于1700m以内。为了进一步提升下深，结合长庆作业场景，探索试验$2^3/_8$in连续油管－管现场对接、$2^3/_8$in连续油管＋油管组合管柱、以及变壁厚连续油管等，是解决运输和长水平段（＞1700m）下入难题，实现投产井筒快速清理的一个重要方向。

3.2　常规油管组合管柱作业技术

常规油管作业装备是目前长庆油田配套最为完善，全油田普遍应用的主力修井作业装备，如何充分发挥现有装备的作用，实现长水平段作业能力提升，是一个重要的研究方向。在$5^1/_2$in井眼完井的水平井中，目前采用的作业管柱基本均为$2^7/_8$in工具油管，为了提升下深及作业能力，采用组合管柱作业是最常用的方法之一。对于水平段长超过2500m的水平井，长庆油田初步进行了组合管柱作业试验应用，为此基于水平井井眼轨迹的特点，综合考虑修井管柱在各井段的受力情况，建立了修井管柱在水平井垂直段、造斜段和水平段下入过程中摩阻预测和载荷计算模型，并利用大量现场作业数据对模型进行了校准修正，研究结果为油田水平井修井管柱的安全下入提供指导。

（1）水平井管柱下入摩阻研究。

针对冲砂作业管柱存在多变径部位的特点，在考虑冲砂管柱内外压效应、截面效应、摩阻等因素，建立了冲砂作业管柱在变径部位的轴向力计算模型。基于高水垂比、长水平段特点，考虑水平井井眼轨迹、管柱组合结构和流体摩阻等影响因素，结合变径部位的轴向力计算模型，建立冲砂管柱下入摩阻的预测模型，开发了水平井冲砂作业管柱下入摩阻预测分析软件，并对 CP11 水平井进行了实例计算，计算结果与实测结果符合率为 92.6%，体现了建立模型及软件的应用价值（图 10）。计算分析表明采用 $2^7/_8$in+$3^1/_2$in 两种规格油管组合的冲砂管柱较于单一 $2^7/_8$in 油管的冲砂管作业柱改变了直井段的油管重量，增大了管柱的有效推力，提高了冲砂管柱的下入能力。此外，流体摩阻影响管柱下入能力，管柱下入速度过大会增大管柱的流体摩阻，因此管柱下入速度不宜过大。

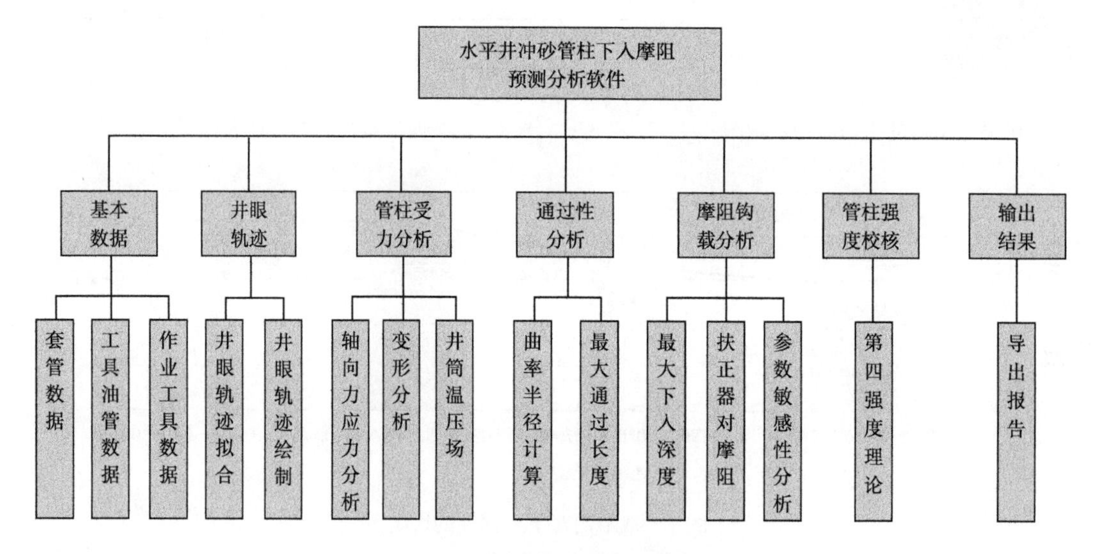

图 10　软件功能及结构框图

（2）组合管柱下入能力研究。

组合修井管柱在下入过程中会与井壁接触并产生摩阻，同时在整个井筒中，管柱受到黏滞阻力和流体摩阻的影响。若下入管柱的轴向分力大于其产生的摩阻，则管柱能产生一个向下的轴向作用力，此时钩载合力＞0N，管柱可以下入；当钩载合力＜0N 时，管柱受阻则无法下入。以图 11 所示的组合油管修井管柱为例，在下入过程中，由于组合油管各段的外径不相等，不同井段管柱的受力方式和受力情况存在差异。

基于井眼轨迹，选取井底到井口整个部分为研究对象，将组合油管沿井眼轴向方向划分为垂直段、造斜段、水平段和作业前端四个部分。将 2 个井眼轨迹实测点之间的部分看作一个连续单元，整个管柱离散成若干个微元段，建立各段的受力模型，开发完成修井管柱的载荷计算模型。应用过程中首先输入井眼轨迹数据并通过插值法拟合，然后输入修井作业参数，对修井管柱的油管进行组合，再对管柱载荷进行计算，最后输出管柱下入深度和载荷数据（图 12）。通过理论模拟研究表明，采用组合油管方式，增大垂直段和造斜段部分修井管柱的重力来增大管柱的轴向分力可提高修井管柱下入能力，该模型的建立对现场作业管柱组合参数具有重要的指导意义（图 13）。

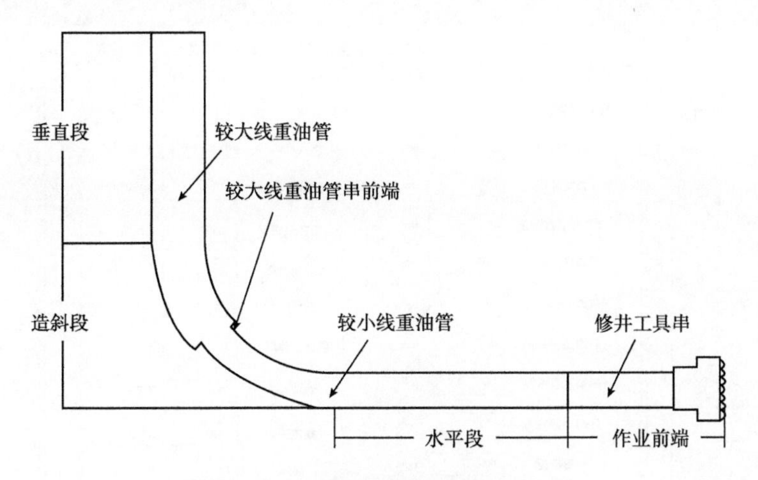

图 11　组合油管修井管柱结构示意图

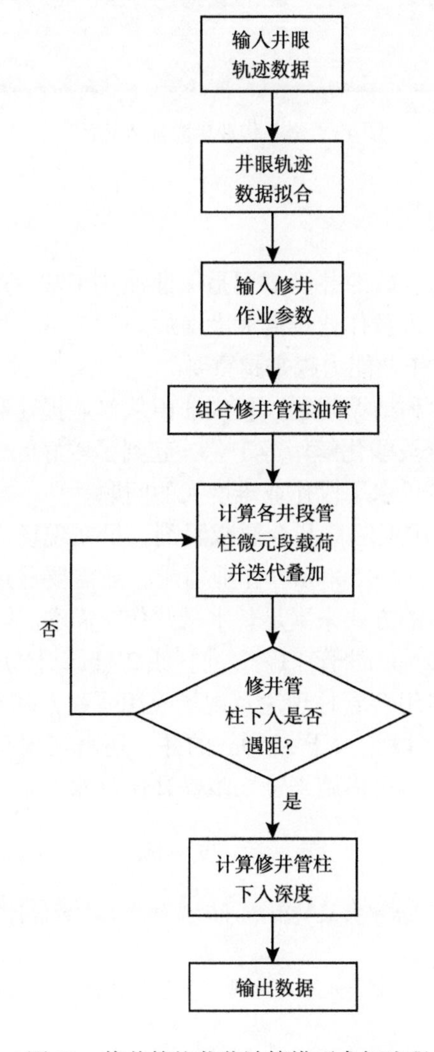

图 12　修井管柱载荷计算模型求解流程

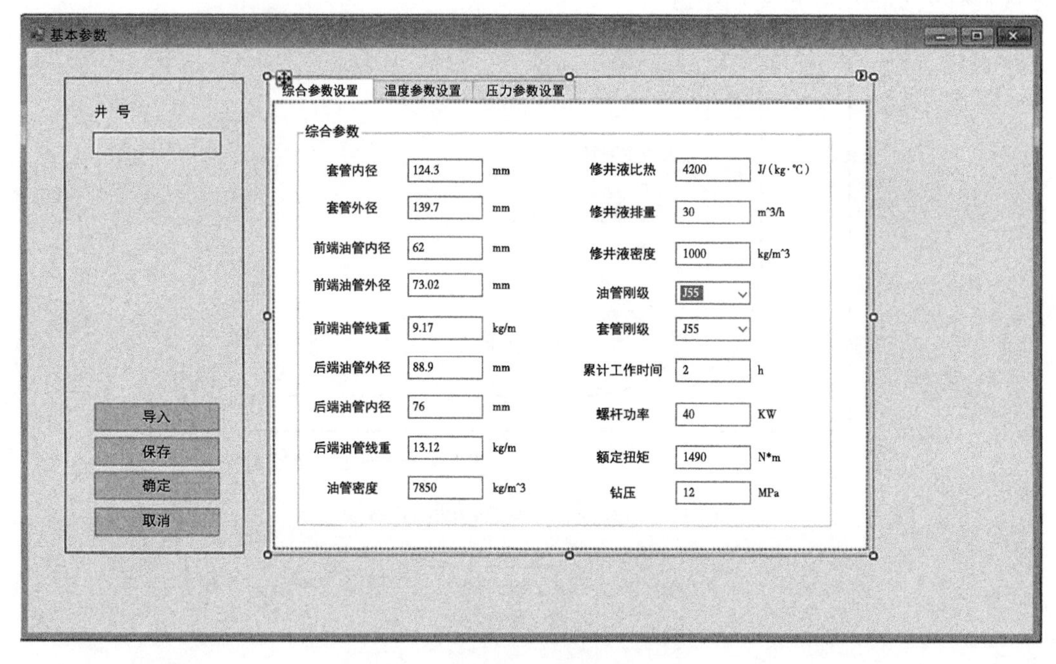

图 13　修井作业参数输入界面

4　结论与认识

（1）页岩油长水平投产前、后的井筒清理是保证油井正常生产的必要措施，尤其是部分井出现出砂及结垢后，管柱下入及作业难度大大增加。

（2）不断提升长水平段的作业能力越来越重要。

（3）针对页岩油水平出砂和结垢问题，长庆油田从作业提速和提效两方面入手，研究应用了连续冲砂、冲砂解阻及分段酸化解堵等工艺，起到了较好的效果，但针对超长水平段水平井，依然无法从根本上满足长水平段作业难度大的问题。

（4）常规 2in 连续油管应用振荡器和金属减阻剂，虽在现场应用中管柱下深能力显著增加，但依然无法满足长水平段（＞2000m）作业需求，还需要通过配套大管径、变壁厚以及组合对接等提升连续油管装备的方式来满足长水平井作业需求。

（5）常规油管组合管柱（$2\frac{7}{8}$in 油管 +$3\frac{1}{2}$in 油管或 $2\frac{7}{8}$in 钻杆）依然是 $5\frac{1}{2}$in 井眼超长水平段作业能力提升的关键，通过组合管柱理论及现场应用研究，基本满足目前水平段长 3000m 以内的作业需求，但针对水平段长大于 3000m 的井，还需在现有研究基础上继续优化管柱组合，同时配套减阻、震荡牵引等措施来进一步提升作业能力。

参　考　文　献

[1] 曲洪娜，黄中伟，李根生，等 . 水平井旋转射流冲砂洗井水力参数设计方法 [J]. 石油钻探技术，2011，39（06）：39-43.

[2] 李大建，曾亚勤，何淼，等 . 低压地层水平井冲砂工艺创新设计 [J]. 石油天然气学报，2014，36（10）：166-169.

[3] 张好林，李根生，黄中伟，等 . 水平井冲砂洗井技术进展评述 [J]. 石油机械，2014，42（3）：92-96.

[4] 王尚卫. 水平井正反水力连续循环作业装置的研制 [J]. 石油机械，2016，44（6）：4.
[5] 李根生，盛茂，田守增，等. 水平井水力喷射分段酸压技术 [J]. 石油勘探与开发，2012，39（1）：5.
[6] 赵展云，白仲岗，段喜鸿，等. 新型水力喷射解堵技术在油田中的应用 [J]. 中国新技术新产品，2011（14）：1.
[7] 郭富凤，赵立强，刘平礼，等. 水平井酸化工艺技术综述 [J]. 断块油气田，2008，15（1）：4.
[8] 李宗田. 连续油管技术手册 [M]. 北京：石油工业出版社，2003.
[9] Hu Y，Zhao J，Zhao J，et al. Coiled-tubing friction reducing of plug-milling in long horizontal well with vibratory tool [J]. Journal of Petroleum Science and Engineering，2019.
[10] 王鹏，倪红坚，王瑞和，等. 调制式振动对大斜度井减摩阻影响规律 [J]. 中国石油大学学报：自然科学版，2014，38（4）：5.
[11] 李文飞，李玄烨，黄根炉，等. 基于纵横弯曲梁理论的水平井管柱摩阻扭矩分析方法 [J]. 科学技术与工程，2013，13（13）：3577-3583.
[12] 刘朕，练章华，王磊，等. 定向井全井段钻柱下放过程应力及接触力分析 [J]. 石油机械，2012，40（6）：13-16.
[13] 孙巧雷，冯定，杨行，等. 轴向载荷波动下海上测试管柱动力响应与安全系数分析 [J]. 中国安全生产科学技术，2018，14（11）：19-25.

页岩油水平井井筒综合防治技术研究与应用

樊　松[1,2]，白晓虎[1,2]，魏　韦[1,2]，张　磊[1,2]，郭　靖[1,2]，邓泽鲲[1,2]

（1. 长庆油田分公司油气工艺研究院；2. 低渗透油气田勘探开发国家工程实验室）

摘　要：页岩油采用大井丛、多层系、水平井立体开发，受开发模式、流体特性、改造方式等影响，页岩油水平井井筒环境复杂，主要为偏磨、结蜡、气体影响与出砂等问题，复杂井筒机采检泵周期短、作业频次高，影响油井的正常生产。本文对影响页岩油水平井作业频次的主要因素剖析，通过井筒防治、举升方式等技术攻关与试验，集成创新了以偏磨、蜡、气、砂防治为主的综合配套工艺，基本形成页岩油采油工艺技术体系，经过一年系统综合治理，采油工艺指标大幅提升，维护性作业频次显著下降，频次由每年 1.49 降至 0.67 次 / 口，采油时率由 96.3% 上升至 99.0%，年减少修井影响原油 3700 余吨。

关键词：大井丛；水平井；作业频次；井筒防治

页岩油采用大平台开发，井身剖面由二维向三维转变，因大平台、大偏移距、复杂井眼轨迹导致偏磨严重井占 62.4%；地层原油含蜡量高（26.3%），析蜡点高（23℃），结蜡井 209 口，结蜡周期短、纵向上结蜡井段长、剖面上结蜡厚；原始气油比高（107.6m^3/t），随着采出程度的增加，地层能量下降，气油比逐渐变大，地层脱气严重，受气体影响井 141 口；水平井体积压裂加砂量大，碎屑、粉砂易运移，井筒出砂占 26.4%，页岩油水平井井筒环境复杂，油井检泵周期短、作业频次高。本文通过研究分析，系统总结井筒配套工艺，提出了页岩油水平井井筒综合防治技术，对于延长检泵周期、降低作业频次以及油井高效生产具有重要意义。

1　复杂井筒原因分析

1.1　偏磨分析

统计 2021 年维护性作业数据，共发生作业 273 井次（图 1），其中杆故障 73 井次、杆体断 61 井次、杆脱扣 12 井次，断裂位置集中在 800~1000m；管故障 31 井次，表现为管体偏磨破裂及油管丝扣偏磨漏失，位置在泵上 0~300m 范围（图 2）。

管杆偏磨是多因素耦合叠加的结果，其中三维复杂井眼杆柱侧向摩擦是根本原因[1]，运动交变应力与偏高生产参数是加剧因素，井筒防治工艺是配套关键。

（1）井眼轨迹与生产参数影响。

通过 PetroPE 软件开展二维和三维水平井井筒三维力学仿真模拟，因三维水平井造斜早、方位变化大，抽油杆柱侧向力呈几何量级增加，受力更复杂。现场统计也表明：平台井数越多，井眼轨迹越复杂，偏磨越严重，检泵周期越短（12 口井平台，偏磨井比例 75%，检泵周期 204 天）（表 1、图 3）。

作者简介：樊松，1982 年，男，大学本科，主要从事采油工艺方面的研究，高级工程师，长庆油田分公司油气工艺研究院。电话：02986593210。邮件：fansong_cq@petorchina.com.cn。地址：陕西省西安市未央区明光路长庆油田油气工艺研究院。

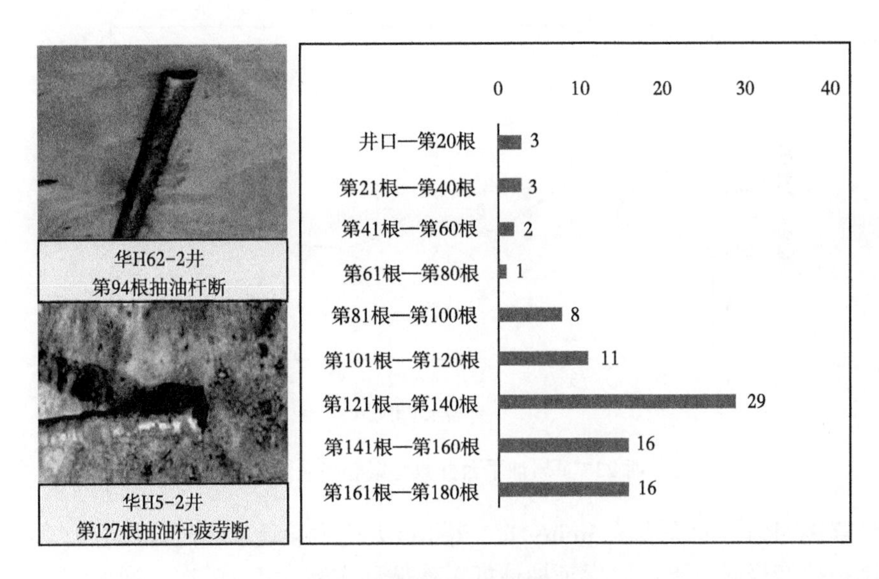

图 1　油杆故障分布统计图

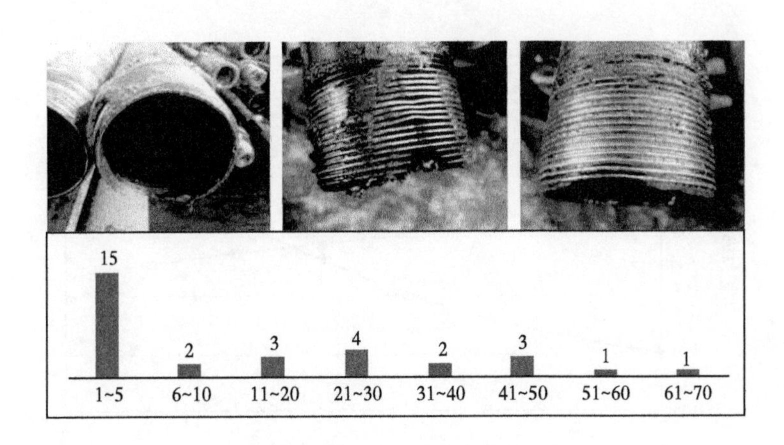

图 2　偏磨油管与偏磨位置统计

表 1　二维水平井与三维水平井最大侧向力模拟结果对比表

类型	井号	井段 /m	杆径 /mm	最大侧向力 /N	最大侧向力深度 /m
二维水平井	阳平 2	0~637	19	0	0
		637~1280	16	20.0	943.2
		1280~1389	19	4.9	1316.3
三维水平井	西平 235-42	0~72	22	539.2	48.1
		73~473	22	5810.2	349.8
		474~1066	19	464.4	754.3
		1067~1467	22	257.8	1128.3

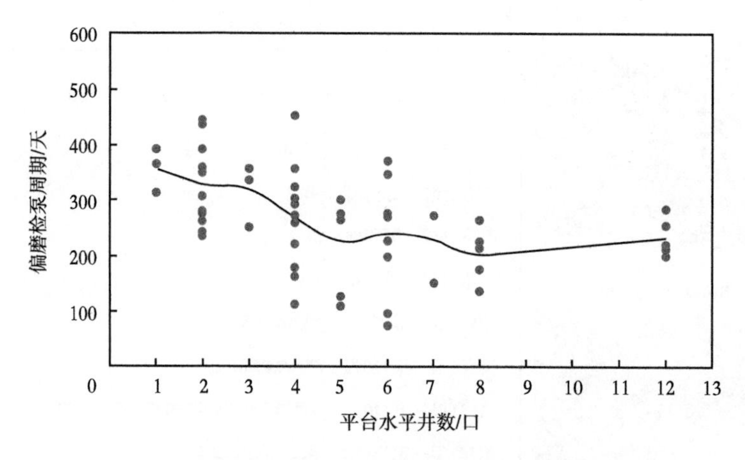

图 3　西 233 页岩油平台井数与偏磨检泵周期散点图

理论计算表明，当冲次大于 5min~1h，实际最大应力接近或超过许用应力。抽油杆的许用应力控制在疲劳极限以下，以保证抽油杆工作循环次数大于 10^7 次。现场统计表明抽油机冲次越大，杆故障越频繁，检泵周期越短（图 4、图 5）。

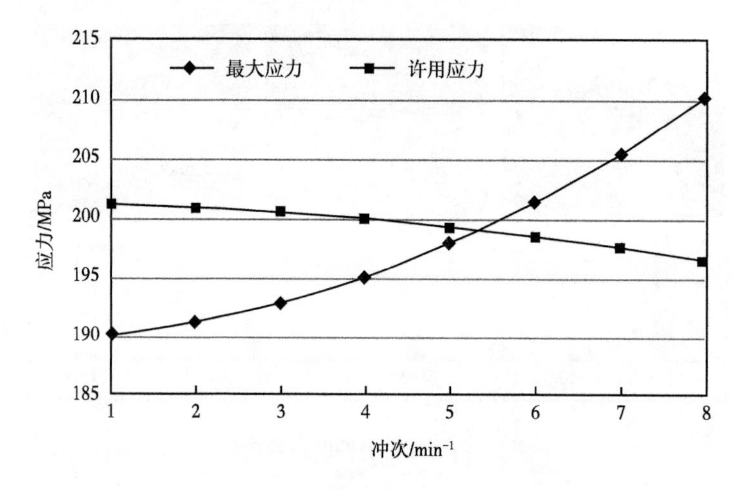

图 4　H 级抽油杆应力—冲次关系图

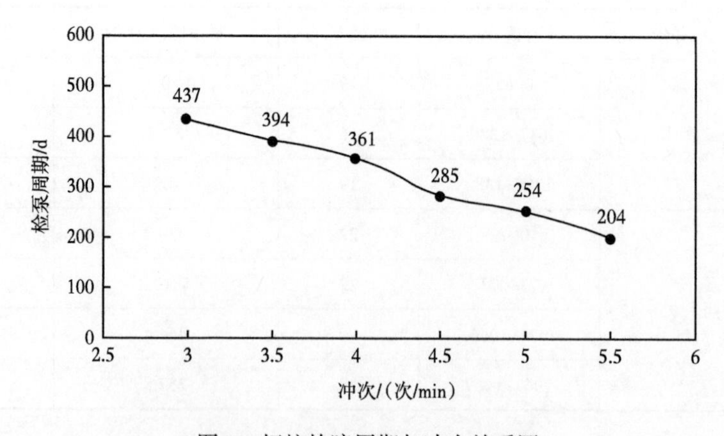

图 5　杆柱故障周期与冲次关系图

（2）下部油管蠕动。

在生产过程中油杆抽汲和油管拉压作用下，泵附近油管会发生蠕动。中和点理论计算，泵上 90m 以内的油管蠕动较频繁。统计 2021 年 31 井次油管磨漏位置的分布情况，其中泵上 5 根油管 15 井次、占 48.4%，泵上 10 根油管 17 井次、占 54.8%，与理论计算基本吻合。

1.2 结蜡分析

页岩油水平井目前结蜡严重井 81 口，占比 33.8%，总体呈“三高两低”特征，清蜡比较困难（表 2、表 3）。

（1）原油含蜡量高。结合现场检泵对 24 口井取样化验分析结果显示，样品中平均蜡质组分含量为 26.3%[2]，属于高含蜡原油（国标≥ 10% 为高含蜡原油）。

（2）熔蜡温度高。平均析蜡温度 23.2℃，熔蜡温度 58.7~66.8℃，明显高于其他层系。

（3）无机组分夹杂高。对 4 口检泵井 30~1400m 不同位置附着物取样 13 个，样品中平均蜡质组分含量为 34.9%，非蜡质组分含量为 65.1%。其中非蜡质组分中无机组分均在 70% 以上，X 射线衍射结果表明无机组分主要为 SiO_2，初步判断为粉砂、储层岩屑或矿物在生产过程中运移出地层。

（4）碳质量分数低。C_{16}~C_{30} 质量分数为 54.8%，属于粗晶蜡。

（5）结蜡位置低。以 800m 以内为主（占 67.8%），最深至 1200m，明显深于其他区块，井间差异较大。结蜡周期 5mm/45 天，由北西—南东方向，结蜡趋于严重。

表 2　样品蜡质组分含量表

井号	蜡质组分含量 /%	井号	蜡质组分含量 /%	井号	蜡质组分含量 /%
华 H40-20	22.9	华 H21-4	20.3	华 H9-1	24.9
华 H40-7	23.1	华 H30-2	21.0	华 H9-4	21.0
华 H40-14	23.2	华 H10-3	17.0	华 H12-3	27.8
华 H41-4	31.1	西平 238-81	23.1	华 H1-1	23.9
华 H5-5	22.5	华 H10-2	26.5	华 H1-4	20.2
西 230-45	31.9	华 H6-4	25.0	华 H2-2	22.9
华 H31-2	20.4	华 H6-11	21.7	华 H3-2	21.7
华 H17-6	19.1	华 H8-3	26.4	华 H4-3	24.8

表 3　油田结蜡严重区块蜡碳数中值与结蜡部位

区块	井号	碳数中值	结蜡部位 /m
安 83 长 7	安平 23	C_{33}	0~800
庄 9 长 8	庄 42-6	C_{27}	0~500
庄 183 长 7	合平 8	C_{34}	0~1200
庄 211 长 6	固平 25-14	C_{28}	0~500
元 284 长 6	庆平 40	C_{39}	0~600

1.3 气体影响分析

通过生产动态分析，生产气油比在开发过程中对于地层能量利用程度具有重要表征作用，借鉴注水开发油藏以含水划分开发阶段思路，按生产气油比大小划分页岩油正常生产开发阶段：低生产气油比、中高生产气油比、高生产气油比、高—低生产气油比四个开发阶[3]（图6）。

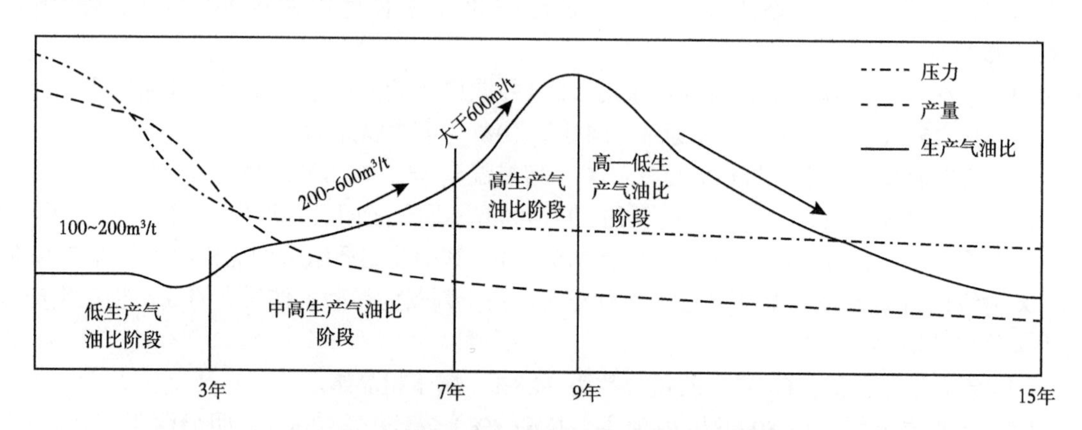

图6　页岩油准自然能量开发阶段划分图

伴生气量大是页岩油典型生产特征。原始气油比高（107.6m³/t），现场测试单井日产气1500m³以上，部分井日产气量达到3500m³以上，受气体影响井141口，已出现严重脱气现象井11口（需频繁放套管气保证油井生产）。华H11-5投产3.5年日产油3~5t，日产气2000~5000m³，气体影响严重。

1.4 出砂分析

水平井井筒出砂可划分为压后放喷出砂、排液阶段出砂与生产过程出砂三个阶段，随着地层能量逐渐衰竭，出砂概率亦逐步减少[4]（表4、表5）。

表4　不同类型油井压裂吐砂情况统计表

油藏	井型	压裂工艺	压裂段数/层数	入地液量/m³	支撑剂量/m³	放喷模式	单井返砂量/m³	单段平均返砂量/m³
西233长7	水平井新井	桥塞联作带压	20~25	25000~30000	2000~3000	先闷井1~2个月再控制放喷	20~30	1.0~1.5
元284长6	水平井新井	水力喷砂拖动	8~12	2000~3000	200~300	关井0.5小时控制放喷后冲砂再拖动压裂，未闷井	10月20日	1.5~2.0
	水平井老井	双封单卡拖动	15~20	25000~30000	2000~3000	关井0.5小时控制放喷后冲砂再拖动压裂，最后闷井1-2个月	15~20	1
	直井老井	光套管压裂	1	2000~3000	100~150	先关井2个月，再控制放喷	1月2日	1.0~2.0

（1）压后放喷出砂。

受水力压裂后主裂缝内能量高，裂缝闭合不彻底或临界闭合状态，特别当支撑剂集中于井筒附近时，裂缝持砂能力较弱。在不同类型油藏、不同井型、不同压裂工艺均有发生，大都采用控制放喷强制裂缝闭合，该阶段出砂属普遍现象。页岩油水平井单段平均返砂量与其他油藏、工艺相当，但 5½in 井筒内绝对返砂量偏高，单井返砂量 20~30m^3（1500m 水平段井筒容积 18m^3，边冲边吐）。

（2）排液阶段出砂。

井筒清洁完成后，通常井口仍有 0.5~3MPa 余压，由于排液速度过大或频繁开关井，裂缝内压降过大或压力波动过快。与闷井后放喷相比，该阶段更应高度重视。华 H40 平台井筒清洁后自 2021 年 1 月份开始放喷生产，因生产不连续，放喷量未合理控制，造成部分井二次吐砂严重，开展冲砂 12 口，单井返砂量 15~20m^3。

（3）生产阶段出砂。

下泵生产后页岩油水平井初期连抽带喷，随后液面逐渐下降，吐砂量亦不断减少。分投产年度统计 62 口冲砂井，去除 2021 年华 H40 平台，西 233 区块不同年度投产水平井均有砂子返出，平均为 5m^3 左右。

表 5　分投产年度冲砂水平井基本情况表

分投产年度	冲砂井数 / 口	最小返砂量 / m^3	最大返砂量 / m^3	平均返砂量 / m^3	平均日增油量 / t	累计增油 / t	平均有效期 / d
2011-2012 年评价水平井	3	0.2	13	6.1	3.7	1115.8	101.3
2013-2014 年开发水平井	8	1	7.1	3.1	1.5	644.3	60.6
2018 年示范区水平井	3	1.5	7	4.2	1.4	329.2	58.5
2019 年示范区水平井	13	0	14	5.2	4.4	6734.8	118.6
2020 年示范区水平井	19	1	16.1	5.6	5	14418.8	150.3
2021 年示范区水平井	16	2.3	23	12.8	5	5636	66.5

2　井筒治理工艺技术

2.1　防偏磨

针对页岩油大平台水平井井眼轨迹复杂、管杆偏磨严重的问题，形成了“优化杆柱设计 + 配套内衬油管”防偏磨技术。

（1）精细优化杆柱设计。

根据 API 修正古德曼应力强度校核，适当增加加重杆比例，杆柱组合由 $\phi22\times15\%+\phi19\times50\%+\phi22\times35\%$ 调整为 $\phi22\times20\%+\phi19\times40\%+\phi22\times40\%$，解决下部抽油杆失稳偏磨问题。

开展井筒三维力学仿真模拟 [5]，结合检泵作业中观察到的管柱偏磨实际情况，综合优化单井扶正器设计，满足三维复杂结构水平井采油需求。扶正器设计需同时考虑侧向力的大小和方向，对于侧向力方向发生变化的井段，扶正器要加密；对于双向偏磨的位置，设计使用双向保护接箍[6]（图 7）。

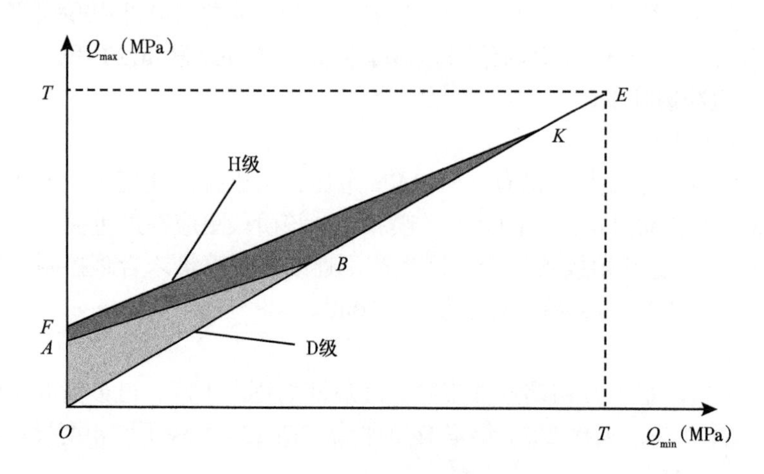

图 7　API 修正古德曼应力图

（2）推广内衬防磨油管。

重点在偏磨严重井推广应用超高分子量聚乙烯内衬油管。同时开展了内衬管布放方法等基础性研究，解决了“下多不经济、下少不防磨”的问题，精准指导现场配套应用（表 6）。

表 6　内衬油管优化设计结果

基本信息									设计结果
序号	井号	层位	井深 / m	水平段长度 / m	造斜点 / m	偏移距 / m	下泵深度 / m	检泵周期 / d	内衬油管位置 / m
1	华 H16-2	长 7	4052	2110	350	401	1412	277	泵上 520
2	华 H23-3	长 7	3720	1493	400	378	1401	282	泵上 460
3	华 H22-2	长 7	4108	1845	600	298	1200	263	泵上 400
4	华 H8-3	长 7	3546	1240	280	536	1313	223	泵上 420
5	华 H10-2	长 6	3723	1521	681	171	1350	273	泵上 410
6	华 H12-3	长 7	3590	1487	300	339	1194	180	泵上 390
7	华 H45-3	长 7	3552	1212	400	208	1506	295	泵上 490
8	华 H26-1	长 7	3654	1370	400	532	1300	260	泵上 410
9	华 H7-4	长 7	3912	1941	370	140	1364	265	泵上 430
10	华 H43-5	长 7	4420	2406	400	295	1480	128	泵上 420
11	华 H21-1	长 7	4092	2035	350	389	1250	271	泵上 410

（3）大平台采用无杆采油水平彻底消除偏磨。

无杆举升是彻底解决复杂井眼轨迹管杆偏磨的智能化采油技术，2021 年在华 H60、华 H40 等平台应用电潜螺杆泵 67 口井，泵效 46.1% 上升至 65.1%，系统效率 23.4% 上升至 31.5%；地面无机械运动件，免除了日常维护保养，消除机械伤害；建成数据采集、传输、远程控制系统，平台实现无人值守，大平台无杆采油高效、安全、智能优势突出。

2.2 清防蜡

（1）内涂层油管前端防蜡。

针对常规清防蜡工艺存在清洗井筒成本高，并且清蜡间隔周期短，清蜡不彻底的问题，创新物理涂层长效防蜡，其原理在油管内表面涂覆具有疏油疏水、光滑内涂层，形成低表面能的油管内壁，阻止蜡晶吸附，起到防蜡目的（表 7）。

表 7　内涂层防蜡油管技术指标

涂层表面能	涂层表面粗糙度	涂层厚度	涂层附着力
≤ 0.01N/m	≤ 2.5μm	125~225μm	≥ A 级

通过测试不同蜡质、温度、压力、含水等组合条件下油管防蜡表面能，得到不同工况下油管涂层防蜡的表面能界限，初步制定了不同工况下油管防蜡涂层选用图版，温度高于 20℃且含水率高于 90% 不需使用涂层；温度高于 30℃时不需要使用涂层（图 8）。

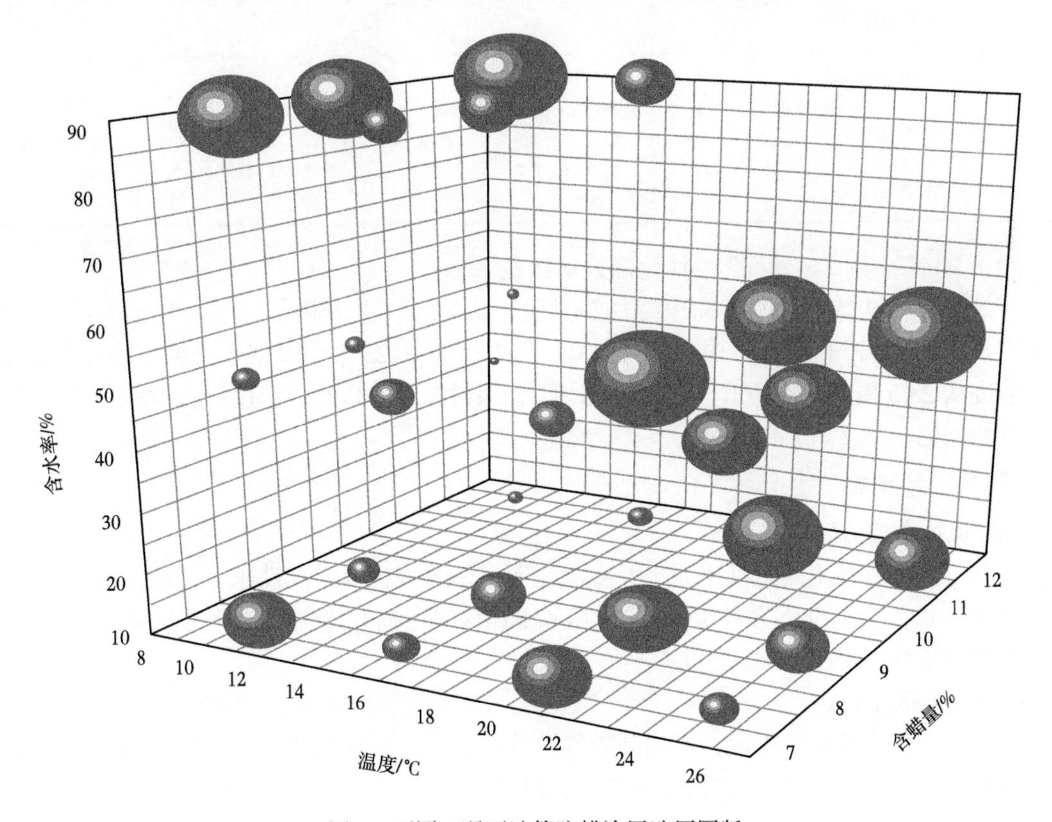

图 8　不同工况下油管防蜡涂层选用图版

油田水平井应用300余口，节约热洗、修井费用2100万元，产投比2.74。为防止页岩油有机无机组分交织附着，综合考虑目前页岩油水平井结蜡情况，配套标准为位置井口至井下600~800m。

（2）精细热洗参数优化。

针对不同结蜡深度，明确了热洗步骤和排量、温度、用水量、热洗时长等具体参数。特别考虑深部非蜡质组分情况，将用水量18上升至28m^3/次，排量6上升至10m^3/h，洗井效果有所提升[7]（表8）。

表8　页岩油油井热洗参数设计

序号	结蜡深度/m	井号	热洗步骤				总用水量/m^3	总用时/h
			顶替	热熔	排蜡	巩固		
1	0~500	华H29-5	排量/（m^3/h）：4 温度/℃：70 时长/h：0.5	排量/（m^3/h）：8 温度/℃：80 时长/h：0.5	排量/（m^3/h）：8 温度/℃：90 时长/h：2	排量/（m^3/h）：2 温度/℃：80 时长/h：0.5	23	3.5
		华H1-2						
		华H16-2						
2	0~600	华H29-1	排量/（m^3/h）：4 温度/℃：70 时长/h：0.5	排量/（m^3/h）：10 温度/℃：80 时长/h：0.5	排量/（m^3/h）：10 温度/℃：90 时长/h：2	排量/（m^3/h）：2 温度/℃：80 时长/h：0.5	28	3.5
		华H5-5						
		华H15-6						
3	600以上	华H32-2	排量/（m^3/h）：4 温度/℃：70 时长/h：0.5	排量/（m^3/h）：10 温度/℃：80 时长/h：0.5	排量/（m^3/h）：10 温度/℃：100 时长/h：2	排量/（m^3/h）：2 温度/℃：90 时长/h：0.5	28	3.5
		华H28-1						
		华H41-4						

（3）“井筒—井口—地面”一体化高效防蜡技术。

开展了保温防蜡油管和井筒电缆加热试验，华H50-7井开展了保温防蜡油管试验，井口温度从24.8提升到30.0℃，提升了5.2℃。其中，华H123平台开展了井筒电缆加热试验，井口温度从23.5提升到45.0℃，提升了11.5℃，通过提高井口产液温度，有效解决了井筒及后端结蜡问题。

2.3　防气工艺技术

（1）保持合理流压生产。

统计分析页岩油不同沉没压力、井底流压下气体影响程度，沉没压力越低，油井气体影响倾向越严重，当沉没压力＜4MPa、流压＜8MPa时，油井逐渐出现严重气体影响甚至气锁，需要保持合理流压及沉没度生产。

（2）气体疏导。

对应中高生产气油比阶段，应用高效气液分离工具，减少气体进泵。根据防气工具分气效率模拟分析和不同防气工具组合泵效室内评价结果，制定了不同气液比条件下防气对策及工具组合（图9、表9）。

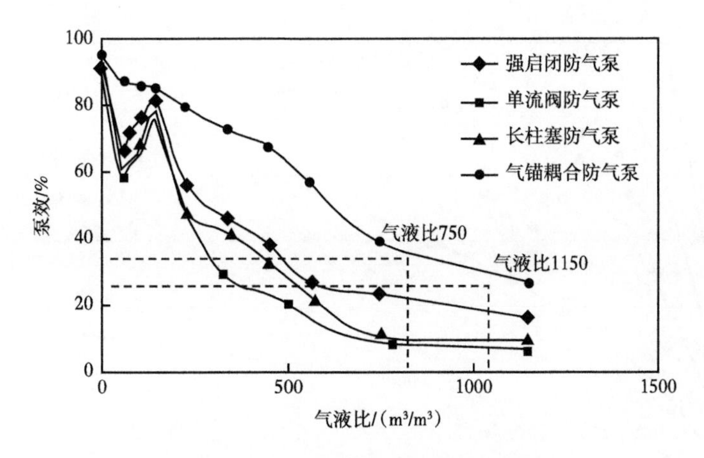

图 9　不同防气工具组合泵效室内评价

表 9　不同气液比防气工艺

序号	气液比 /（m^3/m^3）	防气工艺
1	＜ 150	常规方式
2	＜ 450	气锚或防气泵
3	>700	气锚 + 防气泵组合防气工具
4	>1150	常规工具无法满足需求，气举有杆泵一体化管柱

2.4　防砂工艺

根据水平井井筒压后放喷出砂、排液阶段出砂与生产过程出砂三个阶段，制定了不同的防砂策略。

（1）连续控制放喷防砂（压后放喷、排液阶段）。

建立裂缝内不同粒径支撑剂返吐临界流速与控制放喷模板。清理井筒阶段：单井返砂量由 29.2 m^3 下降至 18.5m^3，球座钻磨效率提高 10%；放喷生产阶段：华 H60 平台华 H60-9、60~18 二次冲砂验证，二次吐砂量≤ 1m^3（图 10、图 11、表 10）。

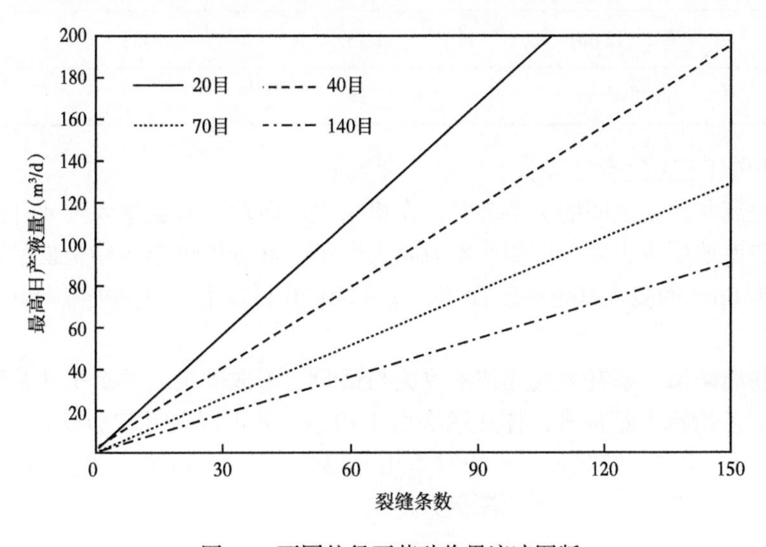

图 10　不同粒径石英砂临界流速图版

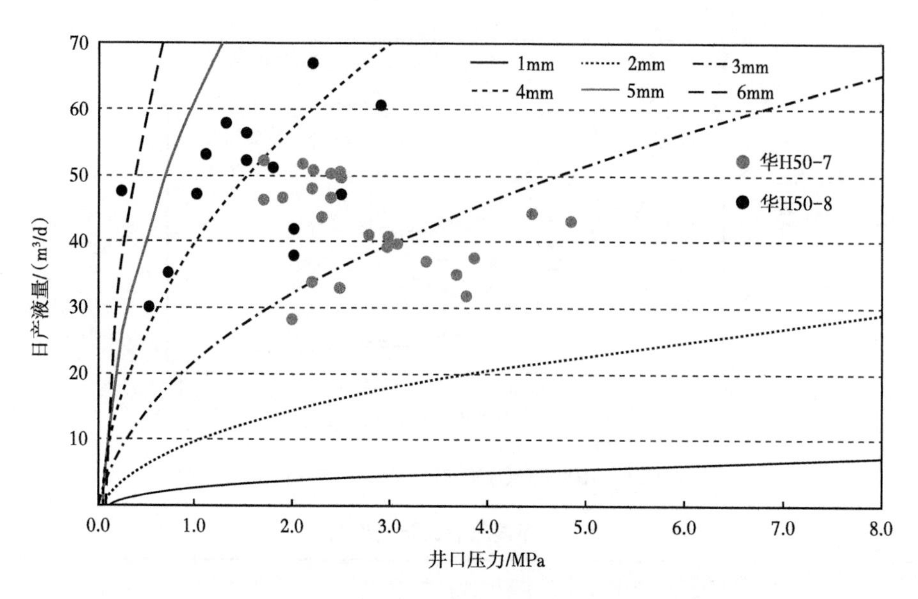

图 11　连续控压放喷校正图版

表 10　华 H40、华 H60 平台单井出砂情况对比表

类型	井号	华 H40-15	华 H60-9	华 H60-18
改造情况	水平段长度 /m	1500	1425	1411
	压裂段数	18	19	15
	入地液量 /m³	22500	19514.8	18888
	加砂量 /m³	2069	2175.1	2223.4
	闷井时间 /d	219	25	180
改造情况	生产方式	未控制放喷	控制放喷	控制放喷
	累计产液 /m³	1323.4	648.5	2494.6
	冲砂出砂 /m³	15	1	0.5

（2）机采防砂工艺（生产过程）。

砂粒运移距离与流速之间的关系表明：在机采生产阶段，砂粒进入到举升设备的可能性较小。但投产初期地层压力高、可能产生瞬时大流量，部分砂也会运移至泵附近。在泵下端配套缝宽 125~150μm 的激光割缝滤砂管[8]，防止 40/70 目以上支撑剂进泵（图 12）。

（3）现场应用。

通过加大井筒防治、举升方式等技术攻关与试验，形成了页岩油水平井井筒综合防治工艺体系，采油工艺指标大幅提升，作业频次由 1.49 次 / 井下降至 0.67 次 / 井，作业下降 330 余井次，节约费用近 530 多万元，采油时率由 96.3% 上升至 99.0%，年减少修井影响原油 3700 余吨，推动了页岩油机采水平不断提升。

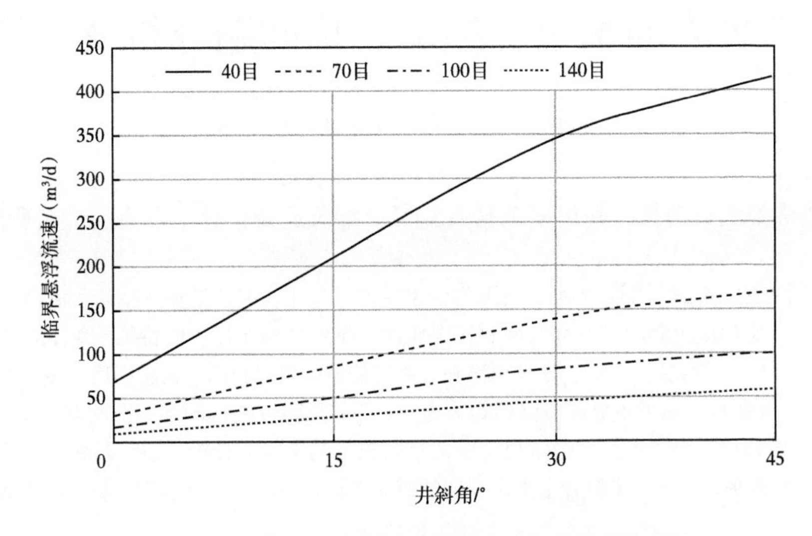

图 12　不同粒径支撑剂临界悬浮流速与井斜角关系图

3　结论与认识

（1）通过技术攻关与试验形成了页岩油水平井井筒综合防治工艺体系，可满足页岩油复杂井筒需求。

（2）页岩油水平井超大平台井身轨迹更为复杂，要稳步分批在超大平台推进无杆采油工艺试验，彻底消除杆管偏磨。

（3）降低油井作业频次、延长检泵周期是推动页岩油高质量发展的一项重点工程。要加强方案顶层设计、强化井筒综合配套，夯实现场精细管理，共同推动页岩油机采工艺水平提升。

参 考 文 献

[1] 王一平，李明忠．定向井抽油杆三维力学模型及在偏磨中的应用［J］．钻采工艺，2011，34（1）：65-68.

[2] 蔡金洋．蜡碳数分布和蜡含量对结蜡层分层的影响研究［J］．西安石油大学学报（自然科学版），2022，37：1-8.

[3] 赵建林，姚军，张磊．微裂缝对致密多孔介质中气体渗流的影响机制［J］．中国石油大学学报（自然科学版），2018，42（1）：90-98.

[4] 罗杨．致密油水平井出砂机理［J］．大庆石油地质与开发，2018，37（3）：168-174.

[5] 杨勇，邵兵，王风锐，等．复杂结构井管柱力学模型及动态三维数字井筒［J］．石油学报，2015，36（3）：385-394.

[6] 杨坤．应用井筒三维可视化技术设计油井扶正器安装位置［J］．石油钻采工艺，2009，31（5）：56-59.

[7] 林日亿，张建亮，李轩宇，等．油井结蜡规律及热洗方式对比研究［J］．中国石油大学学报（自然科学版），2022，46（1）：155-162.

[8] 匡韶华．油井防砂筛管适应性试验评价方法研究［J］．石油矿场机械，2017，46（4）：43-47.

长 7 页岩油水平井结垢、蜡问题分析及对策

苑慧莹[1, 2]，李琼玮[1, 2]，杨 乐[1, 2]，卢文伟[1, 2]，刘 宁[1, 2]，何 森[1, 2]

（1. 低渗透油气田勘探开发国家工程实验室；2. 长庆油田分公司油气工艺研究院）

摘 要： 近三年来，鄂尔多斯长 7 页岩油水平井开发中，井筒结垢、结蜡程度高于同区域其他层系，一定程度上影响了开井时率和检泵频次。围绕井筒结垢、蜡特征，对 100 余口井的垢、蜡样品分析，结合室内实验、软件预测和冲砂措施返排情况跟踪，初步明确了投产初期砂垢胶结物主要为 $FeCO_3$，后期生成垢质以 $CaCO_3$ 为主。而蜡质组分中 C_{31}-C_{60} 组分相对较高（31.7%）及无机组分与蜡质混合析出，影响常规措施清蜡效果。基于以上分析认识，开展了 7 项技术试验，初步见到效果，为进一步提升全生命周期的蜡垢防治，提出了从压裂工艺及生产方面的防治建议。

关键词： 页岩油；水平井体积压裂；压裂砂结垢；结蜡；长效防蜡；滑溜水压裂液

2019 年，在陇东地区发现了超 10 亿吨探明储量的庆城页岩油油田，实现了长 7 页岩油勘探的历史性突破。针对页岩油有效动用，采用超长段水平井钻井和水平井细分切割体积压裂工厂化作业新技术的规模应用，实现单井产量 15t/d，快速建产达到 1×10^6t/a 以上水平。页岩油水平井普遍采用滑溜水体系补能压裂，压后焖井特定时长，再控制放喷投产。在投产后的生产过程中，不同程度地发现了井筒垢蜡问题。

北美页岩油开发过程中，也曾出现过巴肯油田严重结蜡结垢问题。美国巴肯油田 82% 的严重结垢井结垢问题发生在累产水量 3000m^3 左右 [1-3]。从流动保障技术方面，结合国内外储层水质及生产特点分析解决问题 [4]。

庆城的问题主要具体为：

（1）2021 年对 62 口井冲砂作业，发现部分井（近 50%）出砂后在孔眼附近堆积胶结。砂垢板结现象突出，有 32 口（51%）冲砂作业井发现砂垢板结，结垢产物主要为 $FeCO_3$、$CaCO_3$、Fe_2O_3。

（2）2021 年，页岩油水平井结垢导致检泵作业 27 井次，结垢主要发生在泵筒以上 400m 的位置，结垢厚度 0.5~2.5mm，垢型以碳酸盐垢为主，在少部分井也发现硫酸钡垢。

（3）井口 -500m 油管普遍结蜡，33% 的井在 0~1000m 结蜡严重。

1 结垢表现及特征分析

针对页岩油水平井压裂返排砂的胶结现状，开展了油井胶结物、储层岩矿组成分析、原始地层水及其与压裂液配伍性、压裂液对储层矿物溶蚀性分析，初步明确页岩油的压裂砂结垢离子来源。

作者简介：苑慧莹，长庆油田分公司油气工艺研究院，副高级工程师，通讯地址：陕西省西安市未央区明光路长庆油田油气工艺研究院。

电话：029-86593149。E-mail: yhying1_cq@petrochina.com.cn。

1.1 流体配伍性分析

1.1.1 压裂用清水、地层离子特征及配伍性分析

通过西 233 长 7 油藏原始地层水、配液用清水和现场生产井不同返排阶段的采出液水质分析（表 1），应用 ScaleChem 软件对不同水质组合进行结垢趋势预测（图 1）。模拟结果显示整体结垢轻微：长 7 原始地层水自身仅少量 $CaCO_3$ 垢（结垢量最大 72mg/L）（图 1a）；地层水与压裂用清水基本配伍（65.8mg/L）（图 1b）；生产井在不同返排含水阶段存在轻微 $CaCO_3$ 结垢趋势（结垢量最大为 197.3mg/L）（图 1c）。总矿化度及成垢趋势均低于同区域长 6（98.3g/L）、长 8（60.3g/L）油藏。

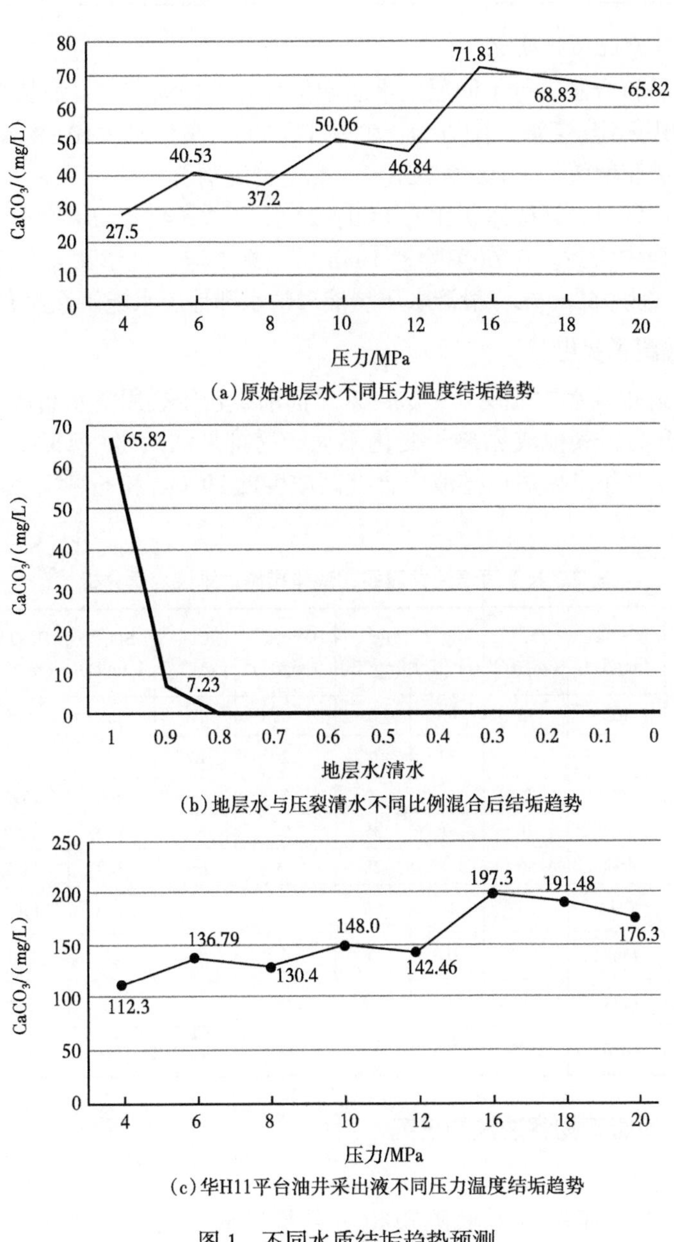

图 1　不同水质结垢趋势预测

表 1　长 7 页岩油井采出液及压裂用水水质分析

类型	样品	K^++Na^+/(mg/L)	Ca^{2+}/(mg/L)	Mg^{2+}/(mg/L)	$Ba^{2+}+Sr^{2+}$/(mg/L)	Cl^-/(mg/L)	SO_4^{2-}/(mg/L)	HCO_3^-/(mg/L)	CO_3^{2-}/(mg/L)	水型	pH 值
长 7_2 原始地层水	西 233 区	16207	2528	270	—	29703	734	337	0	$CaCl_2$	6.2
油井产出水	华 H11 平台	14397	663	141	324	19887	—	792	0	$CaCl_2$	6.47
清水	压裂配液用	106	72	46	0	89	228	458	0	Na_2SO_4	5.68

1.1.2　压裂液与地层水配伍性研究

采用垢样重量分析方法进行不同层系水质配伍性。根据陇东页岩油长 7 地层水离子构成（表 1），压裂液为现场用压裂液，配方为：0.2% EM30S（滑溜水）+0.3% AS25+0.2% 过硫酸铵 +0.03%PJR-1（破胶增效剂）+0.5%TOS-1（黏土稳定剂）。

地层水与两种压裂液分别按体积比为 1∶9，2∶8，3∶7，4∶6，5∶5，0∶10 混配，然后转入 2 组相同的试验瓶中密封。在 60℃静置 168h 后观察水样，过滤除去有机物，并烘干称取无机沉淀结垢量最大为 768mg/L，滑溜水压裂液对清水和地层水配伍性没有影响。

1.2　压裂返排阶段离子变化

跟踪现场压裂返排液水质发现（表 2），未见油前，较压裂用清水组成：HCO_3^- 含量大幅上升，$Fe^{2+/3+}$ 浓度升高，其他成垢离子变化不大。返排见油后水中 HCO_3^- 大幅下降，铁离子变为 0。典型的 4 口井未见油返排液中含有高浓度的 HCO_3^- 和 $Fe^{2+/3+}$，这一现象值得深入研究。

表 2　长 7 页岩油井压裂、酸化措施返排液水质分析

样品	K^++Na^+/(mg/L)	Ca^{2+}/(mg/L)	Mg^{2+}/(mg/L)	Fe^{2+}/(mg/L)	$Ba^{2+}+Sr^{2+}$/(mg/L)	Cl^-/(mg/L)	SO_4^{2-}/(mg/L)	HCO_3^-/(mg/L)	CO_3^{2-}/(mg/L)	pH 值
配压裂液用清水 1	106	72	46	0	0	88	228	458	0	5.68
配压裂液用清水 2	247	7	33	0	2	87	4	244	0	5.71
华 H102-* 压裂返排液	1577	2	9	4	3	—	90	1593	0	8.05
华 H50-* 压裂返排液	4579	0	0	35	9	—	380	2052	0	7.31
华 H50-* 压裂返排液	4608	50	28	28	73	—	320	1837	0	7.17
华 H60-* 压裂返排液	6114	20	16	56	38	—	140	1703	0	7.94
华 H17-* 含油返排液	15683	366	380	0	0	—	27	350	0	6.3
华 H17-* 含油返排液	12835	343	284	0.2	38	—	65	144	0	6.8
长 7_2 原始地层水	16207	2528	270	—	—	29703	734	337	0	6.2

1.3　压裂液对长 7 储层矿物溶蚀性能研究

1.3.1　储层岩石学特征

研究结果表明长 7 储层砂岩填隙物相对含量较高，约占 2.64%~46.34%，平均含量 17.19%，砂岩填隙物以自生黏土矿物和碳酸盐胶结物为主[5-7]。碳酸盐胶结物以铁方解石为主，其次为铁白云石（表 3）。能谱分析结果显示岩心样品填隙物富含铁（13.4%~14.3%）、锰、镁等金属元素（图 2）。通过岩石矿物组成分析，初步判断胶结物组分中的 Fe 元素主要来源于储层填隙物。推测 $Fe^{2+/3+}$ 离子的形成源自压裂液对储层矿物溶蚀作用。

表 3　陇东地区长 7 致密储层砂岩填隙物组分质量分数（%）

层位	填隙物	黏土矿物				碳酸盐岩胶结物				硅质	长石质
		高岭石	水云母	绿泥石膜	绿泥石填隙	方解石	铁方解石	白云石	铁白云石		
长 7_1	16.14	0.04	9.61	0.21	0.45	0.39	2.06	0.00	1.57	0.99	0.08
长 7_2	14.78	0.56	8.32	0.13	0.40	0.26	1.62	0.07	1.23	0.75	0.19
长 7_3	19.16	0.02	10.63	0.01	0.07	0	1.75	0.06	1.70	1.07	0.30
长 7	16.71	0.21	9.52	0.12	0.31	0.22	1.81	0.04	1.50	0.94	0.19

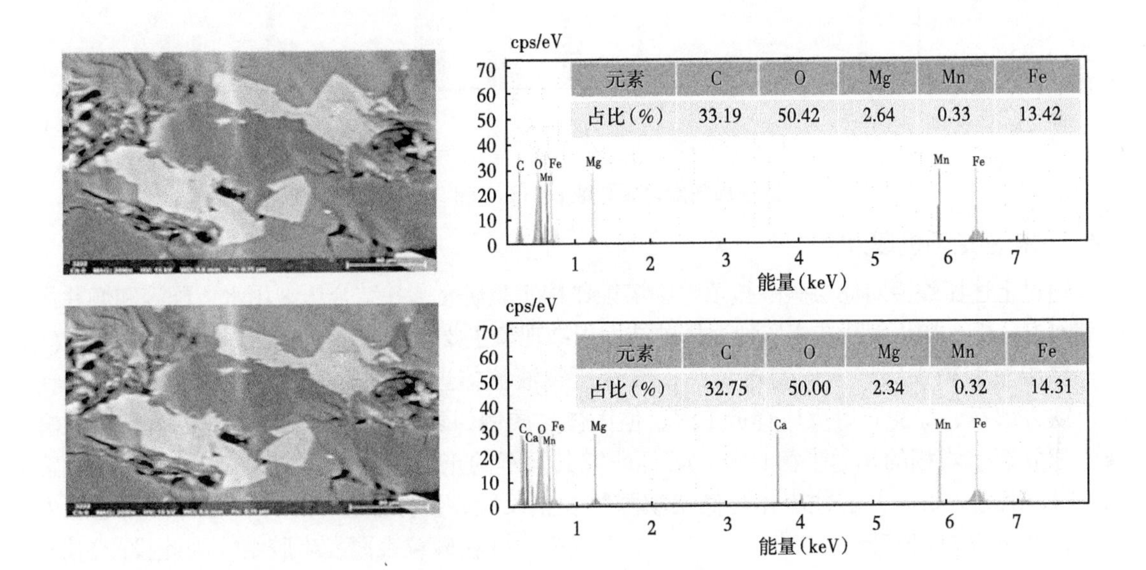

图 2　页岩油长 7 岩心样品发射能谱及元素含量分析

1.3.2　*压裂液与页岩储层化学反应分析*

孙泽朋等[8]开展了滑溜水压裂液对不同沉积环境（海相、陆相、海陆过渡相）页岩储层孔隙结构的影响。实验发现，岩心经滑溜水压裂液处理之后，碳酸盐矿物（方解石、白云石）含量明显降低。

应用目前在用的滑溜水压裂液配方（0.2%EM30S+0.3%AS25+0.2% 过硫酸铵 +0.03%PJR-1+0.5%TOS-1），开展其各组分在地层温度条件下对长 7 页岩储层岩屑溶蚀实验（图 3）。通过测试反应前后溶剂中离子组成，发现压裂液中的 PJR-1（破胶增效剂）对岩屑中铁离子的溶出作用明显，分析认为，PJR-1 为一种酸性有机物，其含量由 0.01% 增加到 0.03%，流体 pH 值由 6 降到 4，反应后流体中铁离子溶出量增加了 2~4 倍（图 4），铁离子溶出质量占岩屑 0.6%。

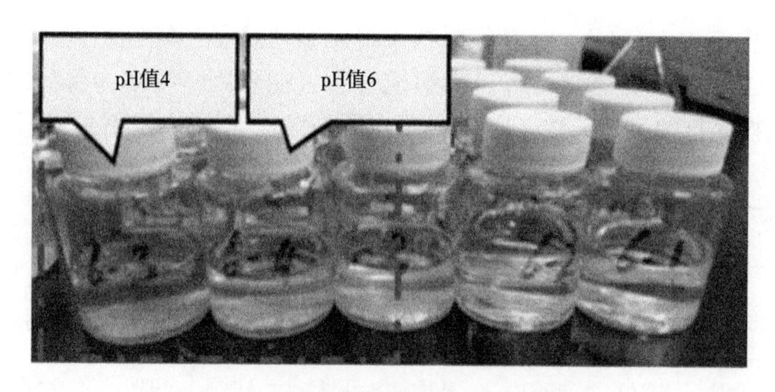

图 3　EM30S 压裂液对岩屑溶蚀实验

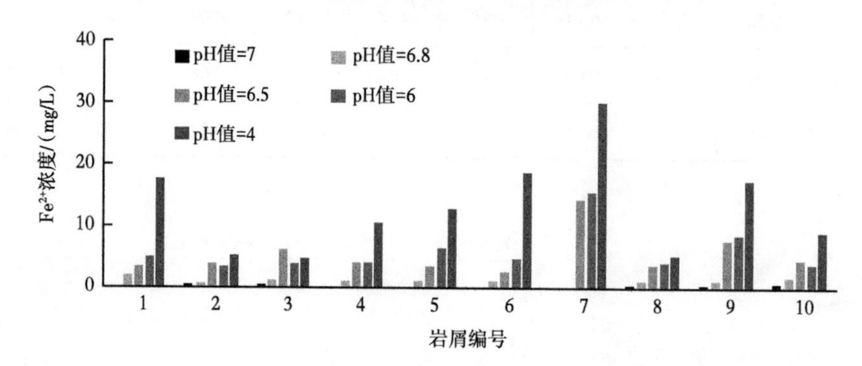

图 4　不同添加剂配比压裂液 pH 值及 Fe^{2+} 溶出量柱状图

1.4　返排砂结垢机理分析

通过上述压裂液对储层碳酸盐填隙物溶蚀作用实验研究，并结合压裂用水、配液和焖井作业等因素分析，初步判断造成压裂返排砂结垢板结现象主要源于地层溶蚀成垢离子二次沉淀。

储层填隙物中碳酸盐矿物含量高，酸性压裂液流体进入储层后与储层填隙物中的菱铁矿、铁方解石、绿泥石等反应释放 Fe^{2+}，但固体物质例如菱铁矿（$FeCO_3$）和它的离子在水溶液中建立起非均相的化学平衡（式 1）。经研究其溶解的正反应速度常数对 pH 值、温度敏感（表 4）。因此分析入井酸性流体与储层填隙物发生反应，使储层释放 Fe^{2+}，在井筒附近压力下降，产出液 pH 值升高，Fe^{2+} 以 $FeCO_3$ 的形式析出并在砂粒表面发生胶结。因此投产初期，结垢以 $FeCO_3$ 为主，主要发生在井筒炮眼附近。

$$FeCO_3 + H^+ \xleftrightarrow{K_f} HCO_3^- + Fe^{2+} \tag{1}$$

表 4　碳酸亚铁的溶解正反应速度常数（平均 K_f）

温度 /℃	pH 值			
	4	5	6	7
30	$1.91 \times e^{-4}$	$6.28 \times e^{-5}$	$3.87 \times e^{-6}$	$4.42 \times e^{-7}$
40	$2.27 \times e^{-4}$	$5.37 \times e^{-5}$	$6.17 \times e^{-6}$	$2.05 \times e^{-7}$
50	$5.19 \times e^{-4}$	$2.52 \times e^{-4}$	$7.41 \times e^{-6}$	$1.31 \times e^{-6}$
60	$1.25 \times e^{-3}$	$1.45 \times e^{-3}$	$7.58 \times e^{-6}$	$1.77 \times e^{-6}$
70	$3.12 \times e^{-3}$	$2.47 \times e^{-3}$	$1.94 \times e^{-5}$	$1.40 \times e^{-5}$

1.5 胶结组分分析

收集23口页岩油冲砂遇阻井共32样次返排砂块（图5）开展了X-射线衍射分析（表5），历年开发水平井均存在砂垢胶结现象，存在与实验评价相类似的规律：初期（1年内）结垢量较少（5.7%~25.8%）、呈薄片状，垢型以$FeCO_3$为主；随着投产时间增长，垢产物增多，胶结砂块尺寸增大（5~10cm）、结垢产物含量明显增多（5.7%↑81.9%），以$CaCO_3$为主，含有一定比例Fe_2O_3。

表5 水平井砂垢板结随年限统计表

投产年度	支撑剂类型	生产时间	胶结情况		
			井号	直径/cm	垢型（占比）
2011—2012	陶 粒	10年	阳平1、阳平5、阳平10	10	$CaCO_3$（81.9%）
2013—2014	石英砂	8年	西平233-54、西233-56	—	Fe_2O_3（13.4%）、$CaCO_3$（20.3%）
2019—2020	石英砂	2年	华H1-1、华H5平台、华H15平台油井	4	$FeCO_3$（44.7%）
2021年	石英砂	0.5年	华H17平台、华H34平台、华H40平台油井	1	$FeCO_3$（5.7%~45.8%）

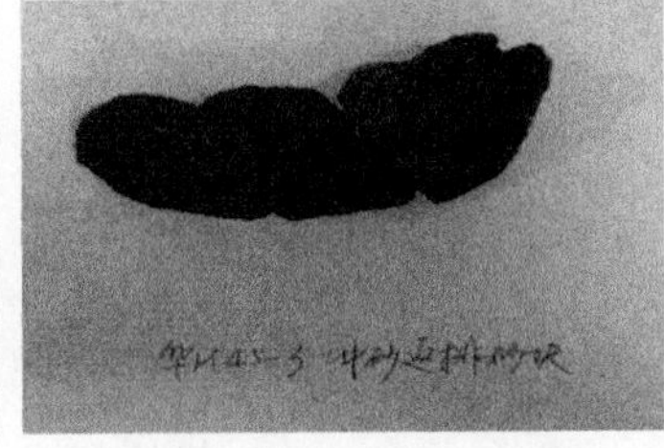

图5 现场冲砂返排胶结砂块照片

2 结蜡特征及成因分析

2.1 含蜡量及蜡质组分特征

水平井普遍存在结蜡，大部分井结蜡位置在井口-500m，81口井（占比33.8%）结蜡严重，结蜡位置井口-1000m，清蜡困难。井口采出液原油含蜡量23.63%（图6），属于高含蜡原油（国标≥10%）。

气相色谱分析发现页岩油蜡组分中C_{31}~C_{60}组分占31.70%（图7），平均熔蜡温度58.7~66.8℃，结蜡严重井硬质蜡蜡样大于C_{60}硬质蜡质量分数占6.03%，伴随岩屑等无机杂质，蜡质在井筒800m以下析出沉积，是造成蜡卡、蜡堵主要原因，熔蜡温度≥80℃，热洗清蜡效率低。

陇东页岩油蜡样中，蜡质组分占3.11%~43.46%，非蜡组分占59%~97%。非蜡质组分中，有机物占2.3%~30%，为胶质、沥青质，无机物占69.5%~97.7%，主要为SiO_2、$CaAl_2$和Si_2O（长石）。从蜡样组分分析认为部分井筒“结蜡”问题主要是含有大量无机组分与蜡样混合物。

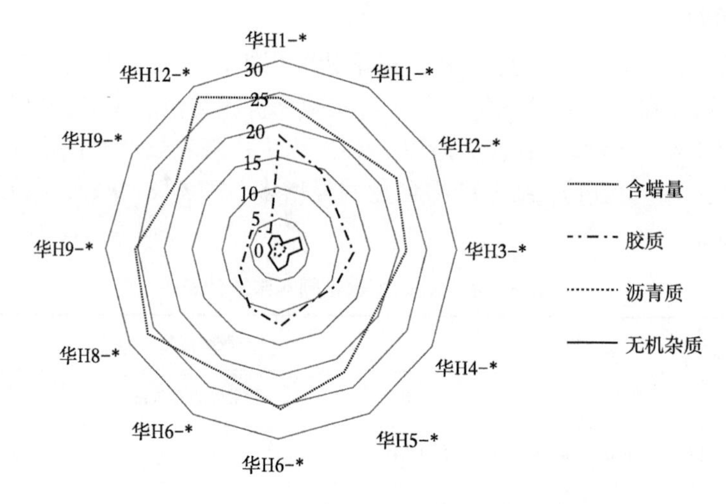

图 6　页岩油原油中蜡胶质沥青质含量雷达图

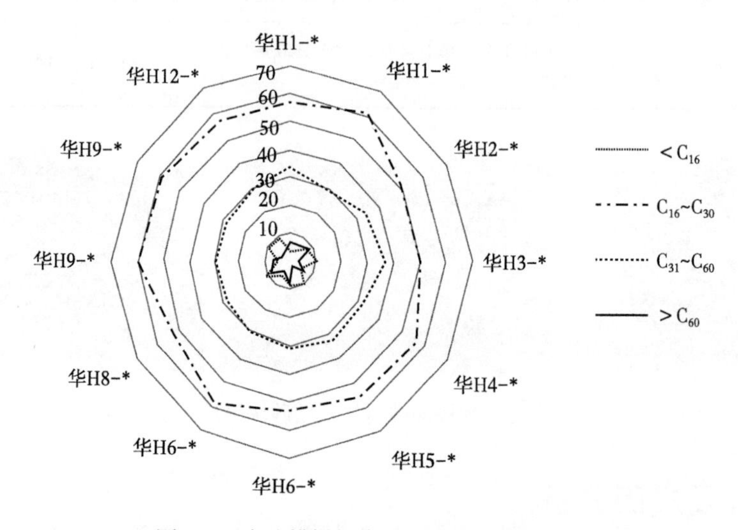

图 7　页岩油蜡样烃类组分测定结果雷达图

2.2　页岩油水平井结蜡机理及对策

研究表明，北美页岩油是高度石蜡化的，呈现出高达 100 个碳链的石蜡分子的广泛分布。因此，石蜡控制是鹰滩页岩开采的一个关键问题。针对高产井长期连续生产，避免频繁清蜡作业，各石油公司都在寻找更有效和具有成本效益的解决方案来缓解石蜡问题，并取得一些进展[9-11]。陇东页岩油水平井自投产后便表现出较其他区块更为严重的结蜡问题，结蜡严重油井井口加注清蜡剂无法有效减缓，热洗频繁（15~20 天 / 次），且部分井热洗清蜡不彻底导致油管杆堵塞，为此开展了系列清防蜡工艺评价优选试验。

（1）在用清蜡剂评价。

室内依据行业标准 SY/T6300—1993《采油用清防蜡剂通用技术条件》开展清蜡剂评价实验（表 6），大部分蜡样在 60℃条件下可以熔化，个别蜡样 80℃条件下 6h 未熔化，3 种在用清蜡剂对华 H41-*、悦 58-* 蜡样溶蜡效果较好（>0.016mg/min）达到行业标准要求，对大部分现场蜡样 45℃时无法完全溶解。

表 6　清蜡剂优选与评价结果

序号	蜡样＼清蜡剂	溶蜡速率 /[g/min（45℃）]		
		CX-1	CX-3	HQL-02
1	西平 238-*	6h 未完全溶解		
2	华 H17-*	6h 未完全溶解		
3	华 H31-*	6h 未完全溶解		
4	华 H30-*	6h 未完全溶解		
5	华 H41-*	0.0177	0.0185	0.0168
6	悦 58-*	0.033	0.035	0.033

（2）长效固体防蜡剂评价优选。

针对页岩油井气油比高，液体清蜡剂加注困难、效率低的问题，结合页岩油工况特征，开展高效、缓释固体防蜡剂研制评价工作，优选出抑制蜡晶形成和大量聚结的高分子防蜡剂，对页岩油矿场蜡样防蜡率 62%，降黏率 66%（表 7），均优于行业标准≥ 30% 的要求。

表 7　固体防蜡剂对长 7 原油防蜡性能测试结果

防蜡剂型号	浓度 /（mg/L）	华 H43-1 井含蜡原油		华 H30-4 井含蜡原油	
		防蜡率 /%	降黏率 /%	防蜡率 /%	降黏率 /%
DR	200	62.0	66.7	65.4	63.3
SY	200	31.5	30.1	36.8	30.4
JS	200	45.1	38.3	49.4	36.3
AM	200	35.0	43.7	35.6	46.7

3　页岩油井筒结蜡结垢防治措施

关于井筒结蜡防治方面，经过二十多年的研究，普遍认为分子扩散是蜡沉积的主要机理，影响结蜡主要因素有高碳蜡组分、温度、压力、管壁粗糙度、其他蜡晶可沉积的固体表面[12-15]。结合页岩油结蜡特征分析，从改善管壁粗糙度、降低蜡晶析出温度两个方面进行技术研究。

页岩油水平井存在严重的压裂砂结垢问题，垢质以 $FeCO_3$ 为主，推断其主要源于入地液体系中酸性组份在长期焖井过程中与微裂缝内的岩石矿物反应，使流体中溶解性矿物含量增加改变了水化学特性，这些溶解矿物可能导致无机垢的过饱和度升高和 / 或离子不配伍增大了矿物沉积结垢。因此，尝试压裂液体系或支撑剂体系内添加不同形式的防垢剂，将防垢剂尽可能深地放置到储层内以控制压裂、生产阶段结垢（表 8）。

表8　页岩油蜡垢防治对策及效果

防治技术	技术名称		技术特点	技术试验情况
清防蜡技术	新井配套	防蜡内涂层油管	降低管壁表面能，减少蜡晶沉积	应用8.77万米，效果明显
		保温防蜡油管	降低表面能，减少热损失，抑制蜡晶析出、附着	1口井，防蜡效果明显，温降减少5.2℃，减缓井口及地面蜡堵
	生产阶段	高效、缓释固体防蜡剂	降低蜡晶析出温度	18口井，延长热洗周期，但防蜡周期有限（<1年）
清防垢技术	压裂阶段	防垢压裂液体系	抑制压裂阶段垢晶沉积	17口井，初见效果，有效期需评价
		长效防垢颗粒	抑制储层到井筒垢晶沉积	1口井，平稳运行268天未出现结垢，继续跟踪评价
	生产阶段	长效固体防垢块	抑制井筒垢晶沉积	溶解速率0.450g/d·块；阻垢率80.5%
		酸化解堵	解除近井及井筒垢堵塞	一定时间内单井增油6~9t

4　结论与建议

基于长7页岩油水平井的结垢、结蜡现场问题分析和部分典型井取样试验，得出以下结论：

（1）水平井不同阶段的垢、蜡问题主要体现在水平段胶结砂堆积和油管内结硬质蜡或无机硅质与蜡质混合物。

（2）近年新投井胶结砂无机垢质以$FeCO_3$为主，推断其主要源于入地液体系中酸性组分与砂岩填隙物在长期焖井过程中的可溶矿物溶蚀—再沉积作用。

针对新井压裂、投产和老井生产等不同阶段的垢、蜡防治，试验的7项技术见到初步效果。

下步工作建议：

（1）系统开展长7页岩油的流体物性、岩矿特性和影响生产的综合产物动态监测，建全流程、全开发周期的水油气、砂蜡垢等数据库。

（2）基于体积压裂的焖井、渗吸置换等工艺设计，继续探索压裂液体系与储层岩矿的长期作用关系，从源头控制可溶成垢离子的溶出量及出砂量，最大程度保护储层和长期稳产。

（3）井筒内的垢、蜡防治要解决有效期、成本与效果的关系。重点研究储层内长效高强蜡、垢颗粒和井下长效、分段释放工具，保证2年有效期。

参　考　文　献

[1] Jonathan J W, Jubal L S, Brent F, et al. An Exhaustive Study of Scaling in the Canadian Bakken: Failure Mechanisms and Innovative Mitigation Strategies From Over 400 Wells. SPE International Conference on Oilfie-ld Scale, Aberdeen, UK, May 2012.

[2] Stephen S, Satya D V, William S, et al. Well Stimulation Using a Solid, Proppant-Sized, Paraffin Inhibitor to Reduce Costs and Increase Production for a South Texas, Eagle Ford Shale Oil Operator. SPE International Symposium and Exhibition on Formation Damage Control, Lafayette, Louisiana, USA, February 2014.

[3] Amir M, Rashod S, Amanda M, et al. Viscoelastic Properties and Gelation Behavior of Waxy Crudes and Condensates from Eagle Ford: New Insights into Wax Formation and Mitigation for Shale Oils. SPE

Symposium: Production Enhancement and Cost Optimisation, Kuala Lumpur, Malaysia, November 2017.
[4] 李琼玮，郭钢，苑慧莹，等. 国内外油田结垢 防治技术与应用 [M]. 北京：石油化工出版社，2022. 1.
[5] 付金华，牛小兵，淡卫东，等. 鄂尔多斯盆地中生界延长组长 7 段页岩油地质特征及勘探开发进展 [J]. 中国石油勘探，2019，24（5）：601-614.
[6] 屈童，高岗，梁晓伟，等. 鄂尔多斯盆地长 7 段致密油成藏机理分析 [J]. 地质学报，2022，96（02）：616-629.
[7] 李得路，李荣西，赵卫卫，等. "准连续型" 致密砂岩油藏地质特征及成藏主控因素分析：以鄂尔多斯盆地陇东地区长 7 油层组为例 [J]. 兰州大学学报：自然科学版，2017，53（2）：163-170.
[8] 孙则朋，王永莉，吴保祥，等. 滑溜水压裂液与页岩储层化学反应及其对孔隙结构的影响 [J]. 中国科学院大学学报，2018，35（5）. 712-719.
[9]Zhu T，WalkerJ A，Liang J. Evaluation of Wax Deposition and its Control during Production of Alaska North Slope Oils-Final Report. 2008.
[10] Venkatesan R，Fogler H S. Comments on Analogies for Correlated Heat and Mass Transfer in Turbulent Flow. AIChE Journal，2004，50（7），1623-1626.
[11] Golczynski T S，Kempton E. Understanding Wax Problems lDeads to Deep-water Flow Assurance Solutions. World Oil，2006，D-7-D-10.
[12] Roehner R M，Hanson F V. Determination of Wax Precipitation Temperature and Amount of Precipitated Solid Wax versus Temperature for Crude Oils Using FT-IR Spectroscopy. Energy & Fuels，2001，15（3），756-763.
[13] Hernandez O C，Hensley H，Sarica C，et al. Improvements in Single-Phase Paraffin Deposition Modeling. SPE Production & Facilities，2004，19（04），237-244.
[14] Venkatesan R，Fogler H S. Comments on Analogies for Correlated Heat and Mass Transfer in Turbulent Flow. AIChE Journal，2004，50（7），1623-1626.
[15] Edmonds B，Moorwood T，Szczepanski R，et al. Simulating Wax Deposition in Pipelines for Flow Assurance. Energy & Fuels，2008，22（2），729-741.

页岩油大井组返排液处理装置研制与应用

张俊尧，王昌尧，霍富永

（长庆工程设计有限公司）

摘　要：长庆油田作为我国陆上第一大油气田，页岩油开采是其生产中十分重要的一环。近几年来，页岩油新井数不断增加，在全油田产能占比节节攀升。页岩油开发采用的水平井压裂开发方式，在油井初期放喷阶段产生的返排液液量大，时间长，压力大，含水率高。这些特点，会导致地面管道输送压力大，能量耗损巨大；对下游地面系统会有较强冲击、破坏和腐蚀，从而导致地面系统运行困难。本文通过创新设计出一种适合页岩油井返排阶段的脱水装置，在装置研制成功后，在某页岩油区块进行试验，脱水后返排液综合含水 28.6%，各项指标均能达到设计要求。该装置有效地降低了油井生产初期采出液的含水率，缓解了下游地面集输系统压力，解决了页岩油井口放喷阶段采出物的处理问题，填补了页岩油开发过程中返排液处理装置的空白，实现了页岩油的绿色开发，从而保障了页岩油大规模开发能够顺利进行的可行性。

关键词：页岩油；返排液；含水率；装置

长庆油田页岩油资源量丰富、储量规模大，是长庆油田二次加快发展新征程中重要的战略接替[1]。根据长庆油田公司“十四五”规划，预计在 2025 年原油产量及油气当量均实现较大幅度增长，其中页岩油开采便是其中十分重要的一环[2-4]。近几年来，页岩油产能在全油田的产能占比节节攀升，从 2018 年的 13.59% 上升到 2020 年的 31.58%，新井数也不断增加。

1　开发特点

页岩油开发方式主要是指通过水平井压裂、焖井后再进行油（气）开采的开发方式，其生产过程与常规开发方式存在较大差异。在页岩油采油井初期放喷阶段产生的返排液的特点主要表现在以下四个方面：（1）井口初期液量大（单井最高约 $100m^3/d$）；（2）初期阶段时间长（120 天左右）；（3）初期压力大（2~3MPa）；（4）采出物含水率高（35%~80%）、构成复杂（含压裂液及各种药剂等）[5]。

2　总体思路

页岩油井组返排液的这些特点，会导致以下主要两方面问题：一是地面管道输送压力大，能量耗损巨大；二是对下游地面系统会有较强冲击、破坏和腐蚀，从而导致地面系统运行困难[6-8]。本文通过结合现场实际情况，比选各部分装置设计，优选三相分离器脱水原理为基础，集成设计出一种适合页岩油井返排阶段的脱水装置，有效降低了油井生产初期采出液的含水率，缓解了下游地面集输系统压力，填补了页岩油开发过程中返排液处理装置的空白，保障了页岩油大规模开发的顺利进行。装置流程如图 1 所示。

作者简介：张俊尧，长庆工程设计有限公司，助理工程师，硕士研究生学历，毕业于中国石油大学油气井工程专业，现从事油气田地面工程规划设计工作。通讯地址：西安市未央区凤城三路长庆大厦 810 室。联系电话：029-86599475。邮箱：515875134@qq.com。

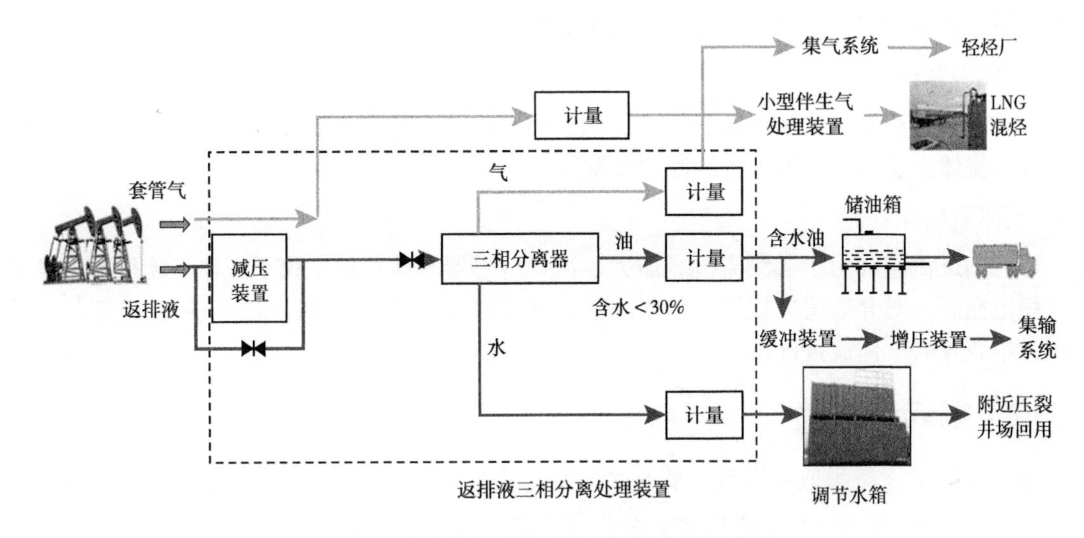

图 1　岩油井组返排液处理装置流程示意图

3　模块设备选型

3.1　脱水装置

结合页岩油生产初期特点，本装置在调研工况适应性、新增设备、建设周期、投资费用等因素后，选取三相分离器脱水工艺为该设备的主要工艺。

设计三相分离器处理能力为 $300m^3/d$，结合现场实际运行条件，针对放喷阶段高含水特性，设备设计具备一定的低温脱水能力，如图 2 所示。

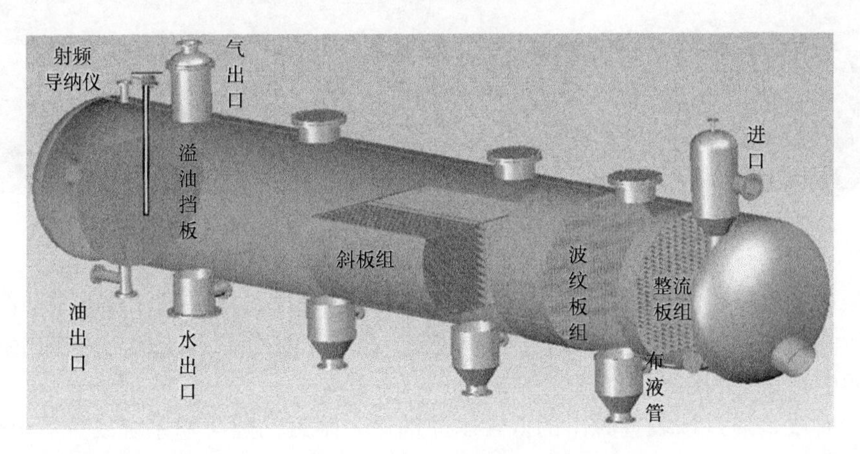

图 2　三相分离器设计图

当油气水混合物高速进入预脱气室，靠旋流分离及重力作用脱出大量的原油伴生气，预脱气后的油水混合物经导流管高速进入分配器与水洗室，稳流整流后，进入沉降分离室进一步沉降分离，脱气原油翻过隔板进入油室，并经过流量计计量，控制后流出分离器。达到脱除放喷液中大部分水的目的。

3.2　减压装置

本装置的减压装置选用活塞式减压阀。作为油田最为常用的减压阀，其成本低廉，运行维护简单，适应性好，能适用于大液量流体缓冲。

3.3 液体流量计

螺旋单转子流量计作为油田最为常用的原油流量计，其成本低廉，运行维护简单，能适用于含砂流体。选用作为本装置的液体流量计。

3.4 气体流量计

智能旋进流量计由于其集温度、压力、流量传感器和体积修正仪于一体，无机械转动部件，稳定性好，对介质适应性好，价格适中，且目前在油田伴生气计量中应用较成熟[4]。选用作为本装置的气体流量计。

4 设备集成化设计

通过将整个设备集成化设计，将整个装置长度控制在13m以内，宽度控制在3m以内。装置实际尺寸为11000mm×2900mm，高度为4.5m。装置三维图如图3所示。

图3 装置三维模型图

该套集成化设备现场运行可以实现数字化无人值守要求。主生产流程的手动阀均为常开状态，减压装置、三相分离、流量计量均不需要人工定期操作外，工况均可根据生产运行需求不定期和中心站/井区等指令进行操作。

在返排阶段，通过该装置脱出的低含水原油进入附近已建集输系统或拉运至附近站点。伴生气进入附近集气系统或应用小型伴生气处理装置进行临时回收处理。采出水在大井组就地储存回用至附近压裂井场。

5 实施效果

页岩油大井组返排液处理装置的设计及研制，严格遵循设计规范，在总结现场经验的基础上，提出了较为可行、实用、经济的设计思路和方法。装置研制成功后，在长庆油田某页岩油区块进行试验，脱水后返排液综合含水28.6%，各项指标均能达到设计要求。该装置可以有效降低页岩油油井生产初期采出液的含水率，缓解下游地面集输系统压力，保障页岩油大规模开发的顺利进行。

参考文献

[1] 杨华，李士祥，刘显阳 . 鄂尔多斯盆地致密油、页岩油特征及资源潜力 [J]. 石油学报，2013，34（1）：1-11.

[2] 付金华，李士祥，牛小兵，等 . 鄂尔多斯盆地三叠系长 7 段页岩油地质特征与勘探实践 [J]. 石油勘探与开发，2020，47（5）：870-883.

[3] 付金华，牛小兵，淡卫东，等 . 鄂尔多斯盆地中生界延长组长 7 段页岩油地质特征及勘探开发进展 [J]. 中国石油勘探，2019，24（5）：601-604.

[4] 胡素云，赵文智，侯连华，等 . 中国陆相页岩油发展潜力与技术对策 [J]. 石油勘探与开发，2020：202082-202082.

[5] 闫林，陈福利，王志平，等 . 我国页岩油有效开发面临的挑战及关键技术研究 [J]. 石油钻探技术，2020，48（3）：63-69.

[6] 管保山，刘玉婷，梁利，等 . 页岩油储层改造和高效开发技术 [J]. 石油钻采工艺，2019，41（2）：212-223.

[7] 张涛，李相方，王永辉，等 . 页岩储层特殊性质对压裂液返排率和产能的影响 [J]. 天然气地球科学，2017，28（6）：828-838.

[8] 王宇岑，于晓洋，李文博 . 油砂油 / 页岩油地面集输技术及其对比分析 [J]. 辽宁化工，2016（10）：1318-1321.

新型生物基纳米流体在页岩油储层研究与应用

蒋文学[1,2]，徐　洋[1,2]，李　勇[1,2]，陈　平[1,2]，金　娜[1,2]，武　龙[1,2]，张承武[1,2]

（1. 中国石油川庆钻探工程有限公司钻采工程技术研究院；
2. 低渗透油气田勘探开发国家工程实验室）

摘　要：随着油田勘探开发快速发展，页岩储层高效动用已成为长庆快速上产主要手段。但页岩储层渗透率低、流体渗流存在启动压力梯度，导致油井产量递减快等问题突出。面对以上技术难题，通过对纳米流体提高油藏采收率作用机理研究，生物基纳米流体通过剥离储层岩石顽固残油、分散乳化原油及降低黏度，减少油水相贾敏效应，促使岩石表面润湿性反转，降低流动阻力，使油井实现增产。室内研发一种绿色、可生物降解的生物基纳米流体，流体在60℃、100000mg/L 矿化度、pH5~9 条件下配伍性良好，粒径为10~25nm，剥离微观模型驱油效率提高23.3%，处理岩心后接触角达到32°，驱油效率提高8%，自渗吸洗油效率提高6.9%。现场应用4口井，措施后日产液量提高了4倍，平均日增油2.43t/d，取得了较好的增产效果，为页岩油开采后期增产稳产提供了一条新方向。

关键词：页岩油；油田；生物基；纳米流体

长庆页岩油储层为鄂尔多斯盆地三叠系长7层，陇东页岩油探明地质储量10.52亿吨，已动用3.1亿吨，目前油井总数983口，2018年规模开发至今，单井初期产量略有下降。针对这一问题，在国内外已开展页岩油渗析补能驱油相关研究，并取得了较好的效果。本文结合长庆页岩油储层特征，针对性开发出一种绿色、可生物降解的生物基纳米流体，并完成4口井现场应用，对页岩油储层增产方面具有重要的研究意义。

1　生物基纳米流体合成

1.1　试验药品与仪器

长庆页岩油储层天然岩心、纳米级 SiO_2 颗粒（工业品）、生物基表活剂 XSL-5（自制）、阴－非离子型表面活性剂 PES-32（自制）。

Nano C 胶乳稳定分析仪（美国）、Avance Ⅲ 核磁共振波谱仪（美国）、JSM6510 扫描电子显微镜（日本）、FEI Talos F200C 冷冻透射电镜（美国）、DSA100 光学接触角测量仪（德国）。

1.2　生物基纳米流体合成路线设计

室内通过设计并确定了生物基纳米流体的组分，包括纳米级 SiO_2 颗粒、生物基表活剂 XSL-5、阴－非离子型表面活性剂 PES-32。生物基纳米流体的设计及合成成功实现了纳米材料与生物类、化学类表活剂三元之间的功能基团嵌段对接和不同物相自组装技术。优化设计了其合成工艺路线：生物基型表活剂 XSL-5 先通过基团嵌段对接与阴－非离子表面活性剂 PES-32 结合，再与改性后 SiO_2 纳米颗粒自组装（图 1）。

作者简介：蒋文学，2008年毕业于长江大学应用化学专业，硕士，高级工程师，现主要从事压裂酸化技术研究工作。通讯地址：（710018）陕西省西安市未央区凤城四路长庆科技楼。E-mail：wenxue_j@cnpc.com.cn。

1.3 生物基纳米流体合成

通过对设计的生物基纳米流体合成工艺路线的合成验证，改善了 SiO_2 纳米材料表面亲水性能，通过优化 SiO_2 纳米颗粒、生物基型表活剂 XSL-5、阴-非离子型表面活性剂 PES-32 之间的基团嵌段对接和自组装的方式、顺序和合成条件，最终研发出生物基纳米流体。

图 1　合成的生物基纳米流体

2　生物基纳米流体参数表征

2.1　流体功能基团结构的核磁共振表征测试

流体功能基团结构的核磁共振如图 2、图 3 所示。

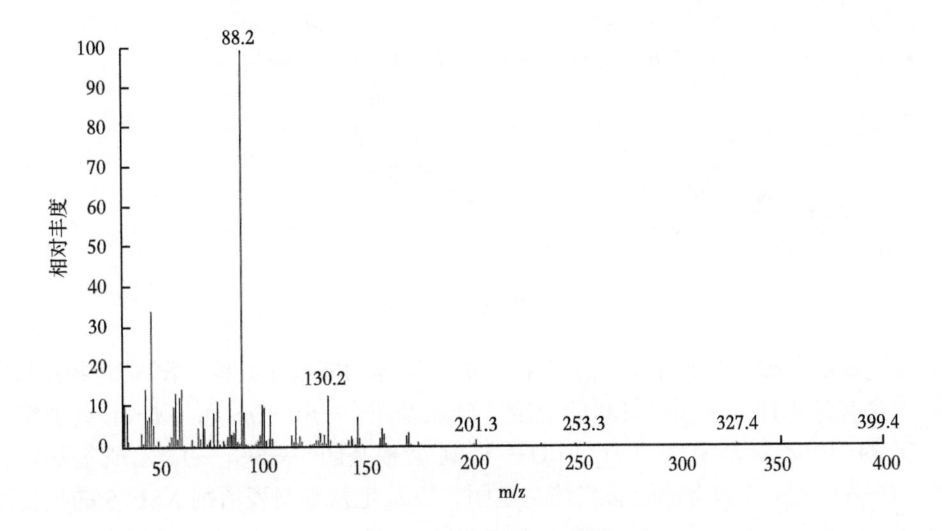

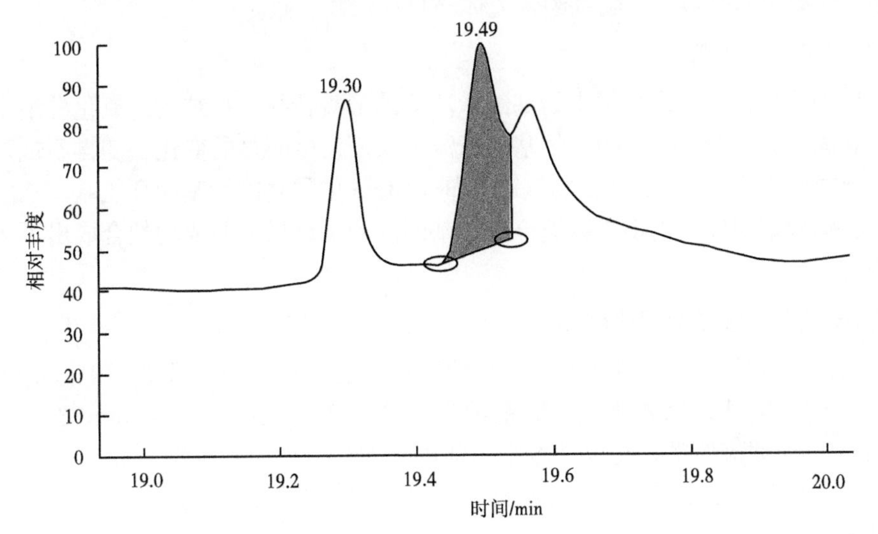

图 2　功能基团结构核磁共振表征测试结果 1

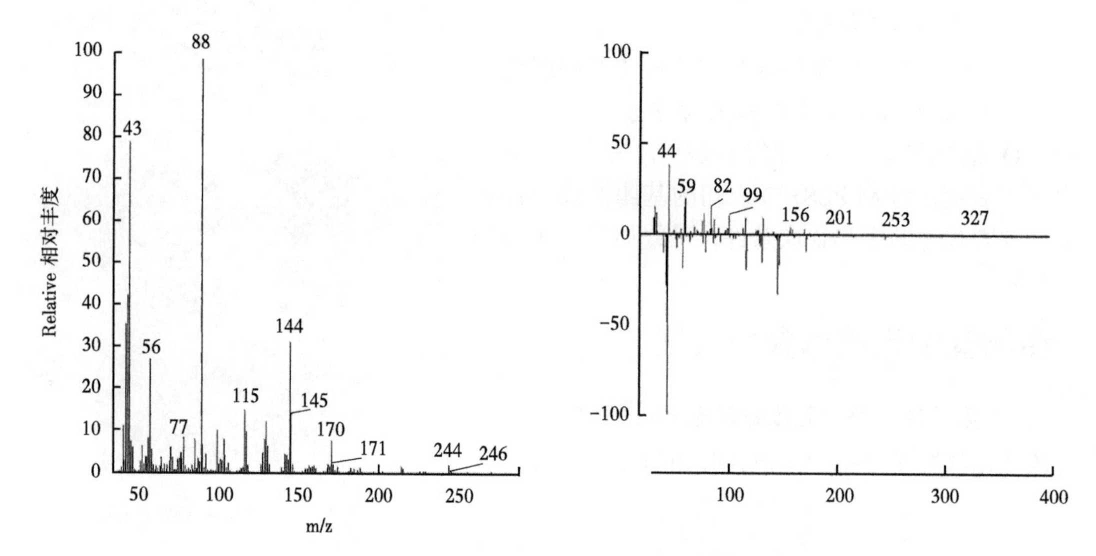

Formula C 17H23NO3，MW 289，CAS# NA，Entry# 52403

N-（2-Hydroxy-2-methyl-4-phenyl-3-butynyl）leucine #

图 3　功能基团结构核磁共振表征测试结果 2

实验通过核磁共振表征技术测试了生物基纳米流体功能基团结构，测试结果表明生物基纳米流体中含有亲水性纳米颗粒材料的稳定性硅氧基团（—Si—O—），阴 - 非离子型表面活性剂 G—O_2 的环氧乙醚基团（—CH_2CH_2O—），硫酸根基团（—SO_3—）、乙酰基基团、脂肪醚基团（—C—O—C—）和直链脂肪族烷基基团，以及生物基型表活剂 XSL-5 的生物脂肽类分子链基团，结果显示合成了生物基纳米流体与目标产物一致。

2.2　流体形貌特征表征测试

实验利用冷冻电镜技术表征了生物基纳米流体的形貌特征。单纯的二氧化硅纳米颗粒均匀的分散，表面比较光滑。合成的生物基纳米流体表面发生明显的变化，变得不规则，说明有效的自组装或嫁接了 SPE-32 和生物基表活剂 XSL-5 中的功能性基团环氧基、乙酰基、氧乙烯醚基团、磺酸基团以及生物脂肽类分子链基团。测试结果证明成功的合成出了生物基纳米流体（图 4）。

2.3　流体粒径及稳定性 Zeta 电位测试

实验利用激光粒度分析仪测试了生物基纳米流体的粒径大小以及液相中稳定性的 Zeta 电位分析（图 5）。测试结果表明，生物基纳米流体的粒径大小为 10~25nm 之间，Zeta 电位值在 -24mV，说明流体颗粒在标准盐水中能够相对较好的悬浮分散。相对于单纯的二氧化硅纳米粒径有所增大，说明二氧化硅表面成功的自组装或嵌段对接了生物基活性基团和阴非离子基团。

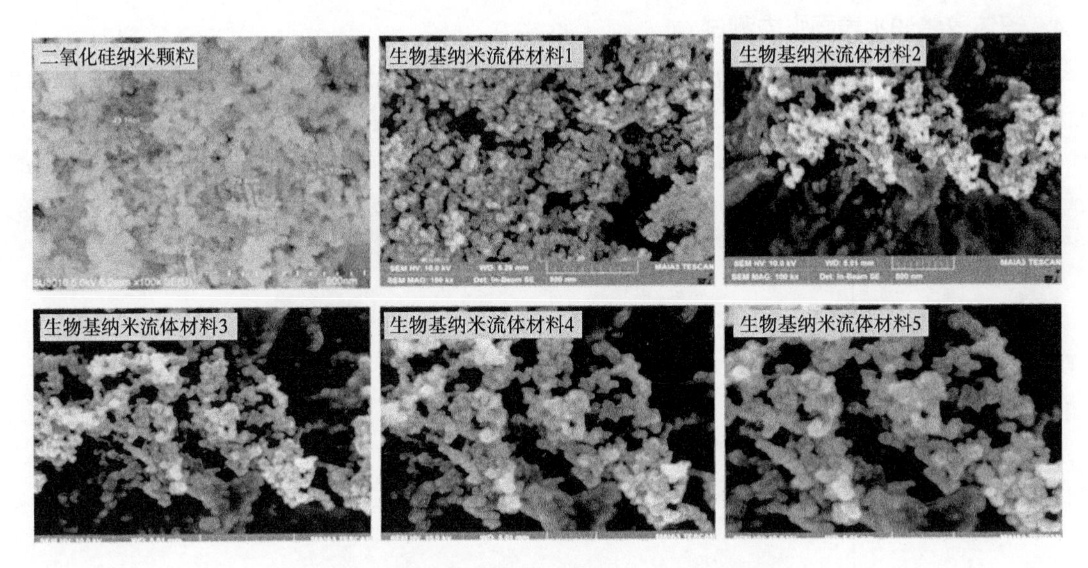

图 4　生物基纳米流体形貌特征 SEM 表征测试

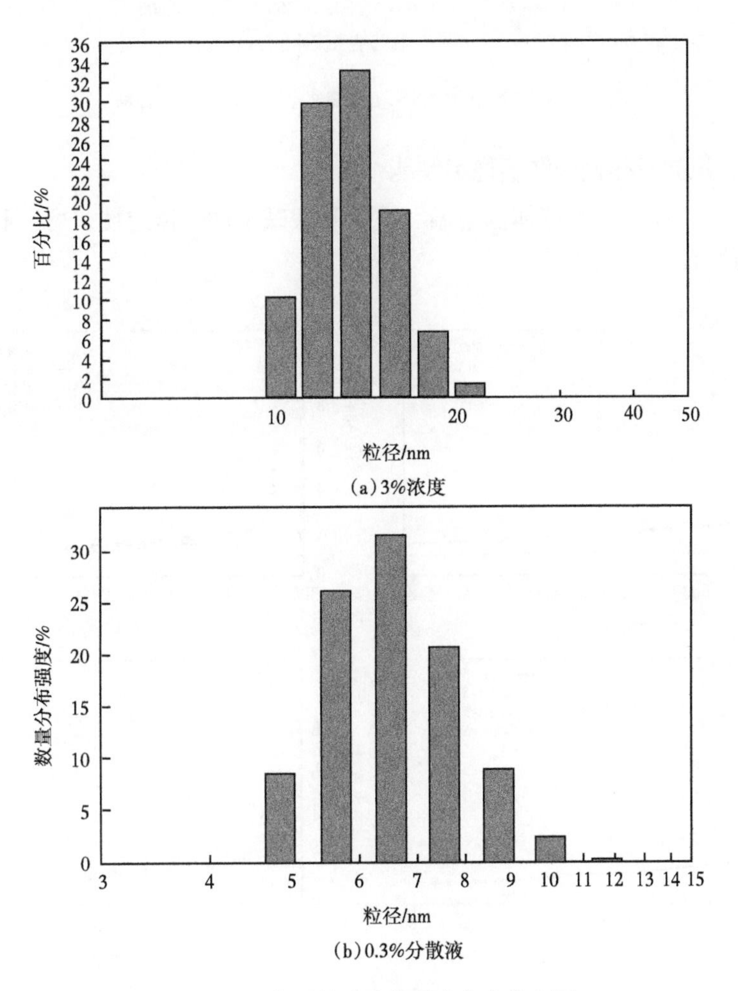

图 5　生物基纳米流体激光粒度分布图

2.4 流体改善油水表面张力测试

测定不同浓度生物基纳米流体在标准盐水中的表面张力。实验结果显示，标准盐水的表面张力为70.5mN/m，投加不同浓度的生物基纳米流体后，表面张力明显下降，表面张力下降到＜30mN/m，其中生物基纳米流体投加不同浓度为0.2%时，表面张力下降至＜28 mN/m以下，说明生物基纳米流体可以很好地改善油水表面张力，提高原油乳化分散性（图6）。

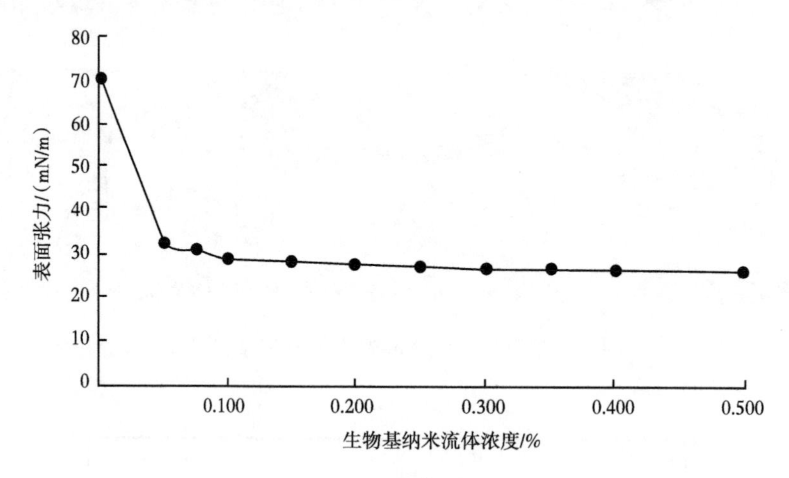

图6　生物基纳米流体改善油水表面张力测试结果

2.5 流体耐温、抗盐及酸碱条件下稳定性能

为准确地测量生物基纳米流体的耐温、抗盐和酸碱条件下稳定性，可以利用紫外－可见分光光度计进行表征（图7）。

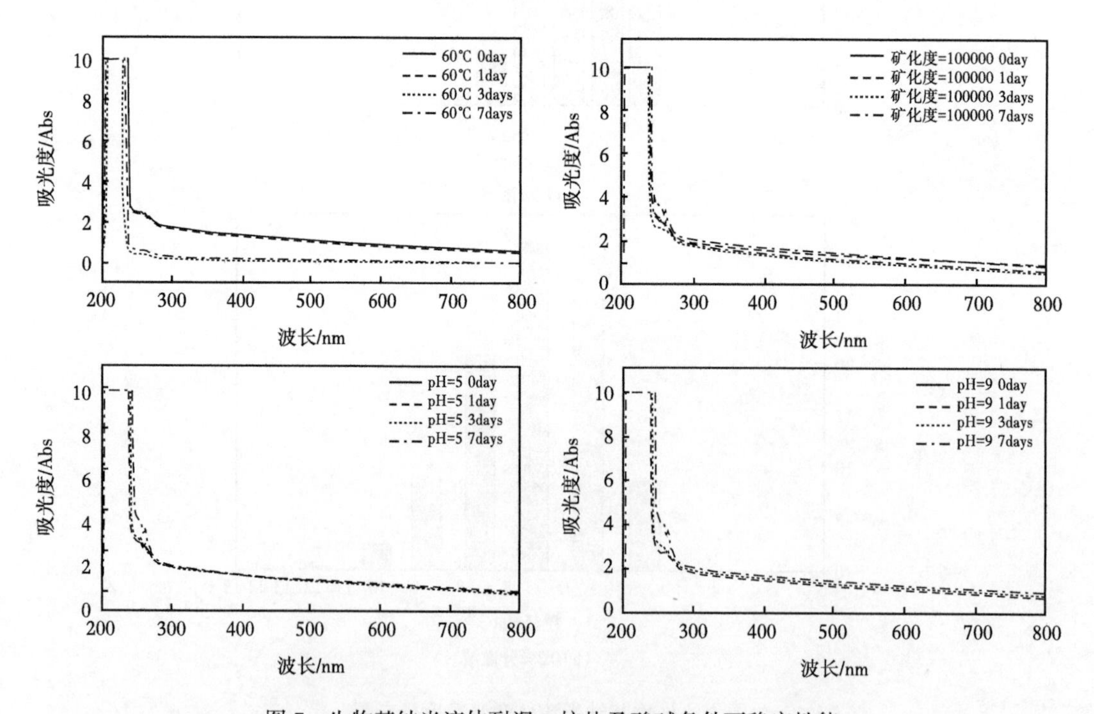

图7　生物基纳米流体耐温、抗盐及酸碱条件下稳定性能

实验结果显示：生物基纳米流体可以在30、40℃、50℃、60℃的环境下悬浮在标准盐水中。在10000、25000、50000、100000 mg/L的条件下60℃悬浮在不同矿化度盐水中，随着盐度的增加出稳定性能优良。在pH为5、7、9环境下稳定悬浮。在偏碱性条件下的稳定性比偏酸性较好，说明生物基纳米流体更佳适合碱性环境，这与油田其他化学助剂有着很好配伍性。说明其耐温、耐盐、耐酸碱能满足油田应用环境要求。

3 生物基纳米流体性能评价研究

3.1 流体改善岩心表面接触角效能评价实验

实验测试结果表明，对于未经生物基纳米流体处理的砂岩岩片，初始接触角范围在125°~134°，岩石表面初始状态为疏水状态。当投加0.1wt%的生物基纳米流体后，水滴在岩石表面的接触角从135°降为48°。随着生物基纳米流体投加量的进一步升高，接触角也随之下降，当投加量为0.2wt%~0.5wt%，接触时间为24h左右时，接触角下降为32°~35°，随后基本维持在32°左右的大小。

3.2 流体岩心自渗吸水效能评价实验

实验测定了不同浓度（0.0%、0.05%，0.1%，0.2%，0.3%和0.5%）下生物基纳米流体的岩心自渗吸水效能（图8）。

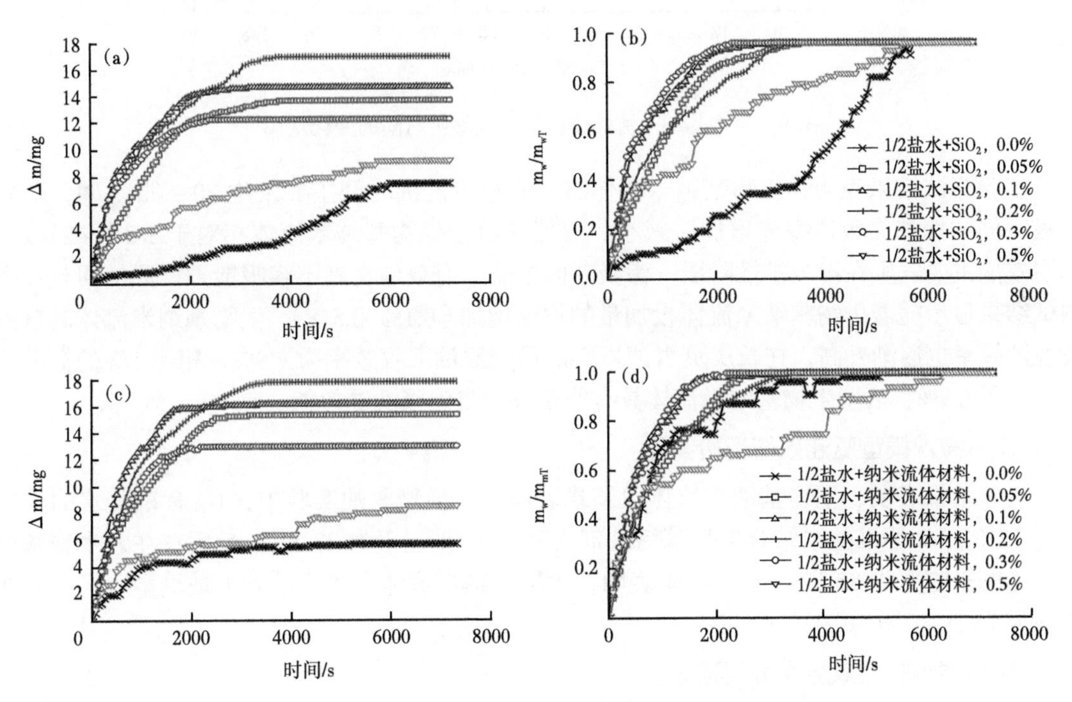

图8 流体在砂岩岩心柱自渗吸水量随渗吸时间的变化规律

注：（a）（b）为SiO_2纳米流体处理结果；（c）（d）为生物基纳米流体处理结果

实验测试结果如图所示，实验观察到未经生物基纳米流体处理过的岩片样品的自渗吸水过程最慢，表明亲水性最差。与之相比，其他经生物基纳米流体处理过的岩片样品的自渗吸水效果都比空白对照组更好。生物基纳米流体对润湿吸水的影响，受生物基纳米流体颗粒的影响较大。根据吸水量—时间曲线与吸水速率—时间曲线和自渗吸水量，证明生物基纳米流体可以有效改善自渗吸水过程，改变岩片润湿性，增加孔隙吸水性，促使置换更多原油，从而降低注入压力和提高波及面积。生物基纳米流体的最佳投加量浓度范围为 0.1%~0.3%。

3.3 流体岩心自渗驱油效能评价实验

实验通过测试投加不同量的（0.0%，0.1%，0.2%，0.3% 和 0.5%）PES-32、生物基表活剂 XSL-5 和生物基纳米流体的自渗吸洗油效率，页岩油天然岩心（渗透率＜ $0.1\times10^{-3}\mu m$）的渗吸洗驱油效率随时间的变化规律及其原油回收效率（图 9）。

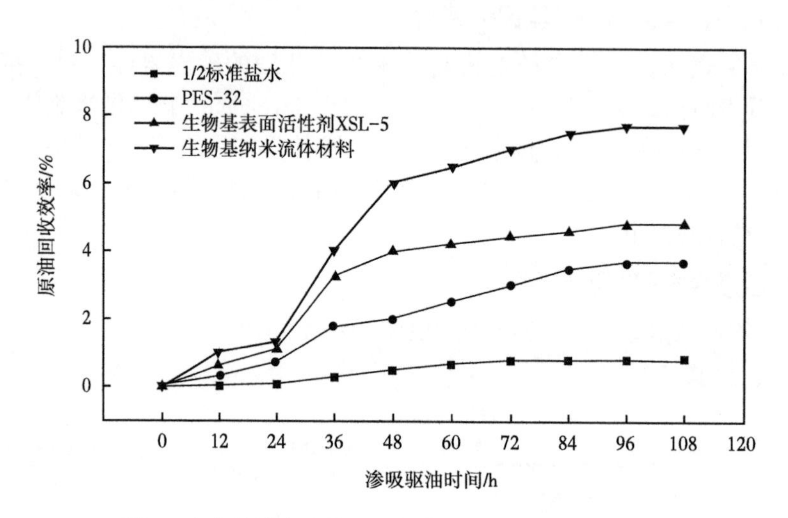

图 9 生物基纳米流体驱油能力随渗吸时间的变化规律

实验测试结果表明，生物基纳米流体对岩心渗吸洗油时间主要发生 20~60h 之间，随着渗吸时间的增加渗吸速率先增加后减小，可能是由于生物基纳米流体相对于 1/2 标准盐水，作用效能主要发生在渗吸扩散阶段，渗吸时间缩短，有效地提高了渗吸能力。原油回收效率测试结果显示随着生物基纳米流体投加量的逐渐增加（0.1%~0.5%），生物基纳米流体的自渗吸洗油效率也逐渐升高，在长庆页岩油岩心的最佳原油采收效率为 7.9%，相比 1/2 的标准盐水提高了 6.9%，表明生物基纳米流体具有非常好的自渗吸洗油效能。

3.4 流体微观模型驱油效能评价实验

实验结果表明，生物基纳米流体段塞式玻璃微观模型驱油实验中，1/2 标准盐水的采收率为 62%，1/2 标准盐水结合生物基活性剂 XSL-5 的采收率为 77.2%，最后在注入生物基纳米流体的采收率为 85.3%。实验结果表明，生物基纳米流体在水驱基础上玻璃微观模型驱油效率为 23.3%（图 10）。

3.5 流体岩心驱油效能评价实验

实验选取岩心渗透率 $0.1\times10^{-3}\mu m$ 的岩心，在 60℃条件下，测试投加量为 0.3% 的二氧化硅颗粒、PES-32、生物基表活剂 XSL-5 和生物基纳米流体的岩心驱油效率，结果显示 1/2 标准盐水、二氧化硅颗粒、PES-32、生物基表活剂和生物基纳米流体的驱油效率分别为 13.1%、15.4%、17.8%、18.6% 和 23.8%，生物基纳米流体与其他驱替介质相比较，原油采收率分别提高了 8% 以上，表明生物基纳米流体具有非常好的提高超低渗（页岩油）致密油藏采收率的效果（图 11）。

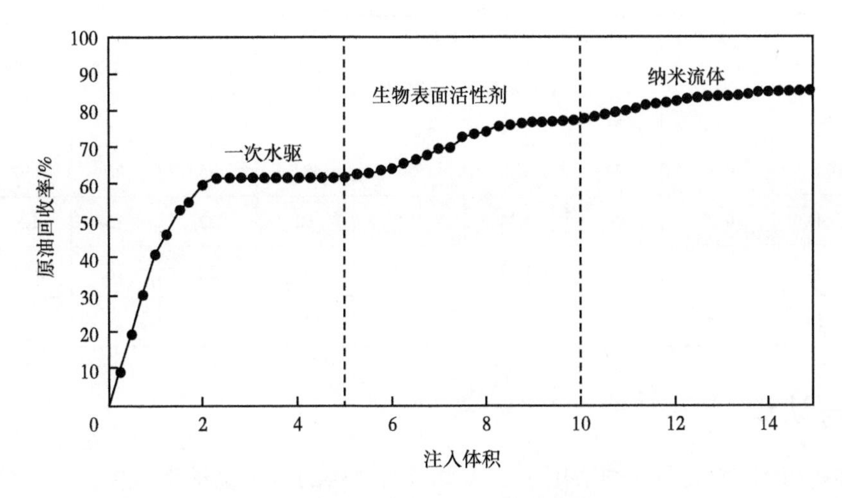

图 10　生物基纳米流体剥离微观模型测试结果

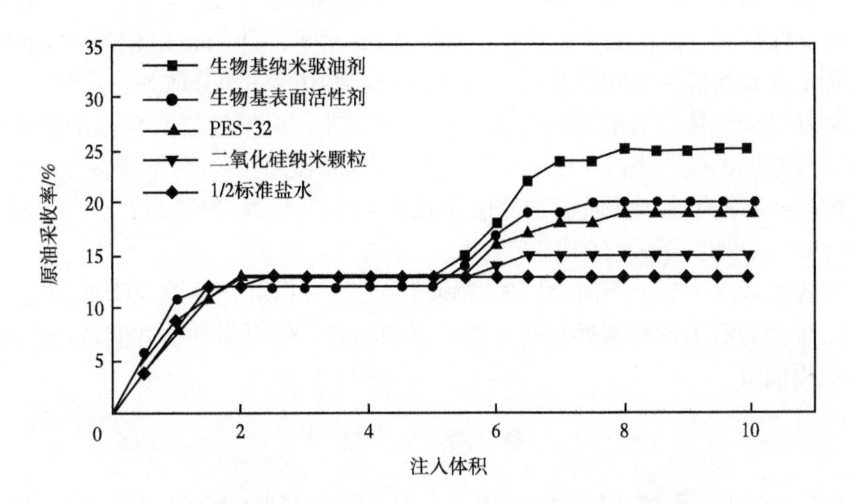

图 11　岩心物模驱替试验测试生物基纳米流体提高采收率效能

5　现场应用

2022 年生物基纳米流体在长庆页岩油储层完成了 4 口井试验，措施 20 天后，日产液量提高了 4 倍，目前平均日增油 2.43t/d，由于补能液存在，产油量上升还存在一个爬坡过程，已取得了较好的增产效果。

以M83-26井为例，该井前期采用水力喷射分段多簇压裂工艺改造，压裂改造9段18簇，于 2016 年 7 月 18 日投产，2021 年开始产量逐渐递减下降，措施前日产液 0.53m^3/d，日产油 0.40t/d，含水 9.1%，动液面 1630m。2022 年 3 月 9 日采用生物基纳米流体技术分三段进行补能现场施工，累计补能 3000 m^3，排量 1.5m^3/min，施工压力 36~38MPa，措施后关井闷井反应 7 天，投产 30 天后日增油 2.55t/d，动液面提升至 804m，措施井含水率还会进一步下降，增产效果将持续提高（表 1）。

表 1　生物基纳米流体现场试验效果

井号	措施前			措施后			生产天数 / d	有效期 / d	日增油 / t	累计增油 /t
	日产液量 / m^3	日产油量 / t	含水 %	日产液量 / m^3	日产油量 / t	含水 / %				
X34	0.8	0.51	24	11.2	5.43	42.3	35	26	4.92	92.44
X166	3.43	0.29	90	5.34	1.79	60	22	13	1.5	19.52
X114	1.06	0.7	21.6	1.77	1.43	26.9	21	16	0.73	11.68
X82-36	0.53	0.4	9.1	4.46	2.95	21.3	34	31	2.55	69.49

6　结论与认识

（1）室内设计、合成出一种适用于长庆页岩油储层的生物基纳米流体，通过仪器表征与设计的目标产物结构一致。

（2）生物基纳米流体在 60℃条件下，耐盐性满足 100000 mg/L 矿化度，耐酸碱性 pH 在 5~9 之间，配伍性良好。流体的粒径大小为 10~25nm 之间，且 Zeta 电位为 -24 mV，生物基纳米流体表面成功自组装生物功能基团，且能够在体系中较好的分散。

（3）生物基纳米流体具有非常好的自渗吸洗油效能，可提高岩心自渗洗油效率 6.9% 以上，剥离微观模型驱油效率提高 23.3%，对长庆页岩油岩心的驱油效率提高 8%。

（4）生物基纳米流体在长庆页岩油储层完成了 4 口井试验，措施后日产液量提高了 4 倍，平均日增油 2.43t/d，取得了较好的增产效果。

（5）生物基纳米流体对于剥离储层岩石顽固残油、分散乳化原油及降低黏度，减少油水相贾敏效应，促使岩石表面润湿性反转，降低流动阻力，使页岩油油井实现增产具有重要的研究意义和应用前景。

参　考　文　献

[1] 彭振，王中华，何焕杰，等 . 纳米材料在油田化学中的应用 [J]. 精细石油化工进展，2011，12（7）：8-12.

[2] 郑婧，陈晓晖 . 超细二氧化硅的制备和表征 [J]. 硅酸盐通报，2008，27（6）：1009-1113.

[3] 缪云，李华斌 . 纳米技术提高石油采收率研究进展 [J]. 试采技术，2006，27（4）：54-56.

[4] 高俊，谢传礼，游少雄，等 . 纳米流体提高稠油采收率实验分析 [J]. 石油地质与工程，2015（4）：108-110.

[5] 狄勤丰，沈琛，王掌洪，等 . 纳米吸附法降低岩石微孔道水流阻力的实验研究 [J]. 石油学报，2009，30(1).

[6] 顾春元，狄勤丰，施利毅，等 . 纳米粒子构建表面的超疏水性能实验研究 [J]. 物理学报，2008，5（57）：3071-3076.

[7] 钭启升，张辉，邬剑波，等 . 氧化铁和羟基氧化铁纳米结构的水热法制备及其表征 [J] . 无机材料学报，2007，22（2）：213-218.

[8] 郭立娟，宋汝彤，郭拥军，等 . 阳离子表面活性剂对纳米 SiO_2 流体稳定性的影响 [J]. 硅酸盐通报，2014，33（4）：940-946.

氮气泡沫系列技术在页岩油增产改造中的应用研究

聂　俊[1,2]，叶文勇[1,2]，杨延增[1,2]

（1. 中国石油川庆钻探工程有限公司；2. 低渗透油气田勘探开发国家工程实验室）

摘　要：氮气泡沫流体属于幂律假塑性流体或宾汉型流体，是由不溶性或微溶性的氮气分散于液体或固液混合流体中所形成的分散体系，具有密度低、携砂能力强、低摩阻、低漏失、无污染、助排性能好等特点。对泡沫冲砂、泡沫酸化、泡沫压裂、泡沫防砂、泡沫混排、泡沫调剖六个技术在现场应用情况做了详细概述，以氮气泡沫为基础的各种增产稳产措施在页岩油后期的开发及改造当中达到了持续稳产和效益挖潜的目的，具有广阔的应用前景。

关键词：氮气泡沫；增产；稳产；页岩油

随着页岩油开采进入加速期，在开发过程中逐渐出现部分页岩油井产量与储层钻遇率和改造规模不匹配等问题，注采输矛盾突显，严重制约快速上产，增产稳产难度大，需要不断进行技术创新。近 10 年来，氮气泡沫技术逐渐发展成熟，经过不断时间探索，形成氮气泡沫系列化工艺技术。对氮气泡沫进行室内试验，分析泡沫性质进行定量分析，其密度低且方便调节；具有较高的表观黏度，携带能力强，返排时可将固体颗粒和不溶物携带出井筒[1]；对油水层有选择性，泡沫遇油消泡，遇水稳定，堵水层不堵油层，泡沫对水层具有较强的封堵作用；对高渗层具有较强的封堵作用，而对低渗层的封堵作用较弱；这些特点决定了其在页岩油资源规模效益开发中的极大适应优势。

1　氮气泡沫冲砂

利用氮气泡沫密度低可实现负压循环、携带能力强的特性，把井筒中的砂冲出地面，使生产井快速恢复正常生产；泡沫冲砂过程中长时间负压循环，还能够对近井地带起到疏通解堵的作用[2]，达到了冲洗解堵双重功效。

1.1　技术优势

对比常规冲砂液，泡沫密度低，可实现低压或负压循环，减少漏失，另外泡沫流体具有较高的表观黏度，其悬浮能力比水或冻胶大 10~100 倍，沉降速度的数量级在 10^{-4}m/s，携带能力强，可将砂子等固体颗粒携带出井筒，最后氮气泡沫具有可压缩性，其膨胀性能为返排提供能量，泡沫液相成分少，对地层造成的伤害也较小。

1.2　现场应用

针对长庆油田区域使用水基冲砂液无法正常建立循环，漏失量大的问题，采用氮气泡沫冲砂技术，利用泡沫低漏失、低伤害、携带性能强的特性，大大提高了作业效率，使得油井检泵周期及产能恢复率大大提高（表 1）。

作者简介：聂俊，川庆钻探钻采工程技术研究院，工程师，地址：陕西省西安市长庆兴隆园小区长庆科技大厦（710021）。电话：13619255061。E-mail：niawsh@cnpc.com.cn。

表 1　氮气泡沫冲砂井统计表

序号	井号	措施方式	措施前后生产状况				日增油 / L	累计增油 / t	产能恢复率 /%
			实施前		目前				
			日产液 / m^3	日产油 / L	日产液 / m^3	日产油 / L			
1	河平 x	氮气泡沫冲砂洗井	6.23	1.56	17.55	7.07	5.51	287	92.7
2	黄平 x		3.76	0.65	10.9	2.5	1.85	102	57.8
3	塬平 x		4.72	0	5.94	3.35	3.35	322	91.4
4	塬平 x-x	常规冲砂洗井	1.25	0	3.09	0.14	0.14	147	65.8
5	塬平 x-xx		6.7	0	8.61	0	0	0	0
6	塬平 xx-xx-x		2.08	0.39	3.57	0.53	0.14	90	52.1
7	塬平 xx-xx		1.46	0.21	10.98	7.6	7.39	194	92.5

对上表进行分析可知，氮气泡沫冲砂井平均日增油 3.57t，相比常规冲砂洗井提高了 86.2%；平均产能恢复率 80.6%，相比常规冲砂洗井提高了 79.6%；且持续稳产有效期更长。如果使用定向井常规重复压裂预期日增油 1.5t/d，单井次投资约为 25~30 万元。水平井氮气泡沫冲砂（结合酸化洗井），单井投资约为定向井重复压裂的 1.5 倍，但增油效果是定向井的 2.38 倍，明显可取得较好投资回报率。

2　氮气泡沫酸化

以氮气为气相，酸液为液相，形成的起泡液被泵入渗透率较高的含水层，使流体流动阻力逐渐提高，进而在吼道中产生气阻效应。在叠加的气阳效应下，再使起泡酸液进入低渗透地层，形成更多的溶蚀通道，以解除低渗层污染、堵塞，改善油井产液剖面。最后注入泡沫排酸液，助排诱喷，排出残酸。

2.1　技术优势

首先常规酸化在部分油井中存在以下问题：对于非均质地层，酸液优先进入高渗层，使得低渗层不能得到有效改善；对于油水同层的地层，酸液会优先进入水层，使得酸化后含水迅速上升，油井产油量下降；对于重复酸化的地层，酸液优先进入原来的溶蚀通道，降低酸化效果；对于低压油井，酸化后残酸返排困难，容易形成二次污染，影响酸化效果；对于水平井，酸液大多进入跟部，其余井段酸化效果较差。

相比常规酸化，氮气泡沫酸化具有以下技术优势：泡沫对渗透率有选择性，酸液均匀进入高低渗层；泡沫对油水层有选择性，酸液优先进入油层；泡沫中气体膨胀能为残酸返排提供能量；泡沫携带能力强，可将固体颗粒携带出井筒；泡沫酸是一种缓速酸，实现深部酸化[3]。

2.2　现场应用

在 2016 年对 Gxx-xx 进行常规酸化后，酸化前日产液 5.7m^3，日产油 0.8t，含水 85%；酸化后日产液 8.4m^3，日产油 0.8t，含水 90.5%，酸化效果不理想后改为泡沫酸化，氮气泡沫酸化后 4 天排液 53m^3 见油；峰值日产油 4.8t；至 2018 年 5 月日产液 5.5m^3，日产油 3.6t，含水 34%，统计时已稳定生产 214 天，累计增油 749t（图 1）。

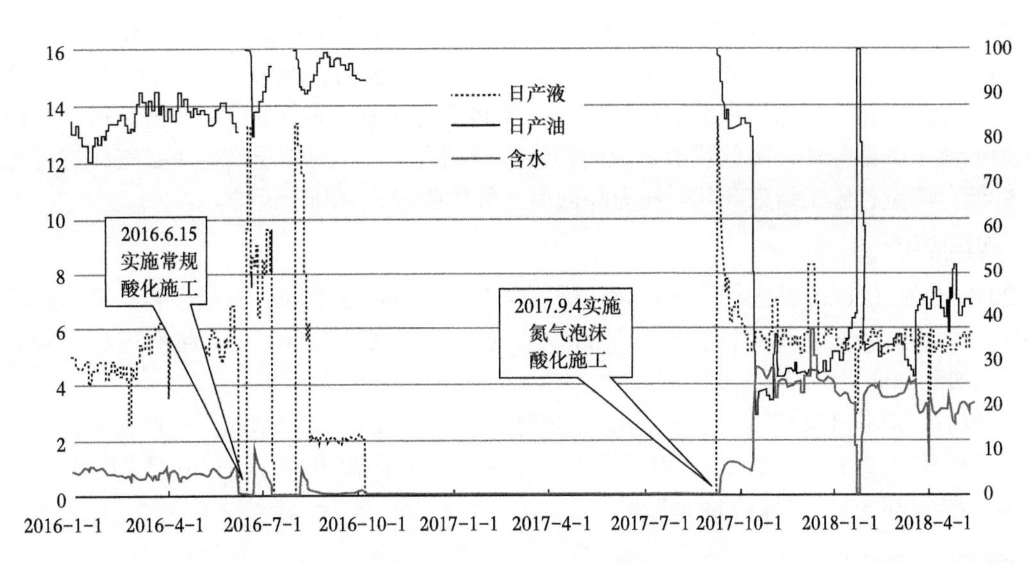

图 1　Gxx-xx 井生产曲线

3　氮气泡沫压裂

氮气泡沫压裂技术是指用在常规压裂液的基础上加入起泡剂、氮气形成泡沫，从而组成以气相为内相、液相为外相的低伤害压裂液体系。携砂液内加入起泡剂，砂（支撑剂或充填砾石）与携砂液混合后连接压裂车组进口管汇，压裂车组出口连接三相泡沫发生器的液体入口，液氮泵车出口连接三相泡沫发生器的气体入口，通过泡沫发生器内充分混合，从泡沫发生器出口连接至井口，从油管泵入井内（图 2）。

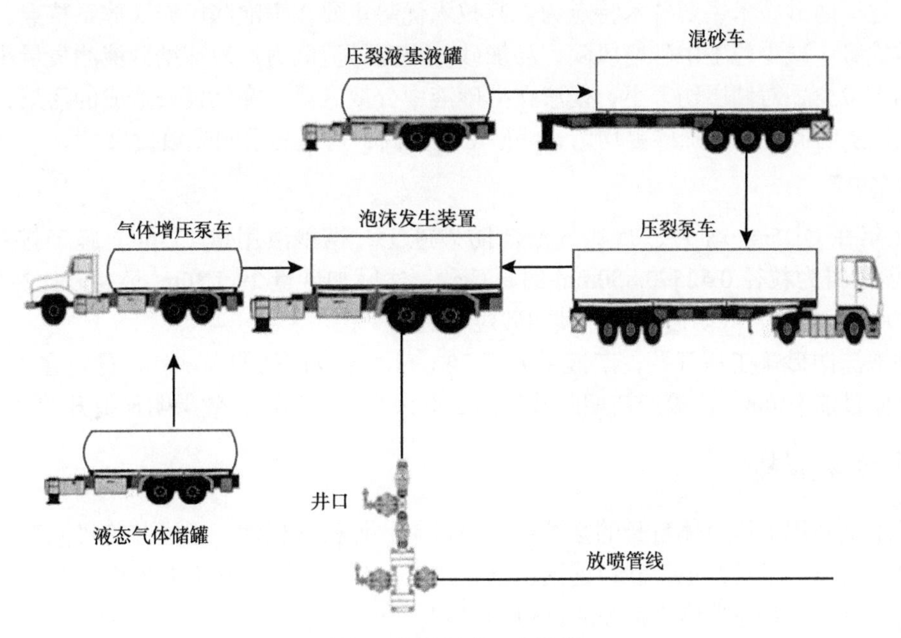

图 2　泡沫压裂工艺流程

3.1 技术优势

其技术优势主要在于泡沫压裂液体系特点，主要有以下技术优势：泡沫液压裂液携砂能力强，高浓度支撑剂使压开裂缝不闭合，提高裂缝导流能力；滤失量少，携砂液几乎全部可用于造缝；消泡沫后滞留在油层内的氮气，能起到增加地层能量的作用；泡沫携砂液使残渣在携砂液中分散悬浮，降低残渣造成的污染；液相含量少，对储层伤害小；气体有可压缩性，能储存能量，施工结束开井，压力降低后，气体膨胀，有利于返排。

3.2 现场应用

2018 年在 Gxx-xx 井进行泡沫酸化压裂，该井油层深度 3700m，粉细砂岩；平均孔隙度 17.6%、渗透率 $88\times10^{-3}\mu m^2$，泥质含量 8.5%。总计注入液氮 150t，复合起泡剂 9t，滑溜水 $600m^3$，加砂 $60m^3$。

压裂后，返排 $132m^3$ 见油，$\phi1.5mm$ 油嘴控制生产，油压 28.5MPa，日产油 4.2t，含水 71%，自喷生产 5 个月后于 2019 年 5 月 4 日转抽，跟踪至 2019 年 11 月 26 日（1 年），日产油 5.2t，含水 28.8%，累计产油 1582t。

4 氮气泡沫防砂

此技术是在常规携砂液的基础上加入起泡剂、氮气，形成泡沫流体，此体系相比常规的携砂液，用液少、携砂能力强、滤失低、返排快、对地层伤害小，适合低压、高滤失、水敏性等复杂地层，能够有效提升油井防砂效果。主要为下入井内防砂工具后，携砂液内加入起泡剂，砂子与携砂液混合后连接压裂车组进口管汇，压裂车组出口连接三相泡沫发生器的液体入口，液氮泵车出口连接三相泡沫发生器的气体入口，通过泡沫发生器内充分混合，从泡沫发生器出口连接至井口，从油管泵入井内。

4.1 技术优势

氮气泡沫防砂技术主要技术特点为：其技术优势主要在于泡沫压裂液体系特点，主要有以下技术优势：减少施工中砂堵风险，易加砂，提高导流能力；泡沫携砂液滤失量小，用量少；液相含量少，对储层伤害小；残渣在携砂液中分散悬浮，降低残渣造成的污染；对于多层非均质储层防砂，层间加砂更均匀，铺砂浓度更高，可提高层间充填效果 [4]。

4.2 现场应用

2021 年在 QD5-x-xx 井进行氮气泡沫防砂施工，携砂液用量 $133m^3$、施工排量 $2.1m^3/min$，防砂用料为粒径 0.425~0.850mm 的石英砂，实际加砂量 $29.5/30m^3$ 最高砂比达到 70%，完成率 100%。相比常规防砂措施，其加砂过程更加平稳。

该井泡沫防砂施工后开井，产液量大于 $20m^3/d$，比投产初期高。目前稳定在 17 m^3/d 以上，动液面目前 840m，比投产初期防砂升高 200 余米，措施后，效果明显提升。

5 氮气泡沫混排

该技术是利用泡沫流体自身的强冲刷、高携带、低密度特性，通过井筒将泡沫注入近井地层后迅速放喷，把近井地带砂粒连同堵塞物排出，从而达到解除近井地带复合堵塞、完善射孔炮眼、改善近井地带渗流状况的目的（图 3）。

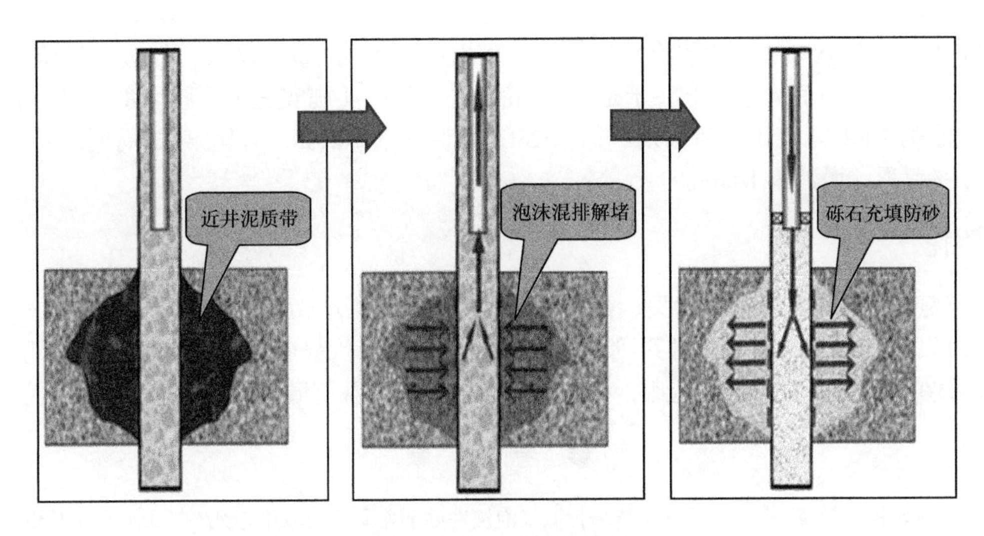

图 3　氮气泡沫混排原理

5.1　使用范围

泡沫混排解堵技术主要用于两类油井，一类是生产过程中近井地带发生堵塞的老井，主要用于解除有机、无机复合堵塞；一类是即将投产的新井，主要用于解除钻井过程中的污染，完善射孔炮眼，改善近井带渗流状况。

5.2　技术优势

在泡沫放喷的瞬间，近井地带形成非常剧烈的压力变化，气体积流量和水体积流量在放喷瞬间非常高，在近井地带形成 10~40MPa 的负压差，使气体膨胀几十倍对地层形成冲刷，特别是半径在 1~1.5m 的范围内压力梯度值要远远大于其他处，在这种高流速和高压差的突然作用下，射孔孔道附近岩石发生拉伸破坏并形成孔道的扩展[5]。

5.3　现场应用

桩西采油厂采取连续、长时段、超高强度负压氮气泡沫混排措施，对即将投产的新井和措施井在投产前进行彻底的返排，最大限度疏通近井地带流油通道，改善渗流能力，以求得最大产能。自 2013 年年底开始，截至 2021 年底，已累计施工 260 余井次，成功率 85%。

6　氮气泡沫调剖

该技术是利用稳定泡沫流体在注水层中叠加的气阻效应，使水流在岩石空隙介质中流动阻力大大增加，改变水流的指进或窜流，调整油层吸水剖面[6]，使注入水不断在油层深处转向，提高波及系数和驱油效率。

6.1　技术优势

利用高温堵剂封堵出水通道，降低蒸汽流度，提高注汽压力及波及体积，对中低渗透层和含油饱和度较高的地层提高蒸汽注入量，氮气导热系数低，可以减少热损失，提高热能利用率。

6.2 现场应用

2018 年在埕 xx-x 井，在热采 13 周期，含水上升快、产量递减大，故进行措施，实施作业堵水，3.5 个月后含水上升，于是第 14 轮热采转周时实施实施了凝胶堵水、氮气泡沫调整吸汽剖面控水技术，施工后周期产油 2026t，周期含水 76.7%，对比第 13 周期，周期含水下降 6.1%，累计增油量 1000t。

7 结论

（1）氮气泡沫系列具有低漏失、密度可调、对油层伤害小，携砂能力强等特点。

（2）以氮气泡沫作为基础的系列工艺相比同类技术，优势明显，具有巨大的应用潜力，若大面积在页岩油开发中推广应用，将实现持续稳产和效益挖潜，取得极大的经济效益。

参 考 文 献

[1] 鱼耀，青项栋，刘伟，等 . 水平井连续油管氮气泡沫冲砂酸化研究与应用 [C]//. 第十七届宁夏青年科学家论坛石油石化专题论坛论文集 .2021：166-168.

[2] 张康卫，李宾飞，袁龙，等 . 低压漏失井氮气泡沫连续冲砂技术 [J]. 石油学报，2016，37（S2）：122-130.

[3] 曹继虎，路勇，刘明生，等 . 氮气泡沫酸化工艺技术在低渗透油藏的现场应用 [J]. 中国石油和化工标准与质量，2014，34（09）：166-167.

[4] 乔雪娇 . 高泥质细粉砂岩防砂技术研究 [D]. 中国石油大学（华东），2017.

[5] 景紫岩，张佳，李国斌，等 . 泡沫混排携砂解堵机理及影响因素 [J]. 岩性油气藏，2018，30（05）：154-160.

[6] 李宾飞 . 氮气泡沫调驱技术及其适应性研究 [D]. 中国石油大学，2007.

基于渗吸数值模拟的页岩油压后焖井时间优化方法

欧阳伟平[1, 2]，张　冕[1, 2]，池晓明[1, 2]，张云逸[1, 2]

（1. 中国石油川庆钻探长庆井下技术作业公司；2. 低渗透油气田勘探开发国家工程实验室）

摘　要：页岩油储层致密，对水具有较强的自发渗吸作用，页岩油水力压裂除了造缝作用之外，还具有渗吸驱油和蓄能作用。压后焖井有利于充分发挥渗吸驱油作用，对提高单井产油量具有重要意义。为了制定合理的焖井时间，建立了考虑压裂液注入、焖井以及开井生产全过程的水平井油水两相渗流数学模型。利用控制体积有限元方法对模型进行了求解，模拟了渗吸作用下基质–裂缝油水置换速度，获得了油水压力场、速度场、产量以及含水率的动态变化。分析了页岩油压裂渗吸驱油特征，重点研究了不同焖井时间下的产油量曲线，并讨论了基质渗透率、缝网复杂程度等因素的影响。研究结果表明，毛管力越大，焖井时间越长，则含水率越低，产油量越高，渗吸增产作用越明显；焖井所需时间受毛管力、基质渗透率和缝网复杂程度影响，其中毛管力和基质渗透率决定了渗吸速度，而缝网复杂程度决定了渗吸面积。所建立的渗吸油水两相渗流模型及数值模拟方法为页岩油压后焖井时间优化提供理论指导。

关键词：页岩油；渗吸；焖井时间；油水置换；控制体积有限元；两相流

页岩油储层致密，孔隙吼道小，毛管力大，对水自发渗吸的作用较强[1]。在页岩油储层注水驱油受限的制约下，通过水力压裂充分发挥压裂液渗吸驱油作用显得尤为重要[2]。采用大规模水力压裂形成复杂裂缝网络，将页岩基质与裂缝中的压裂液充分接触，压裂液在毛管力作用下渗吸至基质内，同时将基质中的油驱替至裂缝，实现基质裂缝间油水置换，达到压裂液驱油效果[3]。与常规油气藏不同，页岩油水力压裂除了造缝作用之外，还具有渗吸驱油和蓄能作用。压裂能否起到有效蓄能作用的前提是压裂液能够进入到基质孔隙，将油置换至裂缝。因此渗吸驱油作用对于单井实现高产稳产起到了关键作用，压后焖井有利于充分发挥渗吸驱油作用。压后焖井时间是影响渗吸驱油和蓄能作用的关键参数，优化焖井时间对于提高页岩油压裂效果具有重要意义。

随着致密油气、页岩油气开发的不断推进，渗吸已成为近几年油气藏工程研究的热点[4-9]。目前关于渗吸方面的研究主要为室内实验研究[10-18]，包括岩心静态渗吸实验和动态渗吸实验，通过实验的手段分析液体特性、岩石特性等因素对渗吸采出程度的影响。渗吸实验对于优选渗吸液具有重要指导意义，但是无法对压裂液量、焖井时间等参数设计提供定量性的指导，而压裂渗吸数值模拟是解决这一问题的有效方法。目前国内外对渗吸油水置换的数值模拟的研究相对较少[19-23]，并多为机理性研究，比如王敬等人[21]针对裂缝性油藏水驱方式的渗吸采油机理进行了数值模拟研究；李宪文等人[20]建立了一维致密砂岩岩心的渗吸数学模型，将模型计算结果与实验结果进行了对比；王付勇等人[23]基于毛细管束模型建立了岩心驱替–渗吸双重作用下的数学模型。同渗吸实验研究类似，此类模型暂时还无法直接应

作者简介：欧阳伟平，男，江西萍乡人，中山大学理论与应用力学专业，中国科学院力学研究所流体力学专业博士学位，高级工程师，主要从事油气藏工程及压裂设计评价方面的研究工作。E-mail：ouywp56@163.com。

用于页岩油的压裂关键参数优化。

本文以毛管力为主要渗吸驱动力，基于体积压裂矩形裂缝网络，建立一种考虑压裂液注入、焖井以及开井生产全过程的压裂水平井油水两相渗流模型。利用控制体积有限元方法对模型进行数值求解，模拟渗吸作用下基质－裂缝油水置换过程，获得油水压力场、速度场、产量以及含水率的动态变化。分析毛管力大小、焖井时间、基质渗透率以及缝网复杂程度对渗吸驱油的影响，为页岩油压裂焖井时间设计提供理论指导。

1 物理模型

1.1 复杂缝网描述

水平井每段体积压裂后形成一改造区，区域内包含复杂裂缝网络，假定该改造区为矩形，包含三种类型的裂缝，分别为主裂缝、次裂缝以及支裂缝，其中主裂缝和次裂缝沿最大主应力方向，主要为张开缝，支裂缝沿最小主应力方向，主要为剪切缝，裂缝间相互正交，如图 1 所示。每段存在一条主裂缝，次裂缝的数量根据有效开启簇来确定，支裂缝的数量由天然裂缝密度决定。三种类型的裂缝导流能力不同，通常情况下主裂缝导流能力最大，次裂缝次之，支裂缝最小（图 1）。

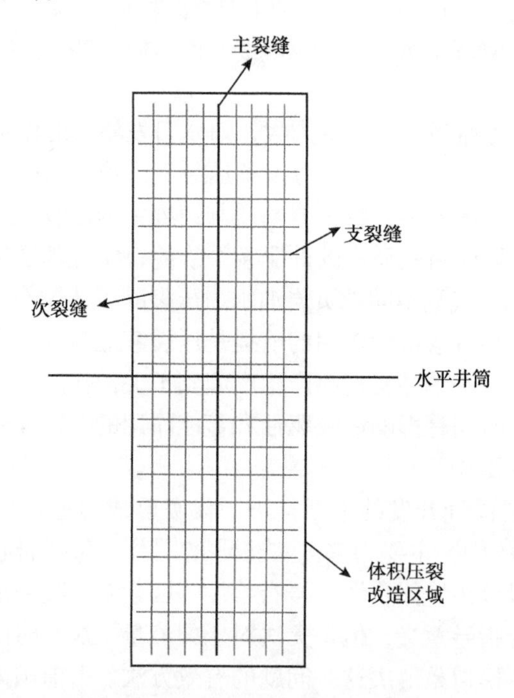

图 1 复杂裂缝网络描述示意图[24]

1.2 基质－裂缝相渗曲线及毛管力曲线

使用 corey 方程表征基质与裂缝的油水相渗曲线，见式（1）和式（2），其中基质的相渗相关系数根据实际岩心的测试结果确定，而裂缝由于渗透率很高，采用标准的裂缝相渗曲线，即束缚水饱和度 S_{wr} 和 S_{or} 残余油饱和度均为 0，幂律指数 N_o 和 N_c 均为 1。裂缝渗透率很高，毛管力很小，因此忽略裂缝毛管力的影响，考虑基质毛管力作用，其大小与基质含水饱和度呈幂律关系，见式（3）。

$$K_{rw}=K_{mw}\left(\frac{S_w-S_{wr}}{1-S_{or}-S_{wr}}\right)^{N_w} \tag{1}$$

$$K_{ro}=K_{mo}\left(1-\frac{S_w-S_{wr}}{1-S_{or}-S_{wr}}\right)^{N_o} \tag{2}$$

$$p_c=p_{mc}\left(1-\frac{S_w-S_{wr}}{1-S_{or}-S_{wr}}\right)^{N_c} \tag{3}$$

式中：K_{rw} 为水相相对渗透率；K_{mw} 为水相最大相对渗透率；S_w 为含水饱和度；S_{wr} 为束缚水饱和度；S_{or} 为残余油饱和度；N_w 为水相幂律指数；K_{ro} 为油相相对渗透率；K_{mo} 为油相最大相对渗透率；N_o 为油相幂律指数；p_c 为毛管力；p_{mc} 为最大毛管力；N_c 为毛管力幂律指数。

1.3 假设条件

（1）原始储层均质有界且渗透率各向同性，油藏存在油水两相，流动满足达西定律，油水黏度、压缩系数及体积系数随压力变化而变化，忽略储层应力敏感效应和启动压力梯度效应。

（2）水平井筒具有无限大导流能力，裂缝具有有限导流能力，流体在裂缝中的流动为一维流动，在基质中的流动为二维流动。

（3）毛管力为渗吸动力，忽略重力和温度变化对流动以及渗吸作用的影响。

（4）考虑压裂液注入、焖井以及开井生产全过程，为了衡量压裂液蓄能效应，将压裂过程等效为压裂液流体注入至具有复杂缝网的储层中，引起压力及含水饱和度上升，从而为模拟渗吸油水置换过程提供初始条件。

2 数学模型及求解

2.1 数学模型

基质压力控制方程：

$$\begin{aligned}&\nabla\cdot(\lambda_{tm}\nabla p_{wm})+\nabla\cdot(\lambda_{om}\nabla p_{cm})+\lambda_{om}C_{om}(\nabla p_{wm}+\nabla p_{cm})^2+\lambda_{wm}C_{wm}(\nabla p_{wm})^2\\&=281.46\phi C_{tm}\frac{\partial p_{wm}}{\partial t}+281.46\phi C_{tom}(1-S_{wm})\frac{\partial p_{cm}}{\partial t}\end{aligned} \tag{4}$$

基质饱和度控制方程：

$$\nabla\cdot(\lambda_{wm}\nabla p_{wm})+\lambda_{wm}C_{wm}(\nabla p_{wm})^2=281.46\phi\frac{\partial S_{wm}}{\partial t}+281.46\phi C_{twm}S_{wm}\frac{\partial p_{wm}}{\partial t} \tag{5}$$

裂缝压力控制方程：

$$\begin{aligned}&\frac{\partial}{\partial l}\left(\lambda_{tf}\frac{\partial p_{wf}}{\partial l}\right)+\frac{\partial}{\partial l}\left(\lambda_{of}\frac{\partial p_{cf}}{\partial l}\right)+\lambda_{of}C_{of}\left(\frac{\partial p_{wf}}{\partial l}+\frac{\partial p_{cf}}{\partial l}\right)^2+\lambda_{wf}C_{wf}\left(\frac{\partial p_{wf}}{\partial l}\right)^2\\&=281.46\phi C_{tf}\frac{\partial p_{wf}}{\partial t}+281.46\phi C_{tof}(1-S_{wf})\frac{\partial p_{cf}}{\partial t}\end{aligned} \tag{6}$$

裂缝饱和度控制方程：

$$\frac{\partial}{\partial l}\left(\lambda_{\mathrm{wf}}\frac{\partial p_{\mathrm{wf}}}{\partial l}\right)+\lambda_{\mathrm{wf}}C_{\mathrm{wf}}\left(\frac{\partial p_{\mathrm{wf}}}{\partial l}\right)^{2}=281.46\phi\frac{\partial S_{\mathrm{wf}}}{\partial t}+281.46\phi C_{\mathrm{twf}}S_{\mathrm{wf}}\frac{\partial p_{\mathrm{wf}}}{\partial t} \tag{7}$$

初始条件：

$$p(x,y,0)=p_{\mathrm{i}} \tag{8}$$

$$S_{\mathrm{w}}(x,y,0)=S_{\mathrm{wi}} \tag{9}$$

内边界条件：

压裂液注入阶段

$$\sum_{\mathrm{j}=1}^{N}\lambda_{\mathrm{wfj}}w_{\mathrm{fj}}\frac{\partial p_{\mathrm{wfj}}}{\partial n}\bigg|_{\Gamma_{in}}=-\frac{11.73q_{\mathrm{I}}B_{\mathrm{w}}}{h} \tag{10}$$

压后焖井阶段

$$\sum_{j=1}^{N}\lambda_{\mathrm{tfj}}w_{\mathrm{fj}}\frac{\partial p_{\mathrm{wfj}}}{\partial n}\bigg|_{\Gamma_{in}}=0 \tag{11}$$

开井生产阶段

$$\sum_{j=1}^{N}\lambda_{\mathrm{tfj}}w_{\mathrm{fj}}\frac{\partial p_{\mathrm{wfj}}}{\partial n}\bigg|_{\Gamma_{in}}=\frac{11.73q_{\mathrm{o}}B_{\mathrm{o}}}{h}+\frac{11.73q_{\mathrm{w}}B_{\mathrm{w}}}{h} \tag{12}$$

封闭外边界条件：

$$\frac{\partial p}{\partial n}\bigg|_{\Gamma_{\mathrm{out}}}=0 \tag{13}$$

式中：λ 为流度，mD/（mPa·s）；P 为压力，MPa；ϕ 为有效孔隙度；C_{t} 为综合压缩系数，1/MPa；C_{tw} 为孔隙压缩系数与水压缩系数之和，1/MPa；C_{to} 为孔隙压缩系数与油压缩系数之和，1/MPa；t 为生产时间，h；S_{w} 为含水饱和度；l 为裂缝控制方程的坐标轴，m；w_{f} 为裂缝宽度，m；Γ 为代表边界；q 为流量，$\mathrm{m^3/d}$；B 为体积系数；h 为储层有效厚度，m；o 为油相；w 为水相；c 为毛细管力；m 为基质；f 为裂缝；i 为初始值；I 为注入；in 为内边界；out 为外边界。

2.2 模型求解

采用控制体积有限元方法（CVFEM）求解模型，该方法是一种有限元和有限体积相结合的方法，采用有限元的插值函数和有限体积的数值计算格式，无须网格的二次重建，可直接利用有限元网格，网格更灵活、精度更高，且具有有限体积局部守恒性特征，非常适合于油气藏两相流数值模拟。

基质压力控制方程中时间导数项差分得：

$$\begin{aligned}&\frac{281.46\phi C_{\mathrm{tm}}}{\Delta t}p_{\mathrm{wm}}^{n+1}-\nabla\cdot\left(\lambda_{\mathrm{tm}}\nabla p_{\mathrm{wm}}\right)^{n+1}=\frac{281.46\phi C_{\mathrm{tm}}}{\Delta t}p_{\mathrm{wm}}^{n}+\nabla\cdot\left(\lambda_{\mathrm{om}}\nabla p_{\mathrm{cm}}^{n}\right)\\&+\lambda_{\mathrm{om}}C_{\mathrm{om}}\left(\nabla p_{\mathrm{wm}}^{n}+\nabla p_{\mathrm{cm}}^{n}\right)^{2}+\lambda_{\mathrm{wm}}C_{\mathrm{wm}}\left(\nabla p_{\mathrm{wm}}^{n}\right)^{2}-281.46\phi C_{\mathrm{tom}}\left(1-S_{\mathrm{wm}}^{n}\right)\frac{p_{\mathrm{cm}}^{n+1}-p_{\mathrm{cm}}^{n}}{\Delta t}\end{aligned} \tag{14}$$

基质饱和度控制方程中时间导数项差分得：

$$\frac{281.46\phi}{\Delta t}\left[1+C_{\mathrm{twm}}\left(p_{\mathrm{wm}}^{n+1}-p_{\mathrm{wm}}^{n}\right)\right]S_{\mathrm{wm}}^{n+1}=\frac{281.46\phi}{\Delta t}S_{\mathrm{wm}}^{n}+\nabla\cdot\left(\lambda_{\mathrm{wm}}\nabla p_{\mathrm{wm}}^{n+1}\right)+\lambda_{\mathrm{wm}}C_{\mathrm{wm}}\left(\nabla p_{\mathrm{wm}}^{n+1}\right)^{2} \tag{15}$$

裂缝压力控制方程中时间导数项差分得：

$$\begin{aligned}&\frac{281.46\phi C_{\mathrm{tf}}}{\Delta t}p_{\mathrm{wf}}^{n+1}-\frac{\partial}{\partial l}\left(\lambda_{\mathrm{tf}}\frac{\partial p_{\mathrm{wf}}}{\partial l}\right)^{n+1}=\frac{281.46\phi C_{\mathrm{tf}}}{\Delta t}p_{\mathrm{wf}}^{n}+\frac{\partial}{\partial l}\left(\lambda_{\mathrm{of}}\frac{\partial p_{\mathrm{cf}}}{\partial l}\right)^{n}\\&+\lambda_{\mathrm{of}}C_{\mathrm{of}}\left(\frac{\partial p_{\mathrm{wf}}^{n}}{\partial l}+\frac{\partial p_{\mathrm{cf}}^{n}}{\partial l}\right)^{2}+\lambda_{\mathrm{wf}}C_{\mathrm{wf}}\left(\frac{\partial p_{\mathrm{wf}}^{n}}{\partial l}\right)^{2}-281.46\phi C_{\mathrm{tof}}\left(1-S_{\mathrm{wf}}^{\mathrm{n}}\right)\frac{p_{\mathrm{cf}}^{n+1}-p_{\mathrm{cf}}^{n}}{\Delta t}\end{aligned} \tag{16}$$

裂缝饱和度控制方程中时间导数项差分得：

$$\frac{281.46\phi}{\Delta t}\left[1+C_{\mathrm{twf}}\left(p_{\mathrm{wf}}^{n+1}-p_{\mathrm{wf}}^{n}\right)\right]S_{\mathrm{wf}}^{n+1}=\frac{281.46\phi}{\Delta t}S_{\mathrm{wf}}^{n}+\frac{\partial}{\partial l}\left(\lambda_{\mathrm{wf}}\frac{\partial p_{\mathrm{wf}}^{n+1}}{\partial l}\right)+\lambda_{\mathrm{wf}}C_{\mathrm{wf}}\left(\frac{\partial}{\partial l}p_{\mathrm{wf}}^{n+1}\right)^{2} \tag{17}$$

利用非结构化网格离散技术对包含复杂网络裂缝的计算区域进行 Delaunay 三角网格剖分，网格与裂缝网络完全匹配。通过三角形边中点与三角形中心点连接，形成 CVFE 网格，将裂缝与基质分开，如图 2 所示。以单元节点为中心，对方程（14）~（17）在 CVFE 网格单元上积分，分别形成基质单元刚度矩阵和裂缝单元刚度矩阵，并根据单元节点信息组成压力方程的总刚度矩阵及饱和度方程总刚度矩阵，采用隐压显饱的方式迭代求解，详细方法及步骤可参考文献[25]。

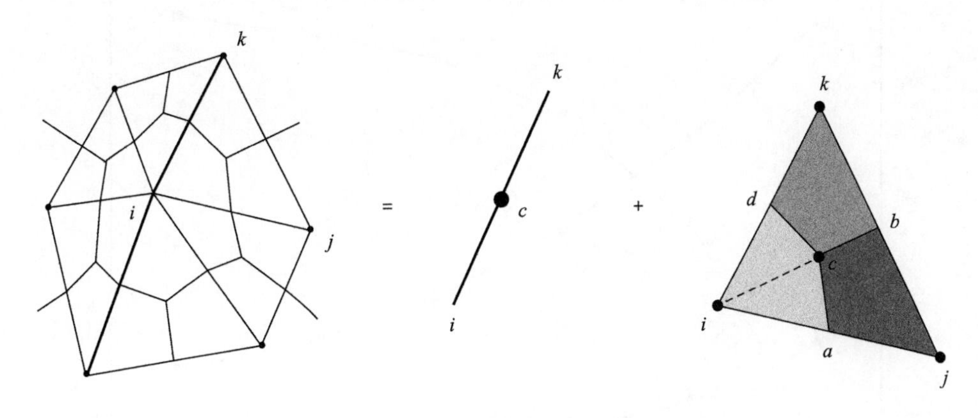

图 2　CVFE 网格及裂缝基质网格拆分示意图

3　计算结果及分析

3.1　压裂渗吸驱油特征

假定储层初始压力为 17MPa，渗透率为 0.1mD，温度为 65℃，有效厚度为 10m，孔隙度为 10%，初始含水饱和度为 0.45，水平井段间距为 60m，井间距为 400m，因此单段控制面积为 60m × 400m，单段多簇压裂液量为 857m³，假定 70% 进入了目的层，即注入目的层液量为 600m³，有效开启簇数为 3，其中主裂缝 1 条，次裂缝 2 条，半长均为 170m，支裂缝 10 条，长度均为 48m，主裂缝导流能力为 500mD·m，次裂缝导流能力为 200mD·m，支裂缝导流能力为 100mD·m，压后焖井 100 天后按照先定产（单段 4m³/d）降压后定压（7MPa）降产的方式生产。利用所建立的两相渗流模型模拟不同毛细管压力下单压裂段第 1 年的生产动态，计算结果如图 3 所示。

从图 3 的计算结果可知，毛管力越大，产油量越大，表明毛管力渗吸作用具有明显的增产作用。此外，随着毛管力增大，开井生产时的含水率以及整个生产过程平均含水率都呈下降趋势。压后焖井过程中，在压裂液渗吸驱油作用下，裂缝中的水进入基质，置换出基质中的油，引起基质内含水饱和度增加，裂缝内含水饱和度下降，从而使开井生产的含水率下降，在毛管力足够大，焖井时间足够长的情况下，放喷排液阶段即可“见油”。

图 4 和图 5 分别为最大毛管力 3MPa 下焖井第 75 天裂缝周围水相和油相压力场及速度场，其中速度场箭头代表流动方向，箭头长度代表速度大小。从水相压力场分布可知，此时的缝内水相压力大于基质水相压力，水从裂缝流入基质，如图 4 中的速度方向；而油相压力场正好相反，基质油相压力大于缝内油相压力，油从基质流入裂缝，如图 5 中的速度方向。基质与裂缝中的含水饱和度差异，引起毛管力差异，形成渗吸驱动力，使基质与裂缝发生油水置换。从速度场大小可知，主裂缝周围的流速较大，次裂缝及支裂缝附近的流速较小，远离裂缝区域的流动速度最小。此外，从两相压力场数值可知，压裂液的注入能够大幅度提高储层压力，蓄能作用明显，该算例储层压力从初始 17MPa 提升至开井生产前 31MPa。

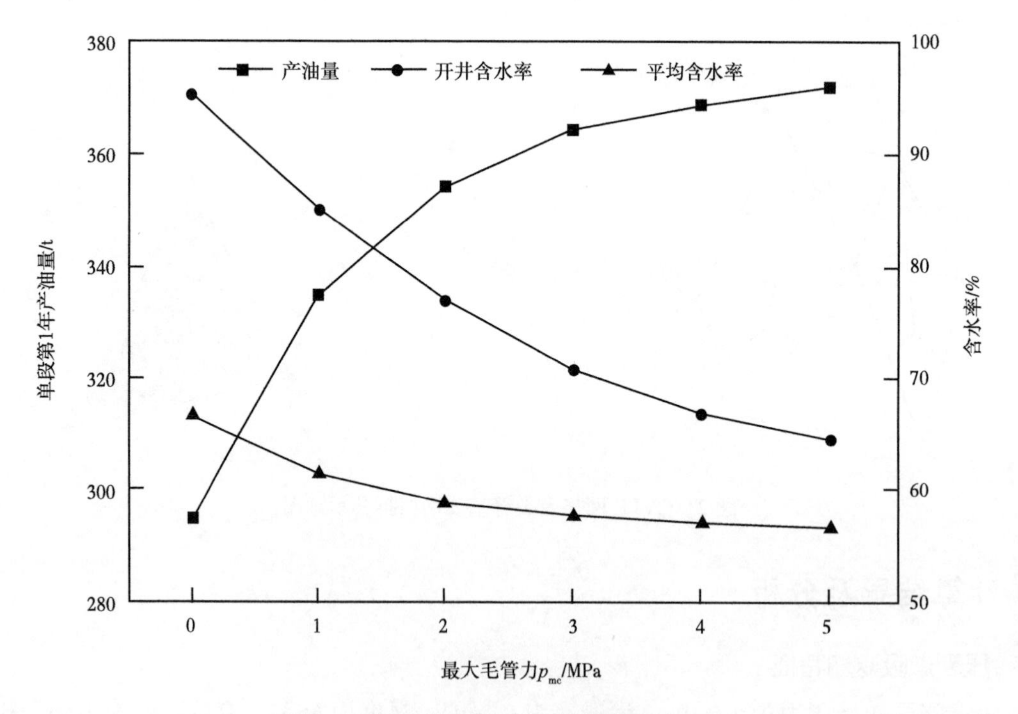

图 3　不同毛管力作用下的产油量及含水率

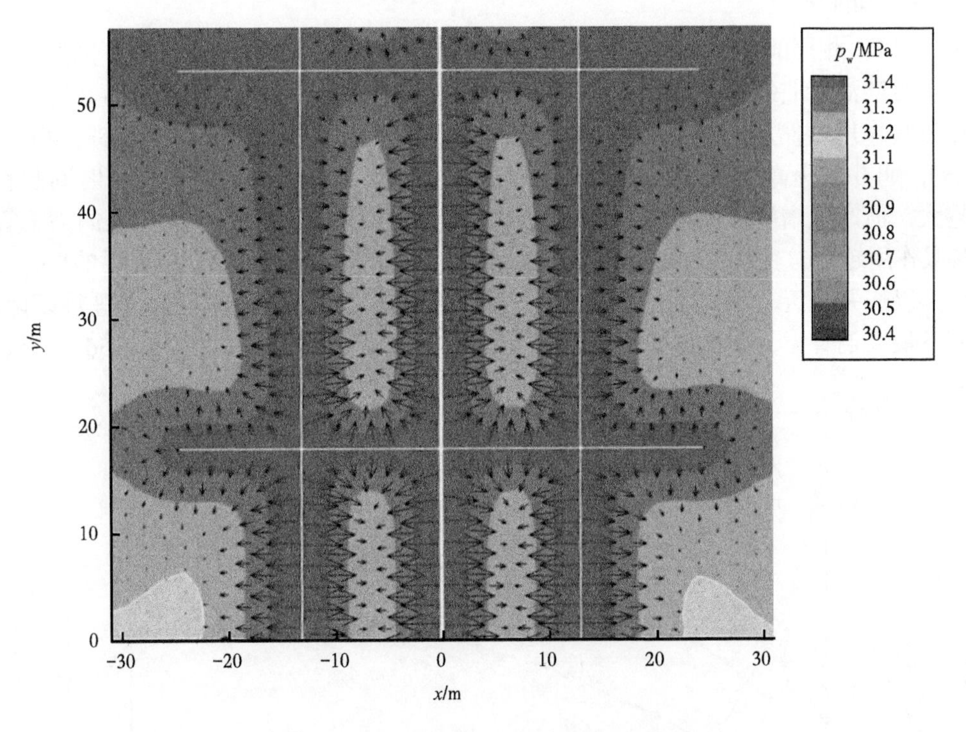

图 4　焖井阶段典型的水相压力场及速度场

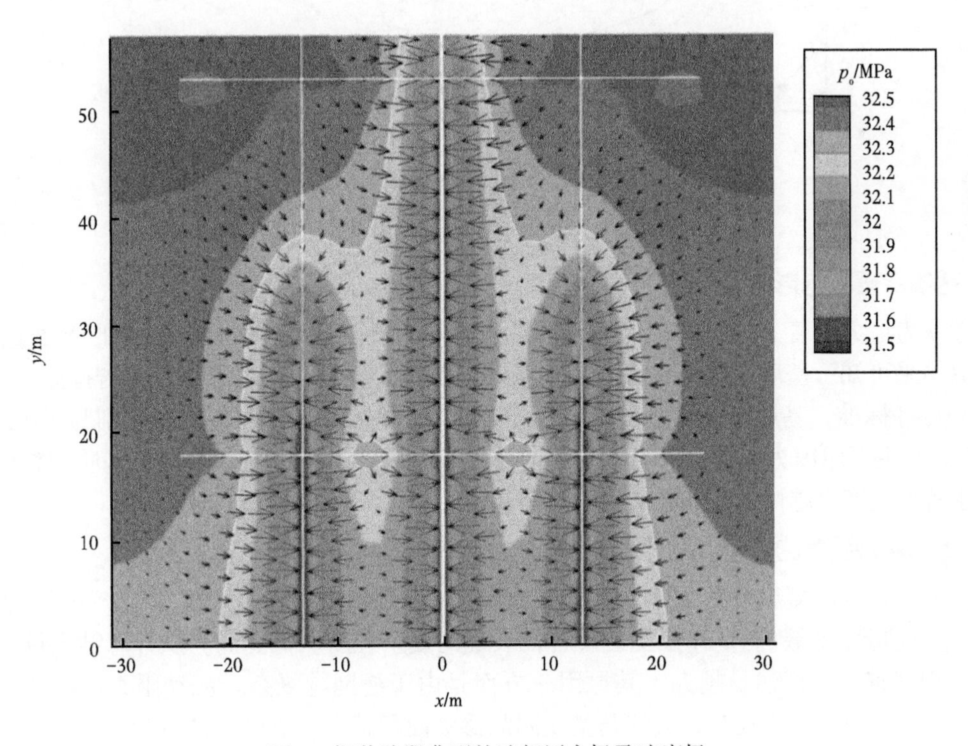

图 5　焖井阶段典型的油相压力场及速度场

3.2 焖井时间优化

采用同 3.1 相同的储层参数，考虑压后焖井时间对产油量的影响，计算不同焖井时间单段第 1 年的产油量曲线，计算结果见图 6 所示。从计算结果可知，毛管力为 0 的储层，即不存在渗吸作用的储层，压后焖井并不能增加产油量，因此对于常规中高渗透储层（毛管力很小），焖井对提高产量的作用不大。对于具有一定毛管力的储层，焖井时间越长，产油量越大，但产量增幅逐渐减小，且毛管力越大，增幅减速越快。这主要是因为毛管力越大，渗吸作用越强，在基质渗透率不变的条件下，油水置换速度越快，所需要的焖井时间越短。假定以焖井一天单段产油增幅量大于 0.15t 为设计标准，对于焖井时间进行设计优化，该算例下最大毛管力为 1~5MPa 的储层所需的焖井时间分别为 126d、92d、75d、61d、56d。

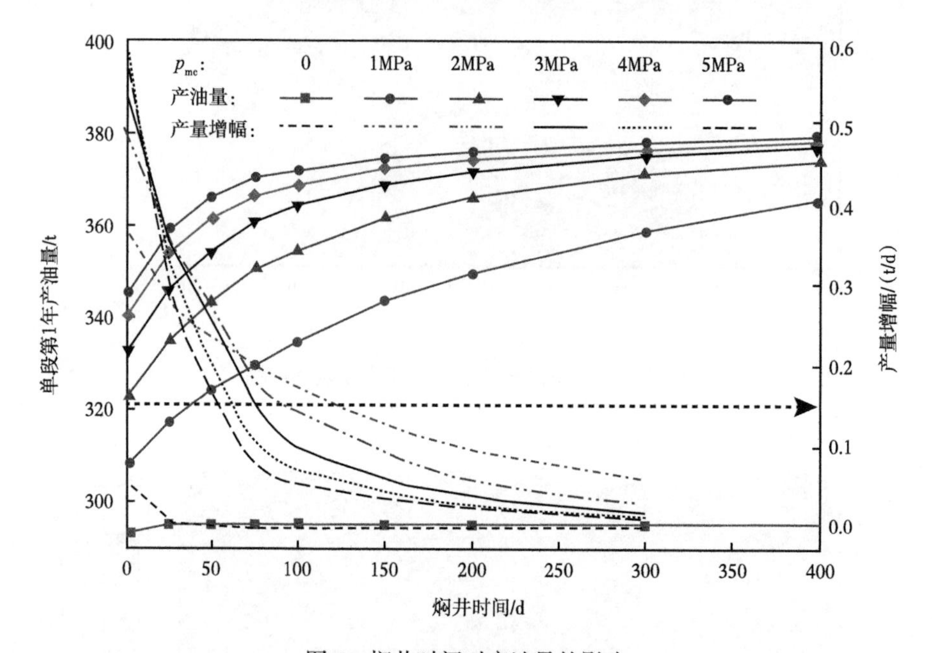

图 6　焖井时间对产油量的影响

3.3 基质渗透率的影响

图 7 为最大毛管力为 3MPa、压裂液量为 1300m^3 条件下不同基质渗透率的产油量曲线。从计算结果可知，基质渗透率越大，产油量越大，所需要的焖井时间越短，若按照同 3.2 节相同的设计标准，基质渗透率 0.05mD、0.1mD 和 0.3mD 所需的焖井时间分别为 151d、94d 和 45d。其主要原因为相同毛管力下基质渗透率越大，油水流动速度越快，基质与裂缝之间的油水置换速度也越快，所需要的焖井时间越短。

3.4 缝网复杂程度的影响

图 8 为有效压裂簇分别 1 簇、3 簇和 5 簇的产油量曲线，其中 1 簇的无支裂缝，3 簇的有 10 条支裂缝，5 簇的有 14 条支裂缝，代表缝网复杂程度从低到高。从计算结果可知，缝网复杂程度越大，产油量越大，其原因一方面是由于缝网越复杂，流动阻力越小，产量越高，另外一方面缝网越复杂，裂缝与基质间的渗吸面积越大，渗吸增油量越大。由于单簇裂缝与基质的接触面积太小，渗吸作用很弱，造成渗吸驱油增产幅度很低，如图 8 中的红色虚线所示。对比 3 簇和 5 簇的产量增幅值可知，5 簇的产量增幅下降速度更快，其渗吸作用更

强，所需的焖井时间更短，说明缝网复杂程度越高，渗吸面积越高，有利于加快渗吸。

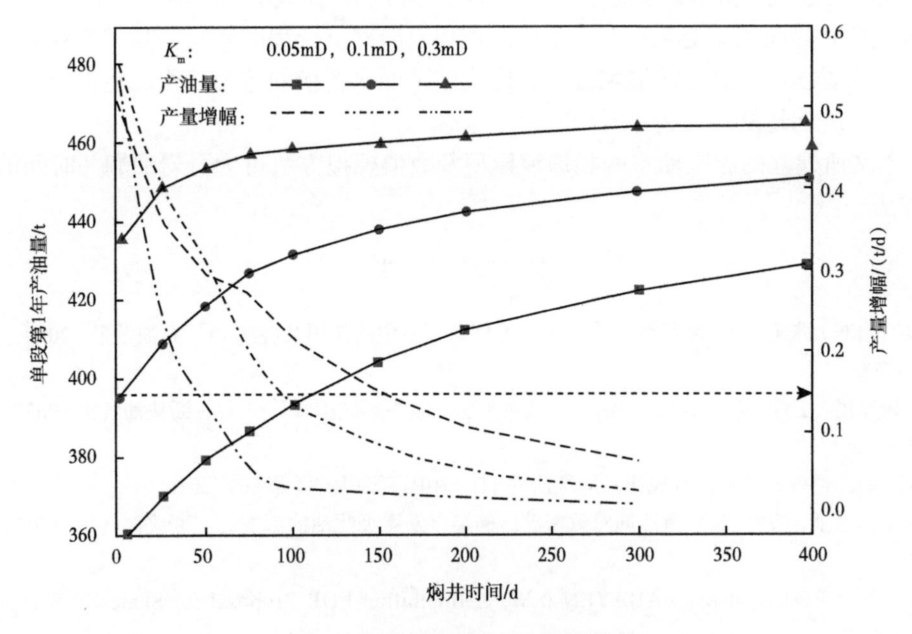

图 7　基质渗透率对产油量的影响

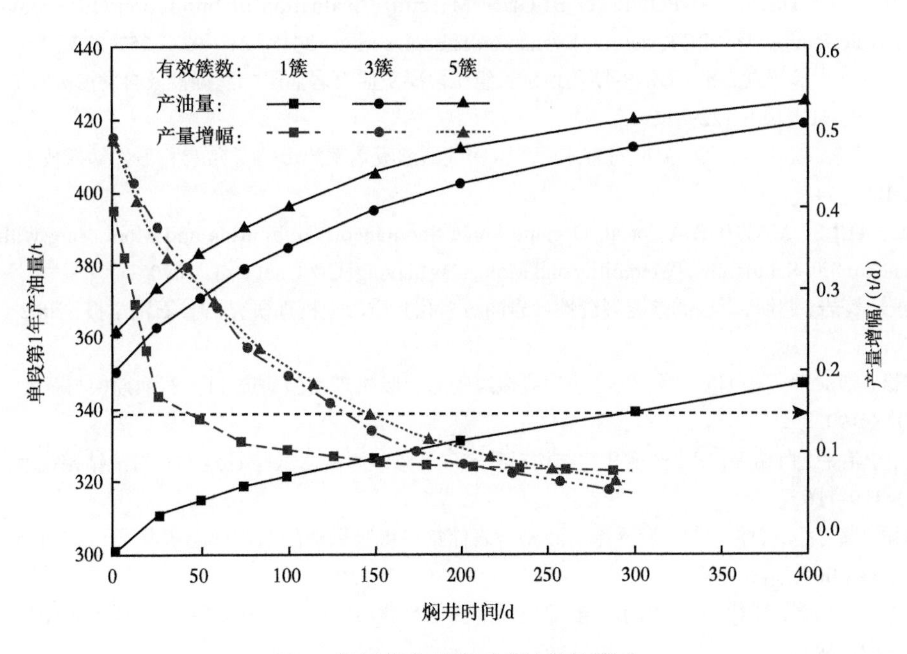

图 8　缝网复杂程度对产油量的影响

4　结论

（1）以毛管力为主要渗吸驱动力，基于体积压裂矩形缝网，建立了一种考虑压裂液注入、焖井以及开井生产全过程的压裂水平井油水两相渗流模型，利用控制体积有限元方法对模型进行数值求解，模拟了渗吸作用下基质－裂缝油水置换过程，获得了焖井及生产过程中油水压力场、速度场、产量以及含水率的动态变化。

（2）毛管力越大，焖井时间越长，开井含水率和生产平均含水率越低，渗吸增产作用越明显。最优焖井时间主要受毛管力、基质渗透率及缝网复杂程度影响，其中毛管力和基质渗透率决定油水置换的速度，而缝网复杂程度决定了油水置换的接触面积。毛管力越大、基质渗透率越高、缝网越复杂，焖井所需时间越短。

（3）本文所建立的渗吸油水两相渗流模型及数值模拟方法可为页岩油焖井时间的制定提供理论方法。

参 考 文 献

[1] 李相方，冯东，张涛，等. 毛细管力在非常规油气藏开发中的作用及应用 [J]. 石油学报，2020，41（12）：1719–1733.

[2] 刘煜，杨建民，王丹，等. 清洁压裂液返排液渗吸驱油效果影响因素评价 [J]. 断块油气田，2020，27（05）：666–670.

[3] 王桂娟. 低渗透砂岩油藏渗吸规律及特征研究 [D]. 中国石油大学（华东），2016.

[4] 苏煜彬，林冠宇，韩悦. 表面活性剂对致密砂岩储层自发渗吸驱油的影响 [J]. 断块油气田，2017，24（05）：691–694.

[5] TUERO F，CROTTI M M，LABAYEN I. Water Imbibition EOR Proposal for Shale Oil Scenarios[C]//OnePetro，2017.

[6] YASSIN M R，DEHGHANPOUR H，BEGUM M，et al. Evaluation of Imbibition Oil Recovery in the Duvernay Formation[J]. SPE Reservoir Evaluation & Engineering，2018，21（02）：257–272.

[7] 李耀华，宋岩，徐兴友，等. 鄂尔多斯盆地延长组 7 段凝灰质页岩油层的润湿性及自发渗吸特征 [J]. 石油学报，2020，41（10）：1229–1237.

[8] 许锋，姚约东，吴承美，等. 温度对吉木萨尔致密油藏渗吸效率的影响研究 [J]. 石油钻探技术，2020，48（05）：100–104.

[9] ALI M，ALI S，MATHUR A，et al. Organic Shale Spontaneous Imbibition and Monitoring with NMR to Evaluate In-Situ Saturations，Wettability and Molecular Sieving[C]//OnePetro，2020.

[10] 朱维耀，鞠岩，赵明，等. 低渗透裂缝性砂岩油藏多孔介质渗吸机理研究 [J]. 石油学报，2002（06）：56–59+3.

[11] 王家禄，刘玉章，陈茂谦，等. 低渗透油藏裂缝动态渗吸机理实验研究 [J]. 石油勘探与开发，2009，36（01）：86–90.

[12] 韦青，李治平，白瑞婷，等. 微观孔隙结构对致密砂岩渗吸影响的试验研究 [J]. 石油钻探技术，2016，44（05）：109–116.

[13] 谷潇雨，蒲春生，黄海，等. 渗透率对致密砂岩储集层渗吸采油的微观影响机制 [J]. 石油勘探与开发，2017，44（06）：948–954.

[14] 党海龙，王小锋，段伟，等. 鄂尔多斯盆地裂缝性低渗透油藏渗吸驱油研究 [J]. 断块油气田，2017，24（05）：687–690.

[15] 吴润桐，杨胜来，王敉邦，等. 致密砂岩静态渗吸实验研究 [J]. 辽宁石油化工大学学报，2017，37（03）：24–29.

[16] 屈雪峰，雷启鸿，高武彬，等. 鄂尔多斯盆地长 7 致密油储层岩心渗吸试验 [J]. 中国石油大学学报（自然科学版），2018，42（02）：102–109.

[17] ZHAO Z，TAO L，ZHAO Y，et al. Mechanism of Water Imbibition in Organic Shale：An Experimental Study[C]//OnePetro，2020.

[18] WANG M, ARGÜELLES-VIVAS F J, ABEYKOON G A, et al. The Effect of Phase Distribution on Imbibition Mechanisms for Enhanced Oil Recovery in Tight Reservoirs[C]//OnePetro, 2020.
[19] 雷征东，覃斌，刘双双，等. 页岩气藏水力压裂渗吸机理数值模拟研究 [J]. 西南石油大学学报（自然科学版），2017，39（02）：118–124.
[20] 李宪文，刘锦，郭钢，等. 致密砂岩储层渗吸数学模型及应用研究 [J]. 特种油气藏，2017，24（06）：79–83.
[21] 王敬，刘慧卿，夏静，等. 裂缝性油藏渗吸采油机理数值模拟 [J]. 石油勘探与开发，2017，44（05）：761–770.
[22] 王睿. 致密油藏压后焖井蓄能机理与规律的数值模拟研究 [D]. 中国石油大学（北京），2019.
[23] 王付勇，曾繁超，赵久玉. 低渗透/致密油藏驱替-渗吸数学模型及其应用 [J]. 石油学报，2020，41(11)：1396–1405.
[24] 欧阳伟平，孙贺东，韩红旭. 致密气藏水平井多段体积压裂复杂裂缝网络试井解释新模型 [J]. 天然气工业，2020，40（03）：74–81.
[25] CHEN Z, HUAN G, MA Y. Computational Methods for Multiphase Flows in Porous Media[M]. Society for Industrial and Applied Mathematics, 2006.

可固化堵漏技术在陇东页岩油水平段堵漏中的应用

陈　宁[1,3]，杨　赟[1,3]，朱明明[2]，孙　欢[2]，刘志雄[1,3]，赵文庄[1,3]

（1. 中国石油川庆钻探工程有限公司钻采工程技术研究院；2. 中国石油川庆钻探工程有限公司长庆钻井总公司；3. 低渗透油气田勘探开发国家工程实验室）

摘　要：陇东长 7 页岩油是我国目前探明储量规模最大的页岩油整装油田，现阶段以丛式水平井、长水平段为主要开发模式，但该区块储层纵横向砂体变化快，水平段储层不连续，存在断层，导致地层承压能力低，防漏堵漏难度大。针对该区块水平段恶性漏失问题，研发了疏水型可固化堵漏工作液，体系具有液柱压力低、滞留能力强的特点，在堵漏施工时可在漏层处形成有效滞留，并形成具有较高强度的固化体，可大幅提高漏层处的地层承压能力。该技术今年来完成陇东页岩油多口水平井堵漏现场应用，其中助力华 H××-× 井 5060m 水平段顺利完钻，刷新亚洲陆上页岩油水平井最长水平段纪录。

关键词：页岩油；水平段；疏水型；可固化堵漏

目前，水平段堵漏方法单一，主要采用桥塞堵漏和水泥浆堵漏，但两种堵漏方法都存在以下缺点：（1）桥塞堵漏由于无法形成固化体，只能堵住裂缝表面，在后续钻井过程中当裂缝处收到流体冲刷时，堵漏材料容易被“返吐”出来，从而导致堵漏失效；（2）水泥浆堵漏虽然能在漏层处形成固化体，但由于自身比重高等缺陷，难以在漏层处停留，往往在形成固化体之前已漏失掉，从而导致堵漏失败。

疏水型可固化堵漏技术解决了桥塞堵漏无法形成固化体，以及水泥浆堵漏固化体难以在漏层处停留的技术难题，并且可有效解决含水漏层和水平段堵漏施工中均出现过效果欠佳和漏层复发等问题。

1　疏水型可固化堵漏工作液研究

1.1　研究思路

以低密高强水泥浆体系为基础，通过降低静液柱压力、延长工作液固化前在漏层处的滞留时间、提高固化液固化后的早期强度等思路提高堵漏的成功率。主要通过以下技术措施：（1）优选减轻支撑剂使体系密度达到 1.25~1.35g/cm^3。（2）在体系中引入固化交联剂和分散纤维材料。以提高体系触变性，并在地层裂缝中形成网状支撑，提高减轻支撑剂在裂缝处的填充滞留能力。（3）在体系中加入超细增强剂和早强激活剂，以提高体系的早期强度，提高裂缝处的承压能力。（4）在体系中加入疏水剂，防止体系与井筒内流体发生污染，保证体系固化后的性能。（5）在体系中加入膨胀剂，使得体系在漏层裂缝中固化时产生微膨胀效果，固化体能够充满裂缝，保证堵漏效果，防止漏层后期复发。

作者简介：陈宁，男，陕西西安人，中国石油集团川庆钻探工程有限公司钻采工程技术研究院，高级工程师，主要固井和钻井防漏堵漏方面的研究与现场应用工作。地址：陕西省西安市未央区未央路 151 号长庆科技楼 710018。E-mail：chenning_gcy@cnpc.com.cn。联系电话：13636809985。

1.2 堵漏工作液配方体系

疏水型可固化堵漏工作液的配方组成及作用如下：

（1）水化凝结材料。G 级油井水泥，提供堵漏工作液的固化骨架材料；

（2）减轻支撑剂。闭孔膨胀珍珠岩，降低体系密度、堵漏桥塞作用；

（3）固化交联剂。与水泥水化同时进行，提高体系触变性及固化后的致密性；

（4）水溶性纤维。改变体系流变性，使得体系进入漏层后更易架桥；

（5）早强剂、增强剂。提高体系的固化强度和早期强度。

（6）疏水剂。防止体系与井筒内其他流体混合后降低固化后性能；

（7）膨胀剂。使体系在固化后产生一定的微膨胀效果。

1.3 水溶性纤维加量的确定

纤维在液体中分散后具有搭桥成网作用，与减轻支撑剂配合，在堵漏工作液通过漏失通道时，首先在其凹凸不平的表面及狭窄部位（喉道）产生挂阻“架桥”，形成桥堵的基本“骨架”，使得堵漏工作液在漏层处的漏失速率逐渐减小而形成滞留，由于体系具有固化的能力，从而能够形成固化体，封堵漏层裂缝，起到了提高地层承压能力的堵漏效果。堵漏工作液中纤维的含量越高越容易形成这种桥塞作用，在保证工作液可泵能力的情况下，我们需要选取水溶性纤维的最佳加量。结果见表 1。

表 1　纤维加量对体系流变性能的影响

纤维加量 /%	0	0.5	1.0	1.5	2.0	2.5	3.0
流动度 /cm	23	22	21	20	20	19	17
终切 /Pa	25	31	36	42	46	52	58

从上表数据可以看出，当纤维加量大于 2.5% 以后，体系的流动性变动变差，在泵送过程中产生的磨阻过大，不利于与堵漏，因此我们选择 2.0%~2.5% 作为堵漏工作液中的纤维加量。

1.4 堵漏工作液膨胀性能研究

堵漏工作液体系在流动状态下进入地层裂缝、孔隙中滞留，固化后在孔隙中形成固化体，从而起到封固漏层提高底层承压能力的作用。但是在堵漏挤注过程中，会有地层流体或钻井液等其他流体与堵漏工作液同时填充进漏层孔隙中，固化后就有可能在孔隙中形成通道，影响堵漏效果，通过提高体系固化的膨胀率，提高孔隙的填充率，结果见表 2。

表 2　膨胀剂加量对体系膨胀性能的影响

测试温度 /℃	不同膨胀剂加量下体系的膨胀率 /%			
	0.5	1.0	1.5	2.0
45	0.12	0.48	0.69	0.85
60	0.13	0.48	0.68	0.85
75	0.15	0.51	0.71	0.89

选取45℃，60℃，75℃分别对应长庆油田最易漏失的延长组、刘家沟组、和石千峰组三个地层的温度，测试不同膨胀剂加量下的体系膨胀率，由于膨胀率过大会导致体系固化性能变差，因此选择的膨胀剂加量为1.5%。

1.5　堵漏工作液疏水性能研究

由于堵漏工作液采用水泥作为固化骨架材料，因此不同的水固比会影响体系的固化效果，在堵漏挤注过程中，体系与地层流体或钻井等混合后，侵入堵漏工作液体系中的其他流体会破化体系的固化效果。为了降低其他流体对体系的侵入，在体系中引入疏水保水剂，提高体系的疏水效果。

实验方法：将配置好的不同疏水剂加量的密度1.30 g/cm^{3}的堵漏工作液迅速倒入装满水的烧杯中，静止2h后，待烧杯中形成的分层稳定后，倒出上部清液，取下部液体做性能测试，结果见表3。

表3　疏水剂加入后堵漏工作液基本性能变化

疏水剂加量 /%	0	0.05	0.1	0.2
密度 / (g/cm^3)	1.17	1.23	1.29	1.30
24h 强度 /MPa	1.3	4.1	6.2	6.8
自由水 /%	15	4.3	1.4	1.2
稳定性密度差 / (g/cm^3)	0.06	0.04	0.02	0.02

从表中数据可以看出，疏水剂加入后，体系受到水污染后基本性能变化不大，因此选择在体系中加入0.1%~0.2%疏水剂，保持体系受到污染后的性能。

2　模拟堵漏效果评价

本次对可固化低密度堵漏工作液开展的堵漏效果评价实验部分地采用了钻井液用堵漏模拟实验装置，装置整体外观示意图如图1所示。

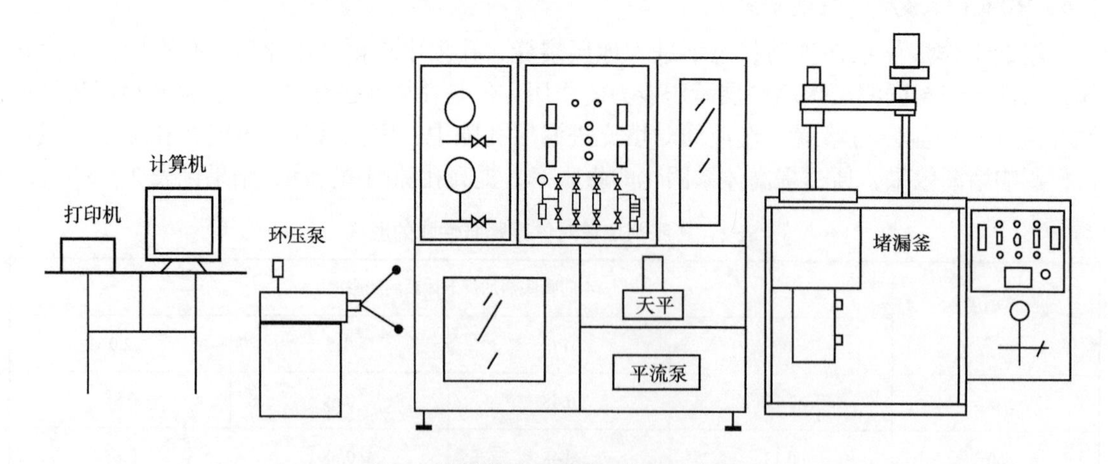

图1　堵漏模拟实验装置外观示意图

2.1 堵漏工作液体系防漏失能力评价实验的过程及数据描述

依照上述分析现场漏失的数据，按照最大压差 3~5MPa，加压速率：0.50 MPa/60s，进行设计密度条件下的漂珠水泥浆和堵漏工作液的防漏能力的对比评价实验。实验主要步骤及数据如下：

（1）准备设备，检查连接件和釜体的密封性，在漏层模拟段中加装好所设计的漏失类型器件。

（2）配制设计密度下的水泥浆 3L，将其在常压稠化仪中进行加热到所设计的井低温度，将其倒入釜体容器中，加装好密封顶盖，连接好加压管路。

（3）首先向釜体中施加 3MPa 的压力，模拟浆体的井下受压状态。

（4）10min 后关闭 1# 开关，通过气源定值器以设计好的速度向釜体增加压力，使漏层模拟段的两端产生压差，模拟井下漏失条件。

（5）如果施加加压后定值器可在 10~15s 内恢复稳定，表明该浆体能够完成该压差的堵漏任务，待其稳定 2~3min 后可继续增加压力；若其无法在 10~15s 内恢复稳定，表明浆体无法承受在该压差下的堵漏任务，浆体正持续地被推入了容器中，即应停止该实验，并记录该浆体的最后一次的稳定压差值，作为其堵漏的最高能力。

（6）完成上述实验后，应在确定各个容器中的压力完全排泻的情况下打开釜体及收集容器；首先记录容器中的收集物质量，以便下一步的分析计算；其次对其进行清洗整理。

2.2 浆体堵漏实验数据及分析

按照上述步骤，对所设计密度下的浆体进行的测试数据见表 4、表 5。

表 4 堵漏工作液浆体在渗透漏层模型中的实验数据

堵漏工作液密度 /（g/cm^3）	压差型漏层模型		
	10 目孔隙最大可承压 /MPa	20 目孔隙最大可承压 /MPa	40 目孔隙可承压 /MPa
1.25	1.5	2.5	5
1.30	1.5	2.5	5
1.35	1.0	2.5	5

表 5 堵漏工作液浆体在缝隙型漏层模型中的实验数据

堵漏工作液密度 /（g/cm^3）	孔隙型漏层模型		
	10 目孔隙承压 /MPa	20 目孔隙承压 /MPa	40 目孔隙承压 /MPa
1.25	5.4	4.1	1.8
1.30	6.0	4.5	2.2
1.35	6.2	5.2	3.1

从堵漏测试效果评价时间结果看，可固化、堵漏工作液在固化前具有良好的封堵漏失能力，在不同裂缝宽度情况下，可以使地层比普通流体多承受 1.5~6.2MPa 的压力，说明通过密度的调节，在适当裂缝宽度条件下，堵漏工作液有足够的滞留能力保证体系在裂缝处固

化，最终起到封堵裂缝提高地层承压能力的目的。

3 现场应用

疏水型可固化堵漏工作液共完成陇东页岩油水平井水平段恶性漏失堵漏 9 井次，堵漏一次成功率 100%，漏层复发率为 0。下面介绍华 H××-×× 井现场应用情况。

华 H××-× 井是长庆油田公司在陇东国家页岩油示范区部署的一口水平井，设计水平段长 5000m，钻至水平段 1657m、1728m 时出现恶性漏失，电阻率、伽马数值异常，抢钻至水平段长 1850m，井口失返，后经多次工艺堵漏控制漏速，多次堵漏后漏速仍然超过 $20m^3/h$。漏点多、跨度大、"返吐"严重是该口井堵漏的难点，配制了 $41m^3$ 疏水型可固化堵漏工作液，体系密度 $1.39g/cm^3$，在水平段长 1640m 处泵入，保证 3 个断层均能兼顾，泵入堵漏工作液后采用旋转防喷器起钻，起至挤封井深后控压活动钻具挤封，最终稳压 6.2MPa，带压候凝 12h，室内试验数据显示阻水型可固化堵漏漏工作液已固化，开井循环，井筒未出现"返吐"现象，继续候凝 24h 扫塞，消耗正常，堵漏成功，恢复钻进。起钻至安全位置后开始挤注，最高挤注压力 6.2MPa，随后起钻候凝，24h 后成功恢复钻进，至该井水平段 5060m 完钻，漏层无复发。

4 结论与认识

（1）疏水型可固化纤维堵漏工作液具有低密度、易滞留、可固化、不易被稀释分散的特性，配套的堵漏工艺实现了控压起钻和动态挤封作业，既保证堵漏工作液在漏层留得住，又避免了压差卡钻风险。

（2）为进一步提高页岩油水平井超长水平段的防漏堵漏效果，建议研发多类型的井下工具和无固相可固化堵漏工作液。

参考文献

[1] 周志世，张震，张欢庆，等 . 超深井长裸眼井底放空井漏失返桥接堵漏工艺技术 [J]. 钻井液与完井液，2020，37（4）: 456-464.

[2] 柳伟荣，倪华峰，王学枫，等 . 长庆油田陇东地区页岩油超长水平段水平井钻井技术 [J]. 石油钻探技术，2020，48（1）: 9-14.

[3] 谷穗，蔡记华，乌效鸣 . 窄密度窗口条件下降低循环压降的钻井液技术 [J]. 石油钻探技术，2010，38（6）: 65-70.

[4] 胡祖彪，张建卿，王清臣，等 . 长庆油田华 H50-7 井超长水平段钻井液技术 [J]. 石油钻探技术，2020，48（4）: 28-36.

[5] 王贵，蒲晓林，文志明，等 . 基于断裂力学的诱导裂缝性井漏控制机理分析明 [J]. 西南石油大学学报：自然科学版，2011，33（1）: 131-134.

[6] 邱正松，王在明，徐加放，黄维安 . 复合堵漏材料优化实验研究及配方评价新方法 [J]. 天然气工业，2006，26（11）: 96-98.

[7] 柴金鹏，邱正松，刘海鹏，张景红，成效华，郝仕根，许拥军 . 国外 S 区 S25 井堵漏技术 [J]. 钻井液与完井液，2015，32（3）: 47-50.

页岩油储层驱油压裂液体系开发与应用

杨嘉慧，张　冕，邵秀丽，景志明，王亚军

摘　要：岩油藏储层致密、渗透率超低、天然裂缝发育差，需通过压裂改造完成开采。常规压裂液施工时存在储层伤害严重、耐盐性能差无法实现返排液重复利用、分散性和润湿改变性能不佳等问题。针对储层特点及施工存在问题，开发出以表面活性剂为主要成分的页岩油储层用驱油压裂液体系。该体系稠化剂破胶后无残渣，对储层伤害小。同时耐盐 100000mg/L，可实现返排液再利用。并且能降低油水界面张力至 10^{-3}mN/m 级，分散性好。目前在华 H100 平台施工 13 口井 725 层段，应用效果良好。

关键词：页岩油；表面活性剂；驱油效率

我国能源需求量逐年递增，据预测 2030 年我国油气进口量将超过 80%，因此油气开采着力点也由常规气藏转向页岩油、气等非常规油气藏。表面活性剂驱在页岩油开采中较碱驱、聚合物驱具有机理简明、耐温、抗盐等优势，成为提高原油采收率的有效途径之一[1-3]。基于体积压裂液体性能要求，开发出由表面活性剂类稠化剂 XYZC-6 和调节剂 XYTJ-3 组成的 LGF-80 驱油压裂液体系。

1　实验部分

1.1　材料与仪器

（1）实验药品：α- 烯基磺酸钠（麦克林），氯丙烯（麦克林），二乙醇胺（麦克林），丙烯酰胺（麦克林），2.2- 偶氮二（2- 甲基丙基咪）二盐酸盐（阿拉丁），无水乙醇（科密欧），氯化钾（科密欧）、氯化钙（科密欧），氯化镁（科密欧），氯化钠（科密欧）。

（2）实验设备：电子天平、磁力搅拌加热器、循环水式多用真空泵，真空干燥箱，全自动表面张力伊、界面张力仪、接触角测量仪、PVS 流变仪、六速旋转黏度测定仪。

1.2　实验方法

1.2.1 稠化剂 XYZC-6 的制备

通过室内反复试验发现近肽链结构的黏弹性表面活性剂有较好的耐盐抗酸性能，同时表面活性剂分子之间相互缠绕能快速形成肽链结构的胶束溶液，而达到快速增黏效果。室内通过分子改性制备出一种特殊结构的复配后的表面活性剂作为体系稠化剂[4]。

首先用电子天平称取适量的 α- 烯基磺酸钠固体粉末，然后称取适量的烯丙基二乙醇胺，用量筒量取适量水，将它们三者倒入三口烧瓶混合均匀，配制成质量百分比为 30% 的溶液，使用磁力搅拌加热器加热至一定温度，然后加入少量的引发剂 2，2- 偶氮二（2- 甲基丙基咪）二盐酸盐，等反应一段时间之后，结束实验，关闭仪器。加入无水乙醇并抽滤来提纯，经过一段时间的真空干燥得到橙色固体，即为改性表面活性剂。

1.2.2 调节剂 XYTJ-3 的优选

调节剂 XYTJ-3 是一种有机复合酸。稠化剂分子遇水快速分散后，加入 pH 为弱酸性的调节剂，能在几秒内由小胶束快速聚集形成球状体，伴随着链长增大，聚集体快速增大，形成球状胶束，在球状胶束的情况下，分子单体向胶束内紧密填充并不容易，于是发生非对称增长，形成椭圆状体，乃至圆板状胶束体，最终形成黏弹性溶液[5]，稠化过程如图 1 所示。基于此反应机理，稠化剂与调节剂加量决定球状胶束形成数量，加量不同呈现出的液体黏度不同。因此，可通过改变加量来实现压裂液黏度改变，便于现场施工中低黏、高黏的转变（图 1）。

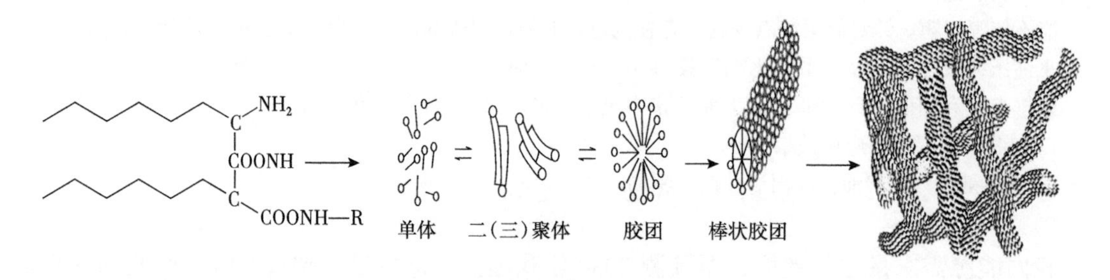

图 1 加入调节剂后稠化机理

1.2.3 体系配方确定及性能评价

压裂液体系配方的制定需紧密贴合改造储层的地质特征。通过长 7 储层砂岩样品进行物性实验分析并统计后发现（表 1），孔隙度分布范围为 1.18%~14.05%，主要集中在 2%~12%，其分布频率达到了 94.5%，孔隙度平均值 7.16%。从渗透率分布直方图上看，渗透率分布峰值也很明显，主要集中在大于 $0.01^{-1} \times 10^{-3}\mu m^2$ 的范围，分布频率为 92.5%，平均渗透率为 $0.596 \times 10^{-3}\mu m^2$（图 2、图 3）。

表 1 长 7 物性分析结果统计表

层位	孔隙度 /%			气测渗透率 /$10^{-3}\mu m^2$		
	最大	最小	均值	最大	最小	均值
长 7	14.05	1.18	9.26	7.42	0.000572	0.352

结合物性分析及文献调研，储层伤害因素主要为大分子聚合物滞留吸附伤害、黏土膨胀及运移伤害、水锁伤害等。因此，初步确定压裂液体系基础配方进行实验研究和数据分析，优化调整筛选稠化剂、调节剂的用量，优化调整筛选稠化剂、调节剂的用量，以满足储层条件和压裂工艺要求，配方为：0.8%~1.2% 稠化剂 XYC-6+1.0%~1.5% 调节剂 XYTJ-3，具有增稠快、在线混配、重复利用、低伤害、驱油等功能。以满足储层条件和压裂工艺要求[6]。

体系性能评价依据石油行业标准《水基压裂液性能评价方法》《压裂液通用技术条件》《砾石充填防砂水基携砂液性能评价方法》等标准的要求，分别测定体系的流变性能、悬砂性能、抗盐性能、驱油性能、渗析性能等性能。

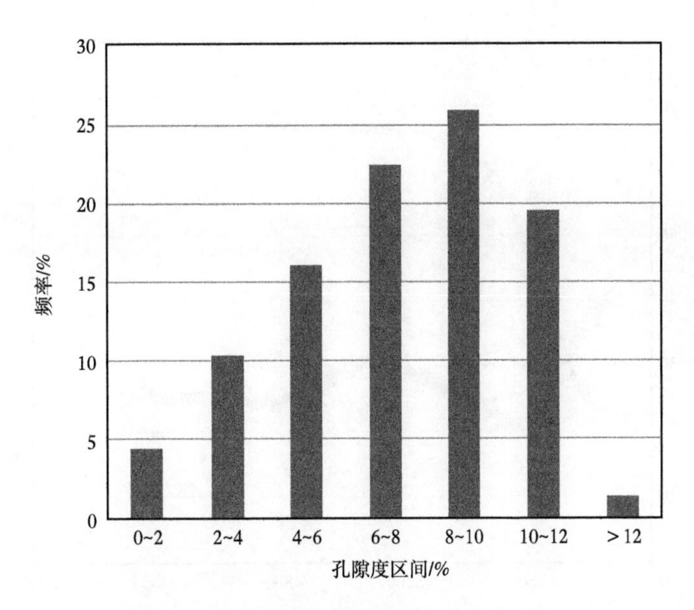

图 2　长 7 段储层孔隙度频率分布直方图

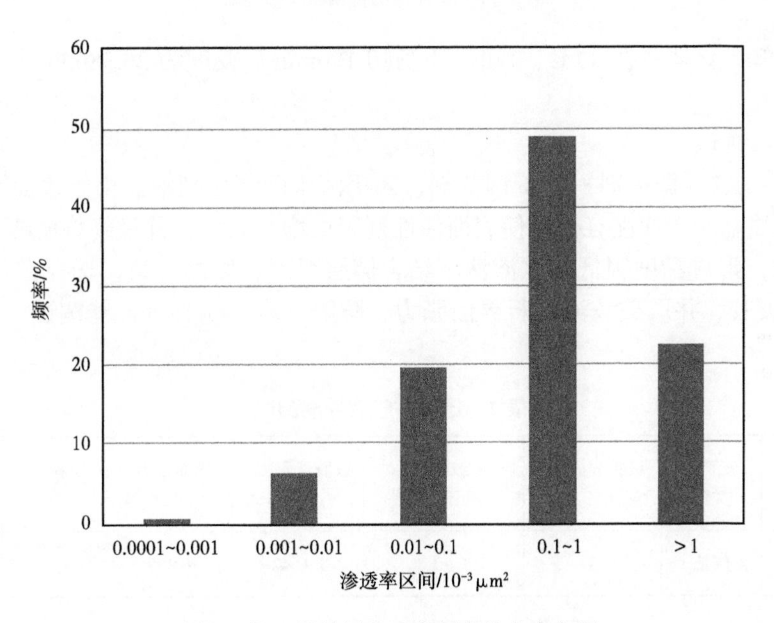

图 3　长 7 段储层渗透率频率分布直方图

2　结果与讨论

2.1　室内综合性能评价

2.1.1　流变性能测试

按照配方：1.2% 稠化剂 +1.0% 调节剂，采用清水配制压裂液，采用 PVS 流变仪，在 80℃、$170s^{-1}$ 剪切速率下进行耐温耐剪切性能测试，试验结果如图 4 所示。

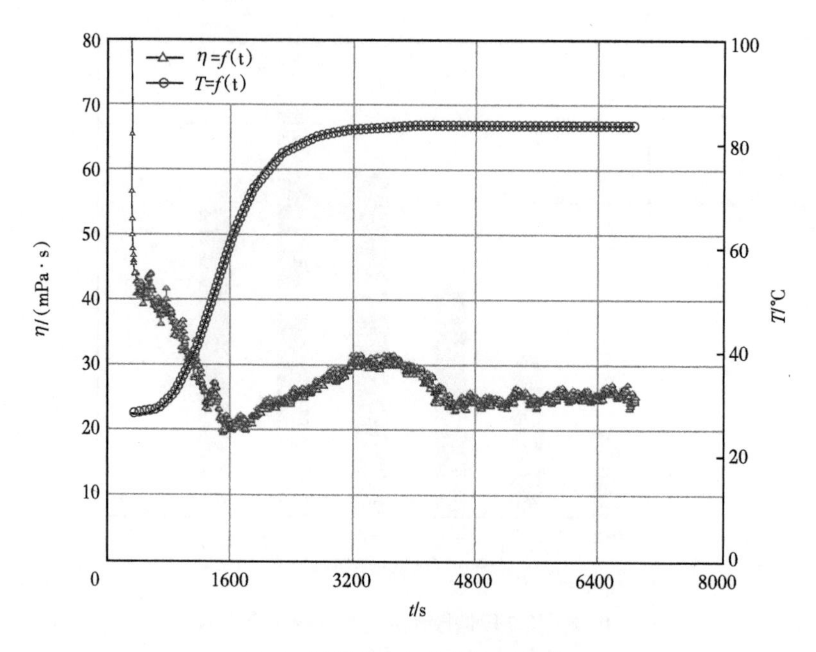

图 4　耐温耐剪切性能测试曲线

由图 1 可知，该体系在 80℃、$170s^{-1}$ 下剪切 100min 后黏度为 20.38mPa·s，耐温耐剪切性能良好。

2.1.2　破胶性能测试

按照配方：1.2% 稠化剂 +1.0% 调节剂，采用清水配制压裂液。由于表面活性剂压裂液遇油气后，亲油基的亲油性有机物使表面活性剂胶束增容胀大，并最终将崩解成较小的球形胶束或分子状，形成黏度很低的水溶液。结合储层温度、原油含量，选择在 60℃下，加入 3% 煤油进行破胶，并取破胶液进行界面张力、防膨、岩心伤害等性能测试，试验结果表 2 所示。

表 2　压裂破胶液性能测试

破胶温度 / ℃	破胶剂类型	破胶剂加量 / %	破胶时间 / min	破胶液黏度 / mPa·s	界面张力 / （mN/m）	防膨率 / %	岩心伤害率 / %
60	煤油	3	90	2.1642	0.397	89.9	15.6

由表 1 可知，在 60℃下，煤油加量为 3% 时，破胶时间为 90min，黏度为 2.1642mPa·s，压裂液破胶彻底，界面张力为 0.397 mN/m，防膨率为 89.9%，岩心伤害率 15.6%。

2.1.3　返排液再配液性能测试

为了进一步降低压裂液配液成本、缓解返排液处理与生产系统这一主要矛盾，解决各个生产环节的问题，该体系的设计目标之一为：抗盐性能好，可利用返排液再配液，完成返排液重复利用。室内采用氯化钾分别配制矿化度为 20000mg/L、40000mg/L、60000mg/L、80000mg/L、100000mg/L 盐水，按照配方 1.5% 稠化剂 +0.6% 调节剂配制压裂液，采用 PVS 流变仪，在 $170s^{-1}$ 剪切速率下进行耐温性能测试，试验结果如图 5 所示。

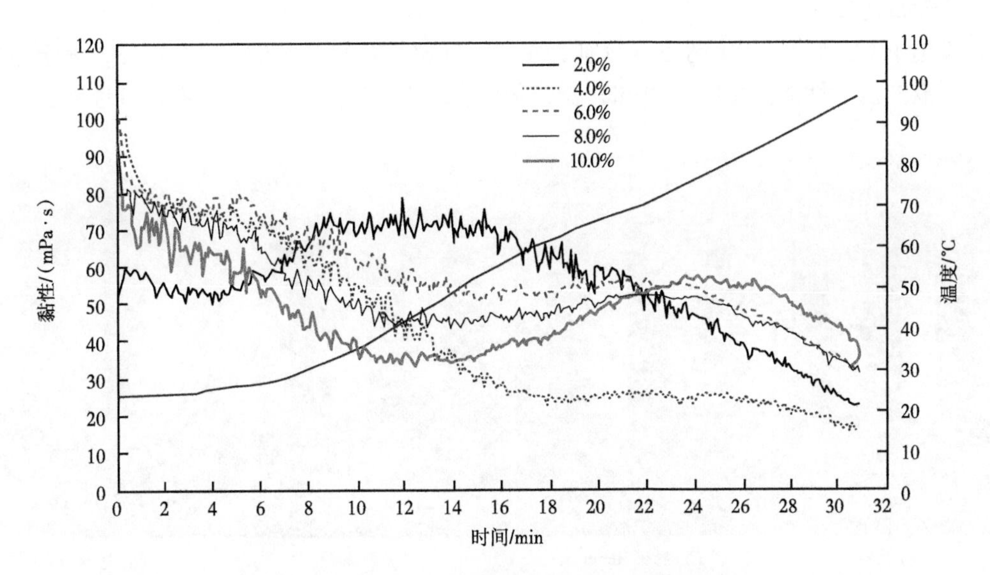

图 5　不同矿化度水配制压裂液耐温性能测试曲线

由图 5 可知，采用矿化度为 20000mg/L 的盐水配制压裂液，在 $170s^{-1}$ 剪切速率下，温度升至 90℃时，黏度在 25.3mPa·s 以上；采用矿化度为 40000mg/L 的盐水配制压裂液，在 $170s^{-1}$ 剪切速率下，温度升至 90℃时，黏度在 20mPa·s 以上；采用矿化度为 60000mg/L 的盐水配制压裂液，在 $170s^{-1}$ 剪切速率下，温度升至 90℃时，黏度在 36.8mPa·s 以上；采用矿化度为 80000mg/L 的盐水配制压裂液，在 $170s^{-1}$ 剪切速率下，温度升至 90℃时，黏度在 35mPa·s 以上；采用矿化度为 100000mg/L 的盐水配制压裂液，在 $170s^{-1}$ 剪切速率下，温度升至 90℃时，黏度在 39.1mPa·s 以上。由此可知，当矿化度达到 100000mg/L 时，配制压裂液耐温性能良好。

采用华 H34（采用驱油压裂液施工）平台返排液配液进行耐温耐剪切性能评价，结果如图 6 所示，80℃剪切 1h，黏度 20mPa·s，满足施工要求。

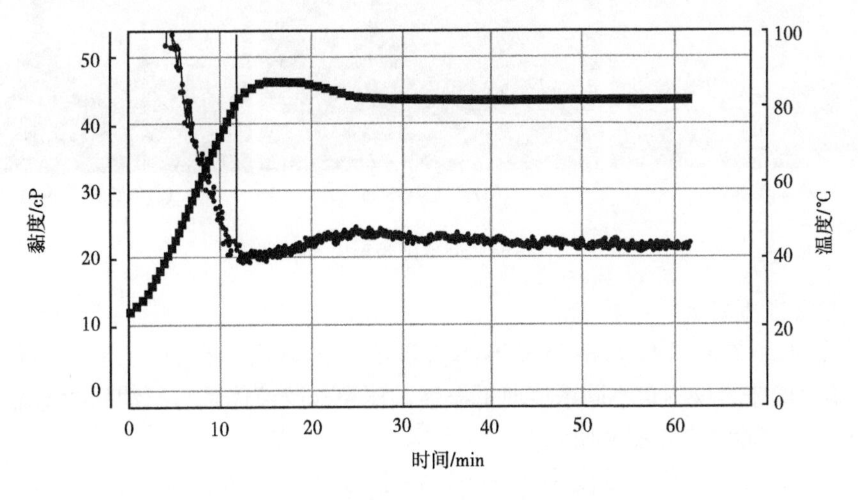

图 6　返排液再配液流变性能测试曲线

2.1.4 悬砂性能测试

在常温下（25℃），稠化剂浓度分别为1.0%、1.5%及2.0%，编号1、2、3，测定不同时间段压裂液的携砂性能。由图7可知，稠化剂的在1.5%~2.0%时，压裂液携砂性能良好。

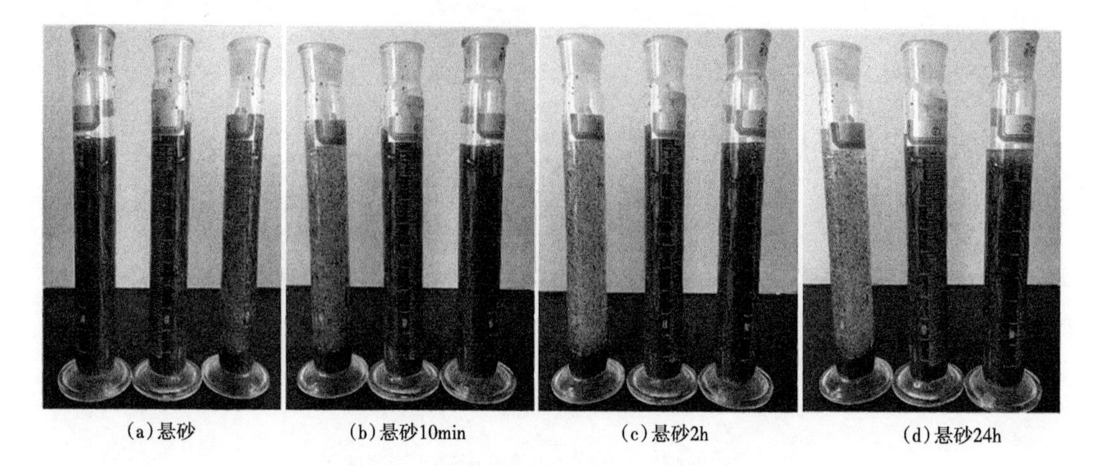

(a)悬砂 (b)悬砂10min (c)悬砂2h (d)悬砂24h

图7 不同稠化剂浓度常温下悬砂性能

在80℃高温下，稠化剂浓度分别为1.0%、1.5%及2.0%，测定不同时间段压裂液的携砂性能。由图8可知，在高温下，5min内压裂液携砂性能良好，具有一定的耐高温性能，能满足油井压裂施工。

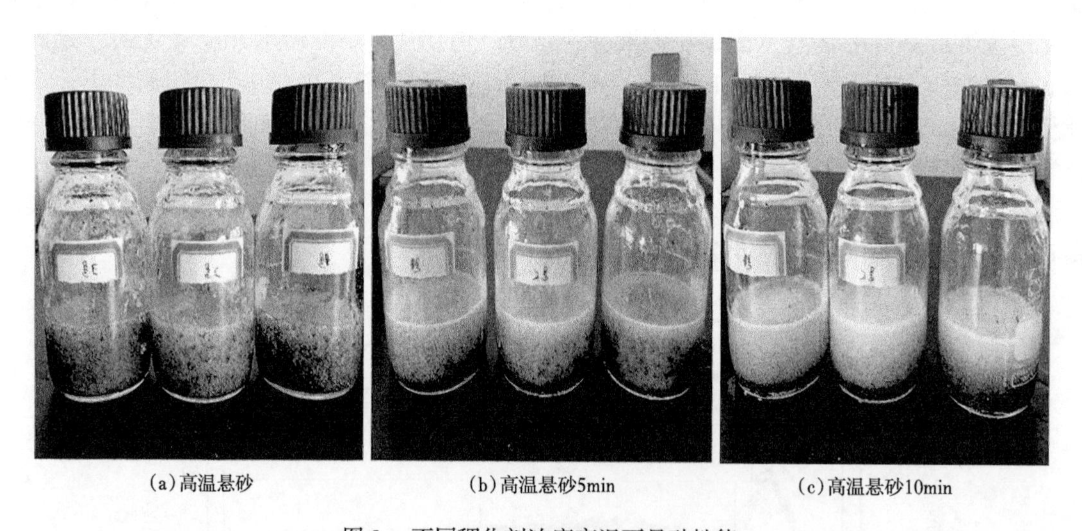

(a)高温悬砂 (b)高温悬砂5min (c)高温悬砂10min

图8 不同稠化剂浓度高温下悬砂性能

2.1.5 稳态界面张力测试

用模拟盐水将破胶液体系稀释成不同质量浓度的体系，在80 ℃恒温条件下，采用TX500C旋滴界面张力仪测定不同浓度时低温清洁压裂破胶液体系与原油间的稳态界面张力，转速6000 rpm，实验结果如图9所示。

结果表明，当表面活性剂浓度小于0.006 %时，体系稳态界面张力随着浓度的增加而降低，当表面活性剂浓度大于0.006 %时，体系界面张力随着浓度的增加而升高。原因在于，当浓度低于0.006 %时，随着浓度增加，体系中表面活性剂分子数量增加，越来越多的表面活性剂分子趋于吸附在油水界面，界面张力逐渐降低；当浓度超过 0.006 % 时，随着浓度增加，溶液中形成的胶束对油水界面高活性成分增溶，油水界面表面活性剂分子减少，导致界面张力增大。仿肽型表面活性剂低温压裂液破胶液体系能达到 10^{-2} mN/m 数量级的浓度范围为 0.001%~0.02%，其中当破胶液体系浓度处于 0.004%~0.008% 时体系与原油间界面张力可以达到 10^{-3}mN/m 数量级。

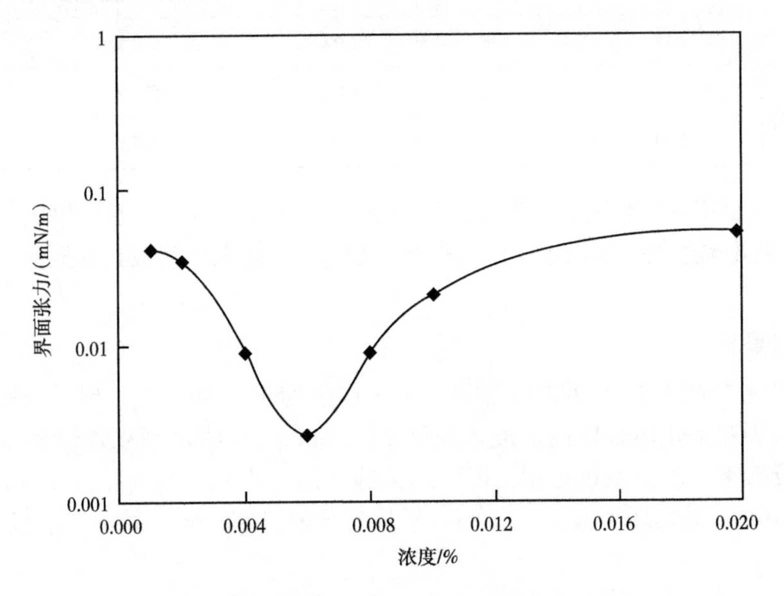

图 9 破胶液体系稳态界面张力随浓度变化趋势

2.1.6 驱油性能评价

由于该压裂液体系增稠剂为表面活性剂物质，具有超高表面活性的特点，进入储层后，可显著降低油水界面张力，改变岩石润湿性，降低原油与岩石间的黏附力，剥离原油，借助毛细管力实现油水置换，提高采油效率，为此开展了该体系破胶液驱油性能评价。

实验选用长 6、长 7、长 8 油井储层岩心，实验用完全破胶态的 LGF-80 压裂液进行驱替，对照组用蒸馏水进行驱替。实验前先测定岩心基础数据，将天然岩心饱和标准盐水，然后用脱水的煤油驱替岩心 10PV 达到稳定，建立含油饱和度。驱替时，围压设置为 3.5MPa，加热至 75℃，注入 LGF-80 体系压裂液破胶液后先恒压维持在 3.0MPa 驱替至出液，调整参数，换恒流 0.1ml/min 继续驱替，直到采出液含水高达 98% 以上，停止驱替，计算驱替效率。表 3 为岩心驱替结果。

表 3 岩心驱替实验结果

岩心编号	气测渗透率 / $10^{-3}\mu m^2$	孔隙体积 / cm^3	孔隙度 / %	驱替体系	驱替采收率 / %
C6-22	1.45	3.57	10.02	LGF-80 体系压裂液破胶液	44.23
C6-36	1.59	3.58	11.73	LGF-80 体系压裂液破胶液	47.19
C7-20	1.37	3.66	8.70	LGF-80 体系压裂液破胶液	50.74
C7-39	0.97	3.49	7.44	LGF-80 体系压裂液破胶液	51.91

续表

岩心编号	气测渗透率 / $10^{-3}\mu m^2$	孔隙体积 / cm^3	孔隙度 / %	驱替体系	驱替采收率 / %
C8-25	0.81	3.77	8.36	LGF-80 体系压裂液破胶液	47.37
C8-13	1.22	3.94	10.67	LGF-80 体系压裂液破胶液	48.99
C6-51	1.49	3.85	10.72	蒸馏水	21.02
C7-34	0.87	3.52	6.37	蒸馏水	20.14
C8-18	1.79	3.34	9.18	蒸馏水	19.67

由表 3 可知 LGF-80 体系压裂液破胶液能够有效提高原油采收率。相比于水驱，该破胶液能提高水驱效率达到一半以上。综上所述，LGF-80 体系压裂液具有压裂、驱油的双重功效。

2.2 现场应用情况

在华 H100 平台施工 13 口井 725 层段，施工层位为长 7_1 和长 7_2，现场采用边配边注在线施工，液体增稠时间 100s 以内，液体黏度 27~33mPa·s，满足现场加砂要求，施工排量 4~6m^3/min，最高施工砂浓 460kg/m^3，现场总体施工压力平稳。目前排液 11 口井，见油 10 口井，占比 90.9%。井口压力 0.3~2.3MPa，平均日产液量 59.1m^3，累计产油量 985.8m^3，平均返排率 12.5%。

3 结论

（1）实验合成以近肽链为主要结构的黏弹性表面活性剂作为稠化剂，并优选出多组分有机溶剂复合而成的弱酸性溶剂作为调节剂，构建 LGF-80 驱油型表面活性剂压裂液体系。

（2）该体系耐盐 100000mg/L，耐温 80℃以上，可显著降低油水界面张力至 10^{-3}mN/m 级，大幅提升采收率。

（3）在华 H100 平台施工 13 口井 725 层段，应用效果良好。

参 考 文 献

[1] 王振宇，郭红强，姚健 . 等 . 表面活性剂对特低渗油藏渗吸驱油的影响 [J]. 非常规油气，2022，9（1）：77-83.

[2] 郑宪宝 . 低渗透油藏驱油用耐温抗盐型表面活性剂研究 [J]. 石油化工高等学校学报，2021，34（6）：70-75.

[3] 赵方园，伊卓，吕红梅 . 等 . 表面活性聚合物性能评价及驱油机理 [J]. 石油化工，2021，50（12）：1310-1316.

[4] 范华波，薛小佳，李楷 . 等 . 驱油型表面活性剂压裂液的研发与应用 [J]. 石油与天然气化工，2019，48（1）：74-79.

[5] 杨剑，白玉军，李东旭 . 等 . 高效驱油表面活性剂的制备与应用研究 [J]. 现代化工，2018，38（5）：90-94.

[6] 高燕，张冕，李泽锋 . 高效驱油压裂液的开发与应用 [J]. 钻井液与完井液，2017，34（6）：111-116.

吉木萨尔页岩油 CO_2 提高采收率机理实验研究

贾海正，丁艳艳，腾金池

（中国石油新疆油田公司工程技术研究院）

摘 要：在 CO_2 前置蓄能压裂包括注入和焖井的整个周期内，CO_2 持续与储层岩石和原油发生作用，包括破岩、矿物溶蚀、降低原油黏度、与原油混相和置换等，为提高采收率做出贡献。为探索 CO_2 与吉木萨尔储层岩石和与吉木萨尔页岩油的相互作用规律，明确提高采收率机理，本文开展浸泡、降黏、混相、置换实验等基础实验以及 X 射线衍射和核磁共振等辅助实验。实验结果表明，使用 CO_2 水溶液对吉木萨尔页岩长期浸泡后 CO_2 水溶液对白云石、方解石溶蚀明显，浸泡 14 天渗透率增大约 2.2 倍，孔隙度提高约 30%~40%。CO_2 对吉木萨尔原油降黏作用明显，降幅度达到 60%~70%；CO_2 与吉木萨尔原油最小混相压力 25.51MPa，在地层条件 CO_2 可与原油实现混相；超临界 CO_2 置换能力较强，采收率可达到 57%。

关键词：吉木萨尔储层，二氧化碳，提高采收率，CO_2 与原油相互作用，CO_2 与储层相互作用

吉木萨尔页岩储层渗流能力差，无法通过注采方式实现能量补充，采用衰竭开采方式，地层能量下降快，采收率低[1-5]。CO_2 前置蓄能压裂能在压裂和生产两方面起到提高采收率作用，有利于补充地层能量、提高采收率[6]，但目前吉木萨尔页岩储层 CO_2 前置蓄能处于起步阶段，其提高采收率机理尚不明确。因此，有必要针对吉木萨尔页岩油进行 CO_2 前置蓄能压裂增加机理及工艺技术研究，开发出适合于该地区的 CO_2 前置增能压裂工艺技术，提高储层改造效率及采收率。

CO_2 在油田的应用已有超过 60 年的历史，期间各项工艺中涉及的 CO_2 与原油、储层之间的相互作用以及 CO_2 破岩规律已被国内外学者广泛研究[7-15]。段永伟等在吉林油田开展 CO_2 降黏实验，多口井原油黏度降幅均在 55% 以上，同时 CO_2 混相驱油效率较常规水驱提高 30% 以上[16]。杜艺等提出在 CO_2 水溶液与煤岩的反应体系中，白云石、方解石优先被 CO_2 水溶液溶蚀，长石和黏土矿物次之，而石英、黄铁矿与 CO_2 几乎不发生反应[17]。肖娜在 44℃、7MPa 条件下测试 CO_2 水溶液与岩石作用后岩心孔隙度和渗透率的变化情况，实验结果表明作用时间小于 6h 时岩心孔隙度降低，而当反应时间大于 6h 后岩心孔隙度逐渐恢复并升高，而渗透率持续降低[18]。由于不同区块原油物性、矿物组成和裂缝扩展规律差异极大，相同的实验得到的结论并不完全一致甚至可能相反。因此在吉木萨尔页岩储层开展 CO_2 前置蓄能压裂施工，需要开展 CO_2 与原油和岩石之间的相互作用研究以及破岩实验，以明确 CO_2 前置蓄能压裂提高采收率机理。

1 CO_2 与吉木萨尔页岩油及储层相互作用实验

1.1 实验材料

CO_2（体积分数 99.99%）、标准盐水、去离子水、吉木萨尔储层岩样、吉木萨尔储层原油。

作者简介：贾海正，高级工程师，中石油新疆油田分公司工程技术研究院，2009 年获中国石油大学（华东）矿产普查与勘探硕士学位，目前主要从事储层改造方面的研究。电话：0990-6868823。E-mail：jiahz-petrochina.com.cn。

其中，根据不同的实验的需求，本文涉及岩样包括直径 2.5cm 岩心、随机破碎的岩屑以及厚度 2~3mm 岩片，分别用于渗透率测试实验、X 射线衍射实验和电镜扫描实验。

1.2 实验方案

1.2.1 注 CO_2 膨胀实验

将原油样品转入 PVT 仪（图 1）中，在地层温度恒温 8 小时。而后注入一定量的 CO_2 气体，升高体系压力待 CO_2 全部溶解，将其转入高温高压落球黏度计，在地层温度下测试体系黏度。至此完成第一次加气膨胀实验。如此反复，改变注气量在地层温度下共进行了 6 次加气膨胀实验。

图 1 全视窗高压 PVT 分析仪

1.2.2 混相实验

选用细管实验这一经典方法测试 CO_2 原油混相的最小混相压力（MMP），如图 2 所示。细管实验实质是注入气在细管模型提供的多孔介质中驱替原油，能够在最大程度上消除流度比、重力分异、非均质性等因素带来的影响。通过改变驱替压力，获得两条驱油效率与驱替压力的关系曲线，曲线交点所对应的压力即为最低混相压力。

1.2.3 高温高压 CO_2 浸泡实验

高温高压 CO_2 浸泡实验分为两种，一种是对饱和原油的岩心进行纯 CO_2 浸泡，另一种是对不含油的岩样进行纯 CO_2 和 CO_2 水溶液的浸泡，两个实验分别对应 CO_2 与原油置换和 CO_2 与储层的相互作用。本原理是将岩样置于一个充满 CO_2 的密闭环境中，通过外部加温加压，模拟焖井过程中储层与 CO_2 或 CO_2 水溶液持续接触的过程。流程图如图 3 所示，在 CO_2 反应釜中模拟储层与 CO_2 接触，恒温箱提供温度，通过恒速恒压泵提高体系压力。具体实验步骤为：（1）将处理好的岩样放入 CO_2 反应釜中，根据实验方案选择是否加入 60mL 标准盐水，并置于恒温箱中在实验温度下预热 2h；（2）将气瓶内 CO_2 经过中间容器和加热盘管导入到 CO_2 反应釜中，通过恒速恒压泵，将中间容器和 CO_2 反应釜这一联通体系内的压力提高到实验压力；（3）维持恒温箱温度为实验温度，直至浸泡实验结束；（4）实验结束后排出反应釜中 CO_2，打开反应釜取出岩样。借助核磁共振、X 射线衍射和电镜扫描实验可进一步评价 CO_2 与原油和储层的相互作用规律。

图 2　细管实验设备及细管部件

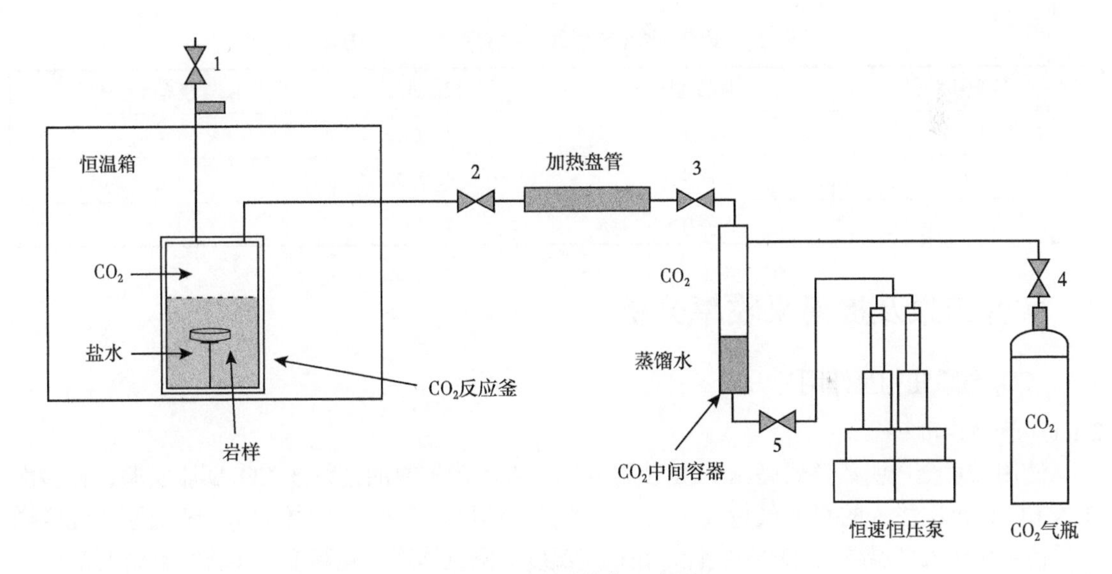

图 3　浸泡实验设备示意图

1.2.4　核磁共振实验

为明确 CO_2 对原油的置换规律，在浸泡实验的基础上进行核磁共振实验，用来量化浸泡前后岩心内的原油质量，以及原油在不同尺寸的孔隙中的分布情况，以此计算置换效率并明确 CO_2 置换原油过程中原油的运移规律。用于置换实验的六块岩心长度 8cm，直径 2.5cm，为了保证每块岩心有基本相同的初始状态，对每块岩心进行长达 30 天的洗油，确保将岩心内残余油洗出，而后重新饱和吉木萨尔采出油。具体浸泡条件见表 1。

1.2.5　渗透率测试实验

为明确中长期浸泡时间下 CO_2 对储层渗透率的改善和损伤哪个占据主导地位，在地层条件下（90℃，40MPa），对两块长度 5cm，直径 2.5cm 岩心开展 7 天和 14 天的浸泡实验，测试浸泡前后孔隙度和渗透率，明确 CO_2 对孔隙度、渗透率的影响规律。

表 1　置换实验实验条件

编号	压力 /MPa	温度 /℃	时间 /h
1	40	90	24
2	30	90	24
3	20	90	24
4	20	90	6
5	20	90	12
6	10	90	24

1.2.6　X 射线衍射实验

X 射线衍射实验用于测试岩样的矿物成分及含量，结合 CO_2 浸泡实验，对比分析浸泡前后岩样的矿物组成变化情况。本实验取五组岩样，包括碎块和岩片，具体浸泡条件均采用实际储层的温度压力（90℃，40MPa），见表 2，分别考虑了不同样品规格、浸泡时间三种条件下对实验结果的影响。

表 2　浸泡实验（X 射线衍射实验对比用）方案

编号	样品规格	浸泡方式	浸泡时间 /d
1	碎块	水 +CO_2	5
2	碎块	水 +CO_2	2
3	岩片	水 +CO_2	5

2　实验结果及提高采收率分析

2.1　CO_2 与原油相互作用

2.1.1　降黏作用

使用无汞全透明活塞式高压 PVT 装置分别对吉木萨尔原油进行注 CO_2 膨胀实验，分多次注入 CO_2，每次注入的 CO_2 气量高于前一次加量，然后将 PVT 仪中的 CO_2—地层原油混合样品保持单相转入高温高压落球黏度计，在地层温度下测试体系单相黏度。实验结果见表 3。

表 3　注气膨胀实验结果

加气次数	CO_2 摩尔分数 /%	黏度 /mPa·s
0	0.00	21.17
1	18.85	14.33
2	40.00	9.11
3	52.10	7.68
4	62.00	6.91
5	69.00	6.55
6	72.45	6.34

注气膨胀实验结果表明，地层原油的黏度随 CO_2 注入大幅度下降，原油黏度从 21.17mPa·s 最终降低至 6.34 mPa·s，降幅达到 70%，随 CO_2 持续注入，减黏幅度逐渐趋小。

2.1.2 混相作用

对于给定的地层原油和油藏温度，进行 7 组细管实验，每组实验的驱油效率记录在表 4 中，将驱油效率绘制成两条直线，两条直线交于一点，对应横坐标值 25.51MPa，即为最小混相压力，如图 4 所示。该值明显低于储层压力 40MPa，表明 CO_2 进入储层后容易与原油发生混相，从而消除界面张力，提高驱油效率（表 4、图 4）。

表 4 细管实验结果数据表

实验序号	实验温度 /℃	实验压力 /MPa	驱油效率 /%
1	89	15.3	68.43
2	89	21.3	82.17
3	89	24.3	87.81
4	89	29.3	92.08
5	89	34.3	93.76
6	89	39.3	95.47

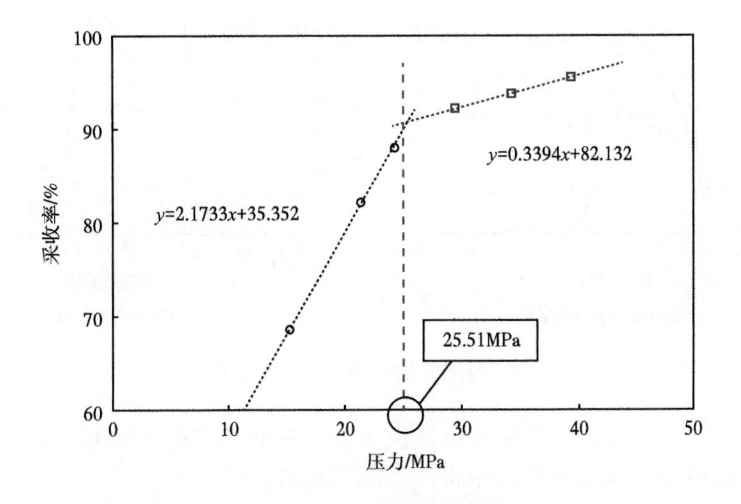

图 4 细管实验驱油效率

2.1.3 置换作用

浸泡前后核磁共振结果如图 5 所示。

根据实验结果，可以发现以下规律：

（1）核磁曲线与横坐标之间的包络面积总是减小，表明 CO_2 浸泡后孔隙中原油减少，即原油被置换真实发生。

（2）对比 1、2、3、6 号岩心，可以看出高压下的 1、2 号岩心置换实验后的 T_2 谱中，波峰除了峰值减小外，还发生向左偏移的情况，这一点在 3、6 号岩心，甚至 3、4、5 号岩心中均未发现。这是由于在高压实验条件下，有一部分油被挤入更小孔隙中。

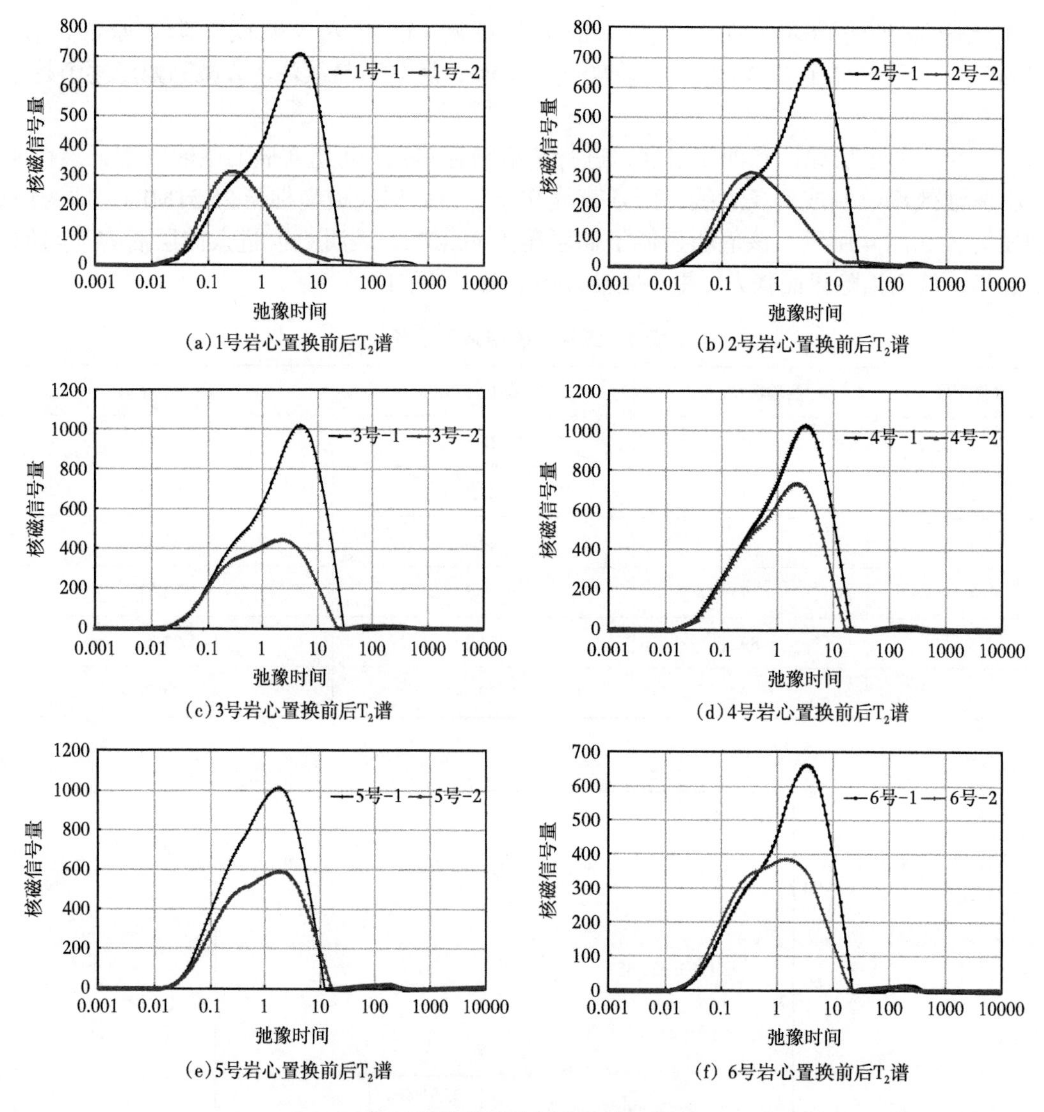

图 5　浸泡前后核磁共振实验结果

(3) 对比 3、4、5 号岩心，可以看出置换实验后左侧波峰面积相对于原始波峰而言，占比随时间延长越来越小，意味着岩心中含油量越来越低。

统计出各组实验浸泡前后岩心内的含油量并计算置换采收率，见表 5。

表 5　浸泡实验结果

编号	饱和油质量 /g	采出质量 /g	采收率 /%
1	3.903	2.210	56.70
2	3.801	1.940	51.07
3	5.692	2.419	42.50
4	5.530	1.181	21.35
5	5.708	2.002	35.07
6	3.646	0.848	23.26

根据实验结果，分别对 1、2、3、6 组和 3、4、5 组实验结果绘制采收率曲线，如图 6 所示。

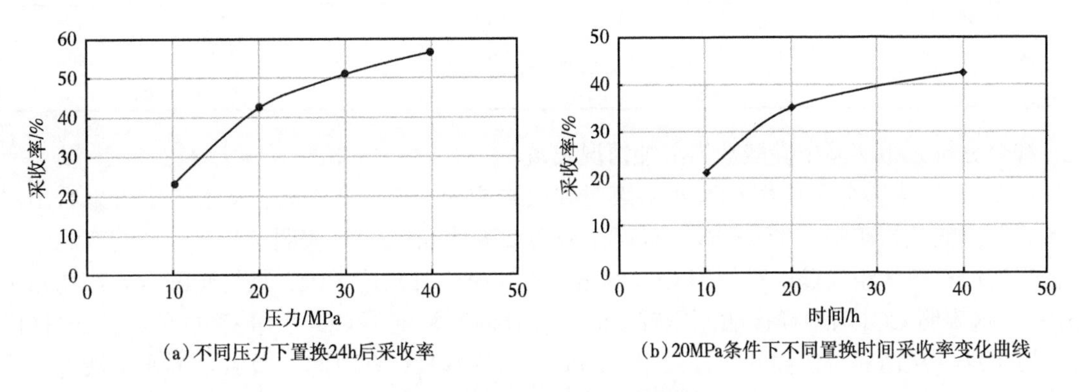

图 6　置换采收率变化曲线图

从图中可以看出：(1)随压力增大，超临界 CO_2 置换能力增强，相同时间内置换出原油量更高，但增幅逐渐减小；(2)随时间延长，置换持续发生，但置换效率逐渐降低，整体而言置换时一个很快的过程。

2.2　CO_2 与储层相互作用

2.2.1　渗透率变化规律

选取两块吉木萨尔储层真实岩心进行实验，在 90℃，40MPa 的条件下用 CO_2 水溶液浸泡 7 天和 14 天，每次浸泡后再次测试渗透率，实验结果见表 6。

表 6　浸泡前后岩心渗透率变化

编号	浸泡时间 / d	初始渗透率 / mD	浸泡渗透率 / mD	增幅 / %	初始孔隙度 / %	浸泡孔隙度 / %	增幅 / %
1	7	0.0484	0.1430	195.33	8.26	10.03	21.47
2	7	0.0597	0.1796	201.07	7.23	9.28	28.35
1	14	0.0484	0.1509	211.54	8.26	10.85	31.36
2	14	0.0597	0.1893	217.25	7.23	10.04	38.87

吉木萨尔页岩较为致密，渗透率普遍小于 0.1mD，经 CO_2 水溶液浸泡后，渗透率表现出升高的趋势；浸泡 7 天后，岩心渗透率增大约 2 倍，孔隙度提高 20%~30%；浸泡 14 天后，岩心渗透率提高约 2.2 倍，孔隙度提高约 30%~40%。

CO_2 水溶液浸泡过程中，矿物的溶蚀和颗粒运移堵塞孔道现象同时存在，前者会提高储层渗透率，而后者则会降低。从实验结果来看，长期浸泡后吉木萨尔储层渗透率升高，表明在长期浸泡过程中溶蚀作用占主导。后续矿物组成和微观表面形态实验将对溶蚀作用作出进一步分析。

2.2.2　矿物组成成分变化规律

分别取浸泡前后的岩样制备成小于 0.048mm 的颗粒测试其矿物成分变化情况。实验结果表明碳酸盐岩矿物组分变化明显降低，其余组分百分比含量升高，单独将其摘取出来进行分析，其变化情况见表 7。

表 7 浸泡前后碳酸盐岩含量变化

实验阶段	1 前	1 后	2 前	2 后	3 前	3 后
碳酸盐岩含量 /%	25	13.7	16.4	15.4	53.8	40.3
减幅 /%	45.2		6.1		25.1	

综合分析三组实验中碳酸盐岩溶蚀情况发现：

第 1、2 组实验分别使用 CO_2 水溶液对碎块岩样浸泡 5 天和 2 天，从表 5 中可以看出浸泡 5 天后碳酸盐岩矿物减少 45.2%，远高于浸泡 2 天的 6.1%，这表明延长浸泡时间有利于碳酸盐岩溶蚀；第 3 组实验则是使用 CO_2 水溶液对完整岩片浸泡 5 天，最终碳酸盐岩矿物减少 25.1%，这表明 CO_2 与岩样接触面积较小时，在长时间浸泡下 CO_2 水溶液也可以侵入岩样内部进行溶蚀，从而获得优异的溶蚀效果。因此，压后延长焖井时间，增加 CO_2 水溶液与岩石的作用时间，对于加强溶蚀作用是非常有效的一种手段。

对比第 1 组、第 3 组实验可以发现，分别使用 CO_2 水溶液对碎块岩样和完整岩片浸泡 5 天后，碳酸盐岩含量分别降低 45.2% 和 25.1%，主要原因是碎块岩样与 CO_2 水溶液有更大的接触面，有利于碳酸盐岩溶蚀。实际二氧化碳前置蓄能压裂施工中构建复杂裂缝网络，不仅能够获得更多油气通道实现更高产量，对于溶蚀碳酸盐岩矿物也有重要意义。

3 结论

（1）CO_2 对吉木萨尔原油降黏作用明显，原油黏度随着注入 CO_2 量增多持续降低，最终降幅度达到 70%。

（2）CO_2 与吉木萨尔原油最小混相压力在 20MPa 左右，远低于地层压力，在地层条件下，CO_2 可与原油轻易发生混相，消除界面张力，提高驱油效率。

（3）基于浸泡实验和核磁共振技术，吉木萨尔置换采收率可达到 50% 以上。置换过程中大孔隙中原油被置换出岩心，小孔隙中原油置换到大孔隙。随浸泡压力增大，T_2 谱曲线左移，表明在高压下有部分原油被压入更小孔隙中。

（4）岩心 CO_2 水溶液浸泡后孔渗增加明显，浸泡 7 天后，岩心渗透率增大约 2 倍，孔隙度提高 20%~30%；浸泡 14 天后，岩心渗透率提高约 2.2 倍，孔隙度提高约 45%。

（5）CO_2 水溶液有更好的溶蚀能力，主要溶蚀对象为碳酸盐岩，在实际地层温度、压力条件下（90℃，40MPa）使用 CO_2 水溶液对碎块岩样浸泡 2 天后，碳酸盐岩溶蚀率达到 6.1%，5 天后溶蚀率可高达 45.2%。而相比于岩块，碎块与 CO_2 水溶液有更大的接触面，有利于碳酸盐岩溶蚀，浸泡 5 天后，碎块岩样中碳酸盐岩矿物溶蚀率比完整岩片高 20.1%

（6）对吉木萨尔页岩油储层压裂施工而言，延长焖井时间，可以增加 CO_2 水溶液与岩石的作用时间；构建复杂裂缝网络，可以增大 CO_2 水溶液与岩石的接触面积；使用 CO_2 前置蓄能压裂这种 CO_2+ 水（水基压裂液）的复合压裂方式，有利于加强对碳酸盐岩的溶蚀能力。这些对于加强溶蚀作用，改善储层渗透率都是非常有效的手段。

参 考 文 献

[1] 何小东，李建民，王俊超，等 . 吉木萨尔凹陷页岩油高效改造理论认识、关键技术与现场实践 [J]. 新疆石油天然气，2021，17（04）：28-35.

[2] 马明伟，祝健，李嘉成，等．吉木萨尔凹陷芦草沟组页岩油储集层渗吸规律［J］．新疆石油地质，2021，42（06）：702-708.
[3] 吴承美，许长福，陈依伟，等．吉木萨尔页岩油水平井开采实践［J］．西南石油大学学报（自然科学版），2021，43（05）：33-41.
[4] 曹元婷，潘晓慧，李菁，等．关于吉木萨尔凹陷页岩油的思考［J］．新疆石油地质，2020，41（05）：622-630.
[5] 石善志，邹雨时，王俊超，等．吉木萨尔凹陷芦草沟组储集层脆性特征［J］．新疆石油地质，2022，43（02）：169-176.
[6] 贾海正，李柏杨，吕照，等．CO_2 与吉木萨尔储层岩石相互作用实验研究［J］．石油与天然气化工，2021，50（06）：76-80.
[7] KETZER J M，IGLESIAS R，EINLOFT S，et al. Water-rock-CO_2 interactions in saline aquifers aimed for carbon dioxide storage：experimental and numerical modeling studies of the Rio BonitoFormation（Permian），southern Brazil［J］. Appl Geochem，2009，24（5）：760-767.
[8] 周琳淞，杜建芬，郭平，等．超临界 CO_2 对疏松砂岩储层物性影响的实验研究［J］．油田化学，2015，32（2）：217-221.
[9] 于志超，杨思玉，刘立，等．饱和 CO_2 地层水驱过程中的水－岩相互作用实验［J］．石油学报，2012，33（06）：1032-1042.
[10] 王香增，孙晓，罗攀．非常规油气 CO_2 压裂技术进展及应用实践［J］．岩性油气藏，2019，31（02）：1-7.
[11] 罗成．CO_2 准干法压裂技术研究及应用［J］．石油与天然气化工，2021，50（02）：83-87.
[12] 张海龙．CO_2 混相驱提高石油采收率实践与认识［J］．大庆石油地质与开发，2020，039（002）：114-119.
[13] 王永辉，卢拥军，李永平，等．非常规储层压裂改造技术进展及应用［J］．石油学报，2012，33：149-158.
[14] 曹蕾，汤文芝．CO_2 混相压裂技术在 G 区块的应用［J］．石油与天然气化工，2020，49（02）：69-72.
[15] Lillies A T. Sand fracturing with liquid carbon dioxide［C］. SPE 11341，1982.
[16] 段永伟，张劲．二氧化碳无水压裂增产机理研究［J］．钻井液与完井液，2017，34（04）：101-105.
[17] 杜艺，桑树勋，王文峰．超临界 CO_2 注入煤岩地球化学效应研究评述［J］．煤炭科学技术，2018.
[18] 肖娜，李实，林梅钦．CO_2－水－岩石相互作用对岩石孔渗参数及孔隙结构的影响——以延长油田 35-3 井储层为例［J］．油田化学，2018（1）：85-90.

页岩油非均质储层水平井分段压裂布缝方式研究

文贤利，孔明炜，丁克保，王　荣，罗　垚

（中国石油新疆油田公司工程技术研究院）

摘　要：非常规储层具有强非均质性特征，采用水平井分段多簇压裂改造中，优质储层钻遇率决定了水平井产量，为提高经济效益，开展非均质储层水平井分段压裂布缝方式研究具有重要意义。本文利用嵌入式离散裂缝方法，通过数值模拟的手段，将抽象模型理想化数值模型，定量研究了非均质储层最优布缝方式。研究结果表明：（1）孔渗非均质性对压后产量有直接影响，优质储层与较差储层分别具有经济最优布缝参数；（2）改造规模相同时，相较于增大较差储层段改造强度，提高优质储层改造强度至最优参数水平，更有利于提高单井产量；（3）成本受限时，以充分改造优质储层段为主，部分改造较差储层段的综合非均匀布缝方式，更有利于降本增效。在低油价大背景下，研究非常规储层水平井非均匀布缝方式，具有重要指导意义。

关键词：页岩油；非均质性；非均匀布缝；水平井分段多簇压裂

北美页岩油水平井分段多簇压裂实现产量的大幅提升，随着国内页岩储层的开发，储层非均质性对水平井分段压裂布缝方式的优化引起现场实施与压后效果的广泛关注。国内页岩油储层与北美储层相比具有物性非均质性强等特点，因此需要采用理论手段针对性的研究非均质储层水平井改造强度需求，进而指导低油价下的水平井压裂优化设计。本文利用嵌入式离散裂缝方法表征人工裂缝，通过非均质储层抽象模型，建立了数值模型，分别针对物性非均质性在非均匀布缝方式下的产量进行了模拟计算。综合数值模拟结果，对比矿场试验结果，验证模拟结果的可靠性。

1　页岩储层影响产量的非均质性因素

根据渗流理论，储层物性特征直接影响压后产量，而页岩储层往往因为强非均质性，导致水平井压后产量达不到预期效果。以吉木萨尔页岩储层为例，其储层可划分为三类（表 1），三类储层中 I 类优质储层具有相对较好的孔渗值，含油饱和度也相对较高；Ⅱ、Ⅲ类储层则相对较低，同时，根据以往研究表明，孔隙度、渗透率、含油饱和度具有一定的相关性（图 1、图 2）。通过前期统计吉木萨尔上甜点储层已改造的 10 余口井 I 类储层钻遇率与压后产量的关系表明，压后效果受优质储层钻遇率影响最大，因此，对于优质储层与较差储层不同水平段的改造强度需要进行量化分析，在当前低油价大背景下，水平井非均匀布缝的原则更需要开展研究讨论（图 3）。

表 1　吉木萨尔页岩储层分类

储层分类	主要含油性	孔隙度 / %	渗透率 / mD	含油饱和度范围 /%	平均含油饱和度 / %	最高含油饱和度 / %
I	油浸	≥ 12	≥ 0.01	62~87	80	0.85
Ⅱ	油斑	8~12	0.0025~ 0.01	51~70	65	0.7
Ⅲ	油迹	5~8	0.0007~ 0.0025	45~71	55	0.6

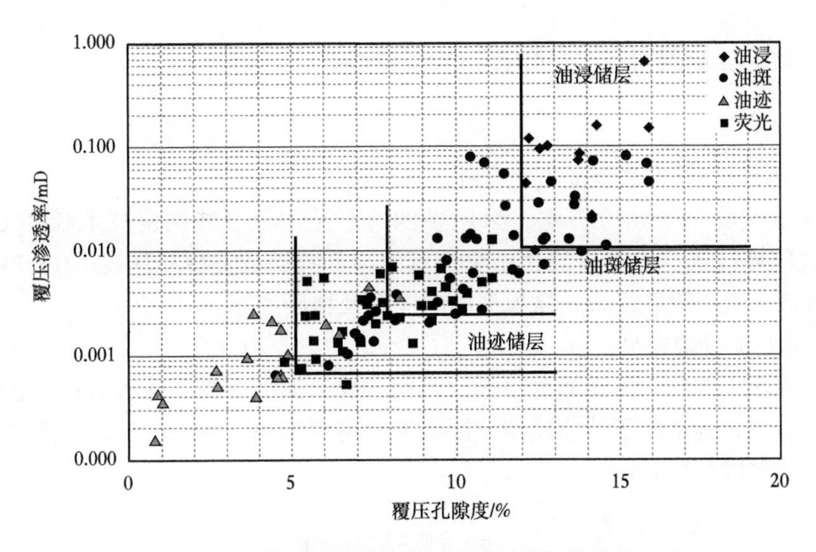

图 1　吉木萨尔页岩岩心描述含油级别与孔渗关系图

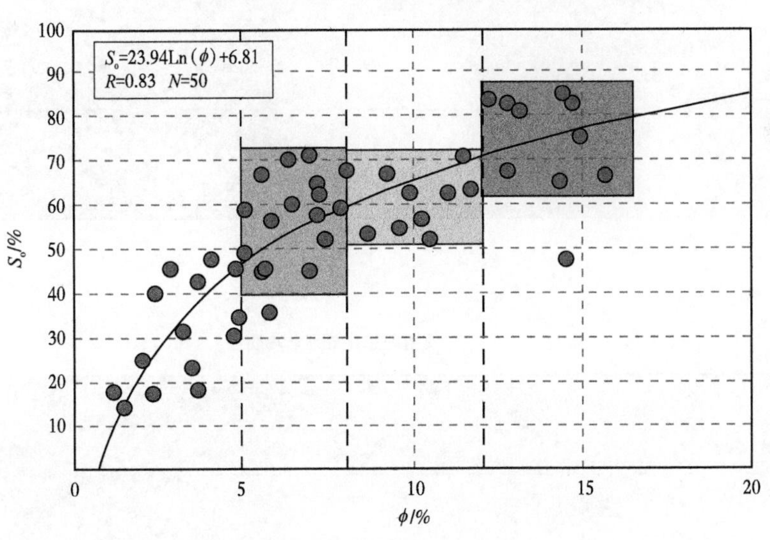

图 2　密闭取心井含油饱和度与孔隙度关系图

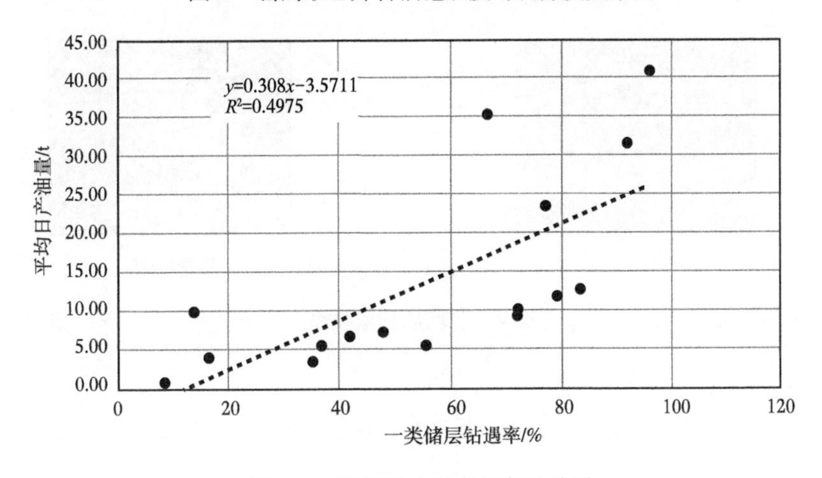

图 3　一类储层钻遇率与产量关系

2 水平井分段压裂非均匀布缝方式研究

2.1 研究方法

（1）嵌入式离散裂缝方法表征人工裂缝。

嵌入式离散裂缝（EDFM）方法，采用多四边形法剖分裂缝网格技术和“LGR+EDFM”法修正近井大网格技术，建立新的适用于角点网格和提高近井模拟精度的EDFM传导率计算模型，实现嵌入式裂缝在复杂地质模型中的应用及精确计算。

（2）建立非均质抽象模型。

本文以研究水平井非均匀布缝为目标，因此，抽象模型主要体现水平井钻遇储层水平段方向上的非均质性，为了便于数值模拟分区表征，将模型一分为二，分别表征物性较好的井段与物性较差的井段（图4）。

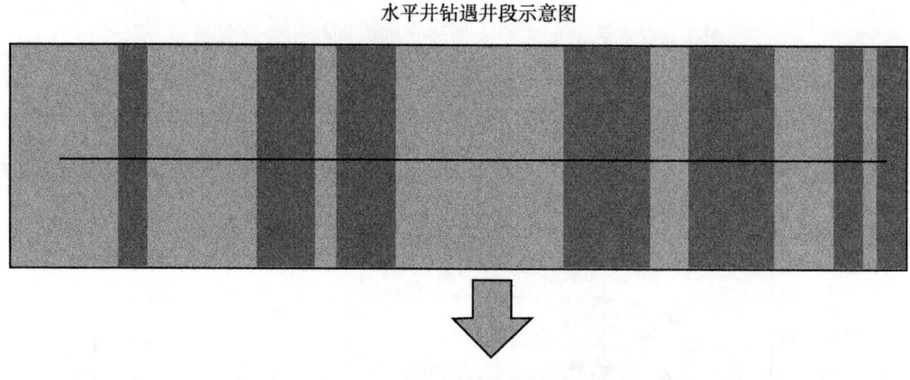

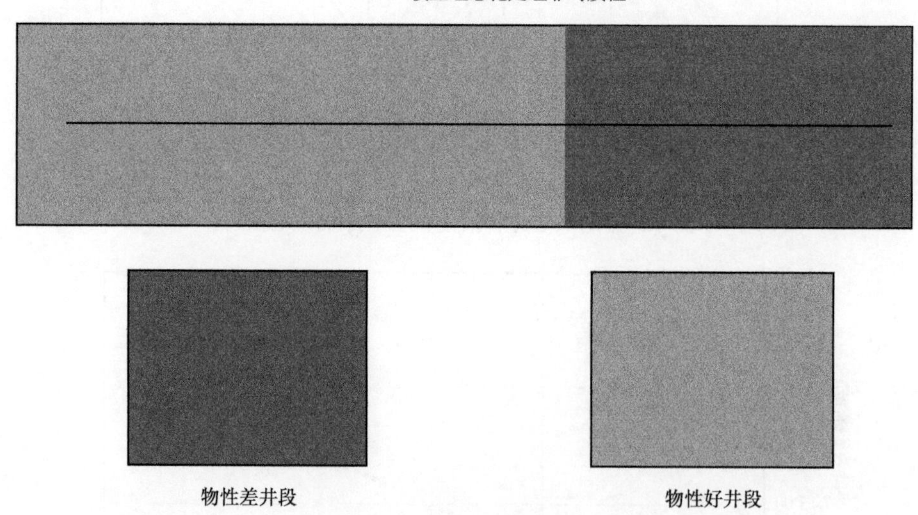

图4 非均质抽象模型

（3）模拟方案设计。

本文主要探讨孔渗特征非均质性对非均匀布缝的影响，因此模拟方案分为以下三组（表2）。

表 2　模拟方案设计

序号	非均质特征	参数值	布缝方式 /m	方案序号
第一组	渗透率	0.01mD- 均质	均匀缝间距 1/5/10/15/20	—
		0.001mD- 均质	均匀缝间距 1/5/10/15/20	—
		0.01~0.001mD 非均质	均匀缝间距 20m	方案 1
			非均匀缝间距 0.01mD-15m；0.001mD-30m	方案 2
			非均匀缝间距 0.01mD-30m；0.001mD-15m	方案 3
第二组	孔隙度	9%~12% 非均质	非均匀缝间距 12%-15m；9%-30m	方案 4
			非均匀缝间距 12%-30m；9%-15m	方案 5
第三组	孔 - 渗	0.01mD-12%；0.001mD-9% 非均质	非均匀缝间距 0.01mD-12%-20m 0.001mD-9%-5m	方案 6
			非均匀缝间距 0.01mD-12%-5m 0.001mD-9%-20m	方案 7
			均匀缝间距 20m	方案 8

根据前期模拟研究，本文选取以下关键参数，开展数值模拟研究（表 3）。

表 3　关键参数

参数	数值
油藏大小 /（m×m×m）	2000×400×30
油藏网格 /（m×m×m）	200×40×3
模拟模型	油水两相模型
顶部垂深 /m	2800
基质渗透率 /mD	0.01/0.001
基质孔隙度 /%	12
水平段长度 /m	1500
单条裂缝半缝长 /m	150
单条裂缝导流能力 /（D·cm）	30
生产压差 /MPa	10

2.2　渗透率非均质性非均匀布缝研究

首先模拟 0.01mD/0.001mD 两组渗透率均质情况下的最优布缝参数，结果表明，以 5 年净现值为目标，0.01mD 储层水平井缝间距由 1m 增加至 5m，净现值获得显著提升，表明 1m 的缝间距投入规模过大；当缝间距从 5m 增加至 20m，净现值在 10m 时达到最高，随后略有下降，表明了投入从大到小的一个趋势，但是由于四组缝间距下的净现值相差较小，从降低成本的角度出发，优选缝间距为 20m（图 5）。

0.001mD 储层水平井缝间距由 1m 增加至 5m，净现值同样获得显著提升，表明 1m 的缝间距投入规模过大；当缝间距从 5m 增加至 20m，净现值明显下降，因此对于品质较差的储层，提高改造规模，加密改造裂缝，实现缝控压裂，可以获得更高的净现值，0.001mD 储层水平井的最优缝间距选取 5m。两组均质储层的缝间距选取，为非均质储层方案设计提供缝间距参考（图 6）。

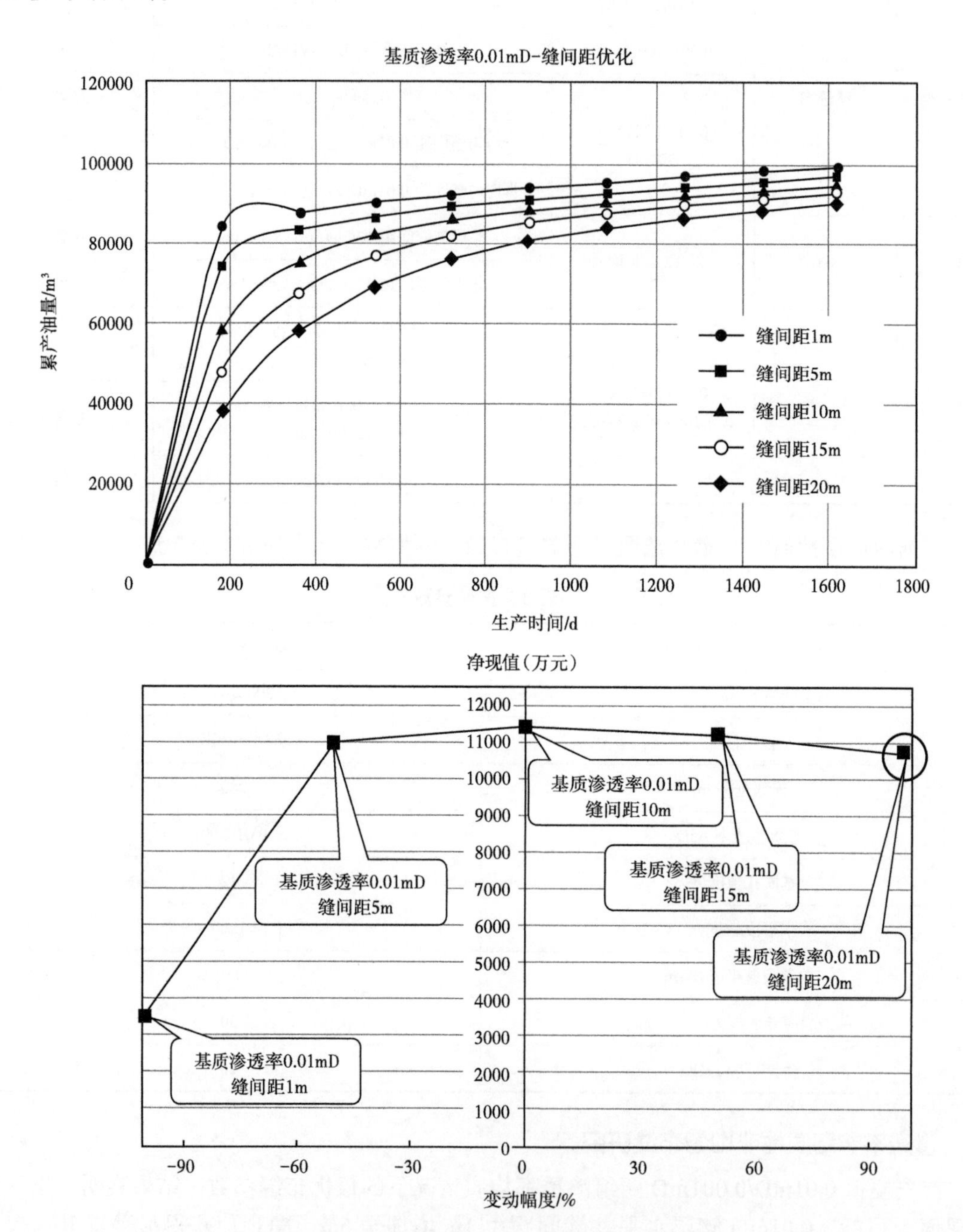

图 5　基质渗透率为 0.01mD 时缝间距优化结果

采用分区表征渗透率非均质性，为了降低影响因素，两侧面积相同，水平段相同。为了模拟相同规模、相同投入下的不同布缝方式影响，方案 2 加密了优质水平井段裂缝，方案 3 加密了较差水平井段裂缝（图 7）。

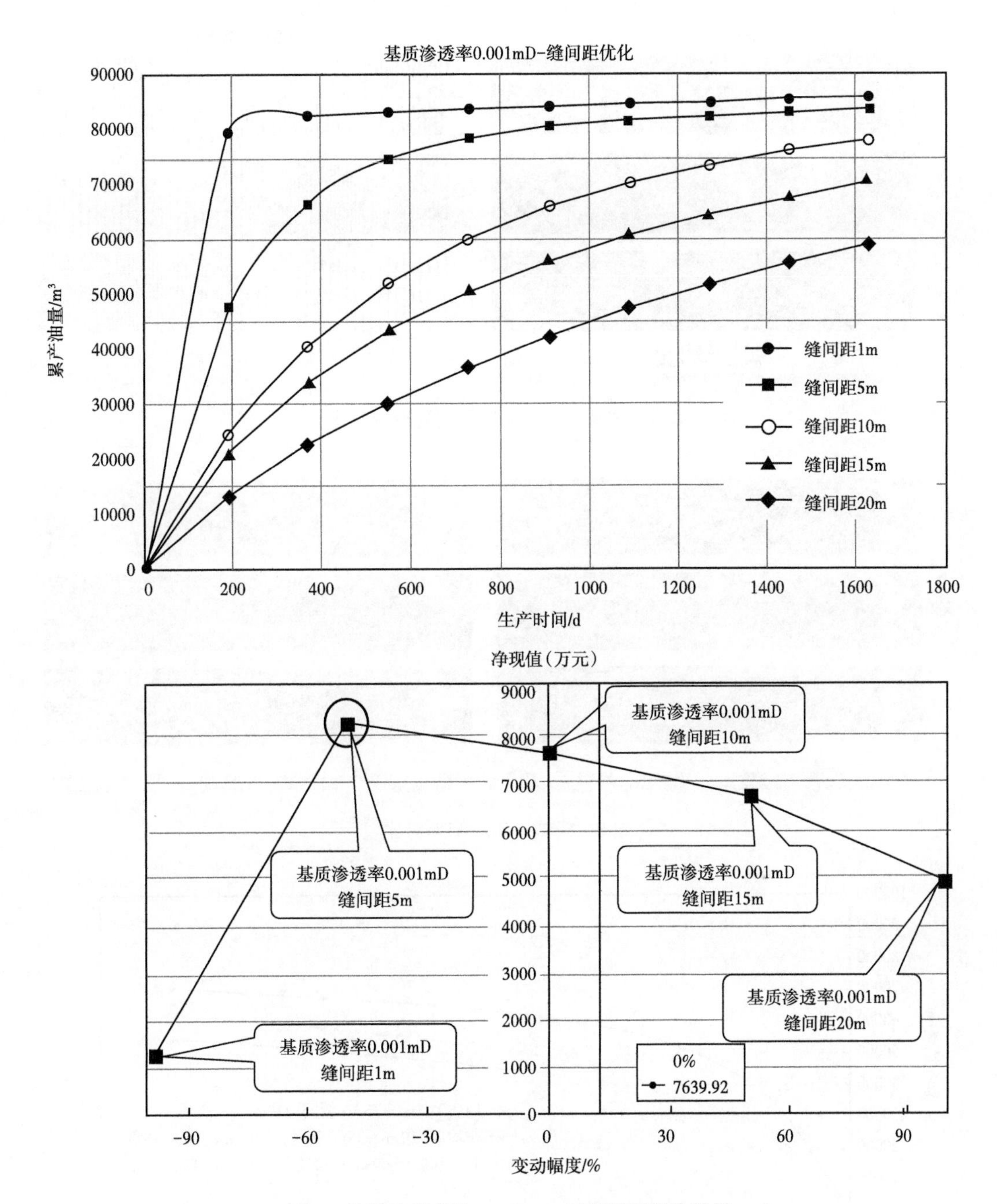

图 6　基质渗透率为 0.001mD 时缝间距优化结果

5 年后的压力对比图表明，方案 2 较差储层段的压力相对较高，含油饱和度相对较高吗，表明改造程度较为不充分。从累产油量对比图得到，均质储层由于其储层品质整体较好，改造效果充分，累产最高；方案 2 初期产量超过了方案 3，但是在 5 年最终累产低于方案 3，表明 0.001mD 较差储层段改造不充分，而在 0.01mD 优质储层段采用 20m 缝间距已达到最优，再加密人工裂缝，仅在初期产量有所体现，长期来看将多余的投入放在较差层段更具有经济效益(图 8、图 9)。

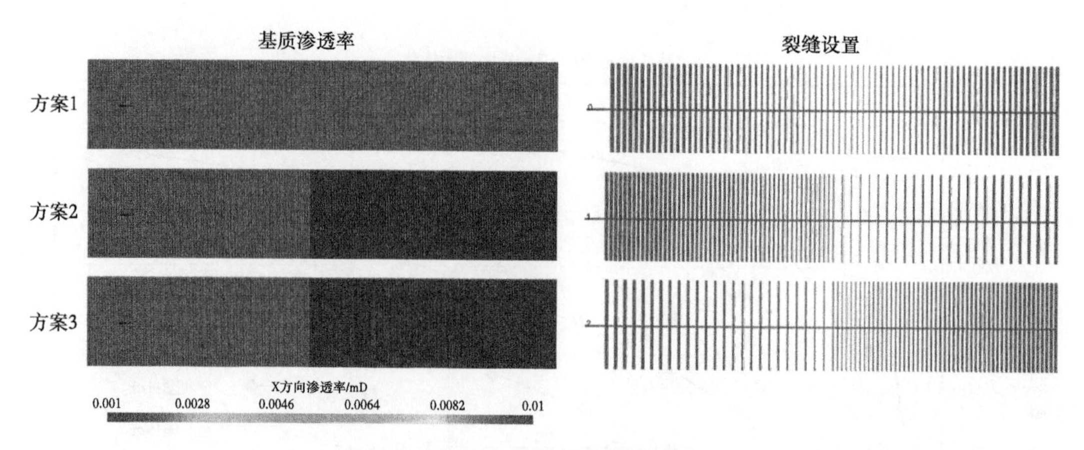

图 7　渗透率非均质性与裂缝设置对比

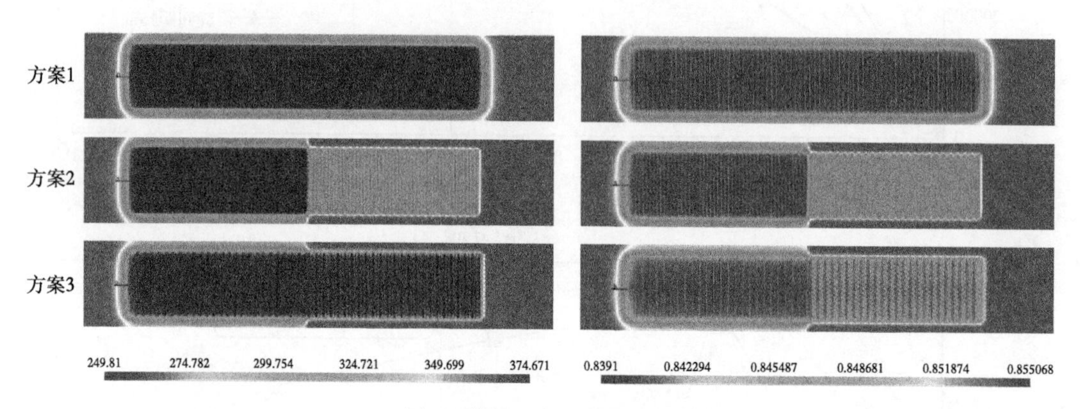

图 8　模拟 5 年后结果对比

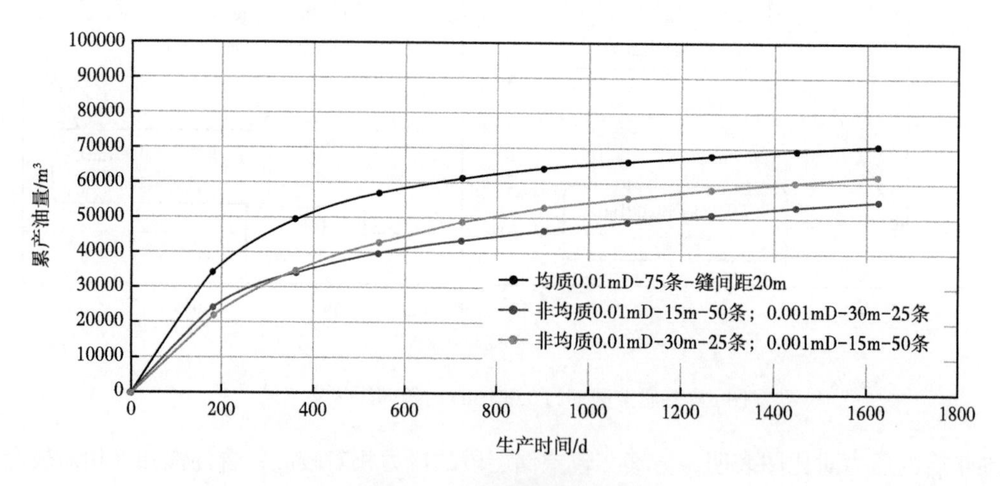

图 9　三组累产油量对比图

2.3　孔隙度非均质性非均匀布缝研究

采用分区表征孔隙度非均质性，为了降低影响因素，两侧面积相同，水平段相同。为了模拟相同规模、相同投入下的不同布缝方式影响，方案 4 加密了优质水平井段裂缝，方案 5 加密了较差水平井段裂缝（图 10）。

从累产油量对比图（图 11）得到，孔隙度非均质性与渗透率组对比方案产生相同的趋势。均质储层由于其储层品质整体较好，改造效果充分，累产最高；方案 4 初期产量超过了方案 5，但是在 5 年最终累产低于方案 5，表明 0.001mD 较差储层段改造不充分，而在 0.01mD 优质储层段采用 20m 缝间距已达到最优，再加密人工裂缝，仅在初期产量有所体现，长期来看将多余的投入放在较差层段更具有经济效益，同时由于对比的孔隙度非均质性相对差异不大，因此两组对比方案的累产量差异较小。

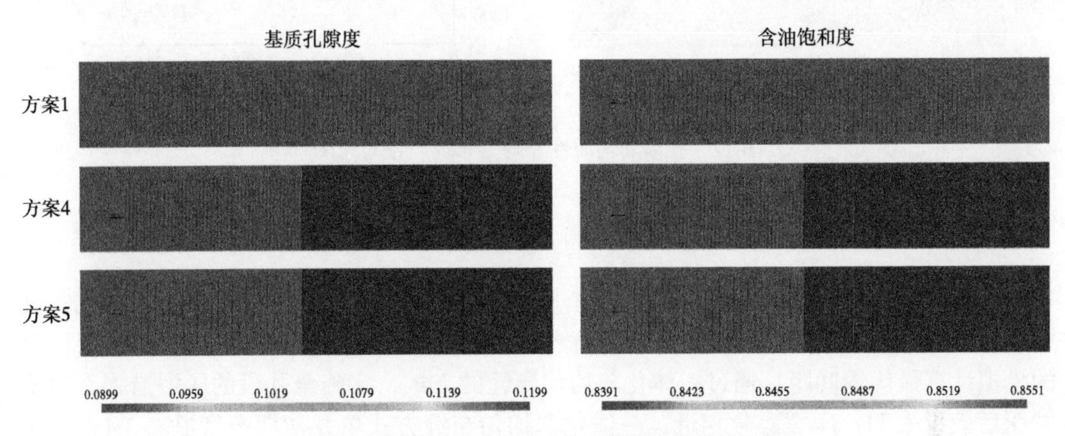

图 10　孔隙度非均质性与压后含油饱和度对比图

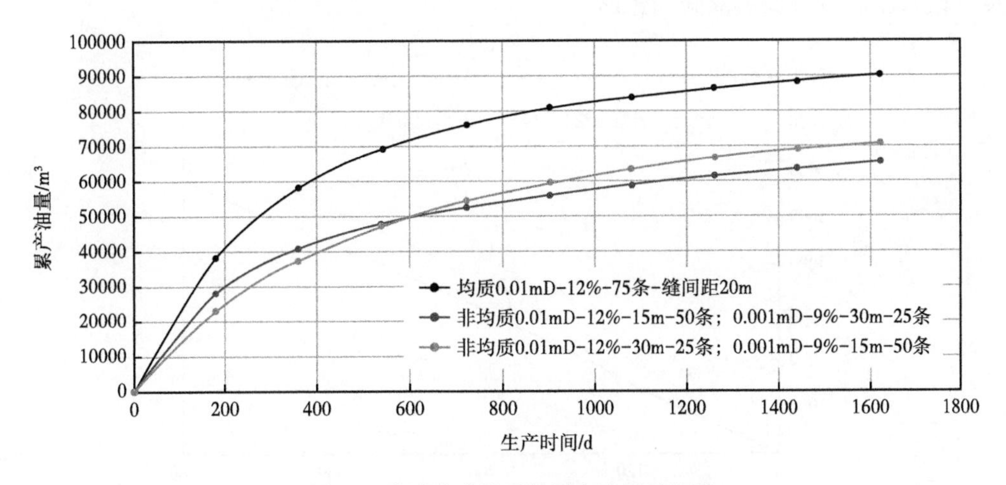

图 11　孔隙度非均质性累产油量对比图

2.4　孔渗综合非均质性非均匀布缝研究

当采用分区同时表征孔渗综合非均质性时，方案 6 优质储层与较差储层分别采用其最优缝间距 20m、5m；方案 7 则对两侧进行了对换；方案 8 仍然采用 20m 的均匀缝间距。模拟累产结果表明，方案 6 的产量最高，因为其优质储层与较差储层都得到了充分改造，方案 7 较方案 8 累产高 2612.3m^3，相当于累产的 3.59%，但是较差储层段改造规模增加了 3 倍，从经济角度出发，成本受限时，优先使优质井段获得充分改造更具有经济效益，较差井段可适当减小改造规模（图 12）。

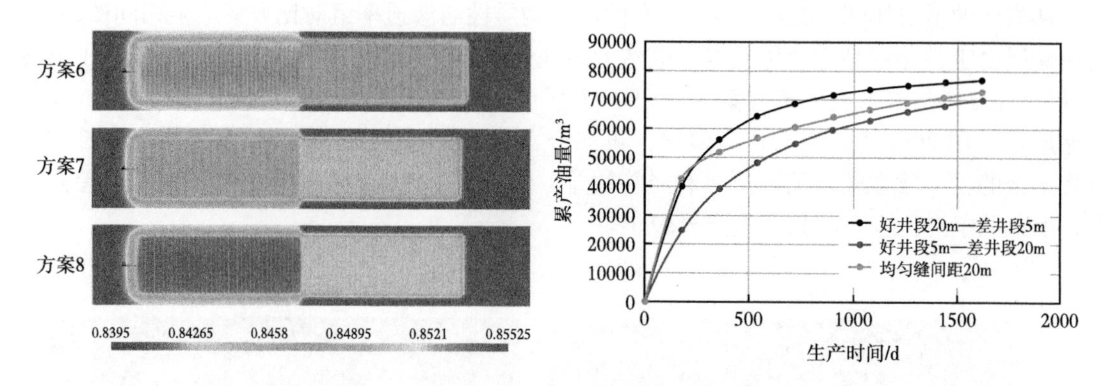

图 12　孔渗非均质性非均匀布缝产量对比图

3　矿场分析

对比国内长庆油田某区块页岩油水平井，其中一口井采用常规均匀布缝方式优化；其邻井则根据水平井段钻遇储层特征，划分为优质储层、较差储层等，对于不同物性储层，针对性的模拟计算最优缝间距，通过一体化非均匀布缝的方式，实施全井段的压裂措施，对比两口井压后效果表明：压裂参数相近，一体化非均匀布缝方式单井初期产量提高 3.4t/d，年累计产量提高 770t，累产提高 14%。为页岩油非均质储层水平井分段压裂改造提升优质储层改造精度，改善压后效果提供依据（图 13）。

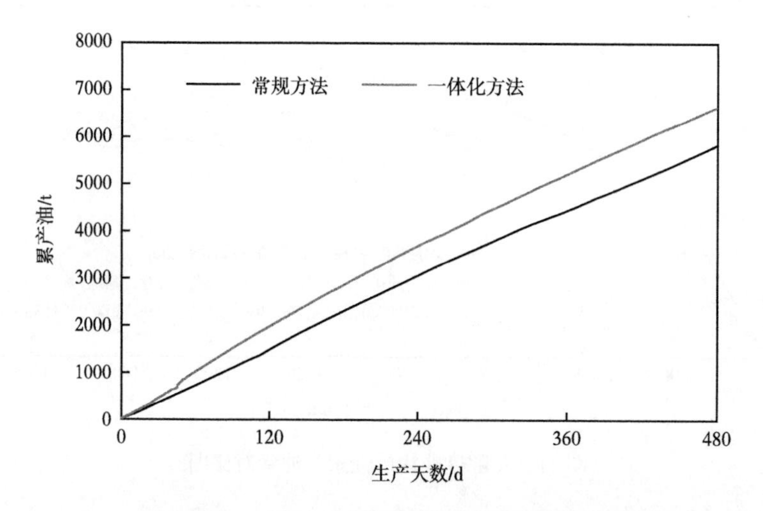

图 13　页岩油水平井常规布缝与非均匀一体化布缝产量对比图

4　结论与建议

（1）孔渗非均质性对压后产量有直接影响，优质储层与较差储层分别具有经济最优布缝参数。

（2）通过渗透率非均质性的布缝方式研究，改造规模相同时，相较于增大较差储层段改造强度，提高优质储层改造强度至最优参数水平，更有利于提高单井产量。

（3）成本受限时，以充分改造优质储层段为主，部分改造较差储层段的综合非均匀布缝方式，更有利于降本增效。

（4）矿场试验表明一体化非均匀布缝方式单井初期产量提高3.4t/d，一年累计产量提高770t，累产提高14%。为页岩油非均质储层水平井分段压裂改造提升优质储层改造精度，改善压后效果提供依据。

参考文献

[1] 邹才能，陶士振，侯连华，等.非常规油气地质（2版）[M].北京：地质出版社，2013.

[2] 童晓光.非常规油的成因和分布[J].石油学报，2012，33（增刊1）：20-26.

[3] 贾承造，邹才能，李建忠，等.中国致密油评价标准、主要类型、基本特征及资源前景[J].石油学报，2012，33（3）：333-350.

[4] 邱振，施振生，董大忠，等.致密油源储特征与聚集机理—以准噶尔盆地吉木萨尔凹陷二叠系芦草沟组为例[J].石油勘探与开发，2016，43（6）：928-939.

[5] 葸克莱，操应长，朱如凯，等.吉木萨尔凹陷二叠系芦草沟组致密油储层岩石类型及特征[J].石油学报，2015，36（12）：1496-1507.

[6] 胡文瑄，吴海光，王小林.准噶尔盆地吉木萨尔凹陷二叠系芦草沟组致密油储层岩性与孔隙特征[J].高校地质学报，2013，19（S1）：542-544.

二氧化碳在吉木萨尔页岩油井区的应用及效果评价

赵　坤，李泽阳，刘娟丽，胡　可，江冉冉

（中国石油新疆油田分公司吉庆油田作业区）

摘　要：吉木萨尔凹陷芦草沟组页岩油具有原始渗透率极低、原油黏度高的特点，自然条件下无经济产能，目前通过以密切割大强度体积压裂为主体的改造技术，逐步实现了页岩油的规模开发，但如何延缓油井递减率，提高单井采收率仍是下步研究的重要方向。二氧化碳压裂由于其特有的混相降黏、增能、提高裂缝复杂程度等功能，能有效提高页岩油储层缝网改造程度，提高油藏流度和地层压力，改善页岩油开发效果，应作为下一步体积压裂工艺优化的主要方向之一。本文通过研究分析二氧化碳前置蓄能压裂和二氧化碳吞吐在吉木萨尔页岩油区块的应用效果，基于数值模型、现场试验，对二氧化碳注入设计参数进行优化研究，结合地面微地震监测等手段，分析二氧化碳前置压裂与常规水力压裂在裂缝扩展规律上的差异，得出最优注入量、注入速度、注入方式，完善压裂工艺设计，并组织现场实施，预测最终采收率可提升20%，对下一步实现页岩油效益开发，推动吉木萨尔页岩油规模建产具有重要意义。

关键词：吉木萨尔页岩油；二氧化碳前置；储层改造；裂缝扩展规律；参数优化

随着常规油气藏开发程度逐年上升，储量接替难度大，非常规油气藏已逐渐成为下步油田增储上产的主力方向。新疆油田吉木萨尔页岩油作为国内首个获批的国家级陆相页岩油示范区，随着体积压裂工艺的逐渐成熟，目前正处于快速规模建产阶段，而CO_2前置蓄能压裂工艺充分利用液态CO_2高造缝、易破岩、降黏、增能驱油等方面的优势特性，高度契合国家对碳捕集、利用与封存（CCUS）的规划需要，有助于在提高页岩油开发效益的同时，逐步实现碳减排、碳中和，实现清洁绿色油田。

1　油田概况

吉木萨尔页岩油二叠系芦草沟组位于新疆准噶尔盆地东部，探明石油地质储量1.28×10^8t，油藏埋深2300~4800m，储层覆压孔隙度分布范围6%~16%，覆压渗透率小于0.1mD，具有中、低孔—低、特低渗透特征[1]，是典型的陆相页岩油油藏。

原油具有高黏度、高含蜡、高凝固点的特征，随着埋深增大，地层原油黏度逐渐增大，高黏度区50℃地面原油黏度124.6~1076.89mPa·s，地层原油黏度超120mPa·s，对比国内外页岩油储层和原油特征，吉木萨尔页岩油原油流度低2~3个数量级（图1），地层原油流动性差，开发难度大[2]。

自2011年至今，历经4个开发阶段，立足地质工程一体化，在深化地质甜点认识、提升体积改造理念的基础上，逐步形成密切割＋高强度改造的技术工艺，目前投产水平井110口，井均日产液水平21.5t，日产油水平11t，相比常规油气田，整体呈现初期产油量高、递减快、稳产能力弱的特征（图2）。基于前人在CO_2前置压裂、CO_2驱替等方面的研究认识，2019年

作者简介：赵坤，中国石油新疆油田分公司吉庆油田作业区，助理工程师，邮件：zdzhaok@petrochina.com.cn。通讯地址：吉木萨尔县锦绣路吉庆油田作业区。

至2021年，已开展CO_2前置压裂试验3井次、CO_2吞吐4井次，取得了一定的增产效果，但CO_2前置对吉木萨尔页岩油储层裂缝扩展影响和提高采收率机理尚未完全明确，制定针对性的工艺改造参数对下步页岩油高效开发，特别是南部高黏区的动用具有重要意义[3]。

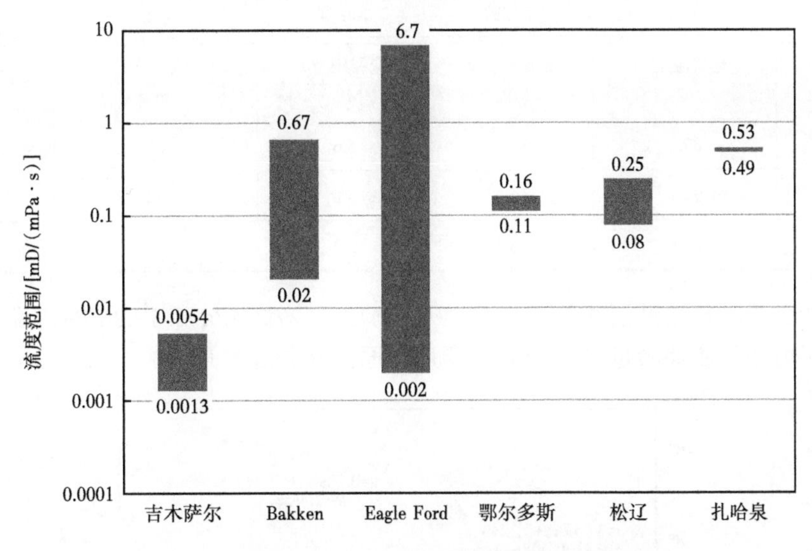

图1　国内外各区块页岩油地层原油流度范围对比图

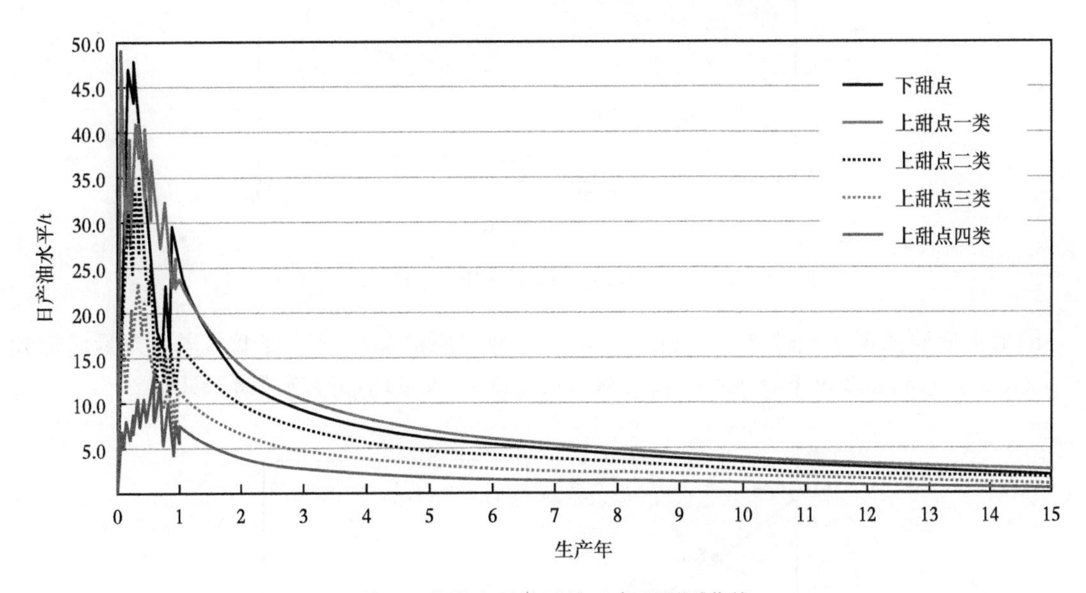

图2　分类水平井平均日产油预测曲线

2　CO_2注入作用机理

相比常规水力压裂，CO_2前置蓄能压裂具有降低原油黏度、溶蚀地层矿物、提高地层原油置换效果、增加裂缝复杂程度的作用，对低渗、特低渗和致密油藏具有较好的改造适应作用[4-5]。

2.1　混相降黏，改善页岩油地层原油流动性

基于细管实验评价吉木萨尔页岩油与CO_2混相情况，实验方法参考标准为“SY/T 6573—2003最低混相压力细管实验测定方法”，实验条件模拟油井实际地层温度和地层压力（表1）。

表 1　细管模型实验参数

模型长度 / cm	模型内径 / cm	填充物名称	填充物颗粒	孔隙度（地层条件）/%	气体渗透率 / mD
1570	0.45	石英砂	200 目	46.69	4834
样品编号	地层温度 / ℃	地层压力 / MPa	饱和压力 / MPa	气油比 / (m^3/t)	驱替速度 / (mL/min)
A	89.2	39.3	5.6	20	0.2
B	98.1	44.4	5.8	23	0.2
C	82.8	36.7	3.3	14	0.2

实验得出，3 口井最低混相压力分别为 25.5MPa、27.2MPa 和 19.2MPa，说明吉木萨尔页岩油储层压力条件能够满足 CO_2 进入地层后与原油充分混相（图 3）。

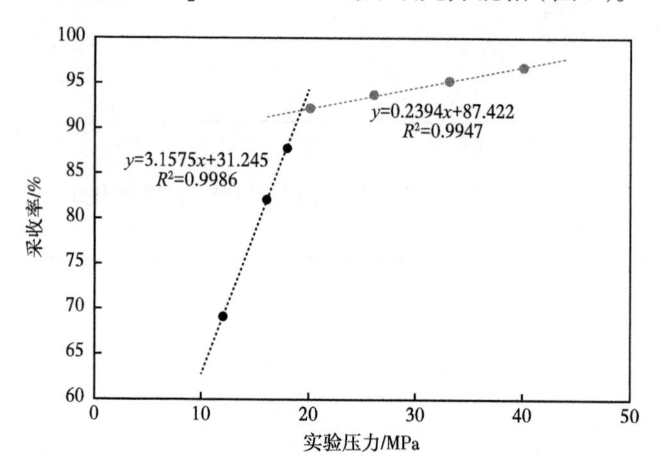

图 3　吉木萨尔页岩油 CO_2 注入混相压力与采收率关系图

模拟在地层温度下，伴随 CO_2 注入量增加，地层原油黏度显著降低，当注入量增加到 55%CO_2 时，原油黏度可下降 50%，降黏幅度随 CO_2 注入量增加逐渐放缓（图 4）。

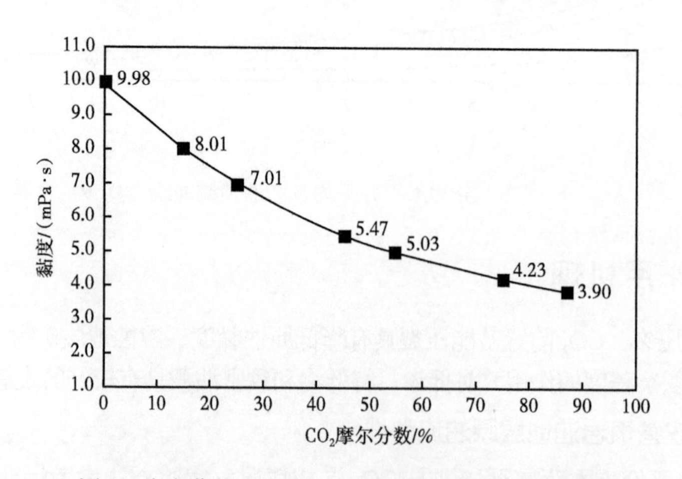

图 4　吉木萨尔页岩油 CO_2 注入量与原油黏度关系图

2.2 溶蚀解堵，提升页岩油储层动用程度

由于 CO_2 溶于地层流体后，形成的酸性环境对地层矿物中的白云石、方解石具有较好的溶解性能，吉木萨尔页岩油储层黏土矿物中，酸溶解性矿物含量平均 19.6%（表 2），对比采出液离子成分，采用 CO_2 前置压裂工艺井采出液中，HCO_3^- 离子、Ca^{2+} 离子、Mg^{2+} 离子含量分别增加 42%、137% 和 114%，CO_3^{2-} 离子则出现明显下降，化学反应方程式：

$$CaMg(CO_3)_2 + 2CO_2 + 2H_2O = Ca(HCO_3)_2 + Mg(HCO_3)_2$$

反映出基质中的黏土矿物被溶解，地层中微、纳米孔喉结构改善，孔隙度、渗透率提高。

表 2 吉木萨尔凹陷二叠系芦草沟组页岩油黏土矿物绝对含量表

样品深度 / m	层位	岩性	黏土矿物总量 / %	常见非黏土矿物含量 /%				
				石英	钾长石	斜长石	方解石	铁白云石
3146.54	P_2l_2	砂质砂屑云岩	1.79	10.34		26.88	5.17	55.82
3264.65	P_2l_1	白云质砂屑砂岩	0.91	10.32		17.55		71.22
6267.19		泥质粉砂岩	1.91	14.77	12.66	42.19	21.09	7.38
3300.17		云质粉砂岩	3.22	13.35	11.12	38.93	3.34	30.04
平均			1.96	12.2	5.95	31.39	7.4	41.12

2.3 渗吸置换，提高页岩油储层渗吸置换效率

超临界态具有类似气体的扩散性及液体的溶解能力，同时兼具低黏度、低表面张力的特性，能够迅速渗透进入页岩油储层微孔隙中。前期研究表明，CO_2 具有萃取原油组分的作用，随着注入量和注入压力的增加，萃取重质能力逐渐增强。

在进行 CO_2 吞吐后，地面脱气原油密度从 0.87~0.88g/cm^3 逐渐上升至 0.9g/cm^3（图 5），通过对采出原油全烃色谱分析，在注入 CO_2 后原油组分中 C_9~C_{17} 含量明显增加，原油组分中—重质部分逐步被萃取置换，可动用的孔隙中的原油动用程度增加，渗吸置换效率提升[6]。

2.4 超临界态注入，增大裂缝基质接触面积

超临界 CO_2 黏度低、穿透能力强[7]，容易开启层理缝或天然裂缝，通过滤失方式进入层理、天然裂缝，有利于形成比压裂液更复杂的裂缝，从而增加 CO_2 与油藏接触体积[8]。

综合微地震解释成果，在井组中采用 CO_2 前置压裂工艺，加砂强度 3.0m^3/m，配合交错隔段注入 CO_2，微地震事件点密集程度高、震级分布均匀（图 6），对比采用 4.0m^3/m 加砂强度的相邻平台水平井，事件点个数和震级能量增加 58.9% 和 28.5%（表 3），在前置 CO_2 注入后，对提高区域裂缝复杂程度、提升改造效果起到积极作用，有助于压后增加裂缝—基质的接触面积，提高缝控储量。

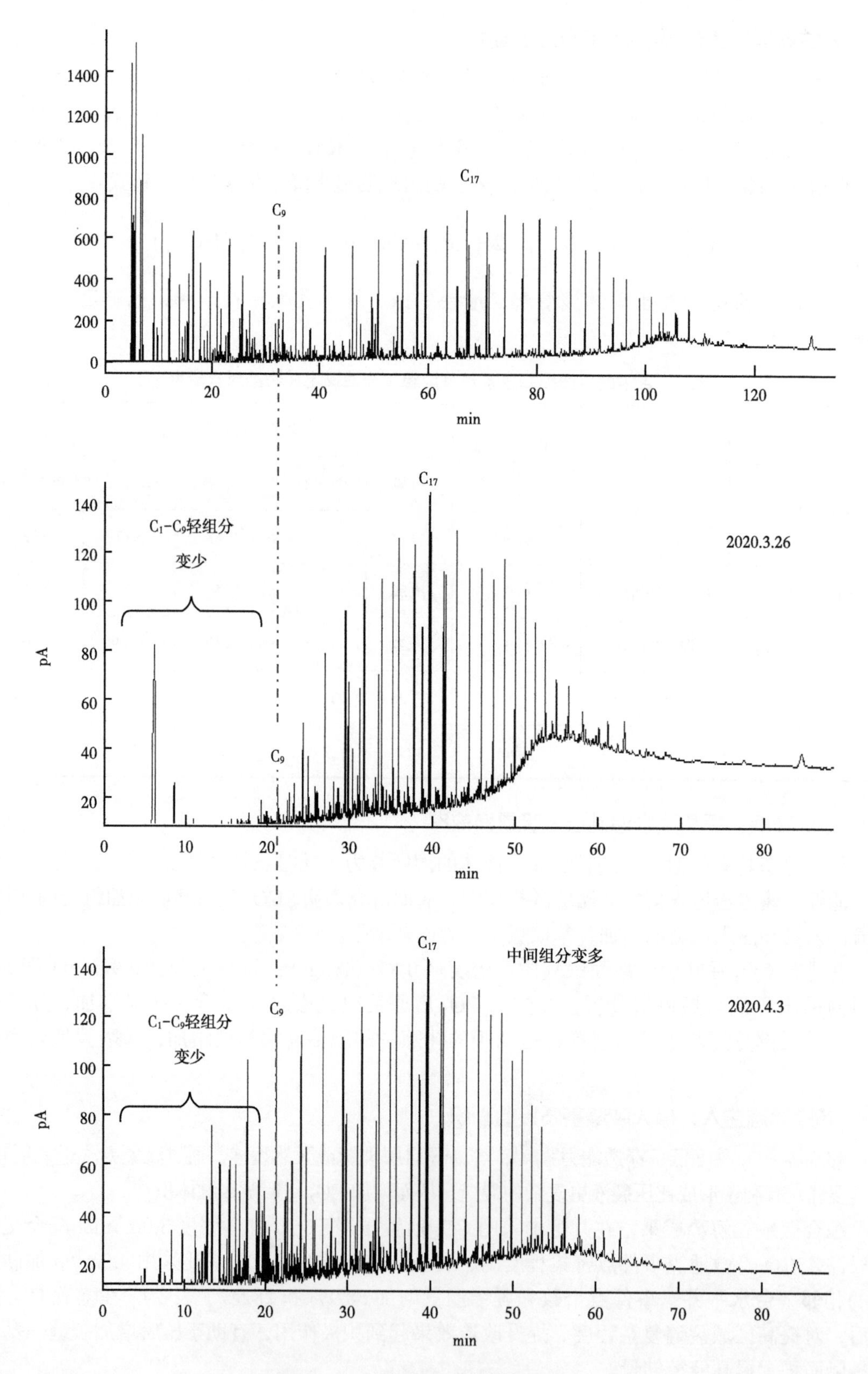

图 5　CO_2 吞吐前后全烃色谱图对比

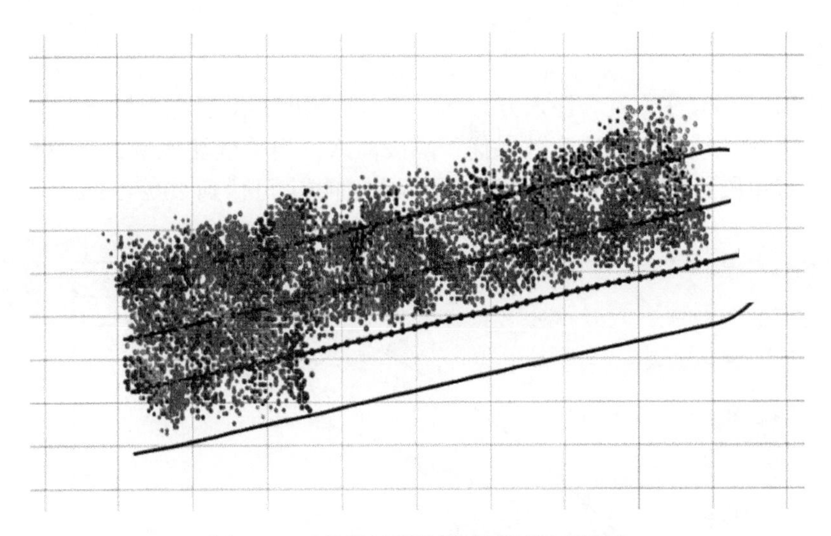

图 6　CO_2 前置压裂井微地震解释成果图

表 3　CO_2 前置压裂井微地震解释事件点和震级能量表

CO_2 注入井				对比井	
二氧化碳注入段		二氧化碳非注入段			
事件点个数	震级能量	事件点个数	震级能量	事件点个数	震级能量
82.6	0.214	84.1	0.199	51.6	0.154

3　注入工艺参数

3.1　注入工艺

现场施工设备主要包括 CO_2 罐车或储气罐、CO_2 增压泵、CO_2 高压注入泵车（图 7），通过前端增压泵控制，确保在密闭注入过程中，CO_2 保持 -20℃低温液态，满足后续施工要求。受 CO_2 高摩阻和设备限制，前置注入阶段正常施工排量 2.5~3.5m^3/min[9]。

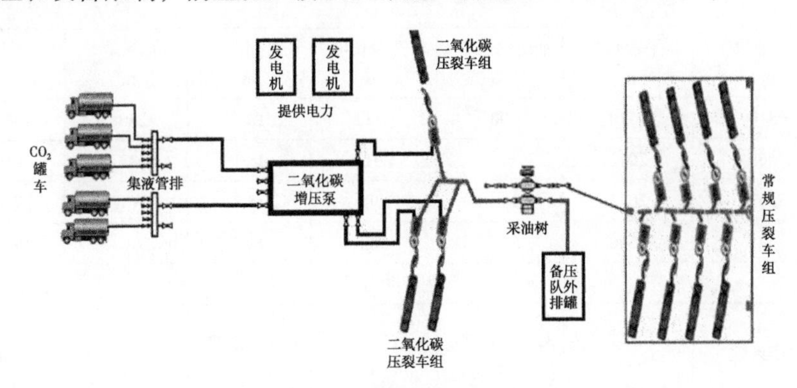

图 7　CO_2 前置压裂工艺流程图

根据微地震解释结果，3m^3/min 下，在 CO_2 前置注入阶段，近井筒附近可观察到微地震事件点，且施工压力出现小幅波动起伏，说明在低排量注入下，可以起到开启地层裂缝，提高裂缝复杂程度的作用[10]。

3.2 注入量优化

数值模拟不同 CO_2 注入量和注入方式下单井增油幅度，随着注入量的不断增加，增油幅度持续增长，采用连续注入，增产效果优于隔段注入，当单缝注入量大于 60t，增油幅度减缓（图 8），折算单段最优注入量 150~180t，预测增油幅度可达到 20%~25%。

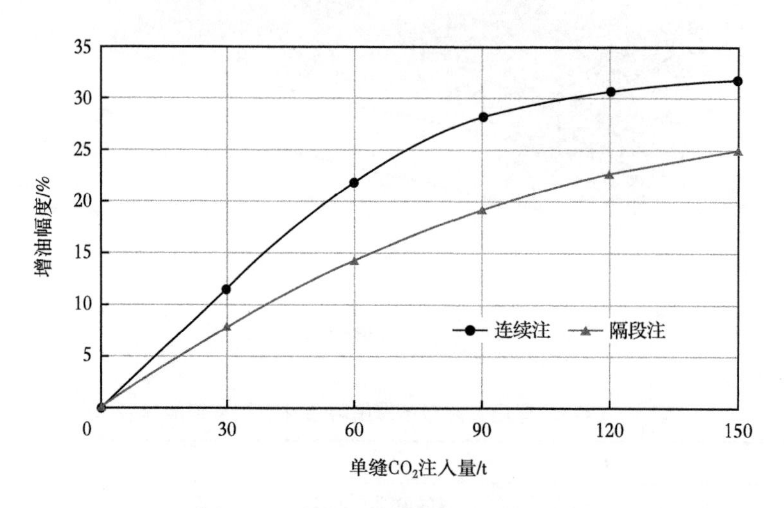

图 8 不同 CO_2 注入量下油井增油幅度

4 经济社会效应

根据前期试验井生产效果，采用 CO_2 前置压裂工艺，折算千米改造段长，单井累计产液量增加 11443t，累计产油量增加 8065t（表 4），对比常规储层改造同等压裂规模参数，单井增加投资费用 288 万元，当年多产油 4133t，收益 900 万元，当年投入产出比 1.0 : 3.1，增油稳产效益显著。

表 4 CO_2 前置压裂井工艺参数及生产动态表

工艺参数								
井号	油藏中部深度 / m	水平段长度 / m	油层钻遇率 / %	改造段长度 / m	簇间距 / m	总液量 / m^3	总砂量 / m^3	加砂强度 / m^3/m
试验井 A	3810	1510	90	1433	15.9	42608.7	2900	2
对比井 B	3663	2012	76.38	2012	15.1	59377.2	4050	2
对比井 C	3563	2015	96.18	1300	15.3	35615.6	2710	2.1
对比井 D	3471	1540	63.73	982	14.7	29015	1980	2
生产动态								
井号	生产天数	日产液水平 / t	日产油水平 / t	含水率 / %	累计产液量 / t	累计产油量 / t	折算千米累产液 / t	折算千米累产油 / t
试验井 A	789	66.6	30	55	48499.5	30519.2	33844.7	21297.4
对比井 B	722	28.4	25	12	42120.2	25436.5	20934.5	12642.4
对比井 C	702	16.1	10.5	35	26148.2	15782.7	20114.0	12140.6
对比井 D	629	60.6	12.7	79	25684.9	14644.5	26155.7	14912.9

对 CO_2 前置压裂井生产初期采出气进行跟踪化验分析，随着生产周期的增加，CO_2 浓度呈下降趋势，2021 年 2 口试验井，平均单井注入液态 CO_2 2750 吨，目前井口监测采出气 CO_2 浓度 3.3%~4.3%（图 9），日采出 CO_2 气体 5m^3，累计采出 CO_2 气体 850m^3，占累计注入量的 0.03%，采用前置注入工艺，并未造成注入 CO_2 的大量排出。

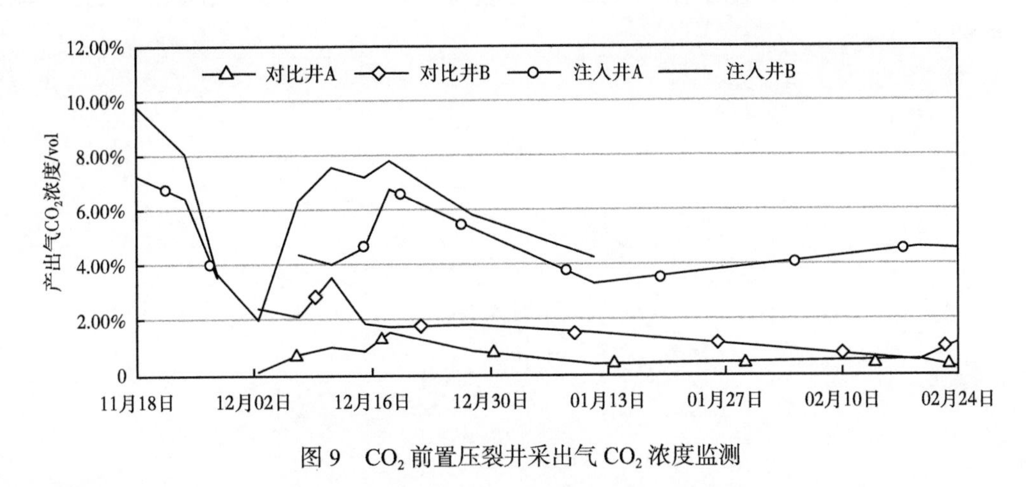

图 9　CO_2 前置压裂井采出气 CO_2 浓度监测

5　结论

（1）在吉木萨尔页岩油地层温度和压力体系下，采用 CO_2 前置压裂工艺可实现与地层原油的混相，当注入量增加到 55%CO_2 时，原油黏度可下降 50%，有效提高地层原油流动性。

（2）在地层条件下，CO_2 水溶液可与地层中的方解石、白云石发生化学作用，提高储层孔隙度和渗透率，根据现场采出液化验，反应时间可维持 3 个月以上。

（3）在 CO_2 前置压裂注入阶段，利用其破岩作用，能够开启地层微裂缝，地层微地震监测显示，震级事件点个数增加 58%，有助于提高地层裂缝复杂程度。

目前吉木萨尔页岩油正处于快速建产阶段，此项技术的推广能够实现 CO_2 的有效埋存，实现 CO_2 的“零排放”，有助于为中国石油实现“双碳”目标做出更大贡献。

参考文献

[1] 吴宝成，李建民，邬元月，等 . 准噶尔盆地吉木萨尔凹陷芦草沟组页岩油上甜点地质工程一体化开发实践 [J]. 中国石油勘探，2019，24（5）：679-690.

[2] 霍进，何吉祥，高阳，等 . 吉木萨尔凹陷芦草沟组页岩油开发难点及对策 [J]. 新疆石油地质，2019，40（4）：379-388.

[3] 刘丽新，李忠慧，韩旭波，等 . 二氧化碳地下封存与页岩气开采联合技术研究进展 [J]. 现代化工，2021，41（11）：39-43.DOI：10.16606/j.cnki.issn0253-4320.2021.11.009.

[4] 易勇刚，黄科翔，李杰，等 . 前置蓄能压裂中的 CO_2 在玛湖凹陷砾岩油藏中的作用 [J]. 新疆石油地质，2022，43（1）：42-47.

[5] 苏玉亮，王程伟，李蕾，等 . 致密油藏 CO_2 前置压裂流体相互作用机理 [J]. 科学技术与工程，2021，21（8）：3076-3081.

[6] 陈晨，朱颖，翟梁皓，等 . 超临界二氧化碳压裂技术研究进展 [J]. 探矿工程（岩土钻掘工程），2018，45（10）：21-26.

[7] 邹雨时，李彦超，李四海 .CO_2 前置注入对页岩压裂裂缝形态和岩石物性的影响 [J]. 天然气工业，2021，

41（10）：83-94.
[8] 王海涛，左罗，郭印同，等 . 二氧化碳对页岩力学性质劣化规律的影响 [J]. 科学技术与工程，2021，21（29）.
[9] 杨延增，聂俊，叶文勇，等 . 二氧化碳压裂供液系统设计 [J]. 钻采工艺，2020，43（4）：75-77.
[10] 左罗，韩华明，蒋廷学，等 . 页岩二氧化碳压裂裂缝扩展机制及工艺研究 [J]. 钻采工艺，2021，44(5)：45-49.

工　程

古龙地区陆相页岩油水平井技术难点分析及对策

齐 悦[1,2]，李 海[1]，陈绍云[1]，张振华[1]，和传健[1]，李增乐[1]，田玉栋[1,2]

（1. 大庆钻探工程公司钻井工程技术研究院；2. 中国石油大学（北京））

摘 要：古龙陆相页岩油储层以层状、纹层状页岩和泥岩为主，水平页理极为发育，黏土矿物含量高，伊利石相对含量高达60%。目的层青一、二段，埋深1800~2500m，水平段长2000~2600m，地层易层间散裂、纵向裂缝漏失。由于页岩的井壁易剥落和微裂缝存在，钻井过程中坍塌、漏失等复杂情况不断发生，同时钻进过程中频繁出现摩阻扭矩大，井眼净化难、套管安全下入等问题。为保证安全快速钻井，通过分析古龙页岩油水平井的钻井技术难点，制定控制钻井参数、优化井眼轨迹、调整钻井液性能、优化钻具组合、套管安全下入等技术措施，现场应用表明，比2020年钻井周期缩短74%，平均机械钻速提高150%，取得良好的经济和社会效益。

关键词：陆相页岩油；水平页理；剥落；套管安全下入；钻井周期

随着页岩油等非常规油气资源在全球能源结构中的地位和作用越来越重要，页岩油等非常规油气资源已成为勘探开发的热点领域[1-2]。大庆油田古龙页岩油资源潜力巨大，已成为大庆重要的战略接替资源[3-4]，2020年古龙油平1井日产油气当量达39t以上，展现了良好的勘探开发前景。古龙地区为典型的陆相页岩油，页岩油水平井目的层青山口组碳酸盐含量低，成熟度偏低，水平页理极为发育[5-7]，密度为1000~3000条/m。

中国陆相页岩油开发尚处于起步阶段，随着国内陆相页岩油与天然气勘探开发的不断深入，2020年前古龙地区钻井过程中坍塌、漏失等复杂情况不断发生，且由于井壁失稳认识不清，水平段偏长，设备更新缓慢，井眼清洁效果不好，同时出现摩阻扭矩大、方位漂移不稳、井眼净化难、套管下入困难等问题。因此，经过六轮试验区现场试验，开展水力参数和钻井参数优化、个性钻头设计、优化井眼轨迹、调整钻井液性能、优化钻具组合、套管安全下入等技术措施，13口井三开实现一趟钻，最长水平段长3223m，最快钻井周期缩短至13.77d，平均钻井周期缩短至25d以内。

1 页岩油水平井技术的难点

1.1 地质情况

古龙地区页岩油水平井从上而下钻遇地层有第四系、泰康组、明水组、四方台组、嫩五组、姚家组和青山口组。其中，嫩江组和姚家组以泥岩、粉砂岩为主，呈现不等厚互层，上有黑帝庙油层，可能含有浅气层，下有萨尔图和葡萄花油层，普遍含有高压注水层。青山口组主要为泥岩和上部少量灰岩，可能含有少量的硫化氢。区别于以低黏土含量致密储层为主的海相页岩油，陆相页岩储层以高伊利石含量的层状、纹层状页岩和泥岩为主[8]，水平页理

基金项目：中国石油天然气股份有限公司重大科技专项“大庆古龙页岩油勘探开发理论与关键技术研究”（2021ZZ10）。

作者简介：齐悦，男，1980年生，硕士，高级工程师，中国石油大庆钻探工程公司钻井工程技术研究院院长。主要从事随钻测井仪器研发与水平井特殊工艺井技术研究及管理工作。E-mail：qiyue@cnpc.com.cn。

极为发育（1000~3000条/米），存在双压力系统，黏土矿物含量高，伊利石相对含量达60%以上。

1.2 井身结构

古龙地区页岩油水平井设计井深一般为4700~5500m，水平段长1800~2500m，采用标准三层井身结构，一开采用ϕ444.5钻头井深约300m，下入ϕ339.7表层套管，封固上部第四系松散地层和泰康组潜水层；二开采用ϕ311.2钻头井深约2000m，下入ϕ244.5技术套管，封固黑帝庙油层可能存在的浅气层，萨尔图和葡萄花油层及可能的高压注水层，低孔隙压力层，保证下部储层专打；三开采用ϕ215.9钻头钻至完钻井深，下入ϕ139.7套管固井。

1.3 钻井主要难点

2020年前，古龙地区仅部署2口页岩油水平井，建井周期都在120d以上，造斜水平段机械钻速低于8m/h。古页油平1井钻进至4034m，井下塌落埋钻具，填眼侧钻。英页1H井油层薄，且垂深上移8m，出层11次，轨迹变动较大，挂卡频繁，反复调整轨迹定向测斜，导致机械钻速慢，行程周期变长。

（1）陆相纯页岩黏土矿物含量高，层状、纹层状页岩和泥岩，层理发育，页岩失稳认识不足，井壁经常剥落掉块[9]，钻进水平段钻进当量循环密度高，容易压漏地层。

（2）水平段较长，页岩层内水平井井眼轨迹控制难，定向工具面不稳，测斜纠斜等停时间延长，钻具振动大，方向漂移严重，后期压力传递困难，摩阻扭矩超过30kN·m，起下钻挂卡严重，下套管容易遇阻或下不到底，一旦阻卡，处理难度加大，可能的损失难以估计。

（3）长水平段钻进后期受钻井设备、提速工具、钻具钻头等多方面限制，环空压耗增大，降低排量维持泵压，部分岩屑经研磨变细，使得井眼清洁效果变差，钻井提速、水平段延长困难。

2 页岩油水平井钻井难点分析与对策

2.1 钻具摩阻扭矩大

古龙地区页岩油水平井水平段长1800~2500m，钻进小于1000m水平段时，刚性钻具在造斜段上下，接触井壁产生较强的侧向力，起下钻遇阻情况较多，经钻头加压和顶驱旋转后，不均匀扭矩加剧钻具振动的发生。进入1000m水平段以后，随着钻杆在水平段逐渐变长，屈曲情况逐渐加重，与摩擦阻力恶性循环交替成倍增加[10]。

（1）在井口和底部钻具处尽量多使用刚性更强的加重钻杆，减少螺旋屈曲的发生，加重钻杆不要进入井斜大于30°的造斜段，防止井筒侧向力过于集中大井斜段，保证钻压传递到钻头[11]。

（2）如果水平段超过2200m，地面使用顶驱扭摆系统，降低上部钻具摩阻，井下造斜段和水平段使用低压耗水力振荡器，降低钻具压耗和下部钻具摩阻。或使用旋转导向代替LWD+螺杆钻具组合，降低井底压耗，保证最低循环排量，定向时可变静摩擦为动摩擦，减少井下摩阻。

（3）个性化设计钻头，造斜段使用稳定性更高且侧向中等攻击、定向工具面更具稳定性的6刀翼金刚石钻头[12]，保证提高钻压后，复合钻比例和机械钻速都明显提高。

（4）三开使用抑制性强、润滑性能好、携带能力强的油基钻井液体系。

2.2 井眼稳定难，清洁效果差

古龙页岩油层理碎裂情况严重，塌块多，正常钻进塌块直径在 0.2~1.0cm 之间。在大位移水平井，由于井眼倾斜，岩屑在上返过程中将沉向井壁的下侧，堆积起来形成岩屑床，特别是在井斜角 45°~60° 的井段存在卡特包衣效应，已形成的岩屑床会沿井壁下侧向下滑动，形成严重的堆积，从而堵塞井眼 [13-14]。长水平段施工后期经常通过降排量保证泵压在安全范围内，导致岩屑在井眼不规则处不能顺利返出被反复研磨变细，流变性和井眼清洁能力不能有效保证。

（1）增大排量控制环空返速是影响井眼清洁的主要因素，页岩油水平井排量宜在 34~38L/s 之间 [15]，实践也证明，排量在 34L/s 以上，可以最大程度保持井眼清洁和降低复杂事故发生概率，高于 38L/s 对裸眼井壁冲刷较大。

（2）在保证排量的前提下，水平段钻井液应具有较好的低转速携岩性能，防止岩屑下沉到井筒下端，控制岩屑床厚度，可降低水平段整体摩阻。

（3）钻井液加重使用的重晶石密度超过 4.3g/cm^3，高效四级固控，双离心机配置，振动筛筛步 200 目以上，尽最大可能性降低固相含量。油基钻井重复利用，根据固相含量计算实际的密度含量，按比例混合新老油基钻井液。

（4）选择合适的钻井液密度，钻井液密度要根据压力剖面进行合理的选择，既要平衡地层压力有效支撑井壁，又要随时监视井下实际当量钻井液密度，防止井漏，保护储层。钻进过程中可以使用井底循环当量密度压力随钻测量模块 [16]，监测到井底实际压力转换成实际循环当量密度和实际环空岩屑浓度，有效避免压漏地层的风险，监控调整钻井参数。

（5）排量保证的前提下，只要井下无明显挂卡遇阻，不需要短起下，不能使用大排量长时间定点循环，除接单根之外不应无故划眼。优选长寿命螺杆，保证仪器稳定性，尽量减少仪器原因长起换钻具。长起下钻应分段循环，破坏岩屑床。

2.3 井眼轨迹控制难

页岩油水平井在井眼轨迹控制上主要难点有：页岩油水平井多采用密井网平台井，井下立体轨迹分布，井口至造斜点前和水平段后期防碰难度大，同平台井靶前距和偏移距差距大，同时页岩油生产要求放入宽幅电泵，40° 井斜角前狗腿度不能大于 5.5°/30m，40° 井斜角处需要 40~45m 稳斜段，造斜段和稳斜段的设计难度增高；页岩储层厚度 5~10m 之间，这些都增强了水平段轨迹控制精度要求。

（1）造斜点尽量下移，选在成岩性好、岩层比较稳定地层，缩短造斜和稳斜段长，降低施工难度。造斜段类型选择圆弧形，有利于降低摩阻扭矩和防止套管磨损。控制造斜段和稳斜段长度，尤其是岩屑床堆积容易下滑的井段 [17]。

（2）造斜率由上至下逐渐增大（准悬链线），进入靶点前造斜率降到 3°/30m 以下。

（3）简化钻具组合，采用加重钻杆代替钻铤，全过造斜点钻具使用斜坡钻杆和斜坡加重钻杆，减少钻具与井壁的接触，降低摩擦阻力。

（4）井眼轨迹设计负位移不宜超过 50m，三维井如果偏移距较大设计双二维走偏移距再扭转造斜。造斜段和水平段尽可能增加复合钻井比例，坚持“少滑动、多复合”，提高井眼规则度，有利于井眼平滑。

（5）施工前使用软件对摩阻扭矩进行预测，为钻进提供足够理论依据。

2.4 套管下入居中问题

由于下套管对井壁刮碰，裸眼段的塌块容易滑落堆积，水平段受套管自重、井眼波浪形井眼条件，须增加扶正器数量，台肩处摩阻异常偏大，这些都会引起套管下入过程中摩阻增大，甚至遇阻。套管下入井底前，套管自身重量如果不能抵消产生的摩阻，就会发生套管下入遇阻，下不到底的情况。沿页岩层水平层理钻水平段，井壁剥落情况加重，上下找层频繁造斜，会增加井眼不规则度，形成局部大肚子，导致井眼居中变差，影响固井质量[18-19]。针对以上引起套管下入及居中难度的原因，页岩油水平井采用的技术措施有以下几个方面。

（1）下套管前如果通井，下入专用井壁修整工具，清除井底堆积岩屑，达到井眼畅通、净化的目的。

（2）套管前段设计带有偏心旋转机构的自导式旋转引鞋，可在周向局部遇阻时受力自动旋转改变方向，引导套管串通过遇阻点，改善井眼抬肩和少量岩屑堆积遇阻情况。

（3）套管串中造斜段和水平段每根套管放一个一体式可压缩扶正器，提高套管串的居中度，尽可能减少窄边顶替效率低的问题。

（4）水平段延长后，套管下入摩阻不断增大，要求施工前用钻井工程软件计算下入钩载，如果发现套管下入完钻井深前钩载低于零，采用漂浮下套管技术，保证套管的顺利下入。

3 水平段合理长度的选择

古龙地区水平井水平段2000m以后，泵压达到循环系统设备的极限，只能逐渐降低排量，返出的岩屑颗粒逐渐变细，表明返屑不畅，井下形成岩屑床，经过长水平段的钻具及接箍反复碾压，颗粒变细后才返出地面。尽管目前采用油基钻井液施工，基本可以满足水平段2500m井的施工需求，但经现场统计和软件模拟均可以看出，随着水平段的延长，相同钻具条件下的摩阻扭矩呈不断增大趋势。2400m以后摩阻扭矩继续增加导致的定向摆工具面困难、钻压难以有效传递到钻头等一系列问题，影响施工效果，复杂事故发生概率急剧增高。

而且，长水平段的延伸对后期套管下入安全、声变测井施工难易度、固井施工过程高漏失、胶塞顶替效果、前置液的顶替效率都有较大影响，多种问题综合作用会大幅度增加固井质量的不确定性。虽然水平段的增长，增加了井筒与页岩油藏的接触面积，但同时井筒内流体流动的摩擦阻力也增加，影响页岩油产量的增加。所以，同时考虑钻井和后期生产最佳效果，目前页岩油水平井水平段一般不超过2500m。

4 现场应用情况

经过持续攻关，古龙地区陆相页岩油水平井采取以上技术措施先后在5个平台及探评井87口进行现场应用，钻井周期由2020年前的113d降至13.77d，钻井提速150%，水平段优质井段比例由64%提高到90%，页岩油储层钻遇率达到100%，13口井实现三开造斜水平段一趟钻，取得古龙地区多项钻井纪录（表1），节省了大量钻井成本，取得较好的现场应用效果。

表 1　古龙地区页岩油水平井创纪录统计表

井号 / 平台	纪录内容	纪录情况
GY2-Q1-H4	最短全井钻井周期	13.77d
GY2-Q1-H3	最高全井平均机械钻速	48.52m/h
GY3-Q1-H3	最高三开单趟钻进尺	3334m
GY2-Q2-H4	最长三开水平段	2580m
SY1-Q2-H4	最短三开钻井周期	7.54d
GY2-Q1-H3	最高三开水平段日进尺	711m
GY2-Q1-H3	最快三开平均机械钻速	39.63m/h
SY1-Q2-H2	最短三开水平段钻进周期	3.69d

5　结论及建议

（1）古龙地区页岩油水平井通过制定控制钻井参数、优化井眼轨迹、调整钻井液性能、优化钻具组合、套管安全下入等技术措施，实现钻井周期的大幅度缩短，经济和社会效益显著。

（2）随着环保要求的越来越高，有抑制性和润滑剂性的类油基水基钻井液也可以在页岩油水平井三开进行使用，例如，川渝页岩气水平井使用效果较好的双疏有机复合盐体系[20]。

（3）现阶段钻井装备设备、钻井参数提速已经得到充分挖掘，将步入钻井提速瓶颈期。简化标准三层井身结构为二层井身结构，进行井身结构的创新变革，可加快推动页岩油钻井提速提效进程。

参 考 文 献

[1] 孙龙德 . 古龙页岩油（代序）[J]. 大庆石油地质与开发，2020，39（3）：1-7.

[2] 何文渊，蒙启安，张金友 . 松辽盆地古龙页岩油富集主控因素及分类评价 [J]. 大庆石油地质与开发，2021，40（5）：1-12.

[3] 王广昀，王凤兰，赵 波，等 . 大庆油田公司勘探开发形势与发展战略 [J]. 中国石油勘探，2021，26（1）：55-73.

[4] 付茜 . 中国页岩油勘探开发现状、挑战及前景 [J]. 石油钻采工艺，2015，37（3）：58-62.

[5] 张瀚之，翟晓鹏，楼一珊 . 中国陆相页岩油钻井技术发展现状与前景展望 [J]. 石油钻采工艺，2019，41（3）：265-271.

[6] 张仁贵，刘迪仁，彭成 . 中国陆相页岩油勘探开发现状及展望 [J]. 现代化工，2022，42（3）：6-10.

[7] 王敏生，光新军，耿黎东 . 页岩油高效开发钻井完井关键技术及发展方向 [J]. 石油钻探技术，2019，47（5）：1-10.

[8] 齐悦，陈绍云，李海，等 . 松辽盆地古龙页岩水平井井壁失稳机理 [J]. 大庆石油地质与开发，2022，41（1）：147-155.

[9] 卢运虎，陈勉，安生 . 页岩气井脆性页岩井壁裂缝扩展机理 [J]. 石油钻探技术，2012，40(4)：13-16.

[10] 刘汝山，曾金义 . 复杂条件下钻井技术难点及对策 [M]. 北京：中国石化出版社，2005.

[11] 刘霞，程波，陈平，等 . 泌页 HF1 页岩油井钻井技术 [J]. 石油钻采工艺，2012，34（4）：4-6.

[12] 李海，杨永祥，田玉栋 . 漂浮下套管技术在 ZJ 油田页岩气水平井 YH1-6 井的应用 [J]. 新疆石油天然气，2020，16（1）：16-20.

[13] 马林虎 . 定向井和水平中岩屑携带实验研究 [J]. 石油钻采工艺，1999，21（2）：51-61.
[14] 杨灿，王鹏，饶开波，等 . 大港油田页岩油水平井关键技术 [J]. 石油钻探技术，2020，48（2）：17-19.
[15] 徐小峰，孙宁，孟英峰，等 . 冀东油田大斜度大位移井井眼清洁技术 [J]. 西南石油大学学报（自然科学版），2017，39（1）：148-154.
[16] 刘旭礼 . 随钻测井技术在页岩气钻井中的应用 [J]. 天然气工业，2016，36（5）：69-73.
[17] 周风山，蒲春生 . 水平井偏心换空中岩屑床厚度预测研究 [J]. 石油钻探技术，1998，26（4）：17-19.
[18] 杨智光，李吉军，杨秀天，等 . 页岩油水平井固井技术难点及对策 [J]. 大庆石油地质与开发，2020，39（6）：155-162.
[19] 夏元博，曾建国，张雯斐 . 页岩气井固井技术难点分析 [J]. 天然气勘探与开发，2016，39（1）：74-76.
[20] 齐悦，李海，张振华，等 . L 地区页岩水平井水基钻井液可行性分析 [C]// 李国欣 . 第五届地质工程一体化论坛论文集 . 北京：石油工业出版社，2021：176-181.

基于三维地质力学及 DFN 模型的页岩油裂缝扩展模拟研究与实践

黄星宁

（贝克休斯（中国）油田技术有限公司）

摘　要：准噶尔盆地二叠系芦草沟组是中国主要的页岩油目标层系之一，盆地东南部吉木萨尔凹陷等多口钻井在芦草沟组获得了工业性油流，表明芦草沟组页岩油具有巨大的勘探潜力；吉 172-H 井喜获高产，揭开了吉木萨尔页岩油的开发序幕，JHW023 井和 JHW025 井获突破，单井日产油最高达到 108.3t，高产稳产态势初显，展现了页岩油有效动用的良好前景及巨大的开采潜力。吉木萨尔芦草沟组页岩油开发在取得辉煌成绩的同时也暴露出一系列的开发问题，由于对油藏地质力学及天然裂缝分布规律研究不够深入导致：人工裂缝延展规律不够明确；压裂过程中各簇裂缝存在着明显的非均匀进液与扩展现象；压裂施工过程井间干扰严重。因此，需要加强页岩油藏地质力学及天然裂缝分布规律研究，研究成果将为水平井压裂方案优化、井网部署参数优选及页岩油藏开发方案调整提供技术支撑，进而实现提高单井产量，实现非常规油藏降本增效和效益化开发的目的，吉木萨尔国家级陆相页岩油示范区资源规模化动用对促进边疆稳定和经济发展，降低我国对外能源依存度及保障能源安全具有重要意义。

关键词：三维地质力学；压裂优化；微地震监测；人工裂缝扩展；陆相页岩油

吉木萨尔凹陷芦草沟组页岩油已成为我国首个规模化开发的陆源碎屑沉积页岩油藏，历经数年勘探开发实践，逐步形成了较为成熟的细分切割体积压裂的开发技术、水平井开发部署方案以及缝网改造参数组合。长水平井段钻井和多段大排量水力压裂施工是页岩油开发的关键和核心技术，能最大限度地增加压裂裂缝的改造体积和表面积，最终达到提高产量和采收率的目的。大量的研究结果以及实践证明：储层地质力学非均质性和多裂缝扩展产生的应力干扰等因素是造成水力裂缝非均匀扩展的主要原因，页岩储层脆性大，天然裂缝和水平层理发育，压裂过程中容易发生剪切滑移和张性破坏，压裂裂缝不再是单一对称的两翼缝，可能形成复杂的网状裂缝，非均匀化的裂缝特征给页岩水力压裂设计、裂缝监测、压后产能预测等带来诸多技术困扰。因此急需开展页岩油三维地质力学表征及天然裂缝描述研究，从而构建吉木萨尔二叠系芦草沟组天然裂缝及压裂缝网特征，明确不同压裂方案下的生产动态，优化压裂方案设计，为吉木萨尔页岩储层的高效开发提供依据。

1　地质概况

吉木萨尔凹陷是一个在中石炭统褶皱基底上发育起来的西断东超的箕状凹陷，位于准噶尔盆地东部隆起的西南部，北以吉木萨尔断裂为界，南以三台断裂为界，西以老庄湾断裂和西地断裂为界，向东逐渐过渡到古西凸起。二叠系芦草沟组为典型的咸化湖相页岩油，形成

作者简介：黄星宁，男，高级地质力学顾问，主要从事非常规油气藏地质力学及地质工程一体化相关研究。联系地址：成都市锦江区茂业大厦贝克休斯（中国）油田技术服务有限公司。邮件：xingning.huang@bakerhughes.com。

环境复杂：早期滨浅湖－半深湖，晚期闭流湖盆细粒沉积。咸化背景、外部粗碎屑物源供应不充足、周缘火山活动的火山灰沉积、蒸发环境及湖盆底部的热液喷流等背景下形成了该区典型的细粒多源混合沉积。其源岩岩性以泥质岩类为主，储层则主要为云质类粉－细砂岩，纵向上源岩与储层交互叠置，储层本身具有一定生烃能力，呈现源储一体、局部富集的特征。平面上受控于稳定的咸化湖盆沉积背景，源岩及储集层段平面分布稳定（图1），具备大面积成藏的条件，能够形成资源丰度较高的页岩油富集区。

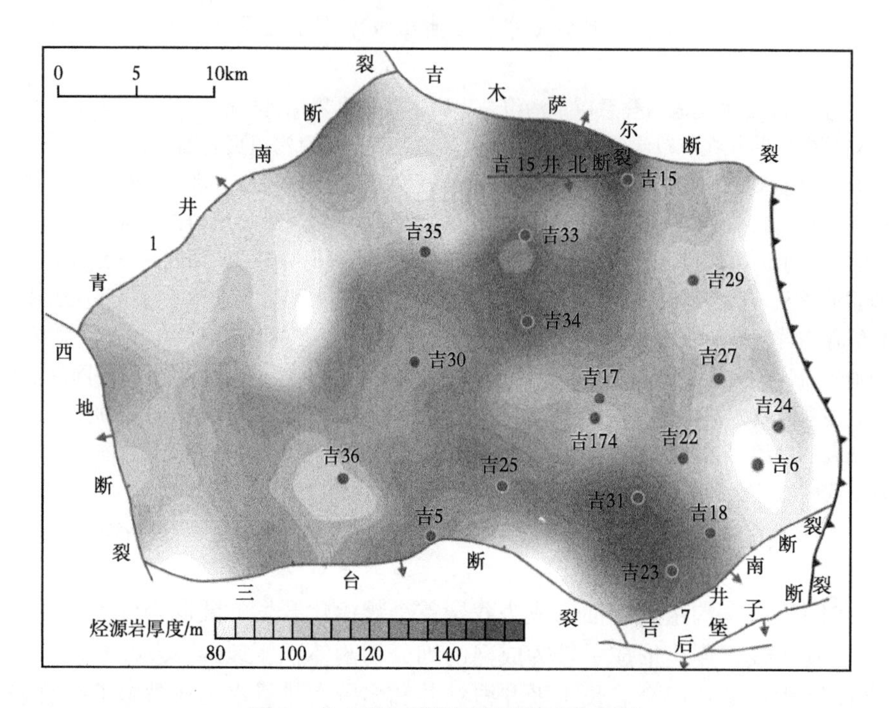

图1　吉木萨尔凹陷烃源岩厚度分布图

2　地质力学研究

基于力学参数测试、地层压力测试、小压分析、钻井日志、常规及成像测井等资料，利用井壁崩落及钻井诱导张性缝等特征反演水平应力方向，并完成岩石力学参数、上覆地层压力、孔隙压力、最大及最小水平应力建模；建立近井筒应力状态的一维地质力学模型。通过岩石力学实验室进行力学参数测试、波速各向异性实验、地磁定向实验以及岩石三轴力学试验等，得到岩石力学参数、应力方位、应力大小以及应力梯度等与储层改造及裂缝扩展密切相关的数据。

2.1 岩石力学建模

据岩心实验，芦草沟组致密油砂屑云岩、云屑砂岩脆性最好，其次是岩屑长石粉细砂岩，泥岩、碳质泥岩脆性最差。据吉37井区4口取心井岩石力学实验结果，储层抗压强度、抗拉强度总体低于泥岩，$P_2l_2^{2-2}$~$P_2l_2^{2-3}$之间泥岩层抗压强度、抗拉强度总体大于储层及$P_2l_2^{2-1}$~$P_2l_2^{2-2}$之间泥岩，水平井轨迹位于$P_2l_2^{2-2}$中上部优质油层内，人工裂缝更易向上延伸。

（1）弹性模量。岩石的弹性模量E是指岩石在单轴压缩条件下，轴向应力与轴向应变增量之比，见下式：

$$E=\Delta\delta_z/\Delta\varepsilon_z \tag{1}$$

式中：E 为弹性模量，为应力—应变曲线的斜率，即单轴应力时，应力相对应变的变化率；$\Delta\delta_z$ 为轴向应力的增量；$\Delta\varepsilon_z$ 为轴向应变的增量。

（2）泊松比。岩石的泊松比是指岩石在单轴压缩条件下的横向应变与轴向应变之比。

$$\nu=-\frac{\varepsilon_r}{\varepsilon_z} \tag{2}$$

泊松比是决定水平地应力的一个重要参数。一般情况下，由于岩石的横向应变和轴向应变的关系，以及轴向应变和轴向应力的关系多数为曲线形式，即岩石泊松比随轴向应力的增加而增大，常取应力与应变曲线的直线段作为计算依据。

（3）岩石的剪切模量。剪切模量是材料在剪切应力作用下，在弹性变形比例极限范围内，切应力与应变的比值，又称切变模量或刚性模量。剪切模量是材料的力学性能指标之一，表征材料抵抗切应变的能力。模量大，则表示材料的刚性强，岩石难发生剪切变形；当岩石剪切模量无穷大时，岩石就变成刚体。剪切模量的倒数称为剪切柔量，是单位剪切力作用下发生切应变的量度，可表示材料剪切变形的难易程度。

岩石的剪切模量 G 与弹性模量 E 的泊松比 ν 之间有如下关系：

$$G=\frac{E}{2(1+\nu)} \tag{3}$$

（4）岩石抗压强度。即岩石试件在单轴压力下达到破坏的极限强度，数值上等于破坏时的最大轴向应力，通常用 σ_c 表示：

$$\sigma_c=\frac{P}{A} \tag{4}$$

式中：P 为破坏时所加的荷载，称为破坏荷载；A 为原始横断面积。

吉 A 井岩石力学参数测试成果表（部分）见表 1。

表 1　吉 A 井岩石力学参数测试成果表（部分）

井段 /m	岩 性	围压 / MPa	抗压强度 / MPa	弹性模量 / GPa	泊松比	抗压强度 / MPa
2713	泥灰岩	24	351.9	35.2	0.35	16.88
		28	381.6	34.9	0.3	16.87
		32	267.4	30.7	0.37	13.07
		24	216.4	19	0.39	10.49
		28	214.6	19.5	0.38	9.49
		32	217.3	17.7	0.39	5.36

续表

井段 /m	岩 性	围压 / MPa	抗压强度 / MPa	弹性模量 / GPa	泊松比	抗压强度 / MPa
2717.5	泥质粉砂岩	5	170.4	21	0.21	9.26
		10	178.7	21.7	0.21	4.97
		15	150.6	17.3	0.25	5.32
		20	188.3	21.6	0.34	3.61
2717.6	泥质粉砂岩	25	193.8	22.9	0.29	13.09
		15	237.6	22.9	0.29	11.82
		5	140.2	23.5	0.22	10.1
		28	192.7	21	0.31	8.69
		28	238	26.4	0.34	17.66
		32	277	19.3	0.34	9.33
		32	251.2	22.1	0.23	12.35
		32	279	24.9	0.27	12.12
2896.5	泥质粉砂岩	24	256.4	25.3	0.3	11.36
		28	279.4	23.4	0.29	7

基于岩心实验数据建立吉 A 井岩石力学参数剖面（图 2），解释模型与实测数据吻合度较好，吉 A 井芦草沟组抗压强度范围：184~329MPa，平均 244MPa，芦草沟组抗拉强度范围：7.9~14.2MPa，平均 11.2MPa；芦草沟组内摩擦系数范围：0.65~1.04，平均 0.84；芦草沟组静态泊松比范围：0.16~0.42，平均 0.22，芦草沟组静态杨氏模量范围：9.5~40.5GPa，平均：24.3GPa；芦草沟组动态杨氏模量范围：11.3~62.4GPa，平均 35.8GPa；芦草沟组动态泊松比范围：0.18~0.35，平均 0.23。

2.2 水平主应力建模

建立应力多边形的理论基础和假设是有效应力比值不可超过引起已经存在的断层产生滑动所要求的值。如图 2 所示，垂向和水平虚线黑色线条与上覆地层（S_v）相对应并且将 NF（正向断层）、SS（走滑断层）和 RF（逆向断层）应力机制分隔开来。多边形的边界是在不同应力机制（比如摩擦系数等）下，产生破坏的临界条件，因此代表的是一种活动断层状态。只有在多边形内或边界上的应力状态是可能存在的。这同时也就保证了地下的应力状态不会超过剪切力与有效正应力的临界比，从而造成最有利方向的断层产生滑移。

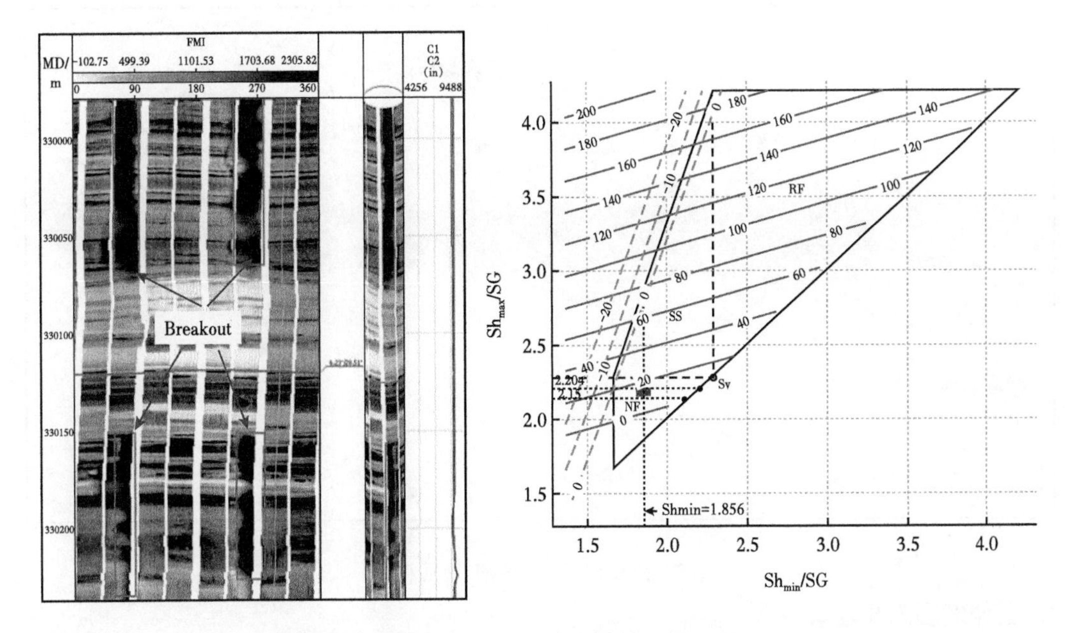

图 2　吉 A 井应力多边形计算最大水平主应力

吉 A 井 3302m 处成像测井资料上有较明显的井壁崩落特征，可用于最大水平主应力模拟。模拟参数：孔隙压力系数 1.37SG，Biot 系数 0.9，泊松比 0.28，内摩擦系数 0.92，崩落角度 20°~25°，崩落方向为北北东—南南西。模拟结果：最大水平主应力系数 2.13 ≤ $S_{H\max}$ ≤ 2.204SG。

用“恒定应变系数”法对测井导出的 $S_{h\min}$ 和 $S_{H\max}$ 大小进行估算并定义为：

$$S_{h\min}=\frac{\nu}{1-\nu}S_V+\frac{1-2\nu}{1-\nu}\alpha P_p+\frac{E}{1-\nu^2}\varepsilon_h+\frac{\nu E}{1-\nu^2}\varepsilon_H \tag{5}$$

$$S_{H\max}=\frac{\nu}{1-\nu}S_V+\frac{1-2\nu}{1-\nu}\alpha P_p+\frac{E}{1-\nu^2}\varepsilon_H+\frac{\nu E}{1-\nu^2}\varepsilon_h \tag{6}$$

式中：ν 为静态泊松比；α 为 Biot 系数；P_p 为孔隙压力；E 为静态杨氏模量；S_v 为垂向应力；ε_h 为 $S_{h\min}$ 方向构造应变；ε_H 为 $S_{H\max}$ 方向构造应变。

邻井最终的应力和压力模型利用有效应力比和测井计算方法共同确定。全区 Biot 系数均为 0.9，但是各井由于构造位置及储层非均质性的差异，构造应力系数略有差异，建模结果显示，研究区总体处于正应力状态下，即 $S_v > S_{H\max} > S_{h\min}$。

2.3　三维构造建模

三维地质力学模型是研究区应力特征及其非均质性在三维空间上的分布和变化的具体表征，三维地质力学模型实际上就是建立表征地层应力特征的三维空间分布及变化模型。在基于构造等值线数字化之后构造层面模型的基础上通过层面构造数据质控，对构造层面进行网格化，检查层位与断层接触关系，修正局部不合理的接触关系，使得层面数据整体空间协调，建立各层位的层面构造模型（图 3）。

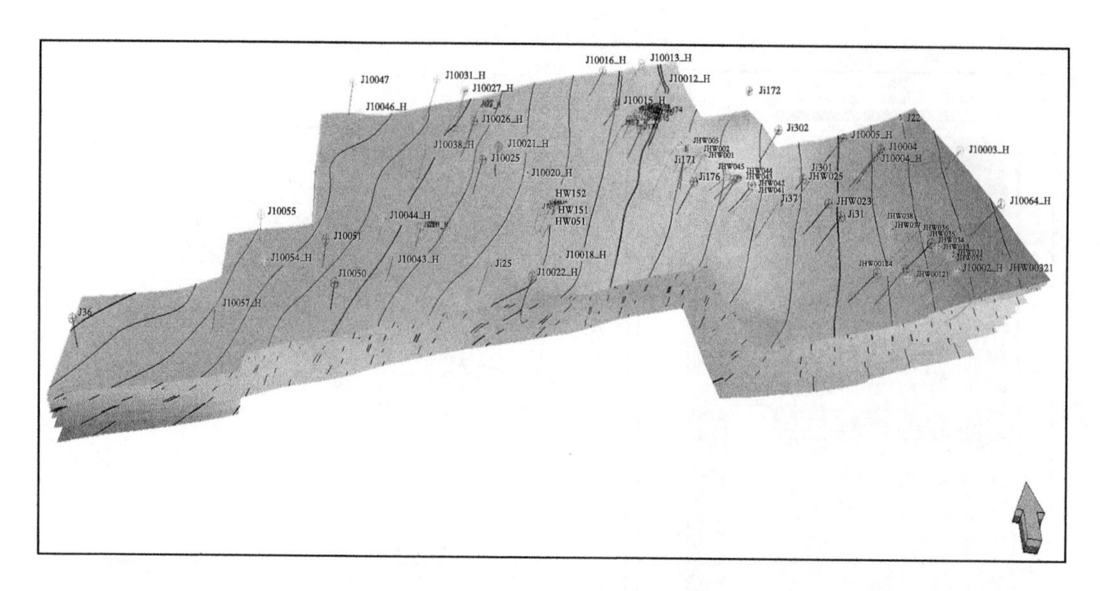

图 3　芦草沟组三维构造层面模型

2.4　三维地质力学建模

在一维地质力学研究的基础上，结合构造模型以及三维地震资料考虑储层空间各向异性建立三维地质力学相关模型，包括：最大主应力、最小主应力、上覆地层压力、水平应力差、杨氏模量、泊松比、单轴抗压强度等。通过岩石力学实验室进行力学参数测试、波速各向异性实验、地磁定向实验以及岩石三轴力学试验等，得到岩石力学参数、应力方位、应力大小以及应力梯度等与储层改造密切相关的数据；在实验室分析的基础上结合测井资料、岩性分布特征、孔隙压力、流体性能等进行一维地质力学分析研究；在此基础上结合构造层面模型、断层空间分布特征以及地震数据等进行区域地质力学特征研究，能较好地反映储层地质力学在三维空间的分布特征，三维地质力学模型如图 4 所示，由于篇幅所限不一一展示。

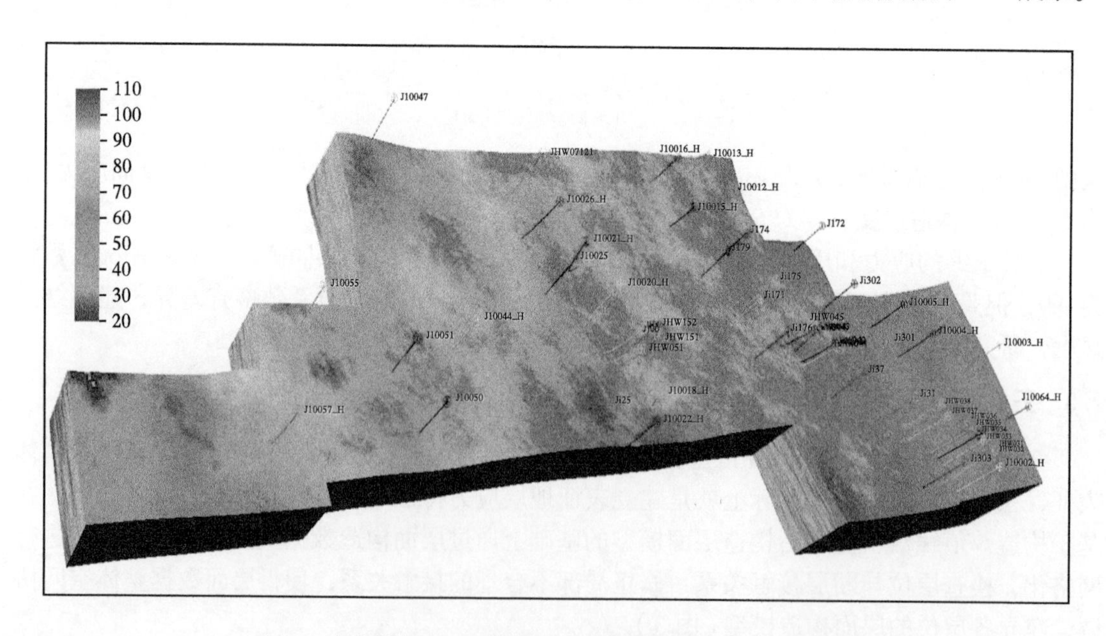

图 4　吉木萨尔地区三维地质力学模型（最小水平主应力）

3 天然裂缝特征研究

常规测井资料的裂缝分析只是定性的，而且对裂缝的描述参数不能进行定量的计算，钻井岩心的裂缝直观观察和描述是最理想的办法，但是钻进岩心十分有限，不能满足实际工作需要。电成像测井资料的裂缝分析和裂缝参数定量计算是通过成像测井解释软件对 11 口井的原始数据进行解编、校正、裂缝交互解释，在此基础上，结合录井和岩心资料对裂缝的发育情况进行了综合分析，主要包括裂缝与年代地层的关系、裂缝与地层岩性的关系、裂缝与储层的关系等。通过对多口井的裂缝分析，确定裂缝在垂向地层格架以及平面上沉积相带中的配置关系，从而确定主体三维空间上的裂缝发育特征。

3.1 成像特征识别

以成像测井资料进行天然裂缝特征识别，定量描述天然裂缝参数，创新构建吉木萨尔页岩油储层天然裂缝数字化表征方法。层理缝（图 5）在成像测井上表现为黑色或白色条纹，若层理缝张开未充填，钻井液注入导致电阻率比周围岩层低很多，成像测井图像上表现为黑色条带；如果层理缝被云质、硅质、钙质等充填，电阻率会大大增加，则成像测井图像上表现为白色条带。

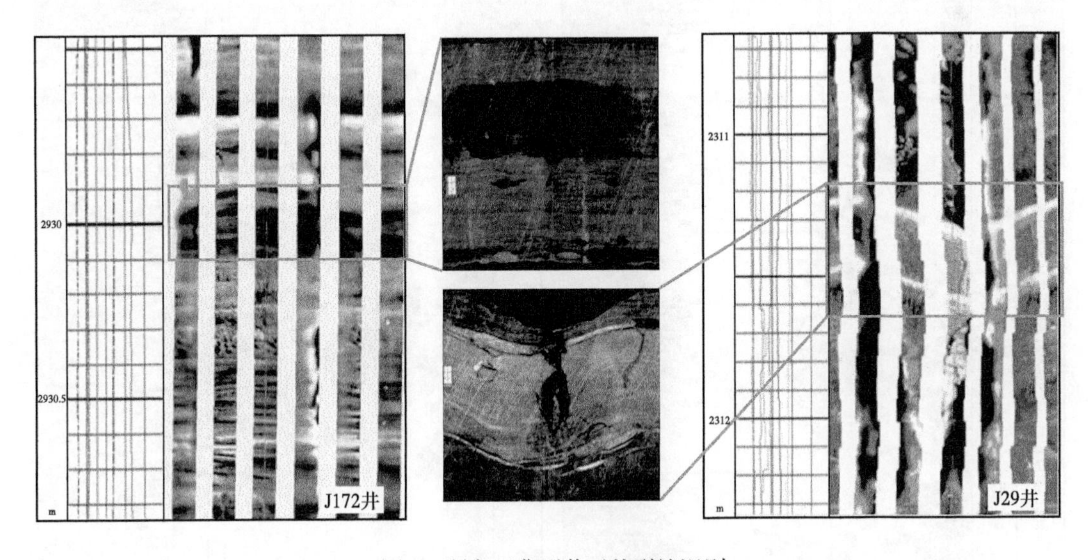

图 5 研究区典型井天然裂缝识别

完成工区内 7 口井成像测井资料解释工作：包括天然裂缝特征识别、井壁崩落位置及方位拾取以及钻井诱导张性缝的解释工作。在成像测井资料解释的基础上完成天然裂缝分类，同时考虑方位分类，最终划分为 4 个组系，研究成果将作为“硬数据”约束建立三维裂缝模型：裂缝倾角 15° 以上为构造缝；15° 以下为层理缝；近南北向裂缝倾角方位角平均为 75°；北东—南西向高角度裂缝倾角平均为 320 °；典型井单井成像解释强度如图 6 所示。

对 4 组系裂缝产状进行了定量化描述，为建裂缝网络模型做好数据准备。通过取心资料和成像测井裂缝识别看，裂缝的发育程度和断层的规模与到断层的距离有关。不同规模的断层附近裂缝发育程度也不相同。但是，总的来说，随着到断层距离的增大，裂缝密度减小。与断层伴生的构造裂缝密度与断层距离成反比，因此用与断层间的距离来约束断层作用形成的构造裂缝。密度模型的建立以裂缝强度发育体及成像测井解释的不同组系的裂缝密度为基础，平面上综合利用上述各种资料为约束，采用随机模拟的方法得到吉木萨尔四个组系裂缝密度分布模型，层理缝组系 1 强度模型如图 7 所示，该组系 DFN 模型如图 8 所示。

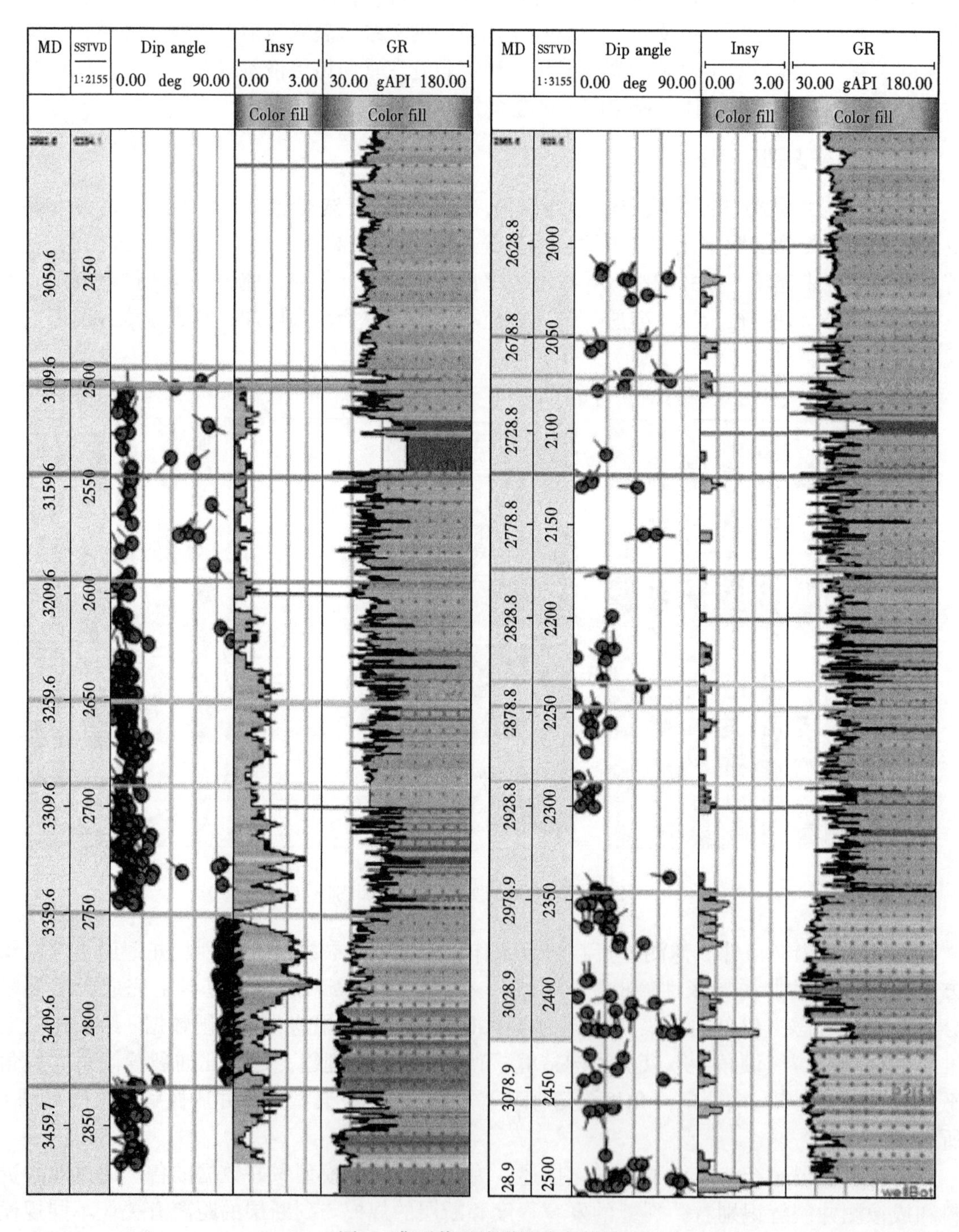

图 6　典型井天然裂缝分布特征

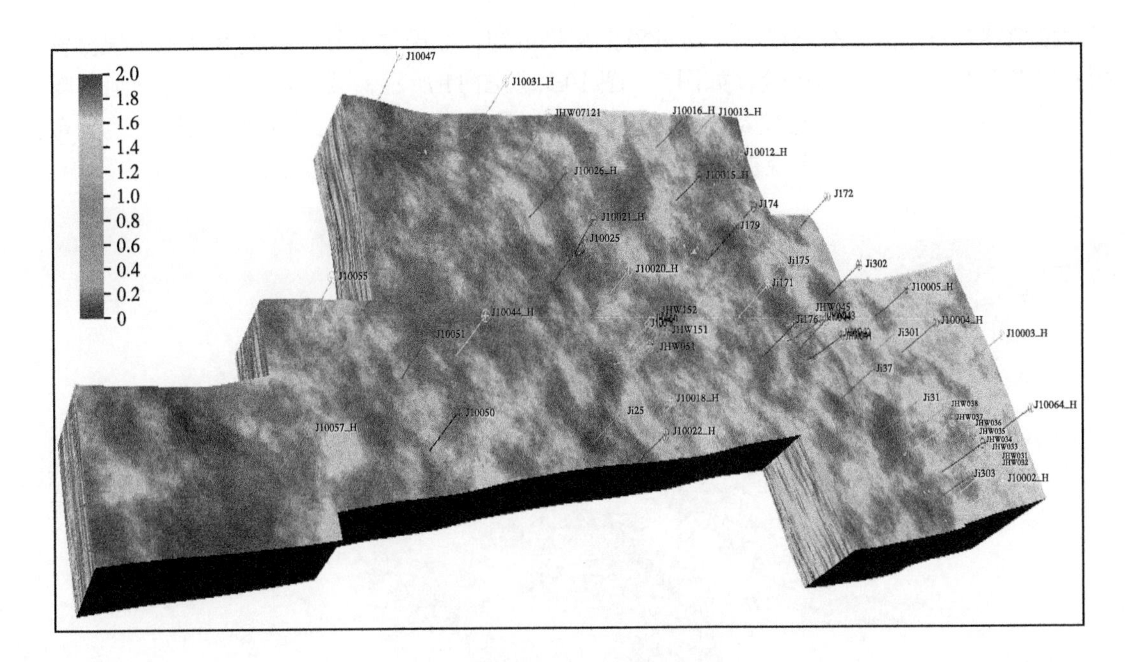

图 7　层理缝组系 1 裂缝强度模型

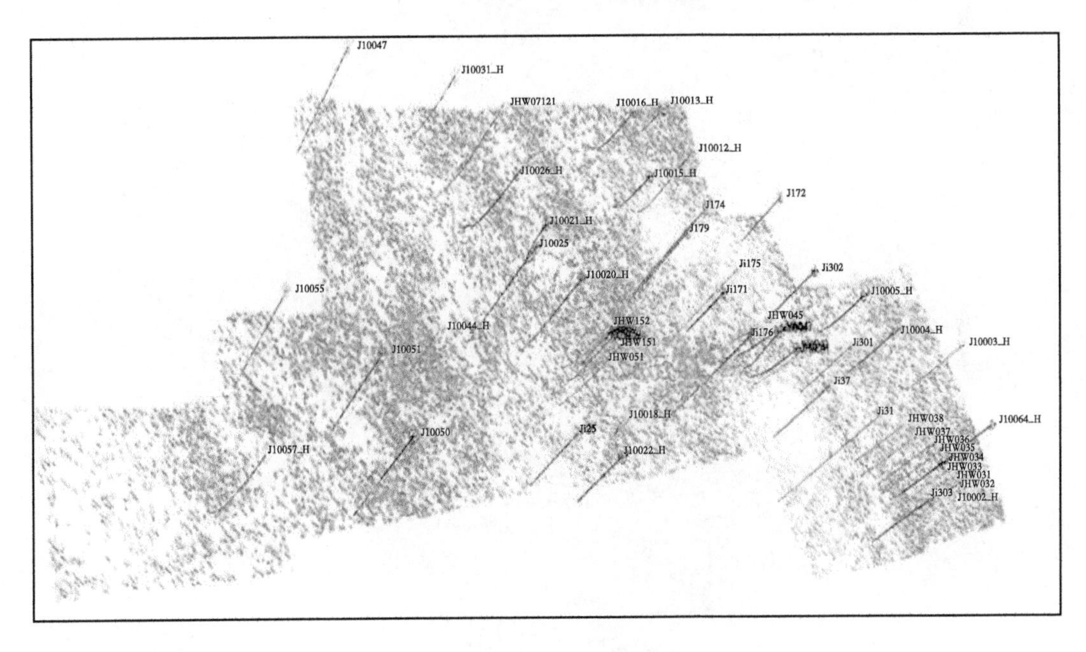

图 8　层理缝组系 1 三维 DFN 模型

4　全三维裂缝扩展模拟

按照实际压裂施工参数，压裂液液体类型采用滑溜水 + 冻胶的组合形式，设置液体滤失系数、黏度设置、摩阻系数等；支撑剂采用组合支撑剂类型；20/40 石英砂、30/50 石英砂、40/70 石英砂、70/140 陶粒，设置不同闭合压力下的导流能力及抗压强度。以水平井实钻井轨迹、压裂施工数据、分段分簇数据为基础，结合三维地质力学及天然裂缝模型，采用复杂缝网模拟器进行了人工裂缝模拟。通过模拟结果可知，在局部天然裂缝发育且施工规模较大的井段存在与邻井压窜的风险，如图 9、图 10 以及图 11 所示，裂缝扩展成果与微地震吻合度较高，在三维地质力学建模及三维 DFN 模型的基础上，考虑应力阴影、天然裂缝分布特征、支撑剂沉降及运移，实现吉木萨尔区块人工裂缝全三维耦合精准模拟。

图 9　芦草沟组 H 平台人工裂缝扩展模型

图 10　芦草沟组 H 平台微地震监测数据

图 11　芦草沟组 H 平台人工裂缝与微地震事件点叠合

5　结论与建议

在地质研究的基础上结合地质力学分析，厘清天然裂缝分布特征及人工裂缝与天然裂缝的耦合规律，从而为芦草沟组页岩油压裂方案设计及井位部署原则提供技术支撑，研究成果可应用于水平井压裂方案优化、井网部署参数优选及页岩油藏开发方案调整，能有效降低压裂窜扰、套损等问题对规模建产的影响。在我国首个陆相页岩油国家级示范区开发过程中需继续贯彻地质工程一体化研究技术思路，加强对地质甜点与工程甜点识别，加大对天然裂缝及人工裂缝预测精度，夯实地质基础，深化地质认识；创新非常规油气资源开发技术，探索非常规油气资源效益开采可行性方案。

（1）为探究页岩气藏水力压裂复杂裂缝网络的形成机理，开展了缝网扩展的数值模拟研究，考虑应力阴影和天然裂缝作用，建立了井筒和裂缝中流体流动模型，考虑天然裂缝作用时，逼近角越小或者应力各向异性越弱，水力裂缝越容易发生转向扩展，裂缝网络越复杂。

（2）基于建立的层理发育的页岩储集层压裂裂缝扩展模型，考虑了页岩储集层天然裂缝特征和纵向应力差异的影响。高密度层理开启可以增加改造体积的裂缝复杂性，但缝高、缝长明显受抑制；低强度层理开启，人工裂缝转向水平扩展，井底压力较低，缝高扩展受限。因此，预测页岩储集层裂缝扩展时需要充分考虑层理弱面与纵向应力差异的影响，否则会使缝高扩展预测结果与实际存在差异。

（3）不同发育程度、不同倾角的天然裂隙影响水力裂缝的起裂方位、扩展路径，在局部诱导多级次级裂缝的形成，是水力压裂形成缝网改造的必要条件。天然裂隙在局部影响水力裂缝的转向，水力裂缝总体趋向于最大主应力方向扩展。

（4）由于储层地质力学非均质性、裂缝发育程度差异性，各段施工规模不均一性，导致人工裂缝耦合模拟结果显示同平台不同井、同井不同压裂段、同压裂段不同簇裂缝扩展差异较大，缝网改造的不均一性或许是造成各井压后产能差异较大的主要原因之一。

参 考 文 献

[1] 王宜林，张义杰，王国辉，等.准噶尔盆地油气勘探开发成果及前景[J].新疆石油地质，2002，23（6）：449-455.

[2] 支东明，唐勇，杨智峰，等.准噶尔盆地吉木萨尔凹陷陆相页岩油地质特征与聚集机理[J].石油与天然气地质，2019，40（3）：524-534.

[3] 匡立春，王霞田，郭旭光，等.吉木萨尔凹陷芦草沟组致密油地质特征与勘探实践[J].新疆石油地质，2015，36（6）：629-634.

[4] 宋永，周路，郭旭光，等.准噶尔盆地吉木萨尔凹陷芦草沟组湖相云质致密油储层特征与分布规律[J].岩石学报，2017，33（4）：1159-1170.

[5] 刘冬冬，张晨，罗群，等.准噶尔盆地吉木萨尔凹陷芦草沟组致密储层裂缝发育特征及控制因素[J].中国石油勘探，2017，22（4）：36-47.

[6] 杨智，侯连华，林森虎，等.吉木萨尔凹陷芦草沟组致密油、页岩油地质特征与勘探潜力[J].中国石油勘探，2018，23（4）：76-85.

[7] 林森虎，邹才能，袁选俊，等.美国致密油开发现状及启示[J].岩性油气藏，2011，23（4）：25-32.

[8] 窦宏恩，马世英.巴肯致密油藏开发对我国开发超低渗透油藏的启示[J].石油钻采工艺，2012，34（2）：120-124.

[9] 谢军，鲜成钢，吴建发，等.长宁国家级页岩气示范区地质工程一体化最优化关键要素实践与认识[J].中国石油勘探，2019，24（2）：174-185.

[10] 陈建军，翁定为.中石油非常规储层水平井压裂技术进展[J].天然气工业，2017，37（9）：79-84.

黄土塬宽方位三维地震技术及其在页岩油开发中的应用

张　杰，李　斐，姚宗惠，高　楠，高　改，曾亚丽

（中国石油天然气股份有限公司长庆油田分公司勘探开发研究院）

摘　要：庆城油田页岩油主要发育在长 7 油层组，为典型的陆相页岩油，纵向上划分为上甜点段（长 7_1）、中甜点段（长 7_2）和下甜点段（长 7_3），其中上、中甜点段为泥页岩夹多期薄层粉细砂岩的岩性组合，是页岩油勘探开发的主要对象。长 7_1、长 7_2 页岩油虽然整体较厚，但单砂体薄，多为 3~5m，储层横向变化快，区内小断层发育，局部构造复杂，因此水平井位优化部署及轨迹导向难度较大。利用该区部署的黄土塬宽方位三维地震，在甜点区优选的基础上，采用多井层控速度建场微幅度构造预测、曲率小断层识别、分频相移及波形指示反演薄储层预测等技术，对水平井进行优化部署及随钻导向，取得较好应用效果，三维区页岩油水平井钻遇率较以往提高 10%。

关键词：三维地震页岩油甜点优选；水平井位优化部署；三维地震水平井轨迹导向；庆城油田

庆城地区位于中国鄂尔多斯盆地西南部，区域构造位于伊陕斜坡。区内石油资源丰富，20 世纪 70 年代发现了侏罗系马岭油田。进入 21 世纪，随着勘探思路的转变，中石油长庆油田先后在临近长 7 生油层附近发现了西峰油田、华庆油田及镇北油田等。近年来，在长 7 生油层内勘探开发取得突破，先后多口井在长 7 试油获高产，截至 2021 年 6 月，在该区提交页岩油探明储量 10.5 亿吨，并建立了水平井开发试验区，取得了良好开发效果。庆城油田页岩油主要发育在长 7 油层组，为典型的陆相页岩油，纵向上划分为上甜点段（长 7_1）、中甜点段（长 7_2）和下甜点段（长 7_3），其中上、中甜点段为泥页岩夹多期薄层粉细砂岩的岩性组合，是页岩油勘探开发的主要对象。长 7_1、长 7_2 页岩油储层虽然整体较厚，但单砂体薄，多为 3~5m，储层横向变化快，区内小断层发育，局部构造复杂，因此水平井位优化部署及轨迹导向难度较大。为了解决上述难题，该区在 2017 年开展黄土塬三维地震攻关，形成了井震混采黄土塬宽方位三维地震采集技术，解决了黄土塬三维地震资料采集难题，在此基础上，形成的黄土塬宽方位三维地震高精度成像处理技术系列，大幅度提升了地震资料品质，为三维地震在页岩油中的应用奠定了资料基础。针对页岩油水平井位部署及轨迹导向需求，形成了多井层控速度建场微幅度构造预测、曲率小断层识别、分频相移及波形指示反演薄储层预测等技术，对水平井进行优化部署，对轨迹进行随钻导向。三维地震采集处理技术的突破及在页岩油开发中效果的突显，推动了该区地震由二维向宽方位三维的转变。2017—2021 年在该区共部署宽方位三维地震 4763km^2，助推了页岩油规模高效开发。

作者简介：张杰，长庆油田分公司勘探开发研究院。E-mail：zhangjie_cq@petrochina.com.cn。

1 地震资料情况

庆城油田地处黄土塬区，地表高差大，障碍物复杂，2018 年以前，该区采集的都为二维地震资料，主要为 2000—2017 年采集的宽线及非纵地震，测网密度为 $2\times1km^{-3}\times5km$，地震资料的主频为 25~30Hz，频宽为 10~55Hz，信噪比为 2 左右。受二维地震资料品质及测网密度的限制，在页岩油中发挥的作用有限。为了解决页岩油“甜点”区优选、水平井位部署及轨迹导向等难题，长庆油田 2017 年首次在该区实施三维地震攻关。针对该区复杂的地表条件，为了保证采集数据的属性均一性，采用可控震源与井炮混采方式的激发方式，可控震源占比为 16.87%，覆盖次数为 414 次，面元尺寸为 $20m\times40m$，炮道密度达到 51.75 万道／平方千米，横纵比达到 1，为宽方位角采集。针对该工区地震资料处理中的静校正、去噪、子波一致性处理及频带窄等难题，结合地质任务的要求，形成了以微测井约束三维层析静校正、叠前五域（炮域、共检波点域、CMP 域、OVT 域及十字排列域）六分法（分类、分步、分域、分频、分区、分时）去噪、近地表 Q 补偿、子波一致性处理、OVT（共偏移距向量片）域处理技术等几项关键技术，及叠前时间偏移等技术，处理后的地震剖面信噪比达到 5 以上，主频为 30Hz，频宽为 6~60Hz，为断层研究提供了资料保障。

2 断层识别及微幅度构造预测

2.1 三维地震断层识别

断层识别是地震资料解释的基础。近年来，随着计算机技术及全方位三维地震的发展，地震断层解释技术有了长足的发展。从最初的相面法、手动识别追踪发展到自动化、智能识别追踪，提高了断层解释的速度及断层识别的精度。目前常用的有四大类技术，分别为：（1）常规断层识别方法；（2）基于地震属性的断层识别方法；（3）断层的自动追踪与解释方法；（4）基于图像处理技术的断层识别方法 [1-5]。依据所采集的地震资料的特点，本文采用了常规断层识别及基于地震属性的断层识别两种方法。

属性识别主要曲率属性，采曲率属性是用来表征平面上某点处的弯曲程度。一般情况下，弯曲越厉害，曲率值越大。虽然曲率可以识别小断层，但多解性强，与常规识别相结合可以降低它的多解性。该期主要发育近东西向的走滑断层，形成于燕山运动晚期。图 1 为断层在剖面及曲率切片的响应特征，在地震剖面上，T_k、T_{J7} 反射同相轴错断明显，而其他两套标志层无明显错断，但有扭曲特征。在曲率属性沿层切片上，可以明显地看到断层的特征，断层走向为东东北－南西西，断层倾角较陡，接近直立，断距为 5~15m，延伸 1.6~25km 以上。

2.2 三维地震构造预测

构造预测的关键在于速度场的建立，现有的速度场建模方法主要包括 DIX 公式法速度建场、层位控制法速度建场、偏移归位法速度建场、模型层析法速度建场、时深曲线法速度建等技术。庆城油田构造相对平缓，地层倾角不到 1°，层状沉积，无特殊地质体，纵向上和横向上地层速度变化小，因此采用层控时深曲线法速度建场可以较好地反映地下的地质构造，图 2 为 A 区地震预测长 7_3 顶部构造图，该区的构造特征与区域构造一致，为东高西低，构造整体较为平缓，受断层影响，局部构造变化较大。

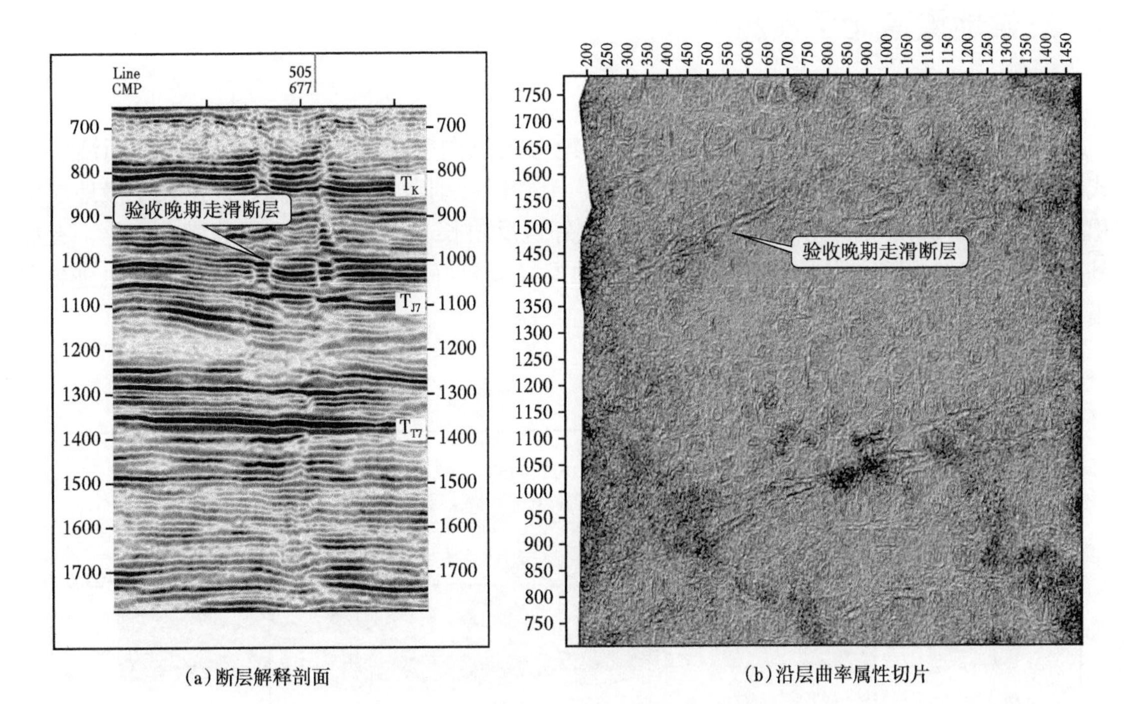

(a)断层解释剖面

(b)沿层曲率属性切片

图1　A区断层识别及曲率沿层属性图

图2　A长7_3顶部构造图

3 三维地震薄储层预测

3.1 分频相移

利用不同频率的地震数据图，可以揭示地层的纵向变化规律、沉积相带的空间演变模式，并能进行储集层厚度展布的描绘与分析、单砂体级别薄互层的检测。根据长 7 段地层沉积特点，采用 60Hz 的单频地震数据，可以较好地反映长 7_1、长 7_2 薄储层的横向变化，在此基础上通过 90° 相移，使得地震属性界面与地层界面较好的对应（图 3），为水平井轨迹导向提供较好的支撑。

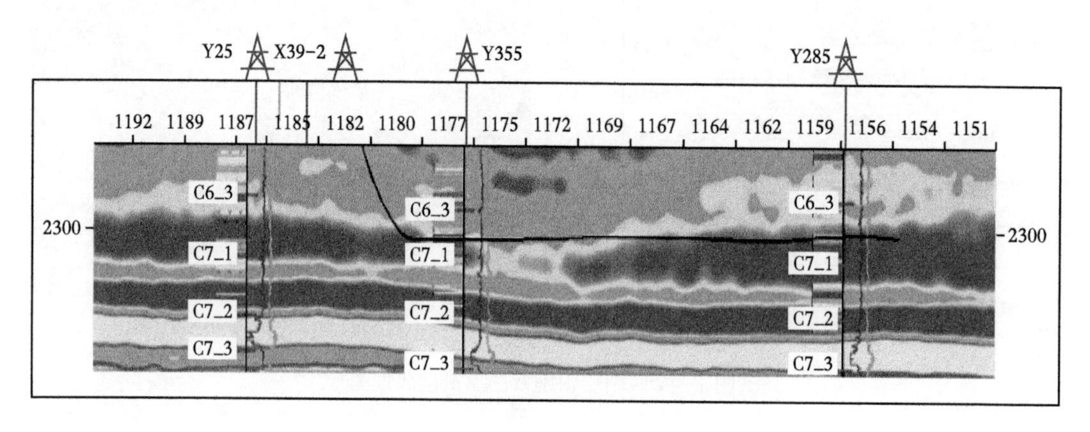

图 3 过 X39-2 水平井 60Hz 单频相移剖面

3.2 波形指示反演

地质统计学反演利用地质统计学建模代替常规的插值建模，充分运用沉积相、岩性、地震层位等信息，统计储层分布特征、含量等，建立岩性模型及波阻抗模型。与常规反演相比，地质统计学反演结合地质统计学建模和常规反演的优势，获得较高的纵向分辨率，对薄储层能较好地预测，在庆城油田，可以较好地识别长 7 层 5m 左右的单砂体（图 4）。

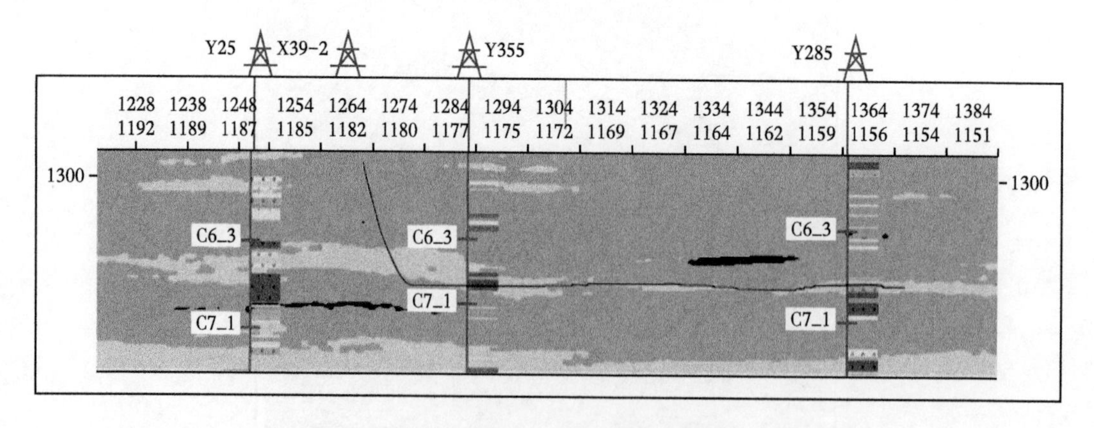

图 4 A 区地质统计学反演岩性剖面

4 三维地震在页岩油井位优化部署及轨迹导向中应用

长 7 页岩油储层虽然整体将较厚，但为多层叠置，单砂体薄，且横向变化快，受断层影响，局部构造变化较大。因此水平井优化部署及轨迹导向难度较大。通过选对区、找对点、找准层、排好队、入好靶、控井长、稳轨迹、降风险、助压裂等方面的应用，提高页岩油水平井有效储层钻遇率，提高单井产量。选对区指的是优选平台并优化平台井数；找对点指的是在储层变化处或是兼顾浅层打导眼井；找准层指的是调整目的层或是随钻过程中穿层；排好队指是对于一个新的平台，选择储层发育、构造平缓的井先实施，有利于认识平台储层情况，为后续井位实施做好准备；入好靶指的是通过延长靶前距等方式，避开储层不发育、断层或是构造变化较大的地方，确保顺利入靶；控井长是指根据储层发育情况延长或是缩短水平井长度，避免无效进尺；稳轨迹是指在设计时根据地震的构造趋势优化水平井轨迹，另一个是指在随钻的过程中，如果是由于储层变差导致钻遇泥岩，建议按照设计轨迹钻进，不做无谓的调整，保障轨迹质量；降风险是指通过断层识别提前预警工程风险，做好防漏准备，另一个是提示在压裂施工中避开断层；助压裂是指通过地震对井筒周围储层的预测，在钻遇较差层段指导穿层压裂。

图 5 为过 XH90-3 水平井地震 60Hz 单频剖面，该井目的层为长 7_1，地震预测表明，储层发育，但水平段发育两处断层。地震预测第一个断层断距为 5m 左右，第二个为 8m 左右，在设计过程中，采用“穿高走低”的思路，即在第一个断层之前，轨迹靠近储层上部钻进，在第一个断层之后，轨迹靠近储层底部钻进，没有浪费进尺的穿过了两条断层，在随钻过程中，通过储层、微构造的预测，给出轨迹指导意见 15 次。该井水平段长度长 5060m，砂体钻遇率 95.5%，油层钻遇率 88%，再次刷新亚洲陆上最长水平段水平井新纪录，该井从选区到轨迹设计再到随钻，地震全程参与，保障了该井的顺利实施。

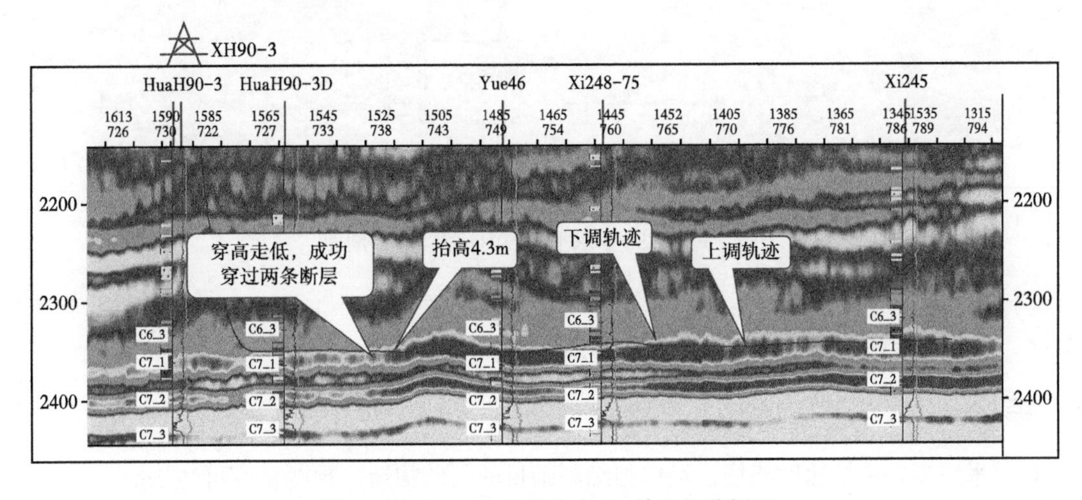

图 5 过 XH90-3 水平井 60Hz 单频相移剖面

图 6 为 YH7-2 井随着轨迹导向剖面，该井钻至 7 个半靶点见泥，从地震上看，这段储层变薄，大概 100m 左右储层不发育，建议按设计轨迹钻进，90m 之后钻遇油层。该井为长庆油田第一口水平段长度超 3000m 的水平井，实钻 3035m，砂体钻遇率 93%，有效储层钻遇率 84.2%。

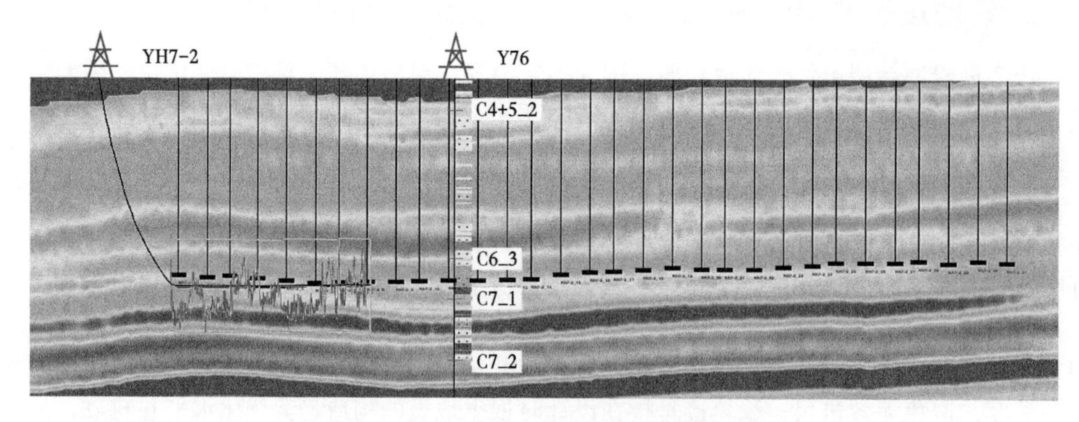

图 6 过 YH7-2 地质统计学反演剖面

图 7 为过 XH86-3 水平井 60Hz 单频相移剖面，实钻 2-4 靶点为泥岩，地震预测表明 2-4 靶点储层在轨迹上方，建议向上穿层压裂。该井在 2-4 靶点共实 4 段施穿层压裂，该井油层 646m，初期日产油 19.7td，说明穿层压裂效果明显。

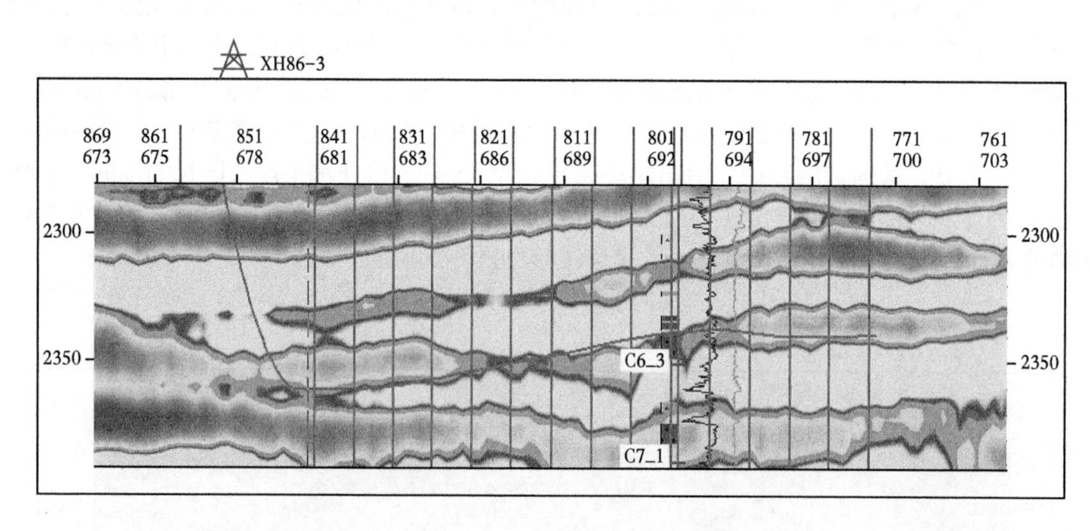

图 7 过 XH86-3 水平井 60Hz 单频相移剖面

自 2018 年至今，利用三维地震提供完钻页岩油水平井共计 136 口，平均油层钻遇率为 83.6%，较以往提高了 10%，助推了页岩油高效开发。

5 结论

（1）采用多井层控速度建场，可以精细刻画目的层的构造，预测精度可达 5m。

（2）采用 60Hz 分频相移及地质统计学反演技术，可以较好地反映长 7 页岩油薄储层的横向变化。

（3）利用曲率属性沿层切片，结合偏移地震剖面，可以识别清楚油田断距 5m 以上的断层。

（4）三维地震页岩油水平井优化部署及轨迹导向技术在水平井选区、轨迹设计、导向及压裂中的应用，可以提高水平井钻遇率，提高单井超量，助推了庆城油田页岩油规模高效开发。

参 考 文 献

[1] Richard J Lisle. Detection of Zones of Abnormal Strains in Structures Using Gaussian Curvature Analysis. AAPG Bulletin，1994，78（2））：185-200.

[2] Roberts A. Curvature attributes and their application to 3D interpreted horizons. First Break，2001，19（2）：285-300.

[3] 陶洪辉，秦国伟，徐文波等 . 地层主曲率在研究储层裂缝发育中的应用 . 新疆石油天然气，2005，1(2)：85-100.

[4] 杜文风，彭苏萍，黎咸威 . 基于地震层曲率属性预测煤层裂隙 . 煤炭学报，2006，31（增刊）：30-33.

[5] Rektory，K. Survey of Applicable Mathematic. MIT Press，1966.

页岩油水平井套内分布式光纤产液剖面监测试验探索

李大建[1]，刘汉斌[1]，甘庆明[1]，郑　刚[1]，王晓飞[2]，陈　博[3]

（1.长庆油田油气工艺研究院；2.长庆油田第六采油厂；3.长庆油田第十二采油厂）

摘　要：页岩油水平井细分切割体积压裂改造段簇多、规模大、水平井段长，采用压裂改造同步蓄能、准自然能量开发，投产初期液量大，后期井口液量递减快，部分井含水变化大，如何有效监测产层段、簇产出贡献差异变化，对于分析页岩油水平井生产动态、储层改造段簇数以及改造参数的优化设计具有重要的指导意义。为了有效解决页岩油长水平段井多段多簇压裂改造水平井产液剖面监测问题，在现有水平井产液剖面监测技术调研基础上，创新设计了页岩油水平井套内分布式光纤产液剖面工艺，2口井现场试验探索获得成功，成功获得一整套全井段温度、声波震动剖面及多点压力监测数据，国内首次开发了配套解释分析系统，对产层段产液剖面进行全方位解释分析，了解掌握了各簇产出贡献能力差异变化，实现了水平井产液剖面监测技术的新突破，对页岩油水平井后期开发政策调整、生产制度优化具有重要指导意义。

关键词：页岩油；水平井；产液剖面；分布式光纤；温度剖面；声波震动

水平井产液剖面的准确监测，了解掌握水平井各产层段产出贡献能力及产出特征，对于低渗透油田水平井压裂改造参数优化设计、提升储层改造效果，以及后期水平井开发过程中生产动态调整、措施实施具有重要的指导意义，在油田开发中是一项重要的测井内容。但对于低渗透油田，普遍表现出开发水平井井口液量低，常规产液剖面监测技术无法实现准确测试[1-3]。

光纤作为一种集高灵敏传感器（温度分辨率达0.03℃、声波震动0.1dB）、信息传输介质为一体的特殊材料，近年来在油气井测井技术领域发挥出越来越重要的作用，是油气井测井新的技术发展方向。文献调研显示，采用连续油管布放分布式光纤方式，已经成功实现气田水平井产气剖面测试与解释：徐帮才指出通过连续油管光纤在涪陵页岩气井成功开展了产气剖面测试试验，清晰地找出了主力产层[4]；胡艳芳报道了中国石化集团公司实现了光纤产气剖面的测试[5]；楚华杰等指出用光纤作为传感器实现了水平井产层段温度压力的监测试验[6]。分布式光纤监测技术在油田水平井的应用案例相对较少，尤其是针对低渗透油田开发水平井产液剖面监测的案例鲜有报道，但基于对朱世琰基于分布式光纤温度测试的水平井产出剖面解释理论的研究，笔者认为分布式光纤对低液量水平井产液剖面的监测完全具备可行性。

根据光纤监测技术调研情况，国内首次针对页岩油开发水平井，创新设计了套内分布式光纤产液剖面监测工艺，在安平、徐平上获得试验成功，通过对产层段温度剖面实时连续监测，反演解释出了各产层段产出特征，为页岩油水平井产层段产出贡献差异监测分析开拓了新的技术手段。

作者简介：李大建，采油工艺高级工程师，长庆油田分公司油气工艺研究院，陕西西安未央区明光路新技术开发中心。邮编：710018，E-mail：Ldj_cq@petrochina.com.cn。

1 页岩油水平井开发生产特征与监测需求

以长庆油田页岩油开发为例，主体采用水平井分段多簇细分切割体积压裂改造方式完井，采用人工举升方式生产，平均水平段长1500m、压裂改造20段、95簇以上，平均入地液量25080.6m^3，井口液量15~40m^3/d。投产后，突出表现出井口液量递减大、含水变化不稳定等特征（图1）。

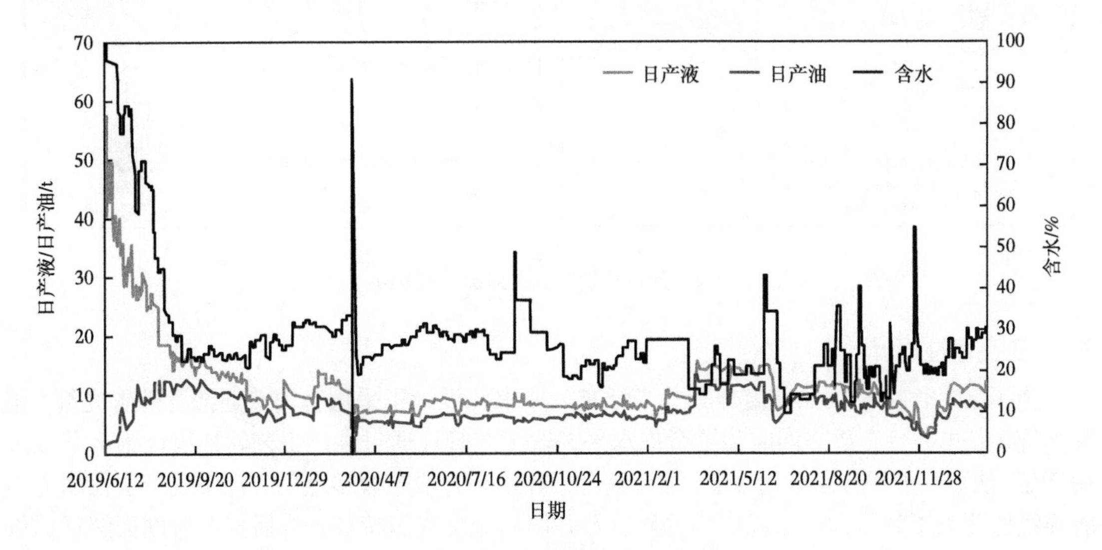

图1 华13-2井投产后生产动态曲线

针对长水平段、多段多簇压裂改造、准自然能量开发页岩油水平井，如何有效监测明确各段各簇产出、产能贡献状况，对分析确定水平井投产初期液量递减大、含水变化快原因能够提供重要依据，同时对压裂改造参数的优化设计有重要的参考意义。

目前水平井产液剖面主要采用阵列式涡轮流量计、持水率仪、爬行器输送方式进行监测（MAPS测井），国外油服公司近年来主要开展井筒流体扫描成像监测产液剖面（FSI测井），但这些技术主要在液量较大的油井上应用（30m^3以上），针对低渗透油田、页岩油开发水平井，平均液量不足20m^3/d，技术适应性不足。

2 套内分布式光纤产液剖面监测工艺设计与现场试验

基于分布式光纤产气剖面监测原理，利用光纤高度灵敏性传感器数据传输特性，以及连续立体实时监测优势，使分布式光纤对低液量页岩油开发水平井产液剖面监测具备可能性，技术关键点是如何有效解决长水平井段分布式光纤的布放、采集数据处理与解释问题。

2.1 分布式光纤产液剖面监测技术原理

通过向光纤内打入高频脉冲激光，激光沿光纤展布空间传播过程中，因环境温度、压力、震动的微弱变化，干涉激光向前传播过程，从而会产生沿光纤反向不同类型的散射光波：其拉曼散射光波中，斯托克斯、反斯托克斯光波受环境温度影响敏感，通过对斯托克斯与反斯托克斯光波强度比值的解析，从而实现光纤展布空间内不同位置环境温度的连续监测解释，形成不同时间阶段内光纤展布空间上的温度剖面；反向散射瑞利光波对井底声波震动敏感，通过解释反向散射光波相位变化，实现对产层段不同时刻声波震动幅度、频率信息的掌握，从而可以全面了解掌握引起井筒内不同位置温度、声波震动变化事件及演变过程（图 2）。

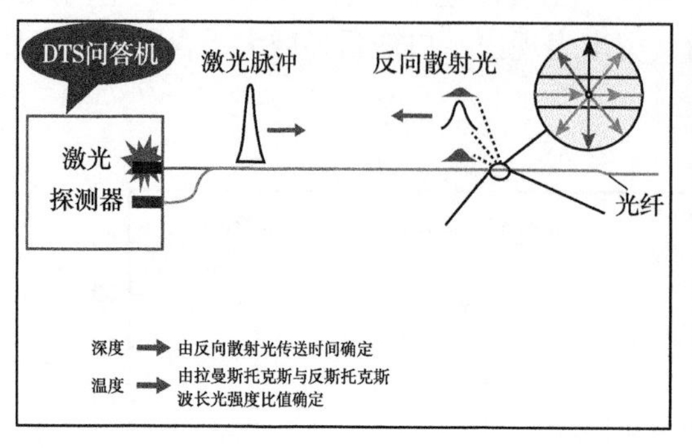

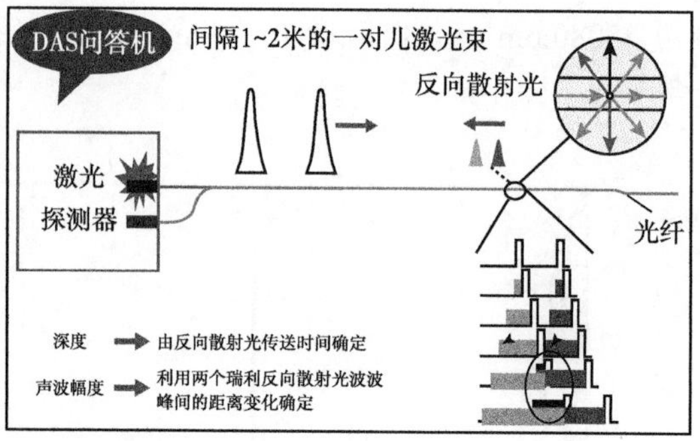

图 2　分布式光纤温度监测原理图示

2.2　工艺管柱设计

为了满足长水平段井井筒分布式光纤布放要求，设计了采用套内普通油管外置光纤（铠装光缆）方式进行布放；同时为了考虑水平井段工艺管柱通过性，工艺管柱设计为直井段采用 $2^{7}/_{8}$″ 油管、水平井段采用 $2^{3}/_{8}$″ 油管组合，在水平井段布放多点压力计实现产层段压力实时连续监测，了解掌握产层段压力差异以及井筒内流型流态特征，为后期产液剖面解释提供数据支撑；工艺管柱下井过程中，接油管单根时，采用专用卡子将光缆与油管固定，保护光缆在下井过程中不被磨损损坏（图 3）。

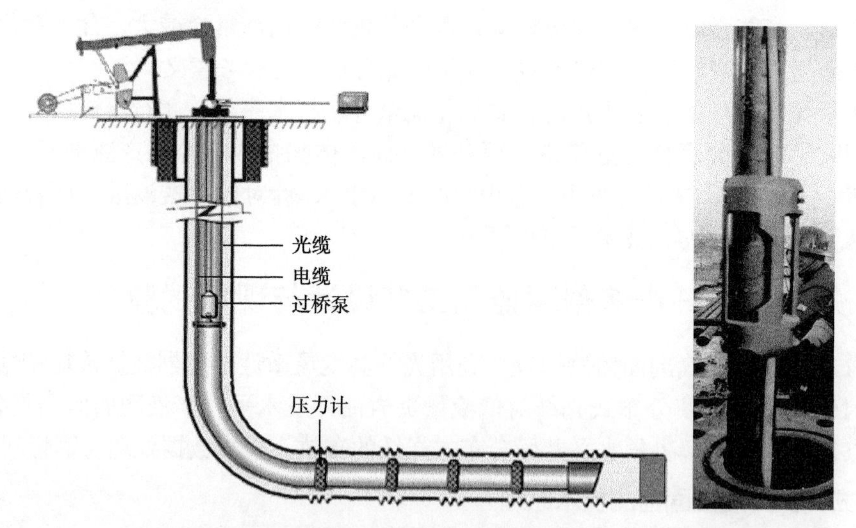

图 3　页岩油水平井分布式光纤产液剖面监测工艺管柱图

3　现场试验与解释分析

2021 年，先后对徐平、安平开展了套内分布式光纤监测现场试验，均获得试验成功。徐平 *：井深 2934m，水平井段长 1036m，生产层位长 7，DMS 可溶球座细分切割体积压裂改造方式，12 个射孔段 80 簇；水平段位置 1898.27~2934.27m；日产液 $10.4m^3$，含水 96.6%。安平 *：井深 3860m，水平井段长 1500m，生产层位长 7，速钻桥塞分段多簇压裂，改造段 13 个；日产液 $24.5m^3$，含水 100%。

3.1 温度剖面监测

从温度剖面监测曲线看，关井、生产阶段稳定温度曲线存在明显的差异（曲线呈现正向或负向偏移，或局部井段产生一定正向或负向偏移），反映了产层段产出类型特征、产出贡献能力存在的差异变化，温差变化在 0.2~1.0℃范围之间，为后期产液剖面的解释分析，提供了有效数据信息依据（图 4、5）。

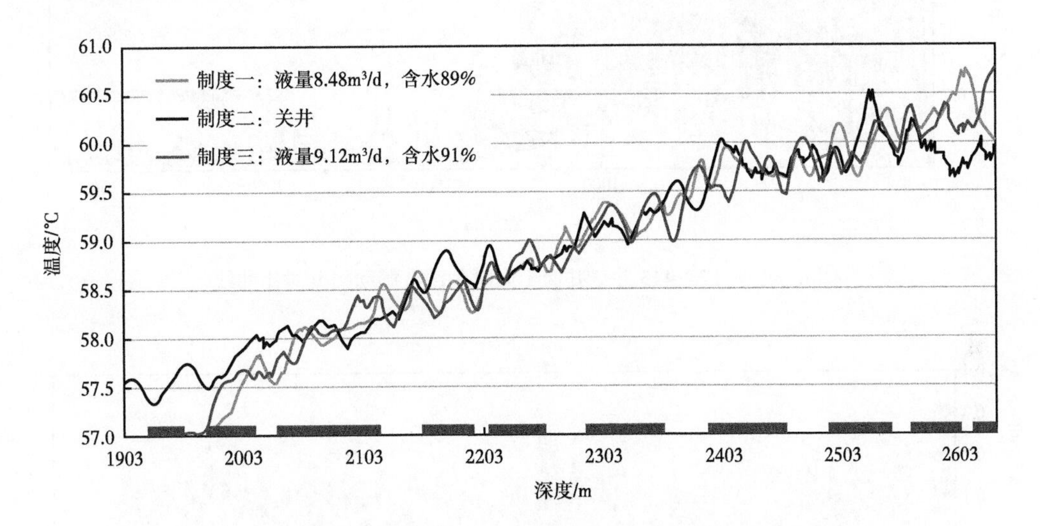

图 4　徐平 173-44 井关井、生产稳定阶段温度剖面差异变化对比

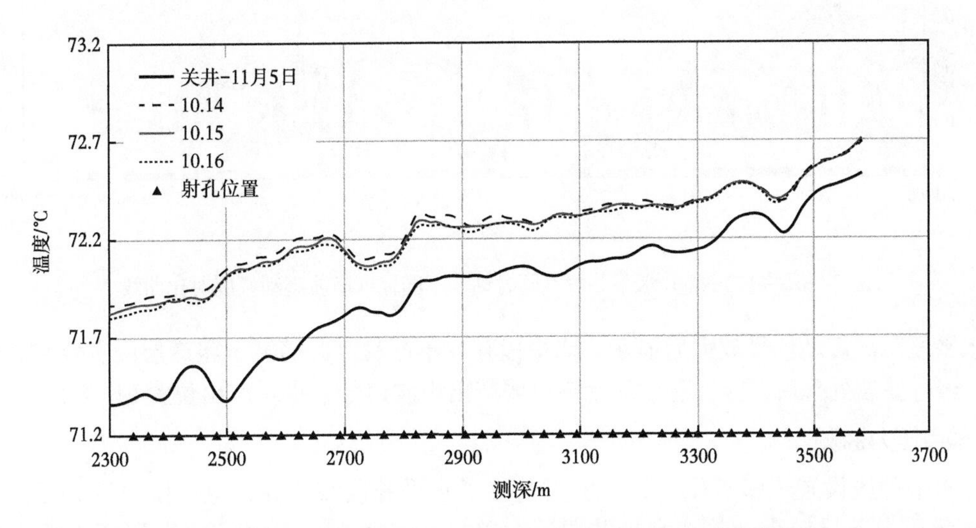

图 5　安平 34-35 井关井、生产稳定阶段温度剖面差异变化对比

3.2 声波震动监测

从采集声波震动曲线看，泵挂以上井筒内声波震动受到抽油泵抽吸作用影响，震动幅度

较大，整体在2.0dB幅度以内，产层段声波震动幅度较小，主要在0.3dB幅度以内。水平井段井筒内声波震动幅度较小，沿水平井段高峰值幅度声波产生位置有一定变化，但仍表现出一定的重复性，分析认为与井筒内产出位置或套外流动有一定关系（图6、图7）。

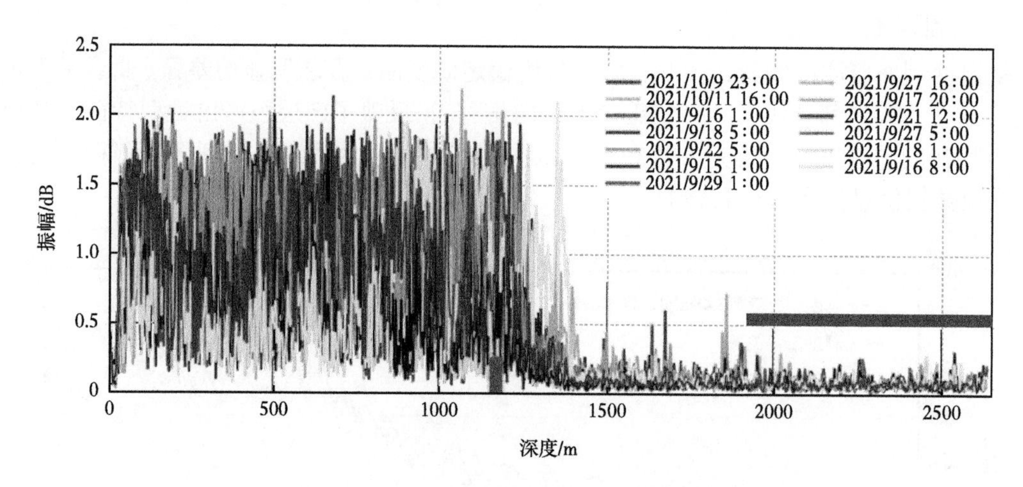

图6　徐平173-445井全井筒不同时刻声波震动幅度对比曲线

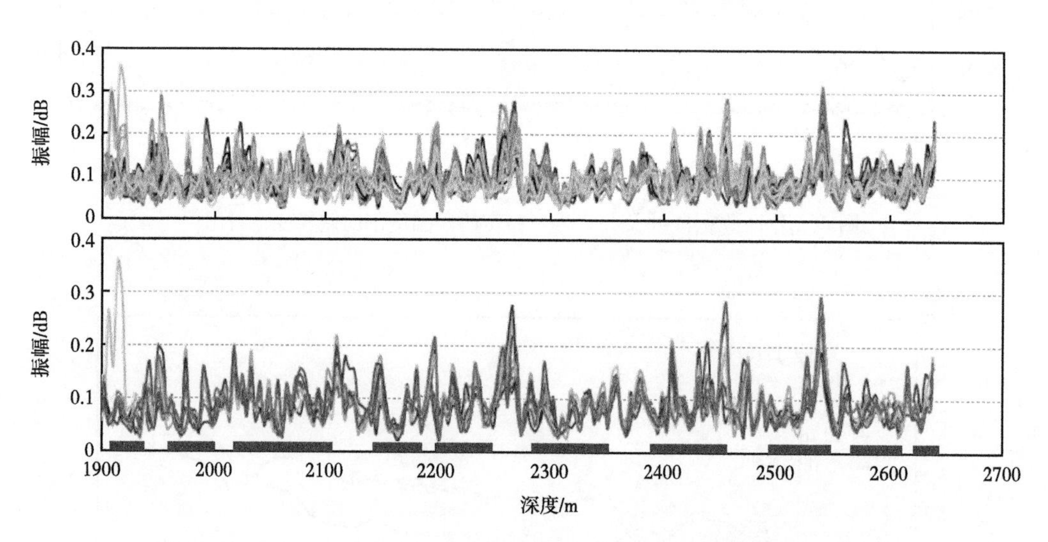

图7　徐平173-44井水平井段不同时刻、不同强度声波震动幅度对比曲线

水平段声波震动信号放大后显示，水平段存在不同程度井筒波，将产层段有效声波信号湮没，经过滤波处理后，能够有效显示突出弱产出声波信号，指示产出位置（图8）。

3.3　多点压力监测

对水平井段设置了多点压力计，实时监测了水平井段在关井、生产阶段压力变化，整体上显示压力差异较小，关井水平井段压力差异0.052MPa，开井水平井段压力差异变化0.051MPa，井眼轨迹起伏压力差异0.015MPa，如图9所示。

3.4　数据解释模型建立

光纤布放到井筒内后，就可以实现对整个井筒内不同位置温度、声波时空域维度上的连

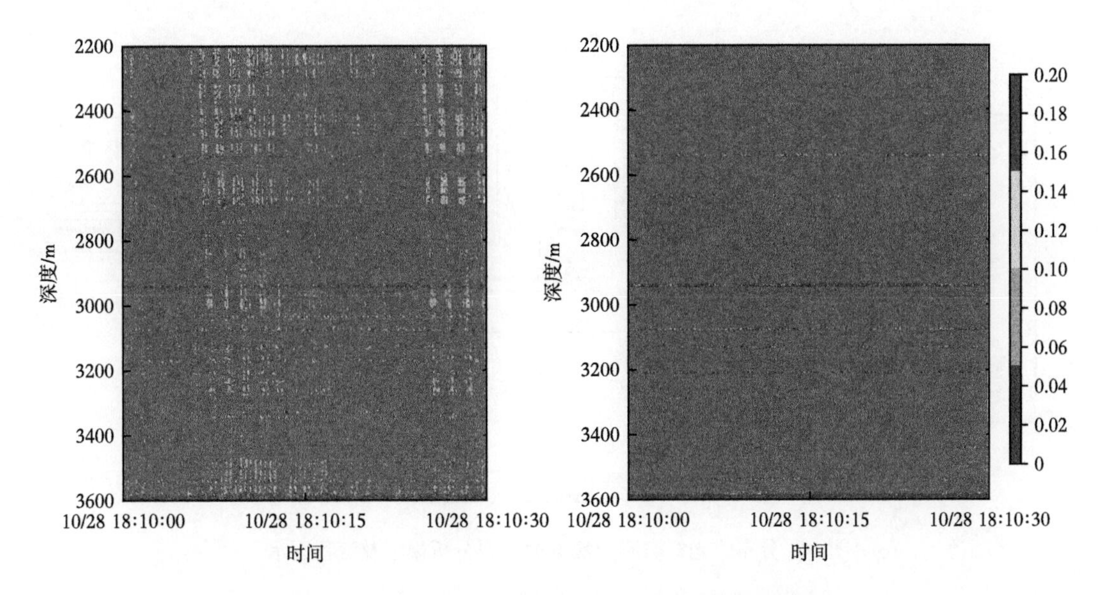

图 8　安平 34-35 井水平井段声波震动处理前后图示

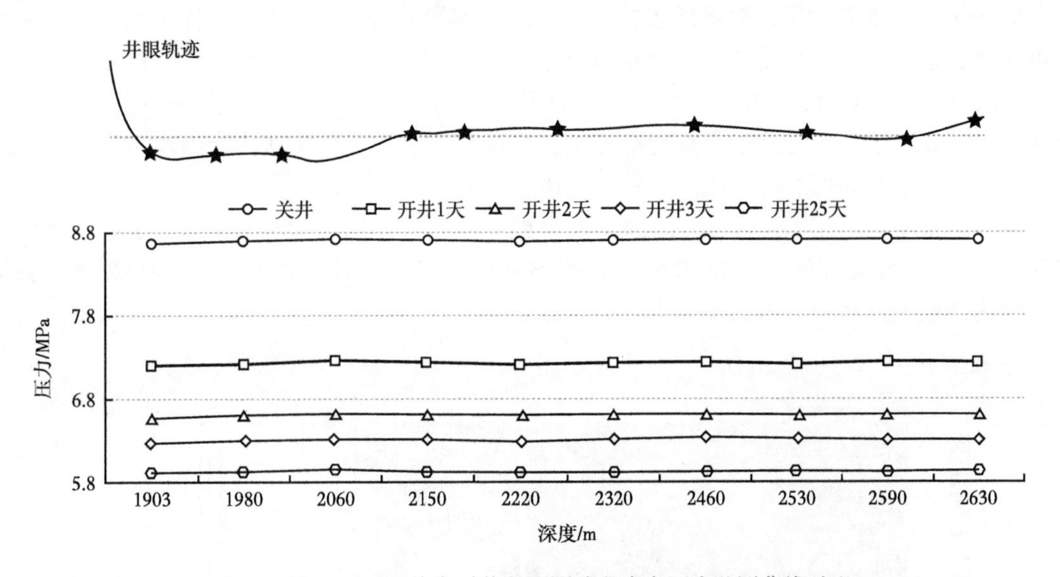

图 9　徐平 173-44 井水平井段不同阶段多点压力监测曲线对比

续监测，形成井筒在不同生产制度条件下温度剖面、连续声波震动剖面的监测。引起井筒温度剖面变化的主要因素是产层产出、井筒流动、地温梯度、井眼轨迹、油气藏物性参数以及井筒内、井筒与储层间发生的热交换；从油藏渗流和井筒流动及热力学机理出发，基于质量守恒、动量守恒及能量守恒原理，考虑微热效应（热膨胀、热传导、热对流、黏性耗散等）和地层伤害的影响，描述油藏和井筒内的传热过程，建立考虑地层和井筒温度变化的多相流水平井温度模型。通过求解由油藏渗流、井筒多相流及油藏和井筒热学模型构成的复合模型，分析流入流体类型、储层渗透率、含水率、井眼轨迹、完井方式等因素对温度分布的影响规律，结合井下压力监测数据，从而解释反演产层段产液剖面（图 10），定量反映各产层段产出能力、产出特征[7-9]。

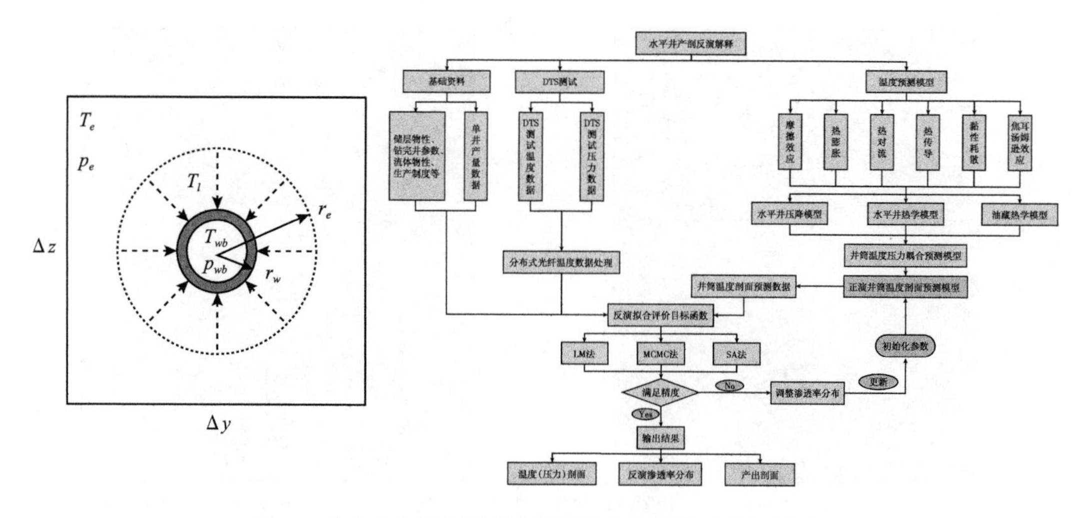

图 10 分布式光纤监测产液剖面解释分析模型及流程图示

3.5 综合解释分析

以安平 34-35 井为例，对测试数据进行了综合解释分析：生产阶段整体上水平井段趾部温度较高，这与该井趾部为主要出水层段基本相符；主要出水在第 6 段，平均产水贡献率＞40%；次要出水在第 4、5 段，平均产水贡献率＞15%；第 2、12 段也存在一定产水量，贡献率 5% 左右。该井主要采用自然能量开发，周围无注水井，分析认为产出水主要为地层水或跨层注入水沿高角度裂缝长距离运移后与该井沟通。

从声波震动（DAS）数据看，局部声波高能量段与产出特征对应性较差，3000~3100m、3250~3350m 井段温度分布与 DAS 响应、产出特征存在较好对应关系，所以 DAS 监测数据可以作为产液剖面解释分析的辅助手段（图 1）。

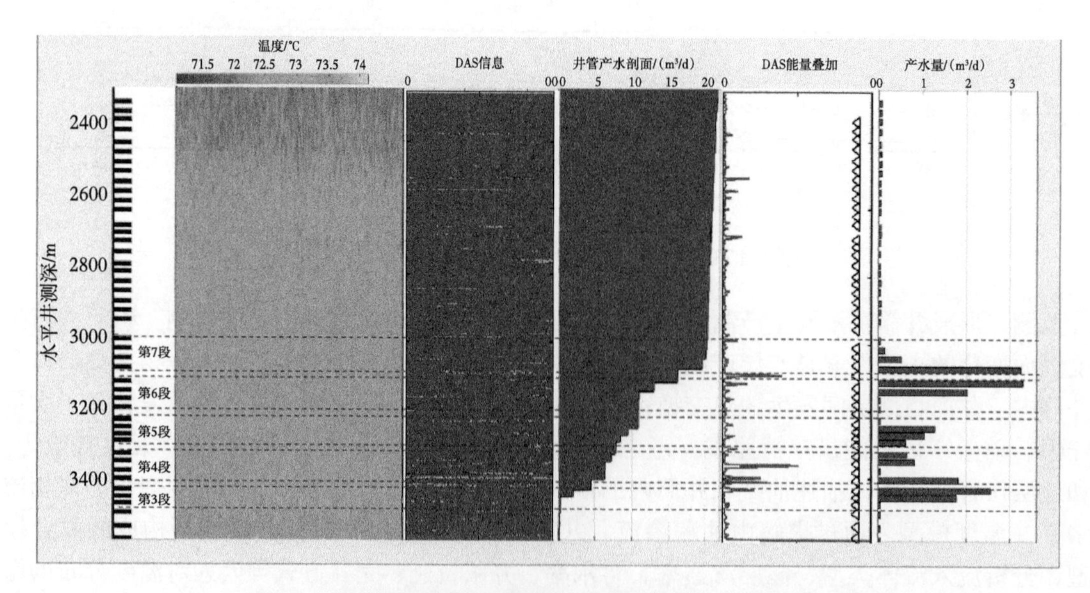

图 11 安平 34-35 井光纤监测产液剖面解释分析结果图示

根据安平 34-35 井分布式光纤监测数据及产液剖面综合解释结果发现，针对不同压裂改造段，在相同压裂改造规模、强度前提条件下，产层段产出表现出较大不均衡性，部分段簇几乎没有贡献，结合水平井段物性特征分析认为可能与产层段地质甜点有一定关系，由于页岩油压裂改造主要采用压裂蓄能方式，投产初期各层段、簇均能有一定产出，投产后地质甜点相对较差的层段，压裂裂缝可能出现一定闭合或能量补充不足，后期产出逐渐降低至不产出，这是油井投产初期液量变化的主要可能原因。

4 结论认识

（1）基于分布式光纤对井筒温度、声波震动的高灵敏度监测特性，具备了水平井产层段、簇产出液体类型、产出贡献能力差异引起温度、声波震动变化事件全过程全维度连续跟踪与监控能力。

（2）创新设计了采用套内油管外置方式实现光纤在水平井全井筒铺放的工艺管柱，现场试验表明，工艺技术实施可操作性强，满足了页岩油长水平井段油井分布式光纤监测的技术要求。

（3）结合页岩油水平井油藏物性、压裂改造、井眼轨迹特征等综合因素，建立了分布式光纤产液剖面监测解释一整套物理数学模型及算法，成功实现了页岩油水平井产液剖面的解释分析。

（4）现场测试表明，水平井段产出存在明显不均衡特征，主要产出层段相对集中，部分层段、簇产出能力较弱，结合水平井段储层物性特征，为水平井压裂改造参数优化、提供重要参考。

参 考 文 献

[1] 朴玉琴 . 水平井产液剖面测井技术及应用 [J]. 大庆石油地质与开发，2011，30（4）：158-162.

[2] 徐昊洋，王燕声，牛润海，等 . 水平井连续油管输送存储式产液剖面测试技术应用 [J]. 油气井测试，2014，23（3）：46-48.

[3] 胡金海，黄春辉，刘兴斌，等 . 国内产液剖面测井技术面临的挑战与取得的新进展 [J]. 石油管材与仪器，2015，1（6）：10-15.

[4] 徐帮才 . 连续油管光纤产气剖面监测技术应用试验 [J]. 江汉石油职工大学学报，2016，29（1）：26-29.

[5] 胡艳芳 . 中国石化集团公司首次过油管光纤产气剖面测试成功 [J]. 炼化技术与工程，2020，50（5）：36.

[6] 楚华杰，张彬奇，崔澎涛，等 . 多点式光纤压力、温度监测系统在水平井的成功应用 [J]. 石化技术，2016，23（2）：69-70.

[7] 宋红伟，郭海敏，戴家才，等 . 分布式光纤井温法产液剖面解释方法研究 [J]. 测井技术，2009，33（4）：384-387.

[8] 贾虎，杨宪民，韦龙贵，等 . 地层温度确定的新方法及实际指导意义探讨 [J]. 石油钻探技术，2009，37（3）：45-47.

[9] 朱世琰 . 基于分布式光纤温度测试的水平井产出剖面解释理论研究 [D]. 成都：西南石油大学 .2019.

长庆页岩油大井丛水平井钻完井技术及应用

艾　磊[1,2]，欧阳勇[1,2]，高云文[1,2]，吴学升[1,2]，赵　巍[1,2]，李治君[1,3]

（1.长庆油田油气工艺研究院；2.低渗透油气田勘探开发国家工程实验室；
3.长庆油田陇东页岩油开发项目部）

摘　要：鄂尔多斯盆地长7页岩油资源丰富，主要分布于华池、合水、姬塬、靖安等区域，构造上主体位于天环坳陷东部和伊陕斜坡西部，储层岩石类型以岩屑长石砂岩和长石碎屑砂岩为主，是长庆油田持续增储上产的重要接替领域。与北美海相页岩油不同，长7页岩油为陆相湖盆沉积体系，储层连续性差，非均质性强，且地处沟壑纵横的黄土塬地貌，开发过程中面临井场建设困难、钻井成本高、单井累计产量低等诸多技术挑战。

长庆油田以"大井丛+水平井"为总体技术思路，按照"工厂化、低成本、动用高、更优化"的工作方针，通过开展大偏移距井身剖面优化设计、强抑制复合盐防塌钻井液、水平井快速钻井配套工艺等技术攻关，配套应用旋转导向、高效耐磨PDC钻头、新型水力振荡器等关键提速工具，持续深化试验内容，创新形成页岩油大井丛水平井钻完井技术，有效解决黄土塬地貌钻完井施工难题，实现了页岩油开发方式的转变，构建了规模经济高效开发新模式，为页岩油快速高效建产提供了坚实的技术支撑与保障，为其他油田页岩油开发提供了经验技术借鉴。

关键词：页岩油；大平台；三维水平井；偏移距；长水平段

随着非常规油气资源开发力度持续加大，采用常规单井或"小井丛+短水平井"的开发方式，主要面临储量动用面积小、产量低等问题，难以适应长庆油田低成本、高效益开发需求。因此，长庆油田于2017年在陇东成立页岩油示范区，积极探索大井丛水平井布井及工厂化作业模式，逐步进行大偏移距长水平井钻完井技术攻关试验，通过集成应用井身结构优化、低摩阻安全钻井液及降摩减阻工具等配套技术，攻克了大井丛水平井防碰绕障难度大、钻井摩阻扭矩高及多断裂带防漏治漏等多项"卡脖子"技术，单平台完钻水平井井数逐年提高，实现了多层系、纵向上储量一次有效动用。2018年在示范区全面推广"大井丛、水平井、工厂化、立体式"建产模式，提高井场组合井数，大幅节约了土地资源与井场建设成本，经济效益显著，并在国内创造了单平台完钻水平井最多（31口）、实施水平段最长（5060m）等一系列钻井工程纪录，使我国页岩油水平井大平台钻井水平迈上了新台阶，助推我国非常规油藏勘探开发实现革命性突破。

1　长庆页岩油水平井钻完井技术难点

1.1　大井丛平台整体优化设计难度大

受黄土塬地貌及地形自然条件因素影响，井场征地面积受限，要实现单平台多层系开

基金项目：国家科技重大专项《大型油气田及煤层气开发》"鄂尔多斯盆地致密油开发示范工程"（编号：2017ZX05069）。

作者简介：艾磊，男，陕西富平人，工程师；2009年毕业于西南石油大学石油工程专业，现从事油田钻完井工艺技术研究工作。地址：（710018）陕西省西安市未央区明光路长庆油田公司油气工艺研究院。E-mail：al1_cq@petrochina.com.cn。

发，钻井过程中井口位置选择、地面与空间布局优化、整体防碰设计、钻机施工顺序等一体化设计难度加大。

1.2 三维井段钻井摩阻扭矩大、轨迹控制难度大

与二维水平井相比，三维水平井剖面既要增井斜，又要扭方位，对“螺杆 +PDC”钻头钻具组合的增斜能力要求较高，造成三维水平井斜井段摩阻与扭矩均较大。施工过程中，要保证井眼轨迹平滑，钻井液要具备较好的降摩减阻能力，否则容易造成后期施工摩阻与扭矩过大，严重时导致无法钻完下部井段。

1.3 井漏与坍塌风险共存，安全钻井施工难度大

区块漏失层主要为黄土层和洛河层，直井段钻进过程易出现漏失，同时，延长组长 7 段地层泥岩含量普遍为 10%~20%，含量最高达 40%，斜井段、水平段钻进过程中，钻井液长时间浸泡、冲刷，井壁稳定性变差，易发生失稳垮塌、掉块卡钻等情况，给下部井段的安全钻进和完井管柱的顺利下入带来风险。

1.4 大规模体积压裂改造作业对水泥环质量要求提高

大偏移距长水平井井眼轨迹变化率大，采用常规螺杆钻具导致井眼轨迹不光滑，易出现台阶，导致下套管困难，而长水平段体积压裂改造施工压力普遍较高，对水泥环完整性及水泥石的质量要求提高，常规水泥浆体系无法满足大规模体积压裂压裂要求。

2 立体式大平台水平井钻完井技术

2.1 大井丛平台整体优化

2.1.1 平台布井优化

大井丛水平井组钻井可以有效节约钻井成本，减少土地和道路征用、修井场、搬迁等费用，实现钻井、改造工厂化作业，利于后期管理，如图 1 所示。以“水平井大井丛工厂化”理念，采用多钻机、集群式钻井，在有限的平台范围内，实现储量最大化动用，如图 2 所示。针对长 7 页岩油藏储层发育特征，结合井场大小、井距、偏移距等因素，设计形成 3 种大井丛水平井布井模式，偏移距在 0~800m 之间，水平段长主体 1500~2000m。单层系部署

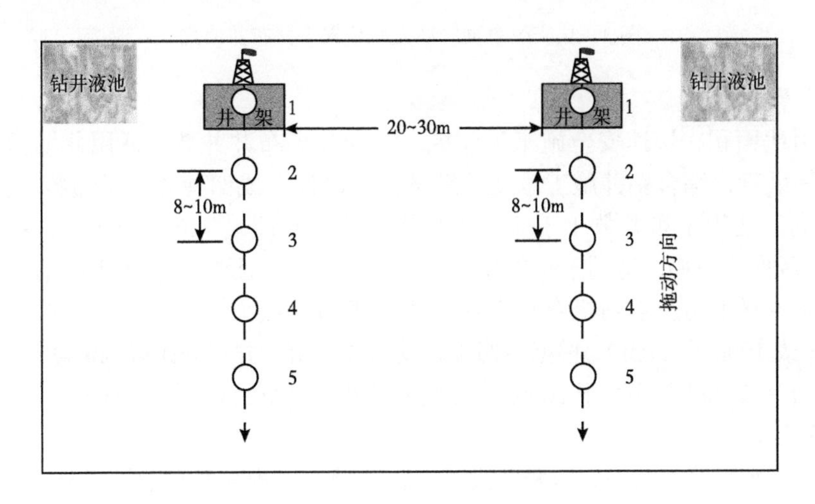

图 1 大井丛平台布井优化

4~6 口水平井，双层系部署 6~12 口水平井，多层系部署 10~20 口水平井，实现纵向上多个小层的动用，大幅度提高储量控制程度，如图 3 所示。

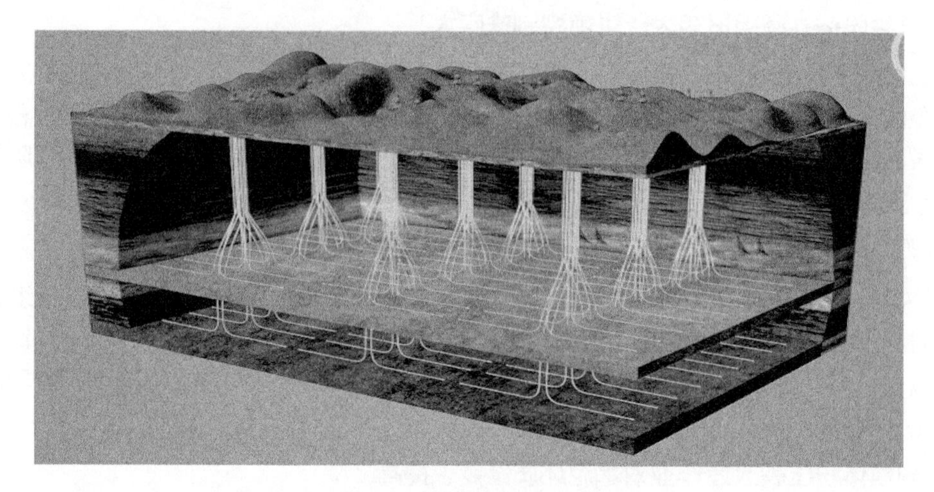

图 2　工厂化布井示意图

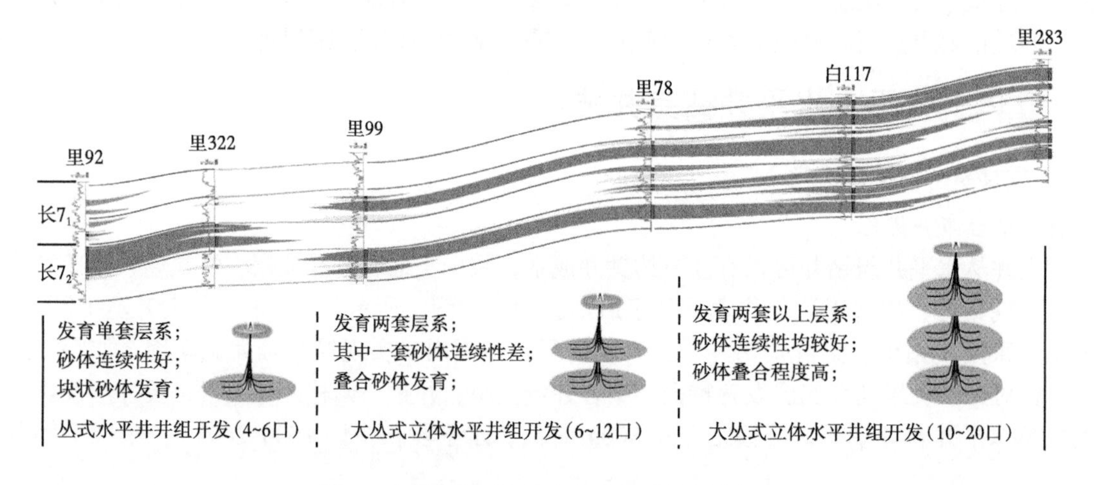

图 3　长庆陇东页岩油大井丛水平井布井模式

2.1.2　*井场布局模式*

以节约用地面积、快速安全施工为前提，结合井场布井井数，征用井场面积大小及施工节点要求等因素，综合钻井施工难度及经济性，设计形成四种井场平面布局模式：(1) 单钻机常规布局，适用于布井数小于 4 口，或井场规格不超过 120m × 60m 的多井布井方式；(2) 单钻机分区作业布局，适用于布井数介于 4~8 口之间，且要求井场规格超过 120m × 60m；(3) 双钻机一字型布局及双钻机双排布局，适用于布井数大于 8 口，且要求井场规格超过 180m × 60m（或 100m × 120m）。根据后期压裂及采油要求，井口间距以 6m 为主，可采用 8m、10m、12m；分区隔离间距不小于 20m，最小排距不小于 30m，如图 4、图 5、图 6、图 7 所示。

2.1.3　*大井丛防碰绕障*

针对大井丛水平井井数多、防碰井段长、轨迹设计影响因素复杂等情况，采用控制井身轨迹，保证两井之间安全距离，防止套管相交、相碰事故的发生。钻井过程中，采用防碰扫描针对施工井与邻井轨迹当前测深、垂深进行扫描，计算最近距离，必要时需对多口邻井同时进行防碰扫描计算，如图 8 所示。根据轨迹空间球面扫描与绕障综合逻辑参数，分析地层自然增（降）斜规律、井身轨迹空间展布、安全井间距曲线，在前期理论研究和后期现场试验的基础上，形成了“设计四防碰、施工三预防、空间三绕障”的大井组丛式井防碰绕障技术理论体系，并通过无线随钻测量系统实施监控井轨迹走向，实现了页岩油大井丛快速、安全钻完井。

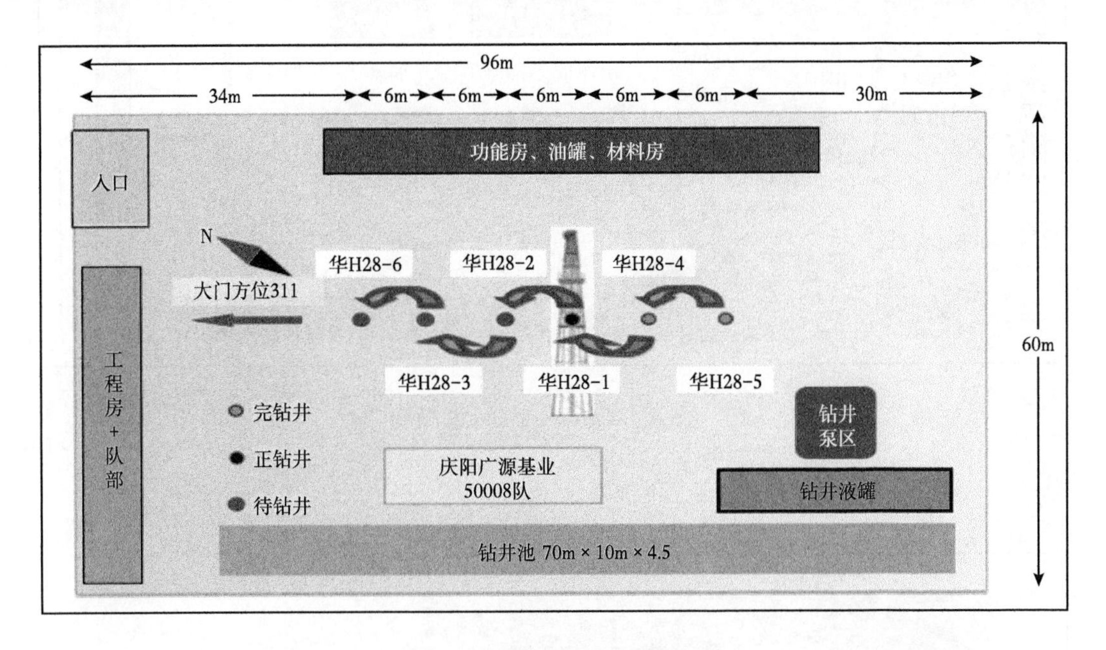

图 4　单钻机常规布局示意图

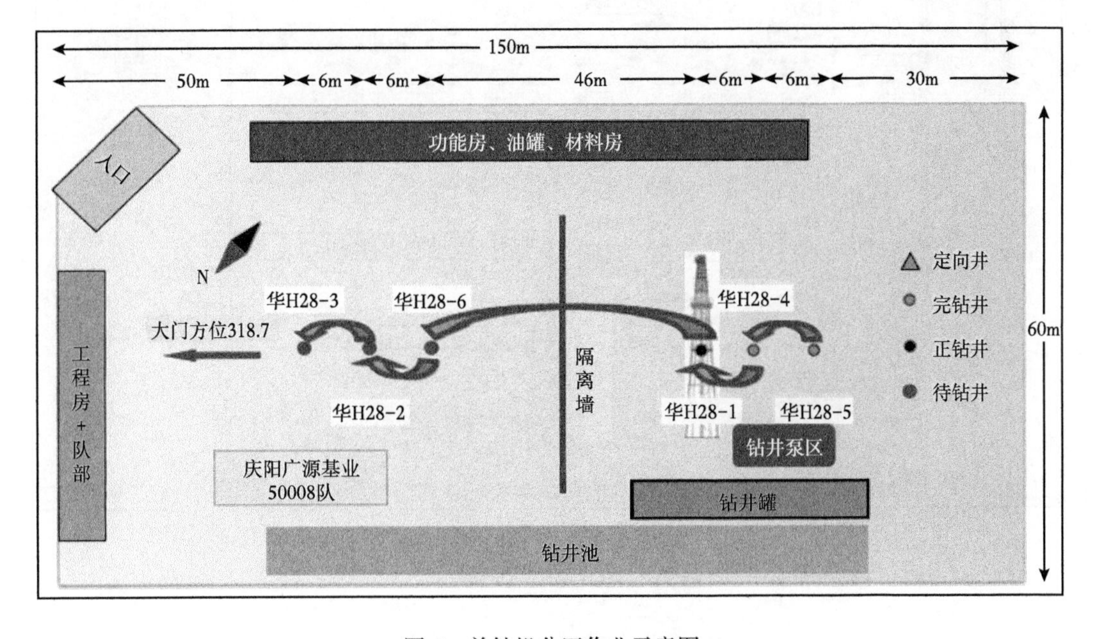

图 5　单钻机分区作业示意图

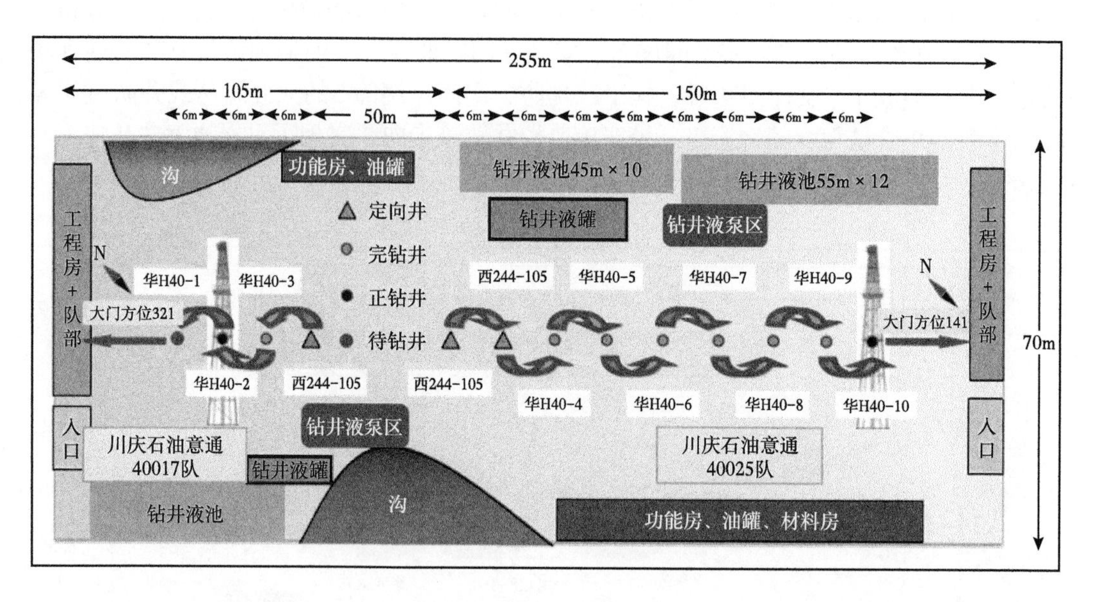

图 6　双钻机一字型示意图

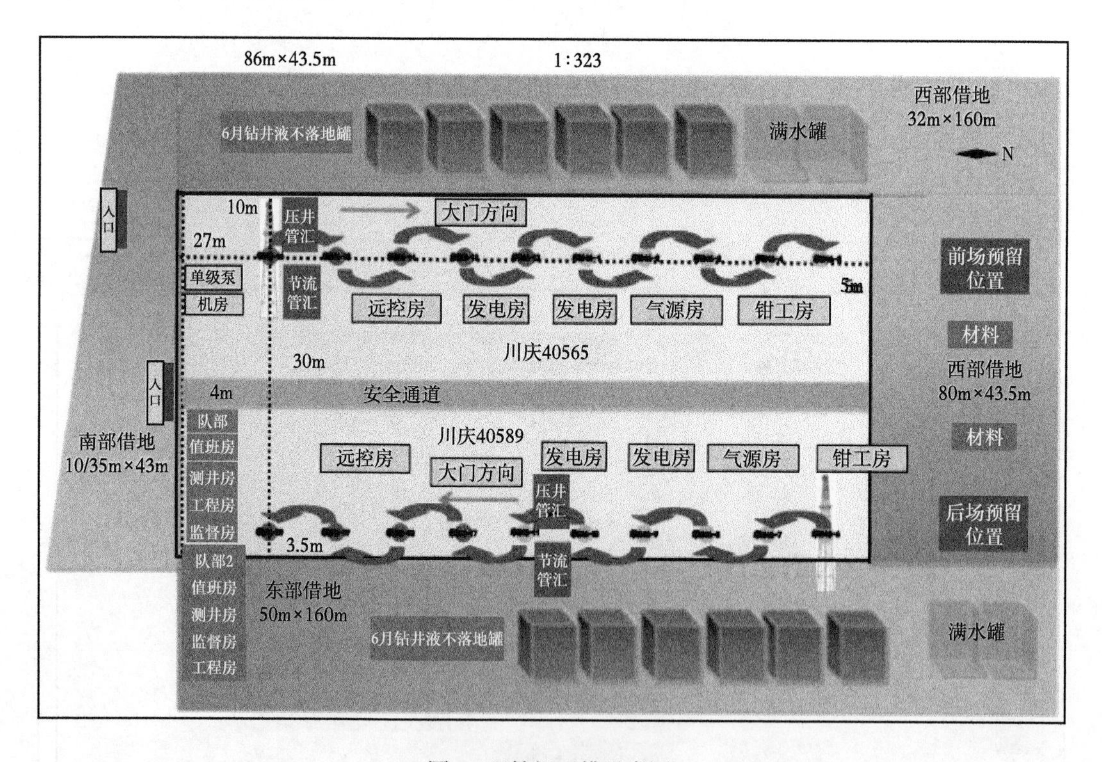

图 7　双钻机双排示意图

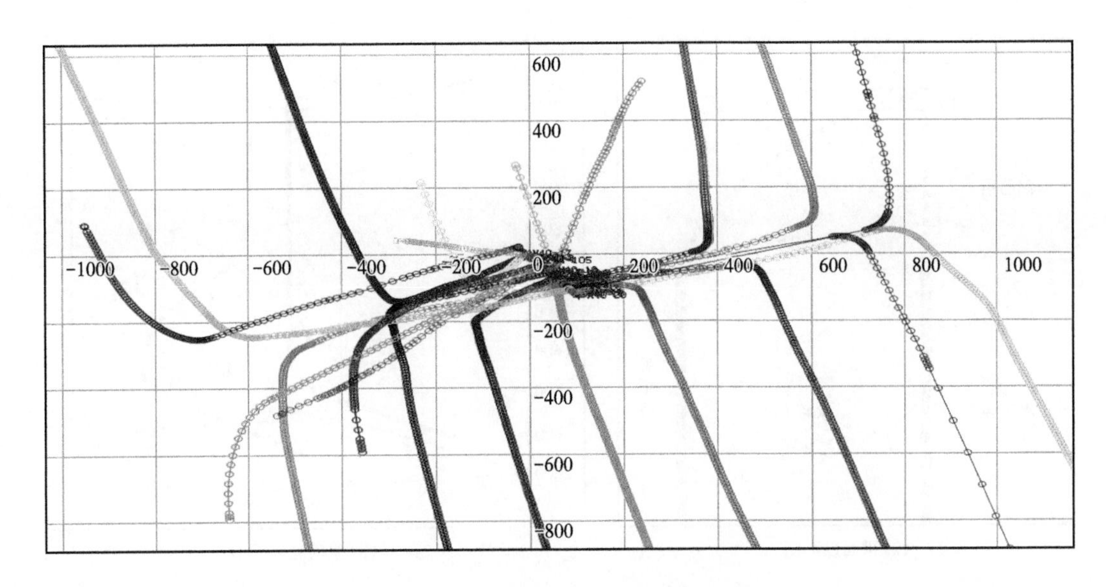

图 8　HH60 平台（22 口井）整体防碰设计

2.2　三维水平井剖面优化设计

米字型（图 9a）大井丛的水平段无法满足同步有效压裂改造要求，为满足页岩储层有效压裂与开发，需要开展水平段平行分布的丛式三维水平井钻井技术试验（图 9b）。

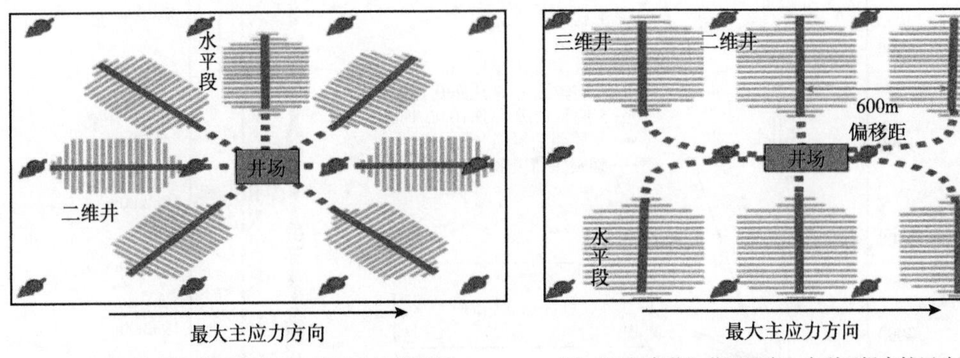

（a）“米型布井”井网不配套、储层动用程度低　　（b）“平行布井”井网配套、有利于提高储层动用程度

图 9　丛式水平井井网匹配开发示意图

常规二维水平井，井口与水平段投影在同一条直线上（图 10a），钻井过程中只增井斜、方位不变，属二维剖面设计，钻井摩阻扭矩变化影响因素较少，设计难度相对较低；而三维水平井由于井口与水平段投影存在一定的偏移距（图 10b），从造斜点到入窗点三维空间的钻井过程中既要增井斜、又要扭方位，钻井摩阻扭矩大、轨迹控制困难。国外一般采用旋转导向钻井技术，费用高昂，而国内普遍采用螺杆钻井工具，有利于节约钻成本，但国内尚无成熟的与之配套的三维水平井井身剖面设计方法，三维水平井安全钻井面临技术挑战。

基于三维剖面设计方法，结合实钻地层井斜、方位、自然漂移规律与摩阻扭矩分析（图 11），优选具体的造斜点、扭方位点以及造斜率等实钻参数（表 1），形成三维水平井单井面优化设计。

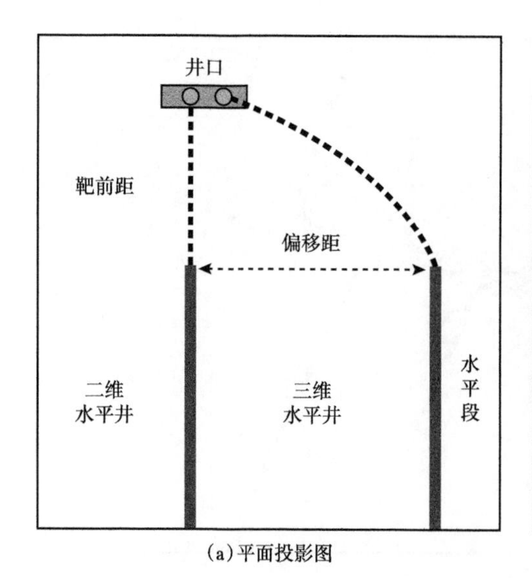

(a)平面投影图

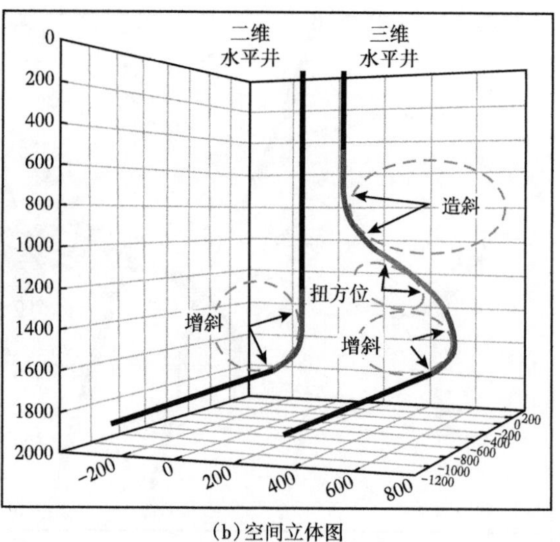

(b)空间立体图

图 10　三维水平井井身剖面优化设计示意图

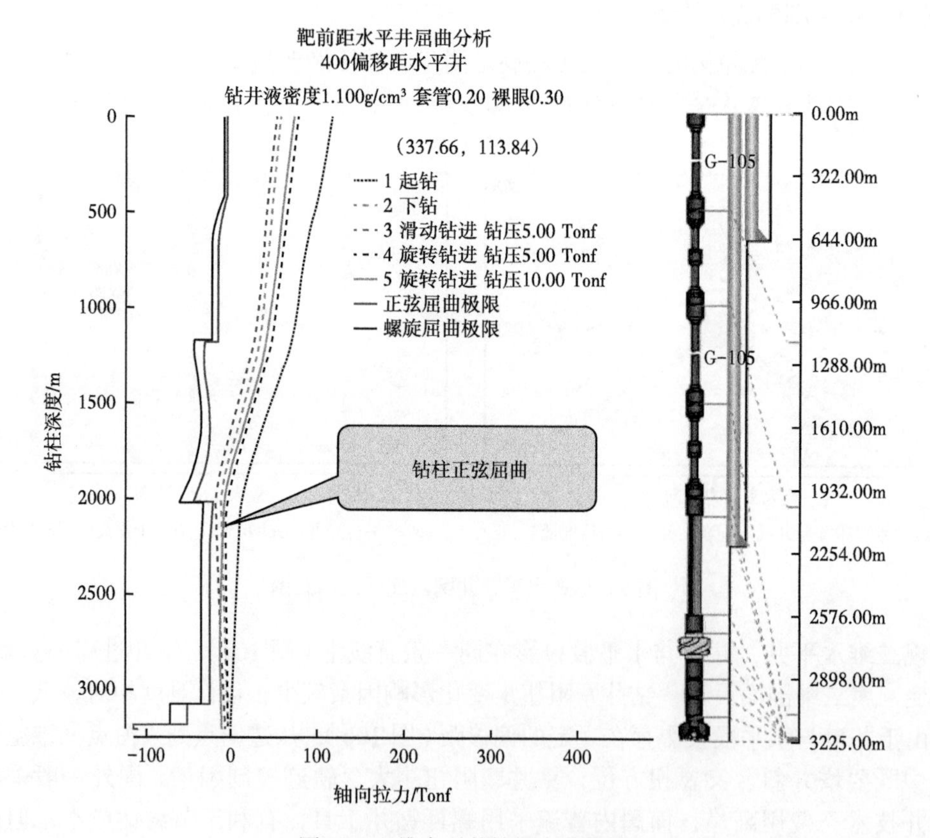

图 11　三维水平井钻柱力学分析

表 1　三维水平井剖面设计参数

井段	设计参数	优选值
直井段	防斜打直	0~800m
造斜段	造斜点	400~800m
	第一增斜率（°/30m）	2~3.5
扭方位段	扭方位点	1300~1500m
	第二增斜率（°/30m）	3.2~6
增斜段	增斜点	1600~1700m
	第三增斜率（°/30m）	4.5~6.5
水平段	稳斜	0~1500m

采用三维水平井剖面设计方法，累计在页岩油示范区共完成了 589 口井现场试验，国内首次实现了页岩油藏 1266m 最大偏移距三维水平井的安全钻完井，钻井摩阻扭矩、钻井周期与同区块常规二维水平井相当（表 2），提速提效效果显著。

表 2　三维水平井钻井指标对比

区块	水平井井型	应用井数 / 口	平均垂深 / m	平均靶前距 / m	最大偏移距 / m	平均水平段长 /m	钻井摩阻 / kN	扭矩 /（kN·m）	钻井周期 / d
页岩油藏	三维	503	1957.1	550.8	1266	1701.9	296	15.4	18.5
	常规二维	204	2004.2	324.2	—	1066.8	283	13.2	29.1

2.3　实钻轨迹精细控制

2.3.1　关键工具优选

（1）提速工具。通过钻头切削能力与水力学参数优化设计，提高钻头抗冲击性，延长钻头寿命，提高钻井进尺。结合实钻井斜及地层自然漂移规律，斜井段优选 19mm 复合片、6 刀翼、浅内锥高效 PDC 钻头，该钻头工具面稳定，定向钻进效率高；水平段优选出 16mm 复合片、5 刀翼、强耐磨高效 PDC 钻头，提高钻遇砂泥岩交错和普遍含有硬夹层的地层中钻头的攻击性。二开直井段 - 斜井段钻具组合将原来 3~5 柱加重钻杆增加至 6~8 柱，提高造斜段工具面的稳定性，螺杆钻具选择 7LZ172（或 165）*1.5 度（稳定器 212mm），由 3 级升级为 5 级 172mm 螺杆，强化压差至 3.5MPa，提高螺杆输出功率（图 12）。

（a）斜井段PDC钻头

（b）水平段PDC钻头

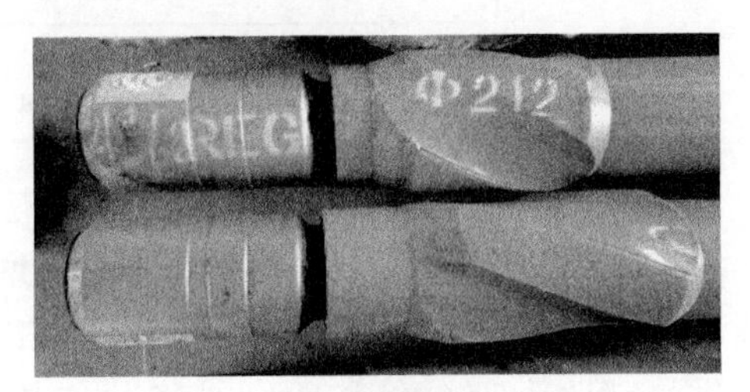

（c）大功率螺杆

图 12　分井段 PDC 钻头优选

（2）降摩减阻工具。①二代水力振荡器：通过应用自研“轴向＋径向”新型水力振荡器（图 13），通过变流阀产生液压带动工具往复振动，有效解决了滑动钻进加压困难，平均机械钻速提高 15% 以上，水平段钻进能力明显提升。②套管漂浮接箍：水平段超过 2000m 使用漂浮下套管技术，有效降低下套管过程摩阻，确保大偏移距、长水平井套管安全下入。

（a）“I型+Ⅱ型”水力振荡器

（b）盲板式漂浮接箍

图 13　降摩减阻新工具

2.3.2　实钻轨迹控制模式

（1）优化钻具组合。为解决三维井段螺杆钻具造斜率较低、实钻轨迹控制效果不理想的问题，优选球形扶正器替代原来的螺旋扶正器（图 14），降低摩阻，优选低速大扭矩螺杆，提高扭矩输出，将短钻铤由 2m 延长至 3m，增加平衡杠杆作用，提高增斜效率、降低实钻摩阻扭矩（图 15）。钻具组合的增斜能力从原来的 3°/30m 提高到 7°/30m，有效提高三维斜井段轨迹控制能力。

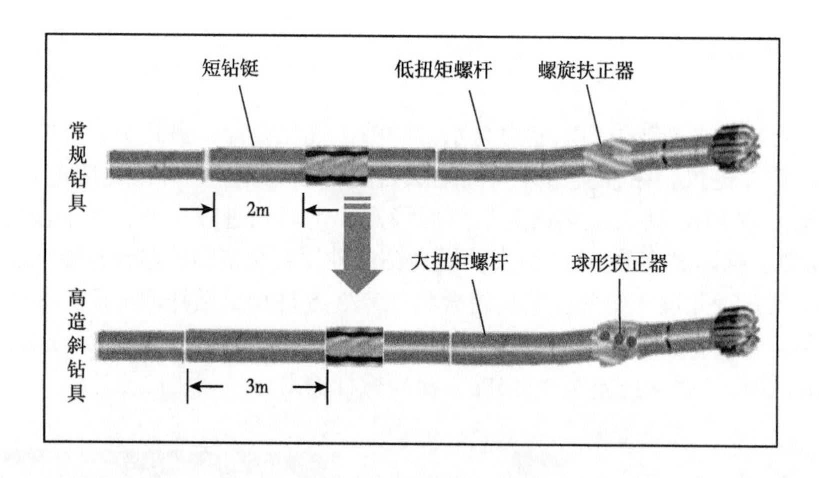

图 14　钻具组合优化

（2）三维井段轨迹控制模式。根据三维井段钻井特点，结合剖面设计方法，创新形成了“小井斜走偏移距－稳井斜扭方位—增井斜入窗”的“三步走”实钻轨迹控制模式，降低现场施工难度。①小井斜走偏移距：以偏移角度 75°~90° 的方向，采用小井斜（＜30°）钻进，消除大部分偏移距；②稳井斜扭方位：采用 4~6°/30m 增斜率扭方位至设计方位要求，同时消除剩余偏移距；③增井斜入窗：优化增斜（45~87°），控制好方位，增斜入窗。

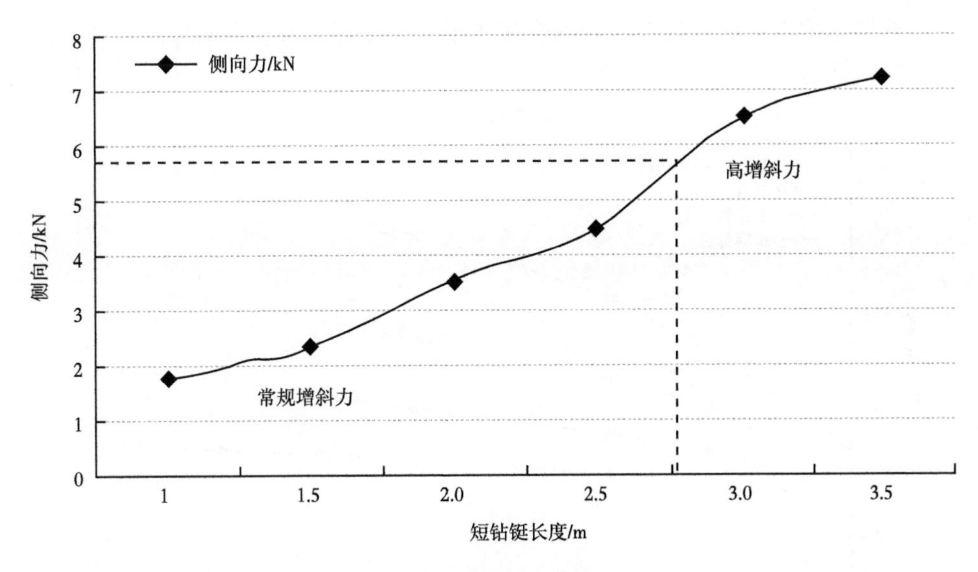

图 15　钻具侧向力分析

2.4　强抑制防塌复合盐钻井液体系

2.4.1　基本配方及性能

在“5%WJ-1+0.8%YJ-A+1.5%YJ-B”主配方基础上，开展流型调节剂、提黏剂、聚磺处理剂、润滑剂等处理剂筛选，通过大量的配伍实验研发强抑制性有机－无机盐低伤害钻井（完井）液体系的基本配方：

“5%~7%WJ-1+0.8%~1.0%YJ-A+1%~2%YJ-B”主配方 +0.2%~0.3%G310-DQT2+1%~3%G309-JLS+1%~3%G301-SJS+3%~5%G302-SZD+0.1%~0.3%FW-134+1%~3%G303-WYR，配方性能见表 3。

表 3　基本配方性能

序号	性能名称	常温指标	120℃*16h 热滚后指标
1	密度 /g/cm^3	1.05~1.35	1.05~1.35
2	漏斗黏度 /sec.	45~85	40~70
3	API FL/mL	2.0~4.0	3.0~5.0
4	滤饼 /mm	0.2~0.5	0.2~0.5
5	PV/mPa·s	15~30	10~25
6	YP/Pa	7~25	6~20
7	静切力 /Pa	2~5/3~8	1~3/2~6

2.4.2　抑制性防塌性能评价

通过泥岩膨胀率实验，称取 10g 干燥后的钠膨润土，采用 NP-01 型泥岩膨胀仪测定不同钻井液体系滤液的膨胀量，测试结果如图 16 所示，从图上可以看出，强抑制有机－无机盐低伤害体系抑制黏土水化分散能力较聚合醇体系、氯化钾体系和聚磺体系强，其泥岩膨胀曲线比较平缓，抑制性很强。

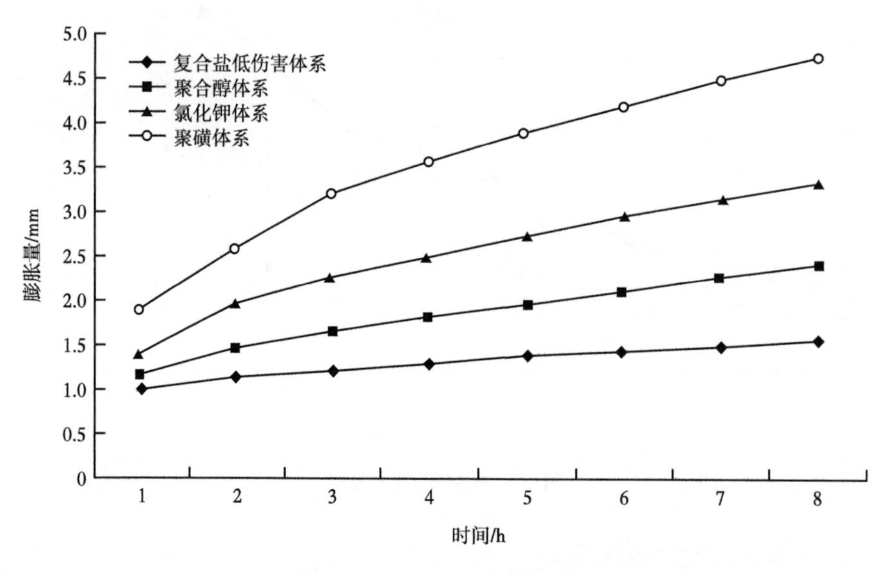

图 16　不同体系页岩膨胀曲线

2.4.3　体系润滑性能评价

在基本配方中加入自主研发的 G303-WYR 润滑剂，改变润滑剂 G303-WYR 的加量，该防塌钻井液体系润滑性的实验结果如图 17 所示。从图上可以看出，G303-WYR 可有效降低基浆的润滑系数 R 值，加量 1.5% 时润滑系数降低率可达 79% 以上，极压润滑系数可降低至 0.03。数据还说明该润滑剂在热滚实验后，润滑系数进一步降低，证明体系经井下循环温度升高后润滑性增强，对现场施工有利。

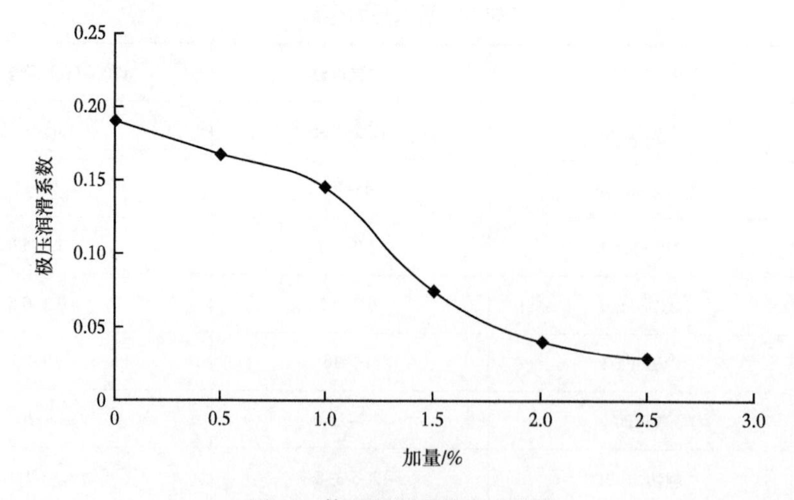

图 17　体系润滑系数变化情况

2.4.4　体系降失水实验评价

井底温达 60℃~110℃，选取了 G301-SJS 和 SMP-1 作为抗温降失水剂，测试 120℃条件下钻井液的 HTHP 滤失，室内评价结果见表 4。

表 4　体系失水实验数据

序号	试验配方	密度 /（g/cm³）	失水 /mL	HTHP/（100℃/mL）	pH	PV/（mPa·s）	YP/Pa
1	5%WJ-1+0.5%YJ-A+1%PACL+0.3%G310-DQT+3%G309-JLS+1%G301-SJS	1.06	5.6	18	11	39	13.5
	120℃ × 16h 热滚后	1.05	4.2	19	11	26	11.5
2	7% WJ-1+0.3% YJ-A +1%PAC-L +0.3%G310-DQT+2%G309-JLS+2% G301-SJS	1.07	5.4	16	11	39	14
	120℃ × 16h 热滚后	1.07	4.6	16	11	25	6
3	9% WJ-1+0.4% YJ-A +1%PAC-L +0.3%G310-DQT+1%G309-JLS+3%G301-SJS	1.10	5.2	12	12	41	15.5
	120℃ × 16h 热滚后	1.10	4.4	15	11	34	15

由表 4 实验数据可知，当体系中存在 2%~3% G301-SJS 和 2%~3% G309-JLS 时，100℃条件下体系的 HTHP 失水控制在 15mL/30min 以内，泥饼光滑有韧性，已能够满足要求。

2.4.5　体系加重实验评价

考虑到大斜度井段井壁稳定的要求，进行了钻井液加重实验，主要观察钻井液加重后，体系的性能变化情况，实验结果见表 5。

表 5　加重实验数据

配　方	P/（g/cm³）	FL/mL	K/mm	PV/（mPa·s）	YP/Pa
基浆	1.05	4.0	0.3	18	10
基浆密度提升到 1.20	1.20	4.6	0.5	25	16
120℃ × 16h	1.21	4.2	0.5	20	11
基浆密度提升到 1.30	1.40	4.4	0.5	30	21
120℃ × 16h	1.40	3.8	0.5	24	13

从表 5 可以看出，将基本配方用重晶石粉 / 石灰粉加重后，中压失水没有出现剧增，塑性黏度 PV 和动切力 YP 有一定程度增加，但仍然满足现场施工要求。加重后的钻井液热滚后，开罐时罐底未发现沉淀，无异味，表明体系加重后性能稳定，满足钻井液加重的要求。

2.4.6　体系储层保护实验评价

为了观察岩心微观状态下的现象，对岩心进行了 SEM 分析。分别对 1、3、4# 岩心伤害端（正向）、中部、尾端（反向）进行 SEM 扫描，放大 3000 倍后的岩心图片（图 18）。

从图 18SEM 扫描图片中可以看出，所有孔喉非常清晰和干净，岩心内很难发现固体桥塞粒子，几乎所有黏土矿物粒子为高岭土，很少为伊 / 蒙间层和伊利石粒子，也证实了岩心被低摩阻高润滑钻井液完井液体系轻微伤害。伤害很小，基本接近无伤害，非常利于长时间保护储层。同时该体系具有强抑制、强封堵、低滤失、低黏度、低伤害及润滑性好等特性，有效提高了机械钻速，解决了井壁坍塌及地层造浆等问题，保障了示范区 5000m 裸眼井段水平井的井壁稳定，其中华 H50-7 井钻遇 200m 以上泥岩均未发生井下复杂。

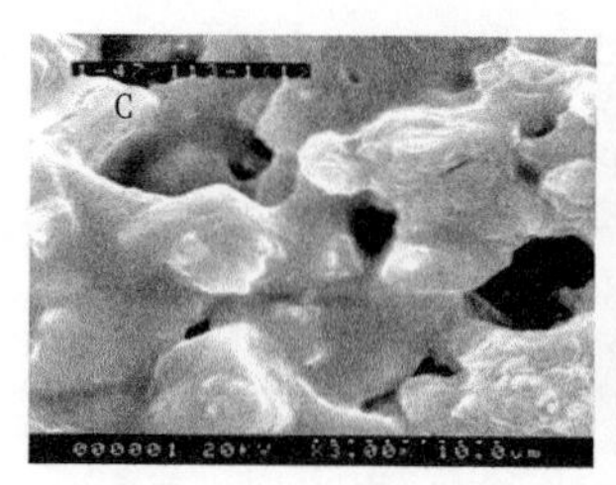

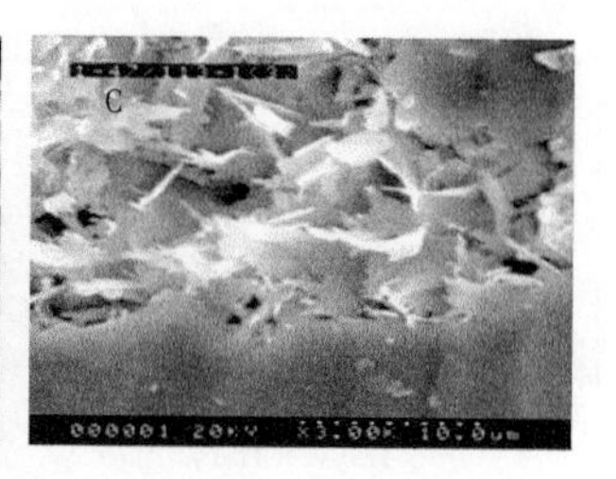

图 18　放大 3000 倍的岩心 SEM 扫描图片

3　现场应用

3.1　HH100 超大平台实施情况

HH100 平台共完钻 31 口水平井，该平台采用双钻机作业，全部采用二开井身结构（图 19、图 20），水平段长度 1335~2596m、平均 2008m，平均钻井周期 17.1d，最短钻井周期仅 7.67d

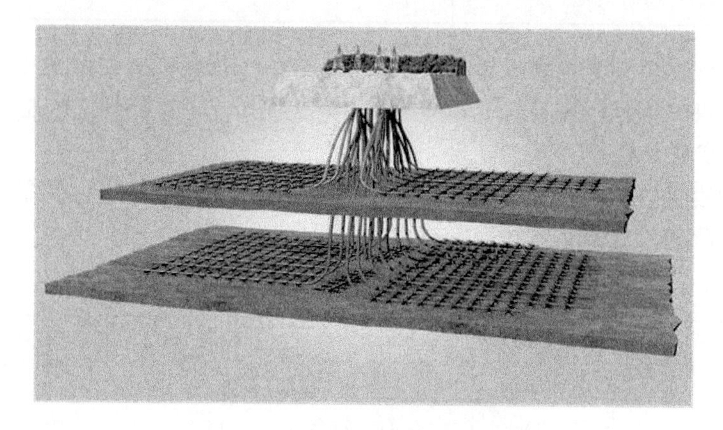

图 19　HH100 平台井眼轨迹设计图

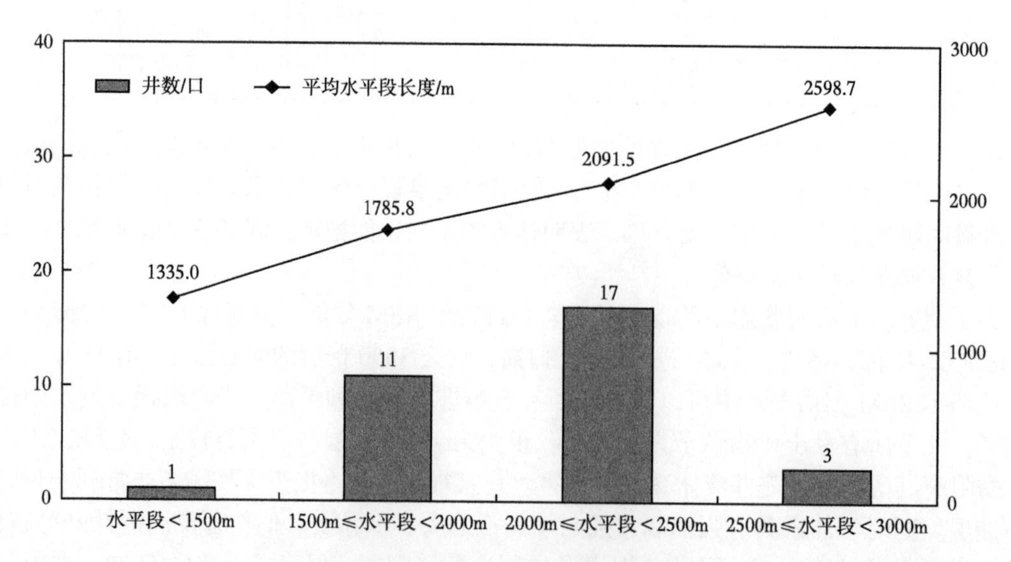

图 20　HH100 平台水平井分类统计图

（1573m），最大偏移距达到 1265.9m，创造亚太陆上单平台完钻水平井井数最多纪录，使我国具备超大平台安全钻井施工能力，为非常规油藏规模效益开发奠定基础。

3.2 示范区应用效果

2018—2021 年，累计在长庆陇东页岩油示范区实施水平井组 111 个，589 口井水平井，节约井场 304 个，井组平均井数 6.8 口，平台最大井数由 6 口增加至 31 口，最大偏移距由 302m 增加至 1266m，偏移距≥ 500m 的三维水平井 166 口，平台控制储量由 180 万 t 增加至 1000 万 t，共节约土地面积 3441.6 亩，实现了规模高效钻井。页岩油示范区钻井创优指标见表 6。其中：

（1）已完钻 20 口水平井以上井组 5 个，119 口井，井组平均井数 23.8 口，最大平台完钻水平井组井数 31 口，刷新国内油田单平台最大水平井数纪录。

（2）二开井身结构条件下实施水平段 2000m 以上水平井 105 口，实现 1265m 偏移距、1335m 水平段安全钻进；三开井身结构条件下实施水平段 2000m 以上水平井 33 口，实现 903m 偏移距、2682m 水平段安全钻进。

（3）水平段钻进能力由 1000m 提升至 5000m 以上，平均长度由 1053m 增加至 1792m，平均机械钻速由 15.7m/h 增加至 19.2m/h，平均钻井周期由 29.6d 缩短到 17.8d，最短钻井周期仅为 7.76d（1595m）。

表 6 近年长庆页岩油示范区钻井创优指标

指标类型	平台号 / 井号	创优指标	指标水平
单平台水平井井数 / 口	HH100	31	亚太陆上油田单平台完钻水平井井数最多
水平段长度 /m	HH90-3	5060	亚太陆上油田水平井水平段最长
偏移距 /m	HH100-29	1265.9	亚太陆上油田水平井偏移距最大
钻井周期 /d	HH100-30	7.67	国内页岩油水平井钻井周期最短
“一趟钻”进尺 /m	QH37-9	3332	国内水平段一趟钻进尺最高

4 结论

（1）创新形成的页岩油大井丛水平井关键钻完井技术，解决了页岩油储层井网、改造与地面限制条件下大井丛钻井技术难题，大幅减少井场建设数量、节约土地资源、保护自然环境，实现了水平井由单井单井场到多井大井丛开发方式的转变，大大提高了施工效率，缩短平台建产周期。

（2）创新三维水平井剖面设计方法，结合“小井斜走偏移距 - 稳井斜扭方位 - 增井斜入窗”实钻轨迹控制模式，满足了不同偏移距、靶前距条件下丛式三维水平井安全快速钻井要求，解决了三维井段摩阻扭矩大、轨迹控制难的问题，使我国具备了水平段 5000m 以上三维水平井安全施工能力，实现了超长水平井钻井技术突破。

（3）研发形成的强抑制复合盐防塌钻井液，有效提高钻井液的抑制性与井壁稳定，泥岩段坍塌周期由原来的 20d 延长至 40d 以上，能有效防止长水平段井壁坍塌，实现快速安全钻井。

参 考 文 献

[1] 韩志勇 . 定向井设计与计算 [M]. 北京：石油工业出版社，1990，55.
[2] 高德利 . 油气钻探技术 [M]. 北京：石油工业出版社，1998，126.
[3] 孙振纯，许岱文 . 国内外水平井技术现状初探 [J]. 石油钻采工艺，1997，19（4）：6-13.
[4] 葛云华，苏义脑 . 中半径水平井井眼轨迹控制方案设计 [J]. 石油钻采工艺，15（2）：1-7.
[5] 王爱国，王敏生，唐志军，等 . 深部薄油层双阶梯水平井钻井技术 [J]. 石油钻采工艺，2003，31（3）：13-15.
[6] 田树林 . 薄油层水平井钻井技术研究与应用 [J]. 钻采工艺，2004，27（3）：9-11.
[7] 冯志明，颉金玲 . 阶梯水平井钻井技术 [J]，石油钻采工艺，2000，22（5）：22-26.
[8] 吴敬涛，王振光，崔洪祥 . 两口阶梯式水平井的设计与施工，石油钻探技术，1997，25（2）：2-4.
[9] 帅健，吕英明 . 建立在钻柱受力变形分析基础之上的钻柱摩阻分析 [J]，石油钻采工艺，1994，16（2）：25-29.
[10] 王建军 . 水平井钻柱接触摩擦阻力解析分析 [J]. 石油机械，1995，23（4）：44-50.
[11] 郭永峰，吕英明 . 水平井钻柱摩阻力几何非线性分析研究 [J]，石油钻采工艺，1996，18（2）：14-17.
[12] 刘修善 . 井眼轨迹的平均井眼曲率计算 [J]，石油钻采工艺，2005，27（5）：11-15.
[13] 王礼学，陈卫东，贾昭清 . 井眼轨迹计算新方法 [J]，天然气工业，2003，23（增刊）：57-59.
[14] 谢学明，崔云海 . 三维 “Z” 形斜面圆弧井眼轨迹控制技术 [J]，江汉石油职工大学学报，2007，20(2)：39-41.
[15] 刘巨保，罗敏 . 井筒内旋转管柱动力学分析 [J]，力学与实践，2005，27（4）：39-41.
[16] 于振东，李艳 . 试油测试射孔管柱的间隙元分析 [J]，应用力学学报，2003，20（1）：73-77.
[17] 干洪 . 梁的弹塑性大挠度数值分析 [J]，应用数学和力学，2000，21（6）：633-639.
[18] 魏建东 . 预应力钢桁架结构分析中的摩擦滑移索单元 [J]，计算力学学报，2006，2（36）：800-805.
[19] 陈勇，练章华，易浩，等 . 套管钻井中套管屈曲变形的有限元分析 [J]，石油机械，2006，34（9）：22-24.
[20] 刘永辉，付建红，林元华，等 . 弯外壳螺杆钻具在套管内通过能力的有限元分析 [J]，钻采工艺，2006，29（6）：8-9.
[21] 陈庭根，管志川 . 钻井工程理论与技术 [M]，东营：石油大学出版社，2000，170-171.
[22] 张东海，杨瑞民，刘翠红 .TK112H 深层水平井固井技术 [J]，断块油气田，2004，11（3）：73-74.
[23] 廖华林，丁岗 . 大位移井套管柱摩阻模型的建立及其应用 [J]，石油大学学报（自然科学版），2002，26（1）：29-38.
[24] 徐苏欣，段勇，雒维国 . 大位移井下套管受力分析和计算 [J]，西安石油学院学报（自然科学版），2001，16（4）：72-88.
[25] 齐月魁，徐学军，李洪俊，等 .BPX3X1 大位移井下套管摩阻预测 [J]，石油钻采工艺，2005，27（增刊）：11-13.
[26] 高德利，覃成锦，李文勇 . 南海西江大位移井摩阻和扭矩数值分析研究 [J]，石油钻采工艺，2003，25（5）：7-12.
[27] 王珊，刘修善，周大千 . 井眼轨迹的空间挠曲形态 [J]，大庆石油学院学报，1993，17（3）：32-36.
[28] 周继坤，王红，刘俊，等 . 单弯滑动导向钻井的几个重要问题 [J]. 石油钻采技术，2002，30（4）：12-14.
[29] 欧阳勇，吴学升，高云文，等 . 苏里格气田 PDC 钻头的优选与应用 [J]. 钻采工艺，2008，31（2）：13-15.
[30] 王爱江，潘信众 . 采用 PDC 钻头技术提高鄂北气田的钻井速度 [J]. 内江科技，2008（1）：111-112.
[31] 苏义脑 . 螺杆钻具研究及应用 [M]. 北京：石油工业出版社，2001：232-237.
[32] 赵更富，赵金海，耿应春，等 . 提高导向钻具旋转钻进稳斜能力的研究与实践 [J]. 西部探矿工程，

2002,（5）：60-62.
[33] 宋执武，高德利，李瑞营 . 大位移井轨道设计方法总数及曲线优选 [J]. 石油钻探技术，2006，（5）：24-25.
[34] 管志川，史玉才，黄根炉，等 . 涠西南井眼轨迹优化设计技术及平台位置优选与涠西南油群井壁稳定的相关技术研究（研究报告）[J]. 青岛：中国石油大学（华东），2007.
[35] Burak Yeten. Optimization of Nonconventional Well Type，Location，and Trajectory[J]. SPE86880.
[36] 狄勤丰 . 滑动式导向钻具组合复合钻井时导向力计算分析 . 石油钻采工艺，2000，22（1）：14-16.
[37] Barr J D，et al.Steerable Rotary Drilling with an Experimental System[J]. SPE29382.

长庆油田页岩油水平井体积压裂工具的发展与应用

薛晓伟[1, 2]，王治国[1, 2]，刘汉斌[1, 2]，任国富[1, 2]，桂　捷[1, 2]，胡相君[1, 2]

（1. 中国石油长庆油田分公司油气工艺研究院；
2. 低渗透油气田勘探开发国家工程实验室）

摘　要：鄂尔多斯盆地页岩油资源丰富，是长庆油田持续稳产的重要资源基础，也是国家重要的能源保障基地，水平井体积压裂技术是页岩油单井产量突破的核心。随着长庆油田页岩油水平井改造模式由早期的分段压裂方式向分段多簇压裂方式转变，进而创新发展成为长水平段细分切割体积压裂技术的不断进步，长庆页岩油开发所需的自主分段压裂工具研制亦得到持续发展，极大地推动了压裂工艺技术的更新换代。本文以长庆油田水平井体积压裂技术不同时期所面临的问题与需求变化为背景，介绍了长庆油田自 2011 年以来在页岩油开发过程中开展的水平井体积压裂工具的攻关、应用情况以及形成的工具系列，重点介绍了水力喷射分段多簇体积压裂工具、大通径快钻桥塞体积压裂工具、可溶桥塞体积压裂工具、全金属可溶球座体积压裂工具、可开关固井滑套压裂工具的结构原理、性能参数及技术特点，提出可开关固井滑套压裂工具是长庆油田页岩油开发今后研究的重点攻关方向。

关键词：压裂工具；页岩油；水平井；体积压裂；可溶桥塞

我国页岩油分布范围广、资源丰富，总资源量达到 215 亿吨，鄂尔多斯盆地陇东页岩油是长庆油田稳产上产最现实的接替资源[1-3]。长庆油田页岩油水平井压裂攻关始于 2011 年，前期常规油管封隔器分段压裂先导性试验表明常规压裂技术难以实现有效开发，而以“大排量、大砂量、大液量、多段动用”为典型特点的水平井体积压裂技术可以实现对储层的立体改造，提高单井产量 5~8 倍，有效动用页岩油资源。历经十年持续创新与探索试验，压裂增产理念突破传统束缚，由早期分段压裂向分段多簇压裂转变，进而创新发展成为长水平段细分切割体积压裂技术，形成了以细分切割体积压裂为核心的水平井钻采工艺技术体系，实现了页岩油单井产量的突破，并将桶油完全成本控制在 40 美元以内，为 10 亿吨级庆城大油田发现、百万吨级国家示范区建设提供了关键技术支持[4-15]。

长庆水平井体积压裂工具性能决定着体积压裂工艺的实用性和效果，有效推动了页岩油长水平井体积压裂工艺技术的升级换代。长庆油田自 2011 年以来，在长庆页岩油开发中，根据不同时期改造需求与工艺的变化，先后开展了水力喷射分段多簇体积压裂工具、大通径快钻桥塞体积压裂工具、可溶桥塞体积压裂工具、全金属可溶球座体积压裂工具、可开关固井滑套压裂工具的自主研发攻关，形成了独具长庆特色的页岩油体积压裂系列工具。

1　高效水力喷射多簇压裂管柱及关键工具

2005 年底以来，长庆油田围绕提升水力喷射压裂技术封隔的有效性和施工效率，在管

作者简介：薛晓伟，现在中国石油长庆油田分公司油气工艺研究院从事压裂工具设计及研究工作，高级工程师，2012 年毕业于西南石油大学机械设计专业，获硕士学位。通讯地址：陕西省西安市未央区凤城三路新技术研发中心，邮编：710018。E-mail：xuexw_cq@petrochina.com.cn。

柱结构以及工具方面开展了大量基础研究和试验[16]，形成了油气田水平井水力喷砂分段压裂技术系列，成为了成为国内油田水平井三大主体改造技术之一[17]。但是随着对页岩油储层开发的占比逐渐提高，体积压裂所具备的大排量、大液量、大砂量施工规模，使前期应用成熟的常规压裂管柱出现封隔器承压及抗蠕动能力差、射器磨损严重、过砂量等无法满足体积压裂工艺需求的问题，制约了油田水平井效益开发和体积压裂技术规模应用。为此，研发了高效水力喷射体积压裂管柱及关键工具，其具有“射孔压裂一体化，油套同注、大排量施工，管柱锚定，长效封隔，一趟管柱可以完成多段压裂”等特点，实现了每分钟4~8方大排量体积压裂高效施工，为页岩油水平井体积压裂技术规模应用提供了硬件支撑。

1.1 施工步骤

（1）油管大排量正循环注入，封隔器坐封，多个喷射器同时工作实现分段多簇射孔。

（2）关闭环空闸门，压开地层，段间采用机械封隔，簇间通过射流增压实现各簇裂缝产生。

（3）通过环空大排量注入为主、油管注入为辅实现大排量压裂作业，产生复杂裂缝。

（3）停泵，放喷，反循环洗井，拖动管柱到下一段目的层。

（5）重复前面步骤，直至完成全井段压裂。

1.2 关键工具

1.2.1 压缩式底封封隔器

封隔器主要是在主压裂期间封隔油套环空，确保段间封隔可靠。页岩油藏水平井地层致密、施工压力高，单段作业排量大、规模大，作业时间长，对封隔器的密封可靠性、有效性要求高。通过对前期封隔器应用情况的分析的研究，通过优化密封机构设计，研发了新型压缩式底封封隔器，如图1所示，采用密封与支撑复合胶筒实现了封隔器高压、多次密封的功能，满足了多段施工的要求；通过井口上提下放控制封隔器的坐封和解封，可实现一次锚定、坐封、验封、多次憋压的功能，延长了工具寿命；设计的平衡阀结构确保了封隔器解封时胶筒上下压差平衡，可实现带压拖动施工，大幅度提高作业效率。锚定牢固，带防砂功能，以解决在作业完成后形成砂柱砂卡问题。压缩式底封封隔器主要技术参数见表1。

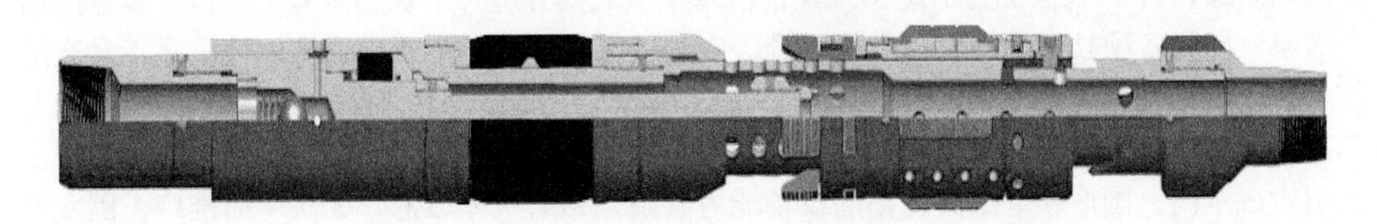

图1　压缩式底封封隔器

表1　主要技术参数

总长/mm	外径/mm	行程/mm	外径/mm	推力/kN	最高工作温度/℃	最大工作压差/MPa	最高坐封次数	密封直径/mm
1414	116	235	115	20-35	120	60/70	15	124.3/121.4

1.2.2 高强度喷射器

喷射器主要是产生高速混砂液射流，射开套管和地层，形成压裂通道，并在主压裂期间产生射流增压，使各簇喷点压开裂缝并延伸。高强度喷射器如图2所示，具有（1）喷嘴尺寸、个数可调，可满足不同作业排量要求。（2）喷射器喷嘴分布方式、射孔相位角可调，可实现多簇射孔功能。（3）寿命长，最多可实现 15 次射孔作业。性能参数见表 2。

图 2　高强度喷射器

表 2　主要技术参数

总长 /mm	外径 /mm	内径 /mm	承压 /MPa	最多射孔次数
350	105	40	70	15

1.3　应用情况

2014—2018 年，高效水力喷射多簇压裂管柱及关键工具规模应用 460 口井 4257 段，管柱施工能力由前期的 2.67 段 / 趟提高到 5.3 段 / 趟，提高 100%。86% 井实现一趟钻工程目标，单趟管柱最高施工达 12 段 24 簇。与研发初期相比，水力喷射多簇压裂试油作业施工周期缩短 50%；与常规压裂工艺相比，水力喷射多簇压裂水平井累计产量提高 40%。

2　大通径快钻桥塞体积压裂工具

速钻桥塞体积压裂工艺具有“施工排量大、射孔簇数多、作业效率高、作业级数不受限制”等特点，是国外水平井体积压裂主体改造工艺，在国外页岩油、页岩气藏开发中得到广泛应用。2012 年，长庆油田引进国外快钻桥塞压裂工具并进行了现场试验，取得了较好的增产效果，同时各项技术指标获得大幅提升，应用效果较好。但由于引进的快钻桥塞工具通道较小，同时通径内留有压裂封堵钢球，易造成井筒生产通道堵塞，需钻除桥塞后方能生产，不适用于长庆油田生产需求。同时，由于关键技术被国外公司垄断，桥塞工具与配套钻磨工具引进成本高，国产钻磨工具、钻磨设备能力有限，钻磨效率较低，无法全面推广，因此开展了快钻桥塞国产化研究。

针对前期试验存在的问题及长庆油田产能建设需求，围绕如何实现免钻和快速投产，研发出了一种新型大通径快钻桥塞工具及配套可溶封堵球，形成了以“多簇射孔 + 大排量”为核心的速钻桥塞体积压裂工艺技术模式，满足了长庆页岩油储层的改造需求。

2.1　施工步骤

（1）第一段采用油管传输火力射孔或水力喷砂射孔，光套管压裂。

（2）自第二段开始通过水力泵送方式将大通径快钻桥塞和多簇射孔工具泵送到位，坐封桥塞，拖动多簇射孔后，起出工具串。

（3）投入可溶球封堵桥塞内通径，光套管压裂。

（4）重复步骤（2）和（3），依次完成后续井段储层改造。

（5）所有段改造施工结束后，可溶球溶解，直接试油（气）、投产或用钻磨工具钻磨后投产。

2.2 关键工具

2.2.1 大通径快钻桥塞

其工作原理为利用专用桥塞坐封工具，使桥塞锚定、密封等部件发生相对移动，挤压卡瓦，锚定套管内壁；同时，胶筒受到压缩，实现油套环空密封；然后投入可溶球封堵桥塞内通径，实现已施工层和目的层之间的封堵。大通径快钻桥塞如图 3 所示。

图 3 大通径快钻桥塞

其性能参数见表 3。

表 3 大通径快钻桥塞性能参数

外径 /mm	内径 /mm	长度 /mm	耐温 /℃	承压 /MPa
110	50	78.5	120	70

它具有以下特点：

（1）结构简单、通径大。

（2）适用多种规格、级别套管上。

（3）密封可靠，采用 3 段不同硬度的胶筒组成可靠的密封系统，整体式卡瓦机构具有防中途坐封功能。

（4）主体采用酚醛树脂、碳纤维等新型复合材料，容易钻除。

（5）易下井、电缆坐封或液压坐封。

2.2.2 可溶球

可溶球主要功能是在主压裂过程中实现桥塞内通径暂时性的封堵，施工结束后，与周围介质发生化学反应并逐步溶解，实现桥塞上下层连通，形成生产通道。它以金属铝、功能合金、强化合金、低温合金、活化合金等为原料[19]。其溶解方程式为：

$$2Al+6H_2O = 2Al(OH)_3+3H_2\uparrow$$

可溶球关键性能参数为承压能力、承压时间、溶解时间。通过承压实验发现：在 40℃清水中，承压 70MPa，稳压 4h 以上，可溶球基本不溶解，表明可溶球能够满足压裂耐压要求。

2.3 应用情况

大通径快钻桥塞压裂工具累计应用 132 口井 1543 段，施工排量 8~15m^3/min，单井最多 30 段 108 簇，压裂施工效率较常规压裂工艺提高 50%，平均单井产量是相邻直井的 6~8 倍，钻磨效率较引进工具提升 50%。

3　可溶桥塞体积压裂工具

以快钻桥塞分段多簇压裂工艺为主的水平井体积压裂技术在鄂尔多斯盆地实现了页岩油单井产量的突破，但该工艺在压裂后仍需钻除桥塞以保持井筒全通径，给后期生产维护留下了隐患。国外在应用复合桥塞分段多簇压裂工艺时，常采用连续油管钻磨桥塞后投产，但是由于长庆油田特殊的黄土地貌、油区道路路况复杂等原因，连续油管作业适应性较弱，未能得到推广应用，多采用常规油管钻塞。随着水平段长度和改造规模不断增加，油管钻磨井控风险高、试油周期较长、连续油管钻磨作业成本较高、长水平段（超过 1500m）钻磨困难等问题日益突出，技术局限性愈发明显。

与此同时，随着可溶材料的不断进步，可溶桥塞分段压裂技术成为一种新兴的非常规水平井体积压裂技术，其不但兼具可钻式、免钻式快钻桥塞分段多簇体积压裂工艺的诸多优点，且可溶桥塞与快钻桥塞相比，还具有压裂后桥塞和封堵球可自行溶解，不需钻塞即可实现井筒全通径的显著优势，实现压裂后直接投产，更符合长庆页岩油开发的生产需求[19]。

3.1　施工步骤

（1）第一段采用油管传输火力射孔或水力喷射射孔，光套管压裂。

（2）自第二段开始通过电缆传输将全可溶桥塞、多簇射孔枪和坐封联作工具串，泵送至井筒预定位置，启动坐封工具使全可溶桥塞脱离，上提电缆完成多簇射孔。

（3）从井口投入封堵球，封堵全可溶桥塞的内通径，进行光套管压裂施工。

（4）重复步骤（2）和（3），依次完成后续井段储层改造。

（5）压裂后封堵球先于桥塞自行完全溶解，全可溶桥塞中心管道提供油流通道，油井可立即放喷投产，随着时间的推移，桥塞卡瓦、胶筒、本体完全溶解。

（6）试油、投产。

3.2　关键工具

可溶桥塞如图 4 所示，主要由丢手机构、密封机构、锚定机构三大机构组成。丢手机构采用剪切销式结构；密封机构采用成熟的三胶筒结构；锚定机构采用分瓣式双卡瓦结构。通过坐封工具挤压套筒下压可溶桥塞的桥塞压帽，带动锚定机构上卡瓦向下移动，坐封工具活塞杆上拉可溶桥塞芯轴，芯轴带动锚定机构下卡瓦向上移动，同时挤压胶筒密封井筒，当坐封力量达到卡瓦环的破裂力，上、下卡瓦锚定到井筒内壁，继续施加坐封力，使胶筒完全压缩，上、下卡瓦锚定牢靠，当坐封力达到释放力额定值时，剪切销断裂，可溶桥塞完成坐封。

图 4　自主研发可溶桥塞

其性能参数见表 4。

表 4　可溶桥塞性能参数

外径 / mm	内径 / mm	长度 / mm	耐温 / ℃	承压 / MPa	胶筒溶解时间 / d	本体溶解时间 / d
113	35	375	120	70	28	7

3.3　技术特点

它具有以下特点：

（1）金属部件由可溶镁铝合金材料制成，可溶胶筒由可降解橡胶制成，在一定温度和矿化度条件下可完全溶解，压裂后无需钻除，试油周期短、作业风险低。

（2）省去了常规压裂中连续管作业，从而避免了与之相关的风险。

（3）大通径有利于快速返排和洗井。

3.4　应用情况

2017—2021 年，可溶桥塞应用 330 口井 5900 余段，桥塞泵送、坐封成功率和封隔有效率均为 100%，压裂后可快速投产，桥塞在 28 天内基本溶解。

4　全金属可溶球座

可溶桥塞压裂技术试验表明其大幅度缩短了作业周期，但在长庆油田现场应用中仍存在低温储层条件下，长水平段压后胶皮不能完全溶解导致井筒堵塞的情况，需要对井筒进行清扫，但受连续油管下深限制，长水平段压后清扫困难；同时，随着低油价时代的来临，鄂尔多斯盆地的页岩油开发需求从规模产量向规模效益开发转变，降低工具及作业成本刻不容缓。为此，创新提出了“全金属可溶”的新型压裂工具研发理念，开展了以“可溶金属封隔、压后快速溶解”为核心的分段压裂工具设计[20-21]，采用高延展性可溶金属密封替代橡胶密封，通过精简机械机构，研发了全金属可溶球座工具，其工具性能可靠、提速提效效果显著，有效解决橡胶密封存在的低温溶解缓慢、溶解产物大、结构复杂、制备难度大、压后井筒难以清扫等问题。

4.1　施工步骤

全金属密封可溶球座施工步骤与可溶桥塞一致，采用桥射联作作业模式：

（1）第一段采用油管传输火力射孔或水力喷射射孔，光套管压裂。

（2）自第二段开始通过电缆传输完成球座坐封及多簇射孔作业。

（3）从井口投入封堵球，封堵全可溶桥塞的内通径，进行光套管压裂施工。

（4）重复步骤（2）和（3），依次完成后续井段储层改造。

（5）压裂后封堵球先于球座自行完全溶解，随着时间的推移，可溶球座本体完全溶解。

4.2　关键工具

金属密封可溶球座结构示意图如图 5 所示。金属密封可溶球座结构主要包括中心杆、锥体、密封环、卡瓦、尾座等部件，满足密封、锚定、丢手、锁定功能，同时根据工艺特性，设置了不同速率溶解部件，实现溶解最优化。该工具主要采用超塑性可溶材料制作密封部件，实现金属密封替代橡胶密封；采用锚定封隔一体结构，实现工具机构简单、部件精简、结构紧凑；在溶解性能方面，差异化设计不同速率溶解部件，实现工具溶解最优化，压裂后可快速恢复井筒全通径。其性能参数见表5。

图5 金属密封可溶球座工具结构示意图

表5 金属密封可溶球座系列产品技术参数

温度系列 / ℃	外径 / mm	内径 / mm	长度 / mm	耐温 / ℃	承压 / MPa	溶解时间 / d
40/50/60	113	60	269	90	70	7

4.3 技术特点

（1）工具采用全金属材料，无胶筒部件，可解决胶筒低温难以溶解问题。

（2）锚封一体、力学自锁、结构紧凑小巧，避免下入过程中的遇阻风险，溶解残留物少。

（3）针对不同储层，研发了不同温度体系可溶材料，可实现快速溶解。

（4）价格低，效益高，井筒压后免干预、全通径，达到提效降本目标。

4.4 应用情况

2018—2021年，DMS可溶球座在长庆页岩油累计推广应用154口井2681段，压裂施工曲线与可溶桥塞施工井特征相同，金属密封封隔有效。在亚洲陆上最长水平井成功应用54段，最大施工排量14m^3/min，大井丛布井平台最高效率单日压裂18段。压裂后最短14天下冲砂管柱试探顺利通至人工井底，证明球座全部溶解，可实现压后免钻投产，试油周期缩短21%。与进口可溶桥塞相比，投产效果整体相当，但单套工具成本节约20%。平均单井节约费用14万。

5 可开关固井滑套压裂工具

目前长庆油田低压页岩油主体体积压裂技术模式下实现了低压页岩油单井产量大幅度提升，但面临缝网波及体积不足与能量递减快难题，导致产量递减快，稳产难度大，低压储层大规模压裂条件下关井时间长与生产时率低的矛盾突出；同时开发阶段位于注水开发区、叠合区的采油井面临水窜风险，找水治水难度大，对后期水平井出水治理、水平井段间补能驱替、套管外智能监测、重复压裂等作业带来较大挑战。针对油气井压裂、生产、重复改造、动态监测等全生命周期开采需求，提出了采用滑套开关实现产层状态受控的技术思路，研发了全通径可开关固井滑套压裂工具，为选择性压裂以及出水治理开辟新途径，从源头上为丰富储层改造模式、水淹井治理预留可靠的解决方案。

5.1 施工步骤

（1）将可开关固井滑套穿插连接在套管之间下入储层，实施固井。

（2）试油阶段，采用油管下入带有开关工具的压裂管柱，到达预定改造位置时，通过开关作业打开滑套、完成压裂管柱封隔坐封。

（3）实施压裂，之后拖动管柱到下一段。

（4）后续井段重复第一段工序，依次完成所有段压裂改造后，起出压裂管柱，井筒恢复全通径。

（5）生产阶段，根据需要下入开关工具，关闭或开启目标段，实施控水生产、补能、产能测试等作业。

5.2 关键工具

可开关固井滑套如图 6 所示，通过开关工具的创新设计，具备自动捕捉功能，实现了工具入井后可以自动捕捉识别目标滑套，降低了现场操作难度，提升了可靠性；可采用常规油管作业方式，滑套可采用泵送电控开启工具和机械开启工具两种开启方式。机械开关工具如图 7 所示。可开关固井滑套技术指标见表 6。

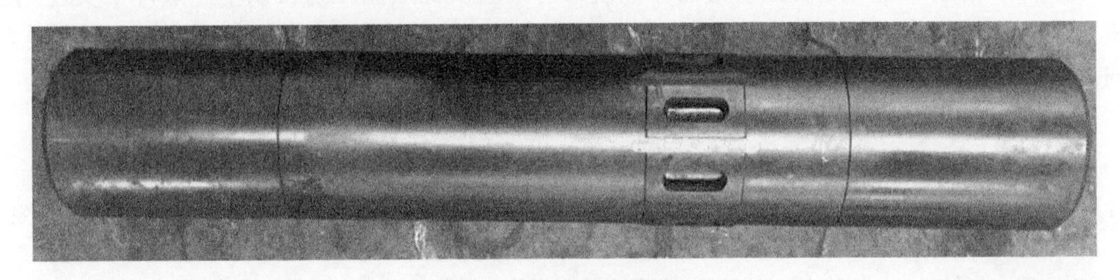

图 6 可开关固井滑套

图 7 机械开关工具

表 6 $5^{1}/_{2}''$ 可开关固井滑套技术指标

外径 / mm	内径 / mm	长度 / m	耐温 / ℃	初始 / 后期开关吨位 / t	作业方式
178	124.3	0.68	120	6/3	常规油管

5.3 技术特点

（1）选择性开关，满足蓄采同步压裂、变序压裂、可控生产、产能测试等要求。

（2）油管作业拓展了技术适应性，并显著降低作业费用。

（3）自动捕获滑套，无需复杂校深装备，适合常规油管作业工况。

（4）全通径压裂后最小内径与生产套管保持一致，满足后期各类井下作业要求。

5.4 应用情况

2021年试验上提式可开关滑套3口井。工具入井、固井、承压性能正常，开启、压裂、关闭性能初步得到验证，单层试油获得20t高产油流。在洞X井入井31级，创下长庆油田入井级数新纪录。

6 结语

长庆油田页岩油水平井压裂主体采用水力喷射拖动压裂和桥射联作分段多簇压裂方式，两种压裂方式都是将套管射穿，进行压裂和生产，对后期水平井出水治理、水平井段间补能驱替、套管外智能监测、重复压裂等作业带来较大挑战。

面对国际原油新形势，国家能源需求日益旺盛，页岩油作为原油生产的战略接替资源，规模开发面临新的形势。针对长庆油田页岩油水平井体积压裂提产要求，须通过人工干预应力场提高裂缝复杂程度，提高体积压裂波及体积，实现CO_2等新型注入介质蓄能和采油同步，达到提高单井初产、累产和区块采出程度的目的。目前可开关滑套工具可满足储层长期温压条件下精准改造的随机性与灵活性控制，有效解决储层温压与长期生产条件下实现“随机性、选择性、灵活性、智能化”控制，是长庆油田页岩油水平井体积压裂工具的发展方向。

参 考 文 献

[1] 雷群，翁定为，熊生春，等.中国石油页岩油储集层改造技术进展及发展方向[J].石油勘探与开发，2021，48（5）：1035-1042.

[2] 李国欣，朱如凯.中国石油非常规油气发展现状、挑战与关注问题[J].中国石油勘探，2020，25（2）：石油钻探技术 1-13.

[3] 焦方正，邹才能，杨智.陆相源内石油聚集地质理论认识及勘探开发实践[J].石油勘探与开发，2020，47（6）：1067-1078.

[4] 齐银，白晓虎，宋辉，等.超低渗透油藏水平井压裂优化及应用[J].断块油气田，2014，21（4）：483-491.

[5] 李宪文，樊凤玲，杨华，等.鄂尔多斯盆地低压致密油藏不同开发方式下的水平井体积压裂实践[J].钻采工艺，2016，39（3）：34-36.

[6] 吴顺林，刘汉斌，李宪文，等.鄂尔多斯盆地致密油水平井细分切割缝控压裂试验与应用[J].钻采工艺，2020，43（3）：53-55.

[7] 慕立俊，赵振峰，李宪文，等.鄂尔多斯盆地页岩油水平井细切割体积压裂技术[J].石油与天然气地质，2019，40（3）：626-635.

[8] 吴顺林，李向平，王广涛，等.鄂尔多斯盆地致密砂岩油藏混合水体积压裂技术[J].钻采工艺，2015，38（1）：72-75.

[9] 赵振峰，李楷，赵鹏云，等.鄂尔多斯盆地页岩油体积压裂技术实践与发展建议[J].石油钻探技术，2021，49（4）：85-91.

[10] 张矿生，唐梅荣，杜现飞，等.鄂尔多斯盆地页岩油水平井体积压裂改造策略思考[J].天然气地球科学，2021，32（12）：1859-1866.

[11] 焦方正.鄂尔多斯盆地页岩油缝网波及研究及其在体积开发中的应用[J].石油与天然气地质，2021，

42（5）：1181-1188.

[12]BAI Xiaohu，ZHANG Kuangsheng，TANG Meirong，et al. Development and application of cyclic stress fracturing for tight oil reservoir in Ordos Basin[R]. SPE197746，2019.

[13]FU Suotang，YU Jian，ZHANG Kuangsheng，et al. Investigation of multistage hydraulic fracture optimization design methods in horizontal shale oil wells in the Ordos Basin[J]. Geofluids，2020：8818903.

[14]ZHANG Kuangsheng，ZHUANG Xiangqi，TANG Meirong，et al.Integrated optimisation of fracturing design to fully unlock the Chang 7 tight oil production potential in Ordos Basin[R]. URTEC198315，2019.

[15]ZHANG Kuangsheng，TANG Meirong，DU Xianfei，et al. Application of integrated geology and geomechanics to stimulation optimization workflow to maximize well potential in a tight oil reservoir，Ordos Basin，northern central China[R]. ARMA-2019-2187，2019.

[16] 任勇，等. 水平井水力喷射分段多簇压裂管柱：中国，ZL201120169285.3[P].2012.

[17] 任勇，冯长青，胡相君. 长庆油田水平井体积压裂工具发展浅析 [J]. 中国石油勘探，2015，20（2）：75-81.

[18] 郭思文，邵媛，古正富，等. 锌含量对铝基可降解合金降解速率的影响 [J]. 材料导报，2018，32（3）：947-960.

[19] 安杰，唐梅荣，张矿生，等. 致密油水平井全可溶桥塞体积压裂技术评价与应用 [J]. 特种油气藏，2019，26（5）：160-163.

[20] 任国富，赵粉霞，冯长青，等. 套管球座压裂工具研制与试验 [J]. 钻采工艺，2017，40（5）：76-77.

[21] 赵振峰，唐梅荣，杜现飞，等. 水平井套管定位球座分段多簇压裂技术 [J]. 石油钻采工艺，2018，40（3）：381-385.

页岩油水平井可视化测井实践及意义

王　百，吕亿明，常莉静，王嘉鑫，朱洪征，杨海涛

（长庆油田分公司油气工艺研究院）

摘　要：针对页岩油水平井修复、改造中遇到的水平段井下状况无法精准检测的难题，提出了水平井可视化检测的方法，采用大容量高速存储卡实现了电缆直读、存储和兼容三种工作模式，通过电缆爬行器、普通连油和内穿电缆连油三种水平井作业方式，以及视频分析软件实现了视频图像管柱三维建模和定量分析，直观地显示井筒状况以及成图成像，分析评价测试井段产液、井筒套管状况、井下落物形态等特征，实现水平井段井筒完整性的多方位多维度展示。完成了室内水平井井筒内流体流动形态的可视化模拟实验，为水平井产液剖面测试仪器选型及设计奠定基础。开展了直读存储兼容工作模式、电缆爬行器作业方式对页岩油水平井的现场试验，获取了井筒内真实的井下影像资料，为认识、研究、解决页岩油水平井复杂的井筒状况提供了一套全新的技术手段，为井筒原因分析和治理方案的制定提供可靠依据。

关键字：页岩油；水平井；可视化；测井

1　页岩油水平井可视化测井技术需求

水平井钻完井及压裂改造技术的进步，推动了水平井在页岩油开发中的规模应用。在生产过程中出现井筒偏磨、套破、腐蚀、井筒落物、出砂、出水等一系列生产问题（图 1、图 2），需要准确掌握井筒状况，开展精准治理，恢复产能。

图 1　落鱼已断成两节

图 2　套破图像

作者简介：王百，男，长庆油田分公司油气工艺研究院，高级工程师，学士学位，主要从事水平井采油及测试生产工艺技术研究工作。通讯地址：陕西省西安市未央区明光路长庆油田油气工艺研究院，710018。电话：15129563262，邮箱：wb8_cq@petrochina.com.cn。

水平井的治理是一个新的技术难题。对水平段井况进行全面、精准检测是科学制定施工方案、保证措施取得成效的前提与基础。由于水平井改造施工难度大、费用高，而传统的铅印（图 3）、多臂井径、电磁测厚仪等手段只能获取到井径和套管剩余厚度等信息，依赖经验进行推理分析井下状况，难以全面、精确反映水平井真实状况。

图 3　水平井井下铅印图

水平井修复治理急需引入新的检测技术与装备对水平井水平段井况进行全面、精准检测，最大程度消除井下问题的不确定性，全面掌握水平井真实的井下状况，为水平井治理措施制定可靠依据，提高措施的针对性和有效率，并为措施效果评价提供新的技术手段。在对相关测井技术充分调研论证的基础上，将可视化技术引入到页岩油水平井井筒测试领域，可视化检测技术利用井下摄像机和高速电缆传输系统直接获取井下实时视频图像（图 4、图 5），"眼见为实""一目了然"是一种全新的油气井认识、评价、干预工具，解决了油气井井下工程对井下真实状况认识严重不足、措施针对性不强的难题，为页岩油水平井井筒治理措施提供可靠依据。

图 4　可视化井下设备图

图 5　可视化地面监测设备图

2　水平井可视化测井工艺及方法

2.1　技术原理

采用爬行器先将井下电视输送至水平井段，然后下泵生产，爬行器带动测井仪器沿井筒移动或采用连续油管带电潜泵边生产边拖动测井仪器对水平井井段进行扫描监测，直观地显示井筒状况以及成图成像，分析评价测试井段产液、套损状况、井下落物形态等特征，实现水平井段井筒完整性的多方位多维度展示[1]。

2.2　可视化设备及性能

2.2.1　设备系统组成

（1）井下系统。

井下系统主要包括 DC-DC 电源、高亮 LED 光源、温度测量单元、高清成像单元、视频处理单元、电缆图传单元、通信控制单元[2]（图 6），各部分功能如下。

① DC-DC 电源，将地面提供的直流高压电转换成井下电路需要的低压电源[3]。

② 高亮 LED 光源，照亮井筒，为获取井筒图像提供光源。

③ 温度测量单元，测量井下仪内部温度及井筒温度。

④ 高清成像单元，包括高温超广角镜头和摄像头（图 7、表 1），获取井筒视频。

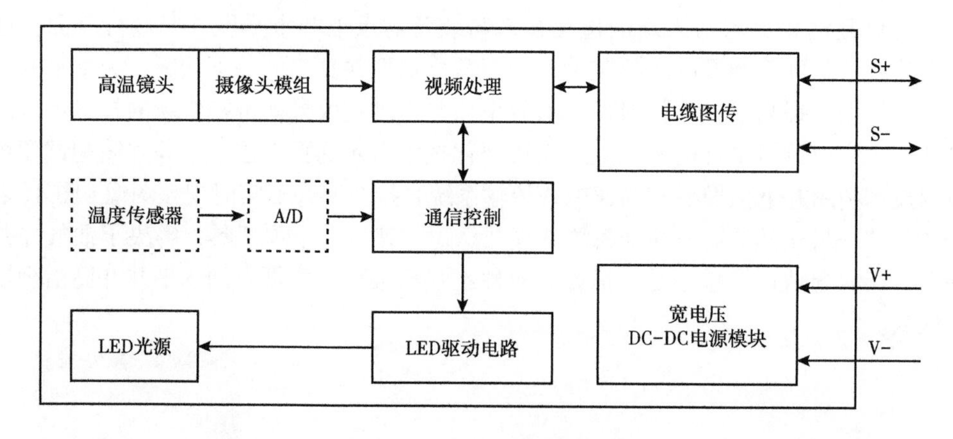

图 6　井下仪原理框图

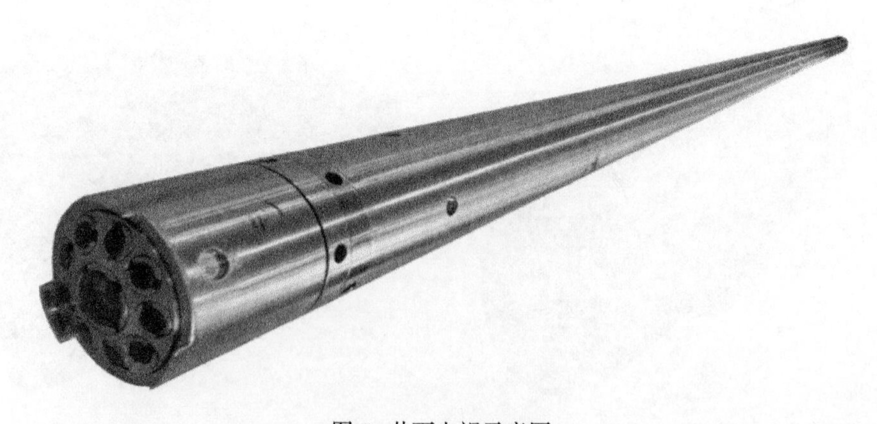

图 7　井下电视示意图

⑤ 视频处理单元，将获取的井下视频图像进行编码，支持双路独立编码，一路用于实时传输，一路用于本地存储。

⑥ 电缆图传单元，将编码后的视频图像数据通过测井电缆上传。

⑦ 通信控制单元，接收地面下发控制命令，实现井下灯光亮度控制，镜头旋转、焦距等调节；处理井下测量数据，并上传测量数据。

表 1　井下电视技术参数表

型号	VLTW-54A
外径 /mm	54
长度 /m	2.49
重量 /kg	24
外壳材质	不锈钢（17~4）
工作温度 /℃	-20~125
工作压力 /MPa	≤ 60
供电电压 /VDC	180
图像颜色	彩色
图像分辨率 /pix	352 × 288（传输）
	720 × 720（存储）
帧率 /fps	1~25
存储容量 /GB	32
产品特色	前视广角摄像头

（2）地面系统。

地面系统包括可视化测井平台和视频采集软件，可视化测井平台组成框图如图 8 所示，主要由 AC-DC 电源、井下供电电源、电缆图传单元、视频处理单元、字符叠加单元、录像存储单元、电缆测深单元、通信控制单元组成。

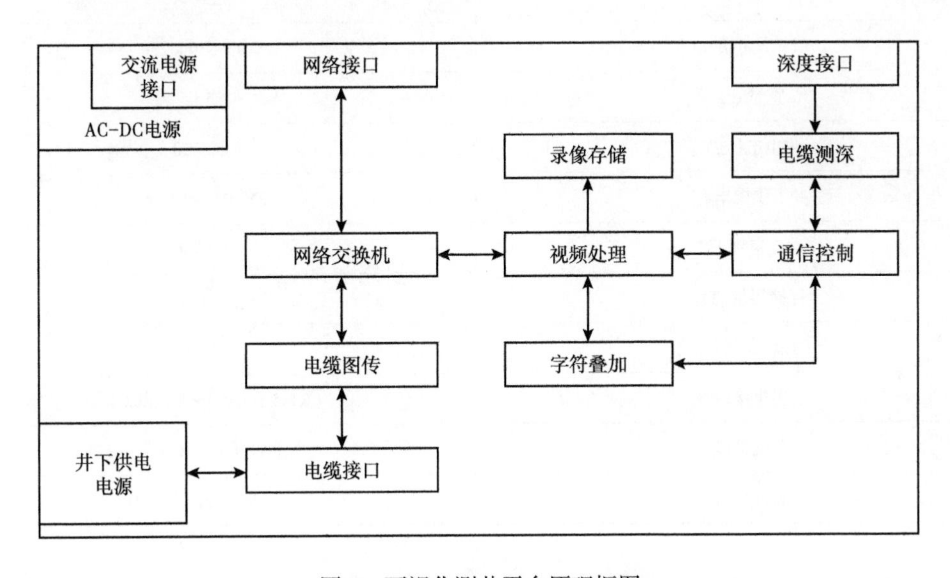

图 8　可视化测井平台原理框图

可视化测井平台（图 9、表 2）各单元功能如下。

①AC-DC 电源，将交流 220V 电源转换为低压直流电为可视化测井平台各单元供电。

② 井下供电电源，通过测井电缆为井下仪提供直流高压电。

③ 电缆图传单元，接收测井电缆上传的视频数据，转发给视频处理单元。

④ 视频处理单元，解码井下上传的视频图像，发送给字符叠加单元，并对叠加完字符信息的视频进行编码，便于录像存储。

⑤ 字符叠加单元，将测量的深度信息和视频标题、时间等信息叠加到视频上。

⑥ 录像存储单元，将处理好的视频图像进行录像存储，便于回放观看。

⑦ 电缆测深单元，接收测井车上光电编码器输出，计算电缆下井深度。

⑧ 通信控制单元，配置电缆测深、字符叠加单元，向地面软件上传测量数据[4]。

⑨ 视频采集软件可以实时查看井下视频、抓图、录像，配置深度、字符叠加等相关参数，控制井下灯光、旋转、焦距等调节。

图 9　可视化测井平台示意图

表 2　可视化测井平台技术参数表

型号	VLP-A
机械尺寸 /mm	510×530×230
重量 /kg	15
供电电压 /V	AC 220
井下供电电源	DC 0~200V/1A
温度范围 /℃	-20~50
存储容量 /TB	1
显示器接口	VGA
主机接口	RJ45 100M/1000M 以太网
深度接口	光电编码器 A、B 信号，TTL
软件平台	win7，win8，win10

（3）视频分析软件。

视频分析软件集成了视频播放、截取、截图、图像增强、节箍分析、深度校正、偏心校正、图像变换、分析测量、三维建模等功能（图 10）。

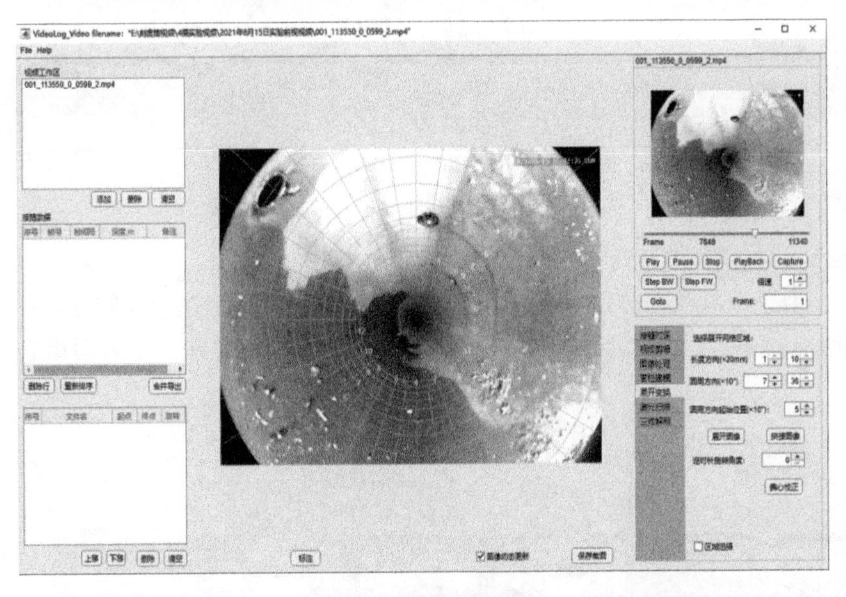

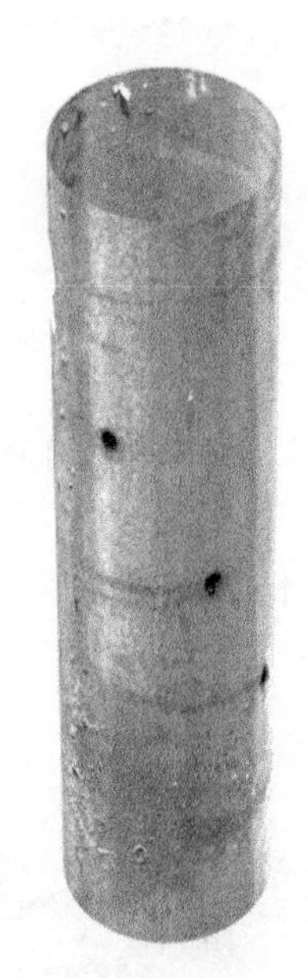

图 10　视频分析软件及井筒三维解释模型

2.2.2　监测方式

可视化具有三种监测方式：电缆直读方式、存储方式与兼容方式。

（1）电缆直读方式。

电缆直读方式适用于有缆工作方式，包括电缆作业、电缆爬行器作业或者穿缆连油作业。当工作在电缆直读方式时井下视频通过电缆实时传输到地面，完成预览、存储和回放。电缆直读方式是一种地面即时获取井下视频的作业方式，此方式安全高效。

（2）存储方式。

存储方式适用于无缆作业方式，包括钢丝作业和普通连油作业。当工作在存储方式时井下视频存储在井下仪中，当井下仪回到地面后才能读出和回放视频。

（3）兼容方式。

兼容方式适用于所有有缆作业方式。即设备可以通过电缆实时传输视频，同时也在井下仪中存储视频。由于实时传输视频和存储视频采用独立编码，因此存储视频分辨率和帧率不受电缆传输速率的影响，具有更好的帧率和分辨率。

2.3　水平井作业方式

2.3.1　七芯电缆爬行器作业

可视化测井仪连接在电缆爬行器前端，爬行器采用 10 芯井下总线，为井下仪提供四根缆芯过线。井下仪和爬行器各自使用不同的电缆缆芯，采用独特的并行传输方式，保持了各自独立的信号传输和通信控制，在爬行器行进过程中实时采集井下视频并传输到地面，达到“边爬边看”的目的。七芯电缆爬行器作业可工作于电缆直读模式和兼容模式。爬行器作业时，水平井可视化井下工具串如图 11 所示。

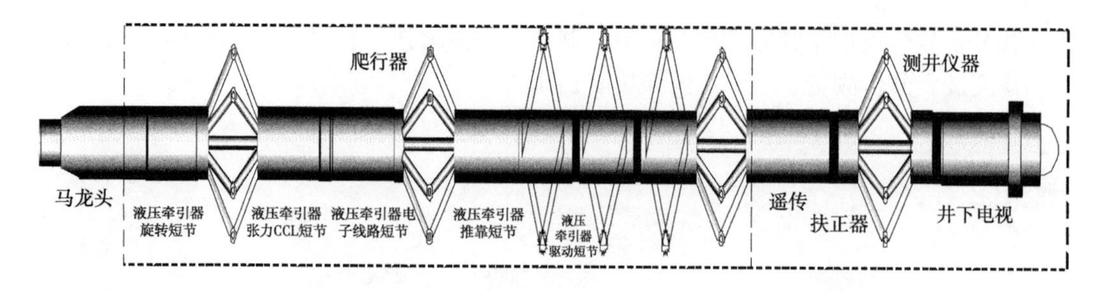

图 11　爬行器与井下电视组合

2.3.2　普通连续油管作业

普通连油作业时，由于没有数据传输通道，井下仪采用电池供电，工作于存储方式。井下仪返回地面后才能读出和回放视频。普通连油作业时，水平井可视化井下工具串组合如图 12 所示。

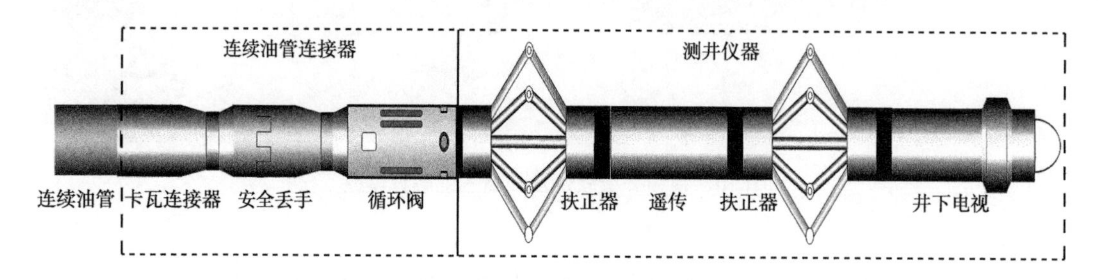

图 12　普通连续油管工具串组合

2.3.3　内穿电缆连续油管作业

内穿电缆连续油管作业兼具电缆测井和连油测井的优势，输送距离远，又具备图像实时传输通道，是长水平段水平井比较理想的作业方式。单芯电缆传输速率慢，图像帧率低。多芯电缆传输速率快，图像帧率较高，视频流畅度好。内穿电缆连续油管作业时，水平井可视化井下工具串组合如图 13 所示。

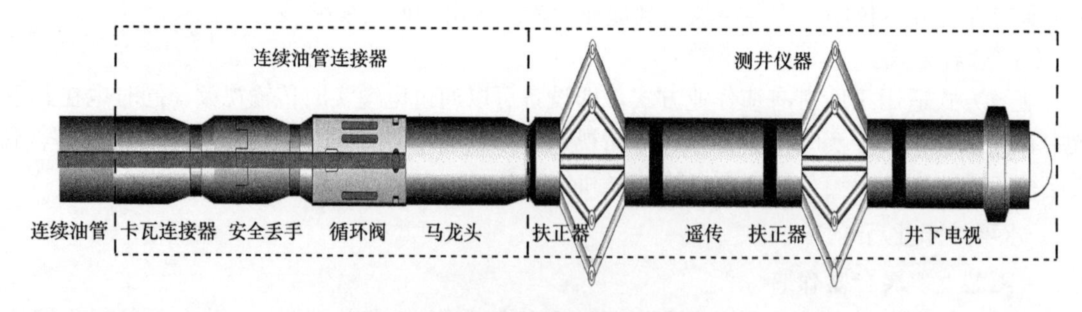

图 13　内穿电缆连续油管工具串组合

3　室内实验及现场可视化试验

通过室内多项流测试及现场可视化测试试验（图 14），完成水平井层段产液特征及套管完整性测试评价，实现井筒产液特征、套管形貌的直观可视化监测以及固井等井筒状况综合测井解释，直观地掌握井筒状态特征，指导实施针对性的治理措施；同时可结合开发工艺及地质油藏进行相关工艺效果评价，对提高页岩油水平井开发效果具有重要指导意义。

图 14　室内多相流实验装置图

3.1　水平井井筒产液特征

3.1.1　水平井多相流特征

（1）室内实验。

雷诺数（Reynolds number）是一种可用来表征流体流动状态的无量纲数。利用雷诺数可区分流体的流动是层流或湍流。

$$R_e=\rho vd/\mu$$

式中：ρ 为流体密度，kg/m^3；v 为流体流速，m^3/d；d 为管道直径，m；μ 为流体黏性系数，cp。

$$R_e < 2000，为层流$$

$$2000 < R_e < 4000，为过渡状态$$

$$R_e > 4000，为湍流$$

雷诺数为 2000 时，密度 ρ：0.883×10^3kg/m^3，管道直径 d：0.124m，黏度系数 μ：10cP，流量约为 185m^3/d，所以当流量小于 185m^3/d 时，流型流态才会发生变化。

室内实验在流量 5m^3/d、10m^3/d、30m^3/d、50m^3/d 下均为分层流动（图 15）。

（2）现场试验。

完成 2 口井现场试验，获得水平井井筒产液特征视频及图像。徐平 173-44 井采用 DMS 可溶球座细分切割体积压裂，共压裂 12 段 80 簇，2021 年 1 月 1 日投产长 7，初期日产液 36.46m^3，日产油 0.24t，含水 99.3%，动液面 195m，含盐 10521mg/L，测试前日产油 0.4t，含水96.2%。将可视化井下仪连接在爬行器前端输送至水平井段[5]，然后下抽油泵进行生产，产液量为13.4m^3/d，启动爬行器带动可视化井下仪进行水平井产层段监测（图16），可知水平井段流体流动为层流，与室内实验测试结果一致（图17）。

总流量10m^3/d（中部水6m^3/d，跟部水2m^3/d、趾部油2m^3/d）

总流量50m^3/d（中部水30m^3/d，跟部水10m^3/d、趾部油10m^3/d）

图15 水平井油水两相流流型流态图

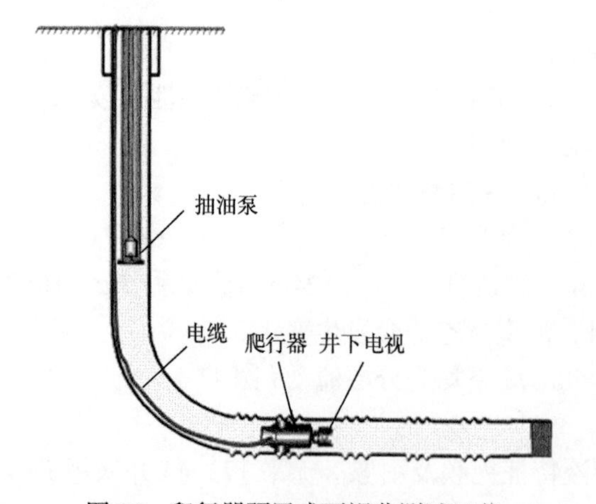

图16 爬行器预置式可视化测试工艺

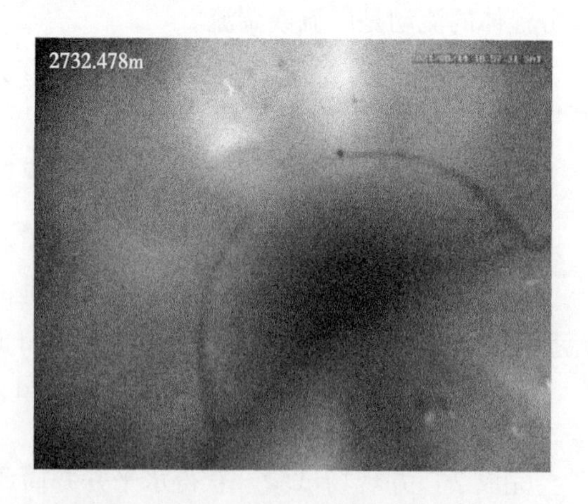

图17 徐平173-44井水平井段分层流动

3.1.2 水平井产液特征

可视化直观监测获得水平井产层产液的图像及视频，由图像及视频可知所有层段井下产液特征，部分层段产油，部分层段产水，部分层段不产出。

（1）原油在井下以油珠的形态从炮眼中一滴一滴地产出（图 18）。

（2）水在井下以连续的形态从炮眼中喷出，类似打开水龙头喷出的水一样（图 19）。

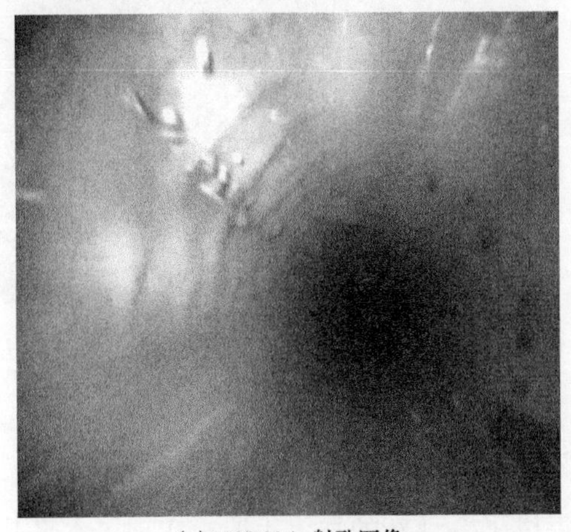

（a）1903.016m射孔图像

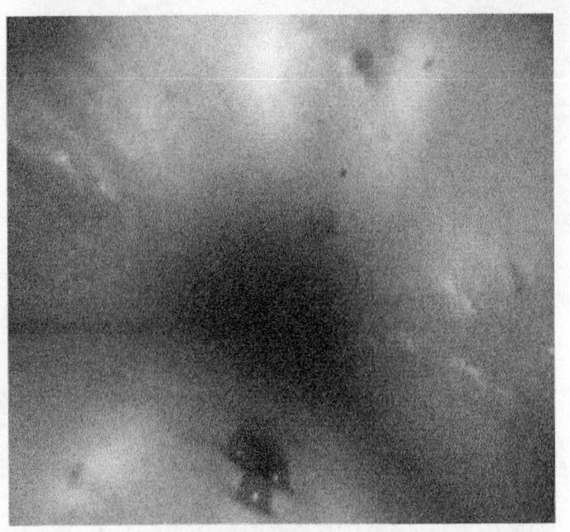

（b）2164.066m射孔图像

图 18 徐平 173-44 井层段出油图

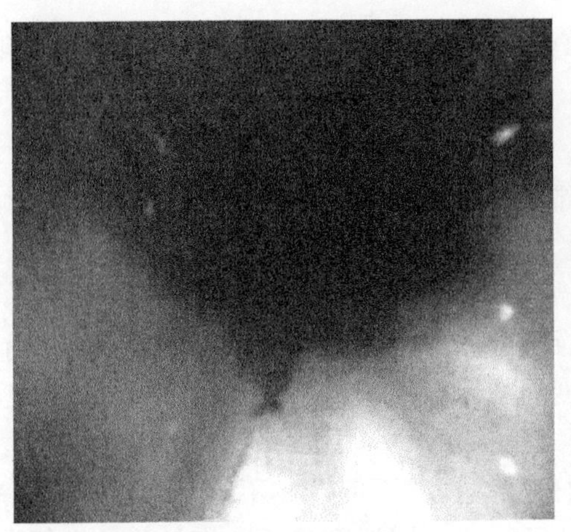

（a）2327.394m射孔图像

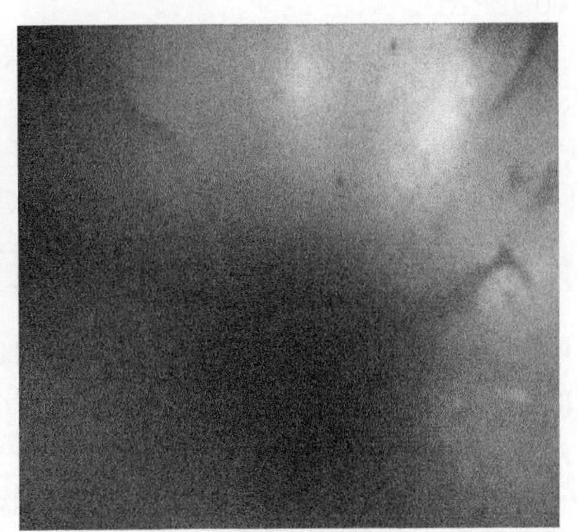

（b）2573.664m射孔图像

图 19 徐平 173-44 井层段出水图

3. 2 井筒内结垢监测

通过徐平 173-44 井、里平 101-25 井两口井的现场可视化试验，直观地监测到井筒内砂子与垢结合在一起形成了块状物（图 20、图 21），且平铺在水平井筒底部，常规洗井工艺很难将其清洗干净。因此在后期在井筒清洗时需要大排量反洗井，同时洗井液具有一定的黏度，以提高洗井液携带性能，达到井筒彻底清洗的目的。

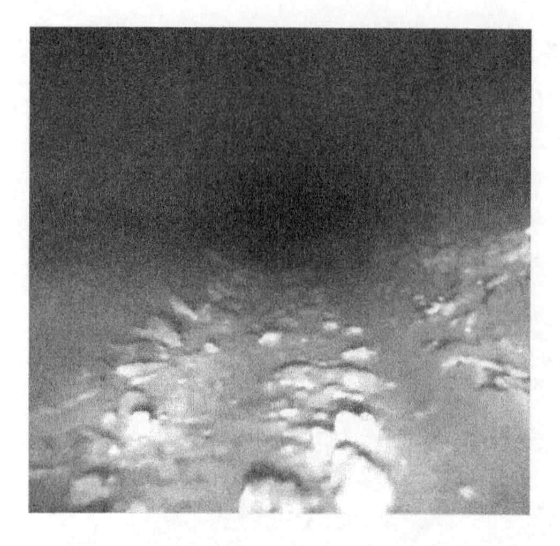

图 20　里平 101-25 井结垢图

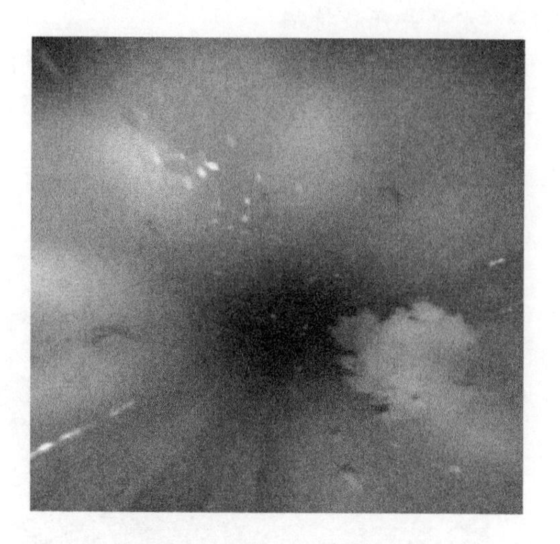

图 21　徐平 173-44 井结垢图

4　结论认识

可视化测井为认识和研究水平井生产问题提供了一种新的技术手段，实现了水平井井筒状态特征的直观展示，为水平井后期井筒高效措施治理提供可靠的依据。

（1）在水平段行进过程中，地面可实时获取到流畅的彩色视频信号，极大地提高了爬行器作业的安全性。

（2）测试结果直观，信息量大，全面反映了水平段最真实的井下状况，提供了一种新的认识、研究水平井复杂问题的有力工具。

（3）水平井水平段流体分层，可视条件好，相比直井，更易获得高清的视频图像。

（4）可视化开启了通过视频认识、分析水平井问题的新时代。

5　发展与展望

可视化实现了水平井井下视频采集，获取到了非常直观、丰富的井下信息，打开了认识井下的“眼睛”，让我们认识井下问题的前景变得一片光明。展望未来，在以下方面需要重点努力：

（1）研究视频分析方法、开发视频分析软件。认识井下问题，不能只停留在现象表面，要从视频资料中提取更多的有用信息。国外已经开始利用视频分析和定量测量进行套损评价、落鱼分析、射孔/压裂评价和产出剖面分析，并有相关案例发布。

（2）丰富案例和数据，建立油气井可视化测井视频资料数据库，利用大数据分析发现作业区块的共性问题，提升套损治理水平、落鱼打捞成功率，优化射孔、压裂和油气开发工艺设计。

参 考 文 献

[1] 严正国，汤英，王旭，等. 井筒可视化检测图像失真校正方法 [J]. 西安石油大学学报（自然科学版），2020，35（6）：107-114.

[2] 刘选朝，田庚，张家田，等. VideoLog 可视化测井系统在套管变形检测中的应用 [J]. 信息记录材料，

2019, 20（7）: 134-135.
[3] 严正国，张斌山，谭哲宇，等 . VideoLog 可视化测井系统在套管错断检测中的应用 [J]. 石油工业技术监督，2019, 35（6）: 43-46.
[4] 张斌山，严正国，张郁山，等 . 视频测井图像处理技术与应用 [J]. 测井技术，2019, 43（4）: 376-379.
[5] 严正国，胡朋，汤英，等 . 油管内窥镜检测方法研究 [J]. 云南化工，2020, 47（7）: 174-176.

陇东页岩油水平井智能无杆举升工艺实践与认识

郭　靖[1,2]，甘庆明[1,2]，魏　韦[1,2]，白晓虎[1,2]，周志平[1,2]，樊　松[1,2]

（1. 中国石油长庆油田公司油气工艺研究院；
2. 低渗透油气田勘探开发国家工程实验室）

摘　要：陇东页岩油采用“三维立体式水平井、大平台工厂化作业”开发模式，具有井眼轨迹复杂、造斜点高、偏移距大等特点。应用传统抽油机举升导致杆管偏磨严重，油杆断脱等故障频发。为彻底消除管杆偏磨、大幅提升采油工艺水平、实现油井智能化生产，针对页岩油水平井井筒及生产特征，创新集成了“电潜螺杆泵＋四位一体井筒防治＋智能控制”的无杆采油技术。研发井下开关器，形成了大平台工厂化快速投产模式，单井投产时间由 15 天缩短至 3 天。建立了井下参数实时采集传输、工作制度远程瞬时调节和平台无人值守的智能化系统。与油藏结合，实现动态平衡采油。建成国内陆上最大的页岩油水平井智能无杆采油示范平台。相较于抽油机模式，无杆采油技术工艺指标大幅提升，泵效从 46.1% 提升至 65.1%，系统效率从 23.4% 提升至 31.5%。该技术践行了页岩油“创新、智能、高效、绿色”的开发理念，展现出良好的应用前景。

关键词：页岩油；水平井开发；无杆采油；大平台工厂化；投产动态；平衡采油

2011 年以来，长庆油田借鉴北美页岩油开发理念，积极开展了页岩油探索与试验，经过近十年的攻关，确定了长庆油田页岩油长水平井小井距、大井丛立体式开发的主体技术。

目前陇东页岩油已经成为长庆油田二次加快发展的主力军。大平台立体式开发主要呈现出以下特征：一是三维水平井井眼轨迹复杂，管柱在三维井眼中受力更加复杂；二是采用体积压裂改造入地液量大（平均 30000m^3）、产液量变化范围大（10~80m^3/d）、产量递减速度快（第一年 20%）；三是目前的采油工艺数字化、智能化水平不高，不能满足新型组织架构下的生产需要，对采油工艺举升带来了全新的挑战。

1　人工举升面临的问题和挑战

陇东页岩油开发初期，主要采用有杆泵举升工艺，存在杆管偏磨严重、全生命周期液量范围大、井筒状况复杂等三方面的问题。

1.1　抽油机采油杆管偏磨严重故障率高

理论研究表明，大平台开发模式下三维水平井造斜度、井斜角与偏移距大，抽油机管杆偏磨严重，检泵周期随三者增加大幅缩短（图 1）。

实际生产情况同样表明：因大平台、大偏移距、复杂井眼轨迹及高生产参数导致油井偏磨严重，平台井数越多，偏磨井比例越高，检泵周期越短（华 H6 平台 12 口水平井，偏磨井比例 75%，检泵周期不足 200 天），单次检泵平均需更换油管杆 50~60 根（图 2）。

作者简介：郭靖，女，2008 年毕业于西安石油大学，硕士学位，中国石油长庆油田油气工艺研究院采油工艺研究一室高级工程师，主要从事采油工艺技术研究。地址：陕西省西安市未央区明光路新技术开发中心，中国石油长庆油田公司油气工艺研究院，邮政编码：710018。E-mail: gjing5_cq@petrochina.com.cn。

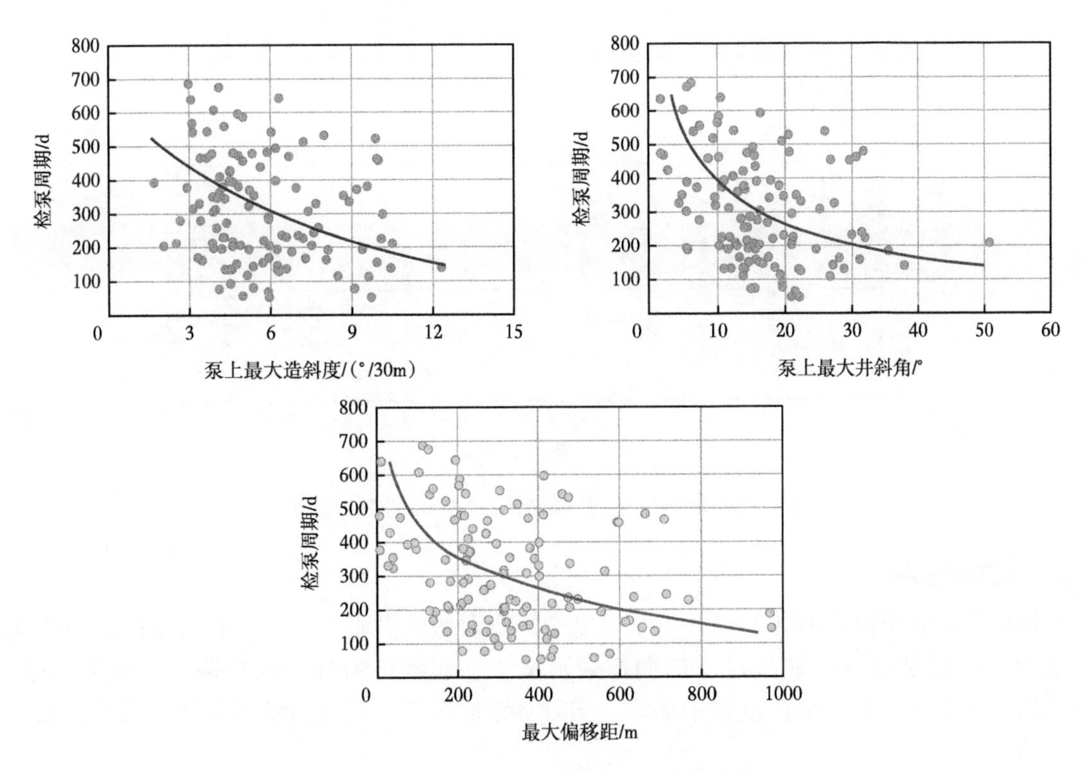

图 1　页岩油三维水平井井身轨迹与检泵周期散点图

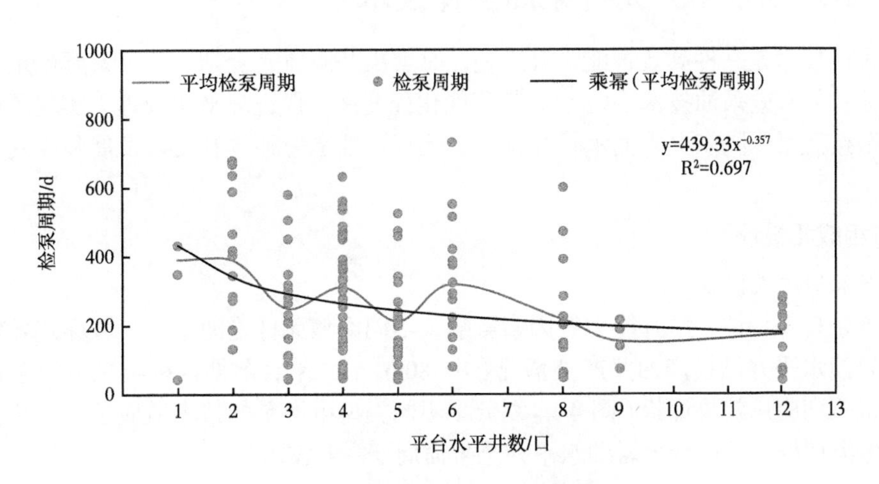

图 2　不同井数平台抽油机检泵周期

1.2　全生命周期中抽油机需要根据液量不断进行调整

页岩油水平井液量变化范围大，初期排液阶段日产液量 60~80m^3，含水降至 60% 以下生产稳定后日产液量 10~30m^3。全生命周期如要保持高效生产，需要随产液量变化不断优化调整生产参数甚至更换抽油机机型（图 3）。

结合地质区块合理流压 10.0MPa 及地质配产方案，抽油机选用最大抽汲参数 φ56mm × 3.0m × 5.0min^{-1}，抽油泵最大理论排液量 53.2m^3/d，考虑水平井泵效 60% 实际最大排液量 37.2m^3/d，抽油机有杆采油无法匹配油井全生命周期生产需要。

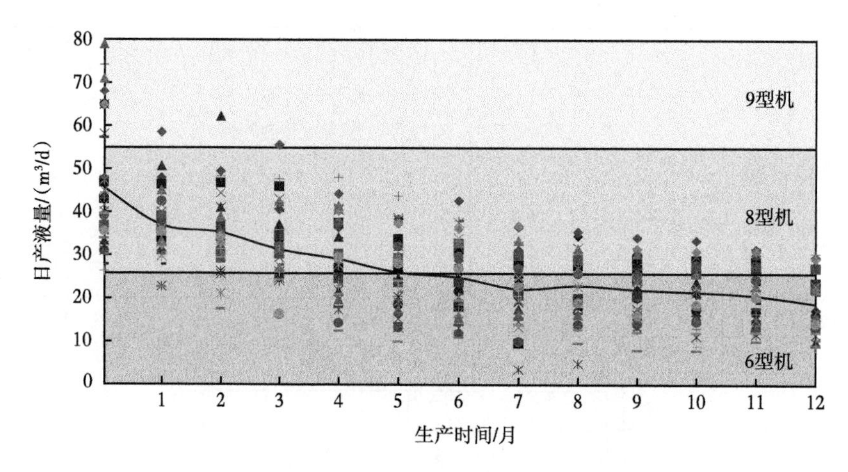

图 3　页岩油水平井生产动态变化曲线及抽油机选型图

1.3　井筒状况复杂

长庆低渗致密储层油井普遍井筒状况复杂，特别是页岩油水平井气油比高（107.2m³/t），大规模体积压裂后地层能量足、初期排采液量大，间歇自喷井控风险高。且井筒中砂、蜡、垢、气交织共存，生产过程中结蜡、出砂等矛盾突出，对页岩油井筒防治技术提出新的要求。

2　陇东页岩油水平井无杆采油主体技术

无杆采油技术是一种高效智能举升工艺，是解决井眼轨迹复杂、管杆偏磨严重，液量变化幅度大油井的有效采油技术手段[1]。其智能化程度高、促进扁平化管理，实现了地质和工程的有效衔接。对于陇东页岩油水平井开发，无杆采油是一种具有良好发展和应用前景的采油方式。

2.1　系统组成和设计

2.1.1　无杆采油方式优选

受电潜泵自身特性、举升能力等因素影响，不同类型无杆采油工作参数亦差异较大。根据长 7 页岩油水平井已投产油井产液情况（10~80m³/d），结合前期四种类型电潜泵在长庆油田的现场试验和应用效果评价（图 4），划分了不同类型电潜泵的技术适应条件。从表中 1 可以看出，电潜螺杆泵较适合页岩油水平井全生命周期举升需求。

表 1　长庆油田四种类型电潜泵适应条件表

工艺类型	理论排量/（m³/d）	实际排量/（m³/d）	扬程/m	优点	缺点
离心泵	10~500	10~300	≤ 2500	液量范围宽，大液量开采	结垢、出砂、气体等影响比较大
螺杆泵	5~80	5~70	≤ 2000	液量范围较宽，中高液量开采	定子橡胶需根据个性化定制
柱塞泵	1~20	1~10	≤ 2500	结实耐用，低沉没度开采，较经济	结垢、出砂、气体等影响比较大
隔膜泵	1~10	1~5	≤ 2000	低沉没度开采，能耗低	气体影响比较大

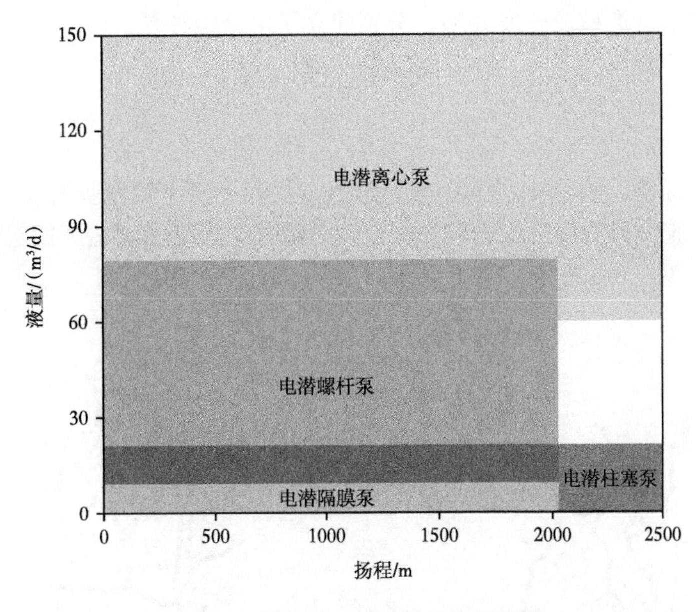

图 4　四种电潜泵采油技术应用界限

2.1.2　电潜螺杆泵工作原理及组成

电潜螺杆泵采油系统主要由潜油电机，电机保护器，传动轴，螺杆泵，潜油电缆五个部分组成。下井作业时由 73.0mm（2⅞″）油管依次将潜油电机、保护器、传动轴、螺杆泵下入井筒，地面电源通过潜油电缆连接至潜油电机供电。工作时电机带动保护器和传动轴，直接驱动螺杆泵工作，将井筒原油举升至地面（图 5）。

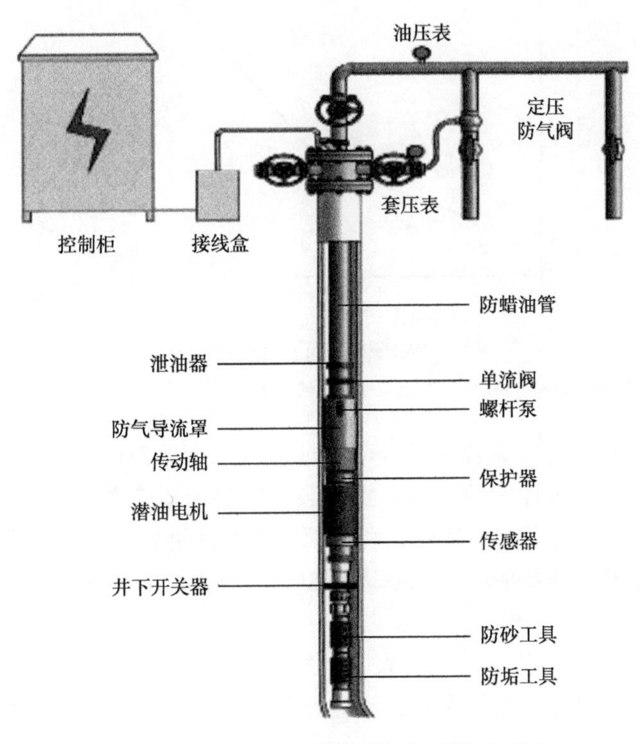

图 5　电动潜油直驱螺杆泵机组结构示意图

依据目标单井油藏类型及开发井型，分别建立了电潜螺杆泵、电机、联轴器等6项关键设备装备的优化设计流程。

2.1.3　螺杆泵定转子优化设计

（1）定子橡胶优选。

由于相似相溶原理，原油中的大多数组分，如烷烃、芳香烃及低分子气体（CO_2，H_2S）等，会侵入定子橡胶使其产生溶胀，并在橡胶内外液体组分平衡时达到稳定[2]。螺杆泵工作时，定子橡胶也会在井液温度及定转子摩擦作用下受热产生膨胀（图6、图7）。

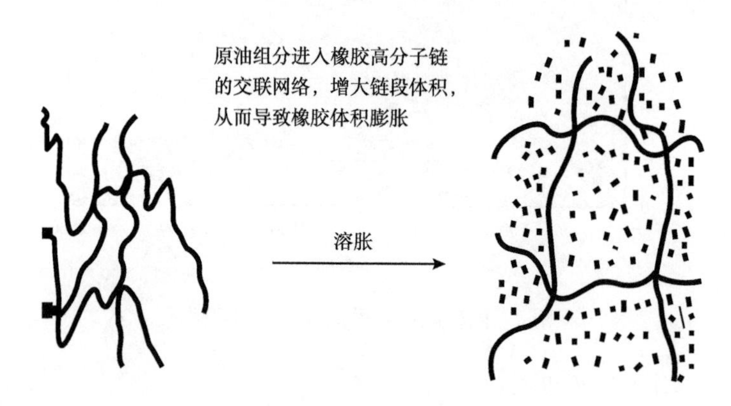

图6　橡胶高分子链溶胀示意图

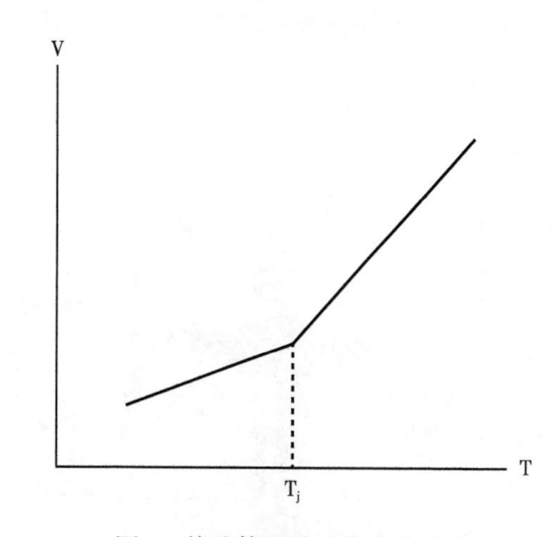

图7　橡胶体积随温度变化关系

注：橡胶体积会随温度升高而膨胀，特别是当温度高于其玻璃化温度时膨胀率会进一步增大。玻璃化温度一般在零下

针对页岩油初期排采介质复杂（返排液、油、气、水、粉砂、杂质等），考虑橡胶溶胀性能，在室内开展橡胶配伍性实验。根据螺杆泵机组要求硬度变化允许范围为 ±5，体积变化允许范围 8% 的标准，定型了丁腈橡胶和高丙腈橡胶两种材料进行优选。首先选择丁腈橡胶定子下井试验，发现螺杆泵平均故障率达到 80%，故障原因均是定子橡胶过度溶胀导致螺杆泵抱死。

根据文献资料调研[3, 4]及室内实验表明（图8），丙烯腈具有良好的耐芳香烃和耐气性，提高橡胶中的丙烯腈含量可以降低橡胶的渗透性。此外，它还具有良好的耐水性、气密性及优良的黏结性能。

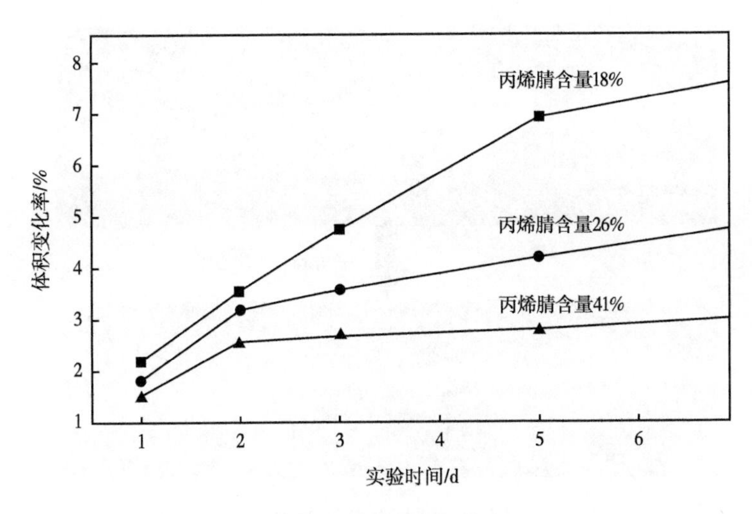

图 8　不同丙烯腈含量橡胶溶胀率实验结果

在模拟真实井况下，将丁腈橡胶与高丙烯腈橡胶进行室内溶胀试验对比发现（表 2），与丁腈橡胶相比，高丙烯腈橡胶溶胀率大大降低，30 天体积变化率在 1.96%~3.85% 之间。通过现场试验应用，高丙烯腈橡胶定子螺杆泵故障率在 3%~23% 之间。综合以上结果，认为高丙烯腈橡胶定子更适合应用于长庆页岩油水平井。

表 2　不同类型橡胶室内评价及现场应用情况

橡胶类型（丙烯腈含量 %）	14 天体积变化率	30 天体积变化率	应用井次	泵故障率
丁腈橡胶（15%）	7.42%	7.84%	15	86%
丁腈橡胶（20%）	3.95%	5.31%	54	50%
高丙烯腈橡胶（45%）	1.36%	1.96%	27	3%
高丙烯腈橡胶（35%）	2.78%	2.97%	17	23%
高丙烯腈橡胶（25%）	3.16%	3.85%	14	7%

（2）转子结构改进。

针对螺杆泵启动扭矩较大的问题，创新了“长导程、小偏心距”转子型线结构，消除了启动“尖峰”电流，运行电流下降 35%，增强启动平稳性（图 9、图 10）。

同时，为防止电潜螺杆泵长期运行定子橡胶溶胀可能导致过流卡泵，在优选低溶胀定子橡胶的基础上，优化了定转子过盈量。通过适度增大螺杆泵定转子的间隙，由前期 1 倍负过盈增加至 2~3 倍负过盈，增强螺杆泵的解卡能力，避免因橡胶溶胀超限后造成卡阻。

2.1.4　潜油电机优化设计

潜油电机采用永磁电机。为了提高电潜螺杆泵在长庆油田的适应性，针对传统 114mm 电机在特殊井况中通过性不足，去掉大直径减速器采用直驱方案。研制出 100mm 永磁同步旋转电机。并定型了小尺寸机组，解决了 $5^1/_2''$ 套管及大斜度井段的通过性问题（表 3）。

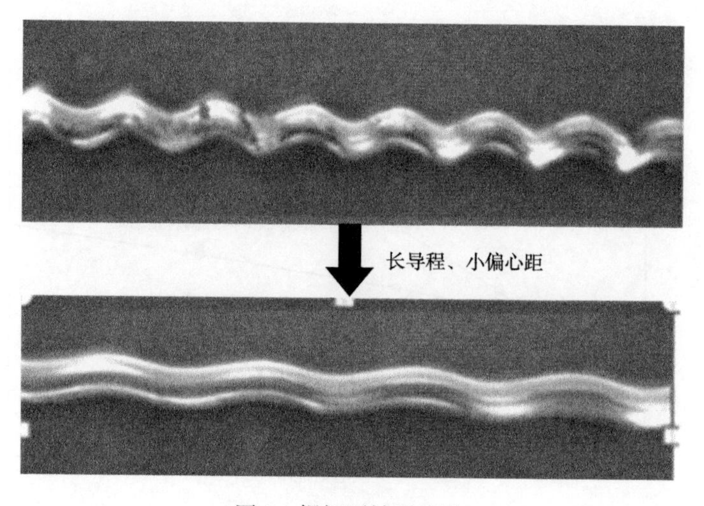

图 9　螺杆泵转子改进

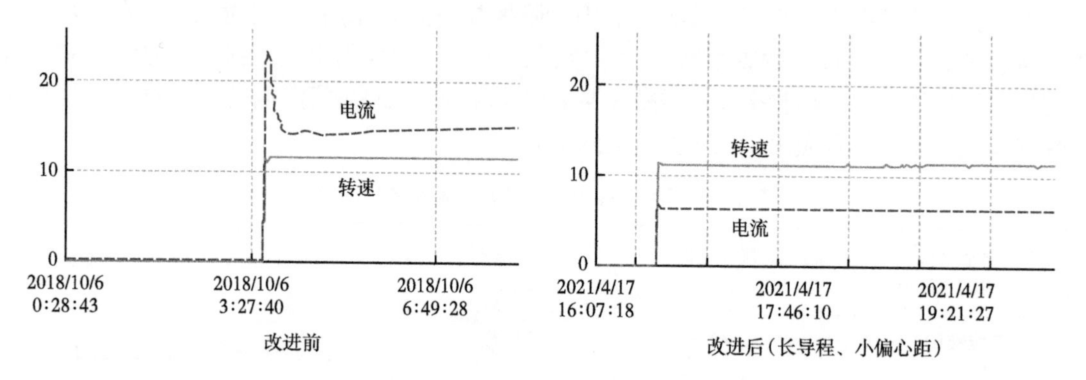

图 10　螺杆泵转子改进前后电流对比图

应用电磁优化理论，通过电磁优化设计和材料性能提升，研制出大扭矩永磁同步电机。潜油电机启动扭矩达到额定扭矩 2.5 倍，额定扭矩达到 500N·m，电机效率达到 84.6%。满足了 2000m 扬程和井筒出砂、结蜡等复杂井况生产需求，保障了电潜螺杆泵在页岩油大平台的应用。

表 3　潜油电机优化设计参数对比表

设计内容	设计后	设计前
定子槽数	24	18
定子外径	96mm	90mm
转子外径	61mm	53mm
永磁体宽度	7.3mm	7.0mm
永磁体	38EH	35EH
电流密度	$5A/mm^2$	$4.7A/mm^2$

2.1.5 联轴器优化设计

联轴器是连接螺杆泵与潜油电机，向螺杆泵提供动力的传动装置[5]。长庆油田工况复杂，异物卡泵时需采用频繁正反转进行启动。从电机运行测试曲线（图 11）可以看出，电机在 150rpm、运行电流 39.4A 时，电机输出扭矩达到 721.77N·m。为防止大扭矩交变冲击导致联轴器失效，通过适当放大安全系数，优选强度更高的 42CrMo 代替常用的 $2Cr_{13}$ 作为联轴器花键材料。通过受力分析，改进后传动轴最大扭矩达到 1280N·m，可以满足页岩油复杂井况要求。

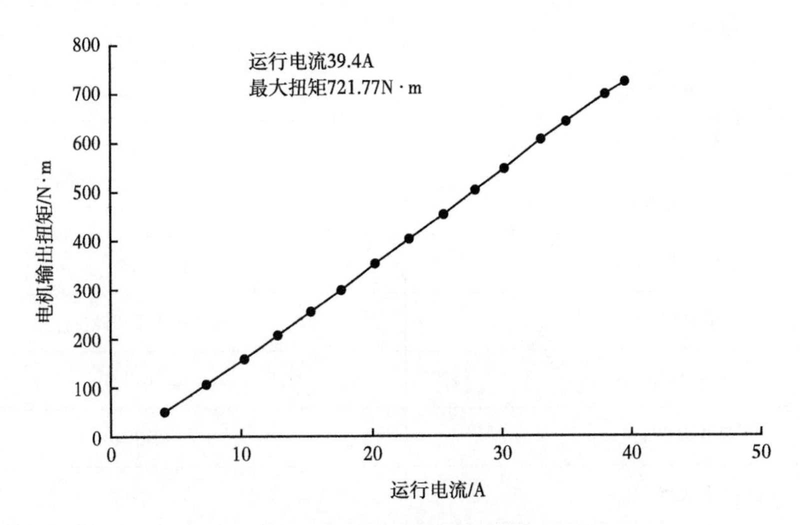

图 11 电机运行电流—扭矩测试曲线（150rpm）

对联轴器进行安全强度校核：

$$\begin{cases} P_b = 32\mu h v^2 S / d^2 \\ P_a = Q\left(\rho g H + 10^3 P_{wh}\right) \\ T_1 = 100(N \cdot m) \\ n = 20.94\left(\mathrm{rad} \cdot \mathrm{s}^{-1}\right) \end{cases} \tag{1}$$

式中：P_b 为克服摩阻消耗的功率；n 为转速；P_a 为克服重力功率；T_1 为螺杆泵定转子之间阻力矩；

总扭矩

$$T = \left(P_b + 1000 \times P_a\right)/n + T_1 = 720\mathrm{N \cdot m}。 \tag{2}$$

传动轴安全校核：$n = T_1/T = 1.8$（传动轴最大扭矩 1280N·m）＞ 1.5（安全系数标准）在极限情况下，传动轴安全系数可以达到 1.8。

2.2 井筒防治工艺技术

针对页岩油复杂井筒特性，集成创新四位一体井筒防治工艺，形成了生产防治一体的无杆采油配套技术。

2.2.1 井下开关器

针对页岩油水平井压裂后井口压力高（5MPa），试油管柱起下钻、投产作业存在井控风险高、放喷时间长、投产进度慢的问题，自主研制了大通径、双胶筒密封、卡瓦中置的井下开关器，最大座封井斜可达35°，关键技术指标见表4。形成了连续油管清理井筒与无杆泵投产联作的快速投产技术。

井下开关器主要由支撑卡瓦、座封球座、浮子开关、丢手封隔器、通杆组成，如图12所示。

表4 井下开关器关键技术指标

技术指标	数值
总长度 /mm	1750
最大外径 /mm	114
最大通径 /mm	50
工作压力 /MPa	25
坐封压力 /MPa	15
丢手压力 /MPa	25
滑套开启方式	插入插管下压吨位打开
解封负荷 /kN	小于50
探井载荷 /kN	小于100
工作温度 /℃	120℃
连接扣型	$2\frac{7}{8}$TBG

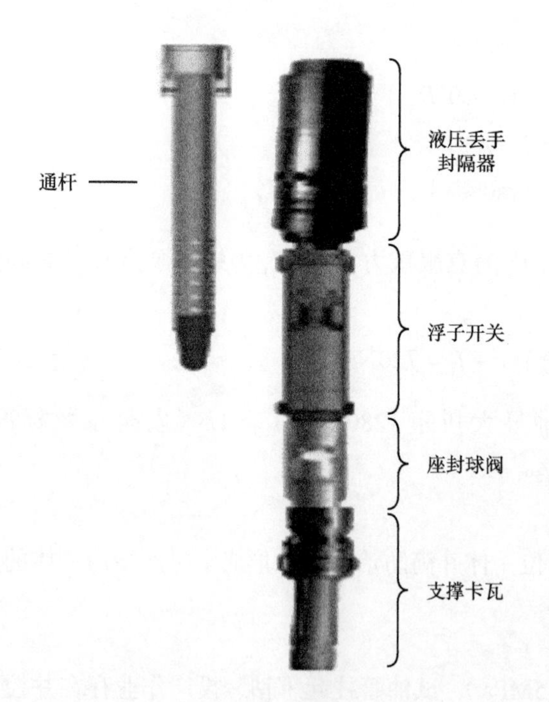

图12 井下开关器结构示意图

工作时，与连续油管协同作业，通过地面打压，实现座封油套环空和丢手，浮子开关在井筒压力作用下关闭中间油流通道；下泵时连接通杆顶开浮子开关打开通道，实现原油举升。通过现场应用，工具一次坐封率达到96%以上，实现了常压井下作业，杜绝了环境污染，保障了井控安全。

2.2.2 井筒防治配套

为解决下泵投产初期地层压力高，井筒出砂导致卡泵的问题，结合压裂支撑剂粒径，优选不锈钢激光割缝精密滤砂管缝宽（缝宽125~150μm），优化形成无杆举升防砂采油管柱（图13），将压裂砂沉降于井筒，减少地层出砂对井筒供液能力及电泵稳定生产的影响。

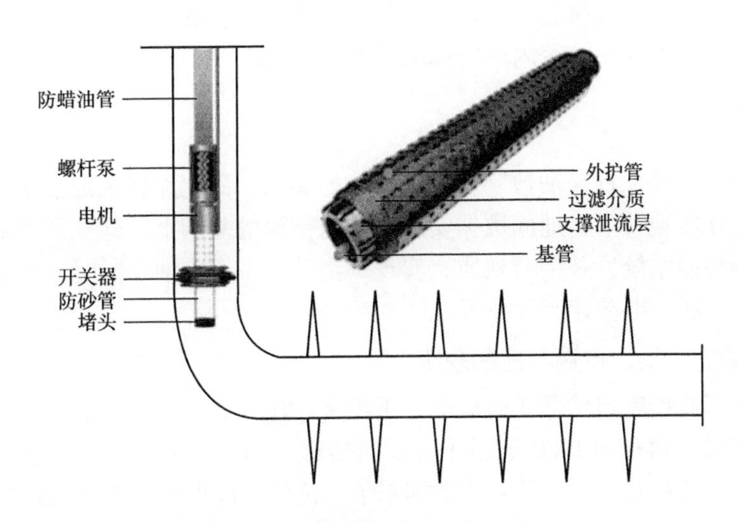

图 13　防砂筛管及管柱优化图

针对页岩油井筒析蜡量高（是常规油井的 4~5 倍），油管下部蜡质组分与非蜡质组分共生，蜡、油泥、粉砂、储层岩屑等交织附着的问题。通过室内试验，优选更适应页岩油油藏的内涂层防蜡材料，并改进超疏水表面防蜡涂料，使涂层表面张力更小，更不易形成蜡晶。确定了页岩油水平井全井段配套应用防蜡油管的技术对策（图 14）。通过现场应用，井筒防蜡效果较好。

图 14　华 123-1 全井段防蜡油管

根据页岩油结垢机理分析，垢型初期以 $FeCO_3$ 为主，后期以 $CaCO_3$ 为主。主要采用压裂源头防治与井筒投加阻垢剂相结合的治理方式。通过优选高效螯合剂防垢压裂液体，通过螯合流体中金属离子（Fe^{2+}、Ca^{2+} 等）抑制结垢，并将缓释阻垢固体颗粒与支撑剂混掺在地层水中缓慢释放；同时，优选聚合物载体及长效阻垢剂配方，提升阻垢剂负载率，减缓阻垢剂在页岩油井筒条件释放速率，室内评价释放周期 400 天。

3 智能控制

根据大平台水平井无杆采油数字化、智能化的要求，深化无杆采油技术内涵，由井筒向油藏延伸拓展。在实现井下、地面数据实时采集与传输的基础上，建立了油藏、采油、地面闭环智能分析与控制系统，并结合地质，实现平台动态平衡采油。同时，探索了无杆采油井电参计产及工况诊断、电参计产等技术。

3.1 建立实时参数采集、传输与控制系统

通过采用高压高精度传感器实时获取井下温度、压力、电流等数据，利用高压动力线传递到井口控制模块，再通过 RTU 通讯工具实时传送到用户数据采集和控制中心，实现电潜泵工作制度远程反馈控制，建立了井下数据采集、传输与远程控制系统（图 15、图 16）。

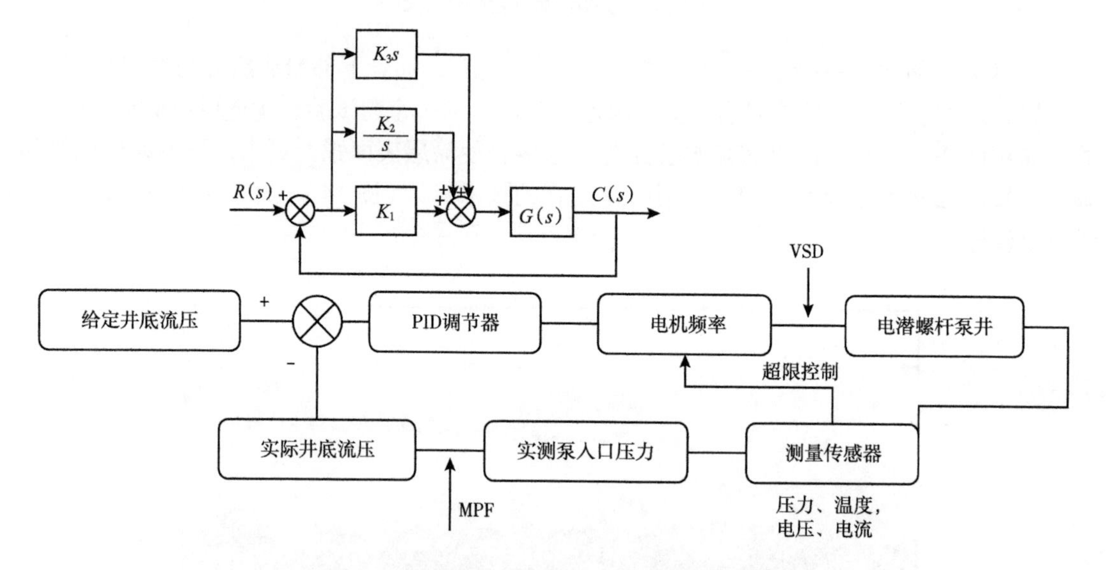

图 15　电潜螺杆泵闭环自动控制系统结构图

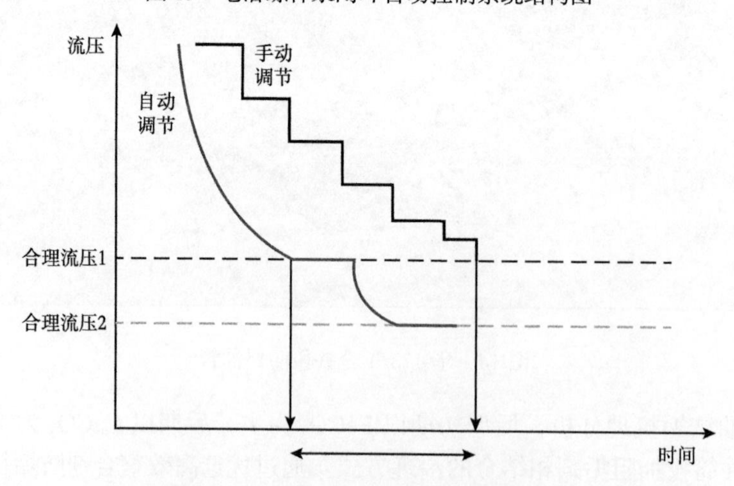

图 16　PID 自动调节与手动调节对比

3.2 向油藏延伸，与地质结合实现平台智能采油

与单层开发水平井相比，由于井间、平台小层间干扰，大平台立体开发整体表现出地层泄压快、井间差异大的特征。以华 H60 平台为例，投产初期统一参数排采，投产 3 个月后，平均流压 9.8MPa，级差 6.1，标准差 2.3。整体呈长 7_2 高，长 7_1、长 6_3 低，南部高、北部低的特征（图 17）。

数值模拟分析表明，大平台均衡泄压有助于提高整体 EUR。为了保证井筒供排协调，基于无杆采油智能闭环控制系统，通过不断与平台地质单元模型进行推送交互，实现井间能量和油水分布的动态平衡。形成了两种智能控制模式。

高于合理流压的采用定液量控制：结合泵型排量恒定电机转速，根据压力变化阶段调控。通过制定无杆采油不同供给能力的合理生产参数区间，平台整体采用智能排采控制技术，制定了高液面井快排、低液面井慢排的生产制度（图 18）。

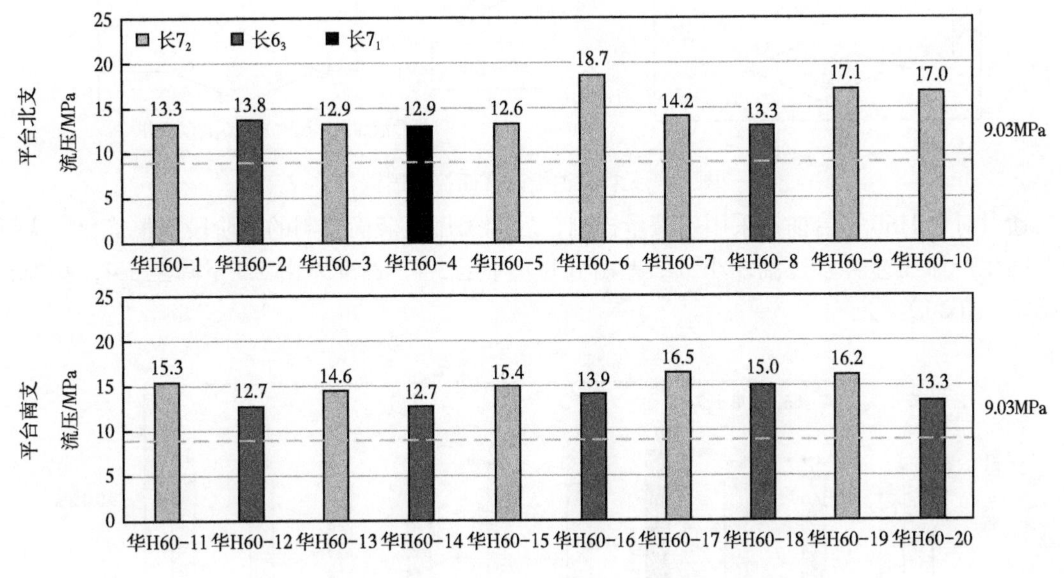

图 17　华 H60 平台投产三个月后单井流压柱状图

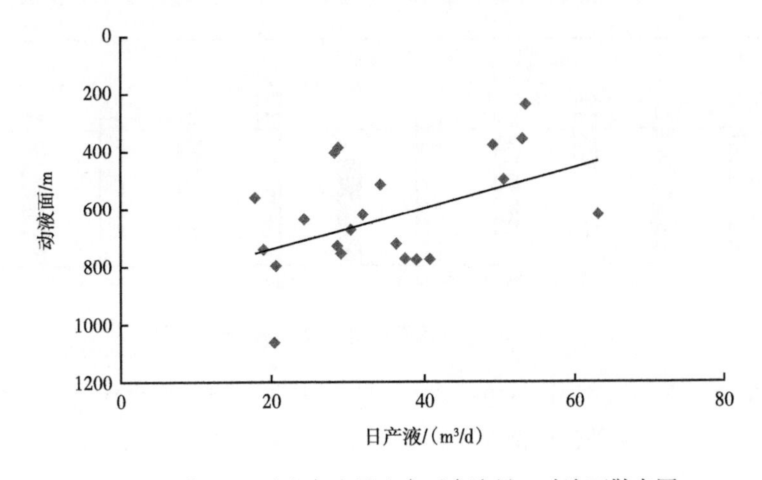

图 18　华 H60 平台定液量生产后产液量—动液面散点图

合理流压附近的采用恒液面控制：形成沉没压力与电机转速自适应控制方法，由中控模块向变频器发送调节指令，通过系统的自适应调整转速，实现生产参数与地层供液动态平衡（图 19）。

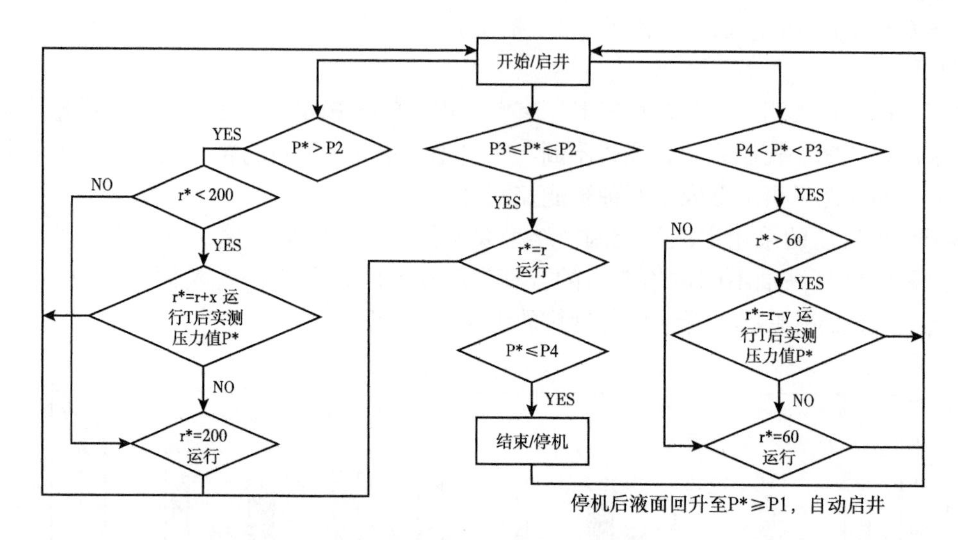

图 19　无杆采油恒动液面控制逻辑

通过对华 H60 平台前期采用定液量控制，后期采用恒液面控制的多阶段调整优化，大平台井间生产流压差异性逐渐缩小，级差由 6.1 下降至 3.4，标准差由 2.3 下降至 1.4，基本趋于稳定（图 20）。

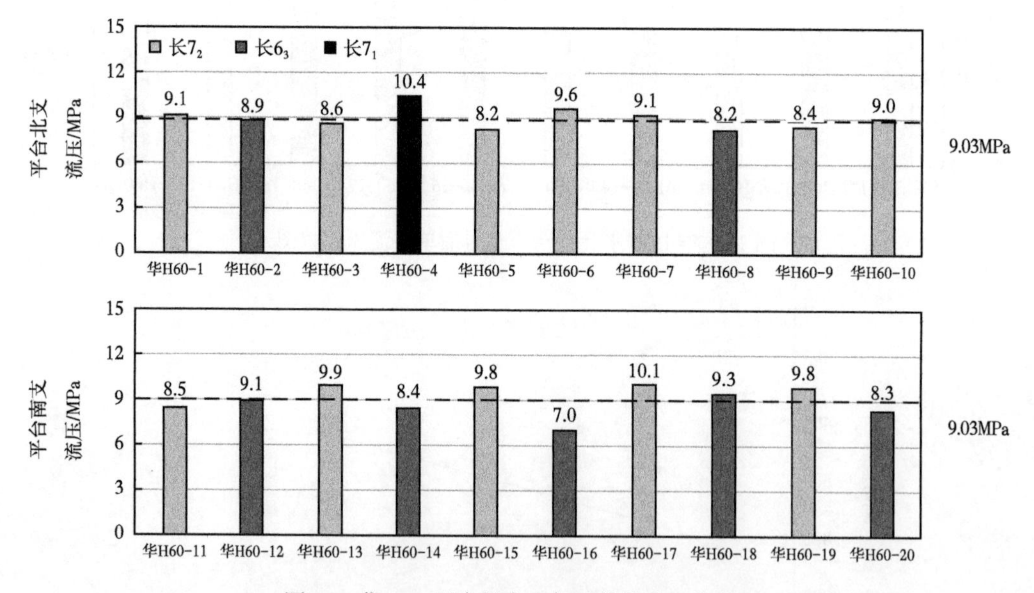

图 20　华 H60 平台投产半年后单井流压柱状图

目前华 H60 平台平均流压 10.2MPa，3 口井低于饱和压力、7 口接近饱和压力。基本实现了电潜泵集群智能控制和平台均衡泄压，达到了大平台动态平衡采油，累产油最大化的目的（图 21）。

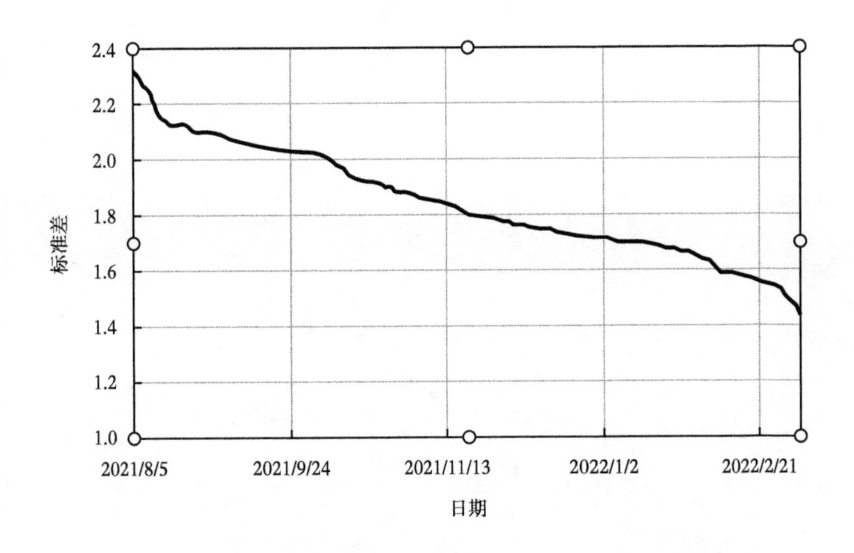

图 21　华 H60 平台井间流压标准差变化曲线

3.3　深度挖掘运行参数，探索无杆采油电参计产及工况诊断技术

3.3.1　建立电参计产方法

大数据统计发现，单位转速及沉没压力下耗电量与产液量具有较强正相关性（图 22）。通过深度挖掘分析电泵运行参数，对单位化产液量和耗电量进行拟合，利用拟合公式预测出产液量与实际产液量平均误差为 16.1%（图 23）。建立了简单可行的电参计产方法。

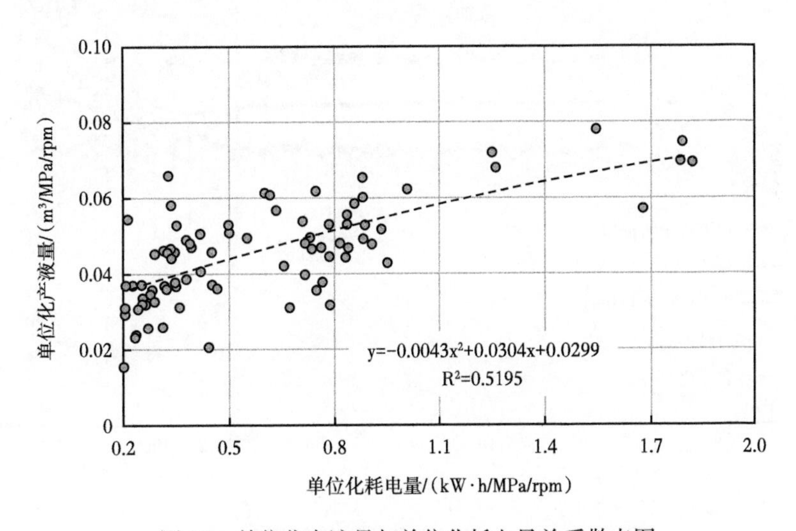

图 22　单位化产液量与单位化耗电量关系散点图

3.3.2　挖掘可表征不同采油阶段的电流指示特征曲线

建立单位转速及沉没压力下电流与投产时间双对数曲线，发现分阶段电流特征与不同采油阶段有较好的符合性。以华 H60-3 为例：连抽带喷阶段：电流指示特征值维持在 100 左右；举升排液阶段：电流指示特征值快速下降到 0.1 以下；快速见油阶段：电流指示特征值开始回升（图 24）。为页岩油水平井排液期间的生产监控提供参照。

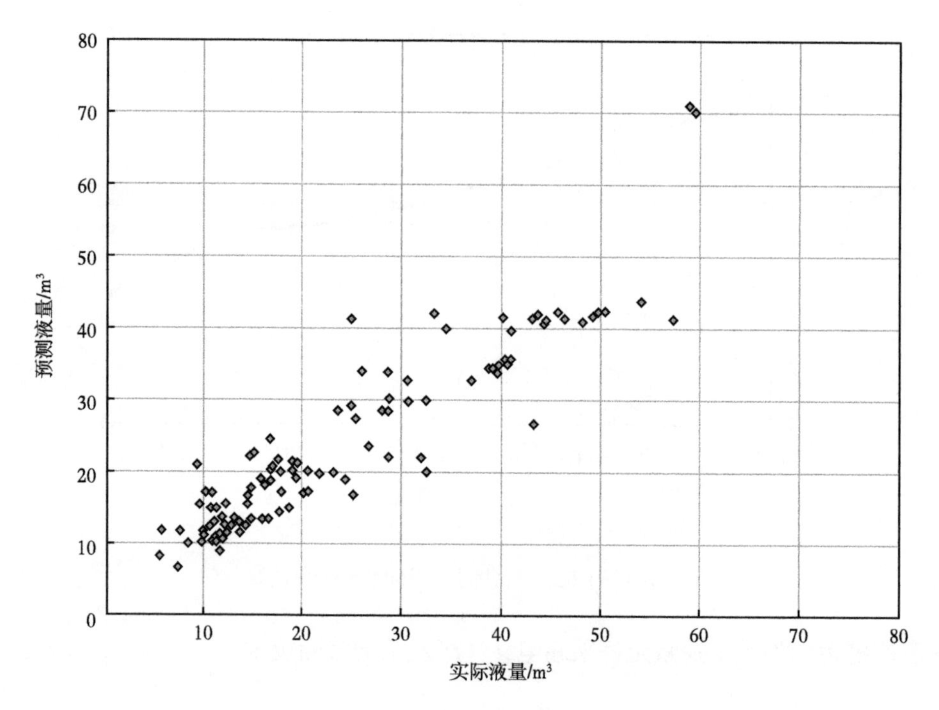

图 23　预测液量与实际液量对比

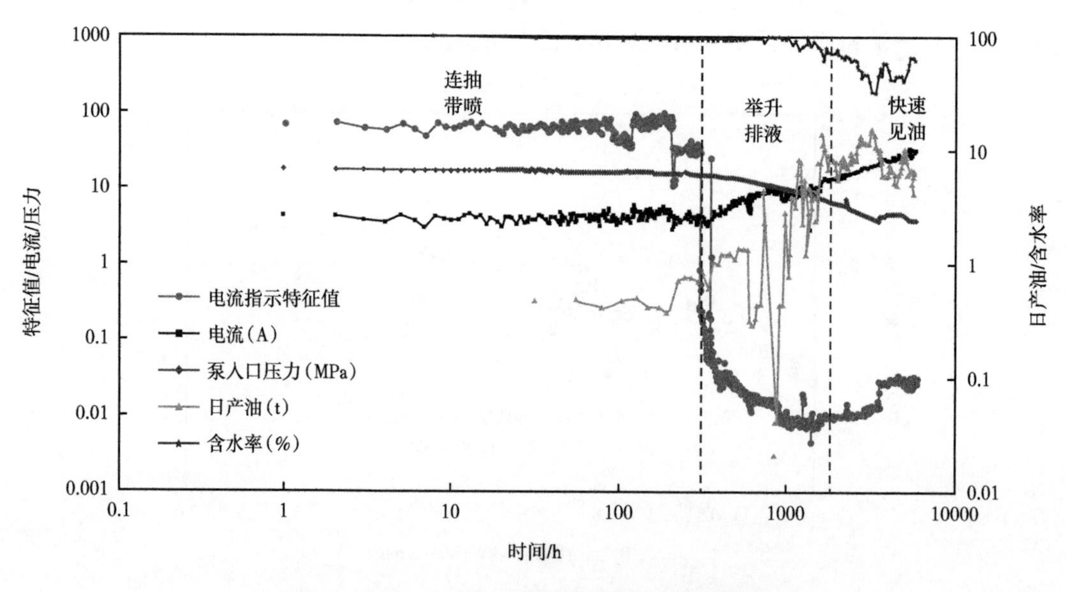

图 24　华 H60-3 井生产参数与电流指示特征曲线

3.3.3　划分过流停机预警界限，指导热洗自动排序

根据电流参数与举升扬程大数据图版（图 25），划分过流停机预警界限，结合冬季热洗设备保障情况，对无杆采油井开展热洗排序，优先实施一级过流停机风险井，预防卡泵甚至检泵，保障冬季无杆采油井正常运行。

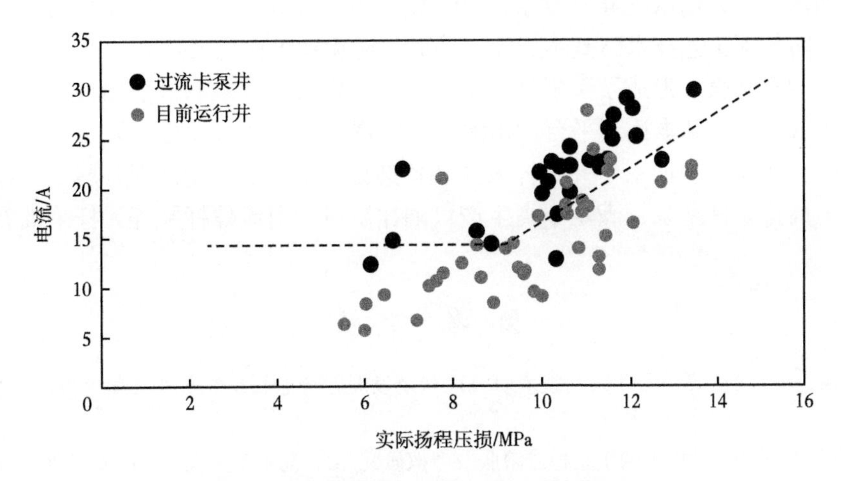

图 25　电流参数与举升扬程大数据图版

注：一级过流停机风险：界限之上低液面、高电流井（液面＜ 1000m、电流＞ 20A）、二级过流停机风险：界限附近低液面、中高电流井（液面＜ 1000m、电流 15~20A）、较低过流停机风险：界限之下高液面、低电流井（液面＞ 1000m、电流＜ 15A）

4　应用情况及效果

通过不断的技术创新及优化，截至目前，无杆采油技术已在陇东页岩油大平台累计应用 68 口井，建成了集“创新、智能、高效、绿色”为一体的华 H60 无杆采油示范平台。无杆采油整体展现出高效、安全、环保、智能的技术优势。与抽油机相比，无杆采油泵效和系统效率大幅提升，泵效从 46.1 提升至 65.1%，系统效率从 23.4 提升至 31.5%（图 26）。

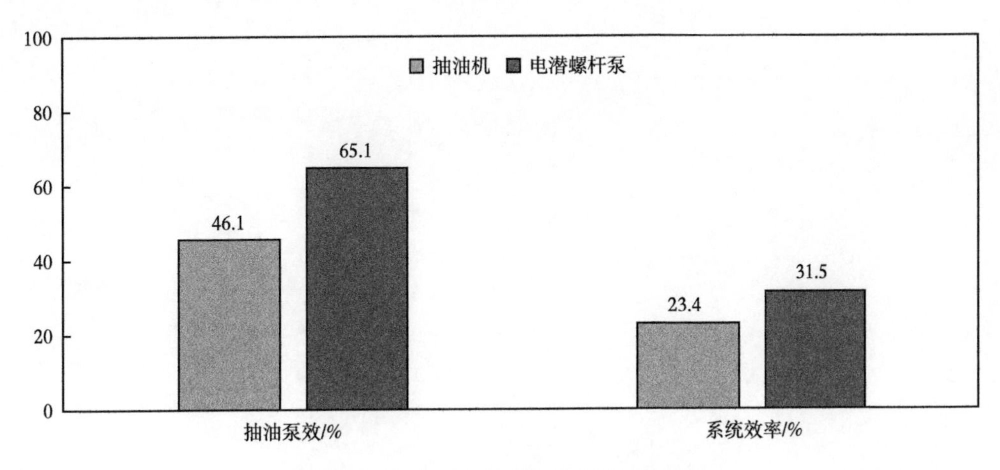

图 26　无杆采油与抽油机采油关键指标对比

5　认识

1. 无杆采油技术能彻底消除杆管偏磨，排液区间大，泵效和系统效率较常规抽油机井更优异，适合应用于陇东页岩油水平井开发。

2. 综合室内和现场试验结果，高丙烯腈橡胶比丁腈橡胶耐芳香烃性能更好，应用高丙烯腈橡胶，螺杆泵定子溶胀率及故障率大大降低，适合应用在陇东页岩油水平井。

3. 页岩油水平井井筒状况异常复杂，砂、蜡、垢、气等因素交互影响，通过研究与现场试验，防蜡、防气等工艺技术已基本成熟，防砂、防垢技术初见成效。

4. 通过与油藏结合，形成了页岩油水平井大平台定液量控制和恒液面控制两种不同阶段的智能控制排采方法，基本达到平台均衡泄压，实现了动态平衡采油。

5. 为进一步拓宽页岩油水平井无杆采油装备选型范围，下一步计划开展中低排量宽幅离心泵、大推力高排量柱塞泵、满足中高生产气油比阶段的引流螺杆泵等无杆采油新型装备研究与试验。

参 考 文 献

[1] 刘合，刘伟，卢秋羽，等 . 深井采油技术研究现状及发展趋势 [J]. 东北石油大学学报，2020，44（4）：1-6.

[2] 何诗瑶 . 基于分子动力学模拟的丁腈橡胶溶胀及摩擦研究 [D]. 沈阳工业大学：沈阳工业大学，2021.

[3] 裴高林，王珊，苏正涛，等 . 丙烯腈含量对水润滑丁腈橡胶摩擦性能的影响初探 [J]. 弹性体，2020，30（3）：35-40.

[4] 李瑛瑜，孔令纯，徐嘉辉，等 . 丙烯腈含量对丁腈橡胶耐低温和耐油性能的影响 [J]. 弹性体，2019，29（6）：22-25.

[5] 汪家琼，冯文浩，钱文飞，等 . 磁力泵磁力联轴器传动的影响因素 [J]. 灌排机械工程学报，2022，40（3）：244-249.

长庆油田页岩油地面建设模式及工艺技术

朱　源，霍富永，朱国承，张巧生，胡学峰，庞永莉

（长庆工程设计有限公司）

摘　要：页岩油作为油气上产的重要接替资源，日益受到社会的广泛关注。由于页岩油藏在开发方式、生产规律方面与常规油藏有着较大差异，传统的地面工程建设模式及工艺技术已难以满足页岩油开发的要求。本文在全面总结页岩油开发生产规律的基础上，结合页岩油开发生产特点，提出了"油气水综合利用、全系统资源共享、多功能高效集成、全过程智能管理"的地面工程建设新模式，以达到提速提效提产及降本增效的目的。

关键词：页岩油；地面工程；建设模式；工艺技术；降本增效

近年来，随着经济的飞速发展，油气需求量急速攀升，目前我国石油对外依存度高达70%以上，常规油藏可采储量逐年下降，页岩油作为一种接替资源，亟需加大开发力度，保障国家能源安全。我国页岩油资源丰富，位居世界第二，已探明页岩油资源量576亿吨，但勘探程度较低，开发成本及环境污染是制约页岩油发展的两大因素[1-2]。由于页岩油在开发方式、生产规律方面与常规油藏有着较大差异，传统的地面工程建设模式及工艺技术已难以满足页岩油开发的需求，迫切需要开展页岩油地面建设模式及工艺技术研究，从而降低地面建设投资和运行成本，提高开发效益[3-4]。

1　页岩油地面工程面临的主要难题

（1）国内首个页岩油规模开发区块，亟待建立地面工艺新模式。

国内页岩油区规模性开发尚处于探索阶段[5]，部署区域无地面系统可依托，结合页岩油特点，亟待开展长庆油田页岩油开发区地面工艺技术攻关，填补国内页岩油地面工艺空白。

（2）开发方式的变革和生产特点，对地面建设提出新挑战。

①返排阶段高液量、高含水、采出液组分复杂，地面系统配套难。单井初期放喷液量最高约110m^3/d，返排阶段采出物含水率最高达100%，采出液中含有压裂液及各种化学药剂。

②正常生产初期液量大、气油比高，后期递减快，区域油气集输难，单井产量预测如图1所示。

③初期自然能量开发、无注水井，采出水回注难。由于页岩油开发无注水井，长7层采出水与长8层、侏罗系等采出水均不配伍，需开展采出水处理及回注工艺攻关，降低结垢风险。

（3）安全环保、提质增效对地面建设提出更高要求。

①页岩油伴生气量大、递减快，常规模式难以全部回收。

②结合新型劳动组织架构，需通过智能化建设盘活用工。

③急需配套高效生产设备，优化工艺流程实现节能降耗。

作者简介：朱源，男，2019年毕业于中国石油大学（华东），现长庆工程设计有限公司助理工程师，从事油田地面设计工作，电话：86599264，通讯地址：陕西省西安市未央区长庆大厦，邮编：710018。

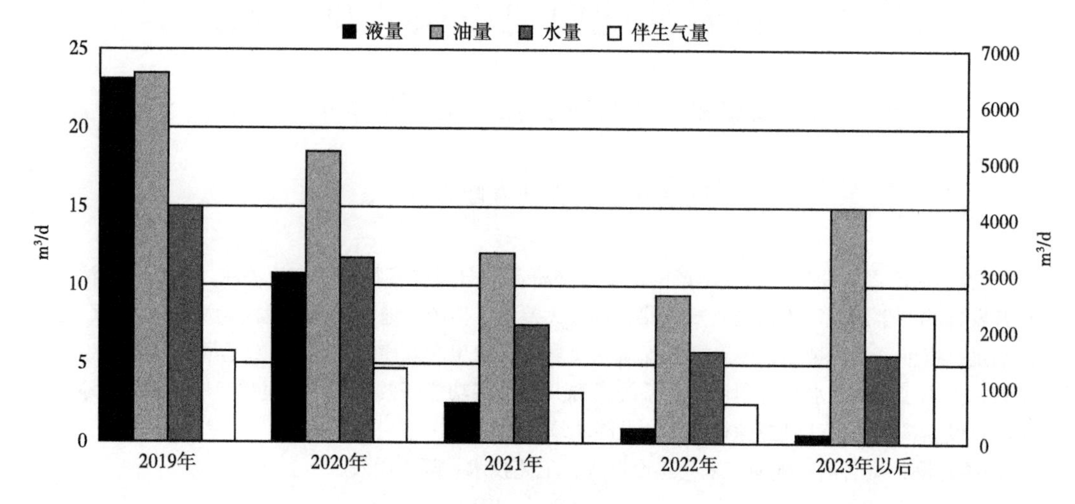

图 1 单井产量预测示意图

为解决上述难题，必须突破以往常规的思维模式，有针对性地结合页岩油开发特点，坚持“非常规理念、非常规技术、非常规管理”的开发思路，以安全环保为主、高效利用土地资源，结合完整性管理理念，积极组织开展攻关试验，对地面集输、供注水、供电技术攻关研究，攻关页岩油地面建设新模式，促进页岩油的有效开发。

2 页岩油地面工程建设模式

从页岩油全生命周期开发考虑，以平台为单元，针对大井组、高液量、高气油比以及钻、试、投、运各阶段生产特点，攻关形成了“油气水综合利用、全系统资源共享、多功能高效集成、全过程智能管理”的页岩油地面建设新模式，如图 2 所示。

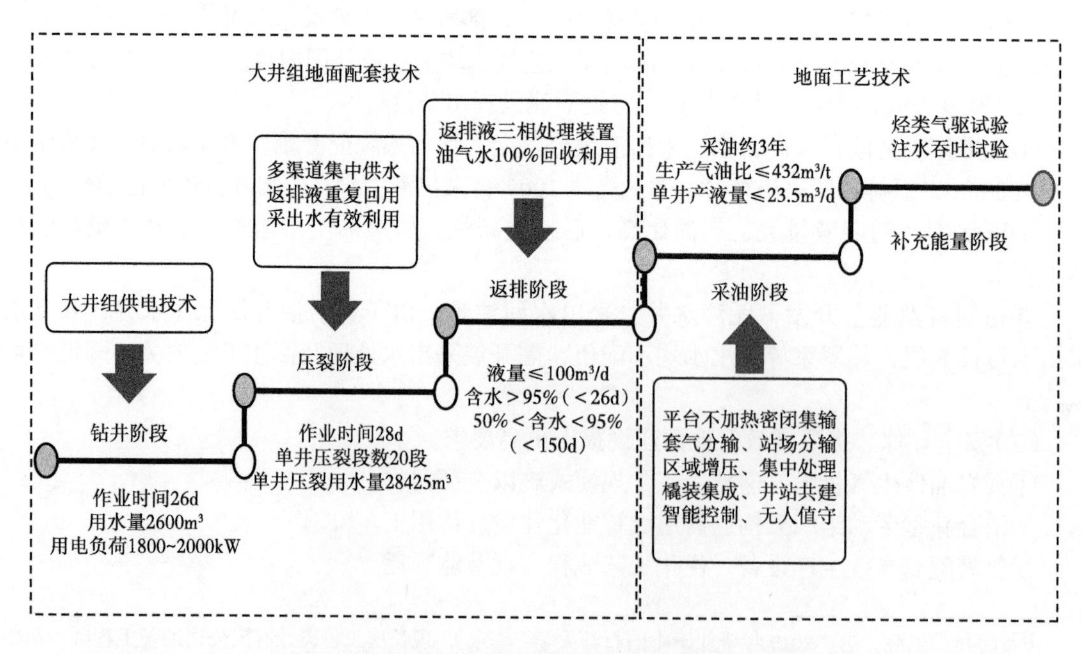

图 2 页岩油地面工程建设新模式全生命周期示意图

3　页岩油地面工艺技术

3.1　油气水综合利用技术

（1）油气密闭综合利用技术。

井口—联合站通过“平台套气分输、采出物密闭集输、原油集中稳定、深冷轻烃回收、干气综合利用”，实现了全流程密闭处理、伴生气应收尽收，满足了安全环保新要求，最大限度利用油气资源，降低损耗，年节约燃油4424t、总计节约燃料费1309万元。油气密闭综合利用技术流程图如图3所示。

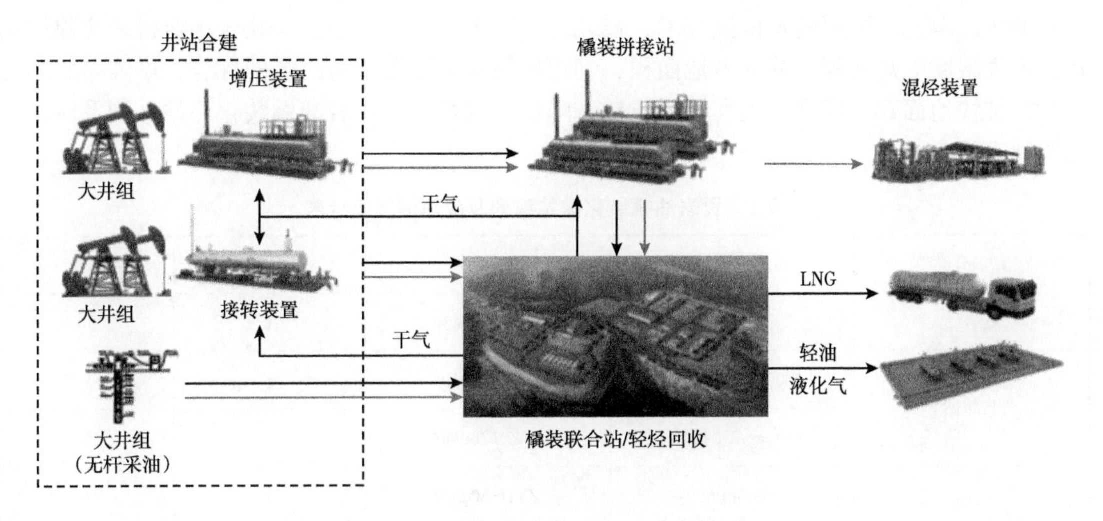

图3　油气密闭综合利用技术流程示意图

（2）水资源综合利用技术。

综合钻、试、投、采不同时期的用水需求，采用了“多渠道集中供水、返排液重复回用、采出水有效利用”的供水模式，实现了水资源系统的闭环清洁应用。其中返排液、采出水回用占总用水量的10%左右，可年节约清水$50\times10^4m^3$。水资源综合利用技术如图4所示。

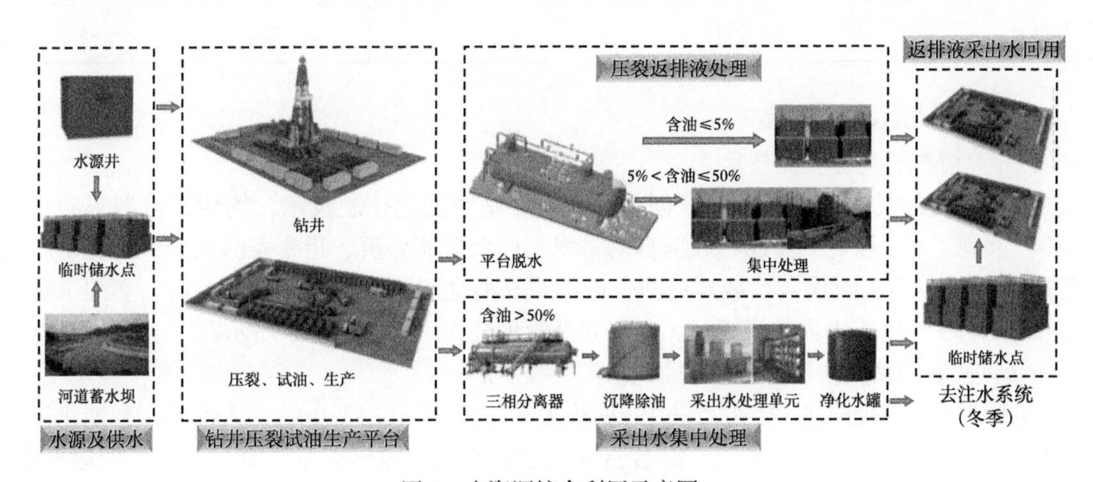

图4　水资源综合利用示意图

3.2 全系统资源共享技术

由于页岩油采用大井丛、体积压裂的开发方式，相比常规产建，其地面工程与油藏工程、钻井工程、采油工程等开发专业更具有优化协调的必要性[6]。为最大程度降低建设投资，坚持以地下、地面一体化和共建共享为原则，以大井组平台为基本单元，超前配套井场道路、供水供电、通讯等地面工程，形成了“水、电、讯、路超前共建，钻、试、投、采系统共享，工艺设备灵活调用”地面超前配套建设模式。

3.3 多功能高效集成技术

针对页岩油单井产液量大、递减快的特点，研发橇装设备，替代中小型站场和大型站场主要生产单元，采用橇装拼接技术、橇装组合技术，形成了平台—联合站全橇装化建设模式，最大限度缩短流程，减少占地面积，利用橇装装置可搬迁易改造的优势，增强布站的灵活性，加快地面建设速度，提高工程质量，降低工程投资。页岩油橇装化建站系列及应用情况统计表见表1。

表1 页岩油橇装化建站系列及应用情况统计表

<table>
<tr><th>站场分类</th><th>站场设计规模</th><th>站场编号</th><th>橇装站 / 座</th><th>橇装装置 / 台</th></tr>
<tr><td>联合站</td><td>30×10^4t/a</td><td>LHZ-30/63</td><td>1</td><td>10</td></tr>
<tr><td rowspan="2">接转站</td><td>1600m³/d（拼接）</td><td>JZZ-1600/40</td><td>1</td><td>8</td></tr>
<tr><td>1200m³/d（拼接）</td><td>JZZ-1200/40</td><td>1</td><td>8</td></tr>
<tr><td rowspan="3">增压装置</td><td>600m³/d</td><td>ZYD-600/40</td><td>2</td><td>6</td></tr>
<tr><td>400m³/d</td><td>ZYD-400/40</td><td>5</td><td>15</td></tr>
<tr><td>240m³/d</td><td>ZYD-240/40</td><td>13</td><td>26</td></tr>
<tr><td>返排液三相处理装置</td><td>300³/d</td><td>FPY-300/40</td><td>11</td><td>11</td></tr>
<tr><td>35kV 变电站</td><td>2 × 5000kVA</td><td></td><td>1</td><td>1</td></tr>
<tr><td colspan="3">合计</td><td>35</td><td>85</td></tr>
</table>

3.4 全过程智能化管理技术

（1）全流程智能化管控技术。

通过攻关站场无人值守技术，创新形成中心站智能化控制技术，构建了新型劳动组织架构，实现了“远程集中监控、数据自动采集、后台智能分析、指令实时发布、工况动态匹配”，大幅减少人工干预[7]。截至目前，已建成马岭油田西233页岩油示范区，实现了百万吨用工控制在300人以内的目标。无人值守站管理模式示意图如图5所示。

（2）“三级网络构架模式”和智能化供配电技术。

电网形成“三级网络”构架，采用“四级无功补偿”，应用变电站无人值守和智能化供配电技术，集成电力SCADA系统、综合自动化管理系统、地理信息系统，实现了四遥五防、数据采集、在线监控、电子巡护、数据上传、远程调度等功能。

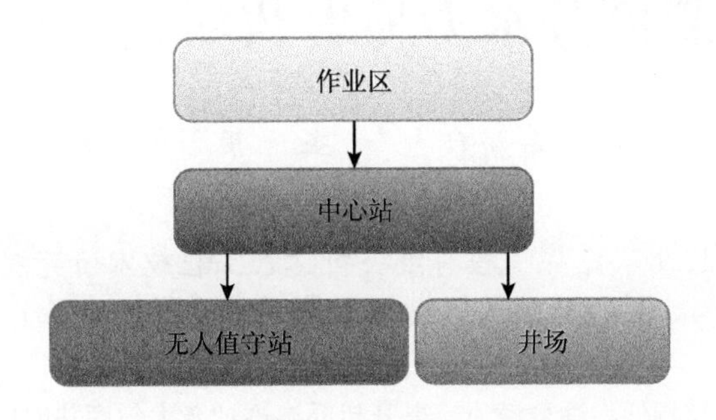

图 5　无人值守站管理模式示意图

4　结束语

截至目前，长庆油田已建成了年生产能力 100 万吨级页岩油示范区，各项系统现场运行平稳、安全可靠，已形成页岩油地面建设新模式。长庆油田页岩油地面建设新模式、新技术的成功应用，具有良好的社会和经济效益，有力支撑了十四五期间长庆油田 300 万吨国家级页岩油示范区的建设，对类似油田的开发建设具有重要的借鉴意义。

参　考　文　献

[1] 舟丹 . 世界页岩油的发展 [J]. 中外能源，2021，26（10）：17.
[2] 李茂成 . 世界油页岩技术新进展 [J]. 中国石油和化工标准与质量，2014，34（2）：164-165.
[3] 李宇航，张宏，张军华，等 . 油页岩勘探开发现状及进展 [J]. CT 理论与应用研究，2014，23（6）：1051-1063.
[4] 李倩文，马晓潇，高波，等 . 美国重点页岩油区勘探开发进展及启示 [J]. 新疆石油地质，2021，42（5）：630-640.
[5] 王宇岑，于晓洋，李文博，等 . 油砂油 / 页岩油地面集输技术及其对比分析 [J]. 辽宁化工，2016，45（10）：1318-1321.
[6] 李庆，云庆，王坤，等 . 中高成熟度页岩油及致密油地面工程建设模式及工艺技术 [J]. 油气与新能源，2021，33（4）：82-89.
[7] 霍富永，王晗，朱国承，等 . 长庆油田页岩油中心站智能化管控技术研究与应用 [J]. 油气田地面工程，2022，41（2）：1-5.

低渗油田大斜度井水力喷射暂堵缝网压裂技术研究

武　龙[1,2]，蒋文学[1,2]，谢新秋[1,2]，李　勇[1,2]，徐　杰[1,2]，杨　发[1,2]

（1. 川庆钻探工程有限公司钻采工程技术研究院；
2. 低渗透油气田勘探开发国家工程实验室）

摘　要：为充分挖掘低渗油藏潜力，提升超低渗透油藏大斜度井的层内平面动用程度，基于“定点多级细分切割”储层压裂改造理念，优化形成了大斜度井水力喷射暂堵缝网压裂技术。研发了具有非线性降解特征的新型暂堵剂体系，可实现施工过程持续封堵、压后快速降解的技术需求；可实现缝端暂堵，提高缝内净压力形成复杂缝网，充分动用储层“甜点”的目标。目前该工艺已完成现场试验 7 口井 21 段，地面施工压力平均上升 5.9MPa，日产油较常规工艺提升 1.5t，取得了显著的增油效果。

关键词：大斜度井；水力喷射；缝网压裂；暂堵剂

2018 年以来，长庆油田针对低渗厚砂体、多夹层油藏难以实现“多层多段”压裂改造的难题，以水力喷射拖动分段压裂技术为主，开始推广大斜度井，开发效果较常规直定向井取得较大突破。但因常规水力喷射压裂不能在储层中形成复杂缝网，导致投产效果受压裂段数和改造规模影响较大。为进一步提高大斜度井层内平面动用程度，结合大斜度井井筒条件和水力喷射压裂工艺的特殊性，展开了大斜度井水力喷射暂堵缝网压裂技术研究，优化形成了以“水力喷射、高排量、大液量、缝端暂堵”为改造特色的缝网压裂技术。

1　水力喷射暂堵形成缝网可行性分析

1.1　长庆油田大斜度井开发特征

长庆油田大斜度井由于水平段相对较短，水平段长仅 80m 左右，目前改造方式以水力喷砂射孔油套同注加砂压裂为主。水力喷射改造具有点源起裂、裂缝受控延伸、注采对应压裂“甜点”优选等优势，但由于完井井筒条件限制目前施工排量现场最高只能达到 6m^3/min，受排量限制不能保障在地层中形成缝网系统，每段压裂只能在一条主裂缝中延伸，因此不能发挥单井最大产能，且投产效果受压裂段数（单井最多 5~6 段）和改造规模影响较大（图 1）。

1.2　裂缝间诱导应力

由于人工裂缝的存在会对地层中水平主应力产生一定影响，形成与原水平主应力反向的诱导应力，如果地层中同时存在多条裂缝，在距每条裂缝不同距离上则有两个诱导应力的叠加。假设裂缝内净压力为 5MPa，可分别计算出两条裂缝和三条裂缝情况下不同距离裂缝诱导应力差关系，如图 2 所示。

作者简介：武龙，男，高级工程师，黑龙江萝北县人，2011 年毕业于中国石油大学（华东）油气田开发专业，硕士研究生，现从事酸化压裂、堵水调剖技术研究工作。地址：陕西省西安市长庆兴隆园小区长庆科技大厦工程技术研究院压裂酸化所，电话：029-86596507，E-mail：wulong3401@163.com。

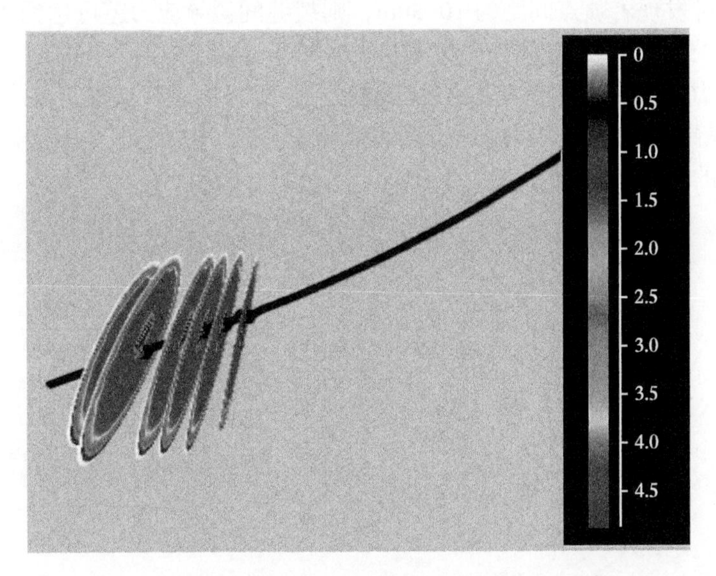

图 1　常规大斜度井水力喷射改造裂缝模拟示意图

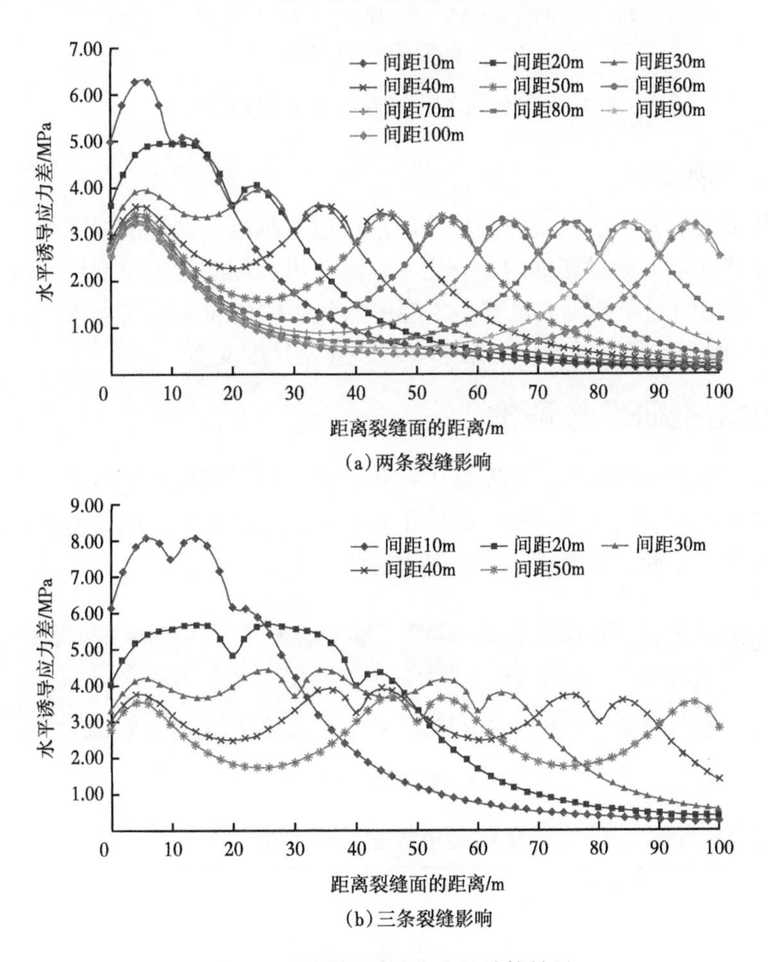

(a)两条裂缝影响

(b)三条裂缝影响

图 2　不同裂缝诱导应力差计算结果

由计算结果可发现若喷点间距为10~30m，则裂缝间诱导应力差可达到3.5MPa以上，大斜度井段间距为15~20m，在缝内净压力5MPa情况下诱导应力差可超过缝内净压力。

随裂缝净压力增加，诱导应力差也逐渐增加(图3)，由于长庆延长组储层水平应力差为3~5MPa，因此提高缝内净压力以增加裂缝间诱导应力差，从而实现水力喷射段间连通是提高裂缝复杂程度的有效手段。

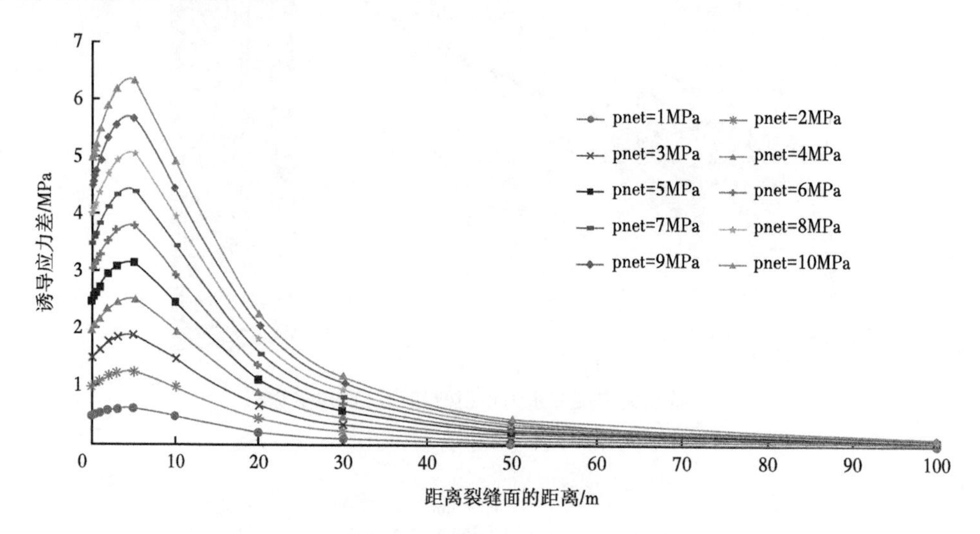

图3　不同缝内净压力情况下的裂缝诱导应力

1.3　复杂缝网的有效支撑

支撑剂运移铺置实验证实，支撑剂粒径越小，运移越远，裂缝铺置越均匀。根据Abram三分之一桥架规律和可以通过裂缝的七分之一法则，进入裂缝的支撑剂尺寸需要在裂缝尺寸的 $^1/_7$~$^1/_3$ 之间。选用的支撑剂尺寸足够小才能进入开启的微裂缝形成支撑，因此在施工过程中采用“小＋大”组合粒径支撑剂，有助于实现裂缝全尺度支撑。

2　自降解暂堵剂研发与评价

为提高人工裂缝内封堵效果，满足施工过程持续封堵、压后快速降解的技术需求，实现段水力喷射暂堵缝网压裂的工艺目标，研发了具有非线性降解特征的新型暂堵剂产品。暂堵剂产品根据尺寸分为6种，如图4所示，理化性能见表1。

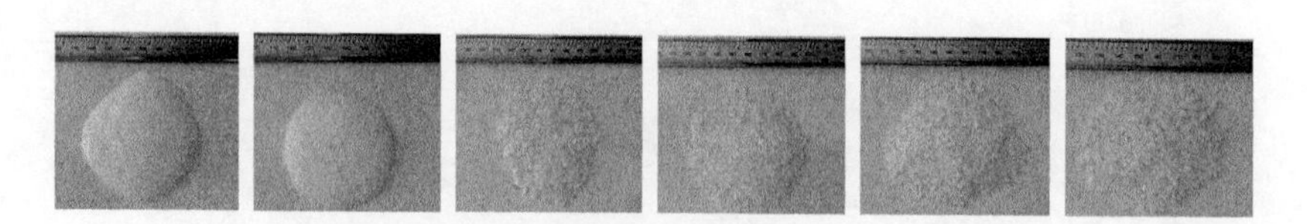

图4　暂堵剂实物照片

表1　暂堵剂理化性能测试

形状	粒径 /mm	体积密度 /（g/cm³）	视密度 /（g/cm³）	软化温度 /℃
不规则颗粒	0.2~7.0	0.70~0.75	1.15~1.20	75~80
结晶温度 /℃	熔融温度 /℃	拉伸强度 /MPa	拉伸模量 /GPa	断裂伸长率 /%
100.6	215	37	1.16	21.4

2.1 降解性能评价

10% 浓度的暂堵剂颗粒在 65℃条件下，10h 降解率为 8.7%，120h 降解率为 99.8%，满足现场施工要求，如图 5 所示。

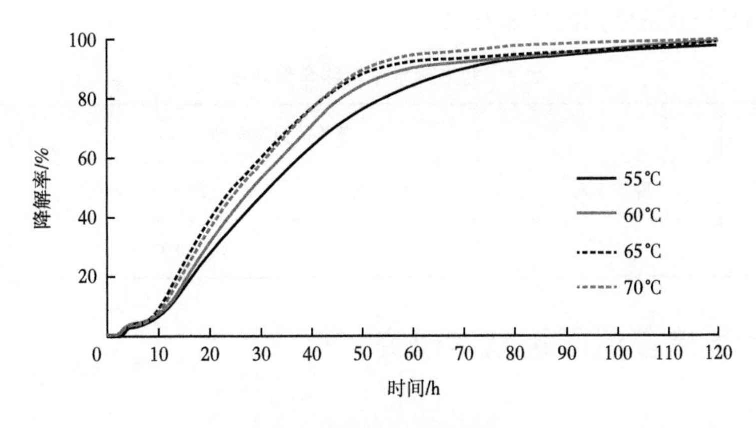

图 5 暂堵剂降解性能测试

2.2 堵剂封堵率评价

室内评价组合粒径暂堵剂在人造孔板不同宽度模拟裂缝中的封堵率，当裂缝宽度为 3mm 时，封堵率为 74.2%；宽度超过 5mm 时，封堵率为 50.2%；裂缝越窄，升压和暂堵越明显，见表 2。120kg/m^3 的浓度基本可以满足 5mm 以内裂缝的封堵要求。

表 2 暂堵剂封堵性能评价

性能测试	模拟裂缝宽度			
	1mm	3mm	5mm	8mm
升压性能 /MPa	6.8（最高）	6.8（最高）	4.9	2.2
裂缝封堵率 /%	83.4	74.2	50.2	31.7

2.3 暂堵剂对岩心动态人工裂缝封堵评价

室内评价组合粒径暂堵剂对岩心动态人工裂缝的封堵效果，封堵后渗透率降低 99.6%，升压达到 17.5MPa，降解后恢复率为 98.0%，封堵效果显著（图 6）。

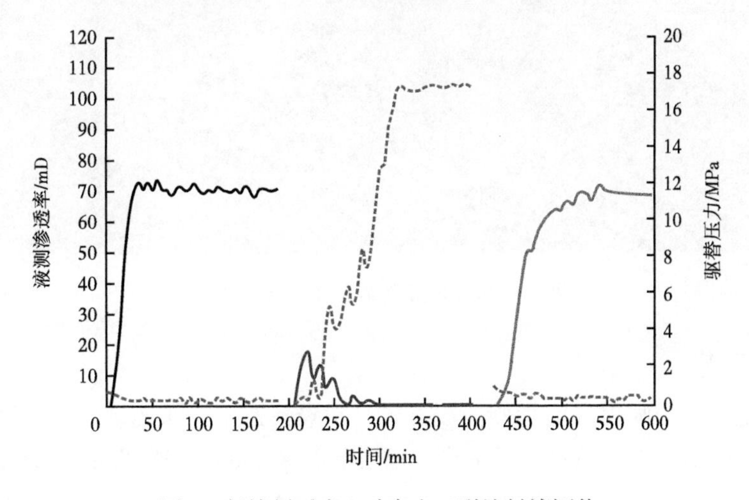

图 6 暂堵剂对岩心动态人工裂缝封堵评价

2.4 暂堵剂与地层水、压裂液配伍性评价

暂堵剂与地层水、压裂液配伍性良好。65℃条件下降解5天后水不溶物为0.13%，15天后水不溶物含量为0.02%，见表3。将其降解于水后配制压裂液，不影响瓜尔胶压裂液体系的流变性能，满足压裂液使用的性能要求。

表3 暂堵剂水不溶物含量测试

项目	水不溶物含量/%			
	降解3天	降解5天	降解7天	降解15天
暂堵剂	6，7	0.13	0.07	0.02

3 水力喷射暂堵多缝压裂技术研究

3.1 工艺思路

以进一步增加裂缝复杂程度为目标，通过水力喷射射孔，在高施工排量下，结合缝内动态暂堵进一步提高缝内净压力，同时提高小粒径支撑剂使用比例，对开启的微裂缝形成有效支撑，最终在地层中的人工裂缝间形成复杂裂缝网络系统，从而扩大油藏改造体积，提高单井产量（图7）。

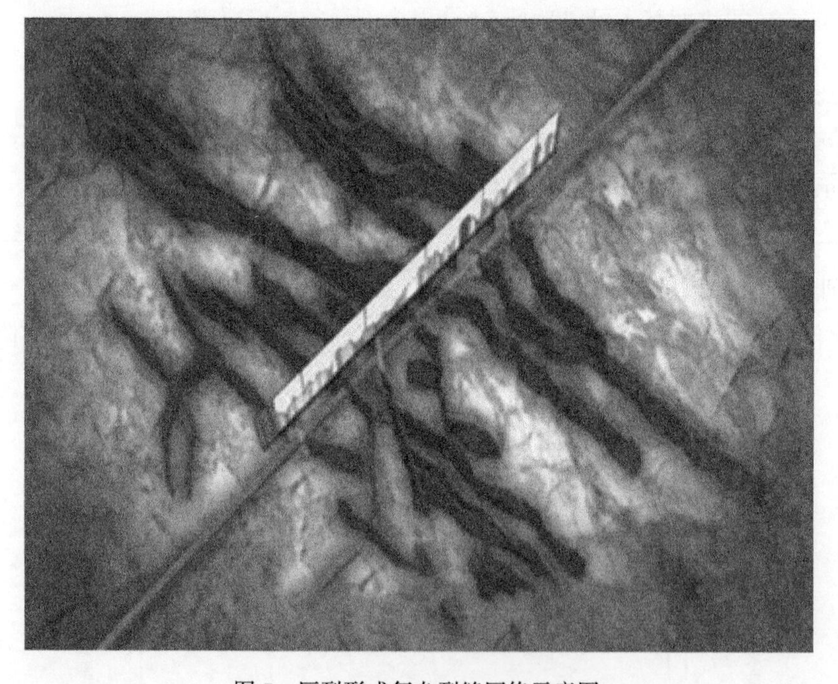

图7 压裂形成复杂裂缝网络示意图

3.2 压裂施工工艺

采用底封拖动水力喷射环空加砂压裂方式，封隔器选用机械锚定压缩封隔器，通常选用单喷射器，每个喷射器喷嘴数量为6~8个，喷嘴直径ϕ6.3mm，段间距15~20m。施工管柱示意图如图8所示。

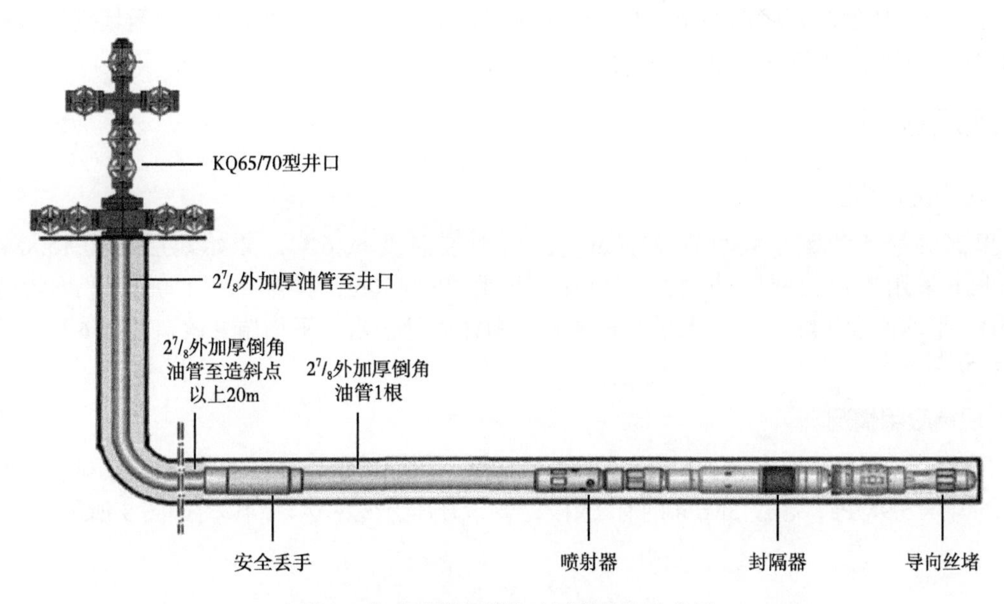

图 8　水力喷射底封拖动压裂管柱示意图

3.3　水力喷射暂堵多缝压裂参数优化

3.3.1　水力喷射暂堵时机优化

根据目前大斜度井施工方式，暂堵剂加入时机可在前置液、加砂中后期、加砂前期粉砂阶段，综合对比每种加入方式的优缺点和可行性分析见表 4。

表 4　暂堵时机优化及可行性分析对比

加入方式	优点	缺点	可行性分析
前置液加入	若出现超压处理简单，安全性高；主缝未形成，升压开启新缝概率高	新缝无支撑加入暂堵剂，影响整体裂缝缝长，增加近井地带裂缝复杂程度	泥质含量高，前置造缝效果差，前置阶段排量难以提升至设计要求，可行性低
加砂中后期加入	主裂缝已形成，暂堵剂进入裂缝后桥堵升压可以在裂缝内开启侧向微裂缝	若出现超压现象，现场放喷后易吐砂造成井下事故，缝内暂堵难度大，形成缝网几率低	结合井网开发特征，主缝需保证一定缝长以提高水驱效果，可行性中等。
前期粉砂阶段择机加入	前期主缝初步形成，近井地带冲蚀程度小，易封堵已开启新缝且形成支撑	不能保证主缝长度，超压后施工风险较大	易形成缝网并有效支撑，可行性高

结合目前大斜度井施工特征，考虑段间形成复杂缝网的成功率，最终确定在前期粉砂阶段择机加入暂堵剂。

3.3.2　暂堵剂加入数量优化

在人工裂缝的段间形成缝网是通过封堵“缝端”来实现，结合自降解暂堵剂室内评价结果、裂缝特征及施工压力等因素，优化暂堵剂每段加入量为 200~400kg。

3.3.3　暂堵剂加入方式优化

目前暂堵剂加入方式有通过旋塞加入、专用暂堵剂加入设备和混砂车搅拌池加入三种方式。由于目前研发的暂堵剂对压裂车泵效影响非常小，考虑施工成本和每次暂堵剂加入量的不确定性，因此优先选用通过混砂车搅拌池加入。

4 现场应用

4.1 应用区块概况

里X区长6油藏平均埋深2100m，长6_3地层温度66.6℃，原始地层压力15.8MPa。该区长6采用矩形大斜度井网注水开发，井距400~450m，排距120~150m，平均渗透率0.3mD，平均厚度14m，平均水平段长81m，固井质量合格，平均单井改造段数6段，段间距15~20m。

4.2 现场应用情况

目前已在里X区块完成7口井（21段）的段水力喷射暂堵缝网压裂技术现场试验，暂堵后平均升压5.9MPa，超过3MPa的有15段，暂堵升压有效率达71.4%，如图9所示。

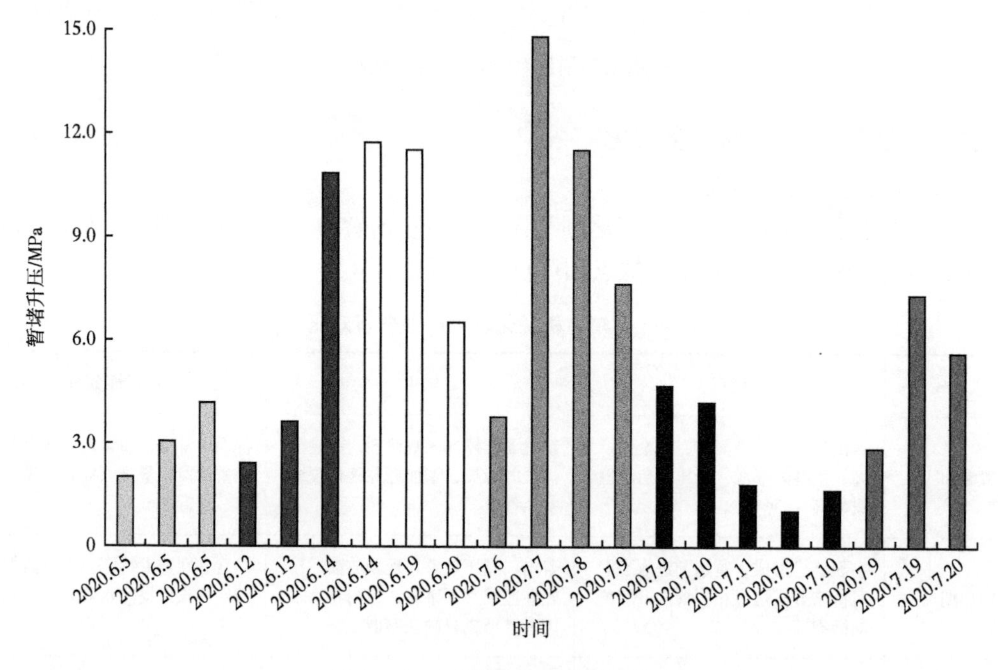

图9 水力喷射暂堵升压效果统计

典型井施工曲线如图10所示，以下两段在粉砂阶段不停泵，分别加入暂堵剂400kg和200kg，暂堵后升压分别为11.1MPa和12.1MPa。

以上两段典型井施工曲线显示已出现明显的破裂压力和差异性较大的裂缝延伸压力，表明储层内新缝的开启和有效支撑，实现了段内形成复杂缝网的工艺目标。

4.3 升压效果分析

对现场实施典型井的破裂压力、施工压力和暂堵升压效果分析，绘制雷达图如图11所示，均采用水力喷射油套同注施工模式，排量1.8 m^3/min（油管补液）+4.2m^3/min（环空加砂），单喷（喷嘴8个直径6.3mm）。

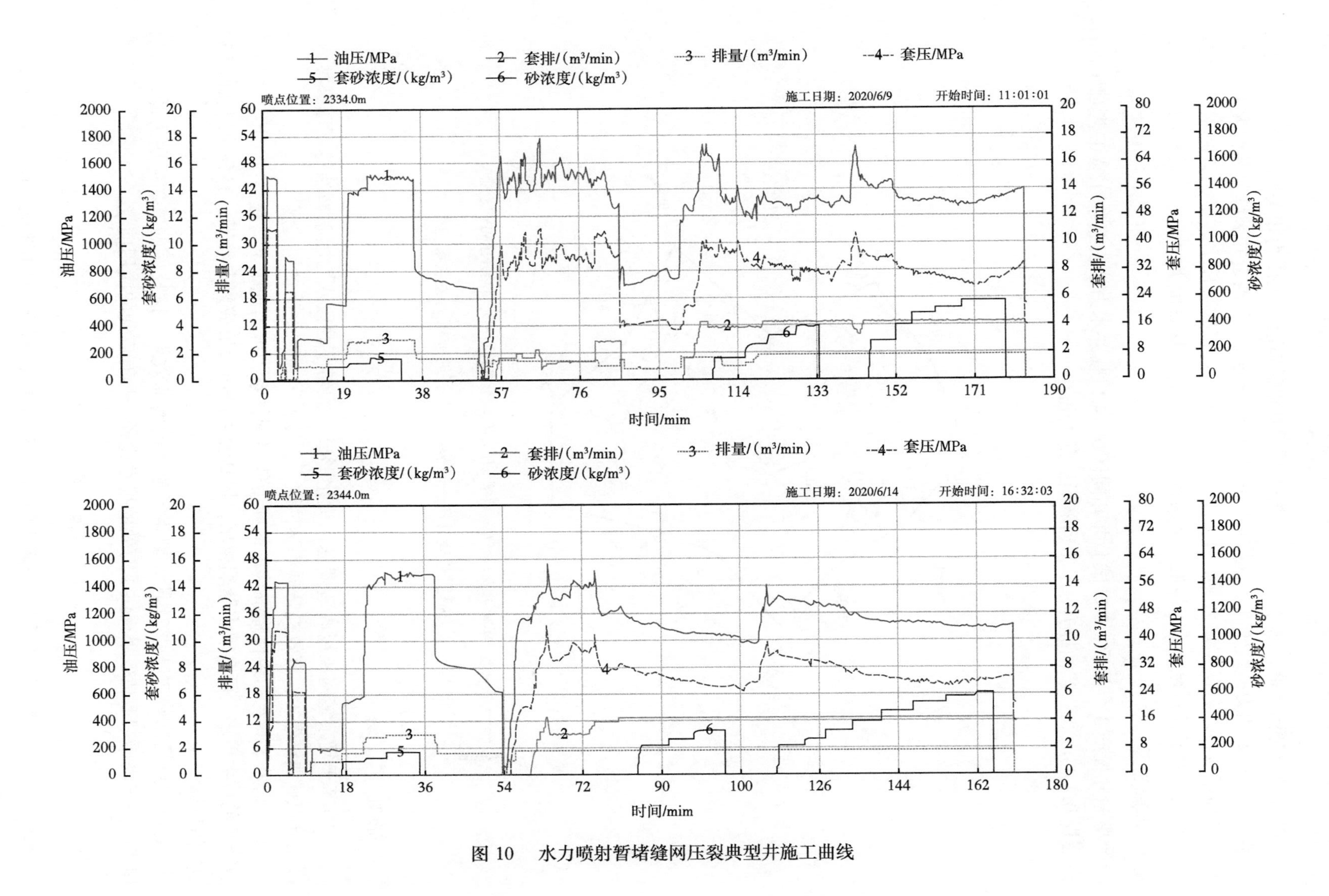

图 10 水力喷射暂堵缝网压裂典型井施工曲线

结合压力对比结果，暂堵升压效果与破裂压力和暂堵前施工压力相关性较大，呈正相关关系；对于初期压力持续较高、提排量困难的情况（6段），反映近井裂缝复杂程度高，少量暂堵剂即可取得较好的封堵效果，平均升压8.8MPa；对于破裂压力较低，且施工压力相对较低情况，由于近井裂缝连通性好，复杂程度低，因此封堵难度大。

4.4 实施效果

措施井投产3个月后，7口试验井和同区块14口临井水力喷射常规压裂工艺对比，日产液提升1.45m^3，日产油提升1.5t，动液面提升136m。

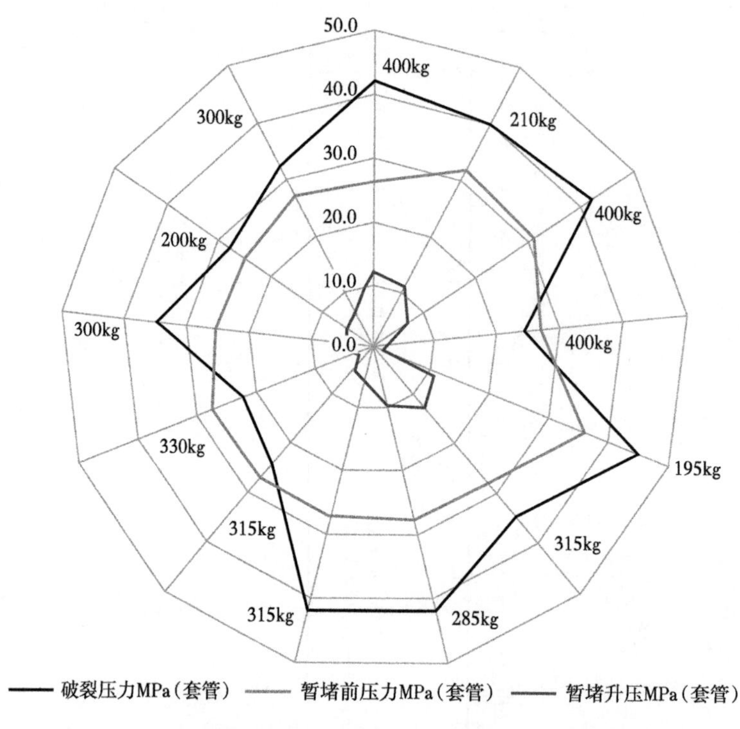

图11 水力喷射暂堵升压—破裂压力—暂堵前压力关系雷达图

5 结论

（1）基于复杂缝网压裂改造理念，优化形成了大斜度井段水力喷射暂堵缝网压裂技术，可充分挖掘油藏潜力，有效提升低渗透油藏大斜度井的层内平面动用程度。

（2）研发了具有非线性降解特征的新型暂堵剂体系，可实现施工过程持续封堵、压后快速降解的技术需求，可实现多缝端暂堵，提高缝内净压力形成复杂缝网，充分动用储层“甜点”的目标。

（3）完成场试验7口井21段，取得了显著的增油效果，该技术的成功应用为低渗透油田进一步提高压裂改造效果提供了有效的技术途径，具有广阔的应用前景。

参 考 文 献

[1] 吴奇，胥云，张守良，等.非常规油气藏体积改造技术核心理论与优化设计关键[J].石油学报，2014(7)：706-714.

[2] 胥云，雷群，陈铭，等．体积改造技术理论研究进展与发展方向［J］．石油勘探与开发，2018（10）：874-887.
[3] 陈铭，胥云，翁定为．水平井多段压裂多裂缝扩展形态计算方法［J］．岩石力学与工程学报，2016（10）：3906-3914.
[4] 范华波，薛小佳，安杰，等．致密油水平井中低温可降解暂堵剂研发与性能评价［J］．断块油气田，2019（1）：127-130.
[5] Hon Chung Lau，Adiyodi Veettil Radhamani，Seeram Ramakrishna，et al. Maximizing Production from Shale Reservoir by Using Micro-Sized Proppants［C］. IPTC-19437-MS.

陇东页岩油大平台立体式开发钻井关键技术

王培峰[1, 2]，韦海防[1, 2]，赵文庄[1, 2]，杨　赟[1, 2]，杨　光[3]，陈　宁[1, 2]

（1. 中国石油川庆钻探工程有限公司钻采工程技术研究院；2. 低渗透油气田勘探开发国家工程实验室；3. 中国石油川庆钻探工程有限公司长庆钻井总公司）

摘　要：陇东长 7 页岩油是我国目前探明储量规模最大的页岩油整装油田，已探明储量 10.52 亿吨[1]。因其特殊的地形地貌以及陆相成藏的特点，开发初期试验短水平井、小井丛等模式难以实现储量有效动用。现阶段以平台井数、水平段长度最大化为目标，探索形成了大平台、多层系、立体式规模效益开发新模式。但是在开发过程中遇到了井序优化、防碰绕障、大偏移距施工、水平段延伸和安全钻井等多方面难题。通过多年以来技术探索和积累，针对以上困难提出了相应的配套技术和解决方案，保障了合 HX、合 HY 和华 HZ 等超 20 口井的页岩油大平台的顺利实施，为国内页岩油大平台开发积累了经验。

关键词：页岩油；大平台；立体式；水平井；钻井技术

有限的井场面积、密集的井位部署、超大偏移距和长水平段安全钻进等难题都成为了制约页岩油大平台开发的因素。近年来，长庆油田在陇东页岩油开发示范区部署了合 HX 平台（22 口）、合 HY 平台（20 口）、华 HZ 平台（31 口）等多个超大平台。其中华 HZ 平台是陇东页岩油示范区 2021 年部署的重点开发平台，共部署井位 36 口，水平段长度为 1500~3000m，建成后，平台控制储量达 1000 万吨。该平台的成功实施代表了国内页岩油大平台集约化开发技术的最高水平，同时创造了 6 项亚洲陆上页岩油大平台开发记录。本文重点介绍长庆油田在实施大平台、多层系、立体式开发页岩油水平井施工过程中采用的关键钻井技术。

1　钻井难点

（1）黄土塬地貌布井受限，多层系大井丛开发设计及施工难度大。黄土塬地表沟壑纵横，井场可利用地形有限，丛式井井距小（6~8m）。随着开发层系、平台井数和水平段长度需求增加（现设计开发层达 3 个、平台水平井超 30 口、水平段长超 5000m），井网部署、井序优化、防碰设计及施工难度加大[2]。

（2）长 7 页岩油单砂体薄、油层变化快，大偏移距三维水平井条件下，提高钻遇率困难。陇东长 7 页岩油主要开发长 7_1、长 7_2、长 7_3 目的层，储层夹层多单层薄（不超过 6m）、横向连续性差、非均质性强、渗透率低（0.13~0.17mD），“甜点”控制、油层钻遇、轨迹调整难度大，钻井作业效率低。

（3）井身结构简单、裸眼段长，塌、漏、溢等问题突出。随着水源区、林缘区等难动用区域开发及单井增产、降本增效需求，水平段长度持续增加，二开结构井占 88.6%，裸眼段 3000m 以上井超过 80%（最长突破 5000m）。洛河组、直罗组、延长组等漏、塌、溢复杂层在同一裸眼段，且储层存在区域性断层，钻完井安全作业风险大。

（4）大偏移距、长水平段井眼条件复杂，固井工艺技术亟待提升。首先，大偏移距轨迹复杂，长水平段摩阻大，下套管易发生屈曲，影响安全下入。其次，二开裸眼段长，存在多套压力层系，固井施工易发生压差性漏失及环空窜流，采用现有固井技术难以保证水泥浆返高和界面胶结质量。

2 钻井关键技术

2.1 井网部署及轨道优化技术

2.1.1 大平台布井技术

基于“地质—钻完井一体化”理念和作业需求，打破黄土塬地形地貌限制，创建了三类大平台立体式布井模式：常规井网、常规＋斜交井网、常规＋扇形井网如图1所示。三种布井模式突破了井场面积限制和特殊区域限制，支撑了纵向多层有效开发，并形成以下布井方案选择措施：

（1）根据储层压裂改造需求，采用垂直主应力方向平行布井。

（2）受水源区、森林保护区等地形地貌条件限制，无法规模开发的可采用扇形布井或平行与扇形混合布井。

（3）根据不同的开发方案，现有工艺技术条件下，按照平台部署井数最大化、兼顾经济成本原则，根据目的层垂深、井间距及可施工最大偏移距，推荐不同条件下的布井方案。

（4）根据开发层系的不同，在有限的井场内实现立体式开发，最大限度增加水平段长度，增大泄油面积。

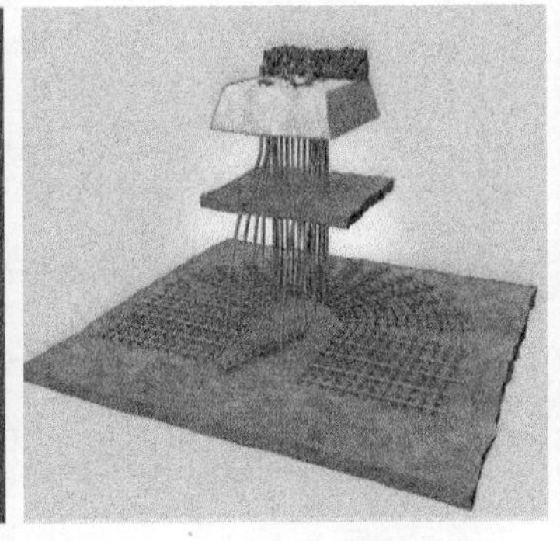

图1 三种井网部署模式

2.1.2 井眼轨迹优化技术

井眼轨迹优化的目的在于以下三个方面：首先在确定井身结构的条件下，井眼轨迹控制整体要方便施工，避免连续高狗腿度井段，要保证施工安全，在易漏、易塌地层减少定向作业；其次，要提高施工效率，降低现场操作难度，轨迹设计工作要简单易操作，尽量争取较多的复合井段和小狗腿度井段；第三，通过井眼轨迹优化满足现场作业要求的同时，要为后续的完井作业提供最优的作业条件，如下套管、固井等。

随着单平台井数和偏移距不断增加，水平井轨迹由五段制逐步优化形成以下3种七段制剖面：“直—增—双稳—降斜及增斜扭方位—增—增—平”（剖面1）、“直—增—双稳—稳斜扭方位—增斜微扭方位—增—平”（剖面2）和“直—增—双稳—增斜扭方位—增—增—平”（剖面3）[3]，如图2所示。七段制剖面较五段制、六段制控制要素更明确，方便现场技术人员控制，井眼轨迹平滑，钻井过程中的摩阻扭矩比其他类型剖面小，可以满足偏移距大于

1000m、水平段长2000m三维水平井施工，适合入窗前储层变化时调整找油[4]。其中“直—增—双稳—稳斜扭方位—增斜微扭方位—增—平”的摩阻、扭矩最小，水平段延伸能力最长，如图3所示。

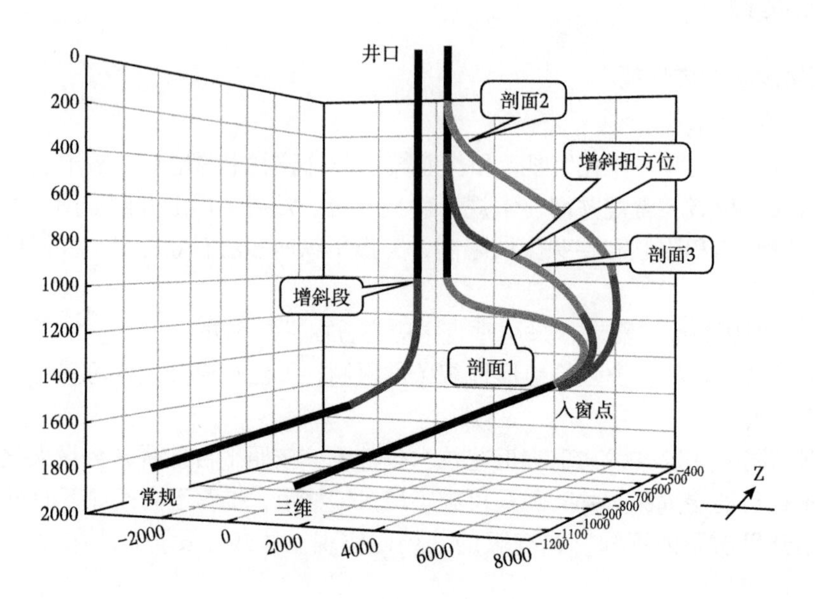

图2　三种剖面设计方法

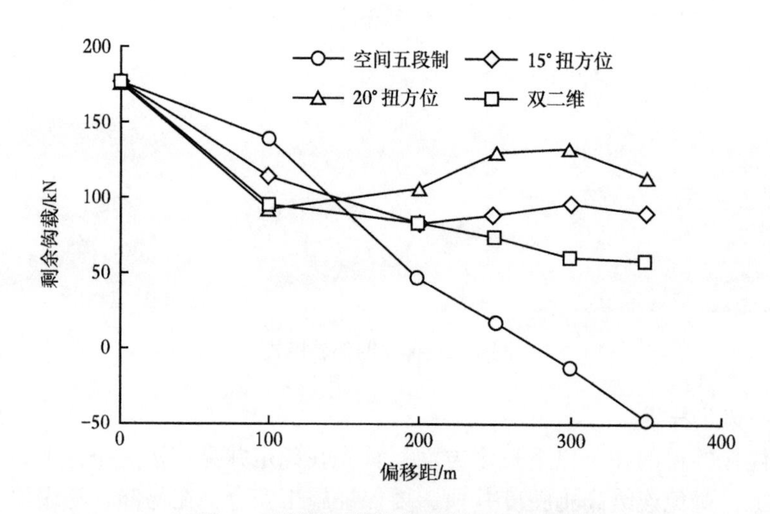

图3　不同剖面设计偏移距和摩阻关系

2.1.3　轨迹防碰技术

平台井口距离为6~8m，在大平台开发模式下，数量众多的井位给井眼轨迹及防碰设计带来了巨大挑战。立足“整体设计、主动防碰”理念，针对大平台丛式井开发防碰压力形成了以下5步技术措施：

（1）平台井眼轨道整体批量优化设计，把整个平台统筹规划，设计软件初步形成最优轨迹防碰设计。

（2）井口与靶点自寻优分配，单井实行井口与靶点的自动优化加人工校正。

（3）针对“小－中－大”偏移距，分别采用五段、六段和七段式不同轨迹设计模式。

（4）引入井序三分法预分防碰、井眼分离系数与交碰概率模型。

（5）智能防碰预警技术，开发了井眼轨道整体设计与智能防碰预警软件，对施工井实行实时检测，确保施工安全。

基于以上5点技术有力保障，助推多层系大平台井组由二维水平井占主导向全三维水平井转变[5]，具体技术流程如图4所示。

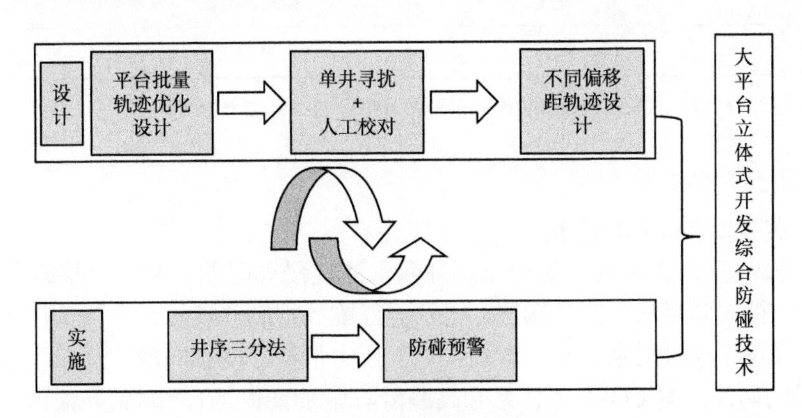

图4 大井丛防碰技术流程图

2.2 高效钻井工艺技术

2.2.1 激进钻进一趟钻技术

基于激进钻进“高钻压、高转速、大排量”理念，在强化钻压50%以上、提高转速20%以上、增加排量10%以上的施工条件下（表1），配套使用CZS系列长寿命PDC钻头、CQWZ系列液力脉动型水力振荡器等关键工具，创建了水平井分井段一趟钻作业模板。破岩能量提高37%，滑动效率提高23%，机械钻速提高13%。

表1 激进一趟钻施工参数对比

参数	钻压（kN）		转速（rpm）		排量（L）		泵压（MPa）	
井型	强化前	强化后	强化前	强化后	强化前	强化后	强化前	强化后
常规油	80	120	70	90	34	38	8	12
油水平	80	120	70	80	34	38	10	15
强化强度	50%		28%		11%		50%	

2.2.2 多模式精准导向钻井技术

陇东页岩油主要属于陆相沉积，其特点是：有机质丰度较高，但非均质性强；层系广泛发育夹层；源储一体，近源聚集，发育多个甜点段；页岩层系甜点段厚度不大且交替发育，但甜点段平面分布范围广。

基于以上特点总结了3种经济高效的三维水平井导向模式：常规螺杆+MWD、近钻头方位伽马导向+MWD、旋转导向，见表2。根据不同的偏移距和水平段长度制定了经济高效的钻具组合模板，实现不同偏垂比、水平段长的导向钻进效益匹配，储层钻遇率、延伸能力及井眼轨迹质量显著提升[7]。

表 2 不同偏垂比下的钻具组合模式优选

偏垂比 \ 水平段长	H ≤ 1000m	1000 < H < 2000m	H ≥ 2000m
$\delta \leqslant 0.1$	模式 1 模式 2	模式 1 模式 2	模式 3
$0.1 < \delta < 0.3$	模式 1 模式 2	模式 2 模式 3	模式 3
$\delta \geqslant 0.3$	模式 3	模式 3	模式 3

模式 1：常规螺杆 +MWD；模式 2：近钻头方位伽马导向 +MWD；模式 3：旋转导向

2.3 安全高效钻井技术

2.3.1 高性能水基防塌钻井液技术

针对水平段泥页岩含量高，易垮塌、井漏、油气侵等问题，基于储层理化性能和力学性能评价，以"微裂隙封堵、离子镶嵌、水活度匹配、抑制滤液侵入、降低压力传递、复合润滑"为核心理论，通过增强抑制、封堵护壁、压力平衡、复合润滑，优选了适用于页岩油储层安全钻进的防漏防塌 CQSP-4 体系和高润滑防塌 CQSP-RH 水基钻井液体系。通过优选关键处理和正交实验，确定了水基钻井液的基本配方。该钻井液体系固相含量低，具有较高的抑制性、良好润滑性及携砂能力，钻井过程中可以有效防止井壁垮塌掉块，大幅度降低摩阻、扭矩，减小了井下岩屑床对钻井施工的威胁，保障了钻具在井下的安全。浸泡后岩石强度较常规水基钻井液提高 25% 以上（图 5），摩阻同比降低 20% 以上，为页岩油井身结构优化及长水平段井安全实施创造了技术条件[8]。

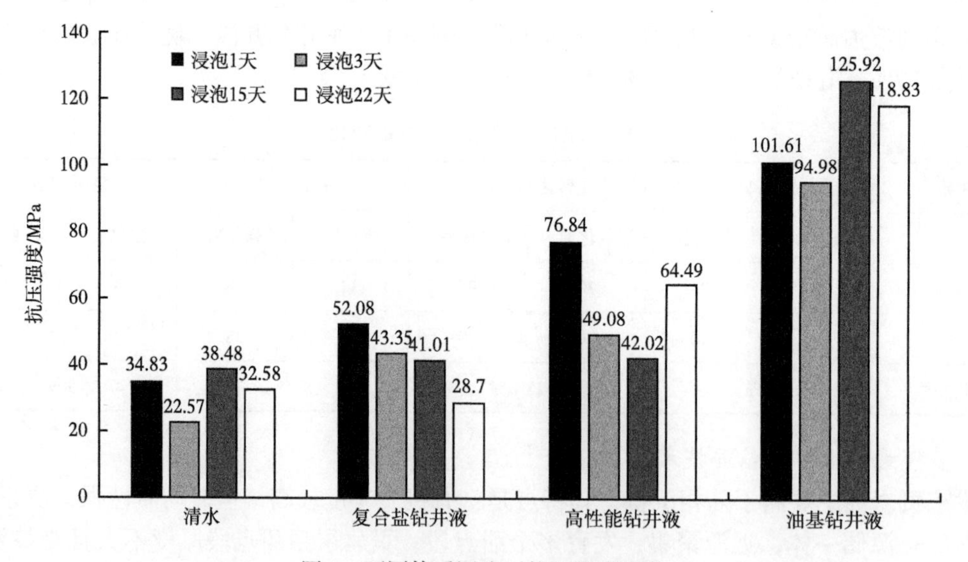

图 5 不同体系浸泡后抗压强度变化

2.3.2 可固化堵漏技术

以"进得去、留得住、可固化"为基点，研发了液柱压力低、滞留能力强的防侵微膨可固化堵漏工作液，见表 3，密度 1.25~1.4g/cm^3，可泵时间 2~8h 可调，在水侵情况下能够形成有效固化体，强度保持率达92%，固化膨胀率大于0.85%，提高恶性漏失地层堵漏成功率，一次堵漏成功率85.7%。

表3 可固化堵漏与常规堵漏性能指标对比

功能项目	注纯水泥堵漏	桥塞堵漏	可固化堵漏工作液
密度 / (g/cm^3)	ρ=1.80~1.90	ρ=1.20~1.50	ρ=1.25~1.40
稠度（BC）	12~18	20~50	40~60 可调，高稠度、易滞留
固化性 /MPa	＞10	无法固化成塞	可固化，固化强度大于 5.5
施工性	必须采用固井车施工	采用循环罐配制	可采用井队循环罐配制
封堵性	无纤维及大颗粒减轻材料、稳定剂加量少	桥塞类堵漏材料	还有 3~12mm 水分散型纤维；含有 15~80 目减轻材料，抗污染
复配性	不可添加堵漏剂	不可添加水泥浆	可复配桥塞堵漏剂

2.3.3 井口密闭控压钻井技术

长庆页岩油区块均处于长庆油田注水开发区，针对异常高压、地层出水控制难度大等技术难题，研制了压力级别为动压 7MPa、静压 14MPa 的单胶芯旋转防喷器系列及配套节流控制系统。制定了不同溢流条件下的井口密闭循环控压钻井工艺技术规范，形成了适合注水区域的井口密闭循环控压钻井技术，其原理与流程图如图 6~7 所示。通过旋转防喷器及控制系统、节流循环控制系统等装备及配套工艺，形成以溢流监测与控制、窄密度窗口地层控压钻井和不同溢流条件下的安全钻进为关键的井口密闭循环钻井技术。该技术具有投入设备少、运行成本低和技术针对性强三大特点，能有效解决页岩油区域注水、钻试同步、工厂化等开发模式导致的溢流出水和溢漏同存难题，使页岩油地层出水复杂平均停钻处置时间减少 80% 以上，保障了大平台井控安全。

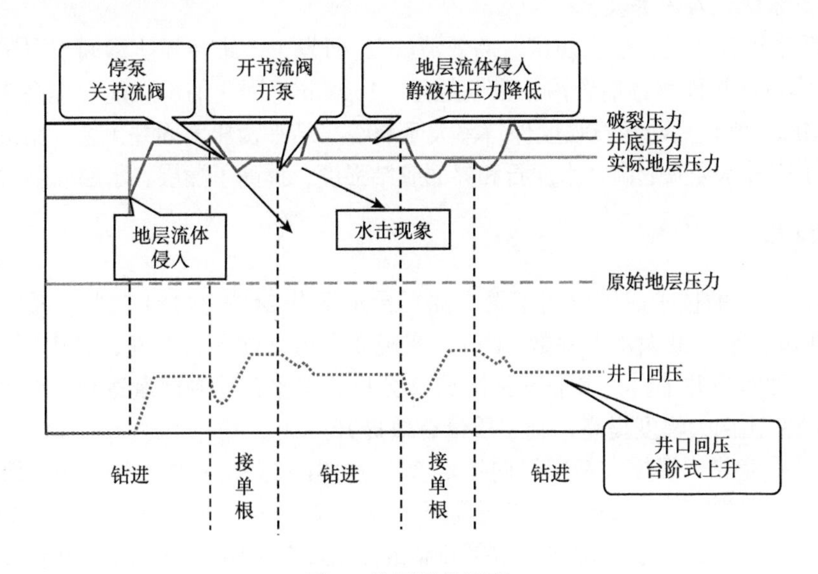

图6 控压钻井原理

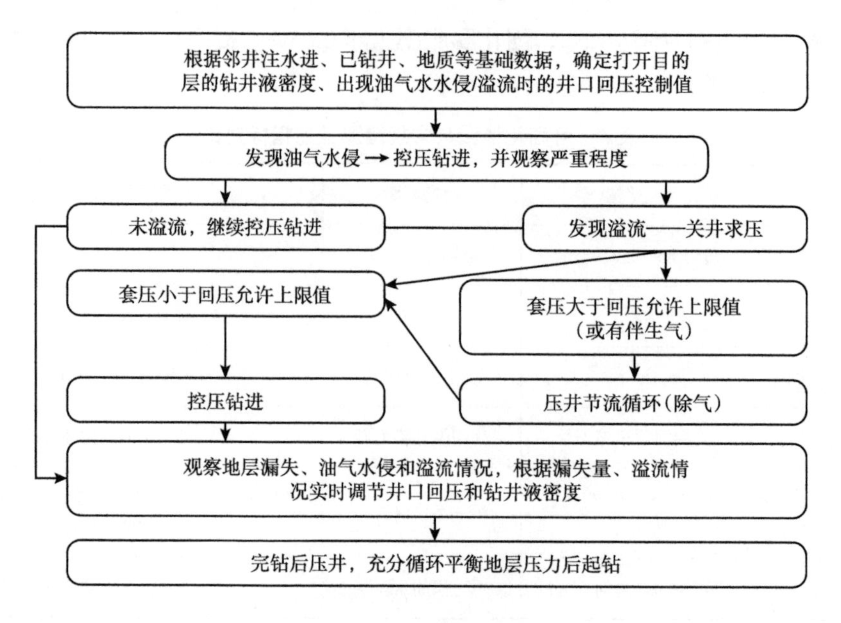

图 7　控压钻井流程图

2.4　高效固井技术

2.4.1　长水平段漂浮下套管配套技术

大平台长水平段下套管一直以来都是大平台开发的难题之一。预应力漂浮接箍主要应用于大位移水平井中，它是在套管柱下部封闭一段空气或低密度钻井液，以减轻整个管柱在钻井液中的质量，从而达到减小摩阻的目的。水力冲击划眼式旋转引鞋能有效引导套管下入，减小套管下端阻力。下套管作业连续循环装置在下套管过程中如果出现漏失、遇阻等复杂时能够通过循环来消除复杂。综合应用以上技术后成功解决了长水平段套管下入摩阻大、下入困难的难题，最终实现了超长水平井套管安全下入。其中，华 HXX 井创造了亚太地区页岩油陆上最长水平段 5060m 的套管安全下入记录。

2.4.2　多压力系统地层固井技术

基于“低密级配防漏、憎水防窜、高效清洗”，研发了多维粒径防渗漏水泥浆体系、韧性防侵水泥浆体系和界面增强前置液，密度低至 1.15g/cm^3，固化前承压能力提高 3~5MPa，24h 抗压强度 7MPa，水侵后水泥石强度保持率大于 90%，结平衡压力固井工艺、精细化浆柱结构设计，保证了固井水泥浆返高、水泥石和界面胶结强度，提高了漏层、水层环空封固质量。

3　应用效果

近年来，研究的技术成果应用于页岩油平台水平井 24 井组 181 口井，其中 3 个平台水平井超过 20 口，平台最大水平井数 31 口，实现 3 个层系同平台开发，其中华 HXX 为亚洲陆上最大页岩油水平井平台，水平段总长 63.2 公里，单平台控制储量达到 1000 万吨。

（1）一趟钻比例大幅度提高，施工质量有效提升。

激进钻井一趟钻、多模式精准导向技术应用于 181 口井，实现大偏移距三维水平井优快钻井，二开井入窗前后分段一趟钻比率提高至 52%，水平段一趟钻突破 3000m，机械钻速提高 13%，储层钻遇率由 75% 提至 86.8%，水平井储量控制提至 90%，其中旋转导向应用于 16 口井，实现全程旋转、井眼轨迹精细控制，保证 2000m 以上水平段顺利实施，最长水平段 5060m。

（2）复杂地层安全作业能力显著提升，复杂处置时间明显降低。

①应用防漏防塌 CQSP-4 体系和高润滑防塌 CQSP-RH 水基钻井液体系，降低了钻进摩阻，防止泥岩层坍塌，浸泡后岩石强度较常规水基钻井液提高 25% 以上，摩阻同比降低 20% 以上。

②控压钻井施工 78 口井，地层出水复杂停钻处置时间降至 4.3h，较常规钻井减少 82%，保障了多个平台井控安全。

③可固化堵漏技术应用于 28 口井，一次堵漏成功率 85.7%，有效解决了多层系、多类型漏失难题，其中华 H90-3 井水平段钻遇 6 个断层，一次堵漏成功，且钻进 3250m 至完钻漏失无复发，支撑该井创 5060m 亚洲陆上最长水平段记录[9]。

（3）漏层、水层固井质量明显提升。

多套压力层系固井配套技术应用 52 井次，一次上返固井返高达标率 98.4%，全井段固井质量合格率由 89.6% 提升至 96.4%，优质率由 77.7% 提升至 89.1%，水平段固井优质井段占比 91.1%，有效解决了低压易漏地层固井返高不足、水层段环空封固质量差的问题。

4　结束语

“十三五”末，先后建立了新疆吉木萨尔和大庆古龙页岩油示范区，代表着页岩油能源在我国油气资源中的地位越来越受到重视。陇东页岩油大平台多层系立体式开发钻完井关键技术在提升钻井效率、节约土地资源、降低单井成本和最大限度动用可采储量等方面效果显著，被评为“2020 年中国石油十大科技进展”之一，是长庆油田近 10 余年来对页岩油开发探索的阶段性成果，也代表了国内页岩油开发的最高水平。其开发模式和技术水平为国内其他页岩油开发单位提供了良好的经验借鉴和技术示范[10]。

参 考 文 献

[1] 付锁堂，金之钧，付金华，等. 鄂尔多斯盆地延长 7 段从致密油到页岩油认识的转变及勘探开发意义 [J]. 石油学报，2021，42（5）：561-569.

[2] 梁晓伟，关梓轩，牛小兵，等. 鄂尔多斯盆地延长组 7 段页岩油储层储集性特征 [J]. 天然气地球科学，2020，31（10）：1489-1500.

[3] 田逢军，王运功，唐斌，等. 陇东页岩油大偏移距三维水平井钻井技术 [J]. 石油钻探技术，49. 网络首发.

[4] 陈志鹏. 旋转地质导向技术在水平井中的应用及体会——以昭通页岩气示范区为例 [J]. 天然气工业，2015，35（12）：64-70.

[5] 白璟. 四川页岩气旋转导向钻井技术应用 [J]. 钻采工艺，2016，39（2）：9-12.

[6] 倪华锋，杨光，张延兵. 长庆油田页岩油大井丛水平井钻井提速技术 [J]. 石油钻探技术，2021，网络首发网址：https：//kns.cnki.net/kcms/detail/11.1763.TE.20210802.1722.004.html.

[7] 彭元超，韦海防，周文兵. 长庆致密油 3000m 长水平段三维水平井钻井技术 [J]. 钻采工艺，2019，42（5）：106-112.

[8] 胡祖彪，张建卿，王清臣，等. 长庆油田华 H50-7 井超长水平段钻井液技术 [J]. 石油钻探技术，2020，48（4）：1-16.

[9] 陈宁，邓凯，陈小荣，等. 可固化堵漏技术在长庆油田的研究与应用 [J]. 中国石油和化工质量与标准，2021，41（3）：157-159.

[10] 苏义脑，路保平，刘岩生，等. 中国陆上深井超深井钻完井技术现状及攻关建议 [J]. 石油钻采工艺，2020，42（5）：527-542.

长庆油田页岩油恒定砂浓度加砂压裂新技术研究与实例分析

仝少凯[1,2]，岳艳芳[1]，左　挺[1]，窦益华[2]，王治国[2]，陈　飞[1]

（1. 中国石油川庆钻探工程有限公司长庆井下技术作业公司；
2. 西安市高难度复杂油气井完整性评价重点实验室）

摘　要：中国页岩油储层压裂改造和规模效益开发是保证国内油气增储上产的重要举措之一，直接影响国内油气供给格局。目前，国内页岩油储层改造采用常规阶梯加砂浓度和尾追高黏液体方式，来实现比较均匀的裂缝内铺砂，但是消耗了大量的液体，有时还不能达到设计的加砂量。为此，采用室内实验和数值模拟方法进行了非常规储层常规阶梯和恒定砂浓度加砂压裂过程中的支撑剂运移和铺置规律研究，据此结合长庆油田华 H100 平台页岩油储层改造泵注程序，对比分析了页岩油常规阶梯和恒定砂浓度加砂压裂技术。分析结果表明，与常规阶梯加砂压裂相比，页岩油储层压裂改造采用恒定砂浓度加砂压裂方式，可以改善铺砂剖面，提高裂缝趾端铺砂浓度，有效支撑缝长；并且可以显著降低入地总液量，减少压裂砂堵风险，降低压裂成本，提高压裂时效。因此，建议川庆钻探公司和长庆油田尽快开展页岩油恒定砂浓度加砂压裂技术矿场试验，为中国陆相页岩油规模效益开发提供新技术支撑。

关键词：页岩油；恒定砂浓度；常规阶梯加砂；储层改造；泵注程序

随着体积压裂技术和细观分析理论的创新发展，压裂技术的重点已聚焦在低成本、绿色环保、高效率和高质量的创新设计和施工作业。某种程度上，大胆、有效、创新的压裂优化设计直接影响着压裂施工的质量和成败。

目前，国内常规储层和非常规储层在压裂施工泵注程序设计上，通常采用常规阶梯加砂浓度和尾追高黏液体方式，来实现比较均匀的裂缝内铺砂，但是消耗了大量的液体，有时还不能达到设计的加砂量（图 1）。因此，针对致密油气和页岩油气非常规储层，特别是长庆油田鄂尔多斯盆地，考虑低压、致密和难返排等问题，控液增砂显然是非常规储层体积压裂增产提效的主要技术解决方案。

根据国外压裂资料调研，恒定加砂浓度（恒定砂比）压裂是非常规储层滑溜水压裂的一种创新方式。我们强烈建议率先在国内长庆油田开展页岩油恒定砂浓度（恒定砂比）加砂压裂技术研究与矿场试验。这是当前一项迫在眉睫的先导性工作，具有重要的工程理论价值和现实意义，预期将大幅降低入地总液量，减少压裂砂堵风险，提高压裂作业效率，降低压裂成本，提高压裂效果和产量，形成一整套非常规储层恒定砂浓度（恒定砂比）加砂压裂技术和泵注参数优化设计方法，为长庆油田页岩油控液增砂压裂优化设计和施工作业提供强有力的技术支撑。

作者简介：仝少凯博士，工程师，2021 年毕业于中国石油大学（北京）油气井工程专业，主要从事非常规油气储层增产改造新技术与工程试验应用研究。通讯地址：陕西省西安市未央区凤城四路长庆大厦（710018）。邮箱：cj_tongsk@cnpc.com.cn。

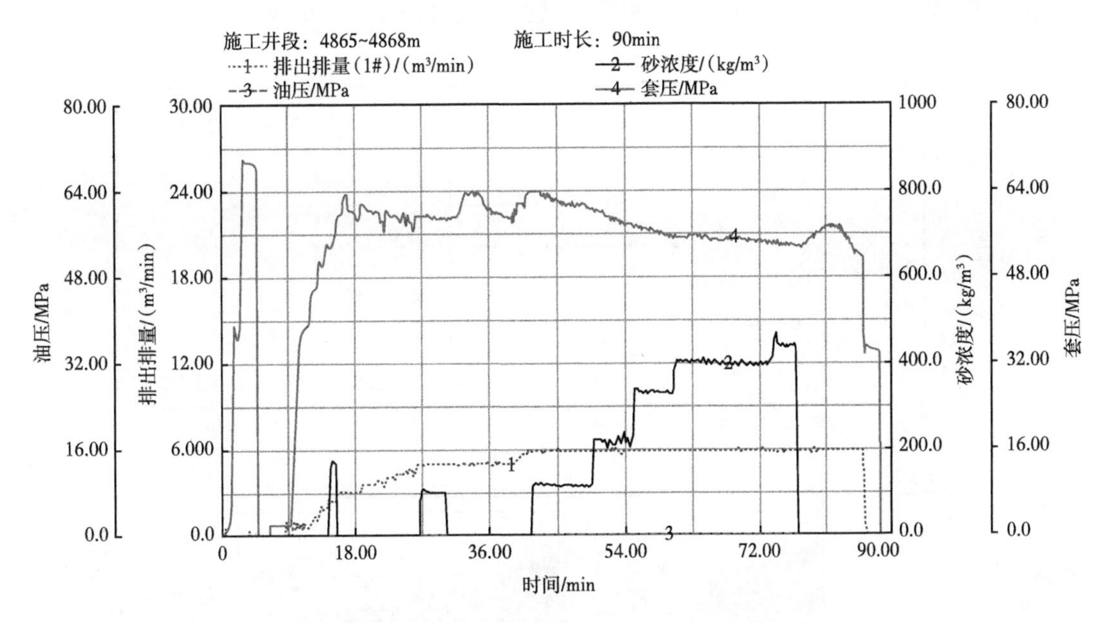

图 1 苏里格致密气藏苏 48-X2 井某段压裂施工曲线

前置液两次砂浓度 103.5kg/m³ 和 101.1kg/m³，阶梯加砂第一阶梯砂浓度 121.7kg/m³，最高砂浓度 439.1kg/m³

1 常规阶梯和恒定砂浓度加砂压裂室内实验与数模对比研究

实验资料表明，在非常规油气储层，采用大规模滑溜水形成的铺砂剖面基本上呈沙丘状。图 2 为采用滑溜水作业时不同支撑剂砂浓度对支撑剂运输和铺置的影响对比图。通过大尺寸平行板实验发现，采用低砂浓度和高砂浓度最后形成的铺砂剖面基本一致。这表明使用滑溜水压裂时，砂浓度对支撑剂运移和最终铺砂剖面并无影响。

(a) 砂浓度68.5kg/m³

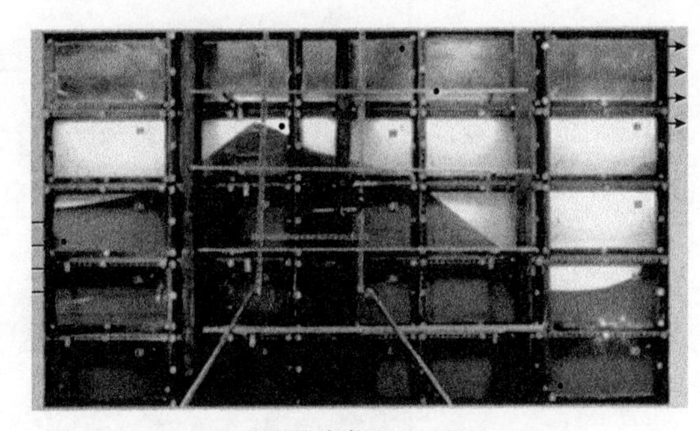

(b) 砂浓度301.5kg/m³

图 2 采用大尺寸平行板实验系统模拟裂缝中用滑溜水时不同砂浓度最终铺砂剖面对比图

从实验角度来看，不论采用高砂浓度或低砂浓度，先后顺序并不重要，只要加砂量足够即可。当然，增加加砂量且能平稳加入，将使裂缝导流能力和渗透率有显著的提高。

此外，采用 PT 软件模拟了在不同注入时间和泵注程序下裂缝几何形状、支撑剂铺置和砂浓度的变化情况，如图 3 和图 4 所示。模拟结果表明，在相同时刻、相同裂缝尺寸下的铺砂剖面基本一致。需要强调的是，不同泵序下相同时刻的加砂量很难保证相同。采用恒定砂浓度加砂压裂方式可以改善铺砂剖面，提高裂缝趾端铺砂浓度，有效支撑缝长。

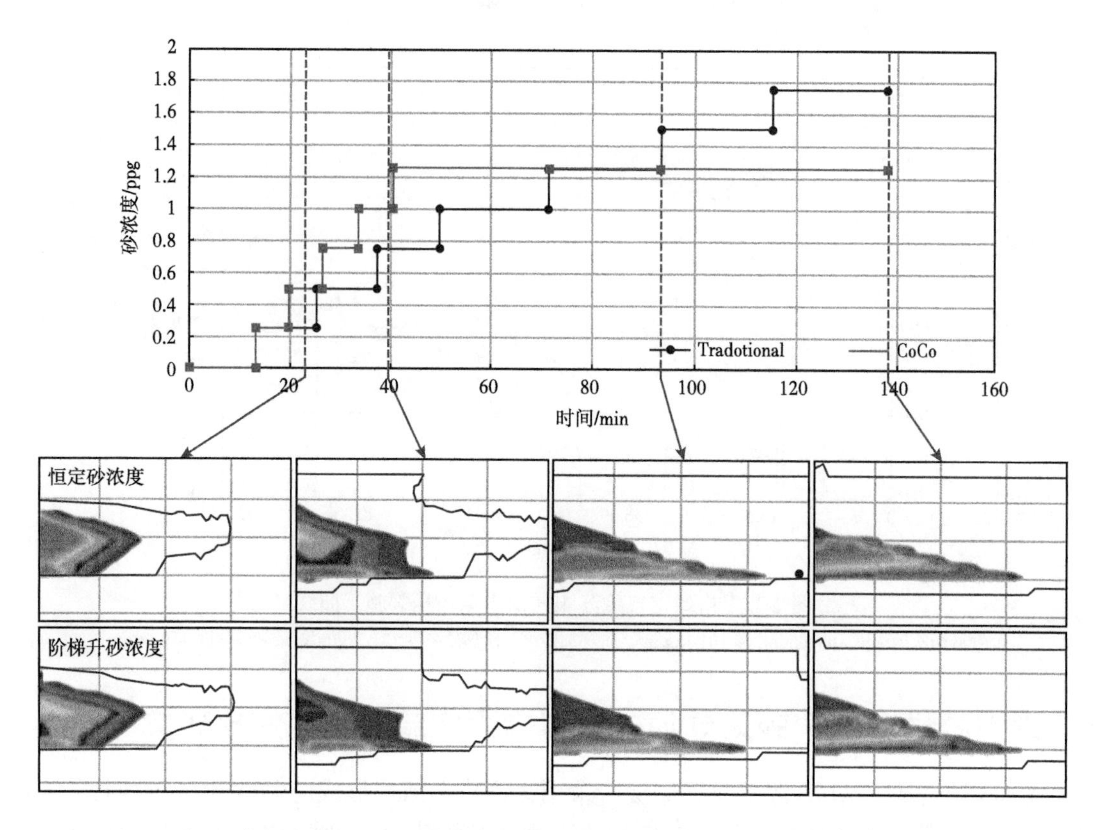

图 3　常规阶梯和恒定砂浓度加砂压裂泵序下裂缝扩展和支撑剂铺置对比图

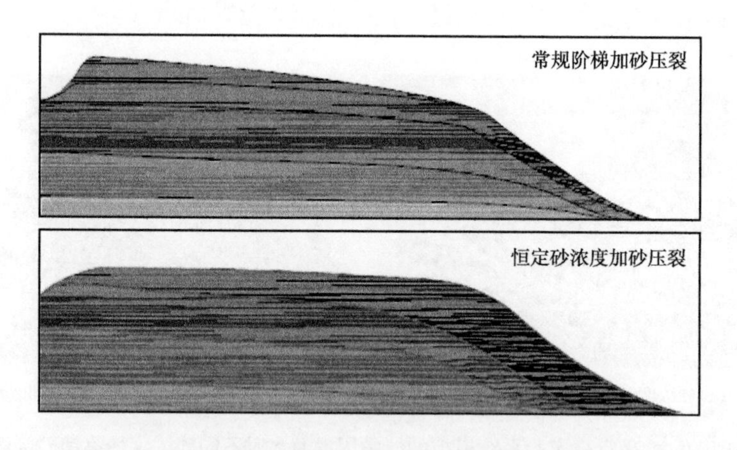

图 4　常规阶梯和恒定砂浓度加砂压裂泵序下裂缝内砂堤铺置形态对比图

图 5 为常规阶梯和恒定砂浓度加砂压裂泵序对比示意图。在实际压裂作业过程中，采用恒定砂浓度泵注程序，需要快速提高砂浓度到预定值，然后保持不变，前置液量较少。恒定砂浓度泵序调低了最大砂浓度，减少了砂堵风险，而且不再使用高黏液体来尾追，100% 滑溜水提高了现场施工效率。

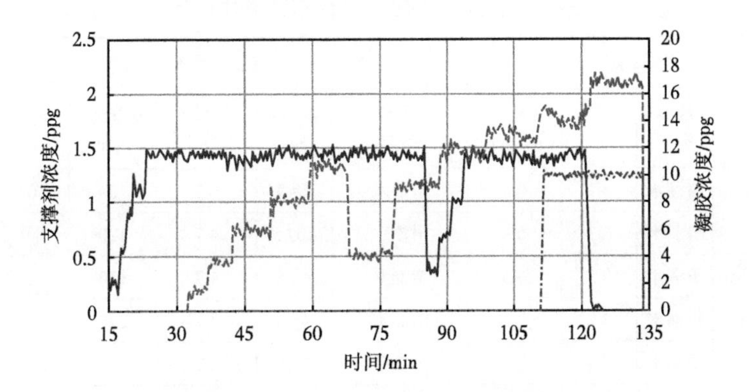

图 5　常规阶梯和恒定砂浓度加砂压裂泵序对比示意图

与此同时，利用恒定砂浓度加砂压裂，地面泵注排量恒定，则地面—井筒系统摩阻恒定，地面施工压力的变化就能直接反映井底压力的变化，更方便判断压裂施工状况，为后续压裂精确分析指挥奠定了基础。因为精确计算不同液体、不同支撑剂类型在不同管径下不同砂浓度的摩阻是极其困难的。

上述物模实验和数模结果表明，针对“非常规油气储层 + 滑溜水 + 小粒径支撑剂”压裂方式，采用恒定砂浓度泵序是可行、有效的，建议长庆油田页岩油储层压裂改造尝试采用恒定砂浓度（恒定砂比）加砂压裂方式替代常规阶梯加砂压裂模式，以实现有效控液增砂，提高压裂施工效率，降低压裂施工风险，降低作业成本，提高压裂井产量。

2　页岩油恒定砂浓度和常规阶梯加砂泵注程序实例分析

以华 H100 平台页岩油体积压裂为例，基于目前页岩油某口井常规阶梯加砂泵注程序，通过技术预处理，进行了滑溜水和小粒径支撑剂条件下恒定砂浓度加砂压裂泵注程序的优化设计，并对比分析了恒定砂浓度和常规阶梯加砂泵序下的注入总液量、砂浓度（砂比）与泵注时间的变化情况。在对比分析中，考虑到恒定砂浓度对液量和砂量比例分配的影响，假定常规阶梯和恒定砂浓度加砂压裂泵序前三或四个阶梯的砂浓度相同，来分析恒定砂浓度的影响程度。实际设计分析中，恒定砂浓度和常规阶梯加砂泵序前几个阶梯的砂浓度可以不同，建议恒定砂浓度加砂压裂泵序前几个阶梯的砂浓度超过常规阶梯加砂压裂泵序中的砂浓度。

特别指出的是，本次实例数据分析仅作为对比证明，如果确定采用恒定砂浓度加砂压裂施工方式，那么需要针对具体井的工程和地质设计，再详细出具该井的恒定砂浓度加砂设计参数和泵注程序。

2.1　预处理的页岩油常规阶梯加砂浓度原始泵注程序

根据最终审批的《华 H100-X5 井试油工程设计》，以华 H100-X5 井某压裂层段设计数据为例，通过预处理得到的数据作为常规阶梯加砂浓度压裂泵注程序的基础数据。

华 H100-X5 井某段压裂泵注程序见表 1。数据显示，前置液中注入了 8.9m^3 砂浓度为 120kg/m^3 的砂量。经过泵注程序试算和分析，对目前采用的表 1 中的数据进行了简化预处理，其预处理的页岩油某一压裂层段常规阶梯加砂浓度原始泵注程序见表 2。表 2 中，设计总砂量为 80m^3，注入总液量为 465.21m^3，施工最高砂比为 29.73%，前置液比例为 37%，平均砂比为 17.20%。本次分析按照表 2 中的基础数据进行。

表 1　华 H100-X5 井某段压裂泵注程序

施工阶段	连续油管注入系统			环空注入系统					阶段时间 / min	支撑剂类型
	液体类型	液量 / m^3	排量 / (m^3/min)	液体类型	液量 / m^3	排量 / (m^3/min)	砂浓度 / (kg/m^3)	砂量 / m^3		
前置液	滑溜水	3.1	0.3	滑溜水	48.9	4.7	0	0	10.4	
	滑溜水	7.3	0.3	滑溜水	109.5	4.7	120	8.9	24.4	40/70 目石英砂
携砂液	滑溜水	3.3	0.3	滑溜水	48.5	4.7	180	5.9	11.0	
	滑溜水	3.2	0.3	滑溜水	45.6	4.7	240	7.4	10.6	
	滑溜水	5.4	0.3	高黏携砂液	75.5	4.7	290	14.8	17.9	
	滑溜水	2.5	0.3	高黏携砂液	34.3	4.7	330	7.4	8.2	20/40 目石英砂
	滑溜水	2.5	0.3	高黏携砂液	34.4	4.7	360	8.1	8.3	
	滑溜水	3.2	0.3	高黏携砂液	43.5	4.7	390	11.1	10.6	
	滑溜水	2.8	0.3	高黏携砂液	38.0	4.7	420	10.4	9.4	
顶替液 22 4286	滑溜水	3.8	0.3	滑溜水	59.7	4.7	0	0	12.7	
砂量 74.0m^3，排量 5.0m^3/min，砂比 19.0%，前置液量 168.8m^3，携砂液量 342.7m^3，前置液比例 33%。										

2.2　页岩油恒定砂浓度加砂压裂泵注程序设计

根据泵注程序的设计方法，在总砂量 80m^3 的前提下，计算设计了恒定砂浓度为 350kg/m^3、360kg/m^3、370kg/m^3、380kg/m^3、390kg/m^3、400kg/m^3、410kg/m^3、420kg/m^3、430kg/m^3、440kg/m^3 和 450kg/m^3 共 11 组恒定砂浓度加砂压裂的泵注程序。

表 2　预处理的页岩油某一压裂层段常规阶梯加砂浓度原始泵注程序

施工阶段	油管注入系统			环空注入系统					阶段时间 / min	支撑剂类型
	液体类型	液量 / m^3	排量 / (m^3/min)	液体类型	液量 / m^3	排量 / (m^3/min)	砂浓度 / (kg/m^3)	砂量 / m^3		
前置液	滑溜水	10.2	0.3	滑溜水	160	4.7		0	34.0	
携砂液	滑溜水	5.3	0.3	滑溜水	79	4.7	120	6.4	17.6	40/70 目石英砂
	滑溜水	4.9	0.3	滑溜水	72	4.7	180	8.8	16.5	
	滑溜水	4.5	0.3	滑溜水	64	4.7	240	10.4	14.9	
	滑溜水	4.2	0.3	滑溜水	59	4.7	300	12	14.1	
	滑溜水	3.9	0.3	滑溜水	54	4.7	350	12.8	13.1	
	滑溜水	3.7	0.3	滑溜水	50	4.7	400	13.6	12.4	
	滑溜水	2.7	0.3	滑溜水	37	4.7	420	10.4	9.1	
	滑溜水	1.4	0.3	滑溜水	19	4.7	440	5.6	4.7	
顶替液	滑溜水	7.9	0.3	滑溜水	17.3	4.7			3.1	

2.3　注入总砂量 80m^3 条件下恒定砂浓度加砂压裂泵序结果

依据表 2 和泵注程序设计结果，描述了常规阶梯加砂和恒定砂浓度加砂压裂过程中注入总液量与恒定砂浓度之间的关系见表 3，根据表 3 绘制的散点图如图 6 所示。

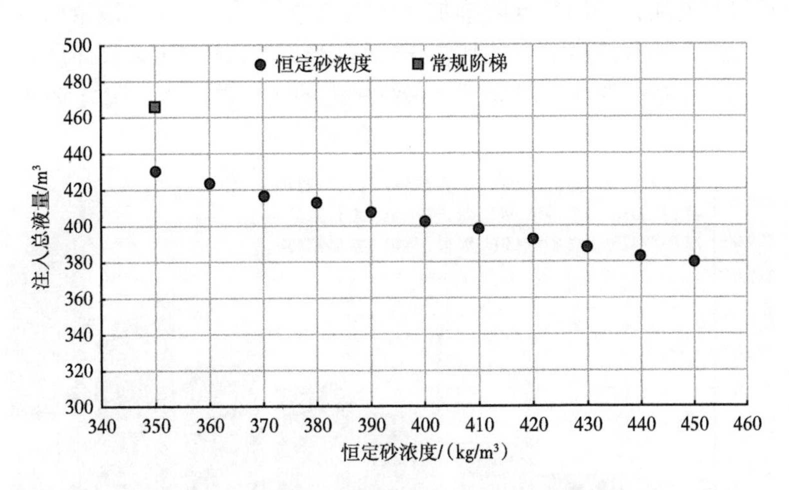

图 6 常规阶梯和恒定砂浓度加砂压裂时注入总液量与恒定砂浓度之间的关系

表 3 常规阶梯和恒定砂浓度加砂压裂泵序注入总液量与恒定砂浓度的关系

加砂方式	恒定砂浓度 /（kg/m^3）	注入总液量 /m^3	减少液量比例 /%
常规阶梯	350	465.21	
恒定砂浓度	350	429.97	7.6
	360	422.78	9.1
	370	415.97	10.6
	380	412.36	11.4
	390	407.09	12.5
	400	402.08	13.6
	410	397.32	14.6
	420	391.79	15.8
	430	387.46	16.7
	440	382.39	17.8
	450	378.45	18.6

由表 3 和图 6 可以看出，在相同注入总砂量 80m^3 的条件下，与常规阶梯加砂泵序相比，采用恒定砂浓度加砂压裂泵序方式可以显著降低入地总液量，减少入地总液量约 18.6% 以内，从而达到控液的目标。同时，在恒定砂浓度超过 420kg/m^3 以后，砂浓度每增加 10kg/m^3，入地液量的减少量基本保持在 4m^3 左右，液量降低幅度较小，此时通过增加恒定砂浓度来降低注入总液量的意义不大。这表明采用恒定砂浓度加砂压裂方式，页岩油压裂时恒定砂浓度存在最优值。因此，建议设计页岩油恒定砂浓度加砂压裂泵序时，最高恒定砂浓度设计在 420kg/m^3 左右最佳。

图 7 为常规阶梯和恒定砂浓度加砂压裂泵序下注入总液量与注入时间的关系。可以看

出，随着注入时间的增加，采用常规阶梯加砂浓度泵序所需的注入总液量以较大的增加速率显著增大。与常规阶梯加砂浓度泵序相比，采用恒定砂浓度加砂压裂泵序所需的注入总液量增加速率较慢，从而在相同的注入时间下，最终所需的入地总液量也随之降低。

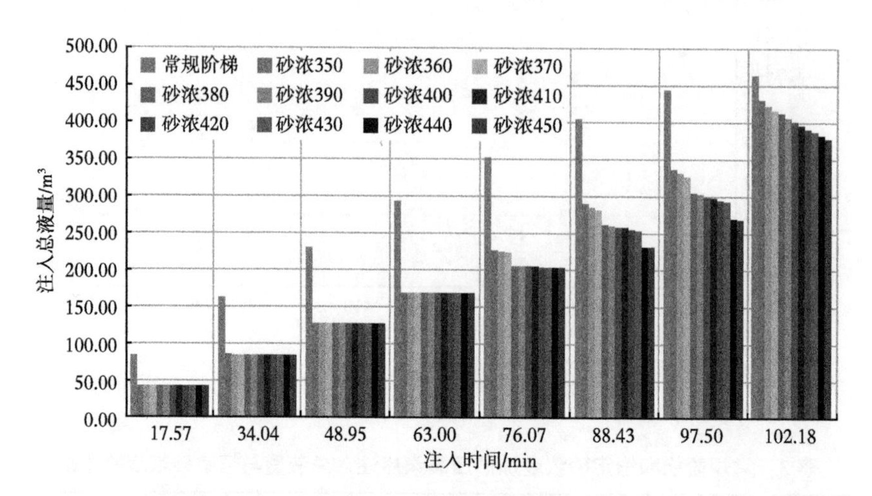

图 7　常规阶梯和恒定砂浓度加砂压裂泵序下注入总液量与注入时间的关系

图 8 为常规阶梯和恒定砂浓度加砂压裂泵序示意图，图 9 为常规阶梯和恒定砂浓度加砂压裂施工砂比对比图，表 4 为常规阶梯和恒定砂浓度加砂压裂泵序中加砂量比例与对应时间的关系。由图 8、图 9 和表 4 总体分析来看，在实际压裂作业过程中，采用恒定砂浓度加砂泵注程序，需要前几个阶梯的注入砂量比例较小，短时间内快速提高砂浓度到最高恒定砂浓度预定值，然后保持不变，这样前置液量较少，加砂阶段恒定砂浓度过程中可以加剩余（设计需要）的更多的砂量，但是注入液量却相应降低。与常规阶梯加砂泵序相比，恒定砂浓度泵序调低了最大砂浓度，加砂台阶减少，最高施工砂比由原来的 29.7% 降低到 25.0%，降低了施工砂堵风险。

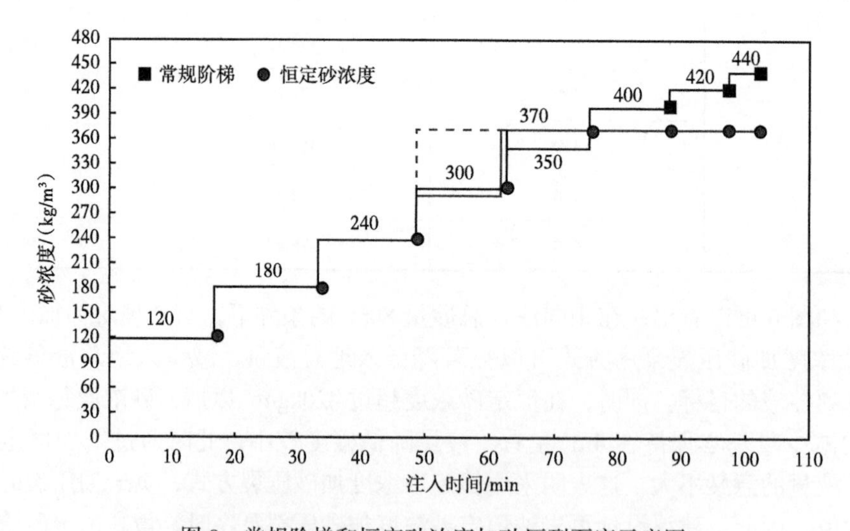

图 8　常规阶梯和恒定砂浓度加砂压裂泵序示意图

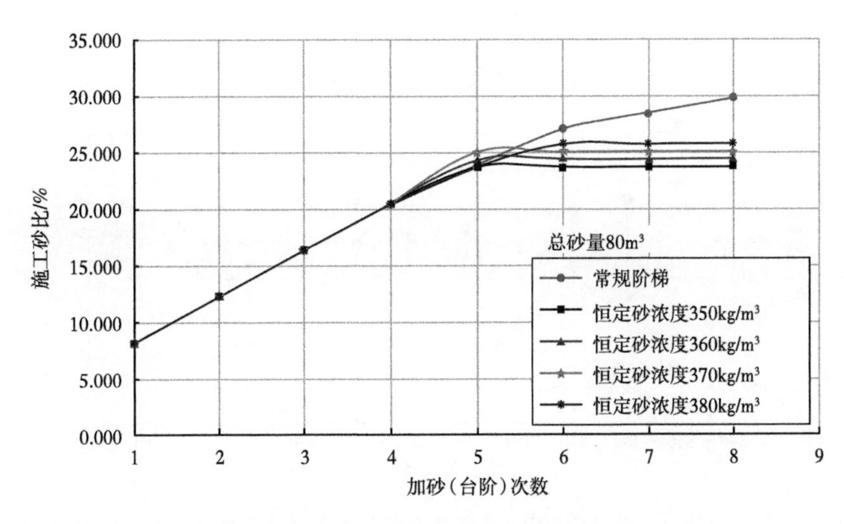

图 9　常规阶梯和恒定砂浓度加砂压裂施工砂比对比图

此外，表 4 结果还表明，与常规阶梯加砂压裂相比，采用恒定砂浓度加砂压裂方式，后期加砂量显著增加，而且注入时间较长，阶梯加砂平均砂比由原来的 17% 提高至 26%，实现有效增砂。

表 4　常规阶梯和恒定砂浓度压裂泵序中加砂量比例与对应时间

常规阶梯			恒定砂浓度		
砂浓度 /（kg/m³）	加砂比例	对应时间 /min	砂浓度 /（kg/m³）	加砂比例	对应时间 /min
120	0.080	17.6	120	0.040	8.8
180	0.110	16.5	180	0.060	9.0
240	0.130	14.9	240	0.080	9.2
300	0.150	14.1	300	0.100	9.4
350	0.160	13.1	370	0.160	12.4
400	0.170	12.4	370	0.170	13.2
420	0.130	9.1	370	0.130	10.1
440	0.070	4.7	370	0.260	20.2

2.4　不同注入总砂量条件下恒定砂浓度加砂压裂泵序结果

按照总砂量 80m³ 条件下恒定砂浓度加砂压裂泵注程序设计的思路与方法，详细设计了注入总砂量 40m³、50m³、60m³、70m³、80m³、90m³ 和 100m³ 条件下，恒定砂浓度为 350kg/m³、360kg/m³、370kg/m³、380kg/m³、390kg/m³、400kg/m³、410kg/m³、420kg/m³、430kg/m³、440kg/m³ 和 450kg/m³ 共 77 组恒定砂浓度加砂泵注程序及其相应的 7 组常规阶梯加砂基础泵注程序。根据设计的泵注程序，绘制了常规阶梯和恒定砂浓度加砂压裂过程中不同总砂量条件下注入总液量与恒定砂浓度之间的关系散点图（图 10~图 16）。结果表明，随着注入砂量或设计砂量的增加，常规阶梯和恒定砂浓度加砂压裂所需的注入总液量随之增加，符合实际压裂情况；与常规阶梯加砂压裂泵序相比，在恒定的总砂量条件下，采用恒定砂浓度加砂压裂方式，通过增大最高恒定砂浓度设计值可以显著降低入地总液量，达到控液目的。

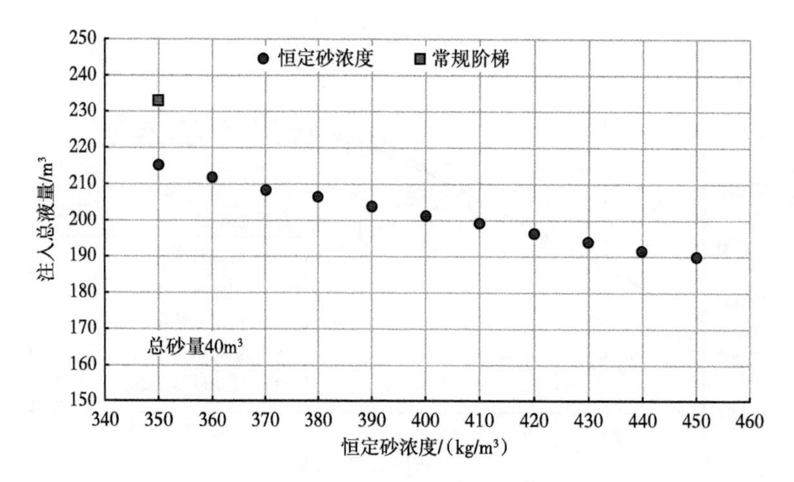

图 10　总砂量 40m³ 条件下常规阶梯和恒定砂浓度加砂压裂时注入总液量与恒定砂浓度之间的关系

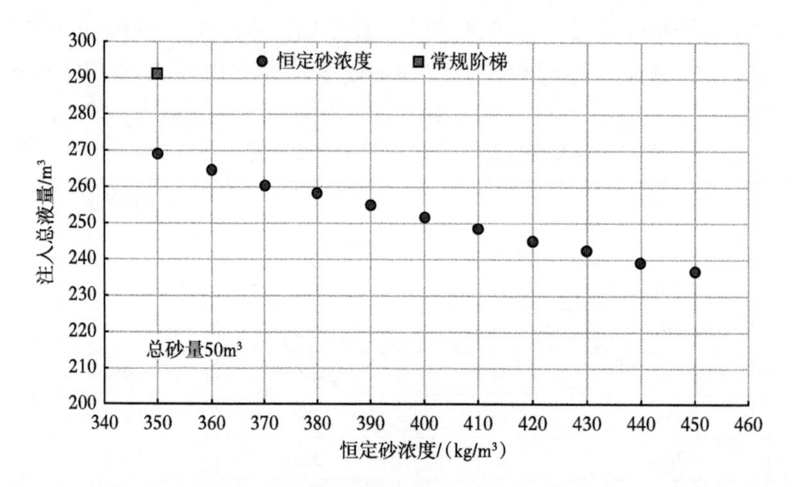

图 11　总砂量 50m³ 条件下常规阶梯和恒定砂浓度加砂压裂时注入总液量与恒定砂浓度之间的关系

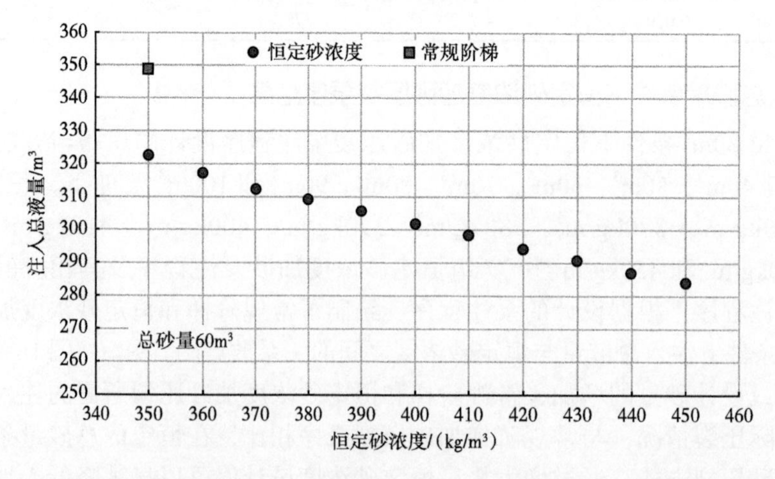

图 12　总砂量 60m³ 条件下常规阶梯和恒定砂浓度加砂压裂时注入总液量与恒定砂浓度之间的关系

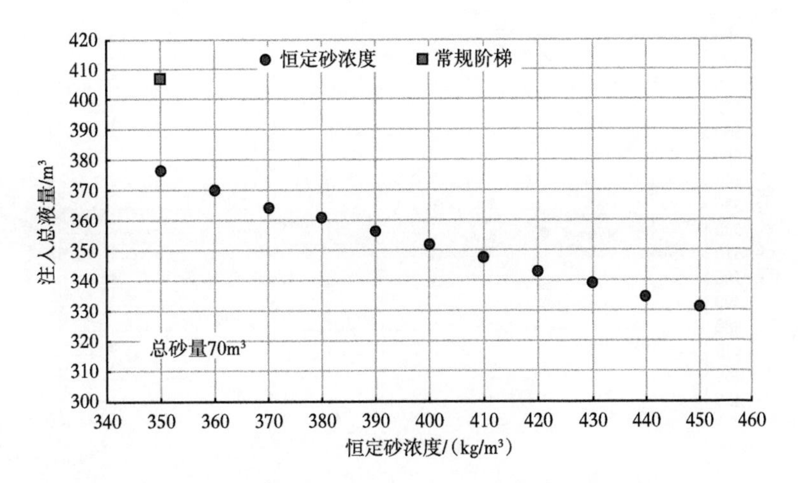

图 13　总砂量 70m³ 条件下常规阶梯和恒定砂浓度加砂压裂时注入总液量与恒定砂浓度之间的关系

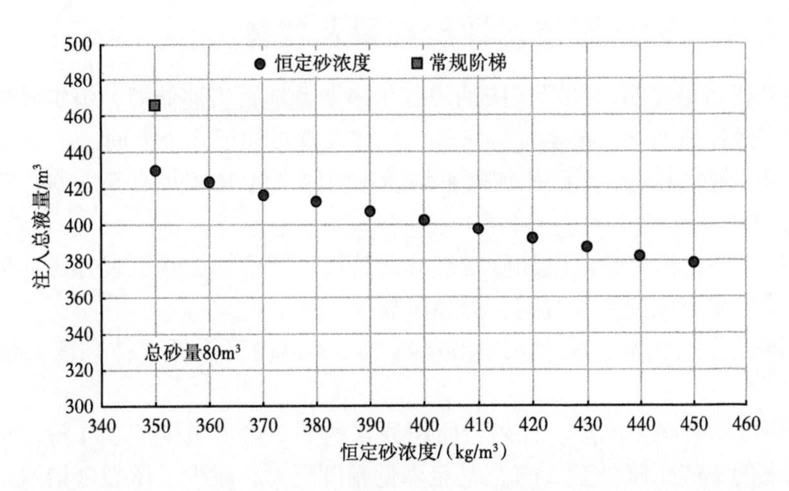

图 14　总砂量 80m³ 条件下常规阶梯和恒定砂浓度加砂压裂时注入总液量与恒定砂浓度之间的关系

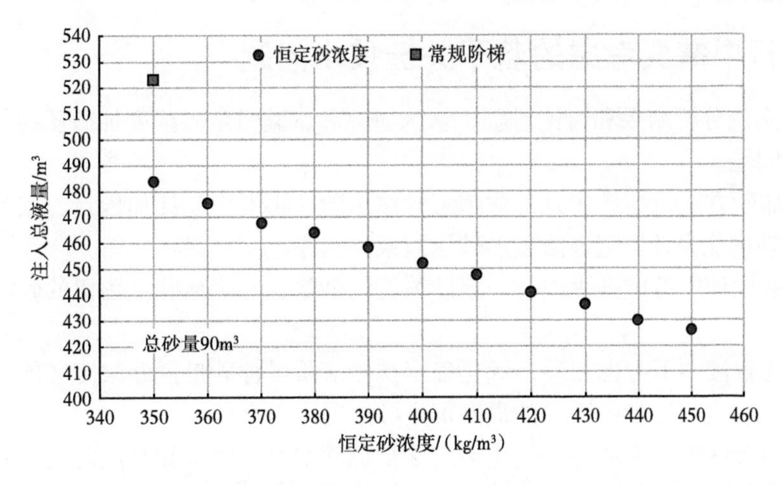

图 15　总砂量 90m³ 条件下常规阶梯和恒定砂浓度加砂压裂时注入总液量与恒定砂浓度之间的关系

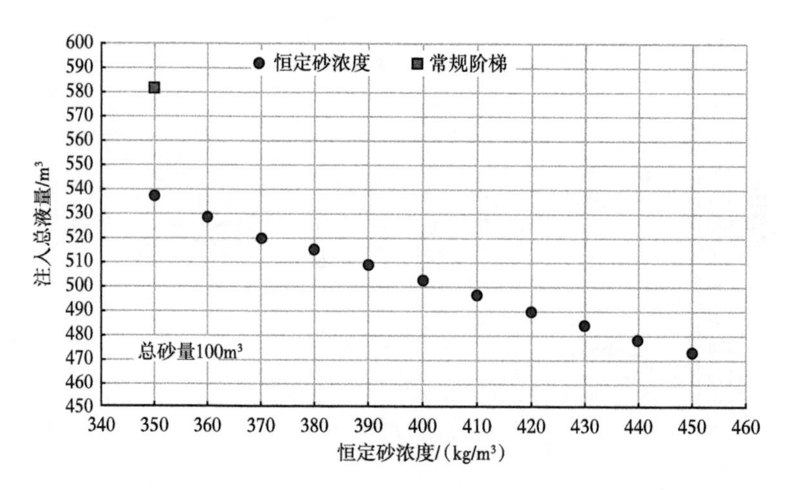

图 16　总砂量 100m³ 条件下常规阶梯和恒定砂浓度加砂压裂时注入总液量与恒定砂浓度之间的关系

3　恒定砂浓度加砂压裂技术评价结果及优势

上述实例分析结果表明，针对长庆油田鄂尔多斯盆地页岩油储层，恒定砂浓度加砂压裂技术能够实现有效控液增砂，技术优势显著，具体表现在如下几个方面。

（1）控液增砂的效果显著。阶梯加砂平均砂比由原来的 17% 提高至 26%，降低入地液量约 18.6% 以内。

（2）采用中高砂比恒定砂浓度加砂压裂方式替代传统阶梯加砂压裂方式，可以缩短低砂比携砂阶段，降低单段压裂作业时间，提高压裂施工效率。

（3）显著降低作业成本。减少入地液量约 18.6% 以内可降低液体黏度，预期节约成本 10% 以上。

（4）显著降低压裂施工风险。加砂台阶由原来的 6~8 阶可减少至 3~4 阶，单段压裂施工最高砂比由原来的 29.7% 降低至 25%，甚至降低幅度更大，减少了压裂砂堵风险。

上述控液增砂、作业效率、作业成本、施工风险等技术指标的量化，需要进一步通过恒定砂浓度加砂压裂技术矿场试验及推广应用的效果评价来确定。

4　研究分析中需要考虑的若干关键技术问题

根据上述实例分析结果和讨论过程，认为研究和试验恒定砂浓度加砂压裂技术需要考虑如下关键技术问题。

（1）根据加砂方式，始终优先考虑施工砂堵风险，再考虑设计加砂量、液量以及对应的泵注时间，合理优化设计恒定砂浓度加砂压裂泵注程序。

（2）前置液设计中考虑是否预留一定砂浓度的砂量，并优化确定预留的砂浓度值和加砂时间。

（3）如果前置液中不考虑加砂，优化确定携砂液阶段加砂最低砂浓度和前三或四个阶梯的砂浓度值，并确定恒定加砂阶段的最高恒定砂浓度。

（4）如果前置液中考虑加砂，优化确定该最低砂浓度、砂量和泵注时间，并以此作为第一加砂阶梯，优化后续二个或三个阶梯砂浓度，同时确定恒定加砂阶段的最高恒定砂浓度。

（5）研究讨论恒定砂浓度对加砂量比例和泵注时间的影响。

（6）关于增砂的考虑。在满足设计砂量的前提下，研究探讨通过恒定砂浓度加砂泵序实现储层裂缝内“增砂”，需要给出一个有力的证据。判断是否可以采取图 17 所示的恒定增砂方案。

（7）关于支撑剂优化组合的问题。针对长庆油田鄂尔多斯盆地非常规储层地质、成藏条件，在深层页岩油开发中，是否需要在恒定砂浓度加砂压裂设计中考虑支撑剂的优化组合问题，如 70/140 目—40/70 目—20/40 目石英砂的比例组合，需要进一步通过室内实验或泵注程序来论证。下一步将开展平行板动态携砂实验及数模研究，掌握不同粒径支撑剂在裂缝中的铺置规律，优选出适合恒定砂浓度压裂的最优支撑剂组合。

（8）关于产量增加和试验井场部署的问题。建议在国内长庆油田页岩油区块优选部署相关试验井组，开展恒定砂浓度控液增砂压裂工艺矿场对比试验，评价压裂效果，再制定推广应用方案，进行规模化应用。

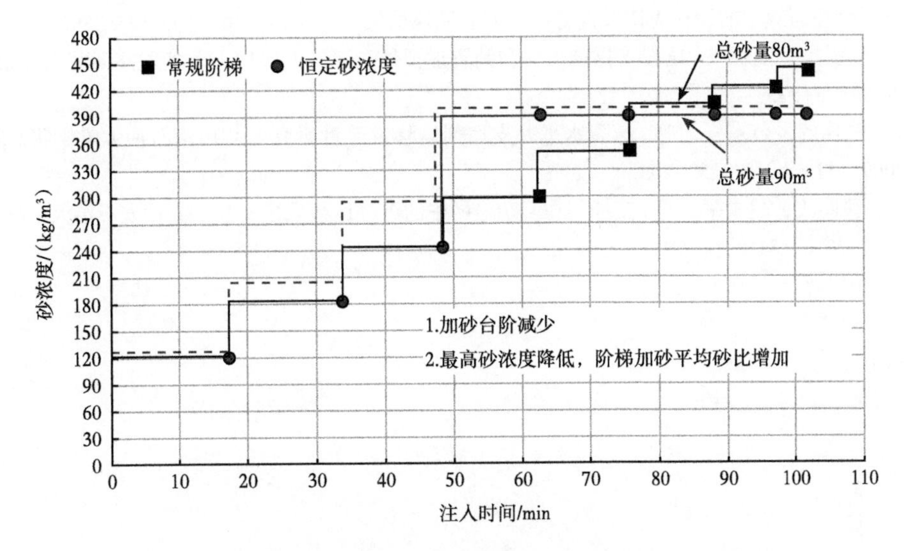

图 17　恒定砂浓度加砂压裂“增砂”泵注程序考虑的示意图

5　结论与建议

（1）数据结果表明，与常规阶梯加砂压裂相比，页岩油储层压裂改造采用恒定砂浓度加砂压裂方式，可以显著降低入地总液量，减少压裂砂堵风险，降低压裂成本，提高压裂时效。因此，建议尽快开展页岩油和致密油气恒定砂浓度加砂压裂技术矿场试验。

（2）采用恒定砂浓度加砂压裂方式由于降低了入地总液量，而且加砂量足够，可能有助于压后返排过程中储层出砂的控制，使储层裂缝中存储的砂量增多，但需要进一步的矿场试验论证。

（3）实际压裂设计分析中，恒定砂浓度和常规阶梯加砂泵序前几个阶梯的砂浓度可以不同，建议恒定砂浓度加砂压裂泵序前几个阶梯的砂浓度超过常规阶梯加砂压裂泵序中相应阶梯的砂浓度，并在施工作业中以较短的时间提升至最高恒定砂浓度值，然后保持稳定，直至携砂阶段结束。

参 考 文 献

[1] 蒋廷学，卞晓冰，侯磊，等 . 粗糙裂缝内支撑剂运移铺置行为试验 [J]. 中国石油大学学报（自然科学版），2021，45（6）：95-101.

[2] 林啸，杨兆中，胡月，等 . 页岩体积压裂支撑剂铺置运移模拟及其应用 [J]. 大庆石油地质与开发，2021，40（6）：151-157.

[3] 潘林华，王海波，贺甲元，等 . 水力压裂支撑剂运移与展布模拟研究进展 [J]. 天然气工业，2020，40（10）：54-65.

[4] 沈云琦，李凤霞，张岩，等 . 复杂裂缝网络内支撑剂运移及铺置规律分析 [J]. 油气地质与采收率，2020，27（5）：134-142.

[5] 张珈铭，任宗孝，邱茂鑫，等 . 压裂水平井支撑剂运移规律研究进展 [J]. 世界石油工业，2020，27（1）：58-62.

[6] 张矿生，张同伍，吴顺林，等 . 不同粒径组合支撑剂在裂缝中运移规律模拟 [J]. 油气藏评价与开发，2019，9（6）：72-77.

[7] 狄伟 . 支撑剂在裂缝中的运移规律及铺置特征 [J]. 断块油气田，2019，26（3）：355-359.

[8] 战永平，温庆志，段晓飞 . 压裂支撑剂运移和铺置虚拟仿真装置的应用 [J]. 实验室研究与探索，2016，35（6）：74-76+82.

[9] 郭建春，曾凡辉，余东合，等 . 压裂水平井支撑剂运移及产量研究 [J]. 西南石油大学学报（自然科学版），2009，31（4）：79-82+203.

[10] 温庆志，段晓飞，战永平，等 . 支撑剂在复杂缝网中的沉降运移规律研究 [J]. 西安石油大学学报（自然科学版），2016，31（1）：79-84.

页岩油储层电脉冲压裂基础研究进展

岳艳芳[1]，仝少凯[1,2]，张宏忠[1]，窦益华[2]，王治国[2]，左　挺[1]

（1. 中国石油川庆钻探工程有限公司长庆井下技术作业公司；2. 西安市高难度复杂油气井完整性评价重点实验室）

摘　要：本文提出了采用（高压）电脉冲技术对储层进行压裂改造的新方法。针对电脉冲压裂，详细介绍了基于“液电”效应理论的电脉冲压裂原理，利用电脉冲实验装置研究了电脉冲压裂原理的可行性和真实工况环境条件下的电脉冲压裂实验，并采用有限元数值模拟技术进行了电脉冲压裂损伤模拟，分析了影响电脉冲压裂效果的因素。实验结果表明，电脉冲压裂的机理是通过“液电”效应引起流体相变，产生压力波，并传播到岩石转换成弹性波，在岩石内部进一步传播，破裂岩石，形成裂缝；电脉冲压裂刺激储层，有利于突破井筒周围复杂应力场，形成多个方向的裂缝；当注入电能超过岩石损伤的能量阈值时，岩石的渗透率、裂缝面积显著增加。研究结果证实，电脉冲压裂在页岩储层压裂改造中有一定的效果，同时对避免储层伤害、重复压裂可能具有一定的应用潜力。

关键词：电脉冲压裂；致密储层；页岩油；渗透率；研究进展

中国页岩油资源比较丰富，高效开发这类油气资源已成为保障国家能源供给的重要举措之一。水力压裂作为一种增储增产工艺技术，在难开采油气储层改造中得到了广泛应用，取得了显著的增储增产效果。然而，由于页岩储层特殊的岩性，储层改造和开发难度大，采用大规模体积压裂改造技术难以达到高效改造增产目标，同时造成了储层伤害，消耗了大量淡水资源，增加了压裂成本。因此，为了减少压裂规模作业对大量淡水的需求，大幅提高储层有效裂缝改造体积和油气井产量，寻找绿色环保水力压裂替代方案（如无水压裂），创新提出了采用电脉冲方法进行储层压裂改造。以该新方法为目标，试图开展电脉冲压裂技术研究与试验，获得电脉冲压裂与不同岩石的作用机制和波及范围，有望提高储层渗透率和压裂效果，实现绿色环保，为推动电脉冲压裂技术的发展和应用提供技术支撑。

电脉冲压裂技术是一种低能耗、低伤害的新型油气藏增产技术手段，具有良好的应用前景。针对电脉冲压裂技术，国外学者和石油公司开展了前沿性研究工作，取得了有价值的认识和成果。早在 2005 年，法国道达尔石油公司（TOTAL）提出了“Blue Sky”研究计划，致力于致密气藏增产改造技术研究。在这样的非常规致密储层，渗透率在毫达西级别

作者简介：岳艳芳，硕士，工程师，2013 年毕业于西安石油大学油气田开发专业，主要从事非常规油气储层压裂改造设计研究。通讯地址：（710018）陕西省西安市未央区凤城四路长庆大厦。电话：15029000460。邮箱：yueyf2020@cnpc.com.cn。

通讯作者：仝少凯，博士，工程师，2021 年毕业于中国石油大学（北京）油气井工程专业，主要从事非常规油气储层增产改造新技术与工程试验应用研究。通讯地址：（710018）陕西省西安市未央区凤城四路长庆大厦。电话：13709225815。邮箱：cj_tongsk@cnpc.com.cn。

（覆压基质渗透率小于 0.1mD），水力压裂效率不高。压裂后，观察到天然气产量急剧下降。出于降低压裂成本和寻找水力压裂替代方案的考虑，道达尔石油公司资助了法国联邦实验室开展的“电脉冲压裂实验研究”项目，研究周期从 2008 年到 2012 年，在此期间对 300 个岩石样本进行了电脉冲压裂实验，证明了电脉冲压裂有一定的效果。2020 年，休斯敦大学 M.Y. Soliman 教授分享了电脉冲压裂实验最新研究进展。研究结果表明，与以往的电脉冲压裂不同，将铝质熔丝加入水中，电脉冲放电产生的冲击波的能量显著提高，能够将岩石炸裂，但不能确定是否会对井筒造成破坏。这一研究结果让人振奋，试想一下，如果压裂液中的铝离子含量很高，采用电脉冲压裂也许可以在裂缝深部进行改造，由于摧毁力极强，可能不需要支撑剂即可形成无支撑的裂缝，但是能否达到目前非常规储层的改造强度还有待现场观察和验证。

此外，国内采用电脉冲压裂技术主要用于煤层增透增产作业，在页岩储层的研究较少。2016 年，中国科学院电工研究所付荣耀等人根据液电效应原理，采用高压电脉冲放电对模拟岩样及实际页岩样进行了压裂实验研究。通过实验表明，高压电脉冲能够在岩样中造成非常明显的裂缝，可以在多个方向上造出多条具有一定高度的裂缝，近井筒裂缝无明显的扭曲，裂缝的形态与放电电压、能量及放电次数有关，且具有一定的导流能力，为国内页岩储层电脉冲压裂的现场试验提供了参考。

为了进一步了解电脉冲压裂作用机制和压裂效果，在前人研究的基础上，首先给出了基于“液电”效应理论的电脉冲压裂原理，然后利用电脉冲压裂实验装置研究了电脉冲压裂原理的可行性和真实工况环境条件下的电脉冲压裂效果，最后采用有限元数值方法模拟了电脉冲压裂损伤过程，分析了影响电脉冲压裂效果的因素，为发展电脉冲压裂技术和研制高压电脉冲压裂现场试验装备（工具）奠定坚实的理论基础。

1 电脉冲压裂原理

电脉冲信号是指在短暂时间间隔内发生突变或跃变的电压或电流信号。电脉冲压裂（Electrohydraulic Fracturing 或 Pulsed-Power Stimulation）主要采用放电电压脉冲信号。电脉冲压裂对岩石的破坏作用主要表现在脉冲压力波的动态冲击作用，其原理是将放电电极放入水中，在水中脉冲放电，产生冲击压力波或激波，冲击压力波传递并作用于岩石，使岩石破裂，形成裂缝。电脉冲压裂具有成本低、操作简便、冲击波大小和放电次数可控的优点。目前，电脉冲压裂可分为低压电脉冲压裂和高压电脉冲压裂。低压电脉冲压裂以“液电”效应理论为基础，水中间隙的击穿过程可由先导或流注理论来解释。在低压情况下，电极端部场强较低，难以形成先导，加在电极上的电压使液体介质中有传导电流流过，使得电极附近的水受到加热并气化，在电极间隙中形成气体小桥，沿着这个小桥进一步形成放电通道，发展为间隙击穿。高压电脉冲压裂技术以“液电”效应理论为基础，水中间隙的击穿过程可由热力击穿理论来解释。热力击穿情况下，击穿延时较长，通常为几百微秒至数毫秒。在通道击穿后电容器储存的能量迅速向液体中放电通道释放，在通道中形成电弧放电。电弧高温引起通道内压力升高，形成脉冲压力波，产生的压力幅值可达几十甚至数百 MPa。放电电流可达几十 kA，放电时间在几十 μs 至数百 ns，瞬时温度可达数千 K，瞬时功率可达数百 MW。

2 电脉冲压裂原理性实验

2.1 电脉冲压裂实验装置及实验过程

图 1 所示为电脉冲压裂实验装置。该技术就是通过电脉冲在液体中产生电弧，放电产生冲击波，传递给岩石，引起岩石破裂。正如图 1 所描述的，两个电极放在充满水的井筒中，电极之间电脉冲放电，产生压力波，施加在压裂储层岩石上。该压力波的振幅可达 200MPa，而持续时间大约为 100μs。这种压力波通过井筒内的流体传播到岩石，并随着流体传播距离的增加，产生密度递减的微裂缝。

为了研究电脉冲压裂岩石的可行性，前期已经进行了初步的实验。其目标是调查裂缝和由于压缩冲击波引起的损伤之间的实验相关性。压力波在水下产生，然后传播到直径 100mm、高度 125mm 的圆柱形岩样试件上。压缩冲击波的振幅是由电脉冲产生的大量能量所决定的。微裂缝和压缩损伤是由加载过程中泊松效应产生的局部扩展所引起的，其中考虑了单一和重复的冲击波影响。

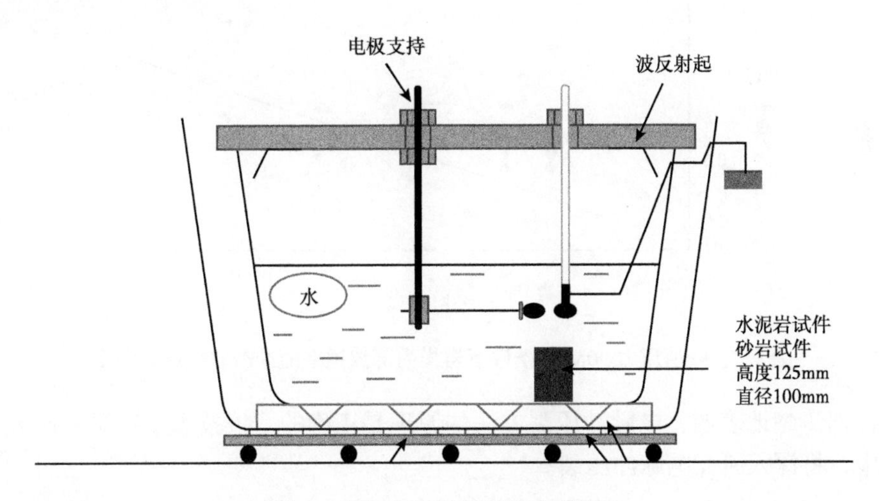

图 1　电脉冲压裂实验装置结构图

2.2 结果与讨论

我们进行了两组实验，在第一组实验中，在可变压力水平下，岩样试件受到单一冲击波的影响。设定峰值压力范围为 0~250MPa（0，15，30，45；60，90，180 和 250MPa），岩样内部渗透率随峰值压力的变化如图 2 所示。当冲击波峰值压力低于 90MPa 时，渗透率没有显著的变化，在该范围尺度内的实验数据范围为 0.02~0.06mD，这是一个相当平常的零散的岩样的固有频率。当压力波峰值从 90MPa 增加到 250MPa 时，岩样的内部渗透率在半对数曲线上几乎呈线性增加。

在第二组实验中，岩样试件在 90MPa 恒定压力水平下重复电击，在单试件上冲击波的数量施加范围为 1~10，实验结果如图 3 所示。岩样内部渗透率随冲击波数量的增加而增大，这种增长在散点数据上跨越了一个数量级。在以上 8 个冲击下，部分岩样试件呈现宏观裂纹，而非宏观裂纹可以测量整体渗透率，只是超出了仪器的测量范围。流出的流体超出了流量计的使用范围，10 次冲击的数据点可能低估了平均渗透率，因为当岩样试件开裂时渗透率要高的多。

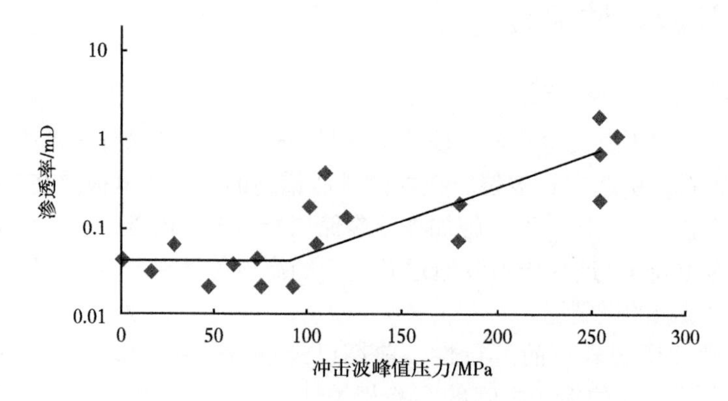

图 2　岩样内部渗透率随冲击波峰值压力的演变

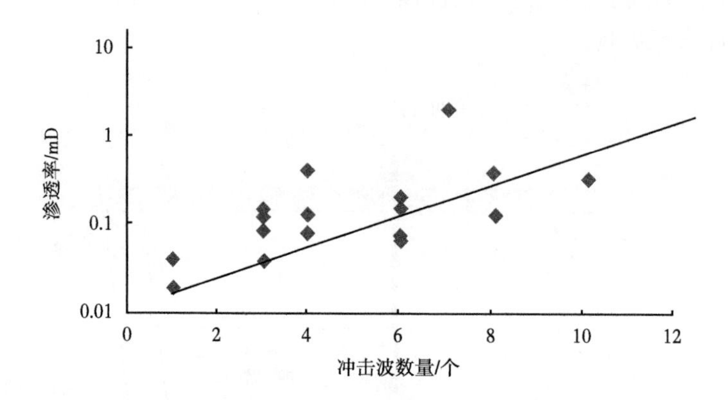

图 3　在峰值压力 90MPa 条件下岩样内部渗透率随冲击波数量的演变

这些数据清楚地表明，电脉冲压裂方法的原理是正确的，该技术值得深入研究。在接下来的研究中，将深入研究电脉冲压裂。

3　模拟真实工况条件下的电脉冲实验

3.1　实验流程及装置

为了描述代表工况环境的实验，首先给出了实验程序，包括几个不同的阶段：(1)岩样试件受到典型的约束应力(围压)和脉冲放电作用的力学实验；(2)力学实验前后岩样试件渗透率测试，以量化电脉冲压裂的渗透率增加量；(3)力学实验前后 X 射线扫描断层成像，以可视化动态力学载荷作用下产生的裂缝网络。下面将给出详细的实验描述，并讨论在岩样试件和页岩上获得的结果。

图 4 所示为设计的三轴力学实验装置全貌。其目标是设计实验来实现尽可能接近真实的工况条件。也就是说，岩样试件应承受井下不同深度处的三轴应力作用，而且施加的电脉冲应该是在接近真实井筒的试件几何形状中产生的。冲击波是在充满水的空心圆柱岩样和岩石内激发的。在图 4 所示的装置中，径向约束压力采用三个堆叠的钢圈(直径为 600mm、高度 60mm 和厚度 30mm)施加。钢圈上装有应变仪表，以测量在收紧过程中的围压大小。采用金属纤维增强的超高性能混凝土砌块构成的三个封闭块放置在岩样试件和钢圈之间，以便吸

收冲击波，使试件外表面的径向压力均匀。用于限制试件的高性能混凝土有与试件近似相同的动态阻抗特性，以避免边界上冲击波的反射。

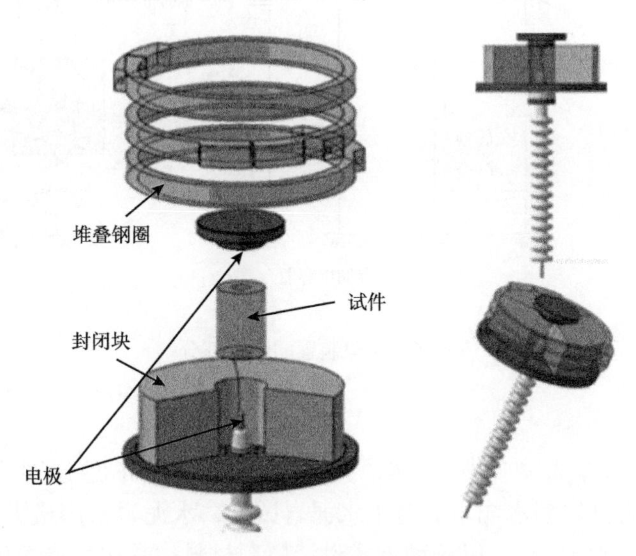

图 4　三轴力学实验装置全貌

垂直载荷通过 2000kN 的液压千斤顶施加（图 5），被放在一个关于电磁辐射和电涌的受保护环境中。其中，实验装置的电路部分如图 6 所示。电极被放置于沉浸在水中的试件的中空部分，如图 1 所示。电极由两个垂直的圆柱形管组成，其下端用螺丝拧成两个不锈钢电极（直径 5mm），两个电极之间的距离为 5mm。正脉冲电压通过在 C=300nF~21μF 下存储电容器充电来获得，取决于放电阶段释放的电能量大小。一个触发火花隙允许在水中转换高达 20kJ 的能量。该电容器最大充电电压为 40kV，电压脉冲和电流分别采用 North Star probe（100kV~90MHz）和 Pearson 电流监测器（50kA~4MHz）来监测。

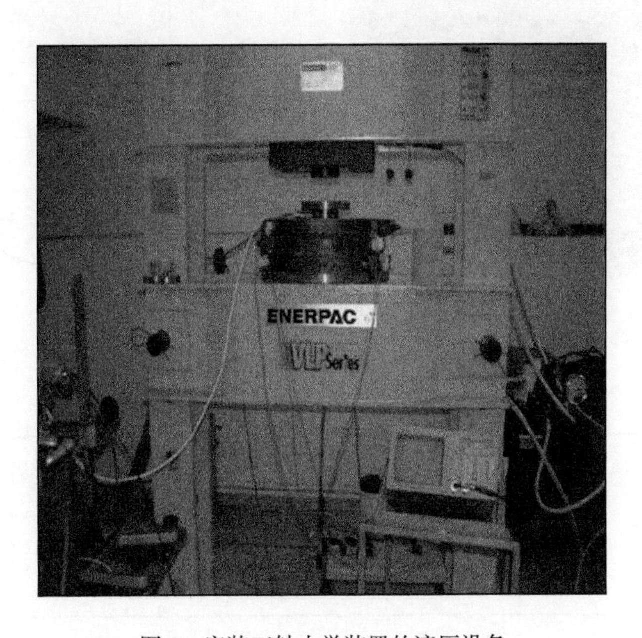

图 5　安装三轴力学装置的液压设备

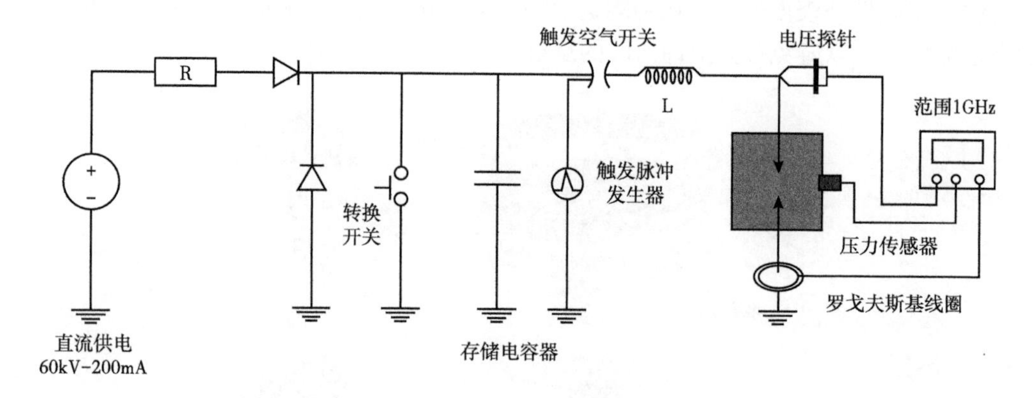

图 6　实验装置的电路部分

3.2　试件材料性能

如图 7 所示，试件为中空圆柱体，其内径、外径和高度分别为 50mm、125mm 和 180mm，两种材料为页岩和水泥岩。对于水泥岩试件，水泥岩采用最大粒径为 2mm 和水—水泥比为 0.6 的方式制作而成。以这种方式设计模型材料，其初始渗透率接近致密岩石。页岩被加工成相同几何形状的页岩试件，避免在模具边界上自然存在的偏离（分离）效应。两种试件材料的平均力学性能见表 1。

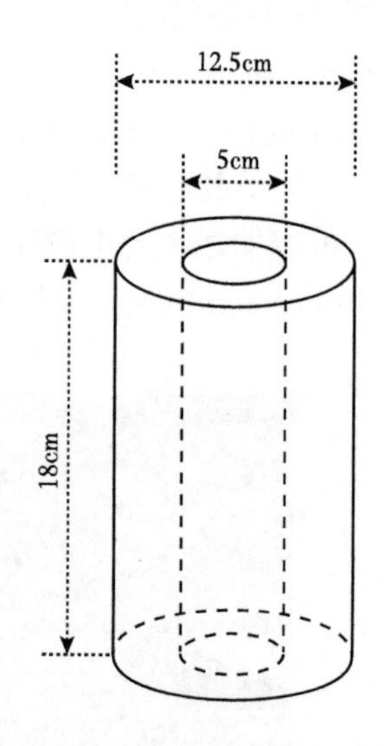

图 7　试件几何特征

表 1　水泥岩和页岩试件的平均力学性能

岩石类型	抗压强度 f_c/ MPa	抗拉强度 f_t/ MPa	弹性模量 E / MPa	渗透率 K_v / mD
水泥岩	19.6	4.9	17300	0.04
页岩	49	6.35	19000	0.01~0.2

3.3 结果与讨论

根据以上实验装置完成了两组电脉冲压裂实验。在第一组实验中，试件在一个可变的注入电能下承受单一的冲击，并考虑三个围压限制级别。对于低围压约束的测试，注入电能范围可达 0.68kJ；对于中等围压限制条件下的测试，注入电能范围可达 1.15kJ；对于高围压限制的测试，注入能量达到 17kJ。在第二组实验中，试件在恒定的注入能量下承受重复冲击（最多 9 次）。需要注意的是，每次冲击之间有几分钟的间隔，以避免任何可能的有关疲劳的影响。

3.3.1 水泥岩试件的实验结果与讨论

（1）注入电能对水泥岩试件渗透率的影响。

水泥岩试件内部渗透率随不同围压下的注入电能的变化如图 8 所示。可以看出，如果注入的电能低于某一阈值，则内部（固有）渗透率不随注入能量的增加而增加。这个阈值随着围压限制水平的增加而增加，渗透率随注入能量急剧增加。当渗透率变大且超过 10mD 时，是不能测量的，此时试件已经损坏，在中空圆柱整个厚度上可以观察到宏观裂缝，在这种情况下，利用目前的设备不能准确测量表观渗透率。

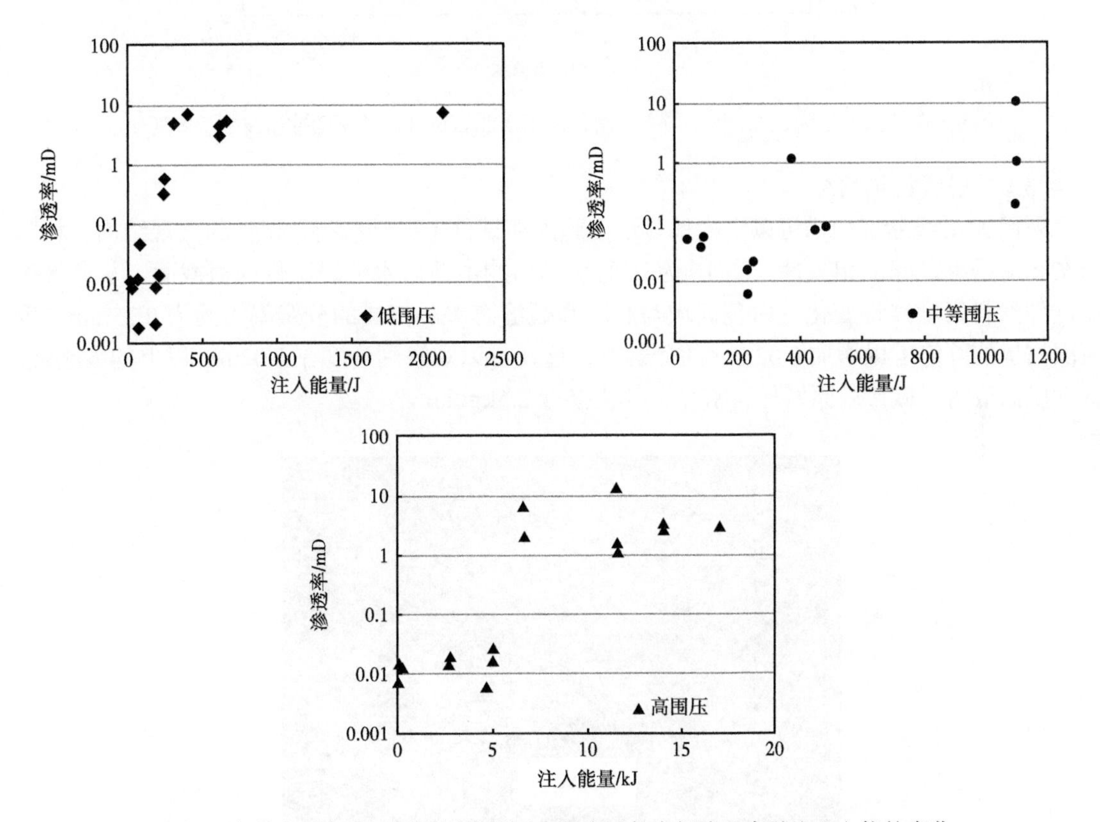

图 8 在单次冲击和不同围压作用下水泥岩试件内部渗透率随注入电能的变化

在低围压限制条件下，水泥岩试件损伤的能量阈值是 190J，该阈值表征了微裂缝扩展的开始。当注入能量低于这个阈值时，微裂缝不会扩展；当注入能量大于这个阈值时，可以观察到 0.02mm 范围的微裂缝。这一现象将用 X 射线断层扫描来描述。在中等和高围压限制条件下，可以观察到相同的变化趋势，损伤能量阈值分别为 0.5kJ 和 5.11kJ。

（2）冲击波数量对水泥岩试件渗透率的影响

仅在高围压限制条件下，完成了重复冲击的实验。测试选用两个能量水平，第一个能量水平对应 60% 的损伤阈值，施加 6 次电冲击，没有观察到明显的渗透率变化。这种能量水平太低，难以显著损伤材料。第二个能量水平是 85% 的损伤阈值，施加在每一个试件上的冲击数量为 3、6 和 9 次电击，测试结果如图 9 所示。可以看出，在半对数图中，随着冲击波数量的增加，渗透率几乎线性增加，这种增长跨越了几乎两个数量级的范围，明显高于散点数据。

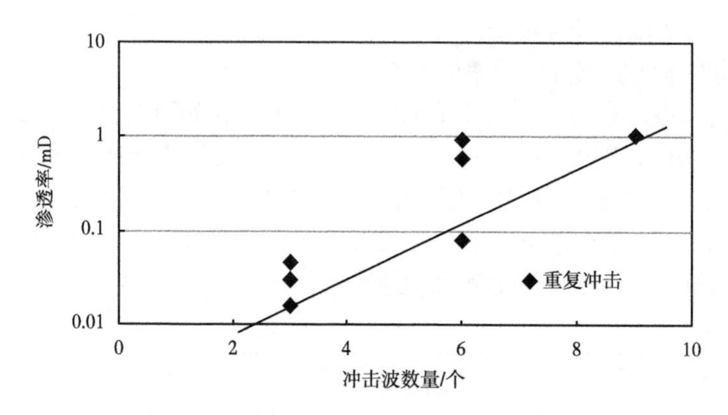

图 9　在注入能量为 2.7kJ 和高围压限制条件下水泥岩试件渗透率随冲击波数量的变化

（3）X 射线扫描情况。

采用 X 射线断层扫描可以定性地显示出施加在试件上的动载荷、试件的微观结构、材料损伤和渗透率之间的相关性。图 10 为 X 射线扫描冲击前后水泥岩试件的横截面。灰色区域随试件材料密度线性变化，白色区域与孔隙和裂缝有关。扫描的分辨率大约为 0.25mm。取两次扫描的差值可以增加 0.02mm 的分辨率，这样可以观察到开度在 0.02mm 以上的大裂缝。试件里面最暗区域代表原始材料密度，其值接近 2.5kg/dm^3。

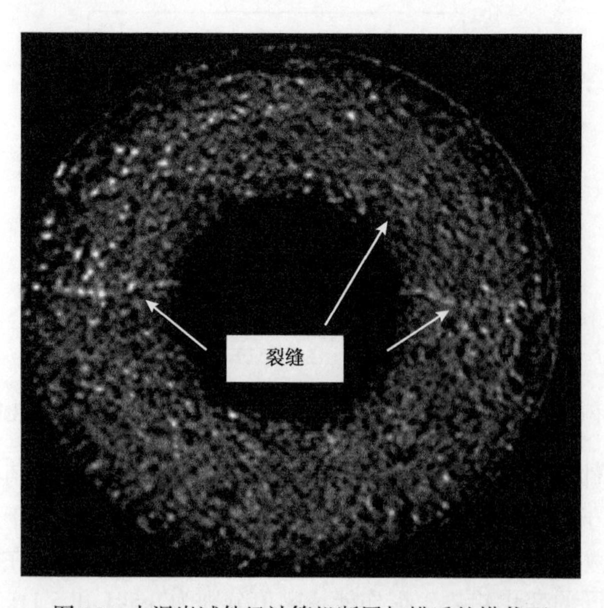

图 10　水泥岩试件经计算机断层扫描后的横截面

三维 X 射线扫描结果如图 11 和图 12 所示。在这些照片中，暗区域显示了开口大于 0.02mm 的宏观裂缝。图 11 展示了在高围压限制条件下注入电能水平的影响。定量地说，产生的裂缝表面积可能被用于分析电击过程的有效性。图 11 中 M08、T03 和 M11 所描述的试件分别有 63cm^2、439 cm^2 和 351 cm^2 的裂缝面，这种变化与试件渗透率的变化具有很好的相关性。然而，在本研究中没有进行完整的统计分析，因为对于每次加载能量和围压约束，测试的次数有限，无法确定很强的定量相关性。扫描结果还显示，几个宏观裂缝已经扩展，这与只有单个宏观裂缝会扩展的静态（如水力驱动）过程是不同的。

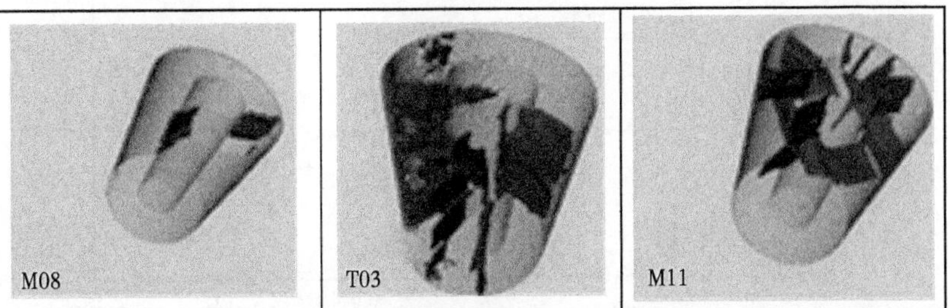

M08	T03	M11
E_b=200J	E_b=6.6kJ	E_b=17kJ
K_v=0.0148mD	K_v=2.1mD	K_v=3mD
S_{crack}=63cm^2	S_{crack}=439cm^2	S_{crack}=351cm^2

图 11　在高围压限制条件下 1 次冲击后的水泥岩试件三维断层扫描图

图 12 显示了高围压限制条件下注入电能为 2.7kJ 的重复冲击次数对宏观裂缝生长的影响。经过 3 次冲击后，裂缝略有演变，裂缝表面积为 26cm^2。6 次冲击后，试件内部产生了宏观裂缝，裂缝表面积增加到 238.5cm^2。9 次冲击后，观察到严重的破裂，裂缝表面积增加到 326.5 cm^2。

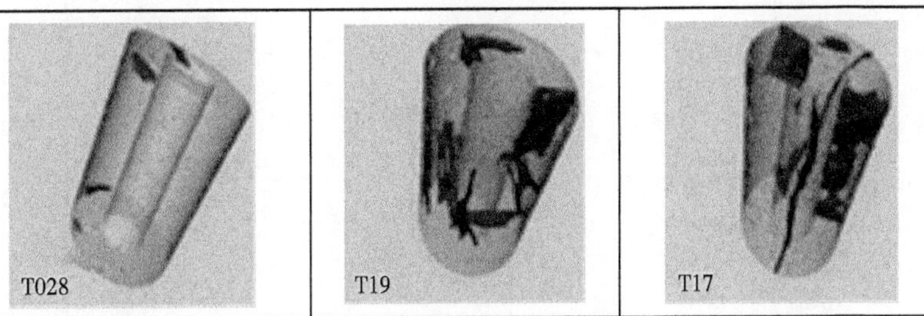

T028	T19	T17
E_b=2.7kJ	E_b=2.7kJ	E_b=2.7kJ
3次	6次	9次
K_v=0.0301mD	K_v=0.564mD	K_v=1mD
S_{crack}=26cm^2	S_{crack}=238.5cm^2	S_{crack}=326.5cm^2

图 12　在高围压限制条件下 3 次冲击（T028）、6 次冲击（T19）和 9 次冲击（T17）后的水泥岩试件三维断层扫描图

3.3.2　页岩试件的实验结果与讨论

在高围压限制和注入电能高达 14kJ 条件下，进行了单次冲击实验。图 13 为每次实验前后测量的每个试件的渗透率变化情况。在图中，观察到了两个不同的区域，当注入能量低于 4.2kJ 时，渗透率没有显著差异；当注入能量 E_b 从 4.2kJ 增加到 14kJ 时，渗透率在半对数曲线上增加。注入电能后页岩试件渗透率的增加与水泥岩试件的增加趋势相同。

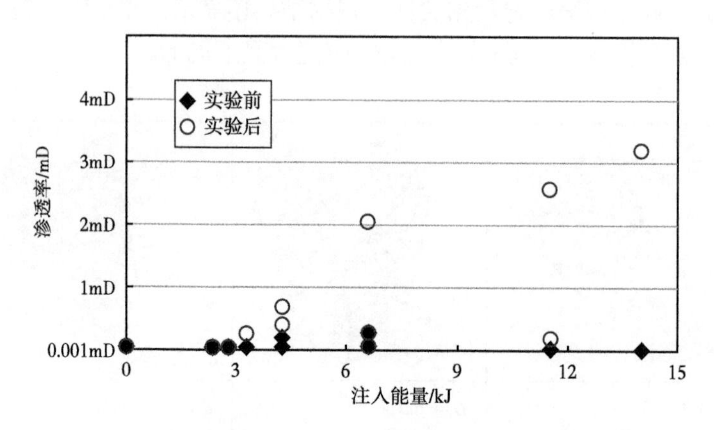

图 13　冲击实验前后页岩试件渗透率随注入能量的变化

对于重复冲击实验，也考虑了高围压限制的影响。当恒定注入能量为 2.2kJ 时，冲击波数量在 2，3，4，5，6 和 8 变化，这个能量对应于 80% 的损伤阈值（即损伤开始时的注入能量）。两个冲击波之间的时间延迟很长，可以避免冲击波之间的干涉作用。每个页岩试件渗透率的相对增加随冲击波数量的变化如图 14 所示。当冲击波数量小于 4 时，渗透率没有明显的变化；当冲击波数量超过 4 时，页岩试件渗透率的相对比值几乎随冲击波数量的增加而线性增加，这与水泥岩试件的实验结果相同。

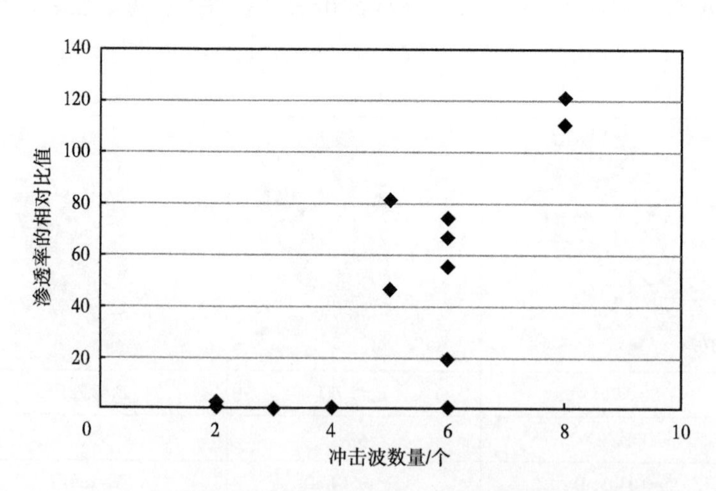

图 14　在高围压限制和注入能量为 2.2kJ 条件下页岩试件渗透率的相对比值随冲击波数量的变化

综合以上分析，对于水泥岩和页岩试件，实验观察到相似的变化趋势。当注入能量超过能量阈值时，单次冲击上的测试数据表明试件渗透率显著增加。不管试件上的限制围压是多少，事实上，根据水力裂缝断裂力学分析，随着限制围压的增加，为了达到试件断裂阈值，载荷水平（注入能量）应该增加，这是一个非常经典的结果。

爆破产生的压力波在材料里引发强烈的径向压缩应力，同时伴随横向拉伸应力。当横向应力超过试件材料的动态强度时，试件发生径向破裂。正是这种径向破裂导致渗透率的增加。X射线扫描显示的实验裂缝模式（垂直裂缝）与已有文献中的数值模拟结果吻合较好。

4 电脉冲压裂数值模拟研究

4.1 脉冲放电产生的压力模拟

水中放电产生冲击波的模拟是近年来研究的重点。在这里建立了一个简化模型，能够正确描述冲击波在水中的传播特征。水动力压力波是能量快速注入水中的结果，作为焓的增加，高压气泡形成并迅速膨胀。在高速条件下，液相和气相边界的运动产生了激波。

如图1所示，假设水下放电发生在液态水和水蒸气混合两相中，每一相处于热力学平衡状态。放电是由电极之间小区域内随时间变化的能量注入来表示的。由于相变，一旦产生压力波，在水中传播，最终到达固体试件转换成弹性波，在固相中进一步传播。

根据有限元数值模型和边界条件计算，在电极间距为9cm和注入能量为31.25J条件下，压力波实验和数值模拟对比结果如图15所示。图16为压力波的峰值压力随电极与压力传感器之间距离的变化曲线。由图16可以看出，采用理论经验方程拟合的曲线和数值模拟计算结果非常接近。随着距离的增加，两条曲线越来越接近，且当距离超过12cm后，两条曲线发生重叠。

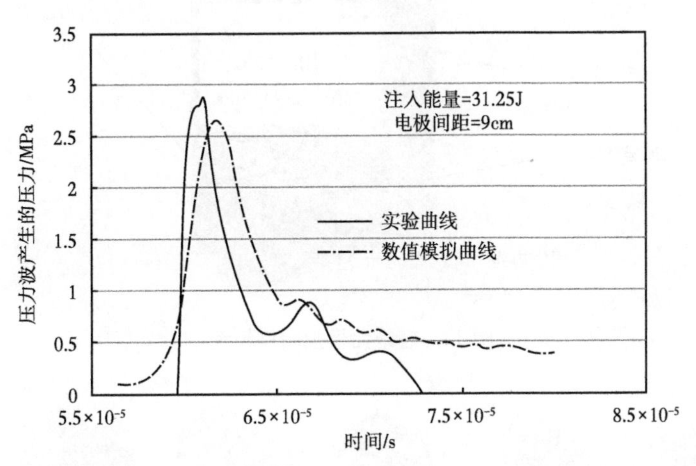

图15 在电极间距为9cm和注入能量为31.25J条件下压力波产生的压力实验和数值模拟对比结果

4.2 三轴压缩作用下的实验模拟

下面考虑图1描述的测试试件。试件为水泥岩圆柱体，直径100mm，高度125mm。水泥岩试件抗压强度19.6MPa，抗拉强度4.9MPa，杨氏模量17300MPa，原始渗透率0.04mD，泊松系数0.2。有限元模拟网格模型如图17所示。试件的四分之一模型采用对称网格划分，以减少计算时间，压缩压力波作用于试件的顶部。

图18至图20给出了单次冲击对应的不同峰值压力增加水平下的试件径向、横向、轴向和主要损伤计算结果。由图可以看出，损伤随着压力峰值而变化。径向和横向损伤均大于垂向损伤，且与压缩后的横向正应变有关，因为泊松效应的存在。

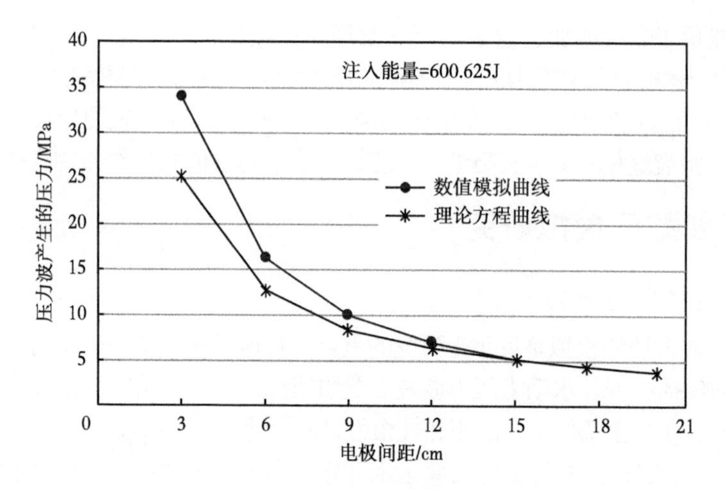

图 16　在注入能量为 600.625J 条件下压力波数值峰值压力与方程预测压力对比结果

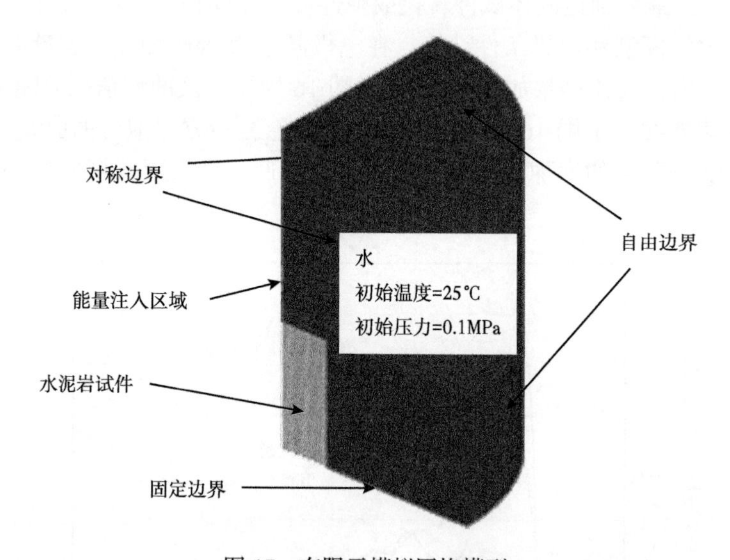

图 17　有限元模拟网格模型

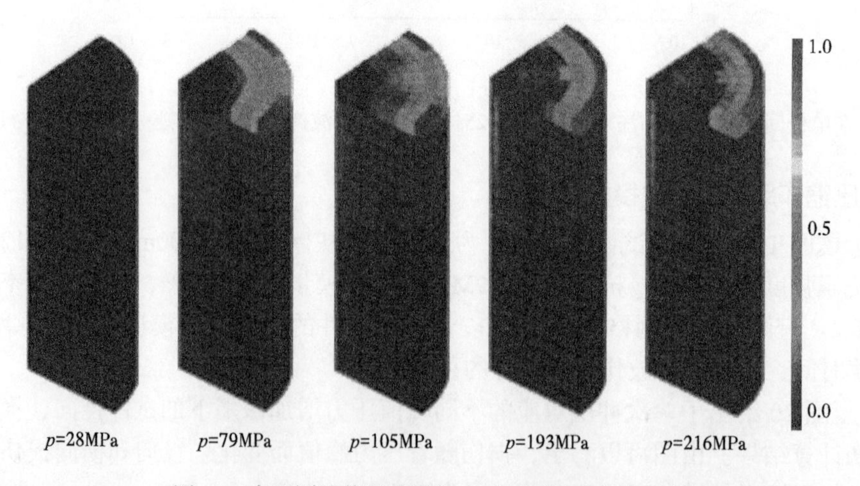

图 18　在不同峰值压力增加水平下试件的径向损伤

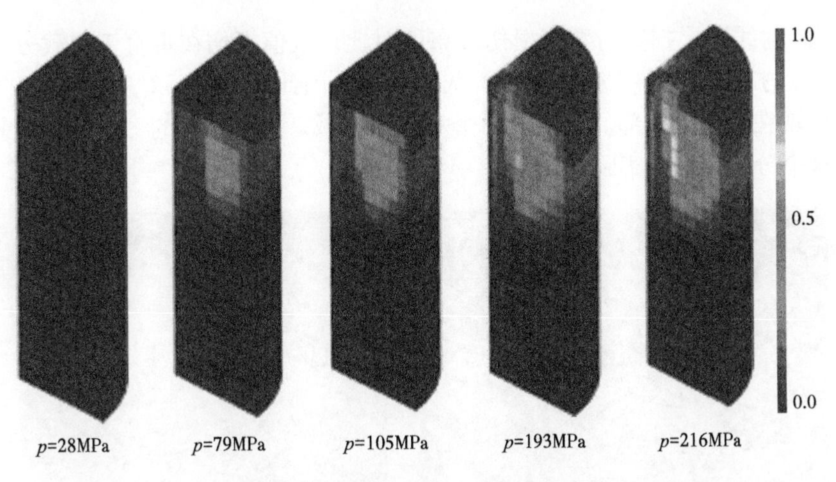

图 19　在不同峰值压力增加水平下试件的横向损伤

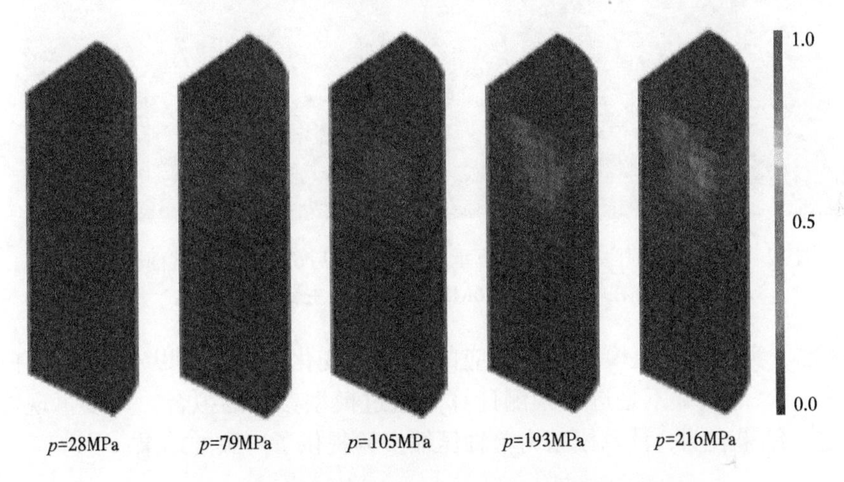

图 20　在不同峰值压力增加水平下试件的垂向损伤

为了更好地直观反映损伤的整体强度，图 21 给出了损伤最大值的分布。由图可以看出，主要的损伤发生在试件的上表面附近，因为在上表面附近压力波直接冲击圆柱体。随着峰值压力的增加，损伤穿透了试件。

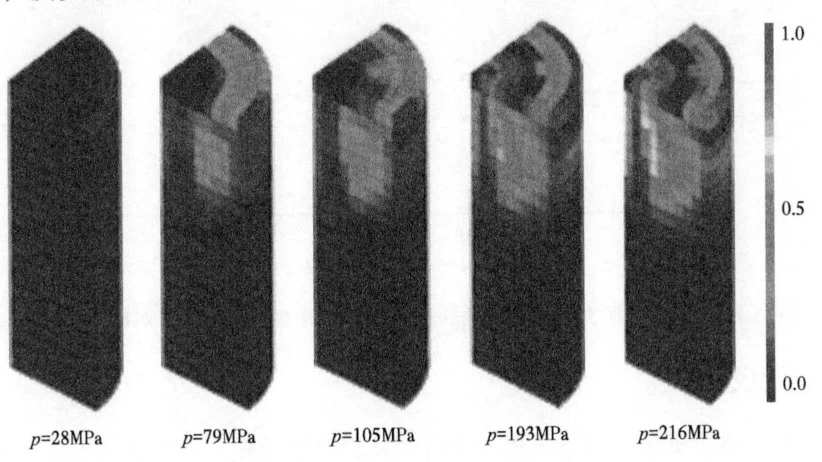

图 21　在不同峰值压力增加水平下试件的最大损伤

图22为X射线断层扫描与数值损伤分布的对比。数值损伤在垂直于加载方向的平面上相同。在X射线扫描照片中，密度越高，灰色越深。因此，光亮区对应损伤区。在计算中，损伤对称地出现在试件的顶部。它形成两个对称的区域，并由内部的一个圆锥面划分。至少在定性上，这个分布似乎与实验相关联。

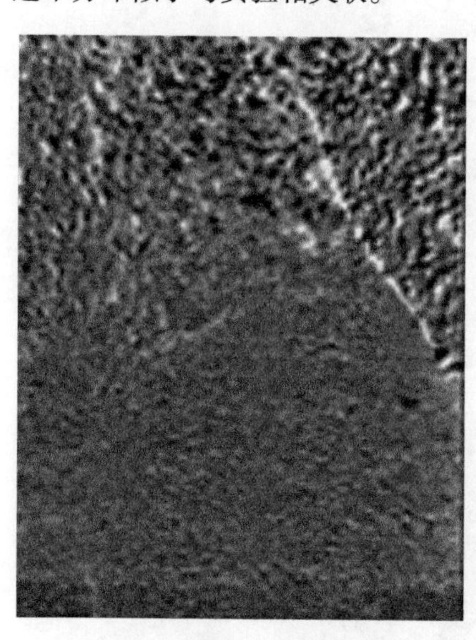

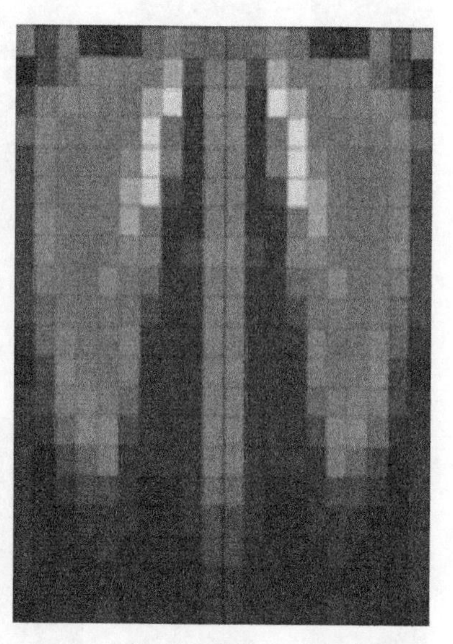

图22 （a）在峰值压力250MPa下承受一次冲击后试件的垂向截面断层扫描；（b）在峰值压力216MPa下计算的主要损伤分布

图23描述了实验和数值模拟结果对应的渗透率变化情况，可以观察到很好的相关性。特别强调的是，这部分并不是进行预测计算。通过模型参数的拟合，可以再现渗透率的变化。因此，这一结果表明，计算模型为单轴压缩实验提供了一致的结果。

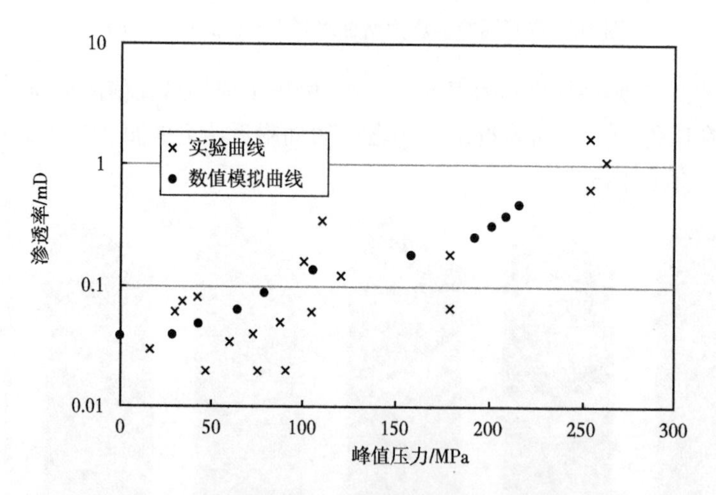

图23 作为压力波振幅函数的渗透率实验和数值模拟结果对比图

5 结论及建议

（1）电脉冲压裂的机理是通过“液电效应”引起流体相变，产生压力波，并传播到岩石转换成弹性波，在岩石内部进一步传播，破裂岩石，形成不同方向的裂缝。

（2）针对真实工况环境的模拟，采用实验方法通过对比不同放电次数和不同围压约束后试件CT断层扫描、渗透率和裂缝面积参数的变化，证明电脉冲压裂有一定的效果。

（3）当注入能量超过损伤的能量阈值时，岩石的渗透率显著增加。根据水力裂缝断裂力学分析，随着约束围压的增加，为了达到试件断裂损伤阈值，应增加注入能量。

（4）电脉冲放电产生的压力波在岩石材料里引发强烈的径向压缩应力，同时伴随横向拉伸应力。当横向应力超过岩石材料的动态强度时，岩石发生径向破裂。这种径向破裂导致岩石渗透率的增加。

（5）对于避免近井地带储层伤害、重复压裂和使用地热资源，电脉冲压裂可能具有一定的应用潜力。但目前电脉冲压裂还处于实验室研究阶段，对于需要商业化开采的低渗透、致密和页岩储层，在裂缝尺度和压裂规模上可能波及范围有限，现场试验效果有待进一步检验。

（6）电脉冲压裂用于储层改造，有利于突破井筒周围复杂应力场，形成多个方向的裂缝。电脉冲压裂成本低，操作简便，可以蓄能，放电次数和冲击波大小都可控。

（7）影响电脉冲压裂效果的因素主要包括岩石类型、地应力大小和方向、岩石饱和度、放电次数和注入电能大小。

（8）考虑到电脉冲压裂的有效性，迫切建议开展基于电脉冲压裂实验的电脉冲压裂装置研制工作，重点讨论井下电脉冲发生器和地面电脉冲发生器的适应性、结构组成、充放电能力以及研制方案，为电脉冲压裂现场试验提供技术和工具支撑。

（9）对于电脉冲压裂，下一步继续开展不同储层电脉冲发生过程的数值模拟研究、电脉冲处理对不同储层岩心影响的实验研究、电脉冲对国内不同类型储层的适应性研究、电脉冲压裂系统开发和地面模拟试验等关键研究内容，从而系统了解和掌握电脉冲压裂工艺技术基础理论，为电脉冲压裂现场试验奠定坚实的理论基础。

参 考 文 献

[1] Gilles P. C., Christian L. B., Reess T., et al. Electrohydraulic fracturing of rocks[M]. ISTE Ltd and John Wiley & Sons, Inc, 2016: 1-80.

[2] Chen W., Maurel O., Reess T., et al. Experimental and numerical study of shock wave propagation in water generated by pulsed arc electrohydraulic discharges[J]. International Journal of Heat and Mass Transfer, 2014, 50: 673-684

[3] Cho S.H., Kaneko K. Influence of the applied pressure waveform on the dynamic fracture process in rock[J]. International Journal of Rock Mechanics & Mining Sciences, 2004, 41: 771-784.

[4] Madhavan S., Doiphode P. M., Chaturedi S. Modeling of shock-wave generation in water by electrical discharges[J]. IEEE Transactions on Plasma Science, 2005, 28: 1552-1557.

[5] Maurel O., Ress T., Matallah M., et al. Electrohydraulic shock wave generation as a mean increase intrinsic permeability of mortar[J]. Cement and Concrete Research, 2010, 40: 1631-1638.

[6] Zhang G. Q., Chen M. Dynamic fracture propagation in hydraulic re-fracturing[J]. Journal of Petroleum Science and Engineering, 2010, 70: 266-272.

[7] 付荣耀，孙鹞鸿，樊爱龙，等.高压电脉冲在页岩气开采中的压裂实验研究[J].强激光与离子束，2016，28（7）：1-5.

旋转导向技术在页岩油大偏移井及长水平段的应用

赵　恒　赵文庄　刘克强

（中国石油川庆钻探工程有限公司钻采工程技术研究院）

摘　要：页岩油大平台开发中大偏移距三维水平井、长水平段水平井越来越多，此类井在常规螺杆钻井施工中存在斜井段定向困难、长水平段延伸有限、储层钻遇率不高等问题，尤其是平台边缘井偏移距最大，此类问题更为突出。为此在页岩油 HH** 平台大偏移水平井和长水平段井钻进中进行了旋转导向钻井技术应用试验，成功地解决了大偏移距及长水平井常规钻井过程中存在的以上难题，取得了多项技术指标的突破，为页岩油大平台水平井钻井提质增效提供了有力的技术支撑。

关键词：页岩油；大偏移距；长水平段；储层钻遇率；旋转导向

受黄土高原地貌、工厂化作业、降本增效、最大化增加储层动用等因素的影响，长庆页岩油水平井开发自 2018 年以来平台部署井数逐步增加，大偏移距水平井及长水平段井数量越来越多，使得常规螺杆钻具钻井难度大大增加，钻进中摩阻扭矩大，经常发生滑动钻进托压粘卡现象，导致定向困难、钻进效率低、水平段延伸有限，影响储层钻遇率，甚至引起轨迹失控或井下复杂，这对现有钻井工艺及装备水平提出了更高的要求。为解决以上难题，在页岩油 HH** 平台开展了旋转导向钻井技术推广试验，取得了较好的应用效果，有力支撑了陇东国家级页岩油示范区建设。

1　钻井难点

HH** 平台共部署 31 口水平井和 5 口定向井，井口距离 8m，目的层为长 7_1^2 和长 7_2^1 层。井场南北约 220m，东西约 120m，井眼轨迹南北跨度约 7.8km，东西跨度约 1.4km[1]。全部采用二开井身结构，二开井眼 215.9mm 的裸眼段长度在 4000~5000m，水平段长度在 1300~2800m。平台边缘井偏移距较大，偏移距大于 700m 的水平井有 12 口，最大偏移距达 1265m。该平台水平井使用常规螺杆钻具进行井眼轨迹控制，存在如下技术难点：

（1）大平台边缘的三维大偏移距水平井在斜井段消偏的井斜角较大，一般在 32°~40° 之间，导致消偏后在大井斜下扭方位极度困难，斜井段滑动比例也大大增加，存在轨迹偏离和狗腿超标风险；

（2）随着水平段长度增加，常规滑动钻进拖压越来越严重，定向效率低、效果差，甚至无法定向调整轨迹，可能被迫提前完钻，水平段延伸能力有限；

（3）目的层长 7_1^2 层和长 7_2^1 层地质条件复杂，发育不均匀，夹层频繁且伴随有断层、裂缝，而常规钻井因测量零长较长，井斜控制精度低，水平段后期轨迹控制难度变大，因此在提高储层钻遇率上面临巨大挑战。

2　旋转导向钻井技术介绍

基于以上难点，通过借鉴国内外相关钻井经验，综合考虑地质工程因素，在 HH** 平台试验应用了旋转导向钻井技术，以解决大偏移距水平井及长水平段井滑动钻进困难、水平段延伸受限及钻遇率低等问题。

2.1 旋转导向技术原理

现阶段全球范围内应用最为成熟的主要是斯伦贝谢、贝克休斯、哈里伯顿三家所形成的商业化旋转导向钻井系统，按其导向方式可分为推靠式和指向式两种[2]。推靠式旋导是在靠近钻头的位置，由偏置机构根据“力工作方式”产生一定的偏置力，接触井壁后，靠井壁的反作用力使钻头产生侧向切削力，从而实现导向，贝克休斯的ATC系统、斯伦贝谢PD Orbit系统、川庆自研的CG STEER系统都属于推靠式旋导。指向式旋导不是靠偏置钻头进行导向，而是靠不旋转外筒与旋转心轴之间的一套偏置机构使旋转心轴偏置，从而为钻头提供一个与井眼轴线不一致的倾角，产生导向作用，以哈里伯顿Geo Pilot系统、斯伦贝谢PD Xceed系统为代表。

2.2 旋转导向技术优势

旋转导向钻井技术作为当今钻井领域快速发展的高端技术，近年来被国内各大油田不断引进，在一些高难度水平井及长水平段施工中得到成功应用，实现了常规螺杆钻具难以完成的地质、工程目标。其主要优势在于：

（1）不需要滑动钻进控制轨迹，能在钻柱旋转钻进中完成定向作业，而且入窗后不用起钻更换水平段稳斜钻具，轨迹控制能力强、效率高，大幅度提高了钻井时效[3]；

（2）全过程旋转钻进井眼轨迹平滑，井身质量高，没有局部台阶及大狗腿，保证一定的扩眼率，有利于降摩减阻，降低了后期电测、下套管等作业风险和难度，缩短了完井周期；

（3）近钻头井斜及伽马测距短，一般在1~3.5m，远比常规螺杆钻具测点离钻头的距离近，而且具备方位伽马、电阻率，能够更及时准确预判井底的垂深和岩性，为地质导向判断和追踪储层提供可靠依据，从而提高储层钻遇率[4]；

（4）自动稳斜功能在水平段钻进中优势明显，轨迹控制精度高，能够有效保障薄储层水平井地质目标的实现和延伸水平段长度。

3 应用情况及配套工艺措施

先后在页岩油HH** 平台10口水平井的斜井段或水平段使用了国产CG STEER、贝克休斯ATC、哈里伯顿GP7600三种旋导工具。其中国产旋导CG STEER应用于6口井，平均机械钻速15.5m/h，最长单趟进尺2331m，应用最大偏移距1134m。贝克ATC应用于2口井，平均机械钻速17.2m/h，应用最大偏移距1265m。哈里伯顿GP7600应用于2口井的后期水平段钻进，平均机械钻速14.0m/h，最长水平段延伸至2758m。应用中根据旋转导向工具的自身特点和现场实际施工情况进行了剖面、钻具、钻进参数等方面的优化，以提高工具在页岩油大偏移水平井钻井的适应性。

（1）细化待钻井眼轨迹剖面，根据地层增斜难易及岩性变化对旋导造斜的影响调整相应井段造斜率。在长3层底部、长4+5层顶部高伽马较软岩性的泥岩段设计较小狗腿度，在长6层岩性较硬的地层适当设计较高的狗腿度，其次应用摩阻、扭矩计算分析软件优选出“直—增—双稳—稳斜扭方位—增斜微扭方位—增—平”七段制剖面可以尽量降低扭矩摩阻，减小施工困难。

（2）参照国内外旋转导向工具不同的组合方式，优化了加重钻杆数量，增加208mm

无磁扶正器，降低井下工具震动，减少工具磨损。CG 和 ATC 钻具组合最终优化结果为 ϕ215.9mm PDC 钻头 +ϕ172mm 旋转导向工具 +ϕ208mm 无磁扶正器 +ϕ127mm 无磁承压钻 1 根 +ϕ172mm 旋导马达 + 止回阀 +ϕ127mm 加重钻杆 12 根 + 震击器 +ϕ127mm 钻杆。哈里伯顿 GP7600 指向式旋导钻具组合较为固定：ϕ215.9mm PDC 钻头 + GP7600 旋转导向 +ϕ168mm PM 短节 +ϕ168mm RLL 短节 + ϕ168mm HOC 悬挂短节 + 直螺杆 + 止回阀 +ϕ127mm 加重钻杆 3 根 + 随钻震击器 +ϕ127mm 钻杆。

（3）根据旋转导向工具应用的排量、转速要求，以及实钻中造斜率情况、扭矩大小，在钻进中需要不断调整钻井参数，一般排量在 30~32L/S 比较合适，转速在 60~80RPM 内根据扭矩和井下震动情况进行调整，钻压在 40~140kN 之间根据钻进扭矩、井下震动及实际造斜率大小做相应调整。主要参数范围见表 1。

表 1　HH 平台旋导钻进参数范围**

工具类型	井段	钻压 /kN	转速 /RPM	排量 /（L/S）	泵压 / MPa	扭矩 / kN·m	摩阻 / kN
CG、ATC	斜井段	50~140	50~80	28~34	14~20	8~20	40~160
	水平段	80~120	50~65	28~34	19~24	19~31	160~250
GP7600	水平段	60~120	50~65	26~32	21~22	25~32	200~280

4　应用效果分析

旋转导向技术在页岩油 10 口水平井的应用取得了良好效果，成功解决了大偏移距及长水平井常规螺杆钻井存在的技术难题，并在水平段长度、偏移距、一趟钻等钻井技术指标上取得突破。其中 HH**-28 井“一趟钻”完成扭方位 + 增斜段 + 水平段，创造国产旋导单趟进尺 2331m 最长纪录，HH**-25 井从 1601m 扭方位开始钻至水平段完钻，完成旋导进尺 3322m，水平段全长 2533m，该井是川庆自研 CG STEER 旋转导向首次在长庆页岩油完整施工超过 2500m 的水平段。

4.1　大偏移距井斜井段作业能力大幅提升

HH** 平台有 7 口井在斜井段应用了旋转导向钻井技术，井斜方位的控制能力相比常规螺杆钻进有显著提升。其中 6 口井偏移距超 700m，平均偏移距 1001m，最大偏移距 1266m，扭方位至入窗段平均机械钻速 14.89m/h，同比该平台常规螺杆作业的大偏移距井提高 28.6%（图 1）。

特别是 HH**-17 井偏移距 917m，扭方位时井斜接近 40°，常规螺杆滑动钻进时托压，定向慢，扭方位效果非常差，导致钻进至 1870m 时井斜方位与设计仍相差较大，从图 2 中可以看出此时的实钻轨迹（蓝线）严重偏离设计线（红线），有轨迹失控风险，于是决定起钻换 ATC 旋导工具，利用旋转钻进同时定向的优势将井斜方位调整到合适位置，扭转了常规钻进造成的轨迹被动局面，顺利钻进至入窗。

4.2　长水平段延伸能力显著增强

HH** 平台应用旋转导向完成 3 口超 2000m 水平段水平井，1800m 以上水平井段平均机械钻速为 18.9m/h，同比常规螺杆作业井提高了 32.2%（图 3），解决了长水平段常规螺杆滑动定向困难甚至无法定向的问题，水平段作业效果明显提升，延伸能力更强。

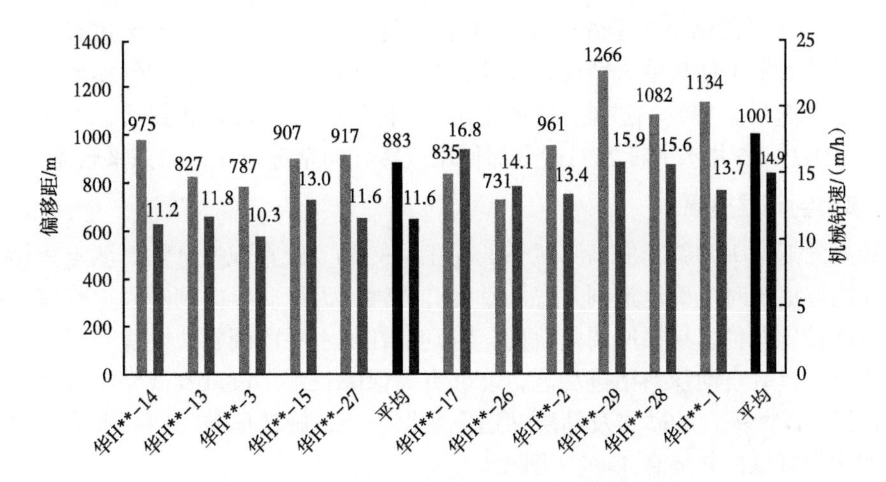

图 1　700m 以上偏移距井扭方位—入窗机速对比

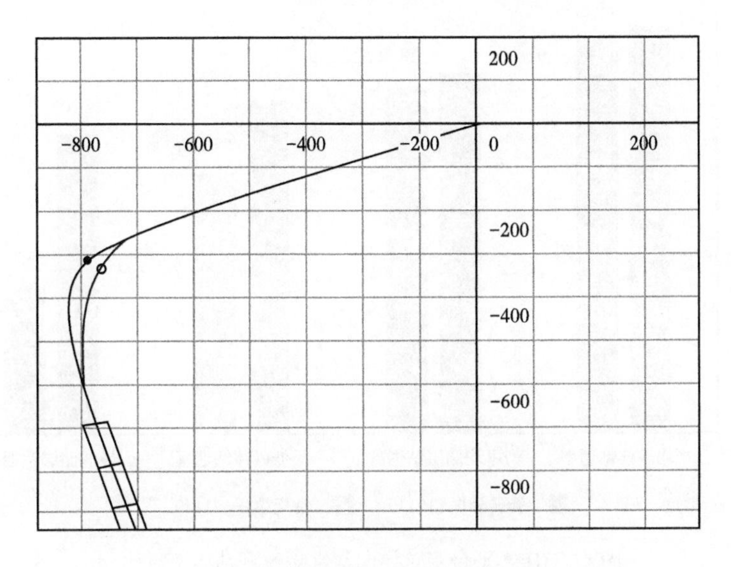

图 2　HH**-17 井水平投影图

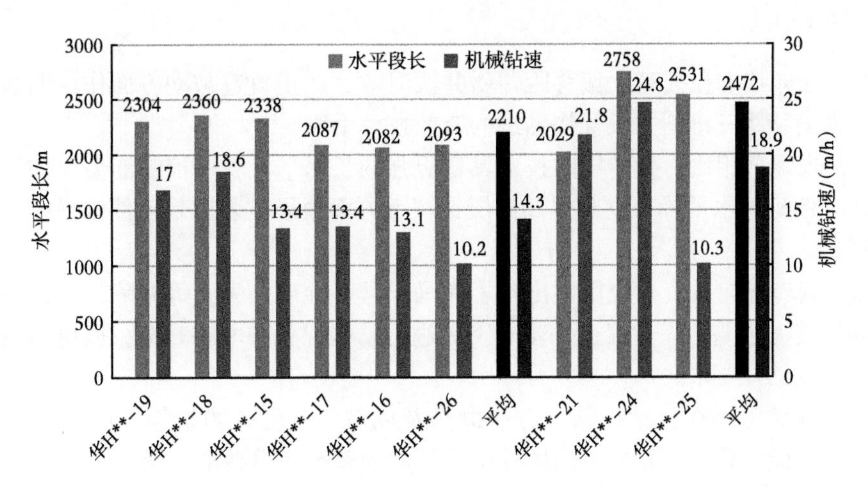

图 3　水平段 1800m 以上机械钻速对比

HH**-24 井水平段钻进至 1869m 时，下放摩阻 40t，滑动钻进基本无进尺，多次下放不到井底或者滑动时发生钻具粘卡情况，无法通过定向钻进调整轨迹，起钻换旋导工具按地质要求完成轨迹调整后，继续钻进使水平段往前延伸了 889m，最终达到了 2758m，为本平台最长水平段。HH**-25 井水平段 2531m 全部使用旋转导向钻进完成，为该平台第二长水平段。

4.3 钻遇率得到明显提高

旋转导向的近钻头井斜及伽马测量零长在 1.5~3.5m，较常规螺杆钻具测点离钻头的距离更近，因此能够更及时准确地预判井底的垂深和岩性，为地质导向判断和追踪储层提供可靠依据。此外旋转导向更容易快速调整轨迹，特别是在长水平段调整轨迹优势更明显，再加上进口的旋转导向具有自动稳斜钻进功能，能够有效保障长水平段以及薄储层水平井地质目标的实现。根据 HH** 平台的砂岩及储层钻遇率数据分析，旋转导向应用井平均储层钻遇率为 81.92%，相比常规螺杆井提高 4.4%（图 4）。

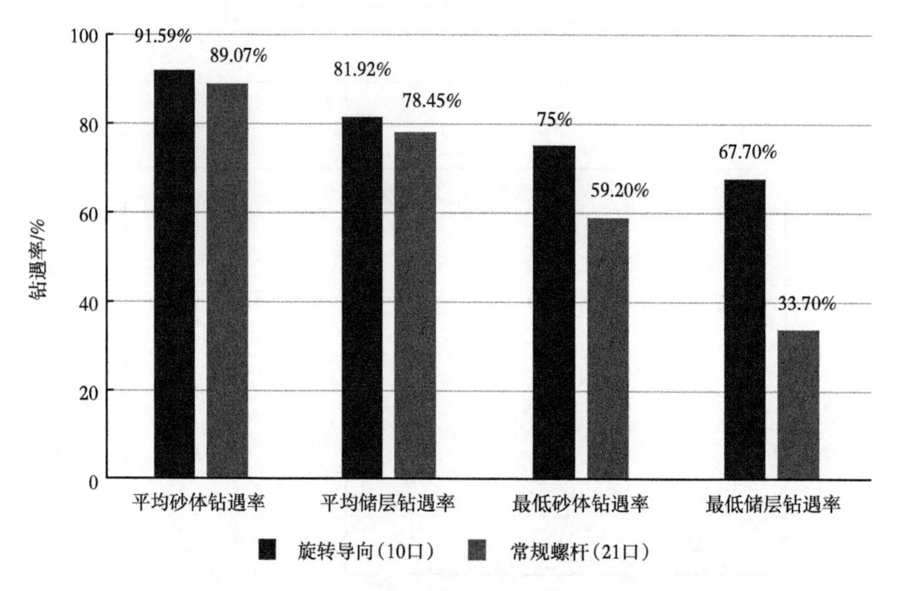

图 4　HH** 平台旋转导向与常规螺杆钻遇率对比

5　结论与认识

（1）旋转导向技术在提高大偏移距井斜井段时效、纠正轨迹被动方面作用明显，是实现长庆页岩油大偏移距三维斜井段优快钻进的有效技术手段。

（2）与常规螺杆相比，旋转导向技术具备更强的长水平段轨迹控制能力，加上近钻头测量优势，在有效延伸水平段长度和提高储层钻遇率方面效果显著，是延伸水平段和提速增效的技术利器。

（3）国产旋转导向系统在应用中出现了伽马异常、导向头失联等故障，工作稳定性方面与进口旋导还有一定差距，建议进一步对工具进行结构优化和电路升级，以更加适应长庆区域页岩油水平井钻井要求。

（4）国产旋导工具在自动稳斜、方位伽马及成像、电阻率测量等方面还需要进一步升级，逐步实现功能完善，不断缩小同国外旋导技术的差距，提高市场竞争力。

参 考 文 献

[1] 赵文庄，韦海防，杨赟 .CGSTEER 旋转导向在长庆页岩油 H100 平台的应用 [J]. 钻采工艺，2021，44（5）：1-6.

[2] 田逢军，王运功，唐斌，等 . 长庆油田陇东地区页岩油大偏移距三维水平井钻井技术 [J]. 石油钻探技术，2021（4）：34-38.

[3] 刘克强，李欣，艾磊，等 . 旋转导向钻井技术在页岩油水平井的应用与认识 [J]. 复杂油气藏，2021，14（3）：100-104.

[4] 闫林，陈福利，王志平，等 . 我国页岩油有效开发面临的挑战及关键技术研究 [J]. 石油钻探技术，2020，48（3）：63-69.

页岩油压裂装备技术研发及应用

杨小朋，刘润才，白明伟，张铁军

（中国石油集团川庆钻探工程有限公司长庆井下技术作业公司）

摘　要：近年来，随着长庆油田页岩油规模开发,“页岩油工厂化压裂”“水平井一体化完井”等特色工艺应用不断加大，勘探开发进入“大规模、快节奏、高质量和低成本”快速发展阶段，对装备性能、生产组织模式提出了更高要求。本文主要介绍长庆井下充分发挥井下作业技术特色软实力，结合生产实际，以科技创新为着力点，围绕页岩油开发全流程组织环节，通过长期的技术储备与创新实践，自主研发了配套连续加砂、自动上粉、高精度液添加注、快速插拔管汇等特色装备，解决了制约生产提速的核心问题，在促进生产提速的同时提高施工质量，带动公司页岩油工艺流程、生产组织和管理模式的变革，有效促进生产组织效率的提高，为公司页岩油高效开发打下坚实基础。

关键词：压裂装置；连续加砂；自动上粉；高精度液添加注；快速插拔管汇

近年来随着“四化”建设的不断推进，长庆井下配套了大通径压裂管汇、连续加油装置、拼接式蓄水装置、压裂闸门远控装置等先进的压裂辅助自动化装备，在一定程度上提高了页岩油压裂作业效率，降低了工人劳动强度。由于压裂全流程自动化配套不齐全，部分现有自动化装备适用性不强，无法形成压裂全流程自动化装备配套，压裂提速受到制约。长庆井下装备技术团队围绕页岩油“人休机不停”工厂化压裂组织模式，研发了自动上粉装置、全自动高精度液添装置、连续加砂装置、压裂井口快速插拔装置等特色装备，弥补了页岩油压裂全流程自动化的装备缺项，实现了压裂全流程自动化配套，页岩油压裂效率显著提升。

1　页岩油压裂特色装备研发背景

通过现场调研，发现装备配套方面制约页岩油压裂提质增效主要存在以下问题：

（1）混配车吊装上粉方式需停机作业，造成混配车连续配液效率较低，且上粉过程中粉尘飘散，存在安全环保风险；

（2）现有的免破袋连续加砂装置运输车次多，拆安时间长，无法适应长庆区域小井场、快节奏的压裂需求；

（3）页岩油压裂对水剂料添加精度提出了更高要求，泵注精度 0.2%，最小泵注排量 1L/min，现有混砂车液添系统无法有效满足；

（4）页岩油桥射连作压裂工艺高压管线连接复杂，压裂转井耗时长，占用有效压裂时间，影响压裂效率。

针对上述问题，长庆井下装备部门开展了市场调研，发现市场上无成熟产品可供使用，在此背景下，长庆井下发挥自身技术实力，自主研发了混配车自动上粉装置、连续加砂装置、全自动高精度液体添加装置和压裂井口快速插拔装置，填补了市场空白。

2 页岩油特色压裂装备技术研发及应用

2.1 连续加砂装置

2.1.1 研发思路

设计一种压裂施工连续加砂装置，容量达到 100m³，可储存不同粒径支撑剂，装置模块化设计，快速拆安，装砂快捷，适应页岩油小井场、快节奏压裂特点，具备自动化远程控制功能，实现压裂施工连续不间断加砂，确保施工质量，提高生产效率。

2.1.2 技术原理

连续加砂装置由底座、锥形砂罐、方型砂罐、配砂装置（含破袋器）组成，使用时依次叠放在一起，穿销轴定位，结构如图 1 所示。运输时底座和锥形砂罐、方型砂罐分别单独运输。连续加砂装置技术核心在于砂罐料仓不规则的分割方式、出砂口和配砂装置的创新设计。

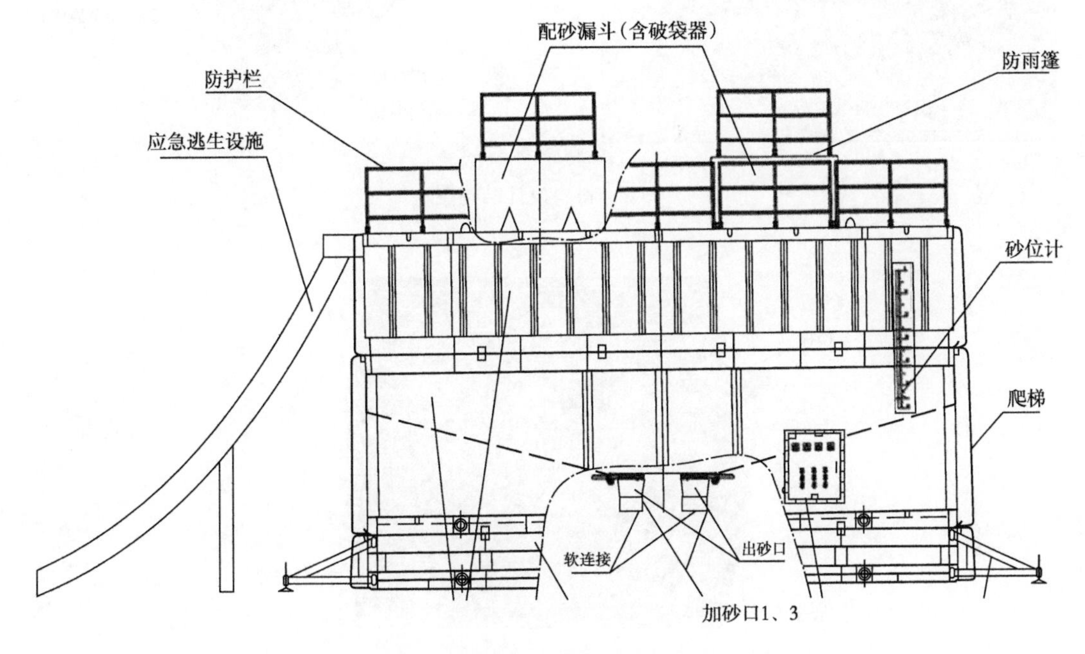

图 1　连续加砂装置结构示意图

（1）出砂口设计。

采用金属隔板将砂罐不规则分隔成前后两个料仓，此分隔方法不影响加砂装置罐顶的配砂装置的设计，分隔方法如图 2 所示：单个料仓分别开左右两个出砂口，对应混砂车左右两个砂斗，1、3 加砂口对应一仓物料，2、4 加砂口对应二仓物料；分别在 4 个加砂口上安装电动远控闸门，满足闸门远程控制功能；前后两个料仓的出砂口合并，1、2 两个出砂口合并成一个出砂口，对应混砂车左侧砂斗；3、4 两个出砂口合并成一个出砂口，对应混砂车右侧砂斗。

（2）配砂装置设计。

由定位机构和破袋器组成，添加挡板、扶正护栏和带有斜度的限位槽组成定位机构，结构设计如图 3 所示。扶正护栏与两侧挡板连接，使用时将扶正护栏打开，通过锁销固定，使用后折叠，另外两侧挡板上方做成有斜度的限位槽，配合扶正护栏进行砂袋扶正，确保砂袋顺利进入破袋器中。在底座上方位置布置4个破袋刀，单个破袋刀由三片刀刃组成，根据现场吊装实验精确定位4个破袋刀位置，确保成功在砂袋底部中心进行破袋。吊装时使砂袋紧贴扶正护栏及挡板后下放至限位槽处，随后继续缓慢下放，在砂袋凭借自身重力沿斜坡下滑至破袋刀尖点处完成破袋工作，破袋后支撑剂经底座顺利流入砂罐中。

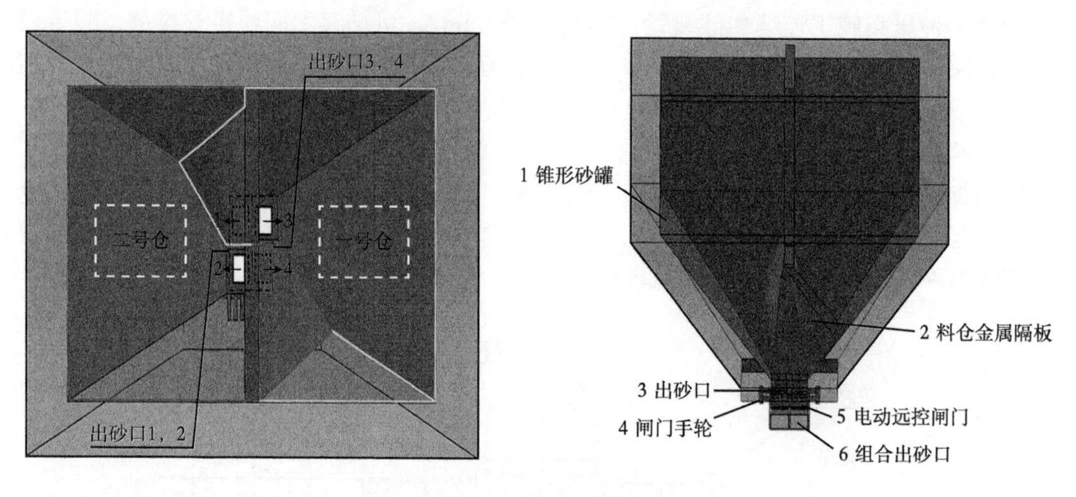

图2　料仓设计结构图

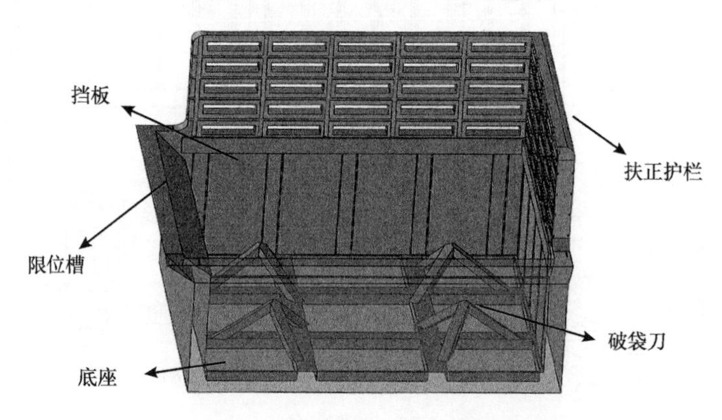

图3　配砂装置结构示意图

2.1.3　应用效果

（1）现场应用。

2020—2021年在页岩油、致密气压裂平台使用连续加砂装置。综合多次现场使用数据，连续加砂装置运输3车次，装砂效率6t/min，下砂效率7t/min，本体重量30t，50min完成安装（拆卸），下龙门结构，混砂车砂斗置于加砂装置下方，防止雨雪天气支撑剂淋湿，稳定性好，场地适应性强，已在长庆井下施工现场全面推广，成为压裂施工标准配置，全面替代了砂罐车，形成了支撑剂直达现场的生产组织模式。

（2）效果评价。

有效解决了砂罐车容量小、倒砂效率低、加砂不连续和井场转运安全风险高的问题，以及国内其他连续加砂装置的购置费用高、拆安周期长、运输车次多、场地适应性差的缺点。现场转用支撑剂运输费页岩油井平均降低1.23万元/层、致密气井平均降低0.49万元/层，年均节约砂罐现场转砂费用约 3400 万元。投入以来，总过砂量 41.3 万方，节约砂罐运输费用 6646 万元。

2.2 混配车自动上粉装置

2.2.1 研发思路

设计一种混配车自动上粉装置，替代现有的混配车吊装上粉方式，实现不停机连续上粉，杜绝上粉过程中的粉尘飘散，提高混配车连续配液能力。

2.2.2 技术原理

根据流体力学和空气动力学的基本原理，采用负压气力进行粉料输送，充分利用混配车粉罐结构，利用真空泵将混配车粉罐抽真空，形成负压吸力进行粉料输送。负压气力输送技术原理如图 4 所示。

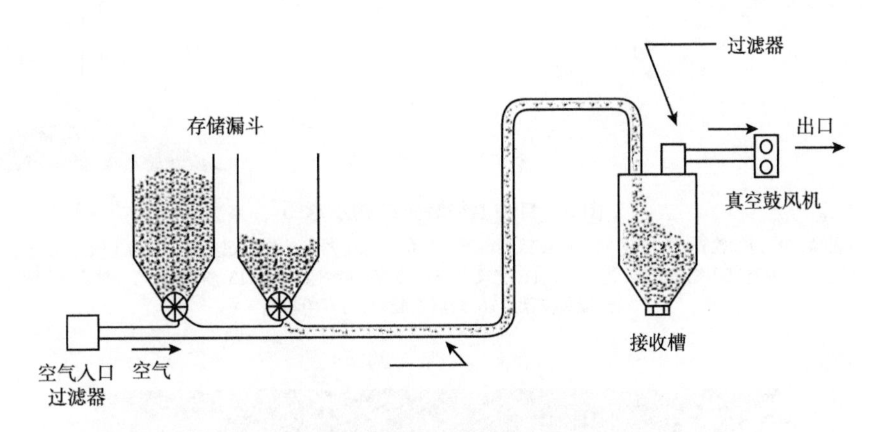

图 4　负压气力输送原理图

自动上粉装置由负压输送系统、密闭循环过滤系统和过滤器自动清洁系统组成，形成一个密闭循环流程，实现粉尘过滤再回收，在避免粉尘污染的同时降低了物料浪费，结构如图 5 所示。利用罗茨真空泵提供的真空吸力将混配车粉罐抽真空，输送管路形成强大的负压吸力，将粉料吸送到混配车上的圆锥形粉罐内（粉罐进行密封处理），进入粉罐时切向旋风进入，最大限度地料气分离后，含少量粉尘的气体被吸入到撬装设备上的负压组合除尘器内，过滤后实现料气分离，过滤的粉料落入下部锥斗，通过下部高气密性旋转供料器均匀再加入到负压输送管道，洁净的空气通过排气口进入罗茨真空泵，通过真空泵的排气口排入大气。

（1）负压输送系统。

根据设计条件及物料特性，采用负压气力输送方式。因为罗茨真空泵技术成熟、运维简单，所以选用罗茨真空泵对混配车粉罐（机械密封处理）进行抽真空，建立粉罐内负压环境，连接粉罐的输粉管路形成负压吸力，实现粉料输送。

（2）密闭循环过滤系统。

由负压除尘器和旋转供料器组成，除尘器内部安装骨架式除尘布袋，提供足够的过滤面积。除尘器底部锥斗和卸料阀之间设置气动蝶阀，除尘器锥斗配置高低料位计，如图 6 所示，当锥斗低料位时，系统自动关闭气动蝶阀，确保整个系统的密闭。当高料位时，蝶阀自动开启，卸料阀打开，系统自动开启卸料，粉料通过旋转供料器再次回到负压系统，经管道输送进入混配车粉罐，自动完成粉尘清理，无需人工干预。

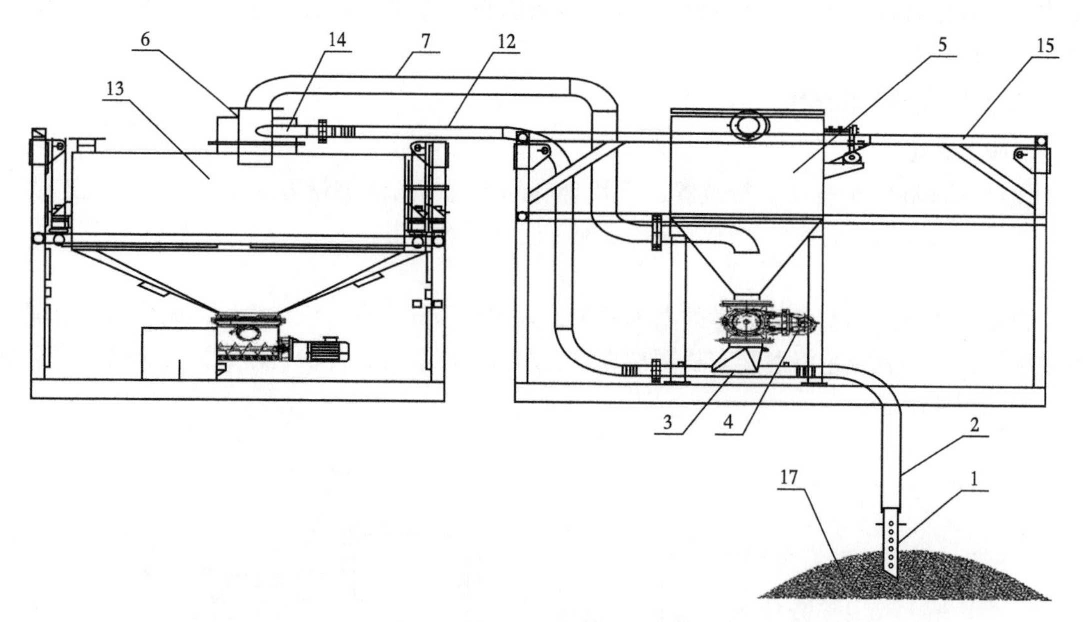

图 5　自动上粉装置结构示意图

1. 负压吸嘴；2. 钢丝软管；3. 加速室；4. 旋转供料器；5. 负压除尘器；6. 旋风除尘器；7. 含尘气体输送管道；8. 真空泵；9. 空气压缩机；10. 控制器；11. 空气管路；12. 粉料输送管道；13. 粉料罐；14. 抽真空接头；15. 撬装支架；16. 防震橡胶垫；17. 粉料堆

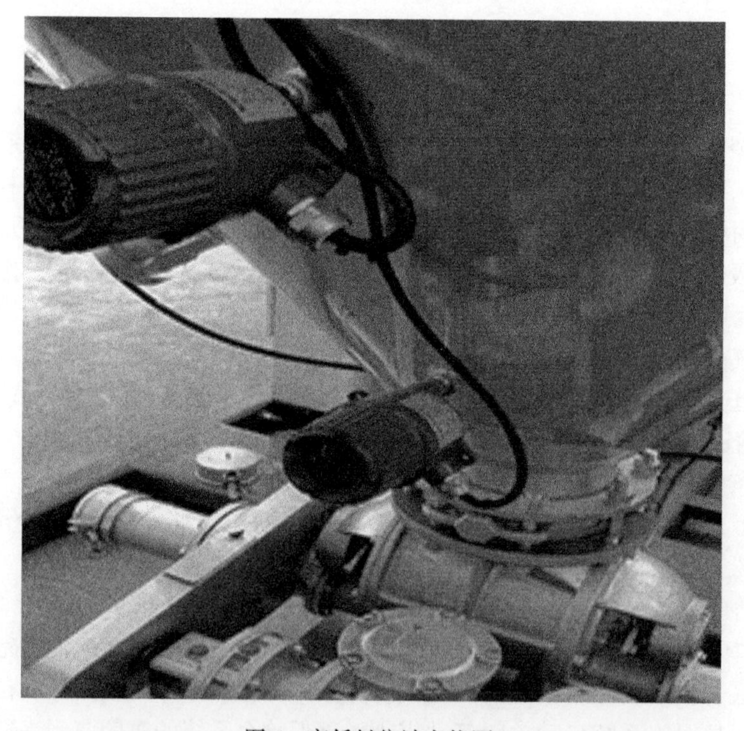

图 6　高低料位计实物图

（3）过滤器自清洁系统。

通过空压机压缩空气进行反向脉冲式吹扫，空压机设置泄压装置，最大压力 0.8MPa，空压机排气管路连接至除尘器顶部，对应每个除尘布袋，如图 7 所示，按照系统设定的吹扫气压和时间进行脉冲式吹扫，清洁除尘袋外部附着粉料。

图 7　除尘布袋气吹扫结构图

2.2.3　应用效果

（1）现场应用。

2021 年在页岩油、致密气压裂平台开展现场试验。共完成 19 口井、170 层压裂作业，上粉 186.245 吨，上粉速度达到 90kg/min，粉尘过滤达到 98% 以上，只需连接两根由壬管线即可进行上粉作业。

（2）效果评价。

改变了传统上粉方式，机械替代了人力，避免了吊车使用、人员登高作业及粉尘扩散污染，实现混配车不停机连续上粉，提高了混配车连续配液能力。按单台设备年作业 300 段、单段吊装 1h、25 吨吊车 7.45 元 / 吨小时计算，每年可节省吊车费用 5.6 万元。

2. 3　全自动高精度液添装置

2.3.1　研发思路

针对传统液添方式存在的弊端，考虑装置作业独立性、精确性、自动化等方面需求，确定撬装式结构，柴油机提供动力，具备独立存储、单独泵注、排量校准、数据传输、残液吹扫、自动控制等功能，排量覆盖 1~350L/min，计量精度 ±0.2%，耐酸碱，满足 4 种液添同时精确加注。

2.3.2　技术原理

液添装置主要由动力源、液压系统、液添罐、上液泵、液添泵、计量系统、实时标校模块、残液吹扫以及控制系统组成，如图 8 所示。

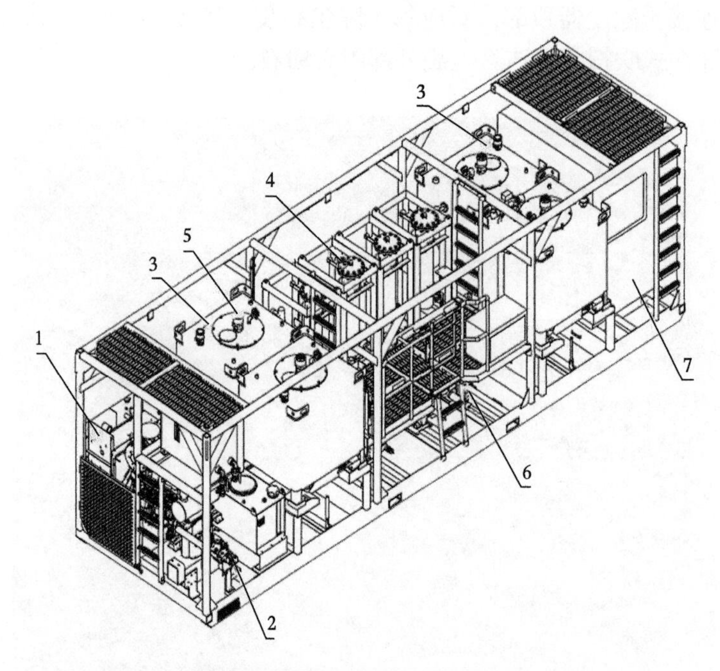

图 8　全自动液添橇结构示意图

1. 动力系统；2. 液压系统；3. 液添罐；4. 泵送计量模块；5. 搅拌器；6. 上液泵；7. 控制室

液添橇设有四套上液泵，泵型为齿轮泵，为 4 个 1.5m^3 的液添罐上液，4 套上液泵与 4 个液添罐一一对应。设有四套液添泵，泵型为转子泵，分别从液添罐（1~4#）底部抽液体，液添泵与液添罐一一对应。液添罐内设有搅拌器，防止液添沉淀。液添泵、泵出口质量流量计、校准桶组成标准模块。设有控制室，对设备进行集中控制及操作。工艺流程如图 9 所示。

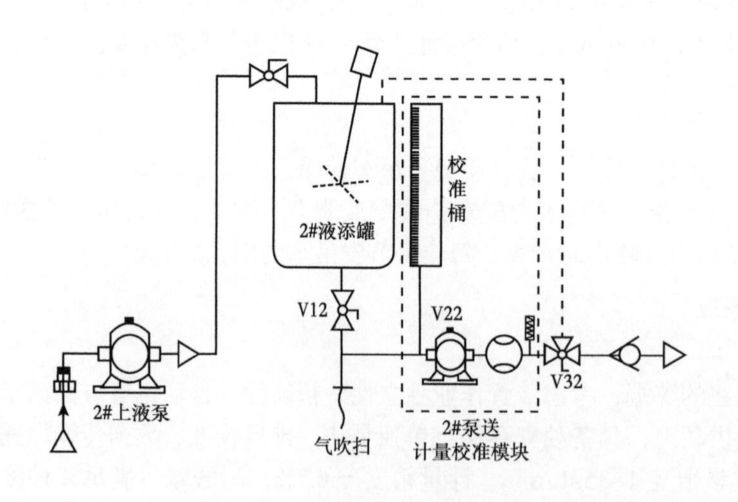

图 9　全自动液添橇工艺流程图

（1）动力及液压系统。

由一台康明斯 QSB6.7，120HP@2200RPM 为其提供动力。发动机经联轴器带动两个开式串泵，压力油通过多路阀组分配给各个驱动终端运转部件的液压马达，多路阀组配有高精度控制模块，可用计算机信号精确调节每个阀片输出的压力油的流量，实现对终端运转部件的精确调速。液压系统由液压油箱、开式油泵、定量马达、多路阀、集成在发动机水箱上的液压油冷却器及其他液压附件组成。

（2）泵送校准模块。

泵送校准模块由液添泵、质量流量计、带精确刻度的校准桶、相关安装框架、内部管线等组成。通过泵送校准罐内定量容积的液体与流量计的计量值进行对比，对流量计进行校准。每个液添泵及计量校准模块组成一个独立标准模块，各模块外形尺寸一致，液压、气路及电路接头均为快速接头形式，可快插互换，根据作业排量及配比进行选用模块，提高装置适用性。

标校方法：计量桶起始液位 A，最终液位高度 B；读取质量流量计泵送的质量流量 M0；计算计量桶中被泵送的液体质量 M1；将 M0 与 M1 进行比较，若 M0 与 M1 误差在 ±0.2% 内，说明质量流量计状态良好，若误差超过 ±0.2%，需对流量计进行校准。

（3）上液、液添系统。

调研液添加注排量区间 1~300L/min，考虑到液动液添泵小排量泵注稳定性差的问题，1#、2# 液添泵选型 5~50L/min，在 1#、2# 液添泵流量回路系统，将液添泵部分流量分流至液添罐，减少进入质量流量计的流量，泵注时系统按照设定排量，自动控制比例阀开启度，分流排量，减少排出流量，实现 5L 以下小排量稳定泵注。3#、4# 液添泵 35~350L/min，确保液体体系全覆盖。上液泵数量为 4 个，分别对应 4 个液添罐，1#、2# 上液泵 150L/min，3#、4# 液添泵 400L/min，满足 4 台液添泵最大排量时供液。液添泵设计在液添罐下方，保证最佳吸入工况。

（4）自动控制。

设备控制系统与数采监视系统一体化设计，操作室独立，具备设备控制、参数采集、数据监控及展示作业曲线等功能。包含动力系统、泵调速控制，液面监测、外部流量及添加剂流量（瞬时、累计）采集和显示等功能。

过渡罐液位自动控制：通过液位计实时监测液面，按照设定液位控制吸入泵转速，维持液面高度的稳定，实现液面自动控制。

液体添加剂排量自动控制：采集混砂车、混配车外部排量，根据实时排量变化，按照设定配比实时调整泵注排量，如图 10 所示。

（5）气路系统。

主要由空压机、储气罐、干燥器、安全阀、油水分离器、控制阀等组成，为气动蝶阀和管线吹扫等提供压缩空气。作业完后打开气源阀门，将压缩空气引入到泵腔中，压缩空气将管线残留的液体扫空至液添罐中，避免残液落地及泵腔腐蚀。

2.3.3 应用效果

（1）现场试验。

2021 年投用 4 套，完成现场应用 20 井次，累计泵注液添 129.8 万升，苏东 018 井组最低排量达到 1.16L/min，华 H100 平台最高排量达到 335L/min，排量输出稳定，压裂液黏度、摩阻稳定，有效规避了液体因素对施工的影响，满足不同施工工艺排量需求。

（2）效果评价。

高精度计量，确保了配液过程中精细质量控制，达到设计配比添加要求，添加剂现配现吸，解决了多种液添混合加注配液池底部剩余的问题，避免了添加剂浪费，有效降低现场作业安全环保风险和员工劳动强度。

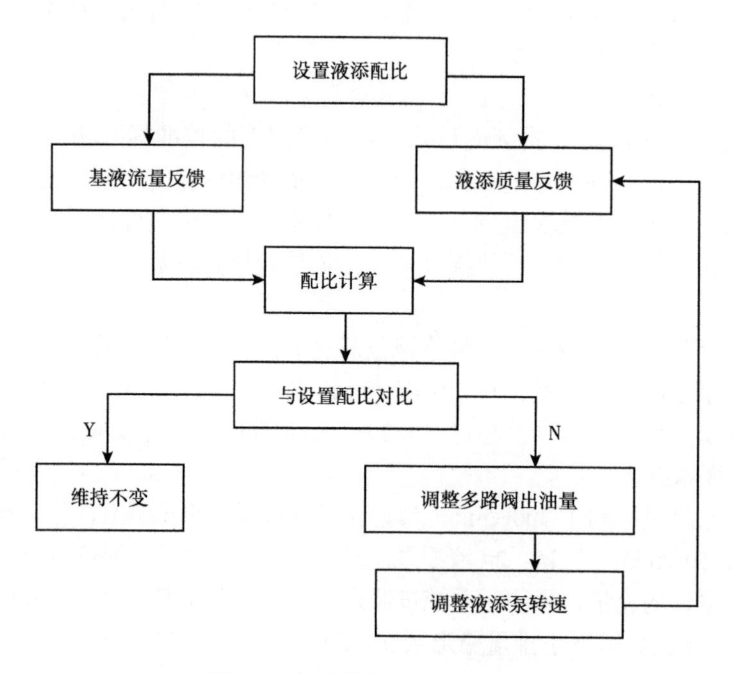

图 10　液添泵自动控制流程图

2.4　压裂井口快速插拔装置

2.4.1　研发思路

设计一种大通径、液压一体化控制的活动式可插拔压裂管汇，插拔接头与测井用防喷管快速插接头规格一致，桥射作业完成后，将防喷管取出，将压裂高压管线与压裂井口测井用防喷管快速接头插接，在压裂、桥射作业时实现与压裂井口快速插拔连接，实现压裂快速转井。

2.4.2　技术原理

压裂井口快速插拔装置由井口插拔连接器和井口插拔管汇橇组成，井口插拔连接器安装在井口最上方，射孔防喷管或压裂管汇通过吊装方式对准插入井口插拔连接器内，施工人员在远离井口的控制柜前，通过远控系统实现井口插拔连接器锁紧，插入后能快速试压。

（1）井口插拔连接器。

井口插拔连接器是一种高度集成化的机械、液压一体化装置，主要由机械本体和控制系统组成，一套控制系统可完成 3 口井作业，高可靠性的锁紧和解锁机构、高压高寿命的密封结构是其关键技术。井口插拔连接器主要作用是实现插拔管汇橇以及射孔管串的井口快速对位连接、锁紧、快速解锁释放，将传统由壬螺母井口连接方式替换为快速插拔锁定的连接方式。

井口插拔连接器主要由上接头、下法兰、导向器、锁紧环、卡爪、压紧液缸、锁紧液缸、快速试压阀组等部件组成，如图 11 所示。插拔器基座下法兰与井口平板阀连接，上接头安装于插拔管汇井口注入端以及射孔管串下端，实现井口快速插拔连接和释放。锁紧机构为若干组卡爪锁紧块，由几组液压缸控制，用于锁紧和释放插拔专用上接头，锁紧后使其可以承受防喷装置内部高压的拉拔力。机械锁紧环机构二次锁定，防止锁紧块自行松脱，保证井口连接锁紧的绝对可靠。

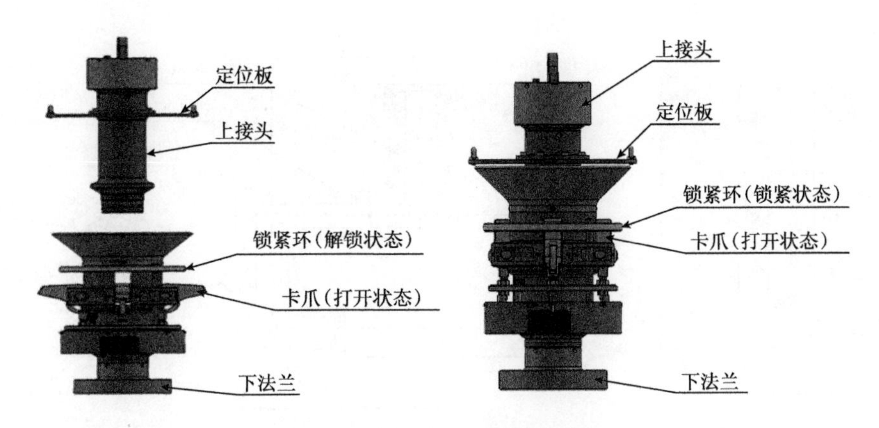

图 11　井口插拔连接器示意图

主要技术参数：

通径：　　130mm

连接法兰：$5^1/_8$″ -15000psi/BX169

　　　　　$7^1/_{16}$″ -10000psi/BX156

工作压力：105MPa（15000psi）

操作控制方式：远程液控

安全锁定方式：卡爪锁定 + 机械防松

远程控制系统除了完成自动连接、快速测压、自动投球功能外，还需要完成锁紧锁定、位置检测、带压互锁等功能。远程控制系统采用液压系统，液压源通过柴油液压泵或者柴油空压机带动气动增压泵来实现。控制柜采用撬装结构，可实现井口插拔连接器多路集中控制。

（2）井口插拔管汇橇。

通过大通径旋转弯头、直管的组合，配套专用管汇橇架、三通及转换法兰，组成井口插拔管汇橇。管汇橇根据井口位置万向活动对位连接，整体通径 130mm，满足排量 10m³/min 压裂施工，相比目前的分流管汇连接具有灵活度高，占地面积小等优势。可放置于大规模水平井压裂现场配合吊车长期使用，也可在小丛式直井压裂现场车载连接，随用随走，如图 12 所示。

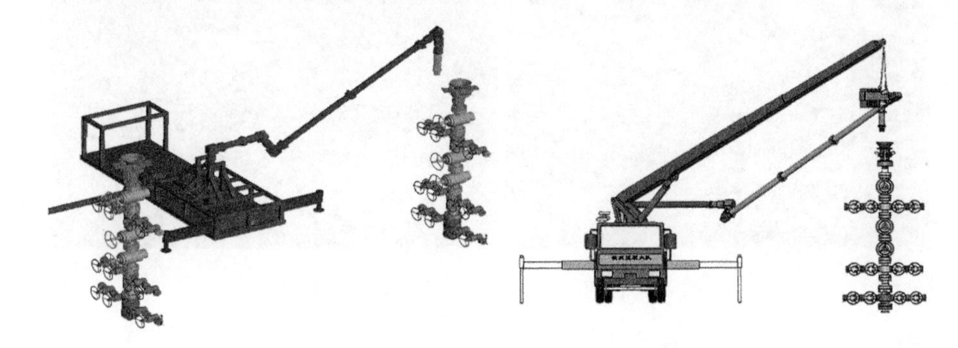

图 12　井口插拔管汇橇现场作业示意图

大通径活动弯头为快插装置的核心技术，单轴旋转、双轴旋转以及三轴旋转的大通径活动弯头结构如图 13 所示。该活动弯头连接旋转部位采用四排高强滚柱设计，保证旋转和连接的可靠性。高压组合密封圈可承受高压力，并设置有防冲蚀挡圈。

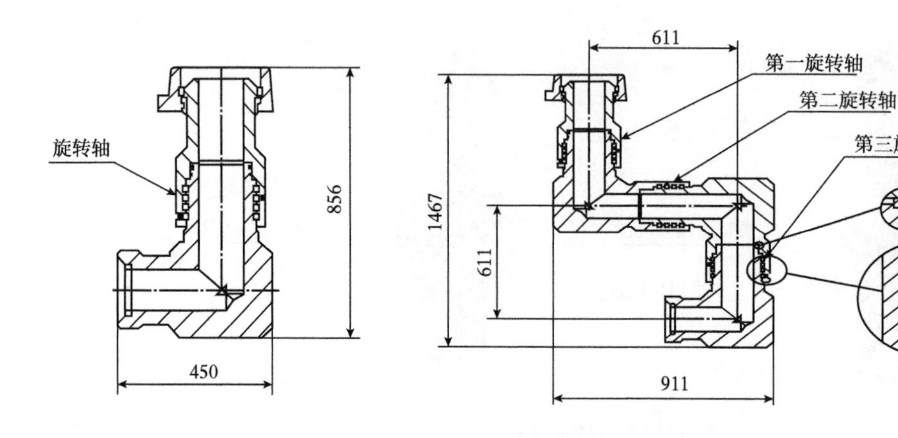

图 13　大通径弯头结构图

主要技术参数：

通径：130mm

额定工作压力：105MPa

连接方式：快速由壬连接

连接扣型：5″ -1502FIG.F × M

2.4.3　*应用及效果*

（1）现有压裂井口连接方式。

现有桥射联作压裂井口安装方式如图 14 所示，压裂管路通过高压多路注入头连接井口，射孔管串及防喷装置安装于高压多路注入头及井口平板阀上方。连接安装时均需要配备井口作业平台，操作人员需要进行高空作业拆装井口。

图 14　目前压裂井口及射孔管串安装方式

（2）压裂井口快插连接方式。

应用压裂井口快速连接系统连接井口，将井口插拔连接器基座安装于井口平板阀上方，替代了高压多路注入头。保留原有泵送桥塞管路，利用插拔管汇橇末端插拔器插入端与井口快速插拔连接，如图 15 所示，省去了人员攀爬井口作业平台、锤击多个由壬连接管线的步骤。

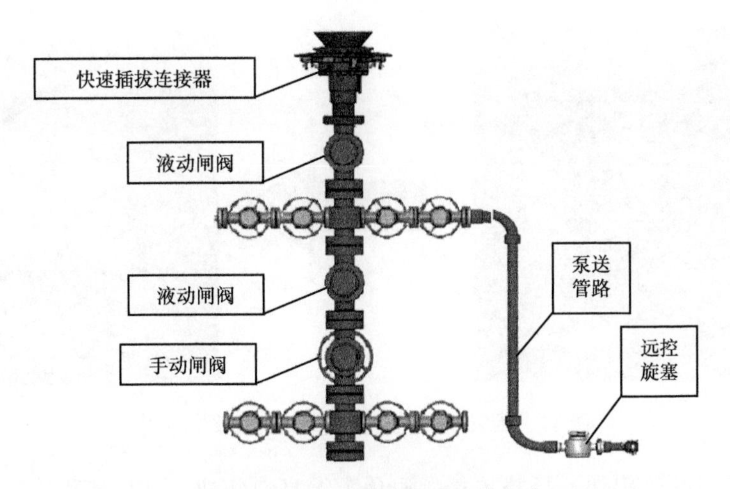

图 15 压裂井口快速插拔连接方式

（3）测井防喷管快插连接方式。

井口插拔器插入端安装于射孔管串下方，防喷装置与管串一起吊装插拔连接，即可与井口快速插拔连接，如图 16 所示，实现防喷管无人安装，避免了人员高空作业。

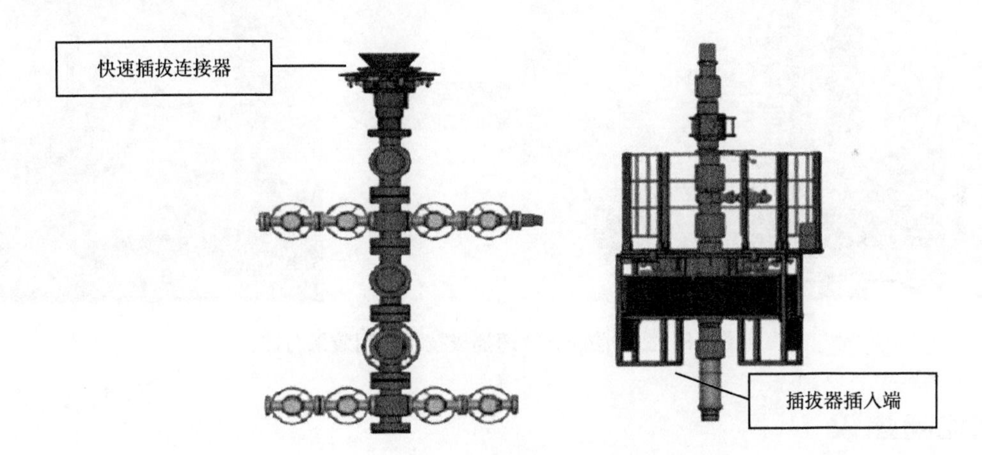

图 16 射孔管串快速插拔连接方式

（4）应用效果及评价。

2020—2021 年在致密气井丛以及神木气田、苏里格气田，使用压裂井口快速插拔装置开展了平台化压裂施工井间快速切换技术现场应用试验。综合多次现场试验数据，压裂井口快速插拔装置共计完成压裂施工 18 口井，78 层次。高压泵注时间共计 71h54min，最大排量 11.0m^3/min，最高泵注压力 68MPa，累计高压泵注液量 31020.0m^3，加砂总量 3281.2m^3，注酸 160.0m^3。井口流程平均倒换时间在 3min 左右。施工期间高压管路及井口平稳，插拔管汇橇及井口试压均一次成功。

与目前分流管汇连接多井口的压裂施工方式对比，单管路上井口注入流程清晰，减少30% 以上的高压管线使用量，效果如图 17 所示，降低管线连接劳动强度，缩短施工准备周期 1 天，平台化压裂现场生产提速。

图 17 压裂井口快速插拔装置应用效果对比

压裂管路及射孔管串快速插拔连接，避免人员高空作业，井口流程倒换时间缩短 90%。插拔装置远程液控系统 + 液动平板阀倒换井口，实现高压区无人化作业，如图 18 所示。

图 18 测井防喷管快速插拔技术应用效果对比

3 结论与建议

（1）连续加砂装置适用于长庆区域压裂施工特点，拆安快捷，可有效替代砂罐车，降低支撑剂转运费用，是一种简单、实用的压裂连续加砂解决方案。

（2）混配车自动上粉装置彻底改变了传统吊装上粉方式，有效解决了混配车上粉过程中重点的安全、环保问题，实现混配车不停机连续上粉，提高了混配车连续配液能力。

（3）高精度液添装置有效解决了传统配液方式存在的问题，模块化设计、高精度计量、自动化控制，是一种可靠性高、适用性强的专业化设备。

（4）压裂井口快速插拔装置是实现页岩油压裂快速转井的一种有效方式，井口流程倒换无人化，可有效提高页岩油平台井压裂效率。

参 考 文 献

[1] 李磊 . 电驱压裂液混配装置自动控制系统 [J]，仪器仪表与分析监测，2016，2：10-22.
[2] 袁世平，李俊文 . 自动调节配液装置及其应用 [J]. 水处理技术，1988，24（2）：99-103.
[3] 何明舫，马旭，张燕明，等 . 苏里格气田 “工厂化” 压裂作业方法 [J]. 石油勘探与开发，2014，41（3）：7-8.
[4] 钱斌，张俊成，朱炬辉，等 . 四川盆地长宁地区页岩气水平井组 “拉链式” 压裂实践 [J]. 天然气工业，2015，35（1）：81-84.
[5] 王林，马金良，苏凤瑞，等 . 北美页岩气工厂化压裂技术 [J]. 钻采工艺，2012，35（6）：48-50.
[6] Thirty years of gas shale fracturing：what have we learned? King G E. SPE Annual Technical Conference and Exhibition，2010.
[7] 张华珍，刘嘉，邱茂鑫，等 .2020 国外油气田开发技术进展与趋势 [J]. 世界石油工业，2020，27（6）：33-39.
[8] 张宏桥，游娜，李妍僖，等 . 射孔快速连接井口装置技术现状及分析 [J]. 石油矿场机械，2020，49（6）：16-20.

页岩油长水平段水平井延长管柱下深技术研究与应用

曹　欣，王金刚，王海庆，席仲琛，杨　军

（川庆钻探工程有限公司长庆井下技术作业公司）

摘　要：针对页岩油长水平段水平井套管内作业过程管柱自锁、下深有限的问题，重点围绕组合管柱加重与降阻进行攻关，开发了小接箍加重管和金属减阻剂，统计回归了组合管柱设计原则，应用水平井管柱力学分析软件进行优化，形成了页岩油长水平段水平井延长管柱下深技术。现场应用结果表明，该技术可有效提高长水平段水平井套管内井筒作业效率，延长管柱下深效果明显，解决了长庆油田 4000m 长水平段水平井井筒作业难题。

关键词：长水平段；组合管柱；加重管；金属减阻剂；延长下深

为提升页岩油开发效果，提高单井储量，长庆油田页岩油开发以水平井为主，积极探索长水平段水平井开发模式，取得了良好的效果。但由于储层地质条件复杂、导向钻井不确定因素多等问题，形成的长水平段水平井井眼轨迹相对复杂，井筒作业过程中管柱因无法克服水平段摩擦力而遇阻，“自锁”现象频繁出现，3000m 以上长水平段水平井中管柱“自锁”现象尤为普遍。研究形成的组合管柱加重、金属减阻剂降摩、井下工具降摩、管柱漂浮降摩等作业管柱延长下深工艺技术，解决了长水平段水平井管柱下深问题，提高了通洗井、首段射孔、压后钻塞等作业的施工成功率，为长水平段水平井储层改造提供技术支撑。

1　管柱力学计算模型建立

1.1　静态条件下的水平井管柱力学模型

将水平井井筒内管柱简化为直井段、斜井段、水平段，H_k 为直井段井深，H_v 为垂深，整个井眼斜深为 L，水平段长度为 L_1。静态情况下，水平井筒内管柱在水平段产生的垂向拉力为零，斜井段产生的垂向拉力小于斜井段油管的重力。

在斜井段上任意取一微元体 ΔL_i，其重力为 W_i，沿井眼轨迹的轴向拉力为 T_i，井眼轨迹法向正压力为 N_i，井斜角为 α_i，如图 1 所示，其关系式为：

$$T_i = W_i \cos\alpha_i \tag{1}$$

$$N_i = W_i \sin\alpha_i \tag{2}$$

作者简介：曹欣，男，毕业于西南石油学院。高级工程师，长期从事试油气压裂工艺技术研究与管理工作。单位：中国石油集团川庆钻探工程有限公司长庆井下技术作业公司，电话：029-86599165，E-mail：caoxin@cnpc.com.cn，地址：陕西省西安市未央区长庆兴隆园小区长庆大厦 1208 室（710018）。

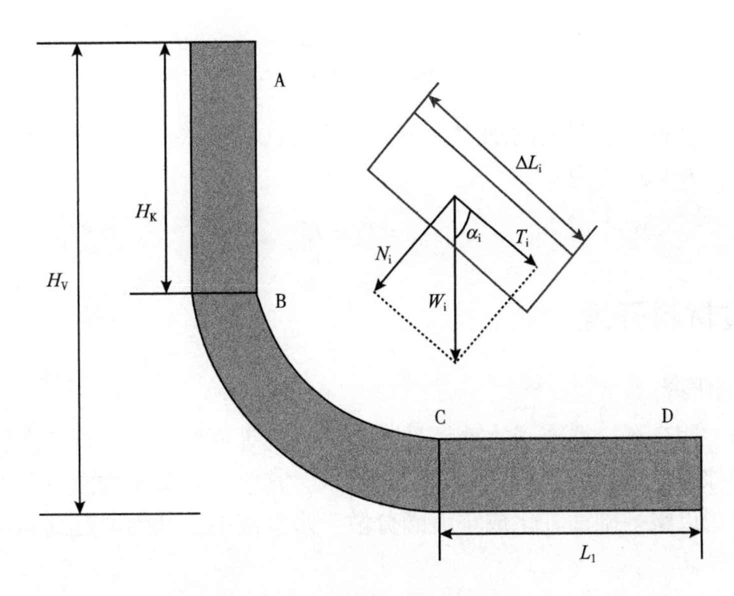

图 1　斜井段微元体力学模型

则井内管柱在造斜点 B 点的拉力 T_B 为：

$$T_B = \sum_{i=1}^{n} W_i \cos\alpha_i = \int_{斜井段} q\cos\alpha_i \mathrm{d}l \tag{3}$$

井内管柱在井口的拉力 T_A 为：

$$T_A = qH_k + T_B \tag{4}$$

上式为空气中的井内管柱井口拉力，如果考虑井液浮力，则有：

$$T_A = qH_k + T_B - \rho sLg = qH_k - \rho sLg + \int_{斜井段} q\cos\alpha_i \mathrm{d}l \tag{5}$$

式（1）至式（5）中：T_A 为井内管柱在 A 点的拉力，N；T_B 为 B 点油管的轴向拉力，N；q 为井内管柱的平均线重，N/m；ρ 为井液密度，kg/m^3；s 为井筒内管柱横截面积，m^2；g 为重力系数，N/kg。

1.2　动态条件下的水平井管柱力学模型

起下管柱引起的动态附加力由斜井段和水平段油管与井壁间的法向力产生的摩擦力构成，其摩擦系数用 f_k 表示，则斜井段任一微元段所产生的摩擦力方向为油管轴向，大小为：

$$T_{fi} = N_i f_k = f_k W_i \sin\alpha_i \tag{6}$$

摩擦力为：

$$T_{f1} = \sum_{i=1}^{n} T_{fi} = \int_{斜井段+水平段} qf_k \sin\alpha_i \mathrm{d}l \tag{7}$$

将直井段管柱重力也平均加载到斜井段和水平段，得到上提或下放管柱时摩擦力的计算式为：

$$T'_{f1} = \int_{\text{斜井段+水平段}} \left(\frac{qL}{L - H_k} \right) f_k \sin \alpha_i \mathrm{d}l \tag{8}$$

上提管柱时，摩擦力引起的附加力为正；下放管柱时，摩擦力引起的附加力为负。因此上提下放管柱时，井口拉力为：

$$T_{A3} = T_A \pm T'_{f1} \tag{9}$$

2 减阻加重材料开发

2.1 金属减阻剂研究

采用基础油、阴离子、非离子表面活性剂和缓蚀剂等原材料，进行了金属减阻剂的配方实验，成功得到棕色油状减阻剂产品，如图 2 所示。其中，阴离子表面活性剂与非离子表面活性剂复配使用用以将基础油乳化成小液滴分散于水溶液中，基础油起到润滑降阻作用，缓蚀剂用于保护管柱。

图 2 金属减阻剂及相应稀释液的外观

基于前期研究，滑溜水摩擦系数平均值为 0.208，而 3% 减阻剂稀释液的摩擦系数为 0.152，较滑溜水下降 25% 左右。为满足钻磨、冲砂的作业需求，改进形成的增黏型金属减阻剂分别在室温及 70℃下进行测试，测试结果见表 1。

室温下 0.01%PAM 含量的减阻剂稀释液摩擦系数为 0.142。而在 70℃下，其摩擦系数上升至 0.162，增幅约为 14%。0.02%PAM 含量的减阻剂稀释液的摩擦系数在室温及 70℃下，摩擦系数分别为 0.154 和 0.157，两者相差不大，表明增黏型减阻剂耐温性良好。PAM 使用量在 0.01%~0.1% 之间变化，可实现溶液黏度 1~15mPa·s 之间调控的预期目的。在测试时间内，不同 PAM 含量的减阻剂稀释液均满足摩擦系数＜ 0.2 的指标要求，延长管柱下深的效果明显。

表 1 不同增黏剂含量的 3% 减阻剂稀释液摩擦系数

序号	温度条件	摩擦系数（0.01% PAM）	摩擦系数（0.02% PAM）
1	室温	0.142	0.154
2	70℃	0.162	0.157

2.2 加重管设计加工

加重管的设计以增大线重、减小外径、尽可能保持内径为原则，满足加重而不增加循环阻力，且现场起下钻操作简单。选取壁厚 11.4mm、外径 88.9mm 的管材，对接头进行个性化设计，确定了加重管参数，见表 2。

表 2 88.9mm 加重管参数表

外径 / mm	壁厚 / mm	线重 /（kg/m）	接头外径 / mm	最小内径 / mm	抗拉强度 / kN	抗内压强度 / MPa
88.9	11.4	22.4	104.8	56	2336	176

3 组合管柱优化设计技术

长庆油田开展水平井作业以来，套管内井筒作业一直使用 73mm 的外加厚油管，单位重量 9.62kg/m，在 2014 年前，最长水平段长 1600m，最大水垂比小于 1，没有遇到油管自锁现象。自 2015 年宁平 6 井通井出现自锁后，随着水平段的加长，管柱自锁现象频繁出现。通过对前期施工井垂深及水平段长、入井组合管柱情况的统计，在不使用降阻的情况下，垂直段钻具重量大于水平段钻具重量时一般不会出现自锁。基于此规律总结出组合管柱的设计组配原则：垂直段和斜井段钻具重量大于水平段钻具重量，组合管柱的选择与水垂比有关，加重管下入的位置则与造斜点到入窗点段复杂程度有关。

长庆油田水平井组合管柱优化设计时，选择的管柱按重量可分为四类：$2^{3}/_{8}$″油管、$2^{7}/_{8}$″油管（或 $2^{3}/_{8}$″钻杆）、$3^{1}/_{2}$″油管（或 $2^{7}/_{8}$″钻杆、$3^{1}/_{2}$″ 微接箍油管）、$3^{1}/_{2}$″小接箍加重钻杆。主要技术参数见表 3。

表 3 常用管杆相关技术参数表

名称	$2^{3}/_{8}$″ 油管	$2^{3}/_{8}$″ 钻杆	$2^{7}/_{8}$″ 油管	$2^{7}/_{8}$″ 钻杆	$3^{1}/_{2}$″ 微接箍油管	$3^{1}/_{2}$″ 小接箍钻杆
本体外径 / mm	60.3	60.3	73.0	73.0	88.9	88.9
本体内径 / mm	50.66	50.66	62.0	54.0 （接箍 51.0）	74.0	66.1 （接箍 62.0）
接箍外径 / mm	77.0	85.0	93.0	G105	95.0	105.0
重量 /（kg/m）	6.85	10.1	9.67	15.4	16.5	22.0

根据现场作业参数统计回归，提出了管柱优化设计原则。

（1）水垂比小于 0.8，不用组合油管。

（2）水垂比大于 0.8 而小于 1.5，采用二级组合管柱，下钻途中有遇阻现象则考虑循环降阻剂。

（3）水垂比大于 1.5，则采用三级组合管柱和降组剂进行配合使用。

（4）管柱组合最重管柱入井最大长度：入窗点深度 +300-500m；次重管柱 + 最轻管柱组合要求：总重最轻。

应用管柱力学软件对组合管柱进行模拟计算，形成最终优化组合。

对于水平段管柱所受摩擦力，引入无量纲摩擦力概念，假设油管在水平段仅有接箍（耐磨带）与套管接触，油管线重与接头长度的乘积定义为无量纲摩擦力。常用的几种在水平段管材的无量纲摩擦力见表 4。

表 4　几种管材无量纲摩擦力数据表

管材规格 / mm	线重 /（kg/m）	接头（耐磨带）长度 / m	无量纲摩擦力
60.32	6.85	0.151	1.03
73	9.67	0.188	1.82
73	15.56	0.416（接头总长）	6.47
73	15.56	0.075（耐磨带）	1.17

4　现场试验

华 H50-7 井是长庆页岩油第一口水平段长超过 4000m 的井，完钻井深 6266.0m，造斜点 450.0m，完钻垂深 1991.0m，水平段长度 4088.0m。

4.1　通井管柱组合设计

基于前期的研究成果，依据实际摩擦系数进行组合管柱加重的模拟计算，再依据模拟计算结果进行管柱组合方式的优化，如图 3 所示。首先采用“$2\frac{3}{8}''$ 外加厚油管 1399.38m+$2\frac{7}{8}''$ 外加厚 2581.87m+$3\frac{1}{2}''$ 小接箍钻杆 485.5m”进行了试通井，求取实际工况下的摩擦系数、最大下深、剩余钩载等关键参数，通井时采用组合管柱加重及两次替入金属减阻剂降摩完成作业，测三样及首段射孔作业增加了加重管长度 220m 均一次下到位。试验参数见表 5。

表 5　试验流程及试验参数表

工序	管柱组合	最终下深 /m	备注
		剩余悬重 /t	
试通井	$2\frac{3}{8}''$ 1399.38m+2-$\frac{7}{8}''$ 2581.87m+3-$\frac{1}{2}''$ 485.5m	4466.75	反算得到摩擦系数为：0.2916，替入减阻剂后悬重恢复至 11t，继续下钻
		0	
通井	$2\frac{3}{8}''$ 1499.5m+2-$\frac{7}{8}''$ 2405.53m+3-$\frac{1}{2}''$ 2327.94m	6232.97	下至 5800m 悬重降为 0，替入减阻剂后悬重恢复至 10t
		7	
测三样	$2\frac{3}{8}''$ 1317.52m+2-$\frac{7}{8}''$ 2283.34m+3-$\frac{1}{2}''$ 2555.25m	6229.47	通井后未替出减阻剂，增加了重管柱的长度 200m
		8	
首段射孔	$2\frac{3}{8}''$ 1353.08m+2-$\frac{7}{8}''$ 2171.25m+3-$\frac{1}{2}''$ 2545.53m	6099.00	通井后未替出减阻剂
		7	

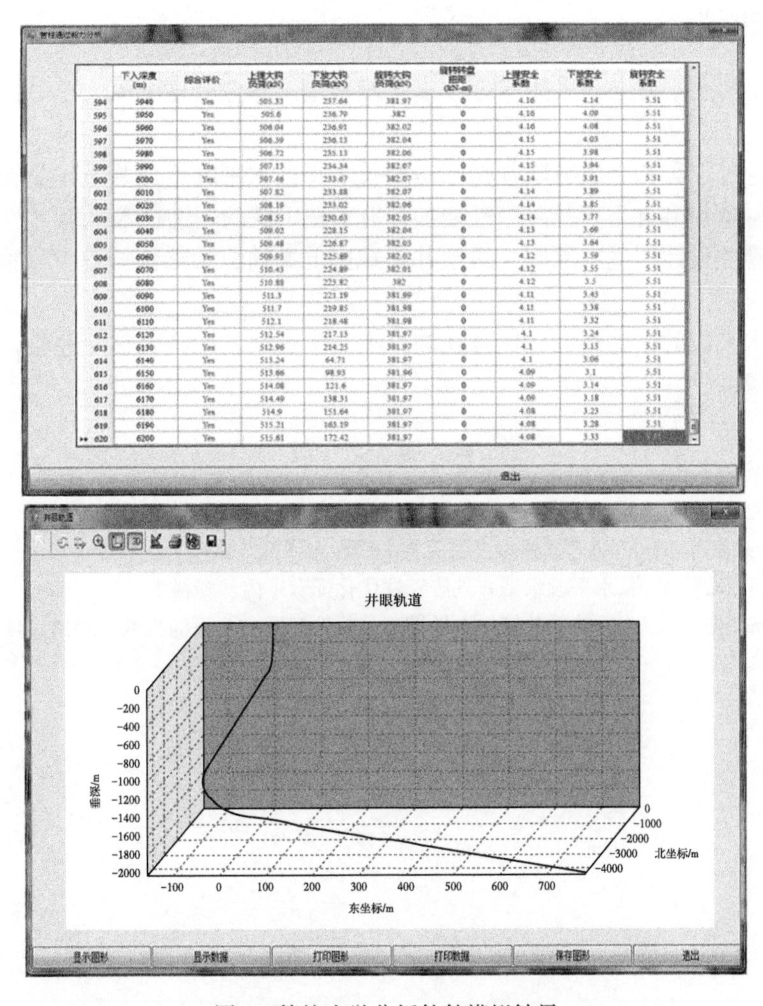

	下入深度(m)	综合评价	上提大钩负荷(kN)	下放大钩负荷(kN)	旋转大钩负荷(kN)	旋转转盘扭矩(kN·m)	上提安全系数	下放安全系数	旋转安全系数
594	5940	Yes	505.33	237.64	381.97	0	4.16	4.14	5.51
595	5950	Yes	505.6	236.79	382	0	4.16	4.09	5.51
596	5960	Yes	506.04	236.91	382.02	0	4.16	4.08	5.51
597	5970	Yes	506.39	236.13	382.04	0	4.15	4.03	5.51
598	5980	Yes	506.72	235.13	382.06	0	4.15	3.98	5.51
599	5990	Yes	507.13	234.34	382.07	0	4.15	3.94	5.51
600	6000	Yes	507.46	233.67	382.07	0	4.14	3.91	5.51
601	6010	Yes	507.82	233.88	382.07	0	4.14	3.89	5.51
602	6020	Yes	508.19	233.02	382.06	0	4.14	3.85	5.51
603	6030	Yes	508.55	230.63	382.05	0	4.14	3.77	5.51
604	6040	Yes	509.02	228.15	382.04	0	4.13	3.69	5.51
605	6050	Yes	509.48	226.87	382.03	0	4.13	3.64	5.51
606	6060	Yes	509.95	225.89	382.02	0	4.12	3.59	5.51
607	6070	Yes	510.43	224.89	382.01	0	4.12	3.55	5.51
608	6080	Yes	510.88	223.82	382	0	4.12	3.5	5.51
609	6090	Yes	511.3	221.19	381.99	0	4.11	3.43	5.51
610	6100	Yes	511.7	219.85	381.98	0	4.11	3.38	5.51
611	6110	Yes	512.1	218.48	381.98	0	4.11	3.32	5.51
612	6120	Yes	512.54	217.13	381.97	0	4.1	3.24	5.51
613	6130	Yes	512.96	214.25	381.97	0	4.1	3.13	5.51
614	6140	Yes	513.24	64.71	381.97	0	4.1	3.06	5.51
615	6150	Yes	513.66	98.93	381.96	0	4.09	3.1	5.51
616	6160	Yes	514.08	121.6	381.97	0	4.09	3.14	5.51
617	6170	Yes	514.49	138.31	381.97	0	4.09	3.18	5.51
618	6180	Yes	514.9	151.64	381.97	0	4.08	3.23	5.51
619	6190	Yes	515.21	163.19	381.97	0	4.08	3.28	5.51
620	6200	Yes	515.61	172.42	381.97	0	4.08	3.33	

图 3　管柱力学分析软件模拟结果

由于通井结束后未将金属降阻剂替出井筒，并且提前加大直径段悬重，所以下测井仪器过程中未出现遇阻及自锁现象。

下钻过程中悬重变化：最大悬重 18t。随钻具进入水平段越长悬重逐渐下降，下钻至 6229.47m 下放悬重为 8t。起钻过程中悬重变化：最大悬重 42t。6229.47m 上提悬重为 42t。由公式 9 计算出综合摩擦力为 17t。

4.2　桥塞钻磨

使用螺杆钻具时，开泵后由于受液体的循环阻力和螺杆压降等综合影响，钩载一般下降 4~6t，根据通井下钻时的载荷情况，用原有的管柱组合可能无法钻磨到人工井底。钻磨时考虑用动力水龙头进行复合钻磨，油管不能满足传递扭矩的需要。使用复合钻在不考虑水平段屈曲的情况下，用无量纲摩擦力对华 H50−7 井通井数据进行反演算，通过计算用 73mm 加耐磨带钻杆在水平段下深可达到 5087m。对该井钻磨设计为 2500m 小接箍 89mm 加重钻杆与 3800m 常规 73mm 钻杆组合，满足复合钻进需要。

钻磨至 4026m 时出油量增加，停止钻磨，起钻。目前自喷生产。

5 结论与建议

（1）长水平段水平井必须采用组合技术手段来增加作业管柱下深，单一技术手段较难下钻到位。

（2）组合管柱加重和金属减阻剂降摩是超长水平段水平井增加井下作业管柱下深的主体技术，管柱漂浮降摩和井下工具降摩是增加作业管柱下深的辅助技术。

（3）组合管柱设计的基本原则：对于井眼规则的井筒，始终保持垂直段重量：水平段重量＞1。

（4）超长水平段的钻磨作业，在常规加重无法满足时，应结合钻井经验，使用动力水龙头进行复合钻磨。

参 考 文 献

[1] 王毓震，杨文斌，姚顺利，等. 浅层水平井管柱摩阻与力学分析 [J]. 钻采工艺，2012，35（4）：80-82.
[2] 胡祖彪. 长庆致密油 4000m 以上水平段井钻完井关键技术研究与试验［内部资料］.
[3] 曹欣，高银锁，席仲琛. 长水平段水平井试修管柱优化配套［内部资料］.
[4] 郭凤超，陶亮，贾晓斌. 水平井钻井管柱力学模型与软件开发 [J]. 石油机械，2013，41（7）：28-32.

压裂施工数字化系统的研制与应用

钟新荣[1,2]，柴　龙[1,2]，车昊阳[1,2]

（1. 川庆钻探工程有限公司长庆井下技术作业公司；2. CO_2压裂增产实验室）

摘　要：本文针对压裂施工现场存在的数据类型多、数据量大、录取方式单一、作业设备数据不共享、数据碎片化易丢失等难题，采用边缘计算、AI视频分析、物联网等智能化技术对压裂施工现场各类型数据进行数字化处理、精确化采集、无线式传输、集中化储存，形成一套集实时监控、智能诊断、自动处置、智能优化为一体的压裂施工数字化系统，实现压裂现场数字化技术从0到1的突破，为页岩油气藏改造插上了数字化的翅膀。

关键词：压裂现场；物联网；数字化；无线远传

1　技术背景

目前，油田开发已进入了数字化、网络化、可视化、自动化闭环新阶段，井场数字化通过实施各种方案将油气生产的各种资产有机地结合在一个价值链中，呈现出虚拟的数字化系统[1]。数字化系统可实时观察并掌握井场的各种信息以及参数，使油田开发达到比较理想的状态。至今为止，“井场数字化”已经从初期的仪器、仪表和监测的数字化发展成联结现场作业与控制部门作业的闭环工作系统，这种先进的无缝衔接，为油田作业提供了便利的条件。经过不断的改进，井场数字化及其衍生出的数字化油田在采油气井场、油气集输管道管理得到了广泛的应用，取得了良好的应用效益[2-3]。

相比其他油田作业工序，压裂作业以移动式作业设备为主，设备种类多，不同厂家不同种类作业设备无法互联互通；数据呈零散化、碎片化，人工记录数据繁多；施工作业仍然以劳动密集型为主，人工观测记录数据精度较低；作业工艺灵活多样，不同工艺数据需求差别大，致使压裂施工现场难以实现数据的共享交换和统一管理。压裂施工数字化技术对作业现场的设备、设施、物资等信息及其数据资源进行统一规划和管理，设计研发各类传感器和数采装置，实现作业现场数据的数字化采集和各类压裂施工相关数据的数字化采集和统一分析、处理、储存和展示，并通过4G VPN网络实现远程专家诊断和视频会议，优化作业现场人员和资源配置，为压裂施工提供了科学的管理指导和量化的发展支撑。

2　系统结构

参考国内外数字化系统的结构及特点[4]，压裂施工数字化系统整体按照数据感知层、数据采集层、网络传输层、设备层、平台管理层、移动指挥中心和远程监控平台等七层组织结构进行设计，如图1所示。

作者简介：钟新荣，男，川庆钻探工程有限公司长庆井下技术作业公司，高级工程师，主要从事油气增产装备、仪表、自控系统等方面研究工作。电话：029-86599033，邮件：zhongxr@cnpc.com.cn，地址：陕西省西安市未央区长庆大厦。

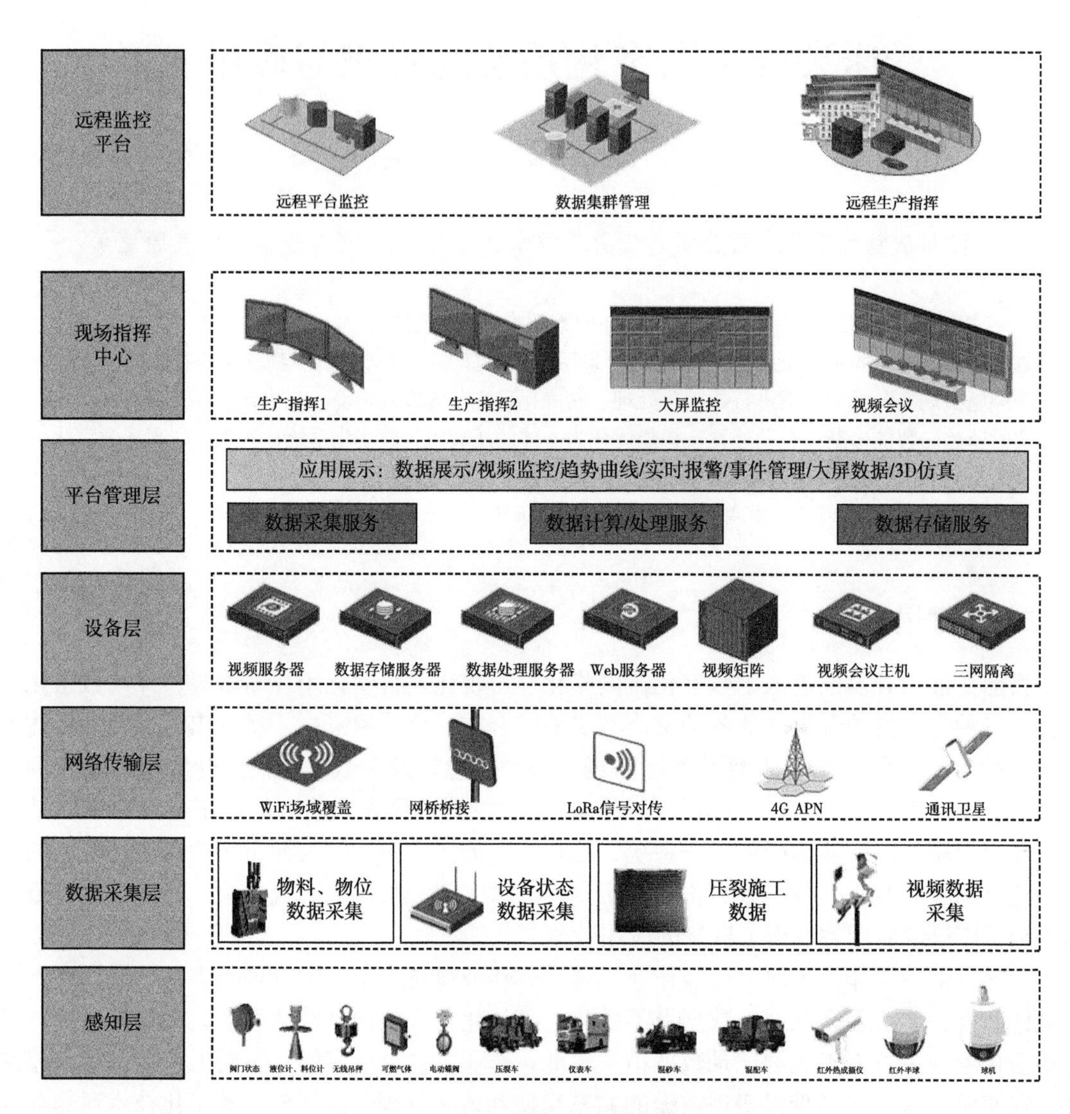

图1　压裂施工数字化系统结构图

数据感知层完成压裂施工各项数据从设备、设施中提取、采集的工作。通过前期的数据分析，在感知层内，针对设备数据提取，设计了专用的多兼容数据采集设备，将作业设备中不同格式的数据从设备中进行提取，针对储罐液位、阀门状态等人工监测的数据，依据压裂施工现场的特点，设计研发专用低功耗传感器来实现数据的数字化处理。

数据采集层将作业现场各类设备、设施内提取的数据进行统一的协议转换和数据的初步处理，实现不同设备、不同来源数据的同格式采集，为数据的网络传输提供基础。

网络传输层应用 LoRa 无线组网技术和无线工业 AP 组网技术将各类数据以无线的方式传输至压裂施工数字化系统的设备层，实现数据的远程传输。为保障在压裂施工现场恶劣环境下数据传输的稳定性，各状态监测传感器采用具有较远传输距离的 LoRa 通信协议，设备施工数据采用具有较高带宽的 5.8G WiFi 组网技术，视频数据则采用无线工业 AP 完成数据传输工作，使数据的稳定传输带宽达到 100Mbps，视频稳定传输带宽达到 200Mbps。

设备层为安装在数字化指挥方舱内的硬件系统，通过方舱顶部场域无线覆盖设备接收网络传输层传输的各类数据，并完成数据的处理、储存等工作。

平台管理层为数字化指挥方舱软件系统，主要实现数据的分析、计算；移动指挥中心完成数据展示、呈现功能；平台各项数据通过4G APN网络远程传输至公司网络，并与EISC进行通信，同时支持视频会议和专家远程诊断。

压裂施工数字化系统的软件由数据采集服务、数据解析服务和Web数据服务组成，如图2所示。通过数据采集服务对压裂施工现场的各类设备通过多种软件协议进行采集；数据采集服务将采集数据同步实时存储在Redis实时数据库中，异步存储到历史数据InfluxDB库中，为平台历史数据查询提供数据节点。同时依靠Web数据服务对采集上来的数据进行大屏数据展示以及相对应的数据计算、数据外发等操作。依托Web组态功能针对现场真实数据展示环境开发多种数据展示界面，进行数据的实时监控。

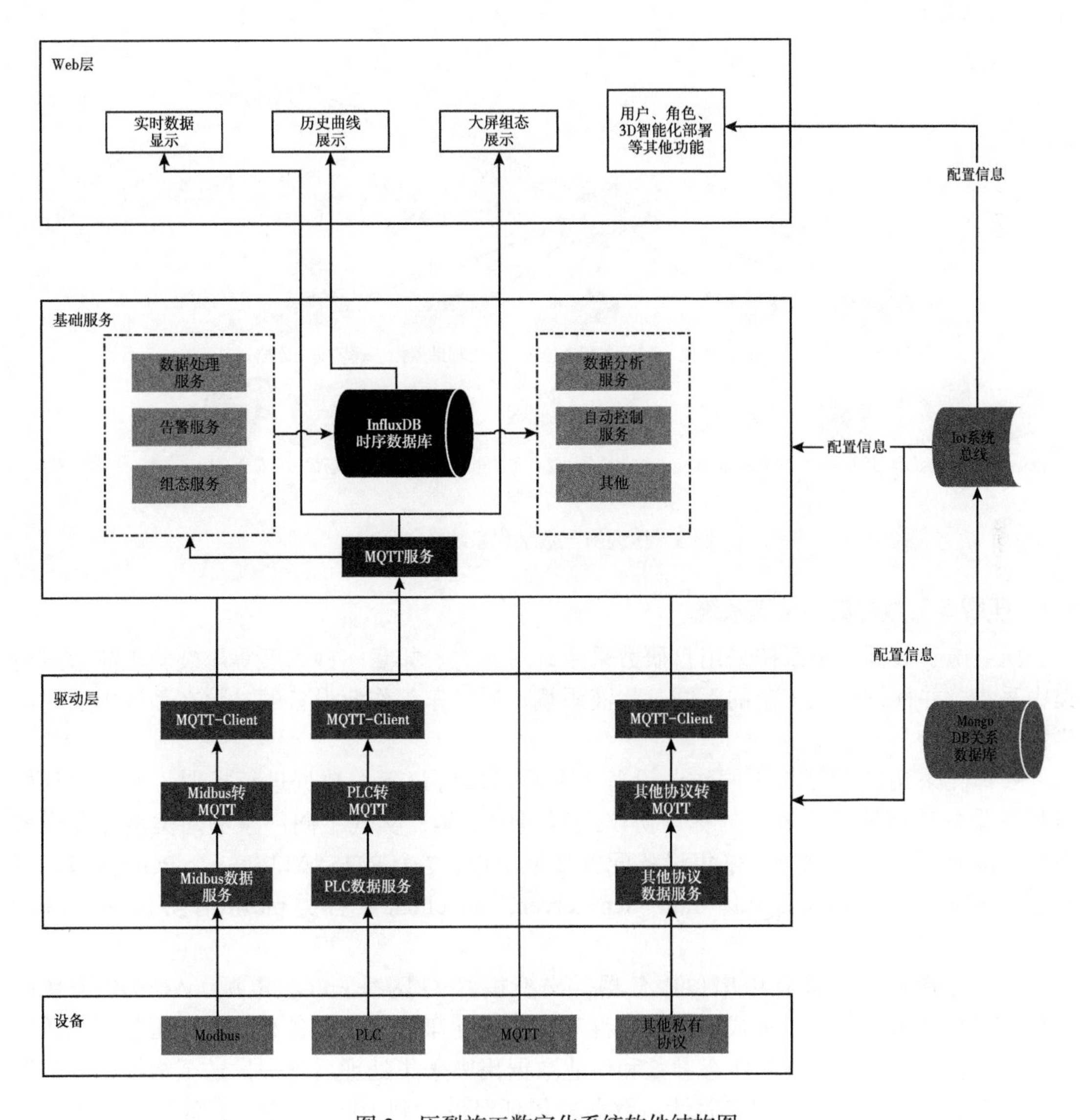

图2 压裂施工数字化系统软件结构图

为实现现场数据的无线采集和传输，研制了一体化场域覆盖设备安装在指挥方舱，提供不同物联网协议的无线网络覆盖。各数采设备、传感器采用不同的物联网通信协议将数据远传至指挥方舱的服务器内，一体化场域覆盖设备保障在一对多或一对一模式下数据的稳定传输。

3 系统功能设计与实现

压裂施工现场数字化系统以压裂施工全过程数据为支持对象，以数据共享、决策支撑为目的，通过对压裂施工现场数据的划分系统按功能主要分为压裂施工数据集中采集系统、施工物料计量系统、设备状态监控系统、物位状态监控系统及智能化安防系统等五个功能模块。系统以数字化指挥方舱为载体，各功能模块的数据采用物联网通信协议统一传输至数字化指挥方舱内，在方舱进行数据的统一处理、存储、展示，并可通过卫星或4G网络进行远程传输，如图3所示。

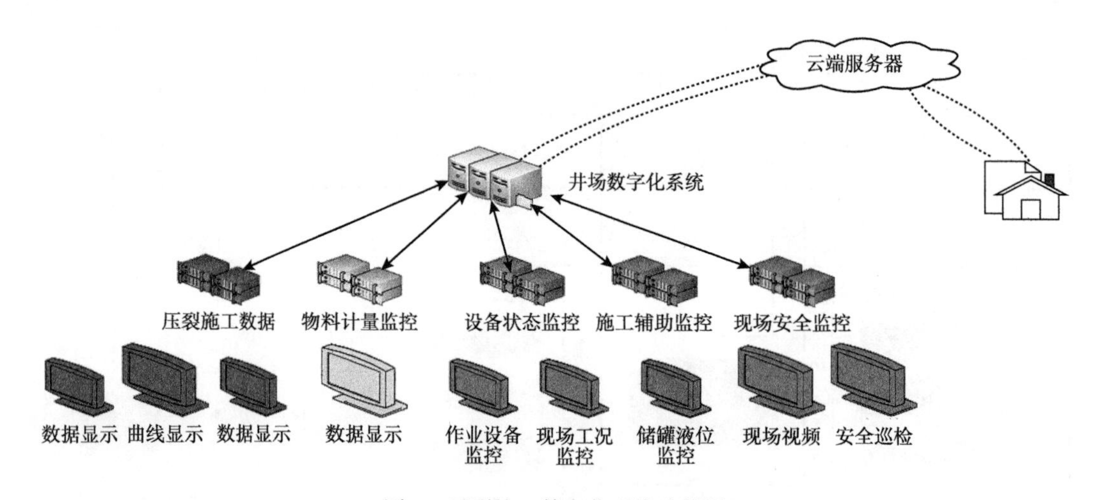

图3 压裂施工数字化系统功能图

3.1 压裂施工数据集中采集系统

压裂施工数据采集系统采用自研数采系统对压力、排量、砂浓度等压裂施工参数进行集中采集，并根据施工工艺的不同，将液添橇、混配车等作业设备的参数在系统内实时同步显示。

一体化采集装置可将不同作业设备、不同通信协议下的数据进行提取，通过协议转换将各设备数据转换为统一的标准协议进行集中采集，实现不同厂家不同类型作业设备间的互联互通。一体化集中采集设备配置2个串口、7个RJ45接口和一个POE接口，可实现modbus-tcp、modbus-rtu、mqtt、tcp-server、tcp-client及各类plc私有协议的兼容性采集。

一体化数据采集装置由串口服务器、交换机、5G网桥、POE电源、AC-DC模块一体化集成设计而成[5]，可完成压裂车、混砂车、混配车等作业设备和仪表车压裂施工数采系统的数据连接，将设备的状态参数和作业数据集中采集处理后统一发送至指挥中心，避免数据链路堵塞，影响数据实时性，数据采集延迟可达到10ms以内，有效通讯距离达到5.0km以上。

压裂施工数据集中采集系统采用自主设计的 Web 版曲线采集界面进行展示，软件可同时进行多台作业设备施工数据的采集，且具备两组以上 socket 数据并发输出，可采用通用软件进行实时同步数据采集，数据采集通道≥ 20 个，数据传输延迟≤ 1s，采集时长≥ 24h，采集速率 1 点 / 秒，具有网络传输稳定性指示功能，方便使用者第一时间对网络状态进行识别，压裂施工数据集中采集系统如图 4 所示。

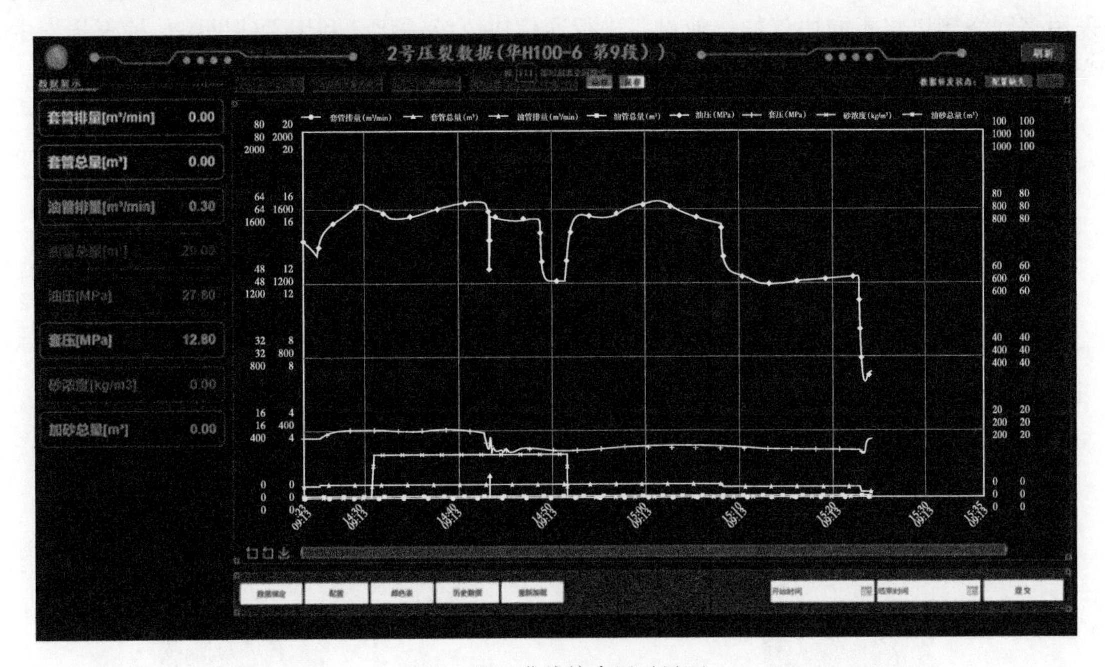

图 4　施工曲线综合展示界面

3.2　物料计量系统

物料计量系统可完成作业现场支撑剂、压裂液体、各类添加剂等施工物料量的实时计量，可为作业现场的决策指挥和工况分析提供全面、精准的物料使用数据，与压裂施工成功率、作业效率、生产组织等均息息相关。系统将设备运行状态参数和现场传感器采集参数进行整合，实现各类物料使用情况的实时计量，并可根据施工井所用物料的不同，对展示界面进行自主设计，如图 5 所示。

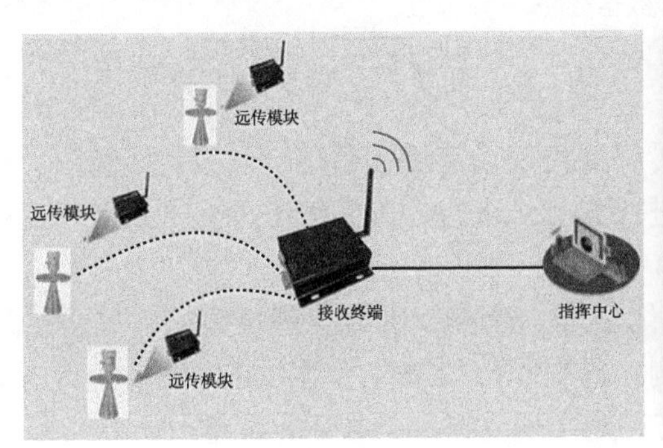

图 5　物料计量数据传输方式及界面

3.3　设备状态监控系统

设备状态监控系统是监控主要作业设备的工作状态数据，包括压裂泵车、混砂车、混配车及其他现场作业设备的发动机、变速箱、动力端及泵注系统的压力、温度等状态参数，采用图形化的方式进行展示，为现场施工提供全面的设备工况参考，保障设备正常运转和施工作业顺利完成。根据作业工艺现状，在一体化集中采集设备中进行通信协议的识别、整合，采用多网络接口将不同协议的作业设备进行通信协议统一化，利用无线网络传输至指挥中心，实现作业设备状态参数的集中采集，如图6所示。

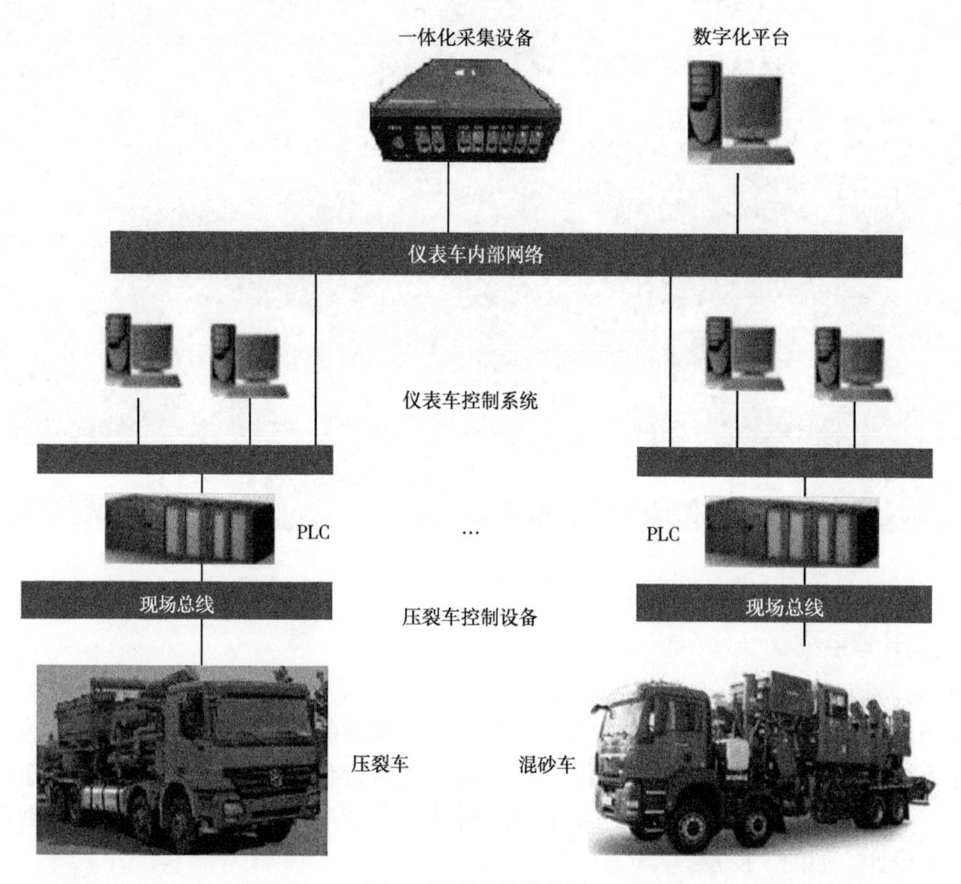

图6　压裂车数据链路

3.4　物位状态监控系统

物位状态监控系统采用自研的各类低功耗传感器将现场储罐、砂罐、压裂井口阀门、高压旋塞、地面管汇闸门等设施的作业状态数据进行数字化采集，为施工决策提供辅助判定依据，也可实现压裂施工作业全方位信息的有效监控。

各类传感器主要完成人工记录数据的数字化采集，针对压裂施工现场数字化采集的需求，设计物位传感器对储罐和砂罐液位进行监测；研制阀门状态传感器对井口闸门、高压旋塞、地面针阀的状态参数进行测量；优选称重传感器实现支撑剂的数字化计量。

储罐、砂罐液位采用雷达物位计完成其状态的实时监控。雷达物位计设计功耗0.1W，精度±1mm；测量范围10m；工作环境温度-60~600℃；承压7MPa，适用于酸碱储罐、固体颗粒等多种环境下监测的需求，可以疏忽高温、高压、结垢和冷凝物的影响，如图 7（a）所示。同时为了满足现场不间断监控需求，传感器配套 LoRa 协议无线转发模块，并配置 12AH 高性能锂电电池 + 太阳能电板，传感器无线转发和供电模块采用铝合金（AlSi12）压铸成型、铰链开启式结构的外壳进行封装，满足现场恶劣环境下长期稳定使用的要求。阀门状态监测传感器采用先进的水晶陀螺仪为核心传感器，集成滤波系统、供电系统、显示系统和 LoRa 无线远传系统，采用 PCB 版实现小型化设计，整体功耗≤ 0.3W，动态精度 ±0.1°，待机时长达到 15 天，防护等级 IP67，数据传输距离大于 2km。可通过设备底部的四口固定在阀门转轴上实现各类阀门状态的实时测量，现场安装简便，数据传输稳定可靠，如图 7（b）所示。称重传感器用于施工过程中砂袋吊装状态的监测，传感器内配套数据处理模块，内置处理算法，可对单次吊装重量、袋数和累计吊装重量、袋数进行计量，无线数据传输模块将作业数据实时传输至指挥中心，便于施工人员更好掌握支撑剂使用情况。称重传感器精度 0.2%，传感器测量范围 20~10000kg，传输距离 2km，持续工作时长达到 24h，如图 7（c）所示。

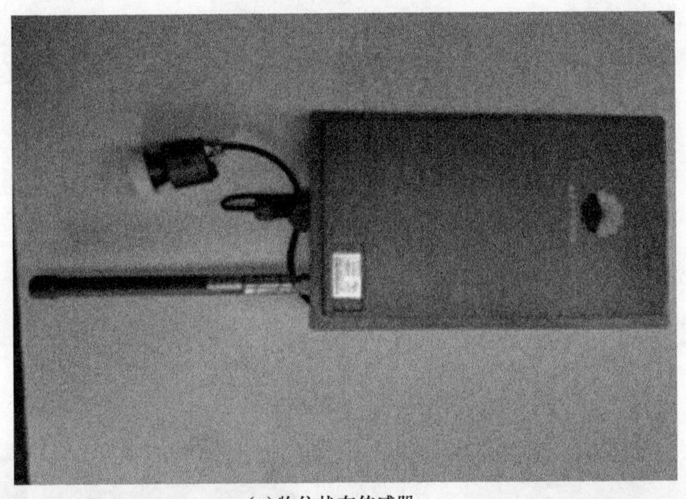

（a）物位状态传感器

（b）阀门状态传感器

（c）称重传感器

图 7　各传感器实物图

3.5 智能化安防

智能化安全系统由集成在场域覆盖设备上的双光摄像头、一体化监控设备、无人机和安全巡检装置联合构建视频监控系统，并采用 AI 分析模型与软件，通过对施工现场的监控画面内容进行分析，从图形算法角度对现场安全进行智能识别。

智能化监控以前述各摄像头为基础，采用先进的图片流差异化读取技术实现了对生产作业区安全隐患的预警，可自定义设置规划预警区域，定向智能识别烟火、安全帽、工作服和人员入侵控制区域，有效过滤告警信息的误报，如图 8 所示。

通过 AI 智能管理系统秒级发出告警信息，实时切入远程应急语音警告等功能，并实现告警信息的闭环管理，将风险事件由事后追溯至事前控制。

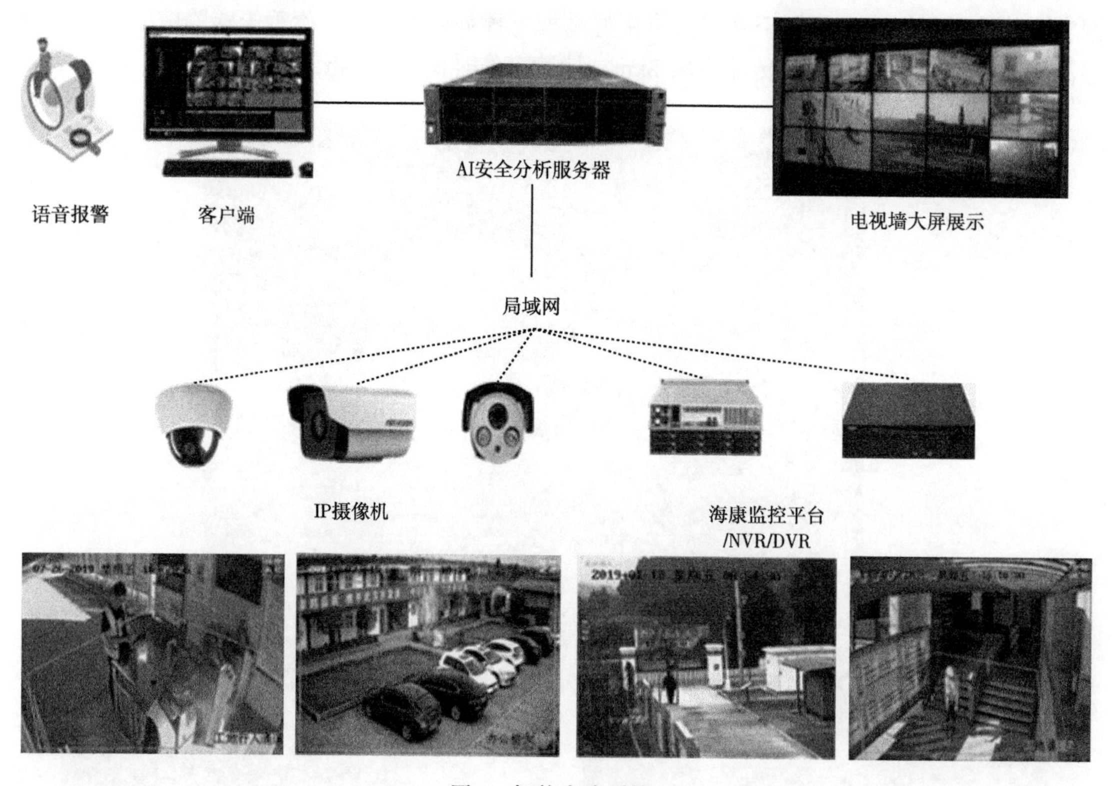

图 8　智能安防系统

3.6 数字化指挥方舱

自主设计研制了扩展式方舱结构，运输时一车装，现场扩展为三箱结构，为现场施工指挥决策人员提供舒适的办公环境，同时以更大的视觉和数据为作业决策提供保障。移动指挥中心作业压裂施工数字化系统的载体由一个两翼扩展结构的方舱构成，方舱由设备存放舱、监控指挥舱、操作控制舱等组成。设备存放舱主要完成各传感器在运输过程中的储存及空调外机的布置，同时，场域无线覆盖装置的升降支架也布置在设备存放舱内。监控指挥舱由视频监控装置和视频会议系统组成，主要完成现场作业的数字化监控、指挥并具备远程专家诊断和视频会议等功能。操作控制舱是平台硬件层的载体，兼具方舱综合控制的功能，如图 9 所示。

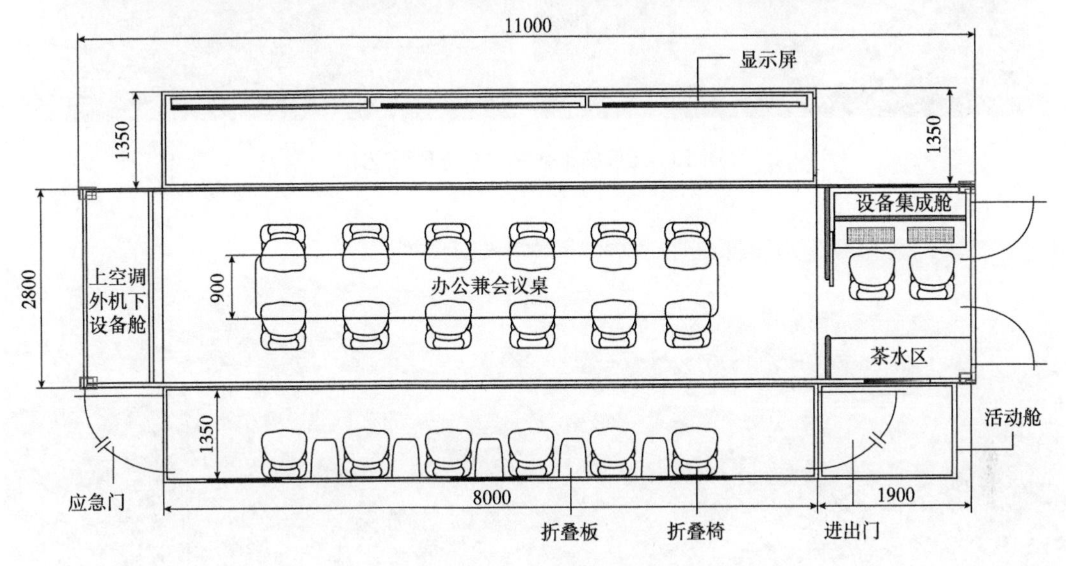

图 9 数字化智能方舱结构及实物图

4 现场应用情况

压裂施工现场数字化系统自研制成功以来先后在长庆重点致密油气开发井应用了 46 口井 1218 层，包含忠平 X 井、华 H6X 平台、靖 72-XX 平台等页岩油、致密气重点井作业现场，特别是在国家级致密油示范区华 H100 平台现场，压裂施工数字化系统作为压裂施工的“智慧大脑”，上联公司专家团队，下达井口操作人员，实现了以“数字压裂”理念为指导的精细化压裂施工，如图 10 所示。

在华 H100 平台，通过安装在仪表车内的多路无线采集装置和移动式 AP，首次实现作业现场四套压裂机组同步作业过程中施工数据的集中采集和展示，为多机组同步压裂的现场集中指挥提供了技术基础，如图 11 所示。

图 10　压裂施工数字化系统现场应用

图 11　压裂施工数字化系统现场应用

通过自主研发的数采设备，作业现场可对压裂泵车、混砂车、混配车、连续油管车、液添橇等主要设备的状态和作业参数进行实时采集，将传统施工中仅能通过对讲系统了解的设备状态参数数字化呈现在指挥中心内，为压裂指挥提供更为详实的决策依据，如图 12 所示。

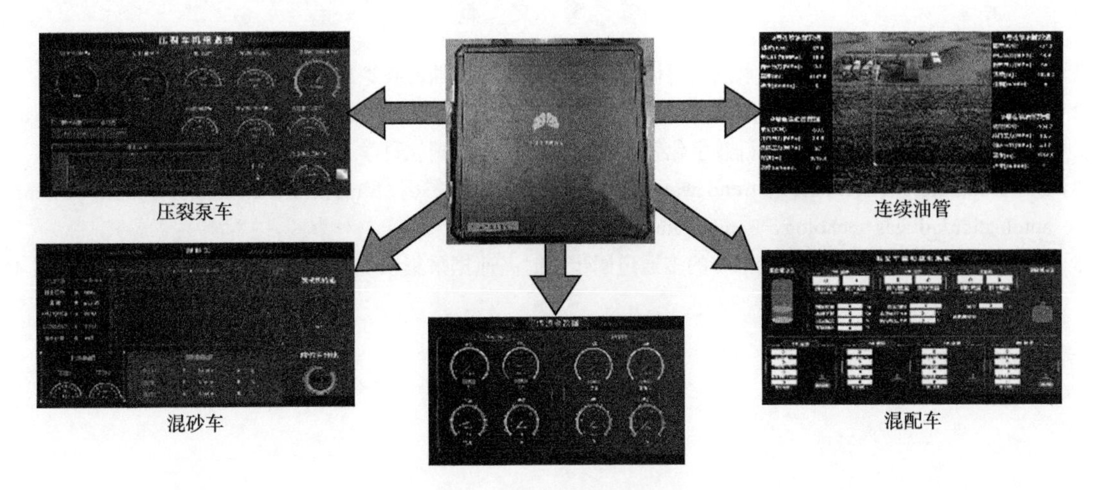

图 12　设备状态监控表

采用高清混合矩阵和 4G VPN 网络实现数字化指挥方舱与 RTOC 的视频会议和远程专家诊断。在华 H100 平台施工过程中，专家可通过公司内部网络实时访问数字化平台，获取与压裂施工相关的所有信息，并可与指挥中心实时召开视频会议，充分发挥专家团队在压裂施工过程中的决策指挥作用，如图 13 所示。

图 13　视频会议及专家诊断功能实现

5　结论及建议

压裂施工数字化系统实现了压裂施工全过程各数据的集中无线采集，实现了现场看不到、听不到、汇总不到的各类数据的集中采集，实现了压裂施工数字化技术从 0 到 1 的突破，集中彰显公司技术实力，促进压裂施工向数字化、智能化方向转型。平台对压裂施工相关各项数据的集中采集、传输与监控，为作业现场工况判断和专家远程指挥提供详实的判断依据，保障施工质量，同时，有效节约了现场数采设备及线缆的使用数量，有效降低作业成本。采用 AI 识别技术的智能化安防监控，实现了作业现场全方位无死角的智能监控，为作业现场提供安全保障；人工记录数据采用传感器进行数字化监控，可节约现场作业人员 4~5 人，减少因人工操作不当造成压裂作业中断情况出现；智能化井场布置系统实现了压裂施工全过程的数字化管理，逐步改变压裂施工的生产组织模式。压裂施工数字化系统在推进油田数字化建设、实现压裂施工自动化、智能化作业方面有着广阔的推广应用前景。

参 考 文 献

[1] 鲜成钢 . 长期低油价下油气技术创新目标与方向探讨 [J]. 石油科技论坛，2017，36（4）：49-56.

[2] 刘卓，张宇，张宏洋 . 国内外数字油田技术发展趋势及策略 [J]，石油科技论坛，2020，39（4）；63-67.

[3] 王小龙，侯汉坡 . 建设工程项目数字化管理体系设计 [J]. 中国软科学，2010（7）.

[4] Emerson.Oil&gas technology trend watch[EB/OL].[2019-11-30]. https：//www.emerson.com/documents/automation/oil-gas-techology-trend-watch-en-5377798.pdf.

[5] 易志强，韩宾，江虹 . 基于 FPGA 的多通道同步实时高速据采集系统设计 [J]. 电子技术应用，2019，45（6）：70-74.

页岩油水平井细分切割压裂技术

李杉杉[1, 2]，兰建平[1, 2]，池晓明[1, 2]

（1. 中国石油川庆钻探工程有限公司长庆井下技术作业公司；
2. 低渗透油气田勘探开发国家工程实验室）

摘　要：长庆油田陇东地区页岩油储层脆性指数低、天然裂缝不发育、不易形成复杂缝网，进行分段多簇体积压裂时，受储层物性、地应力、各向异性及水力裂缝簇间干扰等因素影响，簇间进液不均，达不到储层均匀改造的目的。针对该问题，开展了基于甜点空间分布和综合甜点指数的细分切割单段单簇压裂布缝设计方法研究，自主研发了连续油管底封分段压裂工具，优化了压裂施工参数，形成了页岩油水平井连续油管细分切割压裂技术。该技术在长庆油田陇东地区20余口页岩油水平井进行了现场应用，取得了很好的压裂效果，应用井投产后日产油量较邻井高出35.9%。长庆油田陇东地区页岩油水平井细分切割压裂技术的成功应用，为类似页岩油储层改造提供了新的技术思路。

关键词：页岩油；水平井；细分切割压裂；陇东地区；长庆油田

长庆油田陇东地区长7页岩油富集于紧邻优质烃源岩的致密砂岩储层中，埋深1600~2200m，渗透率0.07~0.22mD，压力系数0.77~0.85，脆性指数35%~45%[1]。长7页岩油藏与北美致密油藏具有相似性，但开发更具挑战，主要表现在：沉积环境是湖相沉积，非均质性更强，地层压力系数低，脆性指数低，天然裂缝相对不发育。前期该页岩油藏的水平井主体采用水力泵送桥塞分段体积压裂工艺，初期单井日产油10t左右，未达到预期效果。分析认为，在水平井分段多簇压裂改造过程中，由于受储层物性、地应力、各向异性及水力裂缝簇间干扰等因素影响[2-4]，各簇不能有效均匀开启，簇间进液不均，达不到均匀改造储层的目的。因此，需要开展精细化分段压裂工艺研究，以实现精细分层、规模可控，从而解决水平井分段多簇压裂部分射孔簇压不开，或虽已压开但并未建立起有效驱替压差，导致有效期短、无法实现长期有效动用的问题。为此，长庆油田开展了单段单簇细分切割压裂研究，形成了页岩油水平井细分切割压裂技术，实现了储层均匀改造、缝控储量的目的。目前该技术已在陇东地区10口页岩油水平井进行了现场应用，取得了显著的增产效果。

1　单段单簇细分切割压裂模拟研究

1.1　多簇压裂和细分切割单段单簇压裂模拟

利用软件模拟分析了不同压裂方式下的裂缝扩展情况，结果如图1所示。

多簇压裂方式下，2簇压开缝长260.00m，缝高92.00m，如图1（a）所示，图中颜色变化代表缝宽的变化；3簇压开缝长210.00m，缝高67.00m，如图1（b）所示。模拟可知，并非所有簇都能均匀开启，压窜邻井（井距400.00m）的风险很高，压穿相邻含水层的风险也升高。现场常出现本井压裂造成邻井含水率迅速上升至100%的情况，证实了压窜的普遍存在。

细分切割单段单簇压裂方式下，模拟得到各裂缝长度为180.00m，缝高52.00m，如图1（c）

所示。模拟可知，该压裂方式可以确保储层各射孔位置均匀分布，能够保证每段均匀开启、充分改造，有效避免压窜邻井的风险。

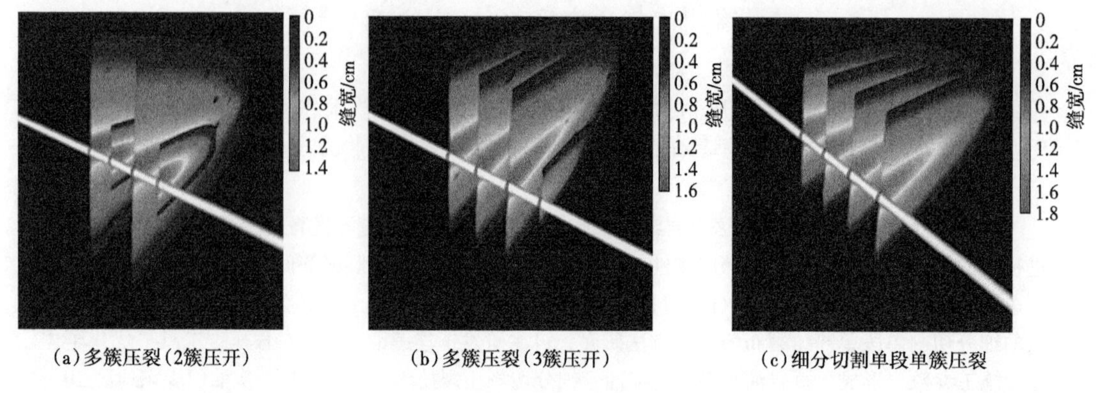

(a)多簇压裂(2簇压开)　(b)多簇压裂(3簇压开)　(c)细分切割单段单簇压裂

图 1 不同压裂方式下的裂缝扩展对比

1.2 多簇合压和单簇单压下的产量预测

模拟了长 7 页岩油藏 1 口页岩油水平井在多簇合压和单簇单压下的裂缝形态，并采用软件预测了 2 种工艺下的采油指数、无阻流量（表 1）和产能（图 2）。

表 1　多簇合压和单簇单压下的采油指数和无阻流量

序号	工艺	采油指数	无阻流量 /（m^3/d）
1	多簇合压	2.05846	32.93
2	单簇单压	2.24165	35.86

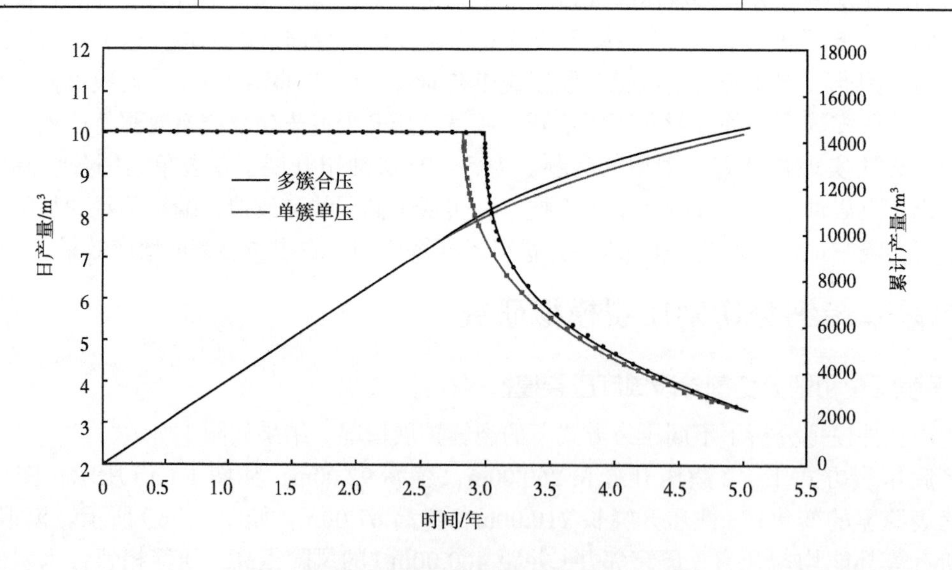

图 2　多簇合压和单簇单压下的产能预测曲线

由表 1 和图 2 可知，单簇单压下的采油指数和无阻流量明显高于多簇合压，且单簇单压较多簇合压的稳产时间更长。

2 细分切割压裂工艺研究

2.1 细分切割压裂工艺优选

目前致密油水平井开发过程中较常用的能够实现精细分段的工艺有桥塞分段压裂、连续油管底封分段压裂，连续油管填砂分段压裂等，桥塞分段压裂工艺通过分段多簇 + 簇间暂堵的方式实现细分切割，但各簇能否全部开启、有效充填仍然有很大的不确定性，还可能产生人工裂缝过度延伸、井间裂缝沟通，影响改造效果及正常生产。而连续油管填砂分段压裂工艺是通过砂塞封隔实现细分切割压裂的，但该工艺存在砂塞封隔成功率不确定，以及需要冲砂严重影响施工效率等问题，因此该工艺一般用于套管异常井。因此优选连续油管底封分段压裂工艺实现细分切割分段压裂。

2.2 连续油管底封分段压裂工艺原理

利用水力喷枪进行单簇水力喷砂射孔，用底封隔器对已施工层进行封隔，油管内和油套环空同时注入压裂。当目的层压裂施工完毕后，通过控制放喷释放地层压力（或者带压拖动管柱），调整管柱位置至下一施工段继续水力喷砂射孔、油套同注压裂施工，进而实现自下而上逐段连续压裂施工。

2.3 工艺优势

细分切割压裂工艺的优势有以下 6 点：

（1）能进行定点水力喷砂射孔，压裂改造针对性强；

（2）用底部封隔器封隔，可验封，分段可靠；

（3）可进行大规模体积压裂，水平井分段级数不限；

（4）压裂发生砂堵时可及时用原管柱处理，能有效缩短砂堵处理时间；

（5）施工作业速度相对较快，压后井筒全通径，利于后期综合治理；

（6）入井一趟作业管柱可满足 10 段以上压裂施工需求。

2.4 工具介绍

管柱结构由下到上为：导向扶正器 + 机械接箍定位器 + 连续油管底封隔器 + 喷射器 + 机械安全丢手接头 + 外卡式连续油管接头 + 连续油管至井口（图 3）。

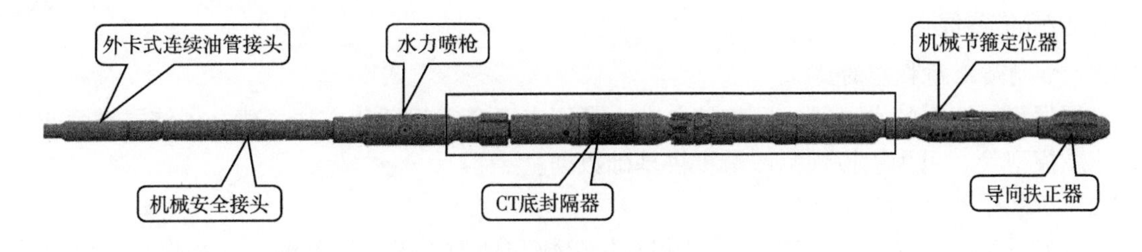

图 3　连续油管拖动压裂工具管串

3 细分切割压裂优化设计

以实现“缝控储量最大化”为原则，利用压裂地质一体化设计方法，进行压裂改造方案优化，确定合理的储层改造工艺参数。

3.1 压裂段数优化

根据不同压裂段数下的压裂后累计产量、压裂费用及压裂净现值模拟计算结果（图 4），优化压裂施工段数。

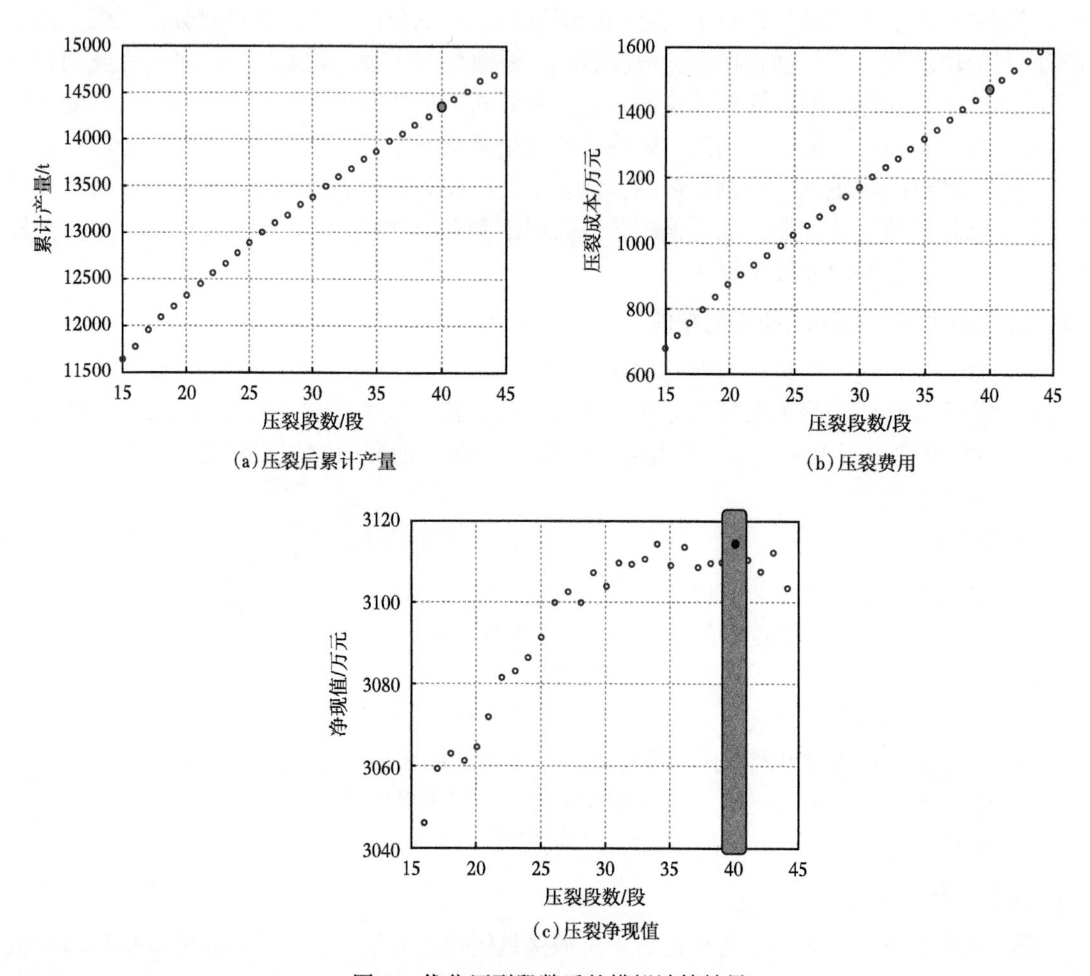

图 4 优化压裂段数后的模拟计算结果

3.2 射孔位置优化

3.2.1 非均质地质模型的建立

根据测井解释的水平段储层物性参数，利用克里金空间插值方法，建立了储层平面非均匀地质模型[5]，可为模拟预测产量提供基础数据。

3.2.2 压裂综合甜点指数计算

分别计算了页岩油储层的工程“甜点”指数和地质“甜点”指数，以及由二者结合而成的综合“甜点”指数。工程“甜点”指数由岩性和岩石力学参数两部分构成，地质“甜点”指数由物性和含气性两部分构成。综合“甜点”指数为乘以权重因子后的工程“甜点”指数和地质“甜点”指数之和[6-7]。

计算得到综合“甜点”指数后，再利用空间插值获得了区域“甜点”分布情况，如图 5 所示，根据“甜点”分布情况优选射孔位置。

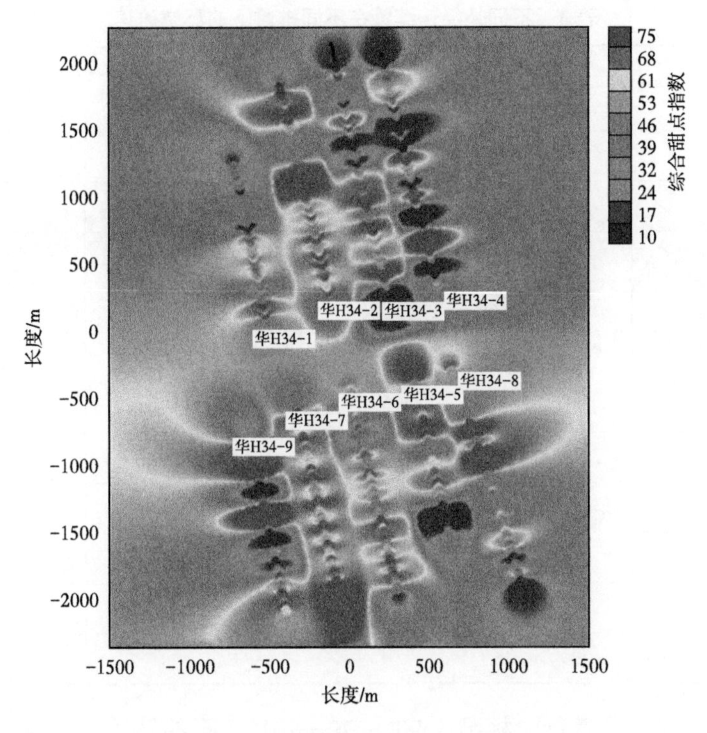

图 5　华 H34 综合 “甜点” 分布

4　压裂施工参数优化

4.1　砂量、砂比的优化

采用压裂地质一体化软件，模拟了相同液量、不同砂比（砂量）下的裂缝参数及压裂后的产量。模拟采用的基本参数：储层压力 16MPa，渗透率 0.1mD，含水饱和度 0.45，井距 300.00m，水平段长度 1750.00m，钻遇率 80%，压裂 43 段，前置液 40%。模拟结果见表 2。

表 2　相同液量、不同砂比（砂量）下的裂缝参数及压裂后的产量

序号	砂比/%	每段液量/m^3	每段砂量/m^3	支撑缝长/m	导流能力/(mD·m)	无量纲导流能力	第一年产量/t
1	21	620	78.0	131.30	740.3	56.4	4083.2
2	18	620	66.8	130.40	644.5	49.4	4053.0
3	15	620	55.7	129.50	538.8	41.6	4023.5
4	12	620	44.6	121.50	454.3	37.4	3773.6
5	9	620	33.4	108.70	381.8	35.1	3226.3

模拟分析可知，降低砂比，裂缝导流能力下降，但导流能力对产量的影响较小，主要是因为致密油基质渗透率很低、压裂段数很多，且产量不高，裂缝的导流能力能满足生产。但砂比降低到一定程度后，支撑缝长下降明显，产量大幅度下降。综合对比分析后，优选砂比 15%，每段砂量 55.7m^3。

4.2　施工排量的优化

模拟计算了不同外径连续管在不同排量下的环空流速，结果见表 3。

表 3　不同外径连续管在不同排量下的环空流速

排量 /（m^3/min）	不同连续管对应环空流速 /（m/s）		
	ϕ58.4mm	ϕ50.8mm	ϕ43.2mm
6.4	11.5	10.6	10.1
6.6	11.9	10.9	10.4
6.8	12.2	11.2	10.7
7.0	12.6	11.6	11.0
7.2	12.9	11.9	11.3
7.4	13.3	12.2	11.7
7.6	13.7	12.5	12.0
7.8	14.0	12.9	12.3
8.0	14.4	13.2	12.6
8.2	14.7	13.5	12.9
8.4	15.1	13.9	13.2

根据表 3 中数据，参考行业标准 SY/T 6270—2012《石油钻采高压管汇的使用、维护、维修与检测》高压管汇液体流速不大于 12.2m/s 的要求，并考虑连续油管在水平段会发生螺旋屈曲、增大冲蚀，设计安全系数为 1.2。以此为据，将 ϕ58.4mm 连续管最大施工排量优化为 5.6m^3/min。

4.3　喷射参数优化

为研究施工排量和喷射时间对孔道成孔形态和孔深的影响，根据长庆油田致密储层物性岩样 14 组地面模拟试验，分析总结得出射孔深度、孔径与喷嘴直径、喷距、射流速度、喷射时间等参数的关系，见表 4。

在中等硬度致密储层，建议喷砂射孔的射流速度取 200m/s 左右，喷砂射孔时间 10~15min，套管固井条件下预期的喷砂射孔深度为 180~240mm。

表 4　喷射试验数据

靶件类型	序号	喷距 / mm	射孔时间 / min	排量 /（m^3/min）	射流速度 /（m/s）	套管孔径 /mm		最大孔径 / mm	孔深 / mm
						小径	大径		
岩样靶	7	21	15	0.6	158	19	22	57	121
					158	23	24	62	133
	13	18	10	0.8	210	18	21	76	240
					210	20	22	76	235
	14	18	10	0.88	232	17	18	76	240
	12	18	10	0.9	237	18	20	60	270
					237	19	20	67	250

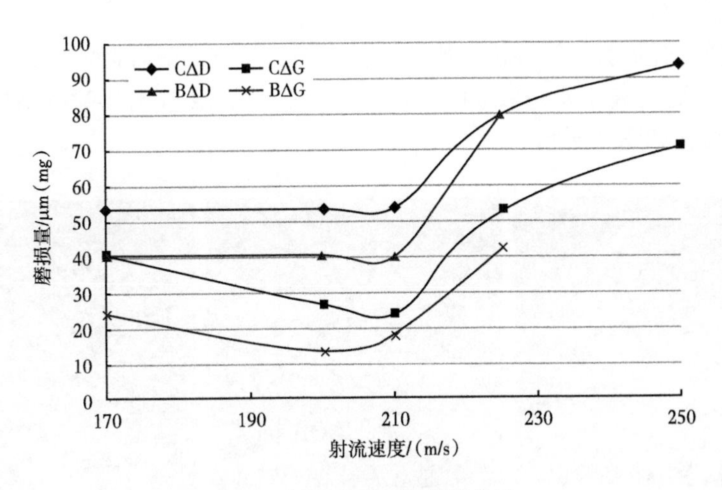

图 6 射流速度与磨损量关系

射流速度在 170~210m/s 之间时，喷嘴磨损量变化不大；射流速度超过 210m/s 时，磨损量显著增大。综合考虑确定水力喷砂射孔流速应控制在 190~210m/s。

在保证水力喷射效果的前提下，综合考虑现场主压车、混砂车等施工车辆参数，最终确定水力喷枪最优参数为 4 × 4.3mm，喷射排量为 700~750L/min，见表 5。

表 5 排量与喷嘴尺寸关系数据

排量 /（L/min）	4 × 4.5mm 水力喷枪		4 × 4.3mm 水力喷枪		4 × 4.2mm 水力喷枪		4 × 4mm 水力喷枪	
	喷射流速 /（m/s）	节流压差 / MPa	喷射流速 /（m/s）	节流压差 / MPa	喷射流速 /（m/s）	节流压差 / MPa	喷射流速 /（m/s）	节流压差 / MPa
450	117.9	6.9	129.1	8.3	135.3	9.2	149.2	11.1
500	131.0	8.6	143.5	10.3	150.4	11.3	165.8	13.7
550	144.1	10.4	157.8	12.5	165.4	13.7	182.4	16.6
600	157.2	12.4	172.2	14.8	180.4	16.3	198.9	19.8
650	170.3	14.5	186.5	17.4	195.5	19.1	215.5	23.2
700	183.4	16.8	200.8	20.2	210.5	22.2	232.1	26.9
750	196.5	19.3	215.2	23.2	225.6	25.4	248.7	30.9
800	209.6	22.0	229.5	26.3	240.6	28.9	265.3	35.2
850	222.7	24.8	243.9	29.7	255.6	32.7	281.8	39.7
900	235.8	27.8	258.2	33.3	270.7	36.6	298.4	44.5
950	248.9	31.0	272.6	37.1	285.7	40.8	315.0	49.6

5 压裂施工工具优化

5.1 水力喷枪优化

结合室内实验、地面模拟试验，研究喷射器本体反溅冲蚀与内部冲蚀问题，提出提高喷射器整体寿命解决措施。确保在使用高寿命喷嘴后，能有效提高工具寿命，避免因本体提前损坏导致工具提前失效。

（1）采用硬质合金护套对喷嘴出口周边进行防护，可有效减轻冲蚀伤害。b1 喷射器的硬质合金护套基本未受反溅冲蚀，采取同样扶正措施的 a1、a2 喷射器喷嘴出口则可见明显的冲蚀痕迹，特征对比如图 7 所示。

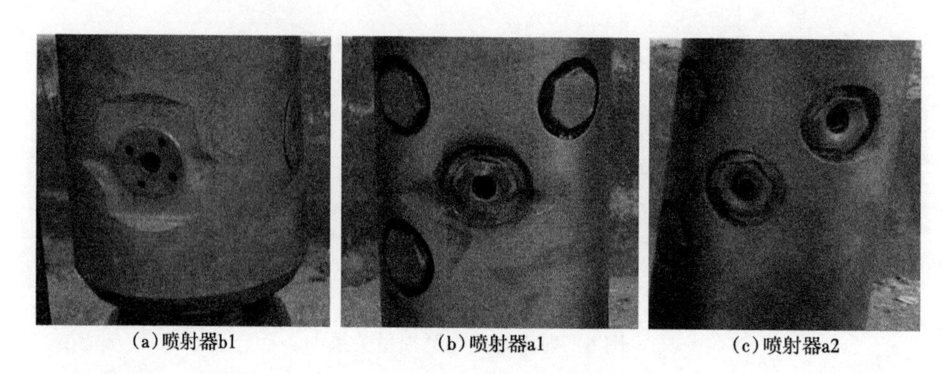

(a)喷射器b1　(b)喷射器a1　(c)喷射器a2

图 7　喷射器冲蚀特征对比

（2）进行喷嘴结构优化时，选择的流线型喷嘴入口结构，不仅有利于降低喷嘴的冲蚀磨损，也有利于减轻喷射器的滑脱冲蚀，提高喷射器寿命。

5.2　工具长度优化

从三个方面对工具长度进行了优化，优化前后工具串长度对比见表 6。

（1）缩短刚性扶正器：改进前有效长度 85+915mm=1000mm，改进后有效长度 230mm，工具串长度可缩短 770mm。

（2）将机械和液压式安全接头集成在一起，共享一个外打捞径。改进前有效长度 390+465=855mm，改进后有效长度 500mm，工具串长度可缩短 355mm。

（3）将定位器、导向扶正器与封隔器集成，缩短单独连接定位器长度，集成的封隔器总长度由 2365mm 缩短至 1713mm。

表 6　工具串长度对比

工具名称	外径 /mm	内通径 /mm	有效长度 /mm	改进后长度 /mm
机械式安全接头	79	35	390	500
液力式安全接头	79	30	466	
变扣接头	85	43	85	230
双头刚性扶正器	116	45	915	
水力喷射器	95	36	267	267
CTY-116 封隔器	116		1650	1713
定位器	116	35	515	
导向扶正器	116	35	200	
总长度			4488	2710

6 现场应用

页岩油水平井细分切割压裂技术已在长庆油田陇东地区累计应用 20 余口井，改造了长 7 层。通过“精细分段、定点布缝”，均达到了精准压裂、有效改造的效果，施工成功率 100%，改造后增加了缝控储量，提高了单井产量。相关压裂数据见表 7。

表 7 现场应用井的压裂施工数据

井号	水平段长度 / m	油层钻率 / %	段数 / 段	施工排量 / （m^3/min）	入地液量 / m^3	砂量 / m^3	加砂强度 / （m^3/m）	进液强度 / （m^3/m）
HH62-1	1380.00	95.7	39	6	22063.0	2392.8	1.8	16.7
HH4-2	1869.00	54.4	27	6	21806.6	2255.4	2.2	21.4
HH3-1	1680.00	60.9	20	6	17835.8	1803.6	1.8	17.4
HH3-2	1621.00	82.8	26	6	20650.2	2133.7	1.6	15.4
XP237-72	1535.00	99.7	40	4	23467.7	2610.0	1.7	15.3
HH34-7	1212.00	59.2	23	6	14445.6	1263.4	1.8	20.1
HH34-8	1635.00	82.0	34	6	22679.2	2036.4	1.5	16.9
JP97-3-1	598.00	90.7	15	6	9368.8	939.0	1.7	17.3
JP97-3-2	598.00	93.7	18	6	11625.0	1150.0	2.1	20.7
HH60-22	840.00	79.4	12	6	8595.3	988.0	1.5	12.9

其中，XP237 井组投产时间最长，生产 31 个月，应用井 XP237-72 井有效储层长度和改造强度均比同平台邻井略低。但由 XP237 平台改造和投产数据对比数据（表 8）以及 XP237 平台日产油曲线（图 8）可以看出：目前 XP237-72 井日产油 14.39t，比邻井平均日产油高 15.6%；累计产油 17633.62t，比邻井平均累计产油量高 39.5%。而从 XP237 平台含水曲线（图 9）可以看出，XP237-72 井的含水率明显低于对比井。

表 8 XP237 平台各井改造和投产数据对比

	井号	投产时间	目前投产		改造工艺	段数 / 段	簇数 / 簇	入地液量 /m^3	砂量 / m^3	水平段长度 / m	油层钻遇率 / %	加砂强度 / （m^3/m）	进液强度 / （m^3/m）
			油量 / t	含水率 / %									
对比井	XP237-71	2018/2/18	8.85	16.3	桥塞分段	31	67	29660.6	3261.3	2237.0	79.8	1.8	16.6
	XP237-74	2018/8/3	17.53	25.8		22	62	26418.5	3321.4	1876.0	85.3	2.1	16.5
	XP237-75	2018/8/19	8.62	33.7		26	67	28779.0	3102.7	1682.3	79.3	2.3	21.6
	XP237-76	2018/8/19	14.78	18.5		18	58	22676.4	2842.8	1934.6	87.1	1.7	13.4
	平均		12.45	23.58		24.25	63.5	26883.6	3132.1	1932.5	82.9	2.0	17.0
试验井	XP237-72	2018/5/21	14.39	19.2	细分切割	40	40	23467.7	2610.0	1535.0	99.7	1.7	15.3

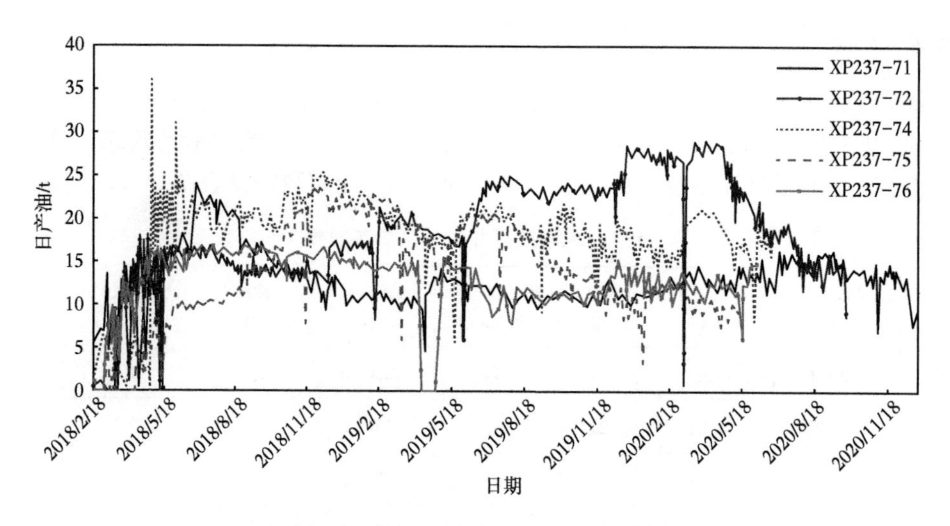

图 8　XP237 平台各井的日产油曲线

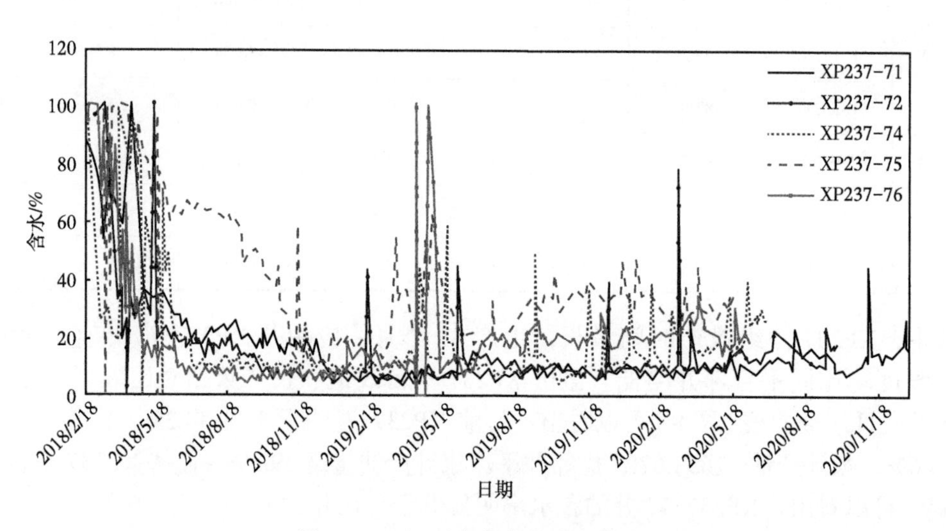

图 9　XP237 平台各井的含水曲线

7　结论

（1）针对长庆油田陇东地区页岩油储层脆性指数低、天然裂缝不发育、不易形成复杂缝网，及采用分段多簇体积压裂时由于受储层物性、地应力、各向异性及水力裂缝簇间干扰等因素影响，簇间进液不均，达不到储层均匀改造目的的问题，研究了更具针对性的单段单簇的细分切割压裂技术。

（2）利用压裂优化设计及监测评价技术一体化平台，建立了页岩油水平井非均质地质模型。基于甜点空间分布优化压裂段数，形成了细分切割压裂设计方法。做到了“一井一策”，使压裂设计更具有针对性。

（3）优选了连续油管底封分段压裂工艺，实现页岩油储层细分切割，达到了精准定位、精细改造的目的。

（4）优化了砂量、砂比和排量等压裂施工参数，实现了细分切割压裂的充分改造。

（5）优化了连续油管底封分段压裂工具，提高喷射工具抗外部反溅冲蚀和内部冲蚀的能力。不仅提高了喷嘴寿命，也提高了喷射工具的整体寿命。

（6）长庆油田陇东地区页岩油水平井细分切割压裂技术已在现场应用20余口井，通过“精细分段、定点布缝”压裂设计，借助连续油管底封拖动压裂工艺，对储层进行了充分改造，改造效果明显优于邻井采用的常规压裂技术。

参 考 文 献

[1] 石道涵，张兵，何举涛，等.鄂尔多斯长7致密砂岩储层体积压裂可行性评价[J].西安石油大学学报（自然科学版），2014，29（1）：52-55.

[2] 蒋廷学.页岩油气水平井压裂裂缝复杂性指数研究及应用展望[J].石油钻探技术，2013，41（2）：7-12.

[3] 翁定为，雷群，胥云，等.缝网压裂技术及其现场应用[J].石油学报，2011，32（2）：280-284.

[4] 张矿生，王文雄，徐晨，等.体积压裂水平井增产潜力及产能影响因素分析[J].科学技术与工程，2013，13（35）：10475-10480.

[5] 翁定为，付海峰，梁宏波.水力压裂设计的新模型和新方法[J].天然气工业，2016，36（3）：49-54.

[6] 王汉青，陈军斌，张杰，等.基于权重分配的页岩气储层可压性评价新方法[J].石油钻探技术，2016，44（3）：88-94.

[7] 蒋廷学，卞晓冰.页岩气储层评价新技术——甜度评价方法[J].石油钻探技术，2016，44（4）：1-6.

[8] 白晓虎，齐银，陆红军，等.鄂尔多斯盆地致密油水平井体积压裂优化设计[J].石油钻采工艺，2015，37（4）：83-86.

[9] 吴奇，胥云，张守良，等.非常规油气藏体积改造技术核心理论与优化设计关键[J].石油学报，2014，35（4）：706-714.

[10] WEDDLE P，GRIFFIN L，MARK PEARSON C. Mining the Bakken II–pushing the envelope with extreme limited entry perforating[R]. SPE 189880，2018.

提高页岩油水平井开发效果关键技术与应用
——以吉木萨尔芦草沟组为例

吴承美，褚艳杰，李文波，陈依伟，张金风，徐田录

（中国石油新疆油田分公司吉庆油田作业区）

摘　要：吉木萨尔页岩油芦草沟组微构造变化频繁、小断裂发育，岩性复杂，甜点体呈薄互层状，地层原油黏度高等特征是制约页岩油规模经济有效动用的重要因素。进行了以下研究：井震结合，建立精细三维地质、力学模型，把控井间构造和储层变化趋势，制定入靶和优质甜点储层钻进的录井技术标准；地质工程一体化研究，预判地层微构造变化和小断裂位置，优化分段分簇压裂设计；室内实验和矿场试验相结合，探索提高页岩油采收率的技术手段；生产动态综合分析，制定水平井合理排采制度。通过以上研究，水平井地质设计钻井符合率大幅度提高，优质油层钻遇率90%以上；提出58号平台钻井和压裂风险点71个，压裂未丢一簇一米，水平井套变率降为0；明确了二氧化碳前置压裂是提高页岩油采收率的有效手段；压后焖井有利于减少冷伤害，提高渗吸效率，降低出砂影响。预测页岩油单井EUR为3.58万吨，内部收益率8.76%，实现了页岩油水平井从地质设计、井轨迹导向、体积压裂到压后排采的全生命周期管理，建立了相关技术标准，为提高页岩油水平井开发效果提供了指导和借鉴。

关键词：吉木萨尔凹陷；页岩油；水平井；全生命周期；效益开发

随着油气勘探开发的不断深入发展，页岩气、页岩油等非常规油气在现有经济技术条件下展示了巨大的潜力，大力推动页岩油气产业发展对于确保我国油气安全与经济增长具有重要意义。对比北美页岩油，中国的页岩油资源也十分丰富，其中新疆吉木萨尔凹陷芦草沟组有利区资源量达到 11.12×10^8t[1]。

与国内外页岩油相比，吉木萨尔页岩油地质条件差异较大（表1），具有单层薄、裂缝欠发育、压力系数低、流体黏度高的特点。此外，整体来看，我国页岩油还存在地质研究起步较晚、开发技术相对落后、效益差等一系列复杂问题[2]。

表1　国内外页岩油油藏参数对比

区块	深度 / m	单层厚度 / m	裂缝发育程度	孔隙度 / %	含油饱和度 / %	气油比 / （m^3/m^3）	地层压力系数	地层原油黏度 / （mPa·s）
巴肯油田	2591~3200	15~25	很发育	10~15	75	89~249.2	1.6~1.8	0.45
鹰滩油田	1200~4300	15~100	很发育	5~14	88	240	1.4~1.7	
长庆延长组	1000~2800	20~60	较发育	9.2	73	>100	0.64~0.87	0.75
吉木萨尔芦草沟组	2340~4500	0.5~5.0	欠发育	11	65	17	1.31	50.27~123.2（50℃）

作者简介：吴承美，中国石油新疆油田分公司吉庆油田作业区，高级工程师。E-mail：wucm1@petrochina.com.cn，通讯地址：中国石油新疆油田分公新疆昌吉吉木萨尔县锦绣路吉祥作业区公寓，831700。

1 油田概况

1.1 地质概况

吉木萨尔凹陷是一个相对独立的箕状凹陷，整体为东高西低的西倾单斜，主体部位地层倾角为3°~5°，断裂不发育（图1）。

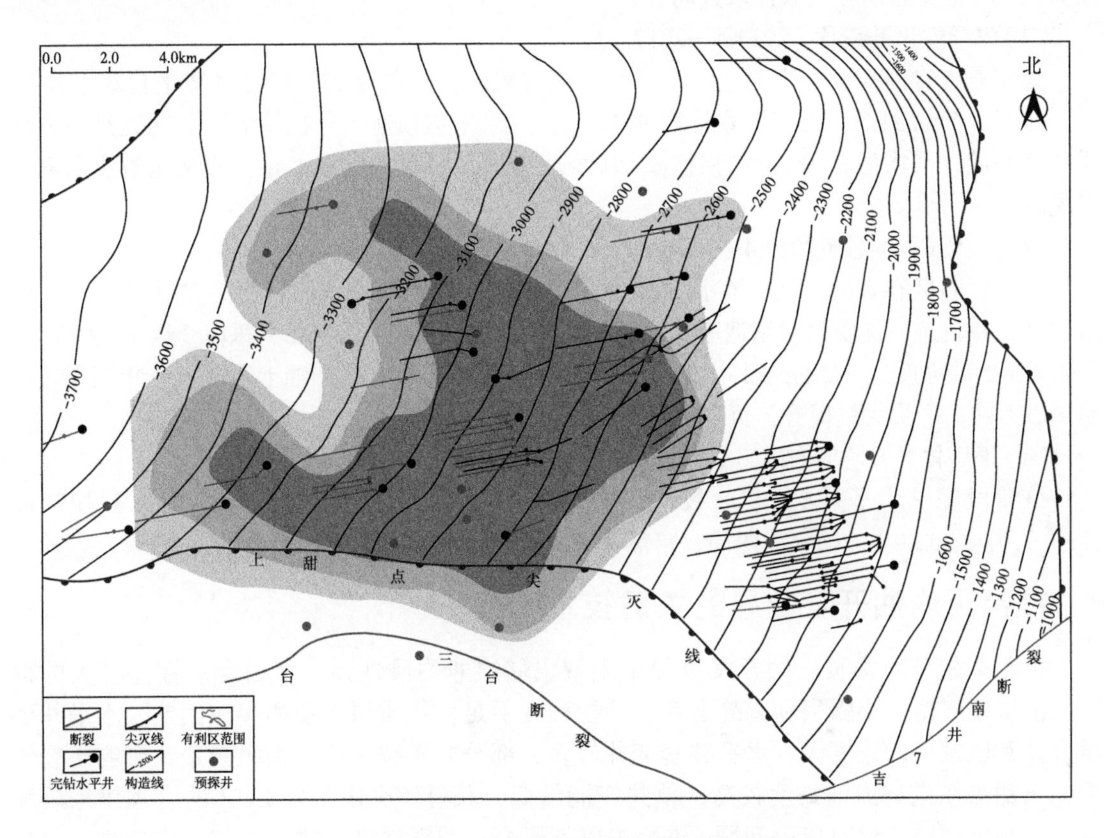

图1 吉木萨尔凹陷芦草沟组顶部构造图（附井位）

目的层芦草沟组为咸化还原环境的湖相沉积[3]，沉积厚度25~300m，平均200m，埋深800~4500m，平均为3570m，纵向上呈薄互层状特征。芦草沟组自下而上分为芦一段（P_2l_1）和芦二段（P_2l_2）。依据物性和含油性，芦二段中上部发育$P_2l_2^{2-1}$、$P_2l_2^{2-2}$、$P_2l_2^{2-3}$三套“上甜点”储层，其中$P_2l_2^{2-2}$层厚度5.5~8.0m，沉积稳定、全区发育，$P_2l_2^{2-1}$、$P_2l_2^{2-3}$层仅局部发育，厚度较小。“上甜点”优势岩性为岩屑长石粉细砂岩；芦一段发育“下甜点”储层，具有层数多、厚度薄（单层厚1.5~2.0m）、连片分布的特点，优势岩性为云质粉砂岩。芦草沟组源储一体、烃源岩段原位聚集，“甜点”以邻源供烃为主、自生为辅，是典型的陆相中高成熟度页岩油。岩心覆压孔渗分析资料表明，“上甜点”孔隙度平均为12.67%，渗透率平均为0.14mD。“下甜点”孔隙度平均为8.45%，渗透率平均为0.03mD，天然裂缝欠发育，成像测井解释裂缝密度小于0.5条/m。

1.2 开发简况

吉木萨尔页岩油目的层二叠系芦草沟组油藏于2011年发现。其开发历程可划分为4个阶段：探索发现阶段、先导性试验阶段、扩大试验阶段、工厂化开发阶段。

（1）探索发现阶段（2011.10—2013.4）。

芦草沟组初期直井试油、试采无自然产能，压裂后产能普遍很低，2011 年吉 25 井在芦二段压裂后获日产 18.25t 工业油流；2012 年采用侧钻水平井、裸眼滑套压裂方式试采，单井日产油 69t，取得了突破；"满凹含油" 认识初步形成，油藏划分为上、下甜点，证明水平井体积压裂是页岩油开发的技术方向 [4]。

（2）先导性试验阶段（2013.4—2017.4）。

为探索页岩油开发主体工艺技术以及投资控减途径，在吉 172-H 井区实平台水平井 10 口，初期日产油 21.0t，一年期累计产油 2110t，效果未达预期。分析认为主要问题是一类油层钻遇率低，平均为 33.9%；储层改造加砂强度较低，平均为 $0.9m^3/m$。油藏地质认识进一步提高。

（3）扩大试验阶段（2017.4—2018.10）。

针对试验区存在的问题，在直井控面的基础上，优化甜点选区、水平井轨迹设计，精细控制钻井轨迹，优质储层钻遇率达 85%；采取密切割（段间距 45m、每段 3 簇）、大排量、大砂量（加砂强度达到 $2.0m^3/m$ 以上）。投产水平井 2 口，单井日产油上百吨，一年期累计产油突破万吨，产量大幅提升，页岩油开发的主体技术基本形成。

（4）工厂化开发阶段（2018.10 至今）。

该阶段完钻水平井 132 口，投产水平井 96 口。累计建成产能 116.8 万吨，累积产油 126.8 万吨。2020 年被国家能源局、自然资源部批复设立国家级陆相页岩油示范区。

2 提高页岩油开发效果的关键技术

吉木萨尔芦草沟页岩油开发过程中表现出储层非均质性强，平面含油性差异大的特征。油层厚度薄、小断裂和裂缝发育，井控程度不足，优质甜点预测存在偏差，水平井地质设计和轨迹导向难度大；水平井套变井较多，部分井压裂丢段、丢级频繁，影响压裂效果；下甜点东南部原油黏度较高，单井产能偏低；获得较高水平井 EUR 的合理排采制度尚缺乏精细研究。针对以上问题，进行了以下研究：井震结合，建立精细三维地质、力学模型，把控井间构造和储层变化趋势，制定入靶和优质甜点储层钻进的录井技术标准；地质工程一体化研究，预判地层微构造变化和小断裂位置，优化分段分簇压裂设计；室内实验和矿场试验相结合，探索提高页岩油采收率的技术手段；生产动态综合分析，制定水平井合理排采制度。

2.1 建立三维地质模型，精细水平井地质设计

吉木萨尔芦草沟组源储一体、薄互层发育，优质油层常规测井识别难度大。该区域吉 174、J10024、J10025 井进行了连续系统取心，并录取了核磁测井资料，有效识别了优质油层在纵向上的分布特征，为建立精细三维地质模型奠定了基础。此外该区域采集了面积 12.5m × 12.5m 的精细三维地震资料，弥补了井控程度低的不足，井间构造变化和储层发育情况预测精度大幅度提升。基于地质资料的综合分析，以沉积相控制，随机建模方法建立三维储层模型。采用序贯高斯算法建立孔隙度、渗透率、力学参数等属性模型，精细展布了地质甜点和工程甜点的空间特征。水平井地质设计时充分依据地质模型，根据构造趋势和储层预测，设置多个控制点（图 2），降低了入靶难度大和水平段钻进过程中脱靶的风险。

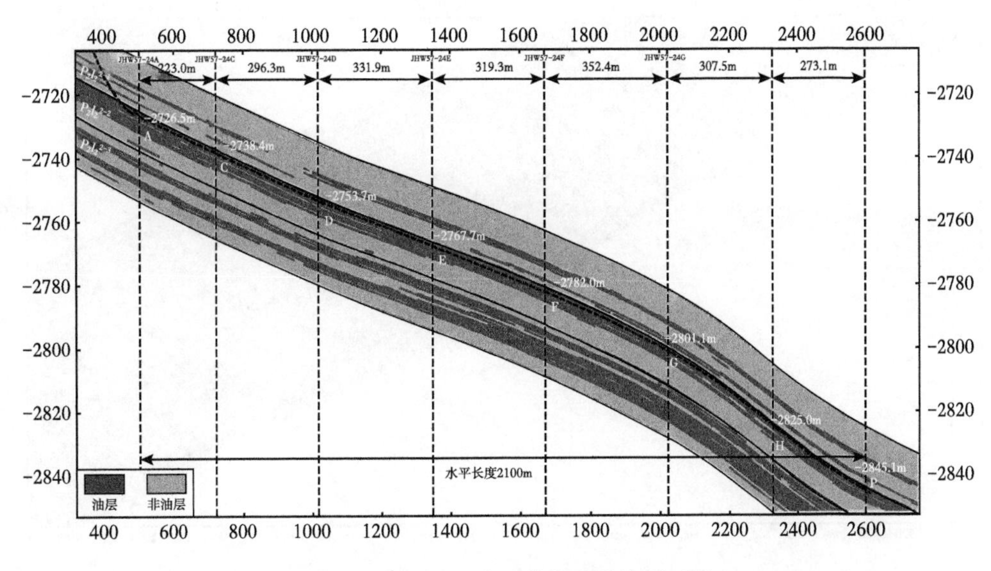

图 2　JHW57-24 水平井轨迹设计剖面图

2.2　钻测录一体化研究，确保优质油层钻遇率

吉木萨尔页岩油水平层理缝较发育，室内物模实验表明，当储层发育水平层理缝时，人工缝易沿层理缝扩展，从而影响缝高[5]。2018 年因井控程度低，构造、储层认识不足，完钻的 JHW38 井水平段位于上甜点顶部，距主力油层 12m~25m，压裂后基本未见油；在同一区域，同一目的层后期完钻投产的 JHW423 井，油层钻遇率 86.0%，平均日产油 44.8t，含水 40%，进一步说明压裂缝纵向上沟通能力有限，单纯靠压裂很难充分动用油层，因此追求优质油层钻遇率是必须追求的目标。吉木萨尔芦草沟组目标甜点厚度 4m~6m，其中优质甜点仅 1.2m 左右，内部微幅构造和局部区域断裂发育，精准入靶难度大。此外甜点受非均质性影响，在平面上厚度存在差异性，实钻轨迹易脱靶。为确保优质储层钻遇率，还需要根据实钻过程钻井、测井、录井综合显示情况，对轨迹进行调整。以水平井主要目的层下甜点 $P_2l_1^{2-2}$ 为例，该层平面上分布较为稳定，厚度 8.2m~15.2m，平均 11.2m，层内发育 3 个薄油层，单油层厚度 0.72m~1.45m，油层间隔层薄但发育稳定，其中 2 号油层厚度 1.5m 左右，为水平井的水平段靶窗体。现场跟踪中，充分利用随钻电测曲线、元素（XRD）录井、气测等，建立了油层综合录井识别标准（表 2），精准识别优质甜点 2 号油层，在保障井身质量的前提下，及时调整井轨迹，确保水平段在其中穿行（图 3）。

表 2　吉木萨尔页岩油下甜点 $P_2l_1^{2-2}$ 优质油层定性定量主要判断标准

	垂厚约 / m	主要岩性	斜长石含量	碳酸盐岩含量	DEN	GR	气测
1 号油层	0.72	云质粉砂岩	≥ 25%	＜ 10%	低	低	高
上隔层	1.44	泥晶云岩	＜ 25%	≥ 10%	高	高	低
2 号油层	1.45	云质粉砂岩	≥ 30%	＜ 10%	低	低	高
下隔层	0.83	碳质泥岩	＜ 25%	≥ 10%	高	高	低
3 号油层	0.86	粉砂岩	≥ 25%	＜ 10%	低	低	高

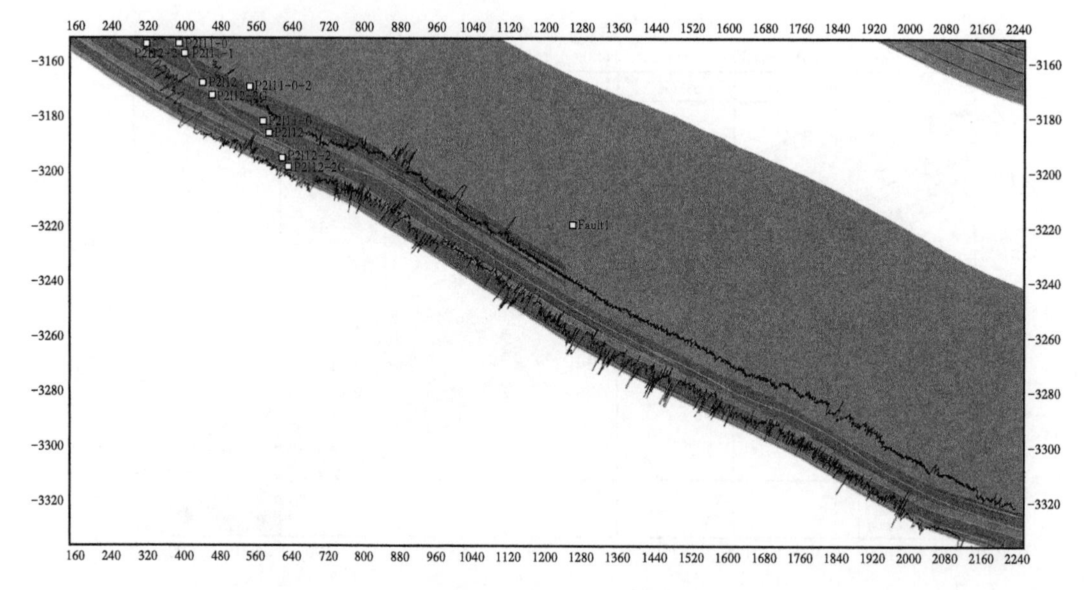

图 3 JHW6213 水平井实钻剖面图

2.3 地震地质相结合、优化分段分簇压裂工艺

页岩油水平井普遍采用“大排量、大液量、密切割”体积压裂，在断裂、微构造发育的区域，易造成套管变形、错断，影响井身的完整性，造成压裂或钻塞不成，影响改造效果，水平井潜力难以发挥。统计 2017~2020 年水平井 78 口，套管变形 11 口，占比 14.1%，压裂丢级丢段 78 段，占比 4.0%，影响水平段 3510m；因套管变形，井筒内 116 级桥塞未钻，占比 6.4%，影响 5220m 水平段供液能力的充分发挥。2021 年依据地震（图 4）、测井曲线解释结果以及实钻资料，对 58 号平台水平井压裂提前预判了水平井压裂套变风险点 71 个，其中一级风险点 12 个，二级风险点 27 个，三级风险点 32 个（表 3）。优化水平井压裂设计，提出针对性的避射，降低压裂强度，采用交错拉链压裂、减少因应力集中对井筒的影响等优化工艺措施，套变风险率大幅下降。

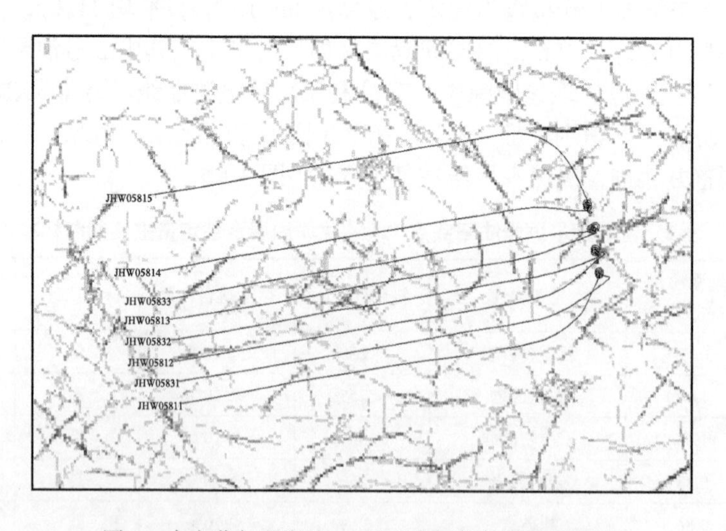

图 4 吉木萨尔页岩油 58 号平台蚂蚁体属性平面图

表 3　吉木萨尔 58 号平台水平井压前套变风险点提示

井号 分级	一级风险段 / 个	二级风险段 / 个	三级风险段 / 个
JHW11	2	2	4
JHW12	1	4	3
JHW13	1	4	5
JHW14	2	3	3
JHW15	3	3	3
JHW31	1	6	3
JHW32	2	1	7
JHW33		4	4
合计	12	27	32

2.4　前置二氧化碳压裂，探索提升改造效果途径

页岩油藏经过水平井分段压裂后初始采油速度较高，但产量递减快，一次采收率低，只有 5%~10%[6]，仍有大量的原油滞留于泥页岩储层孔隙中。与常规油藏不同，页岩油藏黏土含量高，微纳米孔隙发育，注入能力低，二氧化碳在原油中具有较好的溶解性和较强的萃取能力，通过与原油接触，发生扩散、溶解、抽提和混相作用，可以降低原油黏度和界面张力，因此，二氧化碳具有良好的注入能力，是提高页岩油采收率的有效方法之一[7]。吉木萨尔页岩油开展了二氧化碳室内研究和现场试验，室内测得二氧化碳与页岩油的混相压力为 42.3MPa。在地层压力条件下（49.4MPa），二氧化碳能快速混溶于原油中，使原油体积膨胀，增加原油的弹性能量，随着溶解度增加，膨胀系数增加较快，原油黏度降低，大大提高原油的流动性，与下甜点原油黏度高有较好的契合性。

与常规压裂对比，微地震监测结果表明：在 CO_2 注入阶段，井筒附近有连续微破裂事件产生，可能形成复杂缝网；在压裂规模缩小的情况下，CO_2 注入段较非注入段压裂事件点个数和震级能量分别增加了 58.9% 和 28.5%，改造体积增加了 1 倍（表 4），CO_2 扩散作用有利于提高平台井整体改造效果。

表 4　前置 CO_2 压裂与常规压裂水平井微地震监测结果对比表

井号 参数	加砂强度 / （m^3/m）	平均单段事件点 / 个	震级能量	注入 CO_2 量 / m^3	裂缝长度 / m	改造体积 / 10^4m^3
JHW5813	4.0	51.6	0.154		277	41.6
JHW5915	3.2	82.6	0.214	150	252	83.7
对比	−1.8	31	0.06		−25	42.1

2.5　生产动态综合分析、制定合理排采制度

页岩油采用水平井大规模体积压裂衰竭式开发，一般经历焖井、自喷、转抽三个阶段。合理的焖井、排采制度对于页岩油提高采收率有一定的影响。

2.5.1　焖井

（1）焖井能够降低储层冷伤害。吉木萨尔凹陷芦草沟组储层中部埋深3053m~3770m，地层温度84.07℃~101.14℃，地层原油黏度8.49mPa.s~31.88mPa.s，凝固点4℃~44℃。水平井体积压裂施工后，大量常温压裂液（$3\times10^4m^3$~$7\times10^4m^3$）进入地层，井筒周围地层温度急剧降低，原油流动性变差，渗吸效率损失50%以上[8]。为减少冷伤害，压裂后需要焖井。井筒监测表明，水平井压裂用液$3.5\times10^4m^3$，压后焖井35天，地层温度可以恢复到原始状态。

（2）焖井有利于提高渗吸效率。室内实验表明：焖井能够在高压下增加压裂液进入岩块的深度，提高波及体积；压裂液与储层长时间接触，有利于岩石润湿性改变，提高渗吸效率。现场实践统计，页岩油水平井压裂后随着焖井时间的延长，无油排液期大幅度缩短，焖井40天，85%的井投产后3天内即可见油，部分井投产即见油。以JHW23、JHW25井为例，二者地质条件、水平段长度、改造规模相似，JHW23焖井56天，自喷期内累产油20400t，累产水9380m^3，较不焖井的JHW25自喷期累产油增加3140t，降水5235m^3（表5）。

表5　典型井焖井与未焖井投产效果对比

井号 参数	水平段长度/ m	压裂液用量/ m^3	焖井时间/ t	自喷期累产油/ t	自喷期累产水/ m^3
JHW23	1246	37408	56	20400	9380
JHW25	1248	38097		17230	14615
对比	2.0	−689		3170	5235−

（3）焖井能够降低出砂影响。由于储层基质渗透率极低、压裂液滤失入地层的速度较慢。压力监测表明，压裂后井筒压力有“水击”现象，反映裂缝中流体压力较高，地层对支撑剂的夹持力不强，此时开井生产，容易造成支撑剂返吐，堵塞井筒。随着焖井时间的延长，裂缝中的流体压力与裂缝闭合压力的压差越来越大，压裂砂返吐的概率越来越低（表6），焖井1个月井口压力下降10MPa~15MPa。水平井埋深不同、压裂规模差异、平台井井间干扰都会对出砂有一定的影响，应一井一策制定焖井时间，吉木萨尔页岩油焖井时间一般应不低于30天。

表6　吉木萨尔页岩油部分井压力与出砂情况统计

井号	垂深/m	闭合压力/ MPa	折算井口压力/ MPa	钻塞后井口压力/ MPa	压差/ MPa	出砂情况
JHW39	4093	76.1	36	28.2	−7.8	无
JHW41	4177	77.7	36.8	24.2	−12.6	无
JHW7121	3940	73.3	34.7	28	−6.7	无
JHW5815	3715	69.1	32.7	32.5	−0.2	22m^3

2.5.2　排采制度

“初期高产快速收回投资，还是合理控制采油速度最终获得更高采油量”一直是非常规油气业内争论的问题。北美基本采用快速收回投资的方式组织生产，但对于我国来说，资源丰度低、油气需求旺盛、供给保障压力大，在开发政策上，初期应控制一定产量，让地层保有充足的能量，尽可能延长相对高产的生产周期，努力提高单井采出量[9]。

从页岩油水平井系统试井的结果来看，随着工作制度的放大，每产百立方米液，压降增大，能量损耗加快。典型井如 JHW19（图 5），当油嘴 3.0mm 时，每产百立方米液，压降 0.092MPa，压力下降慢，高产稳产期长。现场经验表明：自喷初期控制日产液 $80m^3$~$100m^3$；中期控制日产液 $60m^3$~$80m^3$；后期控制日产液 $40m^3$~$60m^3$，则递减小、生产井稳产能力强。

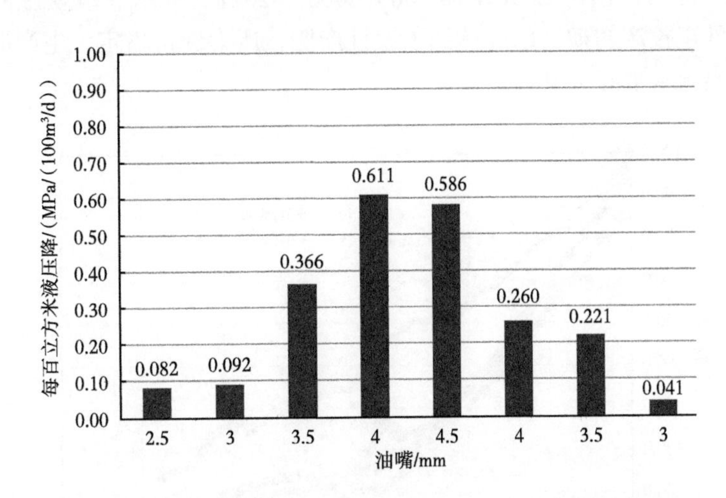

图 5　页岩油水平井不同工作制度下每产百立方米液压降对比

当井口油压下降到 2MPa 以下时，水平井自喷能力转弱，需要及时实施转抽以充分发挥水平井生产能力[10]。转抽后的水平井主要依赖于基质储层供液能力，制度过大必将造成井筒和裂缝系统内压力下降。石英砂抗破碎能力评估表明石英砂破碎压力为 35MPa。当流压降低、有效闭合应力大于 35MPa 时，支撑剂破碎形成的应力敏感性将难以恢复，对水平井采收率产生不利影响。JHW23 不稳定压力恢复试井结果显示一年期储层基质区渗透率由 0.47mD 降至 0.25mD，下降 46.81%。因此，转抽期井底流压下限应控制有效闭合应力小于 35MPa。为提高机采效率，转抽后的日产液能力应略低于地层的实际供液能力，以保持较长的稳产期，现场根据水平井的实际供液能力，采取分类控制。

3　应用效果

3.1　水平井地质设计钻井符合率、优质油层钻遇率大幅度提高

页岩油薄互层交错，开发初期，井控程度不高，井轨迹控制难度大，油层钻遇率普遍偏低，利用页岩油地质甜点和工程甜点的三维精细模型，指导水平井精细地质设计，有效降低了水平井地质设计偏差大的问题。统计水平井实际入靶点较设计海拔误差为 1.4m。2012 年~2014 年完钻的 14 口水平井平均油层钻遇率为 72.0%，而 Ⅰ 类油层钻遇率仅为 22.9%，第 1 年平均日产油量仅为 8.6t。2020 年完钻的 10 口井平均 Ⅰ 类油层钻遇率达 90%，采用细分切割体积压裂工艺改造后，第 1 年平均日产油量达 36t。优质钻遇率为水平井获高产提供了保障。

3.2　水平井套变率降为 0，压裂未丢一簇一米

建立了页岩油水平井差异化压裂段簇优化方法与设计图版，形成了适用于页岩油水平井的段簇优化和均衡起裂技术，提出水平井压裂套变风险点 71 个，套管变形率降为零，保证

了井身结构的完整性，水平段未丢一簇一米，为充分挖掘水平井生产潜力奠定了基础。

3.3 二氧化碳前置压裂是提高页岩油采收率的有效手段

2019 年选择井 JHW43 开展前置二氧化碳压裂试验，与邻井 JHW44、JHW151、JHW7121 井对比，在相同的压裂液返排率下，JHW43 井较邻井压力保持程度高 20%（图 6），表现出较强的生产能力，预计 EUR 增加 5000~8000t。2021 年扩大试验实施前置二氧化碳压裂井 2 口，目前处于投产初期，已经达到了设计产能，压力保持稳定，生产形势较好，2022 年计划继续推广实施水平井 17 口。

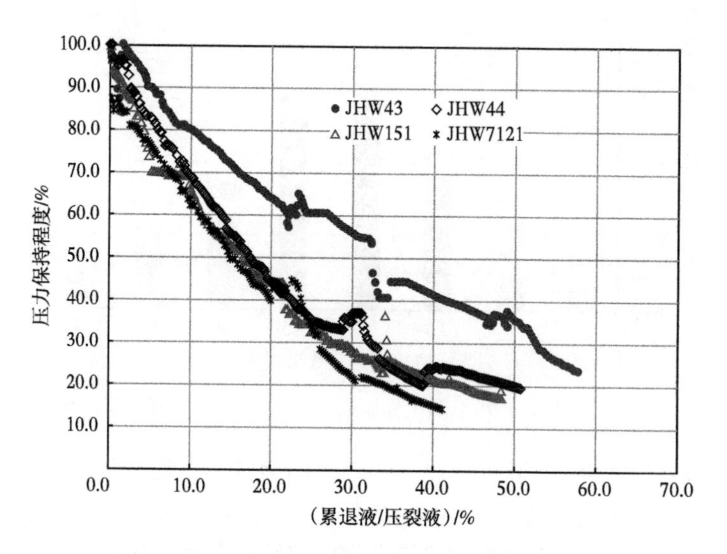

图 6　前置二氧化碳压裂累退比与压力保持程度关系

3.4 预测页岩油单井 EUR 为 3.58 万吨，内部收益率 8.76%

在合理排采制度的指导下，一井一策确定了水平井不同阶段的排采参数，有效延长了水平井高产、稳产时间，采用压裂裂缝产量预测模型、物质平衡产量预测模型、层次分析全周期预测模型等多种产量预测表征方法，预测单井平均 EUR 可以达到 3.58 万吨，内部收益率 8.76%，最终采收率 14.03%，具有较好的经济效益，为加快页岩油整体规模开发提供了支撑。

4 结论

（1）建立精细三维地质、力学模型，把控井间构造和储层变化趋势，是做好水平井地质设计、提高页岩油水平井开发效果的基础。

（2）钻井、测井、录井一体化是确保水平段在最优质的甜点段内穿行，提高油层钻遇率的主要技术手段。

（3）地质工程综合研究，预判地层微构造变化和小断裂位置，优化分段分簇压裂设计是提高井筒完整性的重要保障。

（4）合理的排采制度有利于充分发挥水平井的生产能力，吉木萨尔页岩油水平井全生命周期管理能够提高水平井 EUR。

参考文献

[1] 贾承造，郑民，张永峰．中国非常规油气资源与勘探开发前景 [J]. 石油勘探与开发，2012，39（2）：129-136.

[2] 金之钧，白振瑞，高波，等．中国迎来页岩油气革命了吗 [J]. 石油与天然气地质，2019，40（3）：451-458. doi：10.11743 /ogg20190301.

[3] 高阳，叶义平，何吉祥，等．准噶尔盆地吉木萨尔凹陷陆相页岩油开发实践 [J]. 中国石油勘探，2020，25（2）：133 — 141.doi：10.3969/j.issn.1672-7703.2020.02.013.

[4] 吴承美，郭智能，唐伏平，等．吉木萨尔凹陷二叠系芦草沟组致密油初期开采特征 [J]. 新疆石油地质，2014，35（5）：570-573.

[5] 吴宝成，李建民，邬元月，等．准噶尔盆地吉木萨尔凹陷芦草沟组页岩油上甜点地质工程一体化开发实践 [J]. 中国石油勘探，2019，24（5）：679 — 690.doi：10.3969/j.issn.1672-7703.2019.05.014.

[6] 赵清民，伦增珉，章晓庆，等．页岩油注 CO_2 动用机理 [J]. 石油与天然气地质，2019，40（6）：1333-1338. doi：10.11743/ogg20190617.

[7] 郎东江，伦增珉，吕成远，等．页岩油注二氧化碳提高采收率影响因素核磁共振实验 [J]. 石油勘探与开发，2021，48（3）：603-612. doi：10.11698/PED.2021.03.15.

[8] 许锋，姚约东，吴承美，等．温度对吉木萨尔致密油藏渗吸效率的影响研究 [J]. 石油钻探技术，2020，45（5）：100-104. doi：10.11911/syztjs.2020114.

[9] 李国欣，朱如凯．中国石油非常规油气发展现状、挑战与关注问题 [J]. 中国石油勘探，2020，25（2）：1-13. doi：10.3969/j.issn.1672-7703.2020.02.001.

[10] 吴承美，许长福，陈依伟．吉木萨尔页岩油水平井开采实践 [J]. 西南石油大学学报（自然科学版），2021，43（5）：33-41. doi：10.11885/j.issn.1674 5086.2021.01.21.01.

页岩油水平井井筒控制装置的研究及应用

王海龙，谢建勇，张剑文，鲁霖懋，张　辉，马存祥

（中国石油新疆油田分公司吉庆油田作业区）

摘　要：页岩油水平井采用小井距立体井网布井、大规模体积压裂方式建产、衰竭式开发，生产过程中存在高压维修井口、压窜井抢装井口等风险作业。由于地层漏失，热洗清蜡井口不返液低效率作业，同时井筒的完整性也因井内管杆断脱倍受考验。水平井井筒控制技术可瞬间屏障地层高压传递到井口，实现井口无压作业；同时可将管杆类落物拦截在水平井井筒装置上部，避免落物撞击油层套管；也可在装置上部阻挡液体向地层流动，实现油井短路热洗。

关键词：页岩油；井筒控制；往复开关；井屏障

随着常规油气资源探明储量和油气产量逐步递减，为进一步做好原油稳产增产，页岩油作为战略接替资源，迎来了大规模的开发。页岩油水平井在开采过程中自喷期井口压力高，油井出砂率高，易刺坏井口采油树，进行井口维修作业时，需采用重钻井液压井或井口冷冻暂堵技术，作业费用高、占产周期长、可靠性低；油井压裂干扰频率86%，机抽井井口承压低，压裂前需提前预测，将机抽井口换位自喷井口，预测准确性无法达到100%，存在预测失误，未干扰井提前防压裂干扰，影响油井生产时率，产生额外作业费用，或干扰井未能提前防压裂干扰，油井井口存在安全环保风险，需进行抢险作业，造成压裂作业等停，影响压裂效果；机抽设备运行过程中，井下机杆泵不可避免会发生断脱，掉落后易破坏油井井筒完整性，同时掉落至造斜段或水平段的落鱼打捞困难，易造成井下复杂事故；页岩油水平井地层压力得不到补充，地层亏空严重，热洗清蜡作业，井口返出量少，或不返液，热洗清蜡效果差。

针对页岩油水平井开发过程中存在的难题，需要在井筒中建立一道开关控制的井屏障，可关闭隔断地层与井筒的连接，可打开建立生产通道。达到预防落物掉入造斜段和水平段的效果，从而保障作业安全、提高作业效率、保护井筒完整性、保证清蜡效果。

1　技术分析

1.1　结构

水平井井筒控制装置由坐封头、卡瓦、胶筒、开关组成、复位组成、滤砂筛管等组成（图1、图2）。

冲砂打捞头内置自由活动的钢球与坐封头共同组合，形成简易憋压单流阀，实现装置上部流体单向流动，避免热洗液漏失到地层，同时在单流阀处形成高压，推动内部中心管下移，实现开关换轨。

胶筒与卡瓦共同组成空心可钻可取桥塞，通过卡瓦锚定在套管壁，从而悬挂整个装置，胶筒采用氢化丁腈橡胶，耐温、耐硫化氢性能更优，通过胶筒密封装置与油层套管间的间隙，

作者简介：王海龙，中国石油新疆油田分公司吉庆油田作业区，高级工程师。E-mail：wanghl2008@petrochina.com.cn。通讯地址：中国石油新疆油田分公司新疆昌吉吉木萨尔县锦绣路吉祥作业区公寓，831700。

空心可钻可取桥塞可将管杆类落物拦截在上部，便于打捞作业，同时保证了井筒完整性。

开关总成与复位总成共同组成往复开关，往复开关分内、外腔室，内腔室指中心管内部，用于过流，外腔室指中心管外部，用于实现开关控制。主要部件有机械换位轨道、限位销钉、上下运动中心管、高压弹簧等，中心管下部连接有钢球，往复开关通过限制钢球的位置，来确定中心管割缝的位置，进而控制中心管过液。

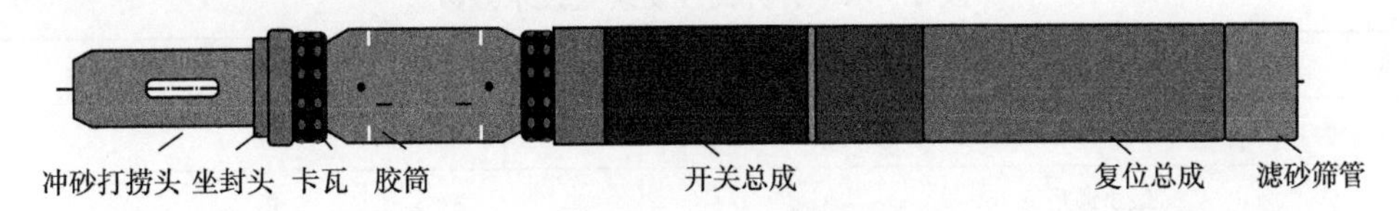

图 1　水平井井筒控制装置结构图

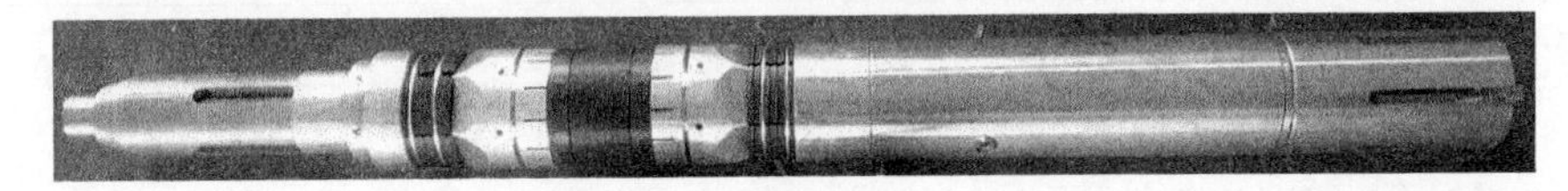

图 2　水平井井筒控制装置实物图

1.2　工作原理

水平井井筒控制装置入井到设计位置后，从井口加压，液压力作用在坐封工具的活塞上，推动坐封头、锁环、卡瓦、锥体下移，坐封销钉被剪断，卡瓦撑开，压缩胶筒坐封，锁环锁定，实现桥堵装置坐封和锚定。液压力继续上升，丢手剪环被拉断，坐封工具与桥堵装置脱开，起出坐封工具。

装置的开启与关闭状态，取决于中心管连接的钢球所的位置，钢球位置由轨道销钉所在机械换位轨道所处的位置来确定，机械换位轨道表面有轨道槽，在轨道槽设计角度与限位销钉的共同作用下，使轨道销钉处于轨道槽的不同位置，也就使中心管连接钢球处于开位、关位或复位位置。

水平井井筒控制装置状态需要转换时，通过井口打压，泵压大于井口压力 8~10MPa，远程液力传动，液压在水平井井筒控制装置上部憋压后，会克服弹簧弹力与地层压力，迫使中心管下移带动机械换位轨道下移，可旋转的机械换位轨道在轨道槽设计角度与限位销钉的共同作用下，使钢球处于复位位置。井口泄压后，钢球在弹簧弹力与地层压力的作用下，克服憋压单流阀上部的液柱压力，推动中心管上移，中心管带动机械换位轨道进行销钉位置转换，使钢球处于开位或关位，从而实现水平井井筒控制装置状态转换（图 3）。

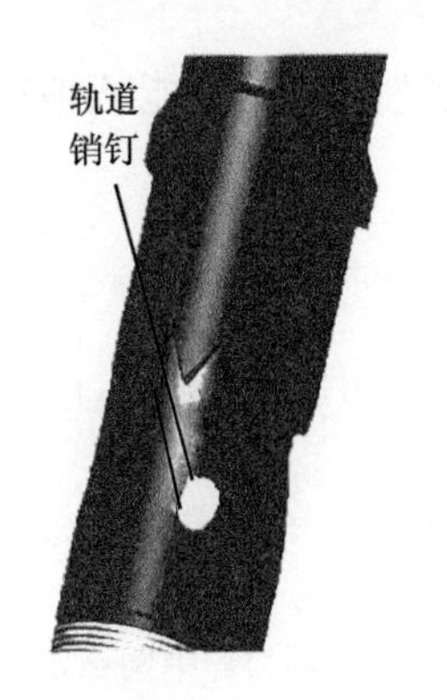

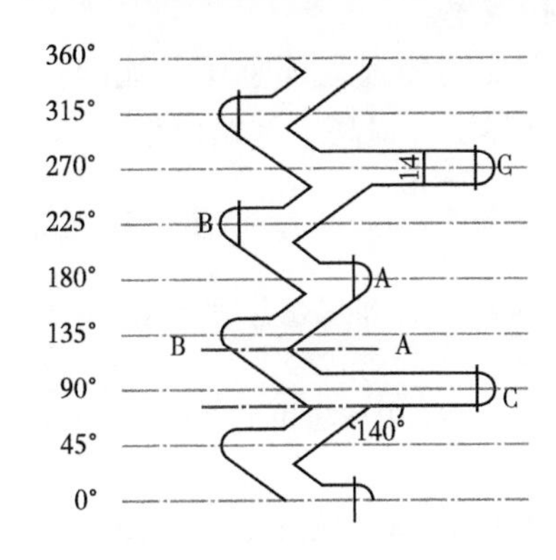

图 3　机械换位轨道示意图

水平井井筒控制装置开启状态时，地层与井筒处于连通状态，最小内通径 36mm，可保证油井正常过液；关闭状态时，地层与井筒处于隔绝状态，装置可反向承压 70MPa。

1.3 技术参数

水平井井筒控制装置技术参数见表 1。

表 1 水平井井筒控制装置技术参数

总长 /mm	1805
最大外径 /mm	100
最小通径 /mm	36
正向承压 /MPa	50
反向承压 /MPa	70
丢手压差 /MPa	20
耐　温 /℃	150
换向开关压差 /MPa	8~10

2 现场应用

水平井井筒控制装置现场累计在吉木萨尔页岩油应用 41 口井，已形成成熟的水平井井筒控制技术（图 3）。最高应用井口压力 29MPa，最多开关次数 13 次。采用水平井井筒控制装置，实现水平井下油管生产 17 口井，单井年节约连续油管清蜡费用 18 万元；实现高压井更换井口闸门 6 井次，降低冷冻暂堵安全风险；实现压窜井不换井口防压裂干扰 56 井次，降低井口环保风险，保证油井生产时率；拦截井内落物 4 井次，提高打捞效率，避免井下复杂事故；实现油井短路热洗 112 井次，提高油井清蜡效率，避免油井因蜡检泵。

3 结论

（1）水平井井筒控制装置反向承压 70MPa，可实现地层与井筒的沟通与隔绝，关闭时屏障地层高压，保证井口零压力作业，保证了井口作业安全性，避免了井口环保风险，开启时恢复油井正常生产。

（2）水平井井筒控制装置正向承压 50MPa，可有效拦截井内断脱落物，保证了井筒完整性，提高了落物打捞效率。

（3）水平井井筒控制装置上部憋压单流阀，实现井内液体只能从地层向井筒的单向流动，实现了油井短路热洗，提高了清蜡效率。

参 考 文 献

[1] 高阳，叶义平，何吉祥，等 . 准噶尔盆地吉木萨尔凹陷陆相页岩油开发实践 [J]. 中国石油勘探，2020，25（2）：133-141.

[2] 盛湘，陈祥，章新文，等 . 中国陆相页岩油开发前景与挑战 [J]. 石油实验地质，2015，37（3）：267-271.

[3] 李国欣，朱如凯 . 中国石油非常规油气发展现状、挑战与关注问题 [J]. 中国石油勘探，2020，25（2）：1-13.

[4] 何雨，郑友志，夏宏伟，等．井筒完整性风险评价模型研究 [J]. 钻采工艺，2020，43（S1）：12-16.
[5] 李光前．电控机械找堵水工艺技术研究 [J]. 石油矿场机械，2010，39（5）：43-45.
[6] 葛军文．多功能油井井下压力控制开关页岩油注 [J]. 石油机械，2011，39（9）：87-88.
[7] 刘德基，王友林，崔奋 .KZS-115 型液压往复式控制开关的研制 [J]. 石油矿场机械，2001，（S1）：87-89.
[8] 胡跃林．不压井作业技术、设备及应用 [J]. 中国设备工程，2020，（18）：156-158.
[9] 曹泰承．压电控制开关找堵水技术 [J]. 化学工程与装备，2021，（8）：64-65.
[10] 王国正，崔奋，顾陶林，等．热洗清蜡工艺技术对比研究及应用 [J]. 石油矿场机械，2014，43（9）：81-85.

新型无杆泵投捞式电缆的研制及在页岩油的应用

鲁霖懋[1,2]，石　彦[1,2]，陈新志[1,2]，褚艳杰[1,2]，张　辉[1,2]，
张剑文[1,2]，王惠清[1,2]

（1. 新疆油田分公司吉庆油田作业区；2. 新疆油田分公司准东采油厂）

摘　要：无杆举升技术具有系统效率高、节能、安全环保等优势，且解决了管杆偏磨等问题，是新型举升技术的发展方向。无杆泵动力电缆采用绑缚在油管外壁的方式下入，存在提下管柱时电缆故障率高、操作复杂等缺点，制约了无杆泵的应用。研发了新型投捞式电缆，下入方式改为从油管内部投入，避免了油套环空间隙狭小而导致的电缆磕碰损坏，提高了作业效率。对常规电缆结构进行了优化改进，提高其抗拉强度；通过插接头笔尖导入、重油密封技术实现井下对接、密封和自锁定。投捞式电缆技术实现了电缆在井下灵活插拔，可与潜油螺杆泵、潜油往复泵等无杆泵组合使用。现场成功应用 37 井次，运行稳定；最长免修期达到 1100d 以上；井下对接成功率 100%；重复投捞试验最高达 9 次，电缆完好无损坏。解决了无杆举升推广应用中的关键技术难题。

关键词：无杆举升；投捞式电缆；井下对接；插接头；密封

随着水平井、定向井的数量不断增加，有杆采油系统管杆偏磨问题日益严重，国内外致力于发展电潜离心泵、电潜螺杆泵等一系列无杆泵技术。无杆采油技术主要由井下电机、抽油泵（包括往复泵、螺杆泵、离心泵等）、地面供电控制系统 3 部分组成，通过潜油电缆将地面电源输送给井下电机，带动泵工作。大量现场试验表明，无杆举升技术有效提高了系统效率，降低了能耗，从根本上解决了管杆偏磨问题，适应性更加广泛，现场管理方便，运行费用低，降低了安全和环保风险。但无杆泵举升技术在实际应用中存在动力电缆易损坏的缺点。无杆采油设备入井前，需要先将电缆与井下电机连接好，采用固定卡子把电缆绑卡在油管外壁上，随油管一起入井，在提下管过程中，不可避免地会与套管发生碰撞摩擦，造成电缆损伤和故障，增加重复作业的风险，再加上生产过程中油管的蠕动，进一步加剧电缆的磨损，导致电缆易损坏。在修井过程中，提出的电缆损坏概率在 50% 以上，使得作业成本大幅升高。即便采用各种改进方法，例如增加卡子的使用数量和提高固定质量，可实现油管扶正和电缆保护作用，但在减少电缆磨损概率的同时，增加了修井工序，导致施工时间延长，效率降低。

笔者依托中国石油天然气股份有限公司重大科技项目，联合攻关开发了投捞式电缆，改变电缆的下入方式，即从油管中下入，实现井下对接，修井作业时先捞出电缆再提出其他管柱结构，从而解决了电缆磕碰易损的问题。

作者简介：谢建勇，男，高级工程师，硕士，现从事油气田开发技术与管理工作。单位名称：新疆油田吉庆油田分公司，E-mail：xiejy@petrochina.com.cn。通讯地址：新疆维吾尔自治区昌吉回族自治州吉木萨尔县吉庆油田作业区，邮编：831700。

1 投捞式电缆技术及特点

1.1 下入方式

传统潜油电泵电缆下入方式中，电缆处在油套环空中。按照准东油田常用油套管结构组合，油套环空最小间距为 17.63mm 或 24.56mm，见表 1。使用的井下泵机组最大外径 114mm，电缆使用扁形，外形尺寸约为 10mm×28mm。在如此狭小的空间中，尤其是斜井中，想避免电缆磕碰磨损的难度很大，通过增大套管或者缩小油管的方法来增加环空间隙尺寸很有限。

表 1 页岩油油套管组合参数

生产套管外径 / mm	套管壁厚 / mm	套管内径 / mm	油管外径 / mm	油管壁厚 / mm	油管内径 / mm	油管接箍直径 / mm	油套最小间隙 / mm
139.7	7.72	124.3	73.02	5.51	62.0	88.9	17.68
177.8	10.36	157.08	88.9	6.45	76.0	107.95	24.56

典型的油套管结构如图 1 所示。常用油管内径 62mm（或 76mm），相比油套环空电缆自由活动空间很大，如果将动力电缆从油管中下入、提出，会很大程度地避免电缆损坏的风险。其下入方式为：下泵作业时先将井下所有机具随油管一起下入到指定位置，然后将动力电缆从油管中下入；起泵作业时先将动力电缆从油管中提出，然后再将井下机具随油管提出。这样既保护了电缆，同时大幅缩短了作业时间。

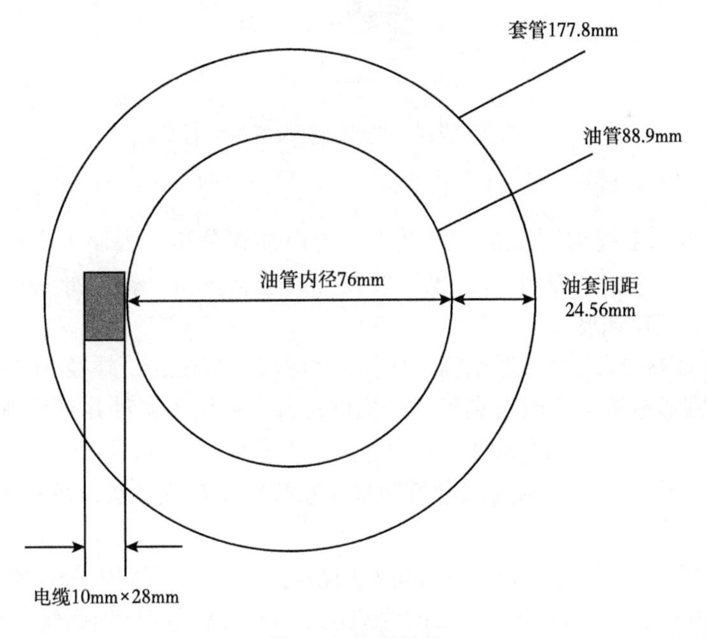

图 1 油套管结构

1.2 结构组成

投捞式电缆由钢丝铠装承重电缆、电缆插接头组件、井口电缆悬挂密封装置 3 部分组成。承重电缆一端通过井口悬挂密封装置与地面控制柜连接，一端连接电缆插接头组件，与井下潜油电机对接后，将动力通过电缆从地面传递到井下潜油电机。电机位于电潜螺杆泵顶端，带动螺杆泵旋转运动，实现举升。井下举升管柱结构如图 2 所示。

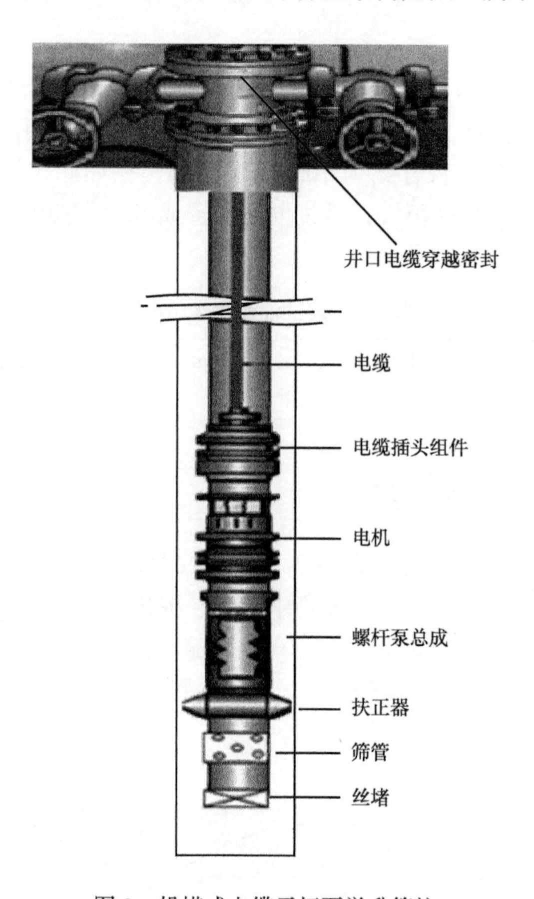

图 2　投捞式电缆无杆泵举升管柱

1.2.1　承重电缆

传统的潜油电泵电缆绑缚在油管外壁上，力由油管分担，因而电缆本身不具备承重能力，拉伸能力较弱。现从油管下入，电缆要在井口悬挂承重，需对原来的电缆结构进行改进，以提高承重和抗拉强度。

（1）电缆形状由扁形改为圆形结构，导体截面积 $3\times10mm^2$，外径 21.2mm，由于油管中空间较大，采用圆形电缆下入时有利于减少机械伤害，适用于各种井身轨迹。

（2）导体采用潜油电泵电缆无氧实心铜导体，绞合标称 3.5mm。

（3）绝缘层改用 6.0mm 聚酰亚胺薄膜和特种氟塑料复合绝缘层，具有高弹性，可以提高电缆抗拉性能。

（4）护套层采用丁腈复合橡胶，具有更好的密封、耐压、耐腐蚀等性能。

（5）铠装层由一层 0.5mm 镀锌钢带改为双层 2.0mm 高强度特种钢丝铠装，提高抗拉力，同时具有机械防护功能，有效避免磕碰损伤。

改进后的特殊非标钢丝铠装承重电缆，由三芯实芯铜导体、F46 复合绝缘护套、内外特种钢丝铠装、丁腈复合物护套组成，承重能力大幅提升。整体拉断力可以达到 150kN 以上。20℃时导体直流电阻降为 1.88Ω/km，运行时可降低电损耗，有利于电机的启动。电缆改进前后性能对比见表2。

表2　电缆改进前后性能对比

电缆类型	潜油电泵电缆	新型承重电缆
规格/[芯数 × 标称截面（mm^2）]	3 × 16	3 × 10
绝缘电阻/（MΩ/km）	≥ 2000	≥ 5000
20℃导体直流电阻/（$\Omega \cdot km^{-1}$）	≤ 18	1.83
耐电压/kV	3	6
耐温/℃	120	120
承压/MPa	20	20
抗拉张力/kN	15	≥ 150
弯曲直径/mm	410	1260

1.2.2　电缆插接头组件

插接头组件由插座和插头2部分组成，如图3所示。插座有内外2个腔室，外腔室为过油通道，可以隔绝井液，防止泥砂等异物进入到内腔室；内腔室为密封腔，采用重油高压密封，腔体内的密封油能自动补充，避免井液侵入造成无法绝缘的问题。插座三相导体通过引接电缆与潜油驱动机组连接在一起，和油管一同先下入到设计位置。插头和承重电缆连接，设计有导向器和定位轨道，从油管内部缓慢投入，插座上设有导向键，通过适当配重加压，插头与插座在井下通过笔尖导向在内腔室完成对接、密封和锁位。特殊的内外双层保护装置保证了对接后的有效密封和可靠绝缘。插接头性能指标见表3。

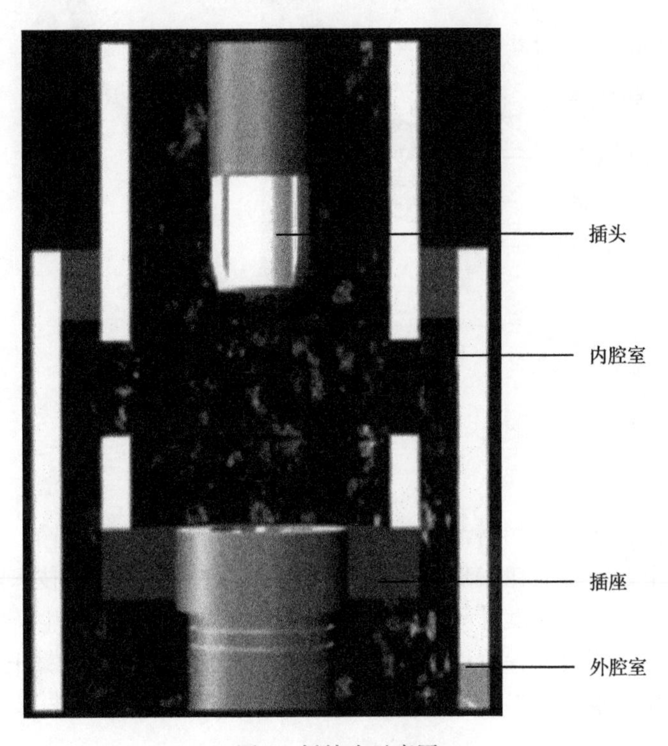

图3　插接头示意图

表 3　插接头性能指标

绝缘电阻 /（MΩ/km）	≥ 1000
额定电流 /A	≥ 80
额定电压 / V	≥ 850
额定耐温 /℃	≥ 180
额定耐压 /MPa	≥ 35
硫化氢应力腐蚀 /（mg/L）	≥ 30
插接次数 / 次	≥ 15

1.2.3　井口电缆悬挂密封装置

相比潜油电泵电缆的穿越密封，投捞式电缆井口还要起到悬挂承重的作用，特制的电缆悬挂安全卡瓦可实现安全悬挂。采用专门的穿越电缆转化法兰及防爆穿线管接头，只需要在法兰的电缆出口处做密封，密封结构简单、可靠，施工更加方便。电缆井口悬挂密封结构如图 4 所示。

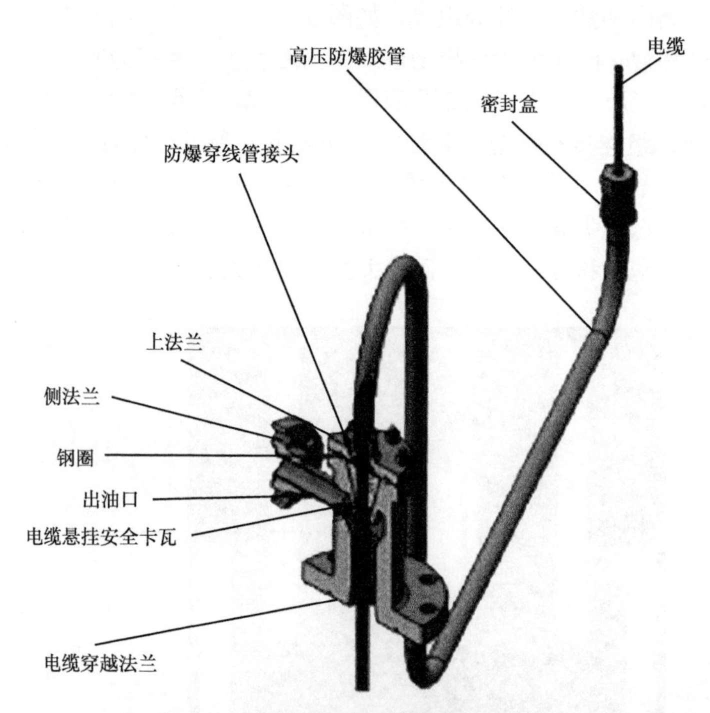

图 4　电缆井口悬挂密封结构示意图

1.3　配套

投捞式电缆可以替代现有的潜油电泵电缆，用于无杆泵的动力传输，与潜油螺杆泵、潜油往复泵等多种井下泵组合。在实现动力传输的同时，采用动力载波技术实现信号传输，通过井下安装永置式压力计、温度计等，可实现多参数的监测，节省了生产中的测试费用。地面实时读取井下压力监测资料，可以准确掌握油井动液面，避免井下螺杆泵因供液不足导致烧泵。根据压力变化调整生产参数，精确控制泵的运行状态，实现无杆泵井下闭环控制，实现智能化管理。

2　现场应用

截止2022年3月，新疆油田吉庆油田作业区在74口井上开展了无杆泵（电潜螺杆泵）投捞电缆举升试验，试验井为页岩油生产井和稠油井，包括16口直井、15口定向井和41口水平井。套管尺寸为139.7mm、177.8mm两种规格，最大下泵深度2500m，排量1~50m^3/d。稠油试验井最高温度为50℃，地面原油黏度13000mPa·s。根据不同的产液量确定电潜螺杆泵泵型。目前油井均生产正常，累计投捞对接56次，电缆投捞对接成功率达到100%，单井试验对接次数最高达到9次无损坏，在反复对接的情况下，重复使用的电缆密封绝缘依然可靠。管柱结构如图5所示。

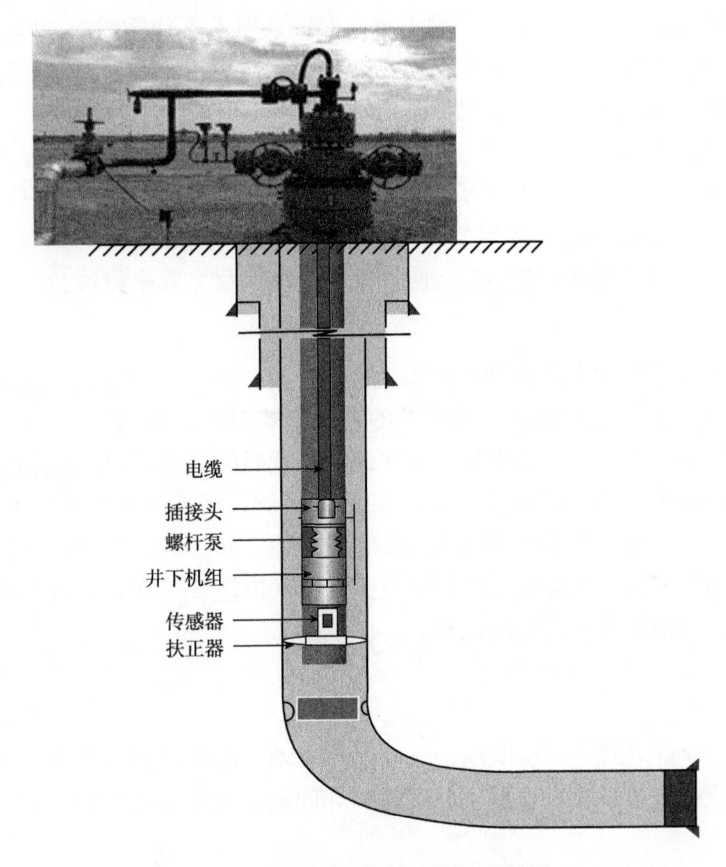

图5　投捞式电缆试验管柱示意图

2.1　JD9146井试验

2017年7月5日，投捞式电缆首次在JD9146井进行现场试验。该井选用电潜螺杆泵为GLB40-42型，设计排量3~15m^3/d，泵挂深度1386m，电机功率15kW。管柱结构自下而上的顺序为：扶正器＋潜油螺杆泵＋潜油电机＋电缆插座＋油管至井口。入井前所有油管内须冲洗干净无任何杂物，以免影响电缆的插接。下放电缆前先在地面对电缆进行外观检查和绝缘阻值测试，确保正常后用导向滑轮悬挂固定，与井口中心垂直。控制下放速度不超过3m/min，防止电缆插接部分弯曲变形，下到预定位置后测试电缆绝缘阻值，确定插接成功后进行井口密封，连接控制柜，按操作规程起抽。该井试验期间始终保持正常生产，截至2020年7月，免修期已达到了 1100d 以上，目前转 100r/s，日产液量 8.4t，平均泵效 78.8%。

2.2 改进与完善

针对试验过程中出现的问题，逐步改进和完善了投捞式电缆。

（1）最常见的一类问题是井下的电缆插座上存在泥砂等杂质，阻挡了对接口，使得插头下放无法到位，对接不成功。其主要原因是由于井筒不干净或者井底沉砂，冲砂洗井不彻底，个别井出现机具入井过程中因套管内液柱压力高于油管内压力，导致反洗阀打开，井内液体通过反洗阀进入油管，液体中携带有泥沙沉积在插座上。为此，制订了投捞电缆式潜油螺杆泵的修井作业操作规程，优化反洗阀位置，在机具入井时在插接头上部 20 根油管灌入清水，保证反洗阀在施工过程中一直处于关闭状态，避免电缆对接口出现沉积物，确保投捞成功。优化电缆插接头，设计了唇式结构密封，保证杂质不落到插座上，即使有一点沉砂也不影响对接成功率。将插接头改为耳机插孔式，这样无需导入，更容易实现准确插入。

（2）试验初期采用潜油电机位于螺杆泵顶端的结构，优点是接引电缆距离短，减少电缆损坏风险，缺点是高速电机与螺杆泵之间通过减速器连接，减速器输出轴是承扭薄弱点，是故障发生的集中点，因而重新优化了管柱结构，改用潜油直驱永磁同步电机，取消减速器，系统整体承扭能力由 300N·m 提高到 710N·m，电机位于螺杆泵下部，通过小扁电缆跨接方式实现电缆投捞，使用常规螺杆泵结构，应用范围更加广泛、效果更好。

2.3 效益评价

投捞式电缆实现了动力电缆在油管中独立提下作业，解决了常规潜油电泵电缆在油套环空内易磕碰损坏的问题，与绑缚在油管外壁的下入方式对比，节约了大量电缆保护器辅料，取消了作业时安装拆装电缆卡子的工作，大幅缩减作业时间，井口由 3 人操作改为 1 人操作，降低了人工和材料成本。以下泵深度 1500m 的油井为例，所需电缆费用约 12 万元，可减少使用电缆卡子 150 个，单井节约材料费用 5.0 万元左右，缩短修井时间约 15h。外敷电缆由于损坏率高难以重复利用，5 次修井作业中至少需更换电缆 2~3 次，而投捞电缆可以反复使用，大幅降低了后期检泵作业的电缆成本。

3 结论

（1）研制了一种新型的可投捞电缆，改变了常规动力电缆的下入方式，实现了电缆在油管中独立提下作业，有效解决了电缆入井磕碰损坏问题，大幅缩减了作业时间，降低了人工和材料成本。

（2）投捞式电缆可为潜油螺杆泵、潜油柱塞泵、潜油离心泵等多种无杆泵设备提供动力，插接头实现了井下对接，灵活插拔，可多次重复使用，现场试验已重复对接 9 次，无损坏。

（3）现场使用投捞式电缆与潜油螺杆泵组合，成功应用了 37 井次，电缆投捞成功率 100%，下泵深度 2500m，适合于定向井、水平井、稠油井的开发，解决了抽油机举升存在的问题。

参 考 文 献

[1] 刘合，郝忠献，王连刚，等. 人工举升技术现状与发展趋势 [J]. 石油学报，2015，36（11）：1441-1448.
[2] 侯立泉，许洋，段志成. 电动潜油螺杆泵技术现场节能应用 [J]. 石油石化节能，2019，9（2）：37-40.
[3] 甘庆明，黄伟，黄志龙，等. 潜油直线电机无杆举升技术在定向井中的应用 [J]. 石油机械，2019，47

（7）：117-121.
[4] 李明，杨海涛，罗庆梅，等．井下直线电动机采油技术试验研究［J］．石油矿场机械，2014，43（7）：41-44.
[5] 王顺华，赵洪涛，尚庆军，等．直线潜油电泵举升工艺技术及应用［J］．石油钻探技术，2010，38（3）：95-97.
[6] 孟晓春，韩歧清，韩涛，等．新型节能稠油无杆采油工艺试验与应用［J］．石油钻采工艺，2019，41（2）：22-26.
[7] 魏秦文，张茂，郭永梅．潜油电机驱动采油技术的发展［J］．石油矿场机械，2007，36（7）：1-7.
[8] 刘红兰，王富，梁华．电动潜油螺杆泵在埕岛油田的应用研究［J］．石油钻探技术，2004，32（5）：48-50.
[9] 辛宏．小排量潜油直驱螺杆泵采油技术研究与应用［J］．石油矿场机械，2018，47（1）：76-79.
[10] 邱家友，周晓红，刘焕梅．安塞油田直线电机无杆采油工艺试验效果分析［J］．石油矿场机械，2010，39（7）：64-68.
[11] 杨献平，周海，王辉．浅谈电动潜油单螺杆泵采油系统的研究开发［J］．石油矿场机械，2004，33（3）：82-84.
[12] 刘玉国．稠油潜油电泵工作寿命影响因素分析及治理［J］．石油钻采工艺，2014，36（4）：75-78.
[13] 刘艳英，崔刚，蒋维军，等．往复式潜油电泵在渤海油田的研究及应用［J］．钻采工艺，2014，37（3）：81-83.
[14] 李晶．浅析潜油电泵井下电缆击穿原因［J］．中国设备工程，2019（2）：143-145.
[15] 黄晓东，姚满仓，雷德荣，等．投捞式电动潜油往复泵研制及现场试验［J］．钻采工艺，2018，41（2）：82-84.
[16] 万仁溥．采油工程手册［M］．北京：石油工业出版社，2003.
[17] 王鹏，张烨，王滨海，等．潜油电泵电缆［J］．石油科技论坛，2013（5）：52-54.
[17] 郝忠献，朱世佳，裴晓含，等．井下直驱螺杆泵无杆举升技术［J］．石油勘探与开发，2019，46（3）：594-601.

薄互层页岩油藏水平井地质导向关键技术
——以吉木萨尔页岩油为例

王良哲，郭海平，陈依伟，岳红星，徐田录

（中国石油新疆油田分公司吉庆油田作业区）

摘　要：吉木萨尔凹陷内局部构造变化大，裂缝发育；芦草沟组地层甜点厚度薄，平均单层厚度0.4~2.0m；岩性复杂，多为陆源碎屑与化学岩沉积的过渡性岩类；以互层状沉积，纵向变化大，电性识别难度大，增加了水平井钻井地质导向的难度。大量完钻井生产特征显示，高的优质甜点钻遇率是页岩油水平井高产的前提条件。为提高优质甜点钻遇率，对页岩油油层特征进行综合研究，在钻前运用三维地震体、完井电测、完钻井录井资料等手段建立地质模型精细预判轨迹与风险；在钻进过程中运用多维度地震切片、曲率、蚂蚁体、常规岩屑录井、元素录井、XRD、碳酸盐分析、LWD等手段，实时指导钻井轨迹调整；完钻后应用核磁测井优化轨迹指令，并及时更新优化地质模型。所总结出技术系列，保证了水平井轨迹在优质储层中的穿行，优质储层钻遇率较原先提高30%以上，极大地提高了后期水平井单井产量。该研究成果对随钻储层精细识别、混积岩石学以及陆相页岩油开发意义重大。

关键词：页岩油；吉木萨尔凹陷；水平井导向；储层精细识别

水平井地质导向技术是指在地质研究的基础上，基于随钻测井曲线（LWD），综合录井技术、地震解释等资料，对水平井井眼轨迹进行监测和控制的技术[1-3]，以井轨迹平滑在优质储层中穿行为评判标准。地质导向技术的发展是水平井技术规模应用和发展的技术保障。

吉木萨尔页岩油位于准噶尔盆地东部吉木萨尔凹陷。凹陷内二叠系芦草沟组为典型薄互层页岩油藏[4]，采用水平井＋大规模体积压裂衰竭式开发。前期完钻水平井生产特征显示，单井产能同优质储层钻遇率呈强相关性。因此，开展薄互层页岩油藏水平井地质导向关键技术研究，对提高水平井优质储层钻遇率，实现页岩油藏效益开发尤为重要。

二叠系芦草沟组分为上下两段，前期勘探开发主力油层为上甜点储层（$P_2l_2^2$），前人研究多集中于此[5]。随着油田勘探开发工作的进行，下甜点储层（$P_2l_1^2$）显示出更强的开发潜力。但下甜点储层较上甜点储层单层厚度更薄、岩性更加复杂、电性识别难度更大，加大了地质导向的难度。本文对下甜点水平井地质导向进行系统研究，总结出薄互层页岩油藏水平井地质导向关键技术，其在现场应用效果良好，推动了页岩油藏效益开发。

1　水平井地质导向技术难点

吉木萨尔页岩油水平井地质导向难点。

1.1　构造变化大

局部地区井控程度低、微构造发育，地层产状变化幅度大。吉木萨尔凹陷以石炭系褶皱

作者简介：王良哲，中国石油新疆油田分公司吉庆油田作业区，助理工程师。E-mail：jqwlz@petrochina.com.cn。通讯地址：中国石油新疆油田分公司新疆昌吉吉木萨尔县锦绣路吉祥作业区公寓，831700。

为基底，呈西断东超的“箕状”构造，整体由东向西掀斜[6-7]。地层倾角一般3°~5°左右，局部地区倾角达到9°。$P_2l_1^2$底界最大负曲率与断裂叠合图显示凹陷内有两条近南北走向大断层，东南－西北发育多条小断层（图1a）。

1.2　单层厚度薄

源储一体、频繁互层，单层厚度0.4~2.0m，甜点体夹层发育，横向品质有变化。芦草沟组分为上下两段，每段各分3个层组，纵向上呈现出薄互层叠置形态[8]。上甜点段主要发育在$P_2l_2^2$砂层组内，厚度15m，内含一个6m油层，顶部隔层4m，底部隔层5m。下甜点段主要发育在$P_2l_1^2$砂层组内，厚度10m，内含三个1.1m–1.9m–1.75m砂层，四个2.88m–0.43m–0.98m–0.95m隔夹层。

1.3　多源混积、岩性复杂

甜点体岩性多为陆源碎屑与化学沉积的过渡性岩类，肉眼很难识别岩性。芦草沟组页岩油储层岩性为陆源碎屑与化学沉积的过渡性岩类，纵向变化大，呈互层状沉积[9]。据岩心、薄片综合校对分析，芦草沟组岩性总体可分为碳酸盐岩、碎屑岩两大类，进一步细分为砂屑云岩、泥晶云岩、云质灰岩、粉细砂岩、云质粉砂岩、粉砂质泥岩、碳质泥岩、云质泥岩、泥岩、含黄铁矿粉砂岩等十小类[10-12]。

2.4　电性复杂

上甜点体储层较厚，有一定电性特征。下甜点体储层厚度薄、与隔夹层频繁交互，岩性复杂、电性特征不明显，无明显可跟踪的标志，油层顶底难以区分，且在地质导向过程中，随钻电阻率曲线频繁出现“极化”现象。

2　水平井地质导向关键技术研究

2.1　关键技术研究路线

综合应用地质模型、地震体、完钻井电测资料、随钻测井LWD资料和录井技术分钻前预判、随钻跟踪、完钻分析三个环节对薄互层页岩油藏水平井轨迹进行跟踪，研究出水平井地质导向关键技术。水平井轨迹跟踪技术路线图如图1所示。

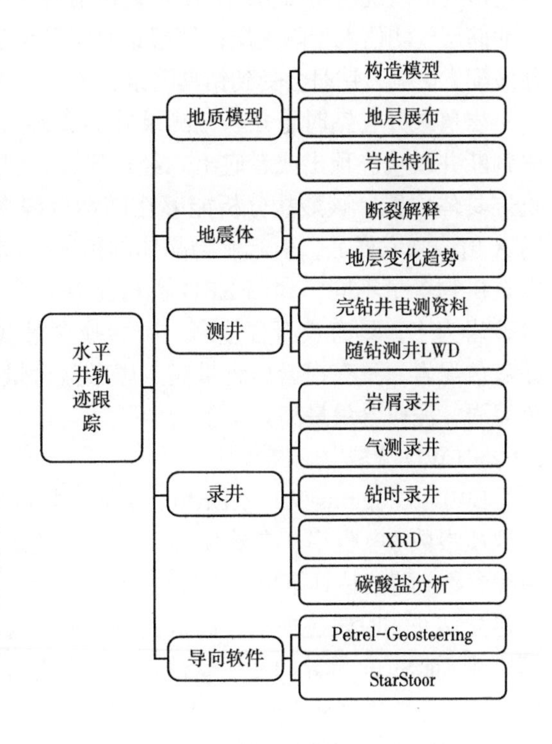

图1　水平井轨迹跟踪技术路线图

2.2　钻前精细建模预判风险

2.2.1　建立三维地质模型

应用研究区已完钻的水平井加直井资料、三维地震体，对吉木萨尔凹陷构造变化、地层展布、岩性特征对比研究。以测井资料为骨架、以三维地震资料为填充，建立三维模型，指导水平井钻井轨迹设计（图2）。

2.2.2　钻前风险预判

应用井震地质解释、相干属性等手段落实实施区发育的微构造，并对水平段地层倾角突变及小断裂进行预警，加强待钻区风险认知，提前做好地质预导向。以研究区 J-59H 井为例，该区域相干属性平面图显示实施区发育 1 条大的断裂和 2 条疑似断裂。过 J-59H 井进行三维地震切片，应用切片对三条断裂进行详细刻画。1 号断裂断距较大，约为 5~10m，断裂两侧地层产状发生，明显变化，且振幅属性由波谷变为波峰，证明岩性组合发生变化；2 号断裂断距稍大，约 4~8m，断裂两侧地层产状变化明显；3 号断裂断距稍大，约 4~8m，地层视倾角变化平缓。

2.2.3 入靶标志层建立

针对下甜点体单层厚度薄、岩性纵向变化快、电性特征不明显的问题，优选出目的层上部多套厚度相对稳定的岩性组合作为入靶标志层，提前确定出设计误差，指导轨迹调整，保障水平井顺利入靶。例如 J-59H 井，目的层位于下甜点 $P_2l_1^{2-2}$，在位于目的层顶部 64m、30m、15m 和 5m 的位置优选出四套厚度分别为 10m、8m、3m、4m 的深灰色泥岩与白云质泥岩组合作为该井的入靶标志层，指导了该井的入靶。

2.3 随钻多资料分析判断轨迹位置

2.3.1 综合录井资料

下甜点储层岩性以灰色白云质粉砂岩为主，隔夹层岩性为深灰色白云质泥岩、深灰色泥岩、灰色泥质粉砂岩和灰黑色泥岩。泥岩较粉砂岩颜色深、粒度细，岩屑呈片状，手指碾碎后粉末细腻，无砂质感。因含油性不同，储层岩屑以淡黄色发光为主，隔夹层岩屑多为暗黄色发光，荧光较弱。页岩油水平井钻进过程中为防止黏土矿物吸水膨胀多采用油基钻井液，返出岩屑经钻井液浸泡失去本色，皆为深褐色，且附着泥质、砂纸小颗粒杂质，不可直接观测，需用专用清洗剂清洗后用氯仿或者酒精再次清洗才可观测荧光。气测录井和钻时录井资料显示，页岩油储层气测值大于隔夹层；储层钻时明显小于顶底隔层。要注意的是气测值会受到钻速、钻井液配方影响，钻时会受到钻具因素、工程参数的影响，因此不可以固定值划分储层与围岩。

岩屑录井、钻时录井、气测录井等资料只能综合判别井眼轨迹是否位于储层内部，但无法判断井眼轨迹顶出或者底出。经过研究，引入碳酸盐分析和 X 射线衍射（XRD）资料判别轨迹具体位置。碳酸盐分析能够在随钻过程中定量测量岩屑中的碳酸盐含量。XRD 则是利用 X 射线激发样品，引起矿物晶体的衍射效应，得出样品的矿物衍射图谱，因不同沉积位置岩石矿物含量不同，利用 XRD 资料能够有效判断井眼轨迹位置。下甜点储层岩性以白云质粉砂岩为主，具有长石含量高、碳酸盐含量低的特征；顶部隔层为深灰色荧光白云质泥岩、深灰色泥岩，具有白云质含量高、碳酸盐含量高的特征；底部隔层为灰色泥质粉砂岩和灰黑色泥岩，泥质含量最高。

2.3.2 LWD 资料

LWD（Logging While Drilling）是钻井过程中在测量井方位、井斜、工具面的基础上进行地质参数（电阻率、自然伽马、井径、孔隙度、密度、核磁、方位测井、成像测井等）和工程参数（随钻钻具扭矩、随钻振动、随钻钻压等）的测量[13-14]。LWD 资料配合导向软件可以建立钻井实时轨迹模型，高效判别井眼轨迹位置。其原理为，首先利用 Petrel-Geosteering 模块或 StarSteer 等导向专用软件根据导眼井或相邻完钻电测曲线预测本井轨迹测井曲线，后将 LWD 资料及时导入软件，将随钻实测曲线与预测曲线进行拟合分析。当调整到两条曲线正好吻合时可得出地层倾角，根据地层倾角可计算出地层厚度（图 2），并可以根据随钻测井曲线特征结合录井资料综合分析判断井眼轨迹在油层中的位置。

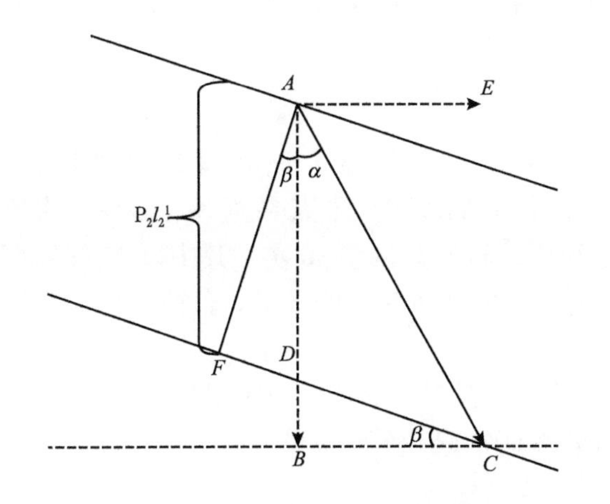

图 2　地层厚度计算原理图

随着国内外油气勘探开发难度的不断增加，对 LWD 的需求不断增大，随钻测井工具在信号遥测、脉冲发生器、井下电源、测井系统方面技术不断突破[15]，电阻率成像、方位伽马、密度成像、高清边界探测等更多测井序列实现随钻测量，近钻测量，油基钻井液专用仪器也逐步实现[16]。但新型随钻测量仪器使用成本高昂，多用于研究区勘探开发初期。

吉木萨尔凹陷勘探和试验开发阶段，井控程度低、地层认知不足，曾使用电阻率成像、储层边界探测、油基钻井液地质导向系统等手段。目前吉木萨尔页岩油步入大规模效益开发阶段，主要使用随钻深浅侧向电阻率和随钻伽马系列。下甜点储层相对上下隔夹层表现为低阻，电阻率曲线极易出现"极化现象"，研究对比随钻过程中探测深度不同的 P16H、P40H 系列电极，P16H 极化现象弱，与完钻后微球电阻率曲线匹配性更好。

2.4　钻后综合分析优化模型

完钻后通过完井电测、核磁测井等手段，以单井投产效果为标准对随钻地质导向进行效果评价。综合分析全井段地震、录井、测井等多项资料对水平井井眼轨迹进行复盘。利用新完钻井实钻数据对地质模型进行更新，对地区构造变化进行重新刻画，以加深研究区认知，指导后续新井钻进工作。

以 J59-H 井为例，钻前应用相干属性平面图与最大负曲率与断裂叠合图分析该井轨迹过 1 条贯穿断裂和 2 条区域性断裂。实钻过程中，J59-H 井未钻遇该贯穿断裂，与前期解释存在差异。应用 J59-H 完钻资料，更新地质模型后重新对该区域构造变化进行刻画，为邻井 J60-H 的钻进提供了更精确的钻前资料。

3　应用效果分析

3.1　水平井导向技术实践

以 J-59H 井为例，钻前结合地区地震以及控制井连井剖面分析在该部位会钻遇 2 号断层，断距 4~8m，断裂两侧地层产状变化幅度较大。因此钻进至该部位时，人为控制井轨迹靠近目的层底部钻进。实钻至井深 5371m，井底预测井斜 84.5°，GR、RT、气测出现断崖式下跌，斜长石含量较层内下降，碳酸盐含量、钻时陡增，随钻曲线拟合结合地震分析判断钻遇断层，断距 4.8m，考虑后期钻井施工安全和压裂施工安全累积四次以 2° 狗腿降斜至 80°~80.5°

稳斜钻进。钻进至5560m，GR、RT、气测、斜长石含量、碳酸盐含量、钻时均恢复正常水平，随钻曲线拟合结合再次进入2号层。

3.2 应用效果分析

J-59H井于井深6220m顺利完钻，钻井周期33天。该井设计水平段2200m，实钻2200m，在钻遇3条断距为5~7m断裂的情况下，甜点钻遇率81.8%。水平段全烃0.34%~2.69%，显示良好。地质导向过程中，轨迹共调整30次，其中以2°井斜调整2次，微调28次，在保证优质储层钻遇率的同时，实现了轨迹的平滑。目前J-59H井已经投产，生产效果良好，满足前期设计水平。

薄互层页岩油藏水平井地质导向关键技术在吉木萨尔凹陷应用效果良好。应用该技术后，凹陷内页岩油水平井优质储层钻遇率由60%提升至92%以上。

4 认识与建议

（1）以三维地质模型为基础，借助随钻导向软件，与邻井进行对比，综合分析地震资料、录井资料、LWD资料，是薄互层页岩油藏水平井地质导向技术的关键。

（2）吉木萨尔凹陷局部小断裂发育，单靠地震资料识别难度大，需结合钻井、录井、测井、压裂干扰等资料综合研究识别小断层。

（3）在地质导向过程中，实现水平井轨迹跟踪优化需要多资料综合分析，更需要方案编制人员、跟踪人员、导向人员、录井地质员等多方配合，需要每个人有高度的责任感，及时沟通配合，才能进一步提高优质甜点钻遇率。

参 考 文 献

[1] 秦宗超，刘迎贵，邢维奇，等.水平井地质导向技术在复杂河流相油田中的应用——以曹妃甸11-1油田为例[J].石油勘探与开发，2006（3）：378-382.

[2] 南山，殷凯.地质油藏随钻技术在渤海水平分支井钻进中的应用[J].中国海上油气，2004（5）：46-50.

[3] 苏义脑.地质导向钻井技术概况及其在我国的研究进展[J].石油勘探与开发，2005（1）：92-95.

[4] 匡立春，唐勇，雷德文，等.准噶尔盆地二叠系咸化湖相云质岩致密油形成条件与勘探潜力[J].石油勘探与开发，2012，39（6）：657-667.

[5] 匡立春，胡文瑄，王绪龙，等.吉木萨尔凹陷芦草沟组致密油储层初步研究：岩性与孔隙特征分析[J].高校地质学报，2013，19（3）：529-535.

[6] 白斌.准噶尔南缘构造沉积演化及其控制下的基本油气地质条件[D].西安：西北大学，2008.

[7] 印森林，李弘林，许长福，等.吉木萨尔凹陷芦草沟组混积岩元素特征及水平井导向控制点技术[J].长江大学学报（自然科学版），2021，18（2）：16-27.

[8] 许琳，常秋生，杨成克，等.吉木萨尔凹陷二叠系芦草沟组页岩油储层特征及含油性[J].石油与天然气地质，2019，40（3）：535-549.

[9] 马克，侯加根，刘钰铭，等.吉木萨尔凹陷二叠系芦草沟组咸化湖混合沉积模式[J].石油学报，2017，38（6）：636-648.

[10] 匡立春，胡文瑄，王绪龙，等.吉木萨尔凹陷芦草沟组致密油储层初步研究：岩性与孔隙特征分析[J].高校地质学报，2013，19（3）：529-535.

[11] 李红斌，王贵文，王松，等.基于Kohonen神经网络的页岩油岩相测井识别方法——以吉木萨尔凹陷二叠系芦草沟组为例[J/OL].沉积学报：1-20[2022-04-09].

[12] 蒽克来，操应长，朱如凯，等.吉木萨尔凹陷二叠系芦草沟组致密油储层岩石类型及特征 [J].石油学报，2015，36（12）：1495-1507.
[13] 张辛耘，王敬农，郭彦军.随钻测井技术进展和发展趋势 [J].测井技术，2006（1）：10-15+100.
[14] 朱桂清，章兆淇.国外随钻测井技术的最新进展及发展趋势 [J].测井技术，2008（5）：394-397.
[15] 刘之的.随钻测井响应反演方法及应用研究 [D].成都：西南石油大学，2006.
[16] 苏义脑，窦修荣.随钻测量、随钻测井与录井工具 [J].石油钻采工艺，2005，（1）：74-78+85.

吉木萨尔页岩油 CO_2 前置压裂数值模拟研究

徐田录，吴承美，陈依伟，张金风，赵　军，王良哲

（新疆油田分公司吉庆油田作业区）

摘　要：和常规油气储层相比，非常规油气储层物性差，低孔、低渗，不经过压裂改造很难有工业价值，但常规水力压裂存在储层伤害较高、压裂液不易返排等问题，而液态 CO_2 前置增能压裂是将液态 CO_2 作为压裂前置液，结合滑溜水、冻胶等水基压裂液进行储层改造的增产技术。与常规水力压裂相比，它具有压后增能、返排迅速、对储层伤害小、单井产能高的优势，在非常规油气藏高效开发中发挥着重要作用。本文以吉木萨尔芦草沟组页岩油 J10043_H 井为例，运用地质工程一体化技术，建立油藏三维地质模型及地质力学模型，并通过数值模拟开展 CO_2 前置压力与常规水力压裂的缝网体积、液体波及体积、压力扩散范围及产量的预测。对比结果表明，虽然 CO_2 前置压裂的缝网体积仅比常规体积压裂增加 5%，但 CO_2 的压力波及体积是常规压裂的 1.5 倍，预测产量是常规体积压裂的 1.6 倍。同时，对比矿场试验储层条件相近、液体规模相近的 CO_2 前置压裂井与非前置压裂井结果同样表明，CO_2 前置压裂井产能为非前置压裂井的 1.62 倍。综上表明，CO_2 前置增能压裂可有效改善油藏开发效果，从而为该技术矿场的规模应用及方案设计提供指导。

关键词：非常规储层；CO_2；蓄能压裂；数值模拟

页岩油层渗透率极低，需要利用大规模“体积压裂”的方式才能够实现效益开发[1-3]，目前页岩油体积压裂主要采用常规水基压裂液即滑溜水 + 胍胶等来进行施工，但在高水平应力差储层中不易形成复杂裂缝，导致储层改造体积不足[4-9]。滑溜水黏度较低，有利于激活页岩油储层的天然裂缝和层理，矿场应用也取得了较好的增产效果，但对于水敏性强的地层，滑溜水则有可能对地层产生一定的伤害[10-12]，同时压裂后压裂液破胶过程产生的残渣及胶体由于返排过程不及时导致压裂液滞留于地层，也会造成储层孔隙喉道的堵塞，给储层带来较大的伤害。近年提出和探索了超临界 CO_2 压裂技术[13-14]、CO_2 复合压裂技术[15-17]和 CO_2 前置蓄能压裂技术[18-19]。超临界 CO_2 压裂液（又称干法压裂），由于没有水相，大大降低了对储层的伤害，并且具有形成复杂裂缝的优势。为了提高页岩储层的缝控改造体积[3]，较之于滑溜水和胍胶，超临界 CO_2 具有超低黏度和高渗透的物理特性，更易渗入并开启层理、天然裂缝等天然弱面，即使在高水平应力差条件下也可形成一定程度的复杂裂缝[16-17, 20-21]，但 CO_2 压裂施工摩阻高、携砂性能差、滤失快、形成的缝宽较小，大量分支裂缝中缺少支撑剂而逐渐闭合，有效改造体积受限[13, 22]。鉴于滑溜水和超临界 CO_2 压裂液各自的优点，Ribeiro 等[15]提出了一种 CO_2 混合压裂设计方法，即先注入纯 CO_2 压裂液在近井区域形成多条水力裂缝，然后注入携带支撑剂的高黏水基压裂液将裂缝支撑，通过利用 CO_2 的低 / 超低黏度产生复杂裂缝以及 CO_2 的高压缩性提高流体返排率和降低地层伤害。

作者简介：徐田录，男，大学本科，工程师，主要从事油气田开发。单位名称：新疆油田分公司吉庆油田作业区。邮箱：frog304@126.com。通讯地址：新疆维吾尔自治区昌吉回族自治州吉木萨尔县吉庆油田作业区，邮编：831700。

此外，CO_2 前置蓄能压裂在页岩油气开发中应用逐渐增多，已有的研究成果表明，前置 CO_2 可以大幅度提高后续注入滑溜水的增能效果及返排效率[18]。目前针对 CO_2 前置蓄能压裂的研究主要集中于 CO_2 混相降低原油黏度、岩石性质变化、增能等驱油机理方面，但对于水力裂缝扩展规模、增能体积规模、实际油藏孔隙体积下的降黏及影响产能主要因素等无定量认识。

本文以吉木萨尔芦草沟组页岩油 J10043-H 井为例，首次运用 Petrel 软件地质工程一体化技术，建立油藏三维地质模型及地质力学模型，并通过数值模拟实现了 CO_2 前置压力与常规水力压裂的缝网体积、液体波及体积、压力扩散范围、降黏与降低原油界面张力及产量等的定量预测。在此基础上，优化了不同储层类型的 CO_2 前置量、簇间距等，为该技术矿场的规模应用及方案设计提供指导。

1 油田区块数学模型

1.1 地质背景

吉木萨尔凹陷位于准噶尔盆地东南缘，沉积了石炭纪、二叠纪、三叠纪、侏罗纪、白垩纪、古近纪、新近纪及第四纪地层，目的层芦草沟组（P_2l）地层由芦草沟组一段和二段组成，可划分为 $P_2l_1^2$、$P_2l_1^1$、$P_2l_2^2$、$P_2l_2^1$ 共 4 个砂层组[23]。吉木萨尔凹陷芦草沟组地层全区分布，且具有“南厚北薄、西厚东薄”的特征，地层厚度 200~350m、面积超过 800km^2。J10043_H 井位于油藏西南部，钻遇目的层为 $P_2l_1^2$ 砂层组的 2 号油层，油层平均厚度 5.5m，孔隙度 0.8%~22.8%，平均 10.2%，中值 9.7%；油层渗透率 0.01~44.9mD，平均 0.06mD，为低孔超低渗油藏。

1.2 三维地质模型

在研究区数据分析的基础上，建立坐标系统和网格系统。根据研究区的开发现状及考虑后期地应力模拟、压裂模拟及数值模拟需要，平面网格大小设置为 10m × 10m，网格高度为 1m，整个研究井层段的网格数为 254 × 221 × 107=600.6 万个，采用序贯高斯模拟算法分别建立油藏油层分布图、孔隙度、含油饱和度、渗透率、杨氏模量、泊松比、抗压强度、抗拉强度、岩石密度、内摩擦角三维地质模型（图 1），为后续地应力及数值模拟提供基础。

1.3 地应力模型

基于前期地质建模、天然裂缝建模及岩石力学属性刻画研究成果，在 Petrel-Visage 软件中采用有限元方法建立三维地应力场模型。有限单元法是固体力学中的一种数值方法。固体力学的变量是位移、应变和应力。这些变量要同时满足连续方程、平衡方程、本构方程和边界条件[24]。有限元在模拟过程中，需要给定岩石边界条件，基于区域岩石力学测试，在地质模型基础上施加应力边界；边界力作用于边界节点，进一步传递至模型所有节点，最终达到应力平衡，达到收敛要求，获得地应力模型。分析表明，应力边界条件中，最大水平主应力梯度为 0.259bar/m，最小水平主应力梯度为 0.240bar/m，水平应力方位角 NW22°。根据加载的物性、初始压力和岩石力学参数，对 J10043-H 地质模型地应力进行模拟，模拟结果表明：水平应力差为 1.5~10MPa，主要在 2.5~5.7MPa（图 2）。

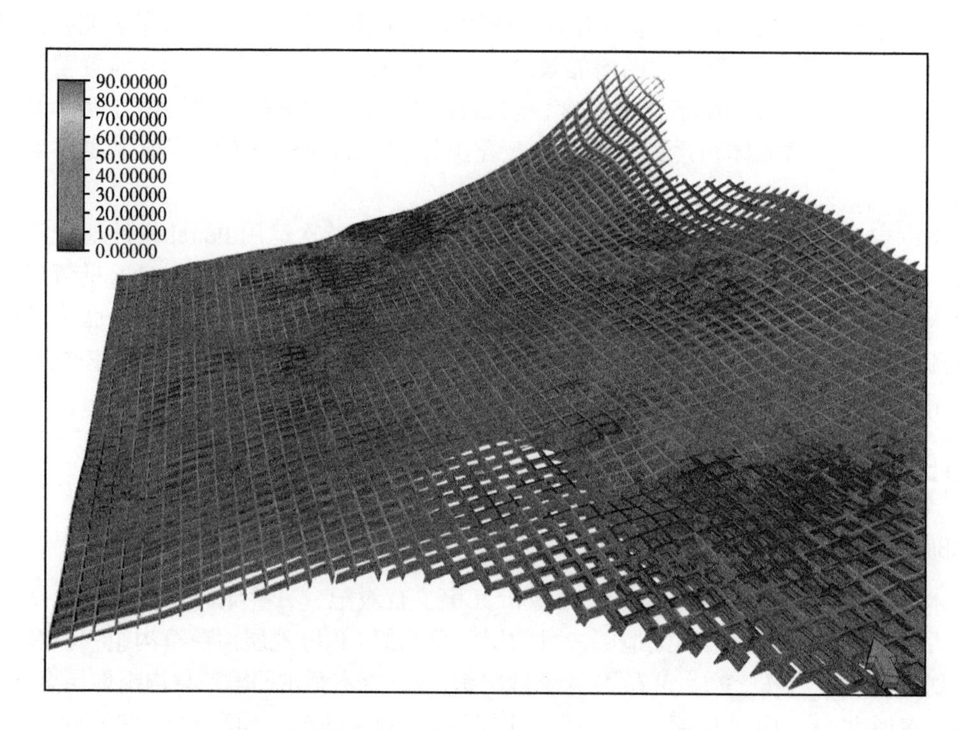

图 1 吉木萨尔芦草沟组储层含油饱和度模型栅状图

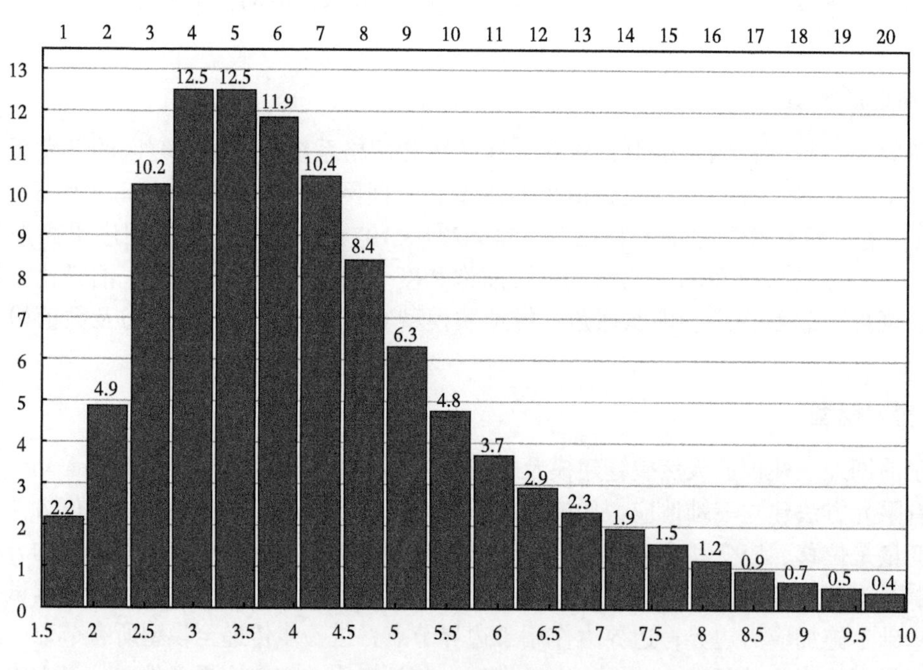

图 2 J10043-H 井组地质模型模拟两向应力差分布直方图

1.4 三维压裂模拟

在页岩油储层水平井压裂过程中，受到储层应力场与天然裂缝的共同影响，水力裂缝的扩展相对复杂。为准确地对三维水力裂缝扩展进行表征，需要结合地应力场和天然裂缝分布情况，遵循摩尔库伦准则进行三维压裂缝扩展模拟[25-26]。研究工区发育天然裂缝（层理缝），模拟采用 Petrel-Kinetix 软件模拟完成，在模拟过程中需综合考虑裂缝、岩性、地应力场等因素对裂缝扩展的影响和实际泵注程序，开展压裂模拟。水力压裂模拟结果曲线与实际施工曲线拟合较好，说明压裂参数设置合理（图 3）。模拟结果表明，缝长主要为 236.1m，裂缝导流能力 375.8mD·m；主要改造了目的层 $P_2l_1^2$ 的 2 号油层（表 1）。

表 1　J10043-H 模拟缝网参数统计表

井号	裂缝长度 /m	裂缝最大高度 /m	平均裂缝高度 /m	支撑剂裂缝长度 /m	平均支撑裂缝高度 / m	平均导流能力 /m
J10043-H	236.1	42.3	21.9	222.3	13.4	375.8

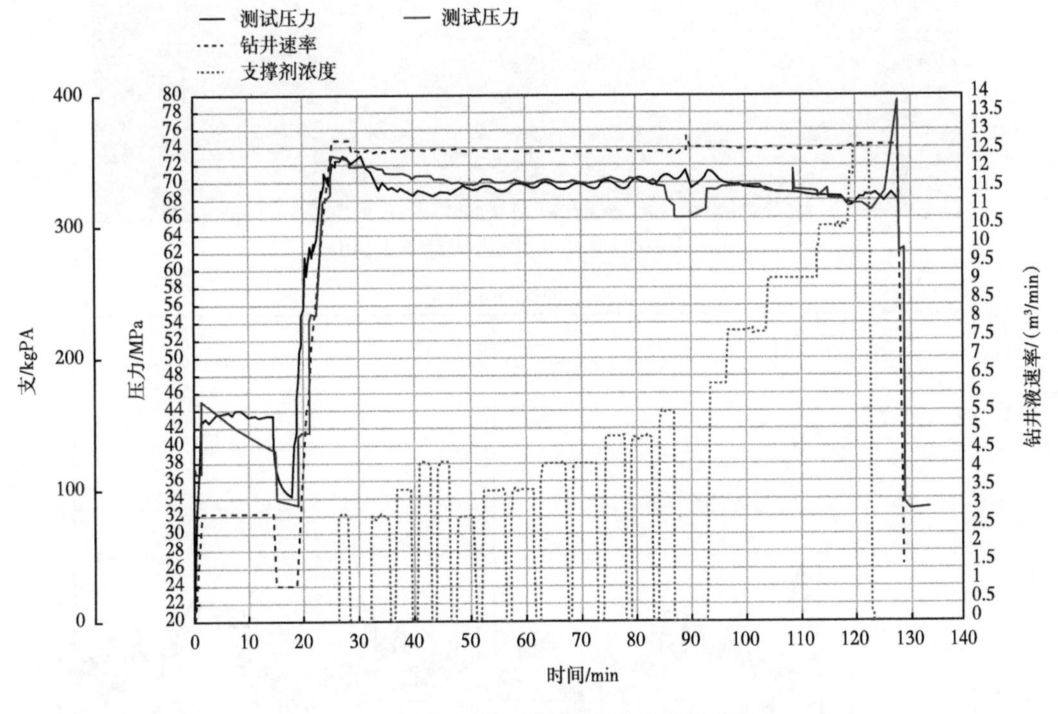

图 3　J10043-H 平台第六段施工曲线拟合图

1.5　油藏历史拟合

研究过程采用 INTERSECT 软件中的组分油藏模型。模型网格设计时，由两种网格类型组成，压裂缝网区域采用非结构化网格，非压裂缝缝网区域采用交点网格，油藏流体类型为油气水三相[15]，原始地层压力 43MPa，地层温度 101℃，原油 PVT 参数来源于实际取样的实验分析报告（表 2）。油藏历史拟合主要需要对各井生产过程的产油量、产水量、地层压力进行拟合分析，拟合过程通过调节储层参数、岩石及流体压缩系数、PVT 参数、三相流体相对渗透率和压裂缝网等，最终实现模型内各井日产油、日产水模拟得到的结果与实践情况较为接近，才能认为建立的地质模型与实际情况较为吻合。对 J10043-H 井生产动态进行历史拟合，拟合前 3 年累产油 21564t（实际累产油 22334.39t），误差 3.44%，拟合精度高，说明模型较为准确，可以用于开发效果平均分析和压裂参数优化（图 4）。

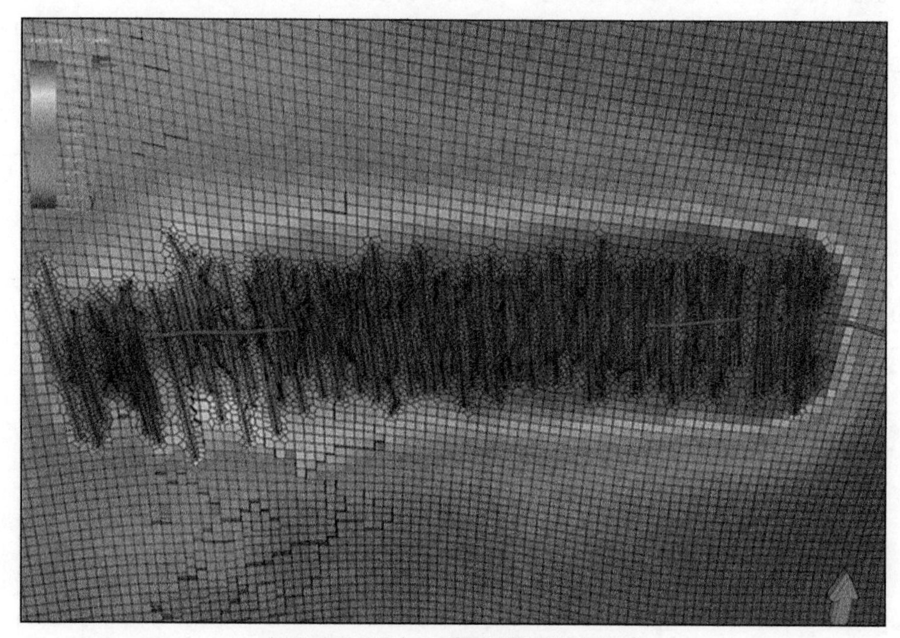

(a) J10043-H平台CO_2前置压裂后地层压力图

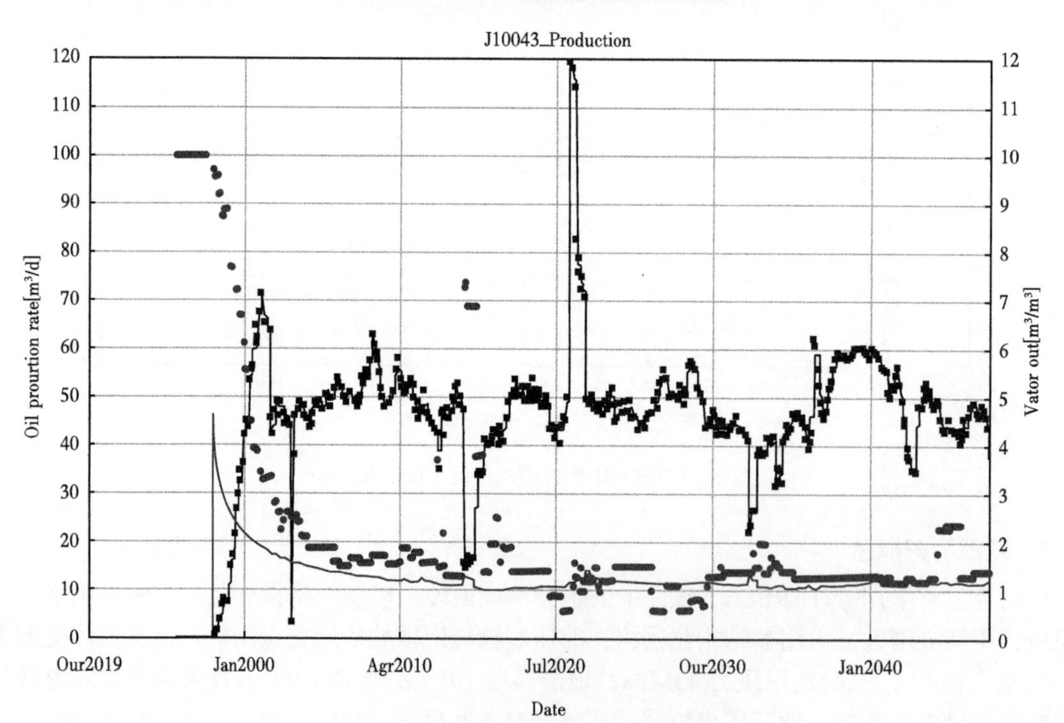

(b) J10043-H井动态历史拟合累产油曲线

图 4　J10043-H 井动态历史拟合图

表 2　PVT 地层参数

油藏条件	
原始地层压力	43.00MPa
原始地层温度	101.00℃
地层流体性质	
地层流体类型	黑油
饱和压力（地层温度下）	7.22MPa
气油比（20℃，0.101325MPa）	$21.0m^3/m^3$
地层油体积系数（101.00℃，43.00MPa）	1.0580
地层油密度（101.00℃，43.00MPa）	$0.8632g/cm^3$
地层油黏度（101.00℃，43.00MPa）	13.996mPa·s
单脱死油密度（20℃，0.101325MPa）	$0.8957g/cm^3$
井流物组成	
C_1+N_2	19.73 mol%
$CO_2+C_2\sim C_{10}$	25.66 mol%
C_{11+}	54.61 mol%

2　影响压裂缝因素分析

研究表明，压裂缝是影响页岩油产量的主要因素。为优化压裂参数，需要分析压裂缝的主控因素，为压裂优化设计提供支撑，基于 J10043-H 地质模型，开展压裂缝影响因素分析。

2.1　天然裂缝对压裂缝的影响（层理缝、缝合线）

层理缝密度对裂缝延伸高度有明显的抑制作用，层理缝密度越大，裂缝高度相对越小，阵列声波测井表明，高层理缝密度上部将不被压开（图 5）。

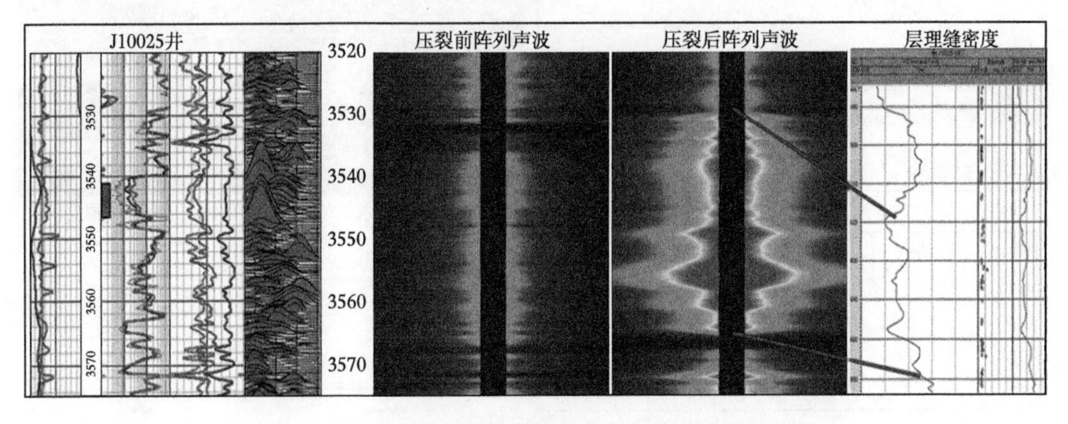

图 5　J10025 井压裂前后阵列声波与层理缝密度对比图

压裂模拟表明，无应力隔层时，设置上下层理缝 1、3、5、7 条 /m，油层段层理缝 1 条 /m，吉木萨尔芦草沟目的层上下层理缝明显影响裂缝垂向扩展（图 6a）：（1）当层理缝大于 6 条 /m

时，压裂缝将不会垂向扩展。（2）上下层理缝发育时井筒附近裂缝高度大，向两端逐渐变小。（3）上下层理缝密度越大，长度越大。

2.2 应力隔层对压裂缝的影响

设计应力隔层厚度 4m，分别模拟 1~7MPa 应力差异，结果表明（图 6b）:（1）当应力隔层大于 7MPa 后上部和下部应力隔层将不被压开。（2）当应力大于 2MPa 时，裂缝远端应力隔层将不被压开，且应力隔层值越大，压开上下部应力隔层体积越小。（3）当应力隔层越大，压裂缝长度越大，压裂缝高度越小。

2.3 水平应力差压裂缝的影响

设计水平应力差 2MPa、4MPa、6MPa、7MPa、8MPa 进行模拟，模拟结果表明，当两向应力差大于 8MPa 时压裂，吉木萨芦草沟组页岩油天然裂缝不开启，形成复杂缝网可能性小（图 6c）。

2.4 物性对压裂缝的影响

压裂模拟表明：不同储层渗透率压裂缝体积存在负指数相关关系，渗透率越大，裂缝改造体积越小，压裂缝长、高均变小（图 6d）。

综上表明：天然裂缝、应力差异、储层物性均对压裂缝网体积存在明显影响。因此，在后期压裂施工设计时，尽量考虑天然裂缝、应力差异以及储层物性变化，分段设计油井压裂参数，合理改造油层。

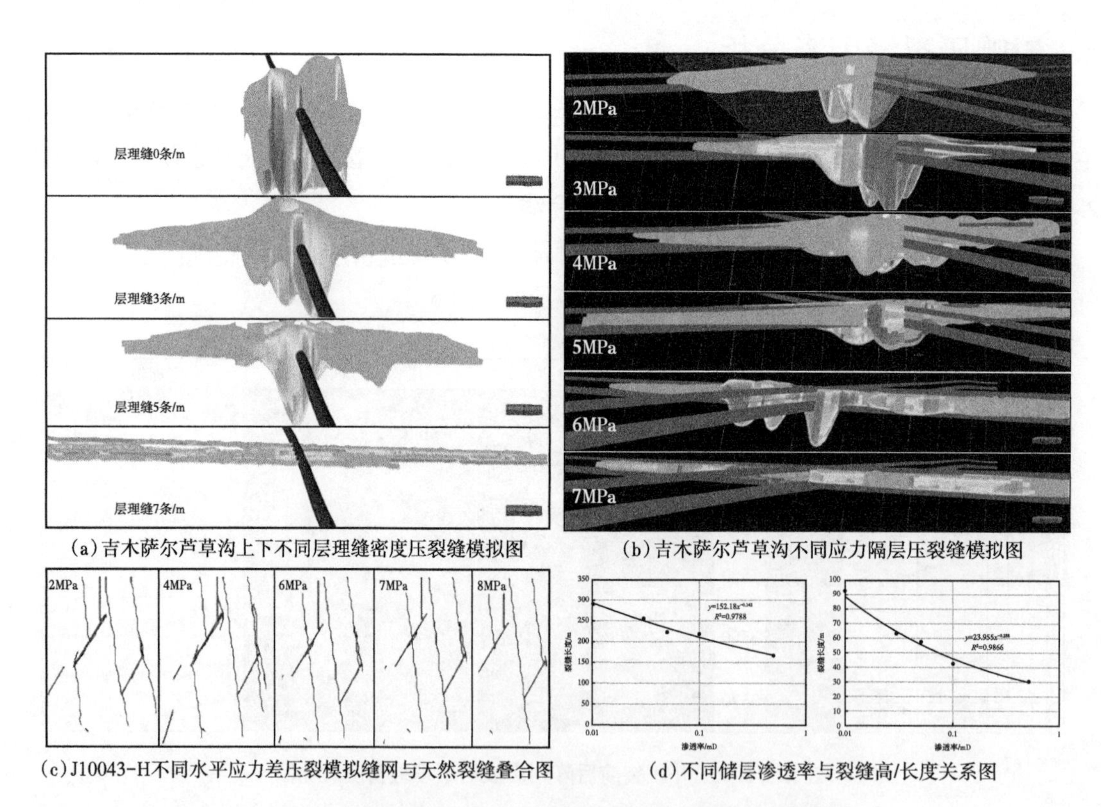

（a）吉木萨尔芦草沟上下不同层理缝密度压裂缝模拟图

（b）吉木萨尔芦草沟不同应力隔层压裂缝模拟图

（c）J10043-H不同水平应力差压裂模拟缝网与天然裂缝叠合图

（d）不同储层渗透率与裂缝高/长度关系图

图 6 吉木萨尔芦草沟组不同储层条件下压裂缝变化规律图

3 CO_2 前置压裂波及规律

为便于对比前置 CO_2 和不前置 CO_2 效果，模拟时设计不前置 CO_2 压裂和前置 CO_2 压裂两种方案，CO_2 前置压裂采用 J10043-H 实际泵注程序，不前置 CO_2 时，前置液采用等量的滑溜水代替前置 CO_2 量。

3.1 压裂后裂缝规模与产能变化规律

结合压裂模拟结果，统计前置 CO_2 和不前置 CO_2 三维压裂缝网表征参数：除缝长存在一定差异外，其他参数变化不大（表 3），前置 CO_2 平均裂缝长度小于不前置 CO_2 裂缝长度，说明前置等量的滑溜水受两向应力差和应力阴影的影响。由于滑溜水扩散能力较弱，模型中两向应力差较大，前置等量的滑溜水后，裂缝将向最大水平主应力方向扩展。而前置 CO_2 时，由于 CO_2 流度远大于滑溜水，因此，CO_2 快速进入孔隙而改变孔隙压力，很快形成应力阴影，同时两向应力差变小，后续 CO_2 注入将以形成微小的复杂缝网系统为主[22]，最终导致裂缝长度小于不用前置 CO_2。总的来说，CO_2 前置压裂与不前置 CO_2 缝网体积变化不大，但平均单段裂缝条数增加，说明前置 CO_2 有利于复杂缝网的形成。

表 3 J10043-H 井组前置 CO_2 和不前置 CO_2 缝网参数对比表

井号	裂缝长度 / m	裂缝最大高度 /m	平均裂缝高度 /m	支撑剂裂缝长度 /m	平均支撑裂缝高度 /m	平均导流能力 /m	平均单段裂缝条数 / 条
前置 CO_2	236.1	42.3	21.9	222.3	13.4	375.8	319
无 CO_2	256.9	34.4	20.1	218.2	13.2	345.8	278

3.2 压裂后 CO_2 增能体积变化规律

研究表明，CO_2 注入油藏后在原油中的溶解使原油体积膨胀[23]，吉木萨尔页岩油 CO_2 膨胀实验表明，注入 CO_2 后，地层原油体积明显膨胀，CO_2- 地层原油体系的体积膨胀系数随 CO_2 注入量增加而增大，即随着加入原油中的 CO_2 越多，体积膨胀系数越大（图 7a）。由于 CO_2 在原油中溶解度随压力的增高而增大，因此提高注入压力，CO_2 膨胀原油体积的能力增强，有利于提高驱油效率。数值模拟表明，采用 CO_2 前置压裂比不采用 CO_2（等量 CO_2 的液体）增能效果明显，J10043-H 目的层 P2l12-2 孔隙体积增加达到 0.32 倍，说明前置 CO_2 增能效果较好（图 7b~c），同时，预测 CO_2 前置压裂预测 15 年累计产油量 8.53 万吨、不用 CO_2 前置压裂预测 15 年累产油 6.91 万吨，预测增加累积产油 1.62 万吨，进一步说明 CO_2 前置压裂增能效果较好（图 8）。

3.3 压裂后 CO_2- 地层原油体系黏度变化规律

CO_2 驱能有效提高驱油效率的一个重要依据就是注入的 CO_2 溶解到原油中后可以使原油的黏度降低，而降黏的效果与驱油效果密切相关。吉木萨尔页岩油注入 CO_2 后试验区地层原油黏度随 CO_2 注入量的变化曲线（图 9a）。实验结果表明，一旦注入 CO_2 后，地层原油的黏度就大幅度下降，体系黏度随着加入原油中的 CO_2 量增多而降低，但减黏幅度也随 CO_2 量的增加逐渐趋小。数值模拟设置吉木萨尔页岩油前置压裂中单段注入 200t CO_2，隔段注入，即 30 段中 15 段注入 CO_2，数值模拟表明（图 9b），降黏区间主要限于 0.1~0.5mPa·s 之间，降黏率为 0.7%~3.5% 之间，降黏效果较差，主要原因是 CO_2 注入量较少，原油黏度变化较小，因此，说明前置压裂 CO_2 降黏作用有限。

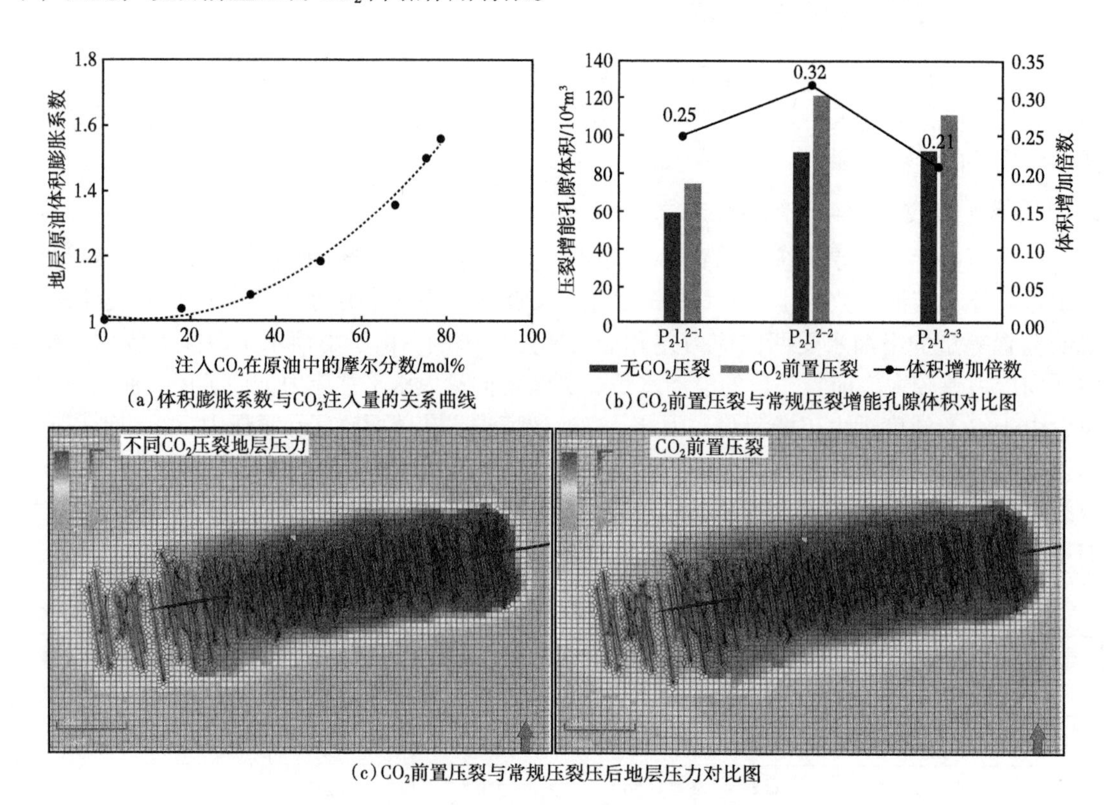

图 7　CO_2 前置压裂与常规压裂前后孔隙体积增能对比图

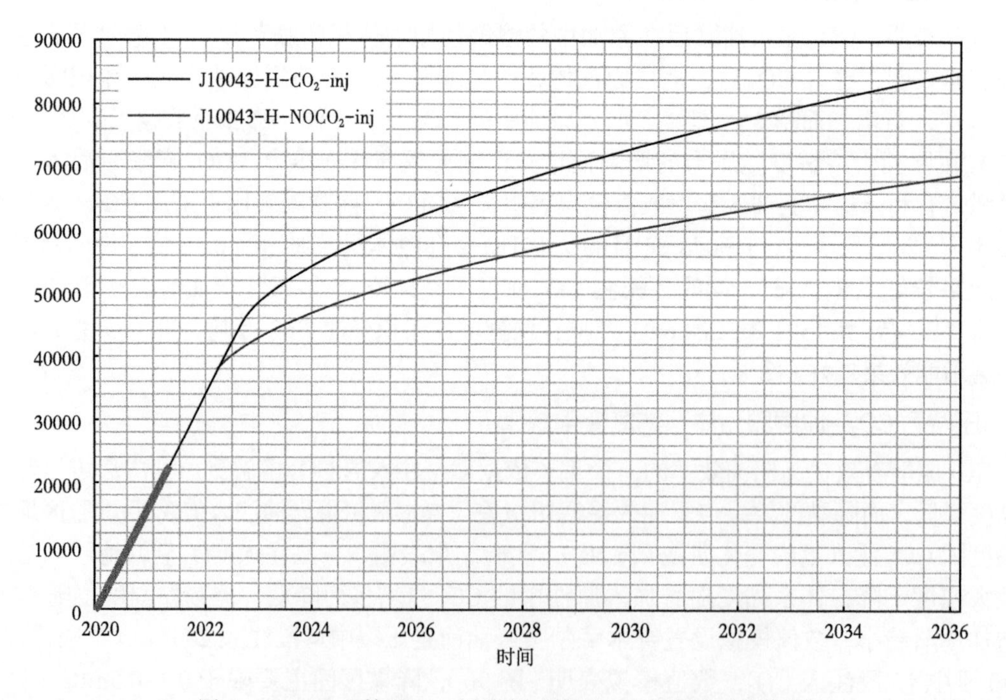

图 8　J10043-H 前置 CO_2 压裂与不使用 CO_2 压裂产能预测图

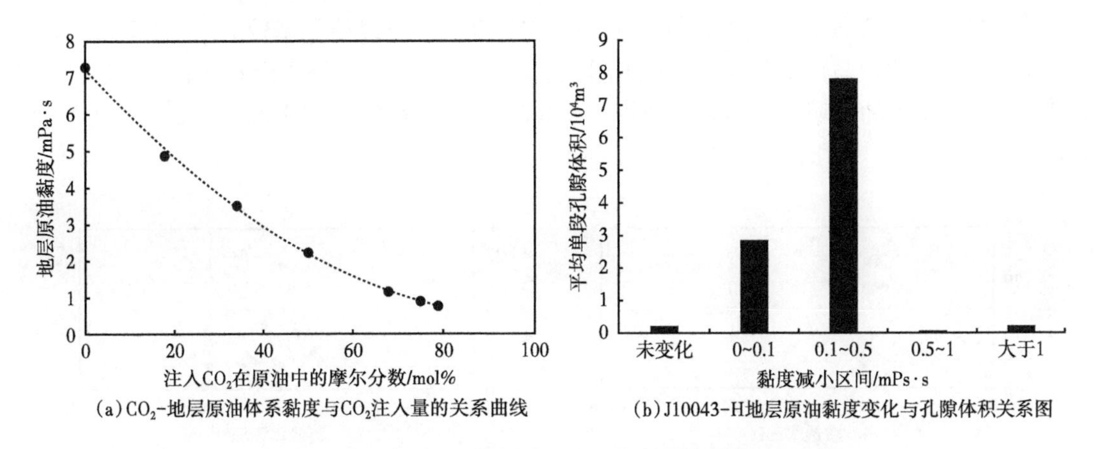

(a) CO_2-地层原油体系黏度与CO_2注入量的关系曲线　(b) J10043-H地层原油黏度变化与孔隙体积关系图

图 9　前置 CO_2 压裂原油黏度变化与孔隙体积关系图

3.4　CO_2 前置压裂后原油界面张力变化规律

吉木萨尔页岩油实验研究表明，在地层温度条件下，根据不同压力下地层原油与 CO_2 间界面张力以及密度与压力变化关系（图 10a），随着注入 CO_2 压力的升高，地层原油与 CO_2 的界面张力降低。然而，由于界面张力测试是低于最小混相压力，吉木萨尔页岩油测得最小混相压力 42.42MPa，而地层压力远高于最小混相压力，实际压裂后地层压力远高于混相压力，因此，实验无法获得压裂后界面张力减小数据。根据 J10043-H 井 CO_2 前置压裂数值模拟表明，CO_2 前置压裂后界面张力减小 0.1~0.5 倍的孔隙体积占主体，而大于 0.5 倍界面张力的孔隙体积较少（图 10b），压裂后地层压力升高 13.5MPa。综合分析认为注入 CO_2 后，地层压力升高较快，原油界面张力减小较为明显，说明 CO_2 前置压裂对于原油界面张力减小有较为明显影响。

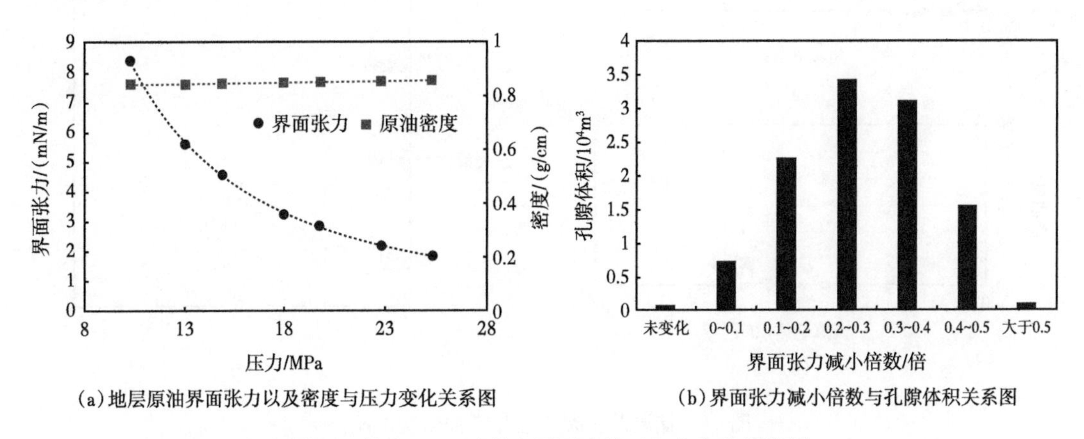

(a) 地层原油界面张力以及密度与压力变化关系图　(b) 界面张力减小倍数与孔隙体积关系图

图 10　前置 CO_2 压裂地层原油界面张力变化规律图

4　CO_2 前置压裂参数优化

4.1　CO_2 前置影响产能主要因素分析

吉木萨尔 J10043-H 地质工程一体化模拟结果表明，渗透率、裂缝传导率、可动孔、支撑缝体积、缝长等参数对产量均存在一定贡献（图 11a~ 图 11d）。为分析产量的主控因素，本次研究利用采神经网络算法，分析有前置 CO_2 的压裂段的产液剖面与储层及压裂缝网参数的关系表明：高产段具有较高渗透性，较好的支撑能力（裂缝传导率较大），且可动孔隙度相对较高；裂缝体积与产油量关系较差（图 11e），说明储层因素为主因（图 11f），裂缝改造体积仅有支撑作用的区域对产能贡献较好，压裂时，可以考虑储层因素，分段分物性优化设计压裂参数。

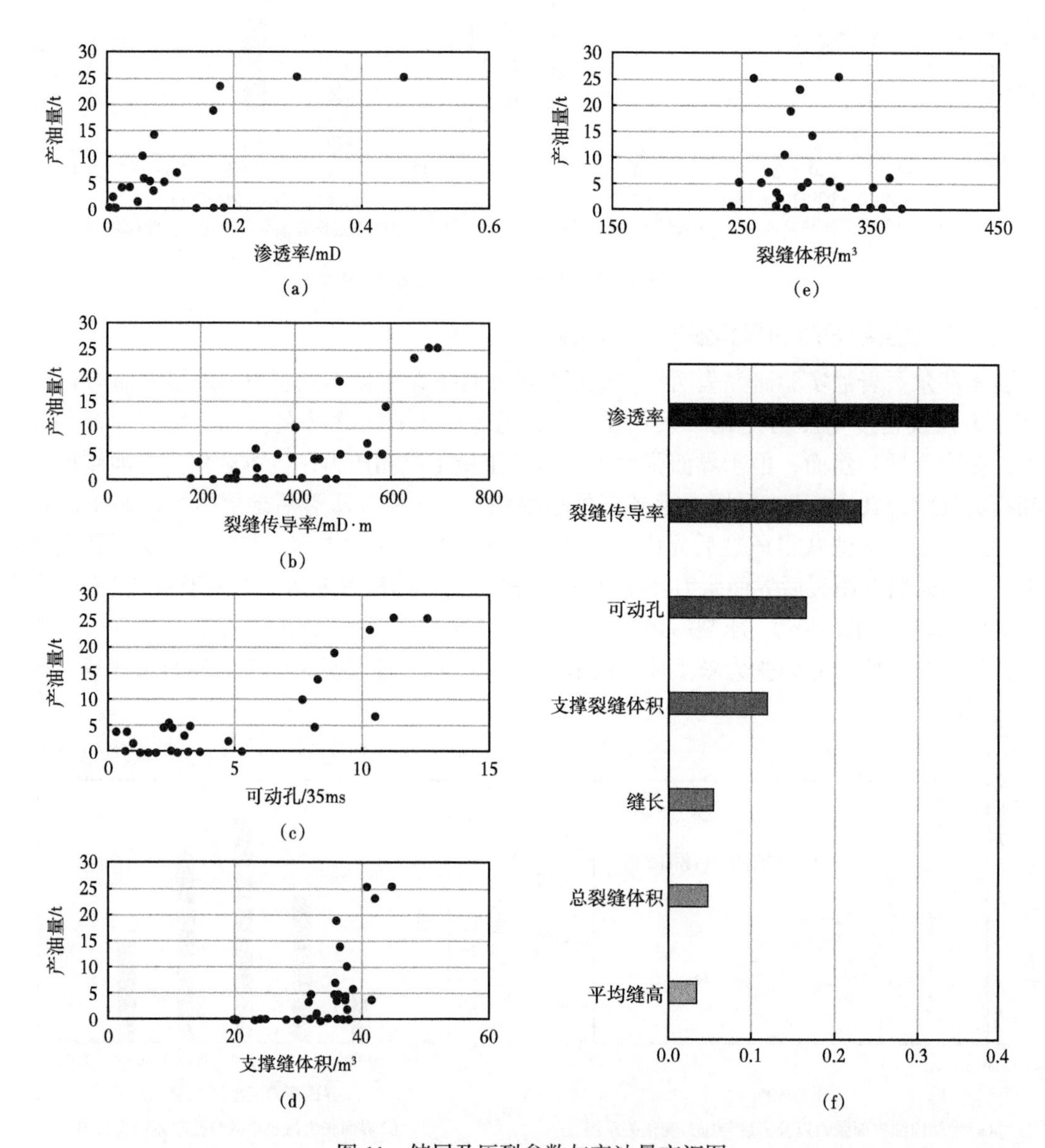

图 11 储层及压裂参数与产油量交汇图

4.2 CO_2 前置压裂簇间距优化

采用单段 45m 段间距、前置 CO_2 量 200t、液量 1400m³，模拟簇间距 15m、10m、5m 三种簇间距和吉木萨尔页岩油 0.01mD、0.03mD、0.06mD、0.1mD 四种渗透率。数值模拟结果表明：前置 CO_2 压裂对比不用 CO_2 压裂，预测 15 年平均单段增油效果明显（除渗透率 <0.01mD）；当渗透率 >0.03mD 后，较大的簇间距可达到无 CO_2 多簇压裂的开发效果。因此，从经济角度考虑，CO_2 前置压裂可以一定程度减小簇间距（图 12）。分析表明，不同物性簇间距影响存在差异，减小簇间距，不同物性累计产油量增加，但物性越好，簇间距影响越小，累产油增加幅度越小。页岩油物性的变化，优化簇间距为，当渗透率为 0.01mD、0.03mD 时，建议簇间距为 5m；当渗透率为 0.06mD、0.1mD 时，建议簇间距 10m。

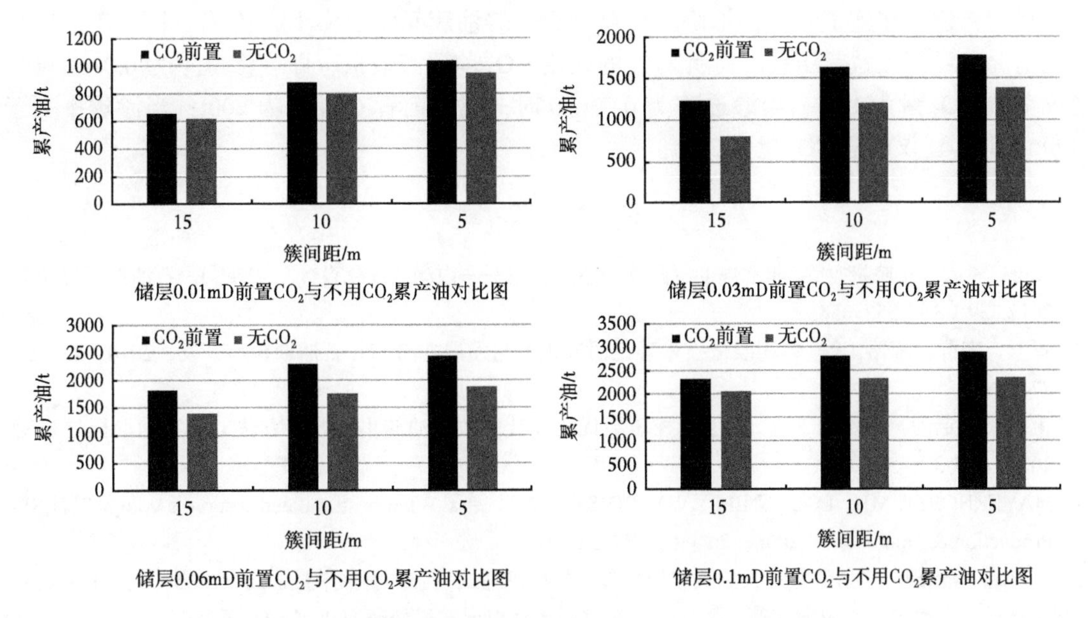

图 12　不同物性前置 CO_2 压裂与无 CO_2 压裂时效果对比图

4.3　CO_2 前置压裂前置 CO_2 量优化

采用压裂液量 1400m^3，簇间距 10m 前置 CO_2 压裂时，模拟前置 CO_2 量 100t、150t、200t、250t、300t 五种 CO_2 前置量和吉木萨尔页岩油 0.01mD、0.03mD、0.06mD、0.1mD 四种渗透率。数值模拟结果表明：当渗透率为 0.01mD 时，前置 CO_2 量加大时，增油效果不明显；当渗透率为 0.03mD 时，CO_2 量大于 200t 后，增油效果变差；当渗透率大于 0.06mD 时，每增加 50t 的 CO_2 换油率均大于 2.2,CO_2 具有较好的经济效益。因此，当渗透率大于 0.06mD 时，在经济效益允许的情况下，可适当加大 CO_2 用量，改善开发效果(图 13)。

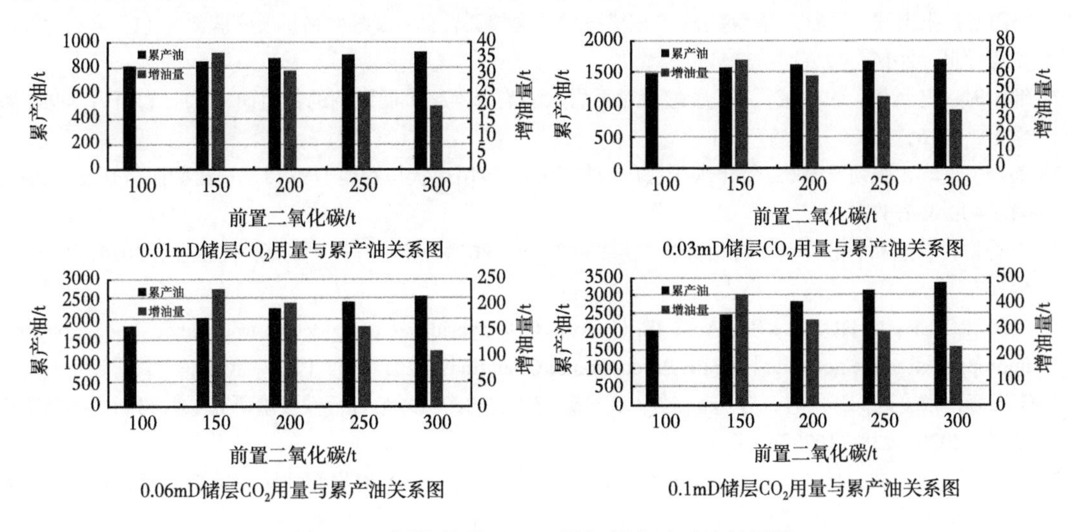

图 13　不同物性前置 CO_2 量与累产油对比效果图

5 结束语

本文基于实际油藏地质模型开展了地应力模拟、压裂模拟及数值模拟研究，以最优化产能为目的，建议在施工时，吉木萨尔芦草沟组页岩油簇间距定为10m左右，同时考虑物性变化情况和经济效益，压裂时有针对性的改变CO_2前置液液量，即当渗透率为0.01mD时，建议前置CO_2量为100t；当渗透率为0.03mD时，建议前置CO_2量为200t；当渗透率大于0.06mD时，建议前置CO_2量为300t。

参 考 文 献

[1] 吴奇，胥云，王晓泉，等.非常规油气藏体积改造技术——内涵、优化设计与实现[J].石油勘探与开发，2012，39（3）：352-358.

[2] 胥云，雷群，陈铭，等.体积改造技术理论研究进展与发展方向[J].石油勘探与开发，2018，45（5）：874-887.

[3] 雷群，翁定为，管保山，等.基于缝控压裂优化设计的致密油储集层改造方法[J].石油勘探与开发，2020，47（3）：592-599.

[4] MAYERHOFER MJJ，LOLON EPP，WARPINSKI NRR，et al.What is stimulated reservoir volume?[J].SPE Production & Operations，2006，25（1）：89-98.

[5] 张士诚，郭天魁，周彤，等.天然页岩压裂裂缝扩展机理试验[J].石油学报，2014，35（3）：496-503.

[6] 潘林华，王海波，贺甲元，等.水力压裂支撑剂运移与展布模拟研究进展[J].天然气工业，2020，40（10）：54-65.

[7] 郭建春，赵志红，路千里，等.深层页岩缝网压裂关键力学理论研究进展[J].天然气工业，2021，41（1）：102-117.

[8] 衡帅，杨春和，曾义金，等.页岩水力压裂裂缝形态的试验研究[J].岩土工程学报，2014，36（7）：1243-1251.

[9] 侯冰，陈勉，李志猛，等.页岩储集层水力裂缝网络扩展规模评价方法[J].石油勘探与开发，2014，41（6）：763-768.

[10] 马新仿，李宁，尹丛彬，等.页岩水力裂缝扩展形态与声发解释——以四川盆地志留系龙马溪组页岩为例[J].石油勘探与开发，2017，44（6）：974-981.

[11] 邹雨时，张士诚，周彤，等.基于CT扫描技术的含气页岩水力裂缝网络扩展实验研究[J].岩石力学与工程学报，2016，49（1）：33-45.

[12] 邹雨时，马新仿，张士诚，等.层理面对页岩水力裂缝网络扩展影响的数值研究[J].岩石力学与工程学报，2016，49（9）：3597-3614.

[13] 刘合，王峰，张劲，等.二氧化碳干法压裂技术——应用现状与发展趋势[J].石油勘探与开发，2014，41（4）：466-472.

[14] 王香增，吴金桥，张军涛.陆相页岩气层的CO_2压裂技术应用探讨[J].天然气工业，2014，34（1）：64-67.

[15] RIBEIRO LH，LI HUINA，BRYANT JE. Use of a CO_2-hybrid fracturing design to enhance production from unpropped-fracture networks[J].SPE Production & Operations，2017，32（1）：28-40.

[16] 李四海，张士诚，邹雨时，等.超临界CO_2-凝胶压裂增产页岩油可行性实验研究[J].岩石力学与工程学报，2020，238：107276.

[17] 李四海，张士诚，马新仿，等.间歇CO_2混合压裂过程中，CO_2对岩石性质和破裂的耦合物理化学效应[J].岩石力学与工程学报，2020，53（4）：1665-1683.

[18] 苏玉亮，陈征，唐梅荣，等 . 致密储层不同驱替方式下超临界 CO_2 蓄能返排效果实验研究 [J]. 油气地质与采收率，2020，27（5）：79-85.

[19] 李四海，张士诚，邹雨时，等 . 致密油储层 CO_2 能量压裂过程中 CO_2- 盐水 - 岩石相互作用引起的孔隙结构改变 [J]. 石油科学与工程学报，2020，191：107147.

[20] 李四海，张士诚，马新仿，等 . 致密砂岩中水基 / 二氧化碳基流体引起的水力裂缝 [J]. 岩石力学与工程学报，2019，52（9）：3323-3340.

[21] ISHIDA T，AOYAGI K，NIWA T，et al.Acoustic emission monitoring of hydraulic fracturing laboratory experiment with supercritical and liquid CO_2 [J].Geophysical Research Letters，2012，39（16）：L16309.

[22] 邹雨时，李宁，马新仿，等 . 层状致密砂岩地层超临界 CO_2 诱导裂缝生长行为的实验研究 [J]. 天然气科学与工程学报，2018，49：145-156.

[23] 邵雨，杨勇强，万敏，等 . 吉木萨尔凹陷二叠系芦草沟组沉积特征及沉积相演化 [J]. 新疆石油地质，2015（6）：635—641.

[24] 苏国韶，冯夏庭 . 基于粒子群优化算法的高地应力条件下硬岩本构模型的参数辨识 [J]. 岩石力学与工程学报，2005，24（1）：3029-3034.

[25] 李亚龙，刘先贵，胡志明，等 . 页岩储层压裂缝网模拟研究进展 [J]. 石油地球物理勘探，2019，54（2）：480-492.

[26] 冯雪磊，马凤山，赵海军，等 . 断层影响下的页岩气储层水力压裂模拟研究 [J]. 工程地质学报，2020：1-16.

吉木萨尔页岩油多级压裂水平井开发特征及产量主控因素研究

陈依伟，徐田录，赵　军，王良哲，胡　可

（中国石油天然气集团有限公司新疆油田分公司）

摘　要：针对吉木萨尔页岩油水平井多级压裂后投产产量的生产特征及规律进行分析，从含水变化特征、液量变化特征、压力变化特征、自喷期、分阶段递减率方面总结页岩油水平井不同生产阶段的特点，并总结出一套估算页岩油水平井单井EUR的简易方法。现场实践统计找出了影响产量差异的主要因素，为页岩油开发提供建设性意见。分析认为页岩油水平井产量主要取决于油层品质和压裂工艺规模。页岩油水平井产液量主要和压裂规模相关，增大压裂规模可增加产液量，最终产液量与压裂液量的比值为1.1~1.6；含水率体现了油层品质，随着压裂液返排，含水率逐渐降低到稳定值，稳定含水的高低主要受沉积相控制；提出了评价含水下降快慢的方法，在同等油层品质条件下，含水下降快慢主要受压裂改造缝网的复杂程度影响；分析认为增大压裂规模、密切割提升缝网复杂程度是提产的有效手段。

关键词：页岩油；多级压裂水平井；开发特征；产量影响因素

吉木萨尔凹陷二叠系芦草沟组为典型的陆相页岩油，属咸化湖泊相夹三角洲相沉积，岩矿组分复杂、岩石类型多样。主力油层平均厚度3~4m，平均孔隙度11.2%~13.8%，渗透率0.025~0.061mD，地层压力系数1.3~1.5，地面原油密度0.88~0.91t/m^3，50℃地面原油黏度平均为53~166mPa·s。其勘探开发经历了“探索发现、先导试验、动用突破、规模实施”四个阶段。通过前三个阶段的摸索，形成了“水平井＋细分切割体积压裂”主体工艺技术，主体水平段长1500~1600m，主体加砂强度2.0m^3/m左右，目前处于规模实施阶段。规模投产的井生产差异较大，但主控因素尚不够清楚，如何进一步提高产量，提升开发效益，是现阶段探索的难题。本文从已投产水平井的生产特征规律为切入点，总结了目前影响产量的主要因素，为下一步开发提供了建议。

1　吉木萨尔页岩油水平井生产特征

1.1　阶段生产特征

按产油量划分，水平井分为压裂液返排见油期、快速递减期、缓慢递减期（图1）。产量上升期4~9个月，该阶段高压力、高液量、随着压裂液返排含水逐渐下降，产油量上升；快速递减期5~16个月，该阶段含水稳定，油压下降，日产液递减，日产油快速递减；缓慢递减期为投产14~20个月以后，该阶段由自喷转为转抽生产，日产液缓慢递减，含水稳定，日产油缓慢递减。快速递减期折算年递减率70%~82%，依据油层品质不同略有差异，平均为75%。缓慢递减期递减率低于15%，产油水平递减和产液水平递减基本一致。

作者简介：陈依伟，新疆油田分公司，工程师，新疆昌吉吉木萨尔吉庆油田作业区，831700。E-mail：zd_chyw@petrochina.com.cn。

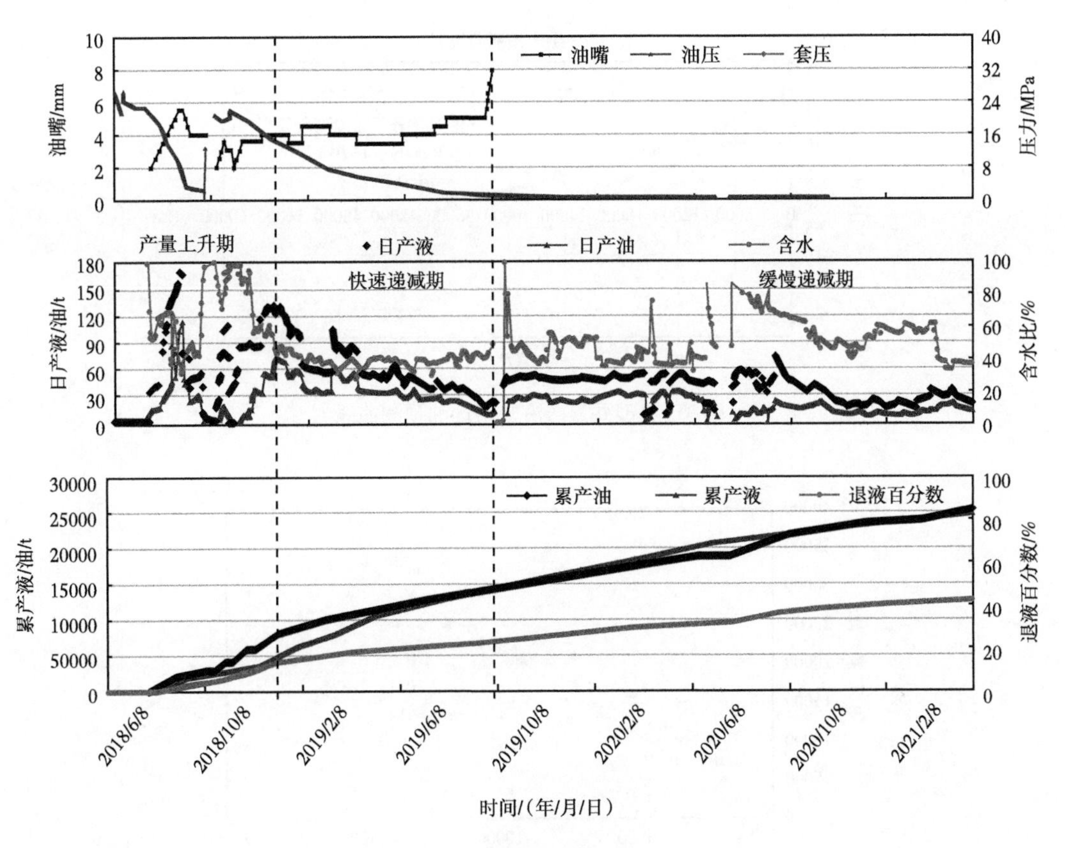

图 1　典型井生产曲线

全生命周期产量测算有 2 种方法，一是根据递减规律进行预测，二是根据油压与累产关系曲线进行预测（图 2、图 3）。页岩油水平井稳定生产后进入拟稳态流阶段，油压与累产液、累产油呈线性关系。转抽后平均下泵深度为 2500m，设定动液面下降至 2500m 时到达生产极限，将液面变化深度折算为压降，转抽阶段压降为 25MPa，可得到分阶段和全周期预估产量。已投产井预估结果关系特征显示 3 年累产油为 1 年累产油的 2.2 倍，最终累产油为 3 年累产油的 2.0 倍（图 4、图 5）。

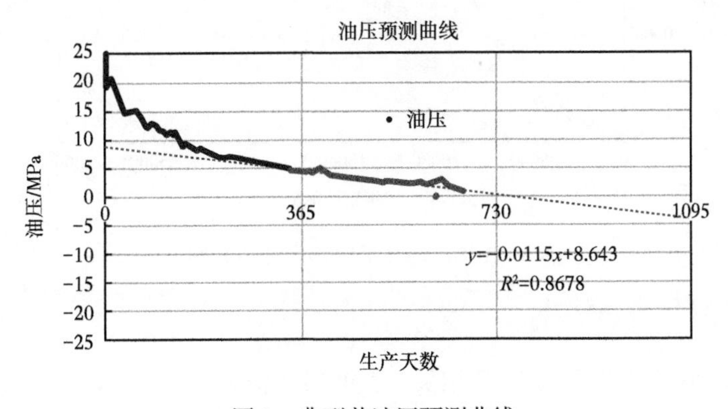

图 2　典型井油压预测曲线

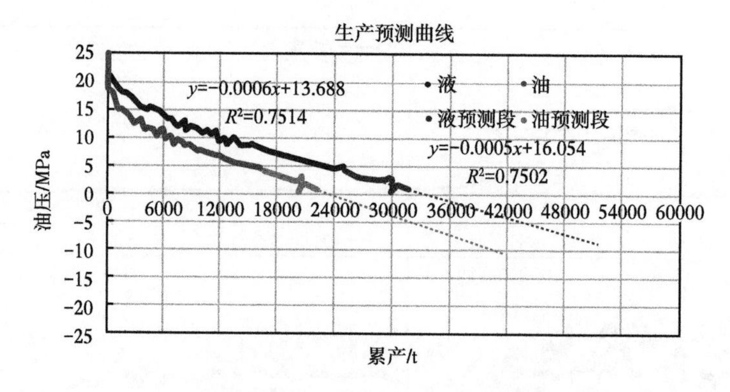

图 3　典型井累产液、累产油预测曲线

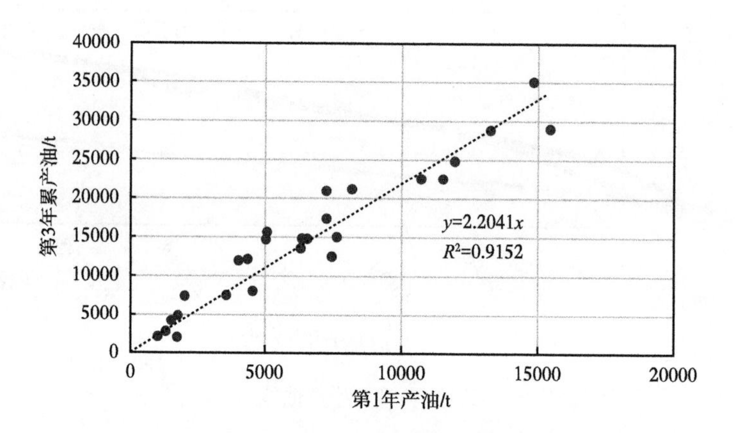

图 4　1 年产油与 3 年产油关系图

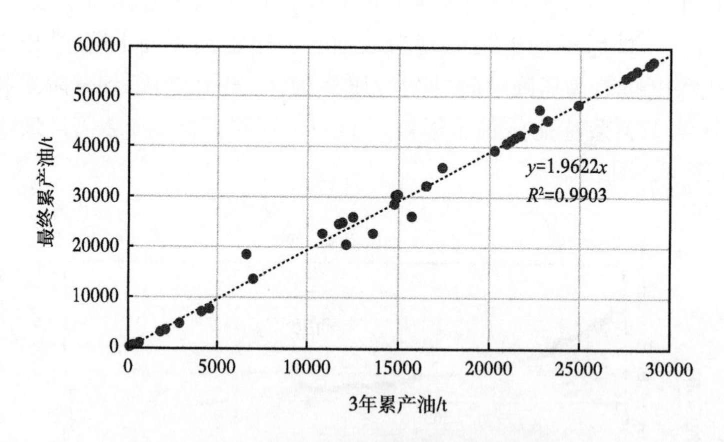

图 5　3 年产油与最终累产油关系图

1.2　产液量特征

产出液比值大小主要与压裂规模相关，3 年累产液量与压裂液量基本持平。3 年累产液量与压裂液量的比值为 0.8~1.1，平均值为 1.0（图 6）；最终产液量与压裂液量的比值为 1.1~1.6，平均值为 1.5。比值的高低与储层厚度有相关性，储层越厚，产液倍数越高。

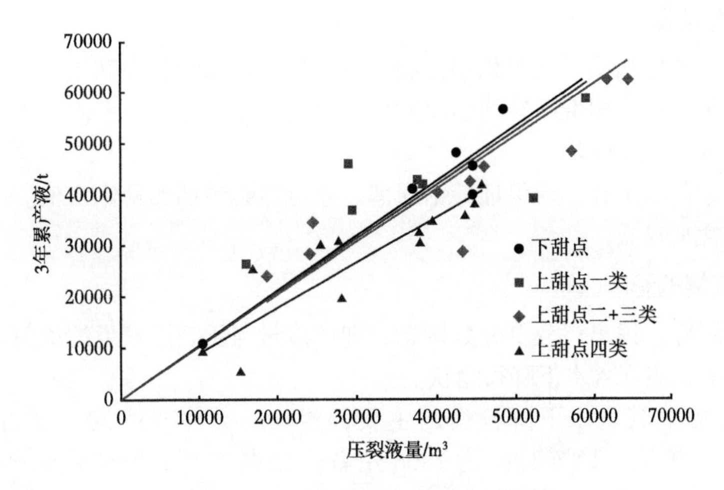

图 6　3 年累产液量与压裂液用量图

1.3　含水特征

每口井均存在稳定含水值，稳定含水的高低决定了是否高产。在压裂工艺参数相同的情况下，产液量差异不大，产油量的高低主要取决于稳定含水率。在 $4\times10^4m^3$ 压裂液用量规模下，稳定含水低于 40% 的井，1 年期产能高于 25t，3 年累产油达到 2.0×10^4t 以上；稳定含水 40%~50% 的井，1 年期产能 20.0~25.0t/d，3 年累产油 1.5×10^4~2.0×10^4t；稳定含水 50%~70% 的井，1 年期产能 10.0~20.0t/d，3 年累产油 1.0×10^4~1.5×10^4t；稳定含水高于 70% 的井，1 年期产能低于 10t，3 年累产油低于 1×10^4t。因此稳定含水的界限，可作为水平井的分类标准。

2　吉木萨尔页岩油水平井产量主控因素

影响产量的有地质因素、工程因素、生产因素、异常因素等，这些因素相互交叉，难以判断其影响权重，因此将所有因素简化归纳为含水、产液量进行分解研究（图 7）。

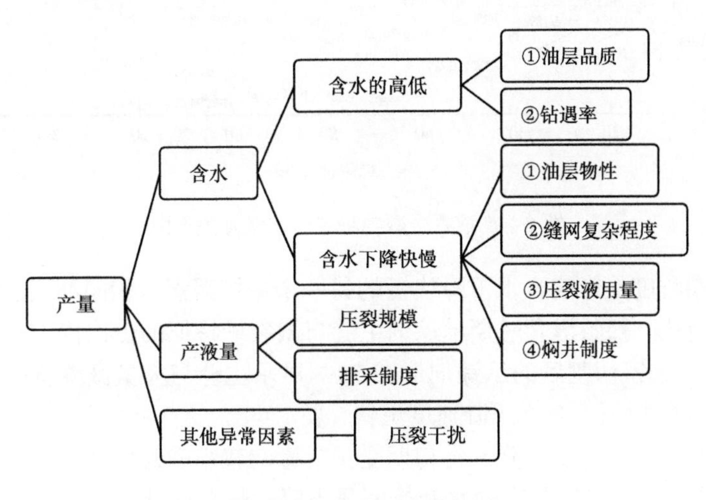

图 7　产量影响因素分解图

2.1 含水的影响因素

稳定含水体现油层品质，受沉积相控制。试油试采含水低的井和生产效果好的水平井集中在砂质坝微相带。优势相带远砂坝连片发育，稳定含水差异小，整体低于 40%，投产水平井 3 年累产能达到 2×10^{4}t 以上。

位于优势相带的水平井，要保证其钻遇率，才能达到预期的稳定含值。一二类油层钻遇占比越高，稳定含水越低。

2.2 含水下降快慢的影响因素

为便于现场跟踪，提出产液百分数概念，即产液量与压裂用液量的比值。产液百分数越低达到稳定含水的，表征含水下降得越快。

储层品质是影响其含水下降快慢的主要因素。一类井产液 30% 左右能达到稳定含水值，按 60~80m^3 排液，稳定时间为 180d 左右；二类井产液 35% 左右能达到稳定含水值，按 60~80m^3 排液，稳定时间为 200d 左右；三类井产液 45% 左右能达到稳定含水值，按 60~80m^3 排液，稳定时间为 250d 左右；四类井产液 55% 左右能达到稳定含水值，按 60~80m^3 排液，稳定时间为 300d 左右（图 8）。

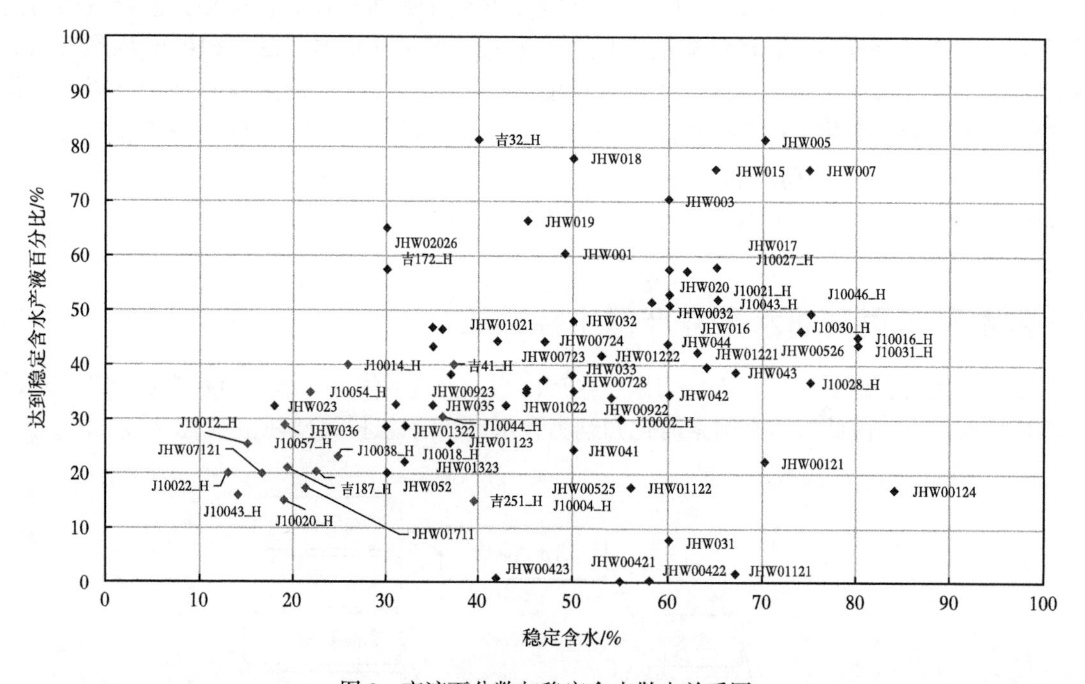

图 8 产液百分数与稳定含水散点关系图

压裂缝网复杂程度是影响含水下降快慢的另一个主控因素。相同油层品质，不同压裂工艺的 4 口井进行对比。裸眼滑套时期示踪剂主缝与微裂缝特征的占比仅 13%，达到稳定含水的产液在 50% 以上，密切割后的示踪剂形态 70% 显示主缝与大量微缝特征，达到稳定含水的产液百分数在 30% 以下，含水下降速度更快（表 1）。

焖井有利于开井初期含水下降。将初期受干扰影响较小的几口井对比验证焖井对含水的影响，不焖的井开井排液 5% 左右含水开始明显下降；焖井的井开井即进入含水下降期。焖井有助于缩短见油时间，焖井 40 天可在 3 天内见油（图 9）。

表 1　典型井压裂工艺与含水下降评价参数对比表

压裂工艺	施工方式	单段簇数 / 簇间距簇 /（m）	用液强度 / m^3/m	加砂强度 / m^3/m	含水稳定产液百分比 / %
1.0	裸眼 + 滑套		13.0	1.46	65
2.0	套管固井 + 射孔切割	1/45	18.39	0.99	50
3.0	套管固井 + 射孔密切割	3/15.8	30.0	2.0	30
4.0	套管固井 + 射孔更密切割	10/6.8	48.4	4.0	20

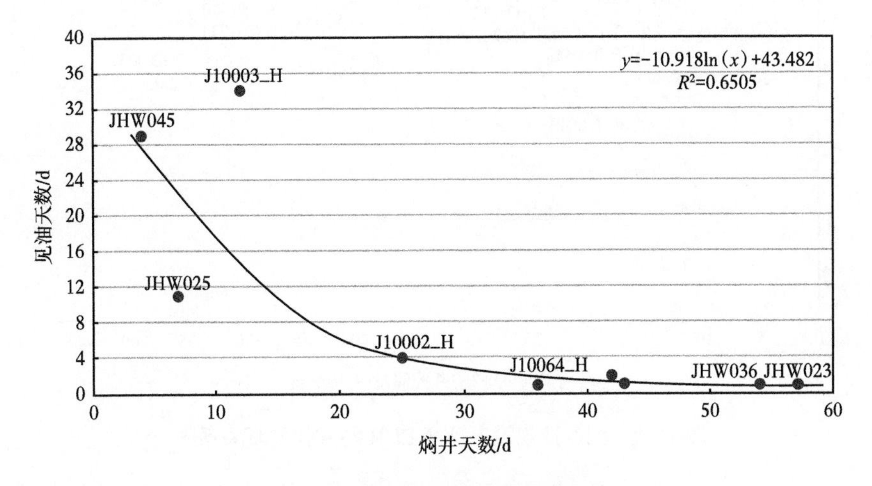

图 9　见油天数与焖井天数关系图

2.3　产液量的影响因素

产液量主要与压裂液用量相关。在相同油层品质的条件下，增大压裂规模可增加产油量。排采制度是影响产液量的重要因素，控制百方液压降有助于提高采收率。3mm 油嘴生产时百方压降为 0.07MPa，3.5mm 油嘴生产时百方液压降为 0.12MPa。全生命周期产液量影响为 1.6×10^4t，影响产油量为 1.2×10^4t，影响采收率 5%。根据百方液压降控制自喷期油嘴，稳定生产期合理油嘴不应超过 3mm。转抽后控制合理液量，减缓压敏效应，转抽后提高排量，压力下降速度明显加快，转抽后日产液量控制在 25~35t 左右。排采制度要同时兼顾长期稳产和现场产量需求，第一年建议平均日产液水平 55~60t，第二年建议平均日产液水平 30~35t，第三年平均日产液水平 20~25t。

2.4　压裂干扰的影响

压裂干扰对已投产老井产量影响较大。研究认为，发生井间干扰的位置与天然裂缝或断层发育位置吻合率达到 80%。压裂干扰影响时间平均在 30~90 天，平均单井影响产量 516~1687t。因此现场实施尽量采用批钻批压的作业方式，减少干扰占产影响。

2.5　提产方式探索

对标国内外，更密切割、更大压裂规模是发展趋势，目前吉木萨尔页岩油已投产水平井在更密切割、更大规模提产方面成效显著。现场开展典型井提产试验结果表明，相同储层品质，簇间距从 15m 缩小至 6.8m，加砂强度从 $2.0m^3/m$ 提高至 $3.0m^3/m$，预测单井 EUR 平均提升至 1.4 倍，但加砂强度从 $3.0m^3/m$ 继续提高至 $4.0m^3/m$，单井 EUR 提升不明显（图 10）。

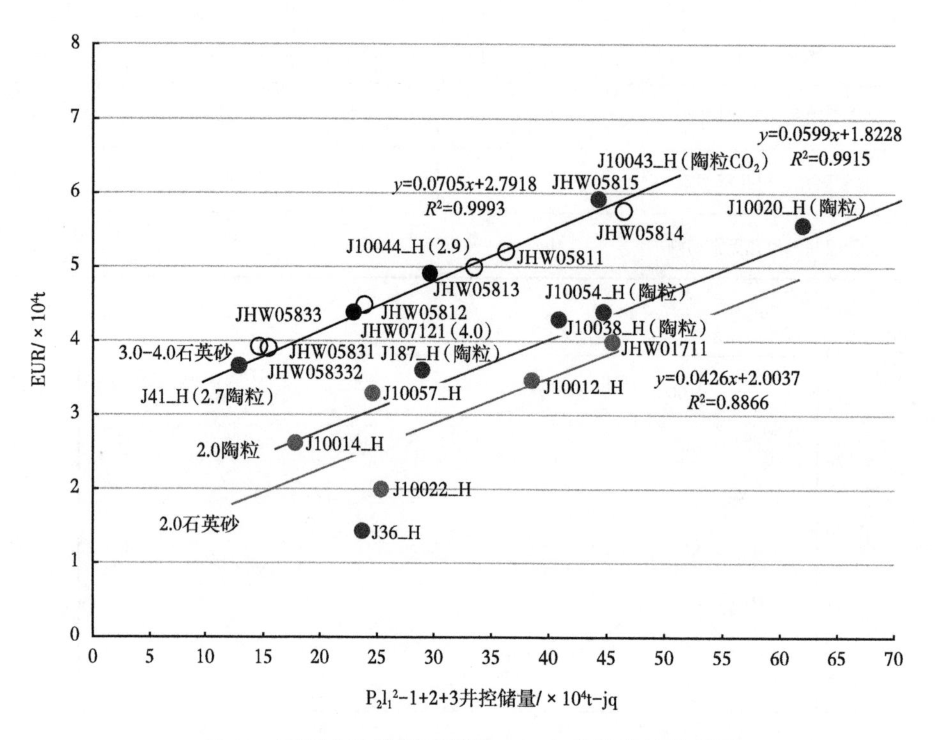

图 10　不同改造规模下预测 EUR 与井控储量关系图

3　结论

（1）吉木萨尔页岩油水平井已投产井预估 3 年累产油为 1 年累产油的 2.2 倍，最终累产油为 3 年累产油的 2.0 倍。

（2）影响产量的地质工程因素繁多，最终可简化为两个主控因素。一是油层品质，受沉积相控制，主要体现在含水指标上，油层品质越好，开井含水越快达到稳定值，且含水越低，相同改造规模条件下全生命周期产液量是压裂液量的 1.1~1.6 倍，储层品质越好的，产液倍数越高。二是压裂规模与密切割程度，越密切割，含水越快达到稳定值，证明缝网改造越复杂。

（3）矿场实践结果表明，相同储层品质条件下，加砂强度从 $2.0m^3/m$ 提高至 $3.0m^3/m$，预测单井 EUR 平均提升至 1.4 倍，但加砂强度从 $3.0m^3/m$ 继续提高至 $4.0m^3/m$，单井 EUR 提升不明显。

参 考 文 献

[1] 吴承美，郭智能，唐伏平，等 . 吉木萨尔凹陷二叠系芦草沟组致密油初期开采特征 [J]. 新疆石油地质，2014，35（5）：570-573.

[2] 刘文锋，张旭阳，张小栓，等 . 致密油多段压裂水平井产能预测方法 [J]. 新疆石油地质，2019，40（6）：731-735.

[3] 孙翰文，费繁旭，高阳，等. 吉木萨尔陆相页岩水平井压裂后产量影响因素分析 [J]. 特种油气藏，2020，27（2）：108-114.
[4] 高阳，叶义平，何吉祥，等. 准噶尔盆地吉木萨尔凹陷陆相页岩油开发实践 [J]. 中国石油勘探，2020，25（2）：133-141.
[5] 王飞，张士城，刘百龙. 多段压裂致密气井生产动态分析与评价 [J]. 石油天然气学报，2014，36（1）：140-146.

英雄岭干柴沟页岩油储层可压性评价

万有余[1]，王小琼[2]，张玉香[1]，张　迪[1]，谢贵琪[1]，温野群[2]，雷丰宇[1]

（1. 中国石油青海油田分公司；2. 中国石油大学（北京）非常规油气科学技术研究院）

摘　要：有效评价储层形成复杂裂缝网络的能力，是进行页岩油开采的基础，目前国内外还没有形成有效的评价方法和体系。目前国内外常用脆性系数来表征页岩油储层的可压性，但脆性不足以表征储层的可压性。英雄岭页岩油储层具有非均质性强、水平两相应力差大、天然裂缝不发育、层理比较发育的特点，为了能够准确识别工程甜点层段，建立了综合可压性模型，提出了适用于英雄岭干柴沟的基质脆性评价指数、水平应力差异指数和裂隙发育指数。研究表明：虽然英雄岭页岩油岩性复杂、水平两相应力差大，但脆性矿物含量高，微裂隙比较发育，整体可压性好。将该方法用于在 CP1 井可压性评价，结合地质甜点优选压裂层段，对指导页岩油水平井体积压裂有重要意义。

关键词：干柴沟；页岩油；脆性；裂隙密度；可压性

“十四五”我国油气行业进入了非常规时期，页岩油勘探开发对我们具有巨大的战略意义，不仅能够极大地提高我们能源自给能力，而且也能够改变我国的能源消费结构，是我国值得高度重视且值得深入实践的非常规油气资源类型。

页岩油具有非均质性、低孔低渗、油流阻力大等特征，其特殊性给勘探开发都带来了巨大挑战，与常规储层压裂不同，页岩油储层的压裂要求形成“弥散式体积裂缝网络（体积压裂）[1]。这取决于页岩油储层所能形成的缝网能力以及压裂施工主要参数。然而并非所有的页岩油储层都能通过大规模的压裂改造实现覆盖范围广的体积压裂改造。页岩油储层综合可压性评价对于压裂参数优选、经济效益预测具有重要意义。综合可压性评价已成为页岩油储层表征工程甜点的重要参数。

研究表明，储层是否具备实施体积改造的条件，取决于岩石的塑脆性、天然裂缝发育状况、各向异性及地应力状况等[2-8]。目前，国内外页岩油储层可压性评价几乎等价于“脆性系数”评价，主要通过岩心的脆性矿物比例、泊松比和弹性模量、抗拉强度与抗压强度之比等来评价页岩油储层的成缝能力[4, 5, 9-14]。但实际上脆性并不等同于成缝能力，天然裂缝发育程度、地应力等也是可压性评价的关键因素。

本文针对英雄岭干柴沟页岩油储层，基于高脆性矿物及储层层理发育的特点，提出综合矿物脆性和模量脆性的基质脆性概念，建立了适应于高矿物含量、高裂隙密度、高应力差储层的综合可压性评价模型，使页岩油体积压裂更具针对性。

1　基质脆性的评价方法及对可压性的影响

针对非常规油气储层可压性而言，脆性指数的计算方法主要分为两种，一种是基于矿物组分（石英、长石、碳酸盐岩等）含量的计算方法，可通过矿物组分测井求取[4, 15]；另外一种是基于岩石的力学参数脆性指数计算方法，可通过泊松比和杨氏模量计算得到[5, 16]。其

作者简介：万有余，男，高级工程师，大学本科，主要从事油田勘探开发储层改造工艺技术研究工作。E-mail：wanyouyuqh@petrochina.com.cn。

中，可在实验室条件下测量得到静态的泊松比和杨氏模量，通过声波测井资料解释可以得到动态泊松比和杨氏模量。

基于矿物组分的脆性评价方法在不断发展。起初 Jarvie 等认为只有石英可定义为脆性矿物，首先建立了利用脆性矿物含量来评价岩石脆性的方法 B_1[17]；Wang 和 Gale 认为白云石含量的增加对页岩的脆性起促进作用，将石英和白云石定义为脆性矿物 B_2[18]；李矩源等发现碳酸盐岩含量也是影响脆性的重要因素之一，定名石英和碳酸盐矿物为总脆性 B_3；Jin 等认为云母、长石、石英、方解石和白云石均能够造成页岩储层脆性的增加，定义了脆性指数 B_4[19]。其中，在非常规储层中碳酸盐岩和石英是影响脆性主要的矿物，其含量的多少基本反映了脆性的大小特征，决定了储层的工程品质。

以上四种页岩储层脆性计算方法均通过研究页岩储层得到，但针对灰云质较高的纹层发育的页岩油储层，单一的采用矿物脆性法并不一定适用。因此，对于该类页岩油需要有针对性地提出新的脆性评价方法。页岩脆性矿物组成评价方法见表 1。

表 1　页岩脆性的矿物组成评价方法

序号	页岩脆性（B）计算公式	参数含义
（1）	$B_1=\dfrac{w_{石英}}{w_{总}}\times 100\%$	w 为各矿物组分的质量分数
（2）	$B_2=\dfrac{w_{石英}+w_{白云石}}{w_{总}}\times 100\%$	w 为各矿物组分的质量分数
（3）	$B_3=\dfrac{w_{石英}+w_{碳酸盐矿物}}{w_{总}}\times 100\%$	w 为各矿物组分的质量分数
（4）	$B_4=\dfrac{w_{石英}+w_{长石}+w_{云母}+w_{碳酸盐矿物}}{w_{总}}\times 100\%$	w 为各矿物组分的质量分数

同时，基于岩石力学参数的模量脆性评价方法也在不断发展，通过利用泊松比和杨氏模量来表征岩石脆性，反映页岩油储层可压性。研究表明一般杨氏模量越大，泊松比越小的岩石的脆性越强，越容易在压裂过程中形成复杂的人工裂缝。Rickman 等在 2008 年通过对美国 Barnett 页岩进行了经验总结，提出在北美地区取得了良好应用效果的脆性指数概念[20]，其计算公式为公式 B_5。Goodway 在 2010 年提出用弹性模量和泊松比来表征页岩的脆性 B_6，为了更好理解这两个参数，将他们转化为拉梅系数 λ 及剪切模量 μ。Guo 在 2013 年提出一个物理模型，该模型能够利用杨氏模量与泊松比的比值来表征页岩储层的脆性 B_7，发现典型的页岩储层具有较低的泊松比和较高的杨氏模量。刘致水在 2015 年通过测井、地震得到的储集层弹性参数来构建评价储集层脆性程度的脆性因子，通过总结岩石力学参数表述岩石脆性后，提出了一种基于归一化弹性参数的岩石脆性表达式 B_8[21]。

英雄岭干柴沟页岩储层岩石矿物组分复杂，主要包括石英、长石、方解石、白云石、黏土等（图 1）。统计表明，岩性总体上混积特征明显，以碳酸盐矿物为主，划分为灰云质页岩和黏土质页岩两类岩性。岩石矿物学分析以石英、白云石等为主的脆性矿物含量占比达 60%~90%。从三端元图中可得出（图 2）：灰云质页岩占比较高，其次为黏土质页岩，碎屑岩占比最少，同时，页岩沉积构造特征明显，层理较为发育，大概 3000~5000 条 /m。

表 2　页岩脆性的常用弹性参数评价方法

序号	页岩脆性（B）计算公式	参数含义
（5）	$B_5=\frac{E_{BI}+v_{BI}}{2}$	E_{BI} 为正归一化的弹性模量，v_{BI} 为反归一化的泊松比
（6）	$B_6=\frac{\lambda}{\lambda+2\mu}$	λ 为拉梅系数，μ 为剪切模量
（7）	$B_7=\frac{E}{v}$	E 为弹性模量，v 为泊松比
（8）	$B_8=\frac{E_{BI}}{v_{BI}}$	E_{BI} 为正归一化的弹性模量，v_{BI} 为反归一化的泊松比

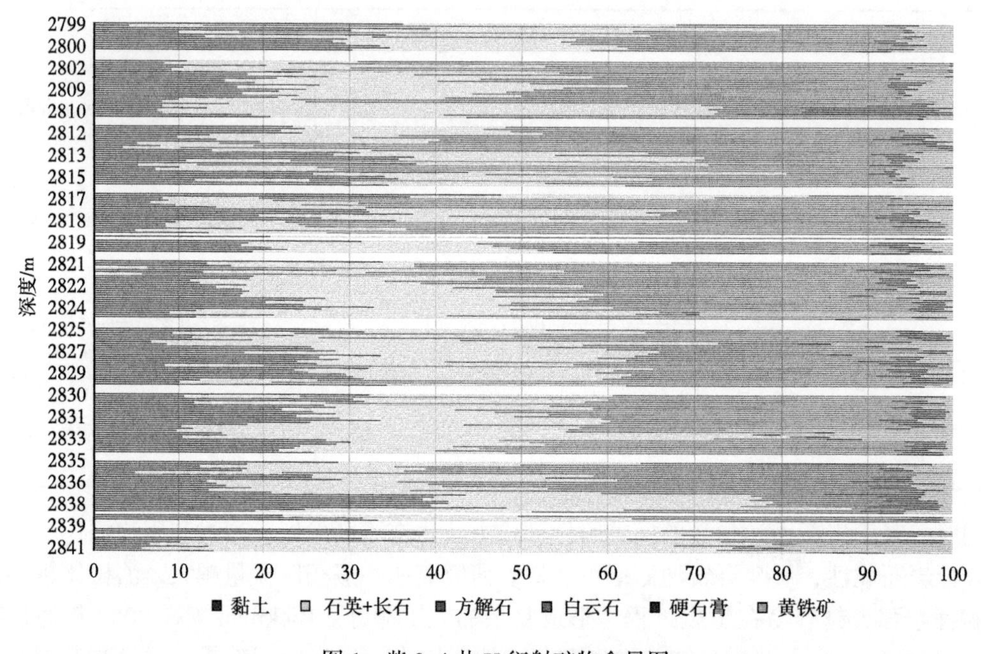

图 1　柴 2-4 井 X 衍射矿物含量图

虽然矿物组分法和弹性模量法都能够定量的表征和评价岩石脆性特征，但都存在缺陷。矿物组分法仅靠脆性矿物组分比例来表征，精确性不够，并且需要较多的岩心分析资料进行刻度；弹性模量法受到取样点制约，标定的数据不够连续，同时在连续计算脆性指数时需要用纵横波测井资料，对于气体影响和井眼不规则等因素需要进行校正，同时受到层理发育的影响较大，计算结果通常偏小，难以精确的评价基质脆性。

通过分析，认为英雄岭干柴沟页岩油储层岩石中脆性矿物高、层理较发育，因此需要将脆性矿物和模量脆性综合考虑来表征岩石的脆性，以减少高脆性矿物和层理发育带来的影响，提出的改进基质脆性指数公式为：

$$E_{Brit}=\left(E_j-10\right)/\left(60-10\right)\times100 \tag{9}$$

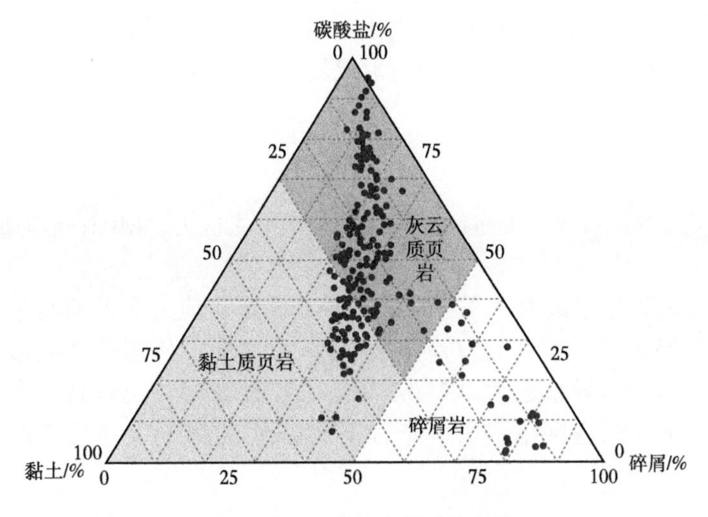

图 2　柴 2-4 井取心段矿物组成

$$\mu_{\mathrm{Brit}}=\left(\mu_j-0.4\right)/\left(0.1-0.4\right)\times 100 \tag{10}$$

$$B_{\mathrm{Brit}}=0.5E_{\mathrm{Brit}}+0.5\mu_{\mathrm{Brit}} \tag{11}$$

$$K=\left(W_{石英}+W_{碳酸盐岩}\right)/W_{总} \tag{12}$$

$$\mathrm{BI}=\left(B_{\mathrm{Brit}}+K\right)/2 \tag{13}$$

式中：B_{Brit} 为模量脆性指数，%；E_j 为岩石的杨氏模量，GPa；μ_j 为岩石的泊松比，无量纲；E_{Brit} 为通过杨氏模量计算的脆性指数；μ_{Brit} 为通过泊松比计算的脆性指数；K 为矿物脆性指数，%；W 为各种矿物成分的百分含量，%；BI 为基质脆性指数，%。

英雄岭页岩油储层基质脆性的评价分类准则见表 3，当脆性 BI 值≥ 60 时为Ⅰ类储层，表明能够形成充分的放射状裂缝网络。当 BI 值处于 40~60 之间时，为Ⅱ类储层，表示高净压力下能够形成较为复杂的裂缝网络。当 BI 值＜ 40 时，为Ⅲ类储层，表明难以形成裂缝网络。

表 3　英雄岭页岩油基质脆性评价分类

基质脆性	评价分类	描述
≤ 40	Ⅲ类	难以形成裂缝网络
40~60	Ⅱ类	高净压力下能够形成较为复杂的裂缝
≥ 60	Ⅰ类	能形成充分的放射状裂缝网络

2　水平主应力差对可压性的影响

在压裂过程中，人工裂缝总是垂直于最小主应力，沿着最大应力的方向延伸。为了压裂时能够产生更多人工裂缝，形成复杂的裂缝网络系统，最大限度地沟通天然裂缝，地层中的最大与最小水平主应力的差值越小越好。

在某一确定的地层，评价地应力参数对人工裂缝形态造成的影响，第一选择参数是水平应力差异系数，用该系数来评价压裂改造时形成复杂缝网的能力：

$$K_{\mathrm{h}}=\frac{\sigma_{\mathrm{H}}-\sigma_{\mathrm{h}}}{\sigma_{\mathrm{h}}} \tag{14}$$

式中：K_{h} 为水平应力差异系数，无量纲；σ_{H} 为最大水平主应力，MPa；σ_{h} 为最小水平主应力，MPa。

水平应力差异系数是指最大水平主应力和最小水平主应力之差值与最小水平主应力之间的比值。研究结果表明：水平应力差异系数为 0~0.2 时，压裂改造能形成较为充分的人工裂缝网络；水平应力差异系数为 0.2~0.3 时，压裂改造时在比较高的净压力条件下，才能形成较为充分的人工裂缝网络；水平应力差异系数＞ 0.3 时，压裂改造形成裂缝网络的难度较大（表 4）。

表 4 英雄岭页岩油水平应力差异指数评价分类

水平应力差异指数	评价分类	描述
＞ 0.3	Ⅲ类	难以形成裂缝网络
0.2~0.3	Ⅱ类	高净压力下能够形成较为复杂的裂缝
0~0.2	Ⅰ类	能形成充分的放射状裂缝网络

干柴沟页岩油主应力差 13~18MPa，水平应力差异系数 0.18~0.23，属于Ⅰ类和Ⅱ类储层之间，整体上应力差较大，压裂时需要提高排量、提高净压力来使改造储层更加复杂化。

3 裂隙密度对可压性的影响

微裂隙、层理缝的发育也是影响可压性的重要因素之一。当储层中存在大量微裂隙时，该储层形成复杂缝网的能力越强，可压性就更好。为此在进行储层可压性评价时需要考虑微裂隙对其的影响。

岩石内部微裂隙闭合的宏观表现是体积模量的增加。根据考虑裂隙的有效介质理论，干燥的岩石在高频状态下的有效体积模量 K 可表示为：

$$\rho_{\mathrm{c}}=\frac{1}{V}\sum_{1}^{n}c_i^3 \tag{15}$$

$$h=\frac{16\left(1-v_0^2\right)}{9\left(1-v_0/2\right)} \tag{16}$$

$$\frac{K_0}{K}=1+\rho_{\mathrm{c}}\frac{h}{1-2v_0}\left(1-\frac{v_0}{2}\right) \tag{17}$$

式中：ρ_{c} 为裂隙密度，无量纲，统计意义上的损伤量；c_i 为第 i 个裂隙的半径；n 为镶嵌在体积元 V 内的总裂隙数；K_0 为岩石基质的体积模量；h 为裂隙密度参数；v_0 为泊松比。

英雄岭页岩油裂隙密度评价分类标准见表 5。

表 5　英雄岭页岩油裂隙密度评价分类

裂隙密度评价分类	评价分类	描述
≤ 0.1	Ⅲ类	难以形成裂缝网络
0.1~0.25	Ⅱ类	高净压力下能够形成较为复杂的裂缝
≥ 0.25	Ⅰ类	能形成充分的放射状裂缝网络

从沉积构造上分析，E_3^2 页岩沉积构造特征明显，根据层理厚度可区分出层状（层理厚度 >1cm）和纹层状（层理厚度 <1cm）。结合矿物成分，将储层岩性划分为：纹层状灰云质页岩、层状灰云质页岩、纹层状黏土质页岩、层状黏土质页岩、砂岩。纹层状灰云质页岩形成于静水条件下，由于周缘河流带来的碎屑物质间歇性向湖内输入，碎屑与原地泥质（云）灰岩或泥岩交叠沉积，在宏观上表现为灰色或深灰色细条纹互层，岩性为泥 / 页岩、灰云质泥 / 页岩。储集空间类型以灰云岩基质微孔为主，铸体呈弥散状分布，其次为晶 / 粒间微溶孔，部分孔隙连通性良好，层间缝较为发育。此类储层约占 33.6%。英雄岭凹陷柴 902 区块页岩油储层纹层状灰云质页岩储层岩石学特征如图 3 所示，表明其存在大量的微裂隙。

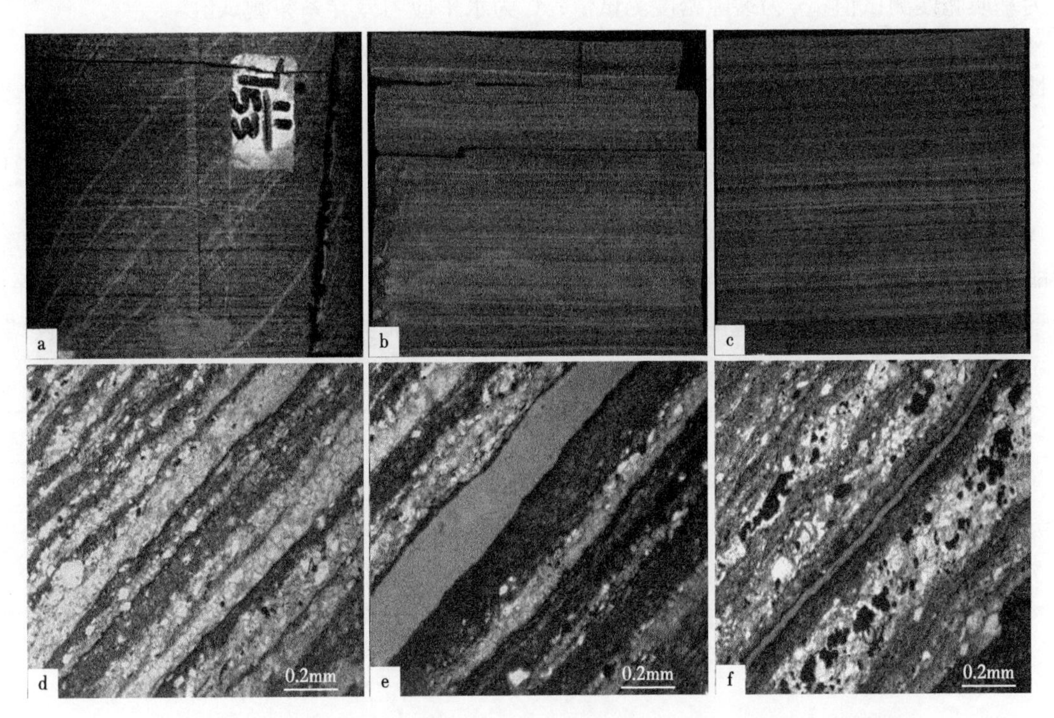

图 3　英雄岭凹陷柴 902 区块页岩油储层纹层状灰云质页岩储层岩石学特征

（a）纹层状灰云质页岩；（b）纹层状灰云质页岩，荧光扫描；（c）纹层状灰云质页岩，荧光扫描；（d）纹层状灰云质页岩；（e）纹层状灰云质页岩，层间缝；（f）纹层状灰云质页岩，层间缝。

由裂隙密度的研究，获得干柴沟页岩油裂隙密度主要分布在 0.2~0.4 之间，属于Ⅰ类和Ⅱ类储层之间，整体上微裂隙较发育，有利于缝网的形成。

4 综合可压性指数的提出

根据分析结果，可压性综合评价参数包括：基质脆性指数（综合考虑模量脆性和矿物脆性）、水平应力差异系数和裂隙密度，将数据归一化形成可压性指数公式[18-20]。

在指标归一化计算过程中，把可压性指标分为正向和负向两种指标。正向指标为指标越大对可压性评价结果越好，如基质脆性指数、裂隙密度；而负向指标即指标值越小，对可压性越有利，如水平应力差异系数等。归一化表达式如下：

$$B_{\mathrm{rit}} = \frac{B_j - B_{j\min}}{B_{j\max} - B_{j\min}} \times 100\% \tag{18}$$

$$\rho_{\mathrm{a}} = \frac{\rho_j - \rho_{j\min}}{\rho_{j\max} - \rho_{j\min}} \times 100\% \tag{19}$$

$$K_{\mathrm{h}} = \frac{K_j - K_{j\min}}{K_{j\max} - K_{j\min}} \times 100\% \tag{20}$$

式中：B_{rit} 为基质脆性指数归一化；ρ_{a} 为裂隙密度指数归一化；K_{h} 为水平应力差异系数归一化；B_j 为基质脆性测试值；ρ_j 为裂隙密度测试值；K_j 为水平应力差异系数测试值。

鉴于目前研究分析三个参数对裂缝的影响基本相当，故初步确定权重取值均为 1/3。可压性指数计算公式如下：

$$FI = \frac{B_{\mathrm{rit}} + \rho_{\mathrm{a}} + K_{\mathrm{h}}}{3} \tag{21}$$

英雄岭页岩油可压性评价分析的分类标准见表6。当可压性指数FI值≥60时为Ⅰ类储层，表明能够形成充分的放射状裂缝网络。当FI值处于40~60之间时，为Ⅱ类储层，表示高净压力下能够形成较为复杂的裂缝网络。当FI值＜40时，为Ⅲ类储层，表明难以形成裂缝网络。

表6 英雄岭页岩油可压性评价分类

可压性评价分析	评价分类	描述
≤ 0.4	Ⅲ类	难以形成裂缝网络
0.4~0.6	Ⅱ类	高净压力下能够形成较为复杂的裂缝
≥ 60	Ⅰ类	能形成充分的放射状裂缝网络

5 应用实例

将综合可压性指数评价方法应用于英雄岭地区的 CP1 井上。CP1 井水平井长 997m，基质脆性 0.51~0.67，水平应力差异系数 0.18~0.22，裂隙密度 0.25~0.38，综合可压性指数 0.52~0.69，整体属于Ⅰ－Ⅱ类储层，以Ⅰ类储层为主。

通过地质工程一体化甜点优选，设计及施工压裂 21 段 124 簇，施工排量 18m^3/min，总液量 34677m^3，用液强度 34m^3/m，总砂量 3301m^3，加砂强度 3.3m^3/m，平均破裂压力 74.2MPa，平均砂比 22.5%（图 4）。

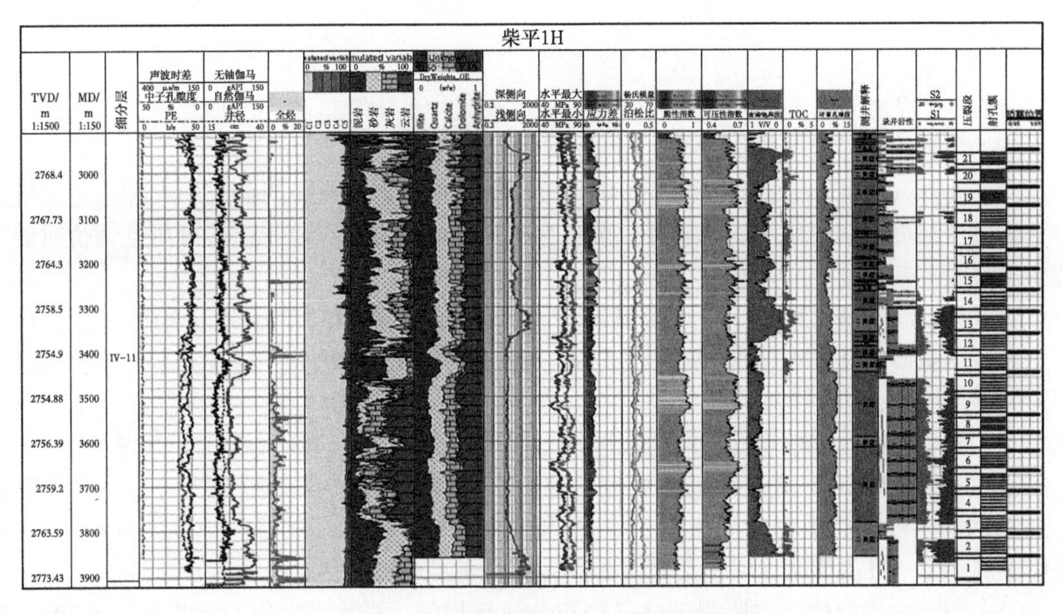

图 4　CP1 井地质工程一体化段簇优选结果

从微地震监测事件点分布分析，事件点高度平均 55m，事件点长度平均 438m，缝带宽 132m，总事件波及体积 $2322.3 \times 10^4 m^3$。裂缝复杂性指数分析来看，平均裂缝复杂性指数在 0.303，裂缝网络相对复杂。与可压性评价结果较一致，表明了建立的综合可压性评价方法可靠（图 5）。

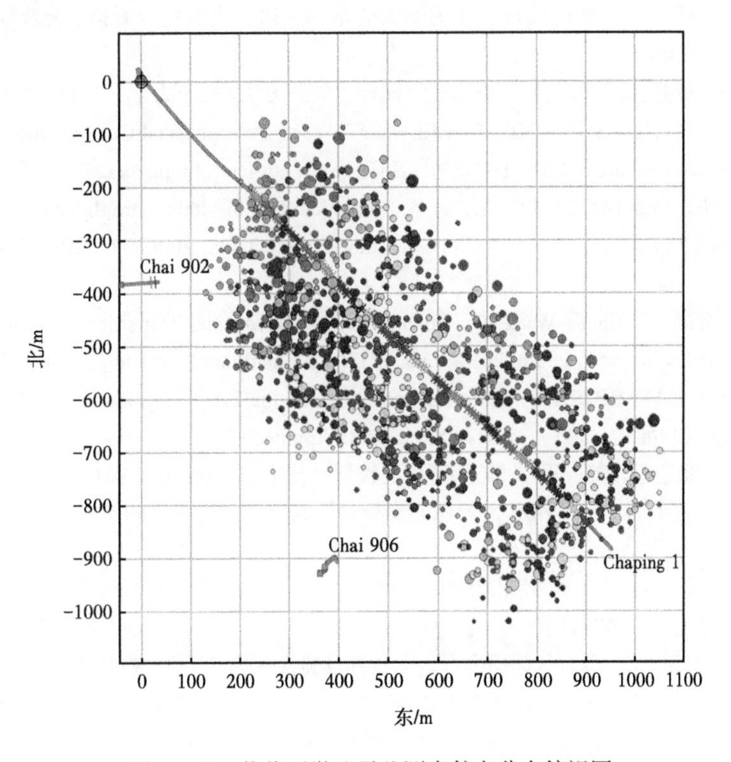

图 5　CP1 井井下微地震监测事件点分布俯视图

6 结论

（1）本文提出的基质脆性指数可以有效地反映脆性矿物含量高、层理发育储层的脆性特征，脆性计算结果适用于英雄岭干柴沟页岩油储层可压性评价。

（2）微裂隙、层理缝的发育也是影响可压性的重要因素之一。当储层中存在大量微裂隙时，该储层形成复杂缝网的能力越强，可压性也就更好。为此在进行储层可压性评价时需要考虑微裂隙对其影响。

（3）本文综合基质脆性、微裂隙发育评价及地应力，提出了一套综合的可压性评价方法。储层中基质脆性越大、水平应力差异系数越小、裂隙密度越大，越有利于形成复杂人工裂缝网络系统。

（4）将本文建立的综合可压性指数评价方法应用于英雄岭地区的 CP1 井的评价中。CP1 井的基质脆性处于 0.51~0.67 之间，脆性中等偏上。水平应力差异系数 0.18~0.22，具备形成复杂缝网的条件，裂隙密度 0.25~0.38，表明微裂隙较发育。综合可压性指数为 0.52~0.69，整体上属于Ⅰ—Ⅱ类储层，以Ⅰ类储层为主，有利于形成复杂裂缝网络。

（5）CP1 井压裂微地震监测事件点分布分散且均匀，平均裂缝复杂性指数为 0.303，裂缝网络相对复杂。与可压性评价结果较一致，表明了建立的综合可压性评价方法可靠。

参考文献

[1] CIPOLLA CL，WARPINSKI NR，MAYERHOFER M，et al. The Relationship Between Fracture Complexity，Reservoir Properties，and Fracture-Treatment Design.

[2] 吴奇，胥云，王腾飞，等．增产改造理念的重大变革——体积改造技术概论．天然气工业，2011（4）：7-12+6+121-2.

[3] 郭天魁，张士诚，葛洪魁．评价页岩压裂形成缝网能力的新方法．岩土力学，2013，34（4）：947-54.

[4] SONDERGELD CH，NEWSHAM KE，COMISKY JT，et al. Petrophysical Considerations in Evaluating and Producing Shale Gas Resources. 2010/1/1/. SPE：Society of Petroleum Engineers.

[5] RICKMAN R，MULLEN MJ，PETRE JE，et al. A Practical Use of Shale Petrophysics for Stimulation Design Optimization：All Shale Plays Are Not Clones of the Barnett Shale. 2008/1/1/. SPE：Society of Petroleum Engineers.

[6] Li Q，Chen M，Zhou Y，Jin Y，Wang FP，Zhang R. Rock Mechanical Properties of Shale Gas Reservoir and their Influences on Hydraulic Fracture. 2013/3/26/. IPTC：International Petroleum Technology Conference.

[7] JAHANDIDEH A，JAFARPOUR B. Optimization of Hydraulic Fracturing Design Under Spatially Variable Shale Fracability. 2014/4/17/. SPE：Society of Petroleum Engineers.

[8] 袁俊亮，邓金根，张定宇，等．页岩气储层可压裂性评价技术．石油学报，2013（3）：523-7.

[9] 张新华，邹筱春，赵红艳，等．利用 X 荧光元素录井资料评价页岩脆性的新方法．石油钻探技术，2012（5）：92-5.

[10] 王鹏，纪友亮，潘仁芳，等．页岩脆性的综合评价方法——以四川盆地 W 区下志留统龙马溪组为例．天然气工业，2013（12）：48-53.

[11] 李庆辉，陈勉，金衍，等．页岩气储层岩石力学特性及脆性评价．石油钻探技术，2012（4）：17-22.

[12] 李庆辉，陈勉，金衍，等．页岩脆性的室内评价方法及改进．岩石力学与工程学报，2012（8）：1680-5.

[13] 刁海燕．泥页岩储层岩石力学特性及脆性评价．岩石学报，2013（9）：3300-6.

[14] CHONG KK，GRIESER WV，PASSMAN A，et al. A Completions Guide Book to Shale-Play Development：A Review of Successful Approaches toward Shale-Play Stimulation in the Last Two Decades. 2010/1/1/. SPE：

Society of Petroleum Engineers.
[15] MATTHEWS HL, SCHEIN GW, MALONE MR. Stimulation of Gas Shales: They're All the Same—Right? ; 2007/1/1/. SPE: Society of Petroleum Engineers.
[16] MULLEN MJ, ROUNDTREE R, TURK GA. A Composite Determination of Mechanical Rock Properties for Stimulation Design(What to Do When You Don't Have a Sonic Log). 2007/1/1/. SPE: Society of Petroleum Engineers.
[17] JARVIE D M, HILL R j, RUBLE T E, et al .Unconventional shale-gas systems: The Mississipppian Barnett Shale of north-centrsl Texas as one model for thermogenic shale-gas assessment.AAPG Bulletin, 2007, 91(4): 475-499
[18] Wang F P, Gale J F.Screening criteria for shale-gas systems.Gulf Cosst Association of Geological Societies Transactions, 2009, 59: 779-793.
[19] Jin x , Shah S N, Roegiers J C, et al.Fracability ecaluation in shale resercoirs-an integated petrophysics and geomechanics approach.Spe Journal, 2014, 20(3): 518-526.
[20] RICKMAN R, MULLEN M J, PETRE J E, et al.A practical use of shale petrophysics for stimulation design optimization: all shale plays are not clones of the Barnett Shale[C]//SPE Technical Congerence and Exhibition.Society of Petroleum En-gineers, Colorado USA: 2008
[21] 刘致水，孙赞东．新型脆性因子及其在泥岩岩储集层预测中的应用[J].岩石力学与工程学报，2015，24(19)：3449-3453.

吉木萨尔 J28 块页岩油水平井体积压裂改造参数优化

刘建伟，张田田，王　静，蒋　明，邓　强

（中国石油吐哈油田分公司工程技术研究院）

摘　要： J28 块芦草沟组页岩油采用水平井体积压裂改造方式实现了区块的有效动用，但存在着投产成本过高、压裂参数不合理、改造效果达不到预期等问题。为提高压裂增产效果，建立数值模拟模型开展压裂关键参数优化研究，并采用正交试验方法和随机森林算法研究影响压后产能的主控因素。研究表明，水平段长、段间距和用液强度是提高单井产量最主要的三个因素。矿场试验表明，“长水平段 + 细分切割分段分簇 + 大规模体积改造”的压裂设计方式取得了较好的增产效果，初期日产液量 93.0m³，日产油量 19.3t。研究成果对页岩油藏水平井体积压裂设计优化具有指导意义。

关键词： 页岩油；水平井；体积压裂；数值模拟；细分切割；参数优化

J28 块芦草沟组页岩油位于准噶尔盆地东部吉木萨尔凹陷，芦草沟组整体为向南西倾伏的单斜构造，主体部位地层倾角 3°~5°，断裂不发育，构造被近东西向和北东 - 南西向断裂切割。芦草沟储层纵向上发育 P_2l_1（下甜点）和 P_2l_2（上甜点）两套烃源岩页岩油气藏，源岩有机质丰度较高，生油条件较好，成熟度较低，属于夹层型页岩油。储层埋深 3200~3950m，有效储层厚度 2.0~18.0m，岩性主要为含云质极细粒粉砂岩、粉砂质云岩为主，黏土含量 5%~30%，脆性矿物含量 41.6%~60%，可压性较好。储层储集空间主要有粒内溶孔及剩余粒间孔，孔隙结构以微 - 纳米孔喉为主，喉道半径主要分布在 0.1μm 以下。储层物性总体上表现为特低孔、特低渗特征，平均孔隙度 8.1%，渗透率＜ 0.1mD，非均质性较强，水平两向应力差 4~12MPa，天然缝不发育，不利于形成体积缝，需要考虑如何通过水平井体积压裂改造获得最大产能。

1　前期水平井压裂实施概况

按压裂施工工艺划分，前期区块水平井体积压裂可以分为两个阶段。

第一阶段：2019 年立足于单井突破，上下甜点分别部署水平井 J2801H、J2802H 井，探索区块页岩油储量有效动用新思路。采用大规模、大排量改造思路，其中 J2801H 分 30 段 90 簇压裂，簇间距 18.2m，入井总规模 50000m³ 压裂液，入液强度 30.8m³/m，加砂强度 2.6t/m，压后稳定日产油 20.2t，自喷生产 365d，自喷产油 5979t，水平井体积压裂大规模改造方式实现了区块页岩油有效动用，但压裂成本过高，而压后产量没有达到预期。

第二阶段：2020—2021 年立足于降低总投资成本，钻井方面采用平台式布井，压裂方面以“少段多簇、控液增砂”为改进思路，平均单井分 20 段 146 簇压裂，簇间距 10.4m，入井规模降低至 30000m³ 压裂液，入液强度 23.0m³/m，加砂强度 2.8t/m，压后稳定日产油 14.1t，虽然单井投产成本降低约 38%，但压裂效果却下降 30%，难以实现区块效益动用。

作者简介：刘建伟，吐哈油田工程技术研究院，高级工程师。通讯地址：新疆哈密市伊州区吐哈油田工程技术研究院，839000。

针对压裂参数与压后效果矛盾突出的特点，为形成区块成熟的压裂模板，提高单井产量，实现效益开发，亟须对 J28 块进行体积压裂关键参数优化研究。

2 体积压裂技术优化研究

对比 J28 区块上下甜点储层参数基本相似，下甜点地面原油黏度高，但地下原油黏度相差不大，油藏模拟只考虑油藏内的流动，因此选取上甜点储层参数建立模型进行研究。由于目前该区块开发井少、地震测录井资料较少，难以构建合理的地质模型，本次研究基于 Eclipse 平台建立均质模型开展模拟研究，旨在为后期参数优化做方向性指导。模型主要参数见表 1。

表 1 模型基本参数

项目	上甜点	下甜点
中部深度 /m	3195	3335
平均甜点跨度 /m	20	21.4
油层厚度 /m	8.3	8.4
油层层数	1	3
孔隙度 /%	8.2	8.1
渗透率 /mD	0.002	0.009
饱和度	0.69	0.67
原油密度	0.876	0.894
地面原油黏度 /（mPa·s）	30.3	126.4
地下原油黏度 /（mPa·s）	11.7	17.5
压力系数	1.32	1.32

2.1 水平段长优化

对于致密的非常规储层，人工裂缝网络能动用的储量很少，裂缝几何尺寸和水平段长度决定了泄油体积 [1]。从压力波及图中可以看出（图 1），由于页岩油储层流度比低，单井有效驱替区域限定在改造区域内，压力波及范围随着水平井段长度增加而扩大。

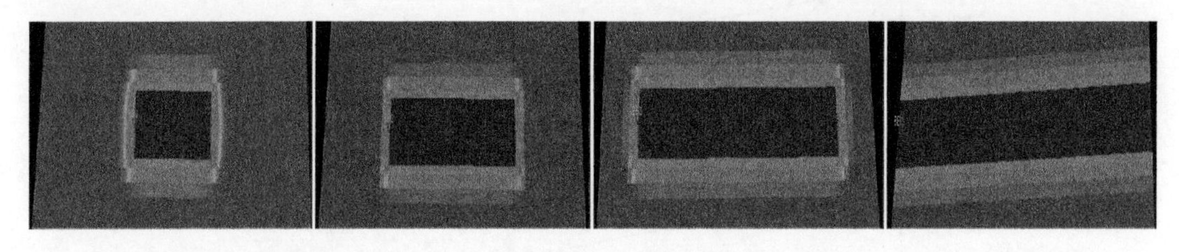

图 1 不同水平段长度条件下压力波及范围（从左至右 600m、1000m、1500m、2000m）

设计水平段长度分别为 600m、1000m、1500m、2000m，模拟结果表明（图 2），在不考虑井筒流动摩阻的情况下，日产、累产均随着水平井段长度增长而增加。因此，在地质条件允许情况下，建议适当增加水平段长度。

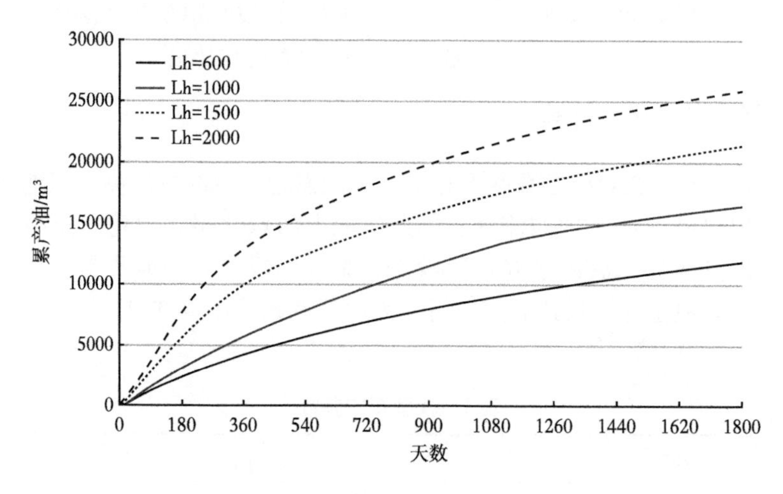

图 2　累产油随水平井段长度变化图

2.2　裂缝间距优化

不改变其他参数，研究裂缝间距对产量的影响，模拟 50m、20m 和 10m 条件下的压力波及情况，压力波及结果表明（图 3），随着裂缝间距的缩小，缝间驱替有效率增加，缝控储量范围增加。

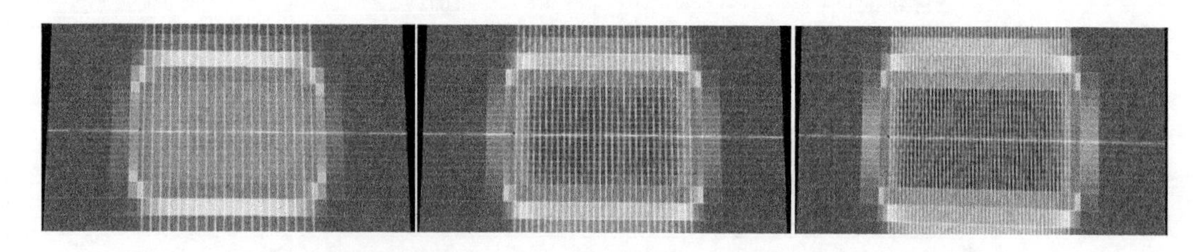

图 3　不同裂缝间距条件下压力波及范围（从左至右 50m、20m、10m）

产量模拟结果表明（图 4），随着裂缝间距缩小，累产量增加，但增加幅度越来越小，5m 裂缝间距与 10m 裂缝间距相比，增产幅度仅为 3.1%，因此，建议裂缝间距为 5~10m。

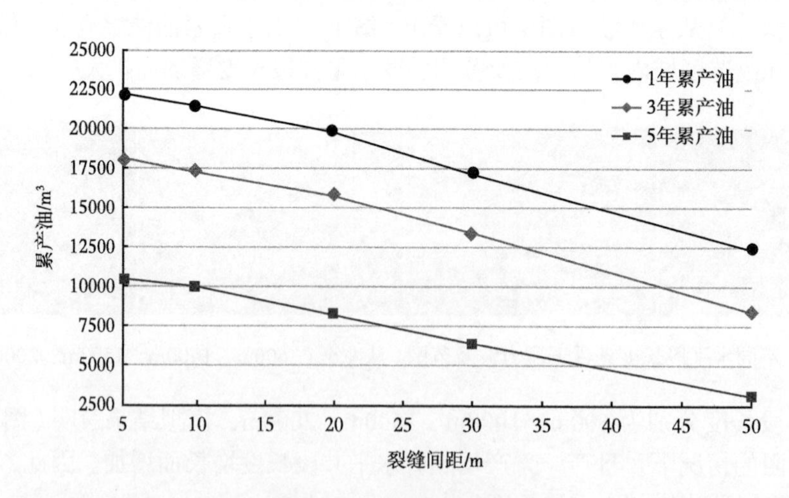

图 4　累产油与裂缝间距关系图

2.3 裂缝长度优化

多口水平井的布缝方式一般分为交错布缝和对称布缝，斯坦福大学和康菲石油公司共同开展的对比试验表明，两口水平井对称布缝，中间会存在空白区，而交错布缝能够实现全覆盖，减少 SRV 重叠区，且充分利用应力干扰，使裂缝复杂化，有助于实现平台储量全波及、全动用[3]。

数值模拟中采用交错布缝，研究裂缝长度对产量的影响，从产量预测和压力波及结果可以看出(图 5、图 6)，200m 井间距条件下，随着裂缝长度增加，单井有效驱替范围增大，采出程度增加，当裂缝长度大于 150m 以后，累产及采出程度增长幅度很小，因此，优化裂缝长度为 150m。

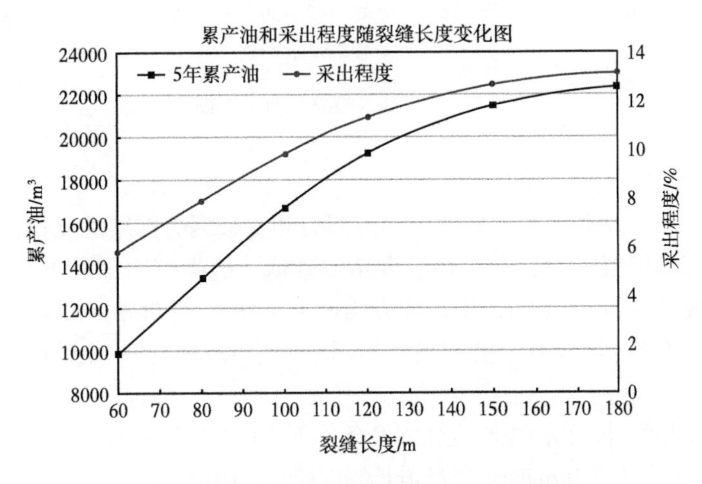

图 5　累产油和采出程度随裂缝长度变化图

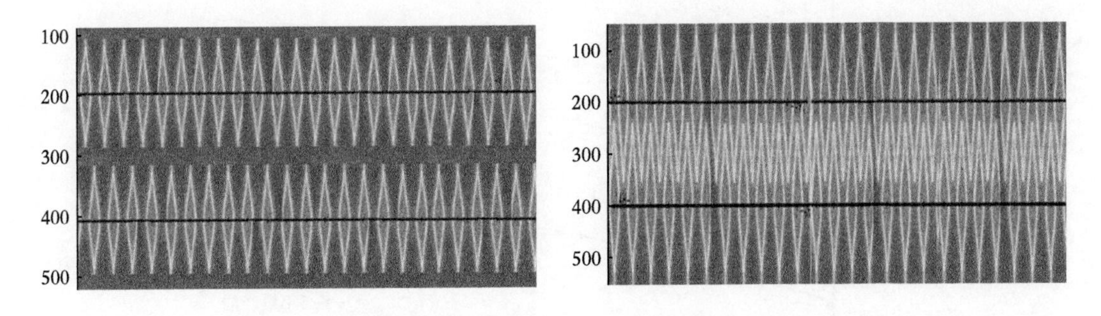

图 6　不同缝长情况下压力波及范围(左 Lf=80m，右 Lf=150m)

2.4 裂缝导流能力优化

Mayerhofer 等和 Warpinski 等对水平井多级压裂的非常规储层进行了数值模拟研究，结果表明，超低渗透率的页岩需要导流能力适中、缝间距较小、相互连通的裂缝网络，才能获得理想的采收率，导流能力是影响采收率的关键因素之一[4-6]。产量模拟结果表明(图 7)，随着裂缝导流能力增加，累产量增加，但超过 15D·cm 后，增长幅度很小，因此优化裂缝导流能力为 15D·cm 左右。

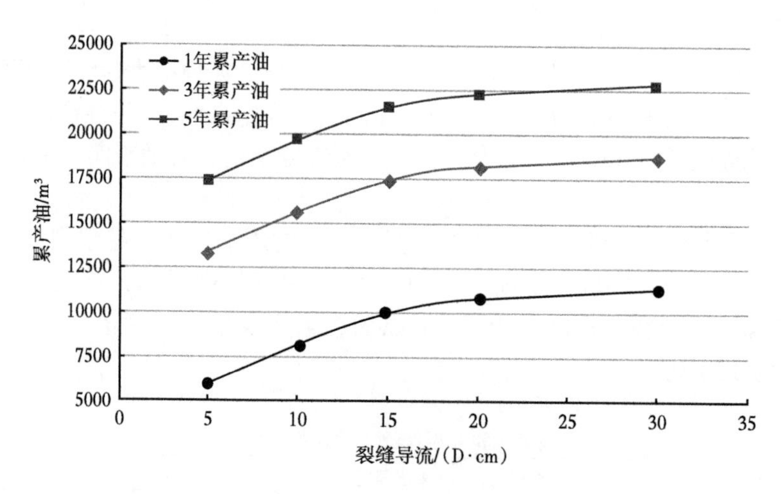

图 7　累产油与裂缝导流关系图

2.5　压裂规模优化

提高加砂强度，可以提高人工裂缝的导流能力和复杂裂缝网络的支撑面积，但加砂强度同样会受地层摩阻等因素影响，此外还需要考虑砂堵及缝高控制等因素。压裂设计中以 5m 作为簇间距，用液强度为 $25m^3/m$，模拟加砂强度为 1.5t/m，2.0t/m，2.5t/m，3.0t/m，3.5t/m，4.0t/m 时的裂缝扩展情况以及对应的产量，根据对比结果确定水平井进行体积压裂最优的加砂强度。

产量模拟结果表明（图 8），在给定簇间距条件下，提高加砂强度，有利于提高压后累产油量，但是当加砂强度大于 3.5t/m 时，产量增长幅度减小，因此，建议加砂强度为 3.5t/m 左右。

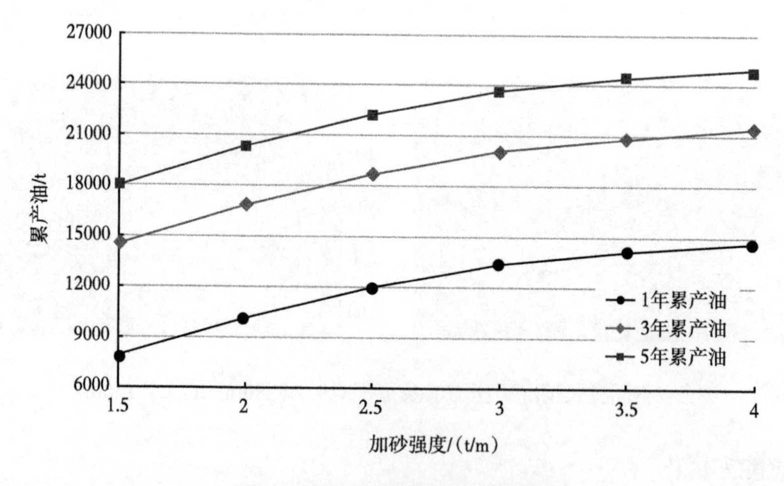

图 8　累产油与加砂强度关系图

2.6　压后产能主控因素分析

主控因素分析的目的在于挑选出与水平井产能关系相对密切而且影响较大的参数，为指导区块高效开发提供参考依据。根据 J28 区块前期压裂井的相关数据，采用线性拟合、多项式回归、指数拟合、非线性拟合等曲线拟合方法，拟合度都较差，结果均表明压后初期日产油与水平段长、改造长度、改造段数、改造簇数、入井液量、入井砂量、单段液量、单段砂量、滑溜水比例等参数不存在简单的线性或多项式关系。出现这一结果可能的原因在于储层非均质性、样本数据点少、生产时间较短、分析方法有待改进等等。

为此采用正交试验方法，设计了 7 因素 3 水平的试验方案，用 Mangrove 模拟了各方案下的累产，对试验结果进行多元非线性回归，开展多因素影响度分析，见表 2。

表 2　7 因素 3 水平正交试验方案表

方案	水平段长 / m	段间距 / m	簇间距 / m	用液强度 / （m^3/m）	加砂强度 / （t/m）	排量 / （m^3/min）	滑溜水比例 / %
1	800	40	5	15	1.5	10	30
2	800	60	10	25	2.5	12	50
3	800	80	15	35	3.5	16	80
4	1200	40	5	25	2.5	16	80
5	1200	60	10	35	3.5	10	30
6	1200	80	15	15	1.5	12	50
7	1500	40	10	15	3.5	12	80
8	1500	60	15	25	1.5	16	30
9	1500	80	5	35	2.5	10	50
10	800	40	15	35	2.5	12	30
11	800	60	5	15	3.5	16	50
12	800	80	10	25	1.5	10	80
13	1200	40	10	35	1.5	16	50
14	1200	60	15	15	2.5	10	80
15	1200	80	5	25	3.5	12	30
16	1500	40	15	25	3.5	10	50
17	1500	60	5	35	1.5	12	80
18	1500	80	10	15	2.5	16	30

研究采用随机森林算法（决策树理论）开展了累产油与 7 因素综合影响的相关性分析[8]，明确了开发效果影响因素的重要性排序（图 9）：水平段长 > 段间距 > 用液强度 > 簇间距 > 加砂强度 > 排量 > 滑溜水比例。

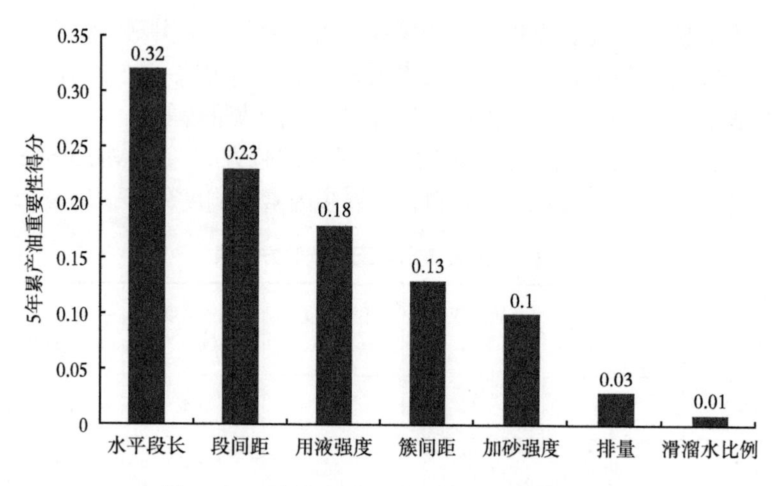

图 9　压后产能主控因素对累产油重要性得分

3　现场试验

3.1　施工情况

截至 2022 年 1 月，在吉木萨尔 J28 块芦草沟页岩油实施 2 个平台 9 口井 230 段的拉链式压裂施工，详细施工参数见表 3，关键参数提升如下：（1）分段参数：平均水平段长由 1175m 提高至 1458m，平均簇间距由 10.4m 降低至 8.7m，最小簇间距降低至 6.0m。（2）施工参数：平均单井液量由 29228m^3 提高至 46656m^3，加砂量由 2441m^3 提高至 3525m^3，加砂强度提高至 3.7t/m，滑溜水比例提高至 74.3%。

3.2　生产情况

此轮 9 口水平井均已开井生产且全部见油，初期日产液量 93.0m^3，日产油量 19.3t。其中下甜点 6 口井均已获得工业油流，较上轮压裂井产量提高 70%，上甜点 3 口井见油较晚，目前含油在稳步上升，详细生产情况见表 4。

表 3　J28 区块水平井体积压裂施工参数表

井号	水平段长 / m	分段数量	分簇数量	簇间距 / m	入井液量 / m^3	滑溜水比例 / %	入井砂量 / m^3	用液强度 / （m^3/m）	加砂强度 / （t/m）
HQ3303H	1517	27	133	9.0	45489	74.3	3598	30.0	3.6
HQ3303-1H	1554	27	133	10.0	44506	73.5	3525	28.6	3.4
HQ3303-2H	1520	27	133	8.5	43877	72.3	3452	28.9	3.4
J2815H	1495	24	118	6.0	41183	55.2	3196	28.8	3.3
J2815A-1H	1433	25	123	9.0	54447	55.8	4306	40.9	4.9
J2815A-2H	1340	24	118	9.0	38236	54.6	2919	29.7	3.4
J2815B-1H	1430	24	118	10.0	45246	52.7	3330	32.6	3.6
J2815B-2H	1417	24	118	10.0	46590	48.5	3297	34.1	3.6
J2815B-3H	1420	28	138	7.0	60333	53.7	4094	43.6	4.4
平均	1458	25.6	125.8	8.7	46656	60.1	3525	33.0	3.7
上轮井平均	1175	23	116	10.4	29228	65.9	2441	22.6	2.8

表 4　J28 区块水平井体积压裂施工参数表

井号	压裂甜点区	日产液 / m^3	日产油 / t	累产液 / m^3	累产油 / t	见油返排率 / %	生产天数 / d
HQ3303H	下甜点	111.8	29.5	18895	3422.5	1.3	253
HQ3303-1H		68.0	27.5	18777	3193.8	6.6	263
HQ3303-2H		68.0	31.1	17657	3069.5	1.7	256
J2815H	上甜点	116.8	4.9	11691	64.3	19.0	113
J2815A-1H		100.8	8.6	8422	122.4	8.9	96
J2815A-2H		119.71	3.1	7886	66.7	11.1	91
J2815B-1H	下甜点	84.0	24.5	8557	570.0	3.0	92
J2815B-2H		92.4	18.0	5375	378.5	3.7	96
J2815B-3H		75.8	26.1	7046	1385.5	2.4	92
平均	—	93.0	19.3	11589	1364	6.4	150
上轮井平均	—	50.9	14.1	18594	5656	1.1	533

3.3　实施效果评价

本轮压裂井现场试验取得了较好的增产效果，证明提高水平段长、缩短簇间距、提高改造强度的技术路线是正确的。相较于上轮压裂井，产液、产油能力大幅提升，大规模压裂使储层表现出较好的供液能力，但见油时间变长，见油后含水率下降较慢，且上下甜点表现出不同的生产状况，这可能与储集层的渗吸规律有关，下步针对上下甜点还需分别开展压裂方案优化设计，进一步缩短见油周期。

4　结论及认识

（1）J28 块芦草沟组页岩油采用水平井体积压裂改造方式实现了区块的有效动用，但存在着投产成本过高、压裂参数不合理、改造效果达不到预期等问题，通过“长水平段 + 细分切割分段分簇 + 大规模体积改造”为核心的压裂参数优化，实现了单井产量的提升，证实了该技术的适应性。

（2）数值模拟研究结果表明，影响压后效果最主要的参数是水平段长度。页岩油储层层理发育，压裂缝高有限，优质的储层钻遇率是压后高产地质保障，要达到最佳效果，首先要解决钻遇率的问题，然后增加液量、砂量，提高排量，才能得到好的改造效果。

（3）目前 J28 块芦草沟页岩油藏水平井体积压裂关键参数优化的数值模型为均质模型，且优化过程未考虑经济因素，下步还需要构建经济评价模型、产量递减模型，综合优化参数，形成经济合理的参数模板。

参　考　文　献

[1] Min CJ，Lu SF，Tang MM，et al. Fracturing Parameter Optimization of Horizontal Well in Tight Oil Reservoirs[J]. Acta Geologica Sinica - English Edition，2015，89（s1）

[2] 朱世琰，李海涛，阳明君，等．低渗透油藏分段压裂水平井布缝方式优化 [J]. 断块油气田，2013，20（3）：373-376.
[3] 陈铭，胥云，吴奇，等．水平井体积改造多裂缝扩展形态算法——不同布缝模式的研究 [J]. 天然气工业，2016，36（8）：79-87.
[4] MAYERHOFER M J，LOLON E P，YOUNGBLOOD J E，et al. Integration of microseismic-fracture-mapping results with numerical fracture network production modeling in the barnett shale. SPE-102103-MS：Proceedings of the SPE Annual Technical Conference and Exhibition，September 24-27，2006. San Antonio，Texas，USA 2006
[5] 纪国法，张公社，许冬进，等．页岩气体积压裂支撑裂缝长期导流能力研究现状与展望 [J]. 科学技术与工程，2016，16（14）：78-88.
[6] CIPOLLA C L，WARPINSKI N R，MAYERHOFER M，et al. The relationship between fracture complexity，reservoir properties，and fracture-treatment design [R]. SPE 115769，2010.
[7] 任佳伟，张先敏，王贤君，等．致密砂岩油藏水平井密切割压裂改造参数优化 [J]. 断块油气田，2021，28（6）：859-864.
[8] 潘元，王永辉，车明光，等．基于灰色关联投影随机森林算法的水平井压后产能预测及压裂参数优化 [J]. 西安石油大学学报（自然科学版），2021，36（5）：71-76.
[9] 刘统亮，施建国，冯定，等．水平井可溶桥塞分段压裂技术与发展趋势 [J]. 石油机械，2020，48（10）：103-110.
[10] 薛亮，吴雨娟，刘倩君，等．裂缝性油气藏数值模拟与自动历史拟合研究进展 [J]. 石油科学通报，2019，4（4）：335-346.
[11] 王璟明．吉木萨尔凹陷芦草沟组页岩油储层微观孔喉物性分级方法 [A]. 西安石油大学、陕西省石油学会 .2019 油气田勘探与开发国际会议论文集 [C]. 西安石油大学、陕西省石油学会：西安石油大学，2019：3.
[12] 李昱垚，徐世乾，赵宇，等．致密油体积压裂缝网形态和储层物性反演 [A]. 西安石油大学、陕西省石油学会 .2019 油气田勘探与开发国际会议论文集 [C]. 西安石油大学、陕西省石油学会：西安石油大学，2019：8.
[13] 宋占胜，张志龙．整体压裂技术在扶杨特低渗油层完井中的应用 [A]. 西安石油大学、陕西省石油学会 .2019 油气田勘探与开发国际会议论文集 [C]. 西安石油大学、陕西省石油学会：西安石油大学，2019：7.
[14] 李春霞，蒋国斌，王群嶷，等．新型增产工艺在致密油储层中的应用 [A]. 西安石油大学、陕西省石油学会 .2019 油气田勘探与开发国际会议论文集 [C]. 西安石油大学、陕西省石油学会：西安石油大学，2019：10.
[15] 李东旭．大庆致密油储层变黏度压裂液携砂增产改造优化设计技术 [A]. 西安石油大学、陕西省石油学会 .2019 油气田勘探与开发国际会议论文集 [C]. 西安石油大学、陕西省石油学会：西安石油大学，2019：6.
[16] 王志平，闫林，陈福利，等．致密油水平井 + 密切割开发新模式下产能评价研究 [A]. 西安石油大学、陕西省石油学会 .2019 油气田勘探与开发国际会议论文集 [C]. 西安石油大学、陕西省石油学会：西安石油大学，2019：7.

大民屯沙四段中低成熟度页岩油储层改造技术探索与实践

张子明，苏　建，李　杨，韩福柱，李玉印，田　浩

（中国石油辽河油田分公司钻采工艺研究院）

摘　要：针对大民屯沙四段页岩油热演化成熟度低、黏土含量高、岩石塑性强、油品性质差等特点，在前期直井常规压裂和水平井分段压裂分析的基础上，总结了影响生产效果的主要因素，提出了水平井缝控体积压裂设计思路和技术对策。SY1井现场试验结果表明，细分切割、多簇暂堵、限流射孔、多粒径支撑剂组合等压裂工艺是实现页岩油产量突破的关键因素。前置CO_2、驱油压裂液、焖井渗吸置换等新技术、新方法将为井组试验提供增产空间。

关键词：中低成熟度；页岩油；水平井；体积压裂

近年来，借鉴北美页岩油开发的成功经验，国内鄂尔多斯、准格尔、松辽、渤海湾等多个盆地的陆相页岩油相继取得突破[1-3]，展现了页岩油作为接替资源的巨大潜力。

辽河油田常规油气资源勘探程度高，页岩油作为重要的接替领域，勘探程度相对较低，按照四次资源评价，页岩油主要分布在辽河坳陷古近系沙四段、外围盆地中生界白垩系九佛堂组和鄂尔多斯盆地中生界三叠系延长组，资源量丰富，具有巨大的勘探潜力。近年来针对大民屯凹陷沙四段页岩油开展了针对性的地质研究和工程技术攻关，取得了阶段性进展，为资源的有效接替和油田的长期稳产奠定了基础。

国内外实践表明，储层改造技术，特别是水平井体积压裂技术，已经成为页岩油开发的关键技术[4-6]。本文在储层品质、工程品质分析基础上，梳理了黏土含量高、水敏性强、岩石塑性强、原油凝固点高等影响压后产量的主要因素，在压裂工艺、压裂液、放喷排液制度等进行了优化，形成了水平井体积压裂改造技术，为下一步中低成熟度页岩油开发提供技术支撑。

1　大民屯沙四段页岩油特征

1.1　区域地质背景

大民屯凹陷位于渤海湾盆地辽河坳陷东北部，沙四段沉早期，中央构造带相对封闭，半深湖—深湖沉积环境，发育一套碳酸盐岩和油页岩沉积体（图1a），页岩厚度50~80m，埋深2500~3400m，分布面积220km^2。纵向可分为三组，I组以油页岩为主，II组以泥质云岩为主，III组为云岩与油页岩互层（图1b）。

1.2　地质特征

大民屯沙四段页岩油属于页岩型，在储集层静态参数、层理和天然裂缝发育程度、热演化程度、油品性质等方面，与国内其他区块页岩油有较大差异。

1.2.1　储集层静态参数

大民屯沙四段有机质丰度TOC ≥ 4%，S_1+S_2>25mg/g，有机质类型以I型为主，源岩

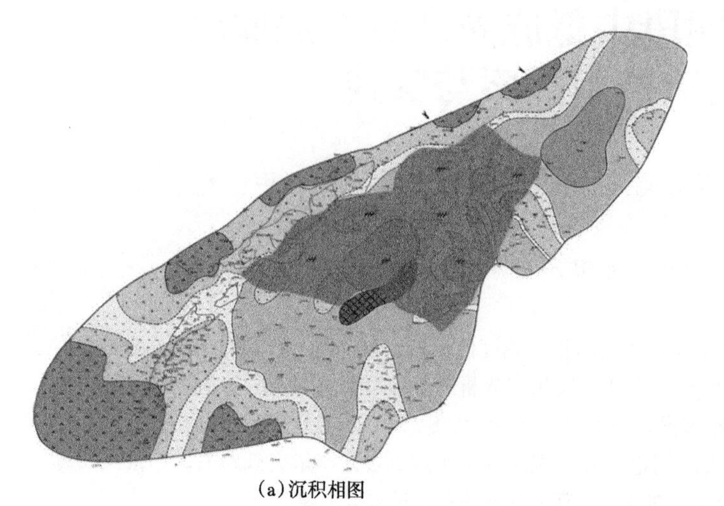

(a)沉积相图

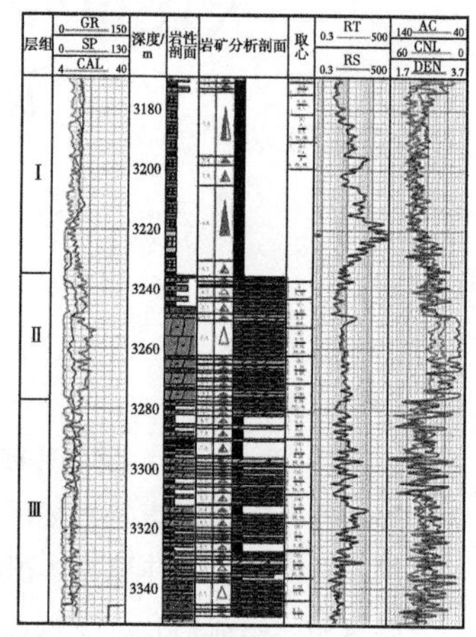

(b)地层综合柱状图

图 1　大民屯沙四段页岩油沉积相图和地层综合柱状图

R_o 基本大于 0.5%，在 0.4%~0.65% 之间，烃源岩厚度 20~180m。总孔隙度平均 9.4%，多集中在 6%~12% 之间。Ⅰ油组含油饱和度平均 51.21%；Ⅲ油组含油饱和度平均 35.07%，局部 S1/TOC 高，可动性比Ⅰ油组好；游离烃含量多大于 3mg/g，一般在 3~7mg/g 之间。Ⅰ组脆性矿物含量 52.2%，Ⅱ组脆性矿物含量 72.9%，但含油性差，Ⅲ组碳酸盐矿物含量高，储层脆性较好，脆性指数 60.5%，水平两向应力差 3~7MPa。

1.2.2　研究区储层特点

（1）储集空间类型为页理缝、晶间孔、有机孔，局部发育粒间孔，偶见溶蚀孔。孔隙结构方面，含碳酸岩油页岩孔隙较为发育，集中分布在 15~500nm，泥质泥晶粒屑云岩次之，白云质泥岩孔隙不发育，小于 30nm（表 1）。

表 1　不同岩性储层孔喉特征

岩性	深度 / m	压汞法				气体吸附法	
		排驱压 / MPa	最大汞饱和度 / %	孔喉半径均值 / μm	退汞效率 / %	突破压力 / MPa	孔隙直径均值 / nm
含碳酸盐油页岩	3299.71	0.201	30.83	0.983	68.21	0.466	63.1
泥质泥晶粒屑云岩	3303.37	1.097	57.2	0.087	20.24	7.22	7.58
泥质泥晶云岩	3246.73	2.085	41.53	0.071	61.29	6.91	14.76
白云质泥岩	3248.59	15.03	11.68	0.032	52.26	111.41	4.51

（2）黏土矿物含量高，水敏性强，压裂液潜在伤害较大。黏土含量较高，Ⅰ组 38.6%，Ⅱ组 30.0%，Ⅲ组 33.2%，黏土矿物主要为伊蒙混层（表 2）。Ⅰ组、Ⅲ组为中等偏强水敏，Ⅱ组为强水敏（图 2）。

表 2　区块黏土矿物含量统计表

井深 / m	黏土总量 / %	伊蒙混层 / %	伊利石 / %	高岭石 / %	绿泥石 / %	混层比 / %
Ⅰ组	38.6	76.2	14.1	6.0	3.8	21.9
Ⅱ组	30.0	69.3	24.4	3.1	3.2	11.2
Ⅲ组	33.2	71.8	16.3	4.5	7.4	16.7

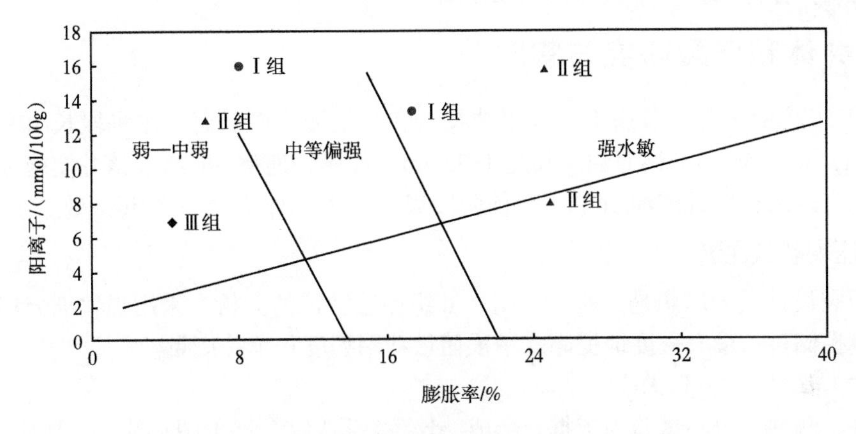

图 2　岩心水敏性评价结果

（3）大民屯页岩油含蜡量 22%~50%，凝固点 41~61℃，为高凝油（表 3），压裂液注入地层引起高凝油析蜡降低岩心渗透率。地化色谱分析显示Ⅰ组轻质组分较多，原油密度小于Ⅲ组。

表 3　原油分析成果表

层位	井号	井段 / m	地面密度 20℃	黏度		凝固点 / ℃	含蜡量 / %	胶质沥青质 / %
				测试温度 / ℃	测试值 / mPa·s			
Ⅰ	S238	3118~3170	0.8422	50	56.62	43	28.33	31.51
	A95	2525~2569	0.8453	100	3.25	54	40.09	26.76
Ⅰ + Ⅱ	SY1	3290~5085	0.8453	50	90.61	48	26.48	9.18
Ⅲ	SH1	2546~3215	0.8560	100	8.95	61	48.09	25.44
			0.8542	100	7.92	61	49.01	29.22
	SH2	3411~3983	0.8711	100	8.02	42	42.73	13.42
			0.8760	50	80.42	47	22.05	19.88
	S352	3282~3334	0.8502	50	22.45	41	32.67	18.67
	S224	2968~3010	0.8466	100	5.58	48	39.76	14.67

1.2.3 前期实施井效果

2010—2017 年，本地区共实施 6 口井试油压裂，其中直井 4 口，水平井 2 口，阶段累产油 11404t。

①直井压裂及生产情况。3 口直井采用常规压裂投产，1 口直井采用套管体积压裂方式投产，4 口井平均单井初期日产油 4.2t，平均单井累产油 1501t。

②水平井压裂及生产效果。2 口水平井采用分段压裂方式投产，水平段长 605~620m，单井压裂液量 11000m^3，支撑剂 650m^3，压后初期平均单井日产油 10.8t，达到了水平井提产的效果，但是产量递减快，单井累产仅 3200t。

3 水平井体积压裂研究与实践

2019 年部署 SY1 井，兼探Ⅰ组高阻油页岩和Ⅱ组泥质白云岩，水平段长 1795m，其中Ⅰ组 1245m，Ⅱ组 550m，钻遇油层长度 1192.4m，油层钻遇率 66.4%。该井实施细分切割体积压裂技术，压后初期日产油 16.9t，目前阶段累产油 3571t，取得了初步成效。

3.1 体积压裂参数优选

体积压裂设计主导思想是，基于Ⅰ组、Ⅱ组储层特征的分析，采用强化细分切割体积压裂，提高缝控储量，最大程度地提高水平段储量动用程度和单井产量。

3.1.1 地质工程双“甜点”优选

以录井、测井、岩心试验为依据，形成“七性关系”综合评价图（图 3），地质“甜点”以高 TOC、高孔隙度、高含油饱和度和优势岩性为标准，工程“甜点”以高脆性指数、低闭合应力梯度、低两向应力差为标准，将水平段划分为三类 23 段 /185 簇。

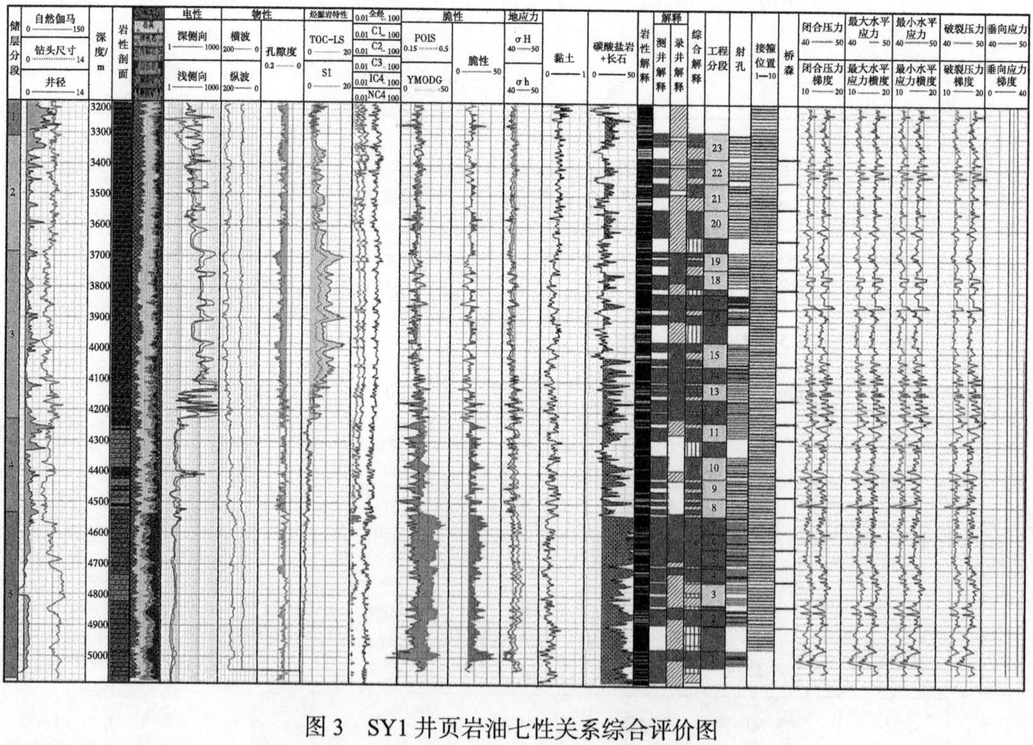

图 3　SY1 井页岩油七性关系综合评价图

3.1.2　压裂工艺及参数优选

按照缝控体积压裂思路，梳理油页岩型页岩油储层特点和改造难点，优选逆混合控破裂、高密度布缝、大排量延伸、多簇暂堵等改造工艺。

（1）针对层理发育，近井迂曲高，压裂裂缝复杂、易砂堵，压裂缝高较小的难题，优选高黏冻胶逆混合控破裂、4~5 级段塞打磨裂缝、优化砂液比例的工艺。

（2）针对压裂倾向于形成简单双翼裂缝，局部存在复杂裂缝分量，大粒径支撑剂无法有效支撑微裂缝的难题，提高施工排量至 14~16m^3/min，单段射孔 8~10 簇，同时优选簇间暂堵转向剂提高裂缝开启效率。

（3）针对启动压力梯度高，低成熟原油气驱能量不足，压裂稳产效果差的难题，优选缝长和导流能力（图 4），增大改造体积，布缝密度缩小至 5~10m，加砂强度大于 2.0m^3/m，液体强度大于 30m^3/m。

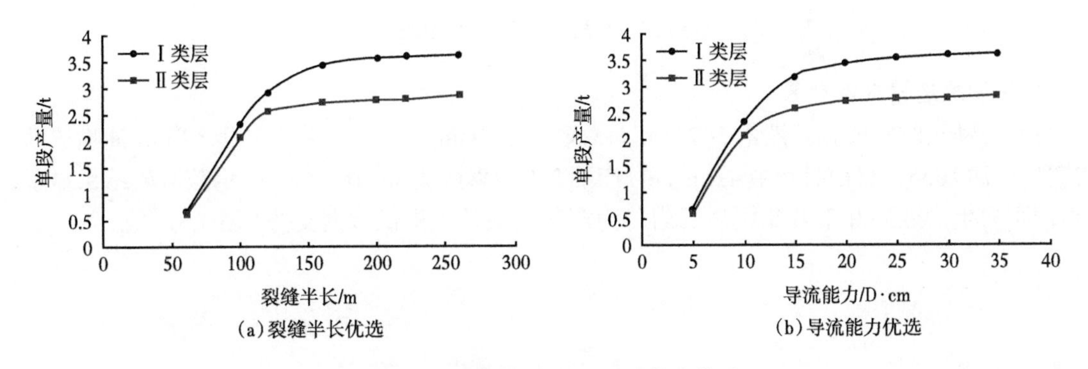

(a)裂缝半长优选　(b)导流能力优选

图 4　压裂裂缝半长和导流能力优选

（4）针对黏土含量高、原油凝固点高，对压裂液的防膨和降低冷伤害性能要求高的难题，优选长效有机防膨剂（表 4），原油析蜡点温度 50℃，熔蜡点温度 65℃，根据温度模拟结果，地层温度恢复到 65℃以上后开始放喷排液（图 5）。

表 4　不同类型防膨剂实验评价结果

实验溶液	溶失量 /g	剩余量 /g	总量 /g	溶失率 /%
清水	2.99	11.59	14.58	19.9
1% 氯化钾	4.03	9.92	13.95	26.9
0.5% 氯化钾 +0.25% 有机防膨剂	2.93	11.53	14.46	19.5
0.5% 有机防膨剂	1.93	12.51	14.44	12.9

（5）差异化参数设计。水平段划分为Ⅰ类、Ⅱ类、Ⅲ类，只针对Ⅰ、Ⅱ类层进行改造，Ⅰ类层强化细分切割，段间距 40~60m、簇间距 5~8m、射孔 8~10 簇 / 段，加砂强度 3.0~3.5t/m；Ⅱ类层细分切割，段间距 70~90m、簇间距 10~15m、射孔 6~10 簇 / 段，加砂强度 2.0~3.0t/m；Ⅲ类层不改造。

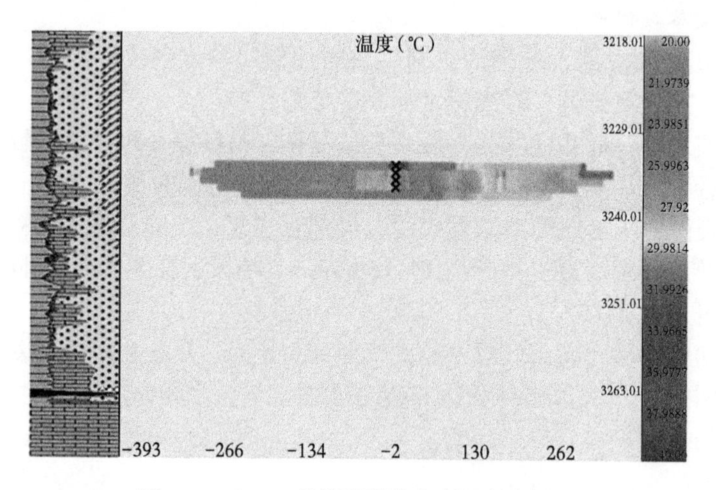

图 5　WellCAT 井筒及裂缝表面温度分析图

3.1.3　压裂改造情况及效果

SY1 井压裂 23 段，总液量 50743m^3，总砂量 2008m^3，压后关井 3.5 天，2mm 油嘴放喷，初期日产油 16.9t，目前日产液 4.2m^3，日产油 2.2t，累产油 3571t（图 6），示踪监测结果显示，I 组油页岩生产效果好于 II 组泥质云岩，为深化地质认识提供数据支持（图 7）。

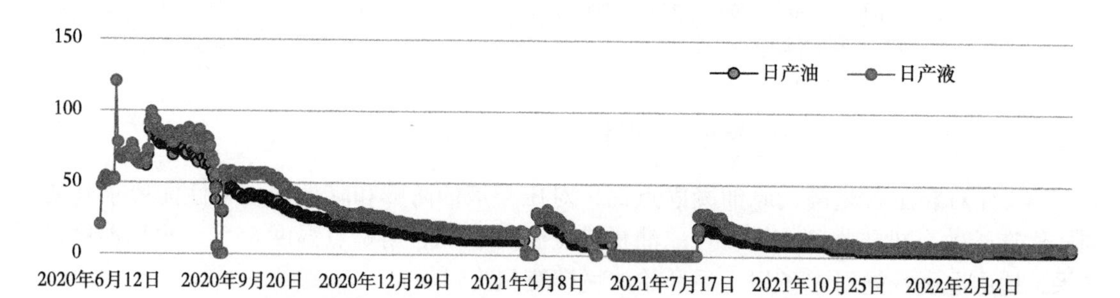

图 6　SY1 井压后生产效果图

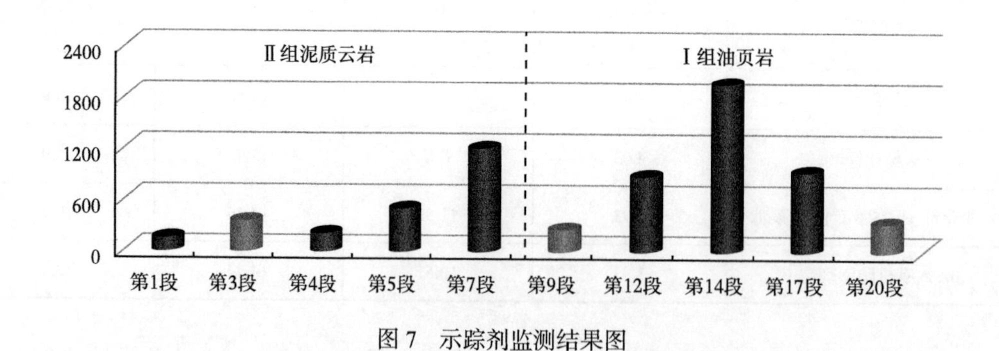

图 7　示踪剂监测结果图

3.1.4　水平井井组试验

优选直井产能较高的Ⅲ组 S224 块实施 3 口水平井，通过导眼井钻探、地震预测、随钻 LWD、元素录井等技术综合应用，支撑现场及时调整，钻遇率达到 96%。

在SY1井实施的基础上，优选驱油剂，压前注入液态CO_2，利用液态CO_2压缩性增加储层能量，利用CO_2高流动性和渗透扩散性沟通微裂缝、降低原油黏度、提高驱油效果，达到增产目的。同时，根据压后压力变化规律和液体离子含量变化，动态调整焖井时间，既降低压裂液“冷伤害”影响，又达到渗吸置换的目的。下一步，3口井将进行现场试验。

4 结论

对储层地质特征和前期压裂试油井效果分析，形成了缝控体积压裂水平井缝控体积压裂设计思路和技术对策，取得了阶段成效，细分切割、多簇暂堵、限流射孔、多粒径支撑剂组合等工艺措施起到了重要的作用，S224块3口水平井采用前置CO_2、驱油压裂液、焖井渗吸置换等新技术，开展井组整体改造提高采收率，将为中低成熟度页岩油开发提供技术借鉴。

参考文献

[1] 赵文智，胡素云，侯连华，等．中国陆相页岩油类型、资源潜力及与致密油的边界［J］．石油勘探与开发，2020，47（1）：1-10.

[2] 杨华，牛小兵，徐黎明，等．鄂尔多斯盆地三叠系长7段页岩油勘探潜力［J］．石油勘探与开发，2016，43（4）：511-520.

[3] 赵贤正，周立宏，蒲秀刚，等．陆相湖盆页岩层系基本地质特征与页岩油勘探突破［J］．石油勘探与开发，2018，45（3）：361-372.

[4] 于学亮，胥云，翁定为，等．页岩油藏“密切割”体积改造产能影响因素分析［J］．西南石油大学学报（自然科学版），2020，42（3）：132-143.

[5] 侯冰，陈勉，王凯，等．页岩储层可压性评价关键指标体系［J］．石油化工高等学校学报，2014，（6）：42-49.

[6] 袁俊亮，邓金根，张定宇，等．页岩气储层可压裂性评价技术［J］．石油学报，2013，（3）：523-527.

页岩气长水平段钻井典型复杂情况分析

王俊英

（中国石油辽河油田分公司钻采工艺研究院）

摘　要：因页岩气在岩石中的存储状态和岩性特征，决定了其开采方式必须通过水平井钻井技术得以实现，但因页岩易水化、膨胀等特征决定了其在钻井施工上较常规水平井更为困难。本文对典型页岩气复杂井进行归纳总结，针对页岩气长水平井段井壁易失稳、摩阻扭矩大、井眼清洁困难等突出问题进行原因分析，提出页岩气长水平段井眼处理可行性建议。

关键词：页岩气；长水平段钻井；井眼清洁；岩屑床

1　典型复杂案例

1.1　基本情况

YSH20-3井是位于四川盆地昭通地区的一口页岩气开发水平井，该区域地质条件复杂，上部地层漏失严重，地层倾角大，储层非均质性显著。本井完钻井深5077m，水平段长2411m，最大井斜82.5°，采用套管完井，井身结构数据见表1。

表1　YSH20-3井井身结构数据

程序		钻头尺寸/mm	完钻井深/m	套管尺寸/mm	套管下深/m	水泥返高/m
一开	设计	444.5	350	339.7	349	0
	实际	406.4	338	339.7	338	0
二开	设计	311.1	1602	244.5	1600	0
	实际	311.1	1598	244.5	1596.15	0
三开	设计	215.9	4754	139.7	4750	0
	实际	215.9	5077	139.7	5068.76	0

钻具组合为：215.9mmPDC钻头+旋转导向PD+127mm接收器+171mmMWD无磁+127mm非磁加重+滤网短节+浮阀+127mm加重钻杆+随钻震击器+127mm加重钻杆+127mm钻杆+411×520变扣+139.7mm钻杆；

钻井液性能：白油基钻井液，密度1.94g/cm³，黏度106s，塑性黏度53s，动切力11Pa，失水2.4mL。

作者简介：王俊英，中国石油辽河油田分公司钻采工艺研究院，高级工程师。通讯地址：辽宁省盘锦市兴隆台区惠宾大街91号。电话：0427-7823031。E-mail：wangjuny@petrochina.com.cn。

1.2 复杂处理过程

本井三开钻进至3829m，准备起钻更换导向仪器，循环两个循环周后，按起钻施工要求倒划起钻，从3610m开始倒划起钻异常，出现顶驱憋停的现象，疑是井底岩屑床的问题，便打入稠塞扫一下井底的岩屑，扫入后振动筛返出少量掉块，继续起钻后仍出现顶驱憋停现象，疑是地层应力释放造成缩径导致倒划起钻困难，后采取每起一柱扫稠塞一次的办法倒划眼起钻，扫塞后循环一个循环周，仍然出现了顶驱憋停现象，只能缓慢倒划。其后多日出现倒划憋泵情况，严重时无法旋转顶驱解卡，靠随钻震击器解卡。起钻通井后，复杂情况解除。

2 复杂情况分析

2.1 复杂发生原因

YSH20-3井复杂情况在页岩气长水平段钻井过程中极为普遍，都是钻至水平段龙马溪地层后，因井眼内岩屑难以排除，造成岩屑堆积引发上提下放困难的情况，具有一定代表性，分析原因可归纳为以下几方面：

（1）井壁稳定性差。

页岩地层膨胀性好、地层层理发育、微裂缝发育、胶结性差；页岩气水平井井斜大、水平段长，以上因素直接影响页岩气水平井井壁稳定性。实验证明，当页岩在钻井液中浸泡后，其裂缝变大、破碎、稳定性逐渐变差。水平井钻井过程中，钻井液与页岩接触时间较长，且在长时间划眼过程中，页岩井壁进一步浸泡剥离，进而逐渐崩落、坍塌，引发页岩气水平段事故复杂发生。

（2）水平段长易产生岩屑床。

在页岩气水平井钻井过程中，岩屑床的岩屑来源主要有两个方面：一是页岩井壁受钻井液浸泡后稳定性变差，容易崩塌掉块，造成岩屑堆积；二是水平段在层流状态下，钻井液携屑能力小于岩屑重力，致使环空底部形成岩屑床。岩屑床形成后，会对页岩气水平井的安全快速钻进带来较大风险，具体体现在三个方面：一是岩屑床导致钻具摩阻扭矩增大，引起井下事故复杂发生；二是引起托压，钻压难以施加到钻头，严重影响机械钻速；三是岩屑床进一步压缩钻柱活动范围，加大钻具发生粘卡的可能。

（3）钻具组合选择局限性大。

为增加单井产气量，页岩气水平井设计的水平段都较长。因水平段长，钻具组合选择局限性大，且所需管柱结构复杂，加大了钻具与井壁之间的摩阻和扭矩。由于页岩井壁稳定性差，易发生卡钻，致使钻具上提下方困难，承压严重。

（4）大井眼和缩径导致岩屑不易返出。

YSH20-3井后期电测显示，水平段井径扩大率较为明显，平均扩大率123%，最大可达140%。大井眼的出现导致岩屑堆积，稠塞举砂效果不好，且地层应力释放过程易造成部分井段缩径致使起下钻困难。

2.2 复杂解决方案

（1）井身质量控制及井眼轨迹优化技术。

在井身质量控制方面：上部井段主要控制防斜打直，配合减震器防止跳钻；在定向造斜段主要考虑井斜方位控制，定向钻进和复合钻进交替进行，保证造斜段轨迹光滑；水平井段加强井斜数据跟踪，坚持“少滑多转、勤调微调”原则，定期短起下修整井眼，避免井壁出现台阶。另外，加强摩阻扭矩理论计算与实际起下钻、钻进过程摩阻扭矩对比分析，保证井身质量优质。在井眼轨迹控制方面：以 YSH20-3 井为例，现场根据井口和靶点部署情况，确定在本井造斜点飞仙关地层，剖面选择为“直—增—稳—增—平”。建议采用“直 - 增 - 增—平”剖面，这种剖面轨迹更为简单，减少了斜井段复合钻进尺，增加了连续定向增斜进尺，能保证井眼轨迹相对平滑，减少局部增斜或降斜井段，减小钻柱与井壁接触面积，能够有效降低全井摩阻。

（2）水平段安全钻井技术。

页岩气水平井水平段钻遇岩性多以砂岩、泥页岩、页岩为主，易发生井壁垮塌、掉块、缩径、卡钻等事故复杂。为避免以上事故复杂发生，提出以下预防处理措施：一是根据实际情况采取短程短起下配合分段循环措施及时清除岩屑床，有阻卡的井段上下大幅度快速活动钻具，间断泵入比原浆黏度高的段塞循环，中途如更换柔性钻具组合时专门通井一次，确保井眼畅通，施工安全；二是控制下钻速度，在钻遇复杂地层、破碎地层时，遇阻不能超过正常摩阻 60kN 以上，避免卡钻事故发生；三是在水平段易坍塌地层，简化钻具结构，不带扶正器钻进，并定期倒换下部钻具，避免疲劳破坏。

（3）油基钻井液优化技术。

目前，页岩气水平段钻井多数采用油基钻井液，针对页岩的易水化、易膨胀坍塌的特征，油基钻井液具有其独特优势，尤其在水平段井壁稳定、润滑性能、机械钻速快和保护储层方面显得尤为重要。页岩气水平井段钻井过程中，油基钻井液必须具有良好的流变性和携岩能力，以及较强的随钻封堵性能，这是现场钻井液性能检测的重中之重。在携岩能力方面：建议使用大分子量乳化剂，显著增强钻井液体系的结构力，改善钻井液体系的流变性能，提高携岩能力。在封堵性能方面：注重封堵材料颗粒尺寸分布和刚性、塑性材质的选择，结合区块页岩储存特征，对储存微裂缝尺寸范围进行统计分析，设计出合理粒径范围的刚性和塑性混配的随钻封堵材料，提高钻井液造壁、护壁性能及对微裂缝的封堵能力。

（4）机械法岩屑床清除技术。

引进先进的岩屑床破坏工具，如岩屑床破坏器、岩屑床清除钻杆、清除短节等，在水平段钻进过程中通过机械破坏、改变局部流场、制造局部紊流，进而破坏清除已形成的岩屑床，并避免形成新的岩屑床。与此同时，利用岩屑床破坏工具替代原有钻具组合扶正器，降低钻具与井壁接触面积，降低摩阻，减小事故复杂发生率。

3 结论

（1）页岩气长水平段钻井井眼复杂情况影响因素主要体现在井身质量、环空流速、钻具结构、钻井液性能、机械钻速等几方面。而解决水平段井眼清洁问题，并不是采用某种技术或设备工具便能完全解决的，需要在轨迹控制、井身质量优化、配套技术实施、先进设备应用等多方面技术配合，才能发挥最佳处理效果。

（2）针对页岩气长水平段井眼复杂情况，还需要加强岩屑运移规律及清除技术研究，在加深对水平井井眼清洁技术认识的同时，从根本上解决井眼清洁技术难题，为页岩气高效开发提供保障。

参 考 文 献

[1] 郭元恒，何世明，刘忠飞．长水平段水平井钻井技术难点分析及对策．石油钻采工艺，2013，1.

[2] 孙晓峰，闫铁，王克林，等．复杂结构井井眼清洁技术研究进展．断块油气田，2013，01.

[3] 王显光，李雄，林永学．页岩水平井用高性能油基钻井液研究与应用．石油钻探技术，2013，02.

[4] 赵凯，袁俊亮，邓金根，等．层理产状对页岩气水平井井壁稳定性的影响．科学技术与工程，2013，03.

[5] 聂靖霜，雷宗明，王华平，等．威远构造页岩气水平井钻井井身结构优化探讨．重庆科技学院学报（自然科学版），2013，02.

梨树断陷陆相页岩气压裂工艺技术探索及实践

邵立民[1]，张　冲[1]，王娟娟[1]，郭显赋[1]，李小龙[2]

（1. 中国石化东北油气分公司；2. 中国石化石油勘探开发研究院）

摘　要：经过不断探索和实践，国内海相页岩气开发获得产能突破，并进行工业化开采，而陆相页岩储层开发效果不理想。梨树断陷页岩气藏属陆相页岩储层，与海相页岩储层相比可压性差，但由于其资源潜力巨大，具有良好的开发前景。为实现该领域高效开发，借鉴海相页岩气储层改造技术，总结前期经验教训，结合储层地质特征，探索超临界二氧化碳压裂工艺，利用其造缝机理提高裂缝复杂程度，该工艺技术在 Jlyy1、Jy1HF 等井进行探索应用，取得了初步认识，为东北分公司陆相页岩储层改造提供技术支撑。

关键词：陆相页岩气；超临界；二氧化碳；体积压裂

松辽盆地梨树地区的页岩油气资源丰富，梨树断陷的营一段及沙河子组为页岩气有利富集区。与海相页岩储层相比，梨树地区陆相页岩气藏可压性较差，主要表现为脆性矿物含量低、黏土含量高、天然裂缝发育程度低、水平应力差高等特征，给储层改造带来极大挑战。

为获得产能突破，针对沙河子组页岩层理裂缝发育等特征，开展了页岩储层超临界二氧化碳压裂探索实验，利用其造缝机理提高裂缝复杂程度，增加改造体积，后期采用冻胶携砂支撑裂缝。

1　前期压裂工艺评价

梨树断陷主要发育营一段和沙河子组两套富有机质泥页岩，其中营一段泥页岩纵向岩性组合特征为厚层泥页岩夹薄砂岩，砂地比小于 10%，平面分布稳定，厚度大，约 270~390m。前期部署的 LY1HF 井黏土含量较高（45.6%），石英（25%）等脆性矿物含量较低，表现塑性；低杨氏模量（24GPa）、低泊松比（0.208），且水平应力差大（6.3~19MPa）。另外通过岩心观察及测井资料表明天然裂缝发育程度有限，因此与海相页岩相比可压性较差（表 1）。

表 1　梨树页岩与海相页岩储层地质参数对比

区块		焦石坝	彭水	元坝	涪陵	LY1 井
地化参数	TOC/%	2~6	3.0~3.4	1.75	0.08~2.16	1.8~6.3
	Ro/%	2.4	2.3~2.6	1.38~1.56	1.26~1.55	1.42~1.65
岩石矿物组成	硅质 /%	30~58	30.8~61.1	47.1	28	18.2~42/25
	钙质 /%	11~14	2.3~14.6	2.6	32	12~40
	黏土矿物 /%	15~30	20.7~50.4	47.76（平均）	32	25.1~59.7/45.6
物性	孔隙度 /%	3.4	4.4	1.15~2.85	2	2.83~6.54
	渗透率 /mD	0.002~0.004	9.15×10^{-5}	0.001~1.171	0.4	0.001~0.1/0.014

作者简介：邵立民，中国石化东北油气分公司，高级工程师。地址：吉林省长春市绿园区和平大街 660# 石油工程技术研究院。邮编：130062。E-mail：dongbeislm@163.com。

续表

区块		焦石坝	彭水	元坝	涪陵	LY1 井
含气性	吸附气 / (m^3/t)	2.5	1.26	0.99	1.92	2.34~4.05
	游离气 / (m^3/t)	2.13	2.65	0.64	3.28	

针对物性、可压性差的难题，采用“密切割 + 复杂缝”的工艺思路，但压后分析表明裂缝复杂程度较低，压后井口压力 0.8MPa，日产气量 2 万 m^3，稳产能力较差。

2 超临界二氧化碳压裂

2.1 室内研究

为了提高裂缝复杂程度，开展了超临界二氧化碳压裂工艺研究。液态 CO_2 黏度和表面张力低，流动过程中动能损失小，净压力传导效率高，可以降低岩石破裂压力，实现远端大范围内的有效破岩。CO_2 的临界温度是 31.1℃。低于这一温度，纯 CO_2 可以呈气态存在，也可以是液态存在，超过这个温度后，不论压力有多高，CO_2 都不以液态存在。超临界流体密度接近液态，具有很好的扩散能力，能够有效穿透天然裂缝，利于造复杂缝[1-2]。

页岩层理缝发育，脆性较好，与水力压裂相比，CO_2 高效破岩，形成的裂缝复杂程度更高。首先选取 Jlyy1 井沙河子组岩心开展了超临界二氧化碳致裂试验，实验条件：泵速为 4mL/min，轴压 55MPa，围压 45MPa，温度 110.79℃。试验结果表明，超临界状态二氧化碳极易进入天然裂缝，岩石层理缝张开、分支缝明显（图 1）。

另外数模研究表明，模拟 Jlyy1 井水平应力差状态下（5~8MPa），通过前置注入二氧化碳可实现一定程度的应力偏转，图 2 起裂后可通过簇间诱导应力提高缝网复杂程度。

图 1　Jlyy1 井沙河子组二氧化碳致裂岩心试验

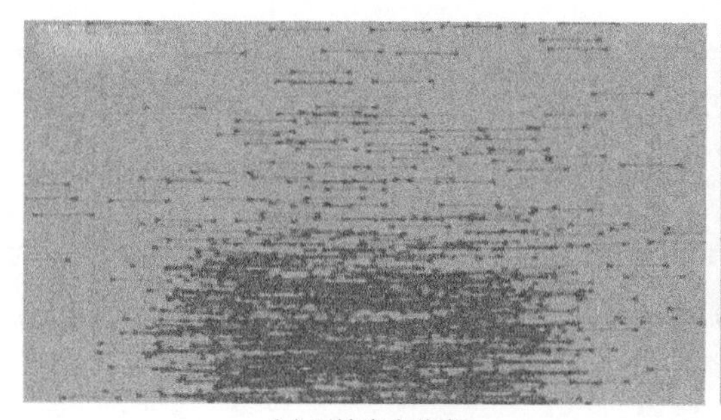

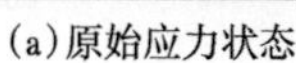

(a)原始应力状态

(b)注入二氧化碳后应力状态

图 2　Jlyy1 井前置二氧化碳数模

2　注入量计算

二氧化碳注入量主要根据储层孔隙度、地层压力等参数计算储层 CO_2 注入量（公式 1、公式 2）[3-4]。

$$V=\frac{\delta(G'-G)}{517} \tag{1}$$

式中：V 为液态 CO_2 注入量，m^3；δ 为压裂液波及系数，%；G' 为补充压力后天然气地质储量，m^3；G 为天然气地质储量，m^3。

$$G=\frac{0.01Ah\varphi(1-S_{wi})T_{sc}P_i}{TP_{sc}Z_i} \tag{2}$$

式中：A 为含气面积，km^2；P_i 为原始地层压力，MPa；h 为平均有效厚度，m；φ 为孔隙度；S_{wi} 为原始含水饱和度，%；T 为气体偏差系数；T_{sc} 为地层温度，K；Z_i 为气体偏差系数；P_{sc} 为地面压力，MPa。

3　现场实施

Jlyy1 井完成 5 段 20 簇压裂，排量 15m³/min，施工压力 42~65MPa，总液量 7304m³，总砂量 449m³，停泵压力 38~42MPa，本井 G 函数分析表明裂缝复杂程度得到明显改善（图 3）。

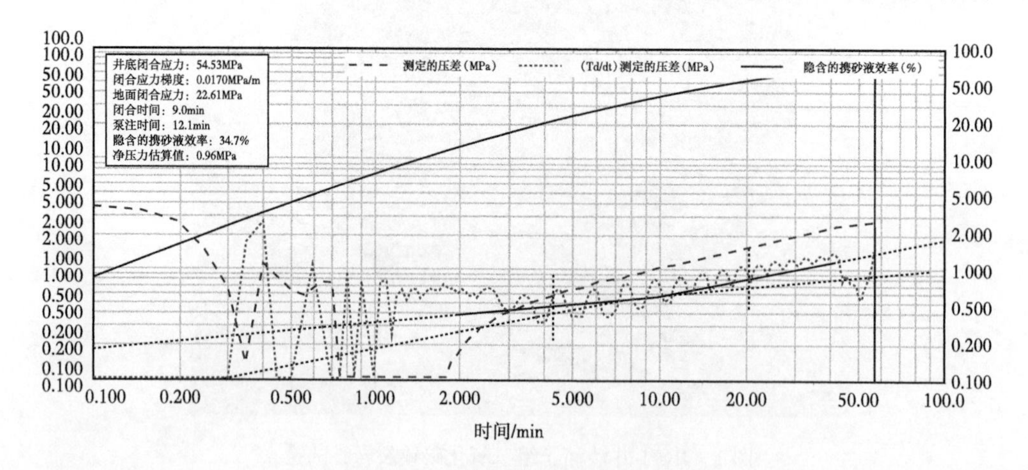

图 3　Jlyy1 井压裂 G 函数分析曲线

JY1HF 井采用 CO_2 前置压裂共实施 12 段，泵液态 CO_2 共计 2620m³。结合该井裂缝监测结果表明，脆性好、裂缝相对发育的层段前置 CO_2 效果更明显，采用前置 CO_2 层段前置液阶段破裂显示多，脆性差、注入量少的层段破裂显示少（图 4）。

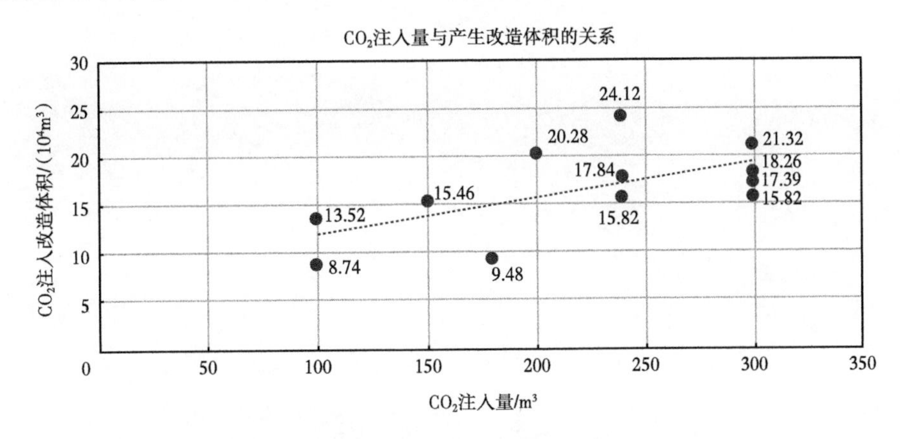

图 4　Jlyy1 井二氧化碳注入量与改造体积相关性

Jlyy1 井压后日产气 1.6~4.8 万 m³，压力 6.8~10.5MPa（图 5），目前已稳产 260 天。

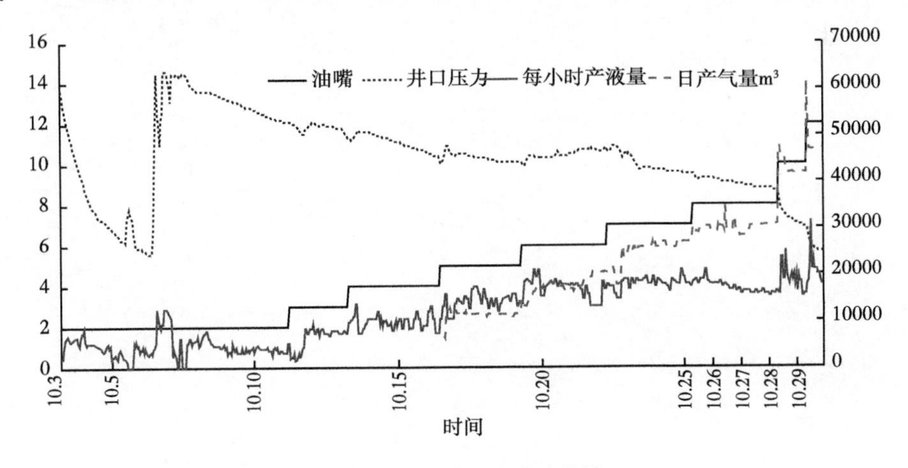

图 5　Jlyy1 井压后放喷曲线

4　结论

（1）梨树陆相页岩气储层可压性与海相页岩储层相比较差，前期压裂分析证实人工裂缝复杂程度相对较低，影响改造效果。

（2）超临界状态二氧化碳对于梨树沙河子页岩层具有较好的致裂作用。

（3）采用前置超临界二氧化碳 + 冻胶携砂工艺可有效增加裂缝复杂程度，现场试验获得显著效果。

参　考　文　献

[1] 刘通义，刘磊 . CO_2 泡沫压裂液在裂缝中的两相流动研究 [J]. 钻井液与完井液，2006，23（1）：55-57.

[2] 张驰，陈航 . 超临界二氧化碳在非常规油气藏开发中的应用 [J]. 石油化工应用，2014，33（9）：57-59.

[3] 朱自强 . 超临界流体技术原理和应用 [M]. 北京：化学工业出版社，2000.

[4] 方长亮，蒋国盛，M.Amro. 超临界二氧化碳压裂页岩的可压裂性模拟研究 [C]. 全国探矿工程，2015.